Klassische Elektrodynamik

Peter van Dongen

Klassische Elektrodynamik

Vom „Vakuum" zum „Medium" in zwei Postulaten

Springer Spektrum

Peter van Dongen
Institut für Physik, KOMET 7
Johannes Gutenberg-Universität Mainz
Mainz, Deutschland

ISBN 978-3-662-69829-7 ISBN 978-3-662-69830-3 (eBook)
https://doi.org/10.1007/978-3-662-69830-3

Die Deutsche Nationalbibliothek verzeichnet diese Publikation in der Deutschen Nationalbibliografie; detaillierte bibliografische Daten sind im Internet über https://portal.dnb.de abrufbar.

Planung/Lektorat: Gabriele Ruckelshausen
Springer Spektrum ist ein Imprint der eingetragenen Gesellschaft Springer-Verlag GmbH, DE und ist ein Teil von Springer Nature.
Die Anschrift der Gesellschaft ist: Heidelberger Platz 3, 14197 Berlin, Germany

Vorwort

Das Ziel dieses Buches ist, das Fach „Elektrodynamik“ in einer Weise darzustellen, die auf klar definierten Ausgangspunkten („Postulaten“) beruht, modern und anwendungsbezogen ist und möglichst effektiv und transparent von den Grundsätzen zu diesen Anwendungen führt. Hierbei soll das Buch den an deutschen Universitäten üblichen Kanon abdecken. Damit das Buch optimal als Begleitliteratur zu Vorlesungen über „Elektrodynamik“ geeignet ist, sind bewusst keine Themengebiete aufgenommen, die in diesem Kanon nicht enthalten sind. Jedes „kanonische“ Themengebiet wird allerdings hinreichend ausführlich behandelt, damit es den Dozent(inn)en möglich ist, innerhalb der Grenzen des Kanons eine ihrem Geschmack und ihren Interessen entsprechende Auswahl zu treffen. Das Ziel des Buches ist also eine flexibel („modular“) einsetzbare und dennoch klar fokussierte und kohärente Darstellung der „Klassischen Elektrodynamik“. Vorschläge zum Einsatz des Buches in verschiedenen Lehrveranstaltungen finden sich am Ende dieses Vorworts.

Dieses Buch ist für den Studiengang B. Sc. Physik konzipiert. Die Zielgruppen sind also primär Bachelorstudierende der Physik oder Meteorologie sowie Bachelorstudierende der Mathematik oder Chemie mit Nebenfach Physik und angehende Astrophysiker(innen). Als Vorwissen werden nur Basiskenntnisse auf dem Gebiet der Mathematik[1] und der Klassischen Mechanik vorausgesetzt und gelegentlich auch Basiswissen über Elektrodynamik aus der Experimentalphysik.

Die Kursvorlesung über „Elektrodynamik“ ist an deutschen Universitäten in der Regel eine Pflichtvorlesung, die also von allen Physikstudierenden gehört werden soll. Umso wichtiger ist es, die Ziele der Vorlesung möglichst transparent zu formulieren. In Kursvorlesungen über Theoretische Physik habe ich als Dozent schon oft die Fragen gehört: „Warum soll ich das lernen?“ oder „Warum ist diese Theorie für mich als Physiker(in) nützlich?“ Das Buch versucht, genau diese Fragen zu beantworten und dadurch die Motivation und Lernbereitschaft der Studierenden zu erhöhen. Wesentliche Elemente in der Wissensvermittlung sind auch die ausführlichen Erklärungen von Herleitungen und Berechnungen und die vielen hilfreichen Grafiken. Damit die „Theorie“ nicht allzu abstrakt wirkt, werden typische Anwendungen in Fallbeispielen behandelt. Weitere Fallbeispiele werden in den Übungsaufgaben aufgegriffen. Manche dieser Übungsaufgaben sind eher elementar, manche ausführlicher oder anspruchsvoller (als „P“ gekennzeichnet), manche eher als kleines „Projekt“ gedacht (als „PP“ gekennzeichnet), aber alle Übungsaufgaben haben das Ziel, den Stoff zu erläutern und teilweise auch zu ergänzen und vertiefen. Die Lösungen zu den Übungsaufgaben sind ein wichtiger Teil des didaktischen Konzepts. Sie sollen den Studierenden nicht nur zur Kontrolle dienen, ob die eigene Lösung korrekt ist, sondern auch einen *effizienten* Lösungsweg, eine physikalische Interpretation der Ergebnisse und gelegentlich auch Ausblicke aufzeigen.

Es sollte für interessierte Studierende sogar möglich sein, sich den Inhalt dieses Buches im Ganzen oder in Auszügen im Selbststudium zu erarbeiten, da Herleitungen und Erläuterungen zu den Berechnungen sehr ausführlich sind und zu jedem Kapitel eine Sammlung von Übungsaufgaben mit Lösungen enthalten ist. Speziell für besonders interessierte Studierende (oder für zeitintensivere Vorlesungen) wer-

[1] Nahezu alle für die Elektrodynamik erforderlichen mathematischen Techniken sind in Ref. [9] enthalten, die die Mathematik des ersten Jahrs eines Physikstudiums abdeckt.

den auch einige weiterführende oder vertiefende Aspekte der „kanonischen" Themen behandelt, die in der Regel physikalisch grundlegend und besonders interessant sind. Die entsprechenden Abschnitte sind durch einen Asterisk (∗) gekennzeichnet, um anzugeben, dass man sie beim ersten Durchgang überspringen *kann* (aber natürlich nicht *muss*: Die Lektüre wird sogar dringend empfohlen, da gerade diese Paragraphen aus physikalischer Sicht sehr interessant und wichtig sind).

Dieses Buch hat sich im Laufe der Jahre entwickelt aus Notizen zu Kursvorlesungen über „Elektrodynamik und klassische Feldtheorie", die ich seit Anfang des Milleniums an der Johannes Gutenberg-Universität in Mainz gehalten habe. Für die Fertigstellung der ersten Version des zugrunde liegenden Skripts möchte ich mich herzlich bei meiner ehemaligen Sekretärin, Frau Elvira Helf, und bei Herrn Kai Johannes Keller bedanken. Sehr dankbar bin ich den Herren Martin Christiansen, Thomas Roll, Christoph Schröder und Samuel Schwarz für ihre Kommentare aus studentischer Sicht zum Manuskript. Mein spezieller Dank geht an meinen Mainzer Kollegen Prof. Dr. Martin Reuter und an meine Frau, Dr. Irmgard Nolden, die das Manuskript komplett durchgearbeitet und durch viele Kommentare und Verbesserungsvorschläge sehr bereichert haben. Den Herren Dr. Julian Großmann und Drs. Bart Schoenmaker danke ich für interessante Diskussionen über Energietransport in realen Stromkreisen. Ganz offensichtlich liegt die Verantwortung für noch verbliebene weniger gelungene Formulierungen bei mir, und ich wäre meinen Leser(inne)n ggf. dankbar für eine entsprechende Mitteilung. Ich danke auch ganz herzlich Margit Maly, Gabriele Ruckelshausen und Stefanie Adam vom Lektorat Springer Spektrum für ihre Unterstützung bei diesem Projekt.

Ich hoffe, dass sich dieses Buch über Elektrodynamik für alle Leser(innen) als nützlich erweist, aber insbesondere für die Studierenden, für die es primär geschrieben wurde. Ich wünsche allen Leser(inne)n viel Erfolg und auch Spaß bei der Erkundung der schillernden Welt der Elektrodynamik.

Mainz, im Mai 2024 Peter van Dongen

Vorschläge zum Einsatz des Buches in verschiedenen Lehrveranstaltungen

	Kap 1	Kap 2	Kap 3	Kap 4	Kap 5	Kap 6	Kap 7
ED1	+	+	+	+	○	○	○
ED2	+	+	+	+	+	+	+
KF1	+	+	+	+	○	○	○
TE1	+	+	+	○	○	−	−
ME1	+	+	−	○	○	○	−

Legende: + = gut geeignet, ○ = Themenauswahl erforderlich, − = weniger geeignet
ED1 = Elektrodynamik als Theorievorlesung im 3./4. Semester, mit SpezRelTh (1-sem.)
ED2 = Elektrodynamik als Theorievorlesung im 5./6. Semester, mit SRT (1-semestrig)
KF1 = Klassische Feldtheorie mit Elektrodynamik als Beispiel, mit SRT (1-semestrig)
TE1 = Elektrodynamik als Teil einer Theorieeinführungsvorlesung, mit SRT (1-semestrig)
ME1 = Mathematikeinführung mit Elektrodynamik-Anwendungen, ohne SRT (1-semestrig)

Inhaltsverzeichnis

Kapitel 1

Einführung

Die Klassische Elektrodynamik ist eine *einheitliche* Theorie zur Beschreibung der Wechselwirkung elektromagnetischer Felder und geladener materieller Teilchen. Sie ist eine *klassische* Theorie, da sowohl die Felder als auch die geladenen Teilchen als *klassisch* angesehen und quantenmechanische Effekte somit vernachlässigt werden. Wir werden feststellen, dass eine solche klassische Beschreibung für viele Anwendungen vollkommen ausreichend ist. Falls die klassische Theorie dennoch an einigen Stellen (siehe z. B. die Abschnitte 4.6 und 5.3.2) an ihre Grenzen stößt, bietet sie gleichzeitig wertvolle Ausblicke auf die zugrunde liegende Quantenphysik.

Die Elektrodynamik ist eine *einheitliche* Theorie im doppelten Sinne.

Erstens vereint sie die theoretische Beschreibung der Dynamik *elektromagnetischer Felder* mit der Beschreibung der Dynamik *geladener Teilchen*. Es liegen also zwei miteinander gekoppelte Probleme vor: Einerseits sind wir an der Zeitentwicklung der Felder in Anwesenheit von Ladungen und Strömen interessiert, andererseits möchten wir die Dynamik der Ladungen und Ströme in Anwesenheit der Felder bestimmen. Beide Probleme müssen prinzipiell gemeinsam gelöst werden. In diesem einführenden Kapitel und auch in den Kapiteln [2] und [3] werden wir diese Probleme zunächst *getrennt* behandeln. Die genauere Untersuchung der Struktur der Theorie in Abschnitt [4.2] wird jedoch zeigen, dass beide Probleme in der Form eines Hamilton'schen Prinzips untrennbar miteinander gekoppelt sind.

Zweitens vereinheitlicht die Elektrodynamik die Beschreibung und Erklärung zahlloser *Phänomene*, die aus dem täglichen Leben wohlbekannt sind. Im Grunde ist fast jedes aus dem Alltag vertraute Phänomen, das nicht auf den Einfluss der Schwerkraft zurückgeführt werden kann, elektromagnetischer Natur.[1] Sämtliche elektrischen, elektronischen, magnetischen oder optischen Erscheinungen basieren auf der elektromagnetischen Wechselwirkung. Diese Wechselwirkung ist sichtbar in großen Strukturen, wie bei den Geo- und Sonnendynamos oder der Korona der Sonne, aber auch in Strukturen auf der atomaren Skala, wie bei den Elektronenschalen im Atom und bei der chemischen Bindung, die der kondensierten Materie zugrunde liegt. Eins der auffälligsten alltäglichen Phänomene elektromagnetischen Ursprungs ist wohl das *Licht*, womit meist die elektromagnetische Strahlung im für den Men-

[1] Einige (allerdings weniger alltägliche) Ausnahmen sind z. B. der spontane Kernzerfall in Radionukliden aus natürlichen Quellen und Kernumwandlungen in der Atmosphäre durch kosmische Strahlung. Hierbei spielen auch die starke und die schwache Wechselwirkung eine Rolle. Eine weitere Ausnahme ist natürlich die für uns überlebenswichtige Kernfusion in der Sonne.

P. van Dongen, *Klassische Elektrodynamik*, https://doi.org/10.1007/978-3-662-69830-3_1

schen sichtbaren Teil des Spektrums gemeint ist. Auch die in diesem Frequenzbereich eingesetzten optischen Instrumente (Brillen, Ferngläser, Lupen, Teleskope, Mikroskope) sind aus dem Alltag vertraut. Das elektromagnetische Spektrum umfasst allerdings auch Strahlung viel höherer Frequenz (man denke nur an Röntgen- oder Gammastrahlen) und Strahlung niedrigerer Frequenz, wie Mikrowellen oder Radiowellen. Alle diese Phänomene sind aus dem täglichen Leben vertraut. Wir werden in den Abschnitten [5.2] und [7.4.5] weitere Beispiele für besonders hoch- bzw. niederfrequente Strahlung kennenlernen.

Aufbau dieses einführenden Kapitels

In diesem einführenden Kapitel skizzieren wir zuerst in einem kurzen historischen Überblick (siehe Abschnitt [1.1]) die Entstehung der Theorie des Elektromagnetismus. In den Abschnitten [1.2], [1.3] und [1.4] befassen wir uns dann mit der theoretischen Beschreibung der *Dynamik elektromagnetischer Felder*. Konkret führen wir hierzu in Abschnitt [1.2] die Maxwell-Gleichungen in *differentieller Form* ein und diskutieren ihre wichtigsten Eigenschaften. Um den Vergleich mit experimentellen Beobachtungen zu erleichtern, behandeln wir anschließend in Abschnitt [1.3] die *Integralform* der Maxwell-Gleichungen. In Abschnitt [1.4] zeigen wir, dass die Maxwell-Theorie kompakt und effizient mit *elektromagnetischen Potentialen* beschrieben werden kann. Der statische Grenzfall der Elektrodynamik wird in Abschnitt [1.5] behandelt. Abschließend beschäftigen wir uns in Abschnitt [1.6] kurz mit der Beschreibung der *Dynamik geladener Teilchen*, d. h. mit der Lorentz'schen Bewegungsgleichung. Die Dynamik geladener Teilchen für vorgegebene elektromagnetische Felder ist ebenfalls ein wichtiges Problem der Klassischen Mechanik und wurde auch in diesem Kontext bereits ausführlich untersucht.[2]

Bei der Behandlung der Dynamik von Teilchen und Feldern werden wir in diesem Kapitel – ganz im Sinne der Theoretischen Physik – *deduktiv* vorgehen und aus der allgemeinen Theorie, d. h. aus den Maxwell-Gleichungen und der Lorentz'schen Bewegungsgleichung, Vorhersagen für experimentell beobachtbare Phänomene herleiten. Die Konstruktion der Theorie im 19. und frühen 20. Jahrhundert ist sicherlich weitgehend in entgegengesetzter Richtung verlaufen, also *induktiv*: von den speziellen Phänomenen auf die allgemeinen Gesetze schließend. Gerade im Falle der Elektrodynamik ist es sehr interessant, beide Zugänge miteinander zu vergleichen. Zu diesem Zweck wird das induktive Argument im Anhang A skizziert.

1.1 Kurzer historischer Überblick

Wir konzentrieren uns in diesem kurzen Überblick über die Entstehungsgeschichte der Theorie des Elektromagnetismus auf zwei historisch wichtige Teilgebiete, nämlich *Elektrizität und Magnetismus* sowie *Licht*. Diese Themen sind teilweise komplementär, da bei elektrischen und magnetischen Phänomenen die Anwesenheit von *Materie* geradezu essentiell ist und die anfangs auf diesem Gebiet untersuchten Phänomene eher *statischer* Natur waren, während sich die Elektrodynamik im *Licht* als ein von der Materie entfesseltes *dynamisches* Phänomen manifestiert. Anschließend besprechen wir dann die Vereinheitlichung dieser Teilgebiete sowie die unterschiedliche Struktur der Theorie, abhängig davon, ob die Elektrodynamik „im Medium“ oder „im Vakuum“ untersucht wird.

[2] Siehe Kapitel [5] und Abschnitt [4.4] von Ref. [11].

1.1.1 Elektrizität und Magnetismus

Beide Phänomene, sowohl die Elektrizität (Blitze, Elmsfeuer, Bernstein) als auch der Magnetismus (Magnetit) sind der Menschheit schon lange bekannt. Zum Beispiel wurde der *Kompass* bereits im 2. Jahrhundert *vor* Christus während der Han-Dynastie in China erfunden. Trotzdem wurden die Gesetze der Elektrostatik und Magnetostatik und danach die einheitlichen Gesetze des Elektromagnetismus erst im späten 18. und im 19. Jahrhundert *nach* Christus formuliert.

Bei den ersten Experimenten an elektromagnetischen Phänomenen in *Materie* um 1800 konzentrierte man sich zunächst auf entweder die *Elektrizität* oder den *Magnetismus*. Diese Teilgebiete konnten *getrennt* untersucht werden, da die ersten Experimente eher *statischer* oder *stationärer* Natur waren.[3] Wir werden in Abschnitt [1.5] und Kapitel [2] feststellen, dass in zeit*un*abhängigen elektromagnetischen Systemen tatsächlich eine strikte Trennung von elektrischen und magnetischen Eigenschaften auftritt.

Elektrizität Bei seinen experimentellen Untersuchungen der *Elektrizität* zeigte der französische Physiker Charles-Augustin de Coulomb 1785, dass sich zwei Teilchen mit den Ladungen q_1 und q_2, die an den Orten $\mathbf{x}_1$ und $\mathbf{x}_2$ mit Relativvektor $\mathbf{x}_{12} \equiv \mathbf{x}_1 - \mathbf{x}_2$ ruhen, gemäß

$$\mathbf{F}_1 = \frac{q_1 q_2 \hat{\mathbf{x}}_{12}}{4\pi\varepsilon_0 x_{12}^2} \quad , \quad \mathbf{F}_2 = -\mathbf{F}_1 \quad , \quad \hat{\mathbf{x}}_{12} \equiv \frac{\mathbf{x}_{12}}{|\mathbf{x}_{12}|} \quad , \quad x_{12} \equiv |\mathbf{x}_{12}| \tag{1.1a}$$

anziehen oder abstoßen, abhängig vom Vorzeichen der beiden Ladungen. Die Kräfte $\mathbf{F}_1$ und $\mathbf{F}_2$, die hierbei auf das erste bzw. zweite Teilchen einwirken, sind also betragsmäßig gleich groß und entgegengesetzt ausgerichtet, sodass sie das *dritte Newton'sche Gesetz* erfüllen.[4] Hiermit hatte Coulomb das (nach ihm benannte) Hauptgesetz der *Elektrostatik* entdeckt.[5] Die Größe ε_0 in Gleichung (1.1a) wird als *Dielektrizitätskonstante* oder *Permittivität* des Vakuums bezeichnet und ist eine dimensionsbehaftete SI-Konstante,[6] die zusammen mit der weiteren SI-Konstanten μ_0 in Gleichung (1.2a) definiert wird.

Man kann das Coulomb'sche Kraftgesetz (1.1a) auch anders formulieren, und zwar mit Hilfe der *elektrischen Feldstärken* $\mathbf{E}_1$ und $\mathbf{E}_2$, die vom ersten Teilchen am Ort $\mathbf{x}_1$ bzw. vom zweiten Teilchen am Ort $\mathbf{x}_2$ gespürt werden:

$$\mathbf{F}_1 = q_1 \mathbf{E}_1 \quad , \quad \mathbf{F}_2 = q_2 \mathbf{E}_2 \quad , \quad \mathbf{E}_1 = \frac{q_2 \hat{\mathbf{x}}_{12}}{4\pi\varepsilon_0 x_{12}^2} \quad , \quad \mathbf{E}_2 = \frac{q_1 \hat{\mathbf{x}}_{21}}{4\pi\varepsilon_0 x_{21}^2} \,. \tag{1.1b}$$

Hierbei gilt $\mathbf{x}_{21} \equiv \mathbf{x}_2 - \mathbf{x}_1 = -\mathbf{x}_{12}$ und $x_{21} \equiv |\mathbf{x}_{21}| = x_{12}$. Wir werden die elektrische Feldstärke $\mathbf{E}$ im Folgenden auch häufig als das *elektrische Feld* bezeichnen.

---

[3]Wir unterscheiden im Folgenden *statische* Systeme, in denen die Teilchenkoordinaten und Felder *zeitunabhängig* sind, und *stationäre* Prozesse, in denen zwar *Ströme* (und daher Teilchenbewegungen) auftreten, diese jedoch *zeitlich konstant* sind.

[4]Die Notation $\hat{\mathbf{a}} \equiv \mathbf{a}/|\mathbf{a}|$ in den Gleichungen (1.1) und (1.2) bezeichnet generell einen *Einheits*vektor in der Richtung des Vektors $\mathbf{a} \neq \mathbf{0}$ und die Notation $|\mathbf{a}|$ den Betrag des Vektors $\mathbf{a}$. Das dritte Newton'sche Gesetz wird z. B. in Abschnitt [2.7.2] von Ref. [11] behandelt.

[5]Das Kraftgesetz (1.1a) bzw. Gesetze ähnlicher Form wurden auch von anderen (Priestley, Robison, Cavendish) formuliert, aber die erste detaillierte publizierte Analyse stammt von Coulomb.

[6]Hierbei steht „SI" für das Einheitensystem *Système international d'unités*. Wir verwenden in diesem Buch ausschließlich SI-Einheiten.

Auch aus Gleichung (1.1b) ist direkt ersichtlich, dass $q_1\mathbf{E}_1 = -q_2\mathbf{E}_2$ und daher im Einklang mit dem dritten Newton'schen Gesetz $\mathbf{F}_2 = -\mathbf{F}_1$ gilt.

Als Verallgemeinerung des Coulomb'schen Gesetzes (1.1b) für *zwei* geladene Teilchen kann man ein System N wechselwirkender Teilchen mit Ladungen q_i betrachten, die sich an Orten $\mathbf{x}_i$ befinden ($i = 1, 2, \cdots, N$). Das i-te Teilchen spürt dann aufgrund der Anwesenheit der übrigen $N-1$ Teilchen eine Kraft $\mathbf{F}_i$, die proportional zum elektrischen Feld $\mathbf{E}_i$ an seinem Aufenthaltsort $\mathbf{x}_i$ ist; die Proportionalitätskonstante ist dabei durch seine Ladung q_i gegeben:

$$\boxed{\mathbf{F}_i = q_i\mathbf{E}_i \quad , \quad \mathbf{E}_i = \sum_{j\neq i} \frac{q_j\hat{\mathbf{x}}_{ij}}{4\pi\varepsilon_0 x_{ij}^2} \quad , \quad \mathbf{x}_{ij} \equiv \mathbf{x}_i - \mathbf{x}_j \quad , \quad x_{ij} \equiv |\mathbf{x}_{ij}| \; .} \tag{1.1c}$$

Interessant am Coulomb-Gesetz (1.1c) für das N-Teilchensystem ist, dass die auf das i-te Teilchen wirkende Gesamtkraft gleich der Summe der $N-1$ *Zweiteilchen*kräfte ist, die auf die Ladung q_i einwirken. Dies zeigt einerseits, dass das „vierte Newton'sche Gesetz", das besagt, dass Kräfte unter orthogonalen Transformationen wie *echte* Vektoren transformiert werden und entsprechend auch *addiert* werden können,[7] auch für elektrische Kräfte gilt. Andererseits ist Gleichung (1.1c) ein erstes Beispiel für das *Superpositionsprinzip* der Elektrodynamik, das direkt aus der Linearität der Maxwell-Gleichungen (1.4) folgt (siehe unten).

Magnetismus Die französischen Physiker Jean-Baptiste Biot und Felix Savart zeigten 1820, dass ein infinitesimales Segment $d\boldsymbol{\ell}$ eines von einem stationären Strom I durchflossenen Stromdrahts, das sich *im Ursprung* befindet, am Ort $\mathbf{x}$ einen infinitesimalen Beitrag zum Magnetfeld

$$d\mathbf{B}(\mathbf{x}) = \frac{\mu_0 I}{4\pi}\frac{d\boldsymbol{\ell}\times\hat{\mathbf{x}}}{x^2} \quad , \quad \mu_0 \equiv \frac{1}{\varepsilon_0 c^2} \equiv 4\pi\times 10^{-7}\,\frac{\text{kg m}}{\text{A}^2\text{s}^2} \quad , \quad x \equiv |\mathbf{x}| \tag{1.2a}$$

erzeugt. Die Größe $c = 299\,792\,458\,\text{m/s}$ bezeichnet hierbei die *Lichtgeschwindigkeit* im Vakuum, und μ_0 ist die *Permeabilität* des Vakuums. Gleichung (1.2a) stellt das (nach Biot und Savart benannte) Hauptgesetz der *Magnetostatik* dar.[8]

Aus (1.2a) folgt z. B. (siehe Übungsaufgabe 1.1), dass das Magnetfeld eines *unendlich langen, unendlich dünnen, geraden* Stromdrahts, der den Strom I führt, in $\hat{\mathbf{I}}$-Richtung orientiert ist und durch den Ursprung verläuft, gegeben ist durch

$$\mathbf{B}(\mathbf{x}) = \frac{\mu_0 I}{2\pi x_\perp}\hat{\mathbf{I}}\times\hat{\mathbf{x}}_\perp \; . \tag{1.2b}$$

Hierbei bezeichnet $\mathbf{x}_\perp = \mathbf{x} - (\mathbf{x}\cdot\hat{\mathbf{I}})\hat{\mathbf{I}} = x_\perp\hat{\mathbf{x}}_\perp$ nun den *senkrechten* Relativvektor vom Stromdraht zu $\mathbf{x}$ (also mit $\mathbf{x}_\perp \perp \mathbf{I}$) und $x_\perp \equiv |\mathbf{x}_\perp|$ die entsprechende Länge. Das Magnetfeld $\mathbf{B}$ in Gleichung (1.2b) wird alternativ auch als *magnetische Flussdichte* oder *magnetische Induktion* bezeichnet; wir werden die letzten beiden Begriffe seltener verwenden.

[7]Siehe Abschnitt 2.7.2 in Ref. [11] für Details bzgl. des vierten Newton'schen Gesetzes.

[8]Biot und Savart berichteten über diese Arbeit in der Sitzung der französischen Akademie der Wissenschaften vom 30. Oktober 1820. Ähnliche Experimente wurden dort etwa zeitgleich auch von André-Marie Ampère vorgestellt. Initiiert wurden beide Arbeiten durch die Veröffentlichung von Ørsteds grundlegender Entdeckung im Juli 1820, siehe Abschnitt [1.1.3].

Gleichung (1.2a) kann auch leicht für eine *beliebige* stationäre Stromdichte $\mathbf{j}(\mathbf{x})$ in einem Raumbereich $\mathcal{D} \subset \mathbb{R}^3$ verallgemeinert werden: Aus (1.2a) folgt nämlich direkt, dass ein Volumenelement d^3x' um $\mathbf{x}'$ am Ort $\mathbf{x}$ einen Beitrag

$$d\mathbf{B}(\mathbf{x}) = \frac{\mu_0}{4\pi} d^3x' \, \frac{\mathbf{j}(\mathbf{x}') \times (\mathbf{x} - \mathbf{x}')}{|\mathbf{x} - \mathbf{x}'|^3}$$

zum Magnetfeld erzeugt. Hierbei wurde $Id\boldsymbol{\ell} \to \mathbf{j}(\mathbf{x}')d^3x'$ ersetzt. Eine Integration über den Raumbereich $\mathcal{D}$ ergibt dann insgesamt für das Magnetfeld am Ort $\mathbf{x}$:

$$\boxed{\mathbf{B}(\mathbf{x}) = \frac{\mu_0}{4\pi} \int_{\mathcal{D}} d^3x' \, \frac{\mathbf{j}(\mathbf{x}') \times (\mathbf{x} - \mathbf{x}')}{|\mathbf{x} - \mathbf{x}'|^3} \, .} \tag{1.2c}$$

Gleichung (1.2c) stellt das Biot-Savart-Gesetz in Integralform dar. Es ist die Verallgemeinerung von Gleichung (1.2b) für allgemeine Stromdichten.[9] Der Schritt vom Biot-Savart-Gesetz (1.2a) in differentieller Form zum Gesetz (1.2c) in Integralform, wobei die einzelnen Beiträge einfach *überlagert* werden, ist ein weiteres Beispiel für das *Superpositionsprinzip* der Elektrodynamik.

Erster Vergleich von Elektrizität und Magnetismus

Bereits eine flüchtige Betrachtung der Hauptgesetze (1.1) der Elektrizität und (1.2) des Magnetismus zeigt bemerkenswerte Gemeinsamkeiten und Unterschiede auf.

Zuerst fällt auf, dass die elektrische Feldstärke $\mathbf{E}$ und das Magnetfeld $\mathbf{B}$ insofern eng miteinander verwandt sich, als $\mathbf{E}$ und $c\mathbf{B}$ im SI-Einheitensystem *dieselbe physikalische Dimension* besitzen.[10] Aus den Gleichungen (1.1b) und (1.2b) folgt nämlich mit $\varepsilon_0\mu_0 \equiv \frac{1}{c^2}$ für die physikalischen Dimensionen von $\varepsilon_0\mathbf{E}$ und $\varepsilon_0 c\mathbf{B}$:

$$\big[\varepsilon_0\mathbf{E}\big] = \frac{[\text{Ladung}]}{[\text{Länge}]^2} \quad , \quad \big[\varepsilon_0 c\mathbf{B}\big] = \left[\frac{I}{cx_\perp}\right] = \frac{[\text{Ladung}]}{[\text{Länge}]^2} \, , \tag{1.3}$$

sodass in der Tat $\big[\mathbf{E}\big] = \big[c\mathbf{B}\big]$ gilt. Wir verwendeten $[I] = \frac{[\text{Ladung}]}{[\text{Zeit}]}$. Wir können $\mathbf{E}$ und $c\mathbf{B}$ daher auch *numerisch* miteinander vergleichen: Im Hinblick auf Anwendungen ist es wichtig, die typischen Größenordnungen der Feldstärken zu kennen. Die typische Stärke *elektrischer Felder* ist im Labor auf 10^7 - 10^8 V/m beschränkt. Starke *Magnetfelder* sind etwa im Bereich 3 - 30 T angesiedelt, sodass die Größe cB auf etwa 10^9 - 10^{10} Tm/s beschränkt ist. Hierbei gilt: 1 Tm/s = 1 V/m. In diesem Sinne sind starke Magnetfelder im Labor um einen Faktor 10^2 stärker als starke elektrische Felder. Wir werden im Folgenden (z. B. in den Abschnitten 1.6 und 5.4) allerdings feststellen, dass dies keineswegs bedeutet, dass das Magnetfeld $c\mathbf{B}$ in der Praxis immer über das elektrische Feld $\mathbf{E}$ dominiert.

Die Hauptgesetze (1.1) und (1.2) zeigen aber auch fundamentale Unterschiede zwischen den Größen $\mathbf{E}$ und $c\mathbf{B}$: Beispielsweise wird das $\mathbf{E}$-Feld in (1.1b) und (1.1c) unter orthogonalen Transformationen (d. h. unter Drehungen und Inversionen) genau wie der Ortsvektor $\mathbf{x}$ transformiert und stellt somit einen *echten Vektor* dar, während das $c\mathbf{B}$-Feld in (1.2b) wie das Kreuzprodukt der *echten* Vektoren $\mathbf{I}$ und $\mathbf{x}_\perp$ transformiert wird und somit einen *Pseudovektor* darstellt.

---

[9] Dies folgt z. B. daraus, dass man für eine Stromdichte $\mathbf{j}(\mathbf{x}') = I\hat{\mathbf{e}}_3\delta(x_1')\delta(x_2')$ mit $x_3' \in \mathbb{R}$ sofort Gleichung (8.1) von Lösung 1.1 für das $\mathbf{B}$-Feld und daher Gleichung (1.2b) erhält.

[10] Hierzu muss man anmerken, dass der Zusatzfaktor c in $c\mathbf{B}$ keine fundamentale Bedeutung hat, sondern vom Einheitensystem abhängt. Beispielsweise haben $\mathbf{E}$ und $\mathbf{B}$ im Gauß'schen Einheitensystem oder in Heaviside-Lorentz-Einheiten sogar genau dieselbe physikalische Dimension.

1.1.2 Licht: der sichtbare Teil des Spektrums

Wir setzen unseren kurzen historischen Überblick fort mit der Entstehungsgeschichte von Theorien über *Licht*. Spekulation über die *Natur*, den *Ursprung* und auch die *Geschwindigkeit* des Lichts gibt es schon seit der Antike. Überliefert sind z. B. Mutmaßungen hierzu von Empedokles, Aristoteles und Heron von Alexandria. Diese Ideen basierten jedoch auf vorgefertigten philosophischen Konzepten statt konkreter Experimente und hatten dementsprechend keinen klaren Bezug zur physikalischen Realität. Erst im Laufe der zweiten Hälfte des 17. Jahrhunderts wächst allmählich ein auf Experimente gestütztes Verständnis des Lichts. Diese neuen Erkenntnisse wurden sicherlich auch von technischen Innovationen [wie der Erfindung des *Teleskops*[11] (1608) und der Weiterentwicklung des *Mikroskops*[12] (ab etwa 1620)] sowie von immer genaueren astronomischen Beobachtungen stimuliert.

Lichtgeschwindigkeit Die *Endlichkeit* der Lichtgeschwindigkeit wurde erstmals 1676 experimentell vom dänischen Astronomen Ole Rømer anhand der Variabilität im Auftreten der Verfinsterungen des Jupitermondes Io nachgewiesen. Hieraus und aus dem von Giovanni Domenico Cassini gemessenen Radius der Erdbahn um die Sonne[13] konnte Christiaan Huygens 1678 die Lichtgeschwindigkeit auch *quantitativ* berechnen, siehe die Refn. [2, 20, 21]. Das Ergebnis dieser Messung der Lichtgeschwindigkeit, etwa $16\frac{2}{3}$ Erddurchmesser pro Sekunde, war größenordnungsmäßig korrekt, aber aufgrund von Ungenauigkeiten in Rømers Daten um etwa 29 % zu niedrig. Ein deutlich genauerer Wert für die Lichtgeschwindigkeit wurde ab 1725 vom englischen Astronomen James Bradley im Rahmen seiner Messung der Aberration von Sternenlicht bestimmt.[14]

Natur des Lichts Die *Natur* des Lichts wurde erstmals 1690 von Christiaan Huygens in seiner *Traité de la Lumière* [20, 21] geklärt, indem er Licht aufgrund seiner Experimente an der Doppelbrechung des „Islandspats“ (Calcit) als *Wellenphänomen* identifizierte. Die wellenartige Ausbreitung des Lichts im dreidimensionalen Raum wird daher als das *Huygens'sche Prinzip* bezeichnet.[15] Die 1690 in der *Traité* publizierte Interpretation des Lichts als *Welle* ging allerdings zurück auf Experimente, die Huygens bereits 1677 durchgeführt hatte. In Huygens' Arbeit fehlt noch das Konzept der *transversalen* Wellenausbreitung mit zwei unterschiedlichen Polarisationsvektoren und auch der Nachweis von *Interferenz*. Diese zwei Aspekte wurden erst 1801 vom englischen Physiker Thomas Young sowie ab 1816 vom französischen Zivilingenieur Augustin-Jean Fresnel gezeigt, siehe die Refn. [2, 44].

Ein weiterer wichtiger Beitrag zur Untersuchung der *Natur* des Lichts stammt von Isaac Newton, der zeigte, dass Licht in *Farben* zerlegt werden kann und diese Farben eine inhärente Eigenschaft des *Lichts* (und nicht eine *Material*eigenschaft)

[11] Als Erfinder des Teleskops wird der Brillenmacher Hans Lipperhey aus Middelburg genannt.

[12] Die Entwicklung des Mikroskops ist in mehreren Stufen erfolgt. Zu dieser Entwicklung haben u. a. der Brillenmacher Sacharias Jansen aus Middelburg, Antoni van Leeuwenhoek aus Delft sowie später auch der exzellente Linsenschleifer Baruch de Spinoza aus Amsterdam beigetragen.

[13] Der beste vorher bekannte Wert für den Radius der Erdbahn war die Schätzung 0,63 AE durch Jeremiah Horrocks (1618–1641), die auf astronomischen Beobachtungen des Venusdurchgangs im Jahre 1639 basierte. Horrocks' Arbeit war auch für Isaac Newton hilfreich, siehe Ref. [32].

[14] Die Aberration von Sternenlicht wird z. B. in Abschnitt [5.6.2] von Ref. [11] behandelt.

[15] Auf das Huygens'sche Prinzip gehen wir in Abschnitt [2.4.2] näher ein, siehe Seite 71.

darstellen. Newton hat ab 1666 viele Experimente zur Optik durchgeführt, deren Ergebnisse allerdings erst viel später, nämlich 1704, in seinem Werk *Opticks* [33] publiziert wurden.[16] Die *Erklärung* für das Auftreten von Farben aufgrund ihrer unterschiedlichen Wellenlängen wurde erst etwa ein Jahrhundert nach der Veröffentlichung der *Opticks* von Young und Fresnel geliefert.[17]

Ursprung des Lichts Die genaue wissenschaftliche Erklärung für den *Ursprung*, d. h. für die *Entstehung* des Lichts, ist weitaus weniger elementar und konnte erst im Laufe des 20. Jahrhunderts im Rahmen der *Quantentheorie* befriedigend geklärt werden. Die Beschreibung von Licht als ein *Quantenfeld*, das aus *Photonen* besteht, die durch Wechselwirkung mit Materie erzeugt und vernichtet werden, ist naturgemäß nur im Rahmen einer *Quanten*elektrodynamik adäquat möglich. Die explizite Berücksichtigung der Wechselwirkung von elektromagnetischer Strahlung mit Materie ist mittlerweile in fast allen Bereichen der modernen Physik essentiell oder zumindest sehr wichtig.

1.1.3 Synthese: die Geburt des *Elektromagnetismus*

Die *Dynamik* (also die Beschreibung der *Zeitabhängigkeit*) elektromagnetischer Phänomene und somit die Verschmelzung von Elektrizität, Magnetismus und Licht wurde hauptsächlich von vier Forschern begründet: Hans Christian Ørsted machte 1820 die wichtige Entdeckung, dass elektrische Ströme Magnetfelder hervorrufen.[18] Diese Entdeckung war deshalb so wichtig, da sie erstmals zeigte, dass die Phänomene Elektrizität und Magnetismus *miteinander gekoppelt* sind.

Neben Hans Christian Ørsted hat sich auch André-Marie Ampère um die Klärung der Beziehung zwischen Elektrizität und Magnetismus sehr verdient gemacht, da er den von Ørsted publizierten Effekt in den Monaten und Jahren danach genau quantifiziert, formalisiert und systematisch untersucht hat.

Michael Faraday zeigte daraufhin 1831, dass bei Ørsteds Entdeckung auch der umgekehrte Effekt gewissermaßen zutrifft: Zeitlich veränderliche Magnetfelder induzieren Ströme in geschlossenen Leiterschleifen.

Schließlich fasste James Clerk Maxwell[19] die bisherigen Einsichten 1864 in den nach ihm benannten mathematischen Gleichungen zusammen[20], siehe Ref. [7]. Auf-

[16] Isaac Newton hat sich früh in seiner Karriere auf eine Interpretation des Lichts als *Teilchenstrom* festgelegt und ist auch bis zur Publikation von *Opticks* (1704) nicht davon abgerückt. Dies ist verwunderlich, da er 1704 schon seit mindestens 15 Jahren gut mit Huygens' Wellentheorie vertraut war und z. B. auch selbst Experimente zur Doppelbrechung durchgeführt hat, siehe die Refn. [2, 46]. Es ist auch deshalb bedauerlich, weil Newtons großes wissenschaftliches Renommee die Akzeptanz und Weiterentwicklung der Welleninterpretation des Lichts stark verzögert hat.

[17] Ein empfehlenswertes Buch über Theoretische Optik ist Ref. [40]. Der Autor geht in seiner historischen Einführung speziell auch ausführlich auf Newtons Beiträge ein.

[18] Die gelegentlichen Berichte, dass Ørsted seine Entdeckung „rein zufällig“ gemacht habe oder „während einer Vorlesung“, sind offenbar nicht zutreffend. Die Genesis des *Elektromagnetismus* erfolgte nach jahrelangem Experimentieren. Bei seinem Schlüsselexperiment hatte Ørsted anscheinend bereits konkrete, teilweise korrekte Vorstellungen vom Ergebnis, siehe Ref. [3].

[19] Es ist kompliziert: James' Familienname lautet nicht *Maxwell*, sondern *Clerk Maxwell*. James' Vater John *Clerk* ergänzte seinen Namen um *Maxwell*, nachdem er 1793 die *Middlebie estate* von seiner Großmutter väterlicherseits, Dorothea *Clerk Maxwell*, geerbt hatte. Dorothea hatte dieses Grundeigentum von ihrer Mutter Agnes *Maxwell* geerbt, die es bei ihrer Ehe in die *Clerk*-Familie einbrachte. Der Name der „Gleichungen“ stammt also letztlich von James' Ururgroßmutter.

[20] Maxwells Arbeit *A Dynamical Theory of the Electromagnetic Field* wurde 1864 eingereicht, aber erst 1865 publiziert; elektromagnetische Wellen werden in *Part VI* der Arbeit diskutiert.

grund dieser Theorie machte er die Vorhersage, dass auch zeitlich veränderliche elektrische Felder Magnetfelder erzeugen. Eine weitere wichtige Vorhersage der Maxwell-Theorie ist die Existenz *elektromagnetischer Wellen*, die sich im Vakuum mit der Lichtgeschwindigkeit $c \equiv 299\,792\,458\,\mathrm{m/s}$ ausbreiten.[21]

Die Vereinigung der Felder

Bereits aus der expliziten Form der Maxwell-Gleichungen (siehe Abschnitt [1.2]) geht hervor, dass das elektrische Feld $\mathbf{E}$ und das Magnetfeld $c\mathbf{B}$ dynamisch untrennbar miteinander gekoppelt sind. Darüber hinaus wird in der relativistisch kovarianten Formulierung, die um die Wende zum 20. Jahrhundert von FitzGerald, Lorentz, Larmor, Poincaré, Einstein, Minkowski und vielen anderen erarbeitet wurde, deutlich, dass $\mathbf{E}$ und $c\mathbf{B}$ lediglich zwei Aspekte einer allgemeineren physikalischen Größe $F = (\mathbf{E}, c\mathbf{B})$ sind, die als *elektromagnetischer Feldtensor* bezeichnet wird und das *gesamte* elektromagnetische Feld beschreibt. In einer fundamentalen Theorie des Elektromagnetismus sind die Felder $\mathbf{E}$ und $c\mathbf{B}$ also untrennbar miteinander verknüpft und können daher nur *gemeinsam* behandelt werden.

Elektrodynamik: die Theorie von Maxwell und Lorentz

Die theoretische Beschreibung des zweiten Teils der Elektrodynamik, d. h. der *Dynamik von Ladungen und Strömen* in Anwesenheit von Feldern, wurde erst drei Jahrzehnte nach Maxwell (um 1895) von Hendrik Antoon Lorentz begründet, der sich auch um das Verständnis der Gesamttheorie und ihres Zusammenhangs sowie um den Nachweis ihrer „Lorentz-Kovarianz“ verdient gemacht hat. Die Formulierung der Maxwell-Gleichungen „im Vakuum“ sowie die Herleitung der Theorie „im Medium“ aus derjenigen „im Vakuum“ stammen von ihm.[22] Aus diesen Gründen wurde die moderne mikroskopische Beschreibung elektromagnetischer Phänomene von Einstein sogar gelegentlich als die „Maxwell-Lorentz-Gleichungen“ bezeichnet. Auch in der moderneren Literatur (siehe z. B. Ref. [42]) wird das mikroskopische elektromagnetische Feld gelegentlich als „Maxwell-Lorentz-Feld“ bezeichnet. Diese Begriffe haben sich in der Literatur jedoch nicht allgemein durchgesetzt.

1.2 Die Dynamik der Felder

In diesem Abschnitt präsentieren wir die *Maxwell-Gleichungen „im Vakuum“*, die eine fundamentale klassische Beschreibung der Dynamik elektromagnetischer Felder für vorgegebene Ladungsdichten sowie Ladungsstromdichten darstellen. Wir skizzieren die Basisideen („Postulate“), die den Maxwell-Gleichungen zugrunde liegen, und diskutieren ihre wichtigsten Eigenschaften und ihre Stellung innerhalb der Theoretischen Physik. Am Ende des Abschnitts skizzieren wir außerdem die Maxwell-Gleichungen „im Medium“, die als effektive Theorie durch eine räumliche Mittelung aus der fundamentalen Theorie „im Vakuum“ hergeleitet werden können.

[21] Maxwell war somit der erste, der eine klare, quantitative Beziehung zwischen den Phänomenen *Licht* und *Elektrizität und Magnetismus* herstellte und diese Konzepte vereinte. Seine Vorhersage der Existenz elektromagnetischer Wellen wurde 1887 von Heinrich Hertz verifiziert.

[22] Lorentz' Beiträge zur Speziellen Relativitätstheorie, insbesondere zur Formulierung der Dynamik geladener Teilchen im elektromagnetischen Feld (der „Lorentz'schen Bewegungsgleichung“) werden ausführlich in Ref. [11] behandelt. Ein Kompendium findet sich in Kapitel [3].

Die zentralen Ideen: zwei Postulate

Die Basisideen, die den Maxwell-Gleichungen zugrunde liegen, werden erst im Rahmen einer relativistischen Formulierung der Theorie vollständig transparent, wie z. B. in Kapitel [3] oder in Ref. [11] dargestellt.

Dennoch lassen sich die Grundideen auch jetzt schon in *vereinfachter* Form skizzieren: Bereits aufgrund der Form der Gesetze von Coulomb und Biot-Savart in Abschnitt [1.1.1] wissen wir, dass das **E**-Feld unter Drehungen und Spiegelungen wie ein *echter Vektor* und das $c\mathbf{B}$-Feld wie ein *Pseudovektor* transformiert wird. Aus Abschnitt [1.1.3] ist außerdem bekannt, dass die Felder **E** und $c\mathbf{B}$ lediglich zwei Bausteine eines allgemeineren *elektromagnetischen Feldtensors* $F = (\mathbf{E}, c\mathbf{B})$ sind. Das erste *Basisprinzip* oder *Postulat* der Theorie des Elektromagnetismus besagt nun, dass das elektromagnetische Feld in der Form $F = (\mathbf{E}, c\mathbf{B})$ durch die Anwesenheit *elektrisch* geladener Teilchen und durch entsprechende Teilchenströme erzeugt wird:

P1: Das elektromagnetische Feld $F = (\mathbf{E}, c\mathbf{B})$ hat als *Quellen* die *elektrischen* Ladungs- und Stromdichten der Teilchen.

Die Notation $(\mathbf{E}, c\mathbf{B})$ und das Konzept einer *Quelle* sowie die explizite Form des elektromagnetischen Feldtensors F werden alle in Abschnitt [3.7] präzise definiert.

Des Weiteren sollte man lediglich noch wissen, dass das elektromagnetische Feld in der relativistischen Beschreibung in *zwei Varianten* auftritt: Die eine Form ist der bereits bekannte elektromagnetische Feldtensor $F = (\mathbf{E}, c\mathbf{B})$. In der zweiten Variante $\tilde{F} = (c\mathbf{B}, -\mathbf{E})$ des elektromagnetischen Felds werden die Rollen des *echten* Vektors **E** und des *Pseudo*vektors $c\mathbf{B}$ vertauscht. Wie in Kapitel [3] gezeigt wird, hat diese Vertauschung zur Konsequenz, dass der *echte* Tensor F durch den *Pseudo*tensor $\tilde{F}$ ersetzt wird. Die zweite Variante $\tilde{F} = (c\mathbf{B}, -\mathbf{E})$ wird als der *duale* elektromagnetische Feldtensor bezeichnet. Aufgrund der vertauschten Rollen der *elektrischen* und *magnetischen* Felder würde man logischerweise erwarten, dass auch die Natur der *Quellen* sich ändert, sodass die Quellen von $\tilde{F}$ die anwesenden *magnetisch* geladenen Teilchen und die entsprechenden Teilchenströme sein sollten. Essentiell für die Elektrodynamik ist nun, dass solche *magnetischen* Ladungen und Ströme *nicht existieren*. Diese Nichtexistenz magnetischer Ladungen oder „Monopole" sowie der entsprechenden Ströme wird durch das zweite Postulat wie folgt ausgedrückt:

P2: Das *duale* elektromagnetische Feld $\tilde{F} = (c\mathbf{B}, -\mathbf{E})$ hat *keine* Quellen.

Auch die Notation $\tilde{F} = (c\mathbf{B}, -\mathbf{E})$ und die Eigenschaften dieses *dualen* elektromagnetischen Feldtensors werden in Abschnitt [3.7] im Detail behandelt.

Wir werden diese bisher noch *sehr* qualitative Skizze der Postulate im Folgenden immer weiter konkretisieren. Wir werden feststellen, dass die genaue Bedeutung der Postulate spätestens im Rahmen der relativistischen Behandlung der Elektrodynamik in Abschnitt [3.7] präzise definiert werden kann.

Dennoch ist bereits jetzt deutlich, dass das elektromagnetische Feld wirklich nur in *zwei* Varianten auftritt, da man bei einer *doppelten Vertauschung* der Felder

$\mathbf{E}$ und $c\mathbf{B}$, also bei: $(\mathbf{E}, c\mathbf{B}) \to (c\mathbf{B}, -\mathbf{E}) \to (-\mathbf{E}, -c\mathbf{B})$, das ursprüngliche elektromagnetische Feld wieder zurück erhält: $F \to \tilde{F} \to -F$. Da also wirklich nur *zwei* Varianten F und $\tilde{F}$ auftreten, bezeichnet man die Vertauschung der Rollen des *echten* Vektors $\mathbf{E}$ und des *Pseudo*vektors $c\mathbf{B}$ auch als *Dualitätstransformation*.

Die Maxwell-Gleichungen

Die Dynamik der elektromagnetischen Felder $\mathbf{E}$ und $c\mathbf{B}$ wird also für vorgegebene *elektrische* Ladungs- und Stromdichten durch die vier *Maxwell-Gleichungen* beschrieben. Wir präsentieren diese Gleichungen hier und diskutieren danach ihre Beziehung zu den beiden Postulaten **P1** und **P2**.

Die Form der Maxwell-Gleichungen „im Vakuum" ist geringfügig einfacher als diejenige „im Medium", auf die am Ende dieses Abschnitts näher eingegangen wird. Die Maxwell-Gleichungen *im Vakuum* lauten:

$$\boxed{\begin{array}{ll} \text{I.}\ \ \boldsymbol{\nabla}\cdot\mathbf{E} = \dfrac{1}{\varepsilon_0}\rho & \text{III.}\ \ \boldsymbol{\nabla}\times\mathbf{E} + \dfrac{\partial\mathbf{B}}{\partial t} = \mathbf{0} \\ \text{II.}\ \ \boldsymbol{\nabla}\cdot\mathbf{B} = 0 & \text{IV.}\ \ \boldsymbol{\nabla}\times\mathbf{B} - \varepsilon_0\mu_0\dfrac{\partial\mathbf{E}}{\partial t} = \mu_0\,\mathbf{j}\,. \end{array}} \tag{1.4}$$

Sie bestimmen die Zeitentwicklung des elektrischen Felds $\mathbf{E}(\mathbf{x}, t)$ und des Magnetfelds $\mathbf{B}(\mathbf{x}, t)$ für vorgegebene elektrische Ladungs- bzw. Stromdichten $\rho(\mathbf{x}, t)$ und $\mathbf{j}(\mathbf{x}, t)$. Da die Maxwell-Gleichungen (1.4) *linear* in ρ und $\mathbf{j}$ sind, gilt hierbei ein *Superpositionsprinzip*: Der Effekt einer Summe $\rho = \sum_i \rho_i$ bzw. $\mathbf{j} = \sum_i \mathbf{j}_i$ von Ladungs- und Stromdichten ist gleich der Summe der Effekte der einzelnen Dichten $(\rho_i, \mathbf{j}_i)$, falls hierbei zumindest auch die entsprechenden Anfangsbedingungen $\sum_i \mathbf{E}_i(\mathbf{x}, t_0)$ und $\sum_i \mathbf{B}_i(\mathbf{x}, t_0)$ berücksichtigt werden. Die SI-Konstanten ε_0 und μ_0 wurden bereits in Gleichung (1.2a) definiert; sie erfüllen die Beziehung $\varepsilon_0\mu_0 = c^{-2}$.

Beziehung zwischen den Maxwell-Gleichungen und den Postulaten

Bemerkenswert an den vier Maxwell-Gleichungen (1.4) ist vor allem, dass sie sich in *zwei Paare* unterteilen lassen, wobei ein Paar durch die beiden Gleichungen I und IV gebildet wird, die auf ihrer rechten Seite die elektrischen Ladungs- und Stromdichten ρ und $\mathbf{j}$ enthalten, und ein Paar durch die Gleichungen II und III, deren rechte Seiten keine entsprechenden Ladungs- oder Stromdichten aufweisen.

Wir konzentrieren uns zunächst auf die beiden Gleichungen I und IV in (1.4), deren rechte Seiten die Ladungs- und Stromdichten ρ und $\mathbf{j}$ enthalten. Um die unterschiedlichen Rollen der Felder $\mathbf{E}$ und $c\mathbf{B}$, die beide die physikalischen Dimension $\mathrm{V/m} = \mathrm{Tm/s}$ haben, besser vergleichen zu können, formulieren wir die Gleichungen I und IV um als

$$\text{I.}\ \ \boldsymbol{\nabla}\cdot\mathbf{E} = \frac{1}{\varepsilon_0 c}c\rho \quad , \quad \text{IV.}\ \ \boldsymbol{\nabla}\times(c\mathbf{B}) - \frac{\partial\mathbf{E}}{\partial(ct)} = \frac{1}{\varepsilon_0 c}\mathbf{j}\,. \tag{1.5a}$$

Wir verwendeten hierbei mehrmals die Beziehung $\varepsilon_0\mu_0 = c^{-2}$ und änderten die Zeitableitung in Gleichung IV in eine ct-Ableitung, damit sämtliche Ableitungen in (1.5a) die physikalische Dimension $[\text{Länge}]^{-1}$ haben. Da $\mathbf{E}$ und $c\mathbf{B}$ die gleiche physikalischen Dimension besitzen, folgt aus (1.5a) direkt, dass dies auch für die

Größen $c\rho$ und $\mathbf{j}$ gilt. Wir werden in Kapitel [3] feststellen, dass nicht nur die Felder $(\mathbf{E}, c\mathbf{B})$, sondern auch die elektrischen Dichten $(c\rho, \mathbf{j})$ in der Speziellen Relativitätstheorie untrennbar miteinander verknüpft sind. Die beiden Gleichungen I und IV in (1.5a) verkörpern zusammen das *erste* Postulat **P1**, denn sie beschreiben, wie die vorgegebenen *Quellen* $(c\rho, \mathbf{j})$ auf den beiden *rechten* Seiten die Dynamik der auf den beiden *linken* Seiten auftretenden Felder $(\mathbf{E}, c\mathbf{B})$ bestimmen.

Wir betrachten nun analog die beiden Gleichungen II und III in (1.4), deren *rechte* Seiten null sind und somit *keine* Quellen enthalten. Wir formulieren die Gleichungen wieder um, damit die unterschiedlichen Rollen von $\mathbf{E}$ und $c\mathbf{B}$ besser zur Geltung kommen:

$$\text{II.}\ \boldsymbol{\nabla} \cdot (c\mathbf{B}) = 0 \quad , \qquad \text{III.}\ \boldsymbol{\nabla} \times \mathbf{E} + \frac{\partial(c\mathbf{B})}{\partial(ct)} = \mathbf{0}\,. \tag{1.5b}$$

Die beiden Gleichungen II und III in (1.5b) folgen direkt aus den Gleichungen I und IV in (1.5a), indem man gleichzeitig die Felder $\mathbf{E}$ und $c\mathbf{B}$ vertauscht und die Quellen null setzt, also sowohl die Ersetzung $(\mathbf{E}, c\mathbf{B}) \to (c\mathbf{B}, -\mathbf{E})$ als auch $(c\rho, \mathbf{j}) \to (0, \mathbf{0})$ vornimmt. Insofern sind die beiden Gleichungen II und III in (1.5b) die Verkörperung des *zweiten* Postulats **P2**, denn sie beschreiben, wie die Dynamik des *dualen* elektromagnetischen Felds $\tilde{F} = (c\mathbf{B}, -\mathbf{E})$ quellenfrei erfolgt.

Die Ladungserhaltung

Die *Ladungserhaltung*, d. h. konkret die Erhaltung der im gesamten Ortsraum enthaltenen *elektrischen* Ladung, ist experimentell getestet und gilt als eins der fundamentalen Naturgesetze. Das Gesetz der Ladungserhaltung wird kompakt durch die folgende *Kontinuitätsgleichung* ausgedrückt, die die zeitliche Änderung der Ladungsdichte ρ mit der Divergenz der Stromdichte $\mathbf{j}$ verknüpft:

$$\boxed{\frac{\partial \rho}{\partial t} + \boldsymbol{\nabla} \cdot \mathbf{j} = 0\,.} \tag{1.6}$$

Die physikalische Bedeutung einer solchen Kontinuitätsgleichung wird klarer, wenn man sie über einen endlichen Raumbereich $\mathcal{D} \subset \mathbb{R}^3$ integriert. Man erhält dann die folgende Gleichung für die zeitliche Änderung der im Raumbereich $\mathcal{D}$ enthaltenen Ladung $Q_{\mathcal{D}}(t) \equiv \int_{\mathcal{D}} d^3x\ \rho(\mathbf{x}, t)$:

$$\frac{dQ_{\mathcal{D}}}{dt} = \frac{d}{dt}\int_{\mathcal{D}} d^3x\ \rho(\mathbf{x}, t) = \int_{\mathcal{D}} d^3x\ \frac{\partial \rho}{\partial t}(\mathbf{x}, t) = -\int_{\mathcal{D}} d^3x\ \boldsymbol{\nabla} \cdot \mathbf{j}(\mathbf{x}, t) = -\int_{\partial\mathcal{D}} d\mathbf{S} \cdot \mathbf{j}(\mathbf{x}, t)\,.$$

Im dritten Schritt wurde die Kontinuitätsgleichung (1.6) verwendet und im vierten der Gauß'sche Satz,[23] mit dessen Hilfe das Integral über den Raumbereich $\mathcal{D}$ in ein Integral über den Rand $\partial\mathcal{D}$ dieses Raumbereichs umgewandelt werden konnte. Hierbei ist das vektorielle Flächenelement durch $d\mathbf{S} = \hat{\mathbf{n}}\,dS$ mit $dS \equiv |d\mathbf{S}|$ und einem nach *außen* gerichteten Normalenvektor $\hat{\mathbf{n}}$ gegeben. Die Gleichung

$$\frac{dQ_{\mathcal{D}}}{dt} + \int_{\partial\mathcal{D}} d\mathbf{S} \cdot \mathbf{j}(\mathbf{x}, t) = 0 \tag{1.7}$$

[23] Siehe z. B. Kapitel 9 von Ref. [9] für eine ausführliche Diskussion des Gauß'schen Satzes.

besagt physikalisch, dass die im Raumbereich $\mathcal{D}$ enthaltene Ladung $Q_{\mathcal{D}}$ sich nur durch entsprechende *Ladungsströme* durch die Oberfläche von $\mathcal{D}$ ändern kann. Dies bedeutet, dass sämtliche Einzelladungen im Raum sich auf Bahnen bewegen, die stetige[24] (also *kontinuierliche*) Funktionen der Zeit sind. Die *Kontinuitäts*gleichung besagt daher, dass der Ladungsinhalt eines Raumbereichs sich *nur* durch den *kontinuierlich* verlaufenden Transport durch die Oberfläche ändern kann und *nicht* z. B. dadurch, dass Einzelladungen spontan erzeugt oder vernichtet werden oder unstetig von einem Ort im Raum zu einem entfernten Ort „springen" können. Der Raumbereich $\mathcal{D} \subset \mathbb{R}^3$ und die (grün dargestellten) über den Raum verteilten beweglichen Einzelladungen sowie die Stromdichte $\mathbf{j}$ durch die (rot dargestellte) Oberfläche $\partial\mathcal{D}$ von $\mathcal{D}$ sind zur Illustration in Abbildung 1.1 skizziert.

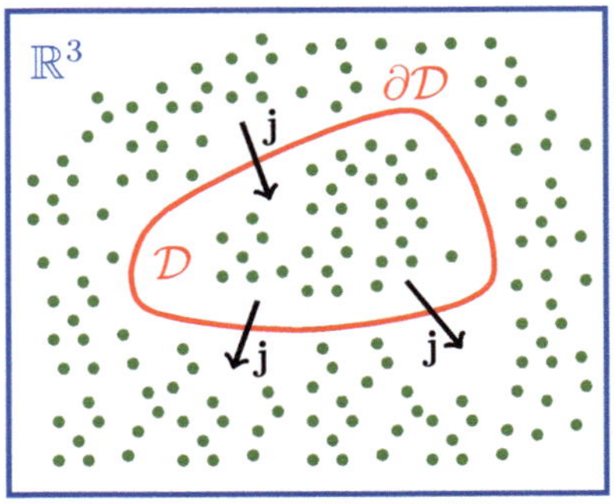

Abb. 1.1 Die zeitliche Bewegung der Einzelladungen erfolgt *kontinuierlich*

Die *Erhaltung der Gesamtladung* im ganzen Raum, $Q(t) \equiv \int_{\mathbb{R}^3} d^3x\ \rho(\mathbf{x},t)$, ergibt sich nun als Spezialfall von Gleichung (1.7), indem nicht über einen *endlichen* Raumbereich integriert wird, sondern über den gesamten Raum $\mathcal{D} = \mathbb{R}^3$:

$$\boxed{\frac{dQ}{dt} = \frac{d}{dt}\int_{\mathbb{R}^3} d^3x\ \rho(\mathbf{x},t) = (\cdots) = -\int_{\partial\mathbb{R}^3} d\mathbf{S}\cdot\mathbf{j}(\mathbf{x},t) \overset{!}{=} 0\ .}$$

Der letzte Schritt, d. h. $\frac{dQ}{dt} = (\cdots) = 0$, folgt daraus, dass der Rand $\partial\mathbb{R}^3$ des Ortsraums *im Unendlichen* liegt und die Stromdichte $\mathbf{j}(\mathbf{x},t)$ dort überall *null* ist. Durch Integration von $\frac{dQ}{dt} = 0$ erhält man dann sofort: $Q(t) = \text{konstant} = Q(t_0)$.

Wir werden das an sich naheliegende, aber wichtige Argument, dass die Felder, Ladungen und Ströme *im Unendlichen* null sind, im Folgenden übrigens öfter verwenden: Bei jedem Experiment, das zu einer *endlichen* Zeit $t_0 \neq -\infty$ in einem *endlichen* Raumbereich $\mathcal{D} \subset \mathbb{R}^3$ gestartet wird, sind die vom Experiment ausgehenden $(\mathbf{E},\mathbf{B})$-Felder sowie die erzeugten Ladungen und Ströme wegen der *Endlichkeit* der Lichtgeschwindigkeit *im Unendlichen* immer rigoros null.

Die Maxwell-Gleichungen erfordern die *Ladungserhaltung*!

Eine wichtige und grundlegende Eigenschaft der Maxwell-Gleichungen (1.4) ist, dass sie mit der *Ladungserhaltung* der Materie verträglich sind. Die Maxwell-Theorie hat nämlich die Kontinuitätsgleichung (1.6), die die Ladungserhaltung in differentieller Form darstellt, als *Lösbarkeitsbedingung*: Wäre die Ladungserhaltung verletzt, so hätten die Maxwell-Gleichungen *keine konsistente Lösung*. Dass Gleichung (1.6) im Rahmen der Maxwell-Theorie gelten *muss*, erkennt man durch

[24] Aufgrund der Lorentz'schen Bewegungsgleichung (siehe Abschnitt [1.6]) erwartet man sogar Teilchenbahnen, die zeitlich mindestens zweimal stetig differenzierbar sind, sodass $\mathbf{j}$ in (1.9) stetig differenzierbar und $\frac{\partial \mathbf{j}}{\partial t}$ in (1.14) als Funktion der Zeit stetig ist.

Einsetzen der *inhomogenen* Gleichungen I und IV in die linke Seite von (1.6):

$$\begin{aligned}\frac{\partial\rho}{\partial t}+\boldsymbol{\nabla}\cdot\mathbf{j}&=\frac{\partial}{\partial t}(\varepsilon_0\boldsymbol{\nabla}\cdot\mathbf{E})+\frac{1}{\mu_0}\boldsymbol{\nabla}\cdot\left(\boldsymbol{\nabla}\times\mathbf{B}-\varepsilon_0\mu_0\frac{\partial\mathbf{E}}{\partial t}\right)\\&=\varepsilon_0\frac{\partial}{\partial t}\boldsymbol{\nabla}\cdot\mathbf{E}-\varepsilon_0\boldsymbol{\nabla}\cdot\frac{\partial\mathbf{E}}{\partial t}=0\,.\end{aligned}\tag{1.8}$$

Im zweiten Schritt wurde die Identität $\boldsymbol{\nabla}\cdot(\boldsymbol{\nabla}\times\mathbf{B})=0$ verwendet und im dritten die Vertauschbarkeit von partiellen Ableitungen.

Gleichung (1.8) bedeutet physikalisch, dass die Existenz einer (stetig differenzierbaren) Lösung der Maxwell-Gleichungen die Ladungserhaltung erfordert. Die Ladungserhaltung ist also *nicht* eine Vorhersage der Maxwell-Gleichungen, sondern eine *Konsistenzbedingung*, die erfüllt sein *muss*, damit die Maxwell-Theorie physikalisch überhaupt akzeptabel ist.

Historisch interessant ist noch, dass die von Maxwell eingeführte „Verschiebungsstromdichte" $\varepsilon_0\frac{\partial\mathbf{E}}{\partial t}$ zwar wesentlich ist für den Nachweis (1.8), dass seine Theorie mit dem Gesetz der Ladungserhaltung verträglich ist. Von Maxwell selbst wurde die Verschiebungsstromdichte aber offenbar eher aus anderen Überlegungen (nämlich zur Herleitung von Wellengleichungen) eingeführt.

Die Maxwell-Gleichungen „im Vakuum" als *fundamentale* Theorie

Die Maxwell-Theorie „im Vakuum" ist im Gegensatz zu derjenigen „im Medium" eine *fundamentale*, *mikroskopische*, *klassische* Theorie. Dies bedeutet insbesondere, dass die *elektrisch geladene Materie*, die die Ladungsdichte $\rho(\mathbf{x},t)$ und die Ladungsstromdichte $\mathbf{j}(\mathbf{x},t)$ definiert, als aus klassischen *Punktteilchen* aufgebaut gedacht wird.[25] Diese klassischen Punktteilchen werden mathematisch mit Hilfe von *Deltafunktionen* beschrieben. Dementsprechend haben die Ladungs- und Stromdichten die Form

$$\boxed{\rho(\mathbf{x},t)=\sum_\nu q_\nu\,\delta\big(\mathbf{x}-\mathbf{x}_\nu(t)\big)\quad,\quad\mathbf{j}(\mathbf{x},t)=\sum_\nu q_\nu\dot{\mathbf{x}}_\nu(t)\,\delta\big(\mathbf{x}-\mathbf{x}_\nu(t)\big)\,,}\tag{1.9}$$

wobei ν die verschiedenen Punktteilchen indiziert und q_ν bzw. $\mathbf{x}_\nu(t)$ die Ladung und die Bahn des ν-ten Punktteilchens darstellen.

Wir lernen somit zweierlei: Einerseits ist klar, dass der Zusatz „im Vakuum" die Zeitentwicklung der elektromagnetischen Felder *im Vakuum* zwischen den klassischen Punktteilchen anzeigt. Andererseits basieren die Gleichungen (1.4) auf der Annahme, dass die Materie *klassisch* behandelt werden kann, d. h., dass die reale, *quantenmechanische* Zeitentwicklung approximativ durch *klassische* Bewegungsgleichungen ersetzt wird.[26]

Auch die Form (1.9) der Ladungs- und Stromdichten ist übrigens mit der La-

[25] Genau die gleiche Annahme wird auch in der Klassischen Mechanik gemacht. Das Konzept des *Punktteilchens* wird in diesem Kontext z. B. in Abschnitt 2.2 von Ref. [11] behandelt.

[26] Eine solche klassische Beschreibung ist möglich aufgrund des *Ehrenfest-Theorems* der Quantenmechanik, das zeigt, wie die Zeitentwicklung von *Erwartungswerten* relevanter Messgrößen approximativ mit Hilfe von klassischen Bewegungsgleichungen beschrieben werden kann.

dungserhaltung in der Form (1.6) verträglich, denn es gilt aufgrund der Kettenregel:

$$\begin{aligned}\frac{\partial\rho}{\partial t} &= \frac{\partial}{\partial t}\sum_\nu q_\nu\,\delta(\mathbf{x}-\mathbf{x}_\nu(t)) = -\sum_\nu q_\nu\dot{\mathbf{x}}_\nu(t)\cdot\boldsymbol{\nabla}\delta(\mathbf{x}-\mathbf{x}_\nu(t)) \\ &= -\boldsymbol{\nabla}\cdot\left[\sum_\nu q_\nu\dot{\mathbf{x}}_\nu(t)\,\delta(\mathbf{x}-\mathbf{x}_\nu(t))\right] = -\boldsymbol{\nabla}\cdot\mathbf{j}\,.\end{aligned} \tag{1.10}$$

Hierbei sollte man beachten, dass der $\boldsymbol{\nabla}$-Operator nur auf die $\mathbf{x}$-Abhängigkeit von Funktionen einwirkt[27] und nicht z. B. auf die rein zeitabhängige Bahn $\mathbf{x}_\nu(t)$ oder ihre Geschwindigkeit $\dot{\mathbf{x}}_\nu(t)$.

Die Dynamik der Ladungs- und Stromdichten wird in den Maxwell-Gleichungen als bekannt vorausgesetzt und kann *nicht* aus ihnen bestimmt werden. Falls die Ladungen und Ströme explizit durch $\mathbf{E}$ und $\mathbf{B}$ beeinflusst werden, ist die Maxwell-Theorie um weitere dynamische Gleichungen für ρ und $\mathbf{j}$ zu ergänzen. Hierauf gehen wir in Abschnitt [1.6] näher ein.

Elektromagnetische Wellen

Eine sehr wichtige Vorhersage der Maxwell-Theorie ist die Existenz *elektromagnetischer Wellen*, ein Phänomen, das 1887 tatsächlich von Heinrich Hertz experimentell nachgewiesen werden konnte. Aus den Maxwell-Gleichungen III, IV und II in (1.4) folgt mit Hilfe der allgemeinen Vektoridentität[28]

$$\boldsymbol{\nabla}\times(\boldsymbol{\nabla}\times\mathbf{a}) = \boldsymbol{\nabla}(\boldsymbol{\nabla}\cdot\mathbf{a}) - \Delta\mathbf{a} \tag{1.11}$$

nämlich die folgende inhomogene *Wellengleichung* für das Magnetfeld:

$$\frac{1}{c^2}\frac{\partial^2\mathbf{B}}{\partial t^2} = -\varepsilon_0\mu_0\boldsymbol{\nabla}\times\frac{\partial\mathbf{E}}{\partial t} = \boldsymbol{\nabla}\times(\mu_0\mathbf{j}-\boldsymbol{\nabla}\times\mathbf{B}) = \mu_0\boldsymbol{\nabla}\times\mathbf{j}+\Delta\mathbf{B}\,.$$

Im letzten Schritt wurden die Identität (1.11) und die zweite Maxwell-Gleichung $\boldsymbol{\nabla}\cdot\mathbf{B}=0$ verwendet. Mit Hilfe des *d'Alembert-Operators*

$$\boxed{\Box \equiv \frac{1}{c^2}\frac{\partial^2}{\partial t^2} - \Delta} \tag{1.12}$$

kann diese Wellengleichung auch kompakt als

$$\boxed{\Box\mathbf{B} = \mu_0\boldsymbol{\nabla}\times\mathbf{j}} \tag{1.13}$$

dargestellt werden. Analog folgt für das elektrische Feld aus den Maxwell-Gleichungen III, IV und I die Gleichung:

$$\begin{aligned}\frac{1}{c^2}\frac{\partial^2\mathbf{E}}{\partial t^2} &= \frac{\partial}{\partial t}(\boldsymbol{\nabla}\times\mathbf{B}-\mu_0\mathbf{j}) = -\boldsymbol{\nabla}\times(\boldsymbol{\nabla}\times\mathbf{E}) - \mu_0\frac{\partial\mathbf{j}}{\partial t} \\ &= \Delta\mathbf{E} - \boldsymbol{\nabla}(\boldsymbol{\nabla}\cdot\mathbf{E}) - \mu_0\frac{\partial\mathbf{j}}{\partial t} = \Delta\mathbf{E} - \frac{1}{\varepsilon_0}\boldsymbol{\nabla}\rho - \mu_0\frac{\partial\mathbf{j}}{\partial t}\,,\end{aligned}$$

[27]Die Wirkung des $\boldsymbol{\nabla}$-Operators auf die Deltafunktion in Integralen ist ähnlich definiert wie diejenige auf normale Funktionen: $\int d^3x\, f(\mathbf{x})\boldsymbol{\nabla}\delta(\mathbf{x}-\mathbf{x}_\nu(t)) = -\int d^3x\,\delta(\mathbf{x}-\mathbf{x}_\nu(t))(\boldsymbol{\nabla}f)(\mathbf{x})$.

[28]Siehe für die „doppelte Rotation" in der Vektoranalysis z. B. Formel (5.31) in Ref. [9].

die mit Hilfe des d'Alembert-Operators (1.12) auch kompakt geschrieben werden kann als:

$$\boxed{\Box \mathbf{E} = -\frac{1}{\varepsilon_0}\left(\boldsymbol{\nabla}\rho + \frac{1}{c^2}\frac{\partial \mathbf{j}}{\partial t}\right) .} \tag{1.14}$$

Die Gleichungen (1.13) und (1.14) zeigen, dass sowohl das **E**- als auch das **B**-Feld partielle Differentialgleichungen mit sehr ähnlicher Struktur erfüllen, die die Ausbreitung *elektromagnetischer Wellen* beschreiben und entsprechend als *inhomogene Wellengleichungen* bezeichnet werden. Die *Inhomogenitäten* auf der rechten Seite von (1.13) und (1.14) bedeuten physikalisch, dass die elektromagnetischen Wellen von den *Ladungen* und *Strömen* hervorgerufen werden, die somit als *Quellen* des elektromagnetischen Feldes wirken, im Einklang mit dem Postulat **P1**.

Bei der Interpretation von (1.13) und (1.14) als Beschreibung *elektromagnetischer Wellen* ist allerdings zu bedenken, dass die $(\mathbf{E}, \mathbf{B})$-Felder nicht komplett unabhängig voneinander sind, sondern durch die homogenen Maxwell-Gleichungen miteinander verknüpft sind.[29] Wir gehen in Abschnitt [1.4.2] näher hierauf ein und zeigen, dass elektromagnetische Wellen kompakt mit Hilfe eines *Vektorpotentials* beschrieben werden können. Die Wellengleichung für das Vektorpotential wird dann die Gleichungen (1.13) und (1.14) für die $(\mathbf{E}, \mathbf{B})$-Felder implizieren und bestätigen, dass diese in der Tat elektromagnetische Wellen beschreiben.

Die Maxwell-Gleichungen als Lorentz-kovariante *klassische Feldtheorie*

Zwei weitere Eigenschaften der Maxwell-Theorie sind fundamental wichtig.

Erstens sollte man beachten, dass die vier Maxwell-Gleichungen für die orts- und zeitabhängigen Felder $\mathbf{E}(\mathbf{x}, t)$ und $\mathbf{B}(\mathbf{x}, t)$ die Bewegungsgleichungen einer *klassischen Feldtheorie* sind. Hierbei stellen die Felder **E** und **B** für alle Orts- und Zeitkoordinaten $(\mathbf{x}, t)$ reellwertige *Vektoren* bzw. *Pseudovektoren* dar.[30] Anders als die Punktteilchen der Klassischen Mechanik sind die $(\mathbf{E}, \mathbf{B})$-Felder also nicht *räumlich lokalisiert*, sondern *über den gesamten Ortsraum ausgebreitet*. Hierbei ist allerdings zu bedenken, dass die Feldstärken $\mathbf{E}(\mathbf{x}, t)$ und $\mathbf{B}(\mathbf{x}, t)$ in gewissen Raumregionen durchaus *null* sein können. Beispielsweise sind bei jedem Experiment, das zu einer *endlichen* Zeit $t_0 \neq -\infty$ gestartet wird, wegen der Endlichkeit der Lichtgeschwindigkeit die erzeugten $(\mathbf{E}, \mathbf{B})$-Werte *im Unendlichen* immer rigoros null. Dieses Argument wurde bereits einmal vorher verwendet (siehe Seite 12).

Zweitens ist wichtig, dass die Maxwell-Theorie forminvariant unter der Lorentz- bzw. Poincaré-Gruppe ist, sodass ihre konsistente Behandlung nur im Rahmen einer *relativistischen* Elektrodynamik erfolgen kann.

Beide Aspekte, die klassische Feldtheorie und die Lorentz-Kovarianz, werden in den späteren Kapiteln [3] und [4] ausführlich behandelt.

---

[29] Beispielsweise ist aus den Gleichungen (1.13) und (1.14) *nicht* ersichtlich, dass die Fourier-transformierten $(\mathbf{E}, \mathbf{B})$-Felder *orthogonal* zueinander sind, siehe Übungsaufgabe 1.6.

[30] Das Verhalten von **E** und **B** unter Galilei- bzw. Lorentz-Transformationen ist bereits aus der Untersuchung der Lorentz-Kraft in der *Klassischen Mechanik* bekannt, siehe z. B. die Abschnitte 4.4.1 und 5.9 von Ref. [11]. Im *Quantenbereich*, also wenn die Dynamik einzelner Photonen und ihre Wechselwirkung mit geladenen Elementarteilchen relevant werden, sind die reellwertigen klassischen Felder **E** und **B** durch entsprechende hermitesche *Operatoren* zu ersetzen.

Was ist anders für die Maxwell-Theorie „im Medium"?

Die Maxwell-Gleichungen „im Medium" können durch eine *räumliche Mittelung*[31] aus den Gleichungen (1.4) „im Vakuum" hergeleitet werden und sind daher weniger fundamental als die Theorie „im Vakuum". Im Medium sind bei der Formulierung der Maxwell-Gleichungen auch die Effekte der Magnetisierung $\mathbf{M}$ und der Polarisation $\mathbf{P}$ der Materie zu berücksichtigen. Führt man zusätzliche Hilfsfelder $\mathbf{D} \equiv \varepsilon_0\mathbf{E} + \mathbf{P}$ und $\mathbf{H} \equiv \frac{1}{\mu_0}\mathbf{B} - \mathbf{M}$ ein, so erhalten die *inhomogenen* Maxwell-Gleichungen I und IV die kompakte Form:

$$\boxed{\text{I. } \boldsymbol{\nabla}\cdot\mathbf{D} = \rho \qquad \text{IV. } \boldsymbol{\nabla}\times\mathbf{H} - \frac{\partial\mathbf{D}}{\partial t} = \mathbf{j}\,.} \tag{1.15}$$

Da auch die Ladungsdichte ρ und die Stromdichte $\mathbf{j}$ in der Theorie „im Medium" *räumlich gemittelte* Größen darstellen, haben sie *nicht* die Form einer Überlagerung von Deltafunktionen, wie in (1.9), sondern sind *glatte* Funktionen der Raum-Zeit-Koordinaten. Die *homogenen* Gleichungen II und III behalten „im Medium" zwar die gleiche *Form* wie in (1.4), ihre *Interpretation* ändert sich aber durch die räumliche Mittelung erheblich.

Die Polarisation und die Magnetisierung des Mediums hängen in „linearen" Medien in einfacher, nämlich *linearer* Weise mit den Feldern $\mathbf{E}$ und $\mathbf{H}$ zusammen:

$$\mathbf{M} = \chi^{\mathrm{m}}\mathbf{H} \quad , \quad \frac{1}{\varepsilon_0}\mathbf{P} = \chi^{\mathrm{e}}\mathbf{E}\,, \tag{1.16}$$

wobei χ^{m} und χ^{e} als die magnetische bzw. dielektrische Suszeptibilität bezeichnet werden. Diese Suszeptibilitäten werden entsprechend durch hochgestellte Indizes „m" und „e" gekennzeichnet. Wir nehmen an, dass χ^{m} und χ^{e} zeit*un*abhängig sind. In allgemeinen, möglicherweise *anisotropen* Medien haben χ^{m} und χ^{e} die Form von (3×3)-Tensoren mit Tensorelementen χ^{m}_{ij} bzw. χ^{e}_{ij} und $i,j \in \{1,2,3\}$. Die Beziehungen zwischen den $(\mathbf{B},\mathbf{D})$- und den $(\mathbf{H},\mathbf{E})$-Feldern folgen dann als

$$\frac{1}{\mu_0}\mathbf{B} = (\mathbb{1}_3 + \chi^{\mathrm{m}})\mathbf{H} \equiv \mu_{\mathrm{r}}\mathbf{H} \quad , \quad \frac{1}{\varepsilon_0}\mathbf{D} = (\mathbb{1}_3 + \chi^{\mathrm{e}})\mathbf{E} \equiv \varepsilon_{\mathrm{r}}\mathbf{E} \tag{1.17a}$$

mit der *relativen* Permeabilität μ_{r} und der *relativen* Dielektrizitätskonstante (oder auch Permittivität) ε_{r}. In linearen Medien haben die inhomogenen Maxwell-Gleichungen „im Medium" und diejenigen „im Vakuum" also dieselbe Struktur: Es wird lediglich ε_0 durch $\varepsilon \equiv \varepsilon_{\mathrm{r}}\varepsilon_0$ und μ_0 durch $\mu \equiv \mu_{\mathrm{r}}\mu_0$ ersetzt, wobei $(\varepsilon_{\mathrm{r}}, \mu_{\mathrm{r}})$ und (ε, μ) nun allerdings im Allgemeinen *Tensoren* sind:[32]

$$\boxed{\text{I. } \boldsymbol{\nabla}\cdot(\varepsilon\mathbf{E}) = \rho \qquad \text{IV. } \boldsymbol{\nabla}\times\left(\mu^{-1}\mathbf{B}\right) - \varepsilon\frac{\partial\mathbf{E}}{\partial t} = \mathbf{j}\,.}$$

[31] Diese räumliche Mittelung erfolgt typischerweise über Bereiche mit einer linearen Ausdehnung von etwa 10^2 Å, wobei Details allerdings von der genauen Struktur des „Mediums" abhängen.

[32] In der Praxis können ε und μ kompliziert sein. Sie können orts- oder frequenzabhängig sein oder durch Faltungen im Ortsraum und in der Zeit ersetzt werden. Das Konzept eines *linearen* Mediums kann durch starke nichtlineare Effekte (wie z. B. Hysterese) sogar ungültig werden. Analoges gilt für σ in Gleichung (1.18).

Falls das Medium nicht nur *linear*, sondern auch *isotrop* ist und $(\chi^{\mathrm{m}}, \chi^{\mathrm{e}})$ skalare Größen darstellen, gelten die analogen Beziehungen:

$$\frac{1}{\mu_0}\mathbf{B} = (1+\chi^{\mathrm{m}})\mathbf{H} \equiv \mu_{\mathrm{r}}\mathbf{H} \quad , \quad \frac{1}{\varepsilon_0}\mathbf{D} = (1+\chi^{\mathrm{e}})\mathbf{E} \equiv \varepsilon_{\mathrm{r}}\mathbf{E} \; , \tag{1.17b}$$

in denen $(\varepsilon_{\mathrm{r}}, \mu_{\mathrm{r}})$ sowie $\varepsilon \equiv \varepsilon_{\mathrm{r}}\varepsilon_0$ und $\mu \equiv \mu_{\mathrm{r}}\mu_0$ nun einfach *Skalare* sind.[33]

Neben den beiden Materialgleichungen (1.16) für **M** und **P** wird die Maxwell-Theorie „im Medium" in *Leitern* noch um eine weitere Materialgleichung, das *Ohm'sche Gesetz*, ergänzt. Dieses Ohm'sche Gesetz beschreibt eine lineare Beziehung zwischen der Stromdichte **j** und dem elektrischen Feld **E**:

$$\boxed{\mathbf{j} = \sigma\mathbf{E} \; .} \tag{1.18}$$

In allgemeinen *anisotropen* Medien stellt σ wiederum einen (3×3)-Tensor dar. Falls das leitende Material nicht nur *linear*, sondern auch *isotrop* ist, hat σ *skalaren* Charakter. Die Proportionalitätskonstante σ wird dann als die *Leitfähigkeit* des isotropen Mediums bezeichnet.

Die Maxwell-Theorie „im Medium" und speziell die in materiellen Medien auftretenden *Wellenphänomene* werden in den Kapiteln [6] und [7] viel ausführlicher behandelt. Auch die Herleitung der Maxwell-Theorie „im Medium" aus der fundamentalen Theorie „im Vakuum" wird dort (in Abschnitt [6.5]) gezeigt.

In Abschnitt [1.1.3] wurde bereits darauf hingewiesen, dass die Theorie „im Medium" der dynamischen Theorie für das elektromagnetische Feld entspricht, die James Clerk Maxwell 1864 in seiner Originalarbeit publizierte. Historisch interessant ist noch, dass Maxwell die Gleichungen (1.15)-(1.18) in seiner Originalarbeit zunächst *komponentenweise* formuliert hat. Die moderne, kompakte Notation der Theorie „im Medium" unter Verwendung der Vektorschreibweise und Vektoranalysis geht auf den englischen Physiker Oliver Heaviside (1850–1925) zurück.

1.3 Die Maxwell-Gleichungen in Integralform

Wir zeigen nun, wie die Maxwell-Gleichungen „im Vakuum" mit Hilfe der Integralsätze von Gauß und Stokes in *Integralform* dargestellt werden können. Für gewisse Anwendungen bietet die Integralform Vorteile. Beispielsweise erleichtert sie den Vergleich mit *experimentellen Beobachtungen*, insbesondere mit den Gesetzen von Coulomb, Faraday und Ampère. Außerdem ist sie hilfreich bei der Untersuchung der *Dynamik der Teilchen*, wie in Abschnitt [1.6] gezeigt wird. Wir diskutieren die Integralform der Maxwell-Gleichungen in der kanonischen Reihenfolge I, II, III, IV.

[33] In *isotropen linearen* Medien sind die (3×3)-Tensoren χ^{m} und χ^{e} proportional zur Identität $\mathbb{1}_3$, sodass man in Gleichung (1.17a) ersetzen kann: $\chi^{\mathrm{m}} \to \bar{\chi}^{\mathrm{m}}\mathbb{1}_3$ und $\chi^{\mathrm{e}} \to \bar{\chi}^{\mathrm{e}}\mathbb{1}_3$, wobei $\bar{\chi}^{\mathrm{m}}$ und $\bar{\chi}^{\mathrm{e}}$ einkomponentige *skalare* Größen sind, d. h., sie sind *invariant* unter orthogonalen Transformationen. Analog gilt dann in (1.18): $\sigma \to \bar{\sigma}\mathbb{1}_3$. Der Einfachheit halber unterdrücken wir im Folgenden den Querstrich, $\bar{\chi}^{\mathrm{m,e}} \to \chi^{\mathrm{m,e}}$ und $\bar{\sigma} \to \sigma$, und bezeichnen auch die skalaren Suszeptibilitäten und die skalare Leitfähigkeit in isotropen linearen Medien als χ^{m}, χ^{e} bzw. σ.

Das Coulomb-Gesetz

Die Maxwell-Gleichung I in (1.4) stellt das Coulomb-Gesetz in verallgemeinerter Form dar. Dies sieht man mit Hilfe des Gauß'schen Satzes wie folgt ein:

$$\frac{1}{\varepsilon_0}\int_{\mathcal{D}} d^3x\ \rho(\mathbf{x},t) = \int_{\mathcal{D}} d^3x\ (\boldsymbol{\nabla}\cdot\mathbf{E})(\mathbf{x},t) = \int_{\partial\mathcal{D}} d\mathbf{S}\ \cdot\mathbf{E}(\mathbf{x},t)\ . \tag{1.19}$$

Die linke Seite dieser Gleichung stellt die im Raumbereich $\mathcal{D}$ enthaltene Gesamtladung (dividiert durch ε_0) dar, die rechte Seite enthält Information über das durch diese Ladung erzeugte elektrische Feld. Das vektorielle Flächenelement im Flächenintegral auf der rechten Seite hat wie üblich die Form $d\mathbf{S} = \hat{\mathbf{n}}\, dS$ mit $dS \equiv |d\mathbf{S}|$ und einem nach *außen* gerichteten Normalenvektor $\hat{\mathbf{n}}$.

Wir betrachten ein Beispiel: Für den Spezialfall einer Punktladung q_2 am Ort $\mathbf{x}_2$, d. h. für die Ladungsdichte $\rho(\mathbf{x},t) = q_2\delta(\mathbf{x}-\mathbf{x}_2)$, und eines Raumbereichs $\mathcal{D} = \{\mathbf{x}\,|\,|\mathbf{x}-\mathbf{x}_2| \leq x_{12}\}$ kann das elektrische Feld am Ort $\mathbf{x}_1$ mit $|\mathbf{x}_1 - \mathbf{x}_2| = x_{12}$ wegen der sphärischen Symmetrie des Problems recht einfach bestimmt werden:

$$\mathbf{E}(\mathbf{x}_1) = \frac{q_2}{4\pi\varepsilon_0 x_{12}^2}\hat{\mathbf{x}}_{12}\ . \tag{1.20}$$

Die Proportionalität des elektrischen Felds $\mathbf{E}$ zum Relativvektor $\hat{\mathbf{x}}_{12}$ folgt direkt daraus, dass dieses physikalische Problem (und daher auch seine Lösung) invariant unter einer Spiegelung an jeder Ebene durch die Verbindungslinie der beiden Punkte $\mathbf{x}_2$ und $\mathbf{x}_1$ ist. Die *Kraft* auf eine Ladung q_1 am Ort $\mathbf{x}_1$ folgt dann aus Gleichung (1.20) als: $\mathbf{F}_1 = q_1\mathbf{E}(\mathbf{x}_1) = \frac{q_1 q_2}{4\pi\varepsilon_0 x_{12}^2}\hat{\mathbf{x}}_{12}$, im Einklang mit dem Coulomb'schen Gesetz (1.1a) für eine Punktladung.

Die Nichtexistenz magnetischer Monopole

Die Maxwell-Gleichung II in (1.4) kann analog zur Herleitung des Coulomb-Gesetzes in Integralform, siehe Gleichung (1.19), geschrieben werden als

$$\int_{\partial\mathcal{D}} d\mathbf{S}\ \cdot\mathbf{B}(\mathbf{x},t) = 0 \qquad (\forall\mathcal{D}\subset\mathbb{R}^3)\ . \tag{1.21}$$

Die *Null* auf der rechten Seite von Gleichung (1.21) besagt physikalisch, dass die *magnetische Ladung* in jedem Raumbereich $\mathcal{D}$ exakt *null* ist. Die Maxwell-Theorie in ihrer Standardform (1.4) enthält also die physikalische Information, dass *keine* magnetischen Ladungen („Monopole“) und Ströme existieren, im Einklang mit Postulat **P2**.

Für die Existenz magnetischer Monopole gibt es bisher experimentell auch keinerlei Evidenz. Es ist jedoch formal recht einfach und theoretisch sehr interessant, die Maxwell-Theorie (1.4) im Vakuum so zu verallgemeinern, dass sie neben den elektrischen auch magnetische Ladungen und Ströme beschreiben kann. Eine derartige Verallgemeinerung der Theorie wurde 1931 von P. A. M. Dirac betrachtet, der sogar zeigen konnte, dass die Existenz solcher magnetischer „Dirac“-Monopole die Quantisierung der *elektrischen* Ladung implizieren würde. Die um Dirac-Monopole erweiterte Maxwell-Theorie wird in Anhang B dargestellt. Auch in Übungsaufgabe 1.2 gehen wir auf dieses Thema ein.

Das Faraday'sche Induktionsgesetz

Vergleicht man die Maxwell-Gleichungen III und IV in (1.4), so fällt sofort auf, dass die rechte Seite der *dritten* Gleichung eine *Null* enthält, während die rechte Seite der *vierten* Gleichung durch die elektrische Stromdichte $\mathbf{j}$ geprägt wird. Die Null auf der rechten Seite von Gleichung III ist wiederum eine Konsequenz des Postulats **P2** und bringt zum Ausdruck, dass magnetische Ladungen, die nicht existieren, logischerweise auch keine Stromdichte haben können.[34]

Um eine Integralform zu erhalten, kann man die dritte Maxwell-Gleichung in (1.4) über eine orientierte zweidimensionale Fläche $\mathcal{F} \subset \mathbb{R}^3$ mit dem Rand $\partial\mathcal{F}$ integrieren und mit Hilfe des Stokes'schen Satzes umformen:[35]

$$\frac{d}{dt}\int_{\mathcal{F}} d\mathbf{S} \ \cdot \mathbf{B}(\mathbf{x},t) = -\int_{\mathcal{F}} d\mathbf{S} \ \cdot (\boldsymbol{\nabla} \times \mathbf{E}) = -\oint_{\partial\mathcal{F}} d\mathbf{x} \ \cdot \mathbf{E}(\mathbf{x},t) \, . \tag{1.22}$$

Gleichung (1.22) besagt physikalisch, dass die zeitliche Änderung des magnetischen Flusses durch die Fläche $\mathcal{F}$ eine Induktionsspannung in der Schleife $\partial\mathcal{F}$ hervorruft und somit einen *Strom*, falls sich auf dieser Schleife ein Stromkreis befindet. Wählt man also die Fläche $\mathcal{F}$ derart, dass ihr Rand $\partial\mathcal{F}$ in der Tat genau mit einer geschlossenen Leiterschleife zusammenfällt, so entspricht die Integralform der dritten Maxwell-Gleichung dem *Faraday'schen Induktionsgesetz*.

Das Ampère'sche Durchflutungsgesetz

Analog zur Herleitung des Faraday'schen Induktionsgesetzes, siehe Gleichung (1.22), erhält man aufgrund der vierten Maxwell-Gleichung in (1.4):

$$\mu_0 \int_{\mathcal{F}} d\mathbf{S} \ \cdot \left(\mathbf{j} + \varepsilon_0 \frac{\partial \mathbf{E}}{\partial t}\right) = \int_{\mathcal{F}} d\mathbf{S} \ \cdot (\boldsymbol{\nabla} \times \mathbf{B}) = \oint_{\partial\mathcal{F}} d\mathbf{x} \ \cdot \mathbf{B} \, . \tag{1.23}$$

Hierbei wird $\varepsilon_0 \int_{\mathcal{F}} d\mathbf{S} \ \cdot \frac{\partial \mathbf{E}}{\partial t}$ als *Maxwell'scher Verschiebungsstrom* bezeichnet und stellt $\varepsilon_0 \frac{\partial \mathbf{E}}{\partial t}$ die entsprechende *Stromdichte* dar. Der Beitrag $\varepsilon_0 \frac{\partial \mathbf{E}}{\partial t}$ zu den Maxwell-Gleichungen ist unerlässlich, damit die Maxwell-Theorie mit der *Ladungserhaltung* verträglich ist; dies geht unmittelbar aus der Herleitung (1.8) hervor. Gleichung (1.23) zeigt, dass elektrische Ströme und zeitlich veränderliche elektrische Felder tatsächlich Magnetfelder hervorrufen, wie von Ørsted experimentell beobachtet und von Maxwell theoretisch vorhergesagt wurde. Gleichung (1.23) *ohne* den $\varepsilon_0 \frac{\partial \mathbf{E}}{\partial t}$-Term ist heute als „Ampère'sches Durchflutungsgesetz" bekannt, da Ampère den von Ørsted publizierten Effekt für den Fall *stationärer* Stromdichten systematisch experimentell und theoretisch untersucht hat.[36] Auch die Verallgemeinerung (1.23) *einschließlich* des Maxwell'schen Verschiebungsstroms wird gelegentlich als „Ampère'sches Durchflutungsgesetz" bezeichnet.

---

[34] Eine hypothetische Verallgemeinerung der Maxwell-Gleichungen (1.4), die auch magnetische Ladungen und Ströme enthält, wird in Anhang B und Übungsaufgabe 1.2 behandelt.

[35] Hierbei ist der Normalenvektor $\hat{\mathbf{n}}(\mathbf{x})$ der Fläche $\mathcal{F}$ gemäß der „Korkenzieherregel" mit dem Umlaufsinn des Rands $\partial\mathcal{F}$ verknüpft. Auch die Integration über orientierte Flächen und der Stokes'sche Satz werden in Kapitel 9 von Ref. [9] ausführlich behandelt.

[36] Das Ampère'sche Gesetz in *differentieller* Form lautet also $\boldsymbol{\nabla} \times \mathbf{B} = \mu_0 \mathbf{j}$ und gilt nur für *stationäre* Stromdichten: $\partial_t \mathbf{j} = \mathbf{0}$, und daher auch $\partial_t \mathbf{B} = \mathbf{0}$ sowie $\partial_t \mathbf{E} = \mathbf{0}$.

1.4 Elektromagnetische Potentiale

Aus den beiden *homogenen* Maxwell-Gleichungen II und III in (1.4), die „im Medium“ und „im Vakuum“ dieselbe Form (aber wegen der räumlichen Mittelung im Medium eine andere Interpretation) haben, folgt, dass die elektromagnetischen Felder **E** und **B** mit Hilfe von *Potentialen* Φ und **A** darstellbar sind:

$$\boxed{\mathbf{E} = -\boldsymbol{\nabla}\Phi - \frac{\partial \mathbf{A}}{\partial t} \quad , \quad \mathbf{B} = \boldsymbol{\nabla} \times \mathbf{A} \,.} \tag{1.24}$$

Dies wird in diesem Abschnitt gezeigt. Das Potential Φ wird hierbei als *skalares Potential* und **A** als *Vektorpotential* bezeichnet. Die Möglichkeit, die *sechs*komponentigen $(\mathbf{E}, \mathbf{B})$-Felder durch *vier*komponentige $(\Phi, \mathbf{A})$-Potentiale zu ersetzen, ist alleine schon deshalb sehr hilfreich, da sie die Dimensionalität des Problems und damit auch seine Komplexität deutlich verringert. Wir werden im Folgenden feststellen, dass man die Komplexität des Problems durch das Auferlegen einer *Eichung* sogar noch weiter reduzieren kann. Als Beispiel für eine solche Eichung betrachten wir in Abschnitt [1.4.1] speziell die *Coulomb-Eichung*, mit deren Hilfe in Abschnitt [1.4.2] eine Wellengleichung für das Vektorpotential **A** aufgestellt wird. Anschließend skizzieren wir, wie man solche Wellengleichungen konkret löst. Auf die Lösung von Wellengleichungen gehen wir in Kapitel [2] ausführlicher ein.

Zur *Existenz* der Potentiale Φ und A

Die *Existenz* der Potentiale Φ und **A** folgt direkt aus den *homogenen* Maxwell-Gleichungen II und III in (1.4) und ist daher eine Konsequenz der *Nicht-Existenz* magnetischer Monopole. Um die Existenz dieser Potentiale nachzuweisen, wird im Folgenden mehrmals die uns bereits aus der Klassischen Mechanik bekannte Identität $\Delta\left(-\frac{1}{4\pi x}\right) = \delta(\mathbf{x})$ verwendet.[37] Wir zeigen die Existenz der Potentiale Φ und **A** auf dem *unendlichen Raum* $\mathbb{R}^3$, wobei die Randbedingung im Unendlichen ($|\mathbf{x}| \to \infty$) für diese Potentiale $\Phi \to 0$ und $\mathbf{A} \to \mathbf{0}$ lautet.

Wir zeigen zuerst die Existenz eines Vektorpotentials **A**. Die Maxwell-Gleichung II in (1.4), also $\boldsymbol{\nabla} \cdot \mathbf{B} = 0$, impliziert nämlich

$$\mathbf{B}(\mathbf{x}, t) = \boldsymbol{\nabla} \times \int d^3x' \, \frac{(\boldsymbol{\nabla} \times \mathbf{B})(\mathbf{x}', t)}{4\pi\,|\mathbf{x} - \mathbf{x}'|} \,, \tag{1.25a}$$

sodass das Magnetfeld tatsächlich in der Form

$$\mathbf{B} = \boldsymbol{\nabla} \times \mathbf{A} \quad \text{mit} \quad \mathbf{A}(\mathbf{x}, t) = \int d^3x' \, \frac{(\boldsymbol{\nabla} \times \mathbf{B})(\mathbf{x}', t)}{4\pi\,|\mathbf{x} - \mathbf{x}'|} \tag{1.25b}$$

darstellbar ist. Gleichung (1.25a) lässt sich für ein divergenzfreies **B**-Feld leicht mit Hilfe der Identität $\Delta\left(-\frac{1}{4\pi x}\right) = \delta(\mathbf{x})$ beweisen. Umgekehrt impliziert die Beziehung $\mathbf{B} = \boldsymbol{\nabla} \times \mathbf{A}$ zwischen Magnetfeld und Vektorpotential $\boldsymbol{\nabla} \cdot \mathbf{B} = \boldsymbol{\nabla} \cdot (\boldsymbol{\nabla} \times \mathbf{A}) = 0$, sodass wir folgern können, dass die beiden Aussagen $\boldsymbol{\nabla} \cdot \mathbf{B} = 0$ und $\mathbf{B} = \boldsymbol{\nabla} \times \mathbf{A}$

[37] Die Identität $\Delta\left(-\frac{1}{4\pi x}\right) = \delta(\mathbf{x})$ wird in Anhang A von Ref. [11] nachgewiesen und besagt, dass die *Grundlösung* der dreidimensionalen Laplace-Gleichung durch $-\frac{1}{4\pi x}$ gegeben ist. Die Herleitung der Gleichungen (1.25a), (1.26a) sowie des allgemeinen Helmholtz'schen Satzes (1.27a) aus dieser Identität ist in Aufgabe 5.1 von Ref. [11] und der entsprechenden Lösung enthalten.

tatsächlich *äquivalent* sind. Hiermit ist die *Existenz* des Vektorpotentials $\mathbf{A}$ in (1.24) nachgewiesen. Außerdem zeigt Gleichung (1.25b), dass $\mathbf{A}(\mathbf{x},t) \to 0$ gilt für $|\mathbf{x}| \to \infty$, da das $\mathbf{B}$-Feld im Unendlichen null ist.

Wir zeigen nun die Existenz eines skalaren Potentials Φ. Durch Einsetzen der Beziehung $\mathbf{B} = \boldsymbol{\nabla} \times \mathbf{A}$ in Maxwell-Gleichung III, also $\boldsymbol{\nabla} \times \mathbf{E} + \frac{\partial \mathbf{B}}{\partial t} = \mathbf{0}$, ergibt sich

$$\boldsymbol{\nabla} \times \left(\mathbf{E} + \frac{\partial \mathbf{A}}{\partial t} \right) = \mathbf{0} ,$$

sodass die Größe $\mathbf{e} \equiv \mathbf{E} + \frac{\partial \mathbf{A}}{\partial t}$ die Gleichung $\boldsymbol{\nabla} \times \mathbf{e} = \mathbf{0}$ erfüllt. Nun impliziert die Beziehung $\boldsymbol{\nabla} \times \mathbf{e} = \mathbf{0}$ aber generell:

$$\mathbf{e}(\mathbf{x},t) = -\boldsymbol{\nabla} \int d^3x' \, \frac{(\boldsymbol{\nabla} \cdot \mathbf{e})(\mathbf{x}',t)}{4\pi\,|\mathbf{x}-\mathbf{x}'|} , \tag{1.26a}$$

sodass $\mathbf{e}$ in der Form

$$\mathbf{e} = \mathbf{E} + \frac{\partial \mathbf{A}}{\partial t} = -\boldsymbol{\nabla}\Phi \quad \text{mit} \quad \Phi(\mathbf{x},t) = \int d^3x' \, \frac{(\boldsymbol{\nabla} \cdot \mathbf{e})(\mathbf{x}',t)}{4\pi\,|\mathbf{x}-\mathbf{x}'|} \tag{1.26b}$$

darstellbar ist. Es gilt $\Phi(\mathbf{x},t) \to 0$ für $|\mathbf{x}| \to \infty$. Gleichung (1.26a) folgt für wirbelfreie $\mathbf{e}$-Felder ebenfalls aus der Identität $\Delta\left(-\frac{1}{4\pi x}\right) = \delta(\mathbf{x})$, siehe Fussnote 37. Umgekehrt folgt aus $\mathbf{e} = -\boldsymbol{\nabla}\Phi$ direkt $\boldsymbol{\nabla} \times \mathbf{e} = -\boldsymbol{\nabla} \times (\boldsymbol{\nabla}\Phi) = \mathbf{0}$, sodass die beiden Formen $\boldsymbol{\nabla} \times \mathbf{e} = \mathbf{0}$ und $\mathbf{e} = -\boldsymbol{\nabla}\Phi$ äquivalent sind. Hiermit ist auch die *Existenz* des skalaren Potentials Φ in (1.24) gezeigt.

Analog beweist man als Verallgemeinerung von (1.25) und (1.26) und wiederum mit Hilfe der Identität $\Delta\left(-\frac{1}{4\pi x}\right) = \delta(\mathbf{x})$ den *Helmholtz'schen Satz* für ein beliebiges Vektorfeld $\mathbf{a}(\mathbf{x},t)$:

$$\boxed{\mathbf{a}(\mathbf{x},t) = -\boldsymbol{\nabla} \int d^3x' \, \frac{(\boldsymbol{\nabla} \cdot \mathbf{a})(\mathbf{x}',t)}{4\pi\,|\mathbf{x}-\mathbf{x}'|} + \boldsymbol{\nabla} \times \int d^3x' \, \frac{(\boldsymbol{\nabla} \times \mathbf{a})(\mathbf{x}',t)}{4\pi\,|\mathbf{x}-\mathbf{x}'|} .} \tag{1.27a}$$

Hierbei bedeutet „beliebig", dass das Vektorfeld $\mathbf{a}(\mathbf{x},t)$ stetig differenzierbar und integrierbar sein soll und für $|\mathbf{x}| \to \infty$ hinreichend schnell abfällt, damit die Integrale auf der rechten Seite in (1.27a) existieren und konvergieren. Der Helmholtz'sche Satz besagt also, dass ein solches Vektorfeld im dreidimensionalen Raum immer in der Form $\mathbf{a} = \boldsymbol{\nabla} a_0 + \boldsymbol{\nabla} \times \mathbf{a}_1$ mit

$$a_0(\mathbf{x},t) \equiv -\int d^3x' \, \frac{(\boldsymbol{\nabla} \cdot \mathbf{a})(\mathbf{x}',t)}{4\pi\,|\mathbf{x}-\mathbf{x}'|} \quad , \quad \mathbf{a}_1(\mathbf{x},t) \equiv \int d^3x' \, \frac{(\boldsymbol{\nabla} \times \mathbf{a})(\mathbf{x}',t)}{4\pi\,|\mathbf{x}-\mathbf{x}'|} , \tag{1.27b}$$

d. h. als Summe eines *wirbel-* und eines *divergenzfreien* Anteils darstellbar ist.[38]

Mögliche Eichtransformationen

Das Vektorpotential $\mathbf{A}$ und das skalare Potential Φ in (1.24) sind *nicht eindeutig* durch die Felder $\mathbf{E}$ und $\mathbf{B}$ bestimmt. Aus der Beziehung $\mathbf{B} = \boldsymbol{\nabla} \times \mathbf{A}$ zwischen

[38] Sämtliche Integrale der Form $\int d^3x' \, (\cdots)$ in den Gleichungen (1.25), (1.26) und (1.27) sind übrigens im mathematischen Sinne *uneigentlich*, d. h. Grenzfälle von Riemann-Integralen, da der Integrationsbereich den ganzen Ortsraum umfasst und der Integrand in $\mathbf{x}' = \mathbf{x}$ singulär ist.

dem Magnetfeld und dem Vektorpotential ist klar, dass man zu $\mathbf{A}$ einen beliebigen Gradienten addieren kann, ohne das $\mathbf{B}$-Feld zu ändern. Damit auch das $\mathbf{E}$-Feld invariant bleibt, muss zu Φ eine entsprechende Zeitableitung addiert werden. Die beiden alternativen Potentiale $(\widetilde{\mathbf{A}}, \widetilde{\Phi})$ mit den Definitionen

$$\boxed{\widetilde{\mathbf{A}} = \mathbf{A} - \frac{1}{c}\boldsymbol{\nabla}\Lambda \quad \text{und} \quad \widetilde{\Phi} = \Phi + \frac{1}{c}\frac{\partial\Lambda}{\partial t}} \tag{1.28}$$

beschreiben also dieselben physikalischen Felder $\mathbf{E}$ und $\mathbf{B}$ wie die Potentiale $(\mathbf{A}, \Phi)$:

$$\widetilde{\mathbf{B}} = \boldsymbol{\nabla} \times \widetilde{\mathbf{A}} = \boldsymbol{\nabla} \times \left(\mathbf{A} - \frac{1}{c}\boldsymbol{\nabla}\Lambda\right) = \boldsymbol{\nabla} \times \mathbf{A} = \mathbf{B}$$

$$\widetilde{\mathbf{E}} = -\boldsymbol{\nabla}\widetilde{\Phi} - \frac{\partial\widetilde{\mathbf{A}}}{\partial t} = -\boldsymbol{\nabla}\left(\Phi + \frac{1}{c}\frac{\partial\Lambda}{\partial t}\right) - \frac{\partial}{\partial t}\left(\mathbf{A} - \frac{1}{c}\boldsymbol{\nabla}\Lambda\right) = -\boldsymbol{\nabla}\Phi - \frac{\partial\mathbf{A}}{\partial t} = \mathbf{E}\,.$$

Bei der Definition der Eichtransformation in (1.28) beschränkt man sich in der Regel auf Eichfunktionen Λ, die im Unendlichen gegen null streben, sodass für Potentiale mit der Eigenschaft $(\mathbf{A}, \Phi) \to (\mathbf{0}, 0)$ für $|\mathbf{x}| \to \infty$ auch $(\widetilde{\mathbf{A}}, \widetilde{\Phi}) \to (\mathbf{0}, 0)$ gilt. Die Invarianz der Maxwell-Theorie unter Eichtransformationen der Form (1.28) ist eng mit dem Gesetz der Ladungserhaltung verknüpft, wie bei der Behandlung der formalen Struktur der Maxwell-Theorie in Abschnitt [4.2.1] gezeigt wird.

Die Invarianz der $(\mathbf{E}, \mathbf{B})$-Felder unter Eichtransformationen ergibt außerdem die Möglichkeit, die Potentiale $(\mathbf{A}, \Phi)$ durch weitere Bedingungen einzuschränken, die als *Eichungen* bezeichnet werden. Dies kann in konkreten Berechnungen sehr vorteilhaft sein. Grundsätzlich kann man nur *eine* solche Zusatzbedingung fordern, da nur eine einzige Funktion Λ für Eichtransformationen zur Verfügung steht.

Als Beispiel für eine mögliche Eichung möchten wir im nächsten Abschnitt [1.4.1] zunächst nur die sogenannte *Coulomb-Eichung* oder *Transversalitätsbedingung* behandeln. Es sind aber auch viele andere Eichungen denkbar, und einige davon haben sich in der Literatur etabliert. Beispielsweise spielt die *Lorenz-Eichung* eine sehr wichtige Rolle im Rahmen der *relativistischen* Behandlung der Elektrodynamik in Kapitel [4]; sie wird dort dann auch ausführlich zur Sprache kommen.

1.4.1 Die Coulomb-Eichung

Die *Eichfreiheit*, die durch die frei wählbare Funktion Λ in der Eichtransformation (1.28) gewährleistet wird, ermöglicht das Auferlegen zusätzlicher *Eichbedingungen* oder *Eichungen*. Wir möchten in diesem Abschnitt als Beispiel die sogenannte *Coulomb-Eichung* bzw. *Transversalitätsbedingung* diskutieren.

In der Coulomb-Eichung wird als Bedingung gefordert, dass das *Vektorpotential* $\mathbf{A}$ *divergenzfrei* sein soll:

$$\boxed{(\boldsymbol{\nabla} \cdot \mathbf{A})(\mathbf{x}, t) = 0\,.} \tag{1.29}$$

Aus dem Helmholtz'schen Satz in der Form (1.25a) oder (1.27a) erhält man dann direkt eine Integraldarstellung für das Vektorpotential $\mathbf{A}$, die auch als Beziehung zwischen **A** und dem Magnetfeld **B** geschrieben werden kann:

$$\mathbf{A}(\mathbf{x},t) = \boldsymbol{\nabla} \times \int d^3x' \, \frac{(\boldsymbol{\nabla} \times \mathbf{A})(\mathbf{x}',t)}{4\pi\,|\mathbf{x}-\mathbf{x}'|} = \boldsymbol{\nabla} \times \int d^3x' \, \frac{\mathbf{B}(\mathbf{x}',t)}{4\pi\,|\mathbf{x}-\mathbf{x}'|} \,. \tag{1.30}$$

Gleichung (1.30) löst zwar *nicht* das Problem der *Bestimmung* von **A** aus den Maxwell-Gleichungen (1.4), da in (1.4) nur die Ladungen und Ströme $(\rho, \mathbf{j})$ vorgegeben sind und nicht das (gerade zu bestimmende) **B**-Feld. Dennoch ist die Darstellung (1.30) für das Vektorpotential in der Coulomb-Eichung äußerst hilfreich: Erstens erfüllt **A** in (1.30) aufgrund der Rechenregel $\boldsymbol{\nabla} \cdot (\boldsymbol{\nabla} \times \mathbf{a}) = 0$ manifest die Coulomb-Eichung $\boldsymbol{\nabla} \cdot \mathbf{A} = 0$. Zweitens zeigt (1.30), dass jedes physikalisch realistische **B**-Feld [mit $\mathbf{B}(\mathbf{x},t) = \mathbf{0}$ für hinreichend große $|\mathbf{x}|$-Werte] durch ein Vektorpotential in der Coulomb-Eichung darstellbar ist. Drittens ist bereits aus der Konstruktion von **A** in (1.30) mit Hilfe des Helmholtz'schen Satzes klar, dass es keine weiteren Vektorpotentiale $\widetilde{\mathbf{A}} = \mathbf{A} - \frac{1}{c}\boldsymbol{\nabla}\Lambda$ geben kann, die die Coulomb-Eichung $\boldsymbol{\nabla} \cdot \widetilde{\mathbf{A}} = 0$ erfüllen *und* dasselbe **B**-Feld beschreiben. Dies folgt aber auch aus der Gleichungskette $0 = \boldsymbol{\nabla} \cdot \widetilde{\mathbf{A}} = \boldsymbol{\nabla} \cdot \mathbf{A} - \frac{1}{c}\Delta\Lambda = -\frac{1}{c}\Delta\Lambda$, da die einzige Eichfunktion Λ mit $\Delta\Lambda = 0$, die die Randbedingung $\Lambda = 0$ für $|\mathbf{x}| = \infty$ erfüllt, die Nullfunktion $\Lambda = 0$ ist; dies folgt direkt aus Gleichung (1.31), siehe unten.

Da für das *Vektor*potential **A** in (1.30) die Coulomb-Eichung $\boldsymbol{\nabla} \cdot \mathbf{A} = 0$ nun erfüllt ist, möchten wir in dieser Eichung als nächstes auch das *skalare* Potential Φ bestimmen. Hierzu betrachten wir die Divergenz des elektrischen Feldes: Diese ist einerseits gleich $\boldsymbol{\nabla}\cdot\mathbf{E} = \boldsymbol{\nabla}\cdot\left(-\boldsymbol{\nabla}\Phi - \frac{\partial \mathbf{A}}{\partial t}\right) = -\Delta\Phi$. Aufgrund der Maxwell-Gleichung I in (1.4) gilt andererseits $\boldsymbol{\nabla} \cdot \mathbf{E} = \frac{1}{\varepsilon_0}\rho$, sodass sich für das skalare Potential in der Coulomb-Eichung insgesamt eine *Poisson-Gleichung* ergibt:

$$\boxed{\Delta\Phi = -\frac{1}{\varepsilon_0}\rho \,.} \tag{1.31a}$$

Derartige Poisson-Gleichungen können mit den Standardmethoden der Mathematik explizit und eindeutig gelöst werden,[39] zumindest unter der physikalisch realistischen Forderung, dass $\Phi(\mathbf{x},t) \to 0$ gilt für $|\mathbf{x}| \to \infty$. Die Lösung zeigt, dass Φ vollständig durch die Ladungsdichte ρ bestimmt ist und die Form eines *instantanen* Coulomb-Potentials hat:

$$\boxed{\Phi(\mathbf{x},t) = \frac{1}{4\pi\varepsilon_0} \int d^3x' \, \frac{\rho(\mathbf{x}',t)}{|\mathbf{x}-\mathbf{x}'|} \,.} \tag{1.31b}$$

Hierbei bedeutet „instantan“, dass das skalare Potential $\Phi(\mathbf{x},t)$ durch die Ladungsdichte $\rho(\mathbf{x}',t)$ zur *selben* Zeit t bestimmt wird, auch wenn der Abstand $|\mathbf{x}-\mathbf{x}'|$ zwischen beiden Ortsvektoren groß sein sollte. Um nachzuweisen, dass das skalare Potential in (1.31b) in der Tat die Poisson-Gleichung (1.31a) erfüllt, benötigt man wiederum die wichtige Identität $\Delta\left(-\frac{1}{4\pi x}\right) = \delta(\mathbf{x})$, die in diesem Kontext lautet:

$$\boxed{\Delta \, \frac{1}{|\mathbf{x}-\mathbf{x}'|} = -4\pi\delta(\mathbf{x}-\mathbf{x}') \,.} \tag{1.32}$$

[39] Siehe z. B. Anhang A von Ref. [11].

Aus (1.31b) und (1.32) folgt nämlich:

$$(\Delta\Phi)(\mathbf{x},t) = \int d^3x' \, \frac{\rho(\mathbf{x}',t)}{4\pi\varepsilon_0}\Delta\frac{1}{|\mathbf{x}-\mathbf{x}'|} = -\int d^3x' \, \frac{\rho(\mathbf{x}',t)}{\varepsilon_0}\delta(\mathbf{x}-\mathbf{x}') = -\frac{\rho(\mathbf{x},t)}{\varepsilon_0} \, .$$

Für den Spezialfall eines *raumladungsfreien* Systems ($\rho = 0$) folgt aus (1.31), dass die eindeutige Lösung mit $\Phi(\mathbf{x},t) \to 0$ für $|\mathbf{x}| \to \infty$ durch die Nullfunktion $\Phi = 0$ gegeben ist. Hiermit sind $\mathbf{A}$ und Φ in der Coulomb-Eichung nun beide eindeutig bestimmt.

Die Coulomb-Eichung als „Transversalitätsbedingung“

Die Coulomb-Eichung hat den großen Vorteil, dass sie sich bei einer Fourier-Transformation bezüglich der *Ortsabhängigkeit* des Vektorpotentials physikalisch leicht interpretieren lässt. Die räumliche *Fourier-Transformation* $\mathbf{A}(\mathbf{x},t) \to \boldsymbol{\mathcal{A}}(\mathbf{k},t)$ mit der inversen Transformation $\boldsymbol{\mathcal{A}}(\mathbf{k},t) \to \mathbf{A}(\mathbf{x},t)$ ist definiert als

$$\boldsymbol{\mathcal{A}}(\mathbf{k},t) \equiv \int \frac{d^3x}{(2\pi)^{3/2}} \, e^{i\mathbf{k}\cdot\mathbf{x}}\mathbf{A}(\mathbf{x},t) \quad , \quad \mathbf{A}(\mathbf{x},t) = \int \frac{d^3k}{(2\pi)^{3/2}} \, e^{-i\mathbf{k}\cdot\mathbf{x}}\boldsymbol{\mathcal{A}}(\mathbf{k},t) \, . \tag{1.33}$$

Nach der Fourier-Transformation (1.33) erhält die Coulomb-Eichung $0 = \boldsymbol{\nabla}\cdot\mathbf{A}$ in (1.29) im $\mathbf{k}$-Raum die folgende Form:

$$\begin{aligned} 0 &= \int \frac{d^3x}{(2\pi)^{3/2}} \, e^{i\mathbf{k}\cdot\mathbf{x}}\boldsymbol{\nabla}\cdot\mathbf{A}(\mathbf{x},t) = \int \frac{d^3x}{(2\pi)^{3/2}} \left[\boldsymbol{\nabla}\cdot\left(e^{i\mathbf{k}\cdot\mathbf{x}}\mathbf{A}\right) - \mathbf{A}(\mathbf{x},t)\cdot\boldsymbol{\nabla}e^{i\mathbf{k}\cdot\mathbf{x}}\right] \\ &= \int_{\partial\mathbb{R}^3} d\mathbf{S}\cdot\frac{e^{i\mathbf{k}\cdot\mathbf{x}}\mathbf{A}(\mathbf{x},t)}{(2\pi)^{3/2}} - i\mathbf{k}\cdot\int \frac{d^3x}{(2\pi)^{3/2}} \, e^{i\mathbf{k}\cdot\mathbf{x}}\mathbf{A}(\mathbf{x},t) = -i\mathbf{k}\cdot\boldsymbol{\mathcal{A}}(\mathbf{k},t) \, . \end{aligned} \tag{1.34}$$

In der zweiten Zeile wurde im ersten Term der Gauß'sche Satz angewandt. Der letzte Schritt folgt aus der Definition (1.33) von $\boldsymbol{\mathcal{A}}$ und aus dem Verhalten von $\mathbf{A}(\mathbf{x},t)$ für $|\mathbf{x}| \to \infty$, das bewirkt, dass das Oberflächenintegral in (1.34) *null* ist, siehe Übungsaufgabe 1.3 für Details.

Der Ortsvektor $\mathbf{x}$ wird bei der Fourier-Transformation (1.33) also durch $\mathbf{k}$ ersetzt. Die dreidimensionale Variable $\mathbf{k}$ des Fourier-transformierten Vektorpotentials $\boldsymbol{\mathcal{A}}(\mathbf{k},t)$ ist hierbei als *Wellenvektor* zu interpretieren. Nach der Fourier-Transformation erfüllt das transformierte Vektorpotential $\boldsymbol{\mathcal{A}}$ in (1.34) die Bedingung $\mathbf{k}\cdot\boldsymbol{\mathcal{A}}(\mathbf{k},t) = 0$. Diese Orthogonalität des Vektorpotentials relativ zum Wellenvektor $\mathbf{k}$ erklärt die alternative Bezeichnung „Transversalitätsbedingung“ für die Coulomb-Eichung. Sie zeigt auch, dass nach der Fourier-Transformation vom ursprünglich *drei*dimensionalen Vektor $\mathbf{A}$ aufgrund der Coulomb-Eichung für alle $\mathbf{k} \neq \mathbf{0}$ effektiv nur noch *zwei* Komponenten unabhängig sind.

Auf die *Fourier-Transformation* (1.33) und die *inverse Fourier-Transformation* gehen wir in den Übungsaufgaben 1.4 und 1.5 näher ein. Wir betrachten dort allerdings eine Fourier-Transformation bzgl. der Zeitvariablen, aber die räumlichen Transformationen $\mathbf{A}(\mathbf{x},t) \leftrightarrow \boldsymbol{\mathcal{A}}(\mathbf{k},t)$ lassen sich vollkommen analog durchführen.

Die Coulomb-Eichung lässt sich immer realisieren!

Aufgrund von (1.30) ist bereits klar, dass es *immer* möglich ist, die Coulomb-Eichung (1.29) aufzuerlegen. In diesem Abschnitt zeigen wir, wie man die Coulomb-Eichung auch mit Hilfe einer *Eichtransformation* immer realisieren kann, falls sie nicht schon automatisch erfüllt sein sollte. Hierzu nehmen wir zunächst an, dass ein elektrodynamisches Problem durch Potentiale $(\widetilde{\Phi}, \widetilde{\mathbf{A}})$ beschrieben wird und die Coulomb-Eichung für diese Potentiale in einem gewissen Raumbereich *nicht* erfüllt ist, sodass dort $\boldsymbol{\nabla} \cdot \widetilde{\mathbf{A}} \neq 0$ gilt. In diesem Fall kann man als Eichfunktion

$$\Lambda(\mathbf{x}, t) = -\frac{c}{4\pi} \int d^3x' \, \frac{(\boldsymbol{\nabla} \cdot \widetilde{\mathbf{A}})(\mathbf{x}', t)}{|\mathbf{x} - \mathbf{x}'|}$$

definieren und neue Potentiale einführen:

$$\mathbf{A} \equiv \widetilde{\mathbf{A}} - \frac{1}{c}\boldsymbol{\nabla}\Lambda \quad , \quad \Phi \equiv \widetilde{\Phi} + \frac{1}{c}\frac{\partial \Lambda}{\partial t} \; .$$

Diese Eichtransformation lässt die physikalischen Felder invariant. Sie hat außerdem zur Konsequenz, dass die Transversalitätsbedingung $\boldsymbol{\nabla} \cdot \mathbf{A} = 0$ erfüllt ist:

$$\boldsymbol{\nabla} \cdot \mathbf{A} = \boldsymbol{\nabla} \cdot \widetilde{\mathbf{A}} - \frac{1}{c}\Delta\Lambda = \boldsymbol{\nabla} \cdot \widetilde{\mathbf{A}} + \frac{1}{4\pi}\int d^3x' \, \Delta \frac{(\boldsymbol{\nabla} \cdot \widetilde{\mathbf{A}})(\mathbf{x}', t)}{|\mathbf{x} - \mathbf{x}'|} = \boldsymbol{\nabla} \cdot \widetilde{\mathbf{A}} - \boldsymbol{\nabla} \cdot \widetilde{\mathbf{A}} = 0 \; .$$

Im vorletzten Schritt wurde wiederum die Identität $\Delta\left(-\frac{1}{4\pi x}\right) = \delta(\mathbf{x})$ bzw. (1.32) verwendet und die $\mathbf{x}'$-Integration durchgeführt. Man erhält daraufhin zwei Terme, die sich gegenseitig aufheben, sodass insgesamt $\boldsymbol{\nabla} \cdot \mathbf{A} = 0$ gilt. Die neuen Potentiale $(\mathbf{A}, \Phi)$ erfüllen also die Coulomb-Eichung.

***Instantane* Potentiale in der Coulomb-Eichung!?**

Es mag auf den ersten Blick erstaunen, dass das skalare Potential Φ in (1.31b) die Form eines *instantanen* Coulomb-Potentials hat und auch das Vektorpotential $\mathbf{A}$ in (1.30) zum Zeitpunkt t *instantan* durch die $\mathbf{B}(\mathbf{x}', t)$-Werte im ganzen Ortsraum bestimmt wird. Von einer *relativistisch* kovarianten Theorie wie der Elektrodynamik erwartet man doch, dass *Signale* sich (höchstens) mit Lichtgeschwindigkeit ausbreiten. Diese Erwartung beinhaltet aber zugleich die Auflösung des Paradoxons: *Physikalische Effekte* und *Signale* (oder allgemeiner: *Informationen*) sollten sich in einer relativistischen Theorie nicht mit Überlichtgeschwindigkeit ausbreiten, aber die Potentiale $(\Phi, \mathbf{A})$ sind keine messbaren, *physikalischen* Felder. Nur ihre Ableitungen $\mathbf{E} = -\boldsymbol{\nabla}\Phi - \frac{\partial \mathbf{A}}{\partial t}$ und $\mathbf{B} = \boldsymbol{\nabla} \times \mathbf{A}$ sind physikalisch bedeutsam und messbar. Die Wellengleichungen (1.13) und (1.14) zeigen, dass Informationen über die Quellen $(c\rho, \mathbf{j})$ vom $(\mathbf{E}, c\mathbf{B})$-Feld tatsächlich „lediglich" mit der Lichtgeschwindigkeit verbreitet werden.

1.4.2 Eine Wellengleichung für das Vektorpotential

Es ist nun einfach, im Rahmen der Coulomb-Eichung eine explizite Bewegungsgleichung für das Vektorpotential $\mathbf{A}(\mathbf{x}, t)$ zu formulieren. Aus der Maxwell-Gleichung IV in (1.4) und der Identität (1.11) für $\mathbf{a} = \mathbf{A}$ folgt mit $\boldsymbol{\nabla} \cdot \mathbf{A} = 0$:

$$\begin{aligned}\mu_0 \, \mathbf{j} &= \boldsymbol{\nabla} \times \mathbf{B} - \varepsilon_0\mu_0 \frac{\partial \mathbf{E}}{\partial t} = \boldsymbol{\nabla} \times (\boldsymbol{\nabla} \times \mathbf{A}) - \varepsilon_0\mu_0 \frac{\partial}{\partial t}\left(-\boldsymbol{\nabla}\Phi - \frac{\partial \mathbf{A}}{\partial t}\right) \\ &= \left(\frac{1}{c^2}\frac{\partial^2}{\partial t^2} - \Delta\right)\mathbf{A} + \varepsilon_0\mu_0 \frac{\partial}{\partial t}\boldsymbol{\nabla}\Phi = \Box\mathbf{A} + \varepsilon_0\mu_0 \frac{\partial}{\partial t}\boldsymbol{\nabla}\Phi \; .\end{aligned}$$

Man erhält für $\mathbf{A}$ also eine *inhomogene Wellengleichung*, in der die Stromdichte $\mathbf{j}$ und das skalare Potential Φ auf der rechten Seite explizit bekannt sind, wie man insbesondere aus Gleichung (1.31b) sieht:

$$\boxed{\Box\mathbf{A} = \mu_0\left(\mathbf{j} - \varepsilon_0\boldsymbol{\nabla}\frac{\partial\Phi}{\partial t}\right) .} \tag{1.35a}$$

Diese inhomogene Wellengleichung für das Vektorpotential reproduziert die bereits bekannten Wellengleichungen für die physikalischen $(\mathbf{E},\mathbf{B})$-Felder. Man erhält nämlich für das Magnetfeld:

$$\Box\,\mathbf{B} = \Box\,\boldsymbol{\nabla}\times\mathbf{A} = \mu_0\boldsymbol{\nabla}\times\left(\mathbf{j} - \varepsilon_0\boldsymbol{\nabla}\frac{\partial\Phi}{\partial t}\right) = \mu_0\boldsymbol{\nabla}\times\mathbf{j}\,, \tag{1.35b}$$

im Einklang mit Gleichung (1.13). Im letzten Schritt verwendeten wir die Rechenregel $\boldsymbol{\nabla}\times\boldsymbol{\nabla}\Phi = \mathbf{0}$. Analog erhält man die Wellengleichung für das $\mathbf{E}$-Feld:

$$\begin{aligned}\Box\,\mathbf{E} &= \Box\left(-\boldsymbol{\nabla}\Phi - \frac{\partial\mathbf{A}}{\partial t}\right) = -\boldsymbol{\nabla}\Box\Phi - \frac{\partial}{\partial t}\Box\mathbf{A}\\ &= -\boldsymbol{\nabla}\left(\frac{1}{c^2}\frac{\partial^2}{\partial t^2} - \Delta\right)\Phi - \mu_0\frac{\partial}{\partial t}\left(\mathbf{j} - \varepsilon_0\boldsymbol{\nabla}\frac{\partial\Phi}{\partial t}\right) = \boldsymbol{\nabla}\Delta\Phi - \frac{1}{\varepsilon_0 c^2}\frac{\partial\mathbf{j}}{\partial t}\\ &= -\frac{1}{\varepsilon_0}\left(\boldsymbol{\nabla}\rho + \frac{1}{c^2}\frac{\partial\mathbf{j}}{\partial t}\right)\,,\end{aligned} \tag{1.35c}$$

im Einklang mit Gleichung (1.14). Bei der Herleitung von (1.35c) verwendeten wir mehrmals die Beziehung $\varepsilon_0\mu_0 = c^{-2}$ aus Gleichung (1.2a) zwischen den beiden SI-Konstanten ε_0 und μ_0 und der Lichtgeschwindigkeit c. Außerdem wurde im dritten Schritt die Wellengleichung (1.35a) für $\mathbf{A}$ und im letzten die Poisson-Gleichung (1.31a) für Φ verwendet.

Die drei Gleichungen (1.35) zeigen noch einmal klar, dass das Konzept des *Vektorpotentials* die $(\mathbf{E},\mathbf{B})$-Felder miteinander verbindet. *Nur* aufgrund der inhomogenen Wellengleichung (1.35a) für $\mathbf{A}$, die auch Information über die homogenen Maxwell-Gleichungen II und III enthält, können wir auf die Existenz *elektromagnetischer Wellen* schließen.[40] Anschließend kann die Interpretation der Lösungen von (1.35a) als „elektromagnetische Wellen" dann auf die Lösungen der Gleichungen (1.35b) und (1.35c) für $\mathbf{E}$ bzw. $\mathbf{B}$ übertragen werden.

Gleichung (1.35a) für $\mathbf{A}$ hat allerdings einen etwas anderen Charakter als die beiden Gleichungen für die physikalischen Felder $\mathbf{E}$ und $\mathbf{B}$, da die Inhomogenität in (1.35a) nicht nur Messgrößen enthält, sondern auch das instantane Coulomb-Potential Φ, dessen Form typisch für die Coulomb-Eichung ist. Auf Gleichung (1.35a) für $\mathbf{A}$ gehen wir daher im Folgenden etwas genauer ein.

Nur die *transversale* Stromdichte erzeugt Wellen im Vektorpotential!

Die Bewegungsgleichung (1.35a) für das Vektorpotential in der Coulomb-Eichung kann kompakter und eleganter geschrieben werden. Hierzu definieren wir den *longitudinalen* Anteil $\mathbf{j}_{\|} \equiv \varepsilon_0\boldsymbol{\nabla}\frac{\partial\Phi}{\partial t}$ der Stromdichte und außerdem den *transversalen*

[40] In Übungsaufgabe 1.6 zeigen wir einige Beispiele für die Kopplung der $(\mathbf{E},\mathbf{B})$-Felder aufgrund zusätzlicher Information aus den homogenen Maxwell-Gleichungen bzw. den $(\Phi,\mathbf{A})$-Potentialen.

Anteil $\mathbf{j}_\perp \equiv \mathbf{j} - \mathbf{j}_\parallel$. Offenkundig gilt dann $\mathbf{j} = \mathbf{j}_\parallel + \mathbf{j}_\perp$. Aufgrund der Kontinuitätsgleichung, der Identität $\boldsymbol{\nabla} \times \boldsymbol{\nabla}\Phi = \mathbf{0}$ und Gleichung (1.31a) folgt daher:

$$\boldsymbol{\nabla}\cdot\mathbf{j}_\perp = \boldsymbol{\nabla}\cdot(\mathbf{j}-\mathbf{j}_\parallel) = \boldsymbol{\nabla}\cdot\left(\mathbf{j}-\varepsilon_0\boldsymbol{\nabla}\tfrac{\partial\Phi}{\partial t}\right) = -\tfrac{\partial\rho}{\partial t}+\tfrac{\partial}{\partial t}(-\varepsilon_0\Delta\Phi) = 0 \quad , \quad \boldsymbol{\nabla}\times\mathbf{j}_\parallel = \mathbf{0}\,.$$

Hiermit wurde die Stromdichte also im Sinne von (1.27a) als Summe eines wirbelfreien und eines divergenzfreien Anteils dargestellt. Die Kontinuitätsgleichung erhält daher die einfachere Form $\frac{\partial\rho}{\partial t} + \boldsymbol{\nabla}\cdot\mathbf{j}_\parallel = 0$. Die beiden Formeln $\boldsymbol{\nabla}\cdot\mathbf{j}_\perp = 0$ und $\boldsymbol{\nabla}\times\mathbf{j}_\parallel = \mathbf{0}$ erklären auch die Nomenklatur: Nach einer Fourier-Transformation (1.33) im Ortsraum steht die Fourier-Transformierte von $\mathbf{j}_\perp$ in der Tat *senkrecht* auf dem $\mathbf{k}$-Vektor und diejenige von $\mathbf{j}_\parallel$ *parallel* dazu.

Durch Einsetzen der Definition von $\mathbf{j}_\perp$ in (1.35a) ergibt sich nun

$$\boxed{\Box\mathbf{A} = \mu_0\,\mathbf{j}_\perp\,.} \tag{1.36a}$$

Wir stellen somit fest, dass in der Coulomb-Eichung nur der *transversale* Anteil der Stromdichte als Quelle für elektromagnetische Wellen im Vektorpotential auftritt. Ähnliches gilt dann auch für das Magnetfeld $\mathbf{B}$ in (1.35b):

$$\Box\,\mathbf{B} = \mu_0\boldsymbol{\nabla}\times\mathbf{j} = \mu_0\boldsymbol{\nabla}\times(\mathbf{j}_\parallel+\mathbf{j}_\perp) = \mu_0\boldsymbol{\nabla}\times\mathbf{j}_\perp\,, \tag{1.36b}$$

da $\boldsymbol{\nabla}\times\mathbf{j}_\parallel = \varepsilon_0\boldsymbol{\nabla}\times\boldsymbol{\nabla}\frac{\partial\Phi}{\partial t} = \mathbf{0}$ gilt. In der Coulomb-Eichung werden Wellen in den beiden *divergenzfreien* Feldern $\mathbf{A}$ und $\mathbf{B}$ also lediglich vom *divergenzfreien* Anteil der Stromdichte $\mathbf{j}_\perp$ erzeugt.

Die Erzeugung von Wellen im *elektrischen* Feld ist ein wenig komplexer, da das Feld $\mathbf{E} = -\boldsymbol{\nabla}\Phi - \frac{\partial\mathbf{A}}{\partial t}$ neben einem *divergenzfreien* Anteil $\mathbf{E}_\perp \equiv -\frac{\partial\mathbf{A}}{\partial t}$ auch einen *wirbelfreien* Anteil $\mathbf{E}_\parallel \equiv -\boldsymbol{\nabla}\Phi$ enthält. Die Wellengleichung für $\mathbf{E}$ hat daher die Struktur:

$$\Box\,\mathbf{E} = \Box\left(-\boldsymbol{\nabla}\Phi - \frac{\partial\mathbf{A}}{\partial t}\right) = -\boldsymbol{\nabla}\Box\,\Phi - \frac{\partial}{\partial t}\Box\,\mathbf{A} = -\boldsymbol{\nabla}\Box\,\Phi - \mu_0\frac{\partial\mathbf{j}_\perp}{\partial t}\,. \tag{1.36c}$$

Neben dem *divergenzfreien* Anteil der Stromdichte $\mathbf{j}_\perp$ trägt nun auch ein *wirbelfreier* Term $-\boldsymbol{\nabla}\Box\,\Phi$ zur Wellenerzeugung bei. Da Φ durch die Ladungsverteilung ρ bestimmt wird, siehe Gleichung (1.31b), beschreibt dieser wirbelfreie Term die Wellenerzeugung durch *oszillierende, beschleunigte Ladungen*. In dieser Weise lassen sich die Wellengleichungen für $\mathbf{A}$, $\mathbf{B}$ und $\mathbf{E}$ auch als Anleitung für den Bau einer *Antenne* mit Hilfe von entsprechenden Strömen und oszillierenden Ladungen lesen. Auf die Erzeugung und Abstrahlung von Wellen gehen wir in Kapitel [5] und Abschnitt [6.4] näher ein.

Methoden zur Lösung von Wellengleichungen (Vorausblick)

Zur Lösung einer inhomogenen Wellengleichung der Form (1.36) verwendet man unterschiedliche Techniken, abhängig davon, ob die Gleichung elektromagnetische Wellen im *unendlichen* Raum oder in einem *endlichen* Raumbereich beschreibt. In beiden Fällen sind solche Gleichungen aber mit den Standardmethoden der Mathematik lösbar. Die Formulierung im unendlichen Raum ist meist im Rahmen der Elektrodynamik „im Vakuum“ relevant, diejenige in einem endlichen Raumbereich für die Elektrodynamik „im Medium“.

Falls die inhomogene Wellengleichung im *unendlichen* Raum gelöst werden soll, sind die *Randbedingungen* einfach: Die **A**-, **B**- und **E**-Felder müssen im Unendlichen null sein. In diesem Fall berechnet man die Lösungen der Wellengleichungen am besten direkt als Funktionen der *Zeitvariablen*. Wir zeigen in Kapitel [2], wie die Wellengleichung in diesem Fall mit den Standardmethoden der Mathematik für allgemeine Anfangsbedingungen zum Zeitpunkt t_0 und eine allgemeine Form der Inhomogenität gelöst werden kann. Die hierbei verwendeten mathematischen Methoden gehen für die ein-, zwei- und dreidimensionalen homogenen Wellengleichungen auf d'Alembert, Poisson und Kirchhoff zurück, für die Behandlung der Inhomogenität auf Duhamel. In Kombination mit dem Resultat (1.31b) für das skalare Potential Φ sind die Maxwell-Gleichungen (zumindest „im Vakuum") dann für *allgemeine* Anfangsbedingungen sowie Ladungs- und Stromdichten gelöst.

Falls die inhomogene Wellengleichung in einem *endlichen* Raumbereich formuliert ist und ein Problem der Elektrodynamik „im Medium" beschreibt, sind Randbedingungen naturgemäß essentiell. In diesem Fall ist es in der Regel günstiger, die Lösungen der Wellengleichung als Funktion einer *Frequenzvariablen* ω zu berechnen. Diese Methode wird in Kapitel [7] intensiv angewandt. Auch für Wellengleichungen im *unendlichen* Raum ist eine Formulierung in der Frequenzsprache möglich und oft nützlich; Beispiele finden sich in Kapitel [2] und [5]. Die „Übersetzung" von der Zeit- in die Frequenzsprache (oder umgekehrt) erfolgt dann wiederum mit Hilfe einer *Fourier-Transformation*, nun aber nicht wie in (1.33) bzgl. der *Orts*variablen, sondern bzgl. der t- oder ω-Variablen. Die Fourier-Transformation verknüpft die zeitabhängige Funktion $f(t)$ dann mit ihrer Fourier-Transformierten $\hat{f}(\omega)$ in folgender Weise:

$$\boxed{\hat{f}(\omega) \equiv \frac{1}{\sqrt{2\pi}} \int_{-\infty}^{\infty} dt\; f(t) e^{i\omega t} \quad , \quad f(t) = \frac{1}{\sqrt{2\pi}} \int_{-\infty}^{\infty} d\omega\; \hat{f}(\omega) e^{-i\omega t} \;.} \tag{1.37}$$

Falls die zeitabhängige Funktion zusätzlich noch von weiteren Variablen abhängig ist, wie z. B. von Ortskoordinaten: $f(\mathbf{x}, t)$, erfolgt die Fourier-Transformation bzgl. der t- oder ω-Variablen analog: $\hat{f}(\mathbf{x}, \omega) \equiv \frac{1}{\sqrt{2\pi}} \int dt\; f(\mathbf{x}, t) e^{i\omega t}$. Auf die *Fourier-Transformation* zeitabhängiger und die *inverse Fourier-Transformation* frequenzabhängiger Funktionen gehen wir in den Übungsaufgaben 1.4 und 1.5 näher ein.

An dieser Stelle betrachten wir als Beispiel lediglich die Wellengleichung (1.36a) für das Vektorpotential. Wir bezeichnen das Fourier-transformierte Vektorpotential als $\hat{\mathbf{A}}(\mathbf{x}, \omega)$ und die Fourier-transformierte Stromdichte als $\hat{\mathbf{j}}_\perp(\mathbf{x}, \omega)$. Wendet man die Fourier-Transformation auf beide Seiten von Gleichung (1.36a) an, ergibt sich:

$$\begin{aligned} \mu_0\, \hat{\mathbf{j}}_\perp(\mathbf{x}, \omega) &= \frac{1}{\sqrt{2\pi}} \int dt\; e^{i\omega t} \Box \mathbf{A}(\mathbf{x}, t) = \frac{1}{\sqrt{2\pi}} \int dt\; e^{i\omega t} \left(\frac{1}{c^2} \frac{\partial^2}{\partial t^2} - \Delta \right) \mathbf{A}(\mathbf{x}, t) \\ &= -\left(\frac{\omega^2}{c^2} + \Delta \right) \frac{1}{\sqrt{2\pi}} \int dt\; \mathbf{A}(\mathbf{x}, t) e^{i\omega t} = -\left(\frac{\omega^2}{c^2} + \Delta \right) \hat{\mathbf{A}}(\mathbf{x}, \omega) \;. \end{aligned}$$

In der zweiten Zeile wurde im ersten Schritt zweimal partiell bzgl. der Zeitvariablen integriert. Das Fourier-transformierte Vektorpotential erfüllt also die Gleichung

$$\boxed{(\Delta + \lambda)\, \hat{\mathbf{A}}(\mathbf{x}, \omega) = -\mu_0\, \hat{\mathbf{j}}_\perp(\mathbf{x}, \omega) \quad , \quad \lambda \equiv \frac{\omega^2}{c^2} \;,} \tag{1.38}$$

die für $\lambda \neq 0$ eine Verallgemeinerung der Poisson-Gleichung darstellt und als die *Helmholtz-Gleichung* bezeichnet wird. Die Helmholtz-Gleichung ist in der Elektrodynamik sehr wichtig, da sie – wie die Herleitung von (1.38) zeigt – äquivalent zur Wellengleichung ist und die gleiche physikalische Information beinhaltet. Auf die Helmholtz- und Poisson-Gleichungen kommen wir in Aufgabe 1.7 und den Kapiteln [2] und [7] ausführlich zurück.

1.5 Die Elektro- und Magnetostatik

In den nachfolgenden Abschnitten [1.5.1] und [1.5.2] befassen wir uns zunächst mit zwei relativ einfachen Spezialfällen der Wellengleichungen (1.36) der Elektrodynamik, nämlich mit der *Elektrostatik* und der *Magnetostatik*. Diese Spezialfälle werden gerade dadurch charakterisiert, dass die $\mathbf{A}$-, $\mathbf{B}$- und $\mathbf{E}$-Felder zeit*unabhängig* sind und daher *keine* Wellen auftreten. In Abschnitt [1.5.3] zeigen wir anschließend, dass die Gleichungen und Ergebnisse der Elektro- und Magnetostatik auch für zeitlich *langsam veränderliche* $(\mathbf{E}, \mathbf{B})$-Felder relevant sind.

1.5.1 Das Coulomb-Gesetz in Integralform

Besonders einfach wird die Beschreibung von elektromagnetischen Wellen im *elektrostatischen Spezialfall* ($\mathbf{j}_\perp = \mathbf{j}_\parallel = \mathbf{0}$, $\partial_t \rho = 0$). In diesem Fall reduziert sich die Wellengleichung für das Vektorpotential auf $\Box \mathbf{A} = \mathbf{0}$ und diejenige für das Magnetfeld analog auf $\Box\,\mathbf{B} = \mathbf{0}$. Falls zur Anfangszeit t_0 kein Magnetfeld vorliegt, $\mathbf{B}(\mathbf{x}, t_0) = \mathbf{0}$, lautet die Lösung dieser Wellengleichungen einfach $\mathbf{A} = \mathbf{0}$ und $\mathbf{B} = \mathbf{0}$. Für das elektrische Feld erhält man als Spezialfall der Wellengleichung (1.36c) die *Poisson-Gleichung* $\Delta\,\mathbf{E} = -\boldsymbol{\nabla}\Delta\,\Phi = \frac{1}{\varepsilon_0}\boldsymbol{\nabla}\rho$. Die Lösung erfolgt analog zu (1.31b):

$$\boxed{\mathbf{E}(\mathbf{x}) = -\frac{1}{4\pi\varepsilon_0}\int d^3x'\,\frac{(\boldsymbol{\nabla}\rho)(\mathbf{x}')}{|\mathbf{x}-\mathbf{x}'|} = \frac{1}{4\pi\varepsilon_0}\int d^3x'\,\rho(\mathbf{x}')\frac{\mathbf{x}-\mathbf{x}'}{|\mathbf{x}-\mathbf{x}'|^3}\,,} \tag{1.39}$$

wobei im letzten Schritt eine partielle Integration bzgl. der Ortskoordinaten durchgeführt wurde. Wir stellen also fest, dass im elektrostatischen Fall überhaupt *keine* elektromagnetischen Wellen erzeugt werden, weder im Vektorpotential $\mathbf{A}$, noch in den Feldern $\mathbf{B}$ und $\mathbf{E}$. Es tritt daher insbesondere *keine* Abstrahlung von Wellen und somit auch *keine* Energiedissipation im System der Ladungen auf.[41]

Gleichung (1.39) stellt das *Coulomb-Gesetz* in Integralform dar. Durch dieses Ergebnis ist das allgemeine Problem der *Elektrostatik* im Prinzip gelöst. Auf das Thema Elektrostatik kommen wir dennoch in Kapitel [2] ausführlich zurück.

1.5.2 Das Biot-Savart-Gesetz in Integralform

Wir betrachten nun den *magnetostatischen* Spezialfall, für den $\partial_t\Phi = 0$ und $\mathbf{j}_\parallel = \mathbf{0}$ sowie $\partial_t\mathbf{A} = \mathbf{0}$ und $\partial_t\,\mathbf{j} = \partial_t\,\mathbf{j}_\perp = \mathbf{0}$ gilt. Die Magnetostatik wird also durch

[41] Ausgehend von Gleichung (1.39) erhält man übrigens für den Spezialfall eines statischen Systems N wechselwirkender Ladungen q_j, die sich an den Orten $\mathbf{x}_j$ befinden ($j = 1, 2, \cdots, N$), genau den Ausdruck (1.1c) für das elektrische Feld $\mathbf{E}_i = \mathbf{E}(\mathbf{x}_i)$ an der Stelle des i-ten Teilchens, indem man in (1.39) für die Ladungsdichte $\rho_i(\mathbf{x}) = \sum_{j\neq i} q_j\,\delta(\mathbf{x}-\mathbf{x}_j)$ einsetzt.

stationäre (zeitunabhängige) Ströme charakterisiert.[42] In diesem Fall reduziert sich Gleichung (1.36a) auf eine *Poisson-Gleichung*, die analog zu (1.31b) lösbar ist:

$$\Delta \mathbf{A} = -\mu_0 \mathbf{j}_\perp \quad , \quad \mathbf{A}(\mathbf{x}) = \frac{\mu_0}{4\pi} \int d^3x' \, \frac{\mathbf{j}_\perp(\mathbf{x}')}{|\mathbf{x} - \mathbf{x}'|} \, . \tag{1.40}$$

Auch für das Magnetfeld erhält man aufgrund von (1.36b) im stationären Fall eine *Poisson-Gleichung*. Die entsprechende Gleichung lautet:

$$\Delta \mathbf{B} = -\mu_0 \, \boldsymbol{\nabla} \times \mathbf{j}_\perp \, . \tag{1.41a}$$

Ihre Lösung hat die Form:

$$\boxed{\mathbf{B}(\mathbf{x}) = \frac{\mu_0}{4\pi} \int d^3x' \, \frac{(\boldsymbol{\nabla} \times \mathbf{j}_\perp)(\mathbf{x}')}{|\mathbf{x} - \mathbf{x}'|} = \frac{\mu_0}{4\pi} \int d^3x' \, \frac{\mathbf{j}_\perp(\mathbf{x}') \times (\mathbf{x} - \mathbf{x}')}{|\mathbf{x} - \mathbf{x}'|^3} \, ,} \tag{1.41b}$$

wobei im zweiten Schritt partiell bzgl. der $\mathbf{x}'$-Variablen integriert wurde. Das Magnetfeld in (1.41b) kann mit Hilfe der Beziehung $\mathbf{B} = \boldsymbol{\nabla} \times \mathbf{A}$ natürlich auch direkt aus dem Vektorpotential in (1.40) berechnet werden. Das Vektorpotential $\mathbf{A}$ und das Magnetfeld $\mathbf{B}$ liegen in der Magnetostatik also eindeutig als Ortsintegrale über die Stromdichte $\mathbf{j}_\perp = \mathbf{j}$ fest. Auch im magnetostatischen Fall werden *keine* elektromagnetischen Wellen im Vektorpotential $\mathbf{A}$ oder in den Feldern $\mathbf{B}$ und $\mathbf{E}$ erzeugt. Daher tritt auch *keine* Energiedissipation auf.[43]

Gleichung (1.41b) zeigt, dass das *Biot-Savart-Gesetz* (1.2b) für beliebige stationäre Stromdichten $\mathbf{j}(\mathbf{x})$ direkt aus den Maxwell-Gleichungen folgt, und stellt das Ampère'sche Gesetz $\boldsymbol{\nabla} \times \mathbf{B} = \mu_0 \mathbf{j}$ in Integralform dar. Durch diese Ergebnisse ist das allgemeine Problem der *Magnetostatik* im Prinzip vollständig gelöst. Auf das Thema Magnetostatik kommen wir in Kapitel [2] dennoch ausführlich zurück.

Die Magnetostatik und die Elektrostatik schließen sich übrigens keineswegs aus: Falls die Bedingungen der Magnetostatik und Elektrostatik gleichzeitig erfüllt sind ($\partial_t \rho = 0$, $\partial_t \mathbf{A} = \mathbf{0}$, $\partial_t \mathbf{j}_\perp = \mathbf{0}$ mit $\rho \neq 0$, $\mathbf{j}_\perp \neq \mathbf{0}$), gilt das Coulomb-Gesetz (1.39) für das elektrische Feld und das Biot-Savart-Gesetz (1.41b) für das Magnetfeld.

1.5.3 *Langsam* oszillierende Quellen

In den Abschnitten [1.5.1] und [1.5.2] haben wir festgestellt, dass sich die allgemeinen Wellengleichungen für das elektrische Feld und das Magnetfeld,

$$\Box \, \mathbf{E} = -\frac{1}{\varepsilon_0}\left(\boldsymbol{\nabla}\rho + \frac{1}{c^2}\frac{\partial \mathbf{j}}{\partial t}\right) \quad , \quad \Box \, \mathbf{B} = \mu_0 \boldsymbol{\nabla} \times \mathbf{j} \, , \tag{1.42}$$

für streng zeit*unabhängige* Ladungen und Ströme auf die Poisson-Gleichungen

$$(\Delta \mathbf{E})(\mathbf{x}) = \frac{1}{\varepsilon_0}(\boldsymbol{\nabla}\rho)(\mathbf{x}) \quad , \quad (\Delta \mathbf{B})(\mathbf{x}) = -\mu_0 \, (\boldsymbol{\nabla} \times \mathbf{j}) \, (\mathbf{x})$$

[42] Dies hat zur Konsequenz, dass die *Magnetostatik* streng genommen nur im Rahmen der *räumlich gemittelten* Maxwell-Theorie „im Medium“ oder alternativ nach einer *zeitlichen* Mittelung (siehe Abschnitt [2.1]) sinnvoll diskutiert werden kann. Denn eine Stromdichte $\mathbf{j} \neq \mathbf{0}$, die die Form einer Überlagerung von Deltafunktionen hat, wie in (1.9), kann niemals *stationär* sein. In (1.40) und (1.41) ist daher im Falle einer *räumlichen* Mittelung streng genommen $\mu_0 \to \mu$ zu ersetzen.

[43] Hierbei ist zu bedenken, dass ein magnetostatisches System als *Niederfrequenzlimes* eines Systems lokalisierter, periodisch bewegter Ladungen angesehen werden kann und die abgestrahlte Energie für $\omega = 0$ gleich null ist, siehe Abschnitt [5.4].

reduzieren. Die in (1.39) und (1.41a) dargestellten Lösungen $\mathbf{E}$ und $\mathbf{B}$ dieser Poisson-Gleichungen sind dann ebenfalls streng zeit*unabhängig*.

Viel interessanter als diese streng zeitunabhängigen Ladungs- und Stromdichten und $(\mathbf{E}, \mathbf{B})$-Felder sind physikalische Systeme mit zeitlich *langsam* variierenden Ladungs- und Stromverteilungen.

Wir betrachten zur Illustration ein System von *räumlich lokalisierten* Ladungen und Strömen, die mit der typischen Winkelfrequenz ω oszillieren. Eine Beschränkung auf eine einzelne Frequenz ω ist physikalisch z. B. sinnvoll bei der Beschreibung eines Plasmawirbels, der mit dieser Frequenz rotiert. Allgemeiner ist eine solche Beschränkung sinnvoll, falls die Frequenz ω bei einer Fourier-Zerlegung der Lösungen $(\mathbf{E}, \mathbf{B})$ von (1.42) bezüglich der Zeitvariablen quantitativ dominiert.

Wir wählen den Massenschwerpunkt dieser Quelle des $(\mathbf{E}, \mathbf{B})$-Felds als Ursprung des Koordinatensystems. Da die Ausbreitungsgeschwindigkeit von elektromagnetischen Wellen im Vakuum durch die Lichtgeschwindigkeit c gegeben ist, haben die von dieser Quelle ausgestrahlten $(\mathbf{E}, \mathbf{B})$-Felder die typische Wellenlänge $\lambda = \frac{2\pi c}{\omega}$. Wir bezeichnen die räumliche Ausdehnung der Quelle als a und den Abstand des Beobachters von der Quelle als $x = |\mathbf{x}|$. In Anwendungen gilt hierbei in der Regel $a \ll x$. Es gibt in diesem Problem also drei relevante Längen, nämlich a, x und λ. Falls die Winkelfrequenz ω nun hinreichend *klein* ist, sodass sowohl $a \ll \lambda$ als auch $x \ll \lambda$ gilt, ist die Wellennatur des Feldes für den Beobachter *nicht erkennbar*. Stattdessen beobachtet man in diesem Fall das zeitlich langsam veränderliche elektromagnetische Feld einer effektiv *stationären* Ladungs- und Stromverteilung.

Formal bedeutet dies, dass sich die Wellengleichungen für $\mathbf{E}$ und $\mathbf{B}$ auf Poisson-Gleichungen für zeitlich *langsam veränderliche* $(\mathbf{E}, \mathbf{B})$-Felder reduzieren:

$$(\Delta\mathbf{E})(\mathbf{x},t) = \frac{1}{\varepsilon_0}(\boldsymbol{\nabla}\rho)(\mathbf{x},t) \quad , \quad (\Delta\mathbf{B})(\mathbf{x},t) = -\mu_0\,(\boldsymbol{\nabla}\times\mathbf{j})\,(\mathbf{x},t)\ .$$

Diese Poisson-Gleichungen können wiederum analog zu (1.31b) gelöst werden. Man erhält ein verallgemeinertes Coulomb-Gesetz für die zeitlich langsam veränderliche Ladungsdichte ρ:

$$\mathbf{E}(\mathbf{x},t) = \frac{1}{4\pi\varepsilon_0}\int d^3x'\ \rho(\mathbf{x}',t)\frac{\mathbf{x}-\mathbf{x}'}{|\mathbf{x}-\mathbf{x}'|^3}$$

und ein verallgemeinertes Biot-Savart-Gesetz für die zeitlich langsam veränderliche Ladungsstromdichte $\mathbf{j}$:

$$\mathbf{B}(\mathbf{x},t) = \frac{\mu_0}{4\pi}\int d^3x'\ \frac{\mathbf{j}(\mathbf{x}',t)\times(\mathbf{x}-\mathbf{x}')}{|\mathbf{x}-\mathbf{x}'|^3}\ .$$

Wir werden den Raumbereich $\{\mathbf{x}\,|\,a \ll |\mathbf{x}| \ll \lambda\}$, in dem diese zeitlich langsam veränderlichen Lösungen gültig sind, in Kapitel [5] als die *Nahzone* bezeichnen, da sich der Beobachter am Ort $\mathbf{x}$ (im Vergleich zur Wellenlänge λ) *nah* an der Quelle befindet. Man beachte, dass die $(\mathbf{E}, \mathbf{B})$-Felder zur Zeit t in der Nahzone von Quellen $(\rho, \mathbf{j})$ zur *gleichen* Zeit t bestimmt werden, d. h., dass die elektromagnetische Wechselwirkung in der Nahzone effektiv *instantan* erfolgt.

1.6 Die Dynamik nicht-relativistischer Teilchen

Nachdem wir in den Abschnitten [1.2]–[1.4] die Zeitentwicklung der elektromagnetischen Felder für fest vorgegebene Ladungs- und Stromdichten untersucht haben, nehmen wir nun die entgegengesetzte Perspektive ein und betrachten die Dynamik klassischer (d. h. nicht-quantenmechanischer) nicht-relativistischer Teilchen für fest vorgegebene Felder $\mathbf{E}(\mathbf{x},t)$ und $\mathbf{B}(\mathbf{x},t)$.

Auf ein sich im elektromagnetischen Feld bewegendes Teilchen der Ruhemasse m_0 und Ladung q wirkt die *Lorentz-Kraft* $\mathbf{F}_{\text{Lor}} = q(\mathbf{E} + \dot{\mathbf{x}} \times \mathbf{B})$, sodass seine Dynamik durch die Bewegungsgleichung für den kinetischen Impuls $\boldsymbol{\pi}$:

$$\boxed{\frac{d\boldsymbol{\pi}}{dt} = \mathbf{F}_{\text{Lor}} = q\,(\mathbf{E} + \dot{\mathbf{x}} \times \mathbf{B}) = q\,[\mathbf{E} + \boldsymbol{\beta} \times (c\mathbf{B})] \quad , \quad \boldsymbol{\beta} \equiv \frac{\dot{\mathbf{x}}}{c}} \tag{1.43}$$

beschrieben wird. Die $\mathbf{E}$- und $\mathbf{B}$-Felder sind hierbei i. A. orts- und zeitabhängig. In der *nicht-relativistischen Mechanik* ist der kinetische Impuls durch $\boldsymbol{\pi} = m_0\dot{\mathbf{x}}$ gegeben. In der *speziellen Relativitätstheorie* gilt in (1.43) der relativistische Ausdruck $\boldsymbol{\pi} = \gamma m_0 \dot{\mathbf{x}}$ mit $\gamma \equiv (1-\beta^2)^{-1/2} = 1 + \frac{1}{2}\beta^2 + \mathcal{O}\left(\beta^4\right)$ und $\beta \equiv |\boldsymbol{\beta}|$. Da im nicht-relativistischen Limes $\beta^2 \ll 1$ und daher $\gamma \simeq 1$ gilt, sind in diesem Fall die relativistische Masse $m \equiv \gamma m_0$ und die Ruhemasse m_0 in sehr guter Näherung gleich. In der nicht-relativistischen Mechanik wird die Ruhemasse m_0 daher in der Regel schlicht als „Masse“ bezeichnet und mit dem Symbol m notiert. Die Form $q\,[\mathbf{E} + \boldsymbol{\beta} \times (c\mathbf{B})]$ der Lorentz-Kraft in Gleichung (1.43) zeigt noch einmal deutlich, dass die Größen $\mathbf{E}$ und $c\mathbf{B}$ dieselbe physikalische Dimension besitzen, da $\boldsymbol{\beta} = \dot{\mathbf{x}}/c$ dimensionslos ist. Tatsächlich bilden der *echte Vektor* $\mathbf{E}$ und der *Pseudovektor* $c\mathbf{B}$ in der Relativitätstheorie – wie wir mittlerweile wissen – zusammen den elektromagnetischen Feldtensor $F = (\mathbf{E}, c\mathbf{B})$. Auf die relativistische Beschreibung der elektromagnetischen Felder gehen wir in den Kapiteln [3] und [4] genauer ein.

Bei der Diskussion von Gleichung (1.3) konnten wir feststellen, dass starke Magnetfelder im Labor um einen Faktor 10^2 stärker sind als starke elektrische Felder. Das Beispiel der Lorentz'schen Bewegungsgleichung (1.43) zeigt, dass dies keineswegs bedeutet, dass das Magnetfeld $c\mathbf{B}$ in der Praxis immer über das elektrische Feld $\mathbf{E}$ dominiert. Beim Vergleich der Stärken von $c\mathbf{B}$ und $\mathbf{E}$ ist nämlich zu bedenken, dass $c\mathbf{B}$ in der Lorentz-Kraft mit β multipliziert wird, sodass unter den meisten irdischen Umständen die Kraft $q\dot{\mathbf{x}} \times \mathbf{B}$ eher *klein* ist im Vergleich zu $q\mathbf{E}$.

Die Lorentz'sche Bewegungsgleichung als Thema der *Mechanik*

Die Lorentz'sche Bewegungsgleichung ist ein Spezialfall des allgemeinen zweiten Newton'schen Gesetzes $\frac{d\boldsymbol{\pi}}{dt} = \mathbf{F}$ und somit (auch) ein Thema aus dem Bereich der *Klassischen Mechanik*. Dementsprechend werden die Lorentz'sche Bewegungsgleichung, ihre Herleitung und typische Anwendungen sowohl in der relativistischen als auch in der nicht-relativistischen Form bereits ausführlich in Ref. [11] behandelt. Für Details sei daher auf diese Quelle verwiesen. An dieser Stelle möchten wir allerdings noch einmal kurz auf die *Herleitung* der Lorentz-Kraft eingehen, da diese eng mit den Maxwell-Gleichungen und ihrer Interpretation zusammenhängt.

Zur Herleitung der Lorentz-Kraft

Die Lorentz-Kraft wurde bereits 1895 von Hendrik Antoon Lorentz postuliert. Lorentz' Vermutung[44] basierte auf dem Transformationsverhalten der $\mathbf{E}$- und $\mathbf{B}$-

[44] Siehe Abschnitt 4.4 und Übungsaufgabe 5.2 von Ref. [11] für Details.

Felder unter Lorentz-Transformationen (bis zur linearen Ordnung in $\boldsymbol{\beta} = \dot{\mathbf{x}}/c$):

$$\mathbf{E}' = \mathbf{E} + \boldsymbol{\beta} \times (c\mathbf{B}) + \mathcal{O}(\beta^2) \quad , \quad \mathbf{B}' = \mathbf{B} - \frac{1}{c}\boldsymbol{\beta} \times \mathbf{E} + \mathcal{O}(\beta^2) \,. \tag{1.44}$$

Ein Teilchen, das sich mit der Geschwindigkeit $\dot{\mathbf{x}}$ relativ zum Referenzsystem, in dem die Felder $\mathbf{E}$ und $\mathbf{B}$ definiert sind, bewegt, spürt also eine effektive elektrische Kraft $q\mathbf{E}' = \mathbf{F}_{\text{Lor}}$, und daher sollte (bis zur linearen Ordnung in β) die Bewegungsgleichung (1.43) mit $\boldsymbol{\pi} = m_0\dot{\mathbf{x}}$ gelten.

Lorentz-Kraft und Faraday'sches Induktionsgesetz

Die Lorentz-Kraft kann jedoch auch in gänzlich anderer Weise hergeleitet werden, und zwar ausgehend von den Maxwell-Gleichungen. Wir kennen bereits das *dritte* Maxwell'sche Gesetz. In der Integralform (1.22) besagt es, dass die negative zeitliche Änderung des magnetischen Flusses durch eine *fest vorgegebene* orientierte Fläche $\mathcal{F}$ gleich der elektromotorischen Kraft $\mathcal{E}_{\partial\mathcal{F}}$ in der Schleife $\partial\mathcal{F}$ ist:

$$-\frac{d}{dt}\int_{\mathcal{F}} d\mathbf{S}\cdot\mathbf{B}(\mathbf{x},t) = \oint_{\partial\mathcal{F}} d\mathbf{x}\cdot\mathbf{E}(\mathbf{x},t) = \mathcal{E}_{\partial\mathcal{F}} \,. \tag{1.45}$$

Der Umlaufsinn im vektoriellen Kurvenintegral $\oint_{\partial\mathcal{F}} d\mathbf{x}$ ist dabei durch die Orientierung der Fläche $\mathcal{F}$ bestimmt.[45] Die elektromotorische Kraft $\mathcal{E}_{\partial\mathcal{F}}$ in einer Schleife ist generell *definiert* durch das Kurvenintegral

$$\mathcal{E}_{\partial\mathcal{F}} \equiv \oint_{\partial\mathcal{F}} d\mathbf{x}\cdot\mathbf{f}(\mathbf{x},\dot{\mathbf{x}},t) \,,$$

wobei $\mathbf{f}$ die Kraft pro Ladungseinheit ist, die auf ein Testteilchen am Ort $\mathbf{x}$ zur Zeit t mit der Geschwindigkeit $\dot{\mathbf{x}}$ wirkt: $\dot{\boldsymbol{\pi}}/q = \mathbf{f}$. Die elektromotorische Kraft stellt daher die Arbeit dar, die das elektromagnetische Feld *pro Ladungseinheit* und *pro Umlauf* am Testteilchen verrichtet. Hierbei ist zu beachten, dass die Geschwindigkeit $\dot{\mathbf{x}}$ für Testteilchen auf einer *ruhenden* Leiterschleife *null* ist. Nur bei einer *Bewegung* bzw. *Formänderung* der Schleife erlangt das Testteilchen eine Geschwindigkeit $\dot{\mathbf{x}} \neq \mathbf{0}$.

Aus dem Ausdruck (1.45) für die elektromotorische Kraft geht zunächst einmal hervor, dass die Kraft, wirkend auf eine *ruhende* Testladung q am Ort $\mathbf{x}$ zur Zeit t, gleich $q\mathbf{E}(\mathbf{x},t)$ ist. Aufgrund von Faradays Arbeiten im frühen 19. Jahrhundert ist experimentell bekannt, dass auch eine *Bewegung* oder *Formänderung* der Schleife $\partial\mathcal{F}$ eine elektromotorische Kraft hervorruft, sodass das Gesetz allgemeiner

$$\boxed{\mathcal{E}_{\partial\mathcal{F}(t)} = -\frac{d\Phi}{dt}(t) \quad , \quad \Phi(t) \equiv \int_{\mathcal{F}(t)} d\mathbf{S}\cdot\mathbf{B}(\mathbf{x},t)} \tag{1.46}$$

mit einer im Allgemeinen *zeitabhängigen* Schleife $\partial\mathcal{F}(t)$ lauten sollte. Hierbei haben wir den *Fluss* $\Phi(t)$ durch die Fläche $\mathcal{F}(t)$ definiert. Könnten wir nun Gleichung (1.46) in der Form

$$\mathcal{E}_{\partial\mathcal{F}(t)} = -\frac{d\Phi}{dt}(t) = -\frac{d}{dt}\int_{\mathcal{F}(t)} d\mathbf{S}\cdot\mathbf{B}(\mathbf{x},t) \stackrel{!}{=} \oint_{\partial\mathcal{F}(t)} d\mathbf{x}\cdot\mathbf{f}(\mathbf{x},\dot{\mathbf{x}},t) \tag{1.47}$$

[45] Hierbei ist die *Orientierung* einer Fläche $\mathcal{F}$ durch die Richtung des *Normalenvektors* auf dieser Fläche festgelegt. Der Umlaufsinn am Rand $\partial\mathcal{F}$ der Fläche hängt dann gemäß der „Korkenzieherregel" mit der Richtung des Normalenvektors zusammen. Diese Themen werden ausführlich in Abschnitt 9.3 von Ref. [9] behandelt.

schreiben, so wäre $q\mathbf{f}(\mathbf{x}, \dot{\mathbf{x}}, t)$ als die Kraft auf eine *bewegte* Testladung zu interpretieren. Wir versuchen daher, eine derartige Umformung vorzunehmen.

Aufgrund der *zweiten* Maxwell-Gleichung (1.21) in Integralform, die besagt, dass der Fluss durch eine *geschlossene* Fläche null ist: $\oint d\mathbf{S} \cdot \mathbf{B}(\mathbf{x}, t) = 0$, folgt nun

$$\begin{aligned} d\Phi &= \Phi(t + dt) - \Phi(t) \\ &= \int_{\mathcal{F}(t+dt)} d\mathbf{S} \cdot [\mathbf{B}(\mathbf{x}, t + dt) - \mathbf{B}(\mathbf{x}, t)] + \left[\int_{\mathcal{F}(t+dt)} d\mathbf{S} - \int_{\mathcal{F}(t)} d\mathbf{S} \right] \cdot \mathbf{B}(\mathbf{x}, t) \\ &= \int_{\mathcal{F}(t)} d\mathbf{S} \cdot \frac{\partial \mathbf{B}}{\partial t} dt + \int_{d\mathcal{F}(t)} d\mathbf{S} \cdot \mathbf{B}(\mathbf{x}, t) \; . \end{aligned} \tag{1.48}$$

Hierbei stellt $d\mathcal{F}(t)$ die infinitesimale orientierte Fläche dar, die die Ränder $\partial\mathcal{F}(t)$ und $\partial\mathcal{F}(t + dt)$ miteinander verbindet: $\partial[\mathcal{F}(t) \cup d\mathcal{F}(t)] = \partial\mathcal{F}(t + dt)$. Außerdem hat $d\mathcal{F}(t)$ am Rand $\partial\mathcal{F}(t + dt)$ den gleichen Umlaufsinn wie $\mathcal{F}(t + dt)$. Aufgrund von $\oint d\mathbf{S} \cdot \mathbf{B}(\mathbf{x}, t) = 0$ konnten wir also verwenden:

$$\int_{\mathcal{F}(t+dt)} d\mathbf{S} \cdot \mathbf{B} = \left[\int_{\mathcal{F}(t)} d\mathbf{S} + \int_{d\mathcal{F}(t)} d\mathbf{S} \right] \cdot \mathbf{B} = \int_{\mathcal{F}(t) \cup d\mathcal{F}(t)} d\mathbf{S} \cdot \mathbf{B} \; .$$

Ein Querschnitt durch die drei Flächen $\mathcal{F}(t)$, $\mathcal{F}(t + dt)$ und $d\mathcal{F}(t)$ sowie die Ausrichtung der Normalenvektoren auf diesen Flächen sind in Abbildung 1.2 skizziert. Die Abbildung zeigt, dass diese drei Flächen zusammen eine *geschlossene* Fläche bilden, wobei allerdings (in diesem Beispiel) die Normalenvektoren auf $\mathcal{F}(t)$ und $d\mathcal{F}(t)$ nach *außen* gerichtet sind und der Normalenvektor auf $\mathcal{F}(t+dt)$ nach *innen*.

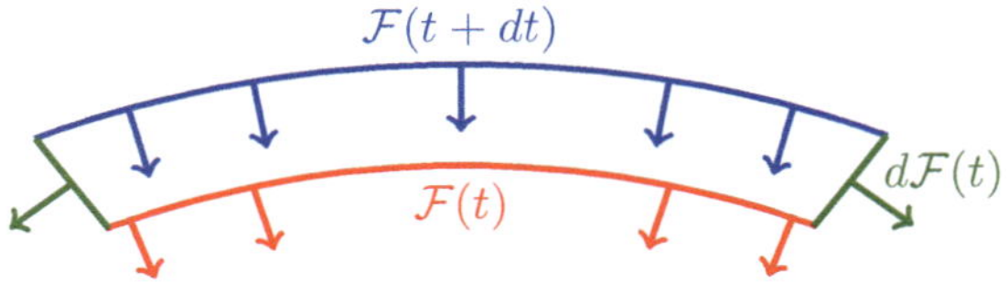

Abb. 1.2 Orientierung und Normalenvektoren der Flächen $\mathcal{F}(t)$, $\mathcal{F}(t + dt)$ und $d\mathcal{F}(t)$

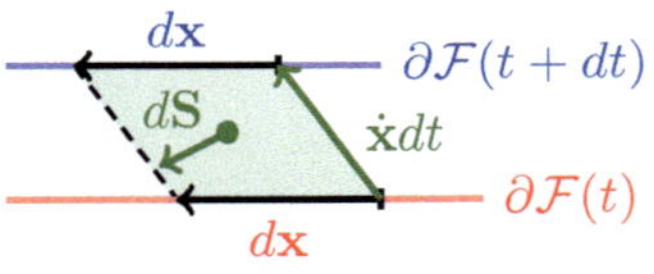

Abb. 1.3 Außenansicht von $d\mathcal{F}(t)$

Abbildung 1.3 zeigt eine Außenansicht der infinitesimalen orientierten Fläche $d\mathcal{F}(t)$ mit ihrem Normalenvektor $d\mathbf{S}$ und zwei infinitesimale, orientierte Kurvensegmente $d\mathbf{x}$ der Ränder $\partial\mathcal{F}(t)$ und $\partial\mathcal{F}(t + dt)$. Die zeitliche Formänderung der Schleife $\partial\mathcal{F}$ führt dazu, dass eine Testladung auf $\partial\mathcal{F}(t)$ im Zeitintervall dt nach $\partial\mathcal{F}(t + dt)$ verschoben wird und somit eine Geschwindigkeit $\dot{\mathbf{x}}$ erhält. Die Formänderung der Schleife verschiebt das Kurvensegment $d\mathbf{x}$ von $\partial\mathcal{F}(t)$ im Zeitintervall dt also um $\dot{\mathbf{x}}dt$. Wie aus Abb. 1.3 ersichtlich, ist das infinitesimale Flächenelement $d\mathbf{S}$ von $d\mathcal{F}(t)$ daher gleich $d\mathbf{S} = -d\mathbf{x} \times \dot{\mathbf{x}}dt$.

In Gleichung (1.48) verwenden wir nun die *dritte* Maxwell-Gleichung, die es uns erlaubt $\frac{\partial \mathbf{B}}{\partial t} = -\boldsymbol{\nabla} \times \mathbf{E}$ zu ersetzen, und außerdem das Ergebnis $d\mathbf{S} = -d\mathbf{x} \times \dot{\mathbf{x}}dt$ für das infinitesimale Flächenelement von $d\mathcal{F}(t)$. Wir erhalten:

$$d\Phi = \int_{\mathcal{F}(t)} d\mathbf{S} \cdot \frac{\partial \mathbf{B}}{\partial t} dt + \int_{d\mathcal{F}(t)} d\mathbf{S} \cdot \mathbf{B} = -\int_{\mathcal{F}(t)} d\mathbf{S} \cdot (\boldsymbol{\nabla} \times \mathbf{E})\, dt - \oint_{\partial\mathcal{F}(t)} (d\mathbf{x} \times \dot{\mathbf{x}}dt) \cdot \mathbf{B}$$

bzw. aufgrund des Stokes'schen Satzes und der zyklischen Eigenschaft des Spatprodukts:

$$\mathcal{E}_{\partial\mathcal{F}(t)} = -\frac{d\Phi}{dt}(t) = \oint_{\partial\mathcal{F}(t)} d\mathbf{x} \cdot (\mathbf{E} + \dot{\mathbf{x}} \times \mathbf{B}) \stackrel{!}{=} \oint_{\partial\mathcal{F}(t)} d\mathbf{x} \cdot \mathbf{f}(\mathbf{x}, \dot{\mathbf{x}}, t) \; .$$

Hiermit ist es in der Tat gelungen, die Umformung (1.47) vorzunehmen: Die Form der elektromotorischen Kraft $\mathcal{E}_{\partial\mathcal{F}(t)}$ zeigt, dass die Kraft auf eine *bewegte* Testladung *pro Ladungseinheit* gleich $\mathbf{f}(\mathbf{x}, \dot{\mathbf{x}}, t) = \mathbf{E} + \dot{\mathbf{x}} \times \mathbf{B}$ ist, sodass die Kraft auf eine solche Testladung selbst wieder die vertraute Form $\mathbf{F}_{\text{Lor}} = q(\mathbf{E} + \dot{\mathbf{x}} \times \mathbf{B})$ der Lorentz-Kraft hat. Auch aus dieser alternativen Herleitung können wir daher schließen, dass die Bewegungsgleichung (1.43) gelten muss.

In dieser alternativen Herleitung haben wir die Lorentz-Kraft (1.43) aus dem verallgemeinerten Faraday'schen Gesetz (1.46) hergeleitet. Diese Beziehung zwischen der Lorentz-Kraft und dem verallgemeinerten Faraday'schen Gesetz ist auch umkehrbar: Falls man die Form der Lorentz-Kraft aus anderer Quelle, z. B. aus Gleichung (1.44), bereits kennt, folgt hieraus das verallgemeinerte Faraday'sche Gesetz in der Form (1.46). Die Herleitung von (1.46) erfordert lediglich, dass man die gerade gezeigte Berechnung in umgekehrter Reihenfolge durchführt.

Fazit zur Herleitung der Lorentz-Kraft

Zusammenfassend stellen wir fest, dass man zur Herleitung der Lorentz-Kraft neben den Maxwell-Gleichungen noch eine *weitere Information* benötigt. Diese zusätzliche Information kann, wie wir gesehen haben, die Forminvarianz der Maxwell-Gleichungen unter Lorentz-Transformationen bis zur linearen Ordnung sein, aber auch das verallgemeinerte Faraday'sche Gesetz (1.46).

1.7 Übungsaufgaben

Aufgabe 1.1 Magnetfeld eines unendlich langen geraden Stromdrahts

Das Biot-Savart-Gesetz in Gleichung (1.2a) besagt, dass ein infinitesimales Segment $d\boldsymbol{\ell}$ eines von einem Strom I durchflossenen leitenden Drahts, das sich *im Ursprung* befindet, am Ort $\mathbf{x}$ das Magnetfeld $d\mathbf{B} = \frac{\mu_0 I}{4\pi}\frac{d\boldsymbol{\ell}\times\hat{\mathbf{x}}}{x^2} = \frac{\mu_0 I}{4\pi}\frac{d\boldsymbol{\ell}\times\mathbf{x}}{x^3}$ erzeugt.

(a) Leiten Sie hieraus ab, dass das Magnetfeld eines *unendlich langen, unendlich dünnen, geraden, leitenden* Drahts, der den Strom I führt, durch den Ursprung verläuft und in $\hat{\mathbf{I}}$-Richtung orientiert ist, durch Gleichung (1.2b) gegeben ist: $\mathbf{B}(\mathbf{x}) = \frac{\mu_0 I}{2\pi x_\perp}\hat{\mathbf{I}} \times \hat{\mathbf{x}}_\perp$ mit $\mathbf{x} - (\mathbf{x}\cdot\hat{\mathbf{I}})\hat{\mathbf{I}} \equiv \mathbf{x}_\perp = x_\perp \hat{\mathbf{x}}_\perp$.
Hinweis: Sie können o. B. d. A. $\hat{\mathbf{I}} = \hat{\mathbf{e}}_3$ wählen .

In Kapitel [4] wird gezeigt, dass der Beitrag eines statischen Magnetfelds zur *Energiedichte* des elektromagnetischen Felds durch $\rho_{\mathcal{E}}(\mathbf{x}) = \frac{1}{2\mu_0}\mathbf{B}(\mathbf{x})^2$ gegeben ist.

(b) Bestimmen Sie den entsprechenden Beitrag $\int d^3x \; \rho_{\mathcal{E}}(\mathbf{x})\, \delta(\mathbf{x}\cdot\hat{\mathbf{I}})$ des Magnetfelds zur Feldenergie *pro Längeneinheit* des in **(a)** betrachteten Drahts. Wie erklären Sie sich dieses Ergebnis?

Aufgabe 1.2 Magnetische Monopole

Die Standardformulierung (1.4) der Maxwell-Gleichungen weist als Quellen des elektromagnetischen Feldes lediglich *elektrische* Ladungen und Ströme auf. Eine mögliche Verallgemeinerung der Theorie, die auch *magnetische* Ladungen und Ströme als Quellen zulässt, lautet

$$\begin{aligned} &\text{I.} \quad \boldsymbol{\nabla}\cdot\mathbf{E} = \frac{1}{\varepsilon_0}\rho_\mathrm{e} &&\text{III.} \quad \boldsymbol{\nabla}\times\mathbf{E} + \frac{\partial\mathbf{B}}{\partial t} = -\mathbf{j}_\mathrm{m} \\ &\text{II.} \quad \boldsymbol{\nabla}\cdot\mathbf{B} = \rho_\mathrm{m} &&\text{IV.} \quad \boldsymbol{\nabla}\times\mathbf{B} - \varepsilon_0\mu_0\frac{\partial\mathbf{E}}{\partial t} = \mu_0\mathbf{j}_\mathrm{e}\ . \end{aligned} \tag{1.49}$$

Die Maxwell-Gleichungen I und IV sind also im Vergleich zur Standardformulierung unverändert, im Einklang mit Postulat **P1**, während die Gleichungen II und III in der verallgemeinerten Formulierung als Inhomogenitäten magnetische Ladungen (mit einer Dichte ρ_m) und Ströme (mit der Dichte $\mathbf{j}_\mathrm{m}$) aufweisen. Die Gleichungen II und III in (1.49) entsprechen also einem alternativen zweiten Postulat der Form

> **P2***: Das *duale* elektromagnetische Feld $\tilde{F} = (c\mathbf{B}, -\mathbf{E})$ hat als *Quellen* die *magnetischen* Ladungs- und Stromdichten der Teilchen

(a) Kann man i. A. für $(\rho_\mathrm{m}, \mathbf{j}_\mathrm{m}) \neq (0, \mathbf{0})$ Potentiale $(\Phi, \mathbf{A})$ mit den Eigenschaften $\mathbf{E} = -\boldsymbol{\nabla}\Phi - \frac{\partial\mathbf{A}}{\partial t}$ und $\mathbf{B} = \boldsymbol{\nabla}\times\mathbf{A}$ einführen? Begründen Sie Ihre Antwort.

(b) Zeigen Sie, dass die Lösbarkeit der verallgemeinerten Maxwell-Gleichungen (1.49) die Erhaltung der elektrischen *und* der magnetischen Ladung erfordert, d. h., dass nun *zwei* Kontinuitätsgleichungen gelten müssen: $\frac{\partial\rho_\mathrm{e}}{\partial t} + \boldsymbol{\nabla}\cdot\mathbf{j}_\mathrm{e} = 0$ sowie $\frac{\partial\rho_\mathrm{m}}{\partial t} + \boldsymbol{\nabla}\cdot\mathbf{j}_\mathrm{m} = 0$.

(c) Betrachten Sie als Spezialfall eine statische *magnetische* Punktladung mit der Ladungsdichte $\rho_\mathrm{m}(\mathbf{x}) = q_2\delta(\mathbf{x} - \mathbf{x}_2)$. Zeigen Sie analog zu (1.20), dass das entsprechende Magnetfeld am Ort $\mathbf{x}_1$ durch $\mathbf{B}(\mathbf{x}_1) = \frac{q_2}{4\pi x_{12}^2}\hat{\mathbf{x}}_{12}$ gegeben ist. Welche Kraft übt dieser Monopol auf eine *elektrische* Punktladung q_1 aus, die sich mit der nicht-relativistischen Geschwindigkeit $\dot{\mathbf{x}}_1$ am Ort $\mathbf{x}_1$ befindet?

(d) Zeigen Sie, dass die **E**- und **B**-Felder in der verallgemeinerten Theorie (1.49) analog zu (1.13) und (1.14) die folgenden *Wellengleichungen* erfüllen:

$$\begin{aligned} \Box\mathbf{B} &= \mu_0\boldsymbol{\nabla}\times\mathbf{j}_\mathrm{e} - \left(\boldsymbol{\nabla}\rho_\mathrm{m} + \frac{1}{c^2}\frac{\partial\mathbf{j}_\mathrm{m}}{\partial t}\right) \\ \Box\mathbf{E} &= -\boldsymbol{\nabla}\times\mathbf{j}_\mathrm{m} - \frac{1}{\varepsilon_0}\left(\boldsymbol{\nabla}\rho_\mathrm{e} + \frac{1}{c^2}\frac{\partial\mathbf{j}_\mathrm{e}}{\partial t}\right)\ . \end{aligned}$$

(e) Welche Gleichungen für die **E**- und **B**-Felder ergeben sich aus den Wellengleichungen in Teil **(d)** im *stationären* Grenzfall, d. h., wenn die Felder und die Ladungs- und Stromdichten zeit*unabhängig* sind? Wie lautet die Lösung dieser Poisson-Gleichungen?

Aufgabe 1.3 Das Vektorpotential in der Coulomb-Eichung

Aus Gleichung (1.29) in Abschnitt [1.4.1] ist bekannt, dass das Vektorpotential **A** in der Coulomb-Eichung *divergenzfrei* ist, $(\boldsymbol{\nabla}\cdot\mathbf{A})(\mathbf{x}, t) = 0$, und dass die Beziehung (1.30) zwischen **A** und dem Magnetfeld **B** gilt. In dieser Aufgabe untersuchen wir einige weitere Eigenschaften des Vektorpotentials in der Coulomb-Eichung.

(a) Wir untersuchen zuerst das asymptotische Verhalten von $\mathbf{A}(\mathbf{x},t)$ für $|\mathbf{x}| \to \infty$. Hierzu verwenden wir, dass $\mathbf{B}(\mathbf{x},t) \neq \mathbf{0}$ nur in einem *endlichen* Raumbereich $\mathcal{D} \subset \mathbb{R}^3$ gilt. Zeigen Sie mit Hilfe von (1.30) für $|\mathbf{x}| \to \infty$:

$$\mathbf{A}(\mathbf{x},t) = \boldsymbol{\nabla} \times \left[\frac{1}{x}\mathbf{b}_0 + \frac{1}{x^2}B_1\hat{\mathbf{x}} + \mathcal{O}\left(\frac{1}{x^3}\right)\right] \quad , \quad \begin{Bmatrix}\mathbf{b}_0 \\ B_1\end{Bmatrix} \equiv \frac{1}{4\pi}\int d^3x'\ \mathbf{B}(\mathbf{x}',t)\begin{Bmatrix}1 \\ (\mathbf{x}')^{\mathrm{T}}\end{Bmatrix} .$$

(b) Wir betrachten nun die Anwendung des Gauß'schen Satzes in (1.34). Wir schreiben die Integration über den Ortsraum zuerst als Grenzfall einer Integration über eine Kugel $\mathcal{K}(R)$ mit Mittelpunkt $\mathbf{0}$ und Radius R:

$$\int_{\mathbb{R}^3} d^3x\ \frac{\boldsymbol{\nabla}\cdot\left(e^{i\mathbf{k}\cdot\mathbf{x}}\mathbf{A}\right)}{(2\pi)^{3/2}} = \lim_{R\to\infty}\int_{\mathcal{K}(R)} d^3x\ \frac{\boldsymbol{\nabla}\cdot\left(e^{i\mathbf{k}\cdot\mathbf{x}}\mathbf{A}\right)}{(2\pi)^{3/2}} = \lim_{R\to\infty}\int_{\partial\mathcal{K}(R)} d\mathbf{S}\cdot\frac{e^{i\mathbf{k}\cdot\mathbf{x}}\mathbf{A}}{(2\pi)^{3/2}} .$$

Zeigen Sie mit Hilfe von **(a)**, dass die rechte Seite dieser Gleichung [und daher auch das Oberflächenintegral in (1.34)] *null* ist.

(c) Zeigen Sie die folgende Identität für $\mathbf{A}$ in der Coulomb-Eichung:

$$\int_{\mathbb{R}^3} d^3x\ [\mathbf{A}(\mathbf{x},t)]^2 = \int_{\mathbb{R}^3} d^3x \int_{\mathbb{R}^3} d^3x'\ \frac{\mathbf{B}(\mathbf{x},t)\cdot\mathbf{B}(\mathbf{x}',t)}{4\pi\,|\mathbf{x}-\mathbf{x}'|} .$$

(d) Zeigen Sie die folgende Ungleichung für ein Vektorpotential $\mathbf{A}$ in der Coulomb-Eichung und ein weiteres, äquivalentes Vektorpotential $\widetilde{\mathbf{A}} = \mathbf{A} - \frac{1}{c}\boldsymbol{\nabla}\Lambda$:

$$\boxed{\int_{\mathbb{R}^3} d^3x\ \left[\widetilde{\mathbf{A}}(\mathbf{x},t)\right]^2 \geq \int_{\mathbb{R}^3} d^3x\ [\mathbf{A}(\mathbf{x},t)]^2 .}$$

Die Coulomb-Eichung *minimiert* also das Integral über $\widetilde{\mathbf{A}}^2$ bei festem $\mathbf{B}$.

Aufgabe 1.4 Die Fourier-Transformation bzgl. der *Zeitvariablen*

Die Fourier-Transformation bzgl. der Zeitvariablen, die *zeit*abhängige Funktionen $f(t)$ auf *frequenz*abhängige Funktionen $\hat{f}(\omega)$ abbildet, und die *inverse* Fourier-Transformation $\hat{f} \mapsto f$ sind beide durch Gleichung (1.37) definiert:

$$\hat{f}(\omega) \equiv \frac{1}{\sqrt{2\pi}}\int_{-\infty}^{\infty} dt\ f(t)e^{i\omega t} \quad , \quad f(t) = \frac{1}{\sqrt{2\pi}}\int_{-\infty}^{\infty} d\omega\ \hat{f}(\omega)e^{-i\omega t} .$$

Wir betrachten im Folgenden zunächst ein paar Beispiele und dann einige grundlegende Eigenschaften der Fourier-Transformation.

(a) Bestimmen Sie die Fourier-transformierte Funktion $\hat{f}(\omega)$ für:

1. eine Schwelle der Breite $\tau > 0$: $f(t) = \Theta\left(\frac{1}{2}\tau - |t|\right)$,
2. zwei solche Schwellen im Abstand $T > \tau$: $f(t) = \Theta\left(\frac{1}{2}\tau - \left|\frac{1}{2}T - |t|\right|\right)$,
3. die Gauß-Funktion: $f(t) = (\sigma\sqrt{\pi})^{-1/2}e^{-t^2/2\sigma^2}$ mit $\sigma > 0$.

Hierbei stellt $\Theta(t)$ die Stufenfunktion dar: $\Theta(t) = 0$ für $t < 0$ und $\Theta(t) = 1$ für $t \geq 0$. Überprüfen Sie, dass für die Gauß-Funktion im dritten Beispiel gilt: $\int dt\, |f(t)|^2 = 1$ sowie $\int d\omega\, |\hat{f}(\omega)|^2 = 1$.

(b) Bestimmen Sie die Beziehungen zwischen den Fourier-Transformierten $\hat{\bar{f}}(\omega)$ und $\hat{f}(\omega)$ für: **(1)** die Zeittranslation $\bar{f}(t) \equiv f(t - \tau)$ und **(2)** die zeitliche Dehnung $\bar{f}(t) \equiv f(\lambda t)$.

(c) Beweisen Sie die Identität

$$\lim_{\epsilon \downarrow 0} \frac{1}{2\pi} \int_{-\infty}^{\infty} d\omega\, e^{-\epsilon\omega^2 - i\omega(t-t')} = \delta(t - t') . \tag{1.50}$$

Diese Identität wird häufig kurz als $\frac{1}{2\pi} \int_{-\infty}^{\infty} d\omega\, e^{-i\omega(t-t')} = \delta(t-t')$ geschrieben. Ihre linke Seite ist dann als *verallgemeinerte Funktion* zu interpretieren.

(d) Zeigen Sie, dass die *inverse* Fourier-Transformation einer Fourier-transformierten Funktion $\hat{f}$ die ursprüngliche Funktion f ergibt, indem Sie schreiben:

$$\frac{1}{\sqrt{2\pi}} \int_{-\infty}^{\infty} d\omega\, \hat{f}(\omega) e^{-i\omega t} = \lim_{\epsilon \downarrow 0} \frac{1}{2\pi} \int_{-\infty}^{\infty} d\omega \int_{-\infty}^{\infty} dt'\, f(t') e^{-\epsilon\omega^2 - i\omega(t-t')} ,$$

die Integrationsreihenfolge vertauschen und die Identität (1.50) anwenden.

Wir führen nun das *Skalarprodukt* $(f_1, f_2) \equiv \int_{-\infty}^{\infty} dt\, f_1^*(t) f_2(t)$ zweier i. A. komplexwertiger zeitabhängiger Funktionen f_1 und f_2 ein sowie die entsprechende *Norm* $||f|| \equiv (f, f)^{1/2}$. Analog führen wir $\langle g_1, g_2 \rangle \equiv \int_{-\infty}^{\infty} d\omega\, g_1^*(\omega) g_2(\omega)$ als *Skalarprodukt* zweier i. A. komplexwertiger frequenzabhängiger Funktionen g_1 und g_2 ein und die entsprechende *Norm* als $||g|| \equiv \langle g, g \rangle^{1/2}$.

(e) Zeigen Sie, dass diese Definitionen die aus der Mathematik bekannten Axiome für Skalarprodukte und Normen erfüllen.

(f) Zeigen Sie, dass der numerische Wert des Skalarprodukts *invariant* unter einer Fourier-Transformation ist, d. h., dass $\langle \hat{f}_1, \hat{f}_2 \rangle = (f_1, f_2)$ gilt. Verwenden Sie bei Bedarf die Identität (1.50). Folgern Sie aus dieser Invarianz des Skalarprodukts, dass auch die *Norm* einer Funktion *invariant* ist unter einer Fourier-Transformation, $||\hat{f}|| = ||f||$, d. h., dass die Fourier-Transformation eine *Isometrie* darstellt. Welchen Wert hat also das Integral $\int_0^{\infty} dx\, \frac{\sin^2(x)}{x^2}$?

Aufgabe 1.5 Eine Unschärferelation für die Fourier-Transformation

Wie in Aufgabe 1.4 betrachten wir *zeit*abhängige Funktionen $f(t)$ und *frequenz*abhängige Funktionen $\hat{f}(\omega)$, die durch die Fourier-Transformation (1.37) miteinander verbunden sind, und führen Skalarprodukte $(f_1, f_2) = \int_{-\infty}^{\infty} dt\, f_1^*(t) f_2(t)$ bzw. $\langle g_1, g_2 \rangle = \int_{-\infty}^{\infty} d\omega\, g_1^*(\omega) g_2(\omega)$ und Normen $||f|| = (f, f)^{1/2}$ und $||g|| = \langle g, g \rangle^{1/2}$ ein. Wir können im Folgenden o. B. d. A. annehmen, dass $||f|| = 1$ und daher auch $||\hat{f}|| = 1$ gilt.

Mittelwerte von zeitabhängen Größen $\alpha(t)$ sind dann durch $\overline{\alpha(t)} \equiv (f, \alpha(t) f)$ und *Mittelwerte* von frequenzabhängen Größen $\beta(\omega)$ durch $\overline{\beta(\omega)} \equiv \langle \hat{f}, \beta(\omega) \hat{f} \rangle$ definiert. Insbesondere sind die *Breite* $\Delta t \geq 0$ einer elektromagnetischen Welle in der Zeitsprache und die *Breite* $\Delta\omega \geq 0$ in der Frequenzsprache dann definiert durch:

$$(\Delta t)^2 \equiv \overline{(t - \bar{t}\,)^2} \quad , \quad (\Delta\omega)^2 \equiv \overline{(\omega - \bar{\omega})^2} \, .$$

Wir zeigen im Folgenden, dass die Ungleichung $\Delta t \, \Delta\omega \geq \frac{1}{2}$ gilt, d. h., dass es *unmöglich* ist, elektromagnetische Signale $(f, \hat{f})$ sowohl scharf in der Zeit als auch scharf in der Frequenz zu lokalisieren, und dass eine verschärfte Lokalisierung Δt in der Zeit die Lokalisierung $\Delta\omega \geq \frac{1}{2}(\Delta t)^{-1}$ in der Frequenz u. U. verringert.

(a) Zeigen Sie: $(\Delta\omega)^2 = \langle \hat{\phi}, \hat{\phi} \rangle = ||\hat{\phi}||^2$ mit $\phi(t) \equiv \left(\frac{1}{i}\frac{d}{dt} + \bar{\omega}\right) f$. Warum folgt hieraus auch direkt: $(\Delta\omega)^2 = (\phi, \phi) = ||\phi||^2$?

(b) Zeigen Sie u. a. mit Hilfe der Schwarz'schen Ungleichung:

$$(\Delta t)^2 (\Delta\omega)^2 \geq \left|\big((t - \bar{t}\,) f, \phi\big)\right|^2 \geq \left|\mathrm{Im}\big(f, (t - \bar{t}\,)\phi\big)\right|^2 .$$

(c) Zeigen Sie: $\mathrm{Im}\big(f, (t - \bar{t}\,)\phi\big) = \frac{1}{2}$. Schließen Sie daraus: $\Delta t \, \Delta\omega \geq \frac{1}{2}$.

(d) *Warum* konnten wir in dieser Aufgabe o. B. d. A. $||f|| = ||\hat{f}|| = 1$ annehmen?

(e) Bestimmen Sie $\Delta t \, \Delta\omega$ für die Gauß-Funktion $f(t) = (\sigma\sqrt{\pi})^{-1/2} e^{-t^2/2\sigma^2}$ in Aufgabe 1.4 **(a)**. Was fällt Ihnen auf?

Aufgabe 1.6 Die Fourier-Transformierten der E- und B-Felder

Gleichung (1.24) zeigt, dass die $(\mathbf{E}, \mathbf{B})$-Felder *generell*, d. h., ohne eine konkrete Eichung aufzuerlegen, mit Hilfe von elektromagnetischen Potentialen $(\Phi, \mathbf{A})$ dargestellt werden können:

$$\mathbf{E} = -\boldsymbol{\nabla}\Phi - \tfrac{\partial \mathbf{A}}{\partial t} \quad \text{bzw.} \quad \mathbf{B} = \boldsymbol{\nabla} \times \mathbf{A} \, . \tag{1.51}$$

Diese orts- und zeitabhängigen $(\mathbf{E}, \mathbf{B})$-Felder können mit Hilfe von (1.33) bzgl. der *Orts*koordinaten und mit (1.37) bzgl. der *Zeit*variablen Fourier-transformiert werden. Wir bezeichnen die Fourier-Transformierten der $(\mathbf{E}, \mathbf{B})$-Felder als $\hat{\mathcal{E}}(\mathbf{k}, \omega)$ bzw. $\hat{\mathcal{B}}(\mathbf{k}, \omega)$ und diejenigen der $(\Phi, \mathbf{A})$-Potentiale als $\hat{\Phi}(\mathbf{k}, \omega)$ bzw. $\hat{\mathcal{A}}(\mathbf{k}, \omega)$.

(a) Warum gilt $\hat{\Phi}(\mathbf{k}, \omega) = [\hat{\Phi}(-\mathbf{k}, -\omega)]^*$ und analog $\hat{\mathcal{A}}(\mathbf{k}, \omega) = [\hat{\mathcal{A}}(-\mathbf{k}, -\omega)]^*$ sowie $\hat{\mathcal{E}}(\mathbf{k}, \omega) = [\hat{\mathcal{E}}(-\mathbf{k}, -\omega)]^*$ und $\hat{\mathcal{B}}(\mathbf{k}, \omega) = [\hat{\mathcal{B}}(-\mathbf{k}, -\omega)]^*$?

(b) Zeigen Sie ausgehend von der Darstellung (1.51) der $(\mathbf{E}, \mathbf{B})$-Felder mit Hilfe von elektromagnetischen Potentialen, dass die Fourier-transformierten Felder $\hat{\mathcal{E}}$ und $\hat{\mathcal{B}}$ orthogonal sind: $\hat{\mathcal{E}}(\mathbf{k}, \omega) \cdot \hat{\mathcal{B}}(\mathbf{k}, \omega) = 0$ für alle $(\mathbf{k}, \omega) \in \mathbb{R}^4$.

(c) Zeigen Sie, dass die Orthogonalität $\hat{\mathcal{E}}(\mathbf{k}, \omega) \cdot \hat{\mathcal{B}}(\mathbf{k}, \omega) = 0$ alternativ auch direkt aus der Maxwell-Gleichung III in (1.4) folgt.

(d) Warum gilt immer $\mathbf{k} \cdot \hat{\mathcal{B}}(\mathbf{k}, \omega) = 0$, aber nicht immer $\mathbf{k} \cdot \hat{\mathcal{E}}(\mathbf{k}, \omega) = 0$? Unter welcher Bedingung würde für alle $(\mathbf{k}, \omega) \in \mathbb{R}^4$ auch $\mathbf{k} \cdot \hat{\mathcal{E}}(\mathbf{k}, \omega) = 0$ gelten?

Aufgabe 1.7 Das Randwertproblem der Helmholtz-Gleichung

In dieser Aufgabe betrachten wir die *Helmholtz*-Gleichung, die wir in Gleichung (1.38) kennengelernt haben, wo sie mit Hilfe einer *Fourier-Transformation* aus der Wellengleichung hergeleitet wurde. Die allgemeine Helmholtz-Gleichung wird durch einen reellen Parameter λ charakterisiert, der in (1.38) gemäß $\lambda \equiv \frac{\omega^2}{c^2}$ mit der Frequenz verknüpft ist, und enthält als Spezialfall für $\lambda = 0$ die *Poisson*-Gleichung.

Wir untersuchen in dieser Aufgabe, unter welchen Bedingungen die Lösung einer solchen Helmholtz- oder Poisson-Gleichung *eindeutig* ist. Hierzu betrachten wir die Helmholtz-Gleichung in einem *endlichen* Raumbereich $\mathcal{D} \subset \mathbb{R}^3$ mit dem Rand $\partial\mathcal{D}$ und nehmen an, dass auf dem Rand entweder der Funktionswert $u(\mathbf{x}) \equiv u_{\mathrm{D}}(\mathbf{x})$ der gesuchten Lösung oder ihre Normalenableitung $\frac{\partial u}{\partial n}(\mathbf{x}) \equiv u_{\mathrm{N}}(\mathbf{x})$ vorgegeben ist:

$$(\Delta+\lambda)u(\mathbf{x}) = -\mu(\mathbf{x}) \quad (\mathbf{x} \in \mathcal{D}) \quad , \quad u = u_{\mathrm{D}} \quad \text{oder} \quad \frac{\partial u}{\partial n} = u_{\mathrm{N}} \quad (\mathbf{x} \in \partial\mathcal{D}) \; . \qquad (1.52)$$

Derartige Randwertprobleme werden für uns insbesondere in Kapitel [7] relevant. Die Vorgabe von u_{D} für $\mathbf{x} \in \partial\mathcal{D}$ ist als *Dirichlet*-Randbedingung bekannt und diejenige von u_{N} als *Neumann*-Randbedingung. Bei der Untersuchung der *Eindeutigkeit* von Lösungen ist die sogenannte *zweite Green'sche Formel* sehr nützlich:[46]

$$\int_{\mathcal{D}} d^3x \; (u\Delta v - v\Delta u) = \int_{\partial\mathcal{D}} dS \left(u\frac{\partial v}{\partial n} - v\frac{\partial u}{\partial n} \right) \; . \qquad (1.53)$$

(a) Nehmen wir zunächst an, die Helmholtz-Gleichung (1.52) habe *zwei* unterschiedliche Lösungen u_1 und $u_2 \neq u_1$. Zeigen Sie, dass die Differenzfunktion $w \equiv u_1 - u_2$ dann den folgenden Gleichungssatz erfüllt:

$$(\Delta + \lambda)w = 0 \quad (\mathbf{x} \in \mathcal{D}) \quad , \quad w = 0 \quad \text{oder} \quad \frac{\partial w}{\partial n} = 0 \quad (\mathbf{x} \in \partial\mathcal{D}) \; .$$

(b) Zeigen Sie durch Anwendung der Greenschen Formel mit $u = 1$ und $v = \frac{1}{2}w^2$, dass sowohl für das Dirichlet- als auch für das Neumann-Problem gilt:

$$0 = \int_{\mathcal{D}} d^3x \; \left[(\boldsymbol{\nabla} w)^2 - \lambda w^2 \right] \; .$$

(c) Zeigen Sie sowohl für Parameterwerte $\lambda < 0$ als auch für das *Dirichlet*-Problem mit $\lambda = 0$, dass die Annahme zweier unterschiedlicher Lösungen zum Widerspruch führt. Schließen Sie hieraus, dass in diesen Fällen höchstens *eine* Lösung des Randwertproblems existiert. In welchem (evtl. abgeschwächten) Sinne gilt dies auch für das *Neumann*-Problem mit $\lambda = 0$?

(d) Zeigen Sie analog zu **(a)**, **(b)** und **(c)**, dass auch das *gemischte* Randwertproblem der Helmholtz-Gleichung mit der Bedingung $\frac{\partial u}{\partial n} + \sigma u = u_{\mathrm{g}}$ auf dem Rand $\partial\mathcal{D}$ für alle $\lambda \leq 0$ höchstens *eine* Lösung hat, falls $\sigma > 0$ gilt.

(e) Zeigen Sie, dass die Helmholtz-Gleichung mit $\lambda > 0$ i. A. *nicht* eindeutig lösbar ist, z. B. indem Sie für das folgende spezielle Dirichlet-Randwertproblem die *Nicht*eindeutigkeit von Lösungen nachweisen:

$$(\Delta + \lambda)u = 0 \quad \left(\mathbf{x} \in \mathcal{D} = [0,1]^3 \subset \mathbb{R}^3\right) \quad , \quad u = 0 \quad (\mathbf{x} \in \partial\mathcal{D}) \; .$$

Hinweis: Betrachten Sie Lösungen der Form $u(\mathbf{x}) = u_0 \prod_{i=1}^{3} \sin(\kappa_i x_i)$.

---

[46] Für Hintergrundinformation und eine Herleitung, siehe z. B. Ref. [9], Formel (9.76).

Kapitel 2

Statik und Dynamik elektromagnetischer Felder

Bereits aufgrund der einführenden Überlegungen zur Elektrodynamik in Kapitel [1] ist klar, dass die durch die Maxwell-Gleichungen beschriebenen elektromagnetischen Felder sowohl *statische*, zeit*un*abhängige als auch rein *dynamische*, *wellenartige* Anteile aufweisen können. In diesem Kapitel untersuchen wir die Statik und Dynamik der Felder weiter. Wir zeigen zuerst, in Abschnitt [2.1], dass *zeitgemittelte* Felder, die von *räumlich begrenzten* Ladungs- und Stromverteilungen erzeugt werden, *statischen* bzw. *stationären* Charakter haben. In den Abschnitten [2.2] und [2.3] untersuchen wir dann die *Multipolentwicklung* für solche statischen Felder. Hierbei konzentrieren wir uns zunächst, in Abschnitt [2.2], auf die Elektrostatik und anschließend, in Abschnitt [2.3], auf die Magnetostatik. Danach untersuchen wir in Abschnitt [2.4] *wellenartige Phänomene*, die durch *homogene* oder durch allgemeine *inhomogene* Wellengleichungen beschrieben werden. Die Lösung solcher Gleichungen wird in den Abschnitten [2.4.1] bzw. [2.4.2] behandelt. Als Spezialfall der *inhomogenen* Wellengleichung wird in [2.4.3] die *Green'sche Funktion* behandelt. Wir beschränken uns in diesem Kapitel durchweg auf die Elektrodynamik „im Vakuum", eventuell nach einer *zeitlichen* Mittelung. Wellenartige Phänomene in materiellen Medien werden ausführlich in den Kapiteln [6] und [7] behandelt.

2.1 *Zeitgemittelte* Felder erfüllen die Gleichungen der Statik!

Streng zeit*un*abhängige Felder $\mathbf{E}(\mathbf{x})$ und $\mathbf{B}(\mathbf{x})$ liegen immer dann vor, wenn die Ladungs- und Stromverteilungen *zeitlich konstant* sind. In diesem Fall reduzieren sich die Maxwell-Gleichungen (1.4) auf die Form

$$\boxed{\begin{array}{ll} (\boldsymbol{\nabla}\cdot\mathbf{E})(\mathbf{x}) = \frac{1}{\varepsilon_0}\rho(\mathbf{x}) \quad , & (\boldsymbol{\nabla}\times\mathbf{E})(\mathbf{x}) = \mathbf{0} \\ (\boldsymbol{\nabla}\cdot\mathbf{B})(\mathbf{x}) = 0 \quad , & (\boldsymbol{\nabla}\times\mathbf{B})(\mathbf{x}) = \mu_0\,\mathbf{j}(\mathbf{x})\ . \end{array}} \tag{2.1}$$

P. van Dongen, *Klassische Elektrodynamik*, https://doi.org/10.1007/978-3-662-69830-3_2

Man sieht, dass die (oberen beiden) Gleichungen der Elektrostatik und die (unteren beiden) Gleichungen der Magnetostatik in diesem Spezialfall entkoppelt sind. Aus Kapitel [1] wissen wir bereits, dass elektro- und magnetostatische Systeme mit Hilfe von zeitunabhängigen skalaren Potentialen bzw. Vektorpotentialen beschrieben werden können. Für das statische elektrische Feld und das statische Magnetfeld erhält man dann die Gleichungen (1.39) und (1.41):

$$\mathbf{E}(\mathbf{x}) = -\frac{1}{4\pi\varepsilon_0}\int d^3x' \, \frac{(\boldsymbol{\nabla}\rho)(\mathbf{x}')}{|\mathbf{x}-\mathbf{x}'|} \quad , \quad \mathbf{B}(\mathbf{x}) = \frac{\mu_0}{4\pi}\int d^3x' \, \frac{(\boldsymbol{\nabla}\times\mathbf{j}_\perp)(\mathbf{x}')}{|\mathbf{x}-\mathbf{x}'|} \, ,$$

die das *Coulomb-Gesetz* bzw. das *Biot-Savart-Gesetz* in Integralform darstellen.[1]

Zeitmittelung der Maxwell-Gleichungen

Viel interessanter (denn weniger speziell) ist jedoch, dass dieselben Gleichungen (2.1) auch für das *zeitgemittelte* Verhalten der Felder relevant sind, vorausgesetzt dass die zeitabhängige Ladungs- und Stromverteilung *räumlich begrenzt* ist.[2] In diesem Fall sind nämlich $\mathbf{E}(\mathbf{x},t)$ und $\mathbf{B}(\mathbf{x},t)$ in ihrer zeitlichen Variation beschränkt, zumindest außerhalb der unmittelbaren Umgebung der Punktquellen. Daher gilt bei einer Zeitmittelung für das elektrische Feld:

$$\boxed{\overline{\frac{\partial\mathbf{E}}{\partial t}} \equiv \lim_{T\to\infty}\frac{1}{T}\int_0^T dt \, \frac{\partial\mathbf{E}}{\partial t}(\mathbf{x},t) = \lim_{T\to\infty}\frac{\mathbf{E}(\mathbf{x},T)-\mathbf{E}(\mathbf{x},0)}{T} = \mathbf{0}}$$

und analog für das Magnetfeld:

$$\overline{\frac{\partial\mathbf{B}}{\partial t}} = \mathbf{0}\, .$$

Hierbei wird die Zeitmittelung durch einen Querstrich bezeichnet. Die Maxwell-Gleichungen I und III in (1.4) reduzieren sich folglich auf die Form

$$\begin{aligned}
\left(\boldsymbol{\nabla}\cdot\overline{\mathbf{E}}\right)(\mathbf{x}) &= \overline{\left(\boldsymbol{\nabla}\cdot\mathbf{E}\right)(\mathbf{x})} = \frac{1}{\varepsilon_0}\overline{\rho(\mathbf{x},t)} \equiv \frac{1}{\varepsilon_0}\bar{\rho}(\mathbf{x}) \\
\boldsymbol{\nabla}\times\overline{\mathbf{E}} &= \overline{\boldsymbol{\nabla}\times\mathbf{E} + \frac{\partial\mathbf{B}}{\partial t}} = \mathbf{0}
\end{aligned}$$

und die Maxwell-Gleichungen II und IV in (1.4) analog auf

$$\begin{aligned}
\boldsymbol{\nabla}\cdot\overline{\mathbf{B}} &= \overline{\boldsymbol{\nabla}\cdot\mathbf{B}} = 0 \\
\boldsymbol{\nabla}\times\overline{\mathbf{B}} &= \overline{\boldsymbol{\nabla}\times\mathbf{B} - \varepsilon_0\mu_0\frac{\partial\mathbf{E}}{\partial t}} = \mu_0\,\overline{\mathbf{j}(\mathbf{x},t)} \equiv \mu_0\,\bar{\mathbf{j}}(\mathbf{x})\, .
\end{aligned}$$

[1]Man beachte allerdings Fußnote 42 auf Seite 30: Streng genommen kann die *Magnetostatik*, die eine *stationäre* Stromdichte $\mathbf{j}$ voraussetzt, nur im Rahmen der *räumlich gemittelten* Theorie „im Medium“ [oder in der *zeitgemittelten* Theorie (2.2) bzw. (2.3)] sinnvoll diskutiert werden.

[2]Hierbei wird also implizit angenommen, dass die Ladungs- und Stromverteilung in ihrem *Schwerpunktsystem* betrachtet wird, da nur dann der Gesamtimpuls null ist. Außerdem soll (auf der betrachteten Zeitskala) keine signifikante Abstrahlung von Energie stattfinden – dies ließe sich ggf. durch die Einführung reflektierender Wände erreichen. Diese Vorgehensweise, Zeit- durch Ensemblemittelwerte zu ersetzen, ist charakteristisch für die Statistische Physik.

Die zeitlich gemittelten Größen $(\overline{\mathbf{E}}, \overline{\mathbf{B}}, \bar{\rho}, \bar{\mathbf{j}})$ erfüllen also die Gleichungen (2.1) der Elektro- bzw. Magnetostatik! Führt man nun wie üblich ein skalares Potential $\overline{\Phi}$ und ein Vektorpotential $\overline{\mathbf{A}}$ ein:

$$\boxed{\overline{\mathbf{E}} = -\boldsymbol{\nabla}\overline{\Phi} \quad , \quad \overline{\mathbf{B}} = \boldsymbol{\nabla} \times \overline{\mathbf{A}}}$$

und fordert zusätzlich die Coulomb-Eichung $\boldsymbol{\nabla} \cdot \overline{\mathbf{A}} = 0$, so erhält man wie in Kapitel [1] die Poisson-Gleichungen [siehe (1.31a) und (1.40)]:

$$\Delta\overline{\Phi} = -\tfrac{1}{\varepsilon_0}\bar{\rho} \quad , \quad \Delta\overline{\mathbf{A}} = \boldsymbol{\nabla}(\boldsymbol{\nabla} \cdot \overline{\mathbf{A}}) - \boldsymbol{\nabla} \times \left(\boldsymbol{\nabla} \times \overline{\mathbf{A}}\right) = -\boldsymbol{\nabla} \times \overline{\mathbf{B}} = -\mu_0 \bar{\mathbf{j}} \tag{2.2a}$$

sowie die entsprechenden Lösungen [siehe die Gleichungen (1.31b) und (1.40)]:

$$\boxed{\overline{\Phi}(\mathbf{x}) = \frac{1}{4\pi\varepsilon_0}\int d^3x' \, \frac{\bar{\rho}(\mathbf{x}')}{|\mathbf{x} - \mathbf{x}'|} \quad , \quad \overline{\mathbf{A}}(\mathbf{x}) = \frac{\mu_0}{4\pi}\int d^3x' \, \frac{\bar{\mathbf{j}}(\mathbf{x}')}{|\mathbf{x} - \mathbf{x}'|} \; ,} \tag{2.2b}$$

die für $x \to \infty$ gegen null streben. In (2.2a) wurde die Identität (1.11) für die doppelte Rotation verwendet. Interessanterweise gelten die Gleichungen (2.2) für das skalare Potential $\overline{\Phi}$ in *jeder* zeitunabhängigen Eichung, während die Gleichungen für $\overline{\mathbf{A}}$ explizit die Coulomb-Eichung $\boldsymbol{\nabla} \cdot \overline{\mathbf{A}} = 0$ voraussetzen.

Die entsprechenden Felder sind analog zu (1.39) und (1.41a) gegeben durch

$$\overline{\mathbf{E}}(\mathbf{x}) = -\frac{1}{4\pi\varepsilon_0}\int d^3x' \, \frac{(\boldsymbol{\nabla}\bar{\rho})(\mathbf{x}')}{|\mathbf{x} - \mathbf{x}'|} \quad , \quad \overline{\mathbf{B}}(\mathbf{x}) = \frac{\mu_0}{4\pi}\int d^3x' \, \frac{(\boldsymbol{\nabla} \times \bar{\mathbf{j}})(\mathbf{x}')}{|\mathbf{x} - \mathbf{x}'|} \; .$$

Durch partielle Integration bzgl. der Ortskoordinaten ergibt sich schließlich:

$$\overline{\mathbf{E}}(\mathbf{x}) = \frac{1}{4\pi\varepsilon_0}\int d^3x' \, \bar{\rho}(\mathbf{x}')\frac{\mathbf{x} - \mathbf{x}'}{|\mathbf{x} - \mathbf{x}'|^3} \quad , \quad \overline{\mathbf{B}}(\mathbf{x}) = \frac{\mu_0}{4\pi}\int d^3x' \, \frac{\bar{\mathbf{j}}(\mathbf{x}') \times (\mathbf{x} - \mathbf{x}')}{|\mathbf{x} - \mathbf{x}'|^3} \; . \tag{2.3}$$

Die Gleichung für $\overline{\mathbf{E}}(\mathbf{x})$ in (2.3) stellt das *Coulomb-Gesetz* in Integralform dar, diejenige für $\overline{\mathbf{B}}(\mathbf{x})$ das *Biot-Savart'sche Gesetz*.[3] Diese Gleichungen sind im Einklang mit den früheren Ergebnissen (1.39) und (1.41).

2.2 Die *Multipolentwicklung* für das elektrostatische Potential

In diesem Abschnitt befassen wir uns näher mit dem Spezialfall der *Elektrostatik*, der durch den Ausdruck für $\overline{\Phi}(\mathbf{x})$ in (2.2b) charakterisiert ist, und untersuchen die Form des skalaren Potentials in großem Abstand von den Quellen ($|\mathbf{x}| \to \infty$). Diese Fragestellung ist in der Elektrostatik offensichtlich immer dann wichtig, wenn eine Ladungsverteilung aus der Ferne betrachtet wird oder wenn zwei Ladungsverteilungen, die weit voneinander entfernt sind, miteinander wechselwirken.[4]

[3] Die Zeitmittelung in einem *räumlich begrenzten* System hat übrigens zur Konsequenz, dass die Ladungs- und Stromdichten $\bar{\rho}$ und $\bar{\mathbf{j}}$ in (2.2) und (2.3) *nicht* wie in (1.9) die Form einer Überlagerung von Deltafunktionen haben, sondern *glatte* Funktionen der Ortskoordinaten sind.

[4] Hierüber hinaus ist diese Fragestellung relevant für die Untersuchung der Wechselwirkung atomarer Ladungsverteilungen in der Quantenmechanik (Van-der-Waals-Kräfte) oder nichtsphärisch-symmetrischer Massenverteilungen in der Mechanik (z. B. für das Erde-Mond-System).

Das skalare Potential in großem Abstand von den Quellen kann im Rahmen einer *Multipolentwicklung* untersucht werden. Wir zeigen zuerst im einführenden Abschnitt [2.2.1], wie die Multipolentwicklung grundsätzlich definiert ist, und behandeln als Beispiel die ersten Terme dieser Entwicklung. Hierbei wird die Multipolentwicklung zunächst in *kartesischen Koordinaten* durchgeführt. In Abschnitt [2.2.2] zeigen wir dann, dass diese Entwicklung problemlos auch in *beliebiger* Ordnung behandelt werden kann; die formale Struktur wird in diesem systematischen Zugang viel klarer. Schließlich zeigen wir in Abschnitt [2.2.3], dass man die Multipolentwicklung noch eleganter und effizienter in *sphärischen Koordinaten* formulieren kann: Diese Formulierung hat den Vorteil, dass der Satz der Entwicklungskoeffizienten im Vergleich zum kartesischen Fall viel kleiner ist.

2.2.1 Multipolentwicklung in kartesischen Koordinaten

Das skalare Potential der Elektrostatik hat die Form (2.2b):

$$\boxed{\overline{\Phi}(\mathbf{x}) = \frac{1}{4\pi\varepsilon_0}\int d^3x'\,\frac{\bar{\rho}(\mathbf{x}')}{|\mathbf{x}-\mathbf{x}'|}\,.}$$

Seine Ortsabhängigkeit wird daher vollständig durch den Faktor $\frac{1}{|\mathbf{x}-\mathbf{x}'|}$ im Integranden bestimmt, also im Wesentlichen durch die *Grundlösung* der Laplace-Gleichung, die die zentral wichtige Eigenschaft $\Delta\left(-\frac{1}{4\pi x}\right) = \delta(\mathbf{x})$ bzw. (1.32) besitzt. Zur Berechnung des skalaren Potentials in großem Abstand von den Quellen ist es daher erforderlich, das Verhalten der Funktion $\frac{1}{|\mathbf{x}-\mathbf{x}'|}$ für $|\mathbf{x}| \to \infty$ zu bestimmen. Mit den Definitionen $x \equiv |\mathbf{x}|$ sowie $x' \equiv |\mathbf{x}'|$ entspricht das Verhalten von $\frac{1}{|\mathbf{x}-\mathbf{x}'|}$ für große Abstände einer *Taylor-Entwicklung* nach dem kleinen Parameter x'/x. Mit Hilfe der weiteren Definitionen $\hat{\mathbf{x}} \equiv \mathbf{x}/x$ und $\hat{x}_i \equiv x_i/x$ sind die ersten Terme dieser Taylor-Entwicklung gegeben durch:

$$\begin{aligned}\frac{1}{|\mathbf{x}-\mathbf{x}'|} &= \frac{1}{\sqrt{x^2 - 2\mathbf{x}\cdot\mathbf{x}' + (x')^2}} = \frac{1}{x}\left[1 - \frac{2\hat{\mathbf{x}}\cdot\mathbf{x}'}{x} + \left(\frac{x'}{x}\right)^2\right]^{-1/2} \\ &= \frac{1}{x}\left\{1 + \frac{\hat{\mathbf{x}}\cdot\mathbf{x}'}{x} + \frac{1}{2x^2}\hat{\mathbf{x}}^{\mathrm{T}}\left[3\mathbf{x}'(\mathbf{x}')^{\mathrm{T}} - (x')^2\mathbb{1}_3\right]\hat{\mathbf{x}}\right. \\ &\quad \left. + \frac{1}{2x^3}\hat{x}_{i_1}\hat{x}_{i_2}\hat{x}_{i_3}[5x'_{i_1}x'_{i_2}x'_{i_3} - (x')^2(x'_{i_1}\delta_{i_2i_3} + x'_{i_2}\delta_{i_1i_3} + x'_{i_3}\delta_{i_1i_2})] + \ldots\right\}.\end{aligned} \tag{2.4}$$

Im ersten Schritt wurde im Nenner lediglich $|\mathbf{x}-\mathbf{x}'| = \sqrt{|\mathbf{x}-\mathbf{x}'|^2}$ verwendet und im zweiten ein Faktor x^2 aus der Wurzel extrahiert. Die drei verbleibenden Terme in $[\cdots]^{-1/2}$ sind dann von Ordnung x^0, x^{-1} bzw. x^{-2}. Durch Entwickeln der Wurzelfunktion $[\cdots]^{-1/2}$ nach Potenzen von x'/x erhält man die rechte Seite. Die Details dieser Berechnung werden in Übungsaufgabe 2.2 gezeigt.

Wie man bereits anhand der niedrigen Ordnungen der Entwicklung sieht, hat die Taylor-Entwicklung von $\frac{1}{|\mathbf{x}-\mathbf{x}'|}$ die allgemeine Struktur:

$$\boxed{\frac{1}{|\mathbf{x}-\mathbf{x}'|} \equiv \sum_{\ell=0}^{\infty}\mu_{i_1i_2\ldots i_\ell}(\mathbf{x}')\frac{\hat{x}_{i_1}\hat{x}_{i_2}\ldots\hat{x}_{i_\ell}}{x^{\ell+1}} \qquad (x\to\infty)} \tag{2.5}$$

mit Entwicklungskoeffizienten $\mu_{i_1 i_2 \dots i_\ell}(\mathbf{x}')$, deren Komplexität mit der Ordnung der Entwicklung schnell ansteigt. Hierbei wird die *Einstein-Konvention* verwendet, d. h., es wird implizit über Indizes summiert, die *zweimal* vorkommen. Setzen wir nun die formale Struktur (2.5) der Taylor-Entwicklung in Gleichung (2.2b) ein, so erhalten wir die *Multipolentwicklung* des skalaren Potentials:

$$\overline{\Phi}(\mathbf{x}) = \sum_{\ell=0}^{\infty} M_{i_1 i_2 \dots i_\ell} \frac{\hat{x}_{i_1} \hat{x}_{i_2} \dots \hat{x}_{i_\ell}}{4\pi\varepsilon_0 x^{\ell+1}} \quad , \quad M_{i_1 i_2 \dots i_\ell} \equiv \int d^3x' \; \bar{\rho}(\mathbf{x}') \mu_{i_1 i_2 \dots i_\ell}(\mathbf{x}') \; , \tag{2.6}$$

wobei die Entwicklungskoeffizienten $M_{i_1 i_2 \dots i_\ell}$ als *Multipolmomente* bezeichnet werden. Wir verwenden wiederum die Einstein-Konvention.

Die niedrigsten Multipolmomente

Die Koeffizienten der *niedrigsten beiden* Ordnungen in der Entwicklung (2.6), also die Multipolmomente für $\ell = 0$ und $\ell = 1$, sind gegeben durch:

$$\boxed{M = \int d^3x' \; \bar{\rho}(\mathbf{x}') \equiv q \quad , \quad M_{i_1} = \int d^3x' \bar{\rho}(\mathbf{x}') x'_{i_1} \equiv d_{i_1} \; .} \tag{2.7a}$$

Diese Entwicklungskoeffizienten werden als die *Ladung* q der Ladungsverteilung bzw. als ihr *Dipolmoment* $\mathbf{d} = (d_1, d_2, d_3)^{\mathrm{T}}$ bezeichnet.

Die nächsten beiden Koeffizienten in der Entwicklung (2.6), also die Multipolmomente für $\ell = 2$ und $\ell = 3$, sind gegeben durch:

$$M_{i_1 i_2} = \int d^3x' \; \bar{\rho}(\mathbf{x}') \left[\tfrac{3}{2} x'_{i_1} x'_{i_2} - \tfrac{1}{2}(x')^2 \delta_{i_1 i_2}\right] \equiv Q_{i_1 i_2} \tag{2.7b}$$

$$M_{i_1 i_2 i_3} = \int d^3x' \; \bar{\rho}(\mathbf{x}') \left[\tfrac{5}{2} x'_{i_1} x'_{i_2} x'_{i_3} - \tfrac{1}{2}(x')^2 (x'_{i_1} \delta_{i_2 i_3} + x'_{i_2} \delta_{i_1 i_3} + x'_{i_3} \delta_{i_1 i_2})\right] \equiv O_{i_1 i_2 i_3} \; .$$

Hierbei wurden der *Quadrupoltensor* Q und der *Oktupoltensor* O (mit den Tensorelementen $Q_{i_1 i_2}$ bzw. $O_{i_1 i_2 i_3}$) eingeführt.

Die explizite Form der höheren Multipolmomente ist recht kompliziert. Dies sieht man bereits am nächsten Multipolmoment, dem *Hexadekapol* ($\ell = 4$):

$$\begin{aligned} M_{i_1 i_2 i_3 i_4} = \int d^3x' \; \bar{\rho}(\mathbf{x}') \Big[& \tfrac{35}{8} x'_{i_1} x'_{i_2} x'_{i_3} x'_{i_4} - \tfrac{5}{8}(x')^2 (\delta_{i_1 i_2} x'_{i_3} x'_{i_4} + \delta_{i_1 i_3} x'_{i_2} x'_{i_4} \\ & + \delta_{i_1 i_4} x'_{i_2} x'_{i_3} + \delta_{i_2 i_3} x'_{i_1} x'_{i_4} + \delta_{i_2 i_4} x'_{i_1} x'_{i_3} + \delta_{i_3 i_4} x'_{i_1} x'_{i_2}) \\ & + \tfrac{1}{8}(x')^4 (\delta_{i_1 i_2} \delta_{i_3 i_4} + \delta_{i_1 i_3} \delta_{i_2 i_4} + \delta_{i_1 i_4} \delta_{i_2 i_3}) \Big] \equiv H_{i_1 i_2 i_3 i_4} \; . \end{aligned} \tag{2.7c}$$

Mit Hilfe der Entwicklungskoeffizienten $(q, \mathbf{d}, Q, O, H, \dots)$ erhält man also die folgende explizite Entwicklung für das skalare Potential:

$$\begin{aligned} \overline{\Phi}(\mathbf{x}) = \frac{1}{4\pi\varepsilon_0 x} \bigg(& q + \frac{\hat{\mathbf{x}} \cdot \mathbf{d}}{x} + \frac{\hat{\mathbf{x}}^{\mathrm{T}} Q \hat{\mathbf{x}}}{x^2} + \frac{1}{x^3} \hat{x}_{i_1} \hat{x}_{i_2} \hat{x}_{i_3} O_{i_1 i_2 i_3} \\ & + \frac{1}{x^4} \hat{x}_{i_1} \hat{x}_{i_2} \hat{x}_{i_3} \hat{x}_{i_4} H_{i_1 i_2 i_3 i_4} + \dots \bigg) \qquad (x \to \infty) \; . \end{aligned} \tag{2.8}$$

Die Multipolentwicklung (2.6) setzt natürlich voraus, dass die Ladungsverteilung räumlich begrenzt ist. Der Entwicklungsparameter in der Multipolentwicklung ist dann effektiv a/x, wobei a die typische räumliche Ausdehnung der Ladungsverteilung ist und x der Abstand zu dieser Quelle.

Exakte Realisierung von Multipolen

Man kann den Monopol übrigens auch *exakt* realisieren, indem man eine einzelne *Punktladung* q im Ursprung plaziert. Es folgt:

$$\boxed{\overline{\Phi}_0(\mathbf{x}) = \frac{q}{4\pi\varepsilon_0 x} \quad , \quad \overline{\mathbf{E}}_0 = -\boldsymbol{\nabla}\overline{\Phi}_0 = \frac{q\hat{\mathbf{x}}}{4\pi\varepsilon_0 x^2} \; .}$$

Man kann den Dipol $\mathbf{d}$ analog *exakt* realisieren, indem man zwei entgegengesetzt geladene Monopole (mit den Ladungen λq und $-\lambda q$) an den Orten $\frac{1}{2\lambda}\mathbf{a}$ und $-\frac{1}{2\lambda}\mathbf{a}$ plaziert und bei festem $\mathbf{a}$ den Limes $\lambda \to \infty$ durchführt. Es folgt:

$$\boxed{\overline{\Phi}_1(\mathbf{x}) = \frac{\hat{\mathbf{x}}\cdot\mathbf{d}}{4\pi\varepsilon_0 x^2} \quad , \quad \mathbf{d} = q\mathbf{a} \quad , \quad \overline{\mathbf{E}}_1 = -\boldsymbol{\nabla}\overline{\Phi}_1 = \frac{[3\hat{\mathbf{x}}\hat{\mathbf{x}}^{\mathrm{T}} - \mathbb{1}_3]\mathbf{d}}{4\pi\varepsilon_0 x^3} \; .} \tag{2.9}$$

Für die *exakte* Realisierung des Quadrupols Q kann man zwei entgegengesetzt ausgerichtete Dipole $\lambda\mathbf{d}$ und $-\lambda\mathbf{d}$ an den Orten $\frac{1}{2\lambda}\mathbf{a}$ und $-\frac{1}{2\lambda}\mathbf{a}$ plazieren und bei festgehaltenem $\mathbf{a}$ den Limes $\lambda \to \infty$ durchführen. Es folgt:

$$\begin{aligned}
\overline{\Phi}_2(\mathbf{x}) &= \lim_{\lambda\to\infty} \left[\overline{\Phi}_1\left(\mathbf{x} - \tfrac{\mathbf{a}}{2\lambda}\right) - \overline{\Phi}_1\left(\mathbf{x} + \tfrac{\mathbf{a}}{2\lambda}\right)\right] = \lim_{\lambda\to\infty} \left[-\tfrac{1}{\lambda}\mathbf{a}\cdot\left(\boldsymbol{\nabla}\overline{\Phi}_1\right)(\mathbf{x})\right] \\
&= \lim_{\lambda\to\infty} \left[\tfrac{1}{\lambda}\mathbf{a}\cdot\overline{\mathbf{E}}_1(\mathbf{x})\right] = \lim_{\lambda\to\infty}\left[\frac{1}{\lambda}\frac{\mathbf{a}^{\mathrm{T}}[3\hat{\mathbf{x}}\hat{\mathbf{x}}^{\mathrm{T}} - \mathbb{1}_3](\lambda\mathbf{d})}{4\pi\varepsilon_0 x^3}\right] \\
&= \frac{\hat{\mathbf{x}}^{\mathrm{T}}[3\mathbf{a}\mathbf{d}^{\mathrm{T}} - (\mathbf{a}\cdot\mathbf{d})\mathbb{1}_3]\hat{\mathbf{x}}}{4\pi\varepsilon_0 x^3} = \frac{\hat{\mathbf{x}}^{\mathrm{T}}Q\hat{\mathbf{x}}}{4\pi\varepsilon_0 x^3} \quad , \quad Q = \tfrac{3}{2}[\mathbf{a}\mathbf{d}^{\mathrm{T}} + \mathbf{d}\mathbf{a}^{\mathrm{T}}] - (\mathbf{a}\cdot\mathbf{d})\mathbb{1}_3 \; .
\end{aligned}$$

Im zweiten Schritt wurde in beiden Termen die lineare Näherung durchgeführt, da $\frac{\mathbf{a}}{2\lambda}$ im Limes $\lambda \to \infty$ bei festgehaltenem $\mathbf{a}$ eine *kleine* Größe darstellt.

Allgemeiner kann man den 2^ℓ-Pol $M^{(\ell)}$ *exakt* realisieren, indem man zwei entgegengesetzt ausgerichtete $2^{\ell-1}$-Pole $\lambda M^{(\ell-1)}$ und $-\lambda M^{(\ell-1)}$ an die Orte $\frac{1}{2\lambda}\mathbf{a}$ und $-\frac{1}{2\lambda}\mathbf{a}$ bringt und den Limes $\lambda \to \infty$ durchführt. Allgemein folgt:

$$\begin{aligned}
\overline{\Phi}_\ell(\mathbf{x}) &= \lim_{\lambda\to\infty} \left[\overline{\Phi}_{\ell-1}\left(\mathbf{x} - \frac{\mathbf{a}}{2\lambda}\right) - \overline{\Phi}_{\ell-1}\left(\mathbf{x} + \frac{\mathbf{a}}{2\lambda}\right)\right] \\
&= \lim_{\lambda\to\infty}\left[-\frac{1}{\lambda}\mathbf{a}\cdot\left(\boldsymbol{\nabla}\overline{\Phi}_{\ell-1}\right)(\mathbf{x})\right] = \lim_{\lambda\to\infty}\left[\frac{1}{\lambda}\mathbf{a}\cdot\overline{\mathbf{E}}_{\ell-1}(\mathbf{x})\right] \quad , \quad \overline{\mathbf{E}}_\ell = -\boldsymbol{\nabla}\overline{\Phi}_\ell \; ,
\end{aligned}$$

wobei $\overline{\mathbf{E}}_{\ell-1}(\mathbf{x})$ das elektrische Feld eines $2^{\ell-1}$-Pols der Größe $\lambda M^{(\ell-1)}$ im Ursprung darstellt. Diese rekursive Konstruktion des 2^ℓ-Pols gewährleistet, dass sämtliche 2^m-Polmomente mit $m < \ell$ und $m > \ell$ für den 2^ℓ-Pol exakt null sind.

2.2.2 Multipolentwicklung in beliebiger Ordnung

Es ist bereits aufgrund der allgemeinen Struktur (2.6) der Multipolentwicklung und der Form (2.7b) und (2.7c) der niedrigsten Multipolmomente klar, dass die *konkrete*

Berechnung der Multipolmomente in den höheren Ordnungen immer langwieriger wird. Dennoch ist es nicht schwierig, die Multipolentwicklung zu systematisieren. Hierzu beweisen wir zuerst die wichtige Identität:

$$\boxed{|\mathbf{x}-\mathbf{x}'| = \frac{x}{x'}\left|\mathbf{x}' - \left(\frac{x'}{x}\right)^2 \mathbf{x}\right| .} \tag{2.10}$$

Diese Identität ist deshalb so nützlich, da sie es ermöglicht, nach der kleinen Größe $\left(\frac{x'}{x}\right)^2 \mathbf{x}$ um $\mathbf{x}'$ (statt nach der kleinen Größe $\mathbf{x}'$ um $\mathbf{x}$) zu entwickeln. Die Identität (2.10) folgt aus der Gleichungskette

$$\begin{aligned}\left[|\mathbf{x}-\mathbf{x}'|(x')^2\right]^2 - \left[xx'\left|\mathbf{x}' - \left(\frac{x'}{x}\right)^2 \mathbf{x}\right|\right]^2 &= \left[x^2 - 2\mathbf{x}\cdot\mathbf{x}' + (x')^2\right](x')^4 \\ &\quad - x^2(x')^2\left[(x')^2 - 2\left(\frac{x'}{x}\right)^2 \mathbf{x}'\cdot\mathbf{x} + \frac{(x')^4}{x^2}\right] = 0 ,\end{aligned}$$

die sofort $|\mathbf{x}-\mathbf{x}'|(x')^2 = xx'|\mathbf{x}' - \left(\frac{x'}{x}\right)^2\mathbf{x}|$ und daher Gleichung (2.10) impliziert. Wir erinnern auch an die allgemeine Struktur einer Taylor-Entwicklung in mehreren Variablen:[5]

$$f(\mathbf{x}+\mathbf{a}) = \sum_{\ell=0}^{\infty} \frac{a_{i_1}a_{i_2}\dots a_{i_\ell}}{\ell!}\left[\partial_{i_1}\partial_{i_2}\dots\partial_{i_\ell} f\right](\mathbf{x}) = \left[\exp\left(\mathbf{a}\cdot\tfrac{\partial}{\partial\mathbf{x}}\right)f\right](\mathbf{x}) . \tag{2.11}$$

Hierbei wird nach der Einstein-Konvention implizit über alle $i_k \in \{1,2,3\}$ summiert. Wir verwenden außerdem die kompakte Notation $\partial_i \equiv \frac{\partial}{\partial x_i}$.

Mit diesen Hilfsmitteln erhält man wiederum eine *Multipolentwicklung* für das skalare Potential $\overline{\Phi}(\mathbf{x})$:

$$\begin{aligned}\overline{\Phi}(\mathbf{x}) &= \frac{1}{4\pi\varepsilon_0}\int d^3x'\,\frac{\bar\rho(\mathbf{x}')}{|\mathbf{x}-\mathbf{x}'|} = \frac{1}{4\pi\varepsilon_0}\int d^3x'\,\frac{\bar\rho(\mathbf{x}')x'}{x\left|\mathbf{x}' - \left(\frac{x'}{x}\right)^2\mathbf{x}\right|} \\ &= \frac{1}{4\pi\varepsilon_0}\int d^3x'\,\bar\rho(\mathbf{x}')\frac{x'}{x}\sum_{\ell=0}^{\infty}\frac{(-1)^\ell}{\ell!}\left(\frac{x'}{x}\right)^{2\ell} x_{i_1}\dots x_{i_\ell}\partial'_{i_1}\dots\partial'_{i_\ell}\frac{1}{x'} \\ &= \frac{1}{4\pi\varepsilon_0}\sum_{\ell=0}^{\infty} M_{i_1 i_2\dots i_\ell}\frac{\hat x_{i_1}\hat x_{i_2}\dots\hat x_{i_\ell}}{x^{\ell+1}} \quad , \quad \partial'_i \equiv \frac{\partial}{\partial x'_i} ,\end{aligned} \tag{2.12}$$

wobei die *Multipolmomente* nun allerdings *explizit* in der Form von Integralen über die Ladungsdichte bekannt sind:[6]

$$\boxed{M_{i_1 i_2\dots i_\ell} = \frac{(-1)^\ell}{\ell!}\int d^3x'\,\bar\rho(\mathbf{x}')(x')^{2\ell+1}\partial'_{i_1}\partial'_{i_2}\dots\partial'_{i_\ell}\frac{1}{x'} .} \tag{2.13}$$

Wir verwenden wiederum die kompakte Notation $\partial'_i \equiv \frac{\partial}{\partial x'_i}$. Bei der Herleitung von (2.12) wurde im zweiten Schritt die Identität (2.10) eingesetzt und im dritten die Taylor-Entwicklung (2.11) verwendet. Aus dem Ergebnis der Taylor-Entwicklung kann man dann die Form der Multipolmomente $M_{i_1 i_2\dots i_\ell}$ in (2.13) direkt ablesen.

[5] Siehe z. B. Abschnitt 9.1.2 über dieses Thema in Ref. [9].

[6] Diese Definition der Multipolmomente folgt der in der Literatur recht allgemein akzeptierten *Buckingham-Konvention* und weicht ab von z. B. Jacksons Definition, siehe Ref. [22], in der scheinbar willkürlich und ohne Systematik andere Vorfaktoren gewählt werden.

Die Multipolmomente $M_{i_1 i_2 \ldots i_\ell}$ in (2.13) sind für $\ell \geq 2$ *symmetrisch* in allen Indizes und *spurfrei*. Die *Symmetrie* folgt direkt aus der Vertauschbarkeit zweier Ableitungen ∂'_i und ∂'_j. Um nachzuweisen, dass die Multipolmomente in (2.13) auch *spurfrei* sind, betrachten wir exemplarisch die Spur bzgl. der Indizes $i_{\ell-1}$ und i_ℓ:

$$M_{i_1 \ldots i_{\ell-2} ii} = \frac{(-1)^\ell}{\ell!} \int d^3x' \; \bar{\rho}(\mathbf{x}')(x')^{2\ell+1} \partial'_{i_1} \ldots \partial'_{i_{\ell-2}} \left(\Delta' \frac{1}{x'} \right) = 0 \; ,$$

wobei der letzte Schritt aus der Identität $\Delta' \frac{1}{x'} = -4\pi\delta(\mathbf{x}')$ für die Grundlösung der Laplace-Gleichung folgt: Da im Integranden der Faktor $\partial'_{i_1} \ldots \partial'_{i_{\ell-2}} \left(\Delta' \frac{1}{x'}\right)$ höchstens die $(\ell - 2)$-te Ableitung einer im Ursprung $\mathbf{x}' = \mathbf{0}$ lokalisierten δ-Funktion enthält, ergibt sein Produkt mit $\bar{\rho}(\mathbf{x}')(x')^{2\ell+1}$ bei Integration sicherlich null. Dies zeigt man z. B. mit Hilfe einer $(\ell - 2)$-fachen partiellen Integration. Aufgrund der Symmetrie in allen Indizes erhält man das gleiche Ergebnis für alle anderen Kontraktionen zweier Indizes in $M_{i_1 i_2 \ldots i_\ell}$.

2.2.3 Multipolentwicklung in sphärischen Koordinaten *

Man fragt sich angesichts des expliziten Ergebnisses (2.13), ob die Bestimmung der Multipolmomente einer Ladungsverteilung nicht weiter systematisiert werden kann. Die Berechnung der Entwicklungskoeffizienten $M_{i_1 i_2 \ldots i_\ell}$ in kartesischen Koordinaten bis zu einer hohen Ordnung der Multipolentwicklung wäre sicherlich recht langwierig. Da die Multipolentwicklung (2.6) letztlich eine Entwicklung nach dem inversen Radius x^{-1} darstellt, bietet sich jedoch alternativ eine Berechnung in *Kugelkoordinaten* an. Insbesondere benötigen wir dann eine Darstellung der Funktion $\phi(\mathbf{x}|\mathbf{x}') \equiv \frac{1}{4\pi\varepsilon_0 |\mathbf{x}-\mathbf{x}'|}$ in Kugelkoordinaten. Diese Funktion erfüllt die Gleichung:

$$\Delta\phi(\mathbf{x}|\mathbf{x}') = -\frac{1}{\varepsilon_0}\delta(\mathbf{x} - \mathbf{x}') \qquad (\mathbf{x} \in \mathbb{R}^3) \tag{2.14}$$

und stellt das skalare Potential einer *Einheits*ladung im Punkte $\mathbf{x}'$ dar. Durch Überlagerung erhält man:

$$\overline{\Phi}(\mathbf{x}) = \int d^3x' \; \phi(\mathbf{x}|\mathbf{x}')\bar{\rho}(\mathbf{x}') \; . \tag{2.15}$$

Aufgrund von Gleichung (2.14) ist klar, dass man für eine *Multipolentwicklung* in sphärischen Koordinaten auch Darstellungen des *Laplace-Operators*, der *Deltafunktion* und der Funktion ϕ in sphärischen Koordinaten benötigt.

Die Darstellung des *Laplace-Operators* in sphärischen Koordinaten ist in der Literatur gut bekannt. Die zweifache Ortsableitung $\boldsymbol{\nabla}^2$ ist hierbei durch zweifache Ableitungen nach der *radialen* Variablen $x = |\mathbf{x}|$ und den beiden *Winkel*variablen $\Omega = (\vartheta, \varphi)$ zu ersetzen. Das Ergebnis zeigt, dass im Laplace-Operator in sphärischen Koordinaten die radiale Variable und die Winkelvariablen sowie die entsprechenden Ableitungen *getrennt* auftreten, sodass die folgende Struktur entsteht:

$$\boxed{\Delta = -\left[\left(\frac{1}{ix}\frac{\partial}{\partial x}x\right)^2 + \frac{1}{x^2}\hat{\boldsymbol{\mathcal{L}}}^2\right] .} \tag{2.16}$$

Hierbei ist der Differentialoperator $\hat{\boldsymbol{\mathcal{L}}} \equiv \frac{1}{i}\mathbf{x} \times \boldsymbol{\nabla}$ *hermitesch* und hängt nur von den Winkelvariablen $\Omega = (\vartheta, \varphi)$ und den entsprechenden Ableitungen ab:

$$\hat{\boldsymbol{\mathcal{L}}} = \frac{1}{i}\begin{pmatrix} -\sin(\varphi)\frac{\partial}{\partial\vartheta} - \cos(\varphi)\cot(\vartheta)\frac{\partial}{\partial\varphi} \\ \cos(\varphi)\frac{\partial}{\partial\vartheta} - \sin(\varphi)\cot(\vartheta)\frac{\partial}{\partial\varphi} \\ \frac{\partial}{\partial\varphi} \end{pmatrix} . \tag{2.17a}$$

Ähnliches gilt dann auch für den Operator $\hat{\boldsymbol{\mathcal{L}}}^2$:

$$\hat{\boldsymbol{\mathcal{L}}}^2 = -\left[\frac{1}{\sin(\vartheta)}\frac{\partial}{\partial\vartheta}\sin(\vartheta)\frac{\partial}{\partial\vartheta} + \frac{1}{\sin^2(\vartheta)}\frac{\partial^2}{\partial\varphi^2}\right] . \tag{2.17b}$$

Im Folgenden fassen wir die Eigenschaften der Differentialoperatoren $\hat{\boldsymbol{\mathcal{L}}}^2$ und $\hat{\boldsymbol{\mathcal{L}}}$, insofern wir diese für die Multipolentwicklung benötigen, lediglich kurz zusammen. Eine ausführlichere Darstellung der Eigenschaften der Operatoren $\hat{\boldsymbol{\mathcal{L}}}^2$ und $\hat{\boldsymbol{\mathcal{L}}}$ und eine detaillierte Herleitung ihrer Eigenfunktionen und Eigenwerte findet sich in Anhang C. Die Operatoren $\hat{\boldsymbol{\mathcal{L}}}^2$ und $\hat{\boldsymbol{\mathcal{L}}}$ sowie ihre Eigenfunktionen und Eigenwerte sind generell in der Physik sehr wichtig. Wir werden ihre Eigenschaften auch bei der Untersuchung von Schumann-Resonanzen in Kapitel [7] benötigen.

Wie in Gleichung (C.6) von Anhang C gezeigt wird, erfüllt der Differentialoperator $\hat{\boldsymbol{\mathcal{L}}}$ die Vertauschungsrelationen

$$[\hat{\mathcal{L}}_k, \hat{\mathcal{L}}_l] = i\varepsilon_{klm}\hat{\mathcal{L}}_m \quad , \quad \hat{\boldsymbol{\mathcal{L}}} \times \hat{\boldsymbol{\mathcal{L}}} = i\hat{\boldsymbol{\mathcal{L}}} \quad , \quad [\hat{\boldsymbol{\mathcal{L}}}^2, \hat{\boldsymbol{\mathcal{L}}}] = \mathbf{0} \quad , \quad [\Delta, \hat{\boldsymbol{\mathcal{L}}}] = \mathbf{0} \; , \tag{2.18}$$

wobei Größen wie $[\hat{\mathcal{L}}_k, \hat{\mathcal{L}}_l]$ *Kommutatoren* darstellen, die allgemein durch

$$[\hat{\mathrm{A}}, \hat{\mathrm{B}}] \equiv \hat{\mathrm{A}}\hat{\mathrm{B}} - \hat{\mathrm{B}}\hat{\mathrm{A}}$$

definiert sind. Sehr wichtig für die Multipolentwicklung ist nun, dass die *gemeinsamen* Eigenfunktionen von $\hat{\boldsymbol{\mathcal{L}}}^2$ und $\hat{\mathcal{L}}_3$ durch die *Kugelflächenfunktionen* $Y_{\ell m}$ gegeben sind. Diese Funktionen $Y_{\ell m}$ erfüllen die folgenden Eigenwertgleichungen:

$$\boxed{\hat{\boldsymbol{\mathcal{L}}}^2 Y_{\ell m} = \ell(\ell+1)Y_{\ell m} \quad , \quad \hat{\mathcal{L}}_3 Y_{\ell m} = mY_{\ell m}} \tag{2.19}$$

mit $\ell \in \mathbb{N}_0$ und $m \in \{-\ell, -(\ell-1), \ldots, \ell-1, \ell\}$, siehe Gleichung (C.10). Die explizite Form dieser Kugelflächenfunktionen wird in (C.18) hergeleitet, sie lautet:

$$Y_{\ell m}(\vartheta, \varphi) = (-1)^{\frac{1}{2}(m+|m|)} e^{im\varphi} \sqrt{\frac{2\ell+1}{4\pi}\frac{(\ell-|m|)!}{(\ell+|m|)!}}\, P_{\ell|m|}(\cos(\vartheta)) \; , \tag{2.20}$$

wobei $P_{\ell m}$ eine *assoziierte Legendre-Funktion* darstellt:

$$P_{\ell m}(\xi) \equiv \frac{(1-\xi^2)^{m/2}}{2^\ell \ell!}\frac{d^{m+\ell}}{d\xi^{m+\ell}}(\xi^2-1)^\ell \qquad (m \geq 0) \; .$$

Beispielsweise erhält man für $\ell = m = 0$ die konstante Funktion $Y_{00}(\vartheta, \varphi) = \frac{1}{\sqrt{4\pi}}$. Für $\ell = 1$ und $m \in \{-1, 0, +1\}$ lauten die Kugelflächenfunktionen:

$$Y_{10}(\vartheta, \varphi) = \sqrt{\tfrac{3}{4\pi}}\cos(\vartheta) \quad , \quad Y_{11}(\vartheta, \varphi) = -\sqrt{\tfrac{3}{8\pi}}\sin(\vartheta)e^{i\varphi} = -Y^*_{1,-1}(\vartheta, \varphi) \; .$$

Die Kugelflächenfunktionen $\{Y_{\ell m}\}$ sind *orthonormal* und *vollständig*, siehe hierzu die Gleichungen (C.24) und (C.25) in Anhang C:

$$\int d\Omega \; Y^*_{\ell m}(\Omega) Y_{\ell' m'}(\Omega) = \delta_{\ell\ell'}\delta_{mm'} \quad , \quad \sum_{\ell,m} Y_{\ell m}(\Omega) Y^*_{\ell m}(\Omega') = \delta(\Omega - \Omega') \; . \tag{2.21}$$

Es folgt aus der zweiten dieser Formeln, der *Vollständigkeit* der $\{Y_{\ell m}\}$, dass die *Deltafunktion* in (2.14) nach den Kugelflächenfunktionen entwickelt werden kann:

$$\begin{aligned}\delta(\mathbf{x} - \mathbf{x}') &= \frac{1}{x^2 \sin(\vartheta)} \delta(x - x')\delta(\varphi - \varphi')\delta(\vartheta - \vartheta') \\ &= \frac{1}{x^2}\delta(x - x')\delta(\varphi - \varphi')\delta\big(\cos(\vartheta) - \cos(\vartheta')\big) = \frac{1}{x^2}\delta(x - x')\delta(\Omega - \Omega') \\ &= \frac{1}{x^2}\delta(x - x')\sum_{\ell,m} Y_{\ell m}(\Omega)Y^*_{\ell m}(\Omega') \; . \end{aligned} \tag{2.22}$$

In der ersten Zeile wird verwendet, dass wegen $d^3x = x^2 \sin(\vartheta) dx d\vartheta d\varphi$ für beide Seiten $\int d^3x \; f(\mathbf{x})\delta(\mathbf{x} - \mathbf{x}') = f(\mathbf{x}')$ gilt, sodass beide Seiten die Deltafunktion darstellen. Die zweite Zeile folgt analog aus $d\Omega = \sin(\vartheta)d\vartheta d\varphi = d[-\cos(\vartheta)]d\varphi$. Die dritte Zeile folgt durch Einsetzen der Vollständigkeitsbeziehung in (2.21).

Wegen der Vollständigkeit der $\{Y_{\ell m}\}$ kann auch die Ω-Abhängigkeit des *skalaren Potentials* $\phi(\mathbf{x}|\mathbf{x}')$ der Einheitsladung nach diesem Basissatz entwickelt werden:

$$\phi(\mathbf{x}|\mathbf{x}') = \sum_{\ell,m} A_{\ell m}(x|x', \Omega') Y_{\ell m}(\Omega) \; . \tag{2.23}$$

Durch Einsetzen von (2.23) und (2.22) in (2.14) ergibt sich die folgende Differentialgleichung für die Amplituden $A_{\ell m}$ in der Entwicklung nach Kugelflächenfunktionen:

$$-\left[\left(\frac{1}{ix}\frac{\partial}{\partial x}x\right)^2 + \frac{\ell(\ell+1)}{x^2}\right] A_{\ell m}(x|x', \Omega') = -\frac{1}{\varepsilon_0 x^2}\delta(x - x')Y^*_{\ell m}(\Omega') \; .$$

Dieses Ergebnis zeigt, dass in $A_{\ell m}$ die radialen Variablen und die Winkelvariablen getrennt auftreten:

$$A_{\ell m}(x|x', \Omega') = R_\ell(x|x')Y^*_{\ell m}(\Omega') \; . \tag{2.24a}$$

Hierbei erfüllt die Funktion $R_\ell(x|x')$, die die radiale Abhängigkeit beschreibt, die Gleichung

$$\left[\frac{1}{x}\frac{\partial^2}{\partial x^2}x - \frac{\ell(\ell+1)}{x^2}\right] R_\ell(x|x') = -\frac{1}{\varepsilon_0 x^2}\delta(x - x') \; . \tag{2.24b}$$

Aus (2.24b) ist ersichtlich, dass die Funktion R lediglich von ℓ (und nicht auch explizit von m) abhängig ist und dass R_ℓ reell gewählt werden kann. Wegen der Randbedingungen folgt:

$$R_\ell(x|x') = \begin{cases} a(x')x^\ell & (x < x') \\ b(x')x^{-(\ell+1)} & (x > x') \; , \end{cases}$$

und wegen der Symmetrie unter Vertauschung von $\mathbf{x}$ und $\mathbf{x}'$ (und daher auch von x und x') muss $a(x') = C(x')^{-(\ell+1)}$ bzw. $b(x') = C(x')^{\ell}$ mit $C \in \mathbb{R}\backslash\{0\}$ gelten:

$$R_\ell(x|x') = C \min\left\{\frac{x^\ell}{(x')^{\ell+1}}, \frac{(x')^\ell}{x^{\ell+1}}\right\} .$$

Der Wert des reellen Vorfaktors C kann schließlich durch Multiplikation von (2.24a) mit x und Integration über das infinitesimale Intervall $(x' - \varepsilon) < x < (x' + \varepsilon)$ bestimmt werden:

$$\begin{aligned} -\frac{1}{\varepsilon_0 x'} &= \int_{x'-\varepsilon}^{x'+\varepsilon} dx \left[\frac{\partial^2}{\partial x^2} - \frac{\ell(\ell+1)}{x^2}\right](xR_\ell) = \left.\frac{\partial(xR_\ell)}{\partial x}\right|_{x'+\varepsilon} - \left.\frac{\partial(xR_\ell)}{\partial x}\right|_{x'-\varepsilon} \\ &= C[-\ell - (\ell+1)]\frac{1}{x'} = -(2\ell+1)C\frac{1}{x'} \quad , \quad C = \frac{1}{(2\ell+1)\varepsilon_0} . \end{aligned}$$

Insgesamt gilt daher:

$$\phi(\mathbf{x}|\mathbf{x}') = \sum_{\ell,m} \frac{1}{(2\ell+1)\varepsilon_0} \min\left\{\frac{x^\ell}{(x')^{\ell+1}}, \frac{(x')^\ell}{x^{\ell+1}}\right\} Y_{\ell m}(\Omega) Y^*_{\ell m}(\Omega') .$$

Da die Ladungsverteilung $\bar{\rho}(\mathbf{x}')$ räumlich begrenzt sein soll ($x' \leq a < x$), kann dieses Ergebnis für $\phi(\mathbf{x}|\mathbf{x}')$ mit $x > x'$ in den Ausdruck (2.15) für das skalare Potential eingesetzt werden. So ergibt sich schließlich für $\overline{\Phi}(\mathbf{x}) = \int d^3x' \ \phi(\mathbf{x}|\mathbf{x}')\bar{\rho}(\mathbf{x}')$:

$$\boxed{\overline{\Phi}(\mathbf{x}) = \sum_{\ell,m} \frac{q_{\ell m}}{(2\ell+1)\varepsilon_0} Y_{\ell m}(\Omega) \frac{1}{x^{\ell+1}} \quad , \quad q_{\ell m} \equiv \int d^3x' \ Y^*_{\ell m}(\Omega')(x')^\ell \bar{\rho}(\mathbf{x}') .}$$

Hiermit sind im Prinzip alle Ordnungen der Multipolentwicklung des skalaren Potentials $\overline{\Phi}(\mathbf{x})$ bekannt. Die Entwicklungskoeffizienten $q_{\ell m}$ werden als *sphärische Multipolmomente* bezeichnet. Wegen der Beziehung $Y^*_{\ell m}(\Omega) = (-1)^m Y_{\ell,-m}(\Omega)$ gilt

$$q_{\ell,-m} = (-1)^m q^*_{\ell m} \quad \text{und daher speziell:} \quad q_{\ell 0} \in \mathbb{R} ,$$

sodass die (im Allgemeinen *komplexen*) sphärischen Multipolmomente $q_{\ell m}$ für festes ℓ einen Satz von $2\ell + 1$ unabhängigen *reellen* Parametern definieren.

Kommentar zu den kartesischen Multipolmomenten

Wir haben also gerade gelernt, dass die Terme von $\mathcal{O}[x^{-(\ell+1)}]$ in der Multipolentwicklung des skalaren Potentials durch $(2\ell + 1)$ unabhängige sphärische Multipolmomente $q_{\ell m}$ charakterisiert werden. Dies zeigt aber auch, dass der kartesische Multipoltensor $M_{i_1 i_2 \ldots i_\ell}$, der – wie wir wissen – spurfrei und symmetrisch in allen Indizes ist und ebenfalls die $\mathcal{O}[x^{-(\ell+1)}]$ in der Multipolentwicklung beschreibt, durch genau $2\ell + 1$ reelle Parameter festgelegt ist.[7]

[7] Der Tensor M hat also viele numerisch gleiche Tensorelemente. Dies kann man auch direkt einsehen: Die Symmetrie in allen Indizes reduziert die Zahl der unabhängigen Tensorelemente auf $\frac{1}{2}(\ell+1)(\ell+2)$. Die Forderung, dass M spurfrei ist, eliminiert zusätzlich $\frac{1}{2}\ell(\ell-1)$ Freiheitsgrade, sodass insgesamt $2\ell + 1$ unabhängige Freiheitsgrade übrigbleiben.

2.3 *Multipolentwicklung* für das Vektorpotential

Nun befassen wir uns mit der *Magnetostatik*, die in der Coulomb-Eichung durch das Vektorpotential

$$\boxed{\overline{\mathbf{A}}(\mathbf{x}) = \frac{\mu_0}{4\pi}\int d^3x' \, \frac{\bar{\mathbf{j}}(\mathbf{x}')}{|\mathbf{x}-\mathbf{x}'|}}$$

in Gleichung (2.2b) charakterisiert wird. Der Querstrich in $\bar{\mathbf{j}}$ bezeichnet wie immer in diesem Kapitel eine *Zeitmittelung*. Wir beschränken uns in diesem Abschnitt auf die niedrigsten Ordnungen der Multipolentwicklung. Eine Taylor-Entwickelung der Funktion $\frac{1}{|\mathbf{x}-\mathbf{x}'|}$ für $x \to \infty$, wie in Gleichung (2.4), ergibt für das Vektorpotential:

$$\overline{\mathbf{A}}(\mathbf{x}) = \frac{\mu_0}{4\pi x}\left\{\int d^3x' \, \bar{\mathbf{j}}(\mathbf{x}') + \frac{1}{x}\left[\int d^3x' \, \bar{\mathbf{j}}(\mathbf{x}')(\mathbf{x}')^{\mathrm{T}}\right]\hat{\mathbf{x}} + \cdots\right\} . \tag{2.25}$$

Wir betrachten zunächst den führenden Term $\int d^3x' \, \mathbf{j}(\mathbf{x}', t)$ in $\{\cdots\}$ *vor* der Zeitmittelung. Generell kann dieser Strombeitrag als *Zeitableitung* geschrieben werden:

$$\begin{aligned}\int d^3x' \, \mathbf{j}(\mathbf{x}', t) &= -\int d^3x' \, \mathbf{x}' \left(\boldsymbol{\nabla}' \cdot \mathbf{j}\right)(\mathbf{x}', t) = \int d^3x' \, \mathbf{x}' \frac{\partial \rho}{\partial t}(\mathbf{x}', t) \\ &= \frac{d}{dt}\int d^3x' \, \mathbf{x}'\rho(\mathbf{x}', t) \, ,\end{aligned} \tag{2.26}$$

sodass der *Zeitmittelwert* von $\int d^3x' \, \mathbf{j}(\mathbf{x}', t)$ und somit der erste Term in $\{\cdots\}$ auf der rechten Seite von (2.25) *null* ist.[8] Wir betrachten nun den zweiten Term in (2.25), wiederum zunächst *vor* der Zeitmittelung. Dieser Term kann mit Hilfe von

$$\int d^3x' \, \mathbf{j}'(\mathbf{x}')^{\mathrm{T}} = \tfrac{1}{2}\int d^3x' \, [\mathbf{j}'(\mathbf{x}')^{\mathrm{T}} + \mathbf{x}'(\mathbf{j}')^{\mathrm{T}}] + \tfrac{1}{2}\int d^3x' \, [\mathbf{j}'(\mathbf{x}')^{\mathrm{T}} - \mathbf{x}'(\mathbf{j}')^{\mathrm{T}}] \tag{2.27}$$

umgeschrieben werden, wobei die kompakte Notation $\mathbf{j}' \equiv \mathbf{j}(\mathbf{x}', t)$ eingeführt wurde. Der erste Term auf der rechten Seite in (2.27) kann wiederum als *Zeitableitung* geschrieben werden:

$$\begin{aligned}\tfrac{1}{2}\int d^3x' \, [\mathbf{j}'\mathbf{x}'^{\mathrm{T}} + \mathbf{x}'\mathbf{j}'^{\mathrm{T}}] &= -\tfrac{1}{2}\int d^3x' \, \mathbf{x}'(\mathbf{x}')^{\mathrm{T}}\left(\boldsymbol{\nabla}' \cdot \mathbf{j}\right)(\mathbf{x}', t) \\ &= \tfrac{1}{2}\int d^3x' \, \mathbf{x}'(\mathbf{x}')^{\mathrm{T}}\frac{\partial \rho}{\partial t}(\mathbf{x}', t) = \frac{d}{dt}\left[\tfrac{1}{2}\int d^3x' \, \mathbf{x}'(\mathbf{x}')^{\mathrm{T}}\rho(\mathbf{x}', t)\right] ,\end{aligned}$$

sodass dieser Term *keinen* Beitrag zum Zeitmittel in (2.25) ergibt. Nur der zweite Term auf der rechten Seite in (2.27) trägt also zum Zeitmittel bei. Der Zeitmittelwert dieses zweiten Terms wird als *magnetischer Dipoltensor* bezeichnet. Der magnetische Dipoltensor ist dementsprechend definiert durch

$$\boxed{D \equiv \tfrac{1}{2}\int d^3x' \, [\bar{\mathbf{j}}(\mathbf{x}')(\mathbf{x}')^{\mathrm{T}} - \mathbf{x}' \, \bar{\mathbf{j}}(\mathbf{x}')^{\mathrm{T}}] \, .} \tag{2.28}$$

[8] Wir verwenden wiederum, dass sich die Ladungen in ihrem *Schwerpunktsystem* befinden. Das Ergebnis $\int d^3x' \, \bar{\mathbf{j}}(\mathbf{x}') = -\int d^3x' \, \mathbf{x}' \left(\boldsymbol{\nabla}' \cdot \bar{\mathbf{j}}\right)(\mathbf{x}') = \mathbf{0}$ folgt alternativ auch direkt aus der zeitgemittelten Kontinuitätsgleichung: $0 = \overline{\partial_t \rho} + \overline{\boldsymbol{\nabla} \cdot \mathbf{j}} = \boldsymbol{\nabla} \cdot \bar{\mathbf{j}}$.

Mit dieser Definition lässt sich das Vektorpotential in der Coulomb-Eichung für $x \to \infty$ als

$$\boxed{\overline{\mathbf{A}}(\mathbf{x}) = \frac{\mu_0}{4\pi x^2} D\hat{\mathbf{x}} + \cdots}$$

darstellen. Die Struktur dieses Ergebnisses ist vollkommen analog zum elektrostatischen Fall, in dem für einen elektrischen Dipol $\overline{\Phi}(\mathbf{x}) = \frac{\hat{\mathbf{x}}\cdot\mathbf{d}}{4\pi\varepsilon_0 x^2}$ gilt.

Der antisymmetrische echte Tensor D ist durch eine *Dualitätstransformation* mit einem Pseudovektor $\mathbf{m}$ verknüpft, der somit äquivalent zum magnetischen Dipoltensor ist und als das *magnetische Moment* des Systems bezeichnet wird:[9]

$$D_{ij} = -\varepsilon_{ijk} m_k \quad , \quad \mathbf{m} \equiv \tfrac{1}{2} \int d^3x' \; \mathbf{x}' \times \bar{\mathbf{j}}(\mathbf{x}') \quad , \quad m_k = -\tfrac{1}{2}\varepsilon_{ijk} D_{ij} \; . \tag{2.29}$$

Hierbei ist ε_{ijk} wie üblich der Levi-Civita-Tensor. Wir verwenden die Einstein-Konvention. Mit Hilfe des magnetischen Moments $\mathbf{m}$ lässt sich das Vektorpotential in der Coulomb-Eichung also darstellen als

$$\boxed{\overline{\mathbf{A}}(\mathbf{x}) = -\frac{\mu_0}{4\pi x^2} \hat{\mathbf{x}} \times \mathbf{m} + \cdots \; .} \tag{2.30}$$

Das Magnetfeld $\overline{\mathbf{B}} = \boldsymbol{\nabla} \times \overline{\mathbf{A}}$ des magnetischen Dipols folgt unter Vernachlässigung der Beiträge höherer magnetischer Multipole aus (2.30) als

$$\boxed{\overline{\mathbf{B}}(\mathbf{x}) = \frac{\mu_0}{4\pi x^3} \left[3\hat{\mathbf{x}}(\hat{\mathbf{x}})^{\mathrm{T}} - \mathbb{1}_3\right] \mathbf{m} \; .}$$

Auch dieser Ausdruck ist vollkommen analog zum entsprechenden Ergebnis (2.9) für den elektrischen Dipol, $\overline{\mathbf{E}} = \frac{1}{4\pi\varepsilon_0 x^3}\left[3\hat{\mathbf{x}}(\hat{\mathbf{x}})^{\mathrm{T}} - \mathbb{1}_3\right] \mathbf{d}$.

Mögliche Erweiterung: Anlegen eines *schwachen* Magnetfelds

Wir haben also gelernt, dass eine *dynamische*, zeitlich veränderliche, jedoch räumlich beschränkte Ladungs- und Stromverteilung effektiv einen magnetischen Dipol darstellt, wenn man über eine hinreichend lange Zeit T mittelt.

Man kann sich nun fragen, wie sich das entsprechende magnetische Moment $\mathbf{m}$ verhält, wenn man es in ein äußeres, räumlich homogenes, zeitunabhängiges Magnetfeld $\mathbf{B}_0$ bringt. In diesem Fall würden äußere Kräfte bzw. Drehmomente auf den Dipol einwirken und somit seine Ausrichtung allmählich zeitlich ändern. Damit zu jeder Zeit ein wohldefiniertes magnetisches Moment $\mathbf{m}$ vorliegt, müssen wir natürlich fordern, dass das Magnetfeld $\mathbf{B}_0$ so *schwach* ist, dass die zeitliche Änderung von $\mathbf{m}$ auf einer Zeitskala stattfindet, die *lang* ist im Vergleich zur Zeit T, die für die Zeitmittelung benötigt wird.

[9]Die Nomenklatur „magnetisches Moment“ beruht auf den Beziehungen zwischen der *Stromdichte*, der *Magnetisierung* und dem *magnetischen Moment* in der Maxwell-Theorie im Medium. Diese Beziehungen werden in Abschnitt [6.5.6] genauer erklärt.

Wirkung eines zusätzlichen, schwachen, äußeren Magnetfelds

Wir nehmen also an, das äußere Magnetfeld $\mathbf{B}_0$ sei hinreichend schwach, damit der Dipol zu jeder Zeit wohldefiniert ist. In diesem Fall findet man zunächst, dass das zeitliche Mittel der auf den Dipol wirkenden Kraft aufgrund von (2.26) null ist:

$$\overline{\mathbf{F}} = \sum_{l=1}^{N} q_l \bar{\mathbf{u}}_l \times \mathbf{B}_0 = \overline{\int d^3x'\, \mathbf{j}(\mathbf{x}',t) \times \mathbf{B}_0} = \mathbf{0} \quad , \quad \mathbf{u}_l = \dot{\mathbf{x}}_l \, .$$

Außerdem folgt mit Hilfe von

$$\begin{aligned}\int d^3x'\, (\mathbf{x}'\cdot\mathbf{j}') &= -\tfrac{1}{2}\int d^3x'\, (\mathbf{x}'\cdot\mathbf{x}')\left(\boldsymbol{\nabla}'\cdot\mathbf{j}\right)(\mathbf{x}',t) = \tfrac{1}{2}\int d^3x'\, (\mathbf{x}'\cdot\mathbf{x}')\frac{\partial\rho}{\partial t}(\mathbf{x}',t)\\ &= \frac{d}{dt}\left[\tfrac{1}{2}\int d^3x'\, (\mathbf{x}'\cdot\mathbf{x}')\rho(\mathbf{x}',t)\right] \quad , \quad \int d^3x'\, \mathbf{x}'\cdot\bar{\mathbf{j}}(\mathbf{x}') = 0\end{aligned}$$

und der Rechenregel $\mathbf{a}\times(\mathbf{b}\times\mathbf{c}) = \mathbf{b}(\mathbf{a}\cdot\mathbf{c}) - \mathbf{c}(\mathbf{a}\cdot\mathbf{b})$, dass das *zeitgemittelte Drehmoment* in einfacher Weise mit dem *magnetischen Moment* $\mathbf{m}$ des Systems zusammenhängt:

$$\begin{aligned}\overline{\mathbf{N}} &= \sum_{l=1}^{N} \overline{\mathbf{x}_l \times (q_l\mathbf{u}_l \times \mathbf{B}_0)} = \int d^3x'\, \mathbf{x}' \times \left[\bar{\mathbf{j}}(\mathbf{x}') \times \mathbf{B}_0\right]\\ &= \int d^3x' \,\left[\bar{\mathbf{j}}(\mathbf{x}')(\mathbf{x}')^{\mathrm{T}} - \left(\mathbf{x}'\cdot\bar{\mathbf{j}}(\mathbf{x}')\right)\mathbb{1}\right]\mathbf{B}_0 = \int d^3x'\, \bar{\mathbf{j}}(\mathbf{x}')(\mathbf{x}')^{\mathrm{T}}\mathbf{B}_0\\ &= D\mathbf{B}_0 = -\mathbf{B}_0\times\mathbf{m} = \mathbf{m}\times\mathbf{B}_0 \, .\end{aligned}$$

In der letzten Zeile verwendeten wir die zeitgemittelte Version von Gleichung (2.27) sowie die Definition (2.28) des magnetischen Dipoltensors D.

Das Drehmoment $\overline{\mathbf{N}}$ wird also eine *Präzession* des magnetischen Moments $\mathbf{m}$ um die $\mathbf{B}_0$-Achse zur Folge haben. Aufgrund unserer Annahme, dass das Magnetfeld so schwach ist, dass die Präzession *langsam* verläuft (verglichen mit der Zeitskala T), folgt $\overline{\mathbf{N}} = \frac{\Delta\overline{\mathbf{L}}}{\Delta t}$, wobei $\overline{\mathbf{L}}$ der zeitgemittelte mechanische Drehimpuls des Systems ist und $\Delta t \gtrsim T$ gilt. Nehmen wir schließlich noch an, dass das Verhältnis q_ℓ/m_ℓ von Ladung zu Masse für alle Teilchen, die signifikant zur Stromdichte $\bar{\mathbf{j}}(\mathbf{x})$ beitragen,[10] denselben Wert q/m hat, dann gilt

$$\mathbf{m} = \tfrac{1}{2}\int d^3x'\, \mathbf{x}'\times\bar{\mathbf{j}}(\mathbf{x}') = \tfrac{1}{2}\sum_l q_l\, \overline{\mathbf{x}_l\times\mathbf{u}_l} = \frac{q}{2m}\sum_l m_l\, \overline{\mathbf{x}_l\times\mathbf{u}_l} = \frac{q}{2m}\overline{\mathbf{L}} \tag{2.31}$$

und somit

$$\boxed{\frac{\Delta\overline{\mathbf{L}}}{\Delta t} = \overline{\mathbf{N}} = \mathbf{m}\times\mathbf{B}_0 = \frac{q}{2m}\overline{\mathbf{L}}\times\mathbf{B}_0 = -\boldsymbol{\omega}\times\overline{\mathbf{L}} \quad , \quad \boldsymbol{\omega} \equiv \frac{q\mathbf{B}_0}{2m} \, .} \tag{2.32}$$

[10] Man denke z. B. an ein Plasma, das neben den sehr leichten, mobilen Elektronen auch viel schwerere, immobile Atomkerne enthält. Die Stromdichte wird in diesem Fall durch die Elektronen (und nicht durch die schweren Kerne) bestimmt. Beispielsweise ist der Impuls $\mathbf{p}_l = m_l\mathbf{u}_l$ in einem Fermi-Gas bei fest vorgegebener Temperatur T und Teilchendichte n typischerweise durch $\mathbf{p}_l^2/2m_l \simeq \frac{3}{2}\max\{k_{\mathrm{B}}T\,,\,\frac{\hbar^2}{5m_l}(3\pi^2 n)^{2/3}\}$ festgelegt; hierbei ist $k_{\mathrm{B}} = 1{,}380649\cdot 10^{-23}\,\frac{\mathrm{J}}{\mathrm{K}}$ die Boltzmann-Konstante. Folglich gilt $|\mathbf{u}_l| = \frac{1}{m_l}|\mathbf{p}_l| \propto (m_l)^{-1/2}$ bei höheren und $|\mathbf{u}_l| \propto (m_l)^{-1}$ bei tieferen Temperaturen. Leichte Teilchen tragen also viel stärker als schwere zu (2.31) bei.

Diese Präzession mit der *Larmor-Frequenz* $\omega_{\mathrm{L}} \equiv \frac{|q|B_0}{2m}$ wird nach dem britischen Physiker Joseph Larmor (1857–1942) als *Larmor-Präzession* bezeichnet. Unsere Annahme, dass die Präzession *langsam* verläuft, bedeutet also konkret $\omega_{\mathrm{L}} \ll T^{-1}$.

2.4 Elektromagnetische Wellen „im Vakuum“

In vielen Lebenslagen (z. B. jedes Mal, wenn man *sieht*, ein Smartphone oder WLAN benutzt oder einfach zu Hause Rundfunk- oder Fernsehsignale empfängt), ist die explizite Zeitabhängigkeit elektromagnetischer Felder, also die Ausbreitung *elektromagnetischer Wellen*, von entscheidender Bedeutung. Aus dem einführenden Kapitel [1] wissen wir bereits, dass die Maxwell-Gleichungen „im Vakuum“ die Existenz solcher elektromagnetischen Wellen in der Tat vorhersagen und diese auch quantitativ beschreiben können. Die inhomogenen Wellengleichungen für das Magnetfeld $\mathbf{B} = \boldsymbol{\nabla} \times \mathbf{A}$ und das elektrische Feld $\mathbf{E} = -\boldsymbol{\nabla}\Phi - \frac{\partial \mathbf{A}}{\partial t}$ sind konkret durch (1.35b) bzw. (1.35c) gegeben:

$$\boxed{\Box \mathbf{B} = \mu_0 \boldsymbol{\nabla} \times \mathbf{j} \quad , \quad \Box \mathbf{E} = -\frac{1}{\varepsilon_0}\left(\boldsymbol{\nabla}\rho + \frac{1}{c^2}\frac{\partial \mathbf{j}}{\partial t}\right) .} \tag{2.33}$$

Außerdem wissen wir, dass das Vektorpotential $\mathbf{A}$ ebenfalls eine inhomogene Wellengleichung erfüllt. Diese ist in der Coulomb-Eichung $\boldsymbol{\nabla} \cdot \mathbf{A} = 0$ konkret durch Gleichung (1.35a) gegeben. Das entsprechende skalare Potential Φ ist laut (1.31b) vollständig durch die Ladungsverteilung ρ festgelegt:

$$\boxed{\Box \mathbf{A} = \mu_0 \left(\mathbf{j} - \varepsilon_0 \boldsymbol{\nabla} \frac{\partial \Phi}{\partial t}\right) \quad , \quad \Phi(\mathbf{x}, t) = \frac{1}{4\pi\varepsilon_0} \int d^3x' \, \frac{\rho(\mathbf{x}', t)}{|\mathbf{x} - \mathbf{x}'|} .} \tag{2.34}$$

Diese Gleichungen zeigen, dass man, um die *Dynamik* elektromagnetischer Wellenphänomene verstehen zu können, im Wesentlichen „nur“ die inhomogene Wellengleichung für das Vektorpotential $\mathbf{A}$ in (2.34) unter der Nebenbedingung $\boldsymbol{\nabla} \cdot \mathbf{A} = 0$ lösen muss.[11] Aufgrund der Beziehungen $\mathbf{B} = \boldsymbol{\nabla} \times \mathbf{A}$ und $\mathbf{E} = -\boldsymbol{\nabla}\Phi - \frac{\partial \mathbf{A}}{\partial t}$ und der bereits bekannten Struktur von Φ ist dann auch die Dynamik der $(\mathbf{E}, \mathbf{B})$-Felder vollständig bekannt.

Das Ziel dieses Abschnitts ist daher das Lösen der inhomogenen Wellengleichung für $\mathbf{A}$ in (2.34). Da die Ladungs- und Stromverteilung $(\rho, \mathbf{j})$, die in der Inhomogenität auf der rechten Seite dieser Wellengleichung auftritt, und auch die Anfangsbedingungen $\mathbf{A}(\mathbf{x}, t_0)$ und $\frac{\partial \mathbf{A}}{\partial t}(\mathbf{x}, t_0)$ in (2.34) völlig allgemein sind,[12] ist dieses Ziel gleichbedeutend mit der Lösung einer *allgemeinen* inhomogenen Wellengleichung für *allgemeine* Anfangsbedingungen. Wir konstruieren diese Lösung in zwei Schritten: Zuerst konstruieren wir in Abschnitt [2.4.1] die Lösung der *homogenen* Wellengleichung für *allgemeine* Anfangsbedingungen. Im zweiten Schritt zeigen wir dann in Abschnitt [2.4.2], wie man auch die *Inhomogenität*, also den

[11] Zur Erfüllung der Bedingung $\boldsymbol{\nabla} \cdot \mathbf{A} = 0$ reicht es aus, die Anfangsbedingung $(\boldsymbol{\nabla} \cdot \mathbf{A})(\mathbf{x}, t_0) = 0$ aufzuerlegen, da $\boldsymbol{\nabla} \cdot \mathbf{A}$ aufgrund der Ladungserhaltung eine *homogene* Wellengleichung erfüllt: $\Box \boldsymbol{\nabla} \cdot \mathbf{A} = \mu_0(\boldsymbol{\nabla} \cdot \mathbf{j} - \varepsilon_0 \partial_t \Delta\Phi) = \mu_0(\boldsymbol{\nabla} \cdot \mathbf{j} + \partial_t \rho) = 0$. Die eindeutige Lösung einer homogenen Wellengleichung mit der Anfangsbedingung *null* ist die Nullfunktion: $\boldsymbol{\nabla} \cdot \mathbf{A} = 0$ für alle $t \in \mathbb{R}$.

[12] Allerdings muss natürlich $\boldsymbol{\nabla} \cdot \mathbf{j} + \partial_t \rho = 0$ sowie $(\boldsymbol{\nabla} \cdot \mathbf{A})(\mathbf{x}, t_0) = 0$ gelten.

Einfluss von Ladungen und Strömen, mitberücksichtigen kann. Als wichtiger Spezialfall der Lösung der inhomogenen Wellengleichung wird dann in Abschnitt [2.4.3] die *Green'sche Funktion* behandelt. Anhand der Green'schen Funktion lässt sich auch das *Huygens'sche Prinzip* gut illustrieren.

Spezialfall: *räumlich begrenzte* Ladungs- und Stromverteilungen

Die Lösungen der Wellengleichungen in (2.33) und (2.34) beschreiben allerdings nicht nur *Wellen*, sondern können sehr wohl auch *statische* Komponenten enthalten, wie wir aus Abschnitt [2.1] wissen. Wie in Abschnitt [2.1] betrachten wir hierzu den Fall einer *räumlich begrenzten* Ladungs- und Stromverteilung $(\rho, \mathbf{j})$. Aus den Gleichungen (2.33) und (2.34) folgt dann durch eine *Zeitmittelung*:

$$\Delta\,\overline{\mathbf{B}} = -\mu_0 \boldsymbol{\nabla} \times \bar{\mathbf{j}} \quad , \quad \Delta\,\overline{\mathbf{E}} = \tfrac{1}{\varepsilon_0}\boldsymbol{\nabla}\bar{\rho} \tag{2.35a}$$

$$\Delta\,\overline{\mathbf{A}} = -\mu_0 \bar{\mathbf{j}} \quad , \quad \overline{\Phi}(\mathbf{x}) = \frac{1}{4\pi\varepsilon_0}\int d^3x'\, \frac{\bar{\rho}(\mathbf{x}')}{|\mathbf{x}-\mathbf{x}'|}\,. \tag{2.35b}$$

Für das Vektorpotential gilt hierbei die Coulomb-Eichung $(\boldsymbol{\nabla}\cdot\overline{\mathbf{A}})(\mathbf{x}) = 0$. Mit der üblichen Definition $\mathbf{j}_\perp = \mathbf{j} - \varepsilon_0 \boldsymbol{\nabla}\frac{\partial\Phi}{\partial t}$ folgt noch $\bar{\mathbf{j}} = \overline{\mathbf{j}_\perp}$ und daher $\boldsymbol{\nabla}\cdot\bar{\mathbf{j}} = \boldsymbol{\nabla}\cdot\overline{\mathbf{j}_\perp} = 0$, da der Zeitmittelwert der Zeitableitung $\frac{\partial\Phi}{\partial t}$ null ergibt. Nur der divergenzfreie Anteil der Stromdichte trägt also zum Zeitmittelwert $\bar{\mathbf{j}}$ bei.

Aufgrund der *Linearität* der Maxwell-Gleichungen in ihrer Abhängigkeit von $\mathbf{E}$ und $\mathbf{B}$, d. h. aufgrund des *Superpositionsprinzips*, können wir nun statische und dynamische Feldkomponenten trennen. Hierzu definieren wir die orts- und zeitabhängigen Abweichungen vom zeitgemittelten Verhalten der Größen $(\mathbf{B}, \mathbf{E}, \mathbf{j}, \mathbf{A}, \Phi, \rho)$:

$$\delta\mathbf{B} \equiv \mathbf{B} - \overline{\mathbf{B}} \quad , \quad \delta\mathbf{E} \equiv \mathbf{E} - \overline{\mathbf{E}} \quad , \quad \delta\mathbf{j} \equiv \mathbf{j} - \bar{\mathbf{j}}$$

$$\delta\mathbf{A} \equiv \mathbf{A} - \overline{\mathbf{A}} \quad , \quad \delta\Phi \equiv \Phi - \overline{\Phi} \quad , \quad \delta\rho \equiv \rho - \bar{\rho}\,.$$

Diese Abweichungen vom zeitgemittelten Verhalten haben die Eigenschaft, dass sie zeitgemittelt *null* ergeben. Statt (2.33) und (2.34) erfüllen sie die Wellengleichungen

$$\Box\,\delta\mathbf{B} = \mu_0 \boldsymbol{\nabla} \times \delta\mathbf{j} \quad , \quad \Box\,\delta\mathbf{E} = -\frac{1}{\varepsilon_0}\left(\boldsymbol{\nabla}\,\delta\rho + \frac{1}{c^2}\frac{\partial\,\delta\mathbf{j}}{\partial t}\right) \tag{2.36a}$$

$$\Box\,\delta\mathbf{A} = \mu_0\left(\delta\mathbf{j} - \varepsilon_0\boldsymbol{\nabla}\frac{\partial\,\delta\Phi}{\partial t}\right) \quad , \quad \delta\Phi(\mathbf{x},t) = \frac{1}{4\pi\varepsilon_0}\int d^3x'\,\frac{\delta\rho(\mathbf{x}',t)}{|\mathbf{x}-\mathbf{x}'|}\,, \tag{2.36b}$$

wobei für das Vektorpotential nun die Coulomb-Eichung in der Form $\boldsymbol{\nabla}\cdot\delta\mathbf{A} = 0$ gilt. Bei einer räumlich begrenzten Ladungs- und Stromverteilung kann man die statischen und dynamischen Feldkomponenten daher klar trennen. Bei der Lösung der inhomogenen Wellengleichung für $\delta\mathbf{A}$ in (2.36b) lauten die Anfangsbedingungen dann $\delta\mathbf{A}(\mathbf{x},t_0) = \mathbf{A}(\mathbf{x},t_0) - \overline{\mathbf{A}}(\mathbf{x})$ und $\frac{\partial\,\delta\mathbf{A}}{\partial t}(\mathbf{x},t_0) = \frac{\partial\mathbf{A}}{\partial t}(\mathbf{x},t_0)$.

2.4.1 Wellen in *Abwesenheit* von Ladungen und Strömen

Wir betrachten in den nächsten beiden Abschnitten die allgemeinen Gleichungen (2.33) und (2.34), d. h., wir nehmen *nicht* speziell an, dass die Ladungs- und Stromverteilung räumlich begrenzt ist, sodass eine Zeitmittelung durchgeführt werden kann. Unser Ziel wird sein, die Wellengleichungen (2.33) und (2.34) exakt zu lösen.

In diesem Abschnitt bestimmen wir in einem ersten Schritt das Vektorpotential $\mathbf{A}$ in *Abwesenheit* von elektrischen Ladungen und Ladungsströmen ($\rho = 0$, $\mathbf{j} = \mathbf{0}$) für *allgemeine* Anfangsbedingungen, d. h., wir befassen uns mit der *allgemeinen* Lösung des *homogenen* Pendants der Wellengleichung (2.34). Wie bisher verwenden wir die *Coulomb-Eichung* ($\boldsymbol{\nabla} \cdot \mathbf{A} = 0$):

$$\boxed{\Box \mathbf{A} = \mathbf{0} \quad , \quad \Phi(\mathbf{x}, t) = 0 \quad (\mathbf{x} \in \mathbb{R}^3)\ .} \tag{2.37a}$$

Die Lösung $\mathbf{A}(\mathbf{x}, t)$ von (2.37a) liegt eindeutig fest, falls auch die Feldkonfiguration zum Anfangszeitpunkt $t = t_0$ bekannt ist. Wir nehmen o. B. d. A. an, dass $t_0 = 0$ gilt und verwenden die kompakte Notation:

$$\boxed{\mathbf{A}(\mathbf{x}, 0) \equiv \mathbf{A}_0(\mathbf{x}) \quad , \quad \frac{\partial \mathbf{A}}{\partial t}(\mathbf{x}, 0) = \dot{\mathbf{A}}_0(\mathbf{x})\ .} \tag{2.37b}$$

Wir zeigen im Folgenden die Lösung des Anfangswertproblems (2.37), zuerst für den (quasi-)*ein*dimensionalen Fall („ebene Wellen“), dann für die Wellengleichung im *drei*dimensionalen Ortsraum und schließlich für den (quasi-)*zwei*dimensionalen Fall („Zylinderwellen“).

Drei erste Kommentare

1. Wir zeigen im Folgenden anhand von Gleichung (2.37a), wie die *allgemeine homogene Wellengleichung* generell gelöst werden kann. Dass die physikalische Interpretation von $\mathbf{A}$ in (2.37a) diejenige eines *Vektorpotentials* ist und dass dieses Vektorpotential die *Coulomb-Eichung* erfüllen soll, wird in diesem Abschnitt [2.4.1] und auch in [2.4.2] und [2.4.3] irrelevant sein.

2. Der Vektorcharakter von $\mathbf{A}$ in (2.37) wird im Folgenden ebenfalls *unwesentlich* sein. Im Grunde stellt (2.37) drei *ungekoppelte* Wellengleichungen für die drei Komponenten $A_i(\mathbf{x}, t)$ dar ($i = 1, 2, 3$). Wir verwenden im Folgenden dennoch das Symbol $\mathbf{A}$ für die gesuchte Lösung, um die physikalische Relevanz und die bezweckte Anwendung möglichst klar herauszustellen.

3. Die Lösung der allgemeinen *homogenen* Wellengleichung ist mathematisch wichtig zur Vorbereitung der Lösung des vollen Problems in Abschnitt [2.4.2]. Die *homogene* Wellengleichung (2.37) an sich hat jedoch auch eine klare physikalische Relevanz, da sie die reine Ausbreitung von elektromagnetischen Wellen im Vakuum (ohne Wechselwirkung mit geladener Materie) beschreibt.

Quasi-eindimensionale Lösungen der homogenen Wellengleichung

Am einfachsten ist die Lösung des Anfangswertproblems (2.37) für Wellen, die translationsinvariant in der $\mathbf{e}_2$-$\mathbf{e}_3$-Ebene sind und daher als *ebene Wellen* bezeichnet werden. Dieser Lösungstyp hängt also nur von einer einzigen Koordinate ab (in diesem Fall x_1). Die allgemeine Form solcher *quasi-eindimensionalen* Lösungen von (2.37) ist daher gegeben durch:

$$\mathbf{A} = \mathbf{A}(x_1, t)\ .$$

Diese Wellen erfüllen dementsprechend die (quasi-)eindimensionale Wellengleichung

$$\left(\frac{1}{c^2}\frac{\partial^2}{\partial t^2} - \frac{\partial^2}{\partial x_1^2}\right)\mathbf{A} = \mathbf{0} \quad , \quad \mathbf{A}(x_1, 0) \equiv \mathbf{A}_0(x_1) \quad , \quad \frac{\partial \mathbf{A}}{\partial t}(x_1, 0) = \dot{\mathbf{A}}_0(x_1) \; .$$

Mit Hilfe der Koordinatentransformation $\xi \equiv x_1 - ct$, $\eta \equiv x_1 + ct$ und der Rechenregel

$$\left.\begin{aligned} x_1 &= \tfrac{1}{2}(\xi + \eta) \\ t &= \tfrac{1}{2c}(\eta - \xi) \end{aligned}\right\} \quad - 4\partial_\xi \partial_\eta = -4 \cdot \tfrac{1}{2}(\partial_1 - \tfrac{1}{c}\partial_t) \cdot \tfrac{1}{2}(\partial_1 + \tfrac{1}{c}\partial_t) = \tfrac{1}{c^2}\partial_t^2 - \partial_1^2$$

erhält man die einfachere Differentialgleichung $\partial_\xi \partial_\eta \mathbf{A} = \mathbf{0}$, die allgemein durch

$$\mathbf{A}(x_1, t) = \mathbf{a}_1(\xi) + \mathbf{a}_2(\eta) = \mathbf{a}_1(x_1 - ct) + \mathbf{a}_2(x_1 + ct)$$

gelöst wird. Die (zunächst beliebigen) Funktionen $\mathbf{a}_1$ und $\mathbf{a}_2$ werden hierbei durch die Anfangsbedingungen festgelegt:

$$\boxed{\mathbf{A}(x_1, t) = \tfrac{1}{2}[\mathbf{A}_0(x_1 - ct) + \mathbf{A}_0(x_1 + ct)] + \frac{1}{2c}\int_{x_1 - ct}^{x_1 + ct} dy\; \dot{\mathbf{A}}_0(y) \; .} \tag{2.38}$$

Die allgemeine ebene Welle ist also eine Überlagerung einer nach *rechts* und einer nach *links* laufenden Welle. Die (quasi-)eindimensionale Wellengleichung und ihre Lösung werden in Übungsaufgabe 2.9 detaillierter untersucht.

Lösung der homogenen Wellengleichung im *drei*dimensionalen Raum

Wir konstruieren nun die Lösung des Anfangswertproblems (2.37) für die Wellengleichung im *drei*dimensionalen Raum. Hierzu betrachten wir zuerst den Spezialfall einer *sphärisch symmetrischen Welle*. Diese wird effektiv durch eine *quasi-eindimensionale Wellengleichung* beschrieben, deren Lösung wir bereits aus dem letzten Abschnitt kennen. Ein wichtiges Beispiel für eine sphärisch symmetrische Welle ist die *auslaufende Kugelwelle*: Wir zeigen, dass die Lösung der homogenen Wellengleichung für allgemeine Anfangsbedingungen in der Form einer *Überlagerung von auslaufenden Kugelwellen* darstellbar ist.

Wir betrachten also zuerst den Spezialfall einer *sphärisch symmetrischen Welle* der Form $\mathbf{A} = \mathbf{A}(r, t)$. Hierbei nehmen wir an, dass die Lösung sphärisch symmetrisch um den fest gewählten Punkt $\boldsymbol{\xi} \in \mathbb{R}^3$ sein soll. Wir möchten die Amplitude der Welle am Ort $\mathbf{x}$ berechnen, wobei der *Abstand* zwischen $\mathbf{x}$ und $\boldsymbol{\xi}$ gleich r ist und der *Einheitsvektor* $\hat{\mathbf{r}}$, der von $\mathbf{x}$ nach $\boldsymbol{\xi}$ zeigt, durch Winkelvariablen $\Omega = (\theta, \varphi)$ charakterisiert wird:

$$\boxed{\mathbf{x} = \boldsymbol{\xi} - r\hat{\mathbf{r}} \quad , \quad r = |\boldsymbol{\xi} - \mathbf{x}| \quad , \quad \hat{\mathbf{r}} = \begin{pmatrix} \cos(\varphi)\sin(\vartheta) \\ \sin(\varphi)\sin(\vartheta) \\ \cos(\vartheta) \end{pmatrix} \; .} \tag{2.39}$$

Die Wellengleichung lautet in diesem Fall

$$\begin{aligned} \mathbf{0} = \Box \mathbf{A} &= \left(\frac{1}{c^2}\frac{\partial^2}{\partial t^2} - \Delta\right)\mathbf{A} = \left[\frac{1}{c^2}\frac{\partial^2}{\partial t^2} - \left(\frac{\partial^2}{\partial r^2} + \frac{2}{r}\frac{\partial}{\partial r}\right)\right]\mathbf{A} \\ &= \left[\frac{1}{c^2}\frac{\partial^2}{\partial t^2} - \frac{1}{r}\frac{\partial^2}{\partial r^2}r\right]\mathbf{A} = \frac{1}{r}\left[\frac{1}{c^2}\frac{\partial^2}{\partial t^2} - \frac{\partial^2}{\partial r^2}\right](r\mathbf{A}) \; , \end{aligned}$$

wobei im Laplace-Operator $\Delta = \partial_{\mathbf{x}}^2$ in sphärischen Koordinaten nur Ableitungen nach dem Radius r zu berücksichtigen sind (und nicht z. B. zusätzlich nach den Winkelvariablen Ω). In der zweiten Zeile wurden die Ableitungen bzgl. des Radius r zuerst kompakt zusammengefasst. Anschließend wurden Faktoren $\frac{1}{r}$ und r ausgeklammert. Das Ergebnis zeigt, dass die Funkton $r\mathbf{A}$ eine *quasi-eindimensionale Wellengleichung* erfüllt. Wie wir bereits aus dem letzten Abschnitt wissen, kann die allgemeine Lösung einer solchen Gleichung in der Form einer Überlagerung von *auslaufender* (auf der Halbachse $r \geq 0$ nach „rechts“ laufender) und *einlaufender* (nach „links“ laufender) Welle geschrieben werden:

$$\mathbf{A}(r,t) = \frac{1}{r}[\mathbf{a}_1(r-ct) + \mathbf{a}_2(r+ct)] \ . \tag{2.40}$$

Die Funktionen $\mathbf{a}_1$ und $\mathbf{a}_2$ werden dann wiederum durch die Anfangsbedingungen für die sphärisch symmetrische Welle festgelegt.

Als Spezialfall einer Welle mit sphärischer Symmetrie betrachten wir nun eine *auslaufende Kugelwelle*, die zur Anfangszeit $t_0 = 0$ mit der Amplitude $\mathbf{a}(\boldsymbol{\xi})d^3\xi$ vom infinitesimalen Volumenelement $d^3\xi$ um $\boldsymbol{\xi}$ ausgestrahlt wird:

$$\mathbf{A}(\mathbf{x},t) = \frac{\mathbf{a}(\boldsymbol{\xi})d^3\xi}{4\pi c r}\delta(r-ct) \quad , \quad r = |\mathbf{x}-\boldsymbol{\xi}| \qquad (t>0) \ . \tag{2.41}$$

Man erhält diese Kugelwelle aus der allgemeinen symmetrischen Lösung (2.40) für $\mathbf{a}_2 = \mathbf{0}$ und $\mathbf{a}_1(r) = \frac{\mathbf{a}(\boldsymbol{\xi})d^3\xi}{4\pi c}\delta(r-0^+)$.

Da die dreidimensionale homogene Wellengleichung eine *lineare* Gleichung für die gesuchte Funktion $\mathbf{A}$ ist, ergibt jede *Überlagerung* solcher Kugelwellen wiederum eine Lösung. Wir können daher Überlagerungen von Kugelwellen konstruieren, die von unterschiedlichen $\boldsymbol{\xi}$-Koordinaten ausgestrahlt und alle z. Z. t am (nun fest gewählten) Ort $\mathbf{x}$ detektiert werden. Hierbei sollen sich die Punktquellen $\boldsymbol{\xi}$, deren Signale z. Z. t detektiert werden, zur Anfangszeit $t_0 = 0$ alle im Abstand ct vom Empfangsort $\mathbf{x}$ befinden. Zur Beschreibung der Ortsvektoren $\boldsymbol{\xi}$ der Punktquellen verwenden wir wieder die Definition der Kugelkoordinaten (r, ϑ, φ) in Gleichung (2.39), nun allerdings mit variablem $\boldsymbol{\xi}$ und einem fest gewählten Empfangsort $\mathbf{x}$.

Eine allgemeine Überlagerung von Kugelwellen der Form (2.41) mit Gewichtungsfunktion $\mathbf{a}(\boldsymbol{\xi})$ lautet:

$$\begin{aligned}\mathbf{A}(\mathbf{x},t) &= \int d^3\xi \, \frac{\mathbf{a}(\boldsymbol{\xi})}{4\pi c r}\delta(r-ct) = \frac{1}{4\pi c}\int d\Omega \int dr \; r\mathbf{a}(\mathbf{x}+r\hat{\mathbf{r}})\delta(r-ct) \\ &= \frac{t}{4\pi}\int d\Omega \; \mathbf{a}(\mathbf{x}+ct\hat{\mathbf{r}}) = tM_{\mathbf{x},ct}[\mathbf{a}] \quad , \quad d\Omega \equiv \sin(\vartheta)d\vartheta d\varphi \ .\end{aligned} \tag{2.42}$$

Diese Gleichungskette zeigt, dass die allgemeine Überlagerung als *Oberflächenintegral* dargestellt werden kann: Im zweiten Schritt wurde hierzu zunächst die $\boldsymbol{\xi}$-Integration mit Hilfe der sphärischen Koordinaten (r, Ω) umformuliert, und es wurde die Beziehung $\boldsymbol{\xi} = \mathbf{x} + r\hat{\mathbf{r}}$ verwendet. Im dritten wurde über die Deltafunktion integriert und im vierten die Funktion

$$\boxed{M_{\mathbf{x},ct}[\mathbf{a}] \equiv \frac{1}{4\pi}\int d\Omega \; \mathbf{a}(\mathbf{x}+ct\hat{\mathbf{r}})} \tag{2.43}$$

definiert. Die Interpretation von $M_{\mathbf{x},ct}[\mathbf{a}]$ ist erstaunlich einfach: Diese Größe stellt den *Mittelwert* der Funktion $\mathbf{a}$ dar, berechnet über die Oberfläche einer Kugel mit dem Radius ct und dem Mittelpunkt $\mathbf{x}$. Dies erklärt auch die Notation $M_{\mathbf{x},ct}[\mathbf{a}]$.

Wir untersuchen nun die *Eigenschaften* der Überlagerung von Kugelwellen $\mathbf{A}(\mathbf{x},t)$ in (2.42). Das Vektorpotential $\mathbf{A} = (A_1, A_2, A_3)^{\mathrm{T}}$ in (2.42), das also vollständig durch die Gewichtsfunktion $\mathbf{a}$ in der Überlagerung definiert wird, zeigt für alle $\mathbf{x} \in \mathbb{R}^3$ das folgende interessante Verhalten zum Anfangszeitpunkt $t_0 = 0$:

$$A_i(\mathbf{x},0) = \lim_{t\downarrow 0} tM_{\mathbf{x},ct}[a_i] = \lim_{t\downarrow 0} ta_i(\mathbf{x}) = 0 \qquad (i = 1,2,3) \tag{2.44a}$$

$$\frac{\partial A_i}{\partial t}(\mathbf{x},0) = \lim_{t\downarrow 0} \left\{ M_{\mathbf{x},ct}[a_i] + ctM_{\mathbf{x},ct}\left[\frac{\partial a_i}{\partial \mathbf{x}} \cdot \hat{\mathbf{r}}\right]\right\} = a_i(\mathbf{x}) \tag{2.44b}$$

$$\frac{\partial^2 A_i}{\partial t^2}(\mathbf{x},0) = \lim_{t\downarrow 0} \left\{ 2cM_{\mathbf{x},ct}\left[\frac{\partial a_i}{\partial \mathbf{x}} \cdot \hat{\mathbf{r}}\right] + c^2tM_{\mathbf{x},ct}\left[\hat{\mathbf{r}}^{\mathrm{T}}\frac{\partial^2 a_i}{\partial \mathbf{x}^2}\hat{\mathbf{r}}\right]\right\} = 0\,. \tag{2.44c}$$

In Vektornotation gilt also kurz gefasst:

$$\mathbf{A}(\mathbf{x},0) = \mathbf{0} \quad , \quad \frac{\partial \mathbf{A}}{\partial t}(\mathbf{x},0) = \mathbf{a}(\mathbf{x}) \quad , \quad \frac{\partial^2 \mathbf{A}}{\partial t^2}(\mathbf{x},0) = \mathbf{0}\,. \tag{2.45}$$

Gleichung (2.44a) folgt direkt aus $\lim_{t\downarrow 0} M_{\mathbf{x},ct}[a_i] = a_i(\mathbf{x})$. In (2.44b) wurde im ersten Schritt sowohl die Produkt- als auch die Kettenregel des Differenzierens angewandt. Im zweiten Schritt muss dann wegen der linearen t-Abhängigkeit des zweiten Terms nur noch der erste Term $M_{\mathbf{x},ct}[a_i]$ berücksichtigt werden. Aus dem gleichen Grund entfällt auch der zweite Term im zweiten Schritt in (2.44c); allerdings ergibt in diesem Fall auch der erste Term null: $\frac{\partial a_i}{\partial \mathbf{x}} \cdot M_{\mathbf{x},ct}[\hat{\mathbf{r}}] = 0$, da der Mittelwert von $\hat{\mathbf{r}}$ über alle Raumrichtungen gleich dem Nullvektor ist.

Aus (2.42) und (2.45) folgt nun, dass die allgemeine Lösung der dreidimensionalen homogenen Wellengleichung mit den Anfangsbedingungen $\mathbf{A}_0$ und $\dot{\mathbf{A}}_0$:

$$\boxed{\Box\mathbf{A} = \mathbf{0} \quad , \quad \mathbf{A}(\mathbf{x},0) = \mathbf{A}_0(\mathbf{x}) \quad , \quad \frac{\partial \mathbf{A}}{\partial t}(\mathbf{x},0) = \dot{\mathbf{A}}_0(\mathbf{x})}$$

gegeben ist durch

$$\boxed{\mathbf{A}(\mathbf{x},t) = \frac{\partial}{\partial t}\{tM_{\mathbf{x},ct}[\mathbf{A}_0]\} + tM_{\mathbf{x},ct}[\dot{\mathbf{A}}_0]\,,} \tag{2.46}$$

denn laut Gleichung (2.45) ergibt der erste Term auf der rechten Seite in (2.46) einen Beitrag $\mathbf{A}_0(\mathbf{x})$ zu $\mathbf{A}(\mathbf{x},0)$, aber keinen Beitrag zu $\frac{\partial \mathbf{A}}{\partial t}(\mathbf{x},0)$, während der zweite Term keinen Beitrag zu $\mathbf{A}(\mathbf{x},0)$, dafür aber einen Beitrag $\dot{\mathbf{A}}_0(\mathbf{x})$ zu $\frac{\partial \mathbf{A}}{\partial t}(\mathbf{x},0)$ liefert. Das Vektorpotential (2.46) erfüllt also beide Anfangsbedingungen. Hiermit ist die Lösung der dreidimensionalen homogenen Wellengleichung für allgemeine Anfangsbedingungen bekannt.

Lösung der homogenen Wellengleichung im *zwei*dimensionalen Raum

Falls die Anfangsbedingungen translationsinvariant in *einer* Raumrichtung sind (z. B. in der $\hat{\mathbf{e}}_3$-Richtung), hängt die Lösung nur von den beiden Koordinaten

$(x_1, x_2)^{\mathrm{T}} \equiv \mathbf{x}_\perp$ ab. In diesem Fall liegt also ein *quasi-zweidimensionales* Problem vor, dessen Lösungen als *Zylinderwellen* bezeichnet werden. Die Anfangsbedingungen für solche Zylinderwellen haben im Allgemeinen die Form $\mathbf{A}(\mathbf{x}, 0) = \mathbf{A}_0(\mathbf{x}_\perp)$ und $\frac{\partial \mathbf{A}}{\partial t}(\mathbf{x}, 0) = \dot{\mathbf{A}}_0(\mathbf{x}_\perp)$. Im *zwei*dimensionalen Raum ist es zweckmäßig, den Raumwinkel $\Omega = (\vartheta, \varphi)$ in (2.43) durch *Polar*koordinaten (ρ, φ) zu ersetzen. Wir definieren hierzu:

$$\boxed{\rho \equiv ct\sin(\vartheta) \quad , \quad \hat{\boldsymbol{\rho}} \equiv \begin{pmatrix} \cos(\varphi) \\ \sin(\varphi) \end{pmatrix} .}$$

Beim Übergang vom Polarwinkel ϑ auf den Radius ρ wird die Zeitvariable t festgehalten und ändert sich die Interpretation des Azimutwinkels φ nicht. Wir möchten nun die Beiträge $tM_{\mathbf{x},ct}[\mathbf{a}]$ in (2.46) im zweidimensionalen Raum berechnen, wobei $M_{\mathbf{x},ct}[\mathbf{a}]$ durch (2.43) definiert ist. Zu bestimmen ist also

$$tM_{\mathbf{x},ct}[\mathbf{a}] = \frac{t}{4\pi}\int d\Omega\ \mathbf{a}(\mathbf{x} + ct\hat{\mathbf{r}}) = \frac{t}{4\pi}\int_0^\pi \sin(\vartheta)d\vartheta \int_0^{2\pi} d\varphi\ \mathbf{a}(\mathbf{x}_\perp + ct\sin(\vartheta)\hat{\boldsymbol{\rho}}) .$$

Hierbei sind die *Differentiale* von ϑ und ρ gemäß $d\rho = ct\cos(\vartheta)d\vartheta$ miteinander verknüpft, d. h., es gilt:

$$ct\sin(\vartheta)d\vartheta = \frac{\sin(\vartheta)d\rho}{\cos(\vartheta)} = \frac{\pm\rho\, d\rho}{\sqrt{c^2t^2 - \rho^2}} ,$$

wobei das $(+)$-Zeichen auf der rechten Seite für $0 \le \vartheta < \frac{\pi}{2}$ gilt und das $(-)$-Zeichen für $\frac{\pi}{2} < \vartheta \le \pi$. Dies bedeutet, dass die ϑ-Integration in $tM_{\mathbf{x},ct}[\mathbf{a}]$ wie folgt in eine ρ-Integration umgewandelt werden kann:

$$\begin{aligned} ct\int_0^\pi \sin(\vartheta)d\vartheta &= ct\int_0^{\pi/2} \sin(\vartheta)d\vartheta + ct\int_{\pi/2}^\pi \sin(\vartheta)d\vartheta \\ &= \int_0^{ct} d\rho\, \frac{\rho}{\sqrt{c^2t^2 - \rho^2}} - \int_{ct}^0 d\rho\, \frac{\rho}{\sqrt{c^2t^2 - \rho^2}} = 2\int_0^{ct} d\rho\, \frac{\rho}{\sqrt{c^2t^2 - \rho^2}} . \end{aligned}$$

Für $tM_{\mathbf{x},ct}[\mathbf{a}]$ im zweidimensionalen Raum erhalten wir daher das Ergebnis

$$\begin{aligned} tM_{\mathbf{x},ct}[\mathbf{a}] &= \frac{1}{2\pi c}\int_0^{2\pi} d\varphi \int_0^{ct} d\rho\ \mathbf{a}(\mathbf{x}_\perp + \rho\hat{\boldsymbol{\rho}})\frac{\rho}{\sqrt{c^2t^2 - \rho^2}} \qquad (2.47) \\ &= \frac{1}{c}\int_0^{ct} d\rho\ M^{(2)}_{\mathbf{x}_\perp,\rho}[\mathbf{a}]\frac{\rho}{\sqrt{c^2t^2 - \rho^2}} \quad , \quad M^{(2)}_{\mathbf{x}_\perp,\rho}[\mathbf{a}] \equiv \frac{1}{2\pi}\int_0^{2\pi} d\varphi\ \mathbf{a}(\mathbf{x}_\perp + \rho\hat{\boldsymbol{\rho}}) , \end{aligned}$$

wobei auch die Interpretation von $M^{(2)}_{\mathbf{x}_\perp,\rho}$ erstaunlich einfach ist: Nun stellt $M^{(2)}_{\mathbf{x}_\perp,\rho}[\mathbf{a}]$ den Mittelwert der Funktion $\mathbf{a}(\boldsymbol{\xi}_\perp)$ über einen *Kreisrand* mit Radius ρ und Mittelpunkt $\mathbf{x}_\perp$ dar. Setzen wir dieses Ergebnis für $tM_{\mathbf{x},ct}[\mathbf{a}]$ mit $\mathbf{a} = \mathbf{A}_0$ bzw. $\mathbf{a} = \dot{\mathbf{A}}_0$ in (2.46) ein, so erhalten wir das Vektorpotential der *Zylinderwelle*.

Das *Langzeitverhalten* der Lösung abhängig von der Raumdimension

Wir bestimmen nun das *Langzeitverhalten* der Lösung der homogenen Wellengleichung, zuerst für *drei-* und *ein*dimensionale Systeme und dann für den *zwei*dimensionalen Fall. Wir werden feststellen, dass sich das Langzeitverhalten in den beiden ungeraden Dimensionen sehr vom Verhalten im (quasi-)zweidimensionalen Fall unterscheidet.

Dreidimensionale Systeme Die Bestimmung des Langzeitverhaltens in *drei*dimensionalen Systemen ist einfach, zumindest falls die Anfangsbedingungen *räumlich lokalisiert* sind. Wir nehmen konkret an, dass das Feld anfangs in einem Raumbereich $\mathcal{D} \subset \mathbb{R}^3$ lokalisiert ist, wobei für alle $\boldsymbol{\xi} \in \mathcal{D}$ gilt:

$$0 < ct_1 \leq |\boldsymbol{\xi} - \mathbf{x}| \leq ct_2 \ .$$

Ein Beobachter in $\mathbf{x}$ wird dann für alle $t \leq t_1$ kein Signal erhalten, da in diesem Fall $M_{\mathbf{x},ct}[\mathbf{A}_0]$ und $M_{\mathbf{x},ct}[\dot{\mathbf{A}}_0]$ in (2.46) gleich *null* sind. Diese beiden Mittelwerte $M_{\mathbf{x},ct}[\mathbf{A}_0]$ und $M_{\mathbf{x},ct}[\dot{\mathbf{A}}_0]$ *können* für $t_1 \leq t \leq t_2$ ungleich null sein, *müssen* dies allerdings nicht: Ob man am Ort $\mathbf{x}$ für $t_1 \leq t \leq t_2$ ein Signal empfängt, hängt von der genauen Form von $(\mathbf{A}_0, \dot{\mathbf{A}}_0)$ ab. Für alle $t > t_2$ sind $M_{\mathbf{x},ct}[\mathbf{A}_0]$ und $M_{\mathbf{x},ct}[\dot{\mathbf{A}}_0]$ jedoch wiederum rigoros gleich *null*, da die Anfangswerte $\mathbf{A}_0$ und $\dot{\mathbf{A}}_0$ dann überall auf der Kugeloberfläche gleich null sind. Ähnliches gilt für Beobachtungsorte $\mathbf{x} \in \mathcal{D}$. Für das Langzeitverhalten folgt hieraus, dass für alle $\mathbf{x} \in \mathbb{R}^3$ nach hinreichend langer Zeit $t > t_2$, wobei t_2 vom Ort $\mathbf{x}$ abhängt, $\mathbf{A}(\mathbf{x}, t) = \mathbf{0}$ gilt, d. h., dass das z. Z. $t_0 = 0$ vorliegende Anfangssignal am Ort $\mathbf{x}$ für $t > t_2$ erloschen ist.

Quasi-eindimensionale Systeme Das Argument im *ein*dimensionalen Raum erfolgt weitgehend (aber nicht vollständig) analog: Wir gehen von der Form der Lösung $\mathbf{A}(x_1, t)$ in (2.38) aus:

$$\mathbf{A}(x_1, t) = \tfrac{1}{2}[\mathbf{A}_0(x_1 - ct) + \mathbf{A}_0(x_1 + ct)] + \frac{1}{2c}\int_{x_1-ct}^{x_1+ct} dy\ \dot{\mathbf{A}}_0(y)$$

und nehmen an, dass die Anfangskonfiguration in einem Raumbereich $\mathcal{D} \subset \mathbb{R}$ lokalisiert ist, wobei für alle $\xi_1 \in \mathcal{D}$ gilt:

$$0 < ct_1 \leq |\xi_1 - x_1| \leq ct_2 \ .$$

Ein Beobachter in x_1 wird dann für alle $t \leq t_1$ kein Signal erhalten, analog zum dreidimensionalen Fall. Für $t_1 \leq t \leq t_2$ *können* die beiden $\mathbf{A}_0$-Beiträge in (2.38) zu einem Signal führen, aber für $t > t_2$ ergibt der $\mathbf{A}_0$-Beitrag *null*. Das Verhalten des $\dot{\mathbf{A}}_0$-Beitrags ist anders: Auch dieser Beitrag *kann* für $t_1 \leq t \leq t_2$ zu einem Signal führen, ist aber für $t > t_2$ im Allgemeinen *nicht null* sondern *zeitlich konstant* und gleich $\frac{1}{2c}\int_{-\infty}^{\infty} dy\ \dot{\mathbf{A}}_0(y)$. Ein Vektorpotential $\mathbf{A}(x_1, t)$, das räumlich und zeitlich *konstant* ist, trägt jedoch nicht zu den *physikalischen* Feldern bei, die wegen $\Phi = 0$ die Form $\mathbf{E} = -\frac{\partial \mathbf{A}}{\partial t}$ und $\mathbf{B} = \boldsymbol{\nabla} \times \mathbf{A}$ haben, sodass das Fazit – wie im dreidimensionalen Fall – ist, dass für $t > t_2$ kein *messbares* Signal vorliegt. Wir illustrieren dieses unterschiedliche Verhalten der $\mathbf{A}_0$- und $\dot{\mathbf{A}}_0$-Beiträge in quasi-eindimensionale Systemen anhand eines exakt lösbaren Beispiels in Übungsaufgabe 2.9.

Quasi-zweidimensionale Systeme Das Langzeitverhalten von *Zylinderwellen* ist vollkommen anders. Wir nehmen an, dass das Feld anfangs in einem Raumbereich $\mathcal{D}_\perp \subset \mathbb{R}^2$ lokalisiert ist, wobei für alle $\boldsymbol{\xi}_\perp \in \mathcal{D}_\perp$ gilt:

$$0 < ct_1 \leq |\boldsymbol{\xi}_\perp - \mathbf{x}_\perp| \leq ct_2 \ .$$

Ein Beobachter in $\mathbf{x}_\perp$ wird – wie vorher – für alle $t \le t_1$ kein Signal erhalten, da in diesem Fall $M^{(2)}_{\mathbf{x}_\perp,\rho}[\mathbf{A}_0]$ und $M^{(2)}_{\mathbf{x}_\perp,\rho}[\dot{\mathbf{A}}_0]$ gleich null sind. Für alle $t > t_1$ *kann* er aber ein Signal erhalten; insbesondere gilt im Langzeitlimes ($t \gg t_2$) mit $\mathbf{a} = \mathbf{A}_0, \dot{\mathbf{A}}_0$:

$$tM_{\mathbf{x},ct}[\mathbf{a}] \sim \frac{1}{2\pi c^2 t}\int_0^{2\pi} d\varphi \int_0^{ct} d\rho\, \rho\, \mathbf{a}(\mathbf{x}_\perp + \rho\hat{\boldsymbol{\rho}}) \sim \frac{1}{2\pi c^2 t}\int d^2\xi_\perp\ \mathbf{a}(\boldsymbol{\xi}_\perp)\ ,$$

sodass auch für $t \gg t_2$ am Ort $\mathbf{x}_\perp$ ein *messbares*, nicht-erlöschendes Signal vorliegt:

$$\mathbf{A}(\mathbf{x}_\perp, t) \sim \frac{1}{2\pi c^2 t}\left[\int d^2\xi_\perp\ \dot{\mathbf{A}}_0(\boldsymbol{\xi}_\perp) - \frac{1}{t}\int d^2\xi_\perp\ \mathbf{A}_0(\boldsymbol{\xi}_\perp)\right]\quad ,\quad \mathbf{E} = -\frac{\partial \mathbf{A}}{\partial t}\ .$$

In der Berechnung von $tM_{\mathbf{x},ct}[\mathbf{a}]$ gehen wir von Gleichung (2.47) aus und verwenden im ersten Schritt, dass für alle (festgehaltenen) ρ-Werte gilt: $\sqrt{c^2t^2 - \rho^2} \sim ct$ für $t \to \infty$. Im zweiten Schritt wurde die Integration über Polarkoordinaten als Integration über die kartesischen Koordinaten $\boldsymbol{\xi}_\perp$ umformuliert.

Analog zeigt man, dass auch das Magnetfeld $\mathbf{B}(\mathbf{x}_\perp, t)$ im Langzeitlimes ungleich null ist: Aus Gleichung (2.46) folgt allgemein

$$\begin{aligned}
\mathbf{B}(\mathbf{x}, t) = (\boldsymbol{\nabla} \times \mathbf{A})(\mathbf{x}, t) &= \boldsymbol{\nabla}_\perp \times \left[\frac{\partial}{\partial t}\left(tM_{\mathbf{x},ct}[\mathbf{A}_0]\right) + tM_{\mathbf{x},ct}[\dot{\mathbf{A}}_0]\right]\ ,\quad \boldsymbol{\nabla}_\perp = \frac{\partial}{\partial \mathbf{x}_\perp}\\
&= \sum_{i=1,2} \hat{\mathbf{e}}_i \times \left[\frac{\partial^2}{\partial t \partial x_i}\left(tM_{\mathbf{x},ct}[\mathbf{A}_0]\right) + \frac{\partial}{\partial x_i} tM_{\mathbf{x},ct}[\dot{\mathbf{A}}_0]\right]\ .
\end{aligned}$$

Hierbei sind die Ableitungen $\frac{\partial}{\partial x_i} tM_{\mathbf{x},ct}[\mathbf{a}]$ für $i = 1, 2$ und eine allgemeine Funktion $\mathbf{a}(\boldsymbol{\xi}_\perp)$ im Langzeitlimes gegeben durch:

$$\begin{aligned}
\frac{\partial}{\partial x_i} tM_{\mathbf{x},ct}[\mathbf{a}] &= \frac{1}{2\pi c}\int_0^{2\pi} d\varphi \int_0^{ct} d\rho\ \frac{\partial \mathbf{a}}{\partial \xi_i}(\mathbf{x}_\perp + \rho\hat{\boldsymbol{\rho}})\frac{\rho}{\sqrt{c^2t^2 - \rho^2}}\\
&\sim \frac{1}{2\pi c^2 t}\int d^2\xi_\perp\ \frac{\partial \mathbf{a}}{\partial \xi_i}(\boldsymbol{\xi}_\perp)\left[1 + \frac{1}{2}\left(\frac{\boldsymbol{\xi}_\perp - \mathbf{x}_\perp}{ct}\right)^2 + \cdots\right]\\
&\sim -\frac{1}{2\pi c^4 t^3}\int d^2\xi_\perp\ \mathbf{a}(\boldsymbol{\xi}_\perp)(\xi_i - x_i) \qquad (t \gg t_2)\ .
\end{aligned}$$

Die erste Zeile folgt direkt aus (2.47). In der zweiten Zeile wurde die Integration über Polarkoordinaten wiederum durch eine Integration über die kartesischen Koordinaten $\boldsymbol{\xi}_\perp$ ersetzt; wir verwendeten außerdem eine Taylor-Entwicklung der Wurzelfunktion sowie die Beziehung $\rho = |\boldsymbol{\xi}_\perp - \mathbf{x}_\perp|$. Die dritte Zeile folgt aus einer partiellen Integration bzgl. ξ_i.

Wir stellen insgesamt fest, dass die $\dot{\mathbf{A}}_0$-Beiträge in den $(\mathbf{E}, c\mathbf{B})$-Feldern im Langzeitlimes $t \gg t_2$ dominieren:

$$\boxed{\mathbf{E}(\mathbf{x}_\perp, t) \sim \int d^2\xi_\perp\ \frac{\dot{\mathbf{A}}_0(\boldsymbol{\xi}_\perp)}{2\pi c^2 t^2}\ ,\quad c\mathbf{B}(\mathbf{x}, t) \sim -\int d^2\xi_\perp\ \frac{(\boldsymbol{\xi}_\perp - \mathbf{x}_\perp) \times \dot{\mathbf{A}}_0(\boldsymbol{\xi}_\perp)}{2\pi c^3 t^3}}$$

und dass $c\mathbf{B}$ bei festgehaltenem $\mathbf{x}_\perp$ für $t \gg t_2$ typischerweise um einen Faktor t_2/t *schwächer* als $\mathbf{E}$ ist. Hierbei schätzen wir im $c\mathbf{B}$-Integral ab: $|\boldsymbol{\xi}_\perp - \mathbf{x}_\perp| \lesssim ct_2$.

Die Eigenschaft $\mathbf{A} \neq \mathbf{0}$ bzw. $\mathbf{E} \neq \mathbf{0}$ und $\mathbf{B} \neq \mathbf{0}$ für das Langzeitverhalten der Lösung der Wellengleichung in (quasi-)zweidimensionalen Systemen wird als *Nacheffekt* bezeichnet. Dieser Nacheffekt tritt für die Wellengleichung übrigens nicht nur für $d = 2$ sondern in allen *geraden* Raumdimensionen auf, siehe Aufgabe 2.13. In allen *ungeraden* Raumdimensionen tritt der Nacheffekt *nicht* auf, wobei man – wie wir oben festgestellt haben – für (quasi)eindimensionale Systeme hinzufügen müsste: zumindest nicht für die physikalischen Felder $\mathbf{E}$ und $\mathbf{B}$.

2.4.2 Wellen, *erzeugt* von Ladungen und Strömen

In Anwesenheit von Ladungen und Strömen gilt für das Vektorpotential die *inhomogene* Wellengleichung (2.34), die mit der allgemeinen Anfangsbedingung (2.37b) zu lösen ist. Mit der bereits in Abschnitt [1.4.2] eingeführten Notation $\mathbf{j} - \varepsilon_0 \boldsymbol{\nabla} \frac{\partial \Phi}{\partial t} = \mathbf{j}_\perp$ lautet das entsprechende Anfangswertproblem:

$$\Box \mathbf{A} = \mu_0 \mathbf{j}_\perp \quad , \quad \mathbf{A}(\mathbf{x}, 0) \equiv \mathbf{A}_0(\mathbf{x}) \quad , \quad \frac{\partial \mathbf{A}}{\partial t}(\mathbf{x}, 0) = \dot{\mathbf{A}}_0(\mathbf{x}) \,. \tag{2.48}$$

Unser Ziel ist nun, die ab $t_0 = 0$ von $\mathbf{j}_\perp$ zusätzlich erzeugten Wellen mitzuberücksichtigen. Wir zeigen im Folgenden, wie man dieses allgemeine *in*homogene Problem lösen kann. Wiederum ist die angewandte Methode *allgemeingültig*, d. h., die genaue physikalische Interpretation von $\mathbf{A}$ als *Vektorpotential*, eventuelle Eichbedingungen und der Vektorcharakter von $\mathbf{A}$ sind für die Lösungsmethode unwesentlich.

Wegen der Linearität der Wellengleichung kann die allgemeine Lösung des Anfangswertproblems (2.48) immer als Summe zweier Beiträge geschrieben werden:

$$\mathbf{A} = \mathbf{A}^{(1)} + \mathbf{A}^{(2)} \,, \tag{2.49a}$$

wobei $\mathbf{A}^{(1)}$ die Lösung der *homogenen* Wellengleichung mit einer Anfangsbedingung *ungleich null* ist:

$$\Box \mathbf{A}^{(1)} = \mathbf{0} \quad , \quad \mathbf{A}^{(1)}(\mathbf{x}, 0) = \mathbf{A}_0(\mathbf{x}) \quad , \quad \frac{\partial \mathbf{A}^{(1)}}{\partial t}(\mathbf{x}, 0) = \dot{\mathbf{A}}_0(\mathbf{x}) \tag{2.49b}$$

und $\mathbf{A}^{(2)}$ die Lösung der *inhomogenen* Wellengleichung mit einer Anfangsbedingung *gleich null* darstellt:

$$\Box \mathbf{A}^{(2)} = \mu_0 \mathbf{j}_\perp \quad , \quad \mathbf{A}^{(2)}(\mathbf{x}, 0) = \mathbf{0} \quad , \quad \frac{\partial \mathbf{A}^{(2)}}{\partial t}(\mathbf{x}, 0) = \mathbf{0} \,. \tag{2.49c}$$

Da die Quelle $\mathbf{j}_\perp$ erst ab der Anfangszeit $t_0 = 0$ mitberücksichtigt werden soll, können wir o. B. d. A. $\mathbf{j}_\perp(\mathbf{x}, t) = 0$ für alle $t < 0$ annehmen.

Der große Vorteil der Zerlegung (2.49a) ist, dass das homogene Problem (2.49b) bereits gelöst ist und das inhomogene Problem (2.49c) relativ leicht analog gelöst werden kann. Durch die Kombination der beiden Lösungen $\mathbf{A}^{(1)}$ und $\mathbf{A}^{(2)}$ ist dann auch die vollständige Lösung $\mathbf{A} = \mathbf{A}^{(1)} + \mathbf{A}^{(2)}$ der inhomogenen Wellengleichung für das Vektorpotential mit beliebigen Anfangsbedingungen bekannt. Aus theoretischer Sicht ist dieses Ergebnis für das Vektorpotential $\mathbf{A}$ äußerst wichtig, da hiermit die Maxwell-Gleichungen „im Vakuum“ im Prinzip komplett gelöst sind.

Wir besprechen im Folgenden zuerst die Lösung im *drei*dimensionalen Raum und danach die Lösungen der *ein-* und *zwei*dimensionalen Wellengleichung. Zum Vergleich behandeln wir auch die Lösung der inhomogenen Wellengleichung (2.49c) für allgemeine Raumdimensionen d in Übungsaufgabe 2.13. Die Aufgabe zeigt, dass das Verhalten der Lösungen von Wellengleichungen in *geraden* und *ungeraden* Raumdimensionen generell sehr unterschiedlich ist.

Lösung der inhomogenen Wellengleichung im *drei*dimensionalen Raum

Die Lösung von (2.49b) im *drei*dimensionalen Raum ist bereits bekannt und wird durch Gleichung (2.46) gegeben, wobei $M_{\mathbf{x},ct}[\mathbf{a}]$ in (2.43) definiert wird:

$$\mathbf{A}^{(1)}(\mathbf{x},t) = \tfrac{\partial}{\partial t}\left\{tM_{\mathbf{x},ct}[\mathbf{A}_0]\right\} + tM_{\mathbf{x},ct}[\dot{\mathbf{A}}_0] \quad , \quad M_{\mathbf{x},ct}[\mathbf{a}] = \frac{1}{4\pi}\int d\Omega\ \mathbf{a}(\mathbf{x}+ct\hat{\mathbf{r}}) \ .$$

Folglich müssen wir nur noch das inhomogene Problem (2.49c) lösen, um den Einfluss der Ladungen und Ströme zu bestimmen,

Aber auch die Lösung von (2.49c) ist im Wesentlichen bereits bekannt, da sich $\mathbf{A}^{(2)}$ als

$$\boxed{\mathbf{A}^{(2)}(\mathbf{x},t) = \int_0^t d\tau\ \mathbf{a}(\mathbf{x},t;\tau)} \tag{2.50}$$

darstellen lässt, wobei $\mathbf{a}$ die *homogene* Wellengleichung mit einer Anfangsbedingung *ungleich null* erfüllt; diese Anfangsbedingung ist nun allerdings nur für $\frac{\partial \mathbf{a}}{\partial t}$ ungleich null und außerdem zu einer Zeit $\tau \geq t_0 = 0$ definiert:

$$\boxed{\Box\mathbf{a} = \mathbf{0} \quad (t \geq \tau) \quad , \quad \mathbf{a}(\mathbf{x},\tau;\tau) = \mathbf{0} \quad , \quad \frac{\partial \mathbf{a}}{\partial t}(\mathbf{x},\tau;\tau) = \frac{1}{\varepsilon_0}\mathbf{j}_\perp(\mathbf{x},\tau) \ .} \tag{2.51}$$

Dass das Integral auf der rechten Seite von (2.50) das inhomogene Problem (2.49c) löst, folgt daraus, dass dieses Integral sowohl die Anfangsbedingung:

$$\mathbf{A}^{(2)}(\mathbf{x},0) = \mathbf{0} \quad , \quad \frac{\partial \mathbf{A}^{(2)}}{\partial t}(\mathbf{x},0) = \mathbf{a}(\mathbf{x},0;0) = \mathbf{0}$$

als auch die inhomogene Wellengleichung in (2.49c) erfüllt:

$$\begin{aligned}\Box \int_0^t d\tau\ \mathbf{a}(\mathbf{x},t;\tau) &= \frac{1}{c^2}\frac{\partial}{\partial t}\left[\int_0^t d\tau\ \frac{\partial \mathbf{a}}{\partial t}(\mathbf{x},t;\tau) + \mathbf{a}(\mathbf{x},t;t)\right] - \int_0^t d\tau\ (\Delta\mathbf{a})(\mathbf{x},t;\tau)\\ &= \int_0^t d\tau\ \left[\frac{1}{c^2}\frac{\partial^2 \mathbf{a}}{\partial t^2}(\mathbf{x},t;\tau) - (\Delta\mathbf{a})(\mathbf{x},t;\tau)\right] + \frac{1}{c^2}\frac{\partial \mathbf{a}}{\partial t}(\mathbf{x},t;t) = \mu_0\mathbf{j}_\perp(\mathbf{x},t) \ .\end{aligned}$$

Im ersten Schritt wurde eine der beiden partiellen Zeitableitungen ausgeführt; der dabei erzeugte Term $\mathbf{a}(\mathbf{x},t;t)$ ist aufgrund der Anfangsbedingung identisch null. Im zweiten Schritt wurde die zweite der beiden Zeitableitungen ausgeführt. Im letzten Schritt wurden sowohl die Wellengleichung $\Box\mathbf{a} = \mathbf{0}$ als auch die Anfangsbedingung für $\frac{\partial \mathbf{a}}{\partial t}$ verwendet.

Da die allgemeine Lösung von (2.51) bereits aus Gleichung (2.46) bekannt ist, können wir nun die allgemeine Form von $\mathbf{A}^{(2)}$ angeben:

$$\mathbf{A}^{(2)}(\mathbf{x},t) = \int_0^t d\tau\ (t-\tau)M_{\mathbf{x},c(t-\tau)}\left[\tfrac{1}{\varepsilon_0}\mathbf{j}_\tau\right] \quad , \quad \mathbf{j}_\tau(\mathbf{x}) \equiv \mathbf{j}_\perp(\mathbf{x},\tau)\ .$$

Führt man noch eine neue Variable $r \equiv c(t-\tau)$ ein, so lässt sich dieses Ergebnis auch als

$$\begin{aligned}\mathbf{A}^{(2)}(\mathbf{x},t) &= \frac{1}{c^2}\int_0^{ct} dr\ rM_{\mathbf{x},r}\left[\tfrac{1}{\varepsilon_0}\mathbf{j}_r\right] = \frac{\mu_0}{4\pi}\int d\Omega \int_0^{ct} dr\ r\mathbf{j}_\perp(\mathbf{x}+r\hat{\mathbf{r}}, t-\tfrac{r}{c}) \\ &= \frac{\mu_0}{4\pi}\int d^3\xi\ \frac{\mathbf{j}_\perp\left(\boldsymbol{\xi}, t-\frac{|\boldsymbol{\xi}-\mathbf{x}|}{c}\right)}{|\boldsymbol{\xi}-\mathbf{x}|}\Theta\left(t-\tfrac{|\boldsymbol{\xi}-\mathbf{x}|}{c}\right) \end{aligned} \tag{2.52}$$

darstellen, wobei $\Theta(y)$ die Heaviside-Stufenfunktion bezeichnet. Die Interpretation von (2.52) ist klar: Da sich elektromagnetische Signale mit der Lichtgeschwindigkeit c ausbreiten, enthält $\mathbf{A}^{(2)}(\mathbf{x},t)$ nur Beiträge solcher Ladungen und Ströme $\mathbf{j}_\perp(\boldsymbol{\xi},\tau)$, die sich zum Zeitpunkt τ in einem Abstand $|\boldsymbol{\xi}-\mathbf{x}| = c(t-\tau)$ von $\mathbf{x}$ befanden. Die Zeit $\tau = t - \frac{|\boldsymbol{\xi}-\mathbf{x}|}{c}$ wird als die *retardierte* Zeit bezeichnet.

Auch an dieser Stelle möchten wir noch einmal daran erinnern, dass die Lösung einer Wellengleichung, wie $\mathbf{A}^{(2)}$ in (2.52), nicht nur wellenartige Phänomene beschreibt, sondern auch *statische* Komponenten enthalten kann. Beispielsweise erwartet man für eine Stromdichteverteilung, die effektiv in einem Raumbereich $\mathcal{D} \subset \mathbb{R}^3$ lokalisiert und daher *räumlich begrenzt* ist: $|\boldsymbol{\xi}-\mathbf{x}| \leq ct_2$ für alle $\boldsymbol{\xi},\mathbf{x} \in \mathcal{D}$, dass die möglichen $\mathbf{A}^{(2)}$- und $\mathbf{j}_\perp$-Werte in ihrer zeitlichen Variation beschränkt sind. Für den zeitlichen Mittelwert von $\mathbf{A}^{(2)}$ erhält man dann:

$$\overline{\mathbf{A}^{(2)}}(\mathbf{x}) = \lim_{T\to\infty}\frac{\mu_0}{4\pi T}\int_{t_2}^{T+t_2} dt \int d^3\xi\ \frac{\mathbf{j}_\perp\left(\boldsymbol{\xi}, t-\frac{|\boldsymbol{\xi}-\mathbf{x}|}{c}\right)}{|\boldsymbol{\xi}-\mathbf{x}|} = \frac{\mu_0}{4\pi}\int d^3\xi\ \frac{\overline{\mathbf{j}_\perp}(\boldsymbol{\xi})}{|\boldsymbol{\xi}-\mathbf{x}|}\ ,$$

im Einklang mit dem Ergebnis (2.2b) aus Abschnitt [2.1]. Beim Vergleich sollte man allerdings bedenken, dass $\bar{\mathbf{j}} = \overline{\mathbf{j}_\perp}$ gilt, d. h., dass nur der divergenzfreie Anteil der Stromdichte zu $\bar{\mathbf{j}}$ in (2.2b) beiträgt. Im ersten Schritt wurde über ein Zeitintervall der Länge T gemittelt, wobei die Untergrenze der Zeitintegration gleich t_2 gewählt wurde, damit bei der Zeitmittelung $t > \frac{|\boldsymbol{\xi}-\mathbf{x}|}{c}$ gilt für alle $\boldsymbol{\xi} \in \mathcal{D}$.

Inhomogene Wellengleichung im *ein*- und *zwei*dimensionalen Raum

Die Lösung der *homogenen* Wellengleichung (2.49b) im *ein*dimensionalen Fall ist durch Gleichung (2.38) gegeben. Die Lösung des *homogenen* Problems im *zwei*dimensionalen Raum hat die gleiche Form (2.46) wie für $d = 3$, nur ist $tM_{\mathbf{x},ct}[\mathbf{a}]$ für Zylinderwellen durch (2.47) gegeben. Wir benötigen für $d = 2$ bzw. für $d = 1$ also nur noch die Lösung des *inhomogenen* Problems (2.49c). Wir zeigen im Folgenden, wie man diese Lösungen aus dem Ergebnis des entsprechenden *drei*dimensionalen Problems konstruieren kann.

Quasi-zweidimensionale Systeme Zur Beschreibung von Zylinderwellen in quasi-zweidimensionalen Systemen nehmen wir wiederum an, dass die Ladungs-

und Stromverteilung translationsinvariant in $\hat{\mathbf{e}}_3$-Richtung ist. Aufgrund der allgemeinen Struktur der Lösung (2.46), kombiniert mit dem Ausdruck (2.47) für $tM_{\mathbf{x},ct}[\mathbf{a}]$, hat das Vektorpotential nun die Form:

$$\begin{aligned}
\mathbf{A}^{(2)}(\mathbf{x}_\perp, t) &= \int_0^t d\tau\, \frac{1}{c} \int_0^{c(t-\tau)} d\rho\, M^{(2)}_{\mathbf{x}_\perp,\rho}\left[\tfrac{1}{\varepsilon_0}\mathbf{j}_\tau\right] \frac{\rho}{\sqrt{c^2(t-\tau)^2 - \rho^2}} \\
&= \frac{1}{c^2}\int_0^{ct} dr \int_0^r d\rho\, \frac{\rho}{\sqrt{r^2-\rho^2}} M^{(2)}_{\mathbf{x}_\perp,\rho}\left[\tfrac{1}{\varepsilon_0}\mathbf{j}_{t-\frac{r}{c}}\right] \\
&= \frac{\mu_0}{2\pi}\int_0^{ct} dr \int d^2\xi_\perp\, \frac{\mathbf{j}_\perp\left(\boldsymbol{\xi}_\perp, t-\frac{r}{c}\right)}{\sqrt{r^2 - |\boldsymbol{\xi}_\perp - \mathbf{x}_\perp|^2}} \Theta(r - |\boldsymbol{\xi}_\perp - \mathbf{x}_\perp|) \\
&= \frac{\mu_0}{2\pi}\int d^2\xi_\perp \int_{|\boldsymbol{\xi}_\perp - \mathbf{x}_\perp|}^{ct} dr\, \frac{\mathbf{j}_\perp\left(\boldsymbol{\xi}_\perp, t-\frac{r}{c}\right)}{\sqrt{r^2 - |\boldsymbol{\xi}_\perp - \mathbf{x}_\perp|^2}}\,.
\end{aligned} \tag{2.53}$$

Die erste Zeile auf der rechten Seite folgt direkt aus der allgemeinen Struktur (2.50) der Lösung in Kombination mit (2.46) und (2.47). In der zweiten Zeile wurde als neue Variable wiederum $r = c(t-\tau)$ eingeführt, sodass umgekehrt $\tau = t - \frac{r}{c}$ gilt; die τ-Integration wird dabei durch eine Integration über r ersetzt. In der dritten Zeile wurde die explizite Form von $M^{(2)}_{\mathbf{x}_\perp,\rho}[\mathbf{a}]$ aus Gleichung (2.47) eingesetzt; außerdem wurde die Integration über Polarkoordinaten (ρ, φ) durch eine Integration über kartesische Koordinaten $\boldsymbol{\xi}_\perp$ ersetzt. Im letzten Schritt wurde die Stufenfunktion bei der r-Integration berücksichtigt. Aufgrund von Gleichung (2.53) ist die Lösung $\mathbf{A}^{(2)}$ des inhomogenen Problems nun auch für zweidimensionale Systeme bekannt.

Um eventuelle *statische* Beiträge zu (2.53) zu untersuchen, betrachten wir eine Stromdichteverteilung, die in einem Raumbereich $\mathcal{D} \subset \mathbb{R}^2$ mit der typischen linearen Ausdehnung a lokalisiert ist. Der Einfachheit halber nehmen wir an, dass die Stromdichte zeitunabhängig (d. h. stationär) ist: $\mathbf{j}_\perp(\boldsymbol{\xi}_\perp, t) = \mathbf{j}_\perp(\boldsymbol{\xi}_\perp)\Theta(t)$. Wir berechnen das *Langzeit*verhalten $\mathbf{A}^{(2)}(\mathbf{x}_\perp, \infty)$, um Einschalteffekte aus der Lösung zu eliminieren:

$$\begin{aligned}
\mathbf{A}^{(2)}(\mathbf{x}_\perp, \infty) &= \lim_{t\to\infty} \frac{\mu_0}{2\pi}\int d^2\xi_\perp\, \mathbf{j}_\perp(\boldsymbol{\xi}_\perp) \int_{|\boldsymbol{\xi}_\perp - \mathbf{x}_\perp|}^{ct} dr\, \frac{1}{\sqrt{r^2 - |\boldsymbol{\xi}_\perp - \mathbf{x}_\perp|^2}} \\
&= \frac{\mu_0}{2\pi}\int d^2\xi_\perp\, \mathbf{j}_\perp(\boldsymbol{\xi}_\perp) \lim_{t\to\infty}\left(\int_1^{ct/|\boldsymbol{\xi}_\perp - \mathbf{x}_\perp|} ds\, \frac{1}{\sqrt{s^2-1}} - \int_1^{ct/a} ds\, \frac{1}{s}\right).
\end{aligned}$$

In der ersten Zeile wurde $\mathbf{j}_\perp(\boldsymbol{\xi}_\perp, t)$ eingesetzt und der Langzeitlimes betrachtet. Im zweiten Schritt wurde $s \equiv r/|\boldsymbol{\xi}_\perp - \mathbf{x}_\perp|$ substituiert, was das *erste* Integral in $(\cdots)$ erklärt. Die Subtraktion des *zweiten* Integrals in $(\cdots)$ hat zunächst einmal *keinen* Effekt, da dieses Integral mit $\int d^2\xi_\perp\, \mathbf{j}_\perp = -\int d^2\xi_\perp\, \boldsymbol{\xi}_\perp(\boldsymbol{\nabla}_\perp \cdot \mathbf{j}_\perp) = \mathbf{0}$ multipliziert wird; wir verwendeten die Kontinuitätsgleichung $\boldsymbol{\nabla}_\perp \cdot \mathbf{j}_\perp = 0$ für zeitunabhängige Ladungs- und Stromdichten. Beide Integrale in $(\cdots)$ sind jedoch elementar, sodass der Langzeitlimes explizit bestimmt werden kann:

$$\begin{aligned}
\lim_{t\to\infty}\left(\int_1^{ct/|\boldsymbol{\xi}_\perp - \mathbf{x}_\perp|} ds\, \frac{1}{\sqrt{s^2-1}} - \int_1^{ct/a} ds\, \frac{1}{s}\right) &= \lim_{t\to\infty}\left[\operatorname{arcosh}\left(\frac{ct}{|\boldsymbol{\xi}_\perp - \mathbf{x}_\perp|}\right) - \ln(ct/a)\right] \\
&= \lim_{t\to\infty}\left[\ln\left(\frac{2ct}{|\boldsymbol{\xi}_\perp - \mathbf{x}_\perp|}\right) - \ln(ct/a)\right] = \ln\left(\frac{2a}{|\boldsymbol{\xi}_\perp - \mathbf{x}_\perp|}\right).
\end{aligned}$$

Wir verwendeten $\operatorname{arcosh}(y) \sim \ln(2y)$ für $y \to \infty$. Zusammenfassend stellen wir fest, dass die Lösung der Poisson-Gleichung $\Delta_\perp \mathbf{A} = -\mu_0 \mathbf{j}_\perp$ für das Vektorpotential $\mathbf{A}$ in der Magneto*statik* im *zwei*dimensionalen Raum die folgende Form hat:

$$\mathbf{A}(\mathbf{x}_\perp, \infty) = \int d^2\xi_\perp \left[-\mu_0 \mathbf{j}_\perp(\boldsymbol{\xi}_\perp)\right] u(\mathbf{x}_\perp - \boldsymbol{\xi}_\perp) \quad , \quad u(\mathbf{x}_\perp) \equiv -\frac{1}{2\pi} \ln\left(\frac{2a}{|\mathbf{x}_\perp|}\right) .$$

Da die Stromdichte $\mathbf{j}_\perp$ in diesem Integral *beliebig* ist, erfüllt die Funktion $u(\mathbf{x}_\perp)$ offenbar die Gleichung $(\Delta_\perp u)(\mathbf{x}_\perp) = \delta(\mathbf{x}_\perp)$. Es ist nicht schwierig, die Gültigkeit dieser Identität für u mit Hilfe des Gauß'schen Satzes explizit nachzuweisen. Die Funktion $u(\mathbf{x}_\perp)$ stellt daher die *Grundlösung* der Laplace-Gleichung im zweidimensionalen Raum dar, die durch diese Gleichung *definiert* wird.

Quasi-eindimensionale Systeme Analog kann man das Vektorpotential für eine Ladungs- und Stromverteilung mit Translationsinvarianz in $\hat{\mathbf{e}}_2$- und $\hat{\mathbf{e}}_3$-Richtung aus der Lösung der homogenen Wellengleichung für ebene Wellen bestimmen:

$$\begin{aligned} \mathbf{A}^{(2)}(x_\perp, t) &= \int_0^t d\tau \, \frac{1}{2c} \int_{x_\perp - c(t-\tau)}^{x_\perp + c(t-\tau)} d\xi_\perp \, \frac{1}{\varepsilon_0} \mathbf{j}_\perp(\xi_\perp, \tau) \\ &= \tfrac{1}{2}\mu_0 \int_0^{ct} dr \int d\xi_\perp \, \mathbf{j}_\perp\left(\xi_\perp, t - \tfrac{r}{c}\right) \Theta(r - |\xi_\perp - x_\perp|) \, , \end{aligned} \tag{2.54}$$

wobei $x_\perp$ die Koordinate entlang der $\hat{\mathbf{e}}_1$-Achse darstellt, die senkrecht zur $\hat{\mathbf{e}}_2$-$\hat{\mathbf{e}}_3$-Ebene orientiert ist. Die erste Zeile in (2.54) folgt aus der allgemeinen Struktur (2.50) der Lösung zusammen mit dem Ergebnis (2.38) für die homogene Wellengleichung. Im zweiten Schritt wird wieder $r = c(t - \tau)$ substituiert; die Grenzen der $\xi_\perp$-Integration werden mit Hilfe der Stufenfunktion berücksichtigt.

Um *statische* Beiträge zu (2.54) zu untersuchen, nehmen wir wieder an, dass die Stromdichte zeitunabhängig ist: $\mathbf{j}_\perp(\xi_\perp, t) = \mathbf{j}_\perp(\xi_\perp)\Theta(t)$. Wir berechnen das *Langzeit*verhalten $\mathbf{A}^{(2)}(x_\perp, \infty)$, um Einschalteffekte aus der Lösung zu eliminieren:

$$\mathbf{A}^{(2)}(x_\perp, t) = \tfrac{1}{2}\mu_0 \int d\xi_\perp \, \mathbf{j}_\perp(\xi_\perp) \int_{|\xi_\perp - x_\perp|}^{ct} dr = \tfrac{1}{2} \int d\xi_\perp \left[-\mu_0 \mathbf{j}_\perp(\xi_\perp)\right] |x_\perp - \xi_\perp| \, .$$

Im letzten Schritt verwendeten wir $\int d\xi_\perp \, \mathbf{j}_\perp = -\int d\xi_\perp \, \xi_\perp \frac{\partial}{\partial \xi_\perp} \mathbf{j}_\perp = \mathbf{0}$, sodass der Beitrag ct von der Obergrenze des r-Integrals entfällt. Wir können nun die Funktion $u(x_\perp) \equiv \frac{1}{2}|x_\perp|$ als *Grundlösung* der Laplace-Gleichung im *ein*dimensionalen Raum identifizieren, da sie die Poisson-Gleichung $\frac{\partial^2 u}{\partial x_\perp^2} = \delta(x_\perp)$ erfüllt.

Langzeitverhalten in *ein*-, *zwei*- und *drei*dimensionalen Systemen Bei der Untersuchung der *statischen* Beiträge zur Lösung der Wellengleichung in ein-, zwei- und dreidimensionalen Systemen nahmen wir an, dass die Stromdichte effektiv *zeitunabhängig* und daher auch nach beliebig langer Zeit noch wirksam ist. Im Gegensatz dazu betrachten wir nun das Langzeitverhalten des Vektorpotentials für *zeitlich begrenzte* Signale. Wir möchten zeigen, dass das Langzeitverhalten von $\mathbf{A}^{(2)}$ für Zylinderwellen in quasi-zweidimensionalen Systemen – wie bei der Lösung der *homogenen* Wellengleichung – stark von demjenigen für drei- oder eindimensionale Systeme in den Gleichungen (2.52) bzw. (2.54) abweicht.

Nehmen wir also an, die Ladungs- und Stromverteilung $\mathbf{j}_\perp$ ist räumlich und zeitlich lokalisiert, sodass für einen fest vorgegebenen Punkt $\mathbf{x}$ in (2.52) gilt:

$$\mathbf{j}_\perp(\boldsymbol{\xi},\tau) = \mathbf{0} \quad \text{für } |\boldsymbol{\xi}-\mathbf{x}| > cT \text{ oder } \tau > T \; ,$$

und analog für $\mathbf{j}_\perp(\boldsymbol{\xi}_\perp,\tau)$ in (2.53) bzw. $\mathbf{j}_\perp(\xi_\perp,\tau)$ in (2.54). Für alle $t \geq 2T$ folgt $\mathbf{A}^{(2)}(\mathbf{x},t) = 0$ in (2.52), sodass das von den Strömen erzeugte elektromagnetische Signal in dreidimensionalen Systemen nach endlicher Zeit erloschen ist.

Das Ergebnis, das man aus (2.54) für das Langzeitverhalten in quasi-eindimensionalen Systemen erhält, ist zunächst einmal vollkommen anders:

$$\boxed{\mathbf{A}^{(2)}(x_\perp,t) = \tfrac{1}{2}\mu_0 c\int d\xi_\perp \int d\tau\, \mathbf{j}_\perp(\xi_\perp,\tau) \stackrel{!}{=} \text{konstant} \qquad (t \geq 2T)\;,} \tag{2.55}$$

allerdings sollte man wiederum bedenken, dass die *physikalischen* Felder durch die räumlichen und zeitlichen Ableitungen von (2.55) gegeben sind, und diese sind *rigoros gleich null.* Folglich wird im Langzeitlimes auch für $d = 1$, wie für $d = 3$, *kein* elektromagnetisches Feld erzeugt, obwohl $\mathbf{A}^{(2)}(x_\perp,t)$ selbst *ungleich* null ist.

Für Zylinderwellen in quasi-zweidimensionalen Systemen folgt jedoch aus (2.53):

$$\boxed{\mathbf{A}^{(2)}(\mathbf{x}_\perp,t) \sim \frac{\mu_0}{2\pi t}\int d^2\xi_\perp \int d\tau\, \mathbf{j}_\perp(\boldsymbol{\xi}_\perp,\tau) \qquad (t \gg T)\;,} \tag{2.56}$$

sodass z. B. das elektrische Feld $\mathbf{E} = -\boldsymbol{\nabla}\Phi - \frac{\partial \mathbf{A}}{\partial t}$ in $\mathbf{x}_\perp$ sogar nach beliebig langer Zeit ungleich null ist. Es tritt also wieder ein *Nacheffekt* auf.

2.4.3 Die Green'sche Funktion der Wellengleichung

Besonders interessant ist der Spezialfall der *inhomogenen* Wellengleichung mit einer *Punktquelle*, d. h. mit einer Stromdichteverteilung, die z. B. in $\mathbf{j}_0$-Richtung fließt und deren Orts- und Zeitabhängigkeit durch *Deltafunktionen* charakterisiert wird. Wir betrachten eine solche Punktquelle für Raumdimensionen $d = 3, 2, 1$.

Im *drei*dimensionalen Fall hat die „Punktquelle“ die Form

$$\boxed{\mathbf{j}_\perp(\boldsymbol{\xi},t) = \mathbf{j}_0\delta(\boldsymbol{\xi})\delta(t-0^+)\;,}$$

wobei die Notation 0^+ als Argument einer Funktion f im Folgenden generell bedeutet: $f(0^+) \equiv \lim_{\epsilon\downarrow 0} f(\epsilon)$. Aus Gleichung (2.52) folgt für das Vektorpotential im dreidimensionalen Fall: $\mathbf{A}^{(2)}(\mathbf{x},t) = \mu_0\mathbf{j}_0 A^{(2)}(\mathbf{x},t)$ mit

$$\boxed{A^{(2)}(\mathbf{x},t) = \frac{1}{4\pi x}\delta\big(t - \tfrac{x}{c} - 0^+\big) \equiv G_3(\mathbf{x},t)\;.} \tag{2.57a}$$

Analog folgt aus Gleichung (2.53) für die *zwei*dimensionale Wellengleichung mit der Punktquelle $\mathbf{j}_\perp(\boldsymbol{\xi}_\perp,t) = \mathbf{j}_0\delta(\boldsymbol{\xi}_\perp)\delta(t-0^+)$, dass das Vektorpotential durch

$\mathbf{A}^{(2)}(\mathbf{x}_\perp, t) = \mu_0 \mathbf{j}_0 A^{(2)}(\mathbf{x}_\perp, t)$ gegeben ist mit:

$$\begin{aligned} A^{(2)}(\mathbf{x}_\perp, t) &= \frac{1}{2\pi} \int_0^{ct} dr \, \frac{\delta(t - \frac{r}{c} - 0^+)}{\sqrt{r^2 - |\mathbf{x}_\perp|^2}} \Theta(r - |\mathbf{x}_\perp|) \\ &= \frac{c}{2\pi} \frac{\Theta(ct - |\mathbf{x}_\perp| - 0^+)}{\sqrt{(ct)^2 - |\mathbf{x}_\perp|^2}} \equiv G_2(\mathbf{x}_\perp, t) \, . \end{aligned} \tag{2.57b}$$

An dieser Stelle wird auch klar, warum die Zeitabhängigkeit der Quelle die Form $\delta(t - 0^+)$ haben muss: Eine Quelle $\delta(t + 0^+)$ würde bei der r-Integration nicht mitberücksichtigt werden, und das r-Integral für eine Quelle $\delta(t)$ ist undefiniert. Für den *ein*dimensionalen Fall erhält man mit $\mathbf{j}_\perp(x_\perp, t) = \mathbf{j}_0 \delta(x_\perp)\delta(t - 0^+)$ aus (2.54) ein Vektorpotential der Form $\mathbf{A}^{(2)}(x_\perp, t) = \mu_0 \mathbf{j}_0 A^{(2)}(x_\perp, t)$ mit:

$$A^{(2)}(x_\perp, t) = \tfrac{1}{2} c \, \Theta(ct - |x_\perp| - 0^+) \equiv G_1(x_\perp, t) \, . \tag{2.57c}$$

Die Funktionen G_3, G_2 und G_1 werden als die *retardierten Green'schen Funktionen* der drei-, zwei- und eindimensionalen Wellengleichung bezeichnet.[13] Sie werden als *retardiert* bezeichnet, da sie für alle $t \leq 0$ null sind und ihre Zeitentwicklung erst *nach* der Wirkung der Punktquelle einsetzt.

Die retardierten Green'schen Funktionen G_3, G_2 und G_1 erfüllen die folgenden *inhomogenen* Wellengleichungen mit einer Anfangsbedingung *gleich null*:

$$\boxed{\Box G_3 = \delta(\mathbf{x})\delta(t - 0^+) \quad , \quad G_3(\mathbf{x}, 0) = 0 \quad , \quad \frac{\partial G_3}{\partial t}(\mathbf{x}, 0) = 0}$$

$$\left(\frac{1}{c^2}\frac{\partial^2}{\partial t^2} - \frac{\partial^2}{\partial \mathbf{x}_\perp^2}\right) G_2 = \delta(\mathbf{x}_\perp)\delta(t - 0^+) \quad , \quad G_2(\mathbf{x}_\perp, 0) = 0 \quad , \quad \frac{\partial G_2}{\partial t}(\mathbf{x}_\perp, 0) = 0$$

$$\left(\frac{1}{c^2}\frac{\partial^2}{\partial t^2} - \frac{\partial^2}{\partial x_\perp^2}\right) G_1 = \delta(x_\perp)\delta(t - 0^+) \quad , \quad G_1(x_\perp, 0) = 0 \quad , \quad \frac{\partial G_1}{\partial t}(x_\perp, 0) = 0 \, .$$

Sie sind von großem praktischen Nutzen, denn wenn sie explizit bekannt sind, folgt die allgemeine Lösung der inhomogenen drei-, zwei- oder eindimensionalen Wellengleichung (mit einer Anfangsbedingung *gleich null*) als:

$$\boxed{\mathbf{A}^{(2)}(\mathbf{x}, t) = \mu_0 \int d^3\xi \int d\tau \; G_3(\mathbf{x} - \boldsymbol{\xi}, t - \tau) \, \mathbf{j}_\perp(\boldsymbol{\xi}, \tau)}$$

$$\mathbf{A}^{(2)}(\mathbf{x}_\perp, t) = \mu_0 \int d^2\xi_\perp \int d\tau \; G_2(\mathbf{x}_\perp - \boldsymbol{\xi}_\perp, t - \tau) \, \mathbf{j}_\perp(\boldsymbol{\xi}_\perp, \tau)$$

$$\mathbf{A}^{(2)}(x_\perp, t) = \mu_0 \int d\xi_\perp \int d\tau \; G_1(x_\perp - \xi_\perp, t - \tau) \, \mathbf{j}_\perp(\xi_\perp, \tau) \, .$$

In allen diesen Fällen folgt nämlich aus der Wellengleichung für die entsprechende Green'sche Funktion: $\Box \mathbf{A}^{(2)} = \mu_0 \mathbf{j}_\perp$. Bei den τ-Integrationen ist zu bedenken, dass $G_3 \neq 0$ nur für $t - \tau = \frac{1}{c}|\mathbf{x} - \boldsymbol{\xi}|$ gilt und $G_{2,1} \neq 0$ nur für $t - \tau \geq \frac{1}{c}|\mathbf{x}_\perp - \boldsymbol{\xi}_\perp|$ bzw. $t - \tau \geq \frac{1}{c}|x_\perp - \xi_\perp|$.

[13] Die *Green'sche Funktion* ist ebenso wie die beiden *Sätze von Green*, siehe z. B. (1.53), nach dem englischen Mathematiker, Physiker und Müller George Green (1793–1841) benannt.

Vergleicht man die Ausdrücke für die Green'schen Funktionen G_3, G_2 und G_1 in (2.57a) - (2.57c) miteinander, so beobachtet man große qualitative Unterschiede: Die Green'sche Funktion G_3 erfüllt das *Huygens'sche Prinzip*, das in der modernen Formulierung[14] lautet:

> **Huygens'sches Prinzip:** das Signal einer Punktquelle ist auf dem Rand $\{(\mathbf{x},t) \mid |\mathbf{x}| = ct\}$ des Vorwärts-Lichtkegels konzentriert.

Das Huygens'sche Prinzip gilt gewissermaßen auch für G_1, d. h. für ebene Wellen, vorausgesetzt, dass man unter „Signal“ die physikalischen Felder, d. h. die Ableitungen von G_1 nach den Orts- und Zeitkoordinaten, versteht. Das Huygens'sche Prinzip gilt *nicht* für Zylinderwellen, d. h. für G_2, denn in diesem Fall gilt $G_2 \neq 0$ für alle $\mathbf{x}_\perp$ mit $|\mathbf{x}_\perp| < ct$.

Allgemeiner kann man zeigen (siehe Aufgabe 2.13), dass das Huygens'sche Prinzip in allen *ungeraden* Raumdimensionen gilt (mit $d = 2n+1$ und $n \in \mathbb{N}$). Amüsanterweise gilt es *nicht* in allen *geraden* Raumdimensionen, d. h. für $d = 2n$ mit $n \in \mathbb{N}$. In geraden Dimensionen erlischt das Signal, das man von einer Punktquelle (oder durch Überlagerung: von einer beliebigen Quelle) empfängt, also nie.

Bestimmung der Green'schen Funktion durch Fourier-Transformation

Alternativ kann die retardierte Green'sche Funktion $G(\mathbf{x},t)$ auch mit Hilfe einer *Fourier-Transformation* berechnet werden. Als Beispiel behandeln wir den dreidimensionalen Fall. Die Fourier-Transformierte $\hat{G}_3(\mathbf{x},\omega)$ von $G_3(\mathbf{x},t)$ ist durch

$$\hat{G}_3(\mathbf{x},\omega) \equiv \frac{1}{\sqrt{2\pi}} \int dt\, G_3(\mathbf{x},t) e^{i\omega t} \quad , \quad G_3(\mathbf{x},t) = \frac{1}{\sqrt{2\pi}} \int d\omega\, \hat{G}_3(\mathbf{x},\omega) e^{-i\omega t}$$

definiert und erfüllt die inhomogene Helmholtz-Gleichung

$$\boxed{\left(\Delta + \frac{\omega^2}{c^2}\right) \hat{G}_3 = -\frac{1}{\sqrt{2\pi}} \delta(\mathbf{x}) e^{i\omega 0^+} \ .} \tag{2.58}$$

Diese Helmholtz-Gleichung wird in Übungsaufgabe 2.10 gelöst. Das Ergebnis zeigt, dass $\hat{G}_3$ allgemein die Form

$$\hat{G}_3(\mathbf{x},\omega) = \frac{1}{\sqrt{2\pi}} \left[\frac{\cos\left(\omega \frac{x}{c}\right)}{4\pi x} + B(\omega) \frac{\sin\left(\omega \frac{x}{c}\right)}{4\pi x} \right] e^{i\omega 0^+} \tag{2.59a}$$

hat, wobei der Faktor B also prinzipiell ω-abhängig sein darf. Durch inverse Fourier-Transformation erhält man

$$\boxed{G_3(\mathbf{x},t) = \frac{1}{2\pi} \int d\omega \left[\cos\left(\omega \tfrac{x}{c}\right) + B(\omega) \sin\left(\omega \tfrac{x}{c}\right)\right] \frac{e^{-i\omega(t-0^+)}}{4\pi x} \ .} \tag{2.59b}$$

[14] Wir werden uns nur mit der modernen Formulierung dieses „Prinzips“ im Rahmen der klassischen Elektrodynamik befassen. Das Huygens- oder Huygens-Fresnel-Prinzip hat eine lange Entstehungsgeschichte, deren Anfänge eher in der Strahlen- als in der Wellenoptik liegen.

Das Auftreten einer (zunächst) beliebigen Größe $B(\omega)$ in G_3 ist nicht verwunderlich: Die Lösung der inhomogenen Wellengleichung $\Box G = \delta(\mathbf{x})\delta(t-0^+)$ ist ja nicht eindeutig festgelegt. Man kann zu jeder Lösung G immer eine *sphärisch symmetrische* Lösung der *homogenen* Wellengleichung addieren.[15]

Die Lösung von (2.58) wird jedoch eindeutig, wenn man die Anfangsbedingungen $G_3(\mathbf{x},0)=0$ und $\partial_t G_3(\mathbf{x},0)=0$ auferlegt. Diese Anfangsbedingungen können nämlich kompakt als $G_3(\mathbf{x},t)=0$ für alle $t\leq 0$ zusammengefasst werden. Betrachten wir nun die *analytische Fortsetzung* von $\hat{G}_3(\mathbf{x},\omega)$ auf die *komplexe* Frequenzebene $\{\omega=\omega_\mathrm{R}+i\omega_\mathrm{I}\,|\,\omega_\mathrm{R,I}\in\mathbb{R}\}$, so folgt aus den Anfangsbedingungen für die Fourier-Transformierte $\hat{G}_3(\mathbf{x},\omega)$ der retardierten Green'schen Funktion G_3:

$$\lim_{\omega_\mathrm{I}\to\infty}\hat{G}_3(\mathbf{x},\omega)=\lim_{\omega_\mathrm{I}\to\infty}\frac{1}{\sqrt{2\pi}}\int_0^\infty dt\; G_3(\mathbf{x},t)e^{i\omega_\mathrm{R}t-\omega_\mathrm{I}t}\overset{!}{=}0\,. \tag{2.60}$$

Angewandt auf unser bisheriges Ergebnis für $\hat{G}_3(\mathbf{x},\omega)$ in (2.59a), bedeutet dies, dass für alle $x>0$ und alle $\omega_\mathrm{R}\in\mathbb{R}$:

$$\lim_{\omega_\mathrm{I}\to\infty}\left\{e^{(i\omega_\mathrm{R}-\omega_\mathrm{I})\frac{x}{c}}\left[1-iB(\omega)\right]+e^{(\omega_\mathrm{I}-i\omega_\mathrm{R})\frac{x}{c}}\left[1+iB(\omega)\right]\right\}=0$$

gelten muss. Hieraus folgt notwendigerweise $\lim_{\omega_\mathrm{I}\to\infty}B(\omega)=i$, und jeder Ansatz der Form $B(\omega)\sim i+b(\omega_\mathrm{R})\frac{1}{(\omega_\mathrm{I})^\alpha}$ für $\omega_\mathrm{I}\to\infty$ mit einem Exponenten $\alpha>0$ ist nur für $b(\omega_\mathrm{R})\equiv 0$ konsistent. Dementsprechend wählen wir $B(\omega)=i$ in (2.59b):

$$\boxed{G_3(\mathbf{x},t)=\frac{1}{4\pi x}\left[\frac{1}{2\pi}\int d\omega\; e^{-i\omega\left(t-\frac{x}{c}-0^+\right)}\right]=\frac{1}{4\pi x}\delta\left(t-\tfrac{x}{c}-0^+\right)\equiv G_3^\mathrm{ret}(\mathbf{x},t)\,.}$$

Hierbei ist das Integral $[\cdots]$ im Sinne von (1.50) zu interpretieren, d. h. als verallgemeinerte Funktion mit einem zusätzlichen Abschneidefaktor $e^{-\epsilon\omega^2}$ im Integranden. Für $B(\omega)=i$ gilt in der Tat $G_3(\mathbf{x},t)=0$ für alle $t\leq 0$, sodass G_3 tatsächlich die *retardierte* Green'sche Funktion G_3^ret darstellt. Dies ist im Einklang mit dem Ergebnis (2.57a) für die direkte Berechnung der retardierten Green'sche Funktion.

Für die alternative Definition $\Box G_3=\delta(\mathbf{x})\delta(t+0^+)$ der Green'schen Funktion mit der „Endbedingung" $G_3(\mathbf{x},t)=0$ für alle $t\geq 0$ gilt analog:

$$\lim_{\omega_\mathrm{I}\to-\infty}\hat{G}_3(\mathbf{x},\omega)=\lim_{\omega_\mathrm{I}\to-\infty}\frac{1}{\sqrt{2\pi}}\int_{-\infty}^0 dt\; G_3(\mathbf{x},t)e^{i\omega_\mathrm{R}t-\omega_\mathrm{I}t}\overset{!}{=}0\,.$$

Dementsprechend wählen wir in (2.59b) in diesem Fall $B(\omega)=-i$ und erhalten:

$$\boxed{G_3(\mathbf{x},t)=\frac{1}{4\pi x}\delta\left(t+\tfrac{x}{c}+0^+\right)\equiv G_3^\mathrm{av}(\mathbf{x},t)\;\;(t<0)\;\;,\;\;G_3^\mathrm{av}(\mathbf{x},t)=0\;\;(t\geq 0)\,.}$$

Diese Lösung wird als die *avancierte* Green'sche Funktion der (dreidimensionalen) Wellengleichung bezeichnet, da ihr Signal nur für $t<0$ ungleich null ist und durch die Wirkung der Punktquelle ausgelöscht wird.

[15] Es ist zu bedenken, dass wir uns in (2.59) auf *sphärisch symmetrische* Lösungen beschränken.

Die Lösung der inhomogenen Wellengleichung in der Frequenzsprache

Wir fassen die bisherigen Ergebnisse kurz zusammen: Das Anfangswertproblem des *inhomogenen* Anteils der d-dimensionalen Wellengleichung lautet generell:

$$\big(\Box_d v\big)(\mathbf{x},t) = q(\mathbf{x},t) \quad , \quad v(\mathbf{x},0) = 0 \quad , \quad \frac{\partial v}{\partial t}(\mathbf{x},0) = 0 \qquad \big(\mathbf{x} \in \mathbb{R}^d\big) \; . \tag{2.61a}$$

Hierbei ist $\Box_d = \frac{1}{c^2}\partial_t^2 - \Delta_d$ der d-dimensionale d'Alembert- und $\Delta_d \equiv \sum_{i=1}^d \partial_i^2$ der entsprechende Laplace-Operator. Die zu bestimmende Funktion v stellt physikalisch eine Komponente des Vektorpotentials $\mathbf{A}^{(2)}$ und die Quelle q eine Komponente der Stromdichte $\mu_0 \mathbf{j}_\perp$ dar. In realistischen Anwendungen würde man zusätzlich fordern, dass der *Träger* von q, also der Raum-Zeit-Bereich, in dem q ungleich null ist, begrenzt sein soll. Die spezielle Lösung $v = G_d$ von (2.61a) für eine *Punktquelle*:

$$\big(\Box_d G_d\big)(\mathbf{x},t) = \delta^{(d)}(\mathbf{x})\delta(t-0^+) \quad , \quad G_d(\mathbf{x},0) = 0 \quad , \quad \frac{\partial G_d}{\partial t}(\mathbf{x},0) = 0 \tag{2.61b}$$

wird als die retardierte Green'sche Funktion bezeichnet. Mit Hilfe dieser Green'schen Funktion kann die allgemeine Lösung $v(\mathbf{x},t)$ von Gleichung (2.61a) als

$$v(\mathbf{x},t) = \int d^d\xi \int d\tau \; G_d(\mathbf{x}-\boldsymbol{\xi}, t-\tau)\, q(\boldsymbol{\xi},\tau) \tag{2.62}$$

geschrieben werden. Diese Lösung hat sowohl bzgl. ihrer Orts- als auch bzgl. ihrer Zeitabhängigkeit mathematisch die Struktur einer *Faltung*.

Die retardierten Green'schen Funktionen $G_d(\mathbf{x},t)$ wurden für die Raumdimensionen $d = 1, 2, 3$ bereits in Gleichung (2.57) bestimmt:

$$G_3(\mathbf{x},t) = \frac{1}{4\pi x}\delta\big(t - \tfrac{|\mathbf{x}|}{c} - 0^+\big) \quad , \quad \hat{G}_3(\mathbf{x},\omega) = \frac{e^{i\omega|\mathbf{x}|/c}}{4\pi x\sqrt{2\pi}} \tag{2.63a}$$

$$G_2(\mathbf{x},t) = \frac{c}{2\pi}\frac{\Theta(ct - |\mathbf{x}| - 0^+)}{\sqrt{(ct)^2 - |\mathbf{x}|^2}} \quad , \quad G_1(x,t) = \tfrac{1}{2}c\,\Theta(ct - |x| - 0^+) \; . \tag{2.63b}$$

In Gleichung (2.63a) ist für $d = 3$ auch die Fourier-Transformierte $\hat{G}_3(\mathbf{x},\omega)$ der Green'schen Funktion bezüglich der Zeitvariablen eingetragen. Die Fourier-Transformierte $\hat{G}_3$ ist bereits aus (2.59a) mit $B(\omega) = i$ bekannt. Die Funktionen $\hat{G}_1$ und $\hat{G}_2$ werden in Aufgabe 2.12 berechnet.

Das Ergebnis für $d = 3$ in Gleichung (2.63a) zeigt, dass die Fourier-Transformierte $\hat{G}_3(\mathbf{x},\omega)$ eine *glatte* Funktion der Frequenz ist; dies im Gegensatz zur Green'schen Funktion G_3 selbst, die eine singuläre Zeitabhängigkeit hat und lediglich eine *verallgemeinerte* Funktion darstellt. Ähnliches gilt in abgeschwächter Form für $d = 2$ und $d = 1$ (siehe Aufgabe 2.12) und in verschärfter Form in höheren Dimensionen ($d > 3$, siehe Aufgabe 2.13). Die Glätte der Funktionen $\hat{G}_d(\mathbf{x},\omega)$ legt bereits nahe, dass die Frequenzsprache bei Berechnungen mit Green'schen Funktionen u. U. Vorteile gegenüber der Zeitsprache hat.

Ein weiterer Vorteil der Frequenzsprache bei Berechnungen mit Green'schen Funktionen folgt direkt aus der Faltungsstruktur von Gleichung (2.62), da Faltungen durch Fourier-Transformationen in Produkte umgewandelt werden. Konkret folgt aus Gleichung (2.62):

$$\begin{aligned}\hat{v}(\mathbf{x},\omega) &\equiv \int \frac{dt}{\sqrt{2\pi}}\, v(\mathbf{x},t)e^{i\omega t} \\ &= \sqrt{2\pi}\int d^d\xi \int \frac{dt}{\sqrt{2\pi}}\int \frac{d\tau}{\sqrt{2\pi}}\, G_d(\mathbf{x}-\boldsymbol{\xi},t-\tau)e^{i\omega(t-\tau)}q(\boldsymbol{\xi},\tau)e^{i\omega\tau} \\ &= \sqrt{2\pi}\int d^d\xi\; \hat{G}_d(\mathbf{x}-\boldsymbol{\xi},\omega)\,\hat{q}(\boldsymbol{\xi},\omega)\;, \end{aligned} \tag{2.64}$$

wobei $\hat{q}(\boldsymbol{\xi},\omega) = \frac{1}{\sqrt{2\pi}}\int d\tau\; q(\boldsymbol{\xi},\tau)e^{i\omega\tau}$ die Fourier-Transformierte der Funktion $q(\boldsymbol{\xi},t)$ ist. Im letzten Schritt von (2.64) wurden die beiden Zeitvariablen (t,τ) durch (t_1,t_2) mit $t_1 \equiv t-\tau$ und $t_2 \equiv \tau$ ersetzt; die Jacobi-Determinante dieser Transformation ist gleich eins. Die Lösung v der ursprünglichen Wellengleichung folgt durch eine inverse Fourier-Transformation aus (2.64) als $v(\mathbf{x},t) = \int \frac{d\omega}{\sqrt{2\pi}}\; \hat{v}(\mathbf{x},\omega)e^{-i\omega t}$. Speziell bei einer numerischen Berechnung dürfte die Integraldarstellung (2.64) mit einer glatten Funktion $\hat{G}_d$ bequemer sein als Gleichung (2.62).

Abschließend weisen wir noch auf eine Symmetrieeigenschaft der Fourier-Transformierten $\hat{v}(\mathbf{x},\omega)$ und daher speziell auch von $\hat{G}_d(\mathbf{x},\omega)$ hin: Da die Funktion $v(\mathbf{x},t)$ *reellwertig* ist, gilt $\hat{v}(\mathbf{x},-\omega) = \frac{1}{\sqrt{2\pi}}\int dt\; v(\mathbf{x},t)e^{-i\omega t} = [\hat{v}(\mathbf{x},\omega)]^*$ für alle $\omega\in\mathbb{R}$ und daher speziell auch:

$$\hat{G}_d(\mathbf{x},-\omega) = \int \frac{dt}{\sqrt{2\pi}}\, G_d(\mathbf{x},t)e^{-i\omega t} = \left[\hat{G}_d(\mathbf{x},\omega)\right]^* \qquad (\omega\in\mathbb{R})\;. \tag{2.65}$$

Es reicht daher aus, die Fourier-transformierte Green'sche Funktion $\hat{G}_d(\mathbf{x},\omega)$ für $\omega \geq 0$ zu berechnen. Speziell für $\omega = 0$ folgt außerdem, dass $\hat{G}_d(\mathbf{x},0)$ reellwertig ist, falls diese Größe zumindest endlich ist.[16]

2.5 Übungsaufgaben

Aufgabe 2.1 Energie und Eindeutigkeit

In der Elektrodynamik ist es natürlich von großem Interesse, die *Energie* des elektromagnetischen Feldes zu kennen. Außerdem ist die Frage nach der *eindeutigen* Lösbarkeit der Maxwell-Gleichungen, die man ja physikalisch erwarten würde, relevant. Wir zeigen in dieser Aufgabe, dass beide auf den ersten Blick so unterschiedlichen Fragestellungen eng miteinander verknüpft sind. Wie üblich nehmen wir an, dass die Dichten ρ und $\mathbf{j}$ sowie die Felder $\mathbf{E}$, $\mathbf{B}$, Φ und $\mathbf{A}$ für $|\mathbf{x}|\to\infty$ schnell genug gegen null gehen. Alle Integrationen $\int d^3x$ erfolgen über den ganzen dreidimensionalen Ortsraum. Wir gehen von der Coulomb-Eichung aus: $\boldsymbol{\nabla}\cdot\mathbf{A} = 0$.

(a) Interpretieren Sie die Größe $-\int d^3x\; \mathbf{j}\cdot\mathbf{E}$ physikalisch.

(b) Zeigen Sie:

$$-\int d^3x\; \mathbf{j}\cdot\mathbf{E} = \frac{dE}{dt}\;,\quad E(t) = \tfrac{1}{2}\varepsilon_0\int d^3x\; \left\{(\boldsymbol{\nabla}\Phi)^2 + \sum_{i=1}^{3}\left[\left(\frac{\partial A_i}{\partial t}\right)^2 + c^2(\boldsymbol{\nabla}A_i)^2\right]\right\}.$$

[16] In Aufgabe 2.13 **(i)** zeigen wir: $|\hat{G}_d(\mathbf{x},0)| < \infty$ für Dimensionen $d\geq 3$ und $|\mathbf{x}|\neq 0$.

Warum kann man $E(t)$ als die im elektromagnetischen Feld enthaltene Energie interpretieren?

(c) Zeigen Sie, dass $E(t)$ in **(b)** auch als $\frac{1}{2}\varepsilon_0 \int d^3x\, (\mathbf{E}^2 + c^2\mathbf{B}^2)$ darstellbar ist.

Betrachten Sie nun die Maxwell-Gleichungen für $(\Phi, \boldsymbol{A})$ mit vorgegebenen Ladungs- und Stromdichten $(\rho, \mathbf{j})$ und Anfangsbedingungen $\mathbf{A}(\mathbf{x}, t_0)$, $\frac{\partial \mathbf{A}}{\partial t}(\mathbf{x}, t_0)$, die mit der Coulomb-Eichung kompatibel sind. Aus Gleichung (1.31b) und Aufgabe 1.7 wissen wir bereits, dass das skalare Potential Φ *eindeutig* durch die Ladungsdichte ρ bestimmt wird. Nehmen wir nun an, es gäbe zwei unterschiedliche Lösungen $(\Phi, \mathbf{A}_1)$ und $(\Phi, \mathbf{A}_2)$ der Maxwell-Gleichungen.

(d) Zeigen Sie, dass die Differenzlösung $(0, \mathbf{A}_1 - \mathbf{A}_2)$ eine vereinfachte Form der Maxwell-Gleichungen erfüllt, und bestimmen Sie die Energie $E(t)$ dieser Differenzlösung. Schließen Sie aus dem Resultat, dass unbedingt $\mathbf{A}_1 - \mathbf{A}_2 = \mathbf{0}$ gelten muss und dass die Lösung $(\Phi, \boldsymbol{A})$ der Maxwell-Gleichungen zu den vorgegebenen Anfangs- und Randbedingungen daher *eindeutig* ist.

Aufgabe 2.2 Elektrostatik

Das skalare Potential $\Phi(\mathbf{x})$ in der Elektrostatik ist in der Coulomb-Eichung bekanntlich durch

$$\Phi(\mathbf{x}) = \int d^3x' \, \frac{\rho(\mathbf{x}')}{4\pi\varepsilon_0 |\mathbf{x} - \mathbf{x}'|}$$

gegeben. Hierbei stellt ρ die Ladungsdichte dar.

(a) Zeigen Sie, dass für $|\mathbf{x}| \gg |\mathbf{x}'|$:

$$\frac{1}{|\mathbf{x} - \mathbf{x}'|} = \frac{1}{x}\left\{1 + \frac{\hat{\mathbf{x}} \cdot \mathbf{x}'}{x} + \frac{1}{2x^2}\hat{\mathbf{x}}^{\mathrm{T}}\left[3\mathbf{x}'(\mathbf{x}')^{\mathrm{T}} - (x')^2\mathbb{1}\right]\hat{\mathbf{x}} + \dots\right\}$$

gilt, wobei $\mathbf{x}'(\mathbf{x}')^{\mathrm{T}}$ als Dyade zu interpretieren ist.

Wir betrachten nun eine Gesamtladung $q \neq 0$ in einem begrenzten Raumbereich nahe dem Ursprung.

(b) Bestimmen Sie $\Phi(\mathbf{x})$ für $x \to \infty$ bis einschließlich $\mathcal{O}(x^{-3})$. Werten Sie das Ergebnis explizit aus für einen dünnen, entlang der $\hat{\mathbf{e}}_1$-Achse ausgerichteten, homogen geladenen Stab ($|x_1| \leq a$) und für einen homogen geladenen Kubus $\mathcal{K} = \{\mathbf{x} \,|\, |x_i| \leq a\,,\ i = 1, 2, 3\}$ mit Seitenlängen $2a$.

(c) Werten Sie das Ergebnis für $\Phi(\mathbf{x})$ mit $x \to \infty$ (einschließlich der Terme von Ordnung x^{-3}) analog aus für eine *homogen geladene* dünne Kreisscheibe sowie eine *leitende* Kreisscheibe (jeweils mit dem Radius a). **Hinweis:** In letzterem Fall ist die Ladungsdichte durch $\rho(\mathbf{x}) = \frac{q}{2\pi a^2}\left(1 - \frac{x^2}{a^2}\right)^{-1/2}\delta(x_3)$ gegeben.[17]

Aufgabe 2.3 Magnetostatik

Das Vektorpotential $\mathbf{A}(\mathbf{x})$ in der Magnetostatik ist (in der Coulomb-Eichung) bekanntlich durch

[17]Siehe Aufgabe 2.6 und die entsprechende Lösung für eine Herleitung.

$$\mathbf{A}(\mathbf{x}) = \int d^3x' \, \frac{\mu_0 \, \mathbf{j}(\mathbf{x}')}{4\pi|\mathbf{x}-\mathbf{x}'|}$$

gegeben. Hierbei stellt $\mathbf{j}$ die (räumlich oder zeitlich gemittelte) Stromdichte dar.[18] In Aufgabe 2.2 wurde für $|\mathbf{x}| \gg |\mathbf{x}'|$ gezeigt:

$$\frac{1}{|\mathbf{x}-\mathbf{x}'|} = \frac{1}{x}\left\{1 + \frac{\hat{\mathbf{x}}\cdot\mathbf{x}'}{x} + \frac{1}{2x^2}\hat{\mathbf{x}}\cdot\left[3\mathbf{x}'(\mathbf{x}')^{\mathrm{T}} - (x')^2\mathbb{1}\right]\cdot\hat{\mathbf{x}} + \dots\right\} ,$$

wobei $\mathbf{x}'(\mathbf{x}')^{\mathrm{T}}$ als Dyade zu interpretieren ist. Betrachten wir nun eine stationäre Stromdichte $\mathbf{j} \neq \mathbf{0}$ in einem begrenzten Raumbereich nahe dem Ursprung. Bestimmen Sie $\mathbf{A}(\mathbf{x})$ für $x \to \infty$ bis einschließlich $\mathcal{O}(x^{-3})$. Bestimmen Sie den *führenden* Term in der Entwicklung von $\mathbf{A}(\mathbf{x})$ für $x \to \infty$ (d.h. den größten Term *ungleich null*) explizit für einen rechteckigen Stromkreis in der x_1-x_2-Ebene:

$$\mathbf{j}(\mathbf{x}) = j\Big\{\hat{\mathbf{e}}_1\left[\delta(x_2+b) - \delta(x_2-b)\right]\Theta(a-|x_1|) \\ + \hat{\mathbf{e}}_2\left[\delta(x_1-a) - \delta(x_1+a)\right]\Theta(b-|x_2|)\Big\}\delta(x_3) \, .$$

Hierbei gilt $a, b > 0$, und $\Theta(x)$ ist die Stufenfunktion.

Aufgabe 2.4 Wechselwirkende statische Ladungs- & Stromverteilungen

Betrachten Sie zunächst zwei statische *Ladungs*verteilungen in den Raumbereichen $\mathcal{D}_1$ und $\mathcal{D}_2$ mit $\mathcal{D}_1 \cap \mathcal{D}_2 = \emptyset$. Im System fließt kein Strom: $\mathbf{j}(\mathbf{x}) = \mathbf{0}$ für $\mathbf{x} \in \mathbb{R}^3$.

(a) Zeigen Sie, dass die Kraft, die die Ladungsverteilung in $\mathcal{D}_2$ auf diejenige in $\mathcal{D}_1$ ausübt, durch

$$\mathbf{F}_{12} = \frac{1}{4\pi\varepsilon_0}\int_{\mathcal{D}_1} d^3x_1 \int_{\mathcal{D}_2} d^3x_2 \, \rho(\mathbf{x}_1)\rho(\mathbf{x}_2)\frac{\mathbf{x}_{12}}{|\mathbf{x}_{12}|^3} \quad , \quad \mathbf{x}_{12} \equiv \mathbf{x}_1 - \mathbf{x}_2$$

gegeben ist, wobei $\rho(\mathbf{x})$ die Ladungsdichte darstellt. Schließen Sie hieraus für die Kraft $\mathbf{F}_{21}$, die die Ladungsverteilung in $\mathcal{D}_1$ auf diejenige in $\mathcal{D}_2$ ausübt: $\mathbf{F}_{21} = -\mathbf{F}_{12}$ (actio = − reactio).

Betrachten Sie nun zwei stationäre *Strom*verteilungen in $\mathcal{D}_1$ und $\mathcal{D}_2$ (wiederum mit $\mathcal{D}_1 \cap \mathcal{D}_2 = \emptyset$), wobei wir annehmen, dass durch die Oberflächen von $\mathcal{D}_1$ und $\mathcal{D}_2$ sowie außerhalb von $\mathcal{D}_1 \cup \mathcal{D}_2$ kein Strom fließt: $\mathbf{j}(\mathbf{x}) = \mathbf{0}$ für $\mathbf{x} \notin \mathcal{D}_1 \cup \mathcal{D}_2$. Das System ist elektrisch neutral: $\rho(\mathbf{x}) = 0$ für alle $\mathbf{x} \in \mathbb{R}^3$.

(b) Zeigen Sie, dass die Kraft, die die Stromverteilung in $\mathcal{D}_2$ auf diejenige in $\mathcal{D}_1$ ausübt, durch

$$\mathbf{F}_{12} = \frac{\mu_0}{4\pi}\int_{\mathcal{D}_1} d^3x_1 \int_{\mathcal{D}_2} d^3x_2 \, \mathbf{j}(\mathbf{x}_1) \times \left[\mathbf{j}(\mathbf{x}_2) \times \mathbf{x}_{12}\right]\frac{1}{|\mathbf{x}_{12}|^3}$$

gegeben ist, wobei $\mathbf{j}(\mathbf{x})$ die Stromverteilung darstellt.

[18] Siehe die Fußnoten 1 und 3 auf Seiten 42 bzw. 43.

(c) Zeigen Sie, dass $\mathbf{j}(\mathbf{x}_1) \times [\mathbf{j}(\mathbf{x}_2) \times \mathbf{x}_{12}] \frac{1}{|\mathbf{x}_{12}|^3}$ in Teil **(b)** alternativ auch als

$$-\mathbf{j}(\mathbf{x}_2)\left\{\boldsymbol{\nabla}_1 \cdot \left[\mathbf{j}(\mathbf{x}_1)\frac{1}{|\mathbf{x}_{12}|}\right] - \frac{1}{|\mathbf{x}_{12}|}(\boldsymbol{\nabla}\cdot\mathbf{j})(\mathbf{x}_1)\right\} - \frac{\mathbf{x}_{12}}{|\mathbf{x}_{12}|^3}\mathbf{j}(\mathbf{x}_1)\cdot\mathbf{j}(\mathbf{x}_2)$$

geschrieben werden kann, und folgern Sie hieraus:

$$\mathbf{F}_{12} = -\frac{\mu_0}{4\pi}\int_{\mathcal{D}_1} d^3x_1 \int_{\mathcal{D}_2} d^3x_2\, \frac{\mathbf{x}_{12}}{|\mathbf{x}_{12}|^3}\left[\mathbf{j}(\mathbf{x}_1)\cdot\mathbf{j}(\mathbf{x}_2)\right] .$$

Schließen Sie hieraus für die Kraft $\mathbf{F}_{21}$, die die Stromverteilung in $\mathcal{D}_1$ auf diejenige in $\mathcal{D}_2$ ausübt: $\mathbf{F}_{21} = -\mathbf{F}_{12}$ (actio = − reactio).

Aufgabe 2.5 Die ein- bzw. zweidimensionale Elektrodynamik

Betrachten Sie die Maxwell-Gleichungen im Vakuum für ein dreidimensionales System, das translationsinvariant in den x_2- und x_3-Richtungen und invariant gegenüber Spiegelungen an der x_1-Achse ist: $\rho = \rho(x_1,t)$ und $\mathbf{j} = j(x_1,t)\hat{\mathbf{e}}_1$. Sie dürfen annehmen, dass die $\mathbf{E}$- und $\mathbf{B}$-Felder im Unendlichen ($|x_1| \to \infty$) null sind.

(a) Lösen Sie die Maxwell-Gleichungen mit Hilfe eines Ansatzes der Form $\mathbf{E}(\mathbf{x},t) = E(x_1,t)\hat{\mathbf{e}}_1$ und $\mathbf{B}(\mathbf{x},t) = \mathbf{0}$ und bestimmen Sie die Stromdichte $j(x_1,t)$, ausgedrückt mit Hilfe der Ladungsdichte $\rho(x_1,t)$.

Betrachten Sie nun das analoge Problem eines Systems, das translationsinvariant in x_3-Richtung und invariant gegenüber Spiegelungen an der (x_1,x_2)-Ebene ist:

$$\rho = \rho(\mathbf{x}_\parallel,t) \quad , \quad \mathbf{j} = j_1(\mathbf{x}_\parallel,t)\hat{\mathbf{e}}_1 + j_2(\mathbf{x}_\parallel,t)\hat{\mathbf{e}}_2 \quad \text{mit} \quad \mathbf{x}_\parallel \equiv (x_1,x_2) .$$

In diesem Fall machen wir einen Ansatz der Form $\Phi = \Phi(\mathbf{x}_\parallel,t)$ für das skalare Potential bzw. $\mathbf{A} = A_1(\mathbf{x}_\parallel,t)\hat{\mathbf{e}}_1 + A_2(\mathbf{x}_\parallel,t)\hat{\mathbf{e}}_2$ für das Vektorpotential und wählen die Coulomb-Eichung $\boldsymbol{\nabla}\cdot\mathbf{A} = 0$. Sie dürfen wiederum annehmen, dass die $\mathbf{E}$- und $\mathbf{B}$-Felder im Unendlichen ($|\mathbf{x}_\parallel| \to \infty$) null sind.

(b) Zeigen Sie:

$$\Phi(\mathbf{x}_\parallel,t) = \frac{1}{2\pi\varepsilon_0}\int d^2x'_\parallel\; \rho(\mathbf{x}'_\parallel,t)\ln\frac{\xi_0}{|\mathbf{x}_\parallel - \mathbf{x}'_\parallel|} \qquad (\text{Länge } \xi_0 \text{ beliebig}) .$$

(c) Ist der obige Ansatz für das Vektorpotential konsistent mit den genannten Invarianzen des Systems? In welche Richtung zeigt das Magnetfeld?

Aufgabe 2.6 Ladungsverteilung in Leitern in der Elektrostatik

Betrachten Sie einen dreidimensionalen homogenen leitenden Körper im Raumbereich $\mathcal{D}$, der eine stationäre Ladungsverteilung mit der Gesamtladung q enthält; der Rand $\partial\mathcal{D}$ dieses Volumens entspricht der Oberfläche des Leiters. Sie dürfen annehmen, dass der leitende Körper ein lineares, isotropes Medium darstellt und insbesondere das Ohm'sche Gesetz erfüllt, siehe die Gleichungen (1.15)-(1.18).

(a) Zeigen Sie, dass sich die Ladung q an der Oberfläche $\partial\mathcal{D}$ des Leiters befindet und dort die Oberflächenladungsdichte $\Sigma(\mathbf{x})$ bildet, die gemäß $\Sigma(\mathbf{x}) = -\varepsilon_0\frac{\partial\Phi}{\partial n}$ mit der Normalenableitung des skalaren Potentials verknüpft ist. Betrachten Sie außerdem den Spezialfall einer leitenden Kugel, $\mathcal{D} = \{\mathbf{x} \mid |\mathbf{x}| \leq R\}$, und berechnen Sie $\Phi(\mathbf{x})$ für $\mathbf{x} \in \mathbb{R}^3$.

Man kann sich nun fragen, wie sich die Ladung q über den Leiter verteilt, wenn er effektiv *zwei-* oder sogar *ein*dimensional ist. Man denke hierbei an eine dünne kreisförmige metallische Platte oder einen dünnen metallischen Stab endlicher Länge. Bevor Sie weiterlesen:

(b) Was würden Sie aufgrund Ihrer physikalischen Intuition erwarten?

Um die Frage nach der Ladungsverteilung in niederdimensionalen Leitern zu klären, verwenden wir das bekannte Ergebnis, das Sie hier *nicht* herzuleiten brauchen, für die Oberflächenladungsdichte eines leitenden Ellipsoids mit *zwei* gleichen Achsen, das sich im Raumbereich $\mathcal{D} = \left\{\mathbf{x} \,\middle|\, \frac{x_1^2}{a_1^2} + \frac{x_2^2+x_3^2}{a_2^2} \le 1\right\}$ befindet:

$$\Sigma(\mathbf{x}) = \frac{q}{4\pi a_1 (a_2)^2}\left(\frac{x_1^2}{a_1^4} + \frac{x_2^2+x_3^2}{a_2^4}\right)^{-1/2} . \tag{2.66}$$

Dieses Ergebnis (2.66) sowie eine Verallgemeinerung davon für den Fall *dreier* unterschiedlicher Achsen werden in Aufgabe 2.7 gezeigt.

(c) Bestimmen Sie die Ladungsverteilung einer leitenden Kreisscheibe mit Radius a_2, indem Sie in (2.66) den Limes $a_1 \to 0$ durchführen.

(d) Bestimmen Sie die Ladungsverteilung eines dünnen, leitenden Stabs der Länge $2a_1$, indem Sie in (2.66) den Limes $a_2 \to 0$ durchführen.

Anmerkung: Die Bestimmung der Ladungsverteilung auf einer leitenden Kreisscheibe bzw. auf einem leitenden Draht stellt ein traditionsreiches, aus praktischer Sicht offensichtlich wichtiges und (wegen der starken Dimensionsabhängigkeit) grundlegendes Problem der Elektrostatik dar. Es wurde zuerst 1878 von James Clerk Maxwell gelöst (siehe Ref. [8]) und dann, da Maxwells Arbeit offenbar in Vergessenheit geraten war, um die letzte Jahrtausendwende in einer Reihe von Artikeln erneut aufgegriffen. Wir nennen exemplarisch nur die Referenzen [23] und [17]. Einem weiteren prominenten Beispiel des In-Vergessenheit-Geratens wichtiger physikalischer Einsichten werden wir in Aufgabe 7.4 begegnen.

Aufgabe 2.7 Das geladene Ellipsoid (P)

Wir beweisen eine Verallgemeinerung der Formel (2.66) für die Oberflächenladungsdichte eines geladenen Ellipsoids, die auch gültig ist für geladene, leitende Ellipsoide mit *drei* unterschiedlichen Achsen a_1, a_2 und a_3, nämlich:

$$\Sigma(\mathbf{x}) = \frac{q}{4\pi a_1 a_2 a_3}\left(\frac{x_1^2}{a_1^4} + \frac{x_2^2}{a_2^4} + \frac{x_3^2}{a_3^4}\right)^{-\frac{1}{2}} . \tag{2.67}$$

Das geladene Ellipsoid mit den drei unterschiedlichen Achsen soll sich im Raumbereich $\mathcal{D} = \left\{\mathbf{x} \,\middle|\, \frac{x_1^2}{a_1^2} + \frac{x_2^2}{a_2^2} + \frac{x_3^2}{a_3^2} \le 1\right\}$ befinden. Wir definieren für beliebige $\mathbf{x} \in \mathbb{R}^3$ und für $\xi > -\min\{a_1^2, a_2^2, a_3^2\}$ die Funktionen $f(\mathbf{x}, \xi)$ und $\xi(\mathbf{x})$ durch

$$f(\mathbf{x}, \xi) \equiv \frac{x_1^2}{a_1^2+\xi} + \frac{x_2^2}{a_2^2+\xi} + \frac{x_3^2}{a_3^2+\xi} - 1 \quad \text{bzw.} \quad f\big(\mathbf{x}, \xi(\mathbf{x})\big) \equiv 0 . \tag{2.68}$$

Folglich entspricht $\{\mathbf{x} \,|\, \xi(\mathbf{x}) = 0\}$ der Oberfläche des Ellipsoids, $\{\mathbf{x} \,|\, \xi(\mathbf{x}) > 0\}$ dem Außenbereich und $\{\mathbf{x} \,|\, \xi(\mathbf{x}) < 0\}$ dem Innenbereich.

(a) Zeigen Sie, dass die Laplace-Gleichung $\Delta\Phi(\mathbf{x}) = 0$ für $\xi(\mathbf{x}) > 0$ Lösungen der Form $\Phi(\mathbf{x}) = \phi(\xi)$ mit $\frac{d}{d\xi}\left[R(\xi)\frac{d\phi}{d\xi}\right] = 0$ und $R(\xi) \equiv \sqrt{(a_1^2+\xi)(a_2^2+\xi)(a_3^2+\xi)}$ erlaubt. **Hinweis:** Zeigen Sie hierzu zuerst, dass:

1. aus der Laplace-Gleichung folgt: $\phi''(\xi)/\phi'(\xi) = -(\Delta\xi)/|\boldsymbol{\nabla}\xi|^2$.
2. hierbei $\boldsymbol{\nabla}\xi = -\frac{\partial f}{\partial \mathbf{x}}/\frac{\partial f}{\partial \xi}$ sowie $\Delta\xi = -\left(\sum_{i=1}^3 \frac{\partial^2 f}{\partial x_i^2}\right)/\frac{\partial f}{\partial \xi}$ gilt.

(b) Leiten Sie aus **(a)** die Verallgemeinerung (2.67) von (2.66) für den Fall dreier möglicherweise unterschiedlicher Achsen ab.

(c) Berechnen Sie $\phi(\xi)$ explizit für den Spezialfall $a_2 = a_3 \neq a_1$; unterscheiden Sie hierbei $a_2 > a_1$ und $a_2 < a_1$. Skizzieren Sie den Verlauf von $\Phi(\mathbf{x})$ entlang der x_1-Achse für diese beiden Fälle.

(d) Zeigen Sie, dass sich die Ergebnisse für $\Phi(\mathbf{x})$ und $\Sigma(\mathbf{x})$ aus Teil **(c)** für eine geladene *Kugel* mit Radius r, d. h. für ein Ellipsoid mit *drei gleichen* Achsen $a_1 = a_2 = a_3 \equiv r$, auf die für diesen Fall bekannten Formeln reduzieren.

Aufgabe 2.8 Ein Draht, zwei Drähte, ein Feld, ein Kondensator

Das Ziel dieser Aufgabe ist, die Wechselwirkung zweier paralleler, gleich langer, entgegengesetzt geladener, leitender, dünner Drähte zu untersuchen.[19] Insbesondere möchten wir das elektrische Feld in der Nähe der Drähte sowie die elektrische Kapazität C dieses einfachen Beispiels für einen Kondensator bestimmen.

Hierzu können wir die Ergebnisse der beiden vorigen Aufgaben anwenden: Aus Aufgabe 2.6 **(d)** wissen wir, dass ein geladener dünner Draht (Länge $2a_1$, Ladung q) als Grenzfall $a_2 \downarrow 0$ eines geladenen Ellipsoids $\mathcal{D} = \left\{\mathbf{x} \,\middle|\, \frac{x_1^2}{a_1^2} + \frac{x_2^2+x_3^2}{a_2^2} \leq 1\right\}$ beschrieben werden kann und dass die Ladung q *homogen* über den Draht verteilt ist. Aus Aufgabe 2.7 **(c)** wissen wir außerdem, dass das skalare Potential außerhalb dieses Ellipsoids für $a_2 < a_1$ gegeben ist durch $\Phi_1(\mathbf{x}) = \frac{q}{8\pi\varepsilon_0} I\big(\xi(\mathbf{x})\big)$ mit

$$I(\xi) = \frac{2}{\sqrt{a_1^2 - a_2^2}} \operatorname{artanh}\left(\sqrt{\frac{a_1^2 - a_2^2}{a_1^2 + \xi}}\right) \quad , \quad \frac{x_1^2}{a_1^2 + \xi(\mathbf{x})} + \frac{x_2^2 + x_3^2}{a_2^2 + \xi(\mathbf{x})} = 1 \; . \tag{2.69}$$

Innerhalb des Ellipsoids ist das Potential konstant und gleich $\Phi_1(\mathbf{x}) = \frac{q}{8\pi\varepsilon_0} I(0)$.

(a) Zeigen Sie ausgehend von (2.69): $I(0) \sim \frac{2}{a_1} \ln\left(\frac{2a_1}{a_2}\right)$ für $a_2 \ll a_1$. Zeigen Sie außerdem $I\big(\xi(\mathbf{x}_\lambda)\big) \sim \frac{2}{a_1} \ln\left(\frac{2a_1}{d}\sqrt{1-\lambda^2}\right)$ für Ortsvektoren, die sich im Abstand d zur Drahtachse befinden: $\mathbf{x}_\lambda \equiv \lambda a_1 \hat{\mathbf{e}}_1 + d\hat{\mathbf{e}}_2$ mit $|\lambda| < 1$ und $a_2 \ll d \ll a_1$. Bestimmen Sie das entsprechende skalare Potential $\Phi_1(\mathbf{x}_\lambda)$.

Wir betrachten nun *zwei* entgegengesetzt geladene Drähte, beide parallel zur $\hat{\mathbf{e}}_1$-Achse ausgerichtet, und bezeichnen das skalare Potential der beiden Drähte zusammen als $\Phi_2(\mathbf{x})$. Der Draht mit der Ladung $q > 0$ wird im Grenzfall $a_2 \downarrow 0$ durch das Ellipsoid $\mathcal{D}_+$ beschrieben und der Draht mit der Ladung $-q$ durch $\mathcal{D}_-$:

$$\mathcal{D}_+ = \left\{\mathbf{x} \,\middle|\, \frac{x_1^2}{a_1^2} + \frac{(x_2 - \frac{1}{2}d)^2 + x_3^2}{a_2^2} \leq 1\right\} \; , \; \mathcal{D}_- = \left\{\mathbf{x} \,\middle|\, \frac{x_1^2}{a_1^2} + \frac{(x_2 + \frac{1}{2}d)^2 + x_3^2}{a_2^2} \leq 1\right\} .$$

[19] Eine solche Anordnung zweier Drähte wird in der Elektronik als Lechner-Leitung bezeichnet.

(b) Zeigen Sie, dass das skalare Potential entlang des Drahts mit der Ladung $\pm q$ für $a_2 \ll d \ll a_1$ durch $\Phi_2(\lambda a_1 \hat{\mathbf{e}}_1 \pm \frac{d}{2}\hat{\mathbf{e}}_2) \sim \pm\frac{q}{4\pi\varepsilon_0 a_1}\ln\big(\frac{d}{a_2}/\sqrt{1-\lambda^2}\big)$ gegeben ist. Welchen Effekt hat der Faktor $\sqrt{1-\lambda^2}$ auf die Ladungsverteilungen der Drähte? Warum hat dieser Faktor für hinreichend große Werte des Parameters d/a_2 nur einen geringen Einfluss auf das Potential?

(c) Berechnen Sie das elektrische Feld $\mathbf{E} = -\boldsymbol{\nabla}\Phi_2$ in der Nähe der Drähte, d. h. für Ortsvektoren $\mathbf{x} = \lambda a_1 \hat{\mathbf{e}}_1 + x_2\hat{\mathbf{e}}_2 + x_3\hat{\mathbf{e}}_3$ mit $|\lambda| < 1$ und $\sqrt{x_2^2 + x_3^2} \ll a_1$. Skizzieren Sie den Feldverlauf in der (x_2, x_3)-Ebene für ein festes $|\lambda| < 1$.

Folgern Sie aus **(b)** für $a_2 \ll d \ll a_1$: $\Phi_2(\lambda a_1 \hat{\mathbf{e}}_1 \pm \frac{d}{2}\hat{\mathbf{e}}_2) \sim \pm\frac{q}{4\pi\varepsilon_0 a_1}\ln\big(\frac{d}{a_2}\big)$. Der Potentialunterschied der beiden Drähte ist für $a_2 \ll d \ll a_1$ also gegeben durch $V \equiv \Phi_2(\lambda a_1 \hat{\mathbf{e}}_1 + \frac{d}{2}\hat{\mathbf{e}}_2) - \Phi_2(\lambda a_1 \hat{\mathbf{e}}_1 - \frac{d}{2}\hat{\mathbf{e}}_2) \sim \frac{q}{2\pi\varepsilon_0 a_1}\ln\big(\frac{d}{a_2}\big)$. Wir definieren die elektrische Kapazität des durch die beiden Drähte gebildeten Kondensators als $C \equiv q/V$.

(d) Zeigen Sie für die Kapazität *pro Längeneinheit*: $\gamma \equiv C/2a_1 = \pi\varepsilon_0/\ln\big(\frac{d}{a_2}\big)$.

Aufgabe 2.9 Quasi-eindimensionale Lösungen der Wellengleichung

Wir betrachten quasi-eindimensionale Lösungen der *homogenen* Wellengleichung, die translationsinvariant in Richtungen parallel zur $\mathbf{e}_2$-$\mathbf{e}_3$-Ebene sind und daher die Form $\mathbf{A} = \mathbf{A}(x_1, t)$ haben. Die Anfangsbedingung soll allgemein sein:

$$\left(\frac{1}{c^2}\frac{\partial^2}{\partial t^2} - \frac{\partial^2}{\partial x_1^2}\right)\mathbf{A} = \mathbf{0} \quad , \quad \mathbf{A}(x_1, 0) \equiv \mathbf{A}_0(x_1) \quad , \quad \frac{\partial \mathbf{A}}{\partial t}(x_1, 0) = \dot{\mathbf{A}}_0(x_1) \; .$$

Die Lösung dieses Anfangswertproblems ist laut Gleichung (2.38) gegeben durch:

$$\mathbf{A}(x_1, t) = \tfrac{1}{2}[\mathbf{A}_0(x_1 - ct) + \mathbf{A}_0(x_1 + ct)] + \frac{1}{2c}\int_{x_1 - ct}^{x_1 + ct} dy\; \dot{\mathbf{A}}_0(y) \; .$$

(a) Berechnen Sie die Lösung $\mathbf{A}(x_1, t)$ für die Anfangsbedingungen $\dot{\mathbf{A}}_0(x_1) = \mathbf{0}$ sowie $\mathbf{A}_0(x_1) = A\,\Theta\big(1 - \frac{2|x_1|}{a}\big)\hat{\mathbf{e}}_3$ mit Konstanten $A > 0$ und $a > 0$.

(b) Berechnen Sie die Lösung $\mathbf{A}(x_1, t)$ für die Anfangsbedingungen $\mathbf{A}_0(x_1) = \mathbf{0}$ sowie $\dot{\mathbf{A}}_0(x_1) = \frac{1}{a}\dot{A}\,\Theta\big(1 - \frac{2|x_1|}{a}\big)\hat{\mathbf{e}}_3$ mit Konstanten $\dot{A} > 0$ und $a > 0$.

Skizzieren Sie in beiden Fällen $A_3(x_1, t)$ für $t = 0$ und eine typische Zeit $t > 0$.

Aufgabe 2.10 Die Grundlösung der Helmholtz-Gleichung ($d = 3$)

Die Grundlösung (oder Green'sche Funktion) der Helmholtz-Gleichung ist die Lösung u der Gleichung

$$(\Delta_d + \lambda)\, u(\mathbf{x}) = -\,\delta^{(d)}(\mathbf{x}) \qquad (\lambda > 0 \; , \; \mathbf{x} \in \mathbb{R}^d) \; , \tag{2.70}$$

wobei Δ_d den d-dimensionalen Laplace-Operator und $\delta^{(d)}(\mathbf{x})$ die d-dimensionale Deltafunktion bezeichnet:

$$\Delta_d = \sum_{\ell=1}^{d}\frac{\partial^2}{\partial x_\ell^2} \quad , \quad \delta^{(d)}(\mathbf{x}) = \prod_{\ell=1}^{d}\delta(x_\ell) \quad , \quad \Delta_3 = \sum_{\ell=1}^{3}\frac{\partial^2}{\partial x_\ell^2} \equiv \Delta \; .$$

Hier beschränken wir uns auf den dreidimensionalen Fall ($d = 3$) und nehmen an, dass u die Randbedingung $u \to 0$ für $|\mathbf{x}| \to \infty$ erfüllt. Aufgrund der sphärischen Symmetrie des Problems beschränken wir uns auf Lösungen der Form $u(\mathbf{x}) = \bar{u}(r)$ mit $r \equiv |\mathbf{x}|$, sodass $\Delta U = \frac{1}{r}\frac{d^2}{dr^2}(r\bar{u})$ gilt.

(a) Leiten Sie aus (2.70) eine gewöhnliche Differentialgleichung für $\bar{u}(r)$ her, gültig für alle $r > 0$. Zeigen Sie, dass die Lösung dieser Differentialgleichung die Form $\bar{u}(r) = A\left[\frac{\cos(\sqrt{\lambda}r)}{r} + B\frac{\sin(\sqrt{\lambda}r)}{r}\right]$ hat.

(b) Zeigen Sie mit Hilfe des Gauß'schen Satzes, dass $A = \frac{1}{4\pi}$ gilt, während B beliebig ist. Wie erklären Sie die Unbestimmtheit von B physikalisch?

(c) Zeigen Sie, dass

$$\Phi(\mathbf{x}) = \int d^3x'\; u(\mathbf{x} - \mathbf{x}')\,\mu(\mathbf{x}') \tag{2.71}$$

eine Lösung der inhomogenen Helmholtz-Gleichung $(\Delta + \lambda)\Phi(\mathbf{x}) = -\mu(\mathbf{x})$ zur Randbedingung $\Phi(\mathbf{x}) \to 0$ für $|\mathbf{x}| \to \infty$ ist. Der Träger von μ soll hierbei *räumlich beschränkt* sein.

(d) Erläutern Sie die Relevanz der Gleichungen (2.70) und (2.71) für die Bestimmung der retardierten Green'schen Funktion $G(\mathbf{x}, t)$ der dreidimensionalen Wellengleichung, die durch die Beziehung $\Box G(\mathbf{x}, t) = \delta(\mathbf{x})\delta(t - 0^+)$ definiert ist, bzw. für die Lösung der inhomogenen Wellengleichung $\Box G(\mathbf{x}, t) = \mu(\mathbf{x}, t)$.

Aufgabe 2.11 Der Quadrupoltensor in der Elektrostatik

Wir betrachten zunächst als Spezialfall eine statische Ladungsverteilung $\rho(\mathbf{x})$ in einem begrenzten dreidimensionalen Raumbereich mit der Eigenschaft, dass sich das skalare Potential $\Phi(\mathbf{x})$ für $x \equiv |\mathbf{x}| \to \infty$ verhält wie

$$\Phi(\mathbf{x}) = \int d^3x'\; \frac{\rho(\mathbf{x}')}{4\pi\varepsilon_0|\mathbf{x} - \mathbf{x}'|} \sim \frac{(\hat{\mathbf{x}})^{\mathrm{T}}Q\hat{\mathbf{x}}}{4\pi\varepsilon_0 x^3} \quad (|\mathbf{x}| \to \infty)\,.$$

Hierbei ist $Q = \int d^3x\; \rho(\mathbf{x})\left(\frac{3}{2}\mathbf{x}\mathbf{x}^{\mathrm{T}} - \frac{1}{2}x^2\mathbb{1}\right)$ der Quadrupoltensor in kartesischen Koordinaten; wir definieren $\hat{\mathbf{x}} \equiv \mathbf{x}/|\mathbf{x}|$.

(a) Bestimmen Sie den numerischen Wert der Integrale $\int d^3x\; \rho(\mathbf{x})$ und $\int d^3x\; \rho(\mathbf{x})\mathbf{x}$.

Wir nehmen nun an, dass die statische Ladungsverteilung $\rho(\mathbf{x})$ beliebig ist, sodass auch die in **(a)** betrachteten Integrale allgemeine Werte annehmen können.

(b) Zeigen Sie, dass der Quadrupoltensor Q *spurfrei* ist. Wie viele unabhängige Parameter werden benötigt, um die symmetrische spurfreie Matrix Q allgemein zu beschreiben? Wie viele unabhängige Parameter werden benötigt, um den ($\ell = 2$)-Term der Multipolentwicklung – wie in Abschnitt [2.2.3] – in *sphärischen* Koordinaten zu beschreiben?

(c) Wie wird der Quadrupoltensor Q in kartesischen Koordinaten transformiert, wenn die Ladungsverteilung gemäß $\mathbf{x} \to \mathbf{x}' \equiv \mathbf{x} + \mathbf{x}_0$ im Ortsraum verschoben wird? Wie wird Q transformiert, wenn die Ladungsverteilung gemäß $\mathbf{x} \to \mathbf{x}' = R(\boldsymbol{\alpha})\mathbf{x}$ im Ortsraum gedreht wird?

Im Folgenden betrachten wir ein geladenes Ellipsoid $\mathcal{D} \equiv \left\{ \mathbf{x} \,\middle|\, \frac{x_1^2}{a_1^2} + \frac{x_2^2}{a_2^2} + \frac{x_3^2}{a_3^2} \leq 1 \right\}$ mit drei unterschiedlichen Achsen a_1, a_2 und a_3. Die Gesamtladung des Ellipsoids sei q. Wir untersuchen drei mögliche Verteilungen dieser Gesamtladung über das Ellipsoid sowie in **(g)** eine Drehung.

(d) Zuerst nehmen wir an, dass sich in den sechs Punkten $\mathbf{x} = \pm a_1\hat{\mathbf{e}}_1$, $\pm a_2\hat{\mathbf{e}}_2$ und $\pm a_3\hat{\mathbf{e}}_3$ jeweils eine Punktladung $\frac{1}{6}q$ befindet. Berechnen Sie den Quadrupoltensor Q dieser Ladungsverteilung.

(e) Nun nehmen wir an, dass die Ladung homogen über das Ellipsoid $\mathcal{D}$ verteilt ist. Berechnen Sie den Quadrupoltensor Q dieser Ladungsverteilung.

(f) Drittens nehmen wir an, dass das Ellipsoid ein *Leiter* ist, sodass sich die Ladung an der Oberfläche befindet [vgl. Aufgabe 2.6 **(a)**]. Berechnen Sie den Quadrupoltensor Q dieser Ladungsverteilung. **Hinweis:** In Aufgabe 2.7 wurde bereits gezeigt, dass das skalare Potential in diesem Fall durch

$$\Phi(\mathbf{x}) = \frac{q}{8\pi\varepsilon_0} \int_\xi^\infty d\xi' \, \frac{1}{R(\xi')}$$

gegeben ist, wobei $\xi(\mathbf{x})$ und $R(\xi)$ in Aufgabe 2.7 definiert werden.

(g) Bestimmen Sie den Quadrupoltensor Q für den Fall, dass die Ladungsverteilung aus **(d)** um einen Winkel α um die $\hat{\mathbf{e}}_2$-Achse gedreht wird. Bestimmen Sie Q explizit für $\alpha = \frac{\pi}{4}$.

Aufgabe 2.12 Green'sche Funktion der Wellengleichung ($d = 1, 2$) (P)

Bestimmen Sie die Fourier-Transformierten $\hat{G}_d(\mathbf{x}, \omega) = \frac{1}{\sqrt{2\pi}} \int dt \; G_d(\mathbf{x}, t) e^{i\omega t}$ der Green'schen Funktionen G_2 und G_1 in Gleichung (2.63b):

$$\textbf{(a)} \quad G_2(\mathbf{x}, t) = \frac{c}{2\pi} \frac{\Theta(ct - |\mathbf{x}| - 0^+)}{\sqrt{(ct)^2 - |\mathbf{x}|^2}} \quad , \quad \textbf{(b)} \quad G_1(x, t) = \tfrac{1}{2} c \, \Theta(ct - |x| - 0^+) \; .$$

Hinweis: Bei der Berechnung von $\hat{G}_2$ empfiehlt es sich, in einem Handbuch für mathematische Funktionen speziell das Kapitel über Bessel-Funktionen zu Rate zu ziehen. Außerdem sollte die Fourier-Transformation von $\hat{G}_1$ umsichtig durchgeführt werden, da sie in ihrer Standardform an der Obergrenze Konvergenzprobleme aufweist. Wir definieren die Fourier-Transformation für $d = 1$ daher wie folgt:

$$\hat{G}_1(\mathbf{x}, \omega) \equiv \int \frac{dt}{\sqrt{2\pi}} \, G_1(\mathbf{x}, t) e^{i(\omega + i0^+)t} = \lim_{\epsilon \downarrow 0} \int \frac{dt}{\sqrt{2\pi}} \, G_1(\mathbf{x}, t) e^{(i\omega - \epsilon)t} \; .$$

Aufgabe 2.13 Die Lösung der Wellengleichung in höheren Dimensionen und das immerwährende Leuchten (PP)

In dieser Aufgabe betrachten wir die Wellengleichung in einem unendlich ausgedehnten d-dimensionalen System. Wir werden untersuchen, ob ein z. Z. $t = 0$ erzeugtes elektromagnetisches Signal in höheren Dimensionen nach endlicher Zeit erlischt, ähnlich wie in $d = 3$, oder gerade ewig nachleuchtet, wie es in $d = 2$ der Fall ist. Wir werden feststellen, dass die Antwort entscheidend davon abhängt, ob die räumliche Dimension d gerade oder ungerade ist. Ein weiterer Zweck dieser Aufgabe ist, zu demonstrieren, wie man die für $d = 2$ und $d = 3$ bekannten Polar- bzw. Kugelkoordinaten auf den d-dimensionalen Fall verallgemeinern kann. Sphärische Koordinaten $(r, \boldsymbol{\theta})$ in d Dimensionen enthalten außer dem Radius $r \geq 0$ noch $(d-1)$ Winkelkoordinaten $\boldsymbol{\theta} = (\theta_1, \theta_2, \ldots, \theta_{d-1})$. Der Zusammenhang zwischen den kartesischen Koordinaten $\mathbf{x} = (x_1, x_2, \ldots, x_d)$ und den sphärischen Koordinaten $(r, \boldsymbol{\theta})$ lässt sich wie folgt kompakt darstellen:

$$x_k = r\cos(\theta_{k-1}) \prod_{\ell=k}^{d} [\sin(\theta_\ell)] \qquad (k = 1, \ldots, d) ,$$

wobei wir die Hilfsgrößen $\theta_0 \equiv 0$ und $\theta_d \equiv \pi/2$ eingeführt haben.

(a) Überprüfen Sie, dass diese verallgemeinerte Definition die üblichen Polar- und Kugelkoordinaten in $d = 2$ und $d = 3$ einschließt. Berechnen Sie für eine allgemeine Raumdimension $d \geq 2$ die Basisvektoren

$$\mathbf{e}_r \equiv \frac{\partial \mathbf{x}}{\partial r} \Big/ \left|\frac{\partial \mathbf{x}}{\partial r}\right| \quad , \quad \mathbf{e}_{\theta_k} \equiv \frac{\partial \mathbf{x}}{\partial \theta_k} \Big/ \left|\frac{\partial \mathbf{x}}{\partial \theta_k}\right| \qquad (k = 1, \ldots, d-1)$$

und überprüfen Sie, dass diese orthonormal sind. Berechnen Sie auch die Jacobi-Determinante für die Transformation auf d-dimensionale sphärische Koordinaten und den infinitesimalen Raumwinkel $d\Omega_d$ in d Dimensionen. Welche Werte haben das Volumen $V_d(r)$ einer d-dimensionalen Kugel mit Radius r und die Fläche $S_d(r)$ der entsprechenden Kugelschale?

Wir betrachten nun das Anfangswertproblem für die d-dimensionale homogene Wellengleichung, wobei die *Träger* von f und g, also die Raumbereiche, in denen f und g ungleich null sind, räumlich begrenzt sein sollen:

$$\Delta u = \frac{1}{c^2}\frac{\partial^2 u}{\partial t^2} \quad , \quad \Delta \equiv \sum_{i=1}^{d} \frac{\partial^2}{\partial x_i^2} \quad , \quad u(\mathbf{x}, 0) = f(\mathbf{x}) \quad , \quad \frac{\partial u}{\partial t}(\mathbf{x}, 0) = g(\mathbf{x}) .$$

Hierbei stellt u physikalisch eine Komponente A_i des Vektorpotentials, E_i des elektrischen Feldes oder B_i des Magnetfelds dar $(i = 1, 2, 3)$. Aufgrund der bekannten Lösungen in $d = 2$ und $d = 3$ erwarten wir, dass auch in höheren Dimensionen der Mittelwert $M_{\mathbf{x},ct}[g]$ der Funktion g, berechnet über eine Kugel mit Radius ct und Mittelpunkt $\mathbf{x}$, eine Schlüsselrolle bei der Lösung der Wellengleichung spielt. Die Verallgemeinerung von $M_{\mathbf{x},ct}[g]$ auf den d-dimensionalen Fall lautet:

$$M_{\mathbf{x},ct}[g] \equiv \frac{1}{S_d(1)} \int d\Omega_d \; g(\mathbf{x} + ct\mathbf{e}_r) ,$$

wobei $S_d(r)$ die Fläche einer d-dimensionalen Kugel mit Radius r darstellt.

(b) Zeigen Sie, dass $M_{\mathbf{x},ct}[g]$ die folgende, eng mit der Wellengleichung verwandte Differentialgleichung erfüllt:

$$\Delta M = \frac{1}{c^2}\left(\frac{\partial^2 M}{\partial t^2} + \frac{d-1}{t}\frac{\partial M}{\partial t}\right) \quad , \quad M(\mathbf{x}, 0) = g(\mathbf{x}) \quad , \quad \frac{\partial M}{\partial t}(\mathbf{x}, 0) = 0 .$$

(c) Folgern Sie hieraus, dass die Lösung der Wellengleichung mit den Anfangsbedingungen $f(\mathbf{x})$ und $g(\mathbf{x})$ in *ungeraden* Dimensionen $d = 2n + 1$ mit $n \in \mathbb{N}$ die Form

$$u(\mathbf{x}, t) = u_g(\mathbf{x}, t) + \frac{\partial u_f}{\partial t}(\mathbf{x}, t)$$

hat, wobei wir definieren:

$$u_g(\mathbf{x}, t) \equiv \frac{S_d(1)}{4\pi^n} \frac{\partial^{n-1}}{\partial \tau^{n-1}} \left\{ \tau^{n-1/2} M_{\mathbf{x},ct}[g] \right\} \quad , \quad \tau \equiv t^2 \, .$$

(d) Wie erhält man hieraus die Lösung in *geraden* Dimensionen $d = 2n$ $(n \in \mathbb{N})$?

(e) Diskutieren Sie das Langzeitverhalten der Lösung $u(\mathbf{x}, t)$, abhängig von der räumlichen Dimension d. In welchen Dimensionen erlischt ein Signal nach endlicher Zeit? In welchen Dimensionen tritt ein *Nacheffekt* auf und herrscht ein immerwährendes, allmählich schwächer werdendes Nachleuchten?

(f) Bestimmen Sie mit Hilfe der Ergebnisse von **(c)** und **(d)** die Lösung einer *inhomogenen* Wellengleichung mit allgemeinen Anfangsbedingungen $f(\mathbf{x})$ und $g(\mathbf{x})$ in höheren Dimensionen.

(g) Überprüfen Sie mit Hilfe der Ergebnisse von **(f)**, dass die retardierte Green'sche Funktion der Wellengleichung in allgemeinen *ungeraden* Raumdimensionen $d = 2n + 1$ mit $n \in \mathbb{N}$ das Huygens'sche Prinzip erfüllt.

(h) Überprüfen Sie analog, dass die retardierte Green'sche Funktion in allgemeinen *geraden* Raumdimensionen das Huygens'sche Prinzip verletzt.

(i) Berechnen Sie die Fourier-transformierte retardierte Green'sche Funktion der Wellengleichung $\hat{G}_d(\mathbf{x}, \omega)$ in allgemeinen Raumdimensionen $d \geq 2$ explizit, indem Sie [analog zur Vorgehensweise im dreidimensionalen Fall, siehe (2.58)] die entsprechende Helmholtz-Gleichung lösen.

Kapitel 3

Relativistisches Kompendium

Die klassische Elektrodynamik kann nur im Rahmen der *Speziellen Relativitätstheorie* konsistent beschrieben werden. Dies bedeutet, dass ihre Gesetze forminvariant (oder auch *kovariant*) unter *Lorentz-Transformationen* zwischen Inertialsystemen sein müssen. Wir haben bereits in Kapitel [1] festgestellt, dass die Elektrodynamik als Gesamttheorie zwei eng miteinander gekoppelte Teilprozesse beschreibt, nämlich die Zeitentwicklung der *elektromagnetischen Felder* für fest vorgegebene Ladungs- und Stromdichten ρ und $\mathbf{j}$ sowie die Dynamik klassischer geladener *Teilchen* für fest vorgegebene Felder $\mathbf{E}$ und $\mathbf{B}$. Es ist daher unbedingt erforderlich, dass die Beschreibungen *beider* Teilprozesse forminvariant unter derselben Transformationsgruppe sind, damit die physikalischen Gesetze in allen Inertialsystemen gleich lauten. Da die Zeitentwicklung der *Felder*, die von den Maxwell-Gleichungen beschrieben wird, *Lorentz-kovariant* ist,[1] folgt, dass auch die Dynamik der Teilchen forminvariant unter Lorentz-Transformationen sein *muss*.

Die relativistische Struktur der Elektrodynamik ist daher für alle weiteren Entwicklungen in diesem Buch fundamental wichtig. Aus diesem Grund werden die wichtigsten Aspekte der Speziellen Relativitätstheorie, die bereits ausführlich in Ref. [11] behandelt wurde, in diesem Kapitel noch einmal kompakt zusammengefasst. Dieses Kompendium soll drei Zwecke erfüllen: Es soll sämtliche Informationen bereitstellen, die wir für den weiteren Ausbau der Elektrodynamik benötigen. Es soll die Spezielle Relativitätstheorie für all diejenigen, die diese Theorie bereits aus anderer Quelle kennen, kompakt, kohärent und nachvollziehbar darstellen. Es soll außerdem die Theorie für diejenigen, die mit ihr noch nicht vertraut sind, weitestgehend nachvollziehbar und verständlich darstellen; für detaillierte Herleitungen und Hintergrundinformationen wird dann gelegentlich auf Ref. [11] verwiesen.

Dieses Kapitel hat die folgende Struktur: Zuerst, in Abschnitt [3.1], besprechen wir die *Postulate* der Speziellen Relativitätstheorie. Aus den Postulaten folgt direkt, dass physikalische Größen im Rahmen der Relativitätstheorie gemäß der *Poincaré*- bzw. *Lorentz-Gruppe* transformiert werden. Die entsprechenden Transformationen werden in Abschnitt [3.2] behandelt. In Abschnitt [3.3] zeigen wir die physikalischen Folgen dieser *Lorentz-Kovarianz*. Die bequeme und kompakte *4-Schreibweise* wird in Abschnitt [3.4] eingeführt. Abschnitt [3.5] zeigt, wie die Poincaré- und die

[1]Dies wird in Abschnitt 5.9.2 von Ref. [11] gezeigt. Dass die Maxwell-Gleichungen z. B. die *Galilei*-Kovarianz der Newton'schen Mechanik verletzen, folgt aus Abschnitt 5.1 von Ref. [11].

P. van Dongen, *Klassische Elektrodynamik*, https://doi.org/10.1007/978-3-662-69830-3_3

Lorentz-Gruppe in 4-Notation zu formulieren sind. In Abschnitt [3.6] behandeln wir die für die Elektrodynamik wichtigen physikalischen Größen, die gemäß der Lorentz-Gruppe transformiert werden. Wir betrachten dabei *4-Skalare*, *4-Vektoren* und allgemeiner *4-Tensoren*. Der *elektromagnetische Feldtensor* und seine wichtigsten Eigenschaften sowie die darauf aufbauende relativistisch korrekte Formulierung der *Lorentz-Kraft* werden separat in Abschnitt [3.7] besprochen.

3.1 Postulate der Speziellen Relativitätstheorie

Wie jeder andere Pfeiler der Theoretischen Physik auch, basiert die Spezielle Relativitätstheorie auf *Postulaten*. Die drei grundlegenden Annahmen der Speziellen Relativitätstheorie und ihre physikalischen Konsequenzen für die *Dynamik klassischer Teilchen* wurden bereits ausführlich in Ref. [11] behandelt. Wir fassen die wichtigsten Begriffe kurz zusammen. Im ersten Postulat wird das *Relativitätsprinzip* formuliert, das die Existenz von *Inertialsystemen* fordert:

P1: Es existieren überabzählbar viele *Inertialsysteme*, in denen alle physikalischen Gesetze zu jedem Zeitpunkt gleich sind.

Dieses Postulat ist deshalb so wichtig, weil es gewährleistet, dass die physikalischen Gesetze *allgemeingültig* sind, d. h. nicht nur in einem speziellen Bezugssystem gelten, sondern für unendlich viele Beobachter in unendlich vielen Bezugssystemen, die als „Inertialsysteme" bezeichnet werden. In der Relativitätstheorie sind Inertialsysteme spezielle Bezugssysteme, die durch *Lorentz-Transformationen* miteinander verbunden sind. Solche Transformationen lassen die Metrik der Raum-Zeit invariant, sodass diese in allen Inertialsystemen gleich ist.

Diese Invarianz der Metrik wird vom *zweiten* Postulat (in der Form **P2′**) ausgedrückt. Wir formulieren dieses zweite Postulat zuerst in einer Form ohne Bezug auf *Abstände*, die stattdessen die zentrale Rolle der *Lichtgeschwindigkeit* hervorhebt:

P2: Die Lichtgeschwindigkeit im Vakuum hat in allen Inertialsystemen denselben Wert $c = 2{,}99792458 \cdot 10^8$ m/s.

Das zweite Postulat bedeutet physikalisch, dass die Ausbreitungsgeschwindigkeit c von Information in der relativistischen Theorie eine *endliche, universelle* Konstante ist (also gültig in *jedem* Inertialsystem). Eine zu **P2** äquivalente Formulierung des zweiten Postulats lautet, dass der *„Abstand infinitesimal benachbarter Ereignisse"* oder kurz *„infinitesimale Abstand"* ds beobachter*un*abhängig (d. h. invariant unter Lorentz-Transformationen) ist. Das Quadrat des infinitesimalen Abstands ist durch

$$\boxed{(ds)^2 = c^2(dt)^2 - (d\mathbf{x})^2}$$

gegeben. Dieses Abstandsquadrat stellt somit eine der zentralen Größen der Relativitätstheorie dar. Die geometrische Formulierung des zweiten Postulats der *Speziellen Relativitätstheorie*, basierend auf dem *Abstandsbegriff*, lautet daher:

P2′: Das *infinitesimale Abstandsquadrat* $(ds)^2 = c^2(dt)^2 - (d\mathbf{x})^2$ ist eine *absolute* Größe, d. h. in allen Inertialsystemen *gleich*.

Das *dritte* Postulat ist das *deterministische Prinzip*. In Ref. [11] wurde es zur Beschreibung der Bewegung von *Teilchen* angewandt. Es gilt aber in der klassischen Elektrodynamik genauso für die Dynamik der *Felder*. Das dritte Postulat lautet:

P3: Die Zeitentwicklung der Teilchen und Felder ist in der klassischen Elektrodynamik für *alle* Zeiten durch die Vorgabe sämtlicher Koordinaten und Geschwindigkeiten zu einem *einzelnen* Zeitpunkt vollständig festgelegt.

Hierbei sind die *Koordinaten* und *Geschwindigkeiten* für die Teilchen wie üblich durch $\{\mathbf{x}_i(t_0), \dot{\mathbf{x}}_i(t_0)\}$ gegeben. Für die Felder sind hiermit die Anfangswerte der elektromagnetischen Potentiale $\Phi(\mathbf{x}, t_0)$ und $\mathbf{A}(\mathbf{x}, t_0)$ sowie ihrer Zeitableitungen $\frac{\partial \Phi}{\partial t}(\mathbf{x}, t_0)$ und $\frac{\partial \mathbf{A}}{\partial t}(\mathbf{x}, t_0)$ im ganzen Ortsraum ($\mathbf{x} \in \mathbb{R}^3$) gemeint. Über die Postulate **P1**, **P2** bzw. **P2′** und **P3** hinaus gibt es weitere, meist implizite Annahmen bzgl. der Homogenität sowie der Isotropie des Raums und der Zeit.

3.1.1 Das zweite Postulat und die Eigenzeit

Das zweite Postulat in der Form **P2′** unterscheidet sich fundamental vom entsprechenden Postulat der *nicht-relativistischen* Physik, in dem sowohl *Zeit*differenzen als auch Abstände im *Raum* als absolut (beobachterunabhängig) angesehen werden. Das Postulat **P2′** dagegen besagt, dass in der Speziellen Relativitätstheorie der infinitesimale Abstand ds *invariant* ist unter Koordinatentransformationen von einem Inertialsystem in ein anderes:

$$\boxed{(ds)^2 = (ds')^2 \, .} \tag{3.1}$$

Hierbei stellt ds den Abstand zweier *infinitesimal* benachbarter Ereignisse bei den Raumzeitkoordinaten $(\mathbf{x}, t)$ und $(\mathbf{x} + d\mathbf{x}, t + dt)$ in einem Inertialsystem K dar und ist durch

$$(ds)^2 = c^2(dt)^2 - (d\mathbf{x})^2 \tag{3.2}$$

gegeben. Analog gilt in einem beliebigen Inertialsystem K' für den Abstand ds' der entsprechenden infinitesimal benachbarten Ereignisse bei den Raumzeitkoordinaten $(\mathbf{x}', t')$ und $(\mathbf{x}' + d\mathbf{x}', t' + dt')$:

$$(ds')^2 = c^2(dt')^2 - (d\mathbf{x}')^2 \, .$$

Nach dem zweiten Postulat sind die Abstände ds und ds' also gleich, unabhängig von der Wahl der Inertialsysteme K und K'. Umgekehrt gilt auch: Falls K ein Inertialsystem ist und die infinitesimalen Abstände in K und K' stets gleich sind: $(ds)^2 = (ds')^2$, dann ist auch K' ein Inertialsystem.

Hierbei werden *positive* Abstandsquadrate, $(ds)^2 > 0$, in denen das Quadrat $c^2(dt)^2$ der *Zeit*differenz dominiert, als *zeitartig* bezeichnet. *Negative* Abstandsquadrate, $(ds)^2 < 0$, in denen das *räumliche* Abstandsquadrat $(d\mathbf{x})^2$ dominiert, werden entsprechend als *raumartig* bezeichnet. Abstandsquadrate, die gleich null sind, $(ds)^2 = 0$, heißen *lichtartig*, da die beiden Ereignisse in diesem Fall durch ein Lichtsignal verbunden werden können: $\left|\frac{d\mathbf{x}}{dt}\right| = c$.

Für *zeitartige* Abstandsquadrate, d. h. $(ds)^2 > 0$, kann man mit dem invarianten infinitesimalen Abstand ds eine invariante infinitesimale *Zeit* $d\tau$ verknüpfen:

$$d\tau \equiv \frac{ds}{c} = \sqrt{1 - \frac{1}{c^2}\left(\frac{d\mathbf{x}}{dt}\right)^2}\,dt = \sqrt{1 - \left(\frac{u}{c}\right)^2}\,dt = \sqrt{1-\beta_u^2}\,dt = \frac{dt}{\gamma_u} \,. \tag{3.3}$$

Wir verwendeten die Definitionen und Notationen:

$$\mathbf{u} \equiv \frac{d\mathbf{x}}{dt} \quad , \quad u \equiv |\mathbf{u}| \quad , \quad \beta_u \equiv \frac{u}{c} \quad , \quad \gamma_u \equiv \frac{1}{\sqrt{1-\beta_u^2}} \,.$$

Gleichung (3.3) besagt, dass für ein bewegtes Bezugssystem B, das sich mit der Geschwindigkeit $\mathbf{u}(t)$ relativ zu einem Inertialsystem K bewegt, oder auch konkret für ein *Teilchen* mit der Geschwindigkeit $\mathbf{u}(t)$ in K, die Zeit $d\tau = \frac{dt}{\gamma_u}$ vergeht, wenn die unbewegte Uhr in K die Zeitdauer dt anzeigt. Die Zeit τ stellt physikalisch die *Eigenzeit* des Bezugssystems B dar. Durch Integration von (3.3) ergibt sich die während eines *endlichen* Zeitintervalls in K vergangene *Eigenzeit* von B:

$$\boxed{\tau_2 - \tau_1 = \int_{\tau_1}^{\tau_2} d\tau = \int_{t_1}^{t_2} dt\,\sqrt{1-\beta_u(t)^2} \,.} \tag{3.4}$$

Gleichung (3.4) zeigt, dass die bewegte Uhr in B *langsamer* läuft als die im Inertialsystem K ruhende Uhr. Wenn also zwei Uhren U_1 und U_2 anfangs im Inertialsystem K zur selben Zeit am selben Ort sind und dort ruhen, U_1 auch weiterhin in K verbleibt und U_2 sich entlang einer geschlossenen Schleife bewegt, sodass beide Uhren schließlich wieder zusammentreffen und in K ruhen, dann ist U_2 aufgrund von (3.3) und (3.4) im Vergleich zu U_1 zurückgeblieben. Dieses Resultat wurde von Einstein (1905) als „Theorem“ bezeichnet und später von Paul Langevin (1911) als *Uhren-* oder *Zwillingsparadoxon*. An Gleichung (3.4) ist aber nichts Paradoxes; sie ist eine klare Konsequenz der Postulate der Speziellen Relativitätstheorie.

3.2 Poincaré- und Lorentz-Transformationen

In diesem Abschnitt betrachten wir die möglichen Transformationen, die zwei Inertialsysteme K und K' in der Speziellen Relativitätstheorie miteinander verbinden und somit die relativistische Verallgemeinerung der Galilei-Transformationen der Newton'schen Mechanik darstellen. Die mögliche Form solcher Transformationen wird stark eingeschränkt durch die vom zweiten Postulat geforderten *Invarianz* des in Gleichung (3.2) definierten infinitesimalen Abstands ds:

$$(ds)^2 = c^2(dt)^2 - (d\mathbf{x})^2 = \begin{pmatrix} c\,dt \\ d\mathbf{x} \end{pmatrix}^{\mathrm{T}} G \begin{pmatrix} c\,dt \\ d\mathbf{x} \end{pmatrix} \quad , \quad G = \begin{pmatrix} 1 & \mathbf{0}^{\mathrm{T}} \\ \mathbf{0} & -\mathbb{1}_3 \end{pmatrix} \quad , \quad G^2 = \mathbb{1}_4 \,.$$

Die Invarianz von $(ds)^2$ bedeutet, dass die *Differentiale* der Koordinaten zweier Inertialsysteme K und K' mit $\mathbf{v}_{\mathrm{rel}}(K', K) = \mathbf{v}$ durch eine *homogene* lineare Abbildung Λ miteinander verknüpft sein müssen und die Koordinaten selbst daher im Allgemeinen durch eine *inhomogene* lineare Abbildung:

$$\boxed{\begin{pmatrix} c\,dt' \\ d\mathbf{x}' \end{pmatrix} = \Lambda(\mathbf{v}, \boldsymbol{\alpha}) \begin{pmatrix} c\,dt \\ d\mathbf{x} \end{pmatrix} \quad , \quad \begin{pmatrix} ct' \\ \mathbf{x}' \end{pmatrix} = \Lambda(\mathbf{v}, \boldsymbol{\alpha}) \begin{pmatrix} ct \\ \mathbf{x} \end{pmatrix} + \begin{pmatrix} a_0 \\ \mathbf{a} \end{pmatrix} .} \tag{3.5}$$

Das Argument $\mathbf{v}$ der Transformationsmatrix Λ stellt physikalisch die *Relativgeschwindigkeit* $\mathbf{v}_{\mathrm{rel}}(K', K)$ der Inertialsysteme K und K' dar und das Argument $\boldsymbol{\alpha} = \alpha\hat{\boldsymbol{\alpha}}$ mit $|\hat{\boldsymbol{\alpha}}| = 1$ einen *Drehvektor* mit Drehwinkel α und Drehachse $\hat{\boldsymbol{\alpha}}$.

Die homogene lineare Abbildung Λ wird als *Lorentz-Transformation* bezeichnet, die allgemeine inhomogene lineare Transformation der Koordinaten als *Poincaré-Transformation*. Der inhomogene Anteil $\binom{a_0}{\mathbf{a}}$ der Poincaré-Transformation entspricht geometrisch einer *Translation*. Falls dieser inhomogene Anteil *null* ist: $\binom{a_0}{\mathbf{a}} = \binom{0}{\mathbf{0}}$, sodass effektiv keine Translation stattfindet, wird die Poincaré-Transformation einfach als *Lorentz-Transformation* bezeichnet. Für Lorentz-Transformationen gilt also, dass der Ursprung $\binom{ct}{\mathbf{x}} = \binom{0}{\mathbf{0}}$ der Raum-Zeit im Inertialsystem K auch im Inertialsystem K' als Ursprung der Raum-Zeit gemessen wird: $\binom{ct'}{\mathbf{x}'} = \binom{0}{\mathbf{0}}$.

Die mögliche *Form* der Transformationsmatrix Λ in (3.5) wird durch die Forderung (3.1) der *Invarianz* des infinitesimalen Abstandsquadrats festgelegt:

$$\begin{pmatrix} c\,dt \\ d\mathbf{x} \end{pmatrix}^{\mathrm{T}} G \begin{pmatrix} c\,dt \\ d\mathbf{x} \end{pmatrix} = (ds)^2 = (ds')^2 = \begin{pmatrix} c\,dt' \\ d\mathbf{x}' \end{pmatrix}^{\mathrm{T}} G \begin{pmatrix} c\,dt' \\ d\mathbf{x}' \end{pmatrix} = \begin{pmatrix} c\,dt \\ d\mathbf{x} \end{pmatrix}^{\mathrm{T}} \tilde{\Lambda} G \Lambda \begin{pmatrix} c\,dt \\ d\mathbf{x} \end{pmatrix} .$$

Da diese Identität für *alle* möglichen infinitesimalen Werte von $\binom{c\,dt}{d\mathbf{x}}$ gelten soll, muss die Transformationsmatrix Λ die folgende *Konsistenzgleichung* erfüllen:

$$\boxed{G = \tilde{\Lambda} G \Lambda \quad , \quad \tilde{\Lambda}_{ij} \equiv \Lambda_{ji} \qquad (i, j = 0, 1, 2, 3) \ .} \tag{3.6}$$

Statt der üblichen Notation Λ^{T} verwenden wir hierbei die Schreibweise $\tilde{\Lambda}$ für die *gespiegelte* (4×4)-Matrix: $\tilde{\Lambda}_{ij} = \Lambda_{ji}$, da die *Transposition* „T“ in der Speziellen Relativitätstheorie (in 4-Notation) eine etwas andere Bedeutung hat, siehe Gleichung (3.30). Die Konsistenzgleichung (3.6) legt die mögliche Form der Lorentz-Transformationen Λ komplett fest. Für alle anderen Größen G als (4×4)-Matrizen, also z. B. für *Vektoren* oder für *(3 × 3)-Matrizen*, behalten wir die Notation G^{T} („Transposition“) für die Spiegelung an der Hauptdiagonalen bei.

3.2.1 Die Lorentz-Gruppe

Aufgrund der Konsistenzgleichung (3.6) ist die Gesamtheit aller Lorentz-Transformationen durch

$$\mathcal{L} \equiv \{\, \Lambda \,|\, \tilde{\Lambda} G \Lambda = G \,\}$$

gegeben. Die Menge $\mathcal{L}$ bildet im mathematischen Sinn eine *Gruppe*, die sogenannte *Lorentz-Gruppe*. Aus der Bestimmungsgleichung für die Lorentz-Transformationen $G\tilde{\Lambda}G\Lambda = \mathbb{1}_4$ folgt außerdem direkt, dass allgemein $[\det(\Lambda)]^2 = 1$ gilt:

$$1 = \det(\mathbb{1}_4) = \det(G\tilde{\Lambda}G\Lambda) = \det(G^2)\det(\tilde{\Lambda})\det(\Lambda) = [\det(\Lambda)]^2 \ .$$

Hieraus ergibt sich $\det(\Lambda) = \pm 1$. Transformationen mit $\det(\Lambda) = +1$ bezeichnet man als „eigentliche“ Lorentz-Transformationen ($\Lambda \in \mathcal{L}_+$) und solche mit $\Lambda_{00} > 0$ als „orthochron“ ($\Lambda \in \mathcal{L}^{\uparrow}$), da t' dann eine monoton *ansteigende* Funktion von t ist. Für alle orthochronen Lorentz-Transformationen gilt sogar $\Lambda_{00} \geq 1$. Innerhalb der Lorentz-Gruppe $\mathcal{L}$ ist die *eigentliche orthochrone* Lorentz-Gruppe $\mathcal{L}_+^{\uparrow}$ am wichtigsten, deren Elemente die beiden Bedingungen $\Lambda_{00} \geq 1$ und $\det(\Lambda) = +1$ erfüllen. Zu dieser Untergruppe $\mathcal{L}_+^{\uparrow}$ von $\mathcal{L}$ gehören die gewöhnlichen Drehungen um eine feste

Achse und die Geschwindigkeitstransformationen im Orts-Zeit-Raum, die auch als „Boosts" bezeichnet werden. Im Folgenden befassen wir uns ausschließlich mit der eigentlichen orthochronen Lorentz-Gruppe $\mathcal{L}_+^\uparrow$.[2]

Drehungen

Die *Drehungen* $\Lambda_{\mathrm{R}}(\boldsymbol{\alpha})$ werden durch einen Drehvektor $\boldsymbol{\alpha} = \alpha\hat{\boldsymbol{\alpha}}$ mit Drehachse $\hat{\boldsymbol{\alpha}}$ und Drehwinkel α charakterisiert. Sie bilden eine Untergruppe der eigentlichen orthochronen Lorentz-Gruppe $\mathcal{L}_+^\uparrow$. Für den Spezialfall einer Drehung hat die Lorentz-Transformation Λ die Form

$$\boxed{\Lambda_{\mathrm{R}}(\boldsymbol{\alpha}) = \begin{pmatrix} 1 & \mathbf{0}^{\mathrm{T}} \\ \mathbf{0} & R(\boldsymbol{\alpha}) \end{pmatrix} ,} \tag{3.7a}$$

wobei die Wirkung der (3×3)-Matrix $R(\boldsymbol{\alpha})$ auf einen beliebigen Ortsvektor $\mathbf{x} \in \mathbb{R}^3$ gegeben ist durch:

$$R(\boldsymbol{\alpha})\mathbf{x} = \hat{\boldsymbol{\alpha}}(\hat{\boldsymbol{\alpha}} \cdot \mathbf{x}) - \hat{\boldsymbol{\alpha}} \times (\hat{\boldsymbol{\alpha}} \times \mathbf{x}) \cos(\alpha) + (\hat{\boldsymbol{\alpha}} \times \mathbf{x}) \sin(\alpha) \,. \tag{3.7b}$$

Man sieht leicht ein, dass Transformationen der Form (3.7a) mit $R \in SO(3)$ zur Lorentz-Untergruppe $\mathcal{L}_+^\uparrow$ gehören: Sie erfüllen nämlich die beiden Bedingungen $\Lambda_{00} \geq 1$ und $\det(\Lambda) = +1$ und außerdem die Konsistenzgleichung $G = \tilde{\Lambda} G \Lambda$ in (3.6), da diese sich für Matrizen der Form (3.7a) auf $\mathbb{1}_3 = R^{\mathrm{T}} R$ reduziert.

Geschwindigkeitstransformationen

Wir betrachten nun mögliche Geschwindigkeitstransformationen Λ_{B} (oder auch *Boosts*) zwischen zwei Inertialsystemen K und K' mit der *Relativgeschwindigkeit* $\mathbf{v}_{\mathrm{rel}}(K', K) \equiv \mathbf{v}$. Wir nehmen an, dass *keine* zusätzliche Drehung oder Translation des Koordinatensystems K' relativ zu K auftritt: $\boldsymbol{\alpha} = \mathbf{0}$ und $\binom{a_0}{\mathbf{a}} = \binom{0}{\mathbf{0}}$. Die Form derartiger Geschwindigkeitstransformationen wird durch die (4×4)-Matrix

$$\boxed{\Lambda_{\mathrm{B}}(\mathbf{v}) \equiv \begin{pmatrix} \gamma & -\gamma\boldsymbol{\beta}^{\mathrm{T}} \\ -\gamma\boldsymbol{\beta} & \mathbb{1}_3 + (\gamma - 1)\hat{\boldsymbol{\beta}}\hat{\boldsymbol{\beta}}^{\mathrm{T}} \end{pmatrix} \quad , \quad \boldsymbol{\beta} = \beta\hat{\boldsymbol{\beta}} \quad , \quad \gamma = \frac{1}{\sqrt{1-\beta^2}}} \tag{3.8}$$

mit $|\hat{\boldsymbol{\beta}}| = 1$ beschrieben, wobei $\hat{\boldsymbol{\beta}}\hat{\boldsymbol{\beta}}^{\mathrm{T}}$ als Dyade aufzufassen ist. Man überprüft durch Substitution, dass auch $\Lambda_{\mathrm{B}}(\mathbf{v})$ in (3.8) für alle $|\beta| < 1$ die Konsistenzgleichung $G = \tilde{\Lambda} G \Lambda$ in (3.6) erfüllt. Durch diese Geschwindigkeitstransformation werden die Koordinaten in K gemäß Gleichung (3.5) in Koordinaten in K' überführt:

$$\begin{pmatrix} ct' \\ \mathbf{x}' \end{pmatrix} = \begin{pmatrix} \gamma(ct - \beta x_\parallel) \\ \mathbf{x}_\perp + \gamma(x_\parallel - vt)\hat{\boldsymbol{\beta}} \end{pmatrix} , \tag{3.9}$$

wobei $x_\parallel \equiv \mathbf{x} \cdot \hat{\boldsymbol{\beta}}$ die Projektion von $\mathbf{x}$ auf die $\hat{\boldsymbol{\beta}}$-Richtung und $\mathbf{x}_\perp \equiv \mathbf{x} - x_\parallel\hat{\boldsymbol{\beta}}$ den dazu senkrechten Anteil darstellt.

[2]Nicht enthalten in der eigentlichen orthochronen Lorentz-Gruppe sind also die Inversion und der Zeitumkehr, die im Folgenden keine Rolle spielen. Die Untergruppe $\mathcal{L}_+^\uparrow$ hat den weiteren Vorteil, dass ihre Elemente stetig mit der Identität $\mathbb{1}_4$ der Gruppe verbunden werden können.

Alternative Darstellung der „Boosts“

Da die Relativgeschwindigkeit $\mathbf{v}$ der Bezugssysteme K und K' nach oben durch die Lichtgeschwindigkeit beschränkt wird, kann man alternativ parametrisieren:

$$\mathbf{v} = c\tanh(\phi)\hat{\boldsymbol{\beta}} \quad , \quad \boldsymbol{\beta} = \tanh(\phi)\hat{\boldsymbol{\beta}} \quad , \quad \beta = \tanh(\phi) \; .$$

Der Parameter ϕ wird hierbei als *Rapidität* bezeichnet; umgekehrt gilt die Beziehung $\phi = \operatorname{artanh}(\beta)$. Aus dieser Parametrisierung folgt:

$$\gamma = \left(1-\beta^2\right)^{-1/2} = \left[1-\tanh^2(\phi)\right]^{-1/2} = \cosh(\phi) \quad , \quad \gamma\beta = \sinh(\phi) \; . \tag{3.10}$$

Setzt man diese Parametrisierung in $\Lambda_{\mathrm{B}}(\mathbf{v})$ aus Gleichung (3.8) ein, erhält man die folgende *hyperbolische* Form der Matrix Λ_{B}:

$$\boxed{\Lambda_{\mathrm{B}}(\phi,\hat{\boldsymbol{\beta}}) = \mathbb{1}_4 + \begin{pmatrix} [\cosh(\phi)-1] & -\sinh(\phi)\hat{\boldsymbol{\beta}}^{\mathrm{T}} \\ -\sinh(\phi)\hat{\boldsymbol{\beta}} & [\cosh(\phi)-1]\hat{\boldsymbol{\beta}}\hat{\boldsymbol{\beta}}^{\mathrm{T}} \end{pmatrix} .} \tag{3.11a}$$

Die Beziehung zwischen den Koordinaten in K und K' ist für die hyperbolische Darstellung der Boosts gegeben durch:

$$\begin{pmatrix} ct' \\ \mathbf{x}' \end{pmatrix} = \begin{pmatrix} \cosh(\phi)ct - \sinh(\phi)(\mathbf{x}\cdot\hat{\boldsymbol{\beta}}) \\ -\sinh(\phi)ct\hat{\boldsymbol{\beta}} + [\mathbf{x}-(\mathbf{x}\cdot\hat{\boldsymbol{\beta}})\hat{\boldsymbol{\beta}}] + \cosh(\phi)(\mathbf{x}\cdot\hat{\boldsymbol{\beta}})\hat{\boldsymbol{\beta}} \end{pmatrix} . \tag{3.11b}$$

Die hyperbolische $(\hat{\boldsymbol{\beta}},\phi)$-Darstellung der Geschwindigkeitstransformation ist für manche Zwecke praktischer als (3.8) in der $(\boldsymbol{\beta},\gamma)$-Sprache.

Allgemeine Lorentz-Transformationen $\boldsymbol{\Lambda} \in \mathcal{L}_+^\uparrow$

Die Untergruppe $\mathcal{L}_+^\uparrow$ der Lorentz-Gruppe ist eine *kontinuierliche Gruppe* oder *Lie-Gruppe* und hat dann auch die entsprechende Struktur: Eine endliche Lorentz-Transformation Λ kann als Produkt vieler „kleiner“ Lorentz-Transformationen $\Lambda^{1/n}$ geschrieben werden, die für $n \gg 1$ nur geringfügig von der Identität abweichen: $\Lambda = \lim_{n\to\infty}(\Lambda^{1/n})^n$. Diese Eigenschaft vereinfacht die Behandlung solcher Transformationen sehr stark. Wir zeigen diese Vereinfachungen allgemein, d. h. für beliebige Lorentz-Transformationen $\Lambda \in \mathcal{L}_+^\uparrow$.

Hierzu schreiben wir für die *endliche* Lorentz-Transformation: $\Lambda = e^{-\Omega}$ bzw. $\Omega \equiv -\ln(\Lambda)$, sodass die „kleine“ Lorentz-Transformation $\Lambda^{1/n}$ wie folgt um die Identität entwickelt werden kann:

$$\Lambda^{1/n} = e^{\frac{1}{n}\ln(\Lambda)} = e^{-\frac{1}{n}\Omega} = \sum_{m=0}^{\infty}\frac{1}{m!}\left(-\tfrac{1}{n}\Omega\right)^m = \mathbb{1}_4 - \tfrac{1}{n}\Omega + \mathcal{O}\left(\tfrac{1}{n^2}\right) \qquad (n\to\infty) \; .$$

Durch Einsetzen dieser Entwicklung in die Bedingungsgleichung $\tilde{\Lambda}^{1/n}G\Lambda^{1/n} = G$ für Lorentz-Transformationen folgt die weitere Bedingungsgleichung $\tilde{\Omega}G + G\Omega = \mathbb{O}_4$ bzw. $\tilde{\Omega} = -G\Omega G$ für die (4×4)-Matrix Ω.

Um die Form von Ω zu bestimmen, parametrisieren wir diese Matrix mit einer reellen Zahl ω_0, zwei reellen dreidimensionalen Vektoren $\boldsymbol{\omega}_1$ und $\boldsymbol{\omega}_2$ und einer reellen (3×3)-Matrix Ω_3:

$$\begin{pmatrix} \omega_0 & \boldsymbol{\omega}_1^{\mathrm{T}} \\ \boldsymbol{\omega}_2 & \Omega_3^{\mathrm{T}} \end{pmatrix} = \tilde{\Omega} = -G\begin{pmatrix} \omega_0 & \boldsymbol{\omega}_2^{\mathrm{T}} \\ \boldsymbol{\omega}_1 & \Omega_3 \end{pmatrix}G = -\begin{pmatrix} \omega_0 & -\boldsymbol{\omega}_2^{\mathrm{T}} \\ -\boldsymbol{\omega}_1 & \Omega_3 \end{pmatrix} = \begin{pmatrix} -\omega_0 & \boldsymbol{\omega}_2^{\mathrm{T}} \\ \boldsymbol{\omega}_1 & -\Omega_3 \end{pmatrix} .$$

Aus dem Vergleich der beiden Seiten dieser Gleichung folgt $\omega_0 = 0$ sowie $\boldsymbol{\omega}_1 = \boldsymbol{\omega}_2$ und $\Omega_3^{\mathrm{T}} = -\Omega_3$. Wir können also $\boldsymbol{\omega}_1 = \boldsymbol{\omega}_2 = \boldsymbol{\phi}$ und $\Omega_3 = i\boldsymbol{\alpha}\cdot\boldsymbol{\ell}$ setzen, wobei $\boldsymbol{\phi} \in \mathbb{R}^3$ und $\boldsymbol{\alpha} \in \mathbb{R}^3$ beliebige reelle Vektoren sind und die Komponenten von $\boldsymbol{\ell} = (\ell_1, \ell_2, \ell_3)^{\mathrm{T}}$ die üblichen (3×3)-Drehmatrizen darstellen:

$$\ell_1 \equiv \begin{pmatrix} 0 & 0 & 0 \\ 0 & 0 & -i \\ 0 & i & 0 \end{pmatrix} \quad , \quad \ell_2 \equiv \begin{pmatrix} 0 & 0 & i \\ 0 & 0 & 0 \\ -i & 0 & 0 \end{pmatrix} \quad , \quad \ell_3 \equiv \begin{pmatrix} 0 & -i & 0 \\ i & 0 & 0 \\ 0 & 0 & 0 \end{pmatrix} .$$

Der zusätzliche Faktor i in $\Omega_3 = i\boldsymbol{\alpha}\cdot\boldsymbol{\ell} = -\Omega_3^{\mathrm{T}}$ wurde eingeführt, damit die drei Drehmatrizen ℓ_k *hermitesch* sind. Mit Hilfe der Definitionen:

$$L_k \equiv \begin{pmatrix} 0 & \mathbf{0}^{\mathrm{T}} \\ \mathbf{0} & \ell_k \end{pmatrix} \quad , \quad M_k \equiv \begin{pmatrix} 0 & \hat{\mathbf{e}}_k^{\mathrm{T}} \\ \hat{\mathbf{e}}_k & \mathbb{O}_3 \end{pmatrix} \tag{3.12}$$

ist die „kleine" Lorentz-Transformation $\Lambda^{1/n} = e^{-\frac{1}{n}\Omega}$ für $n \to \infty$ also darstellbar in der Form

$$\boxed{\Lambda\big(\tfrac{\boldsymbol{\alpha}}{n}, \tfrac{\boldsymbol{\phi}}{n}\big) \equiv \Lambda^{1/n} = e^{-\frac{1}{n}\Omega} = \mathbb{1}_4 - \tfrac{1}{n}\big(i\boldsymbol{\alpha}\cdot\mathbf{L} + \boldsymbol{\phi}\cdot\mathbf{M}\big) + \mathcal{O}\big(\tfrac{1}{n^2}\big) .} \tag{3.13}$$

Die n-te Potenz der „kleinen" Lorentz-Transformation ergibt nun im Limes $n \to \infty$ eine „große" Lorentz-Transformation $\Lambda \in \mathcal{L}_+^{\uparrow}$ in Exponentialform:

$$\begin{aligned} \Lambda(\boldsymbol{\alpha}, \boldsymbol{\phi}) &\equiv \lim_{n\to\infty} \big[\Lambda\big(\tfrac{\boldsymbol{\alpha}}{n}, \tfrac{\boldsymbol{\phi}}{n}\big)\big]^n = \lim_{n\to\infty} \exp\big\{n \ln\big[\Lambda\big(\tfrac{\boldsymbol{\alpha}}{n}, \tfrac{\boldsymbol{\phi}}{n}\big)\big]\big\} \\ &= \lim_{n\to\infty} \exp\big\{n \ln\big[\mathbb{1}_4 - \tfrac{1}{n}\big(i\boldsymbol{\alpha}\cdot\mathbf{L} + \boldsymbol{\phi}\cdot\mathbf{M}\big) + \mathcal{O}\big(\tfrac{1}{n^2}\big)\big]\big\} \\ &= \lim_{n\to\infty} \exp\big\{n\big[-\tfrac{1}{n}\big(i\boldsymbol{\alpha}\cdot\mathbf{L} + \boldsymbol{\phi}\cdot\mathbf{M}\big) + \mathcal{O}\big(\tfrac{1}{n^2}\big)\big]\big\} = e^{-i\boldsymbol{\alpha}\cdot\mathbf{L} - \boldsymbol{\phi}\cdot\mathbf{M}} . \end{aligned} \tag{3.14}$$

Eine allgemeine Lorentz-Transformation $\Lambda(\boldsymbol{\alpha}, \boldsymbol{\phi}) \in \mathcal{L}_+^{\uparrow}$ kann also immer durch die Berechnung einer (4×4)-Exponentialmatrix bestimmt werden. Der dreidimensionale Vektor $\boldsymbol{\alpha}$ kann wie üblich als *Drehvektor* interpretiert werden und der Betrag ϕ des Vektors $\boldsymbol{\phi} = \phi\hat{\boldsymbol{\beta}}$ als *Rapidität*.

Die sechs Matrizen $\{L_k\}$ und $\{M_k\}$ sind die *Erzeuger* der eigentlichen orthochronen Lorentz-Gruppe $\mathcal{L}_+^{\uparrow}$ und erfüllen relativ einfache Vertauschungsrelationen:

$$\boxed{\begin{aligned} [L_k, L_l] &= i\varepsilon_{klm} L_m \\ [M_k, M_l] &= i\varepsilon_{klm} L_m \\ [L_k, M_l] &= i\varepsilon_{klm} M_m . \end{aligned}} \tag{3.15}$$

Die Vertauschungsbeziehungen zeigen erstens, dass die Algebra der drei Matrizen $\{L_k\}$ in sich geschlossen ist. Sie zeigen außerdem, dass der Kommutator zweier Matrizen M_k und M_l eine *Dreh*matrix L_m ergibt und der Kommutator zweier Matrizen L_k und M_l eine M_m-Matrix. Die Algebra der $\mathbf{M}$-Matrizen ist somit an diejenige der $\mathbf{L}$-Matrizen gekoppelt, wobei die *Gesamtalgebra* der sechs $(\mathbf{M}, \mathbf{L})$-Matrizen *geschlossen* ist.

3.3 Physikalische Folgen der Lorentz-Kovarianz

Bei der Untersuchung der physikalischen Folgen der Lorentz-Kovarianz konzentrieren wir uns auf *Geschwindigkeitstransformationen*, da die Wirkung von *Drehungen* gut bekannt ist. Im Falle einer Geschwindigkeitstransformation wird die Lorentz-Transformation durch Gleichung (3.9) gegeben:

$$\begin{pmatrix} ct' \\ \mathbf{x}'_\perp + x'_\parallel \hat{\boldsymbol{\beta}} \end{pmatrix} = \begin{pmatrix} ct' \\ \mathbf{x}' \end{pmatrix} = \begin{pmatrix} \gamma(ct - \beta x_\parallel) \\ \mathbf{x}_\perp + \gamma(x_\parallel - vt)\hat{\boldsymbol{\beta}} \end{pmatrix} .$$

Hierbei wurde $x'_\parallel \equiv \mathbf{x}' \cdot \hat{\boldsymbol{\beta}}$ als Projektion von $\mathbf{x}'$ auf die $\hat{\boldsymbol{\beta}}$-Richtung definiert und $\mathbf{x}'_\perp$ als der dazu senkrechte Anteil. Ein Vergleich beider Seiten dieser Gleichung zeigt erstens, dass bei beliebigen Geschwindigkeitstransformationen zwischen Inertialsystemen offenbar $\mathbf{x}'_\perp = \mathbf{x}_\perp$ gilt, und zweitens, dass die parallelen Komponenten des Ortsvektors gemeinsam mit der Zeitvariablen transformiert werden:

$$\mathbf{x}'_\perp = \mathbf{x}_\perp \quad , \quad \begin{pmatrix} ct' \\ x'_\parallel \end{pmatrix} = \gamma \begin{pmatrix} 1 & -\beta \\ -\beta & 1 \end{pmatrix} \begin{pmatrix} ct \\ x_\parallel \end{pmatrix} . \tag{3.16}$$

Die Invarianz der orthogonalen Komponenten des Ortsvektors, $\mathbf{x}'_\perp = \mathbf{x}_\perp$, zeigt allgemein, dass Längen von geraden Strecken, die *senkrecht* auf der $\hat{\boldsymbol{\beta}}$-Richtung stehen, *invariant* unter solchen Geschwindigkeitstransformationen sind. Dies ist eine erste wichtige physikalische Folge der Lorentz-Kovarianz. Außerdem folgt aus dem Transformationsverhalten der parallelen Komponenten des Ortsvektors:

$$\boxed{\left|\begin{array}{l} t' = \gamma(t - \frac{v}{c^2}x_\parallel) \\ x'_\parallel = \gamma(x_\parallel - vt) \end{array}\right. \quad \text{oder umgekehrt:} \quad \left|\begin{array}{l} t = \gamma(t' + \frac{v}{c^2}x'_\parallel) \\ x_\parallel = \gamma(x'_\parallel + vt') . \end{array}\right.} \tag{3.17}$$

Die Gleichungen (3.17) implizieren zwei weitere wichtige physikalische Konsequenzen der Lorentz-Kovarianz, nämlich die *Lorentz-Kontraktion* oder *Längenkontraktion* und die *Zeitdilatation*, die wir in den nachfolgenden Abschnitten erklären:

$$\boxed{\ell' = \frac{\ell}{\gamma} \quad , \quad \Delta t = \gamma \Delta t' .}$$

Bei beiden Effekten betrachtet man zwei Inertialsysteme K' und K, wobei K' die Geschwindigkeit $\mathbf{v}_{\text{rel}}(K', K) = \mathbf{v}$ relativ zu K hat.

Lorentz-Kontraktion

Diese Konsequenz der Lorentz-Kovarianz wird klar, wenn man die Länge eines Maßstabs, der in K' ruht, dort parallel zu $\hat{\boldsymbol{\beta}}$ orientiert ist und in K'-Einheiten die Länge ℓ hat, im Inertialsystem K misst. Nach den Messungen von K wird der Stab *Lorentz-kontrahiert* sein, d. h. eine *kleinere* Länge ℓ' aufweisen: $\ell' < \ell$. Dies folgt aus Gleichung (3.17). Nehmen wir nämlich an, der Stab befinde sich in K' in Ruhe zwischen den Koordinaten $x'^{(1)}_\parallel$ und $x'^{(2)}_\parallel$, sodass $x'^{(2)}_\parallel - x'^{(1)}_\parallel = \ell$ gilt. Aus dem Transformationsgesetz $x'_\parallel = \gamma(x_\parallel - vt)$ in Gleichung (3.17) folgt, dass eine Längenmessung für den Stab zur Zeit t in K das folgende Ergebnis hat:

$$\ell' = x^{(2)}_\parallel - x^{(1)}_\parallel = \left(\frac{1}{\gamma}x'^{(2)}_\parallel + vt\right) - \left(\frac{1}{\gamma}x'^{(1)}_\parallel + vt\right) = \frac{1}{\gamma}\left(x'^{(2)}_\parallel - x'^{(1)}_\parallel\right) = \frac{\ell}{\gamma} . \tag{3.18}$$

In die Herleitung geht entscheidend ein, dass die Koordinaten $\mathbf{x}^{(1)}$ und $\mathbf{x}^{(2)}$ der Endpunkte in K *gleichzeitig* (zur selben Zeit t) bestimmt werden.

Aus (3.18) folgt, dass das *Volumen* V eines beliebigen Körpers, der in K' ruht, nach den Messungen von K um einen Faktor $\gamma^{-1} = \sqrt{1-\beta^2}$ kleiner ist, da es sich bei der Geschwindigkeitstransformation in der $\hat{\boldsymbol{\beta}}$-Richtung um diesen Faktor verringert und in den beiden Raumrichtungen senkrecht zu $\hat{\boldsymbol{\beta}}$ invariant ist.

Zeitdilatation

Auch die Zeitdilatation lässt sich mit Hilfe von Gleichung (3.17) nachweisen. Betrachten wir nämlich eine Uhr, die in K' ruht und anzeigt, dass zwischen zwei Ereignissen, die beide am Ort $(x'_\parallel, \mathbf{x}'_\perp)$ in K' stattfanden, die Zeit $\Delta t' = t'_2 - t'_1$ vergangen ist. Für einen Beobachter in K ist zwischen beiden Ereignissen aufgrund des Transformationsgesetzes $t = \gamma(t' + \frac{v}{c^2}x'_\parallel)$ sogar die Zeit

$$\Delta t = t_2 - t_1 = \gamma\Big(t'_2 + \frac{v}{c^2}x'_\parallel\Big) - \gamma\Big(t'_1 + \frac{v}{c^2}x'_\parallel\Big) = \gamma(t'_2 - t'_1) = \gamma\Delta t' \tag{3.19}$$

vergangen, sodass er zum Schluss kommt, dass die Uhr in K' nachgeht: Bewegte Uhren laufen langsamer. Dies konnten wir auch schon bei der Behandlung des Zwillingsparadoxons als Konsequenz von Gleichung (3.4) feststellen.

3.4 4-Schreibweise

Bereits die Definition des infinitesimalen Abstandsquadrat $(ds)^2 = c^2(dt)^2 - (d\mathbf{x})^2$ in Gleichung (3.2) zeigt, dass die bisherige Notation $\left(\begin{smallmatrix} c\,dt \\ d\mathbf{x}\end{smallmatrix}\right)$ für die Koordinaten der Raum-Zeit unbequem ist, da sie für die Berücksichtigung des *Minuszeichens* in der Definition die (4×4)-Matrix G benötigt:

$$(ds)^2 = \begin{pmatrix} d(ct) \\ d\mathbf{x} \end{pmatrix}^{\mathrm{T}} \begin{pmatrix} 1 & \mathbf{0}^{\mathrm{T}} \\ \mathbf{0} & -\mathbb{1}_3 \end{pmatrix} \begin{pmatrix} d(ct) \\ d\mathbf{x} \end{pmatrix} = \begin{pmatrix} d(ct) \\ d(-\mathbf{x}) \end{pmatrix} \cdot \begin{pmatrix} d(ct) \\ d\mathbf{x} \end{pmatrix} . \tag{3.20}$$

Neben den herkömmlichen Differentialen $\left(\begin{smallmatrix} c\,dt \\ d\mathbf{x}\end{smallmatrix}\right)$ benötigt man offenbar auch die Kombination $\left(\begin{smallmatrix} c\,dt \\ -d\mathbf{x}\end{smallmatrix}\right)$. Gleichung (3.20) zeigt bereits deutlich, dass diese Notation schnell sehr unbequem wird. Um dieses Ungemach zu beheben, verwendet man in der Relativitätstheorie die *4-Notation* oder *4-Schreibweise*.[3] Diese hat als weitere Vorteile, dass sie kompakt und effizient ist. Beispielsweise ermöglicht sie eine vierdimensionale Variante der *Summenkonvention* (Einstein-Notation), mit der man auch kompliziertere Größen als Vektoren wie z. B. *Tensoren* problemlos darstellen kann. Zur Unterscheidung von der *4-Notation* werden wir die Vektor-Matrix-Schreibweise in (3.20), die zwar auch vierkomponentige Vektoren verwendet, aber die Zeitvariable einzeln aufführt und für die Ortskomponenten explizit noch *3-Vektoren* wie $d\mathbf{x}$ und $d\mathbf{x}'$ enthält, als *3-Notation* bezeichnen. Übergänge von 4- zu 3-Notation werden im Folgenden immer durch ein „Warnschild" $4 \to 3$ und eventuelle Umkehrvorgänge durch ein weiteres „Warnschild" $3 \to 4$ gekennzeichnet.

[3] Wir beschränken uns in diesem Abschnitt auf die Beschreibung der 4-Schreibweise im Rahmen der *Speziellen* Relativitätstheorie.

4-Ortsvektoren

Wir definieren zuerst einen *kontravarianten 4-Ortsvektor* (x^μ), der die vier Raum-Zeit-Koordinaten $(ct, \mathbf{x}^{\mathrm{T}})$ beschreibt. Die Differentiale dieser Koordinaten spielen in den beiden Gleichungen (3.20) eine zentrale Rolle. Da die Raum-Zeit *vier*dimensional ist und der 4-Ortsvektor (x^μ) somit *vier* Komponenten hat, werden diese mit den *vier* Indizes $\mu = 0, 1, 2, 3$ bezeichnet. Hierbei gibt der Index $\mu = 0$ die zeitliche Komponente ct des 4-Ortsvektors an und die Indizes $\mu = 1, 2, 3$ die drei räumlichen Freiheitsgrade. Der 4-Ortsvektor hat daher die folgende Gestalt:

$$\boxed{(x^\mu) = (x^0, x^1, x^2, x^3) \overset{4\to 3}{\equiv} (ct, \mathbf{x}^{\mathrm{T}})\,.} \tag{3.21a}$$

Analog gilt für sein *kontravariantes* Differential:

$$\boxed{(dx^\mu) = (dx^0, dx^1, dx^2, dx^3) \overset{4\to 3}{\equiv} (c\,dt, d\mathbf{x}^{\mathrm{T}})\,.} \tag{3.21b}$$

Dieses kontravariante Differential hat also genau die gleiche Form wie der *rechte* der beiden infinitesimalen Vektoren auf der rechten Seite von Gleichung (3.20).

Neben dem kontravarianten 4-Ortsvektor (ohne Minuszeichen, mit den Indizes μ oben) führen wir den mit (x^μ) assoziierten *kovarianten* 4-Ortsvektor ein:

$$\boxed{(x_\mu) = (x_0, x_1, x_2, x_3) \overset{4\to 3}{\equiv} (ct, -\mathbf{x}^{\mathrm{T}})\,.} \tag{3.22a}$$

Wiederum kann der Index μ die vier Werte $0, 1, 2, 3$ annehmen, wobei $\mu = 0$ die zeitliche Komponente und $\mu = 1, 2, 3$ die drei räumlichen Freiheitsgrade bezeichnet. Der kovariante 4-Ortsvektor (x_μ) wird durch *zusätzliche Minuszeichen* in den drei *räumlichen* Komponenten gekennzeichnet und (zur Unterscheidung vom kontravarianten Vektor) mit den Indizes μ *unten angeordnet* notiert. Das Differential des kovarianten 4-Ortsvektors ist analog gegeben durch

$$\boxed{(dx_\mu) = (dx_0, dx_1, dx_2, dx_3) \overset{4\to 3}{\equiv} (c\,dt, -d\mathbf{x}^{\mathrm{T}})\,.} \tag{3.22b}$$

Dieses kovariante Differential hat also genau die gleiche Form wie der *linke* der beiden infinitesimalen Vektoren auf der rechten Seite von Gleichung (3.20). Effektiv wird durch die zusätzlichen Minuszeichen in der Definition von (x_μ) und (dx_μ) die Wirkung der Matrix G in (3.20) berücksichtigt.

Statt (x^μ) oder (x_μ) für den (kontra- bzw. kovarianten) 4-Ortsvektor werden wir im Folgenden gelegentlich einfach x schreiben. Analog können wir statt (dx^μ) oder (dx_μ) für das Differential dieser 4-Ortsvektoren gelegentlich dx schreiben.

Der metrische Tensor

Der Zweck des *metrischen Tensors* ist, die Wirkung der Matrix G in (3.20) zu berücksichtigen. Diese Beziehung zwischen den beiden Typen von 4-Ortsvektoren kann auch in 4-Schreibweise sichtbar gemacht werden. Der metrische Tensor ist entsprechend in der Form $(g_{\mu\nu})$ oder $(g^{\mu\nu})$ definiert durch

$$\boxed{(g_{\mu\nu}) \overset{4\to 3}{\equiv} \begin{pmatrix} 1 & \mathbf{0}^{\mathrm{T}} \\ \mathbf{0} & -\mathbb{1}_3 \end{pmatrix} \quad , \quad (g^{\mu\nu}) \overset{4\to 3}{\equiv} \begin{pmatrix} 1 & \mathbf{0}^{\mathrm{T}} \\ \mathbf{0} & -\mathbb{1}_3 \end{pmatrix}\,.} \tag{3.23}$$

Beide Größen $(g_{\mu\nu})$ oder $(g^{\mu\nu})$ haben eine (4×4)-Struktur und werden dementsprechend durch *zwei* Indizes $\mu, \nu = 0, 1, 2, 3$ charakterisiert. Der metrische Tensor $(g_{\mu\nu})$ (mit den Indizes *unten*) wird als *kovariant* und $(g^{\mu\nu})$ (mit den Indizes *oben*) als *kontravariant* bezeichnet.

Die Regeln der *Einstein-Konvention* in der 4-Notation sind einfach: Wenn in einem Ausdruck mit mehreren Indexvariablen exakt *zwei* dieser Indizes gleich sind *und* einer dieser Indizes *kontra-* und der andere *ko*variant ist, dann wird *implizit* (d. h. ohne ein Summenzeichen anzugeben) über diese beiden Indizes *summiert.* Wendet man die Einstein-Konvention beispielsweise auf den kontravarianten 4-Ortsvektor (x^μ) und den kovarianten metrischen Tensor $(g_{\mu\nu})$ an, so erhält man:

$$(g_{\mu\nu}x^\nu) = (x_\mu) \overset{4\to 3}{=} (ct, -\mathbf{x}^{\mathrm{T}}) \,.$$

Durch die Anwendung des metrischen Tensors wird also ein *kontra*varianter in einen *ko*varianten 4-Ortsvektor umgewandelt. Auch das Umgekehrte ist möglich:

$$(g^{\mu\nu}x_\nu) = (x^\mu) \overset{4\to 3}{=} (ct, \mathbf{x}^{\mathrm{T}}) \,.$$

Allgemeiner lernen wir, dass man den metrischen Tensor $(g_{\mu\nu})$ dazu verwenden kann, kontravariante Indizes *herunter*zuziehen (kovariant zu machen), und den Tensor $(g^{\mu\nu})$ dazu, kovariante Indizes *herauf*zuziehen (kontravariant zu machen).

Wir wenden die Möglichkeit, kontra- in ko- und ko- in kontravariante Indizes umzuwandeln, nun auf den metrischen Tensor selbst an:

$$g_\mu{}^\rho = g_{\mu\nu}g^{\nu\rho} = \begin{cases} 1 & (\text{für } \mu = \rho) \\ 0 & (\text{für } \mu \neq \rho) \,. \end{cases} \tag{3.24a}$$

Analog erhält man:

$$g^\rho{}_\mu = g^{\rho\nu}g_{\nu\mu} = g_{\mu\nu}g^{\nu\rho} = \begin{cases} 1 & (\text{für } \mu = \rho) \\ 0 & (\text{für } \mu \neq \rho) \,. \end{cases} \tag{3.24b}$$

Das Endergebnis ist in beiden Fällen dasselbe, nämlich die (4×4)-*Identität.* Die Tensoren $g_\mu{}^\rho$ und $g^\rho{}_\mu$ sind weder rein kontra- noch rein kovariant und werden als *gemischt* bezeichnet.

Wie beim 4-Ortsvektor x kann die Notation auch beim metrischen Tensor weiter kondensiert werden: Statt $(g_{\mu\nu})$ oder $(g^{\mu\nu})$ oder $(g_\mu{}^\rho)$ oder $(g^\rho{}_\mu)$ werden wir im Folgenden gelegentlich einfach g schreiben. Die Stellung der Indizes wird dabei durch die „Grammatik" der Einstein-Konvention vorgegeben. Als Beispiel betrachten wir die Gleichung $x = gx$. Man kann die Indizes auf vier verschiedene Weisen im Einklang mit der Einstein-Konvention anordnen:

$$x_\mu = g_{\mu\nu}x^\nu \quad , \quad x^\mu = g^{\mu\nu}x_\nu \quad , \quad x_\mu = g_\mu{}^\nu x_\nu \quad , \quad x^\mu = g^\mu{}_\nu x^\nu \,. \tag{3.25}$$

Alle vier Gleichungen sind grammatikalisch und inhaltlich korrekt. Man sollte nur darauf achten, dass die Indexvariable μ auf der linken Seite einer Gleichung den gleichen (kontra- oder kovarianten) Charakter hat wie auf der rechten Seite.

Mit Hilfe der Einstein-Konvention kann nun auch das Quadrat der infinitesimalen Eigenzeit $d\tau$ bzw. des Raum-Zeit-Intervalls ds kompakt formuliert werden:

$$\boxed{c^2(d\tau)^2 = (ds)^2 = c^2(dt)^2 - (d\mathbf{x})^2 = g_{\mu\nu}dx^\mu dx^\nu = dx_\mu dx^\mu \,.} \tag{3.26}$$

Vergleicht man die rechte Seite von (3.26) mit den letzten beiden Ausdrücken in der Gleichungskette (3.20), so fällt auf, dass die jetzige Form $dx_\mu dx^\mu$ für $(ds)^2$ erstens wegen der Verwendung der Einstein-Konvention kompakter ist und zweitens die Matrix G nicht mehr explizit zeigt, da diese nun implizit in dx_μ enthalten ist.

Skalarprodukte von 4-Vektoren

Die rechte Seite $dx_\mu dx^\mu$ in (3.26) ist ein erstes Beispiel für ein *Skalarprodukt* zweier 4-Vektoren, in diesem Fall des Differentials dx mit sich selbst.

Wir erinnern zuerst daran, dass der 4-Ortsvektor x und sein Differential dx bei Übergängen von einem Inertialsystem auf ein anderes mit Hilfe der *Lorentz-Gruppe* transformiert werden:

$$\begin{pmatrix} c\,dt' \\ d\mathbf{x}' \end{pmatrix} = \Lambda \begin{pmatrix} c\,dt \\ d\mathbf{x} \end{pmatrix} \quad \stackrel{3\to 4}{\longrightarrow} \quad (x')^\mu = \Lambda^\mu{}_\nu x^\nu \quad , \quad x' = \Lambda x \, . \tag{3.27}$$

Diese Gleichung zeigt außerdem, dass die Elemente der Matrix Λ in 3-Notation den Elementen $\Lambda^\mu{}_\nu$ der Lorentz-Transformation Λ in 4-Notation entsprechen, wobei also der erste Index μ *kontra*- und der zweite Index ν *ko*variant ist. Weitere Varianten der Lorentz-Transformation in 4-Notation erhält man durch Herauf- und Herunterziehen von Indizes mit Hilfe des metrischen Tensors:

$$\Lambda_{\mu\nu} = g_{\mu\rho}\Lambda^\rho{}_\nu \quad , \quad \Lambda^{\mu\nu} = g^{\rho\nu}\Lambda^\mu{}_\rho \quad , \quad \Lambda_\mu{}^\nu = g_{\mu\rho}\, g^{\nu\sigma}\Lambda^\rho{}_\sigma \, .$$

Diese verschiedenen Varianten von Λ sind *nicht* identisch: Jede Anwendung des metrischen Tensors versieht die räumlichen Indizes $1, 2, 3$ mit einem Minuszeichen.

Hiermit sind wir in der Lage, allgemeine *4-Vektoren* zu definieren: Jede physikalische Größe $(a^\mu) = (a^0, a^1, a^2, a^3)$, die unter Lorentz-Transformationen genauso transformiert wird wie der 4-Ortsvektor (x^μ),

$$\boxed{(a')^\mu = \Lambda^\mu{}_\nu a^\nu \, ,} \tag{3.28a}$$

ist ein *kontravarianter* 4-Vektor, jede Größe (a_μ), die wie (x_μ) transformiert wird,

$$\boxed{(a')_\mu = \Lambda_\mu{}^\nu a_\nu \quad , \quad \Lambda_\mu{}^\nu = g_{\mu\rho}\, g^{\nu\sigma}\Lambda^\rho{}_\sigma \, ,} \tag{3.28b}$$

ein *kovarianter* 4-Vektor. Die Beziehung zwischen dem ko- und dem kontravarianten 4-Vektor wird wie üblich mit Hilfe des metrischen Tensors hergestellt: $a_\mu = g_{\mu\nu}a^\nu$ bzw. $a^\mu = g^{\mu\nu}a_\nu$.

Das *Skalarprodukt* zweier unterschiedlicher 4-Vektoren a und b wird nun definiert durch

$$\boxed{a \cdot b \equiv a^\mu b_\mu = a_\mu b^\mu \, .} \tag{3.29}$$

Die Gleichheit der beiden Ausdrücke $a^\mu b_\mu$ und $a_\mu b^\mu$ sieht man z.B. wie folgt ein: $a^\mu b_\mu = a^\mu(g_{\mu\nu}b^\nu) = (a^\mu g_{\mu\nu})b^\nu = a_\nu b^\nu = a_\mu b^\mu$. Im letzten Schritt wurde lediglich der Summationsindex $\nu \to \mu$ umbenannt.

Das *Quadrat* $a^2 \equiv a \cdot a$ eines 4-Vektors ist durch das Skalarprodukt dieses 4-Vektors mit sich selbst gegeben:

$$a^2 \equiv a \cdot a = a^\mu a_\mu \, .$$

Dieses „Quadrat“ ist *nicht unbedingt positiv*: Vektoren mit $a^2 > 0$, $a^2 = 0$ oder $a^2 < 0$ werden zeit-, licht- oder raumartig genannt. Diese Nomenklatur geht auf diejenige für das infinitesimale Abstandsquadrat $(dx)^2 = (c\,dt)^2 - (d\mathbf{x})^2$ zurück.

Die Transposition in der Speziellen Relativitätstheorie

Wir haben gerade gelernt, dass das Skalarprodukt zweier 4-Vektoren a und b durch $a \cdot b \equiv a^\mu b_\mu = a_\mu b^\mu$ definiert wird und dass ein 4-Vektor unter Lorentz-Transformationen wie der 4-Ortsvektor x transformiert wird: $(a')^\mu = \Lambda^\mu{}_\nu a^\nu$. Hieraus folgt, dass ein Skalarprodukt, das im Inertialsystem K durch $a \cdot b$ gegeben ist, nach der Lorentz-Transformation (also in K') die Form $a' \cdot b' = \Lambda a \cdot \Lambda b$ hat. Wir *definieren* die Transposition Λ^{T} in der Speziellen Relativitätstheorie durch

$$\boxed{\Lambda a \cdot \Lambda b = \Lambda a \cdot b' \equiv a \cdot \Lambda^{\mathrm{T}} b' \quad , \quad b' \equiv \Lambda b\,.} \tag{3.30}$$

Die Beziehung zwischen Λ^{T} und der Lorentz-Transformation Λ kann wie folgt bestimmt werden:

$$a^\mu (\Lambda^{\mathrm{T}})_\mu{}^\nu (b')_\nu = a \cdot \Lambda^{\mathrm{T}} b' = \Lambda a \cdot b' = \big(\Lambda^\nu{}_\mu a^\mu\big)(b')_\nu = a^\mu \big(\Lambda^\nu{}_\mu (b')_\nu\big)\,.$$

Da diese Gleichung für beliebige 4-Vektoren a und b' gilt, kann man hieraus schließen (u. a. durch zusätzliches Herauf- und Herunterziehen von Indizes):

$$(\Lambda^{\mathrm{T}})_\mu{}^\nu = \Lambda^\nu{}_\mu \quad , \quad (\Lambda^{\mathrm{T}})^{\mu\nu} = \Lambda^{\nu\mu} \quad , \quad (\Lambda^{\mathrm{T}})_{\mu\nu} = \Lambda_{\nu\mu} \quad , \quad (\Lambda^{\mathrm{T}})^\mu{}_\nu = \Lambda_\nu{}^\mu\,. \tag{3.31}$$

Die letzte dieser vier Gleichungen zeigt, dass die transponierte Lorentz-Transformation *nicht* (wie im Falle einer dreidimensionalen Drehung) der *gespiegelten* Matrix $(\tilde{\Lambda})^\mu{}_\nu \equiv \Lambda^\nu{}_\mu$ entspricht:

$$\boxed{(\Lambda^{\mathrm{T}})^\mu{}_\nu = \Lambda_\nu{}^\mu = g_{\nu\rho} g^{\mu\sigma} \Lambda^\rho{}_\sigma \neq \Lambda^\nu{}_\mu\,.}$$

Stattdessen erhalten die gemischt räumlich-zeitlichen Matrixelemente (mit $\mu = 0$ und $\nu = 1,2,3$ oder $\nu = 0$ und $\mu = 1,2,3$) ein zusätzliches Minuszeichen.

3.5 Die Poincaré- und Lorentz-Gruppen

Poincaré-Transformationen sind uns bereits aus Abschnitt [3.2] bekannt. Sie haben die allgemeine Form

$$\boxed{x^\mu \mapsto (x')^\mu = \Lambda^\mu{}_\nu x^\nu + a^\mu\,,} \tag{3.32}$$

die zeigt, dass sie aus einem homogenen Anteil $(x')^\mu = \Lambda^\mu{}_\nu x^\nu$, der *Lorentz*-Transformation, und einer *Translation* $(x')^\mu = x^\mu + a^\mu$ zusammengesetzt sind. Hierbei soll (a^μ) also *konstant*, d. h. orts- und zeit*un*abhängig sein. Aus Gleichung (3.27) ist bekannt, dass $\Lambda^\mu{}_\nu$ gleich dem entsprechenden Matrixelement von Λ in 3-Notation ist. Außerdem wissen wir aus Gleichung (3.6), dass Lorentz-Transformationen in der 3-Notation die Bestimmungsgleichung $G = \tilde{\Lambda} G \Lambda$ erfüllen. Wir möchten diese Bestimmungsgleichung nun in die 4-Notation übersetzen.

Auch die Bestimmungsgleichung für Lorentz-Transformationen in der 4-Notation folgt aus der Invarianz $(ds)^2 = (ds')^2$ des quadratischen infinitesimalen Abstands. Diese Invarianz bedeutet konkret in 4-Notation:

$$g_{\rho\sigma} dx^\rho dx^\sigma = (ds)^2 \stackrel{!}{=} (ds')^2 = g_{\mu\nu}(dx')^\mu (dx')^\nu = g_{\mu\nu} \Lambda^\mu{}_\rho \Lambda^\nu{}_\sigma dx^\rho dx^\sigma \ ,$$

wobei im letzten Schritt das Transformationsverhalten des Differentials dx verwendet wurde: $(dx')^\mu = \Lambda^\mu{}_\nu dx^\nu$ und analog für $(dx')^\nu$. Vergleicht man nun die linke mit der rechten Seite der Gleichungskette und verwendet die Unabhängigkeit der Differentiale dx^ρ bzw. dx^σ, so erhält man die folgende Konsistenzgleichung für Λ:

$$g_{\rho\sigma} = g_{\mu\nu} \Lambda^\mu{}_\rho \Lambda^\nu{}_\sigma = (\Lambda^{\mathrm{T}})_\rho{}^\mu \, g_{\mu\nu} \Lambda^\nu{}_\sigma = (\Lambda^{\mathrm{T}} g \Lambda)_{\rho\sigma} \ . \tag{3.33a}$$

Wir haben somit die gesuchte Bestimmungsgleichung für Lorentz-Transformationen in der 4-Notation erhalten:

$$\boxed{g = \Lambda^{\mathrm{T}} g \Lambda \ .} \tag{3.33b}$$

Insbesondere folgt aus der Identität $g = \Lambda^{\mathrm{T}} g \Lambda$ bei einer Anordnung der Indizes entlang der „Hauptdiagonalen“ (d. h. links-oben und rechts-unten):

$$g^\rho{}_\sigma = (\Lambda^{\mathrm{T}} g \Lambda)^\rho{}_\sigma = (\Lambda^{\mathrm{T}})^\rho{}_\mu g^\mu{}_\nu \Lambda^\nu{}_\sigma = (\Lambda^{\mathrm{T}})^\rho{}_\mu \Lambda^\mu{}_\sigma \ .$$

Folglich ist Λ^{T}, betrachtet als *Matrix*, die zu Λ *inverse* Matrix:

$$\boxed{(\Lambda^{-1})^\rho{}_\mu = (\Lambda^{\mathrm{T}})^\rho{}_\mu = \Lambda_\mu{}^\rho \ .} \tag{3.34}$$

Die in 4-Notation formulierte Gleichung (3.33b) ist das Pendant der Bestimmungsgleichung $G = \tilde{\Lambda} G \Lambda$ in 3-Notation, siehe Gleichung (3.6).[4]

Die Lorentz-Gruppe in 4-Notation

Auch in 4-Notation sieht man ein, dass die Gesamtheit aller Lorentz-Transformationen $\{\Lambda \mid \Lambda^{\mathrm{T}} g \Lambda = g\}$ eine Gruppe bildet, die *Lorentz-Gruppe* $\mathcal{L}$. Die Gruppeneigenschaft der Lorentz-Gruppe folgt direkt aus der Relation $\Lambda^{\mathrm{T}} g \Lambda = g$, denn wenn Λ_1 und Λ_2 zur Lorentz-Gruppe gehören, gilt dasselbe für das Produkt $\Lambda_1 \Lambda_2$:

$$(\Lambda_2^{\mathrm{T}} \Lambda_1^{\mathrm{T}}) g (\Lambda_1 \Lambda_2) = \Lambda_2^{\mathrm{T}} (\Lambda_1^{\mathrm{T}} g \Lambda_1) \Lambda_2 = \Lambda_2^{\mathrm{T}} g \Lambda_2 = g \ .$$

Hierbei wird neben der Eigenschaft $(\Lambda_1 \Lambda_2)^{\mathrm{T}} = \Lambda_2^{\mathrm{T}} \Lambda_1^{\mathrm{T}}$ verwendet, dass die Multiplikation von Lorentz-Transformationen *assoziativ* ist (da die Matrixmultiplikation generell assoziativ ist). Außerdem existiert ein *neutrales Element* (nämlich g), und es existiert für alle Lorentz-Transformationen Λ ein *inverses Element* [siehe Gleichung (3.34)].

Aus $\Lambda^{\mathrm{T}} g \Lambda = g$ folgen auch weitere (uns bereits bekannte) Eigenschaften, wie $[\det(\Lambda)]^2 = 1$ und daher $\det(\Lambda) = \pm 1$. Wir erinnern daran, dass innerhalb der Lorentz-Gruppe $\mathcal{L}$ speziell die eigentliche orthochrone Lorentz-Gruppe $\mathcal{L}_+^\uparrow$ wichtig ist, deren Elemente die Bedingungen $\Lambda^0{}_0 \geq 1$ und $\det(\Lambda) = +1$ erfüllen.

[4] Aus den Gleichungen (3.33a) und (3.34) folgt übrigens, dass auch $g = \Lambda g \Lambda^{\mathrm{T}}$ gilt. Da nämlich die Inverse Λ^{-1} einer Lorentz-Transformation selbst auch zur Lorentz-Gruppe gehört, folgt:

$$g_{\rho\sigma} = g_{\mu\nu} (\Lambda^{-1})^\mu{}_\rho (\Lambda^{-1})^\nu{}_\sigma = \Lambda_\rho{}^\mu g_{\mu\nu} (\Lambda^{\mathrm{T}})^\nu{}_\sigma = (\Lambda g \Lambda^{\mathrm{T}})_{\rho\sigma} \quad , \quad g = \Lambda g \Lambda^{\mathrm{T}} \ . \tag{3.35}$$

3.6 4-Skalare, 4-Vektoren, 4-Tensoren

Jede physikalische Größe (a^μ) bzw. (a_μ), die unter Lorentz-Transformationen genauso transformiert wird wie der kontra- oder kovariante 4-Ortsvektor wird als kontra- oder kovarianter *4-Vektor* bezeichnet:

$$\boxed{(a')^\mu = \Lambda^\mu{}_\nu a^\nu \quad , \quad (a')_\mu = \Lambda_\mu{}^\nu a_\nu \quad , \quad \Lambda_\mu{}^\nu = g_{\mu\rho} g^{\nu\sigma} \Lambda^\rho{}_\sigma \, .}$$

In der Klasse der 4-Vektoren gibt es neben dem 4-Ortsvektor x und seinem Differential dx viele weitere Größen, die unter Lorentz-Transformationen genauso transformiert werden wie der 4-Ortsvektor. Nahezu alle diese Größen sind nötig für die relativistisch korrekte Beschreibung der Elektrodynamik. Wir besprechen diese 4-Vektoren kurz in diesem Abschnitt. Für detaillierte Ableitungen und Hintergrundinformation verweisen wir auf Ref. [11].

Skalare Größen, die unter Lorentz-Transformationen *invariant* sind, werden allgemein als (Lorentz-)*Skalare* bezeichnet. Ein Beispiel für einen solchen *Skalar* ist das Quadrat $(ds)^2 = (ds')^2$ des infinitesimalen Abstands. Hierbei hat $(ds)^2$ die Struktur eines *Skalarprodukts*: $(ds)^2 = dx \cdot dx$. Allgemeiner gilt, dass *jedes* Skalarprodukt $a \cdot b \equiv a^\mu b_\mu = a_\mu b^\mu$ zweier 4-Vektoren a und b Lorentz-invariant und daher ein Skalar ist. Dies folgt direkt aus der Bestimmungsgleichung $g = \Lambda^{\mathrm{T}} g \Lambda$ für Lorentz-Transformationen:

$$\begin{aligned} a' \cdot b' &= (a')_\mu (b')^\mu = g_{\mu\nu} (a')^\nu (b')^\mu = \Lambda^\mu{}_\sigma g_{\mu\nu} \Lambda^\nu{}_\rho b^\sigma a^\rho \\ &= (\Lambda^{\mathrm{T}} g \Lambda)_{\sigma\rho} b^\sigma a^\rho = g_{\sigma\rho} b^\sigma a^\rho = a_\sigma b^\sigma = a \cdot b \quad \text{, d. h.} \quad \boxed{a' \cdot b' = a \cdot b \, .} \end{aligned}$$

Insbesondere ist also jedes *Quadrat* $a^2 = a \cdot a$ eines 4-Vektors a ein Skalar.

Tensoren *Tensoren* sind eine Verallgemeinerung des 4-Skalar- und 4-Vektor-Begriffs: Jede Größe $(T^{\nu_1 \nu_2 \cdots \nu_n})$, die gemäß

$$\boxed{(T')^{\mu_1 \mu_2 \cdots \mu_n} = \Lambda^{\mu_1}{}_{\nu_1} \Lambda^{\mu_2}{}_{\nu_2} \cdots \Lambda^{\mu_n}{}_{\nu_n} T^{\nu_1 \nu_2 \cdots \nu_n}} \tag{3.36a}$$

transformiert wird, heißt *kontravarianter* Tensor n-ter Stufe. Ein solcher Tensor T wird also bzgl. sämtlicher Indizes ν_i wie der kontravariante 4-Ortsvektor transformiert. Analog heißt jede Größe $(T_{\nu_1 \nu_2 \ldots \nu_n})$, die gemäß

$$\boxed{(T')_{\mu_1 \mu_2 \cdots \mu_n} = \Lambda_{\mu_1}{}^{\nu_1} \Lambda_{\mu_2}{}^{\nu_2} \cdots \Lambda_{\mu_n}{}^{\nu_n} T_{\nu_1 \nu_2 \cdots \nu_n}} \tag{3.36b}$$

transformiert wird, *kovarianter* Tensor n-ter Stufe. Mischformen mit sowohl *kontra*- als auch *ko*varianten Indizes, wie $(T_{\nu_1}{}^{\nu_2 \ldots \nu_n}) = (g_{\nu_1 \sigma} T^{\sigma \nu_2 \cdots \nu_n})$, werden naturgemäß als *gemischt* bezeichnet.

Wir haben bereits ein Beispiel für einen Tensor *zweiter* Stufe kennengelernt und zwar in Gleichung (3.35), die alternativ auch als

$$g_{\rho\sigma} = g_{\mu\nu} (\Lambda^{-1})^\mu{}_\rho (\Lambda^{-1})^\nu{}_\sigma = \Lambda_\rho{}^\mu \Lambda_\sigma{}^\nu g_{\mu\nu} = (\Lambda \Lambda g)_{\rho\sigma} \quad , \quad g = \Lambda \Lambda g$$

geschrieben werden kann. Diese alternative Schreibweise zeigt, dass der *metrische Tensor* in der Tat auch im Sinne der Speziellen Relativitätstheorie ein *Tensor* ist.

Die 4-Vektoren und die Skalare sind Tensoren *erster* bzw. *nullter* Stufe und somit Spezialfälle des allgemeinen Tensorbegriffs. Ein weiterer Spezialfall ist das *dyadische* Produkt $(D^{\mu\nu})$ zweier 4-Vektoren (a^μ) und (b^ν), dessen Tensorelemente durch *zwei* Indizes μ, ν charakterisiert werden:

$$D^{\mu\nu} \equiv a^\mu b^\nu \quad , \quad (D')^{\mu\nu} = \Lambda^\mu{}_\rho \Lambda^\nu{}_\sigma D^{\rho\sigma} \; . \tag{3.37}$$

Die Bildung von Skalarprodukten führt zur „Verjüngung“ (oder „Kontraktion“) eines Tensors: So stellen z. B. die Kontraktionen

$$(d^\mu) \equiv (D^{\mu\nu} c_\nu) = (a^\mu b^\nu c_\nu) = b^\nu c_\nu \, (a^\mu) \quad \text{und} \quad (t^\mu) \equiv (T^{\mu\nu} c_\nu)$$

beide kontravariante 4-Vektoren dar, falls (c_ν) ein kovarianter 4-Vektor ist.

Tensorfelder Wir werden uns im Folgenden überwiegend für Tensoren interessieren, die selbst Funktionen der Raum-Zeit-Koordinaten $x = (x^\mu)$ sind. Solche Funktionen $T(x)$ mit Tensorcharakter werden als *Tensorfelder* bezeichnet. Die Tensorfelder, die wir betrachten werden, sind also *Abbildungen* von der vierdimensionalen Raum-Zeit in den linearen Raum der Tensoren. Derartige „Funktionen“ der Raum-Zeit-Koordinaten sind in der Elektrodynamik sehr wichtig: Bereits aus den Postulaten **P1** und **P2** in Abschnitt [1.2] ist bekannt, dass die Feldtensoren $F = (\mathbf{E}, c\mathbf{B})$ und $\tilde{F} = (c\mathbf{B}, -\mathbf{E})$ in der Maxwell-Theorie eine zentrale Rolle spielen. Da die $(\mathbf{E}, \mathbf{B})$-Felder im Allgemeinen von den Raum-Zeit-Koordinaten $x = (ct, \mathbf{x}^{\mathrm{T}})$ abhängen, sind F und $\tilde{F}$ ebenfalls Funktionen von x und somit *Tensorfelder*. Die Feldtensoren F und $\tilde{F}$ werden in Abschnitt [3.7] im Detail behandelt.

Als Verallgemeinerung des Tensorbegriffs betrachten wir nun also *Tensorfelder*: Jede Größe $(T^{\nu_1\nu_2\ldots\nu_n})$, die gemäß

$$\boxed{\left[T'(x')\right]^{\mu_1\mu_2\cdots\mu_n} = \Lambda^{\mu_1}{}_{\nu_1}\Lambda^{\mu_2}{}_{\nu_2}\cdots\Lambda^{\mu_n}{}_{\nu_n} T^{\nu_1\nu_2\cdots\nu_n}(x) \quad , \quad x' = \Lambda x} \tag{3.38a}$$

transformiert wird, stellt ein *kontravariantes* Tensorfeld n-ter Stufe dar. Ein solches Tensorfeld T wird also bzgl. sämtlicher Indizes ν_i wie der kontravariante 4-Ortsvektor transformiert, wobei nun allerdings auch das *Argument* mittransformiert wird: $x' = \Lambda x$. Analog heißt jede Größe $(T_{\nu_1\nu_2\ldots\nu_n})$, die gemäß

$$\boxed{\left[T'(x')\right]_{\mu_1\mu_2\cdots\mu_n} = \Lambda_{\mu_1}{}^{\nu_1}\Lambda_{\mu_2}{}^{\nu_2}\cdots\Lambda_{\mu_n}{}^{\nu_n} T_{\nu_1\nu_2\cdots\nu_n}(x) \quad , \quad x' = \Lambda x} \tag{3.38b}$$

transformiert wird, *kovariantes* Tensorfeld n-ter Stufe. Mischformen mit sowohl *kontra-* als auch *ko*varianten Indizes, wie $(T_{\nu_1}{}^{\nu_2\ldots\nu_n}) = (g_{\nu_1\sigma}T^{\sigma\nu_2\ldots\nu_n})$, werden wiederum als *gemischt* bezeichnet.

Wichtige Spezialfälle sind Tensorfelder $a^\mu(x)$ *erster* und $\varphi(x)$ *nullter* Stufe, die als *Vektorfelder* bzw. *Skalarfelder* bezeichnet und gemäß

$$\boxed{\left[a'(x')\right]^\mu = \Lambda^\mu{}_\nu a^\nu(x) \quad , \quad \varphi'(x') = \varphi(x) \quad , \quad x' = \Lambda x} \tag{3.39}$$

transformiert werden. Ein weiteres Beispiel für ein Tensorfeld *zweiter* Stufe (neben den beiden Feldtensoren F und $\tilde{F}$) ist das *dyadische* Produkt $D^{\mu\nu}(x) \equiv a^\mu(x) b^\nu(x)$ zweier 4-Vektorfelder mit den Elementen $a^\mu(x)$ und $b^\nu(x)$.

4-Ableitungen

Die *Ableitungen* nach den kontra- bzw. kovarianten Raum-Zeit-Koordinaten (x^μ) und (x_μ) bilden ko- bzw. kontravariante 4-Vektoren:

$$\boxed{\partial_\mu \equiv \frac{\partial}{\partial x^\mu} \quad , \quad \partial^\mu \equiv \frac{\partial}{\partial x_\mu} = g^{\mu\nu}\partial_\nu \ .} \tag{3.40a}$$

Dies folgt direkt aus der Form der Poincaré-Transformation:

$$(x')^\mu = \Lambda^\mu{}_\nu x^\nu + a^\mu \quad \text{bzw.} \quad x^\mu = (\Lambda^{-1})^\mu{}_\nu[(x')^\nu - a^\nu] \ ,$$

die das Transformationsverhalten der Ableitungen festlegt:

$$\partial'_\nu = \frac{\partial x^\mu}{\partial (x')^\nu}\partial_\mu = (\Lambda^{-1})^\mu{}_\nu \partial_\mu = \Lambda_\nu{}^\mu \partial_\mu \ . \tag{3.40b}$$

Hierbei wurde $(\Lambda^{-1})^\mu{}_\nu = \Lambda_\nu{}^\mu$ verwendet, siehe (3.34).

Der 4-Gradient

Falls $\varphi(x)$ ein Skalarfeld (und somit *invariant* unter Lorentz-Transformationen) ist: $\varphi'(x') = \varphi'(\Lambda x) = \varphi(x)$, folgt aus Gleichung (3.40b), dass

$$\boxed{(\partial_\mu \varphi) = \left(\frac{\partial \varphi}{\partial x^\mu}\right) \overset{4\to 3}{=} \left(\frac{1}{c}\frac{\partial \varphi}{\partial t}, (\boldsymbol{\nabla}\varphi)^{\mathrm{T}}\right)}$$

einen *kovarianten* 4-Vektor darstellt, der als kovarianter *4-Gradient* bezeichnet wird: $(\partial'_\nu \varphi')(x') = \big(\Lambda_\nu{}^\mu \partial_\mu \varphi\big)(x)$. Analog wird $(\partial^\mu \varphi) = \big(\frac{\partial \varphi}{\partial x_\mu}\big)$ als *kontravarianter 4-Gradient* bezeichnet.

D'Alembert-Operator und 4-Divergenz

Das Skalarprodukt $\partial_\mu \partial^\mu$ der ko- und kontravarianten Ableitungen definiert einen *Skalar*, der als *d'Alembert-Operator* $\Box$ bezeichnet wird:

$$\boxed{\Box = \frac{1}{c^2}\frac{\partial^2}{\partial t^2} - \Delta = g^{\mu\nu}\partial_\mu \partial_\nu = \partial_\mu \partial^\mu = \partial \cdot \partial \ .}$$

Das Skalarprodukt von ∂ mit einem 4-Vektorfeld a wird als *4-Divergenz* bezeichnet:

$$\boxed{\frac{\partial a^\mu}{\partial x^\mu} = \partial_\mu a^\mu = \partial^\mu a_\mu \equiv \partial \cdot a \ .}$$

Die 4-Divergenz ist also *invariant* unter Lorentz-Transformationen.

Die 4-Geschwindigkeit

Ein weiterer 4-Vektor ist die 4-Geschwindigkeit (u^μ) eines Teilchens, das sich mit der 3-Geschwindigkeit $\mathbf{u}(t)$ im Inertialsystem K bewegt,

$$\boxed{u^\mu \equiv \frac{dx^\mu}{d\tau} \quad , \quad d\tau = \frac{dt}{\gamma_u} = dt\sqrt{1-\left(\frac{u}{c}\right)^2} \, .}$$

Da (u^μ) also als Ableitung von (x^μ), einem 4-Vektor, nach der Eigenzeit τ des Teilchens, einem Skalar, definiert ist, wird (u^μ) ebenfalls wie ein 4-Vektor transformiert. Die explizite Form von (u^μ) in herkömmlicher Notation ist:

$$(u^\mu) \overset{4\to 3}{=} \frac{\frac{d}{dt}(ct, \mathbf{x}^{\mathrm{T}})}{\sqrt{1-\left(\frac{u}{c}\right)^2}} = \frac{1}{\sqrt{1-\left(\frac{u}{c}\right)^2}} \left(c, \mathbf{u}^{\mathrm{T}}\right) \equiv \gamma_u c \left(1, \boldsymbol{\beta}_u^{\mathrm{T}}\right) .$$

Aus der Definition $dx^\mu dx_\mu = c^2 (d\tau)^2$ der Eigenzeit folgt direkt $u^2 = u \cdot u = u^\mu u_\mu = c^2$. Die Komponenten von u sind daher nicht unabhängig.

Die 4-Beschleunigung

Analog definiert man die 4-Beschleunigung $\left(\frac{du^\mu}{d\tau}\right)$, die ebenfalls ein 4-Vektor ist. Ableiten von $u^\mu u_\mu = c^2$ nach der Eigenzeit zeigt, dass die 4-Beschleunigung senkrecht auf der 4-Geschwindigkeit steht: $\frac{du^\mu}{d\tau} u_\mu = 0$.

Die 4-Stromdichte

Die *Ladungs*dichte ρ und die *Strom*dichte $\mathbf{j}$ bilden zusammen einen weiteren 4-Vektor,[5] der als die *4-Stromdichte* bezeichnet wird:

$$\boxed{(j^\mu) \overset{4\to 3}{\equiv} (c\rho, \mathbf{j}^{\mathrm{T}}) \quad , \quad (j')^\mu = \Lambda^\mu{}_\nu j^\nu \, .} \tag{3.41}$$

Das Erhaltungsgesetz für die Gesamtladung, das in differentieller Form als Kontinuitätsgleichung (1.6) darstellbar ist, lautet in der 4-Schreibweise

$$\boxed{0 = \frac{\partial \rho}{\partial t} + \boldsymbol{\nabla} \cdot \mathbf{j} = \frac{\partial (c\rho)}{\partial (ct)} + \frac{\partial}{\partial x_i} j_i \overset{3\to 4}{=} \frac{\partial}{\partial x^0} j^0 + \frac{\partial}{\partial x^i} j^i = \partial_\mu j^\mu = \partial \cdot j \, .}$$

Da die rechte Seite als Skalarprodukt zweier 4-Vektoren Lorentz-*invariant* ist, bedeutet diese Gleichung physikalisch, dass die Gesamtladung in *allen* Inertialsystemen erhalten ist, falls sie in *irgendeinem* Inertialsystem erhalten ist.

Das 4-Potential

Auch das *skalare* Potential Φ und das *Vektor*potential $\mathbf{A}$ können gemeinsam in der Kombination $(A^\mu) = (\Phi, c\mathbf{A}^{\mathrm{T}})$ einen 4-Vektor bilden, der dann als das *4-Potential*

[5] Genauer: die Dichten ρ und die *Strom*dichte $\mathbf{j}$ sind von den Raum-Zeit-Koordinaten x abhängig und bilden daher ein 4-*Vektorfeld*. Wir werden aber im Folgenden der Einfachheit halber nicht immer strikt zwischen Tensoren und Tensorfeldern unterscheiden.

bezeichnet wird, allerdings gilt dies *nur* für die spezielle (nach dem dänischen Physiker Ludvig Lorenz benannte) *Lorenz-Eichung*

$$\frac{\partial \Phi}{\partial (ct)} + \boldsymbol{\nabla} \cdot (c\mathbf{A}) = 0 \; . \tag{3.42}$$

Wir erinnern daran, dass die $(\mathbf{E}, \mathbf{B})$-Felder kompakt mit Hilfe der elektromagnetischen Potentiale Φ und $\mathbf{A}$ beschrieben werden können:

$$\mathbf{E} = -\boldsymbol{\nabla}\Phi - \frac{\partial \mathbf{A}}{\partial t} \quad , \quad \mathbf{B} = \boldsymbol{\nabla} \times \mathbf{A} \; .$$

Setzt man diese Beziehung zwischen den $(\mathbf{E}, \mathbf{B})$-Feldern und den elektromagnetischen Potentialen in die *inhomogenen* Maxwell-Gleichungen ein, so erhält man in 4-Notation zunächst *allgemein* (d. h. ohne spezielle Annahme bzgl. der Eichung):

$$\boxed{\mu_0 c j^\mu = \Box A^\mu - \partial^\mu (\partial_\nu A^\nu) \; .} \tag{3.43}$$

Gleichung (3.43) ist forminvariant unter allgemeinen *Eichtransformationen*, die in 4-Notation die folgende Form haben:

$$\boxed{\tilde{A}^\mu = A^\mu + \partial^\mu \Lambda \; .} \tag{3.44}$$

Die linke Seite von Gleichung (3.43) ist ein 4-Vektor, also muss auch die rechte Seite wie ein 4-Vektor transformiert werden. Wegen der Eichfreiheit bei der Wahl von A^μ bedeutet dies noch keineswegs, dass die einzelnen Terme $\Box A^\mu$ und $\partial^\mu(\partial_\nu A^\nu)$ in (3.43) wie 4-Vektoren transformiert werden. Man kann daher auch *nicht* schließen, dass (A^μ) wie ein 4-Vektor transformiert wird; um dies zu erreichen, muss man die Eichung festlegen. Damit A^μ 4-Vektor-Charakter erhält, erlegen wir dem Potential die *Lorenz-Eichung* aus Gleichung (3.42) auf, die in 4-Notation durch

$$0 = \frac{\partial \Phi}{\partial (ct)} + \boldsymbol{\nabla} \cdot (c\mathbf{A}) \overset{3 \to 4}{=} \frac{\partial A^0}{\partial x^0} + \frac{\partial A^i}{\partial x^i} = \partial_\nu A^\nu \quad \text{bzw.} \quad \boxed{\partial_\nu A^\nu = 0} \tag{3.45}$$

gegeben ist. Die Bestimmungsgleichung für das 4-Potential in (3.43) reduziert sich in dieser Eichung nämlich auf eine inhomogene Wellengleichung für A^μ:

$$\boxed{\Box A^\mu = \mu_0 c j^\mu \; .} \tag{3.46}$$

Die Interpretation dieser Gleichung ist, dass die 4-Stromdichte $(j^\mu) = (c\rho, \mathbf{j}^{\mathrm{T}})$ als *Quelle* des Wellenphänomens (A^μ) und somit der $(\mathbf{E}, \mathbf{B})$-Felder auftritt.

Die Lorenz-Bedingung (3.45) legt das 4-Potential übrigens nicht eindeutig fest, da auch das alternative Potential

$$\boxed{\tilde{A}^\mu = A^\mu + \partial^\mu \Lambda \quad , \quad \Box \Lambda = 0} \tag{3.47}$$

die gleichen physikalischen Felder beschreibt und die Lorenz-Bedingung erfüllt. Das 4-Potential ist in der Lorenz-Eichung daher bis auf den 4-Gradienten einer Lösung Λ der *homogenen* Wellengleichung bestimmt. Die 4-Potentiale (A^μ) und $(\tilde{A}^\mu)$ sind also dann und nur dann physikalisch äquivalente *4-Vektoren*, wenn die Funktion Λ in (3.47) ein *Lorentz-Skalar* (d. h. *invariant* unter Lorentz-Transformationen) ist.[6]

[6] Auch das 4-Potential ist natürlich streng genommen ein 4-*Vektorfeld*.

Der 4-Wellenvektor

Falls *keine* Quellen des elektromagnetischen Feldes vorhanden sind, d. h. für $j^\mu = 0$, genügt $A^\mu(x)$ in Gleichung (3.46) der *homogenen* Wellengleichung $\Box A^\mu = 0$ und kann somit als Überlagerung ebener Wellen der Form

$$A^\mu(x) = A^\mu(0)e^{i(\mathbf{k}\cdot\mathbf{x}-\omega t)} = A^\mu(0)e^{-i(\frac{\omega}{c}ct-\mathbf{k}\cdot\mathbf{x})} = A^\mu(0)e^{-ik_\nu x^\nu} = A^\mu(0)e^{-i\varphi(x)} \quad (3.48a)$$

geschrieben werden. Damit $A^\mu(x)$ die Wellengleichung $\Box A^\mu = 0$ erfüllt, muss für die Frequenz gelten: $\omega = c|\mathbf{k}|$. Wir stellen fest, dass der 4-Ortsvektor x in (3.48a) mit einem anderen 4-Vektor, dem *4-Wellenvektor*,

$$\boxed{k = (k^\nu) = (\tfrac{\omega}{c}, \mathbf{k}^\mathrm{T})} \quad (3.48b)$$

kombiniert wird, der aus der Frequenz ω und dem 3-Wellenvektor $\mathbf{k}$ aufgebaut ist. Das Skalarprodukt $\varphi(x) \equiv k_\nu x^\nu = k \cdot x$ wird als die *Phase* der Welle bezeichnet.

Der 4-Impulsvektor

Aus der Quantenmechanik ist bekannt, dass ein Photon mit dem Wellenvektor $\mathbf{k}$ und der Frequenz ω einen Impuls $\boldsymbol{\pi} = \hbar\mathbf{k}$ und eine Energie $\mathcal{E} = \hbar\omega$ besitzt. Für den Spezialfall des Photons folgt daher aus (3.48b), dass Impuls und Energie in der Relativitätstheorie zu einem 4-Vektor vereint werden:

$$\boxed{\pi \equiv (\pi^\mu) \overset{4\to 3}{\equiv} \left(\frac{\mathcal{E}}{c}, \boldsymbol{\pi}^\mathrm{T}\right) = \hbar\left(\frac{\omega}{c}, \mathbf{k}^\mathrm{T}\right) \overset{3\to 4}{=} \hbar(k^\mu) \equiv \hbar k\,.}$$

Diese enge Verflechtung von Energie und Impuls gilt jedoch auch allgemeiner.

Beispielsweise ist für ein *kräftefreies* Teilchen mit Ruhemasse m_0, das also *kein* elektromagnetisches Feld spürt, die Energie durch $\mathcal{E} = mc^2 = \gamma m_0 c^2$ und der kinetische Impuls durch $\boldsymbol{\pi} = m\mathbf{u} = \gamma_u m_0 \mathbf{u}$ gegeben. Diese beiden Größen bilden in der Relativitätstheorie zusammen den (kinetischen) 4-Impulsvektor (π^μ):

$$\boxed{\pi = (\pi^\mu) \overset{4\to 3}{\equiv} (\mathcal{E}/c, m\mathbf{u}^\mathrm{T}) = mc(1, \tfrac{1}{c}\mathbf{u}^\mathrm{T}) = m_0 c\gamma_u(1, \boldsymbol{\beta}_u^\mathrm{T}) \overset{3\to 4}{=} m_0(u^\mu)\,.} \quad (3.49)$$

Ähnlich wie die Komponenten der 4-Geschwindigkeit, die die Beziehung $u^\mu u_\mu = c^2$ erfüllen, sind auch Energie $\mathcal{E}$ und kinetischer Impuls $\boldsymbol{\pi}$ keine *un*abhängigen Größen. Sie erfüllen die relativistische Energie-Impuls-Dispersionsrelation:

$$\pi^\mu \pi_\mu = \left(\mathcal{E}/c\right)^2 - \boldsymbol{\pi}^2 = m_0^2 u^\mu u_\mu = m_0^2 c^2 \quad , \quad \boxed{\mathcal{E} = \sqrt{\boldsymbol{\pi}^2 c^2 + m_0^2 c^4}\,.} \quad (3.50)$$

Die berühmte Formel $\mathcal{E} = mc^2$ bringt die Äquivalenz von Energie und Masse zum Ausdruck. Die Größe $m = \gamma m_0$ ist die relativistische Masse des Teilchens.

Die Beziehung zwischen Energie und Impuls lässt sich weiter verallgemeinern: Für ein geladenes Teilchen mit der Ruhemasse m_0, das an ein elektromagnetisches Feld gekoppelt ist, zeigen wir in Abschnitt [4.1], dass auch der *kanonische* Impuls $\mathbf{p}$ und die Hamilton-Funktion H des Teilchens zusammen einen 4-Vektor

$$\boxed{p \equiv (p^\mu) \overset{4\to 3}{\equiv} (H/c, \mathbf{p}^\mathrm{T})}$$

bilden, der als *kanonischer* 4-Impulsvektor bezeichnet wird.

Der 4-Drehimpulstensor

Für das kräftefreie Teilchen in (3.49) und (3.50) sind nicht nur die Energie und der kinetische Impuls erhalten, sondern auch der *Drehimpuls*. Wir versuchen daher, auch den Drehimpuls relativistisch kovariant zu beschreiben. Das Erhaltungsgesetz des kinetischen 4-Impulses lautet $\frac{d\pi^\mu}{d\tau} = 0$. Der *nicht-relativistische* Ausdruck für den *Drehimpuls* eines Teilchens lautet:

$$\mathbf{L} \equiv \mathbf{x} \times \boldsymbol{\pi} = \begin{pmatrix} x_2\pi_3 - x_3\pi_2 \\ x_3\pi_1 - x_1\pi_3 \\ x_1\pi_2 - x_2\pi_1 \end{pmatrix} \quad , \quad L_i = \varepsilon_{ijk}x_j\pi_k \quad , \quad \boldsymbol{\pi} = m\mathbf{u} \; .$$

Für ein kräftefreies Teilchen ist dieser Drehimpuls nicht-relativistisch *erhalten*: $\frac{d\mathbf{L}}{dt} = \mathbf{0}$. Man erwartet, dass dieses Erhaltungsgesetz in irgendeiner Form auch in der Relativitätstheorie überlebt. Da $L_i = \varepsilon_{ijk}x_j\pi_k$ aus Produkten von Komponenten eines Orts- und eines Impulsvektors besteht, versuchen wir einen Ansatz $(L^{\mu\nu})$ für den relativistischen Drehimpuls in der Form einer Differenz zweier *Dyaden*:

$$\boxed{L^{\mu\nu} = x^\mu\pi^\nu - x^\nu\pi^\mu \; .} \tag{3.51}$$

Dieser Ansatz führt wegen $\frac{d\pi^\mu}{d\tau} = \gamma_u \frac{d\pi^\mu}{dt} = 0$ tatsächlich sofort zum Erfolg:

$$\begin{aligned}\frac{dL^{\mu\nu}}{d\tau} &= \frac{dx^\mu}{d\tau}\pi^\nu + x^\mu\frac{d\pi^\nu}{d\tau} - \frac{dx^\nu}{d\tau}\pi^\mu - x^\nu\frac{d\pi^\mu}{d\tau} = \frac{dx^\mu}{d\tau}\pi^\nu - \frac{dx^\nu}{d\tau}\pi^\mu \\ &= u^\mu\pi^\nu - u^\nu\pi^\mu = m_0(u^\mu u^\nu - u^\nu u^\mu) = 0 \; .\end{aligned}$$

Die relativistische Verallgemeinerung (3.51) des nicht-relativistischen Drehimpuls*vektors* $\mathbf{L}$ wird als *Drehimpulstensor* bezeichnet. Der Tensor 2. Stufe

$$\left(L^{\mu\nu}\right) \overset{4\to3}{=} \begin{pmatrix} 0 & & -\boldsymbol{\ell}^{\mathrm{T}} & \\ & 0 & L_3 & -L_2 \\ \boldsymbol{\ell} & -L_3 & 0 & L_1 \\ & L_2 & -L_1 & 0 \end{pmatrix} \overset{!}{=} (\boldsymbol{\ell}, -\mathbf{L}) \quad , \quad \boldsymbol{\ell} \equiv \frac{\mathcal{E}}{c}\mathbf{x} - \boldsymbol{\pi}ct \; . \tag{3.52}$$

ist im Falle des kräftefreien Teilchens also eine *Erhaltungsgröße*:

$$\boxed{\frac{dL^{\mu\nu}}{d\tau} = 0 \; .}$$

Neben dem Drehimpulsvektor $\mathbf{L}$ ist daher auch der Vektor $\boldsymbol{\ell}$ erhalten, was lediglich bedeutet, dass sich das Teilchen mit konstanter Geschwindigkeit $\mathbf{u} = \frac{c^2}{\mathcal{E}}\boldsymbol{\pi} = \frac{\boldsymbol{\pi}}{\gamma_u m_0}$ bewegt: $\mathbf{x} = \frac{c}{\mathcal{E}}\boldsymbol{\ell} + \mathbf{u}t$.

In Gleichung (3.52) wurde die kompakte Notation $\left(L^{\mu\nu}\right) \overset{4\to3}{=} (\boldsymbol{\ell}, -\mathbf{L})$ eingeführt, die besagt, dass die räumlich-zeitlichen Komponenten $L^{i0} = \ell_i$ des Drehimpulstensors vollständig durch den *echten* Vektor $\boldsymbol{\ell}$ und die räumlich-räumlichen Komponenten $L^{ij} = -\varepsilon_{ijk}(-L_k)$ vollständig durch den *Pseudo*vektor $-\mathbf{L}$ bestimmt sind. Allgemeiner kann man jeden echten antisymmetrischen 4-Tensor kompakt durch einen *echten* 3-Vektor $\mathbf{p}$ und einen 3-*Pseudo*vektor $\mathbf{a}$ charakterisieren:

$$A = \left(A^{\mu\nu}\right) \overset{4\to3}{=} \begin{pmatrix} 0 & & -\mathbf{p}^{\mathrm{T}} & \\ & 0 & -a_3 & a_2 \\ \mathbf{p} & a_3 & 0 & -a_1 \\ & -a_2 & a_1 & 0 \end{pmatrix} \overset{!}{=} (\mathbf{p}, \mathbf{a}) \; . \tag{3.53}$$

Wir werden diese Notation im Folgenden öfter verwenden.

3.7 Der elektromagnetische Feldtensor und die Lorentz-Kraft

Die *Ableitungen des 4-Potentials nach dem 4-Ortsvektor* sind physikalisch äußerst relevant, da die Komponenten der $(\mathbf{E}, \mathbf{B})$-Felder aus solchen Ableitungen aufgebaut sind. Es ist daher naheliegend, das Tensorfeld

$$\boxed{F^{\mu\nu}(x) \equiv \partial^\mu A^\nu(x) - \partial^\nu A^\mu(x)} \quad \text{mit:} \quad F^{\nu\mu} = \partial^\nu A^\mu - \partial^\mu A^\nu = -F^{\mu\nu} \tag{3.54}$$

näher zu betrachten, das die Differenz zweier Dyaden und somit einen antisymmetrischen, kontravarianten *echten* 4-Tensor zweiter Stufe darstellt. Die Größe $F^{\mu\nu}$ ist ein Tensor*feld*, da sie im Allgemeinen explizit von den Raum-Zeit-Koordinaten x abhängt. Das *echte* Tensorfeld 2. Stufe $(F^{\mu\nu})$ wird wie folgt Lorentz-transformiert:

$$\boxed{\left[F'(x')\right]^{\mu\nu} = \Lambda^\mu{}_\rho \Lambda^\nu{}_\sigma F^{\rho\sigma}(x) \quad , \quad x' = \Lambda x \; .} \tag{3.55}$$

Die Antisymmetrie in der Definition (3.54) ist von wesentlicher Bedeutung, da $F^{\mu\nu}$ hierdurch *eichinvariant* wird: $\bar{F}^{\mu\nu} = F^{\mu\nu}$ falls $\bar{A}^\mu = A^\mu + \partial^\mu \Lambda$, während die Produkte $\partial^\mu A^\nu$ und $\partial^\nu A^\mu$ einzeln nicht eichinvariant wären.

Die genaue Beziehung zwischen dem Tensorfeld $(F^{\mu\nu})$ und den $(\mathbf{E}, \mathbf{B})$-Feldern folgt durch die explizite Berechnung der Tensorelemente $F^{\mu\nu}$. Fügt man alle Informationen zusammen, so kann man $(F^{\mu\nu})$ insgesamt als (4×4)-Tableau von Komponenten der $(\mathbf{E}, \mathbf{B})$-Felder schreiben:

$$\boxed{F \equiv \left(F^{\mu\nu}\right) \overset{4 \to 3}{=} \begin{pmatrix} 0 & -E_1 & -E_2 & -E_3 \\ E_1 & 0 & -cB_3 & cB_2 \\ E_2 & cB_3 & 0 & -cB_1 \\ E_3 & -cB_2 & cB_1 & 0 \end{pmatrix} \overset{!}{=} (\mathbf{E}, c\mathbf{B}) \; .} \tag{3.56}$$

Da die Tensorelemente von F durch die Komponenten der $(\mathbf{E}, \mathbf{B})$-Felder bestimmt werden, wird F auch als der *elektromagnetische Feldtensor* bezeichnet.

Im letzten Schritt in (3.56) wurde wieder die bereits in (3.52) und (3.53) eingeführte kompakte Notation $F = (\mathbf{E}, c\mathbf{B})$ mit *echtem* Vektor $\mathbf{E}$ und *Pseudo*vektor $c\mathbf{B}$ verwendet, denn für $i, j \in \{1, 2, 3\}$ gilt $F^{i0} = \mathbf{E}_i$ und $F^{ij} = -\varepsilon_{ijk}(cB_k)$. Hiermit ist nun auch die genaue Bedeutung der Notation $F = (\mathbf{E}, c\mathbf{B})$ für den elektromagnetischen Feldtensor geklärt, die bereits in Abschnitt [1.2] bei der Formulierung des ersten Postulats **P1** verwendet wurde.

Kompakte Formulierung der *inhomogenen* Maxwell-Gleichungen

Der elektromagnetische Feldtensor ist in der Elektrodynamik deshalb so wichtig, weil er eine zentrale Rolle bei der kovarianten Formulierung der Maxwell-Gleichungen und auch der Lorentz'schen Bewegungsgleichung spielt. Beispielsweise kann man die *inhomogenen* Maxwell-Gleichungen I und IV in (1.4) mit Hilfe der *4-Divergenz* des Feldtensors kompakt zusammenfassen:

$$\boxed{\partial_\mu F^{\mu\nu} = \mu_0 c j^\nu \; .} \tag{3.57}$$

Aus der expliziten Form von $F^{\mu\nu}$ in (3.56) folgt nämlich konkret für die zeitliche Komponente ($\nu = 0$) der *4-Divergenz* des Feldtensors:

$$\partial_\mu F^{\mu 0} \overset{4\to 3}{=} \boldsymbol{\nabla} \cdot \mathbf{E} = \frac{1}{\varepsilon_0}\rho_\mathrm{q} = \frac{1}{\varepsilon_0 c} c\rho_\mathrm{q} \overset{3\to 4}{=} \mu_0 c j^0 \, .$$

Analog erhält man für die räumlichen Komponenten ($\nu = j = 1, 2, 3$):

$$\begin{aligned}\partial_\mu F^{\mu j} &= \partial_0 F^{0j} + \partial_i F^{ij} \overset{4\to 3}{=} \frac{\partial(-E_j)}{\partial(ct)} + \frac{\partial}{\partial x_i}(-c\,\varepsilon_{ijk} B_k) \\ &= c\left(\varepsilon_{jik}\frac{\partial}{\partial x_i}B_k - \frac{1}{c^2}\frac{\partial E_j}{\partial t}\right) = c\left(\boldsymbol{\nabla} \times \mathbf{B} - \varepsilon_0\mu_0\frac{\partial \mathbf{E}}{\partial t}\right)_j \overset{3\to 4}{=} \mu_0 c j^j \, .\end{aligned}$$

Insgesamt erhält man daher für alle $\nu = 0, 1, 2, 3$ eine manifest Lorentz-kovariante Gleichung, die die zwei 4-Vektoren $(\partial_\mu F^{\mu\nu})$ und (j^ν) miteinander verknüpft.

Aus Gleichung (3.57) ergibt sich direkt die Konsistenzbedingung der Ladungserhaltung im Gesamtsystem in kovarianter Form: $\mu_0 c\, \partial_\nu j^\nu = \partial_\mu \partial_\nu F^{\mu\nu} = 0$. Der letzte Schritt folgt daraus, dass $\partial_\mu \partial_\nu F^{\mu\nu}$ die Kontraktion eines symmetrischen Tensors $\partial_\mu \partial_\nu$ mit einem antisymmetrischen Tensor $F^{\mu\nu}$ darstellt und somit null ist.

Beziehung zu P1: Gleichung (3.57) definiert mathematisch präzise, was in Abschnitt [1.2] bei der Formulierung des ersten Postulats **P1** gemeint ist mit der Formulierung: „Das elektromagnetische Feld $F = (\mathbf{E}, c\mathbf{B})$ hat als Quellen die elektrischen Ladungs- und Stromdichten der Teilchen". Die rechte Seite von Gleichung (3.57) zeigt, dass die in **P1** gemeinte *Quelle* konkret die 4-Stromdichte (j^ν) ist.

Eine Wellengleichung für den elektromagnetischen Feldtensor

Wir wissen bereits aus Kapitel [1], siehe die Gleichungen (1.35b) und (1.35c), dass die physikalischen $(\mathbf{E}, \mathbf{B})$-Felder inhomogene *Wellengleichungen* erfüllen. Für das Magnetfeld lautet diese Wellengleichung $\Box\, \mathbf{B} = \mu_0 \boldsymbol{\nabla} \times \mathbf{j}$, für das elektrische Feld $\Box\, \mathbf{E} = -\frac{1}{\varepsilon_0}\left(\boldsymbol{\nabla}\rho + \frac{1}{c^2}\frac{\partial \mathbf{j}}{\partial t}\right)$. Da der elektromagnetische Feldtensor $(F^{\mu\nu})$ in (3.56) lediglich Komponenten der $(\mathbf{E}, \mathbf{B})$-Felder enthält, muss auch $(F^{\mu\nu})$ eine inhomogene Wellengleichung erfüllen. Diese folgt direkt aus der Definition (3.54) von $F^{\mu\nu}$ und der Wellengleichung $\Box A^\mu = \mu_0 c j^\mu$ für das 4-Potential in (3.46) als:

$$\boxed{\Box\, F^{\mu\nu} = \partial^\mu \Box\, A^\nu - \partial^\nu \Box\, A^\mu = \mu_0 c \left(\partial^\mu j^\nu - \partial^\nu j^\mu\right) .} \tag{3.58}$$

Dieses Ergebnis ist unabhängig von der Eichung, da die linke und die rechte Seite dieser Gleichungskette nur Messgrößen enthalten.

Geschwindigkeitstransformation der (E,B)-Felder

Wir betrachten das Transformationsverhalten (3.55) des elektromagnetischen Feldtensors $(F^{\mu\nu})$ nun speziell für *Boosts*. Da die Form einer solchen Geschwindigkeitstransformation $\Lambda_\mathrm{B}(\mathbf{v})$ aufgrund von Gleichung (3.8) bekannt ist,

$$(\Lambda^\mu{}_\nu) \overset{4\to 3}{=} \begin{pmatrix} \gamma & -\gamma\boldsymbol{\beta}^\mathrm{T} \\ -\gamma\boldsymbol{\beta} & \mathbb{1}_3 + (\gamma - 1)\hat{\boldsymbol{\beta}}\hat{\boldsymbol{\beta}} \end{pmatrix} ,$$

und außerdem die Beziehung zwischen $(F^{\mu\nu})$ und den $(\mathbf{E}, \mathbf{B})$-Feldern bekannt ist, kann man mit Hilfe von (3.55) auch das Transformationsverhalten der $(\mathbf{E}, \mathbf{B})$-Felder unter Boosts bestimmen. Das Ergebnis lautet für das elektrische Feld $\mathbf{E}$:

$$\boxed{\mathbf{E}'(x') = \gamma\big[\mathbf{E}(x) + \mathbf{v} \times \mathbf{B}(x)\big] - (\gamma - 1)\big[\hat{\boldsymbol{\beta}} \cdot \mathbf{E}(x)\big]\hat{\boldsymbol{\beta}}} \tag{3.59a}$$

und für das Magnetfeld $\mathbf{B}$:

$$\boxed{\mathbf{B}'(x') = \gamma\big[\mathbf{B}(x) - \tfrac{1}{c}\boldsymbol{\beta} \times \mathbf{E}(x)\big] - (\gamma - 1)\big[\hat{\boldsymbol{\beta}} \cdot \mathbf{B}(x)\big]\hat{\boldsymbol{\beta}}\,.} \tag{3.59b}$$

Hieraus folgt das Transformationsverhalten der Feldkomponenten $E_{\parallel} = \hat{\boldsymbol{\beta}} \cdot \mathbf{E}$ und $B_{\parallel} = \hat{\boldsymbol{\beta}} \cdot \mathbf{B}$ *parallel* zur Relativgeschwindigkeit $\hat{\boldsymbol{\beta}}$ und dasjenige der *senkrechten* Feldkomponenten $\mathbf{E}_{\perp} = \mathbf{E} - E_{\parallel}\hat{\boldsymbol{\beta}}$ und $\mathbf{B}_{\perp} = \mathbf{B} - B_{\parallel}\hat{\boldsymbol{\beta}}$:

$$\begin{aligned} E'_{\parallel} &= E_{\parallel} \quad , \quad \mathbf{E}'_{\perp} = \gamma(\mathbf{E}_{\perp} + \mathbf{v} \times \mathbf{B}_{\perp}) \quad \text{bzw.} \quad \mathbf{E}'_{\perp} = \gamma(\mathbf{E}_{\perp} + \boldsymbol{\beta} \times c\mathbf{B}_{\perp}) \\ B'_{\parallel} &= B_{\parallel} \quad , \quad \mathbf{B}'_{\perp} = \gamma(\mathbf{B}_{\perp} - \tfrac{1}{c}\boldsymbol{\beta} \times \mathbf{E}_{\perp}) \quad \text{bzw.} \quad c\mathbf{B}'_{\perp} = \gamma(c\mathbf{B}_{\perp} - \boldsymbol{\beta} \times \mathbf{E}_{\perp})\,. \end{aligned}$$

Diese Gleichungen sind symmetrisch: Man erhält die erste Zeile aus der zweiten (oder umgekehrt), indem man gleichzeitig $\mathbf{E} \leftrightarrow c\mathbf{B}$ und $\boldsymbol{\beta} \leftrightarrow -\boldsymbol{\beta}$ ersetzt.

Der ε-Tensor

Ein wichtiger Tensor *vierter* Stufe ist der vollständig antisymmetrische *Levi-Civita-Tensor* $(\varepsilon^{\mu\nu\rho\sigma})$, der *in allen Inertialsystemen gleich* definiert ist:

$$\boxed{\varepsilon^{\mu\nu\rho\sigma} \equiv \begin{cases} \operatorname{sgn}(P) & \text{falls } (\mu\nu\rho\sigma) = \big(P(0), P(1), P(2), P(3)\big)\,, \\ 0 & \text{sonst}\,. \end{cases}}$$

Hierbei ist P eine beliebige Permutation der vier Zahlen $\{0, 1, 2, 3\}$. Dass der so definierte ε-Tensor, trotz des sehr einfachen Transformationsverhaltens – es soll ja per definitionem $(\varepsilon')^{\mu\nu\rho\sigma} \equiv \varepsilon^{\mu\nu\rho\sigma}$ gelten –, wirklich ein *Tensor* bezüglich eigentlicher, orthochroner Lorentz-Transformationen ist, folgt aus der Relation:

$$\Lambda^{\mu}{}_{\mu'}\Lambda^{\nu}{}_{\nu'}\Lambda^{\rho}{}_{\rho'}\Lambda^{\sigma}{}_{\sigma'}\varepsilon^{\mu'\nu'\rho'\sigma'} = C(\Lambda)\varepsilon^{\mu\nu\rho\sigma} \overset{!}{=} \det(\Lambda)\varepsilon^{\mu\nu\rho\sigma}\,. \tag{3.60}$$

Die linke Seite dieser Gleichung ist nämlich vollständig antisymmetrisch in den Indizes $\mu\nu\rho\sigma$ und muss daher proportional zu $\varepsilon^{\mu\nu\rho\sigma}$ sein. Um die Proportionalitätskonstante $C(\Lambda)$ zu bestimmen, setzen wir $(\mu\nu\rho\sigma) = (0\,1\,2\,3)$, sodass die linke Seite gleich $\det(\Lambda)$ und das mittlere Glied gleich $C(\Lambda)$ ist. Folglich wird $\varepsilon^{\mu\nu\rho\sigma}$ unter eigentlichen, orthochronen Lorentz-Transformationen [also für $\Lambda \in \mathcal{L}_+^{\uparrow}$ mit $\det(\Lambda) = 1$] tatsächlich wie ein Tensor transformiert: $\Lambda\Lambda\Lambda\Lambda\varepsilon = \varepsilon = \varepsilon'$.

Im Falle einer Raumspiegelung am Ursprung [mit $\det(\Lambda) = -1$] würde man jedoch für einen *echten* Tensor $(\varepsilon')^{\mu\nu\rho\sigma} = \det(\Lambda)\varepsilon^{\mu\nu\rho\sigma} = -\varepsilon^{\mu\nu\rho\sigma}$ erwarten, während tatsächlich per definitionem gilt: $(\varepsilon')^{\mu\nu\rho\sigma} \equiv \varepsilon^{\mu\nu\rho\sigma}$. In diesem Sinne weicht das Transformationsverhalten des *Pseudo*tensors $(\varepsilon^{\mu\nu\rho\sigma})$ von demjenigen eines *echten* Tensors ab. Allgemeiner unterscheidet man *echte* Tensoren und *Pseudo*tensoren: Ein Lorentz-Pseudotensor wird unter $\mathcal{L}_+^{\uparrow}$, jedoch nicht unter $\mathcal{L}_-^{\uparrow}$, wie ein Tensor transformiert. Im Falle von $\mathcal{L}_-^{\uparrow}$-Transformationen erhält der Pseudotensor im Vergleich zum echten Tensor ein zusätzliches Minuszeichen.

Duale Tensoren

Man kann den Levi-Civita-Tensor auch zur Erzeugung neuer Tensoren verwenden. Wir konzentrieren uns hierbei auf *antisymmetrische* Tensoren zweiter Stufe, d. h. auf Tensoren der Form $(a^{\rho\sigma})$ mit $a^{\rho\sigma} = -a^{\sigma\rho}$, und definieren die folgende *Dualitäts*transformation:

$$\boxed{\tilde{a}^{\mu\nu} = \frac{1}{2}\varepsilon^{\mu\nu\rho\sigma}a_{\rho\sigma} \quad , \quad \tilde{\tilde{a}}^{\mu\nu} = -a^{\mu\nu} .} \tag{3.61}$$

Falls $(a^{\rho\sigma})$ ein *echter* Tensor ist, dann ist $(\tilde{a}^{\mu\nu})$ ein *Pseudo*tensor und umgekehrt. Die Größen $(a^{\rho\sigma})$ und $(\tilde{a}^{\mu\nu})$ heißen *dual* zueinander.

Der duale elektromagnetische Feldtensor

Wir wenden die Dualitätstransformation (3.61) nun auf den elektromagnetischen Feldtensor $(F^{\mu\nu})$ an und erhalten:

$$\boxed{\left(\tilde{F}^{\mu\nu}\right) = \left(\frac{1}{2}\varepsilon^{\mu\nu\rho\sigma}F_{\rho\sigma}\right) \overset{4\to 3}{=} \begin{pmatrix} 0 & & -c\mathbf{B}^{\mathrm{T}} & \\ & 0 & E_3 & -E_2 \\ c\mathbf{B} & -E_3 & 0 & E_1 \\ & E_2 & -E_1 & 0 \end{pmatrix} \overset{!}{=} (c\mathbf{B}, -\mathbf{E}) .} \tag{3.62}$$

Da $(F^{\mu\nu})$ ein „echter" Tensor und $(\varepsilon^{\mu\nu\rho\sigma})$ ein Pseudotensor ist, muss auch $\left(\tilde{F}^{\mu\nu}\right)$ ein Pseudotensor sein. Hierbei ist $\left(\tilde{F}^{\mu\nu}\right)$ als *dualer Feldtensor* bekannt. Im letzten Schritt von (3.62) wurde die kompakte Notation (3.53) benutzt, nun allerdings zur Beschreibung eines antisymmetrischen 4-*Pseudo*tensors $\tilde{A} = \left(\tilde{A}^{\mu\nu}\right) = (\mathbf{a}, -\mathbf{p})$. In unserem Fall ist der 3-*Pseudo*vektor $\mathbf{a}$ durch $c\mathbf{B}$ und der *echte* 3-Vektor $\mathbf{p}$ durch $\mathbf{E}$ gegeben. Hiermit ist nun auch die genaue Bedeutung der Notation $\tilde{F} = (c\mathbf{B}, -\mathbf{E})$ für den *dualen* elektromagnetischen Feldtensor geklärt, die bereits in Abschnitt [1.2] bei der Formulierung des zweiten Postulats **P2** verwendet wurde.

Der duale Feldtensor $\left(\tilde{F}^{\mu\nu}\right)$ kann durch Einsetzen der Form $F^{\mu\nu} = \partial^\mu A^\nu - \partial^\nu A^\mu$ des elektromagnetischen Feldtensors alternativ als Summe von Ableitungen des 4-Potentials geschrieben werden:

$$\tilde{F}^{\mu\nu} = \frac{1}{2}\varepsilon^{\mu\nu\rho\sigma}F_{\rho\sigma} = \frac{1}{2}\varepsilon^{\mu\nu\rho\sigma}(\partial_\rho A_\sigma - \partial_\sigma A_\rho) = \varepsilon^{\mu\nu\rho\sigma}\partial_\rho A_\sigma . \tag{3.63}$$

Die rechte Seite von (3.63) stellt eine relativistische Verallgemeinerung der Beziehung $\varepsilon_{ijk}\partial_j A_k = (\boldsymbol{\nabla} \times \mathbf{A})_i$ aus der Vektoranalysis dar. Man könnte Gleichung (3.63) daher auch so interpretieren, dass $\tilde{F}$ die *4-Rotation* des 4-Potentials A darstellt.[7] Aus der Wellengleichung $\Box A^\mu = \mu_0 c j^\mu$ für das 4-Potential folgt noch eine Wellengleichung für den dualen Feldtensor:

$$\boxed{\Box\tilde{F}^{\mu\nu} = \varepsilon^{\mu\nu\rho\sigma}\partial_\rho \Box A_\sigma = \mu_0 c\, \varepsilon^{\mu\nu\rho\sigma}\partial_\rho j_\sigma ,}$$

wobei die rechte Seite als 4-Rotation von $\mu_0 c j$ interpretiert werden kann.

[7] Man kann die 4-Rotation auch auf antisymmetrische Tensoren 2. Stufe $A_{\rho\sigma}$ anwenden: $a^\mu \equiv \varepsilon^{\mu\nu\rho\sigma}\partial_\nu A_{\rho\sigma}$. Auch in diesem Fall ist die 4-Divergenz der 4-Rotation immer null, da $\varepsilon^{\mu\nu\rho\sigma}$ mit dem symmetrischen Tensor $\partial_\mu\partial_\nu$ kontrahiert wird: $\partial_\mu a^\mu = \varepsilon^{\mu\nu\rho\sigma}\partial_\mu\partial_\nu A_{\rho\sigma} = 0$.

Kompakte Formulierung der *homogenen* Maxwell-Gleichungen

Mit Hilfe des dualen Feldtensors können die beiden *homogenen* Maxwell-Gleichungen in kovarianter Form kompakt zusammengefasst werden:

$$\boxed{\partial_\mu \tilde{F}^{\mu\nu} = 0\ .} \tag{3.64}$$

Die 4-Divergenz von $(\tilde{F}^{\mu\nu})$ ist nämlich für $\nu = 0$ bzw. $\nu = j = 1, 2, 3$ durch

$$\partial_\mu \tilde{F}^{\mu 0} \overset{4\to 3}{=} \boldsymbol{\nabla} \cdot (c\mathbf{B}) = c(\boldsymbol{\nabla} \cdot \mathbf{B}) = 0$$
$$\partial_\mu \tilde{F}^{\mu j} = \partial_0 \tilde{F}^{0j} + \partial_i \tilde{F}^{ij} \overset{4\to 3}{=} \partial_0(-cB_j) + \partial_i(\varepsilon_{ijk}E_k) = -\left(\tfrac{\partial \mathbf{B}}{\partial t} + \boldsymbol{\nabla} \times \mathbf{E}\right)_j = 0$$

gegeben, sodass man insgesamt (3.64) erhält. Gleichung (3.64) folgt alternativ auch sofort aus (3.63): $\partial_\mu \tilde{F}^{\mu\nu} = \varepsilon^{\mu\nu\rho\sigma}\partial_\mu\partial_\rho A_\sigma = 0$, da die Kontraktion des symmetrischen Tensors $\partial_\mu\partial_\rho$ mit dem antisymmetrischen Tensor $\varepsilon^{\mu\nu\rho\sigma}$ null ist. Die Gleichung $\partial_\mu \tilde{F}^{\mu\nu} = 0$ lässt sich also auch so interpretieren, dass die 4-Divergenz einer 4-Rotation immer null ist.

Durch Einsetzen der Dualitätstransformation $\tilde{F}^{\mu\nu} = \frac{1}{2}\varepsilon^{\mu\nu\rho\sigma}F_{\rho\sigma}$ in (3.64) erhält man als Alternativform für die homogenen Maxwell-Gleichungen:

$$\tfrac{1}{2}\varepsilon^{\mu\nu\rho\sigma}\partial_\mu F_{\rho\sigma} = 0 \quad , \quad \partial_\mu F_{\rho\sigma} + \partial_\sigma F_{\mu\rho} + \partial_\rho F_{\sigma\mu} = 0 \qquad (\nu = 0, 1, 2, 3)\ .$$

Diese Alternativform zeigt, dass auch bei der Formulierung der *homogenen* Maxwell-Gleichungen im Grunde der Feldtensor $(F^{\mu\nu})$ die zentrale Rolle spielt. Für praktische Zwecke ist die kompakte Formulierung (3.64) mit dem *dualen* Feldtensor $(\tilde{F}^{\mu\nu})$ jedoch meist bequemer.

Beziehung zu P2: Gleichung (3.64) definiert mathematisch präzise, was in Abschnitt [1.2] bei der Formulierung des zweiten Postulats **P2** gemeint ist mit der Formulierung: „Das *duale* elektromagnetische Feld $\tilde{F} = (c\mathbf{B}, -\mathbf{E})$ hat *keine* Quellen". Die Null auf der rechten Seite von Gleichung (3.64) bringt lediglich noch einmal zum Ausdruck, dass *magnetische* Ladungs- und Stromdichten („Monopole") in der Realität nicht existieren.

Invarianten des elektromagnetischen Feldes

Die doppelte Verjüngung $a : b \equiv a^{\mu\nu}b_{\mu\nu}$ zweier 4-Tensoren zweiter Stufe a und b ergibt generell einen Lorentz-*Skalar*, d. h. eine Größe, die *invariant* ist unter Lorentz-Transformationen. Wir wenden eine solche doppelte Verjüngung nun an auf die beiden Tensoren, die das *elektromagnetische Feld* beschreiben, nämlich auf $(F^{\mu\nu})$ und seinen dualen Tensor $(\tilde{F}^{\mu\nu})$. In dieser Weise können wir im Prinzip bis zu *drei* mögliche Invarianten erhalten, nämlich $F : F$, $F : \tilde{F}$ und $\tilde{F} : \tilde{F}$.

Eine erste Invariante erhält man, indem man $(F^{\mu\nu})$ mit sich selbst kombiniert und bezüglich der beiden Indizes μ und ν verjüngt:

$$\begin{aligned} I_1 &\equiv -\tfrac{1}{2}F^{\mu\nu}F_{\mu\nu} = -\tfrac{1}{2}(F^{0i}F_{0i} + F^{i0}F_{i0} + F^{ij}F_{ij}) \\ &\overset{4\to 3}{=} -\tfrac{1}{2}\left[(-E_i)E_i + E_i(-E_i) + (-\varepsilon_{ijk}cB_k)(-\varepsilon_{ijl}cB_l)\right] \\ &= -(c^2\delta_{kl}B_kB_l - \mathbf{E}^2) = \mathbf{E}^2 - (c\mathbf{B})^2\ . \end{aligned}$$

Die Verjüngung von $(F^{\mu\nu})$ mit seinem dualen Tensor $\left(\tilde{F}^{\mu\nu}\right)$ ergibt eine zweite, unabhängige Invariante:

$$\begin{aligned} I_2 &\equiv -\tfrac{1}{4}F^{\mu\nu}\tilde{F}_{\mu\nu} = -\tfrac{1}{4}(F^{0i}\tilde{F}_{0i} + F^{i0}\tilde{F}_{i0} + F^{ij}\tilde{F}_{ij}) \\ &\overset{4\to 3}{=} -\tfrac{1}{4}\left[(-E_i)cB_i + E_i(-cB_i) + (-\varepsilon_{ijk}cB_k)(\varepsilon_{ijl}E_l)\right] \\ &= \tfrac{1}{2}\left[\mathbf{E}\cdot(c\mathbf{B}) + \delta_{kl}(cB_k)E_l\right] = \mathbf{E}\cdot(c\mathbf{B})\ . \end{aligned}$$

Die dritte Möglichkeit $\frac{1}{2}\tilde{F} : \tilde{F} = \mathbf{E}^2 - (c\mathbf{B})^2$ ergibt keine neue Information. Wir lernen also, dass die beiden Größen

$$\boxed{I_1 \equiv \mathbf{E}^2 - (c\mathbf{B})^2 \quad \text{und} \quad I_2 \equiv \mathbf{E}\cdot(c\mathbf{B})} \tag{3.65}$$

invariant sind unter eigentlichen, orthochronen Lorentz-Transformationen $\Lambda \in \mathcal{L}_+^\uparrow$.

Hierbei ist I_1 ein *echter* Skalar ist, d. h. auch invariant unter der vollen Lorentz-Gruppe $\mathcal{L}$, während I_2 das Vorzeichen wechselt unter Raumspiegelungen und somit einen *Pseudo*skalar darstellt. Die beiden Invarianten sind *lokal* definiert:

$$I_1'(\mathbf{x}',t') = I_1(\mathbf{x},t) \quad , \quad I_2'(\mathbf{x}',t') = I_2(\mathbf{x},t)\ ,$$

sodass in beiden Fällen ein 4-fach unendlicher Satz von Lorentz-invarianten Messgrößen vorliegt.

Weitere lokale Invarianten des elektromagnetischen Feldes existieren übrigens *nicht*, zumindest nicht in der Klasse der quadratischen Funktionen von Feldkomponenten. Dies folgt daraus, dass das Transformationsverhalten (3.55) des elektromagnetischen Feldtensors für eigentliche orthochrone Lorentz-Transformationen $\Lambda \in \mathcal{L}_+^\uparrow$ auch als *komplexe* Drehung[8] des *komplexen* Vektors $\mathbf{F} \equiv \mathbf{E} + ic\mathbf{B}$ formuliert werden kann: $\mathbf{F}' = R(\boldsymbol{\alpha} - i\boldsymbol{\phi})\mathbf{F}$. Da auch für *komplexe* Drehungen die Transponierte gleich der Inversen ist:

$$R^{\mathrm{T}} = \left[e^{-i(\boldsymbol{\alpha}-i\boldsymbol{\phi})\cdot\boldsymbol{\ell}}\right]^{\mathrm{T}} = e^{-i(\boldsymbol{\alpha}-i\boldsymbol{\phi})\cdot\boldsymbol{\ell}^{\mathrm{T}}} = e^{i(\boldsymbol{\alpha}-i\boldsymbol{\phi})\cdot\boldsymbol{\ell}} = R^{-1} \quad , \quad R^{\mathrm{T}}R = \mathbb{1}_3\ ,$$

sind Skalarprodukte $\mathbf{x}\cdot\mathbf{y}$ unter solchen Drehungen *invariant*. Die einzige mit dem Vektor $\mathbf{F}$ verknüpfte Invariante ist daher seine *Länge*:

$$\mathbf{F}\cdot\mathbf{F} = (\mathbf{E} + ic\mathbf{B})^2 = \mathbf{E}^2 - (c\mathbf{B})^2 + 2i\mathbf{E}\cdot(c\mathbf{B}) = I_1 + 2iI_2\ . \tag{3.66}$$

Folglich sind die einzigen Invarianten des elektromagnetischen Feldes (in der Klasse der quadratischen Funktionen von Feldkomponenten) die Skalarfelder I_1 und I_2.

Die Lorentz-Kraft

Wir definieren einen weiteren *4-Vektor*, der durch Verjüngung des Tensorprodukts von $(F^{\mu\nu})$ und der 4-Geschwindigkeit (u_ν) entsteht:

$$\boxed{K^\mu \equiv \frac{q}{c}F^{\mu\nu}u_\nu\ .} \tag{3.67}$$

[8] Siehe z. B. §25 in Ref. [24] oder Übungsaufgabe 5.12 und Lösung 5.12 in Ref. [11].

Da sowohl $(F^{\mu\nu})$ als auch (u_ν) *echte* Tensoren sind, ist auch (K^μ) ein *echter* 4-Vektor. Durch explizite Berechnung sieht man, dass (K^μ) eine relativistische Verallgemeinerung der Lorentz-Kraft darstellt:

$$\begin{aligned}(K^\mu) &= \frac{q}{c}(F^{\mu 0}u_0 + F^{\mu j}u_j) \overset{4\to 3}{=} q\gamma_u\big(F^{\mu 0} + F^{\mu j}(-\beta_j)\big) \\ &= q\gamma_u\big(\mathbf{E}\cdot\boldsymbol{\beta}_u\,,\,(\mathbf{E}+\mathbf{u}\times\mathbf{B})^{\mathrm{T}}\big)\;. \end{aligned} \tag{3.68}$$

Im letzten Schritt wurde $F^{i0} = E_i$ benutzt und außerdem für die zeitlichen ($\mu = 0$) und räumlichen ($\mu = i = 1, 2, 3$) Komponenten von (K^μ):

$$F^{0j}(-\beta_j) = E_j\beta_j \quad , \quad F^{ij}(-\beta_j) = (-\varepsilon_{ijk}cB_k)(-\beta_j) = c(\boldsymbol{\beta}\times\mathbf{B})_i = (\mathbf{u}\times\mathbf{B})_i\;.$$

Die K^0-Komponente von (3.68) stellt die *Leistung* dar (dividiert durch c und gemessen pro *Eigenzeit*), die das elektromagnetische Feld am Teilchen verrichtet.

Wir betrachten nun die folgende *Bewegungsgleichung*:

$$\boxed{m_0\frac{d^2x^\mu}{d\tau^2} = K^\mu \quad , \quad d\tau = \frac{dt}{\gamma_u}\;,} \tag{3.69}$$

die (K^μ) mit einem anderen 4-Vektor, der 4-Beschleunigung, verknüpft. Gleichung (3.69) ist sicherlich korrekt im momentanen Ruhesystem des Teilchens ($\mathbf{u} = \mathbf{0}$), denn dann erhält man für die *zeitlichen* Komponenten die Identität $0 = 0$ und für die *räumlichen* die korrekte Form der Lorentz'schen Bewegungsgleichung

$$m_0\frac{d^2\mathbf{x}}{dt^2} = q\mathbf{E}\;. \tag{3.70}$$

Da das Gesetz (3.69) in diesem speziellen Inertialsystem gültig ist und außerdem Lorentz-kovariant formuliert wurde, muss es nach dem Relativitätsprinzip in *jedem* Inertialsystem gelten. Wir haben somit in Gleichung (3.69) die korrekte relativistische Formulierung der Lorentz'schen Bewegungsgleichung gefunden.

Für die Herleitung von *Erhaltungsgesetzen* in Kapitel [4] ist es hilfreich, die Lorentz'sche Bewegungsgleichung auch in herkömmlicher 3-Notation zu formulieren. Wir verwenden den bereits in Gleichung (3.49) definierten kinetischen 4-Impuls $(\pi^\mu) = (\mathcal{E}/c, m\mathbf{u}^{\mathrm{T}}) = m_0(u^\mu) = \gamma_u m_0 c(1, \boldsymbol{\beta}_u^{\mathrm{T}})$ und bezeichnen den *drei*dimensionalen kinetischen Impulsvektor wiederum als $\boldsymbol{\pi} = m\mathbf{u} = \gamma_u m_0\mathbf{u}$. Mit dieser Notation kann die relativistische Bewegungsgleichung (3.69) alternativ in der Form

$$\gamma_u\frac{d(\pi^\mu)}{dt} = m_0\gamma_u\frac{d}{dt}(u^\mu) = m_0\frac{d^2(x^\mu)}{d\tau^2} = (K^\mu) = q\gamma_u\big(\mathbf{E}\cdot\boldsymbol{\beta}_u, (\mathbf{E}+\mathbf{u}\times\mathbf{B})^{\mathrm{T}}\big)$$

geschrieben werden. Wir dividieren die linke und rechte Seite zuerst durch γ_u:

$$\frac{d}{dt}\left(\frac{\mathcal{E}}{c}, m\mathbf{u}^{\mathrm{T}}\right) = \frac{d(\pi^\mu)}{dt} = q\big(\mathbf{E}\cdot\boldsymbol{\beta}_u, (\mathbf{E}+\mathbf{u}\times\mathbf{B})^{\mathrm{T}}\big) \tag{3.71}$$

und trennen anschließend die zeitlichen und räumlichen Komponenten dieser Gleichung. Aus den drei Gleichungen für die räumlichen Komponenten ergibt sich eine Bewegungsgleichung für den dreidimensionalen kinetischen Impuls:

$$\boxed{\frac{d\boldsymbol{\pi}}{dt} = q(\mathbf{E}+\mathbf{u}\times\mathbf{B}) \quad , \quad \boldsymbol{\pi} = \gamma_u m_0\mathbf{u}\;.} \tag{3.72a}$$

Die zeitliche Komponente von (3.71) ergibt eine Gleichung für die Energieänderung des Teilchens durch Wechselwirkung mit dem elektromagnetischen Feld:

$$\boxed{\frac{d\mathcal{E}}{dt} = \frac{d}{dt}(\gamma_u m_0 c^2) = \frac{d}{dt}(\pi^0 c) = q\mathbf{E}\cdot\mathbf{u}\,.} \tag{3.72b}$$

Hierbei stellt die rechte Seite die *Leistung* dar, die das elektromagnetische Feld am Teilchen verrichtet. Die Zeitableitung $\frac{d}{dt}$ auf der linken Seite zeigt, dass diese Leistung nun im *Inertialsystem* gemessen wird. Die Energieänderung (3.72b) folgt aber auch unmittelbar aus der Dispersionsrelation $\mathcal{E} = (\boldsymbol{\pi}^2 c^2 + m_0^2 c^4)^{1/2} = \gamma m_0 c^2$ in (3.50) und der Bewegungsgleichung für den kinetischen Impuls:

$$\frac{d\mathcal{E}}{dt} = \frac{c^2 \boldsymbol{\pi}\cdot\frac{d\boldsymbol{\pi}}{dt}}{\sqrt{\boldsymbol{\pi}^2 c^2 + m_0^2 c^4}} = \frac{q}{\gamma_u m_0}\boldsymbol{\pi}\cdot(\mathbf{E} + \mathbf{u}\times\mathbf{B}) = q\mathbf{E}\cdot\mathbf{u}\,. \tag{3.73}$$

Folglich ist Gleichung (3.72b) *redundant*, sodass es bei der Untersuchung der Dynamik eines geladenen Teilchens ausreicht, sich auf Gleichung (3.72a) zu beschränken.

3.8 Übungsaufgaben

Viele Übungsaufgaben zur Speziellen Relativitätstheorie mit Lösungen sind bereits in Kapitel 5 von Ref. [11] enthalten. Wir fügen hier zwei neue Aufgaben hinzu.

Aufgabe 3.1 Invarianten des elektromagnetischen Feldes

Gleichung (3.66) hat gezeigt, dass das Längenquadrat des komplexen Vektors $\mathbf{F} \equiv \mathbf{E} + ic\mathbf{B}$ *invariant* ist unter eigentlichen orthochronen Lorentz-Transformationen $\Lambda \in \mathcal{L}_+^\uparrow$. Dies basiert darauf, dass solche Lorentz-Transformationen auf den komplexen Vektor $\mathbf{F}$ als *komplexe* Drehung wirken: $\mathbf{F}' = R(\boldsymbol{\alpha} - i\boldsymbol{\phi})\mathbf{F}$, wie z. B. in Übungsaufgabe 5.12 in Ref. [11] gezeigt wurde. Die Invarianz von $\mathbf{F}^2 = \mathbf{F}\cdot\mathbf{F}$ bedeutet, dass es nur *zwei* lokale Invarianten des elektromagnetischen Feldes unter Lorentz-Transformationen $\Lambda \in \mathcal{L}_+^\uparrow$ gibt, zumindest in der Klasse der quadratischen Funktionen von Feldkomponenten, nämlich $I_1 = \mathbf{E}^2 - (c\mathbf{B})^2$ und $I_2 = \mathbf{E}\cdot(c\mathbf{B})$.

Folgern Sie aus der Invarianz von $\mathbf{F}^2 = \mathbf{F}\cdot\mathbf{F}$ bzw. $I_1 = \mathbf{E}^2 - (c\mathbf{B})^2$ und $I_2 = \mathbf{E}\cdot(c\mathbf{B})$, dass es nur *zwei* Möglichkeiten gibt: Entweder gilt $E = cB$ und $\mathbf{E} \perp c\mathbf{B}$, oder es gibt eine Lorentz-Transformation $\Lambda \in \mathcal{L}_+^\uparrow$ mit der Eigenschaft, dass die Felder $\mathbf{E}'$ und $\mathbf{B}'$ nach der Transformation *parallel* ausgerichtet sind.

Aufgabe 3.2 Geladenes Teilchen im Coulomb-Feld

Wir betrachten die Dynamik eines geladenen relativistischen Teilchens (mit der Ladung q und der Ruhemasse m_0) im Coulomb-Feld eines geraden, unendlich langen, entlang der $\hat{\mathbf{e}}_3$-Achse ausgestreckten dünnen Drahts mit der Ladungsdichte $\rho(\mathbf{x}) = q_0\,\delta(x_1)\delta(x_2)$. Mit dem Radialabstand zum geladenen Draht $r(\mathbf{x}) \equiv \sqrt{x_1^2 + x_2^2}$ und einem beliebigen $r_0 > 0$ ist die Wirkung dieses Problems gegeben durch

$$S = \int_{t_1}^{t_2} dt\,\left[-m_0 c^2\sqrt{1 - (\dot{\mathbf{x}}/c)^2} - q\Phi(\mathbf{x})\right] \quad , \quad \Phi(\mathbf{x}) = -\frac{q_0}{2\pi\varepsilon_0}\ln(r/r_0)\,.$$

(a) Zeigen Sie für den kinetischen Impuls $\boldsymbol{\pi} \equiv \gamma_u m_0 \mathbf{u}$ mit $\mathbf{u} \equiv \dot{\mathbf{x}}$:

$$\frac{d\boldsymbol{\pi}}{dt} = q\mathbf{E} \quad , \quad \mathbf{E} = \frac{q_0 \hat{\mathbf{x}}_\perp}{2\pi\varepsilon_0 r} \quad , \quad \hat{\mathbf{x}}_\perp \equiv \frac{1}{r}\begin{pmatrix} x_1 \\ x_2 \\ 0 \end{pmatrix} .$$

(b) Zeigen Sie durch explizite Berechnung, dass die Gesamtenergie

$$\mathcal{E}_{\mathrm{g}} \equiv \sqrt{\boldsymbol{\pi}^2 c^2 + m_0^2 c^4} + a \ln(r/r_0) \quad \text{mit} \quad a \equiv \frac{-qq_0}{2\pi\varepsilon_0}$$

eine Erhaltungsgröße ist. Geben Sie möglichst viele Erhaltungsgrößen an.

Wir beschreiben die Bahn des Teilchens mit Hilfe von Zylinderkoordinaten (r, φ, x_3), sodass insbesondere $x_1 = r\cos(\varphi)$ und $x_2 = r\sin(\varphi)$ gelten.

(c) Zeigen Sie, dass die zu (r, φ, x_3) konjugierten Impulse gegeben sind durch:

$$\pi_r = \gamma_u m_0 \dot{r} \quad , \quad \pi_\varphi = \gamma_u m_0 r^2 \dot{\varphi} \quad , \quad \pi_3 = \gamma_u m_0 \dot{x}_3$$

und dass die Lagrange-Gleichungen lauten:

$$\frac{d\pi_r}{dt} = \gamma_u m_0 r \dot{\varphi}^2 - \frac{a}{r} \quad , \quad \frac{d\pi_\varphi}{dt} = 0 \quad , \quad \frac{d\pi_3}{dt} = 0 .$$

(d) Wir nehmen an, dass die vorgegebenen Werte von $(\mathcal{E}_{\mathrm{g}}, \pi_\varphi, \pi_3)$ *endlich* sind und dass $\pi_\varphi > 0$ sowie $a > 0$ gelten: Warum sind alle Bahnen in diesem Problem dann in radialer Richtung *räumlich beschränkt*: $r \leq r_{\mathrm{max}} < \infty$? Warum kann das geladene Teilchen nicht in den Draht hineinstürzen, d. h., warum gilt für alle Bahnen auch $r \geq r_{\mathrm{min}} > 0$?

(e) Zeigen Sie, dass *Kreisbahnen* mit zeitunabhängigem Radius r als Lösung der Bewegungsgleichungen dann und nur dann möglich sind, wenn der Parameter $\bar{a} \equiv \frac{a}{\gamma_u m_0 c^2}$ im Intervall $0 < \bar{a} < 1$ liegt.

(f) Für welche $\bar{a}$-Werte sind *schraubenförmige* Bahnen mit einem zeitunabhängigen Radius r und einer zeitunabhängigen axialen Geschwindigkeit $\dot{x}_3$ als Lösung der Bewegungsgleichungen möglich?

Kapitel 4

Relativistische Dynamik

Nachdem wir im vorigen Kapitel die wichtigsten Elemente der Speziellen Relativitätstheorie noch einmal haben Revue passieren lassen, wenden wir diese Konzepte nun zur Untersuchung der *relativistischen Dynamik* von Teilchen *und* Feldern an.

Kapitel [3] hat gezeigt, dass die Bewegungsgleichungen der Elektrodynamik sowohl durch *Feld-* als auch durch *Teilchen*freiheitsgrade bestimmt werden. Charakteristisch für die Teilchenfreiheitsgrade ist die 4-Stromdichte $j = (c\rho, \mathbf{j}^{\mathrm{T}})$, siehe Gleichung (3.41). Charakteristisch für die Feldfreiheitsgrade ist der elektromagnetische Feldtensor $(F^{\mu\nu})$ mit $F^{\mu\nu} \equiv \partial^\mu A^\nu - \partial^\nu A^\mu$ in (3.56), gelegentlich ergänzt durch seinen dualen Tensor $(\tilde{F}^{\mu\nu}) = \left(\frac{1}{2}\varepsilon^{\mu\nu\rho\sigma} F_{\rho\sigma}\right)$ in (3.62):

$$F \overset{4\to 3}{=} \begin{pmatrix} 0 & -E_1 & -E_2 & -E_3 \\ E_1 & 0 & -cB_3 & cB_2 \\ E_2 & cB_3 & 0 & -cB_1 \\ E_3 & -cB_2 & cB_1 & 0 \end{pmatrix} \quad , \quad \tilde{F} \overset{4\to 3}{=} \begin{pmatrix} 0 & & -c\mathbf{B}^{\mathrm{T}} & \\ & 0 & E_3 & -E_2 \\ c\mathbf{B} & -E_3 & 0 & E_1 \\ & E_2 & -E_1 & 0 \end{pmatrix} . \tag{4.1}$$

Sämtliche Größen $j(x)$, $A(x)$, $F(x)$ und $\tilde{F}(x)$ hängen im Allgemeinen explizit von den Raum-Zeit-Koordinaten x ab und sind somit *Vektor-* oder *Tensorfelder*.

Mit Hilfe des elektromagnetischen Feldtensors kann man sowohl die inhomogenen und die homogenen Maxwell-Gleichungen

$$\partial_\mu F^{\mu\nu} = \mu_0 c j^\mu \quad , \quad \partial_\mu \tilde{F}^{\mu\nu} = 0 \tag{4.2}$$

als auch die Lorentz'sche Bewegungsgleichung für ein Teilchen mit der Ladung q und Ruhemasse m_0 kompakt zusammenfassen:

$$m_0 \frac{d^2 x^\mu}{d\tau^2} = \frac{q}{c} F^{\mu\nu} u_\nu \quad , \quad d\tau = \frac{dt}{\gamma} . \tag{4.3}$$

Gleichung (4.2) zeigt, dass die 4-Stromdichte (j^μ) im Einklang mit Postulat **P1** als Quelle des elektromagnetischen Feldes F auftritt, und Gleichung (4.3), dass die Lorentz-Kraft $(K^\mu) = \left(\frac{q}{c} F^{\mu\nu} u_\nu\right)$ analog als Quelle der Teilchendynamik wirkt.[1]

Betrachtet man die relativistische Lorentz'sche Bewegungsgleichung (4.3) als *isoliertes* Problem, so ordnet sie sich vollständig in die allgemeinen Strukturen

[1]Die zweite Gleichung in (4.2) zeigt zusätzlich, dass das duale elektromagnetische Feld $\tilde{F}$ im Einklang mit Postulat **P2** keine Quellen hat: Es gibt keine magnetischen Monopole.

P. van Dongen, *Klassische Elektrodynamik*, https://doi.org/10.1007/978-3-662-69830-3_4

der Klassischen Mechanik ein (siehe Ref. [11]). Es lässt sich zu Gleichung (4.3) eine Lagrange- und eine Hamilton-Funktion konstruieren, und (4.3) kann aus einem Wirkungsprinzip hergeleitet werden. Nur unter sehr speziellen Bedingungen weist die Lorentz'sche Bewegungsgleichung *Erhaltungsgrößen* auf, da Gleichung (4.3) lediglich ein mechanisches *Teilsystem* definiert, wobei das Teilchen durch äußere Kräfte gelenkt wird.

Die Kopplung von Gleichung (4.3) an die Maxwell-Gleichungen (4.2) ändert die Struktur des Problems jedoch grundlegend: Das *Gesamtsystem* von Teilchen und Feldern ist ein *abgeschlossenes* System, sodass sich die Frage nach möglichen *Erhaltungsgrößen* im *Gesamtsystem* erneut stellt.

Außerdem drängt sich für das Gesamtsystem von Teilchen und Feldern die Frage auf, ob dieses neue Gebilde derselben *analytischen Struktur* wie die Klassische Mechanik gehorcht. Insbesondere ist zu klären, ob vertraute Begriffe wie „Hamilton'sches Prinzip", „Lagrange-Funktion", „Hamilton-Funktion", „kanonisch konjugierter Impuls" usw. auch für die Gesamttheorie relevant sind.

Diese letzte Frage lässt sich kurz auch so formulieren: Kann die Elektrodynamik aus einem *Wirkungsfunktional* hergeleitet werden? Die gesuchte Wirkung müsste dann sowohl die Freiheitsgrade der Teilchen als auch diejenigen der Felder und außerdem die Wechselwirkung zwischen beiden enthalten und hätte daher die Form

$$\boxed{S = S_{\mathrm{M}} + S_{\mathrm{W}} + S_{\mathrm{F}} = \int_{t_1}^{t_2} dt\, L \quad , \quad L = L_{\mathrm{M}} + L_{\mathrm{W}} + L_{\mathrm{F}} \ ,} \tag{4.4}$$

wobei „M" für *Materie* (also für die Teilchen), „W" für *Wechselwirkung* und „F" für die elektromagnetischen *Felder* steht. Das Wirkungsfunktional S müsste sich dann als Zeitintegral einer *Lagrange-Funktion* L schreiben lassen, die aus entsprechenden Beiträgen der Materie, der Wechselwirkung und der Felder besteht. Aus dem gesuchten Wirkungsfunktional müssten dann durch Minimierung bezüglich der möglichen „Bahnen" der Teilchen und Felder zum einen die bereits bekannte Dynamik (4.3) der Teilchen und zum anderen die Dynamik (4.2) der Felder folgen.

Das Ziel dieses Kapitels ist, zu zeigen, dass man die Elektrodynamik als Gesamttheorie für Teilchen und Felder in der Tat aus einem Wirkungsfunktional der Form (4.4) herleiten kann. In dieser Weise erhalten wir eine *einheitliche* Beschreibung der Elektrodynamik, die deutlich macht, dass geladene Teilchen und elektromagnetische Felder in der Gesamttheorie untrennbar miteinander gekoppelt sind.

Hierzu betrachten wir in Abschnitt [4.1] zuerst die Dynamik (4.3) der *Teilchen* und fassen die wichtigsten Ergebnisse[2] kurz zusammen; insbesondere diskutieren wir die Wirkung $S_{\mathrm{M+W}} \equiv S_{\mathrm{M}} + S_{\mathrm{W}}$, aus der die Lorentz'sche Bewegungsgleichung (4.3) hergeleitet werden kann. In Abschnitt [4.2] zeigen wir dann, dass auch die Dynamik (4.2) der *Felder* aus einem Wirkungsprinzip $\delta S_{\mathrm{F+W}} = 0$ mit $S_{\mathrm{F+W}} \equiv S_{\mathrm{F}} + S_{\mathrm{W}}$ folgt. Die Kombination dieser Ergebnisse zeigt, dass die Gesamttheorie in der Tat die Struktur (4.4) hat. Wir untersuchen auch die mögliche *Eichinvarianz* der Gesamttheorie sowie die Beziehung dieser Invarianz zur *Ladungserhaltung*. In den Abschnitten [4.3] und [4.4] untersuchen wir für das Gesamtsystem von Teilchen und Feldern die Dynamik der *Energie*, des *Impulses* und des *Drehimpulses* und zeigen, dass diese physikalischen Größen in der Tat *erhalten* sind.

[2] Diese Ergebnisse sind im Wesentlichen bereits aus der Mechanik bekannt, siehe Ref. [11].

In Abschnitt [4.5] leiten wir außerdem ein entsprechendes *Virialtheorem* ab. Abschnitt [4.6] enthält eine kritische Betrachtung des Wirkungsfunktionals (4.4) und zeigt die *Grenzen der klassischen Physik* auf; dieser Abschnitt hat teilweise den Charakter eines Ausblicks auf Quantenphysik und Quantenfeldtheorie. Wir schließen das Kapitel ab mit einer systematischen Untersuchung von *Erhaltungsgrößen in klassischen Feldtheorien* (wie der Elektrodynamik); wir leiten das entsprechende *Noether-Theorem* in Abschnitt [4.7] her und zeigen seine Anwendung anhand einiger Beispiele.

4.1 Die Dynamik der Teilchen

Wir betrachten ein System von N geladenen Teilchen in einem elektromagnetischen Feld und konzentrieren uns zunächst auf die *Teilchen*. Jedes dieser Teilchen erfüllt die *Lorentz'sche Bewegungsgleichung*, die in relativistisch kovarianter Form durch Gleichung (4.3) gegeben ist. Wir wissen bereits aus (3.72), dass diese relativistisch kovariante Bewegungsgleichung in zeitliche und räumliche Komponenten getrennt werden kann. Die Bewegungsgleichung für die *räumlichen Komponenten*, also für den dreidimensionalen kinetischen Impuls des l-ten Teilchens ist durch Gleichung (3.72a) gegeben:

$$\frac{d\boldsymbol{\pi}_l}{dt} = q_l\big[\mathbf{E}(\mathbf{x}_l,t) + \mathbf{u}_l \times \mathbf{B}(\mathbf{x}_l,t)\big] \quad , \quad \boldsymbol{\pi}_l = \gamma_l m_{0l}\mathbf{u}_l \; . \tag{4.5a}$$

Wir verwenden die Notation $\gamma_l = (1-\beta_l^2)^{-1/2}$ und $\beta_l = |\mathbf{u}_l|/c$. Die Ladung des l-ten Teilchens ist q_l und die Ruhemasse m_{0l}. Die Gleichung für die *zeitliche Komponente*, d. h. für die *Energieänderung* des l-ten Teilchens durch Wechselwirkung mit dem elektromagnetischen Feld, folgt aus (3.72b) als:

$$\frac{d\mathcal{E}_l}{dt} = \frac{d}{dt}(\gamma_l m_{0l}c^2) = \frac{d}{dt}(\pi_l^0 c) = q_l\mathbf{E}(\mathbf{x}_l,t)\cdot\mathbf{u}_l \; . \tag{4.5b}$$

Hierbei zeigte sich allerdings in (3.73), dass die Energieänderung (4.5b) auch aus (4.5a) und der Dispersionsrelation $\mathcal{E} = (\boldsymbol{\pi}^2c^2 + m_0^2c^4)^{\frac{1}{2}} = \gamma m_0 c^2$ [siehe (3.50)] hergeleitet werden kann, sodass Gleichung (4.5b) streng genommen *redundant* ist.

Da wir die Dynamik *mehrerer* oder gar *vieler* Teilchen beschreiben möchten, ist es hilfreich, eine kompakte Notation für die dynamischen Variablen aller Teilchen einzuführen. Wir werden daher im Folgenden die Koordinaten sämtlicher Teilchen eines N-Teilchen-Systems und die entsprechenden Geschwindigkeiten als $\mathbf{X}$ bzw. $\dot{\mathbf{X}}$ bezeichnen:

$$\mathbf{X} \equiv \begin{pmatrix} \mathbf{x}_1 \\ \vdots \\ \mathbf{x}_N \end{pmatrix} = (\mathbf{x}_1/\mathbf{x}_2/\cdots/\mathbf{x}_N) \quad , \quad \dot{\mathbf{X}} \equiv \begin{pmatrix} \dot{\mathbf{x}}_1 \\ \vdots \\ \dot{\mathbf{x}}_N \end{pmatrix} = (\dot{\mathbf{x}}_1/\dot{\mathbf{x}}_2/\cdots/\dot{\mathbf{x}}_N) \; .$$

In dieser Gleichung und gelegentlich auch später in diesem Kapitel verwenden wir die „papierschonende“ Notation $\mathbf{X} = (\mathbf{x}_1/\cdots/\mathbf{x}_N)$, die auch bereits in Ref. [11] verwendet wurde.

Aufgrund von unserem Ziel, einer Gleichung der Form (4.4), ist klar, dass wir zunächst einmal versuchen sollten, ein *Wirkungsfunktional* der Form

$$\boxed{S^{(\mathbf{X}_2,t_2)}_{(\mathbf{X}_1,t_1)}[\mathbf{X}] = \int_{t_1}^{t_2} dt\; L\big(\mathbf{X}(t),\dot{\mathbf{X}}(t);t\big) \quad , \quad L = L_\mathrm{M} + L_\mathrm{W}} \tag{4.6}$$

zu konstruieren mit der Eigenschaft, dass die zu $L(\mathbf{X}, \dot{\mathbf{X}}; t)$ gehörende Lagrange-Gleichung die Bewegungsgleichung (4.5a) reproduziert. Gleichung (4.5b) ist dann automatisch erfüllt. Das Wirkungsfunktional (4.6) kann dann später (siehe Abschnitt [4.2]) um die Freiheitsgrade der *Felder* ergänzt werden.

4.1.1 Die Lagrange-Funktion

Die skalare Lagrange-Funktion $L = L_\mathrm{M} + L_\mathrm{W}$, deren Lagrange-Gleichung die Bewegungsgleichung (4.5a) reproduziert, hat die übliche Struktur

$$\boxed{L(\mathbf{X}, \dot{\mathbf{X}}, t) = T(\dot{\mathbf{X}}) - V_\mathrm{Lor}(\mathbf{X}, \dot{\mathbf{X}}, t)\ ,} \tag{4.7a}$$

wobei $T(\dot{\mathbf{X}})$ nur von den Geschwindigkeiten der Teilchen abhängt und das Lorentz-Potential $V_\mathrm{Lor}(\mathbf{X}, \dot{\mathbf{X}}, t)$ im relativistischen Fall genau dieselbe Form hat wie in der nicht-relativistischen Mechanik. Siehe hierzu z. B. Anhang D in Ref. [11]. Der rein geschwindigkeitsabhängige Anteil $T(\dot{\mathbf{X}})$ ist explizit durch

$$\boxed{T(\dot{\mathbf{X}}) = -\sum_{l=1}^{N} m_{0l}c^2\sqrt{1-\left(\frac{\dot{\mathbf{x}}_l(t)}{c}\right)^2} = -\sum_{l=1}^{N}\frac{m_{0l}c^2}{\gamma_l}} \tag{4.7b}$$

gegeben und das Lorentz-Potential durch

$$\boxed{V_\mathrm{Lor}(\mathbf{X}, \dot{\mathbf{X}}, t) \equiv \sum_{l=1}^{N} q_l\left[\Phi(\mathbf{x}_l, t) - \dot{\mathbf{x}}_l\cdot\mathbf{A}(\mathbf{x}_l, t)\right]\ .} \tag{4.7c}$$

Kombiniert man nämlich den Beitrag von $T(\dot{\mathbf{X}})$ zur Lagrange-Gleichung:[3]

$$\begin{aligned}\left[\frac{d}{dt}\left(\frac{\partial T}{\partial \dot{\mathbf{x}}_l}\right) - \frac{\partial T}{\partial \mathbf{x}_l}\right]_\phi &= \left\{\frac{d}{dt}\left[-m_{0l}c^2\frac{(-\dot{\mathbf{x}}_l/c^2)}{\sqrt{1-(\dot{\mathbf{x}}_l^2/c^2)}}\right]\right\}_\phi \\ &= \left[m_{0l}\frac{d}{dt}\left(\gamma_l\frac{d\mathbf{x}_l}{dt}\right)\right]_\phi = \left[\frac{d(\gamma_l m_{0l}\mathbf{u}_l)}{dt}\right]_\phi = \left(\frac{d\boldsymbol{\pi}_l}{dt}\right)_\phi\end{aligned} \tag{4.8a}$$

mit dem Beitrag des Lorentz-Potentials:

$$\left[\frac{d}{dt}\left(\frac{\partial V_\mathrm{Lor}}{\partial \dot{\mathbf{x}}_l}\right) - \frac{\partial V_\mathrm{Lor}}{\partial \mathbf{x}_l}\right]_\phi = q_l\left[\mathbf{E}(\mathbf{x}_l, t) + \dot{\mathbf{x}}_l\times\mathbf{B}(\mathbf{x}_l, t)\right]_\phi\ , \tag{4.8b}$$

so folgt in der Tat die relativistisch korrekte Bewegungsgleichung (4.5a), indem man (4.8b) von (4.8a) abzieht:

$$\mathbf{0} = \left[\frac{d}{dt}\left(\frac{\partial L}{\partial \dot{\mathbf{x}}_l}\right) - \frac{\partial L}{\partial \mathbf{x}_l}\right]_\phi = \left\{\frac{d\boldsymbol{\pi}_l}{dt} - q_l\left[\mathbf{E}(\mathbf{x}_l, t) + \dot{\mathbf{x}}_l\times\mathbf{B}(\mathbf{x}_l, t)\right]\right\}_\phi\ . \tag{4.9}$$

[3]Der Index „ϕ“ bedeutet, dass die jeweiligen Größen für die *physikalische Bahn* der Teilchen auszuwerten sind und *nicht* z. B. für eine benachbarte Bahn. Die Lagrange-Gleichung entspricht der Lorentz'schen Bewegungsgleichung, siehe (4.9), und $\mathbf{X}_\phi(t) = \{\mathbf{x}_{l\phi}(t)\}$ ihrer Lösung.

Die relativistische Bewegungsgleichung (4.5a) kann also tatsächlich aus einer einzigen skalaren Lagrange-Funktion hergeleitet werden.

Da $T(\dot{\mathbf{X}})$ lediglich Eigenschaften der *Materie* beschreibt und das Lorentz-Potential $V_{\mathrm{Lor}}(\mathbf{X}, \dot{\mathbf{X}}, t)$ die *Wechselwirkung* der Materie mit dem Feld darstellt, können wir mit den Definitionen $\Phi_l \equiv \Phi(\mathbf{x}_l, t)$ und $\mathbf{A}_l \equiv \mathbf{A}(\mathbf{x}_l, t)$ identifizieren:

$$L_{\mathrm{M}} = T(\dot{\mathbf{X}}) = -\sum_{l=1}^{N} \frac{m_{0l}c^2}{\gamma_l} \quad , \quad L_{\mathrm{W}} = -V_{\mathrm{Lor}}(\mathbf{X}, \dot{\mathbf{X}}, t) = -\sum_{l=1}^{N} q_l\big(\Phi_l - \dot{\mathbf{x}}_l \cdot \mathbf{A}_l\big) \; .$$

Das entsprechende Wirkungsfunktional ist dann durch (4.6) gegeben.

Kanonischer **Impuls eines Teilchens**

Der *verallgemeinerte* oder *kanonische Impuls* des l-ten Teilchens folgt aus der Lagrange-Funktion als Ableitung nach der entsprechenden Geschwindigkeit:

$$\boxed{\mathbf{p}_l = \frac{\partial L}{\partial \dot{\mathbf{x}}_l} = \gamma_l m_{0l} \dot{\mathbf{x}}_l + q_l \mathbf{A}(\mathbf{x}_l, t) = \boldsymbol{\pi}_l + q_l \mathbf{A}_l \; .} \tag{4.10}$$

Die Beziehung zwischen dem kanonischen und dem kinetischen Impuls hat also in der relativistischen Theorie die gleiche Form wie in der Newton'schen Mechanik:

$$\boldsymbol{\pi}_l = \mathbf{p}_l - q_l \mathbf{A}_l = \gamma_l m_{0l} \dot{\mathbf{x}}_l \; .$$

Diese Beziehung bringt das Prinzip der „minimalen Kopplung“ zwischen dem Teilchen und dem Feld zum Ausdruck.

Da sowohl $\boldsymbol{\pi}_l$ als auch $\mathbf{A}_l$ räumliche Anteile von 4-Vektoren $\big(\pi_l^\mu\big)$ und $\frac{1}{c}\big(A_l^\mu\big)$ darstellen, ist klar, dass auch der kanonische Impuls $\mathbf{p}_l$ der räumliche Anteil eines kanonischen 4-Impulsvektors

$$\boxed{\big(p_l^\mu\big) = \big(\pi_l^\mu + \tfrac{1}{c} q_l A_l^\mu\big)}$$

ist. Die zeitliche Komponente des kanonischen 4-Impulsvektors ist also durch

$$p_l^0 = \pi_l^0 + \tfrac{1}{c} q_l A_l^0 = \tfrac{1}{c}\big(\gamma_l m_{0l} c^2 + q_l \Phi_l\big) \stackrel{!}{=} \tfrac{1}{c} H_l \quad , \quad \sum_{l=1}^{N} p_l^0 \stackrel{!}{=} \tfrac{1}{c} H$$

gegeben. Wir lernen daher, dass die zeitliche Komponente des *kanonischen* 4-Impulsvektors $p_l^0 = \frac{1}{c} H_l$ ist, wobei $H_l = \gamma_l m_{0l} c^2 + q_l \Phi_l$ die *Hamilton-Funktion* des l-ten Teilchens darstellt, oder genauer: den Beitrag des l-ten Teilchens zur Gesamt-Hamilton-Funktion $H = \sum_{l=1}^{N} H_l$. Auf das Konzept der *Hamilton-Funktion* gehen wir im nächsten Abschnitt näher ein.

4.1.2 Die Hamilton-Funktion

Die Hamilton-Formulierung der relativistischen Lorentz'schen Bewegungsgleichung erhält man, indem man die Variable $\dot{\mathbf{X}}$ mit Hilfe einer Legendre-Transformation aus der Lagrange-Funktion eliminiert und durch den kanonischen Impuls

$$\mathbf{P} \equiv \frac{\partial L}{\partial \dot{\mathbf{X}}} \quad , \quad \mathbf{P} = \begin{pmatrix} \mathbf{p}_1 \\ \vdots \\ \mathbf{p}_N \end{pmatrix} = (\mathbf{p}_1/\mathbf{p}_2/\cdots/\mathbf{p}_N)$$

mit $\mathbf{p}_l$ aus (4.10) ersetzt. Wir bestimmen daher zuerst die *Legendre-Transformierte* der Lagrange-Funktion:

$$
\begin{aligned}
H(\mathbf{X},\mathbf{P},t) &= \dot{\mathbf{X}} \cdot \frac{\partial L}{\partial \dot{\mathbf{X}}} - L \\
&= \sum_{l=1}^{N} \left[\dot{\mathbf{x}}_l \cdot (\gamma_l m_{0l} \dot{\mathbf{x}}_l + q_l \mathbf{A}_l) - \left(\frac{-m_{0l}c^2}{\gamma_l} + q_l \dot{\mathbf{x}}_l \cdot \mathbf{A}_l - q_l \Phi_l \right) \right] \\
&= \sum_{l=1}^{N} \left[\gamma_l m_{0l} c^2 \left(\frac{\dot{\mathbf{x}}_l^2}{c^2} + \frac{1}{\gamma_l^2} \right) + q_l \Phi_l \right] = \sum_{l=1}^{N} \left[\gamma_l m_{0l} c^2 + q_l \Phi_l \right]
\end{aligned}
\tag{4.11}
$$

und stellen fest, dass die Gesamt-Hamilton-Funktion H in der Tat – wie im vorigen Abschnitt angekündigt – die Struktur $H = \sum_l H_l$ mit $H_l = \gamma_l m_{0l} c^2 + q_l \Phi_l$ hat. Da die Hamilton-Funktion von der Variablen $\mathbf{P}$ statt $\dot{\mathbf{X}}$ abhängen soll, substituieren wir $\boldsymbol{\pi}_l \to \mathbf{p}_l - q_l \mathbf{A}_l$ auf der rechten Seite in (4.11). Das Ergebnis lautet:

$$
\begin{aligned}
H(\mathbf{X},\mathbf{P};t) &= \sum_{l=1}^{N} \left[\gamma_l m_{0l} c^2 + q_l \Phi_l \right] = \sum_{l=1}^{N} \left[\sqrt{\boldsymbol{\pi}_l^2 c^2 + m_{0l}^2 c^4} + q_l \Phi_l \right] \\
&= \sum_{l=1}^{N} \left[\sqrt{(\mathbf{p}_l - q_l \mathbf{A}_l)^2 c^2 + m_{0l}^2 c^4} + q_l \Phi_l \right] .
\end{aligned}
\tag{4.12}
$$

Wir zeigen in Aufgabe 4.1, dass die mit dieser Hamilton-Funktion assoziierten Hamilton-Gleichungen in der Tat die Bewegungsgleichung (4.5a) reproduzieren.

Nicht-relativistischer Limes

Man überprüft leicht, dass sich die Hamilton-Funktion (4.12) im nicht-relativistischen Limes auf das aus der Newton'schen Mechanik vertraute Resultat reduziert; hierzu verwenden wir die Taylor-Entwicklung der Wurzelfunktion bis zur linearen Ordnung, d. h. die Entwicklung $\sqrt{1+z} \sim 1 + \frac{1}{2}z + \cdots$ für $z \to 0$:

$$
\begin{aligned}
H(\mathbf{X},\mathbf{P};t) &= \sum_{l=1}^{N} \left[m_{0l} c^2 \sqrt{1 + \left(\frac{\mathbf{p}_l - q_l \mathbf{A}_l}{m_{0l} c} \right)^2} + q_l \Phi_l \right] \\
&\sim \sum_{l=1}^{N} \left[m_{0l} c^2 + \frac{(\mathbf{p}_l - q_l \mathbf{A}_l)^2}{2 m_{0l}} + q_l \Phi_l + \cdots \right] .
\end{aligned}
\tag{4.13}
$$

Dieses nicht-relativistische Ergebnis ist gültig in einem *Inertialsystem*, falls die kinetischen Impulse der Teilchen viel kleiner als $m_{0l}c$ sind (oder äquivalent: ihre Geschwindigkeiten viel kleiner als c).

Der erste Term auf der rechten Seite von (4.13) stellt die *Ruheenergie* der Teilchen dar. Dieser Term ist zwar numerisch am größten, liefert dennoch keinen Beitrag zur Dynamik der Teilchen, d. h. zu den Hamilton-Gleichungen, da er unabhängig von $(\mathbf{X},\mathbf{P})$ ist. Der zweite und der dritte Term auf der rechten Seite von (4.13) bilden zusammen die aus der Mechanik bekannte nicht-relativistische Form der Hamilton-Funktion für ein System von N geladenen Teilchen (siehe Abschnitt 7.4.2 von Ref. [11]).

4.1.3 Analytische Mechanik in kovarianter Form *

Wir zeigen nun, dass der kanonische Formalismus auch in manifest kovarianter Form darstellbar ist. Hierzu schreiben wir die Lagrange-Funktion (4.7) um als:

$$\begin{aligned} L\left(\mathbf{X},\dot{\mathbf{X}},t\right) &= T(\dot{\mathbf{X}}) - V_{\mathrm{Lor}}(\mathbf{X},\dot{\mathbf{X}},t) = \sum_{l=1}^{N}\left[\frac{-m_{0l}c^2}{\gamma_l} + q_l\left(\dot{\mathbf{x}}_l\cdot\mathbf{A}_l - \Phi_l\right)\right] \\ &= \sum_{l=1}^{N}\left\{-\frac{m_{0l}c^2}{\gamma_l} + \frac{q_l}{\gamma_l}\left[(\gamma_l\boldsymbol{\beta}_l)\cdot(c\mathbf{A}_l) - \gamma_l\Phi_l\right]\right\} \\ &= \sum_{l=1}^{N}\left(-\frac{m_{0l}c^2}{\gamma_l} - \frac{q_l}{\gamma_l c}u_{l\nu}A_l^{\nu}\right). \end{aligned}$$

Das entsprechende Wirkungsfunktional (4.6) ist dann gegeben durch[4]

$$\begin{aligned} S_{(\mathbf{X}_1,t_1)}^{(\mathbf{X}_2,t_2)}[\mathbf{X}] &= \int_{t_1}^{t_2} dt\, L\left(\mathbf{X}(t),\dot{\mathbf{X}}(t);t\right) = \sum_{l=1}^{N}\int_{t_1}^{t_2} dt\left(-\frac{m_{0l}c^2}{\gamma_l} - \frac{q_l}{\gamma_l c}u_{l\nu}A_l^{\nu}\right) \\ &= -\sum_{l=1}^{N}\int_{\tau_{1l}}^{\tau_{2l}} d\tau_l\left(m_{0l}c^2 + \frac{q_l}{c}u_{l\nu}A_l^{\nu}\right) \quad,\quad \tau_{il}\equiv\frac{t_i}{\gamma_l}\quad (i=1,2) \\ &= -\sum_{l=1}^{N}\int_{1_l}^{2_l}\left(m_{0l}c\,ds_l + \frac{q_l}{c}A_l^{\nu}dx_{l\nu}\right) \equiv \sum_{l=1}^{N} S_{1_l}^{2_l}[x_l] \equiv S_1^2[X]\,. \end{aligned}$$

Hierbei sind „1" und „2" zwei Ereignisse, die wir als „Beginn" und „Ende" der Bahn des N-Teilchen-Systems bezeichnen und die in jedem Inertialsystem durch wohldefinierte Orts- und Zeitkoordinaten $(x_{l1}^{\mu}) = (ct_1, \mathbf{x}_{l1})$ und $(x_{l2}^{\mu}) = (ct_2, \mathbf{x}_{l2})$ aller N Teilchen festgelegt sind. Unterschiedliche Teilchen haben in der Regel unterschiedliche Geschwindigkeiten $\mathbf{u}_l$ und γ_l-Faktoren und daher auch einen unterschiedlichen Verlauf ihrer Eigenzeit $\tau_l(t)$ als Funktion der Zeit t im Inertialsystem. Auch die infinitesimalen Abstände $ds_l = c\,d\tau_l$ der Teilchen sind folglich unterschiedlich.

Bei der Variation von S sind (x_{l1}^{μ}) und (x_{l2}^{μ}) – wie üblich – für alle l festzuhalten. Die physikalische Bahn ist dann durch den stationären Punkt von S gegeben,

$$\boxed{\frac{\delta S}{\delta\mathbf{X}(t)} = \mathbf{0} \quad \text{bzw.} \quad \delta S = 0\,.}$$

Dies ist das Hamilton'sche Prinzip in kovarianter Form.

Herleitung der Bewegungsgleichung

Wir zeigen nun, wie man aus dem Hamilton'schen Prinzip in manifest kovarianter Weise die *Bewegungsgleichung* herleiten kann. Hierzu verwenden wir die Identität

[4] In diesem Kapitel wird die Wirkung stets eine *Lorentz-invariante* Größe sein. Dennoch sollte man beachten, dass die Lorentz-Invarianz der Wirkung logisch nicht *zwingend* erforderlich ist: Nur die *Bewegungsgleichungen* (und somit alle Messgrößen) müssen unbedingt Lorentz-kovariant sein. Auch in der Relativitätstheorie gilt, dass die Bewegungsgleichungen forminvariant sind unter Transformationen der Lagrange-Funktion der Form $L \to L' = L + \frac{d}{dt}\lambda(\mathbf{X},t)$, da in diesem Fall $S \to S' = S + \lambda(\mathbf{X}_2,t_2) - \lambda(\mathbf{X}_1,t_1)$ gilt. Durch eine „geeignete" Wahl von $\lambda(\mathbf{X},t)$ könnte man die Lorentz-Invarianz von S also prinzipiell zerstören.

$ds_l = \sqrt{(ds_l)^2} = \sqrt{dx_{l\mu} dx_l^\mu}$ sowie die entsprechende Variation von ds_l:

$$\delta\, ds_l = \delta\sqrt{(ds_l)^2} = \frac{\delta\,(ds_l)^2}{2\sqrt{(ds_l)^2}} = \frac{\delta\, dx_{l\mu} dx_l^\mu}{2ds_l} = \frac{2dx_l^\mu \delta dx_{l\mu}}{2ds_l} = \frac{dx_l^\mu}{ds_l} d(\delta x_{l\mu})\,.$$

Aufgrund des Hamilton'schen Prinzips $0 = \delta S_1^2[X] = \sum_{l=1}^N \delta S_{1_l}^{2_l}[x_l]$ folgt nun für alle $l = 1, \cdots, N$:

$$\begin{aligned}
0 = \delta S_{1_l}^{2_l}[x_l] &= \delta \int_{1_l}^{2_l} \Big(-m_{0l} c\, ds_l - \frac{q_l}{c} A_l^\nu dx_{l\nu}\Big) = \int_{1_l}^{2_l} \Big[-m_{0l} c\, \delta ds_l - \frac{q_l}{c}\delta(A_l^\nu dx_{l\nu})\Big] \\
&= \int_{1_l}^{2_l} \Big[-m_{0l} c \frac{dx_l^\mu}{ds_l} d(\delta x_{l\mu}) - \frac{q_l}{c} A_l^\nu d(\delta x_{l\nu}) - \frac{q_l}{c}(\partial^\mu A_l^\nu)(\delta x_{l\mu}) dx_{l\nu}\Big] \\
&= -\Big(m_{0l} u_l^\mu + \frac{q_l}{c} A_l^\mu\Big)\delta x_{l\mu}\Big|_{1_l}^{2_l} \\
&\quad + \int_{1_l}^{2_l} \delta x_{l\mu} \Big[m_{0l} c \frac{d^2 x_l^\mu}{ds_l^2} + \frac{q_l}{c}(\partial^\nu A_l^\mu)\frac{dx_{l\nu}}{ds_l} - \frac{q_l}{c}(\partial^\mu A_l^\nu)\frac{dx_{l\nu}}{ds_l}\Big] ds_l\,.
\end{aligned}$$

Im letzten Schritt wurden die ersten beiden Terme der *zweiten* Zeile partiell integriert. Die Randterme in der *dritten* Zeile sind null, da (x_1^μ) und (x_2^μ) bei der Variation von S festzuhalten sind. Aufgrund des Hamilton'schen Prinzips muss also für alle möglichen Variationen $\delta x_{l\mu}$ der physikalischen Bahn des l-ten Teilchens und für alle Teilchenindizes $l = 1, 2, \cdots, N$ gelten:

$$0 = \int_{1_l}^{2_l} \delta x_{l\mu} \Big[m_{0l} c \frac{d^2 x_l^\mu}{ds_l^2} + \frac{q_l}{c}(\partial^\nu A_l^\mu)\frac{dx_{l\nu}}{ds_l} - \frac{q_l}{c}(\partial^\mu A_l^\nu)\frac{dx_{l\nu}}{ds_l}\Big] ds_l\,.$$

Dies bedeutet, dass der Faktor $[\cdots]$ im Integranden gleich null sein muss. Hieraus wiederum folgt die kovariant formulierte *Bewegungsgleichung* des l-ten geladenen Teilchens im elektromagnetischen Feld:

$$\boxed{m_{0l} \frac{d^2 x_l^\mu}{d\tau_l^2} = m_{0l} c^2 \frac{d^2 x_l^\mu}{ds_l^2} = \frac{q_l}{c} u_{l\nu}(\partial^\mu A_l^\nu - \partial^\nu A_l^\mu) = \frac{q_l}{c} u_{l\nu} F_l^{\mu\nu} = K_l^\mu\,.}$$

Das Wirkungsfunktional $S_1^2[x]$ beschreibt also tatsächlich die relativistische Dynamik eines Systems geladener Teilchen unter der Einwirkung der Lorentz-Kraft.

Eigenschaften des Wirkungsfunktionals

Das Wirkungsfunktional $S_1^2[X] = \sum_{l=1}^N S_{1_l}^{2_l}[x_l]$ hat die Form einer Summe über die Beiträge $S_{1_l}^{2_l}[x_l] = -\int_{1_l}^{2_l}\big(m_{0l} c\, ds_l + \frac{1}{c} q_l A_l^\nu dx_{l\nu}\big)$ der einzelnen Teilchen und ist daher aufgebaut aus *Skalaren* bzw. *Skalarprodukten*. Folglich ist $S_1^2[X]$ selbst ein *Lorentz-Skalar*.

Zusätzlich zu dieser *Lorentz-Invarianz* des Wirkungsfunktionals $S_1^2[X]$ liegt auch eine *Eichinvarianz* vor: Ersetzt man das 4-Potential A^μ nämlich durch das alternative Potential $(A')^\mu \equiv A^\mu + \partial^\mu \Lambda$ mit $\Box\Lambda = 0$, wobei Λ – wie wir aus Kapitel

[3] wissen – ein Lorentz-*Skalar* sein muss, so wird die Wirkung gemäß

$$S \to S' = \sum_{l=1}^{N} \int_{1_l}^{2_l} \left[-m_{0l}c\, ds_l - \frac{q_l}{c} dx_{l\nu}\big(A_l^\nu + \partial^\nu \Lambda\big)\right] = S - \sum_{l=1}^{N} \frac{q_l}{c} \int_{1_l}^{2_l} (\partial^\nu \Lambda)\, dx_{l\nu}$$

$$= S - \sum_{l=1}^{N} \frac{q_l}{c} \int_{1_l}^{2_l} d\Lambda = S - \sum_{l=1}^{N} \frac{q_l}{c} \left[\Lambda(2_l) - \Lambda(1_l)\right]$$

transformiert. Man sieht also, dass sich bei einer Variation der Wirkung bei festgehaltenen Endpunkten nichts ändert: Die von S und S' vorhergesagten physikalischen Bahnen sind identisch. Auch ist klar, dass sich die Transformationseigenschaften der Wirkung durch die Eichtransformation nicht ändern: Da Λ ein Lorentz-Skalar sein soll, ist die Wirkung S' Lorentz-invariant, falls S dies ist.

Der obige Nachweis der Eichinvarianz enthält allerdings eine Subtilität, auf die im nächsten Abschnitt näher eingegangen werden soll: Implizit wurde in den verschiedenen Rechenschritten angenommen, dass die Ladung q_l des l-ten Teilchens zeit*un*abhängig und für *alle möglichen Bahnen* in der Wirkung gleich ist. Obwohl diese Annahme bei der Beschreibung der Dynamik der Teilchen plausibel erscheint, ahnt man bereits hier einen tieferen Zusammenhang zwischen den Konzepten der *Eichinvarianz* und der *Ladungserhaltung* (siehe Abschnitt [4.2.1]).

4.2 Die Dynamik der Felder

Wir betrachten das elektromagnetische Feld zunächst *isoliert*, d. h. nicht an die Teilchen gekoppelt. Die klassische Beschreibung der Teilchen und die klassische Beschreibung der Felder sind insofern wesentlich voneinander verschieden, als die *Koordinaten* der Teilchen – oder die von den Teilchen beanspruchten beschränkten *Raumbereiche*, falls sie eine endliche Ausdehnung haben – wohldefiniert sind, während die Felder sich prinzipiell über den *ganzen Ortsraum* ausbreiten können. Jeder Punkt des Ortsraums trägt so zur Lagrange-Funktion (und somit zur Wirkung) bei, und man erwartet daher ein Wirkungsfunktional der Form:

$$\boxed{S_{\mathrm{F}} = \int_{t_1}^{t_2} dt\ L_{\mathrm{F}}(t) = \int_{t_1}^{t_2} dt \int d^3x\ \mathcal{L}_{\mathrm{F}}\ ,} \tag{4.14a}$$

wobei die Lagrange-Dichte $\mathcal{L}_{\mathrm{F}}$ auf der rechten Seite von den Feldern $\mathbf{E}(\mathbf{x}, t)$ und $\mathbf{B}(\mathbf{x}, t)$ oder – äquivalent – vom 4-Potential $A^\mu(x)$ abhängt:

$$\boxed{\mathcal{L}_{\mathrm{F}} = \mathcal{L}_{\mathrm{F}}\big(A^\mu, \partial^\nu A^\mu\big)\ .} \tag{4.14b}$$

Wegen der Homogenität der Raum-Zeit erwartet man nicht, dass $\mathcal{L}_{\mathrm{F}}$ explizit von x^μ abhängig ist. Wir zeigen im Folgenden, dass (und wie) man die genaue Form von $\mathcal{L}_{\mathrm{F}}$ aufgrund von elementaren physikalischen Überlegungen bestimmen kann.

Die Euler-Lagrange-Gleichungen

Die Herleitung der Euler-Lagrange-Gleichungen für die klassische Feldtheorie (4.14) ist vollkommen analog zur Herleitung der Lagrange-Gleichungen für ein materielles

Teilchen:[5]

$$
\begin{aligned}
0 = \delta S_{\mathrm{F}} &= \int_{t_1}^{t_2} dt \int d^3x \left[\frac{\partial \mathcal{L}_{\mathrm{F}}}{\partial A^\mu} \delta A^\mu + \frac{\partial \mathcal{L}_{\mathrm{F}}}{\partial(\partial^\nu A^\mu)} \partial^\nu (\delta A^\mu) \right] \\
&= \int_{t_1}^{t_2} dt \int d^3x \left[\frac{\partial \mathcal{L}_{\mathrm{F}}}{\partial A^\mu} - \partial^\nu \left(\frac{\partial \mathcal{L}_{\mathrm{F}}}{\partial(\partial^\nu A^\mu)} \right) \right] \delta A^\mu + \int d^3x \, \frac{\partial \mathcal{L}_{\mathrm{F}}}{\partial(\partial_t A^\mu)} \delta A^\mu \bigg|_{t_1}^{t_2} . \quad (4.15)
\end{aligned}
$$

Bei der Variation der Wirkung sind die möglichen „Bahnen" an den Endpunkten, d. h. für $t = t_1$ und $t = t_2$, für alle $\mathbf{x} \in \mathbb{R}^3$ festzuhalten:

$$
\delta A(ct_1, \mathbf{x}) = 0 = \delta A(ct_2, \mathbf{x}) \, .
$$

Der letzte Term in (4.15) ist daher null, und das Integral auf der rechten Seite kann nur dann für alle δA^μ null ergeben, wenn

$$
\frac{\partial \mathcal{L}_{\mathrm{F}}}{\partial A^\mu} - \partial^\nu \left(\frac{\partial \mathcal{L}_{\mathrm{F}}}{\partial(\partial^\nu A^\mu)} \right) = 0 \quad (4.16)
$$

gilt. Dies ist – wie angekündigt – die allgemeine Form der Euler-Lagrange-Gleichungen für das 4-Potential.

Form der *Maxwell-Gleichungen* und *Eichinvarianz*

Die Maxwell-Gleichungen sind alle linear in den *ersten* Ableitungen der **E**- und **B**-Felder und somit linear in den *zweiten* Ableitungen des 4-Potentials. Aus (4.16) folgt daher sofort, dass $\mathcal{L}_{\mathrm{F}}$ eine *quadratische* Funktion der ersten Ableitungen von A^μ sein muss:

$$
\mathcal{L}_{\mathrm{F}} = \mathcal{L}_{\mathrm{F}}(\partial^\nu A^\mu) = a_{\mu\nu,\rho\sigma} (\partial^\mu A^\nu)(\partial^\rho A^\sigma) \, ,
$$

wobei wir (o. B. d. A.) annehmen können, dass $a_{\mu\nu,\rho\sigma}$ symmetrisch unter Vertauschung der Indexpaare $(\mu\nu)$ und $(\rho\sigma)$ ist. Fordert man nun,[6] dass $\mathcal{L}_{\mathrm{F}}$ für alle A^μ invariant ist unter einer Eichtransformation der Form $A^\mu \to \tilde{A}^\mu \equiv A^\mu + \partial^\mu \Lambda$:

$$
\begin{aligned}
0 &= a_{\mu\nu,\rho\sigma} [(\partial^\mu \tilde{A}^\nu)(\partial^\rho \tilde{A}^\sigma) - (\partial^\mu A^\nu)(\partial^\rho A^\sigma)] \\
&= a_{\mu\nu,\rho\sigma} [(\partial^\mu \partial^\nu \Lambda)(\partial^\rho A^\sigma) + (\partial^\mu A^\nu)(\partial^\rho \partial^\sigma \Lambda) + (\partial^\mu \partial^\nu \Lambda)(\partial^\rho \partial^\sigma \Lambda)] \\
&= a_{\mu\nu,\rho\sigma} [2(\partial^\mu A^\nu)(\partial^\rho \partial^\sigma \Lambda) + (\partial^\mu \partial^\nu \Lambda)(\partial^\rho \partial^\sigma \Lambda)] \, ,
\end{aligned}
$$

so sieht man, dass für alle $(\mu\nu)$ notwendigerweise:

$$
a_{\mu\nu,\rho\sigma} (\partial^\rho \partial^\sigma \Lambda) = 0 \quad (4.17)
$$

gilt. Nun ist Λ jedoch ein *beliebiger* Lorentz-Skalar (abgesehen davon, dass er die homogene Wellengleichung $\square \Lambda = 0$ erfüllt). Folglich müssen alle Koeffizienten in

[5]Bei der partiellen Integration bezüglich der Ortsvariablen wird wieder verwendet, dass die Randterme nicht beitragen, da die Felder im Unendlichen null sind.

[6]Die schwächere Forderung, dass sich die Lagrange-Funktion L_{F} um eine vollständige Zeitableitung ändern soll, führt nicht zu weiteren Lösungen, da die von der Eichtransformation erzeugten Zusatzterme in $\mathcal{L}_{\mathrm{F}}$ i. A. nicht zu einer vollständigen Zeitableitung kombiniert werden können.

der partiellen Differentialgleichung (4.17) null sein, was die Antisymmetrie[7] von $a_{\mu\nu,\rho\sigma}$ unter Vertauschung von ρ und σ erfordert: $a_{\mu\nu,\rho\sigma} = -a_{\mu\nu,\sigma\rho}$. Es folgt:

$$\mathcal{L}_\mathrm{F} = \tfrac{1}{4} a_{\mu\nu,\rho\sigma}(\partial^\mu A^\nu - \partial^\nu A^\mu)(\partial^\rho A^\sigma - \partial^\sigma A^\rho) = \tfrac{1}{4} a_{\mu\nu,\rho\sigma} F^{\mu\nu} F^{\rho\sigma} \ . \tag{4.18}$$

Wir kommen somit zum wichtigen Schluss, dass $\mathcal{L}_\mathrm{F}$ wegen der Form der *Maxwell-Gleichungen* und wegen der zu fordernden *Eichinvarianz* der Wirkung unbedingt eine quadratische Funktion des *Feldtensors* (und somit von **E** und **B**) sein muss.

Forderung der *Lorentz-Invarianz*

Fordert man schließlich noch die *Lorentz-Invarianz* der Wirkung, dann muss wegen der Invarianz des Volumenelements:

$$dt\ d^3x \to dt'\ d^3x' = \left|\det\left(\frac{\partial x'^\nu}{\partial x^\mu}\right)\right| dt\ d^3x = |\det(\Lambda)|\ dt\ d^3x = dt\ d^3x$$

auch die Lagrange-Dichte $\mathcal{L}_\mathrm{F}$ Lorentz-invariant sein. Dies bedeutet, dass $a_{\mu\nu,\rho\sigma}$ in (4.18) ein *echter* Tensor unter Lorentz-Transformationen ist. Hierbei darf $a_{\mu\nu,\rho\sigma}$ jedoch nicht von den Koordinaten und Feldern abhängen und ist somit unabhängig vom Koordinatensystem. Der einzige *echte* Tensor, der dieselbe Gestalt in allen Inertialsystemen hat, ist jedoch der metrische Tensor $g^{\mu\nu}$ (oder äquivalent: der Einheitstensor $g^\mu{}_\nu$), also muss $a_{\mu\nu,\rho\sigma}$ aus metrischen Tensoren aufgebaut sein. Wegen der Symmetrie muss nun für irgendeine Konstante ε gelten:

$$a_{\mu\nu,\rho\sigma} = -\tfrac{1}{2}\varepsilon \det\begin{pmatrix} g_{\mu\rho} & g_{\mu\sigma} \\ g_{\nu\rho} & g_{\nu\sigma} \end{pmatrix}$$

und somit für die Lagrange-Dichte:

$$\mathcal{L}_\mathrm{F} = -\tfrac{1}{8}\varepsilon(g_{\mu\rho}g_{\nu\sigma} - g_{\nu\rho}g_{\mu\sigma})F^{\mu\nu}F^{\rho\sigma} = -\tfrac{1}{4}\varepsilon F^{\mu\nu}F_{\mu\nu} \ . \tag{4.19}$$

Wir zeigen im Folgenden, dass $\varepsilon = \varepsilon_0$ erforderlich ist, um aus (4.19) die inhomogenen Maxwell-Gleichungen herzuleiten.

Vergleich mit den inhomogenen Maxwell-Gleichungen

Zur Herleitung der *inhomogenen* Maxwell-Gleichungen benötigt man auch die in S_W enthaltenen Teilchenfreiheitsgrade, die die Ladungs- und Stromdichten erzeugen:

$$\rho(\mathbf{x},t) = \sum_{l=1}^{N} q_l \delta(\mathbf{x} - \mathbf{x}_l(t)) \quad , \quad \mathbf{j}(\mathbf{x},t) = \sum_{l=1}^{N} q_l \dot{\mathbf{x}}_l(t)\delta(\mathbf{x} - \mathbf{x}_l(t)) \ .$$

[7] Weil $a_{\mu\nu,\rho\sigma}$ symmetrisch unter Vertauschung von $(\mu\nu) \leftrightarrow (\rho\sigma)$ ist, muss $a_{\mu\nu,\rho\sigma}$ auch antisymmetrisch unter Vertauschung von $\mu \leftrightarrow \nu$ sein. Außerdem ist zu beachten, dass die *symmetrische* Lösung $a_{\mu\nu,\rho\sigma} = a g_{\mu\nu} g_{\rho\sigma}$, die aufgrund von $\Box\Lambda = 0$ prinzipiell möglich ist, aufgrund der Lorenz-Eichung physikalisch trivial und daher nicht akzeptabel ist; es folgt dann nämlich:

$$\mathcal{L}_\mathrm{F} = a g_{\mu\nu} g_{\rho\sigma}(\partial^\mu A^\nu)(\partial^\rho A^\sigma) = a(\partial_\nu A^\nu)(\partial_\sigma A^\sigma) = 0 \ .$$

Es folgt für ein N-Teilchen-System:

$$L_{\mathrm{W}} = \sum_{l=1}^{N} q_l[\dot{\mathbf{x}}_l \cdot \mathbf{A}(\mathbf{x}_l(t),t) - \Phi(\mathbf{x}_l(t),t)] = \int d^3x\, (\mathbf{j}\cdot\mathbf{A} - \rho\Phi) = -\tfrac{1}{c}\int d^3x\; j_\mu A^\mu \;,$$

sodass S_{W} die Form

$$S_{\mathrm{W}} = \int_{t_1}^{t_2} dt \int d^3x\; \mathcal{L}_{\mathrm{W}} \quad , \quad \mathcal{L}_{\mathrm{W}} = -\tfrac{1}{c} j_\mu A^\mu \tag{4.20}$$

hat. Insgesamt gilt also für den hier relevanten Fall, dass $j_\mu(x)$ fest vorgegeben ist:

$$\boxed{S_{\mathrm{F+W}} = \int_{t_1}^{t_2} dt \int d^3x\; \mathcal{L}_{\mathrm{F+W}} \quad , \quad \mathcal{L}_{\mathrm{F+W}} = -\tfrac{1}{4}\varepsilon F^{\mu\nu}F_{\mu\nu} - \tfrac{1}{c} j_\mu A^\mu \;.}$$

Die Euler-Lagrange-Gleichungen für A^μ lauten:

$$0 = \frac{\partial \mathcal{L}}{\partial A^\rho} - \partial^\sigma\left(\frac{\partial \mathcal{L}}{\partial(\partial^\sigma A^\rho)}\right) = -\tfrac{1}{c} j_\rho - \left(-\tfrac{1}{4}\varepsilon\right)\partial^\sigma(2F_{\sigma\rho} - 2F_{\rho\sigma}) = -\tfrac{1}{c} j_\rho + \varepsilon\partial^\sigma F_{\sigma\rho}$$

oder äquivalent:

$$\boxed{\partial_\sigma F^{\sigma\rho} = \frac{1}{\varepsilon c} j^\rho \;.}$$

Vergleichen wir dieses Ergebnis mit den inhomogenen Maxwell-Gleichungen (3.57) in kovarianter Form: $\partial_\sigma F^{\sigma\rho} = \mu_0 c j^\rho = \frac{1}{\varepsilon_0 c} j^\rho$, dann folgt sofort $\varepsilon = \varepsilon_0$.

4.2.1 Eichinvarianz der Wirkung des Gesamtsystems

Wir untersuchen nun für das Gesamtsystem von Teilchen und Feldern, die miteinander wechselwirken, die Frage nach der *Eichinvarianz* der Theorie, womit hier – da wir bereits annehmen, dass A^μ die *Lorenz-Eichung* erfüllt – konkret gemeint ist: die Frage nach dem Verhalten der *Wirkung* unter speziellen Eichtransformationen der Form $A^\mu \to (A')^\mu \equiv A^\mu + \partial^\mu \Lambda$ mit $\Box\Lambda = 0$, wobei Λ ein *Lorentz-Skalar* ist.

Da die Lagrange-Funktion L_{M} der Materie das 4-Potential nicht enthält und $L_{\mathrm{F}} = \int d^3x\; \mathcal{L}_{\mathrm{F}}$ nur von $F^{\mu\nu}$ und somit von den (invarianten) physikalischen Feldern $(\mathbf{E}, \mathbf{B})$ abhängig ist, sind sowohl L_{M} als auch L_{F} manifest eichinvariant. Zur Beantwortung der Frage nach der Eichinvarianz der Theorie braucht man daher nur den Wechselwirkungsterm (4.19) zu untersuchen.

Die Lagrange-Funktion $L_{\mathrm{W}} = \int d^3x\; \mathcal{L}_{\mathrm{W}}$ ändert sich bei der Eichtransformation um einen Term

$$\begin{aligned} L'_{\mathrm{W}} - L_{\mathrm{W}} &= -\frac{1}{c}\int d^3x\; j_\mu \partial^\mu\Lambda = -\frac{1}{c}\int d^3x\left[\partial^0(j_0\Lambda) - \Lambda(\partial^\mu j_\mu)\right] \\ &= \frac{1}{c}\int d^3x\; \Lambda(\partial^\mu j_\mu) - \frac{1}{c^2}\frac{d}{dt}\int d^3x\; j_0\Lambda \;, \end{aligned} \tag{4.21}$$

und folglich ändert sich die Wirkung gemäß

$$S' - S = \int_{t_1}^{t_2} dt\; (L'_{\mathrm{W}} - L_{\mathrm{W}}) = \frac{1}{c}\int_{t_1}^{t_2} dt \int d^3x\; \Lambda(\partial^\mu j_\mu) + \text{ Konstante} \;, \tag{4.22}$$

wobei die (unwesentliche) Konstante von der vollständigen Zeitableitung auf der rechten Seite von (4.21) herrührt.

Wir stellen somit fest:

1. Falls man in der Wirkung nur Bahnen (j^μ, A^μ) zulässt, für die Ladungserhaltung gilt $(\partial^\mu j_\mu = 0)$, dann ändert sich die Wirkung unter den speziellen Eichtransformationen mit $\Box\Lambda = 0$ nur um eine Konstante und ist die Theorie in diesem Sinne *eichinvariant*. Hierbei muss die Ladungserhaltung also mit Hilfe einer explizit geforderten *Zwangsbedingung* sichergestellt werden.[8]

Besonders interessant ist nun, dass man diese Feststellung auch umkehren kann: Falls man von der Wirkung nicht nur Stationarität $(\delta S' = 0)$ bezüglich Variationen $(\delta j^\mu, \delta A^\mu)$ der Bahn sondern auch Eichinvarianz fordert:

$$\delta S' = 0 \quad , \quad \frac{\delta S'}{\delta \Lambda(x)} = 0 \qquad (ct_1 < x^0 < ct_2) \; ,$$

so folgt die Ladungserhaltung $(\partial^\mu j_\mu = 0)$ automatisch als zusätzliche Bewegungsgleichung. Wir stellen somit zweitens fest:

2. Die Forderung nach der Invarianz der Wirkung unter speziellen Eichtransformationen mit einer Eichfunktion Λ, die ein Lorentz-Skalar ist und $\Box\Lambda = 0$ erfüllt, impliziert die Ladungserhaltung für alle möglichen im Wirkungsfunktional erlaubten Variationen der physikalischen Bahn.

In diesem Sinne sind die Forderungen nach Eichinvarianz der Theorie und Ladungserhaltung *äquivalent*.

4.2.2 Zusammenfassung

Insgesamt hat die Wirkung eines Systems N geladener Teilchen in Wechselwirkung mit dem elektromagnetischen Feld also die Form

$$\boxed{S = \int_{t_1}^{t_2} dt\; L \quad , \quad L = L_{\mathrm{M}} + \int d^3x\, (\mathcal{L}_{\mathrm{F}} + \mathcal{L}_{\mathrm{W}})} \tag{4.23}$$

mit

$$\boxed{L_{\mathrm{M}} = -\sum_{l=1}^{N} m_{0l}c^2 \sqrt{1 - \left(\frac{\dot{\mathbf{x}}_l}{c}\right)^2} \quad , \quad \mathcal{L}_{\mathrm{F}} = -\tfrac{1}{4}\varepsilon_0 F^{\mu\nu}F_{\mu\nu} \quad , \quad \mathcal{L}_{\mathrm{W}} = -\tfrac{1}{c} j_\mu A^\mu \; .}$$

Die Bewegungsgleichungen, d. h. die Lorentz'sche Bewegungsgleichung für die Teilchen[9] und die inhomogenen Maxwell-Gleichungen für die Felder,[10] folgen alle aus

[8] Wir erinnern daran, dass Ladungserhaltung bisher nur als Eigenschaft der *physikalischen Bahn* des Systems (d. h. der Lösung der Maxwell-Gleichungen) gefordert wurde und a priori nicht notwendigerweise für allgemeine Bahnen (j^μ, A^μ) im Wirkungsfunktional gelten muss.

[9] Bei der Herleitung der Lorentz'schen Bewegungsgleichung ist es zweckmäßig, die diskrete Form L_{W} der Lagrange-Funktion für die Wechselwirkung zu verwenden; die Kontinuumsbeschreibung mit Hilfe der Lagrange-Dichte $\mathcal{L}_{\mathrm{W}}$ ist vorteilhaft bei der Herleitung der inhomogenen Maxwell-Gleichungen. Natürlich ist auch das Caveat in Abschnitt [4.6] über die in der Theorie auftretenden Divergenzen zu beachten.

[10] Die *homogenen* Maxwell-Gleichungen sind trivialerweise erfüllt, da das elektromagnetische Feld mit Hilfe eines 4-Potentials beschrieben wird.

dem Hamilton'schen Prinzip $\delta S = 0$. Die klassische Feldtheorie (4.23) ist Lorentz-invariant und im Sinne von Abschnitt [4.2.1] eichinvariant und erfüllt somit alle Bedingungen, die man an eine Theorie des Elektromagnetismus stellen könnte. Aus theoretischer Sicht ist die konsistente, kompakte, einheitliche Beschreibung (4.23) von Teilchen und Feldern einer der Höhepunkte der klassischen Elektrodynamik.

4.3 Energie und Impuls des Strahlungsfelds

Man erwartet physikalisch, dass der Gesamtimpuls und die Gesamtenergie des Systems wechselwirkender Teilchen und Felder *erhalten* sind. Um dies zu überprüfen, betrachten wir hier allgemein N materielle Teilchen (mit Ladungen q_l und Ruhemassen m_{0l}) in einem elektromagnetischen Feld im dreidimensionalen Raum. Das System der N Teilchen soll sich in einem *Inertialsystem* befinden, das wir wie üblich als K bezeichnen.

Unser Verständnis der Energie und des Impulses der Teilchen ist mittlerweile recht gut: Aus Abschnitt [4.1] [siehe Gleichung (4.5)] wissen wir, dass sich die *Energie* (d. h. die Summe der kinetischen Energie und der Ruheenergie) des l-ten Teilchens in einem Inertialsystem gemäß

$$\frac{d\mathcal{E}_l}{dt} = \frac{d}{dt}(\gamma_l m_{0l} c^2) = \frac{d}{dt}(\pi_l^0 c) = q_l \mathbf{E}(\mathbf{x}_l, t) \cdot \mathbf{u}_l \quad , \quad \mathcal{E}_l = \gamma_l m_{0l} c^2$$

ändert, wobei die rechte Seite die vom Feld am Teilchen verrichtete Leistung darstellt. Außerdem wissen wir, dass der *kinetische Impuls* die Bewegungsgleichung

$$\frac{d\boldsymbol{\pi}_l}{dt} = q_l \big[\mathbf{E}(\mathbf{x}_l, t) + \mathbf{u}_l \times \mathbf{B}(\mathbf{x}_l, t)\big] \quad , \quad \boldsymbol{\pi}_l = \gamma_l m_0 \mathbf{u}_l$$

erfüllt, die besagt, dass die auf das Teilchen wirkende Kraft die Lorentz-Kraft ist. Insgesamt erhält man also für die Energie des N-Teilchensystems:

$$\frac{d\mathcal{E}_\mathrm{M}}{dt} = \sum_{l=1}^{N} q_l \mathbf{E}(\mathbf{x}_l, t) \cdot \mathbf{u}_l \quad , \quad \mathcal{E}_\mathrm{M} = \sum_{l=1}^{N} \mathcal{E}_l \quad , \quad \mathcal{E}_l = \gamma_l m_{0l} c^2$$

und für seinen kinetischen Impuls

$$\frac{d\boldsymbol{\pi}_\mathrm{M}}{dt} = \sum_{l=1}^{N} q_l [\mathbf{E}(\mathbf{x}_l, t) + \mathbf{u}_l \times \mathbf{B}(\mathbf{x}_l, t)] \quad , \quad \boldsymbol{\pi}_\mathrm{M} = \sum_{l=1}^{N} \boldsymbol{\pi}_l \quad , \quad \boldsymbol{\pi}_l = \gamma_{u_l} m_{0l} \mathbf{u}_l \; .$$

Die Energie- und Impulsänderungen des Gesamtsystems setzen sich also aus den Beiträgen der N Einzelteilchen zusammen.

Mit Hilfe der üblichen Definitionen der Strom- und Ladungsdichten,

$$\rho(\mathbf{x}, t) = \sum_{l=1}^{N} q_l \delta(\mathbf{x} - \mathbf{x}_l) \quad , \quad \mathbf{j}(\mathbf{x}, t) = \sum_{l=1}^{N} q_l \mathbf{u}_l \delta(\mathbf{x} - \mathbf{x}_l) \; ,$$

lassen sich die Gleichungen für $\mathcal{E}_\mathrm{M}$ und $\boldsymbol{\pi}_\mathrm{M}$ alternativ auch darstellen als:

$$\boxed{\frac{d\mathcal{E}_\mathrm{M}}{dt} = \int_{\mathbb{R}^3} d^3x \; \mathbf{E} \cdot \mathbf{j}} \tag{4.24a}$$

und

$$\boxed{\frac{d\boldsymbol{\pi}_\mathrm{M}}{dt} = \int_{\mathbb{R}^3} d^3x\; \mathbf{f}_\mathrm{Lor} \quad , \quad \mathbf{f}_\mathrm{Lor} = \rho\mathbf{E} + \mathbf{j} \times \mathbf{B}\;.} \tag{4.24b}$$

Hierbei ist $\mathbf{E} \cdot \mathbf{j}$ die *Dichte* der vom Feld an den Teilchen verrichteten Leistung und $\mathbf{f}_\mathrm{Lor}$ analog die Lorentz-Kraft*dichte*.

In einem endlichen Raumbereich $\mathcal{D} \subset \mathbb{R}^3$, der $N_\mathcal{D} \leq N$ Teilchen enthält, folgt analog für die Energie $\mathcal{E}_{\mathrm{M},\mathcal{D}}$ und den Impuls $\boldsymbol{\pi}_{\mathrm{M},\mathcal{D}}$ der $N_\mathcal{D}$ Teilchen:

$$\boxed{\frac{d\mathcal{E}_{\mathrm{M},\mathcal{D}}}{dt} = \int_\mathcal{D} d^3x\; \mathbf{E} \cdot \mathbf{j} \quad , \quad \frac{d\boldsymbol{\pi}_{\mathrm{M},\mathcal{D}}}{dt} = \int_\mathcal{D} d^3x\; \mathbf{f}_\mathrm{Lor}\;.}$$

Hierbei sollte der Raumbereich $\mathcal{D}$ so gewählt werden, dass sich keine Teilchen genau auf dem Rand $\partial\mathcal{D}$ befinden, da in diesem Fall die Integration über die in ρ und $\mathbf{j}$ enthaltenen Deltafunktionen nicht definiert ist. Dies bedeutet physikalisch, dass man bei Betrachtungen der Energie- und Impulsbilanzen genaue Information über die Zahl

$$N_\mathcal{D} = \int_\mathcal{D} d^3x \sum_{l=1}^{N} \delta(\mathbf{x} - \mathbf{x}_l)$$

der in $\mathcal{D}$ am Energie- bzw. Impulsaustausch beteiligten Teilchen benötigt.

4.3.1 Energieerhaltung des Gesamtsystems

Wenn das Feld gemäß (4.24a) Leistung an den Teilchen verrichtet, erwartet man aufgrund des Energieerhaltungsgesetzes, dass die Leistung $\int d^3x\; \mathbf{E} \cdot \mathbf{j}$ dem Feld verloren geht, sodass die zeitliche Ableitung der Energiedichte des Feldes einen Term $-\mathbf{E} \cdot \mathbf{j}$ enthalten sollte. Wir schreiben diesen Term daher um mit Hilfe der Maxwell-Gleichungen und der Identität $\boldsymbol{\nabla} \cdot (\mathbf{a} \times \mathbf{b}) = \mathbf{b} \cdot (\boldsymbol{\nabla} \times \mathbf{a}) - \mathbf{a} \cdot (\boldsymbol{\nabla} \times \mathbf{b})$:[11]

$$\begin{aligned} -\mathbf{E} \cdot \mathbf{j} &= -\mathbf{E} \cdot \left(\frac{1}{\mu_0} \boldsymbol{\nabla} \times \mathbf{B} - \varepsilon_0 \frac{\partial \mathbf{E}}{\partial t} \right) \\ &= \boldsymbol{\nabla} \cdot \left(\frac{\mathbf{E} \times \mathbf{B}}{\mu_0} \right) - \frac{1}{\mu_0} \mathbf{B} \cdot (\boldsymbol{\nabla} \times \mathbf{E}) + \varepsilon_0 \mathbf{E} \cdot \frac{\partial \mathbf{E}}{\partial t} \\ &= \boldsymbol{\nabla} \cdot \mathbf{S} + \frac{1}{\mu_0} \mathbf{B} \cdot \frac{\partial \mathbf{B}}{\partial t} + \varepsilon_0 \mathbf{E} \cdot \frac{\partial \mathbf{E}}{\partial t} = \boldsymbol{\nabla} \cdot \mathbf{S} + \frac{\partial \rho_\mathcal{E}}{\partial t}\;. \end{aligned} \tag{4.25}$$

Hierbei haben wir die *Energiedichte* $\rho_\mathcal{E}$ eingeführt:

$$\boxed{\rho_\mathcal{E} = \tfrac{1}{2} \varepsilon_0 (\mathbf{E}^2 + c^2 \mathbf{B}^2)} \tag{4.26a}$$

[11] Diese Identität kann wie folgt bewiesen werden:

$$\begin{aligned} \boldsymbol{\nabla} \cdot (\mathbf{a} \times \mathbf{b}) &= \varepsilon_{ijk} \partial_i (a_j b_k) = \varepsilon_{ijk} (a_j \partial_i b_k + b_k \partial_i a_j) \\ &= -\varepsilon_{jik} a_j \partial_i b_k + \varepsilon_{kij} b_k \partial_i a_j = \mathbf{b} \cdot (\boldsymbol{\nabla} \times \mathbf{a}) - \mathbf{a} \cdot (\boldsymbol{\nabla} \times \mathbf{b})\;. \end{aligned}$$

sowie den Vektor **S**:

$$\boxed{\mathbf{S} \equiv \frac{1}{\mu_0}\mathbf{E} \times \mathbf{B}\ ,} \tag{4.26b}$$

der nach dem englischen Physiker John Henry Poynting (1852–1914) als *Poynting-Vektor* bezeichnet wird.

Die Interpretation von (4.25) ist nun naheliegend: Die Energiedichte $\rho_{\mathcal{E}}$ des Feldes kann sich an einem fest vorgegebenen Punkt im Ortsraum entweder durch Wechselwirkung mit der Materie oder durch das Auftreten von Energieströmen zeitlich ändern. Dementsprechend kann der Poynting-Vektor als die *Energiestromdichte* des elektromagnetischen Feldes identifiziert werden. Mit Hilfe des Gauß'schen Satzes erhält man eine Integraldarstellung von (4.25):

$$\frac{d\mathcal{E}_{\mathrm{M},\mathcal{D}}}{dt} = \int_{\mathcal{D}} d^3x\ \mathbf{E}\cdot\mathbf{j} = -\int_{\mathcal{D}} d^3x \left(\boldsymbol{\nabla}\cdot\mathbf{S} + \frac{\partial\rho_{\mathcal{E}}}{\partial t}\right)\ ,$$

oder äquivalent:

$$\frac{d}{dt}\left(\mathcal{E}_{\mathrm{M},\mathcal{D}} + \int_{\mathcal{D}} d^3x\ \rho_{\mathcal{E}}\right) = -\int_{\partial\mathcal{D}} d\mathbf{F}\cdot\mathbf{S} = -\int_{\partial\mathcal{D}} dF\ \hat{\mathbf{n}}\cdot\mathbf{S}\ . \tag{4.27a}$$

Hierbei bezeichnet das Differential $d\mathbf{F}$ mit $dF = |d\mathbf{F}|$ im Oberflächenintegral das vektorielle Flächenelement und $\hat{\mathbf{n}}$ den auswärts gerichteten Normalenvektor. Die Summe der Energien von Teilchen und Feldern im Raumbereich $\mathcal{D}$ kann sich also nur dadurch ändern, dass Energieströme durch die Oberfläche dieses Raumbereichs auftreten.[12]

Umfasst der Raumbereich $\mathcal{D}$ den *ganzen* Ortsraum $\mathbb{R}^3$, dann ist das Oberflächenintegral auf der rechten Seite von (4.27a) *null*. Die obige Gleichung drückt dann die *Erhaltung der Gesamtenergie* $\mathcal{E}$ des Systems aus:

$$\boxed{\frac{d\mathcal{E}}{dt} = 0\quad ,\quad \mathcal{E} \equiv \mathcal{E}_{\mathrm{M},\mathbb{R}^3} + \int_{\mathbb{R}^3} d^3x\ \rho_{\mathcal{E}}\ .} \tag{4.27b}$$

Das Energieerhaltungsgesetz (4.27b) wird auch als *Poynting-Theorem* bezeichnet. Dieses Erhaltungsgesetz wurde zunächst nur für ein System von Teilchen und Feldern in einem Inertialsystem K hergeleitet. Die Wahl des Inertialsystems ist aber grundsätzlich *beliebig*. Auf die Frage nach der Kovarianz des Energieerhaltungsgesetzes (4.27b) gehen wir in Abschnitt [4.4.2] näher ein.

4.3.2 Impulserhaltung des Gesamtsystems

Wenn das Feld im Raumbereich $\mathcal{D}$ gemäß (4.24b) pro Zeiteinheit den Impuls $\int d^3x\ \mathbf{f}_{\mathrm{Lor}}(\mathbf{x},t)$ an die Materie abgibt, erwarten wir aufgrund der Impulserhaltung analog, dass die zeitliche Ableitung der Impulsdichte des Feldes einen Term $-\mathbf{f}_{\mathrm{Lor}}$

[12] In diesem Argument wird also explizit angenommen, dass während der „Messperiode“ keine *Teilchen* die Oberfläche $\partial\mathcal{D}$ durchqueren.

enthalten sollte. Wir schreiben diesen Term mit Hilfe der Maxwell-Gleichungen um:

$$\begin{aligned}
-\mathbf{f}_{\mathrm{Lor}} &= -(\rho\mathbf{E} + \mathbf{j}\times\mathbf{B}) = -\varepsilon_0(\boldsymbol{\nabla}\cdot\mathbf{E})\mathbf{E} - \left(\frac{1}{\mu_0}\boldsymbol{\nabla}\times\mathbf{B} - \varepsilon_0\frac{\partial\mathbf{E}}{\partial t}\right)\times\mathbf{B} \\
&= \varepsilon_0[-(\boldsymbol{\nabla}\cdot\mathbf{E})\mathbf{E} - c^2(\boldsymbol{\nabla}\times\mathbf{B})\times\mathbf{B}] + \varepsilon_0\left[\frac{\partial}{\partial t}(\mathbf{E}\times\mathbf{B}) - \mathbf{E}\times\frac{\partial\mathbf{B}}{\partial t}\right] \\
&= \varepsilon_0[-(\boldsymbol{\nabla}\cdot\mathbf{E})\mathbf{E} + \mathbf{E}\times(\boldsymbol{\nabla}\times\mathbf{E}) - c^2(\boldsymbol{\nabla}\cdot\mathbf{B})\mathbf{B} + c^2\mathbf{B}\times(\boldsymbol{\nabla}\times\mathbf{B})] + \frac{1}{c^2}\frac{\partial\mathbf{S}}{\partial t}\,,
\end{aligned}$$

verwenden die Identität $\mathbf{a}\times(\boldsymbol{\nabla}\times\mathbf{a}) = \frac{1}{2}\boldsymbol{\nabla}(\mathbf{a}^2) - (\mathbf{a}\cdot\boldsymbol{\nabla})\mathbf{a}$ und erhalten:

$$\begin{aligned}
-(\mathbf{f}_{\mathrm{Lor}})_j &= \frac{1}{c^2}\frac{\partial S_j}{\partial t} + \varepsilon_0[-E_j\partial_i E_i - c^2 B_j\partial_i B_i - E_i\partial_i E_j - c^2 B_i\partial_i B_j \\
&\qquad + \tfrac{1}{2}\partial_j(\mathbf{E}^2 + c^2\mathbf{B}^2)] \\
&= \frac{1}{c^2}\frac{\partial S_j}{\partial t} + \varepsilon_0\partial_i[-E_iE_j - c^2B_iB_j + \tfrac{1}{2}\delta_{ij}(\mathbf{E}^2 + c^2\mathbf{B}^2)]\,. \qquad (4.28)
\end{aligned}$$

Führen wir also die dreidimensionale Matrix

$$\boxed{T_{ij}^{\mathrm{Mw}} \equiv \varepsilon_0[E_iE_j + c^2B_iB_j - \tfrac{1}{2}\delta_{ij}(\mathbf{E}^2 + c^2\mathbf{B}^2)]} \qquad (4.29)$$

und die Notation $(\boldsymbol{\nabla}\cdot T^{\mathrm{Mw}})_j \equiv \partial_i T_{ij}^{\mathrm{Mw}}$ ein, dann lässt sich (4.28) auch als

$$-\mathbf{f}_{\mathrm{Lor}} = \frac{1}{c^2}\frac{\partial\mathbf{S}}{\partial t} + \boldsymbol{\nabla}\cdot(-T^{\mathrm{Mw}}) \qquad (4.30)$$

schreiben. Wir erhalten insgesamt:

$$\frac{d\boldsymbol{\pi}_{\mathrm{M},\mathcal{D}}}{dt} = \int_{\mathcal{D}} d^3x\;\mathbf{f}_{\mathrm{Lor}} = -\int_{\mathcal{D}} d^3x\left[\frac{1}{c^2}\frac{\partial\mathbf{S}}{\partial t} + \boldsymbol{\nabla}\cdot(-T^{\mathrm{Mw}})\right]$$

bzw. durch Kombination der Zeitableitungen von $\boldsymbol{\pi}_{\mathrm{M},\mathcal{D}}$ und $\frac{1}{c^2}\int_{\mathcal{D}} d^3x\;\mathbf{S}$:

$$\frac{d}{dt}\left[\boldsymbol{\pi}_{\mathrm{M},\mathcal{D}} + \int_{\mathcal{D}} d^3x\left(\frac{1}{c^2}\mathbf{S}\right)\right] = -\int_{\mathcal{D}} d^3x\;\boldsymbol{\nabla}\cdot(-T^{\mathrm{Mw}}) = -\int_{\partial\mathcal{D}} d\mathbf{F}^{\mathrm{T}}(-T^{\mathrm{Mw}})\,. \qquad (4.31\mathrm{a})$$

Wiederum bezeichnet $d\mathbf{F}$ im Oberflächenintegral das vektorielle Flächenelement mit auswärts gerichtetem Normalenvektor.

Die Interpretation dieser Gleichungen ist klar: In Gleichung (4.30) stellt $\frac{1}{c^2}\mathbf{S}$ die Impulsdichte und $-T^{\mathrm{Mw}}$ die Impulsstromdichte dar. Gleichung (4.31a) besagt, dass sich der Gesamtimpuls der Teilchen und Felder im Raumbereich $\mathcal{D}$ lediglich durch Feldimpulsströme durch die Oberfläche dieses Raumbereichs ändern kann.[13] Die Matrix T^{Mw} in (4.29) wird als der *Maxwell'sche Spannungstensor* bezeichnet.

Wir stellen somit fest, dass der Poynting-Vektor $\mathbf{S}$ in der Elektrodynamik offenbar eine Doppelrolle spielt, nämlich erstens als *Energiestromdichte* und zweitens (in der Form $\frac{1}{c^2}\mathbf{S}$) als *Impulsdichte*. Diese Doppelrolle ist aus quantenmechanischer

[13] Auch in diesem Argument wird explizit vorausgesetzt, dass während der „Messperiode“ keine Teilchen von außen oder innen die Oberfläche $\partial\mathcal{D}$ durchqueren.

Sicht auch gut verständlich, da sich Photonen mit der Lichtgeschwindigkeit c bewegen, sodass jedes Photon mit dem Impuls $\hbar k$ einen Beitrag $c \cdot \hbar k = \hbar\omega$ zur Energie und daher einen Beitrag $c^2 \cdot \hbar k = \hbar\omega c$ zum Energiestrom liefert. Folglich ist die Energiestromdichte um einen Faktor c^2 größer als die Impulsdichte.

Umfasst der Raumbereich $\mathcal{D}$ den *ganzen* Ortsraum $\mathbb{R}^3$, so ist die rechte Seite von (4.31a) null. Diese Gleichung reduziert sich dann auf die einfache Form

$$\boxed{\frac{d\mathbf{\Pi}}{dt} = \mathbf{0} \quad , \quad \mathbf{\Pi} \equiv \boldsymbol{\pi}_{\mathrm{M},\mathbb{R}^3} + \int_{\mathbb{R}^3} d^3x \left(\frac{1}{c^2}\mathbf{S}\right) \ ,} \tag{4.31b}$$

die die Erhaltung des Gesamtimpulses $\mathbf{\Pi}$ des Systems ausdrückt.

Wiederum wurde dieses Erhaltungsgesetz zunächst nur für Teilchen und Felder in einem speziellen Inertialsystem K hergeleitet. Wir gehen daher in Abschnitt [4.4.2] näher auf die Frage nach der Kovarianz des Impulserhaltungsgesetzes (4.31b) ein. Diese Frage lässt sich naturgemäß am besten in 4-Notation beantworten. Im nachfolgenden Abschnitt [4.3.3] zeigen wir als ersten wichtigen Schritt, wie die Erhaltung des 4-Impulses in 4-Notation als *Kontinuitätsgleichung* formuliert werden kann.

4.3.3 Erhaltung des 4-Impulses in 4-Notation!

Wir versuchen nun, eine 4-Darstellung der Bilanzgleichungen (4.25) und (4.30) für die Energie bzw. den Impuls zu konstruieren. Die *linken* Seiten bilden zusammen die Komponenten eines 4-Vektors, die *4-Lorentz-Kraftdichte*:

$$\begin{aligned} f^\mu &\equiv \tfrac{1}{c} F^{\mu\nu} j_\nu = \tfrac{1}{c}(F^{\mu 0} j_0 + F^{\mu k} j_k) \\ &\overset{4\to 3}{=} \tfrac{1}{c}\left((-E_k)(-j_k)\ ,\ E_i c\rho + (-c\varepsilon_{ikl} B_l)(-j_k)\right) \\ &= \left(\tfrac{1}{c}\mathbf{E}\cdot\mathbf{j}\ ,\ \rho\mathbf{E} + \mathbf{j}\times\mathbf{B}\right) = \left(\tfrac{1}{c}\mathbf{E}\cdot\mathbf{j}\ ,\ \mathbf{f}_{\mathrm{Lor}}\right)\ . \end{aligned}$$

Da $\mathbf{E}\cdot\mathbf{j}$ auf der linken Seite von (4.25) also kein Skalar, sondern die nullte Komponente eines 4-Vektors ist, kann die rechte Seite von (4.25) nicht als 4-Divergenz eines 4-Vektors $(\rho_{\mathcal{E}}, \frac{1}{c}\mathbf{S})$ interpretiert werden. Wir lernen hieraus, dass $\rho_{\mathcal{E}}$ und $\frac{1}{c}\mathbf{S}$ zusammen mit dem Maxwell'schen Spannungstensor die Komponenten eines symmetrischen 4-Tensors zweiter Stufe bilden! Durch Kombination von (4.25) und (4.30) erhalten wir:

$$\boxed{-f^\mu = \partial_\nu T^{\mu\nu} = \partial_\nu T^{\nu\mu} \quad , \quad T^{\mu\nu} \overset{4\to 3}{=} \begin{pmatrix} \rho_{\mathcal{E}} & \frac{1}{c}\mathbf{S}^{\mathrm{T}} \\ \frac{1}{c}\mathbf{S} & -T^{\mathrm{Mw}} \end{pmatrix} .} \tag{4.32a}$$

Die Form des Tensors $(T^{\mu\nu})$ in Gleichung (4.32a) zeigt noch einmal klar, dass der Poynting-Vektor $\mathbf{S}$ sowohl die *Energiestromdichte* als auch die *Impulsdichte* des elektromagnetischen Feldes bestimmt. Der Tensor $(T^{\mu\nu})$ in (4.32a) hat die physikalische Dimension einer [ENERGIEDICHTE].

Es ist recht einfach, eine manifest kovariante Form für $T^{\mu\nu}$ zu finden:

$$\boxed{T^{\mu\nu} = -\varepsilon_0 F^{\mu\rho} F^{\nu}{}_{\rho} - g^{\mu\nu}\mathcal{L}_{\mathrm{F}} = \varepsilon_0(-F^{\mu\rho}F^{\nu}{}_{\rho} + \tfrac{1}{4} g^{\mu\nu} F^{\rho\sigma} F_{\rho\sigma})\ ,} \tag{4.32b}$$

denn dieser Tensor ist auf jeden Fall symmetrisch und hat als zeitlich-zeitliche Komponente:

$$\begin{aligned} T^{00} &= \varepsilon_0[-F^{0i}F^0{}_i + \tfrac{1}{4}(-2)(\mathbf{E}^2 - c^2\mathbf{B}^2)] \\ &\overset{4\to 3}{=} \varepsilon_0[-(-E_i)E_i - \tfrac{1}{2}\mathbf{E}^2 + \tfrac{1}{2}c^2\mathbf{B}^2] = \tfrac{1}{2}\varepsilon_0(\mathbf{E}^2 + c^2\mathbf{B}^2) = \rho_{\mathcal{E}} \ , \end{aligned}$$

als räumlich-zeitliche Komponenten:

$$T^{i0} = -\varepsilon_0 F^{i\rho}F^0{}_\rho = -\varepsilon_0 F^{ij}F^0{}_j \overset{4\to 3}{=} -\varepsilon_0(-c\varepsilon_{ijk}B_k)E_j = \frac{1}{\mu_0 c}(\mathbf{E}\times\mathbf{B})_i = \tfrac{1}{c}S_i$$

und als räumlich-räumliche Komponenten:

$$\begin{aligned} T^{ij} &= \varepsilon_0[-F^{i\rho}F^j{}_\rho - (-\tfrac{1}{2})\delta_{ij}(\mathbf{E}^2 - c^2\mathbf{B}^2)] \\ &= \varepsilon_0[-F^{i0}F^j{}_0 - F^{ik}F^j{}_k + \tfrac{1}{2}\delta_{ij}(\mathbf{E}^2 - c^2\mathbf{B}^2)] \\ &\overset{4\to 3}{=} \varepsilon_0[-E_iE_j - (-c\varepsilon_{ikl}B_l)(c\varepsilon_{jkm}B_m) + \tfrac{1}{2}\delta_{ij}(\mathbf{E}^2 - c^2\mathbf{B}^2)] \\ &= \varepsilon_0[-E_iE_j + c^2(\delta_{ij}\delta_{lm} - \delta_{im}\delta_{jl})B_lB_m + \tfrac{1}{2}\delta_{ij}(\mathbf{E}^2 - c^2\mathbf{B}^2)] \\ &= \varepsilon_0[-E_iE_j - c^2B_iB_j + \tfrac{1}{2}\delta_{ij}(\mathbf{E}^2 + c^2\mathbf{B}^2)] = (-T^{\mathrm{Mw}})_{ij} \ . \end{aligned}$$

Folglich sind die Tensoren $(T^{\mu\nu})$ in (4.32a) und (4.32b) in der Tat *identisch.*

Der Tensor $T^{\mu\nu}$ in (4.32a) und (4.32b) wird als (symmetrischer) *Spannungstensor* oder auch als *Energie-Impuls-Tensor* bezeichnet; er enthält alle Informationen über die Energiedichte, die Energiestromdichte, die Impulsdichte und die Impulsstromdichte des elektromagnetischen Feldes. Aus

$$\boxed{T^\mu{}_\mu = g_{\mu\nu}T^{\mu\nu} = \varepsilon_0(-F^{\mu\rho}F_{\mu\rho} + \tfrac{1}{4}g_{\mu\nu}g^{\mu\nu}F^{\rho\sigma}F_{\rho\sigma}) = 0}$$

folgt noch, dass der Tensor T spurfrei ist.

Koppelt man das elektromagnetische Feld von den Teilchen ab, sodass in (4.32a) $f^\mu = 0$ ist, dann gilt für das *freie* elektromagnetische Feld das Erhaltungsgesetz

$$0 = \partial_\nu T^{\mu\nu} = \partial_\nu T^{\nu\mu} \ , \tag{4.33}$$

das alternativ durch die Kontinuitätsgleichungen

$$0 = \frac{\partial\rho_{\mathcal{E}}}{\partial t} + \boldsymbol{\nabla}\cdot\mathbf{S} \quad , \quad \mathbf{0} = \frac{1}{c^2}\frac{\partial\mathbf{S}}{\partial t} + \boldsymbol{\nabla}\cdot(-T^{\mathrm{Mw}})$$

oder (nach einer Integration über den Ortsraum) durch

$$0 = \frac{d}{dt}\int d^3x\ T^{\mu 0} = \frac{d}{dt}\int d^3x\ T^{0\mu} = c\frac{d\Pi^\mu_{\mathrm{F}}}{dt} \quad \text{mit} \quad \Pi^\mu_{\mathrm{F}} \equiv \frac{1}{c}\int d^3x\ T^{0\mu}$$

ausgedrückt werden kann. In diesem Spezialfall ist der 4-Impuls (Π^μ_{F}) des elektromagnetischen Feldes *an sich* also erhalten:

$$0 = \frac{d}{dt}(\Pi^\mu_{\mathrm{F}}) = \frac{d}{dt}\begin{pmatrix}\frac{1}{c}\mathcal{E}_{\mathrm{F}} \\ \boldsymbol{\Pi}_{\mathrm{F}}\end{pmatrix} \quad , \quad \tfrac{1}{c}\mathcal{E}_{\mathrm{F}} = \frac{1}{c}\int d^3x\ \rho_{\mathcal{E}} \quad , \quad \boldsymbol{\Pi}_{\mathrm{F}} = \frac{1}{c^2}\int d^3x\ \mathbf{S} \ .$$

In Abschnitt [4.4.2] zeigen wir, wie diese Herleitung des Erhaltungsgesetzes für den 4-Impuls auf das Gesamtsystem von Teilchen und Feldern übertragen werden kann.

4.4 Drehimpulserhaltung

Ähnlich wie für abgeschlossene *mechanische* Systeme ist das Energie-Impuls-Erhaltungsgesetz auch für abgeschlossene *elektromagnetische* Systeme nicht das einzige Erhaltungsgesetz. Wir erwarten, dass für das Gesamtsystem von Teilchen und elektromagnetischen Feldern auch der *Drehimpuls* erhalten ist. Der Drehimpulstensor für *freie* materielle Teilchen ist uns bereits aus Gleichung (3.51) bekannt. Um ein entsprechendes Erhaltungsgesetz für den Drehimpuls des *Gesamt*systems nachweisen zu können, benötigen wir also zunächst einen Ausdruck für den Drehimpuls des *freien* elektromagnetischen Feldes.

4.4.1 Der 4-Drehimpulstensor des freien Feldes

Um den Drehimpuls des *freien* Strahlungsfeldes zu bestimmen, konstruieren wir analog zur Form $\left(L_{\mathrm{M}}^{\mu\nu}\right) = \sum_{l=1}^{N}\left(x_l^\mu p_l^\nu - x_l^\nu p_l^\mu\right)$ des Drehimpulstensors für materielle Teilchen, siehe Gleichung (3.51), den Tensor der Drehimpuls*dichte* des elektromagnetischen Feldes:

$$\boxed{\left(L_{\mathrm{F}}^{\mu\nu\rho}\right) \equiv \tfrac{1}{c}(x^\mu T^{\nu\rho} - x^\nu T^{\mu\rho})\ .}$$

Diese Form der Drehimpulsdichte ist naheliegend, denn $\left(\frac{1}{c}T^{\mu\nu}\right)$ hat die physikalische Dimension einer [IMPULSDICHTE]. Die Drehimpuls*dichte* ist in der Elektrodynamik also ein Beispiel für einen Tensor *dritter* Stufe. Wegen der Symmetrie des Energie-Impuls-Tensors $T^{\mu\nu}$ ergibt sich die Kontinuitätsgleichung:

$$\begin{aligned}\partial_\rho L_{\mathrm{F}}^{\mu\nu\rho} &= \tfrac{1}{c}[(\partial_\rho x^\mu)T^{\nu\rho} + x^\mu(\partial_\rho T^{\nu\rho}) - (\partial_\rho x^\nu)T^{\mu\rho} - x^\nu(\partial_\rho T^{\mu\rho})]\\ &= \tfrac{1}{c}(\delta^\mu{}_\rho T^{\nu\rho} - \delta^\nu{}_\rho T^{\mu\rho}) = \tfrac{1}{c}(T^{\nu\mu} - T^{\mu\nu}) = 0\ .\end{aligned} \tag{4.34}$$

Nach einer Integration über den Ortsraum folgt dann das Erhaltungsgesetz

$$\boxed{\frac{dL_{\mathrm{F}}^{\mu\nu}}{dt} = 0 \quad , \quad L_{\mathrm{F}}^{\mu\nu} \equiv \int d^3x\, L_{\mathrm{F}}^{\mu\nu 0}} \tag{4.35}$$

für den 4-Drehimpulstensor $\left(L_{\mathrm{F}}^{\mu\nu}\right)$ des freien elektromagnetischen Feldes.

Wir erläutern die einzelnen Komponenten von $\left(L_{\mathrm{F}}^{\mu\nu}\right)$: Da die Tensorelemente $L_{\mathrm{F}}^{\mu\nu}$ *antisymmetrisch* in den Indizes μ und ν sind, gilt $L_{\mathrm{F}}^{\mu\mu} = 0$, also insbesondere $L_{\mathrm{F}}^{00} = 0$. Für die räumlich-räumlichen Komponenten von $\left(L_{\mathrm{F}}^{\mu\nu}\right)$ ergibt sich:

$$\begin{aligned}L_{\mathrm{F}}^{ij} &= \frac{1}{c}\int d^3x\,(x^i T^{j0} - x^j T^{i0}) \overset{4\to 3}{=} \int d^3x \left[x_i\left(\frac{1}{c^2}S_j\right) - x_j\left(\frac{1}{c^2}S_i\right)\right]\\ &= \varepsilon_{ijk}\int d^3x \left[\mathbf{x}\times\left(\frac{1}{c^2}\mathbf{S}\right)\right]_k = \varepsilon_{ijk}(\mathbf{L}_{\mathrm{F}})_k\ ,\end{aligned}$$

wobei wir den dreidimensionalen *Drehimpulsvektor* $\mathbf{L}_{\mathrm{F}}$ des elektromagnetischen Feldes eingeführt haben:

$$\mathbf{L}_{\mathrm{F}} \equiv \int d^3x\, \mathbf{x}\times\left(\frac{1}{c^2}\mathbf{S}\right)\ .$$

Die räumlich-zeitlichen Komponenten von $L_{\mathrm{F}}^{\mu\nu}$ sind schließlich gegeben durch

$$L_{\mathrm{F}}^{i0} = \frac{1}{c}\int d^3x\,(x^i T^{00} - x^0 T^{i0}) \overset{4\to 3}{=} \frac{1}{c}\int d^3x\,(x_i\rho_{\mathcal{E}} - tS_i)\;.$$

Führen wir noch die *Gesamtenergie* $\mathcal{E}_{\mathrm{F}} \equiv \int d^3x\;\rho_{\mathcal{E}}$ des freien elektromagnetischen Feldes und analog den *Gesamtimpuls* $\boldsymbol{\mathcal{P}}_{\mathrm{F}} \equiv \int d^3x\;\left(\frac{1}{c^2}\mathbf{S}\right)$ ein sowie den *Energieschwerpunkt*[14] $\langle\mathbf{x}\rangle \equiv \frac{1}{\mathcal{E}_{\mathrm{F}}}\int d^3x\;\mathbf{x}\rho_{\mathcal{E}}$, so folgt:

$$L_{\mathrm{F}}^{i0} = \int d^3x\;L_{\mathrm{F}}^{i00} \overset{4\to 3}{=} \left[\frac{\mathcal{E}_{\mathrm{F}}}{c}\langle\mathbf{x}\rangle - ct\boldsymbol{\mathcal{P}}_{\mathrm{F}}\right]_i \equiv X_{\mathrm{F}i}\;.$$

Der antisymmetrische Tensor $L_{\mathrm{F}}^{\mu\nu}$ kann also durch den *echten* Vektor $\mathbf{X}_{\mathrm{F}}$ und den *Pseudo*vektor $\mathbf{L}_{\mathrm{F}}$ charakterisiert werden: $L_{\mathrm{F}}^{\mu\nu} = (\mathbf{X}_{\mathrm{F}}, -\mathbf{L}_{\mathrm{F}})$. Das Erhaltungsgesetz für L_{F}^{i0} bzw. für den Vektor $\mathbf{X}_{\mathrm{F}}$ besagt physikalisch, dass sich der Energieschwerpunkt $\langle\mathbf{x}\rangle$ des freien elektromagnetischen Feldes gleichförmig und geradlinig mit der konstanten Geschwindigkeit $\mathbf{u}_{\mathrm{F}} \equiv c^2\boldsymbol{\mathcal{P}}_{\mathrm{F}}/\mathcal{E}_{\mathrm{F}}$ bewegt. Dieses Erhaltungsgesetz für $\mathbf{X}_{\mathrm{F}}$ ergänzt insofern das bereits bekannte Impulserhaltungsgesetz für das freie elektromagnetische Feld, als jetzt auch konkret klar wird, *welcher* Mittelwert des Feldes (nämlich der *Energieschwerpunkt*) sich mit dem Gesamtimpuls $\boldsymbol{\mathcal{P}}_{\mathrm{F}}$ bewegt.

4.4.2 Energie-Impuls-Tensor für materielle Teilchen

Der vorige Abschnitt hat gezeigt, dass unser Streben, ein Erhaltungsgesetz für den *Gesamt*drehimpuls eines Systems von Teilchen und elektromagnetischen Feldern nachzuweisen, zunächst auf eine 4-Drehimpulstensor*dichte* für das freie elektromagnetische Feld führt. Diese 4-Drehimpulstensordichte enthält als Baustein u. a. den Energie-Impuls-*Tensor* des elektromagnetischen Feldes. Diese Beschreibung der *Felder* weicht jedoch ab vom Ausdruck $\left(L_{\mathrm{M}}^{\mu\nu}\right) = \sum_{l=1}^{N}\left(x_l^\mu p_l^\nu - x_l^\nu p_l^\mu\right)$ für den Drehimpulstensor *materieller Teilchen*, da dieser die Information über Energie und Impuls in der Form eines *4-Vektors*, des 4-Impulses, enthält. Wir versuchen nun, beide Beschreibungen miteinander im Einklang zu bringen, indem wir auch für die Teilchen einen Energie-Impuls-*Tensor* 2. Stufe einführen.

Dieser Energie-Impuls-Tensor 2. Stufe für materielle Teilchen ist in einem beliebigen Inertialsystem K durch eine Summe über die Beiträge der einzelnen Teilchen gegeben. Dabei hat jeder Teilchenbeitrag die Form einer Dyade $(u_l)^\mu(u_l)^\nu$, multipliziert mit den Skalaren m_{0l} und $(\gamma_l)^{-1}\delta(\mathbf{x}-\mathbf{x}_l)$:[15]

$$\boxed{\Theta^{\mu\nu} \equiv \sum_{l=1}^{N} m_{0l}(u_l)^\mu(u_l)^\nu\frac{1}{\gamma_l}\delta(\mathbf{x}-\mathbf{x}_l) \quad,\quad \left(u_l^\mu\right) = \gamma_l c\,(1,\boldsymbol{\beta}_l)\;.}$$

Der Tensor $\left(\Theta^{\mu\nu}\right)$ ist also manifest Lorentz-kovariant und hat die physikalische Dimension einer [ENERGIEDICHTE].

[14] Der *Energieschwerpunkt* ist – auch für Teilchen, siehe (3.52) – die naheliegende speziell-relativistische Verallgemeinerung des *Massenschwerpunkts* in der nicht-relativistischen Mechanik.

[15] Dass $(\gamma_l)^{-1}\delta(\mathbf{x}-\mathbf{x}_l)$ wie ein *Skalar* transformiert wird, folgt aus der Teilchenzahlerhaltung und der Lorentz-Kontraktion $\mathrm{vol}(\mathcal{D}_l) = (\gamma_l)^{-1}\mathrm{vol}(\mathcal{D}_l')$ eines Volumenelements $\mathcal{D}_l'$ um den Punkt $\mathbf{x}_l'$ im instantanen Ruhesystem des l-ten Teilchens: $1 = \int_{\mathcal{D}_l'} d^3x'\;\delta'(\mathbf{x}'-\mathbf{x}_l') = \int_{\mathcal{D}_l} d^3x\;\delta(\mathbf{x}-\mathbf{x}_l)$ und daher $\delta' = (\gamma_l)^{-1}\delta$. Hierbei ist $\mathcal{D}_l$ das Volumenelement um $\mathbf{x}_l$ im Inertialsystem K.

Physikalische Bedeutung der Tensorelemente von $\Theta^{\mu\nu}$

Die explizite Form der Matrixelemente von $\Theta^{\mu\nu}$ zeigt klar, dass der Energie-Impuls-Tensor der Materie die gleiche Stuktur wie derjenige des elektromagnetischen Feldes hat. Man erhält z. B. für die zeitlich-zeitliche Komponente:

$$\Theta^{00} = \sum_{l=1}^{N} \gamma_l m_{0l} c^2 \delta(\mathbf{x} - \mathbf{x}_l) = \sum_{l=1}^{N} \mathcal{E}_l \delta(\mathbf{x} - \mathbf{x}_l) \qquad \text{(Energiedichte)} \ ,$$

für die zeitlich-räumlichen und räumlich-zeitlichen Komponenten (die aufgrund der Symmetrie von $\Theta^{\mu\nu}$ gleich sind):

$$\begin{pmatrix} \Theta^{01} \\ \Theta^{02} \\ \Theta^{03} \end{pmatrix} \overset{4\to 3}{=} \frac{1}{c} \sum_{l=1}^{N} \mathcal{E}_l \mathbf{u}_l \delta(\mathbf{x} - \mathbf{x}_l) \equiv \tfrac{1}{c} \mathbf{S}_{\mathrm{M}} = \sum_{l=1}^{N} c \boldsymbol{\pi}_l \delta(\mathbf{x} - \mathbf{x}_l) \overset{3\to 4}{=} \begin{pmatrix} \Theta^{10} \\ \Theta^{20} \\ \Theta^{30} \end{pmatrix}$$

und für die räumlich-räumlichen Komponenten:

$$\Theta^{ij} \overset{4\to 3}{=} \sum_{l=1}^{N} \gamma_l m_{0l} c^2 \beta_{li} \beta_{lj} \delta(\mathbf{x} - \mathbf{x}_l) = \tfrac{1}{2} \sum_{l=1}^{N} (\mathbf{u}_l \boldsymbol{\pi}_l^{\mathrm{T}} + \boldsymbol{\pi}_l \mathbf{u}_l^{\mathrm{T}})_{ij} \delta(\mathbf{x} - \mathbf{x}_l) \ .$$

Hierbei ist $\mathbf{S}_{\mathrm{M}}$ mit dem Poynting-Vektor des elektromagnetischen Feldes und $-\Theta^{ij}$ mit dem Maxwell'schen Spannungstensor zu vergleichen.

Herleitung einer Kontinuitätsgleichung für $\Theta^{\mu\nu} + T^{\mu\nu}$

Durch Integration über beliebige[16] endliche Raumbereiche $\mathcal{D}$ folgt nun:

$$\int_{\mathcal{D}} d^3x \ (\partial_\nu \Theta^{0\nu}) = \frac{1}{c} \frac{d}{dt} \int_{\mathcal{D}} d^3x \ \Theta^{00} \overset{4\to 3}{=} \frac{1}{c} \frac{d}{dt} \sum_{\{\mathbf{x}_l \in \mathcal{D}\}} \gamma_l m_{0l} c^2 = \frac{1}{c} \frac{d\mathcal{E}_{\mathrm{M},\mathcal{D}}}{dt}$$

und

$$\int_{\mathcal{D}} d^3x \ (\partial_\nu \Theta^{i\nu}) = \frac{1}{c} \frac{d}{dt} \int_{\mathcal{D}} d^3x \ \Theta^{i0} \overset{4\to 3}{=} \frac{d}{dt} \sum_{\{\mathbf{x}_l \in \mathcal{D}\}} \gamma_l m_{0l} (u_l)_i = \left(\frac{d\boldsymbol{\pi}_{\mathrm{M},\mathcal{D}}}{dt} \right)_i \ ,$$

sodass die Bilanzgleichungen

$$\begin{aligned} \frac{1}{c} \frac{d\mathcal{E}_{\mathrm{M},\mathcal{D}}}{dt} &= \frac{1}{c} \int_{\mathcal{D}} d^3x \ \mathbf{E} \cdot \mathbf{j} \overset{3\to 4}{=} -\int_{\mathcal{D}} d^3x \ (\partial_\nu T^{0\nu}) \\ \left(\frac{d\boldsymbol{\pi}_{\mathrm{M},\mathcal{D}}}{dt} \right)_i &= \int_{\mathcal{D}} d^3x \ (\mathbf{f}_{\mathrm{Lor}})_i \overset{3\to 4}{=} -\int_{\mathcal{D}} d^3x \ (\partial_\nu T^{i\nu}) \end{aligned}$$

für sämtliche möglichen Integrationsbereiche $\mathcal{D}$ auch als

$$\int_{\mathcal{D}} d^3x \ (\partial_\nu \mathcal{T}^{\mu\nu}) = 0 \quad , \quad \mathcal{T}^{\mu\nu} \equiv \Theta^{\mu\nu} + T^{\mu\nu}$$

[16] Die „Beliebigkeit“ wird lediglich dadurch eingeschränkt, dass während der „Messperiode“ keine Teilchen von außen oder innen die Oberfläche $\partial\mathcal{D}$ durchqueren sollen.

geschrieben werden können. Wir stellen also fest, dass eine Kontinuitätsgleichung der Form

$$\boxed{\partial_\nu \mathcal{T}^{\mu\nu} = 0 \quad , \quad \mathcal{T}^{\mu\nu} = \Theta^{\mu\nu} + T^{\mu\nu}} \tag{4.36}$$

gilt. Dies bestätigt, dass $(\Theta^{\mu\nu})$ den Energie-Impuls-Tensor der *Materie* darstellt, und impliziert außerdem, dass $(\mathcal{T}^{\mu\nu})$ als Energie-Impuls-Tensor des *Gesamtsystems* interpretiert werden kann.

Erhaltung des 4-Impulses im Gesamtsystem!

Die Kontinuitätsgleichung (4.36) ergibt bei einer Integration über den gesamten Ortsraum $\mathcal{D} = \mathbb{R}^3$:

$$0 = \frac{d}{dt}\int d^3x\, \mathcal{T}^{\mu 0} = \frac{d}{dt}\int d^3x\, \mathcal{T}^{0\mu} = c\frac{d\Pi^\mu}{dt} \quad \text{mit} \quad \Pi^\mu \equiv \frac{1}{c}\int d^3x\, \mathcal{T}^{0\mu} \; . \tag{4.37}$$

Dieses sehr wichtige Ergebnis drückt die Erhaltung des 4-Impulses (Π^μ) für das *Gesamt*system von Teilchen und Feldern in 4-Notation aus:

$$0 = \frac{d}{dt}(\Pi^\mu) = \frac{d}{dt}\begin{pmatrix} \frac{1}{c}\mathcal{E} \\ \mathbf{\Pi} \end{pmatrix} \quad , \quad \mathcal{E} = \mathcal{E}_{\mathrm{M},\mathbb{R}^3} + \int_{\mathbb{R}^3} d^3x\, \rho_{\mathcal{E}} \quad , \quad \mathbf{\Pi} = \boldsymbol{\pi}_{\mathrm{M},\mathbb{R}^3} + \int_{\mathbb{R}^3} d^3x\, \left(\tfrac{1}{c^2}\mathbf{S}\right) \; .$$

Wir erinnern aber daran, dass dieses Erhaltungsgesetz zunächst nur für Teilchen und Felder in einem speziellen Inertialsystem K hergeleitet wurde. Da das Gesetz nun in 4-Notation formuliert wurde, wird die Frage nach der *Kovarianz* dieses Erhaltungsgesetzes für den 4-Impuls relevant.

Ist der 4-Impuls des Gesamtsystems Lorentz-kovariant?

Um das Ergebnis vorwegzunehmen: Der 4-Impuls (Π^μ) des Gesamtsystems von Teilchen und Feldern ist tatsächlich ein *4-Vektor*, sodass der 4-Impuls Π' in einem anderen Inertialsystem K' gemäß einer Lorentz-Transformation aus dem 4-Impuls Π in K berechnet werden kann:

$$\boxed{(\Pi')^\mu = \Lambda^\mu{}_\nu \Pi^\nu \; .} \tag{4.38}$$

Dieses einfache und physikalisch naheliegende Ergebnis ist jedoch nicht ganz selbstverständlich. Wir fügen daher die folgende Anmerkung hinzu.

Bei der (an sich also korrekten) Interpretation von Π als 4-Vektor ist Vorsicht geboten, da Integrale von 4-Tensoren über den Ortsraum eines Inertialsystems, wie $\Pi^\mu \equiv \frac{1}{c}\int d^3x\, \mathcal{T}^{0\mu}$ in Gleichung (4.37), nicht unbedingt selbst Tensoren sind. Dies ist alleine schon deshalb einleuchtend, weil der Begriff *Ortsraum* abhängig vom jeweiligen Inertialsystem ist. Es ist also a priori *nicht* klar, dass Π als Integral des 4-Tensors $\mathcal{T}$ über den Ortsraum des Inertialsystems K selbst ein 4-Vektor ist. Die Frage, unter welchen Bedingungen Raumintegrale von Tensoren selbst auch Tensoren sind, wird ausführlich und sehr sorgfältig in Ref. [42] untersucht, siehe speziell Anhang A1-5. Das Ergebnis lautet, dass das Integral eines Lorentz-Tensors dann und nur dann selbst auch ein Lorentz-Tensor ist, wenn der zu integrierende Tensor *divergenzfrei* ist. In unserem Fall ist diese Bedingung erfüllt, siehe Gleichung (4.36), sodass Π in der Tat als 4-Vektor identifiziert werden kann.

Die Spur des Tensors $\mathcal{T}$

Wir fügen noch eine weitere Anmerkung bezüglich der *Spur* des Energie-Impuls-Tensors $\mathcal{T}$ hinzu. Da $(T^{\mu\nu})$ spurfrei ist, $T^{\mu}{}_{\mu} = 0$, gilt für die Spur von $\mathcal{T}$:

$$\begin{aligned}\mathcal{T}^{\mu}{}_{\mu} = \Theta^{\mu}{}_{\mu} &= \sum_{l=1}^{N} m_{0l}(u_l)^{\mu}(u_l)_{\mu}\frac{1}{\gamma_l}\delta(\mathbf{x}-\mathbf{x}_l) \\ &\overset{4\to 3}{=} \sum_{l=1}^{N} m_{0l}c^2\sqrt{1-\left(\tfrac{\mathbf{u}_l}{c}\right)^2}\,\delta(\mathbf{x}-\mathbf{x}_l)\,. \end{aligned} \tag{4.39}$$

Wir werden dieses Ergebnis in Abschnitt [4.5] benötigen, um den *Virialsatz* für elektromagnetische Systeme herzuleiten.

4.4.3 Drehimpulserhaltung

Mit Hilfe der in Abschnitt [4.4.2] neu gewonnenen Konzepte sind wir nun in der Lage, die Erhaltung des Gesamtdrehimpulses der Materie und des elektromagnetischen Felds nachzuweisen. Wir zeigen insbesondere, dass die Divergenzfreiheit (4.36) des Energie-Impuls-Tensors $(\mathcal{T}^{\mu\nu})$ einen Erhaltungssatz für den Drehimpuls des *Gesamtsystems* von Teilchen und Feldern impliziert.

Die Drehimpuls*dichte* $(\mathcal{L}^{\mu\nu\rho})$ des *Gesamtsystems* wird hierzu analog zur Konstruktion von $L_{\mathrm{F}}^{\mu\nu\rho}$ aus $T^{\mu\nu}$ als

$$\boxed{\mathcal{L}^{\mu\nu\rho} \equiv \tfrac{1}{c}(x^{\mu}\mathcal{T}^{\nu\rho} - x^{\nu}\mathcal{T}^{\mu\rho})}$$

definiert. Analog zum Beweis der Identität $\partial_{\rho}L_{\mathrm{F}}^{\mu\nu\rho} = 0$ [siehe Gleichung (4.34)] folgt nun aus der Divergenzfreiheit des symmetrischen Tensors $(\mathcal{T}^{\mu\nu})$ die Identität:

$$\boxed{\partial_{\rho}\mathcal{L}^{\mu\nu\rho} = 0\,,} \tag{4.40a}$$

und hieraus folgt sofort das Erhaltungsgesetz

$$\boxed{\frac{d\mathcal{L}^{\mu\nu}}{dt} = 0 \quad , \quad \mathcal{L}^{\mu\nu} \equiv \int d^3x\; \mathcal{L}^{\mu\nu 0}\,,} \tag{4.40b}$$

das als das *Drehimpulserhaltungsgesetz* des Gesamtsystems von *Teilchen* und *Feldern* interpretiert werden kann.

Auch in diesem Fall gilt, dass das Erhaltungsgesetz (4.40b) zunächst nur für das spezielle Inertialsystem K hergeleitet wurde. Analog zu (4.38) gilt es aber auch für beliebige andere Inertialsysteme K'. Die Beziehung zwischen den Erhaltungsgrößen $\mathcal{L}'$ in K' und $\mathcal{L}$ in K ist dann durch

$$\boxed{(\mathcal{L}')^{\mu\nu} = \Lambda^{\mu}{}_{\mu'}\Lambda^{\nu}{}_{\nu'}\mathcal{L}^{\mu'\nu'}} \tag{4.40c}$$

gegeben. Der Gesamtdrehimpuls kann als *Tensor* 2. Stufe identifiziert werden, da die Tensordichte 3. Stufe $\mathcal{L}^{\mu\nu\rho}$ aufgrund von (4.40a) divergenzfrei ist.

Die Interpretation von $(\mathcal{L}^{\mu\nu})$ in (4.40b) als Gesamtdrehimpuls des Systems von Teilchen und Feldern folgt aus der Darstellung von $\mathcal{L}$ als Summe der Feldbeiträge L_F und der Teilchenbeiträge L_M:

$$\boxed{\mathcal{L}^{\mu\nu} = L_\mathrm{F}^{\mu\nu} + L_\mathrm{M}^{\mu\nu}\ .}$$

Hierbei bedarf der Feldanteil L_F keiner weiteren Erläuterung, da er die übliche Form (4.35) hat, basierend auf dem Energie-Impuls-Tensor $(T^{\mu\nu})$ des Feldes. Weniger offensichtlich ist, dass die Beiträge des Materietensors $(\Theta^{\mu\nu})$ zu $(\mathcal{L}^{\mu\nu})$ genau die Form $(L_\mathrm{M}^{\mu\nu}) \overset{4\to 3}{=} (\boldsymbol{\ell}_\mathrm{M}, -\mathbf{L}_\mathrm{M})$ des in Gleichung (3.51) eingeführten Drehimpuls-4-Tensors der Materie haben. Wir überprüfen, dass auch diese Identität gilt.

Der Teilchenbeitrag zum Drehimpulstensor $\mathcal{L}$

Dass der Beitrag der Materie zu $(\mathcal{L}^{\mu\nu})$ genau die Form $(\boldsymbol{\ell}_\mathrm{M}, -\mathbf{L}_\mathrm{M})$ hat, sieht man durch explizite Berechnung der Tensorelemente $L_\mathrm{M}^{\mu\nu}$. Entlang der Hauptdiagonalen $\mu = \nu$ und daher speziell im zeitlich-zeitlichen Sektor $\mu = \nu = 0$ gilt:

$$L_\mathrm{M}^{\mu\mu} = 0 \qquad \text{und daher insbesondere:} \qquad L_\mathrm{M}^{00} = 0\ .$$

Im räumlich-zeitlichen Sektor $(\mu\nu) = (i0)$ und analog im zeitlich-räumlichen Sektor $(\mu\nu) = (0i)$ erhält man:

$$\begin{aligned} L_\mathrm{M}^{i0} &= \int d^3x\ \tfrac{1}{c}(x^i\Theta^{00} - ct\Theta^{i0}) \overset{4\to 3}{=} \frac{1}{c}\sum_{l=1}^{N} \gamma_{u_l} m_{0l} c^2 (x_{li} - ct\beta_{li}) \\ &= \sum_{l=1}^{N}\left(\frac{\mathcal{E}_l}{c}\mathbf{x}_l - \boldsymbol{\pi}_l ct\right)_i = (\boldsymbol{\ell}_\mathrm{M})_i \quad , \quad L_\mathrm{M}^{0i} = -(\boldsymbol{\ell}_\mathrm{M})_i\ . \end{aligned}$$

Hierbei folgt die Gleichung für L_M^{0i} direkt aus L_M^{i0} und der Antisymmetrie von L_M. Der räumlich-räumliche Sektor $\mu = i$, $\nu = j$ ergibt schließlich:

$$\begin{aligned} L_\mathrm{M}^{ij} &= \int d^3x\ \tfrac{1}{c}(x^i\Theta^{j0} - x^j\Theta^{i0}) \overset{4\to 3}{=} \frac{1}{c}\sum_{l=1}^{N} \gamma_{u_l} m_{0l} c^2 (x_{li}\beta_{lj} - x_{lj}\beta_{li}) \\ &= \sum_{l=1}^{N}(x_{li}\pi_{lj} - x_{lj}\pi_{li}) = \varepsilon_{ijk} L_{\mathrm{M}k} \quad , \quad \mathbf{L}_\mathrm{M} = \sum_{l=1}^{N}(\mathbf{x}_l\boldsymbol{\pi}_l^\mathrm{T} - \boldsymbol{\pi}_l\mathbf{x}_l^\mathrm{T})\ . \end{aligned}$$

Ein Vergleich mit den früheren Ergebnissen für den Drehimpuls-4-Tensor der Materie [siehe Gleichung (3.52)] zeigt, dass in der Tat

$$\int d^3x\ \tfrac{1}{c}(x^\mu\Theta^{\nu 0} - x^\nu\Theta^{\mu 0}) = (L_\mathrm{M}^{\mu\nu}) \overset{4\to 3}{=} (\boldsymbol{\ell}_\mathrm{M}, -\mathbf{L}_\mathrm{M})$$

gilt und L_M aus dem *echten* Vektor $\boldsymbol{\ell}_\mathrm{M}$ und dem *Pseudo*vektor $-\mathbf{L}_\mathrm{M}$ aufgebaut ist.

4.5 Der Virialsatz

Das Ergebnis (4.39) kann dazu verwendet werden, den *Virialsatz* für relativistische Materie in Wechselwirkung mit dem elektromagnetischen Feld zu beweisen.

Der Virialsatz gilt für *abgeschlossene* Systeme, in unserem Fall also für ein Feld und für Teilchen, die in einem begrenzten Raumbereich eingesperrt sind. Man denke hierbei z. B. an einen Hohlraum mit spiegelnden Wänden. Für ein solches abgeschlossenes System ergibt die Zeitmittelung,

$$\overline{A(t)} \equiv \lim_{T\to\infty} \frac{1}{T} \int_0^T dt\, A(t) ,$$

angewandt auf die Gleichung $\partial_\nu \mathcal{T}^{i\nu} = 0$, eine Identität für die Divergenz des räumlich-räumlichen Anteils des zeitgemittelten Tensors $\overline{\mathcal{T}}$:

$$\begin{aligned} 0 &= \overline{\partial_0 \mathcal{T}}^{i0} + \partial_j \overline{\mathcal{T}}^{ij} = \lim_{T\to\infty} \frac{1}{T} \int_0^T dt\, (\partial_0 \mathcal{T}^{i0}) + \partial^j \overline{\mathcal{T}}^i{}_j \\ &= \lim_{T\to\infty} \frac{\mathcal{T}^{i0}(T) - \mathcal{T}^{i0}(0)}{cT} + \partial^j \overline{\mathcal{T}}^i{}_j = \partial^j \overline{\mathcal{T}}^i{}_j . \end{aligned}$$

Eine Multiplikation mit x_i, Summation über den räumlichen Index i und anschließende Integration über den ganzen Ortsraum ergeben dann:

$$\begin{aligned} 0 &= \int d^3x\, x_i\, \partial^j \overline{\mathcal{T}}^i{}_j = -\int d^3x\, g^j{}_i \overline{\mathcal{T}}^i{}_j = -\int d^3x\, \overline{\mathcal{T}}^i{}_i \\ &= \int d^3x\, \overline{\mathcal{T}}^0{}_0 - \int d^3x\, \overline{\mathcal{T}}^\mu{}_\mu = \mathcal{E} - \sum_{l=1}^N m_{0l} c^2 \overline{\sqrt{1 - (\frac{\mathbf{u}_l}{c})^2}} , \end{aligned}$$

wobei $\mathcal{E}$ die Gesamtenergie des Systems darstellt. Im letzten Schritt verwendeten wir (4.39). Zieht man die Ruheenergie der Teilchen von $\mathcal{E}$ ab, so erhält man die Summe der kinetischen Energie der Materie und der Feldenergie:

$$\boxed{\mathcal{E} - \sum_{l=1}^N m_{0l} c^2 = \sum_{l=1}^N m_{0l} c^2 \left[\overline{\sqrt{1 - (\frac{\mathbf{u}_l}{c})^2}} - 1 \right] .} \tag{4.41}$$

Dies ist die relativistische Formulierung des *Virialtheorems* für ein Gesamtsystem von geladenen Teilchen und elektromagnetischen Feldern. Dieses Theorem stellt im Wesentlichen eine Beziehung dar zwischen der Gesamtenergie und der zeitgemittelten kinetischen Energie.

Nicht-relativistischer Limes

Besonders klar wird diese Beziehung zwischen Gesamtenergie und zeitgemittelter kinetischer Energie im nicht-relativistischen Limes, da sich das Ergebnis (4.41) dann reduziert auf die Form

$$\boxed{\mathcal{E}_{\text{NR}} = -\sum_{l=1}^N \tfrac{1}{2} m_{0l} \overline{(\mathbf{u}_l)^2} = -\overline{\mathcal{E}_{\text{kin}}} .}$$

Führt man die potentielle Energie der Teilchen als $\mathcal{E}_{\text{pot}} \equiv \mathcal{E}_{\text{NR}} - \mathcal{E}_{\text{kin}}$ ein, so ergibt sich $\overline{\mathcal{E}_{\text{pot}}} = -2\overline{\mathcal{E}_{\text{kin}}} = 2\mathcal{E}_{\text{NR}}$.

Dies ist genau dasselbe Ergebnis, das man im nicht-relativistischen Limes für *Teilchen* erhält, die gemäß einem $-|\mathbf{x}_{12}|^{-1}$-Potential miteinander wechselwirken, also insbesondere für das *Coulomb-Potential*. Gleichung (4.41) reduziert sich somit auf die bekannte nicht-relativistische Form des Virialtheorems für dieses Potential, siehe Seiten 58–60 in Ref. [11].

4.6 Die Grenzen der klassischen Physik

Wenn man versucht, die Dynamik mehrerer Teilchen im gemeinsam erzeugten Coulomb-Feld zu studieren, stößt man sofort auf einige außerordentlich interessante Probleme, die einen Ausblick auf erforderliche Weiterentwicklungen des theoretischen Formalismus bieten. Die Probleme haben ihren Ursprung darin, dass wir geladene Teilchen bisher als *punktförmig* angesehen haben. Andererseits hat man hierbei keine Wahl: In der Relativitätstheorie müssen Elementarteilchen unbedingt als punktförmig angesehen werden, da ausgedehnte Objekte wegen der endlichen Ausbreitungsgeschwindigkeit der Wechselwirkung nicht *elementar* (im Sinne von nicht-zusammengesetzt und formbeständig) sein können.

Außerordentlich interessante *Probleme*

Konkretisieren wir zunächst die „Probleme“: Wir wissen bereits, dass die Wirkung des Vielteilchensystems gegeben ist durch

$$S = \int_{t_1}^{t_2} dt \left(L_\mathrm{M} + L_\mathrm{W} + \int d^3x \, \mathcal{L}_\mathrm{F} \right) \tag{4.42a}$$

mit Beiträgen zur Lagrange-Funktion der Materie, der Felder sowie der Wechselwirkung zwischen Teilchen und Feldern:

$$\begin{aligned} L_\mathrm{M} &= -\sum_{l=1}^{N} m_{0l} c^2 \sqrt{1 - \frac{\mathbf{u}_l^2}{c^2}} \quad , \quad L_\mathrm{W} = \sum_{l=1}^{N} q_l [\mathbf{u}_l \cdot \mathbf{A}(\mathbf{x}_l, t) - \Phi(\mathbf{x}_l, t)] \\ \mathcal{L}_\mathrm{F} &= \tfrac{1}{2}\varepsilon_0 (\mathbf{E}^2 - c^2 \mathbf{B}^2) \, . \end{aligned} \tag{4.42b}$$

Außerdem hat die Gesamtenergie, die wegen der expliziten Zeit*un*abhängigkeit der Lagrange-Funktion auch gleich der Hamilton-Funktion ist, die Form

$$\boxed{H = \sum_{l=1}^{N} \sqrt{\boldsymbol{\pi}_l^2 c^2 + m_{0l}^2 c^4} + \tfrac{1}{2}\varepsilon_0 \int d^3x \, (\mathbf{E}^2 + c^2 \mathbf{B}^2) \, .} \tag{4.43}$$

Hierbei sind die kinetischen Impulse wie üblich gegeben durch:

$$\boldsymbol{\pi}_l = \mathbf{p}_l - q_l \mathbf{A}(\mathbf{x}_l, t) = \gamma_{u_l} m_{0l} \mathbf{u}_l \, .$$

Der Ausdruck (4.43) für die Gesamtenergie des Systems bzw. für die Hamilton-Funktion folgt direkt aus dem Poynting-Theorem (4.27b). Man kann die Hamilton-Funktion auch mit Hilfe einer Legendre-Transformation aus der Lagrange-Funktion L in (4.42a) herleiten. Dies wird in Aufgabe 4.3 gezeigt.

Die „Probleme“, auf die man stößt, sind, dass sowohl S in (4.42a) als auch H in (4.43) sowie übrigens auch die Lagrange-Funktion L *divergieren*.

Die Hamilton-Funktion *divergiert*

Dies erkennt man am einfachsten in der Coulomb-Eichung $\boldsymbol{\nabla} \cdot \mathbf{A} = 0$; da S und H eichinvariant sind, steht uns die Wahl der Eichung frei. Wir schreiben $\mathbf{E} = \mathbf{E}_{\|} + \mathbf{E}_{\perp}$ als Summe eines rotationsfreien und eines divergenzfreien Anteils:

$$\mathbf{E}_{\|} \equiv -\boldsymbol{\nabla}\Phi \qquad\qquad \mathbf{E}_{\perp} \equiv -\frac{\partial \mathbf{A}}{\partial t}$$
$$\boldsymbol{\nabla} \times \mathbf{E}_{\|} = \mathbf{0} \qquad\qquad \boldsymbol{\nabla} \cdot \mathbf{E}_{\perp} = 0\,,$$

sodass das Integral $\int d^3x\, \mathbf{E}^2$ in (4.42a) und (4.43) auf die Form:

$$\begin{aligned}\int d^3x\, \mathbf{E}^2 &= \int d^3x\, \left[\mathbf{E}_{\perp}^2 - 2(\boldsymbol{\nabla}\Phi)\cdot\mathbf{E}_{\perp} + \boldsymbol{\nabla}\Phi\cdot\boldsymbol{\nabla}\Phi\right] \\ &= \int d^3x\, \left[\mathbf{E}_{\perp}^2 - 2\boldsymbol{\nabla}\cdot(\Phi\mathbf{E}_{\perp}) + \boldsymbol{\nabla}\cdot(\Phi\boldsymbol{\nabla}\Phi) + 2\Phi(\boldsymbol{\nabla}\cdot\mathbf{E}_{\perp}) - \Phi\Delta\Phi\right] \\ &= \int d^3x\, \left[\mathbf{E}_{\perp}^2 + \frac{1}{\varepsilon_0}\rho\Phi\right] = \int d^3x\, \mathbf{E}_{\perp}^2 + \frac{1}{\varepsilon_0}\sum_{l=1}^{N} q_l \Phi(\mathbf{x}_l, t) \end{aligned} \tag{4.44}$$

gebracht werden kann. In der zweiten Zeile wurden die beiden Skalarprodukte zu Divergenzen ergänzt und entsprechende Korrekturterme berücksichtigt. Der zweite und dritte Term sind dann aufgrund des Gauß'schen Satzes null, da die Potentiale im Unendlichen null sind.[17] Wir verwenden außerdem $\boldsymbol{\nabla}\cdot\mathbf{E}_{\perp} = 0$ und $\Delta\Phi = -\frac{1}{\varepsilon_0}\rho$, siehe (1.31a). Für die Hamilton-Funktion in (4.43) erhält man daher:

$$\begin{aligned} H = \sum_{l=1}^{N} \sqrt{\boldsymbol{\pi}_l^2\, c^2 + m_{0l}^2\, c^4} + \tfrac{1}{2}\sum_{l=1}^{N} q_l \Phi(\mathbf{x}_l, t) \\ + \tfrac{1}{2}\varepsilon_0 \int d^3x\, \left[\left(\frac{\partial \mathbf{A}}{\partial t}\right)^2 + c^2\,(\boldsymbol{\nabla}\times\mathbf{A})^2\right]. \end{aligned} \tag{4.45}$$

Hierbei ist auch $\Phi(\mathbf{x}, t)$ explizit bekannt [siehe Gleichung (1.31b)]:

$$\Phi(\mathbf{x}, t) = \frac{1}{4\pi\varepsilon_0}\int d^3x'\, \frac{\rho(\mathbf{x}', t)}{|\mathbf{x} - \mathbf{x}'|} = \frac{1}{4\pi\varepsilon_0}\sum_{m=1}^{N}\frac{q_m}{|\mathbf{x} - \mathbf{x}_m|}\,,$$

sodass der zweite Term auf der rechten Seite in (4.45) durch

$$\tfrac{1}{2}\sum_{l=1}^{N} q_l\Phi(\mathbf{x}_l, t) = \frac{1}{8\pi\varepsilon_0}\sum_{l\neq m}\frac{q_l q_m}{|\mathbf{x}_l - \mathbf{x}_m|} + \sum_{l=1}^{N} S_l\,. \tag{4.46}$$

gegeben ist. Die „Selbstenergie"-Beiträge $S_l = \frac{1}{8\pi\varepsilon_0}\cdot\frac{q_l^2}{|\mathbf{x}_l - \mathbf{x}_l|}$ der Teilchen sind formal divergent, was lediglich zeigt, dass die relativistische klassische Mechanik (oder auch die relativistische Quantenmechanik) nicht imstande ist, die *Selbstwechselwirkung* eines geladenen Punktteilchens zu beschreiben.[18] Diese Selbst-Wechselwirkung kann erst im Rahmen der Quantenelektrodynamik zufriedenstellend behandelt werden.

[17] Etwas präziser formuliert: Bei der Anwendung des Gauß'schen Satzes ist das Flächenintegral *null*, da die Potentiale für $x \to \infty$ hinreichend schnell abfallen: Für das skalare Potential in der Coulomb-Eichung gilt nämlich $\Phi(\mathbf{x}) \propto x^{-1}$, und für das Vektorpotential wurde in Aufgabe 1.3 gezeigt: $\mathbf{A}(\mathbf{x}, t) \sim \boldsymbol{\nabla}\times\left[\frac{1}{x}\mathbf{b}_0(t)\right] \propto x^{-2}$; daher gilt auch $\mathbf{E}_{\perp} = -\frac{\partial \mathbf{A}}{\partial t} \propto x^{-2}$.

[18] Dementsprechend tritt das Problem der divergenten Selbstenergie sogar für ein *einzelnes* Teilchen in Wechselwirkung mit dem elektromagnetischen Feld auf ($N = 1$).

Pragmatische Lösung der *Probleme*

Da man aber aus Erfahrung weiß, dass geladene Teilchen eine endliche Ruheenergie und daher insbesondere auch eine endliche „Selbstenergie" besitzen, ist es sinnvoll, die formal divergente Größe S_l durch eine *endliche* Konstante zu ersetzen:

$$\sum_{l=1}^{N} S_l \to \text{endliche Konstante}\,.$$

Abgesehen von dieser (physikalisch wirkungslosen) Konstanten, die wir im Folgenden durch eine geeignete Wahl des Energienullpunkts gleich null setzen, erhält man also die Hamilton-Funktion:

$$\boxed{\begin{aligned} H = \sum_{l=1}^{N} \sqrt{\boldsymbol{\pi}_l^2\, c^2 + m_{0l}^2\, c^4} + \frac{1}{8\pi\varepsilon_0} \sum_{l\neq m} \frac{q_l q_m}{|\mathbf{x}_l - \mathbf{x}_m|} \\ + \tfrac{1}{2}\varepsilon_0 \int d^3x \left[\left(\frac{\partial \mathbf{A}}{\partial t} \right)^2 + c^2 \left(\boldsymbol{\nabla} \times \mathbf{A} \right)^2 \right] . \end{aligned}} \tag{4.47}$$

In der Coulomb-Eichung $\boldsymbol{\nabla} \cdot \mathbf{A} = 0$ enthält die Hamilton-Funktion als unabhängige Variablen also lediglich die Koordinaten und Impulse der Teilchen $\{\mathbf{x}_l, \mathbf{p}_l\}$ und die räumlichen Komponenten des 4-Potentials (also den 3-Vektor $\mathbf{A}$). Das skalare Potential Φ tritt nicht als zusätzliche (unabhängige) dynamische Variable auf; außerdem ist die Hamilton-Funktion nicht explizit von der Zeit t abhängig.

Die Divergenz der Wirkung und Lagrange-Funktion

Die ebenfalls divergente Wirkung S in (4.42a) und die entsprechende Lagrange-Funktion können völlig analog modifiziert werden; hierbei sind L_{W} und L_{F} durch

$$L_{\mathrm{W}} = \sum_{l=1}^{N} q_l \mathbf{u}_l \cdot \mathbf{A}(\mathbf{x}_l, t) - \frac{1}{8\pi\varepsilon_0} \sum_{l\neq m} \frac{q_l q_m}{|\mathbf{x}_l - \mathbf{x}_m|} \tag{4.48}$$

und

$$\mathcal{L}_{\mathrm{F}} = \tfrac{1}{2}\varepsilon_0 \int d^3x\, (\mathbf{E}_\perp^2 - c^2 \mathbf{B}^2)$$

zu ersetzen.

Spezialfall der Elektrostatik

Im Spezialfall der Elektrostatik ($\mathbf{A} = \mathbf{0},\ \boldsymbol{\pi}_l = \mathbf{0}$) ist die Gesamtenergie des Systems durch

$$\boxed{\mathcal{E}_{\mathrm{g}} = \sum_{l=1}^{N} m_{0l} c^2 + \frac{1}{8\pi\varepsilon_0} \sum_{l\neq m} \frac{q_l q_m}{|\mathbf{x}_l - \mathbf{x}_m|}} \tag{4.49}$$

gegeben, wobei der erste Term auf der rechten Seite die Ruheenergie der Teilchen und der zweite Term die elektrostatische Wechselwirkungsenergie darstellt.

4.6.1 Ausblick

Wir fügen noch ein paar abschließende Bemerkungen über die Grenzen der Gültigkeit der klassischen speziellen Relativitätstheorie hinzu.

Der *klassische Radius* eines Teilchens

In diesem Abschnitt [4.6] haben wir gelernt, dass die Relativitätstheorie einerseits punktförmige Elementarteilchen verlangt, die Selbstenergie solcher Teilchen andererseits divergiert, zumindest falls sie eine elektrische Ladung tragen. Nun ist die durch Selbstwechselwirkung verursachte Selbstenergie eines Teilchens natürlich in der Ruheenergie enthalten und darf diese Ruheenergie daher auf keinen Fall übersteigen. Nehmen wir nun an, das Elementarteilchen sei *nicht* punktförmig, sondern räumlich ausgedehnt und *kugelförmig* mit dem Radius r. Aufgrund des Coulomb-Gesetzes erwartet man, dass die Selbstenergie eines Teilchens aufgrund seiner Ladung etwa von der Größenordnung $q^2/4\pi\varepsilon_0 r$ sein wird.[19] Die Forderung, dass diese Selbstenergie des Teilchens nach oben durch seine Ruheenergie beschränkt wird, ergibt dann die folgende Ungleichung:

$$\boxed{\frac{q^2}{4\pi\varepsilon_0 r} \lesssim m_0c^2 \quad \text{bzw.} \quad r \gtrsim \frac{q^2}{4\pi\varepsilon_0 m_0 c^2} \equiv r_q\ .} \tag{4.50}$$

Diese Ungleichung zeigt etwas sehr Wichtiges, nämlich dass die klassische relativistische Beschreibung geladener Teilchen nur für $r \gtrsim r_q$ konsistent ist, d. h. also umgekehrt, dass sie für $r \lesssim r_q$ offenbar *inkonsistent* wird. An dieser Stelle teilt die Elektrodynamik selbst uns also mit, dass sie streng punktförmige geladene Teilchen oder auch geladene Teilchen mit $r \lesssim r_q$ *nicht konsistent beschreiben kann.*

Für Elektronen ($q = e$) wird der Radius r_e, der die Grenze des klassischen Konsistenzbereichs markiert, als „klassischer Radius des Elektrons“ bezeichnet:[20]

$$\boxed{r_e = \frac{e^2}{4\pi\varepsilon_0 m_0 c^2} = \left(\frac{e^2}{4\pi\varepsilon_0 \hbar c}\right)^2 \frac{4\pi\varepsilon_0\hbar^2}{m_0 e^2} \equiv \alpha^2 a_{\mathrm{B}} \simeq 2{,}8\cdot 10^{-15}\,\mathrm{m}\ .} \tag{4.51}$$

Hierbei bezeichnet α die Feinstrukturkonstante und a_{B} den Bohr'schen Radius. Die Länge r_e ist also sehr klein, vergleichbar mit dem Radius eines typischen Atomkerns. Der Radius r_e ist konkret physikalisch wichtig bei der Beschreibung der Streuung von Photonen an Atomen. Z. B. ist der Wirkungsquerschnitt für Rayleigh-Streuung von Photonen mit der Wellenlänge λ an atomaren Elektronen proportional zu r_e^2/λ^4. Folglich wird kurzwelliges Licht viel intensiver gestreut als langwelliges, mit der Konsequenz, dass die Himmelsfarbe überwiegend blau ist und außerdem Phänomene wie Morgen- und Abendrot auftreten.

[19] Details hängen von weiteren Annahmen bzgl. der Ladungs*verteilung* im Teilchen ab. Wir zeigen z. B. in Aufgabe 4.5, dass die Ladung q die Energie eines *leitfähigen* Teilchens um $q^2/8\pi\varepsilon_0 r$ erhöht. Für eine *homogene* Ladungsverteilung erhält man den höheren Wert $3q^2/20\pi\varepsilon_0 r$. Wir zeigen dort auch eine sphärisch symmetrische Ladungsverteilung mit der Selbstenergie $q^2/4\pi\varepsilon_0 r$.

[20] Der Sprachgebrauch stammt aus einer Theorie von M. Abraham, in der angenommen wurde, dass die Ruhemasse des Elektrons *vollständig* elektromagnetischen Ursprungs ist.

Paarerzeugung auf der Skala der *Compton-Wellenlänge*

Bevor die klassische Elektrodynamik intern inkonsistent wird, bricht sie übrigens durch quantenfeldtheoretische Effekte zusammen: Wenn die kinetische Energie eines Elektrons die Ruheenergie übersteigt ($\mathcal{E}_{\text{kin}} \gtrsim m_0 c^2$), also wenn für typische Eigenwerte des Impulsoperators $p \gtrsim m_0 c$ gilt, kann Paarerzeugung auftreten, in diesem Fall die Erzeugung von Elektron-Positron-Paaren. Dies wird insbesondere dann geschehen, wenn man versucht, das elektronische Wellenpaket in einem Raumbereich mit dem Radius $r \lesssim \frac{\hbar}{m_0 c} = \lambda\!\!\!^{-}_{\text{Compton}} = \alpha a_{\text{B}}$ zusammenzuquetschen. Man beachte, dass die Compton-Wellenlänge $\lambda\!\!\!^{-}_{\text{Compton}}$ um einen Faktor $\alpha^{-1} \simeq 137$ *größer* ist als der klassische Radius r_e des Elektrons.

Quanteneffekte auf der Längenskala des *Bohr-Radius*

Deutlich bevor Paarerzeugung einsetzt, wird die klassische Theorie bereits ungültig durch normale Quanteneffekte; man denke an die elektronische Wellenfunktion im Wasserstoffatom, die auf der Längenskala a_{B} variiert, die also um einen Faktor $\alpha^{-2} \simeq (137)^2$ *größer* als der klassische Radius r_e des Elektrons ist. Insbesondere kann man die Ergebnisse des klassischen „Coulomb-Problems eines einzelnen Teilchens“ (siehe Abschnitt 5.11 in Ref. [11]) also ausdrücklich *nicht* (oder höchstens auf einer *kurzen* Zeitskala) zur Beschreibung wasserstoffähnlicher Atome anwenden. In den Abschnitten [5.3] und [5.3.2] gehen wir hierauf näher ein.

Tiefe Temperaturen, makroskopische Quantenphänomene

Betrachtet man schließlich *Vielteilchen*systeme, z. B. Elektronengase in Metallen oder im Inneren von Sternen, so verliert die klassische Näherung ihre Gültigkeit, wenn die Temperatur des Gases zu niedrig ist (niedriger als die Fermi-Temperatur $T_{\text{F}} \equiv \frac{\hbar^2}{2mk_{\text{B}}\ell^2}$, wobei ℓ der mittlere Abstand zwischen Elektronen ist). Anders ausgedrückt wird die klassische Näherung ungültig, wenn der mittlere Abstand ℓ zwischen Elektronen die thermische Wellenlänge $\lambda_T \equiv \frac{h}{\sqrt{2\pi m k_{\text{B}} T}}$ unterschreitet. In diesem Quantenbereich können sogar „makroskopische Quantenphänomene“ (wie Supraleitung oder Suprafluidität) auftreten, die im Rahmen einer *klassischen* Elektrodynamik grundsätzlich nicht beschreibbar sind.

Dass die *klassische Beschreibung* der Dynamik von Teilchen und Feldern nur eingeschränkt gültig ist, muss natürlich bei Anwendungen (insbesondere im Bereich der Vielteilchen-, Kern- und Elementarteilchenphysik) berücksichtigt werden.

4.7 Das Noether-Theorem

In diesem Kapitel haben wir einige wichtige *Erhaltungsgrößen* des elektromagnetischen Gesamtsystems kennengelernt, wie z. B. den Energie-Impuls-Tensor und den Drehimpuls-4-Tensor, deren *Divergenzfreiheit* auf die Invarianz der Lagrange-Dichte unter Translationen (im Ortsraum oder in der Zeit) oder Lorentz-Transformationen zurückgeführt werden kann. In diesem Abschnitt soll der Zusammenhang zwischen *Invarianzen* und *Erhaltungsgrößen* allgemein und systematisch im Rahmen des *Noether-Theorems* behandelt werden, das für *materielle Teilchen*, eventuell gekoppelt an vorgegebene äußere Felder, bereits aus der Klassischen Mechanik bekannt ist (siehe z. B. Abschnitt 6.12 von Ref. [11]). Hier diskutieren wir als weiteres, komplementäres Beispiel das Noether-Theorem für *elektromagnetische Felder*, eventuell gekoppelt an vorgegebene Ladungen und Ströme. Insbesondere die Untersuchung von Invarianzen der Wirkung unter *Eichtransformationen* (siehe Abschnitt [4.7.3]) und *Lorentz-Transformationen* (siehe Abschnitt [4.7.4]) stellt sich als sehr instruktiv heraus.

4.7.1 Das Noether-Theorem in der Elektrodynamik

Anders als in der Klassischen Mechanik nicht-relativistischer *Teilchen* befasst sich das Noether-Theorem für klassische *Felder* nicht primär mit der Lagrange-*Funktion*, sondern mit der Lagrange-*Dichte*. Die Lagrange-Dichte des elektromagnetischen Feldes, gekoppelt an vorgegebene Ladungen und Ströme, ist bekanntlich durch $\mathcal{L}_{\mathrm{F+W}} = \mathcal{L}_{\mathrm{F}} + \mathcal{L}_{\mathrm{W}}$ gegeben mit einem Beitrag $\mathcal{L}_{\mathrm{F}}(\partial A) = -\frac{1}{4}\varepsilon_0 F^{\mu\nu}F_{\mu\nu}$ der freien Felder und einem Wechselwirkungsbeitrag $\mathcal{L}_{\mathrm{W}}(A,x) = -\frac{1}{c}j_\mu(x)A^\mu$. Hierbei hat der elektromagnetische Feldtensor die Form $F^{\mu\nu} = \partial^\mu A^\nu - \partial^\nu A^\mu$ mit $A^\mu = (\Phi, c\mathbf{A})$. Für den Tensor mit den Elementen $(\partial A)^{\mu\nu} \equiv \partial^\mu A^\nu$ wurde die Notation ∂A eingeführt. Die Lagrange-Dichte $\mathcal{L}_{\mathrm{F+W}}$ ist somit ein Spezialfall der allgemeinen Klasse von Lagrange-Dichten der Form

$$\boxed{\mathcal{L} = \mathcal{L}(A, \partial A, x)\ ,} \tag{4.52}$$

wobei A ein mehrkomponentiges Feld mit den Komponenten A^μ ist und x der 4-Ortsvektor mit Komponenten x^μ. Die Verallgemeinerung auf Felder A^i, deren Index i eine andere Menge als $\{0,1,2,3\}$ durchläuft, ist möglich und einfach, wird hier jedoch nicht betrachtet.

Wir untersuchen nun mögliche Invarianzen der Lagrange-Dichte (4.52) (oder genauer: der entsprechenden Bewegungsgleichung) unter Transformationen der Koordinaten und Felder:

$$\boxed{x' = x'(x;\boldsymbol{\alpha}) \quad , \quad A' = A'(A, x; \boldsymbol{\alpha})\ ,}$$

die von einem kontinuierlich variierbaren Parameter $\boldsymbol{\alpha}$ abhängig sind. Der Parameter $\boldsymbol{\alpha}$ kann hierbei ein- oder mehrdimensional sein. Wir nehmen im Folgenden an, dass der Parameterwert $\boldsymbol{\alpha} = \mathbf{0}$ der Identität entspricht:

$$\boxed{x'(x;\mathbf{0}) = x \quad , \quad A'(A, x; \mathbf{0}) = A\ ,}$$

sodass die Raum-Zeit-Koordinaten und Felder für *kleine* Parameterwerte ($|\boldsymbol{\alpha}| \to 0$) nur geringfügig abgeändert werden: $(x', A') = (x, A) + \mathcal{O}(|\boldsymbol{\alpha}|)$.

Die neue Lagrange-Dichte $\mathcal{L}'$ wird nun *definiert* durch die Beziehung:

$$\boxed{\mathcal{L}(A, \partial A, x)d^4x \equiv \mathcal{L}'(A', \partial' A', x'; \boldsymbol{\alpha})d^4x'\ .} \tag{4.53a}$$

Im Einklang mit den bekannten Invarianzen der Bewegungsgleichung (d. h. der Euler-Lagrange-Gleichung) für die elektromagnetischen Felder, nehmen wir außerdem an, dass eine allgemeine Beziehung der Form

$$\boxed{\mathcal{L}'(A', \partial' A', x'; \boldsymbol{\alpha}) = \mathcal{L}(A', \partial' A', x') + (\partial'_\mu \lambda^\mu)(A', x'; \boldsymbol{\alpha})} \tag{4.53b}$$

mit $\lambda^\mu(A, x; \mathbf{0}) = 0$ zwischen der „neuen" und der „alten" Lagrange-Dichte gilt und somit eine Beziehung der Form

$$\begin{aligned}(S')_{1'}^{2'}[A'] &= \int_{t_1'}^{t_2'} dt' \int d^3x' \; \mathcal{L}'(A', \partial' A', x'; \boldsymbol{\alpha}) \\ &= \int_{t_1'}^{t_2'} dt' \int d^3x' \; \mathcal{L}(A', \partial' A', x') + \frac{1}{c} \int_{t_1'}^{t_2'} dt' \frac{d}{dt'} \int d^3x' \; \lambda^0(A', x'; \boldsymbol{\alpha}) \\ &= S_{1'}^{2'}[A'] + \frac{1}{c} \int d^3x' \; \lambda^0(A', x'; \boldsymbol{\alpha}) \Big|_{t_1'}^{t_2'}\end{aligned}$$

zwischen der neuen und der alten Wirkung. Die Beziehung zwischen neuer und alter Wirkung kann auch kurz als:

$$\boxed{S' = S + \frac{1}{c} \int d^3x' \; \lambda^0(A', x'; \boldsymbol{\alpha}) \Big|_{t_1'}^{t_2'}}$$

geschrieben werden. Die Addition einer *Konstanten* zum Wirkungsfunktional S, die also *unabhängig* von der durchlaufenen Bahn ist, lässt ja die Bewegungsgleichung – wie wir wissen – invariant. Speziell bei der Untersuchung von *Eichtransformationen* in Abschnitt [4.7.3] wird die mögliche Addition eines (λ^μ)-Terms wichtig sein.

Der Einfachheit halber nehmen wir im Folgenden an, dass die durch $\boldsymbol{\alpha}$ parametrisierten Transformationen mit Hilfe eines Operators $T_{\boldsymbol{\alpha}}$ dargestellt werden können:

$$\boxed{x'(x; \boldsymbol{\alpha}) = T_{\boldsymbol{\alpha}} x \quad , \quad A'(A, x; \boldsymbol{\alpha}) = T_{\boldsymbol{\alpha}} A}$$

und dass die Operatoren $T_{\boldsymbol{\alpha}}$ bei festem $\hat{\boldsymbol{\alpha}} \equiv \boldsymbol{\alpha}/|\boldsymbol{\alpha}|$ eine 1-Parameter-Gruppe bilden:

$$\boxed{T_{(\alpha_1 + \alpha_2)\hat{\boldsymbol{\alpha}}} = T_{\alpha_1 \hat{\boldsymbol{\alpha}}} T_{\alpha_2 \hat{\boldsymbol{\alpha}}} \qquad (\hat{\boldsymbol{\alpha}} \text{ fest} \; , \; \alpha_{1,2} \in \mathbb{R}) \; .}$$

Da eine beliebige Transformation $T_{\boldsymbol{\alpha}}$ in diesem Fall aus N Transformationen $T_{\boldsymbol{\alpha}/N}$ aufgebaut werden kann, die für $N \to \infty$ nur geringfügig von der Identität abweichen:

$$T_{\boldsymbol{\alpha}} = (T_{\boldsymbol{\alpha}/N})^N \qquad (N = 1, 2, \ldots) \; ,$$

reicht es aus, die Wirkung von $T_{\boldsymbol{\alpha}}$ für $|\boldsymbol{\alpha}| \to 0$ zu untersuchen. Man erhält die Wirkung im Limes $|\boldsymbol{\alpha}| \to 0$, indem man die interessanten physikalischen Größen bis zur linearen Ordnung in $\boldsymbol{\alpha}$ um $\boldsymbol{\alpha} = \mathbf{0}$ entwickelt. Um den linearen Beitrag zu einer physikalischen Größe zu kennzeichnen, führen wir die Notation „D" ein. Zum Beispiel gilt für die Koordinaten:

$$x'_\mu = x_\mu + (Dx)_\mu + \mathcal{O}(\boldsymbol{\alpha}^2) \quad , \quad (Dx)_\mu \equiv \frac{\partial x'_\mu}{\partial \boldsymbol{\alpha}}(x; \mathbf{0}) \cdot \boldsymbol{\alpha} \; ,$$

oder kurz: $x' = x + Dx$. Analog gilt für die Feldkomponenten:

$$A' = A + DA + \mathcal{O}(\boldsymbol{\alpha}^2) \quad , \quad (DA)_\mu \equiv \frac{\partial A'_\mu}{\partial \boldsymbol{\alpha}}(A, x; \mathbf{0}) \cdot \boldsymbol{\alpha}$$

und wegen $\lambda^\mu(A, x; \mathbf{0}) = 0$ für einen zusätzlichen (λ^μ)-Term:

$$\lambda(A', x'; \boldsymbol{\alpha}) = (D\lambda)(A, x) + \mathcal{O}(\boldsymbol{\alpha}^2) \quad , \quad (D\lambda)^\mu(A, x) \equiv \frac{\partial \lambda^\mu}{\partial \boldsymbol{\alpha}}(A, x; \mathbf{0}) \cdot \boldsymbol{\alpha} \; .$$

Außerdem gilt für die Ableitungen der Feldkomponenten:

$$\partial' A' = \partial A + D\partial A + \mathcal{O}(\boldsymbol{\alpha}^2) \quad , \quad (D\partial A)_{\mu\nu} \equiv \boldsymbol{\alpha} \cdot \left[\frac{\partial(\partial'_\mu A'_\nu)}{\partial \boldsymbol{\alpha}}\right]_{\boldsymbol{\alpha}=\mathbf{0}} \; .$$

Hierbei kann $D\partial A$ wie folgt explizit berechnet werden: Zuerst schließen wir aus $x' \sim x + Dx$, dass $\partial_\lambda (x')^\mu \sim \delta^\mu{}_\lambda + \partial_\lambda (Dx)^\mu$ gilt und somit auch

$$\partial'_\nu \, x^\rho = (\partial' x)^\rho{}_\nu = \left[(\partial x')^{-1}\right]^\rho{}_\nu = \delta^\rho{}_\nu - \partial_\nu (Dx)^\rho + \mathcal{O}(\boldsymbol{\alpha}^2) \; .$$

Es folgt:

$$\begin{aligned} (D\partial A)_{\mu\nu} &= \partial'_\mu A'_\nu - \partial_\mu A_\nu = (\partial'_\mu x^\rho)(\partial_\rho A'_\nu) - \partial_\mu A_\nu \\ &= \left[\delta^\rho{}_\mu - \partial_\mu (Dx)^\rho\right] \left[\partial_\rho A_\nu + \partial_\rho (DA)_\nu\right] - \partial_\mu A_\nu \\ &= \partial_\mu (DA)_\nu - \left[\partial_\mu (Dx)^\rho\right] (\partial_\rho A_\nu) \end{aligned} \tag{4.54}$$

oder kurz:

$$D(\partial A) = \partial(DA) - \left[\partial(Dx)^\rho\right] (\partial_\rho A) = \partial(DA) - \left[\partial(Dx)\right] \cdot (\partial A) \; .$$

Außerdem folgt aus

$$d^4x' = d^4(x + Dx) = \det\left\{\partial_\mu [x^\nu + (Dx)^\nu]\right\} d^4x = \left[1 + \partial_\mu (Dx)^\mu\right] d^4x \; ,$$

dass das Transformationsverhalten des infinitesimalen Volumenelements durch

$$d^4x' = d^4x + D(d^4x) \quad , \quad D(d^4x) = \left[\partial_\mu (Dx)^\mu\right] d^4x$$

gegeben ist.

Wir kombinieren nun die Gleichungen (4.53a) und (4.53b) zu

$$\mathcal{L}(A, \partial A, x) d^4x = \mathcal{L}(A', \partial' A', x') d^4x' + (\partial'_\mu \lambda^\mu)(A', x'; \boldsymbol{\alpha}) d^4x'$$

und setzen die oben hergeleiteten Ausdrücke für $x', A', \partial' A', \lambda$ und d^4x' ein. Wenn wir Terme der Größenordnung $\boldsymbol{\alpha}^2$ vernachlässigen, folgt:

$$\begin{aligned} 0 = {} & \mathcal{L}(A + DA, \partial A + D\partial A, x + Dx)[1 + \partial_\mu (Dx)^\mu] d^4x \\ & - \mathcal{L}(A, \partial A, x) d^4x + \{\partial'_\mu [(D\lambda)^\mu (A, x)]\} d^4x' \end{aligned}$$

bzw.

$$0 = \frac{\partial \mathcal{L}}{\partial A_\mu}(DA)_\mu + \frac{\partial \mathcal{L}}{\partial(\partial_\mu A_\nu)}(D\partial A)_{\mu\nu} + \frac{\partial \mathcal{L}}{\partial x_\mu}(Dx)_\mu + [\partial_\mu (Dx)^\mu]\mathcal{L} + \partial_\mu \left[(D\lambda)^\mu (A, x)\right]$$

und daher aufgrund von (4.54):

$$\begin{aligned} 0 = {} & \frac{\partial \mathcal{L}}{\partial A_\mu}(DA)_\mu + \frac{\partial \mathcal{L}}{\partial(\partial_\mu A_\nu)} \left[\partial_\mu (DA)_\nu\right] + \frac{\partial \mathcal{L}}{\partial x_\mu}(Dx)_\mu \\ & - T^{\mu\rho}_{\text{kan}} \left[\partial_\mu (Dx)_\rho\right] + \partial_\mu \left[(D\lambda)^\mu (A, x)\right] \; . \end{aligned} \tag{4.55}$$

Hierbei wurde die Hilfsgröße

$$T^{\mu\rho}_{\text{kan}}(A, \partial A, x) \equiv \frac{\partial \mathcal{L}}{\partial(\partial_\mu A_\nu)}(\partial^\rho A_\nu) - g^{\mu\rho}\mathcal{L} \tag{4.56}$$

definiert, die als *kanonischer Energie-Impuls-Tensor* bezeichnet wird, selbst aber interessanterweise – wie wir sehen werden – im elektromagnetischen Kontext keine physikalische Bedeutung hat. Gleichung (4.55) stellt eine *Konsistenzgleichung* dar, die bei der Transformation für irgendein 4-komponentiges Vektorfeld (λ^μ) erfüllt sein muss, damit die Bewegungsgleichung forminvariant ist.

Die Bewegungsgleichung für das physikalische 4-Potential A_ϕ, d. h. die Euler-Lagrange-Gleichung, lautet bekanntlich[21]

$$0 = \left\{\partial_\mu \left[\frac{\partial \mathcal{L}}{\partial(\partial_\mu A_\nu)}\right] - \frac{\partial \mathcal{L}}{\partial A_\nu}\right\}_\phi .$$

Die Hilfsgröße $T^{\mu\rho}_{\text{kan},\phi}$ für die physikalische Bahn $A_\phi(x)$ ist somit durch

$$T^{\mu\rho}_{\text{kan},\phi}(x) = T^{\mu\rho}_{\text{kan}}\big(A_\phi(x), (\partial A_\phi)(x), x\big)$$

gegeben und hat die schöne Eigenschaft

$$\begin{aligned}
\partial_\mu T^{\mu\rho}_{\text{kan},\phi} &= \left\{\partial_\mu \left[\frac{\partial \mathcal{L}}{\partial(\partial_\mu A_\nu)}\right](\partial^\rho A_\nu) + \frac{\partial \mathcal{L}}{\partial(\partial_\mu A_\nu)}(\partial_\mu \partial^\rho A_\nu)\right\}_\phi - (\partial^\rho \mathcal{L})_\phi \\
&= \left[\frac{\partial \mathcal{L}}{\partial A_\nu}(\partial^\rho A_\nu) + \frac{\partial \mathcal{L}}{\partial(\partial_\mu A_\nu)}\,\partial^\rho(\partial_\mu A_\nu)\right]_\phi - (\partial^\rho \mathcal{L})_\phi = -\left(\frac{\partial \mathcal{L}}{\partial x_\rho}\right)_\phi .
\end{aligned}$$

Aufgrund dieser Eigenschaft kann (4.55) für die physikalische Bahn A_ϕ auch als

$$\boxed{\partial_\mu G^\mu = 0 \quad , \quad G^\mu \equiv \left[\frac{\partial \mathcal{L}}{\partial(\partial_\mu A_\nu)}(DA)_\nu - T^{\mu\rho}_{\text{kan}}(Dx)_\rho + (D\lambda)^\mu\right]_\phi}$$

geschrieben werden. Aufgrund der Divergenzfreiheit von G^μ kommen wir somit zum wichtigen Schluss, dass $\int d^3x\, G^0$ eine *Erhaltungsgröße* darstellt:

$$\boxed{\frac{d}{dt}\int d^3x\, G^0 = 0\,.} \tag{4.57}$$

Mit dieser zentralen Aussage des Noether-Theorems ist der Zusammenhang zwischen den *Invarianzen* einer Theorie und ihren *Erhaltungsgrößen* nachgewiesen.

Wir fügen zwei Bemerkungen hinzu: Es sei erstens daran erinnert, dass die Konsistenzgleichung (4.55) erfüllt sein *muss*, damit die Erhaltungsgröße $\int d^3x\, G^0$ in (4.57) überhaupt existiert. Zweitens ist a priori nicht garantiert, dass die Erhaltungsgröße $\int d^3x\, G^0$ *nicht-trivial*, d. h. ungleich null ist; in Abschnitt [4.7.3] werden wir einem interessanten Beispiel für eine *triviale* Erhaltungsgröße begegnen.

[21] Wie üblich bezeichnet der Index „ϕ" stets, dass die entsprechende Größe für die *physikalische* Bahn, d. h. für die Lösung der Maxwell'schen Bewegungsgleichungen auszuwerten ist.

4.7.2 Beispiel 1: Translationen in der Raum-Zeit

Als erstes Beispiel betrachten wir die mögliche Invarianz der Lagrange-Dichte (und somit auch der Bewegungsgleichung) unter Translationen in der Raum-Zeit:

$$(Dx)_\mu = \alpha_\mu \quad , \quad DA = 0 \quad , \quad D\partial A = 0 \quad , \quad \partial Dx = 0 \quad , \quad D\lambda = 0 \; .$$

In diesem ersten Beispiel werden wir die zusätzliche Freiheit, die der λ-Term uns prinzipiell bietet, also nicht benötigen: $D\lambda = 0$. Die Parameter (α_μ) und α haben in diesem Beispiel die physikalische Dimension [LÄNGE].

Die Konsistenzgleichung (4.55) lautet in diesem Fall:

$$0 = \frac{\partial \mathcal{L}}{\partial x_\mu}(Dx)_\mu = \frac{\partial \mathcal{L}}{\partial x_\mu}\,\alpha_\mu \; .$$

Für die Invarianz unter der 1-Parametergruppe $\alpha_\mu = \alpha\delta_{\mu\nu}$ ist also die x_ν-Unabhängigkeit der Lagrange-Dichte erforderlich.[22] Die entsprechende Erhaltungsgröße folgt mit Hilfe von

$$G^\mu = -\left[T^{\mu\rho}_{\text{kan}}(Dx)_\rho\right]_\phi = -(T^{\mu\rho}_{\text{kan}}\alpha_\rho)_\phi$$

für $\alpha_\rho = \alpha\delta_{\rho\nu}$ als

$$\int d^3x\; G^0 = -\alpha \int d^3x\; T^{0\nu}_{\text{kan},\phi} \; . \tag{4.58}$$

Falls die Lagrange-Dichte unter der *gesamten* 4-Parametergruppe (also mit $\alpha_\nu \neq 0$ für $\nu \in \{0,1,2,3\}$) invariant ist, stellt $\int d^3x\; T^{0\nu}_{\text{kan},\phi}$ für alle $\nu \in \{0,1,2,3\}$ eine Erhaltungsgröße dar. Man erwartet daher (zurecht), dass die zu α_0 konjugierte Größe $\int d^3x\; T^{00}_{\text{kan},\phi}$ die Feld*energie* und die zu α_i $(i = 1,2,3)$ konjugierte Erhaltungsgröße $\frac{1}{c}\int d^3x\; T^{0i}_{\text{kan},\phi}$ den Feld*impuls* darstellt.

Eine Subtilität ist allerdings, dass dies keineswegs bedeutet, dass $T^{00}_{\text{kan},\phi}$ und $\frac{1}{c}T^{0i}_{\text{kan},\phi}$ physikalisch als Energie- bzw. Impuls*dichte* interpretiert werden können. Der Grund ist, dass die Gleichung $0 = \partial_\mu T^{\mu\rho}_{\text{kan},\phi}$ für alle $K^{\gamma\mu\rho}$ mit $K^{\gamma\mu\rho} = -K^{\mu\gamma\rho}$ auch als

$$0 = \partial_\mu(T^{\mu\rho}_{\text{kan},\phi} + \partial_\gamma K^{\gamma\mu\rho}) \tag{4.59}$$

geschrieben werden kann, sodass die Erhaltungsgröße (4.58) auch in der Form

$$\int d^3x\; T^{0\nu}_K \quad , \quad T^{\mu\nu}_K \equiv T^{\mu\nu}_{\text{kan},\phi} + \partial_\gamma K^{\gamma\mu\nu} \tag{4.60}$$

darstellbar ist. Als Beispiel betrachten wir das *freie* elektromagnetische Feld, das durch die Lagrange-Dichte $\mathcal{L}_{\text{F}}(\partial A) = -\frac{1}{4}\varepsilon_0 F^{\mu\nu}F_{\mu\nu}$ beschrieben wird. Die Bewegungsgleichung lautet in diesem Fall $\partial_\mu F^{\mu\nu} = 0$, und der (4-divergenzfreie) kanonische Energie-Impuls-Tensor hat die Form

$$T^{\nu\rho}_{\text{kan},\phi} = \frac{\partial \mathcal{L}}{\partial(\partial_\nu A_\mu)}\,(\partial^\rho A_\mu) - \mathcal{L}g^{\nu\rho} = -\varepsilon_0 F^{\nu\mu}\partial^\rho A_\mu - \mathcal{L}g^{\nu\rho} \; .$$

[22] Im Rahmen der Elektrodynamik bedeutet dies, dass wir uns auf Lagrange-Dichten der Form $\mathcal{L} = \mathcal{L}_{\text{F}}(\partial A) = -\frac{1}{4}\varepsilon_0 F^{\mu\nu}F_{\mu\nu}$ mit einer 4-Stromdichte $j^\mu = 0$ beschränken müssen.

Gleichung (4.60) zeigt jedoch, dass sämtliche Größen der Form $T_K^{\nu\rho}$ 4-divergenzfrei sind, insbesondere also auch der *symmetrische Energie-Impuls-Tensor*

$$T^{\nu\rho} = -\varepsilon_0 F^{\nu\mu} F^{\rho}{}_{\mu} - \mathcal{L} g^{\nu\rho} ,$$

der für die physikalische Lösung der freien Feldgleichungen $\partial_\mu F^{\mu\nu} = 0$ auch als

$$T_\phi^{\nu\rho} = T_{\mathrm{kan},\phi}^{\nu\rho} - \varepsilon_0 (F^{\mu\nu}\partial_\mu A^\rho)_\phi = T_{\mathrm{kan},\phi}^{\nu\rho} + \partial_\gamma(-\varepsilon_0 F^{\gamma\nu} A^\rho)_\phi$$

geschrieben werden kann. Es ist also a priori *nicht klar*, für welche Wahl von $K^{\gamma\mu\nu}$ der Integrand $\frac{1}{c} T_K^{0\nu}$ in (4.60) als 4-Impulsdichte interpretiert werden kann.

In Abschnitt [4.7.4] zeigen wir, dass diese Beliebigkeit beseitigt wird, wenn man statt der speziellen Translationsgruppe die allgemeinere Poincaré-Gruppe betrachtet (oder alternativ die Eichinvarianz physikalischer Messgrößen fordert).

4.7.3 Beispiel 2: Transformationen des Feldfreiheitsgrads

In diesem zweiten Beispiel befassen wir uns zuerst mit *Eichtransformationen*, d. h. mit Transformationen des Feldfreiheitsgrads der Form $A^\mu \to (A')^\mu \equiv A^\mu + \alpha\partial^\mu\Lambda$ und $|\alpha| \ll 1$. Anschließend betrachten wir *Translationen* des 4-Potentials, also Transformationen $A^\mu \to A^\mu + \alpha^\mu$ mit einem konstanten 4-Vektor (α^μ) und $|\alpha^\mu| \ll 1$.

Eichtransformationen

Bei einer „kleinen“ Eichtransformation werden die Feldfreiheitsgrade also gemäß $A^\mu \to (A')^\mu \equiv A^\mu + \alpha\,\partial^\mu\Lambda$ transformiert mit einer fest vorgegebenen Eichfunktion $\Lambda(x)$ und einer dimensionslosen Konstanten α mit $|\alpha| \ll 1$. Die entsprechenden linearen Änderungen der Koordinaten x, der Feldkomponenten A und der Funktion $\lambda(x)$ sind in diesem Fall gegeben durch $Dx = 0$ und $\partial(Dx) = 0$ sowie:

$$(DA)_\mu = \alpha(\partial_\mu\Lambda) \quad , \quad [\partial(DA)]_{\mu\nu} = \alpha(\partial_\mu\partial_\nu\Lambda) \quad , \quad (D\lambda)^\mu = -\alpha\frac{\partial\mathcal{L}}{\partial A_\mu}\Lambda \, .$$

Die Konsistenzgleichung (4.55) lautet für Eichtransformationen:

$$\begin{aligned} 0 &= \frac{\partial\mathcal{L}}{\partial A_\mu}(DA)_\mu + \frac{\partial\mathcal{L}}{\partial(\partial_\mu A_\nu)}\left[\partial_\mu(DA)_\nu\right] + \partial_\mu\left[(D\lambda)^\mu(A,x)\right] \\ &= \alpha\left[\frac{\partial\mathcal{L}}{\partial A_\mu}(\partial_\mu\Lambda) + \frac{\partial\mathcal{L}}{\partial(\partial_\mu A_\nu)}(\partial_\mu\partial_\nu\Lambda) - \partial_\mu\left(\frac{\partial\mathcal{L}}{\partial A_\mu}\Lambda\right)\right] \\ &= \alpha\left[\frac{\partial\mathcal{L}}{\partial(\partial_\mu A_\nu)}(\partial_\mu\partial_\nu\Lambda) - \Lambda\,\partial_\mu\left(\frac{\partial\mathcal{L}}{\partial A_\mu}\right)\right] . \end{aligned}$$

Diese Konsistenzgleichung muss für beliebige Eichfunktionen Λ erfüllt sein. Wir schließen hieraus, dass der Tensor $\frac{\partial\mathcal{L}}{\partial(\partial_\mu A_\nu)}$ offenbar *antisymmetrisch* in den Indizes (μ, ν) sein muss, damit der erste Term in $[\cdots]$ auf der rechten Seite entfällt. Außerdem muss $\frac{\partial\mathcal{L}}{\partial A_\mu}$ *divergenzfrei* sein, damit auch der zweite Term in $[\cdots]$ entfällt:

$$\frac{\partial\mathcal{L}}{\partial(\partial_\mu A_\nu)} = -\frac{\partial\mathcal{L}}{\partial(\partial_\nu A_\mu)} \quad , \quad \partial_\mu\left(\frac{\partial\mathcal{L}}{\partial A_\mu}\right) = 0 \, .$$

Für die Lagrange-Dichte des elektromagnetischen Feldes, $\mathcal{L} = \mathcal{L}_{\mathrm{F+W}} = \mathcal{L}_{\mathrm{F}} + \mathcal{L}_{\mathrm{W}}$ mit $\mathcal{L}_{\mathrm{F}}(\partial A) = -\frac{1}{4}\varepsilon_0 F^{\mu\nu}F_{\mu\nu}$ und $\mathcal{L}_{\mathrm{W}}(A,x) = -\frac{1}{c}j_\mu(x)A^\mu$, ist die erste dieser beiden Bedingungen wegen $F^{\mu\nu} = -F^{\nu\mu}$ in der Tat erfüllt:

$$\frac{\partial\mathcal{L}}{\partial(\partial_\mu A_\nu)} = \frac{\partial\mathcal{L}_{\mathrm{F}}}{\partial(\partial_\mu A_\nu)} = -\tfrac{1}{4}\varepsilon_0(2F^{\mu\nu} - 2F^{\nu\mu}) = -\varepsilon_0 F^{\mu\nu} \,. \tag{4.61}$$

Damit auch die zweite Bedingung erfüllt ist, fordern wir:

$$\partial_\mu\left(\frac{\partial\mathcal{L}}{\partial A_\mu}\right) = \partial_\mu(-\tfrac{1}{c}j^\mu) = -\tfrac{1}{c}(\partial_\mu j^\mu) \overset{!}{=} 0 \quad \text{d.h.} \quad \partial_\mu j^\mu \overset{!}{=} 0 \,.$$

Diese zweite Bedingung ist physikalisch äußerst interessant: Sie besagt, dass für sämtliche im Wirkungsfunktional erlaubten Bahnen, also nicht nur für die physikalische Bahn, *Ladungserhaltung* gelten muss, damit die Theorie eichinvariant ist. Die Forderung nach Ladungserhaltung wird hierbei durch die Kontinuitätsgleichung $\partial_\mu j^\mu = 0$ für die 4-Stromdichte j ausgedrückt. Aufgrund des Noether-Theorems kommen wir also zum gleichen Schluss wie in Abschnitt [4.2.1], nämlich, dass die Forderungen nach Eichinvarianz der Theorie und nach Ladungserhaltung in diesem speziellen Sinne *äquivalent* sind.

Wir betrachten nun das entsprechende Erhaltungsgesetz $\frac{d}{dt}\int d^3x\; G^0 = 0$ in Gleichung (4.57). Dieses Erhaltungsgesetz folgt daraus, dass der 4-Vektor G^μ für die physikalische Bahn A_ϕ die Kontinuitätsgleichung $\partial_\mu G^\mu = 0$ erfüllt. Für eine *eichinvariante* Theorie mit $Dx = 0$ hat G^μ die Form:

$$\begin{aligned} G^\mu &= \left[\frac{\partial\mathcal{L}}{\partial(\partial_\mu A_\nu)}(DA)_\nu + (D\lambda)^\mu\right]_\phi = \alpha\left[(-\varepsilon_0 F^{\mu\nu})(\partial_\nu\Lambda) + \tfrac{1}{c}j^\mu\Lambda\right]_\phi \\ &= \alpha\left[-\varepsilon_0\partial_\nu(F^{\mu\nu}\Lambda) + \varepsilon_0\Lambda\partial_\nu F^{\mu\nu} + \tfrac{1}{c}j^\mu\Lambda\right]_\phi = -\alpha\varepsilon_0\left[\partial_\nu(F^{\mu\nu}\Lambda)\right]_\phi \,. \end{aligned}$$

Im letzten Schritt verwendeten wir die inhomogenen Maxwell-Gleichungen für die physikalische Bahn: $(\varepsilon_0 c)^{-1}j^\mu = \partial_\nu F^{\nu\mu} = -\partial_\nu F^{\mu\nu}$. Wir stellen also fest, dass der 4-Vektor G^μ im Falle der Eichtransformation die Form einer 4-Divergenz hat. Außerdem ist die Kontinuitätsgleichung in diesem Fall aufgrund der Antisymmetrie von $F^{\mu\nu}$ immer erfüllt: $\partial_\mu G^\mu = -\alpha\varepsilon_0\left[\partial_\mu\partial_\nu(F^{\mu\nu}\Lambda)\right]_\phi = 0$ und enthält daher keine physikalische Information. Dies ist auch daran ersichtlich, dass die „Erhaltungsgröße" $\int d^3x\; G^0$ in diesem Fall trivial (d. h. gleich *null*) ist:

$$\int d^3x\; G^0 = -\alpha\varepsilon_0\left[\int d^3x\;\partial_\nu(F^{0\nu}\Lambda)\right]_\phi = \alpha\varepsilon_0\left[\int d^3x\;\boldsymbol{\nabla}\cdot(\mathbf{E}\Lambda)\right]_\phi \overset{!}{=} 0 \,. \tag{4.62}$$

Der letzte Schritt folgt wie üblich daraus, dass das elektromagnetische Feld im Unendlichen null ist. Gleichung (4.62) bedeutet allerdings *nicht*, dass das Noether-Theorem im Falle der Eichtransformation keine Erhaltungsgröße impliziert, sondern dass die entsprechende Erhaltungsgröße, in diesem Fall also die *Gesamtladung* im System, aufgrund der *Konsistenzgleichung* erhalten ist und zwar nicht nur für die physikalische Bahn sondern für *beliebige Bahnen* im Wirkungsfunktional.

Ähnlich wie in Gleichung (1.8) und Abschnitt [4.2.1] kommen wir wieder zum Schluss, dass die Ladungserhaltung *nicht* ein von der Maxwell-Theorie vorhergesagtes Erhaltungsgesetz ist, sondern stattdessen eine *Konsistenz-* oder *Lösbarkeits-* oder – wie es im Jargon heißt – *Integrabilitätsbedingung*, die erfüllt sein *muss*, damit diese Theorie physikalisch überhaupt akzeptabel ist.

Translationen des Feldfreiheitsgrads

Wir betrachten nun *Translationen* des 4-Potentials, also Transformationen $A^\mu \to A^\mu + \alpha^\mu$ mit einem konstanten 4-Vektor (α^μ) und $|\alpha^\mu| \ll 1$.

Diese Translationen können einerseits als spezielle Eichtransformationen mit der Eichfunktion $\Lambda = \alpha^\mu x_\mu$ und $(D\lambda)^\mu = -\frac{\partial \mathcal{L}}{\partial A_\mu}(\alpha^\nu x_\nu) \neq 0$ aufgefasst werden und erfordern dann wie vorher die Ladungserhaltung als Konsistenzbedingung der Theorie. Andererseits kann man derartige Translationen auch als Transformation *an sich* betrachten und die Konsequenzen einer Translationsinvarianz untersuchen. Wir nehmen nun den letzteren Standpunkt ein und fordern zusätzlich $D\lambda = 0$.

Wir untersuchen also die mögliche Invarianz der Lagrange-Dichte unter Translationen des Feldfreiheitsgrads A_μ:

$$(DA)_\mu = \alpha_\mu \quad , \quad Dx = 0 \quad , \quad \partial(DA) = 0 \quad , \quad \partial(Dx) = 0 \quad , \quad D\lambda = 0\,.$$

In diesem Fall lautet die Konsistenzgleichung (4.55):

$$0 = \frac{\partial \mathcal{L}}{\partial A_\mu}(DA)_\mu = \frac{\partial \mathcal{L}}{\partial A_\mu}\,\alpha_\mu\,,$$

sodass die Lagrange-Dichte für $\alpha_\mu = \alpha\delta_{\mu\nu}$ offenbar A_ν-unabhängig und für beliebige Translationen α_μ sogar vollständig A-unabhängig ist.[23] Die entsprechende Erhaltungsgröße folgt aus

$$\partial_\mu G^\mu = 0 \quad \text{mit} \quad G^\mu = \frac{\partial \mathcal{L}}{\partial(\partial_\mu A_\rho)}(DA)_\rho = \frac{\partial \mathcal{L}}{\partial(\partial_\mu A_\rho)}\alpha_\rho$$

als

$$\int d^3x\, G^0 = \alpha \int d^3x\, \frac{\partial \mathcal{L}}{\partial(\partial_0 A_\nu)} \quad , \quad \partial_\mu \left[\frac{\partial \mathcal{L}}{\partial(\partial_\mu A_\nu)}\right] = 0\,. \tag{4.63}$$

Für Lagrange-Dichten, die sowohl x-unabhängig (siehe Abschnitt [4.7.2]) als auch A-unabhängig sind, gelten somit die Erhaltungsgesetze (4.60) und (4.63).

Ein konkretes Beispiel einer Lagrange-Dichte $\mathcal{L}(\partial A)$, die sowohl x- als auch A-unabhängig ist, ist die Lagrange-Dichte des freien Feldes:

$$\mathcal{L}_\text{F} = -\tfrac{1}{4}\varepsilon_0 F^{\mu\nu}F_{\mu\nu}\,.$$

Man überprüft leicht, dass die Kontinuitätsgleichung in (4.63) erfüllt ist, da für das freie Feld neben Gleichung (4.61) auch die Bewegungsgleichung $\partial_\mu F^{\mu\nu} = 0$ gilt. Die entsprechende Erhaltungsgröße ist in diesem Fall für $\nu = 1, 2, 3$ gegeben durch

$$\int d^3x\, G^0 = \alpha\int d^3x\, \frac{\partial \mathcal{L}}{\partial(\partial_0 A_\nu)} = -\varepsilon_0\alpha\int d^3x\, F^{0\nu} = \varepsilon_0\alpha\int d^3x\, E_\nu(\mathbf{x}, t)\,.$$

Für $\nu = 0$ ist die Erhaltungsgröße $\int d^3x\, G^0$ wegen $F^{00} = 0$ gleich null. Dass das Integral auf der rechten Seite für das freie elektromagnetische Feld ($\mathbf{j} = \mathbf{0}$) in der Tat eine Erhaltungsgröße darstellt, folgt mit Hilfe einer partiellen Integration aus der vierten Maxwell-Gleichung: $\frac{d}{dt}\int d^3x\, E_\nu = \int d^3x\, \partial_t E_\nu = c^2 \int d^3x\, (\boldsymbol{\nabla} \times \mathbf{B})_\nu = 0$.

[23] Im Rahmen der Elektrodynamik bedeutet dies wieder, dass wir uns auf Lagrange-Dichten der Form $\mathcal{L} = \mathcal{L}_\text{F}(\partial A) = -\frac{1}{4}\varepsilon_0 F^{\mu\nu}F_{\mu\nu}$ mit einer 4-Stromdichte $j^\mu = 0$ beschränken müssen.

4.7.4 Beispiel 3: Lorentz-Transformationen

Als drittes Beispiel betrachten wir die Lorentz-Transformationen $(x')^\lambda = \Lambda^\lambda{}_\mu x^\mu$ und $(A')^\lambda = \Lambda^\lambda{}_\mu A^\mu$ der Koordinaten und Felder. Da die Lorentz-Gruppe u. a. auch die *Drehungen* enthält, liegt die Vermutung nahe, dass eine Invarianz unter Lorentz-Transformationen eine Beziehung zur *Drehimpulserhaltung* hat. Ähnlich wie bei der Energie-Impuls-Erhaltung in Abschnitt [4.7.2], konzentrieren wir uns daher auch hier auf x- und A-unabhängige Lagrange-Dichten $\mathcal{L}(\partial A)$ mit $j^\mu = 0$.

Eine infinitesimale Lorentz-Transformation hat die Struktur $\Lambda^\lambda{}_\mu = g^\lambda{}_\mu + \omega^\lambda{}_\mu$ mit $\omega^{\lambda\mu} = -\omega^{\mu\lambda}$. Die Antisymmetrie von ω wird im Folgenden eine wichtige Rolle spielen. Es folgt also für die Koordinaten und Felder:

$$(Dx)^\lambda = \omega^\lambda{}_\mu x^\mu \quad , \quad (DA)^\lambda = \omega^\lambda{}_\mu A^\mu \quad , \quad D\lambda = 0$$

und außerdem für die Ableitungen der Koordinaten und Felder:

$$\partial_\mu (DA)_\nu = \omega_{\nu\rho}(\partial_\mu A^\rho) \quad , \quad \partial_\mu (Dx)^\rho = \omega^\rho{}_\mu \ .$$

Die Konsistenzgleichung (4.55) lautet allgemein:

$$0 = \omega_{\rho\nu}\left[\frac{\partial\mathcal{L}}{\partial A_\rho}A^\nu - \frac{\partial\mathcal{L}}{\partial(\partial_\mu A_\nu)}(\partial_\mu A^\rho) + \frac{\partial\mathcal{L}}{\partial x_\rho}x^\nu - T^{\nu\rho}_{\text{kan}}\right]$$

und daher speziell für den uns interessierenden x- und A-unabhängigen Fall:

$$0 = \omega_{\rho\nu}\left[T^{\nu\rho}_{\text{kan}} + \frac{\partial\mathcal{L}}{\partial(\partial_\mu A_\nu)}(\partial_\mu A^\rho)\right] \equiv \omega_{\rho\nu}T^{\nu\rho} \ .$$

Aufgrund dieser Konsistenzbedingung muss $T^{\nu\rho}$ also unbedingt *symmetrisch* sein unter Vertauschung der Indizes ν und ρ, was für die Lagrange-Dichte $\mathcal{L} = \mathcal{L}_\text{F}(\partial A)$ des freien elektromagnetischen Feldes in der Tat der Fall ist. Die entsprechende Erhaltungsgröße folgt nun für $\mathcal{L} = \mathcal{L}_\text{F}(\partial A)$ aus:

$$\begin{aligned} G^\mu &= \left[\frac{\partial\mathcal{L}}{\partial(\partial_\mu A_\nu)}(DA)_\nu - T^{\mu\rho}_{\text{kan}}(Dx)_\rho\right]_\phi = \omega_{\rho\nu}(\varepsilon_0 F^{\mu\nu}A^\rho - T^{\mu\rho}_{\text{kan}}x^\nu)_\phi \\ &= \omega_{\rho\nu}\left[\varepsilon_0 F^{\mu\nu}A^\rho - \varepsilon_0 F^{\sigma\mu}(\partial_\sigma A^\rho)x^\nu - T^{\mu\rho}x^\nu\right]_\phi \ . \end{aligned} \tag{4.64}$$

Mit der Definition der Drehimpulstensordichte

$$L^{\nu\rho\mu}_\text{F} \equiv \tfrac{1}{c}(x^\nu\, T^{\rho\mu} - x^\rho\, T^{\nu\mu}) \tag{4.65}$$

kann der letzte Term auf der rechten Seite von (4.64) als

$$\omega_{\rho\nu}\, x^\nu\, T^{\mu\rho} = \omega_{\rho\nu}\, x^\nu\, T^{\rho\mu} = \tfrac{1}{2}\omega_{\rho\nu}(x^\nu\, T^{\rho\mu} - x^\rho\, T^{\nu\mu}) = \tfrac{1}{2}c\,\omega_{\rho\nu}\, L^{\nu\rho\mu}_\text{F}$$

geschrieben werden. Es folgt daher:

$$\begin{aligned} G^\mu + \tfrac{1}{2}c\,\omega_{\rho\nu}\, L^{\nu\rho\mu}_{\text{F},\phi} &= \varepsilon_0\,\omega_{\rho\nu}\left[F^{\mu\nu}A^\rho + F^{\mu\sigma}(\partial_\sigma A^\rho)x^\nu\right] \\ &= \varepsilon_0\,\omega_{\rho\nu}F^{\mu\sigma}\partial_\sigma(A^\rho x^\nu) = \varepsilon_0\,\omega_{\rho\nu}\,\partial_\sigma(F^{\mu\sigma}A^\rho x^\nu) \ . \end{aligned}$$

Wegen der Antisymmetrie von $F^{\mu\sigma}$ ergibt sich:

$$\partial_\mu(G^\mu + \tfrac{1}{2}c\,\omega_{\rho\nu}L^{\nu\rho\mu}_{\text{F},\phi}) = \varepsilon_0\,\omega_{\rho\nu}\,\partial_\mu\,\partial_\sigma(F^{\mu\sigma}A^\rho x^\nu) = 0$$

und somit:

$$0 = \partial_\mu G^\mu = -\tfrac{1}{2} c\, \omega_{\rho\nu} \left(\partial_\mu L_{\mathrm{F},\phi}^{\nu\rho\mu} \right) .$$

Daher gilt wegen der Antisymmetrie von $L_{\mathrm{F}}^{\nu\rho\mu}$ unter Vertauschung der Indizes ν und ρ:

$$0 = \partial_\mu L_{\mathrm{F},\phi}^{\nu\rho\mu} .$$

Das Fazit ist also, dass die Invarianz der Lagrange-Dichte $\mathcal{L}_{\mathrm{F}}$ unter Lorentz-Transformationen die Erhaltung des 4-Drehimpulstensors $\int d^3x\, L_{\mathrm{F},\phi}^{\nu\rho 0}$ impliziert.

Zur Rolle des *symmetrischen* Energie-Impuls-Tensors

Es ist nun auch klar, aus welchen Gründen $T_\phi^{\mu\nu}$ und nicht $T_{\mathrm{kan},\phi}^{\mu\nu}$ als Energie-Impuls(strom)dichte des freien elektromagnetischen Feldes zu interpretieren ist. Erstens sollte die Drehimpulstensordichte (4.65) durch die physikalischen Größen Energie und Impuls mitbestimmt werden, und es ist der Tensor $T_\phi^{\mu\nu}$ und nicht $T_{\mathrm{kan},\phi}^{\mu\nu}$, der $L_{\mathrm{F},\phi}^{\nu\rho\mu}$ bestimmt. Zweitens sollte der allgemeine Tensor $T_K^{\mu\nu}$ in (4.60),

$$T_K^{\nu\rho} = -\left(\varepsilon_0 F^{\nu\mu} \partial^\rho A_\mu + \mathcal{L}_{\mathrm{F}} g^{\nu\rho} \right)_\phi + \partial_\gamma K^{\gamma\nu\rho} ,$$

auch das Kriterium der *Eichinvarianz* erfüllen, bevor er als Energie-Impuls-Tensor und somit als *Messgröße* interpretiert werden kann;[24] diese Bedingung erfordert $K^{\gamma\nu\rho} = -\varepsilon_0 (F^{\gamma\nu} A^\rho)_\phi$ und somit $T_K^{\nu\rho} = T_\phi^{\nu\rho}$. Aus den gleichen Gründen kann auch nur $L_{\mathrm{F},\phi}^{\nu\rho\mu}$ als physikalische Drehimpulstensordichte interpretiert werden und scheiden z. B. allgemeinere 4-divergenzfreie Größen wie

$$L_K^{\nu\rho\mu} \equiv L_{\mathrm{F},\phi}^{\nu\rho\mu} + \partial_\gamma K^{\nu\rho\mu\gamma} \quad , \quad K^{\nu\rho\mu\gamma} = -K^{\nu\rho\gamma\mu}$$

als physikalisch nicht-akzeptabel aus.

4.8 Übungsaufgaben

Aufgabe 4.1 Hamilton-Gleichungen der Teilchen

Überprüfen Sie, dass die sich aus (4.12) ergebenden Hamilton-Gleichungen $\dot{\mathbf{X}} = \frac{\partial H}{\partial \mathbf{P}}$ und $\dot{\mathbf{P}} = -\frac{\partial H}{\partial \mathbf{X}}$ die Bewegungsgleichung (4.5a) reproduzieren.

Aufgabe 4.2 Wirkungsfunktional des elektromagnetischen Feldes

Das Wirkungsfunktional des elektromagnetischen Feldes in Anwesenheit von Ladungen und Strömen $j^\mu = (c\rho, \mathbf{j})$, deren Zeitabhängigkeit vorgegeben ist, lautet

$$S[A] = \int_{t_1}^{t_2} dt \int d\mathbf{x}\, \mathcal{L}_1 \quad , \quad \mathcal{L}_1 = -\tfrac{1}{4}\varepsilon_0 F^{\mu\nu} F_{\mu\nu} - \tfrac{1}{c} j_\mu A^\mu \quad , \quad A^\mu = (\Phi, c\mathbf{A}) ,$$

wobei $\mathcal{L}_1$ die Lagrange-Dichte und $F^{\mu\nu} \equiv \partial^\mu A^\nu - \partial^\nu A^\mu$ den elektromagnetischen Feldtensor darstellt.
Hinweis: Eichtransformationen haben die Form $A^\mu \to (A')^\mu \equiv A^\mu + \partial^\mu \Lambda$.

[24] Das Auftreten unterschiedlicher Tensorfelder $T^{\mu\nu}$ und $T_{\mathrm{kan}}^{\mu\nu}$ bei der Anwendung des Noether-Theorems, wobei $T^{\mu\nu}$ eichinvariant ist und $T_{\mathrm{kan}}^{\mu\nu}$ explizit vom mehrkomponentigen Eichfeld A_μ abhängt, ist also eine direkte Konsequenz davon, dass die Elektrodynamik eine *Eichtheorie* ist.

(a) Unter welchen Bedingungen ist $\mathcal{L}_1$ Lorentz-invariant? Ist $\mathcal{L}_1$ eichinvariant? Unter welcher Bedingung an die 4-Stromdichte j^μ ist die Wirkung (evtl. bis auf eine wirkungslose Konstante) eichinvariant? Begründen Sie Ihre Antworten.

(b) Leiten Sie aus den Euler-Lagrange-Gleichungen $0 = \frac{\partial \mathcal{L}_1}{\partial A^\rho} - \partial^\sigma \frac{\partial \mathcal{L}_1}{\partial(\partial^\sigma A^\rho)}$ die inhomogenen Maxwell-Gleichungen in kovarianter Form her: $\partial_\sigma F^{\sigma\rho} = c\mu_0 j^\rho$.

Betrachten Sie nun die alternative Lagrange-Dichte

$$\mathcal{L}_2 = -\tfrac{1}{2}\varepsilon_0(\partial_\mu A_\nu)(\partial^\mu A^\nu) - \tfrac{1}{c} j_\mu A^\mu \ .$$

(c) Unter welchen Bedingungen ist $\mathcal{L}_2$ Lorentz-invariant? Ist $\mathcal{L}_2$ eichinvariant? Bestimmen Sie die zu $\mathcal{L}_2$ gehörigen Euler-Lagrange-Gleichungen. Sind sie (bzw. unter welchen Bedingungen sind sie) die Maxwell-Gleichungen? Begründen Sie Ihre Antworten.

(d) Zeigen Sie explizit, dass $\mathcal{L}_1 - \mathcal{L}_2$ unter gewissen Bedingungen (welchen Bedingungen?) als 4-Divergenz geschrieben werden kann. Ändert diese zusätzliche 4-Divergenz die Wirkung oder die Euler-Lagrange-Gleichungen? Begründen Sie Ihre Antworten.

Aufgabe 4.3 Hamilton-Funktion des Gesamtsystems

Die *Wirkung* des Gesamtsystems von Teilchen und Feldern ist gegeben durch Gleichung (4.42a) und die entsprechende *Lagrange-Funktion* durch (4.42b) und (4.44). Die *Hamilton-Funktion* des Gesamtsystems folgt dann wie üblich aus der Lagrange-Funktion durch eine Legendre-Transformation, die in diesem Fall durch

$$H(\{\boldsymbol{\pi}_l\}, \mathbf{A}) = \sum_{l=1}^{N} \mathbf{u}_l \cdot \frac{\partial L_{\mathrm{M+W}}}{\partial \mathbf{u}_l} + \int d^3x \; (\partial_t \mathbf{A}) \cdot \frac{\partial \mathcal{L}_{\mathrm{F}}}{\partial(\partial_t \mathbf{A})} - L$$

definiert ist, wobei auf der rechten Seite allerdings noch $\gamma_{u_l} m_{0l} \mathbf{u}_l \to \boldsymbol{\pi}_l$ zu ersetzen ist. Zeigen Sie, dass die Hamilton-Funktion explizit durch (4.43) gegeben ist.

Aufgabe 4.4 Hamilton-Dichte für freie Felder

Wir betrachten die Lagrange-Dichte $\mathcal{L}_{\mathrm{F}} = -\frac{1}{4}\varepsilon_0 F^{\mu\nu} F_{\mu\nu}$ für das *freie* elektromagnetische Feld ($j^\mu = 0$); die Energiedichte dieses Feldes ist bekanntlich durch $\rho_{\mathcal{E}} = \frac{1}{2}\varepsilon_0(\mathbf{E}^2 + c^2\mathbf{B}^2)$ gegeben. Hierbei ist der elektromagnetische Feldtensor definiert durch $F^{\mu\nu} \equiv \partial^\mu A^\nu - \partial^\nu A^\mu$ und soll A^μ die Lorenz-Eichung erfüllen.

(a) Zeigen Sie, dass die Lagrange-Dichte alternativ auch als $\mathcal{L}_{\mathrm{F}} = \frac{1}{2}\varepsilon_0(\mathbf{E}^2 - c^2\mathbf{B}^2)$ geschrieben werden kann.

(b) Berechnen Sie die Hamilton-Dichte $\mathcal{H}_{\mathrm{F}}$, die durch die Legendre-Transformation

$$\mathcal{H}_{\mathrm{F}} \equiv \sum_\rho \frac{\partial \mathcal{L}_{\mathrm{F}}}{\partial(\partial^0 A^\rho)} \partial^0 A^\rho - \mathcal{L}_{\mathrm{F}}$$

mit der Lagrange-Dichte $\mathcal{L}_{\mathrm{F}}$ verknüpft ist, und zeigen Sie, dass $\mathcal{H}_{\mathrm{F}}$ *nicht* gleich der Energiedichte ist: $\mathcal{H}_{\mathrm{F}} - \rho_{\mathcal{E}} = \varepsilon_0 \boldsymbol{\nabla} \cdot (\Phi \mathbf{E})$. Folgt hieraus auch, dass die Hamilton-Funktion $H_{\mathrm{F}} \equiv \int d\mathbf{x} \; \mathcal{H}_{\mathrm{F}}$ nicht gleich der Gesamtenergie des freien elektromagnetischen Feldes ist? Begründen Sie Ihre Antwort.

(c) Überprüfen Sie, dass die Hamilton-Dichte $\mathcal{H}_{\mathrm{F}}$ gleich der zeitlich-zeitlichen Komponente des „kanonischen" Energie-Impuls-Tensors T_{kan} in (4.56) ist.

Aufgabe 4.5 Selbstenergie eines geladenen klassischen Teilchens

Wir berechnen die Energie, die mit der Ladung q eines statischen, klassischen „Elementarteilchens" einhergeht. Hierzu verwenden wir ein *sehr* klassisches Bild für das geladene „Elementarteilchen" und beschreiben es als Kugel mit dem Radius r und einer fest vorgegebenen Ladungsverteilung.

Die Energie, die mit der Ladung einhergeht, kann auf zwei unterschiedlichen Weisen berechnet werden. Erstens folgt aus den Gleichungen (4.45) und (4.46), dass die Selbstwechselwirkungsenergie der Ladung des Teilchens darstellbar ist als

$$\tfrac{1}{2}\sum_{l=1}^{N} q_l \Phi(\mathbf{x}_l, t) = \frac{1}{8\pi\varepsilon_0}\sum_{l,m}\frac{q_l q_m}{|\mathbf{x}_l - \mathbf{x}_m|} = \frac{1}{8\pi\varepsilon_0}\int d^3x \int d^3x'\, \frac{\rho(\mathbf{x})\rho(\mathbf{x}')}{|\mathbf{x}-\mathbf{x}'|}\ . \tag{4.66}$$

Die (l,m)-Summe ist hierbei als doppeltes Integral über die Ladungsverteilung des Teilchens zu interpretieren. Alternativ folgt direkt aus der Hamilton-Funktion in der Form (4.43) und (4.44), dass die Selbstenergie durch die im elektrischen Feld des Teilchens enthaltenen Energie gegeben ist:

$$\tfrac{1}{2}\sum_{l=1}^{N} q_l \Phi(\mathbf{x}_l, t) = \int d^3x\ \mathbf{E}^2\ . \tag{4.67}$$

Im Folgenden nehmen wir zuerst an, dass das „Elementarteilchen" *leitend* ist und dementsprechend eine homogene *Oberflächen*ladungsdichte $\sigma = q/4\pi r^2$ hat.

(a) Zeigen Sie, dass die durch die rechte Seite von (4.66) beschriebene elektrostatische Energie dieser Oberflächenladungsdichte gleich $q^2/8\pi\varepsilon_0 r$ ist.

(b) Zeigen Sie, dass die im elektrischen Feld des „Elementarteilchens" enthaltene Energie, d. h. die rechte Seite von (4.67), ebenfalls gleich $q^2/8\pi\varepsilon_0 r$ ist.

Wir nehmen nun an, dass das „Elementarteilchen" (nach wie vor mit der Ladung q und dem Radius r) eine statische, sphärisch symmetrische Ladungsdichte der Form $\rho(\mathbf{x}) = \rho_0 x^\alpha$ mit konstantem Vorfaktor $\rho_0 > 0$ und Exponenten $\alpha > -\frac{5}{2}$ hat.

(c) Berechnen Sie bei vorgegebenen Werten von q und α den Vorfaktor $\rho_0(q,\alpha)$ sowie für alle $\mathbf{x} \in \mathbb{R}^3$ das elektrische Feld $\mathbf{E}(\mathbf{x})$ des „Elementarteilchens". Berechnen Sie nun die Selbstenergie mit Hilfe von (4.67). Wie groß ist die Selbstenergie für eine *homogene* Ladungsverteilung im „Elementarteilchen" ($\alpha = 0$)? Für welchen α-Wert ist die Selbstenergie exakt gleich $q^2/4\pi\varepsilon_0 r$? Wie interpretieren Sie diese letzte Ladungsverteilung geometrisch?

(d) Welches Ergebnis erhält man für die Selbstenergie des „Elementarteilchens" in Teil **(c)** im Limes $\alpha \to \infty$? Wie interpretieren Sie dieses Ergebnis? Warum ist es physikalisch so interessant?

Aufgabe 4.6 Energie und Impuls des Strahlungsfelds im Vakuum (P)

Wir betrachten ein elektromagnetisches Feld A^μ in einem dreidimensionalen Raumbereich $\mathcal{D}$ ohne äußere Quellen ($j^\mu = 0$). Auch der komplementäre Raumbereich $\mathbb{R}^3\backslash\mathcal{D}$ soll quellenfrei sein ($j^\mu = 0$). Die $(\mathbf{E},\mathbf{B})$-Felder sind zur Anfangszeit $t = 0$ in $\mathcal{D}$ vorgegeben. Es gilt wie üblich $\mathbf{E} = -\boldsymbol{\nabla}\Phi - \frac{\partial \mathbf{A}}{\partial t}$ und $\mathbf{B} = \boldsymbol{\nabla} \times \mathbf{A}$. Der Raumbereich $\mathcal{D}$ soll *endlich* sein, aber so groß, dass die $(\mathbf{E},\mathbf{B})$-Felder auf seinem Rand

$\partial\mathcal{D}$ stets null sind. Der Einfachheit halber nehmen wir an, dass $\mathcal{D}$ würfelförmig mit Volumen $V = L^3$ ist und dass das Vektorpotential $\mathbf{A}$ im Ortsraum periodische Randbedingungen erfüllt: $\mathbf{A}(\mathbf{x} + L\hat{\mathbf{e}}_\ell) = \mathbf{A}(\mathbf{x})$ für $\ell = 1, 2, 3$.

(a) Zeigen Sie, dass man die Eichung so wählen kann, dass $\Phi = 0$ sowie $\boldsymbol{\nabla} \cdot \mathbf{A} = 0$ gilt, und dass die Hamilton-Funktion H_F und der Impuls $\mathbf{P}_\mathrm{F}$ des Feldes in $\mathcal{D}$ dann die folgende Form besitzen:

$$H_\mathrm{F} = \tfrac{1}{2}\varepsilon_0 \int_\mathcal{D} d^3x \left[\left(\frac{\partial \mathbf{A}}{\partial t}\right)^2 + c^2 \left(\boldsymbol{\nabla} \times \mathbf{A}\right)^2\right]$$

$$\mathbf{P}_\mathrm{F} = -\varepsilon_0 \int_\mathcal{D} d^3x \, \frac{\partial \mathbf{A}}{\partial t} \times (\boldsymbol{\nabla} \times \mathbf{A}) \; .$$

Warum ist die Hamilton-Funktion H_F auch gleich der Energie des Feldes?

(b) Zeigen Sie, dass die allgemeine Lösung der Wellengleichung $\Box\mathbf{A} = 0$ in der Coulomb-Eichung $\boldsymbol{\nabla} \cdot \mathbf{A} = 0$ dargestellt werden kann durch die Fourier-Reihe

$$\mathbf{A}(\mathbf{x}, t) = \sqrt{\frac{\mu_0}{V}} \sum_{\mathbf{k}\alpha} \left(c_{\mathbf{k}\alpha} e^{i(\mathbf{k}\cdot\mathbf{x} - \omega_\mathbf{k} t)} + c^*_{\mathbf{k}\alpha} e^{-i(\mathbf{k}\cdot\mathbf{x} - \omega_\mathbf{k} t)}\right) \boldsymbol{\varepsilon}^{(\mathbf{k}\alpha)} \; .$$

Hierbei sind $c_{\mathbf{k}\alpha}$ die Fourier-Koeffizienten der Reihe. Zeigen Sie, dass für die Frequenzen $\omega_\mathbf{k} = c|\mathbf{k}|$ und für die Wellenvektoren $\mathbf{k} = \frac{2\pi}{L}\mathbf{n}$ mit $\mathbf{n} \in \mathbb{Z}^3$ gilt. Welchen Einfluss hat der $(\mathbf{k} = \mathbf{0})$-Term auf die Berechnung von *Messgrößen*?

Die Vektoren $\boldsymbol{\varepsilon}^{(\mathbf{k}\alpha)}$ (mit $\alpha = 1, 2$) werden als *Polarisationsvektoren* bezeichnet; zusammen mit dem normierten Wellenvektor $\boldsymbol{\varepsilon}^{(\mathbf{k}3)} \equiv \mathbf{k}/k = \hat{\mathbf{k}}$ haben sie die Eigenschaften eines rechtshändigen Orthonormalsystems: $\boldsymbol{\varepsilon}^{(\mathbf{k}\ell)} = \varepsilon_{\ell mn}\, \boldsymbol{\varepsilon}^{(\mathbf{k}m)} \times \boldsymbol{\varepsilon}^{(\mathbf{k}n)}$.

(c) Zeigen Sie durch explizite Berechnung der Hamilton-Funktion:

$$\boxed{H_\mathrm{F} = \frac{2}{c^2} \sum_{\mathbf{k}\alpha} \omega_\mathbf{k}^2 |c_{\mathbf{k}\alpha}|^2 \; .} \tag{4.69}$$

Um das gerade hergeleitete Ergebnis für H_F besser interpretieren zu können, führen wir die relativistische Masse $M_\mathbf{k} \equiv \frac{\hbar\omega_\mathbf{k}}{c^2}$ eines Photons ein sowie die „Koordinaten" $Q_{\mathbf{k}\alpha} \equiv \frac{1}{c\sqrt{M_\mathbf{k}}}(c_{\mathbf{k}\alpha} + c^*_{\mathbf{k}\alpha})$ und „Impulse" $P_{\mathbf{k}\alpha} \equiv -\frac{i\omega_\mathbf{k}\sqrt{M_\mathbf{k}}}{c}(c_{\mathbf{k}\alpha} - c^*_{\mathbf{k}\alpha})$, die im Wesentlichen dem Real- bzw. Imaginärteil der Fourier-Koeffizienten $c_{\mathbf{k}\alpha}$ entsprechen.

(d) Zeigen Sie, dass die Hamilton-Funktion H_F mit Hilfe der Variablen $Q_{\mathbf{k}\alpha}$ und $P_{\mathbf{k}\alpha}$ als Summe ungekoppelter *harmonischer Oszillatoren* geschrieben werden kann und dass die Koordinaten $Q_{\mathbf{k}\alpha}$ und Impulse $P_{\mathbf{k}\alpha}$ im Sinne der Hamilton-Theorie kanonisch zueinander konjugierte Variablen sind.

(e) Zeigen Sie durch explizite Berechnung des Impulses $\mathbf{P}_\mathrm{F}$ des Strahlungsfelds:

$$\boxed{\mathbf{P}_\mathrm{F} = \frac{2}{c^2} \sum_{\mathbf{k}\alpha} \mathbf{k}\omega_\mathbf{k} \left|c_{\mathbf{k}\alpha}\right|^2 .} \tag{4.70}$$

Inwiefern trifft die Beziehung IMPULS $= \frac{1}{c}\times$ ENERGIE, die charakteristisch ist für ultrarelativistische Teilchen, auch in diesem Fall zu?

Anmerkung: Die Ergebnisse (4.69) und (4.70) sind äußerst wichtig, da sie den Startpunkt für die *Quantisierung* des Strahlungsfelds bilden.

Kapitel 5

Ausstrahlung elektromagnetischer Wellen

In diesem Kapitel untersuchen wir das elektromagnetische Feld bewegter geladener Elementarteilchen, wobei diese „Elementarteilchen" - wie üblich in der klassischen Feldtheorie - als *klassisch* und *punktförmig* beschrieben werden. Ausgangspunkt unserer Untersuchungen sind die Maxwell-Gleichungen im Vakuum für das 4-Potential in der *Lorenz-Eichung* $\partial_\nu A^\nu = 0$, siehe die Gleichungen (3.45) und (3.46):

$$\Box A^\mu = \frac{1}{\varepsilon_0 c} j^\mu \quad , \quad A^\mu(\mathbf{x}, t_0) = 0 \quad , \quad \frac{\partial A^\mu}{\partial t}(\mathbf{x}, t_0) = 0 \; . \tag{5.1}$$

Hierbei werden also lediglich die ab dem Zeitpunkt t_0 durch die anwesenden Ladungen und Ströme erzeugten Felder, jedoch keine Feldbeiträge aus anderen Quellen berücksichtigt.

Die Lösung des Anfangswertproblems (5.1), also das retardierte 4-Potential für eine 4-Stromdichte j^μ, die erst zum Anfangszeitpunkt t_0 aktiviert wird, ist allgemein [s. Gleichung (2.52)] gegeben durch

$$A^\mu(\mathbf{x}, t) = \frac{1}{4\pi\varepsilon_0 c} \int d^3\xi \, \frac{j^\mu\big(\boldsymbol{\xi}, t - \frac{|\boldsymbol{\xi}-\mathbf{x}|}{c}\big)}{|\boldsymbol{\xi} - \mathbf{x}|} \Theta\Big(t - t_0 - \tfrac{|\boldsymbol{\xi}-\mathbf{x}|}{c}\Big) \; . \tag{5.2a}$$

Falls die Zeit, in der die Elementarteilchen beobachtet werden, hinreichend lang ist und *Einschaltvorgänge vernachlässigt* werden können,[1] kann man $t_0 = -\infty$ ansetzen.[2] Das retardierte 4-Potential erhält dann die einfachere Form

$$\boxed{A^\mu(\mathbf{x}, t) = \frac{1}{4\pi\varepsilon_0 c} \int d^3\xi \, \frac{j^\mu\big(\boldsymbol{\xi}, t - \frac{|\boldsymbol{\xi}-\mathbf{x}|}{c}\big)}{|\boldsymbol{\xi} - \mathbf{x}|} \; .} \tag{5.2b}$$

Hierbei werden die Raum-Zeit-Koordinaten $(\mathbf{x}, t)$ des Beobachters und die aus dem 4-Potential herzuleitenden $(\mathbf{E}, \mathbf{B})$-Felder in einem *Inertialsystem* K gemessen. Glei-

[1] Dies ist z. B. der Fall, wenn sich Ladungen und Ströme in einem begrenzten Raumbereich $\mathcal{D} \subset \mathbb{R}^3$ befinden und für alle $\boldsymbol{\xi} \in \mathcal{D}$ gilt: $|\boldsymbol{\xi} - \mathbf{x}| < c(t - t_0)$.

[2] Gelegentlich ist jedoch auch die Einschaltzeit t_0 physikalisch relevant, z. B. für die Berechnung der ausgestrahlten *Gesamt*energie einer Antenne. Wir zeigen ein Beispiel in Aufgabe 5.8.

P. van Dongen, *Klassische Elektrodynamik*, https://doi.org/10.1007/978-3-662-69830-3_5

chung (5.2b) ist der Startpunkt für die Untersuchung von *Ausstrahlung elektromagnetischer Wellen* durch bewegte geladene Teilchen in diesem Kapitel.

In Abschnitt [5.1] betrachten wir zunächst ein *einzelnes* bewegtes geladenes Teilchen und berechnen die vom Teilchen erzeugten elektromagnetischen $(\mathbf{E},\mathbf{B})$-Felder. Hierbei darf das Teilchen durchaus relativistische Geschwindigkeiten haben. In Abschnitt [5.2] untersuchen wir die Konsequenzen dieser Überlegungen für die Ausstrahlung durch *beschleunigte* geladene Teilchen, die sich entweder *geradlinig* oder alternativ *kreisförmig* bewegen; derartige Anwendungen sind relevant in der Beschleunigerphysik. Als interessanten Spezialfall der Abstrahlung bei einer *kreisförmigen* Bewegung betrachten wir dann in Abschnitt [5.3] die ausgestrahlte Energie im *relativistischen Coulomb-Problem*. Komplementär zu diesen Untersuchungen *einzelner relativistischer* Teilchen betrachten wir in Abschnitt [5.4] die möglichen Strahlungsfelder *lokalisierter oszillierender Quellen*, wobei diese Quellen in der Regel Vielteilchensysteme sind (man denke an *Plasmen*, z. B. in Sternenatmosphären, im Sonnenwind oder in interstellarer Materie). In Abschnitt [5.4] beschränken wir uns der Einfachheit halber auf Teilchenbewegungen mit *nicht-relativistischen* Geschwindigkeiten und diskutieren für diesen Fall die ausgesandte elektrische oder magnetische *Multipolstrahlung*. Auch die Änderungen, die bei einer Wellenausbreitung *im Medium* auftreten, werden in [5.4.4] kurz besprochen.

5.1 Das Feld bewegter Punktladungen

Wir betrachten ein *einzelnes* „Elementarteilchen" der Ladung q, wobei sofort angemerkt werden muss, dass ein solches Teilchen im Rahmen der *klassischen* Elektrodynamik naturgemäß nur *klassisch* beschrieben werden kann. Die Geschwindigkeit des Teilchens darf sich durchaus im relativistischen Bereich befinden. Unser Ziel ist, die vom Teilchen erzeugten elektromagnetischen $(\mathbf{E},\mathbf{B})$-Felder zu berechnen.

Hierzu bestimmen wir zuerst das 4-Potential $A^\mu(\mathbf{x},t)$ des bewegten Teilchens, das zur Zeit t die Raumkoordinaten $\mathbf{x}_q(t)$ im Inertialsystem K des Beobachters haben soll; aus dem 4-Potential können wir dann die $(\mathbf{E},\mathbf{B})$-Felder berechnen. Wir schreiben (5.2b) zuerst in der Form

$$A^\mu(\mathbf{x},t) = \frac{1}{4\pi\varepsilon_0 c}\int dt' \int d^3\xi \; \frac{j^\mu(\boldsymbol{\xi},t')}{|\mathbf{x}-\boldsymbol{\xi}|}\;\delta\big(t'-t+\tfrac{|\mathbf{x}-\boldsymbol{\xi}|}{c}\big)\,. \tag{5.3}$$

Die Ladungs- und Stromdichten der Punktladung sind mit der üblichen Notation $\mathbf{u}(t') \equiv \frac{d\mathbf{x}_q}{dt}(t')$ für die 3-Geschwindigkeit des Teilchens gegeben durch

$$\rho(\boldsymbol{\xi},t') = q\;\delta(\boldsymbol{\xi}-\mathbf{x}_q(t')) \quad , \quad \mathbf{j}(\boldsymbol{\xi},t') = q\mathbf{u}(t')\;\delta(\boldsymbol{\xi}-\mathbf{x}_q(t'))$$

oder alternativ in 4-Schreibweise durch

$$j^\mu = \frac{q}{\gamma_u}u^\mu\delta(\boldsymbol{\xi}-\mathbf{x}_q(t')) \quad , \quad u^\mu = \gamma_u c\left(1,\boldsymbol{\beta}^{\mathrm{T}}\right) \quad , \quad \boldsymbol{\beta}\equiv\frac{\mathbf{u}}{c}\,. \tag{5.4}$$

Durch Einsetzen von (5.4) in (5.3) erhält man:

$$\boxed{A^\mu(\mathbf{x},t) = \frac{q}{4\pi\varepsilon_0 c}\int dt' \;\frac{u^\mu(t')}{\gamma_u(t')|\mathbf{x}-\mathbf{x}_q(t')|}\;\delta\big(t'-t+\tfrac{|\mathbf{x}-\mathbf{x}_q(t')|}{c}\big)\,.} \tag{5.5}$$

Dieser Ausdruck für das 4-Potential zeigt ganz klar, dass das am Ort $\mathbf{x}$ zur Zeit t empfangene Signal zur *retardierten* Zeit $\tau(\mathbf{x}, t)$ mit

$$\tau + \frac{|\mathbf{x} - \mathbf{x}_q(\tau)|}{c} \equiv t \tag{5.6}$$

vom Ort $\mathbf{x}_q(\tau)$ ausgesandt wurde.[3] Das Konzept der retardierten Zeit ist uns bereits aus Kapitel [2] vertraut, siehe z. B. Gleichung (2.52). Führen wir noch den Relativvektor $\mathbf{R}$ mit der Länge $R \equiv |\mathbf{R}|$ ein:

$$\mathbf{R}(\mathbf{x}, \tau) \equiv \mathbf{x} - \mathbf{x}_q(\tau) \quad , \quad R(\mathbf{x}, \tau) \equiv |\mathbf{R}(\mathbf{x}, \tau)| \; , \tag{5.7}$$

so können wir (5.6) auch in der Form

$$F_{\mathbf{x},t}(\tau) \equiv \tau + \frac{R(\mathbf{x}, \tau)}{c} - t = 0 \tag{5.8}$$

schreiben. Da das Elementarteilchen keine Überlichtgeschwindigkeit haben kann: $\beta(\tau) < 1$, ist physikalisch klar, dass Gleichung (5.8) eine eindeutige Lösung $\tau(\mathbf{x}, t)$ hat.[4] Es folgt mit Hilfe der Rechenregeln für die Deltafunktion:

$$\delta\big(t' - t + \tfrac{R(\mathbf{x},t')}{c}\big) = \delta(F_{\mathbf{x},t}(t')) = \frac{1}{\left|\frac{dF_{\mathbf{x},t}}{d\tau}(\tau)\right|}\, \delta(t' - \tau) \; .$$

Die Größe $\frac{dF_{\mathbf{x},t}}{d\tau}$ im Nenner der rechten Seite kann wie folgt berechnet werden:

$$\frac{dF_{\mathbf{x},t}}{d\tau}(\tau) = 1 + \frac{1}{c}\frac{\partial R}{\partial \tau}(\mathbf{x}, \tau) \; , \tag{5.9a}$$

wobei $\frac{\partial R}{\partial \tau}$ aus der Identität $R^2 = \mathbf{R}^2$ bestimmt wird:

$$\frac{\partial R}{\partial \tau} = \frac{1}{2R}\frac{\partial (R^2)}{\partial \tau} = \frac{1}{2R}\frac{\partial (\mathbf{R}^2)}{\partial \tau} = \frac{\mathbf{R} \cdot \frac{\partial \mathbf{R}}{\partial \tau}}{R} = \hat{\mathbf{R}} \cdot (-\mathbf{u}) = -\hat{\mathbf{R}} \cdot \mathbf{u} \; . \tag{5.9b}$$

Insgesamt gilt also

$$\delta\big(t' - t + \tfrac{R(\mathbf{x},t')}{c}\big) = \frac{\delta(t' - \tau)}{1 - \boldsymbol{\beta}(\tau) \cdot \hat{\mathbf{R}}(\mathbf{x}, \tau)} \; .$$

Durch Einsetzen dieses Ergebnisses in Gleichung (5.5) erhält man einen kompakten Ausdruck für das *4-Potential*, das durch das geladene „Elementarteilchen“ ausgestrahlt wird:

$$\begin{aligned} A^\mu(\mathbf{x}, t) &= \frac{q}{4\pi\varepsilon_0 c} \int dt' \frac{u^\mu(t')}{\gamma_u(t') R(\mathbf{x}, t')} \frac{\delta(t' - \tau)}{1 - \boldsymbol{\beta}(\tau) \cdot \hat{\mathbf{R}}(\mathbf{x}, \tau)} \\ &= \frac{q u^\mu(\tau)}{4\pi\varepsilon_0 c \gamma_u(\tau)} \frac{1}{R(\mathbf{x}, \tau) - \boldsymbol{\beta}(\tau) \cdot \mathbf{R}(\mathbf{x}, \tau)} = \frac{q u^\mu(\tau)}{4\pi\varepsilon_0 R_\nu u^\nu} \; . \end{aligned} \tag{5.10}$$

[3] In diesem Kapitel bezeichnet τ generell die *retardierte* Zeit, *nicht* die Eigenzeit. Das Konzept der Eigenzeit wird in diesem Kapitel nicht explizit benötigt. Die retardierte Zeit τ wird im Inertialsystem K des Beobachters gemessen.

[4] Mathematisch folgt dies für alle Ortsvektoren, die sich nicht auf der Bahn des Teilchens befinden: $\mathbf{x} \notin \{\mathbf{x}_q(\tau) \,|\, \tau \in \mathbb{R}\}$, aus den Gleichungen (5.8) und (5.9):

$$F_{\mathbf{x},t}(\tau) \sim \tfrac{1}{c} R(\mathbf{x}, t) > 0 \quad (\tau \uparrow t) \quad , \quad \frac{dF_{\mathbf{x},t}}{d\tau}(\tau) = 1 - \hat{\mathbf{R}} \cdot \boldsymbol{\beta} \geq 1 - \beta > 0 \quad (\tau < t) \; .$$

Hierbei stellt (R^ν) in 3-Notation den 4-Vektor $(R, \mathbf{R}^{\mathrm{T}}) = \big(c(t-\tau), [\mathbf{x} - \mathbf{x}_q(\tau)]^{\mathrm{T}}\big)$ dar. Die rechte Seite von Gleichung (5.10) ist manifest kovariant. Das 4-Potential kann aber auch explizit in 3-Notation geschrieben werden als

$$\boxed{\Phi(\mathbf{R}, \boldsymbol{\beta}) = \frac{q}{4\pi\varepsilon_0} \frac{1}{R - \boldsymbol{\beta} \cdot \mathbf{R}} \quad , \quad \mathbf{A}(\mathbf{R}, \boldsymbol{\beta}) = \frac{q}{4\pi\varepsilon_0 c} \frac{\boldsymbol{\beta}}{R - \boldsymbol{\beta} \cdot \mathbf{R}} \; .} \tag{5.11}$$

Diese Darstellung ist für konkrete Berechnungen oft bequemer. Die Potentiale Φ und $\mathbf{A}$ in (5.11) werden als *Liénard-Wiechert-Potentiale* bezeichnet.

5.1.1 Konsequenzen für die physikalischen Felder

Insbesondere im Hinblick auf konkrete Anwendungen ist es wichtig zu verstehen, dass die *retardierten* Potentiale Φ und $\mathbf{A}$ Funktionen der Variablen $\mathbf{R}(\mathbf{x}, \tau)$ und $\boldsymbol{\beta}(\tau)$ sind. Sie sind somit unmittelbar von der *retardierten* Zeit $\tau(\mathbf{x}, t)$ und nur implizit (mittels τ) von der Zeitvariablen t im Inertialsystem abhängig. Diese implizite Abhängigkeit der Potentiale von $\mathbf{x}$ und t wird z. B. bei der Bestimmung der $\mathbf{E}$- und $\mathbf{B}$-Felder relevant, da hierzu Orts- und Zeitableitungen erforderlich sind:

$$\mathbf{E}(\mathbf{x}, t) = -\boldsymbol{\nabla}_{\mathbf{x}} \Phi - \frac{\partial \mathbf{A}}{\partial t} \quad , \quad \mathbf{B}(\mathbf{x}, t) = \boldsymbol{\nabla}_{\mathbf{x}} \times \mathbf{A} \; ,$$

und macht die Berechnung der $(\mathbf{E}, \mathbf{B})$-Felder einigermaßen langwierig. Die Details der Berechnung der $\mathbf{E}$- und $\mathbf{B}$-Felder findet man daher in Appendix D. Hier präsentieren wir nur das Ergebnis:

$$\boxed{\mathbf{E} = \frac{q}{4\pi\varepsilon_0 R^2} \frac{(1-\beta^2)(\hat{\mathbf{R}} - \boldsymbol{\beta}) + \frac{R}{c} \hat{\mathbf{R}} \times [(\hat{\mathbf{R}} - \boldsymbol{\beta}) \times \dot{\boldsymbol{\beta}}]}{(1 - \boldsymbol{\beta} \cdot \hat{\mathbf{R}})^3} \quad , \quad c\mathbf{B} = \hat{\mathbf{R}} \times \mathbf{E} \; .} \tag{5.12}$$

In (5.12) wurde die Beschleunigung $\dot{\boldsymbol{\beta}}(\tau) \equiv \frac{d\boldsymbol{\beta}}{d\tau}(\tau)$ als Ableitung der dimensionslosen Geschwindigkeit $\boldsymbol{\beta}$ nach der *retardierten* Zeit τ definiert. Es gibt also zwei Beiträge zum $\mathbf{E}$-Feld (und daher auch zum $\mathbf{B}$-Feld): einen Beitrag, der unabhängig von $\dot{\boldsymbol{\beta}}$ ist, für große Abstände wie R^{-2} abfällt und als *statischer Term* bekannt ist, und einen Beitrag linear in der Beschleunigung $\dot{\boldsymbol{\beta}}$, der für große Abstände viel langsamer (nämlich wie R^{-1}) abfällt und als *Strahlungsterm* bezeichnet wird.

Die Relevanz des Strahlungsterms wird besonders klar, wenn man die *Energiestromdichte* der ausgesandten Strahlung betrachtet, also den Poynting-Vektor $\mathbf{S} = \frac{1}{\mu_0} \mathbf{E} \times \mathbf{B}$. Aus (5.12) folgt direkt:

$$\boxed{\mathbf{S} = \frac{1}{\mu_0 c} \mathbf{E} \times (c\mathbf{B}) = \frac{1}{\mu_0 c} \mathbf{E} \times \big(\hat{\mathbf{R}} \times \mathbf{E}\big) = \frac{1}{\mu_0 c} \big[\mathbf{E}^2 \hat{\mathbf{R}} - (\mathbf{E} \cdot \hat{\mathbf{R}}) \mathbf{E}\big] \; .} \tag{5.13}$$

Im letzten Schritt wurde die Rechenregel $\mathbf{a} \times (\mathbf{b} \times \mathbf{a}) = \mathbf{a}^2 \mathbf{b} - (\mathbf{a} \cdot \mathbf{b})\mathbf{a}$ für das doppelte Vektorprodukt verwendet. Für $\dot{\boldsymbol{\beta}} \neq \mathbf{0}$ fällt der *erste* Term auf der rechten Seite in (5.13) für große Abstände wegen des Strahlungsterms wie R^{-2} ab; dieser erste Beitrag zur Energiestromdichte zeigt in *radiale* Richtung (also *auswärts*). Der *zweite* Term auf der rechten Seite in (5.13) enthält das Skalarprodukt

$$\mathbf{E} \cdot \hat{\mathbf{R}} = \frac{q}{4\pi\varepsilon_0 R^2} \frac{(1-\beta^2)(1 - \boldsymbol{\beta} \cdot \hat{\mathbf{R}})}{(1 - \boldsymbol{\beta} \cdot \hat{\mathbf{R}})^3} = \frac{q(1-\beta^2)}{4\pi\varepsilon_0 R^2 (1 - \boldsymbol{\beta} \cdot \hat{\mathbf{R}})^2} \propto R^{-2} \quad (R \to \infty)$$

und fällt in der Kombination $(\mathbf{E} \cdot \hat{\mathbf{R}})\mathbf{E}$ für $\dot{\boldsymbol{\beta}} \neq \mathbf{0}$ wie R^{-3} ab, also um einen Faktor R^{-1} schneller als der erste Term. Dies bedeutet, dass zum Energie*strom* $\int d\mathbf{F} \cdot \mathbf{S}$ durch die Oberfläche einer Kugel mit Radius R um den Punkt $\mathbf{x}_q(\tau)$ für hinreichend große R-Werte nur der *erste* Term auf der rechten Seite in (5.13) einen endlichen Beitrag liefert. Im Flächenintegral $\int d\mathbf{F} \cdot \mathbf{S}$ ist $d\mathbf{F} = \hat{\mathbf{n}}\, dF$ mit $dF = |d\mathbf{F}|$ das vektorielle Flächenelement der Kugelschale mit Radius R und $\hat{\mathbf{n}}$ der nach *außen* gerichtete Normalenvektor auf ihrer Oberfläche. Wir stellen also erstens fest, dass die vom Teilchen ausgestrahlte Energie in hinreichend großem Abstand vom Ausstrahlungsort vollständig im *Strahlungsterm* enthalten ist, und zweitens, dass der gesamte (über die Kugelschale mit Radius R integrierte) Energiestrom für $R \to \infty$ gegen eine positive Konstante strebt.

5.1.2 Beispiel: geradlinig-gleichförmig bewegtes Teilchen

Als erstes, einfaches Beispiel betrachten wir die Felder eines sich gleichförmig und geradlinig bewegenden Teilchens ($\dot{\boldsymbol{\beta}} = \mathbf{0}$), die gemäß (5.12) in der Form

$$\mathbf{E} = \frac{q(1-\beta^2)(\hat{\mathbf{R}} - \boldsymbol{\beta})}{4\pi\varepsilon_0 R^2 (1 - \boldsymbol{\beta} \cdot \hat{\mathbf{R}})^3} = \frac{q(1-\beta^2)(\mathbf{R} - R\boldsymbol{\beta})}{4\pi\varepsilon_0 (R - \boldsymbol{\beta} \cdot \mathbf{R})^3}$$

$$\mathbf{B} = \tfrac{1}{c}\hat{\mathbf{R}} \times \mathbf{E} = \frac{q(1-\beta^2)\boldsymbol{\beta} \times \mathbf{R}}{4\pi\varepsilon_0 c (R - \boldsymbol{\beta} \cdot \mathbf{R})^3}$$

darstellbar sind. O. B. d. A. können wir den Ursprung des Koordinatensystems so wählen, dass sich das Teilchen zur Zeit t im Ursprung $\mathbf{0}$ befindet; außerdem können wir die $\hat{\mathbf{e}}_1$-Achse in Geschwindigkeitsrichtung wählen. Die Bahn des Teilchens ist folglich durch $\mathbf{x}_q(t') = \beta c(t' - t)\hat{\mathbf{e}}_1$ gegeben. Diese räumliche Anordnung ist in Abbildung 5.1 skizziert. Wir definieren außerdem den Winkel $\chi \equiv \arccos(\hat{\mathbf{x}} \cdot \hat{\boldsymbol{\beta}})$, der zur Zeit t vom Ursprung $\mathbf{0}$ des Inertialsystems aus gesehen von der Beobachtungsrichtung $\mathbf{x}$ und der Geschwindigkeitsrichtung $\mathbf{u}$ eingeschlossen wird.

Wir versuchen nun, die $\mathbf{E}$- und $\mathbf{B}$-Felder, die von einem Beobachter, der sich zur Zeit t am Ort $\mathbf{x}$ befindet, gemessen werden, explizit als Funktionen von $\mathbf{x}$ und t darzustellen. Da die Messprozedur translationsinvariant in der Zeitrichtung ist, erwartet man, dass die so gemessenen Felder nur vom Ort abhängen: $\mathbf{E} = \mathbf{E}(\mathbf{x})$ und $\mathbf{B} = \mathbf{B}(\mathbf{x})$. Außerdem ist klar, dass die zur Zeit t am Ort $\mathbf{x}$ empfangenen Signale zur *retardierten* Zeit τ am Ort $\mathbf{x}_q(\tau) = -\beta c(t-\tau)\hat{\mathbf{e}}_1 = -\beta R\hat{\mathbf{e}}_1 = -R\boldsymbol{\beta}$ ausgesandt wurden.

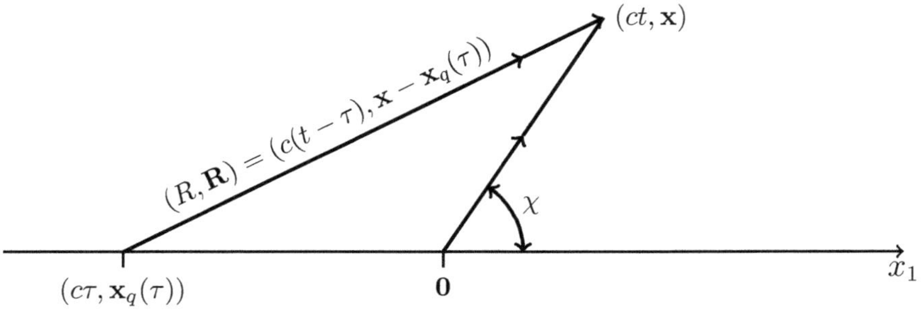

Abb. 5.1 Definition der Raum-Zeit-Koordinaten bei der Ausstrahlung elektromagnetischer Wellen durch geradlinig-gleichförmig bewegte Teilchen

Wir betrachten zuerst den Ausdruck für das elektrische Feld. Wegen $\mathbf{R} = R\boldsymbol{\beta}+\mathbf{x}$ gilt im Zähler $\mathbf{R} - R\boldsymbol{\beta} = \mathbf{x}$. Außerdem kann man den Faktor $R - \boldsymbol{\beta}\cdot\mathbf{R}$ im Nenner wie folgt umschreiben:

$$\begin{aligned}(R-\boldsymbol{\beta}\cdot\mathbf{R})^2 &= R^2-2R\boldsymbol{\beta}\cdot\mathbf{R}+(\boldsymbol{\beta}\cdot\mathbf{R})^2 = (R\boldsymbol{\beta}+\mathbf{x})^2-2R\boldsymbol{\beta}\cdot(R\boldsymbol{\beta}+\mathbf{x})+(\boldsymbol{\beta}\cdot\mathbf{R})^2 \\ &= x^2 - [R^2\beta^2 - (\boldsymbol{\beta}\cdot\mathbf{R})^2] = x^2 - (\boldsymbol{\beta}\times\mathbf{R})^2 = x^2 - (\boldsymbol{\beta}\times\mathbf{x})^2 \\ &= x^2[1-\beta^2\sin^2(\chi)]\ .\end{aligned}$$

Hierbei wird im zweiten Schritt die Identität $\mathbf{R} = R\boldsymbol{\beta}+\mathbf{x}$ eingesetzt. Im vierten Schritt wird die Identität $(\boldsymbol{\beta}\times\mathbf{R})^2 = R^2\beta^2-(\boldsymbol{\beta}\cdot\mathbf{R})^2$ für das Kreuzprodukt und dann im fünften wiederum die Identität $\mathbf{R} = R\boldsymbol{\beta}+\mathbf{x}$ verwendet. Der letzte Schritt folgt aus der Definition $\chi \equiv \arccos(\hat{\mathbf{x}}\cdot\hat{\boldsymbol{\beta}})$. Insgesamt erhält man also für das elektrische Feld das (tatsächlich zeit*un*abhängige) Ergebnis:

$$\mathbf{E}(\mathbf{x}) = \frac{q(1-\beta^2)\mathbf{x}}{4\pi\varepsilon_0 x^3[1-\beta^2\sin^2(\chi)]^{3/2}}\ . \tag{5.14a}$$

Wegen $\boldsymbol{\beta}\times\mathbf{R} = \boldsymbol{\beta}\times\mathbf{x}$ folgt außerdem für das Magnetfeld $\mathbf{B} = \frac{1}{c}\hat{\mathbf{R}}\times\mathbf{E}$:

$$\mathbf{B}(\mathbf{x}) = \frac{q(1-\beta^2)\boldsymbol{\beta}\times\mathbf{x}}{4\pi\varepsilon_0 c x^3[1-\beta^2\sin^2(\chi)]^{3/2}}\quad ,\quad c\mathbf{B}(\mathbf{x}) = \boldsymbol{\beta}\times\mathbf{E}(\mathbf{x})\ . \tag{5.14b}$$

Betragsmäßig folgt also für das Verhältnis der $(\mathbf{E}, c\mathbf{B})$-Felder: $|c\mathbf{B}|/|\mathbf{E}| = \mathcal{O}(\beta)$, sodass die Felder nur im ultrarelativistischen Limes $(\beta \uparrow 1)$ etwa gleich stark sind.

Im nicht-relativistischen Limes $(\beta \ll 1)$ erhält man die Gesetze von Coulomb und Biot-Savart für eine sich zur Zeit t im Ursprung befindende Punktladung der Größe q, die sich mit der Geschwindigkeit $\mathbf{u} = \boldsymbol{\beta}c$ bewegt:

$$\mathbf{E}(\mathbf{x}) = \frac{q\mathbf{x}}{4\pi\varepsilon_0 x^3}\quad ,\quad c\mathbf{B}(\mathbf{x}) = \frac{q\boldsymbol{\beta}\times\mathbf{x}}{4\pi\varepsilon_0 x^3}\ .$$

Diese Ergebnisse sind im Einklang mit den Gleichungen (1.20) bzw. (1.2a), wobei im Biot-Savart-Gesetz $Id\boldsymbol{\ell} = q\mathbf{u}$ zu identifizieren ist. Insbesondere gilt im *Ruhesystem* der Ladung $(\beta = 0)$ exakt das Coulomb-Gesetz $\mathbf{E}(\mathbf{x}) = \frac{q\mathbf{x}}{4\pi\varepsilon_0 x^3}$ mit $c\mathbf{B} = \mathbf{0}$.

Der Energiefluss

Der mit der geradlinig-gleichförmigen Bewegung des geladenen Teilchens einhergehende Energiefluss $\mathbf{S} = \mu_0^{-1}\mathbf{E}\times\mathbf{B}$ ist im Allgemeinen (d. h. für $\boldsymbol{\beta}\neq\mathbf{0}$) *ungleich* null. Mit Hilfe der Rechenregel $\mathbf{a}\times(\mathbf{b}\times\mathbf{a}) = \mathbf{a}^2\mathbf{b} - (\mathbf{a}\cdot\mathbf{b})\mathbf{a}$ für doppelte Kreuzprodukte folgt nämlich aus Gleichung (5.14):

$$\mathbf{S} = \frac{1}{\mu_0 c}\mathbf{E}\times(c\mathbf{B}) = \varepsilon_0 c\mathbf{E}\times(\boldsymbol{\beta}\times\mathbf{E}) = \varepsilon_0 c\big[\mathbf{E}^2\boldsymbol{\beta} - (\boldsymbol{\beta}\cdot\mathbf{E})\mathbf{E}\big] = I(x^2\hat{\mathbf{e}}_1 - x_1\mathbf{x})\ ,$$

wobei der Vorfaktor I manifest *ungleich* null (und positiv) ist:

$$I \equiv \frac{\beta\varepsilon_0 c q^2(1-\beta^2)^2}{(4\pi\varepsilon_0)^2 x^6[1-\beta^2\sin^2(\chi)]^3} > 0\ .$$

Bei der Berechnung von I wurde (5.14a) verwendet.

Das Ergebnis $\mathbf{S} \neq \mathbf{0}$ für alle $\mathbf{x} \in \mathbb{R}^3$ mit $(x_2, x_3) \neq (0,0)$ ist zunächst verwunderlich, da man doch intuitiv erwartet, dass ein nicht-beschleunigtes Teilchen keine Energie abstrahlt. Wir zeigen, dass diese Intuition dennoch korrekt ist, wenn man den genauen Verlauf des Energieflusses $\mathbf{S}(\mathbf{x})$ im Raum betrachtet. Konkret zeigen wir, dass der Energiefluss durch die Oberfläche eines unendlich langen *Zylinders* $\mathcal{D}$ mit beliebigem Radius $R > 0$ und der $\hat{\boldsymbol{\beta}}$- bzw. $\hat{\mathbf{e}}_1$-Richtung als Symmetrieachse tatsächlich insgesamt *null* ist. Der Zylinder $\mathcal{D}$ und seine Oberfläche $\partial\mathcal{D}$ sind gegeben durch

$$\mathcal{D} = \{\mathbf{x} \,|\, (\mathbf{x} \times \hat{\mathbf{e}}_1)^2 \leq R^2\} \quad , \quad \partial\mathcal{D} = \{\mathbf{x} \,|\, (\mathbf{x} \times \hat{\mathbf{e}}_1)^2 = R^2\} \,.$$

Wir führen Zylinderkoordinaten $\mathbf{x}(x_1, r) = x_1\hat{\mathbf{e}}_1 + r\hat{\mathbf{e}}_r(\varphi)$ mit dem Basisvektor $\hat{\mathbf{e}}_r(\varphi) \equiv \cos(\varphi)\hat{\mathbf{e}}_2 + \sin(\varphi)\hat{\mathbf{e}}_3$ ein. Es folgt $x = (x_1^2 + r^2)^{1/2}$ und $\sin(\chi) = \frac{r}{x}$. Der auswärts gerichtete Normalenvektor auf der Zylinderoberfläche ist $\hat{\mathbf{n}}(\varphi) = \hat{\mathbf{e}}_r(\varphi)$.

Die Energiestromdichte durch die Zylinderoberfläche ist dann gegeben durch:

$$\mathbf{S} \cdot \hat{\mathbf{n}} = -x_1 R\, I(x_1, R) \quad , \quad I(x_1, R) = \frac{\beta\varepsilon_0 c\, q^2 (1-\beta^2)^2}{(4\pi\varepsilon_0)^2 [x_1^2 + (1-\beta^2)R^2]^3} \,.$$

Hieraus folgt für den gesamten Energiefluss $\int_{\partial\mathcal{D}} d\mathbf{F} \cdot \mathbf{S} = \int_{\partial\mathcal{D}} dF\ \mathbf{S} \cdot \hat{\mathbf{n}}$ durch die Oberfläche des unendlich langen Zylinders:

$$\int_{\partial\mathcal{D}} d\mathbf{F} \cdot \mathbf{S} = \int_{-\infty}^{\infty} dx_1\ 2\pi R\big[-x_1 R\, I(x_1, R)\big] = -2\pi R^2 \int_{-\infty}^{\infty} dx_1\ x_1\, I(x_1, R) = 0 \,.$$

Der letzte Schritt ist eine direkte Konsequenz der Antisymmetrie des Integranden als Funktion von x_1. Dieses Ergebnis bedeutet also, dass *insgesamt* keine Energie vom bewegten Teilchen in der radialen Richtung ausgestrahlt wird. Etwas genauer formuliert gilt, dass die Energie, die den Zylinder für $x_1 < 0$ durch die Oberfläche verlässt, exakt von der Energie kompensiert wird, die für $x_1 > 0$ in den Zylinder hineinfließt und dort ein elektromagnetisches Feld aufbaut. Effektiv fließt die mit dem bewegten Teilchen einhergehende Feldenergie also entlang der Zylinderachse in der $\hat{\boldsymbol{\beta}}$- bzw. $\hat{\mathbf{e}}_1$-Richtung, wie man dies intuitiv auch erwarten würde.

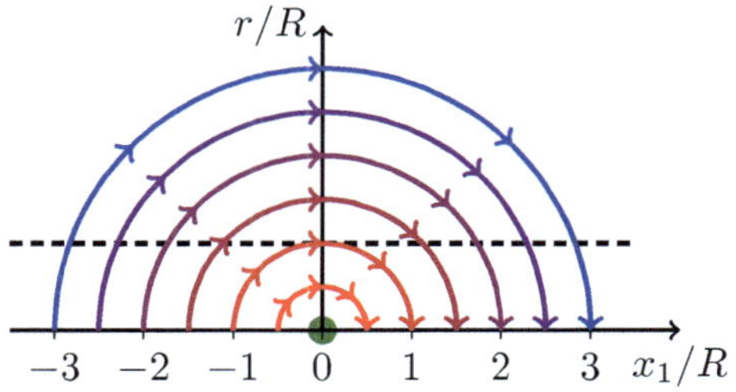

Abb. 5.2 Verlauf der Energieflusslinien bei geradlinig-gleichförmiger Bewegung

Aufgrund der Richtung $\mathbf{S} = I(x^2\hat{\mathbf{e}}_1 - x_1\mathbf{x}) = I\big[r^2\hat{\mathbf{e}}_1 - x_1 r\hat{\mathbf{e}}_r(\varphi)\big]$ des Energieflusses kann auch die *Form* der Flusslinien für festgehaltenes φ bestimmt werden: Man erhält die Differentialgleichung $\frac{dr}{dx_1} = -\frac{x_1 r}{r^2} = -\frac{x_1}{r}$ bzw. $\frac{dr^2}{dx_1^2} = -1$ mit der Lösung $r^2 + x_1^2 = r_0^2$ und $r_0 > 0$ konstant. Die Flusslinien haben somit die Form von *Halbkreisen*. Der Verlauf der Energieflusslinien ist in Abbildung 5.2 skizziert für die sechs Werte $\frac{1}{2}, 1, \frac{3}{2}, 2, \frac{5}{2}, 3$ der Konstanten r_0/R. Der Betrag des Energieflusses ist in Abb. 5.2 farblich abgestuft dargestellt (von *rot* = groß nach *blau* = klein). Die Lage der Zylinderoberfläche ($r/R = 1$) ist in Abb. 5.2 *gestrichelt* dargestellt und der momentane Aufenthaltsort $\mathbf{x} = \mathbf{0}$ des geradlinig-gleichförmig bewegten Teilchens durch einen *grünen* Punkt.

5.2 Geradlinige und kreisförmige Bewegung

Wir betrachten nun die *beschleunigte* Bewegung eines geladenen Teilchens, deren Strahlung an einem weit entfernten Ort (d. h. $R|\dot{\boldsymbol{\beta}}|/c \gg 1$) beobachtet wird. Aufgrund von (5.12) wissen wir, dass in diesem Fall nur der *Strahlungsterm* wesentlich zum elektrischen Feld und zum Magnetfeld beiträgt:

$$\boxed{\mathbf{E} = \frac{q}{4\pi\varepsilon_0 cR}\frac{\hat{\mathbf{R}} \times [(\hat{\mathbf{R}} - \boldsymbol{\beta}) \times \dot{\boldsymbol{\beta}}]}{(1 - \boldsymbol{\beta} \cdot \hat{\mathbf{R}})^3} \quad , \quad c\mathbf{B} = \hat{\mathbf{R}} \times \mathbf{E}\,.} \tag{5.15}$$

Hierbei stellt $\dot{\boldsymbol{\beta}}(\tau) = \frac{d\boldsymbol{\beta}}{d\tau}(\tau)$ wiederum die retardierte Beschleunigung der Ladung dar. Mit Hilfe der Identität $\mathbf{a}\times(\mathbf{a}\times\mathbf{b}) = (\mathbf{a}\cdot\mathbf{b})\mathbf{a}-\mathbf{a}^2\mathbf{b}$ folgt hieraus für den Poynting-Vektor $\mathbf{S}$, der die Energiestromdichte des elektromagnetischen Feldes beschreibt, wie in (5.13): $\mathbf{S} = (\cdots) = \varepsilon_0 c\big[\mathbf{E}^2\hat{\mathbf{R}} - (\mathbf{E}\cdot\hat{\mathbf{R}})\mathbf{E}\big] = \varepsilon_0 c\mathbf{E}^2\hat{\mathbf{R}}$; hierbei folgt der letzte Schritt aus $\mathbf{E}\cdot\hat{\mathbf{R}} = 0$ für ein $\mathbf{E}$-Feld der Form (5.15).

Wie wir allgemein auch in (5.13) feststellen konnten, bedeutet das Ergebnis $\mathbf{S} = \varepsilon_0 c\mathbf{E}^2\hat{\mathbf{R}}$, dass die vom Teilchen ausgestrahlten elektromagnetischen Wellen in *radialer* Richtung ausgesandt werden. Die Amplitude der Energiestromdichte in radialer Richtung ist gegeben durch:

$$\mathbf{S}\cdot\hat{\mathbf{R}} = \varepsilon_0 c\mathbf{E}^2 = \frac{q^2}{16\pi^2\varepsilon_0 cR^2}\frac{|\hat{\mathbf{R}} \times [(\hat{\mathbf{R}} - \boldsymbol{\beta}) \times \dot{\boldsymbol{\beta}}]|^2}{(1 - \boldsymbol{\beta} \cdot \hat{\mathbf{R}})^6}\,.$$

Hierbei wird die Energiestromdichte mit Hilfe der im Inertialsystem des Beobachters definierten Zeit t gemessen. Häufig ist man aber eher an der in *retardierter* Zeit gemessenen Energiestromdichte $(\mathbf{S}\cdot\hat{\mathbf{R}})\frac{dt}{d\tau} = (\mathbf{S}\cdot\hat{\mathbf{R}})(1-\boldsymbol{\beta}\cdot\hat{\mathbf{R}})$ interessiert, denn dadurch erhält man Information über die Energieabstrahlung in der Quelle selbst. Der in *retardierter* Zeit gemessene Energiestrom pro Raumwinkel ist durch

$$\frac{dW}{d\Omega} = R^2(\mathbf{S}\cdot\hat{\mathbf{R}})(1-\boldsymbol{\beta}\cdot\hat{\mathbf{R}}) = \frac{q^2}{16\pi^2\varepsilon_0 c}\frac{|\hat{\mathbf{R}} \times [(\hat{\mathbf{R}} - \boldsymbol{\beta}) \times \dot{\boldsymbol{\beta}}]|^2}{(1 - \boldsymbol{\beta} \cdot \hat{\mathbf{R}})^5} \tag{5.16}$$

gegeben. Im *nicht-relativistischen* Limes reduziert sich dieses Ergebnis auf

$$\frac{dW}{d\Omega} = \frac{q^2|\hat{\mathbf{R}}\times(\hat{\mathbf{R}}\times\dot{\boldsymbol{\beta}})|^2}{16\pi^2\varepsilon_0 c} = \frac{q^2|\hat{\mathbf{R}}\times\dot{\boldsymbol{\beta}}|^2}{16\pi^2\varepsilon_0 c} = \frac{q^2|\dot{\boldsymbol{\beta}}|^2\sin^2(\psi)}{16\pi^2\varepsilon_0 c}\,, \tag{5.17}$$

wobei $\psi \equiv \arccos(\hat{\mathbf{R}}\cdot\dot{\boldsymbol{\beta}}/|\dot{\boldsymbol{\beta}}|) \in [0,\pi]$ den kleinsten Winkel zwischen $\hat{\mathbf{R}}$ und $\dot{\boldsymbol{\beta}}$ bezeichnet. Eine Integration über den gesamten Raumwinkel:

$$\int d\Omega\, \sin^2(\psi) = \int_0^{2\pi} d\varphi \int_0^{\pi} d\psi\, \sin^3(\psi) = 2\pi\int_{-1}^{1} dx\,(1-x^2) = \frac{8\pi}{3}$$

ergibt für die Gesamtleistung:

$$\boxed{W = \int d\Omega\,\frac{dW}{d\Omega} = \frac{q^2|\dot{\boldsymbol{\beta}}|^2}{6\pi\varepsilon_0 c}\,.} \tag{5.18}$$

Das Ergebnis (5.18) wird als die Larmor-Formel für die von beschleunigten Ladungen ausgestrahlte Leistung bezeichnet. Im Folgenden werden wir, ausgehend von Gleichung (5.16), für zwei wichtige Spezialfälle relativistische Verallgemeinerungen der Larmor-Formel herleiten.

5.2.1 Beispiel 1: geradlinige, beschleunigte Bewegung

Als erstes Beispiel betrachten wir die geradlinige, beschleunigte Bewegung eines geladenen Teilchens ($\dot{\boldsymbol{\beta}} \parallel \boldsymbol{\beta}$), wobei die Beschleunigung betragsmäßig keineswegs konstant sein muss.[5] In diesem Fall vereinfacht sich Gleichung (5.16) auf

$$\frac{dW}{d\Omega} = \frac{q^2}{16\pi^2\varepsilon_0 c}\frac{|\hat{\mathbf{R}} \times (\hat{\mathbf{R}} \times \dot{\boldsymbol{\beta}})|^2}{(1-\boldsymbol{\beta}\cdot\hat{\mathbf{R}})^5} = \frac{q^2|\hat{\mathbf{R}} \times \dot{\boldsymbol{\beta}}|^2}{16\pi^2\varepsilon_0 c(1-\boldsymbol{\beta}\cdot\hat{\mathbf{R}})^5}$$

$$= \frac{q^2|\dot{\boldsymbol{\beta}}|^2}{16\pi^2\varepsilon_0 c}\frac{\sin^2(\phi)}{[1-\beta\cos(\phi)]^5}\,, \tag{5.19}$$

wobei $\phi \equiv \arccos(\hat{\boldsymbol{\beta}}\cdot\hat{\mathbf{R}}) \in [0,\pi]$ nun den Winkel zwischen $\hat{\mathbf{R}}$ und $\boldsymbol{\beta}$ bezeichnet.[6] Man zeigt leicht, dass die Strahlungsintensität (5.19) maximal ist für $\phi = \phi_{\max}$, wobei der Winkel $\phi_{\max}$ durch

$$\cos(\phi_{\max}) = \frac{\sqrt{1+15\beta^2}-1}{3\beta} > 0 \quad , \quad \phi_{\max} \in [0, \tfrac{1}{2}\pi] \tag{5.20}$$

gegeben ist.[7] Die ausgestrahlte Gesamtleistung folgt aus (5.19) durch Integration über den gesamten Raumwinkel:

$$\boxed{W = \frac{q^2|\dot{\boldsymbol{\beta}}|^2}{16\pi^2\varepsilon_0 c}\int d\Omega\,\frac{\sin^2(\phi)}{[1-\beta\cos(\phi)]^5} = \frac{q^2|\dot{\boldsymbol{\beta}}|^2\gamma^6}{6\pi\varepsilon_0 c}\,.} \tag{5.21}$$

Im nicht-relativistischen Limes $\gamma \simeq 1$ erhält man wieder die Larmor-Formel (5.18). Die Verteilung der Strahlung über die verschiedenen Winkel ist in Abbildung 5.3 dargestellt für verschiedene Werte der Geschwindigkeit des beschleunigten Teilchens[8] (nämlich $\beta \downarrow 0$ sowie $\beta = \frac{1}{2}$ und $\beta = \frac{1}{2}\sqrt{2}$). Die Richtigkeit des Integrationsergebnisses (5.21) wird in Aufgabe 5.1 überprüft.

Alternativ kann die Winkelabhängigkeit der Strahlung auch in einer *Polardarstellung* gezeigt werden. Eine solche Darstellung ist in der Literatur in diesem Kontext ebenfalls üblich. In der Polardarstellung stellt der Radius ρ eines Datenpunkts $\mathbf{x} = (x_1, x_2) = \rho\big(\cos(\varphi), \sin(\varphi)\big)$ in der $\hat{\mathbf{e}}_1$-$\hat{\mathbf{e}}_2$-Ebene den dimensionslosen Energiestrom $\frac{1}{W}\frac{dW}{d\Omega}$ pro Raumwinkel dar, und es wird der Winkel φ mit $\frac{\pi}{2} - \phi$ identifiziert, wobei wie üblich $\phi = \arccos(\hat{\boldsymbol{\beta}}\cdot\hat{\mathbf{R}})$ gilt: $(\rho,\varphi) \leftrightarrow \big(\frac{1}{W}\frac{dW}{d\Omega}, \frac{\pi}{2} - \phi\big)$.

Für kleine Werte des Polarwinkels ($\phi \downarrow 0$) gilt z. B. $\frac{1}{W}\frac{dW}{d\Omega} \propto \phi^2$. In Polarkoordinaten ausgedrückt bedeutet dies: $\rho \propto \phi^2 = (\frac{\pi}{2} - \varphi)^2$ mit $\varphi \uparrow \frac{\pi}{2}$ und daher

$$\left.\begin{aligned} x_1 &= \rho\cos(\varphi) \propto (\tfrac{\pi}{2} - \varphi)^3 \\ x_2 &= \rho\sin(\varphi) \propto (\tfrac{\pi}{2} - \varphi)^2 \end{aligned}\right\} \quad \text{und folglich:} \quad x_2 \propto (x_1)^{2/3} \quad \big(\varphi \uparrow \tfrac{\pi}{2}\big)\,.$$

[5] Falls $\boldsymbol{\beta}$ und $\dot{\boldsymbol{\beta}}$ entgegengesetzt gerichtet sind ($\boldsymbol{\beta}\cdot\dot{\boldsymbol{\beta}} < 0$) und $|\boldsymbol{\beta}| \simeq 1$ gilt, wird die ausgesandte Strahlung als *Bremsstrahlung* bezeichnet. Diese Bremsstrahlung kann sehr hochfrequent sein. Beispielsweise können in einer Röntgenröhre beim Aufprall von Elektronen auf die Anode Photonen mit Energien bis 100 keV (also Frequenzen bis $2{,}42 \cdot 10^{19}$ Hz) auftreten.

[6] Da in diesem Beispiel $\boldsymbol{\beta}$ und $\dot{\boldsymbol{\beta}}$ parallel ausgerichtet sind, gilt im Vergleich zum Winkel $\psi \in [0,\pi]$ in (5.17) entweder $\phi = \psi$ (falls $\hat{\dot{\boldsymbol{\beta}}}\cdot\hat{\boldsymbol{\beta}} > 0$) oder $\phi = \pi - \psi$ (falls $\hat{\dot{\boldsymbol{\beta}}}\cdot\hat{\boldsymbol{\beta}} < 0$).

[7] Dies folgt mit der Definition $x \equiv \cos(\phi)$ durch Ableiten von (5.19):

$$0 = \frac{-1}{\sin(\phi)}\frac{d}{d\phi}\frac{\sin^2(\phi)}{[1-\beta\cos(\phi)]^5} = \frac{d}{dx}\frac{1-x^2}{(1-\beta x)^5} = \frac{5\beta(1-x^2)-2x(1-\beta x)}{(1-\beta x)^6}$$

und daher: $0 = 3\beta x^2 + 2x - 5\beta$. Die einzige Lösung im Intervall $[-1,1]$ ist in (5.20) angegeben.

[8] Man würde das Strahlungsprofil für $\beta \downarrow 0$ z. B. im instantanen Ruhesystem des Teilchens beobachten, in dem $|\dot{\boldsymbol{\beta}}|$ durchaus beträchtlich sein könnte.

Analog folgt der Kurvenverlauf nahe dem Höchstwert $\phi = \pi$ für festes $\beta < 1$ aus $\frac{1}{W}\frac{dW}{d\Omega} \propto \sin^2(\phi) = \sin^2(\pi - \phi) \sim (\frac{\pi}{2} + \varphi)^2$ als: $\rho \propto (\frac{\pi}{2} + \varphi)^2$ mit $\varphi \downarrow -\frac{\pi}{2}$. Für die kartesischen Koordinaten ergibt sich: $x_1 \propto (\frac{\pi}{2} + \varphi)^3$ sowie $x_2 \propto -(\frac{\pi}{2} + \varphi)^2$ und daher $x_2 \propto -(x_1)^{2/3}$. Für den Wert $\phi = \frac{1}{2}\pi$ des Polarwinkels erhält man den endlichen Radius $\rho = \frac{1}{W}\frac{dW}{d\Omega} = \frac{3}{8\pi}\gamma^{-6}$ und den Winkel $\varphi = 0$; dies entspricht in der $\hat{\mathbf{e}}_1$-$\hat{\mathbf{e}}_2$-Ebene den kartesischen Koordinaten $\mathbf{x} = \frac{3}{8\pi}\gamma^{-6}\hat{\mathbf{e}}_1$. Die Polardarstellung der Strahlung ist in Abbildung 5.4 dargestellt für verschiedene Werte der Geschwindigkeit des beschleunigten Teilchens (nämlich im nicht-relativistischen Limes $\beta \downarrow 0$ sowie für $\beta = \frac{1}{2}$, $\beta = \frac{1}{2}\sqrt{2}$ und $\beta = \frac{1}{2}\sqrt{3}$).

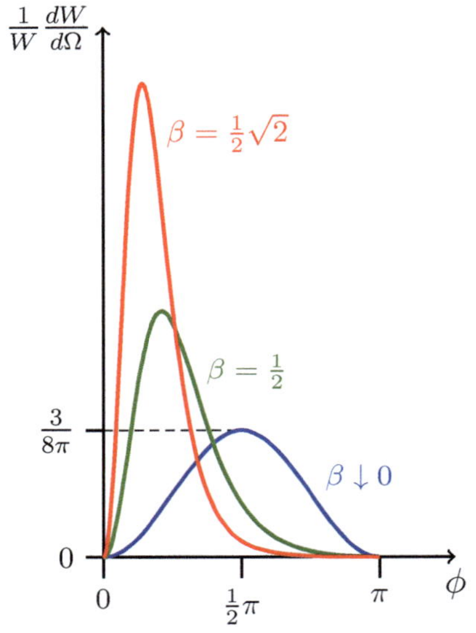

Abb. 5.3 Winkelabhängigkeit der Strahlung bei beschleunigter, geradliniger Bewegung

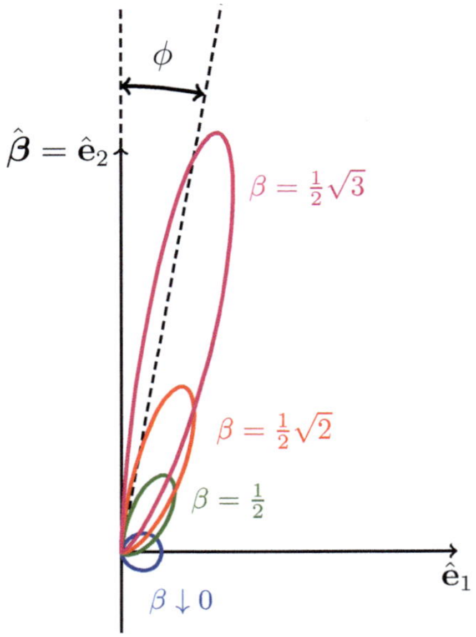

Abb. 5.4 Polardarstellung der Strahlung bei beschleunigter, geradliniger Bewegung

Der ultrarelativistische Limes

Wir betrachten nun speziell den *ultrarelativistischen* Limes $\gamma \to \infty$ der Gleichungen (5.19)–(5.21). Mit Hilfe von $\beta^2 = 1 - \frac{1}{\gamma^2}$ und $\beta \sim 1 - \frac{1}{2\gamma^2}$ erhält man:

$$\boxed{\phi_{\max} \sim \frac{1}{2\gamma} \to 0 \qquad (\gamma \to \infty)\,.}$$

Hieraus folgt, dass die elektromagnetischen Wellen überwiegend unter einem recht kleinen Winkel zur $\boldsymbol{\beta}$-Richtung ausgestrahlt werden, unabhängig davon, ob die Beschleunigung $\dot{\boldsymbol{\beta}}$ in $\boldsymbol{\beta}$- oder $(-\boldsymbol{\beta})$-Richtung zeigt. Im ultrarelativistischen Limes $\gamma \to \infty$ bzw. $\beta \uparrow 1$ kann man daher in (5.19) im Zähler $\sin(\phi) \to \phi$ und im Nenner $\cos(\phi) \to 1 - \frac{1}{2}\phi^2$ und $\beta \to 1 - \frac{1}{2\gamma^2}$ ersetzen. Es folgt:

$$\frac{\sin^2(\phi)}{[1 - \beta\cos(\phi)]^5} \sim \frac{\phi^2}{\left[1 - \left(1 - \frac{1}{2\gamma^2}\right)\left(1 - \frac{1}{2}\phi^2\right)\right]^5} \sim \frac{\phi^2}{\left(\frac{1}{2\gamma^2} + \frac{1}{2}\phi^2\right)^5} \sim \frac{32\gamma^8(\gamma\phi)^2}{[1 + (\gamma\phi)^2]^5}\,,$$

und somit erhält man für den Energiestrom pro Raumwinkel:

$$\boxed{\frac{dW}{d\Omega} \sim \frac{2q^2|\dot{\boldsymbol{\beta}}|^2\gamma^8}{\pi^2\varepsilon_0 c}\frac{(\gamma\phi)^2}{[1+(\gamma\phi)^2]^5} \qquad (\gamma \to \infty)\ .} \tag{5.22a}$$

Dieser Ausdruck zeigt bereits, dass die Skala für die ϕ-Abhängigkeit des Energiestroms im Limes $\gamma \to \infty$ durch den kleinen Parameter γ^{-1} definiert wird.

Mit Hilfe dieses Ergebnisses kann man mit elementaren Mitteln nachweisen (siehe Aufgabe 5.2), dass das *erste* Moment $\langle\phi\rangle$ (d. h. der Mittelwert) sowie das *zweite* Moment $\langle\phi^2\rangle$ der Verteilung von möglichen ϕ-Werten gegeben sind durch

$$\begin{aligned} \langle\phi\rangle &\sim \frac{9\pi}{32\gamma} \simeq 0{,}8836\,\gamma^{-1} \\ \langle\phi^2\rangle &\sim \frac{1}{\gamma^2} \qquad (\gamma \to \infty)\ . \end{aligned} \tag{5.22b}$$

Hierbei ist $\gamma^{-1} = m_0c^2/\mathcal{E}_{\mathrm{g}}$ wie üblich mit der *Gesamtenergie* $\mathcal{E}_{\mathrm{g}}$ der Punktladung (also mit der Summe ihrer kinetischen Energie und Ruheenergie) verknüpft. Die *Varianz* der ϕ-Verteilung ist gegeben durch

$$\begin{aligned} \langle(\phi - \langle\phi\rangle)^2\rangle &\sim \left[1 - \left(\frac{9\pi}{32}\right)^2\right]\gamma^{-2} \\ &\simeq 0{,}2193\,\gamma^{-2} \end{aligned}$$

und die *Breite* entsprechend durch die Wurzel der Varianz:

$$\boxed{\Delta\phi \equiv \sqrt{\langle(\phi - \langle\phi\rangle)^2\rangle} \sim \sqrt{\left[1 - \left(\frac{9\pi}{32}\right)^2\right]}\,\gamma^{-1} \simeq 0{,}4683\,\gamma^{-1}\ .}$$

Die *relative* Breite der ϕ-Verteilung im Limes $\gamma \to \infty$ ist somit $\Delta\phi/\langle\phi\rangle \simeq 0{,}5300$. Die ϕ-Verteilung ist im ultrarelativistischen Limes $\gamma \to \infty$ also sehr scharf um einen kleinen mittleren Winkel $\langle\phi\rangle \propto \gamma^{-1}$ konzentriert. Die Ausstrahlung ist daher für $\gamma \to \infty$ sehr stark durch *Vorwärtsstreuung* dominiert.

Die Leistung pro Raumwinkel als Funktion von $\gamma\phi$ ist für Teilchen im ultrarelativistischen Limes in Abbildung 5.5 gezeigt. Stellt man diese Leistung alternativ mit Hilfe von *Polarkoordinaten* dar, so ergibt sich für hochrelativistische Teilchen ebenfalls ein Ergebnis, das stark durch *Vorwärtsstreuung* dominiert ist. Für die Parameterwerte $\beta = \frac{1}{2}\sqrt{2}$ und $\beta = \frac{1}{2}\sqrt{3}$ ist dieser Effekt bereits in Abb. 5.4 ersichtlich.

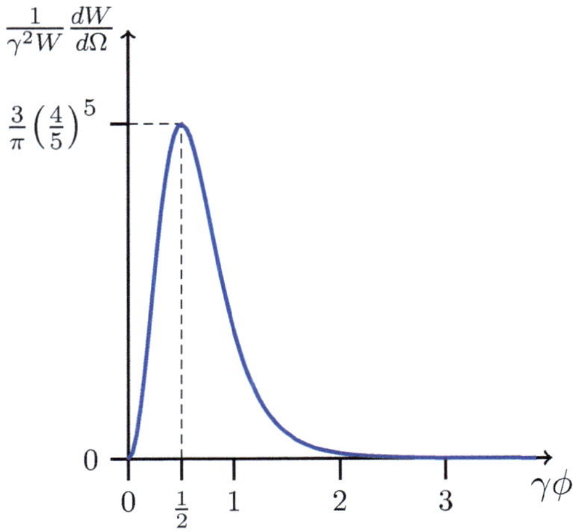

Abb. 5.5 Winkelabhängigkeit der Strahlung bei beschleunigter, geradliniger Bewegung ($\gamma \to \infty$)

5.2.2 Beispiel 2: kreisförmige Bewegung

Als zweites Beispiel betrachten wir die Bewegung eines geladenen Teilchens auf einem Kreis, wobei wir annehmen, dass die Geschwindigkeit $\boldsymbol{\beta}$ und die Beschleunigung $\dot{\boldsymbol{\beta}} \perp \boldsymbol{\beta}$ betragsmäßig konstant sind. Wie in Abbildung 5.6 skizziert, wählen wir die $\hat{\mathbf{e}}_3$-Richtung entlang der instantanen Geschwindigkeit und die $\hat{\mathbf{e}}_1$-Richtung entlang der instantanen Beschleunigung (mit der Konvention $\hat{\mathbf{e}}_2 \equiv \hat{\mathbf{e}}_3 \times \hat{\mathbf{e}}_1$), sodass $\hat{\mathbf{R}}$ mit Hilfe der sphärischen Koordinaten (ϑ, φ) charakterisiert werden kann. Durch Einsetzen von $\hat{\mathbf{R}}(\vartheta, \varphi)$ in (5.16) ergibt sich (siehe auch Aufgabe 5.3):

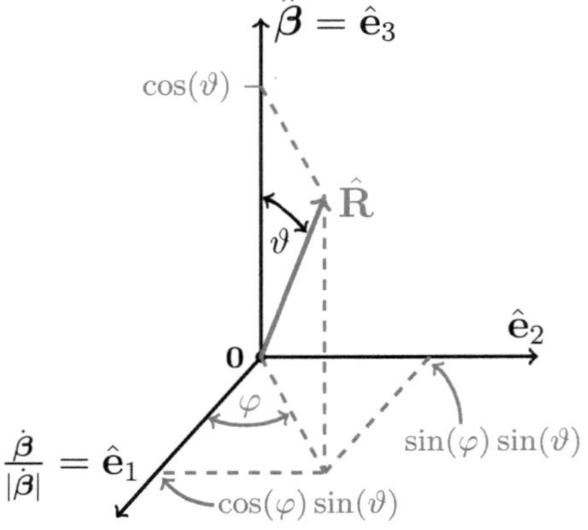

Abb. 5.6 Das instantane Bezugsystem

$$\begin{aligned}\frac{dW}{d\Omega} &= \frac{q^2}{16\pi^2\varepsilon_0 c}\frac{|\hat{\mathbf{R}} \times [(\hat{\mathbf{R}} - \boldsymbol{\beta}) \times \dot{\boldsymbol{\beta}}]|^2}{(1 - \boldsymbol{\beta} \cdot \hat{\mathbf{R}})^5} \\ &= \frac{q^2|\dot{\boldsymbol{\beta}}|^2}{16\pi^2\varepsilon_0 c}\frac{[1 - \beta\cos(\vartheta)]^2 - (1 - \beta^2)\sin^2(\vartheta)\cos^2(\varphi)}{[1 - \beta\cos(\vartheta)]^5}\ . \end{aligned} \tag{5.23}$$

Ist man bei der Leistung pro Raumwinkel nur an der Abhängigkeit vom Polarwinkel ϑ interessiert, so kann man (5.23) mit $\langle\cos^2(\varphi)\rangle_\varphi = \frac{1}{2\pi}\int_0^{2\pi} d\varphi\ \cos^2(\varphi) = \frac{1}{2}$ über den Azimutwinkel φ mitteln. Das Ergebnis ist:

$$\boxed{\left\langle\frac{dW}{d\Omega}\right\rangle_\varphi = \frac{q^2|\dot{\boldsymbol{\beta}}|^2}{16\pi^2\varepsilon_0 c}\frac{[1 - \beta\cos(\vartheta)]^2 - \frac{1}{2}(1 - \beta^2)\sin^2(\vartheta)}{[1 - \beta\cos(\vartheta)]^5}\ .} \tag{5.24}$$

Man erhält die Gesamtleistung in *retardierter* Zeit, indem man (5.23) über den gesamten Raumwinkel integriert. Eine kurze Berechnung (siehe Aufgabe 5.4) zeigt:

$$\boxed{W = \int d\Omega\ \frac{dW}{d\Omega} = \frac{q^2|\dot{\boldsymbol{\beta}}|^2\gamma^4}{6\pi\varepsilon_0 c}\ .} \tag{5.25}$$

Die Verteilung der Strahlung über die verschiedenen Polarwinkel ϑ ist anhand von Gleichung (5.24) in Abbildung 5.7 dargestellt für verschiedene Werte der Geschwindigkeit des beschleunigten Teilchens (nämlich $\beta \downarrow 0$ sowie $\beta = \frac{1}{2}$ und $\beta = \frac{1}{2}\sqrt{2}$).

Alternativ kann die ϑ-Abhängigkeit der Strahlung mit Hilfe von Gleichung (5.24) in einer *Polardarstellung* gezeigt werden, wie in Abbildung 5.8 für verschiedene Werte der Geschwindigkeit des beschleunigten Teilchens (nämlich $\beta \downarrow 0$ sowie $\beta = \frac{1}{2}$, $\beta = \frac{1}{2}\sqrt{2}$ und $\beta = \frac{1}{2}\sqrt{3}$) zu sehen ist. In dieser Auftragung stellt der Radius ρ eines Datenpunkts $\mathbf{x} = (x_1, x_2) = \rho\big(\sin(\vartheta), \cos(\vartheta)\big)$ nun den dimensionslosen, über den Azimutwinkel φ gemittelten Energiestrom $\frac{1}{W}\left\langle\frac{dW}{d\Omega}\right\rangle_\varphi$ pro Raumwinkel dar. Sowohl aus Abb. 5.7 als auch aus Abb. 5.8 ist klar ersichtlich, dass die Ausstrahlung elektromagnetischer Wellen durch *hochrelativistische* Teilchen überwiegend in *Vorwärtsrichtung* geschieht.

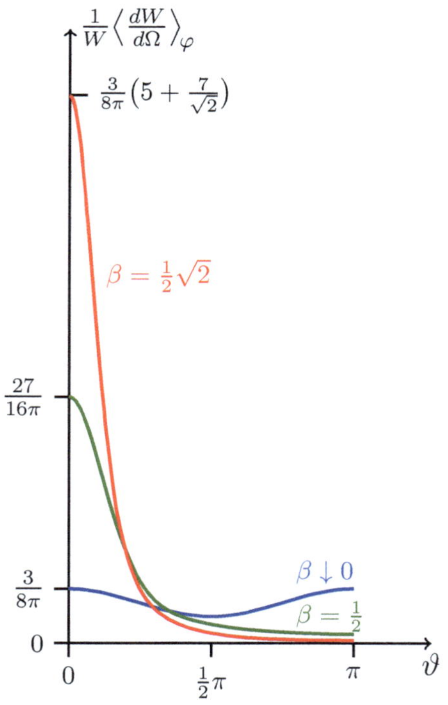

Abb. 5.7 Winkelabhängigkeit der Strahlung bei beschleunigter, kreisförmiger Bewegung

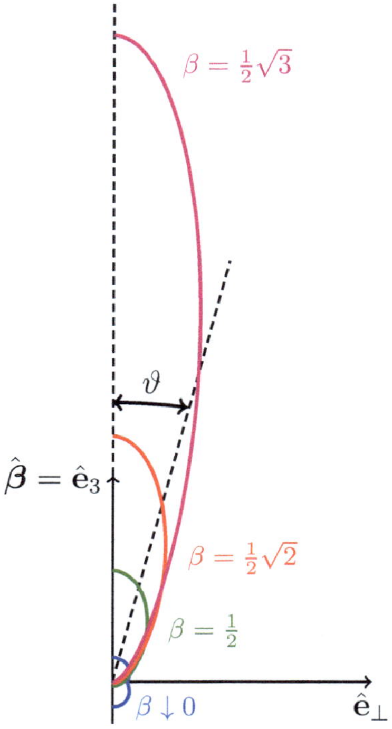

Abb. 5.8 Polardarstellung der Strahlung bei beschleunigter, kreisförmiger Bewegung

Der Vergleich des Ergebnisses (5.25) für die *Kreisbahn* mit dem Analogon (5.21) für das *linear* beschleunigte Teilchen führt auf interessante (und wichtige) Schlussfolgerungen: Es sei daran erinnert, dass die Kraft, die auf ein Teilchen wirkt, in der Relativitätstheorie durch die Zeitableitung (d. h. hier: durch die Ableitung bezüglich der *retardierten* Zeit) des kinetischen Impulses gegeben ist:

$$\mathbf{F} = \frac{d\boldsymbol{\pi}}{d\tau} = \frac{d(\gamma m_0 \mathbf{u})}{d\tau} = \frac{d(\gamma m_0 c \boldsymbol{\beta})}{d\tau} .$$

Nun ist γ konstant für die *Kreisbahn*, sodass in diesem Fall $\mathbf{F}_{\text{kr}} = \gamma m_0 c \dot{\boldsymbol{\beta}}$ gilt. Für die *lineare Beschleunigung* gilt dagegen:

$$\mathbf{F}_{\text{lin}} = \frac{d(\gamma m_0 c \boldsymbol{\beta})}{d\tau} = m_0 c \left[\gamma \dot{\boldsymbol{\beta}} - \tfrac{1}{2}\gamma^3 (-2\boldsymbol{\beta} \cdot \dot{\boldsymbol{\beta}}) \boldsymbol{\beta} \right] = m_0 c \gamma \dot{\boldsymbol{\beta}} \left(1 + \tfrac{\beta^2}{1-\beta^2}\right) = m_0 c \gamma^3 \dot{\boldsymbol{\beta}} .$$

Die Gesamtleistungen der linearen und kreisförmigen Bewegungen können daher auch dargestellt werden in der Form

$$\boxed{W_{\text{lin}} = \frac{q^2 |\mathbf{F}_{\text{lin}}|^2}{6\pi\varepsilon_0 c (m_0 c)^2} \quad , \quad W_{\text{kr}} = \gamma^2 \frac{q^2 |\mathbf{F}_{\text{kr}}|^2}{6\pi\varepsilon_0 c (m_0 c)^2} .}$$

Interessanterweise ist die Gesamtleistung (und daher der *Energieverlust*) im Falle einer Beschleunigung senkrecht zur Bewegungsrichtung bei betragsmäßig gleicher Kraft um einen Faktor γ^2 größer als für linear beschleunigte Teilchen.

Der ultrarelativistische Limes

Speziell im *ultrarelativistischen* Limes kann man in Gleichung (5.23) wiederum ersetzen: $\cos(\vartheta) \to 1 - \frac{1}{2}\vartheta^2$, $\sin(\vartheta) \to \vartheta$ und $\beta \to 1 - \frac{1}{2\gamma^2}$. Das Ergebnis lautet:

$$\frac{dW}{d\Omega} = \frac{q^2|\dot{\boldsymbol{\beta}}|^2\gamma^6}{2\pi^2\varepsilon_0 c} \frac{[1+(\gamma\vartheta)^2]^2 - 4(\gamma\vartheta)^2\cos^2(\varphi)}{[1+(\gamma\vartheta)^2]^5} \qquad (\gamma \to \infty)\,. \tag{5.26a}$$

Ist man bei der Leistung pro Raumwinkel nur an der Abhängigkeit vom Polarwinkel ϑ interessiert, so kann man (5.26a) wieder über φ mitteln. Das Ergebnis ist:

$$\boxed{\left\langle\frac{dW}{d\Omega}\right\rangle_\varphi = \frac{q^2|\dot{\boldsymbol{\beta}}|^2\gamma^6}{2\pi^2\varepsilon_0 c} \frac{1+(\gamma\vartheta)^4}{[1+(\gamma\vartheta)^2]^5} \qquad (\gamma \to \infty)\,.} \tag{5.26b}$$

Die Leistung pro Raumwinkel $\langle\frac{dW}{d\Omega}\rangle_\varphi$ als Funktion von $\gamma\vartheta$ ist für Teilchen im ultrarelativistischen Limes in Abbildung 5.9 angegeben.

Mit Hilfe des allgemeinen Resultats (5.26a) zeigt man leicht (siehe Aufgabe 5.5), dass das *erste* Moment $\langle\vartheta\rangle$ (d. h. der Mittelwert) und das *zweite* Moment $\langle\vartheta^2\rangle$ der Verteilung von möglichen ϑ-Werten nun durch

$$\langle\vartheta\rangle \sim \frac{15\pi}{64\gamma} \simeq 0{,}7363\,\gamma^{-1} \quad , \quad \langle\vartheta^2\rangle \sim \frac{1}{\gamma^2} \qquad (\gamma \to \infty) \tag{5.26c}$$

gegeben sind. Für die *Varianz* der ϑ-Verteilung erhält man daher

$$\langle(\vartheta - \langle\vartheta\rangle)^2\rangle \sim \left[1 - (\tfrac{15\pi}{64})^2\right]\gamma^{-2} \simeq 0{,}4578\,\gamma^{-2}$$

und für die *Breite* entsprechend:

$$\boxed{\Delta\vartheta \equiv \sqrt{\langle(\vartheta - \langle\vartheta\rangle)^2\rangle} \sim \sqrt{\left[1 - \left(\frac{15\pi}{64}\right)^2\right]}\gamma^{-1} \simeq 0{,}6766\,\gamma^{-1}\,.}$$

Die *relative* Breite der ϑ-Verteilung für $\gamma \to \infty$ ist somit $\Delta\vartheta/\langle\vartheta\rangle \simeq 0{,}9189$.

Die ϑ-Verteilung im Limes $\gamma \to \infty$ ist also im Vergleich zur geradlinigen Beschleunigung deutlich weniger scharf um den kleinen mittleren Winkel $\langle\vartheta\rangle \propto \gamma^{-1}$ konzentriert. Qualitativ ist dies bereits ersichtlich aus einem Vergleich der ϕ- und ϑ-Verteilungen, da die ϑ-Verteilung für $\gamma \to \infty$ flacher verläuft und mehr Gewicht zeigt bei kleinen und großen Werten der Variablen. Dies lässt sich am besten illustrieren anhand der auf eins normierten ϕ- und ϑ-Verteilungen $P_{\mathrm{G}}(\gamma\phi) = \frac{2\pi\phi}{\gamma W}\frac{dW}{d\Omega}$ für die *gerad*linige Bewegung (Index „G") und $P_{\mathrm{K}}(\gamma\vartheta) = \frac{2\pi\vartheta}{\gamma W}\langle\frac{dW}{d\Omega}\rangle_\varphi$ für die *kreis*förmige Bewegung (Index „K"), beide bestimmt im ultrarelativistischen Limes:

$$P_{\mathrm{G}}(x) = \frac{24x^3}{(1+x^2)^5} \quad , \quad P_{\mathrm{K}}(x) = \frac{6x(1+x^4)}{(1+x^2)^5} \quad , \quad \int_0^\infty dx\; P_{\mathrm{G,K}}(x) = 1\,.$$

Diese beiden Verteilungen sind in Abbildung 5.10 grafisch dargestellt, die ϕ-Verteilung P_{G} für die geradlinige Bewegung in *grün* und die ϑ-Verteilung P_{K} für die kreisförmige Bewegung in *blau*. Wie man sieht zeigt die blaue P_{K}-Kurve in der Tat sowohl bei kleineren ($x \lesssim 0{,}5$) als auch bei größeren ($x \gtrsim 1{,}75$) Werten der Variablen x mehr Gewicht.

Wir fügen noch hinzu, dass auch die bei *kreisförmiger* Bewegung geladener Teilchen ausgestrahlte Energie sehr hochfrequent sein kann. Ein irdisches Beispiel ist die Synchrotronstrahlung, die in Teilchenbeschleunigern produziert wird und Photonenenergien im GeV-Bereich aufweisen kann. Ähnlich spektakulär ist die von beschleunigten Elektronen in Pulsarwind-Nebeln ausgesandte Synchrotronstrahlung mit Photonenenergien bis 25 GeV (also Frequenzen bis etwa $6 \cdot 10^{24}$ Hz).

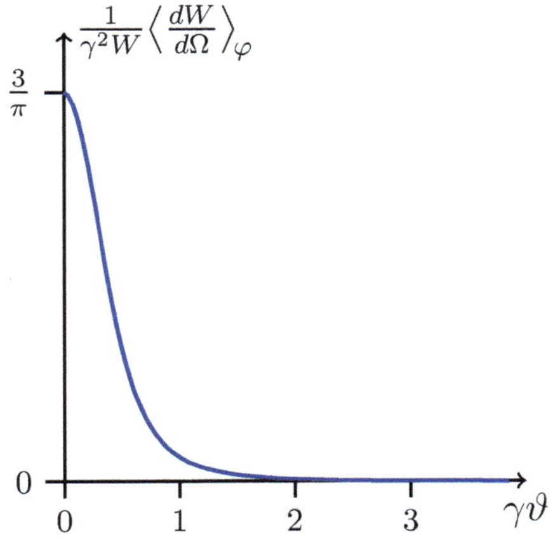

Abb. 5.9 Winkelabhängigkeit der Strahlung bei beschleunigter, kreisförmiger Bewegung im ultrarelativistischen Limes

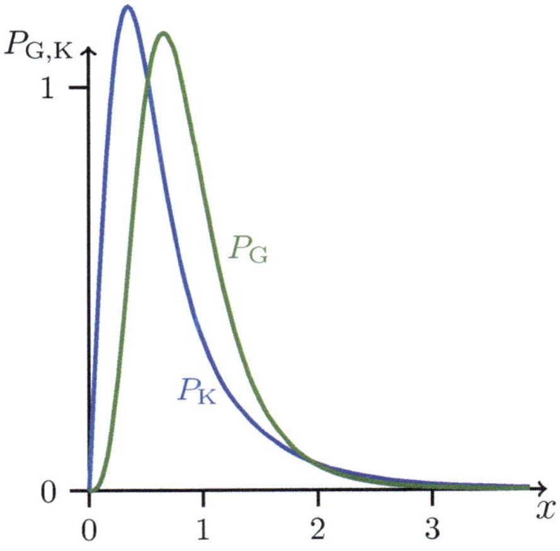

Abb. 5.10 Vergleich der Winkelabhängigkeiten bei geradliniger und kreisförmiger Bewegung für $\gamma \to \infty$

5.3 Abstrahlung von Energie im Coulomb-Problem

Wir betrachten nun die Abstrahlung von Energie durch ein geladenes *relativistisches* Teilchen (mit der Ladung q und der Ruhemasse m_0), das sich in einem zeit*un*abhängigen *Coulomb-Potential* befindet (ohne äußeres Magnetfeld). Das skalare Potential Φ und das Vektorpotential $\mathbf{A}$ sind in diesem Fall gegeben durch:

$$\boxed{\Phi(\mathbf{x}) = \frac{q_0}{4\pi\varepsilon_0 x} \quad , \quad \mathbf{A}(\mathbf{x}) = \mathbf{0} \qquad \text{mit} \qquad x \equiv |\mathbf{x}| \; .}$$

Die Dynamik des geladenen Teilchens mit der Ladung q wird durch die *Lorentz'sche Bewegungsgleichung* (3.71) mit dem 4-Potential $(\Phi, \mathbf{A})$ festgelegt. Diese Bewegungsgleichung beschreibt ein *mobiles* geladenes Teilchen, das sich im Coulomb-Feld eines anderen, *immobilen* Teilchens der Ladung q_0 bewegt, welches sich im Ursprung $\mathbf{x} = \mathbf{0}$ befindet. Das 4-Potential $A^\mu = (\Phi, c\mathbf{A})$ erfüllt im Ruhesystem der immobilen Ladung sowohl die Coulomb- als auch die Lorenz-Eichung. Die Bewegungsgleichung des mobilen geladenen Teilchens folgt aus (3.71) als:

$$\boxed{\frac{d\boldsymbol{\pi}}{dt} = q\mathbf{E} \quad , \quad \boldsymbol{\pi} = \gamma_u m_0 \mathbf{u} \quad , \quad \mathbf{E} = -\boldsymbol{\nabla}\Phi = \frac{q_0 \hat{\mathbf{x}}}{4\pi\varepsilon_0 x^2} \; .} \tag{5.27}$$

Dieses relativistische *Coulomb-Problem für ein einzelnes Teilchen* ist uns bereits aus der Mechanik bekannt (siehe Abschnitt 5.11 in Ref. [11]). Wir fassen im folgenden Abschnitt die wichtigsten Ergebnisse zusammen.

5.3.1 Energieabstrahlung im relativistischen Coulomb-Problem

Aus der Lösung des relativistischen Coulomb-Problems in der Mechanik (siehe Ref. [11]) ist bekannt, dass die möglichen Bahnen des Teilchens – anders als im nichtrelativistischen Fall – im Allgemeinen *nicht* geschlossen sind. Nur unter speziellen Bedingungen treten geschlossene Bahnen auf. Insbesondere sind *Kreisbahnen* möglich, falls (in der Notation von Abschnitt 5.11 in Ref. [11]) die Ungleichung $0 < \bar{a} = \frac{a}{\pi_\varphi c} < 1$ gilt mit $a \equiv -\frac{qq_0}{4\pi\varepsilon_0}$ und $\pi_\varphi = \gamma m_0 x^2 \dot{\varphi}$. Eine grafische Darstellung einer solchen *Kreisbahn* findet sich in Abbildung 5.11.

Für Kreisbahnen im Coulomb-Problem gilt, dass die Winkelgeschwindigkeit *konstant* ist entlang der Kreisbahn, $\dot{\varphi} = (\frac{a}{\gamma m_0 x^3})^{1/2}$, und dass der *Bahnradius* durch $x = \frac{\pi_\varphi}{\gamma m_0 c\bar{a}}$ gegeben ist. Die Erhaltungsgröße π_φ hat hierbei die physikalische Interpretation des *Drehimpulses*. Eine Kreisbahn kann daher durch zwei Parameter π_φ und $\bar{a}$ charakterisiert werden. Die physikalischen Größen $x, \dot{\varphi}$ und β sind dann als Funktionen dieser beiden Parameter bekannt. Konkret ist der Parameter $\bar{a}$ für die Kreisbahn gemäß $\bar{a} = \beta$ mit der Geschwindigkeit des mobilen Teilchens verknüpft. Hieraus folgt die Beziehung $\gamma = (1-\beta^2)^{-1/2} = (1-\bar{a}^2)^{-1/2}$, sodass nun auch die *kinetische* Energie $\mathcal{E}_{\text{kin}} = (\gamma - 1)m_0c^2$ des Teilchens als Funktion von $\bar{a}$ bekannt ist. Für die *potentielle* Energie des Teilchens auf der Kreisbahn gilt: $\mathcal{E}_{\text{pot}} = -\frac{a}{x} = -\bar{a}^2\gamma m_0 c^2$, sodass wir insgesamt für die *Bindungs*energie des Teilchens erhalten:

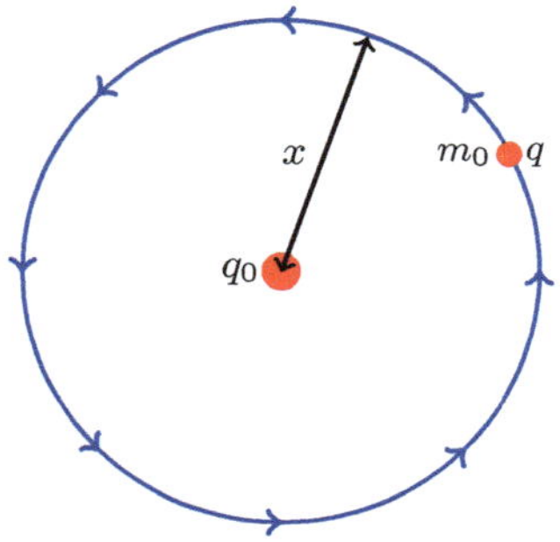

Abb. 5.11 Kreisbahn im relativistischen Coulomb-Problem

$$\mathcal{E}_{\text{B}} = \big[(\gamma - 1) - \bar{a}^2\gamma\big]m_0c^2 = \big[\gamma(1-\bar{a}^2) - 1\big]m_0c^2 = -\big(1-\gamma^{-1}\big)m_0c^2 \ .$$

Hierbei ist zu beachten, dass die Messgröße $\mathcal{E}_{\text{B}}$ *betragsmäßig* immer *kleiner* als $\mathcal{E}_{\text{kin}}$ und $\mathcal{E}_{\text{pot}}$ ist: $|\mathcal{E}_{\text{B}}| = \gamma^{-1}\mathcal{E}_{\text{kin}} = (\gamma+1)^{-1}|\mathcal{E}_{\text{pot}}|$.

Wann kann man die Effekte der Energieabstrahlung vernachlässigen?

Bei der Formulierung der relativistischen Lorentz'schen Bewegungsgleichung werden *Energieverluste durch Abstrahlung* gänzlich vernachlässigt. Im Folgenden untersuchen wir daher für den Spezialfall der Kreisbahnen des Coulomb-Problems, ob bzw. inwiefern diese Vernachlässigung der Energieabstrahlung überhaupt „erlaubt“, d. h. physikalisch eine realistische Näherung ist.

Im Inertialsystem der *immobilen* Ladung q_0 ist die Geschwindigkeit der *mobilen* Ladung q konstant und als Funktion der *retardierten* Zeit τ gegeben durch

$$\boldsymbol{\beta}(\tau) = \beta[\cos(\dot{\varphi}\tau)\hat{\mathbf{e}}_1 + \sin(\dot{\varphi}\tau)\hat{\mathbf{e}}_2] \ .$$

Folglich gilt (unter Verwendung der Beziehung $\beta = \bar{a}$):

$$|\dot{\boldsymbol{\beta}}| = \left|\frac{d\boldsymbol{\beta}}{d\tau}\right| = \beta\dot{\varphi} = \beta\left[\frac{\bar{a}\pi_\varphi c}{\gamma m_0}\Big(\frac{\gamma m_0 c\bar{a}}{\pi_\varphi}\Big)^3\right]^{1/2} = \frac{\bar{a}^3\gamma m_0 c^2}{\pi_\varphi} \ .$$

In Abschnitt [5.2.2] haben wir gelernt, dass die Gesamtleistung einer bewegten Ladung bei einer Kreisbewegung durch $W = \frac{q^2|\dot{\boldsymbol{\beta}}|^2\gamma^4}{6\pi\varepsilon_0 c}$ gegeben ist. Da die Umlaufzeit der Ladung gleich $\frac{2\pi}{\dot{\varphi}} = \frac{2\pi\beta}{|\dot{\boldsymbol{\beta}}|}$ ist, folgt für die Gesamtleistung pro Umlauf:

$$\frac{2\pi W}{\dot{\varphi}} = \frac{q^2|\dot{\boldsymbol{\beta}}|\gamma^4\bar{a}}{3\varepsilon_0 c} = \frac{q^2\bar{a}^4\gamma^5 m_0 c^2}{3\varepsilon_0 c\pi_\varphi} .$$

Damit die Lösung der Lorentz'schen Bewegungsgleichung physikalisch realistisch ist, muss die Gesamtleistung pro Umlauf sehr viel kleiner als die relevante *Energie* der mobilen Ladung sein. Da der Betrag $|\mathcal{E}_{\mathrm{B}}|$ der Bindungsenergie erstens eine *Messgröße* ist und zweitens immer *kleiner* als die konkurrierenden Energien $\mathcal{E}_{\mathrm{kin}}$ und $|\mathcal{E}_{\mathrm{pot}}|$, wählen wir die Bindungsenergie $|\mathcal{E}_{\mathrm{B}}|$ als Vergleichsgröße. Das Kriterium für die Gültigkeit der Lösung aus Abschnitt 5.11 in Ref. [11] lautet dann:

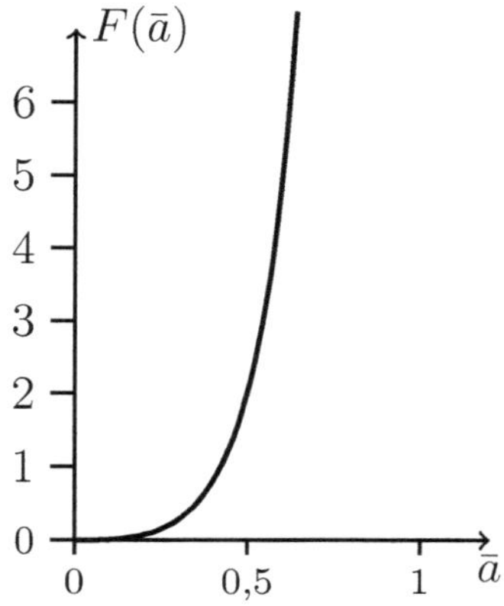

Abb. 5.12 Skizze der Funktion $F(\bar{a})$

$$\frac{q^2\bar{a}^4\gamma^5}{3\varepsilon_0 c(1-\gamma^{-1})\pi_\varphi} \ll 1 . \tag{5.28a}$$

Wegen der Beziehung $\frac{\varepsilon_0 c\pi_\varphi}{q^2} = \frac{(-q_0/q)}{4\pi\bar{a}}$ folgt alternativ noch als Kriterium:

$$\boxed{-\frac{q_0}{q} \gg F(\bar{a}) \quad , \quad F(\bar{a}) = \frac{4\pi\gamma^6\bar{a}^5}{3(\gamma-1)} .} \tag{5.28b}$$

Daher muss für einen vorgegebenen Parameter $\bar{a} \in (0,1)$ das Verhältnis der immobilen zur mobilen Ladung betragsmäßig offenbar *hinreichend groß* sein, oder für ein vorgegebenes Ladungsverhältnis $-\frac{q_0}{q}$ der Parameter $\bar{a}$ *hinreichend klein* sein, damit die Lorentz'sche Bewegungsgleichung eine realistische Beschreibung darstellt. Die explizite Form von $F(\bar{a})$ folgt mit $\gamma = (1-\bar{a}^2)^{-1/2}$ als:

$$\boxed{F(\bar{a}) = \frac{4\pi\bar{a}^3(1+\sqrt{1-\bar{a}^2})}{3(1-\bar{a}^2)^{5/2}} ,} \tag{5.28c}$$

sodass $F(\bar{a}) \propto \bar{a}^3$ klein ist für $\bar{a} \downarrow 0$ und $F(\bar{a}) \propto (1-\bar{a})^{-5/2}$ divergiert im ultrarelativistischen Limes $\bar{a} \uparrow 1$. Wir lernen also, dass die Lorentz'sche Bewegungsgleichung eine sinnvolle Beschreibung darstellt, falls die relativistischen Effekte im Einklang mit Gleichung (5.28b) *hinreichend schwach* sind. Die in (5.28c) definierte Funktion $F(\bar{a})$ ist in Abbildung 5.12 skizziert.

Wann ist die Berücksichtigung der Energieabstrahlung essentiell?

Aufgrund der Kriterien (5.28), die die *Gültigkeit* der Lorentz'schen Bewegungsgleichung für eine größere Zahl von Umläufen gewährleisten, ist auch klar, in welchem

Parameterbereich es *essentiell* ist, die Effekte der Energieabstrahlung mitzuberücksichtigen: Die Berücksichtigung dieser Effekte ist von entscheidender Bedeutung, sobald die *innerhalb weniger Umläufe* abgestrahlte Energiemenge vergleichbar mit der Bindungsenergie $|\mathcal{E}_{\mathrm{B}}|$ ist.

Hier nehmen wir zur Illustration konkret an, dass die Bindungsenergie $|\mathcal{E}_{\mathrm{B}}|$ innerhalb von k Umläufen (mit $k = 1, 2, 3$) abgestrahlt wird. Das Kriterium hierfür folgt dann aus (5.28a) und (5.28b) als:

$$\boxed{\frac{q^2\bar{a}^3\gamma^4}{3\varepsilon_0 m_0 c^2(1-\gamma^{-1})x} \overset{!}{=} \frac{4\pi r_q \bar{a}^3\gamma^4}{3(1-\gamma^{-1})x} \gtrsim k^{-1} \quad , \quad -\frac{q_0}{q} \lesssim kF(\bar{a}) \ .} \tag{5.29}$$

Bei der Formulierung von Gleichung (5.29) wurde auf der linken Seite von (5.28a) lediglich die Beziehung $x = \frac{\pi_\varphi}{\gamma m_0 c\bar{a}}$ bzw. $\pi_\varphi = \gamma m_0 c\bar{a}x$ zwischen Bahnradius und Drehimpuls verwendet. Außerdem wurde in (5.29) die bereits aus Gleichung (4.50) bekannte Definition $r_q = \frac{q^2}{4\pi\varepsilon_0 m_0 c^2}$ des „klassischen Radius" eines Teilchens mit der Ladung q eingesetzt. Für Elementarteilchen ist dieser „klassische Radius" i. A. sehr klein. Beispielsweise wissen wir bereits aus (4.51), dass der „klassische Radius des Elektrons" numerisch durch $r_e = \frac{e^2}{4\pi\varepsilon_0 m_0 c^2} \simeq 2{,}8 \cdot 10^{-15}\,\mathrm{m}$ gegeben ist.

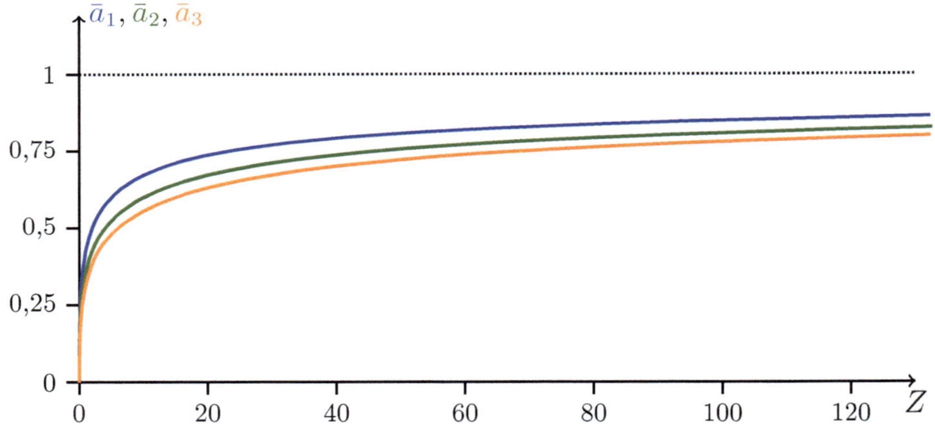

Abb. 5.13 Skizze der Funktionen $\bar{a}_k(Z) = F^{-1}(Z/k)$ für $k = 1, 2, 3$

Aufgrund der beiden Gleichungen in (5.29) ist nun klar, unter welchen Bedingungen die Effekte der Energieabstrahlung im Coulomb-Problem zwingend mitzuberücksichtigen sind: Die *rechte* Gleichung in (5.29) zeigt, dass hierzu der Bahnparameter $\bar{a}$ hinreichend groß sein muss:

$$\bar{a}_k(Z) \lesssim \bar{a} < 1 \quad , \quad \bar{a}_k(Z) \equiv F^{-1}(Z/k) \quad , \quad Z \equiv -\frac{q_0}{q} \qquad (k = 1, 2, 3) \ . \tag{5.30}$$

Hierbei wurde für das Verhältnis $-\frac{q_0}{q}$ der immobilen zur mobilen Ladung im Coulomb-Problem das Symbol Z eingeführt. Falls das Coulomb-Problem ein (klassisches) Atom beschreiben soll, würde man Z als *Atomnummer* oder *Protonenzahl* bezeichnen. Die in (5.30) definierte Funktion $\bar{a}_k(Z)$ ist für $k = 1, 2, 3$ in Abbildung 5.13 skizziert. Die Skizze zeigt, dass sich der Bahnparameter $\bar{a} = \beta$ im *atomaren*

Kontext (mit $Z \geq 1$) immer im relativistischen Bereich befindet: Für $k = 1, 2, 3$ erhält man die Untergrenzen $\bar{a}_1(1) \simeq 0{,}5$, $\bar{a}_2(1) \simeq 0{,}4$ bzw. $\bar{a}_3(1) \simeq 0{,}34$.

Die *linke* Gleichung in (5.29) zeigt, dass der Bahnradius x *hinreichend klein* sein muss, damit die Effekte der Energieabstrahlung mitzuberücksichtigen sind:

$$\frac{x}{r_q} \lesssim kX(\bar{a}) \quad , \quad X(\bar{a}) \equiv \frac{4\pi\bar{a}^3\gamma^4}{3(1-\gamma^{-1})} = \frac{4\pi\bar{a}(1+\sqrt{1-\bar{a}^2})}{3(1-\bar{a}^2)^2} \, . \tag{5.31}$$

Im atomaren Kontext (mit $Z \geq 1$ und $0{,}35 \lesssim \bar{a} < 1$) gilt also immer $X(\bar{a}) = \mathcal{O}(1)$, sodass der Bahnradius im Wesentlichen (bis auf einen numerischen Faktor) durch den „klassischen Radius" eines Teilchens der Ladung q gegeben ist. Abbildung 5.14 zeigt allerdings, dass die Funktion $X(\bar{a})$ für $\bar{a} = \beta \gtrsim 0{,}35$ aufgrund relativistischer Effekte (enthalten im Faktor γ^4) numerisch schnell mit $\bar{a}$ ansteigt.

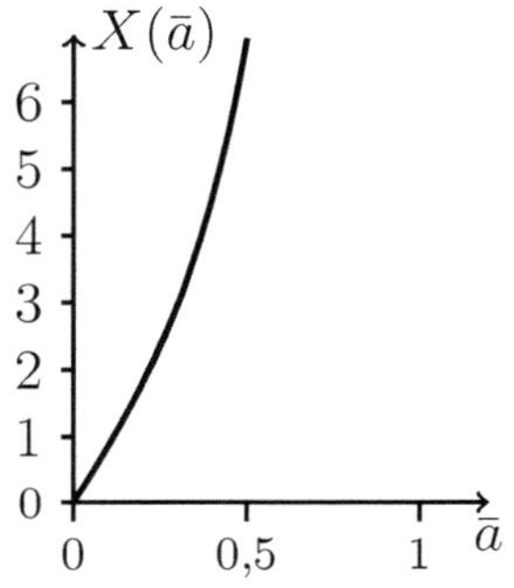

Abb. 5.14 Skizze der Funktion $X(\bar{a})$

Speziell für ein mobiles (klassisches) Elektron mit der Elektronenladung e, das sich um einen immobilen Kern der Ladung $-Ze$ bewegt, bedeutet dies konkret, dass der Bahnradius die Ungleichung $x \lesssim kX(\bar{a})r_e$ erfüllen muss, damit starke Effekte durch Energieabstrahlung auftreten.

Für den Drehimpuls $\pi_\varphi = \gamma m_0 c\bar{a}x$ dieser Elektronenbahn impliziert dies die folgende Ungleichung, die erfüllt sein muss, damit starke Abstrahlungseffekte auftreten:

$$\pi_\varphi \lesssim \gamma m_0 c\bar{a}kX(\bar{a})r_e = m_0 c \frac{\bar{a}kX(\bar{a})}{\sqrt{1-\bar{a}^2}} \frac{e^2}{4\pi\varepsilon_0 m_0 c^2} = \frac{\bar{a}kX(\bar{a})}{\sqrt{1-\bar{a}^2}} \alpha\hbar \, . \tag{5.32}$$

Hierbei stellt $\alpha = \frac{e^2}{4\pi\varepsilon_0\hbar c} \simeq \frac{1}{137}$ die Feinstrukturkonstante dar und $\hbar$ das Planck'sche Wirkungsquantum. Die Ungleichung $\pi_\varphi \lesssim \gamma\bar{a}kX(\bar{a})\alpha\hbar$ in (5.32) für den Bahndrehimpuls zeigt zweierlei, nämlich einerseits, dass die *Skala* für den Drehimpuls π_φ durch den kleinen Wert $\alpha\hbar$ gesetzt wird, und andererseits, dass der numerische Vorfaktor $\gamma\bar{a}kX(\bar{a})$ dieser Skala u. U. sehr groß werden kann. Am Ende von Abschnitt [5.3.2] kommen wir hierauf zurück.

5.3.2 Energieabstrahlung im Bohr'schen Atommodell

Wir wenden die in Abschnitt [5.3] gewonnenen Einsichten über Energieabstrahlung im allgemeinen klassischen *Coulomb-Problem* nun an auf das quasiklassische *Bohr'sche Atommodell*. Das Bohr'sche Atommodell ist im Grunde das Coulomb-Problem für ein mobiles Teilchen mit der Elektronenladung e unter der zusätzlichen Maßgabe, dass der Bahndrehimpuls des „Elektrons" lediglich die Werte $\pi_\varphi = n\hbar$ mit $n \in \mathbb{N}$ annehmen kann.[9] Das Bohr'sche Atommodell sagt (im nichtrelativisti-

[9] Üblicherweise betrachtet man im Bohr'schen Atommodell nur *nicht*relativistische Geschwindigkeiten. Unser Coulomb-Problem ist die relativistische Erweiterung dieses quasiklassischen Modells. Im Gegensatz zur Dirac-Theorie wird der Elektronen*spin* hier nicht mitberücksichtigt. Das Kriterium $\pi_\varphi = n\hbar$ folgt aus Bohrs Quantisierungsbedingung $\oint ds\ p = nh$, die aufgrund von de Broglies Postulat $p = \hbar k = h\lambda^{-1}$ für Materiewellen bedeutet, dass stationäre Elektronenbahnen eine ganzzahlige Anzahl von Wellenlängen enthalten. Es folgt $2\pi xp = 2\pi\pi_\varphi = nh$ bzw. $\pi_\varphi = n\hbar$.

schen Limes) korrekte Werte für die Bindungsenergien des Wasserstoffatoms voraus und zumindest *qualitativ* korrekte Werte für die Bahnradien der Orbitale.

Energieabstrahlung im semiklassischen H-Atom

Wir möchten die in (5.28) und (5.29) hergeleiteten Kriterien für *schwache* bzw. *starke* Energieverluste durch Abstrahlung nun anwenden auf ein (semiklassisch betrachtetes) H-Atom mit $q = -q_0 = e$ (d. h. mit $Z = 1$) und einem Drehimpuls $\pi_\varphi = n\hbar$ mit $n \in \mathbb{N}$. Wir erhalten in diesem Fall den Wert $a = \frac{e^2}{4\pi\varepsilon_0} = \alpha\hbar c$ für den Modellparameter a, wobei $\alpha \simeq \frac{1}{137}$ wie üblich die Feinstrukturkonstante darstellt. Daraus ergibt sich

$$\boxed{\bar{a} = \frac{a}{\pi_\varphi c} = \frac{\alpha\hbar}{\pi_\varphi} = \frac{\alpha}{n}\,,}$$

sodass auf jeden Fall $\bar{a} \ll 1$ gilt und das Kriterium

$$\boxed{\frac{8\pi}{3}\bar{a}^3 \simeq F(\bar{a}) \ll -\frac{q_0}{q} = 1} \tag{5.33}$$

in (5.28b) erfüllt ist. Die Energieverluste durch Abstrahlung von elektromagnetischen Wellen sind also im Bohr'schen „H-Atom“ nur sehr *schwach*, sodass die Lorentz'sche Bewegungsgleichung grundsätzlich ein sinnvoller Startpunkt für die Beschreibung der semiklassischen Elektronenbahn darstellt.

Dennoch würde ein semiklassisches (Bohr'sches) H-Atom seine gesamte Bindungsenergie innerhalb von $[F(\bar{a})]^{-1} \simeq \frac{3n^3}{8\pi\alpha^3}$ Umläufen abstrahlen. Dies zeigt einerseits, dass das semiklassische Atommodell *intern* (d. h. sogar im Rahmen der klassischen Theorie selbst) *inkonsistent* ist und man für eine realistische Beschreibung atomarer Vorgänge auf längeren Zeitskalen unbedingt die Quantenmechanik benötigt. Andererseits muss aber auch angemerkt werden, dass die Höchstzahl der möglichen Umläufe recht groß ist: Sogar für $n = 1$ gilt $[F(\bar{a})]^{-1} \simeq 3 \cdot 10^5$, und diese Zahl steigt für größere n-Werte rapide an, sodass die semiklassische Näherung für große Werte der Hauptquantenzahl sogar „lange Zeit“ recht gut ist.[10] Aus Gleichung (5.33) lernen wir also, dass Abstrahlungseffekte für Elektronenbahnen mit Radien auf der Å-Skala nur eine *schwache* Störung der semiklassischen Bahn darstellen.

Energieabstrahlung im semiklassischen H-ähnlichen Atom ($Z \gg 1$)

Das gerade diskutierte semiklassische „H-Atom“ zeigt, dass die semiklassische Näherung sogar für eine Hauptquantenzahl $n = 1$ recht gut ist. Dies bedeutet, dass das vom beschleunigten Elektron ausgestrahlte elektromagnetische Feld sehr schwach ist und das Elektron daher von seinem selbst-erzeugten elektromagnetischen Feld kaum beeinflusst wird. Im Rahmen der klassischen Theorie ist es also eine hervorragende Näherung, zuerst die Teilchenbewegung bei vorgegebenem Zentralpotential

[10] D. h. *lang* auf der *atomaren* Skala: $3 \cdot 10^5$ Umläufe dauern für $n = 1$ etwa $5 \cdot 10^{-11}$ s. Die sehr kurze Dauer eines einzelnen Umlaufs ($\simeq 10^{-16}$ s) für $n = 1$ im semiklassischen H-Atom zeigt bereits, wie wichtig Experimente auf der Attosekundenskala sind (Physik-Nobel-Preis 2023).

zu berechnen und erst danach, als eine kleine Störung, das von dieser Teilchenbewegung erzeugte elektromagnetische Feld.

Wir möchten nun klären, unter welchen Bedingungen diese *Trennung* zwischen der Teilchendynamik und der Dynamik der Felder *ungültig* wird, d. h., unter welchen Bedingungen die Dynamik von Teilchen und Feldern unbedingt *zusammen* bestimmt werden muss.

Hierzu betrachten wir das Problem des semiklassischen „H-ähnlichen Atoms“, das ein einzelnes Elektron mit der Ladung $q = e$ besitzen soll, dessen immobiler Kern nun aber die Ladung $q_0 = -Ze$ mit $Z \gg 1$ hat. Der Drehimpuls soll gleich $\pi_\varphi = \hbar$ sein, da die Abstrahlungseffekte für $n = 1$ am größten sind. Die starke positive immobile Ladung zieht das Elektron deutlich näher an den Kern heran, vergrößert dadurch die *Beschleunigung* des Elektrons und daher auch die *ausgestrahlte Energie*. Da der Drehimpuls durch $\pi_\varphi = \hbar$ gegeben ist, kann der Modellparameter $\bar{a}$ explizit als Funktion von Z ausgerechnet werden; wir erhalten zunächst $a = \frac{Ze^2}{4\pi\varepsilon_0} = Z\alpha\hbar c$ und daher auch $\bar{a} = \frac{a}{\pi_\varphi c} = \frac{a}{\hbar c} = Z\alpha$.

Wir möchten nun bestimmen, für welche Z-Werte die innerhalb weniger Umläufe ($k = 1, 2, 3$) vom Elektron ausgestrahlte Energie vergleichbar mit seiner Bindungsenergie ist. Diese Bindungsenergie ist für $n = 1$ gleich:[11]

$$\mathcal{E}_\mathrm{B} = -(1-\gamma^{-1})m_0c^2 = -(1-\sqrt{1-\bar{a}^2})m_0c^2 = -\left[1-\sqrt{1-(Z\alpha)^2}\right]m_0c^2 \,.$$

Der entsprechende Bahnradius und die Umlaufzeit stellen dann charakteristische Längen- und Zeitskalen dar, für die die *Wechselwirkung* der Teilchen- und der Felddynamik und somit auch die vom Feld vermittelte *Selbstwechselwirkung* des Elektrons explizit berücksichtigt werden muss.

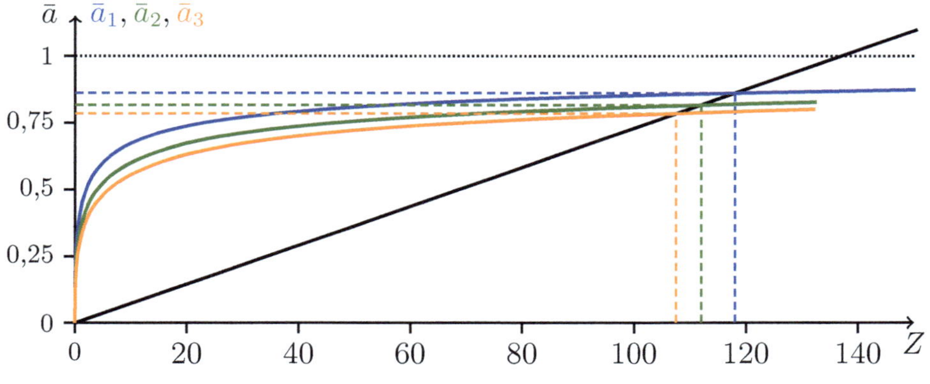

Abb. 5.15 Schnittpunkt der Funktionen $\bar{a}_k(Z) = F^{-1}(Z/k)$ und $\bar{a}(Z) = \alpha Z$

Das semiklassische „H-ähnliche Atom“ mit starker Abstrahlung innerhalb von k Umläufen ($Z \gg 1$, $k = 1, 2, 3$) wird durch Gleichung (5.30) beschrieben:

$$\bar{a}_k(Z) \lesssim \bar{a} < 1 \quad , \quad Z/k = F(\bar{a}_k) = \frac{4\pi\bar{a}_k^3(1+\sqrt{1-\bar{a}_k^2})}{3(1-\bar{a}_k^2)^{5/2}} \,. \qquad (5.34)$$

[11]Diese Bindungsenergie im semiklassischen H-ähnlichen Atom für $n = 1$ ist interessanterweise exakt gleich der Bindungsenergie im Grundzustand des H-ähnlichen Dirac-Atoms.

Wegen $Z \gg 1$ ist sofort ersichtlich, dass diese Gleichung nur für stark relativistische Bahnbewegungen mit $\bar{a}_k \lesssim 1$ bzw. $1-\bar{a}_k^2 \ll 1$ erfüllbar ist. Da der Modellparameter $\bar{a}$ für $\pi_\varphi = \hbar$ durch $\bar{a} = Z\alpha$ gegeben ist, folgt statt (5.34) die Ungleichung:

$$1 > Z\alpha \gtrsim \bar{a}_k(Z) \qquad (k = 1, 2, 3)\ . \tag{5.35}$$

Gleichung (5.35) kann bequem grafisch gelöst werden, wie in Abbildung 5.15 gezeigt. Hierzu bestimmt man für jeden Wert $k = 1, 2, 3$ den Schnittpunkt der Funktion $\bar{a}_k(Z) = F^{-1}(Z/k)$ mit der Geraden $\bar{a}(Z) = \alpha Z$; dieser Schnittpunkt hat dann die Koordinaten $(Z_k^{\min}, \bar{a}_k^{\min})$ mit $\bar{a}_k^{\min} \equiv \bar{a}_k(Z_k^{\min})$. Die physikalische Bedeutung dieses Schnittpunkts ist, dass das Elektron für sehr schwere Kerne mit $Z \gtrsim Z_k^{\min}$ seine komplette Bindungsenergie effektiv innerhalb von k Umläufen ausstrahlt. Die dimensionslose Geschwindigkeit $\bar{a} = \beta$ nimmt dabei Werte $1 > \bar{a} \gtrsim \bar{a}_k^{\min}$ an.

Wie in Abbildung 5.15 anhand der farbigen Strichellinien dargestellt ist, ergibt die grafische Lösung von Gleichung (5.35) die folgenden Ergebnisse:[12]

$$\begin{pmatrix} Z_1^{\min} \\ \bar{a}_1^{\min} \end{pmatrix} = \begin{pmatrix} 118 \\ 0{,}861 \end{pmatrix} \quad , \quad \begin{pmatrix} Z_2^{\min} \\ \bar{a}_2^{\min} \end{pmatrix} = \begin{pmatrix} 112 \\ 0{,}817 \end{pmatrix} \quad , \quad \begin{pmatrix} Z_3^{\min} \\ \bar{a}_3^{\min} \end{pmatrix} = \begin{pmatrix} 107{,}5 \\ 0{,}785 \end{pmatrix} . \tag{5.36}$$

Die drei Lösungen für $k = 1, 2, 3$ beschreiben alle hochrelativistische Elektronenbahnen. Bemerkenswert ist auch, dass ihre numerischen Werte (wegen der empfindlichen $\bar{a}$-Abhängigkeit der γ-Faktoren) nicht sehr unterschiedlich sind.

Wir konzentrieren uns nun für Illustrationszwecke auf die *Untergrenze* des möglichen $(\bar{a}, Z)$-Bereichs in (5.35): $\bar{a} = \bar{a}_k^{\min}$ bzw. $Z = Z_k^{\min}$. Der *Radius* der Elektronenbahn ist dann gegeben durch $x = \frac{\pi_\varphi}{\gamma m_0 c \bar{a}}$ mit $\bar{a} = \bar{a}_k^{\min}$ und $\pi_\varphi = \hbar$:

$$x = \frac{\sqrt{1-\bar{a}^2}}{\bar{a}} \frac{\hbar}{m_0 c} \simeq \begin{Bmatrix} 0{,}59 \\ 0{,}71 \\ 0{,}79 \end{Bmatrix} ƛ_{\text{Compton}} \qquad \text{für} \qquad \begin{cases} k = 1 \\ k = 2 \\ k = 3 \end{cases} . \tag{5.37a}$$

Hierbei stellt $ƛ_{\text{Compton}} = \frac{\hbar}{m_0 c} = \alpha a_{\text{B}}$ wieder die *Compton-Wellenlänge* dar, siehe Abschnitt [4.6.1]. Der Radius der Elektronenbahn ist also im Wesentlichen durch die Compton-Wellenlänge gegeben.[13] Die *Umlaufzeit*[14] folgt aus $T \simeq 2\pi x/\bar{a}c$:

$$T \simeq \begin{Bmatrix} 0{,}69 \\ 0{,}87 \\ 1{,}01 \end{Bmatrix} \frac{2\pi\hbar}{m_0 c^2} \qquad \text{für} \qquad \begin{cases} k = 1 \\ k = 2 \\ k = 3 \end{cases} . \tag{5.37b}$$

Die *Beschleunigung* des Elektrons folgt dann aus

$$|\dot{\boldsymbol{\beta}}| = \frac{\bar{a}^3 \gamma m_0 c^2}{\pi_\varphi} = \frac{\bar{a}^3 \gamma m_0 c^2}{\hbar} = \bar{a}\frac{2\pi}{T} \simeq \begin{Bmatrix} 0{,}861 \\ 0{,}817 \\ 0{,}785 \end{Bmatrix} \frac{2\pi}{T} \quad \text{für} \quad \begin{cases} k = 1 \\ k = 2 \\ k = 3 \end{cases} \tag{5.37c}$$

und ist also proportional zur Winkelgeschwindigkeit $\dot{\varphi} = \frac{2\pi}{T}$ der Bahn.

[12] Die Elemente mit den Protonenzahlen 118 (Oganesson), 112 (Copernicium) und 108 (Hassium) wurden alle künstlich erzeugt und sind alle radioaktiv. Hierbei ist die Halbwertszeit von $^{294}_{118}\text{Og}$ etwa durch 0,89 ms, von $^{285}_{112}\text{Cn}$ durch 28 s und von $^{270}_{108}\text{Hs}$ durch 22 s gegeben.

[13] Dies ist qualitativ in Übereinstimmung mit der Vorhersage $x \equiv \langle|\mathbf{x}|\rangle = b_k ƛ_{\text{Compton}}$ für den Grundzustand der Dirac-Gleichung mit $b_1 \simeq 1{,}16$, $b_2 \simeq 1{,}30$ bzw. $b_3 \simeq 1{,}41$ für $k = 1, 2, 3$.

[14] Diese Umlaufzeiten sind außerordentlich kurz: Numerisch gilt $\frac{2\pi\hbar}{m_0 c^2} \simeq 0{,}81 \cdot 10^{-20}$ s.

Für Elektronenbahnen mit Bahnradien, Umlaufzeiten und Beschleunigungen der Größenordnung (5.37) können die Teilchen- und die Felddynamik nicht mehr entkoppelt und müssen daher zusammen behandelt werden. Auf und unterhalb der Skala der Compton-Wellenlänge muss die vom ausgestrahlten Feld vermittelte *Selbstwechselwirkung* des beschleunigten Elektrons also explizit mitberücksichtigt werden. Außerdem zeigt insbesondere das Ergebnis $x/\lambda\!\!\!^{-}_{\text{Compton}} = \mathcal{O}(1)$ für den Bahnradius in (5.37a), dass nicht nur die *klassische* Physik, sondern auch allgemeiner die *Einteilchen*physik bei der Beschreibung der Selbstwechselwirkung des Elektrons fundamental an ihre Grenzen stösst ....

5.3.3 Die Grenzen der klassischen Physik

Die *quasiklassisch* hergeleitete Vorhersage $x \simeq 0{,}59\,\lambda\!\!\!^{-}_{\text{Compton}}$ in (5.37a) für den Bahnradius des Grundzustands in einem H-ähnlichen Atom mit $k = 1$ weicht drastisch von der Vorhersage $x = \mathcal{O}(r_e)$ der rein *klassischen* Berechnung in (5.31) ab. Hierbei sollte man bedenken, dass der klassische Radius des Elektrons gemäß $r_e = \alpha\lambda\!\!\!^{-}_{\text{Compton}} \simeq \frac{1}{137}\lambda\!\!\!^{-}_{\text{Compton}}$ mit der Compton-Wellenlänge verknüpft ist.

Zum Vergleich fassen wir noch einmal die *klassischen* Bedingungen für den Bereich starker Kopplung zwischen Elektron und Feld zusammen, wobei wir $k = 1$ und $\bar{a} \lesssim \frac{1}{2}$ annehmen. Mit $\gamma \simeq 1$ und $X(\bar{a}) \simeq \frac{8\pi}{3}\bar{a}$ folgt dann:

$$\frac{x}{r_e} \lesssim X(\bar{a}) \quad , \quad \frac{\pi_\varphi}{\alpha\hbar} \lesssim \bar{a}X(\bar{a}) \quad , \quad Z \lesssim \bar{a}^2 X(\bar{a}) \quad , \quad \frac{cT}{2\pi r_e} \lesssim \frac{8\pi}{3} \quad , \quad \frac{|\dot{\boldsymbol{\beta}}| r_e}{c} \gtrsim \frac{3\bar{a}}{8\pi} \, .$$

Diese Bedingungen zeigen, dass z. B. für $Z = 1$ eine Lösung existiert mit

$$\bar{a} = \tfrac{1}{2} \quad , \quad x = \mathcal{O}(r_e) \quad , \quad \pi_\varphi = \mathcal{O}(\alpha\hbar) \quad , \quad T = \mathcal{O}(r_e/c) \quad , \quad |\dot{\boldsymbol{\beta}}| = \mathcal{O}(c/r_e) \, ,$$

wobei die Vorfaktoren in den $\mathcal{O}$-Beziehungen numerisch weder groß noch klein sind. Eine derartige klassische Lösung ist *inkompatibel* mit den Anforderungen der Quantenmechanik, die für den Bereich starker Wechselwirkung zwischen Teilchen und Feldern die viel größere charakteristische Längenskala $\lambda\!\!\!^{-}_{\text{Compton}}$ vorhersagt.

Der Grund für diese krasse Diskrepanz ist, dass die klassische Theorie auch sehr kleine Werte $\pi_\varphi = \mathcal{O}(\alpha\hbar)$ des Drehimpulses zulässt, wie aus (5.32) ersichtlich, während in der quasiklassischen Berechnung die zusätzliche Maßgabe $\pi_\varphi = n\hbar$ mit $n \in \mathbb{N}$ auferlegt wird [in Gleichung (5.37a) mit $n = 1$]. Die Drehimpulsquantisierung der Quantenmechanik schließt in dieser Weise also weite Teile des klassischen Lösungsbereichs aus.

Ein weiterer wichtiger Punkt ist, dass die drei Lösungen für $k = 1, 2, 3$ in (5.37) alle *hochrelativistische* Elektronenbahnen beschreiben: $\bar{a}_1^{\min} = 0{,}861$, $\bar{a}_2^{\min} = 0{,}817$ und $\bar{a}_3^{\min} = 0{,}785$. Dies zeigt, dass quasiklassische oder quantenmechanische Überlegungen im Bereich starker Wechselwirkung zwischen Teilchen und Feldern auf jeden Fall auch immer die spezielle Relativitätstheorie berücksichtigen sollten.

Die Grenzen der Einteilchenphysik

Aus Abschnitt [4.6.1] wissen wir bereits, dass die klassische Elektrodynamik auf der Skala der Compton-Wellenlänge durch das Auftreten von *Vielteilchen*effekten, wie die Erzeugung von Elektron-Positron-Paaren, ungültig wird. Dies zeigt, dass eine Behandlung des beschleunigten Elektrons im Feld eines schweren Kerns als *Einteilchen*problem realitätsfern ist und durch eine *quantenfeldtheoretische* Analyse ersetzt werden muss.

Es reicht auch nicht aus, dieses Problem innerhalb einer *quantenmechanischen Einteilchentheorie*, wie der Dirac-Theorie, zu behandeln, da auch diese keine Vielteilcheneffekte beschreiben kann. Die Behandlung H-ähnlicher Atome innerhalb der Dirac-Theorie wird interessanterweise ebenfalls auf der Skala der Compton-Wellenlänge ungültig, nämlich für $Z = \alpha^{-1} \simeq 137$.

Dies ist ein Indiz dafür, dass Einteilchentheorien generell, ob klassischer oder quantenmechanischer Natur, auf kleineren Längenskalen als $\lambda\!\!\!^{-}_{\text{Compton}}$ physikalisch nicht sinnvoll sind.

Fazit Für das beschleunigte Elektron im Feld eines schweren immobilen Kerns bedeutet dies, dass die Beschreibung *starker Selbstwechselwirkungeffekte* im Rahmen der klassischen Elektrodynamik (oder auch im Rahmen der Einteilchenquantenmechanik) grundsätzlich nicht möglich ist.[15] Stattdessen benötigt man hierzu den Formalismus der relativistischen Quantenfeldtheorie, in diesem Fall konkret die Quantenelektrodynamik (QED).

5.4 Strahlungsfelder lokalisierter oszillierender Quellen

Wir betrachten ein räumlich lokalisiertes, zeitlich veränderliches System von Ladungen und Strömen, die aufgrund der inhomogenen Maxwell-Gleichungen als Quellen des elektromagnetischen Feldes wirken. Wir nehmen zunächst an, dass das elektromagnetische Feld sich *im Vakuum* ausbreitet. Im Sinne einer Fourier-Analyse der Zeitentwicklung des Systems reicht es außerdem aus, *einzelne Fourier-Komponenten* der Strahlung zu betrachten, d. h. *harmonische* Lösungen der inhomogenen Maxwell-Gleichungen mit der Frequenz ω. Dementsprechend machen wir den Ansatz

$$\boxed{\rho(\mathbf{x},t) = \mathrm{Re}\left[\rho(\mathbf{x})e^{-i\omega t}\right] \quad , \quad \mathbf{j}(\mathbf{x},t) = \mathrm{Re}\left[\mathbf{j}(\mathbf{x})e^{-i\omega t}\right]}$$

für die Zeitabhängigkeit der Ladungen und Ströme. Hierbei dürfen die rein ortsabhängigen Funktionen $\rho(\mathbf{x})$ und $\mathbf{j}(\mathbf{x})$ durchaus komplexwertig sein. Die Kontinuitätsgleichung für $\rho(\mathbf{x},t)$ und $\mathbf{j}(\mathbf{x},t)$ impliziert die Beziehung

$$\boxed{(\boldsymbol{\nabla}\cdot\mathbf{j})(\mathbf{x}) = i\omega\rho(\mathbf{x})}$$

zwischen $\rho(\mathbf{x})$ und $\mathbf{j}(\mathbf{x})$. Das retardierte 4-Potential der Ladungs- und Stromverteilung ist durch Gleichung (5.2b) gegeben:

$$A^\mu(\mathbf{x},t) = \frac{1}{4\pi\varepsilon_0 c}\int d^3\xi\, \frac{j^\mu\!\left(\boldsymbol{\xi}, t - \frac{|\mathbf{x}-\boldsymbol{\xi}|}{c}\right)}{|\mathbf{x}-\boldsymbol{\xi}|}\,,$$

[15] Versuche in dieser Richtung, wie die klassische Abraham-Lorentz-Theorie, führen dann auch zu unbefriedigenden Ergebnissen, siehe z. B. Kapitel 17 in Ref. [22] oder § 75 in Ref. [24].

sodass die einzelnen Fourier-Komponenten darstellbar sind in der Form

$$\boxed{\Phi(\mathbf{x},t) = \mathrm{Re}\left[\Phi(\mathbf{x})e^{-i\omega t}\right] \quad , \quad \mathbf{A}(\mathbf{x},t) = \mathrm{Re}\left[\boldsymbol{\mathcal{A}}(\mathbf{x})e^{-i\omega t}\right]}$$

mit

$$\boxed{\Phi(\mathbf{x}) \equiv \int d^3\xi\ \frac{\rho(\boldsymbol{\xi})e^{ik|\mathbf{x}-\boldsymbol{\xi}|}}{4\pi\varepsilon_0|\mathbf{x}-\boldsymbol{\xi}|} \quad , \quad \boldsymbol{\mathcal{A}}(\mathbf{x}) \equiv \int d^3\xi\ \frac{\mathbf{j}(\boldsymbol{\xi})e^{ik|\mathbf{x}-\boldsymbol{\xi}|}}{4\pi\varepsilon_0 c^2|\mathbf{x}-\boldsymbol{\xi}|} \ .} \tag{5.38}$$

Hierbei gilt $k = \frac{\omega}{c}$. Aus der Lorenz-Eichung $\partial_\nu A^\nu = 0$ folgt noch die Beziehung

$$\boxed{\Phi(\mathbf{x}) = \frac{c}{ik}(\boldsymbol{\nabla}\cdot\boldsymbol{\mathcal{A}})(\mathbf{x}) \ ,}$$

sodass das (i. A. komplexe) skalare Potential Φ bekannt ist, sobald $\boldsymbol{\mathcal{A}}$ bekannt ist.

Außerhalb der Quellen, also in dem Raumbereich, in dem $\rho(\mathbf{x}) = 0$ und $\mathbf{j}(\mathbf{x}) = \mathbf{0}$ gilt, sind die $\mathbf{E}$- und $\mathbf{B}$-Felder durch

$$\mathbf{B} = \boldsymbol{\nabla}\times\mathbf{A} \quad , \quad \boldsymbol{\nabla}\times\mathbf{B} - \varepsilon_0\mu_0\frac{\partial\mathbf{E}}{\partial t} = \mathbf{0}$$

bestimmt. Hieraus folgt, dass die Felder (oder genauer: die Fourier-Komponenten dieser Felder mit der Frequenz ω) ebenfalls eine Zeitabhängigkeit der Form

$$\boxed{\mathbf{B}(\mathbf{x},t) = \mathrm{Re}\left[\boldsymbol{\mathcal{B}}(\mathbf{x})e^{-i\omega t}\right] \quad , \quad \mathbf{E}(\mathbf{x},t) = \mathrm{Re}\left[\boldsymbol{\mathcal{E}}(\mathbf{x})e^{-i\omega t}\right]}$$

aufweisen, wobei $\boldsymbol{\mathcal{B}}$ und $\boldsymbol{\mathcal{E}}$ durch

$$\boxed{\boldsymbol{\mathcal{B}} = \boldsymbol{\nabla}\times\boldsymbol{\mathcal{A}} \quad , \quad \boldsymbol{\mathcal{E}} = \frac{ic}{k}\boldsymbol{\nabla}\times\boldsymbol{\mathcal{B}}} \quad \text{mit} \quad \boldsymbol{\nabla}\cdot(c\boldsymbol{\mathcal{B}}) = 0 = \boldsymbol{\nabla}\cdot\boldsymbol{\mathcal{E}}$$

gegeben sind. Sobald $\boldsymbol{\mathcal{A}}$ bekannt ist, sind daher neben Φ auch $\boldsymbol{\mathcal{E}}$ und $\boldsymbol{\mathcal{B}}$ bekannt.

Gültigkeitsbereich der Theorie

Wir nehmen im Folgenden an, dass die Wellenlänge λ der Strahlung *groß* im Vergleich zur typischen Ausdehnung a der Quellen ist:

$$\boxed{ka = \frac{2\pi a}{\lambda} \ll 1 \ .}$$

Betrachtet man als einfaches Beispiel ein geladenes Teilchen, das sich mit der Kreisfrequenz ω auf einem Kreis mit dem Radius a bewegt, so sieht man sofort, dass die Geschwindigkeit des Teilchens unter dieser Bedingung nur *nicht-relativistisch* sein kann:

$$|\boldsymbol{\beta}| = \frac{|\mathbf{u}|}{c} = \frac{\omega a}{c} = ka \ll 1 \ .$$

Wir beschränken uns im Folgenden also effektiv auf *nicht-relativistische* Systeme.

Als Anwendungen dieser Theorie, die auch unter *irdischen* Bedingungen relevant sind, kann man die Konstruktion von *Antennen* und die Beschreibung von *spontanen Übergängen in Atomen* nennen, wobei man im letzteren Fall allerdings eine quantenmechanische Variante unserer klassischen Überlegungen benötigt.

Wir unterscheiden *drei Zonen*

Betrachten wir nun eine allgemeine (lokalisierte) Strahlungsquelle. Wir definieren die Mittelwerte physikalischer Obervablen mit Hilfe einer *Gewichtsfunktion*, die durch den *Betrag* der Ladungsdichte definiert wird:

$$\langle f(\boldsymbol{\xi})\rangle_w \equiv \int d^3\xi \; f(\boldsymbol{\xi})w(\boldsymbol{\xi}) \quad , \quad w(\boldsymbol{\xi}) \equiv \frac{|\rho(\boldsymbol{\xi})|}{\int d^3\xi \; |\rho(\boldsymbol{\xi})|} \; .$$

Hierbei wählen wir den Ursprung so, dass $\langle\boldsymbol{\xi}\rangle_w = \mathbf{0}$ gilt. Außerdem definieren wir die typische Ausdehnung a der Quellen durch $\langle\boldsymbol{\xi}^2\rangle_w \equiv a^2$.

Wir unterscheiden nun drei mögliche Raumgebiete außerhalb der Quellen, stets unter der Bedingung $ka \ll 1$:

- die *Nahzone* oder *Statische Zone* (mit $a \ll x \ll \lambda$),
- die *Zwischen-* oder *Induktionszone* (mit $x \simeq \lambda$) und
- die *Fern-* oder *Strahlungszone* (mit $x \gg \lambda$).

Der Raumbereich, in dem sich die Quellen befinden, sowie die Nah-, Zwischen- und Fernzone sind schematisch in Abbildung 5.16 dargestellt.

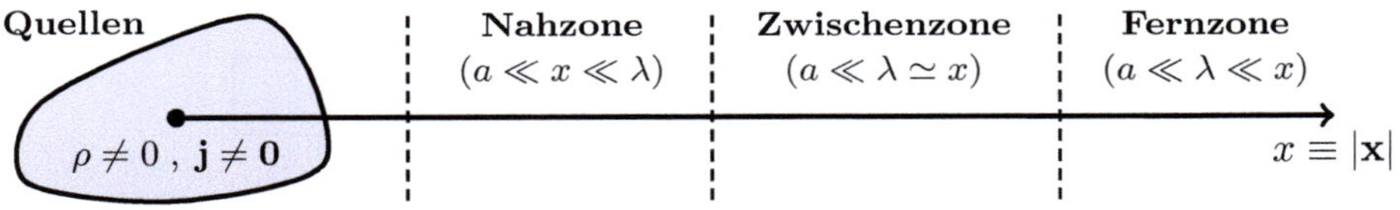

Abb. 5.16 Definitionen der Nah-, Zwischen und Fernzone

In allen drei Zonen kann man aufgrund der Annahme $a \ll x$ in (5.38) entwickeln:

$$|\mathbf{x}-\boldsymbol{\xi}| \sim x\left[1 - \frac{\hat{\mathbf{x}}\cdot\boldsymbol{\xi}}{x} - \frac{\hat{\mathbf{x}}^{\mathrm{T}}(\boldsymbol{\xi}\boldsymbol{\xi}^{\mathrm{T}} - \xi^2\mathbb{1}_3)\hat{\mathbf{x}}}{2x^2} + \cdots\right]$$

$$\frac{1}{|\mathbf{x}-\boldsymbol{\xi}|} \sim \frac{1}{x}\left[1 + \frac{\hat{\mathbf{x}}\cdot\boldsymbol{\xi}}{x} + \frac{\hat{\mathbf{x}}^{\mathrm{T}}(3\boldsymbol{\xi}\boldsymbol{\xi}^{\mathrm{T}} - \xi^2\mathbb{1}_3)\hat{\mathbf{x}}}{2x^2} + \cdots\right] \; .$$

Unter Vernachlässigung höherer Ordnungen im kleinen Parameter $\frac{a}{x}$ gilt daher:

$$\boxed{\boldsymbol{\mathcal{A}}(\mathbf{x}) = \frac{\mu_0}{4\pi}\frac{e^{ikx}}{x}\int d^3\xi \; \mathbf{j}(\boldsymbol{\xi})e^{-ik(\hat{\mathbf{x}}\cdot\boldsymbol{\xi}+\cdots)}\left(1 + \frac{\hat{\mathbf{x}}\cdot\boldsymbol{\xi}}{x} + \cdots\right) \; .} \tag{5.39}$$

Wir diskutieren im Folgenden das Verhalten der ausgestrahlten Felder in den drei unterschiedlichen Zonen.

5.4.1 Die Nahzone oder Statische Zone

Wir betrachten zuerst die Nahzone, in der $ka \ll 1$ und $kx \ll 1$ gilt. In diesem Fall sind die Argumente der Exponentialfunktionen in (5.39) sowie der Korrekturterm $\frac{\hat{\mathbf{x}}\cdot\boldsymbol{\xi}}{x}$ in $(\cdots)$ vernachlässigbar klein, und das Vektorpotential kann durch

$$\boldsymbol{\mathcal{A}}(\mathbf{x}) \sim \frac{\mu_0}{4\pi x}\int d^3\xi \; \mathbf{j}(\boldsymbol{\xi}) = -\frac{i\omega\mu_0}{4\pi x}\mathbf{d} \qquad (a \ll x \ll \lambda)$$

approximiert werden. Im letzten Schritt wird das bereits aus Abschnitt [2.2.1] bekannte elektrische Dipolmoment $\mathbf{d}$ eingeführt:

$$\int d^3\xi\ \mathbf{j}(\boldsymbol{\xi}) = -\int d^3\xi\ \boldsymbol{\xi}(\boldsymbol{\nabla}\cdot\mathbf{j})(\boldsymbol{\xi}) = -i\omega\int d^3\xi\ \boldsymbol{\xi}\rho(\boldsymbol{\xi}) = -i\omega\mathbf{d}\ .$$

Die Felder sind daher in der Nahzone durch

$$\boxed{\boldsymbol{\mathcal{B}}(\mathbf{x}) = (\boldsymbol{\nabla}\times\boldsymbol{\mathcal{A}})(\mathbf{x}) = \frac{ik(\hat{\mathbf{x}}\times\mathbf{d})}{4\pi\varepsilon_0 cx^2}\ ,\ \boldsymbol{\mathcal{E}}(\mathbf{x}) = \frac{ic}{k}(\boldsymbol{\nabla}\times\boldsymbol{\mathcal{B}})(\mathbf{x}) = \frac{(3\hat{\mathbf{x}}\hat{\mathbf{x}}^{\mathrm{T}} - \mathbb{1}_3)\mathbf{d}}{4\pi\varepsilon_0 x^3}}$$

gegeben. Das $(c\boldsymbol{\mathcal{B}})$-Feld ist um einen Faktor $kx \ll 1$ kleiner als das $\boldsymbol{\mathcal{E}}$-Feld, sodass das elektromagnetische Feld in der Nahzone überwiegend *elektrischen Charakter* hat. Das dominante $\boldsymbol{\mathcal{E}}$-Feld hat in der Nahzone genau dieselbe Gestalt wie das Dipolfeld in der Elektrostatik.

5.4.2 Die Induktionszone

In der Induktionszone (mit $ka \ll 1$ und $kx \simeq 1$) erlangt das $(c\boldsymbol{\mathcal{B}})$-Feld (auch die „magnetische Induktion" genannt) dieselbe Größenordnung wie das $\boldsymbol{\mathcal{E}}$-Feld. Das Vektorpotential ist nämlich nun gegeben durch

$$\boldsymbol{\mathcal{A}}(\mathbf{x}) \sim \frac{\mu_0 e^{ikx}}{4\pi x}\int d^3\xi\ \mathbf{j}(\boldsymbol{\xi}) = -\frac{i\omega\mu_0 e^{ikx}}{4\pi x}\mathbf{d} \qquad (a \ll x \simeq \lambda)\ .$$

Die Felder sind daher in der Induktionszone gleich:

$$\boxed{\boldsymbol{\mathcal{B}}(\mathbf{x}) = (\boldsymbol{\nabla}\times\boldsymbol{\mathcal{A}})(\mathbf{x}) = \frac{ik(1-ikx)e^{ikx}}{4\pi\varepsilon_0 cx^2}\hat{\mathbf{x}}\times\mathbf{d}\ ,\ \boldsymbol{\mathcal{E}}(\mathbf{x}) = i\left[\frac{\partial}{\partial(k\mathbf{x})}\times(c\boldsymbol{\mathcal{B}})\right](\mathbf{x})\ .}$$

Da die Variable $kx = k|\mathbf{x}| \simeq 1$ in dieser Zone weder besonders klein noch groß ist, sind $c\boldsymbol{\mathcal{B}}$ und $\boldsymbol{\mathcal{E}} = i\frac{\partial}{\partial(k\mathbf{x})}\times(c\boldsymbol{\mathcal{B}})$ betragsmäßig von derselben Größenordnung. Wie wir im Folgenden sehen werden, wird sich dies in der Fernzone nicht ändern.

5.4.3 Die Fern- oder Strahlungszone

In der Fern- oder Strahlungszone[16] (mit $kx \gg 1$) gilt bis auf höhere Ordnungen der kleinen Parameter ka, $\frac{a}{x}$ und $\frac{1}{kx}$:

$$\boldsymbol{\mathcal{A}}(\mathbf{x}) \sim \frac{\mu_0 e^{ikx}}{4\pi x}\left\{\int d^3\xi\ \mathbf{j}(\boldsymbol{\xi}) - ik\left[\int d^3\xi\ \mathbf{j}(\boldsymbol{\xi})\boldsymbol{\xi}^{\mathrm{T}}\right]\hat{\mathbf{x}} + \cdots\right\}\ .$$

Wir wissen bereits, dass das erste Integral auf der rechten Seite durch den *elektrischen Dipol* charakterisiert wird und gleich $-i\omega\mathbf{d}$ ist. Das zweite Integral kann wie folgt umgeschrieben werden:

$$\int d^3\xi\ \mathbf{j}(\boldsymbol{\xi})\boldsymbol{\xi}^{\mathrm{T}} = \tfrac{1}{2}\int d^3\xi\ (\boldsymbol{\xi}\mathbf{j}^{\mathrm{T}} + \mathbf{j}\boldsymbol{\xi}^{\mathrm{T}}) + \tfrac{1}{2}\int d^3\xi\ (\mathbf{j}\boldsymbol{\xi}^{\mathrm{T}} - \boldsymbol{\xi}\mathbf{j}^{\mathrm{T}})\ .$$

[16] Die alternativen Bezeichnungen *Fern-* und *Strahlungszone* sind übrigens beide sehr deskriptiv: Wir wissen ja aus Gleichung (5.12), dass in großer *Entfernung* von der Quelle der *Strahlungsterm* im $(\mathbf{E},\mathbf{B})$-Feld dominiert. Gleichung (5.12) zeigt mit der Abschätzung $|\dot{\boldsymbol{\beta}}| \simeq \omega\boldsymbol{\beta}$ außerdem, dass das Kriterium für die Dominanz des Strahlungsterms $\frac{\omega R}{c} = kR \gg 1$ lautet. In der Notation des jetzigen Abschnitts [5.4.3] lautet das Kriterium also: $kx \gg 1$. Aus analogen Gründen sind auch die alternativen Bezeichnungen *Nahzone* und *Statische Zone* beide physikalisch sehr deskriptiv.

Aus Abschnitt [2.3] wissen wir, dass $\frac{1}{2}\int d^3\xi\ \left(\mathbf{j}\boldsymbol{\xi}^{\mathrm{T}} - \boldsymbol{\xi}\mathbf{j}^{\mathrm{T}}\right)$ den *magnetischen Dipoltensor* darstellt:

$$\tfrac{1}{2}\int d^3\xi\ \left(\mathbf{j}\boldsymbol{\xi}^{\mathrm{T}} - \boldsymbol{\xi}\mathbf{j}^{\mathrm{T}}\right) = D\ .$$

Außerdem ist aus Abschnitt [2.2] bekannt, dass $\frac{1}{2}\int d^3\xi\ \left(\boldsymbol{\xi}\mathbf{j}^{\mathrm{T}} + \mathbf{j}\boldsymbol{\xi}^{\mathrm{T}}\right)$ im Wesentlichen durch das *elektrische Quadrupolmoment* bestimmt ist:

$$\begin{aligned}\tfrac{1}{2}\int d^3\xi\ \left(\boldsymbol{\xi}\mathbf{j}^{\mathrm{T}} + \mathbf{j}\boldsymbol{\xi}^{\mathrm{T}}\right) &= -\tfrac{1}{2}\int d^3\xi\ \boldsymbol{\xi}\boldsymbol{\xi}^{\mathrm{T}}(\boldsymbol{\nabla}\cdot\mathbf{j})(\boldsymbol{\xi}) = -\tfrac{1}{2}i\omega\int d^3\xi\ \boldsymbol{\xi}\boldsymbol{\xi}^{\mathrm{T}}\rho(\boldsymbol{\xi})\\ &= -\tfrac{1}{3}i\omega\left[Q + \tfrac{1}{2}\int d^3\xi\ \xi^2\rho(\boldsymbol{\xi})\mathbb{1}_3\right] \equiv -\tfrac{1}{3}i\omega\tilde{Q}\ .\end{aligned}$$

Im Gegensatz zum spurfreien Quadrupoltensor Q ist $\tilde{Q}$ also *nicht* spurfrei.

Insgesamt erhält man dann für das Vektorpotential in der Fernzone:

$$\boxed{\begin{aligned}\boldsymbol{\mathcal{A}}(\mathbf{x}) &\sim \frac{\mu_0 e^{ikx}}{4\pi x}\left[-i\omega\mathbf{d} - ik\left(D - \tfrac{1}{3}i\omega\tilde{Q}\right)\hat{\mathbf{x}} + \cdots\right]\\ &\equiv \boldsymbol{\mathcal{A}}_{E1} + \boldsymbol{\mathcal{A}}_{M1} + \boldsymbol{\mathcal{A}}_{E2} + \cdots\ .\end{aligned}} \tag{5.40}$$

Die drei führenden Terme werden entsprechend als *elektrische Dipolstrahlung* ($E1$), *magnetische Dipolstrahlung* ($M1$) und *elektrische Quadrupolstrahlung* ($E2$) bezeichnet. Natürlich gibt es auch Multipolstrahlung höherer Ordnung, aber diese ist für viele praktische Anwendungen von untergeordneter Bedeutung. Wir werden daher nur diese drei führenden Terme im Folgenden genauer untersuchen.

Die Proportionalität des komplexen Vektorpotentials $\boldsymbol{\mathcal{A}}$ zur schnell oszillierenden Exponentialfunktion e^{ikx} hat übrigens zur Konsequenz, dass die Felder $c\boldsymbol{\mathcal{B}}$ und $\boldsymbol{\mathcal{E}}$ in der Fernzone generell betragsmäßig von derselben Größenordnung sind. Um dies zu zeigen, führen wir zuerst die Komponente $\boldsymbol{\mathcal{A}}_\perp$ von $\boldsymbol{\mathcal{A}}$ ein, die *senkrecht* auf dem normierten Ortsvektor $\hat{\mathbf{x}}$ steht:

$$\boldsymbol{\mathcal{A}}_\perp = \boldsymbol{\mathcal{A}} - (\hat{\mathbf{x}}\cdot\boldsymbol{\mathcal{A}})\hat{\mathbf{x}} = -\hat{\mathbf{x}}\times(\hat{\mathbf{x}}\times\boldsymbol{\mathcal{A}}) = -\hat{\mathbf{x}}\times\left(\hat{\mathbf{x}}\times\boldsymbol{\mathcal{A}}_\perp\right)\ .$$

Wegen $\boldsymbol{\nabla}e^{ikx} = ik\hat{\mathbf{x}}e^{ikx}$ und $kx \gg 1$ erhält man zuerst für das Magnetfeld in der Fernzone: $\boldsymbol{\mathcal{B}} = \boldsymbol{\nabla}\times\boldsymbol{\mathcal{A}} \sim ik\hat{\mathbf{x}}\times\boldsymbol{\mathcal{A}} = ik\hat{\mathbf{x}}\times\boldsymbol{\mathcal{A}}_\perp$ und daher $c\boldsymbol{\mathcal{B}} \sim i\omega\hat{\mathbf{x}}\times\boldsymbol{\mathcal{A}}_\perp$. Für das elektrische Feld gilt analog für $kx \gg 1$:

$$\boldsymbol{\mathcal{E}} = \frac{ic}{k}\boldsymbol{\nabla}\times\boldsymbol{\mathcal{B}} \sim \frac{ic}{k}(ik\hat{\mathbf{x}})\times\boldsymbol{\mathcal{B}} = -\hat{\mathbf{x}}\times(c\boldsymbol{\mathcal{B}}) \sim -i\omega\hat{\mathbf{x}}\times\left(\hat{\mathbf{x}}\times\boldsymbol{\mathcal{A}}_\perp\right) = i\omega\boldsymbol{\mathcal{A}}_\perp\ .$$

Wir stellen daher erstens fest, dass die drei Vektoren $\hat{\mathbf{x}}$, $\boldsymbol{\mathcal{E}} \sim i\omega\boldsymbol{\mathcal{A}}_\perp$ und $c\boldsymbol{\mathcal{B}} \sim \hat{\mathbf{x}}\times(i\omega\boldsymbol{\mathcal{A}}_\perp)$ ein rechtshändiges Ortho*gonal*system bilden, und zweitens, dass das elektrische Feld und das Magnetfeld in der Fernzone für hinreichend große x-Werte betragsmäßig *gleich* sind: $|\boldsymbol{\mathcal{E}}| \sim |\hat{\mathbf{x}}\times(c\boldsymbol{\mathcal{B}})| \sim |c\boldsymbol{\mathcal{B}}|$ für $kx \to \infty$. Hieraus folgt noch, dass der zeitliche Mittelwert der Energiestromdichte $\mathbf{S}$ durch

$$\begin{aligned}\overline{\mathbf{S}} &= \tfrac{1}{\mu_0}\overline{\mathbf{E}\times\mathbf{B}} = \tfrac{1}{\mu_0}\overline{\mathrm{Re}\left[\boldsymbol{\mathcal{E}}e^{-i\omega t}\right]\times\mathrm{Re}\left[\boldsymbol{\mathcal{B}}e^{-i\omega t}\right]} = \tfrac{1}{2\mu_0}\,\mathrm{Re}\left(\boldsymbol{\mathcal{E}}\times\boldsymbol{\mathcal{B}}^*\right)\\ &\sim \tfrac{\omega^2}{2\mu_0 c}\,\mathrm{Re}\left[\boldsymbol{\mathcal{A}}_\perp\times\left(\hat{\mathbf{x}}\times\boldsymbol{\mathcal{A}}_\perp^*\right)\right] = \tfrac{\omega^2}{2\mu_0 c}|\boldsymbol{\mathcal{A}}_\perp|^2\hat{\mathbf{x}}\end{aligned} \tag{5.41}$$

gegeben ist. Bei der Berechnung von $\overline{\mathbf{S}}$ werden im dritten Schritt die Ergebnisse von Übungsaufgabe 5.6 verwendet. Gleichung (5.41) zeigt, dass die ausgestrahlte Energie in der Fernzone (für $kx \to \infty$) generell in $\hat{\mathbf{x}}$-Richtung fließt, d. h. in radialer Richtung von den oszillierenden Quellen weg strömt.

Elektrische Dipolstrahlung

Wir betrachten zuerst die elektrische Dipolstrahlung ($\mathbf{d} \neq \mathbf{0}$). Das entsprechende Magnetfeld ist:

$$\boldsymbol{\mathcal{B}}_{E1} = \boldsymbol{\nabla} \times \boldsymbol{\mathcal{A}}_{E1} = \frac{k^2 \mu_0 c e^{ikx}}{4\pi x} \left(1 - \frac{1}{ikx}\right) \hat{\mathbf{x}} \times \mathbf{d} \sim \frac{k^2 \mu_0 c e^{ikx}}{4\pi x} \hat{\mathbf{x}} \times \mathbf{d} \,,$$

und das elektrische Feld ist gegeben durch

$$\begin{aligned}
\boldsymbol{\mathcal{E}}_{E1} &= \frac{ic}{k} \boldsymbol{\nabla} \times \boldsymbol{\mathcal{B}}_{E1} \\
&= \frac{ike^{ikx}}{4\pi\varepsilon_0 x^2} \left[\left(ikx - 3 + \frac{3}{ikx}\right) \hat{\mathbf{x}}\hat{\mathbf{x}}^{\mathrm{T}} - \left(ikx - 1 + \frac{1}{ikx}\right) \mathbb{1}\right] \mathbf{d} \\
&\sim -\frac{k^2 e^{ikx}}{4\pi\varepsilon_0 x} \left[\hat{\mathbf{x}}\hat{\mathbf{x}}^{\mathrm{T}} - \mathbb{1}\right] \mathbf{d} = -\frac{k^2 e^{ikx}}{4\pi\varepsilon_0 x} \hat{\mathbf{x}} \times (\hat{\mathbf{x}} \times \mathbf{d})
\end{aligned}$$

oder alternativ durch

$$\boldsymbol{\mathcal{E}}_{E1} \sim \frac{ic}{k} (ik\hat{\mathbf{x}} \times \boldsymbol{\mathcal{B}}_{E1}) = c\boldsymbol{\mathcal{B}}_{E1} \times \hat{\mathbf{x}} \,.$$

In der Tat sind die Felder $c\boldsymbol{\mathcal{B}}_{E1}$ und $\boldsymbol{\mathcal{E}}_{E1}$ betragsmäßig *gleich* für $kx \to \infty$.

Zeitgemittelte Energiestromdichte Die zeitgemittelte Energiestromdichte

$$\begin{aligned}
\overline{\mathbf{S}}_{E1} &= \tfrac{1}{2\mu_0} \operatorname{Re} (\boldsymbol{\mathcal{E}}_{E1} \times \boldsymbol{\mathcal{B}}_{E1}^*) \\
&\sim \tfrac{c}{2\mu_0} \operatorname{Re} [(\boldsymbol{\mathcal{B}}_{E1} \times \hat{\mathbf{x}}) \times \boldsymbol{\mathcal{B}}_{E1}^*] = \tfrac{c}{2\mu_0} |\boldsymbol{\mathcal{B}}_{E1}|^2 \, \hat{\mathbf{x}}
\end{aligned}$$

zeigt für $kx \to \infty$ in $\hat{\mathbf{x}}$-Richtung, wie von Gleichung (5.41) allgemein vorhergesagt. Im letzten Schritt der Berechnung wurde die Eigenschaft $\boldsymbol{\mathcal{B}}_{E1} \propto \hat{\mathbf{x}} \times \mathbf{d} \perp \hat{\mathbf{x}}$ verwendet.

Zeitgemittelte Leistung Der zeitliche Mittelwert der Leistung *pro Raumwinkel* folgt als

$$\begin{aligned}
\left(\overline{\frac{dW}{d\Omega}}\right)_{E1} &= \frac{1}{\mu_0} \overline{\mathbf{E}_{E1} \times \mathbf{B}_{E1}} \cdot \hat{\mathbf{x}} x^2 = \overline{\mathbf{S}}_{E1} \cdot \hat{\mathbf{x}} x^2 = \frac{cx^2}{2\mu_0} |\boldsymbol{\mathcal{B}}_{E1}|^2 \\
&= \frac{cx^2}{2\mu_0} \left(\frac{k^2 \mu_0 c}{4\pi x}\right)^2 |\hat{\mathbf{x}} \times \mathbf{d}|^2 = \frac{ck^4 |\hat{\mathbf{x}} \times \mathbf{d}|^2}{32\pi^2 \varepsilon_0} \,. \qquad (5.42)
\end{aligned}$$

Mit dem Mittelwert $\langle \hat{x}_i \hat{x}_j \rangle_\Omega \equiv \frac{1}{4\pi} \int d\Omega \; \hat{x}_i \hat{x}_j = \langle \hat{x}_3^2 \rangle_\Omega \, \delta_{ij} = \frac{1}{3} \delta_{ij}$ über den ganzen Raumwinkel und daher $\langle |\hat{\mathbf{x}} \times \mathbf{d}|^2 \rangle_\Omega = |\mathbf{d}|^2 - d_i^* d_j \langle \hat{x}_i \hat{x}_j \rangle_\Omega = \frac{2}{3} |\mathbf{d}|^2$ ergibt sich für die zeitgemittelte Gesamtleistung:

$$\overline{W}_{E1} = 4\pi \left\langle \left(\overline{\frac{dW}{d\Omega}}\right)_{E1} \right\rangle_\Omega = \frac{ck^4}{8\pi\varepsilon_0} \langle |\hat{\mathbf{x}} \times \mathbf{d}|^2 \rangle_\Omega = \frac{ck^4 |\mathbf{d}|^2}{12\pi\varepsilon_0} \,.$$

Die Ergebnisse für die Leistung pro Raumwinkel und die Gesamtleistung hängen also *quadratisch* von der elektrischen Dipolstärke $\mathbf{d}$ ab.

Eine Polardarstellung der zeitgemittelten Leistung pro Raumwinkel $[(\overline{W})^{-1}\overline{\frac{dW}{d\Omega}}]_{E1}$ wird in Abbildung 5.17 gezeigt. Wir nehmen hierbei an, dass der (i. A. komplexe) Vektor $\mathbf{d}$ reell ist, und definieren die Winkelvariable $\vartheta \equiv \arcsin(|\hat{\mathbf{x}} \times \hat{\mathbf{d}}|)$. Die Richtung $\hat{\mathbf{d}}_\perp$ symbolisiert eine beliebige Richtung, die senkrecht auf dem elektrischen Dipolmoment $\mathbf{d}$ steht. Das Ausstrahlungsprofil der nicht-relativistischen elektrischen Dipolstrahlung in Abb. 5.17, proportional zu $\sin^2(\vartheta)$, ist übrigens identisch mit dem Profil der Strahlung bei nicht-relativistischer, beschleunigter, geradliniger Bewegung in Abb. 5.4 (*blaue* Kurve, $\beta \downarrow 0$).

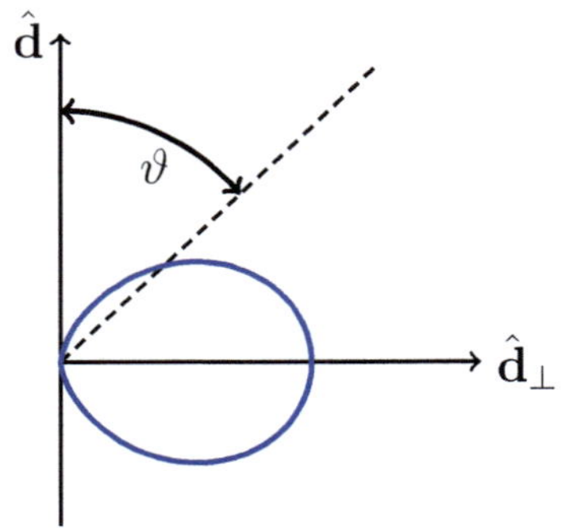

Abb. 5.17 Zeitgemittelte Leistung pro Raumwinkel bei Dipolstrahlung

Magnetische Dipolstrahlung, elektrische Quadrupolstrahlung

Nehmen wir nun an, dass das elektrische Dipolmoment der Ladungsverteilung null ist ($\mathbf{d} = \mathbf{0}$), sodass der führende Term $\boldsymbol{\mathcal{A}}_{E1}$ in (5.40) verschwindet. In diesem Fall sind die magnetische Dipol- und die elektrische Quadrupolstrahlung wichtig:

$$\boldsymbol{\mathcal{A}} = \boldsymbol{\mathcal{A}}_{M1+E2} \sim -\frac{ik\mu_0 e^{ikx}}{4\pi x}\left(D - \tfrac{1}{3}i\omega\tilde{Q}\right)\hat{\mathbf{x}}\,.$$

Bei der Berechnung der Felder in der Fernzone beschränken wir uns auf die führende Ordnung in der Entwicklung nach Potenzen des kleinen Parameters $\frac{1}{kx}$. Wir erhalten für das Magnetfeld:

$$\begin{aligned}\boldsymbol{\mathcal{B}}_{M1+E2} &= \boldsymbol{\nabla} \times \boldsymbol{\mathcal{A}}_{M1+E2} \sim ik\hat{\mathbf{x}} \times \boldsymbol{\mathcal{A}}_{M1+E2}\\ &\sim \frac{k^2\mu_0 e^{ikx}}{4\pi x}\hat{\mathbf{x}} \times \left[\left(D - \tfrac{1}{3}i\omega Q\right)\hat{\mathbf{x}} - \tfrac{1}{3}i\omega\int d^3\xi\; \xi^2\rho(\boldsymbol{\xi})\hat{\mathbf{x}}\right]\\ &\sim \frac{k^2\mu_0 e^{ikx}}{4\pi x}\hat{\mathbf{x}} \times (M\hat{\mathbf{x}}) \quad , \quad M \equiv D - \tfrac{1}{3}i\omega Q\end{aligned}$$

und für das elektrische Feld:

$$\boldsymbol{\mathcal{E}}_{M1+E2} = \tfrac{ic}{k}\boldsymbol{\nabla} \times \boldsymbol{\mathcal{B}}_{M1+E2} \sim -c\hat{\mathbf{x}} \times \boldsymbol{\mathcal{B}}_{M1+E2} = c\boldsymbol{\mathcal{B}}_{M1+E2} \times \hat{\mathbf{x}}\,.$$

Analog zur elektrischen Dipolstrahlung stellen wir wieder fest, dass die Felder $c\boldsymbol{\mathcal{B}}_{M1+E2}$ und $\boldsymbol{\mathcal{E}}_{M1+E2}$ in der Fernzone betragsmäßig in der Tat *gleich* sind und dass die zeitgemittelte Energiestromdichte $\overline{\mathbf{S}}_{M1+E2}$ für $kx \to \infty$ in $\hat{\mathbf{x}}$-Richtung zeigt, wie von Gleichung (5.41) vorhergesagt.

Für den zeitlichen Mittelwert der Leistung pro Raumwinkel ergibt sich (wiederum unter Verwendung von Übungsaufgabe 5.6):

$$\begin{aligned}\left(\overline{\frac{dW}{d\Omega}}\right)_{M1+E2} &= \frac{1}{\mu_0}\overline{\mathbf{E}_{M1+E2} \times \mathbf{B}_{M1+E2}} \cdot \hat{\mathbf{x}}x^2 \sim \frac{cx^2}{2\mu_0}|\hat{\mathbf{x}} \times \boldsymbol{\mathcal{B}}_{M1+E2}|^2\\ &\sim \frac{\mu_0 ck^4}{32\pi^2}|\hat{\mathbf{x}} \times [\hat{\mathbf{x}} \times (M\hat{\mathbf{x}})]|^2 = \frac{\mu_0 ck^4}{32\pi^2}|\hat{\mathbf{x}} \times (M\hat{\mathbf{x}})|^2\,,\end{aligned}$$

und die zeitgemittelte Gesamtleistung ist daher gleich

$$\overline{W}_{M1+E2} = \int d\Omega \left(\frac{\overline{dW}}{d\Omega}\right)_{M1+E2} \sim \frac{\mu_0 ck^4}{8\pi} \langle |\hat{\mathbf{x}} \times (M\hat{\mathbf{x}})|^2 \rangle_\Omega \,. \tag{5.43a}$$

Hierbei bezeichnet $\langle \cdots \rangle_\Omega$ den Mittelwert über alle möglichen Raumwinkel.

Zeitgemittelte Gesamtleistung Wir besprechen zuerst die Berechnung der *zeitgemittelten Gesamtleistung*, die durch die rechte Seite von Gleichung (5.43a) gegeben ist. Aus der Symmetrie von Q und der Antisymmetrie von D folgt, wie in Übungsaufgabe 5.7 gezeigt wird:

$$\langle |\hat{\mathbf{x}} \times (M\hat{\mathbf{x}})|^2 \rangle_\Omega = \tfrac{1}{3}\,\mathrm{Sp}(DD^\dagger) + \frac{\omega^2}{45}\,\mathrm{Sp}(QQ^\dagger) \,. \tag{5.43b}$$

Führen wir wie in Abschnitt [2.3] das magnetische Moment $\mathbf{m}$ ein:

$$D_{ij} = -\varepsilon_{ijk} m_k \quad , \quad \mathbf{m} = \tfrac{1}{2} \int d^3\xi \; \boldsymbol{\xi} \times \mathbf{j}(\boldsymbol{\xi}) \,, \tag{5.43c}$$

dann können wir mit Hilfe von (5.43c) noch $\mathrm{Sp}(DD^\dagger) = 2|\mathbf{m}|^2$ schreiben. Somit gilt insgesamt für die zeitgemittelte Gesamtleistung in Gleichung (5.43a):

$$\overline{W}_{M1+E2} \sim \frac{\mu_0 ck^4}{12\pi} \left[|\mathbf{m}|^2 + \frac{\omega^2}{30}\,\mathrm{Sp}(QQ^\dagger) \right] \,. \tag{5.43d}$$

Interessant an diesem Ergebnis ist u. a., dass die Beiträge der $M1$- und $E2$-Strahlung zur zeitgemittelten Gesamtleistung (5.43d) nicht gemischt, sondern *rein additiv* auftreten. Diese Additivität gilt allgemein für Multipolstrahlung, nicht nur für die hier betrachteten führenden Momente.

Zeitgemittelte Leistung pro Raumwinkel Wir betrachten nun die *zeitgemittelte Leistung pro Raumwinkel*, zuerst für die $M1$- und dann für die $E2$-Strahlung.

Für $M1$-Strahlung ($D \neq 0$, $Q = 0$) gilt mit $D\hat{\mathbf{x}} = -\hat{\mathbf{x}} \times \mathbf{m}$:

$$\left(\frac{\overline{dW}}{d\Omega}\right)_{M1} = \frac{\mu_0 ck^4}{32\pi^2} |\hat{\mathbf{x}} \times (\hat{\mathbf{x}} \times \mathbf{m})|^2 = \frac{\mu_0 ck^4}{32\pi^2} |\hat{\mathbf{x}} \times \mathbf{m}|^2 = \frac{\mu_0 ck^4 |\mathbf{m}|^2}{32\pi^2} \sin^2(\vartheta) \,,$$

wobei nun $\vartheta \equiv \arcsin(|\hat{\mathbf{x}} \times \hat{\mathbf{m}}|)$ definiert wurde. Das Strahlungsfeld für $M1$-Strahlung hat also genau dieselbe Winkelabhängigkeit, proportional zu $\sin^2(\vartheta)$, wie dasjenige der elektrischen Dipolstrahlung ($E1$) in (5.42). Die Polardarstellung der zeitgemittelten Leistung hat daher auch genau die in Abb. 5.17 dargestellte Form.

Für $E2$-Strahlung ($D = 0$, $Q \neq 0$) gilt allgemein:

$$\left(\frac{\overline{dW}}{d\Omega}\right)_{E2} = \frac{ck^6}{3^2 2^5 \pi^2 \varepsilon_0} |\hat{\mathbf{x}} \times (Q\hat{\mathbf{x}})|^2 \,.$$

Hierbei ist Q eine spurfreie, symmetrische, komplexe, also nicht notwendigerweise diagonalisierbare Matrix. Nimmt man jedoch zur Illustration an, dass Q die einfache

Form $Q = \mathrm{diag}\{Q_0, Q_0, -2Q_0\}$ hat,[17] so erhält man für das Strahlungsfeld

$$\left(\frac{\overline{dW}}{d\Omega}\right)_{E2} = \frac{ck^6|Q_0|^2}{2^7\pi^2\varepsilon_0}\sin^2(2\vartheta) \quad , \quad \overline{W}_{E2} = \frac{ck^6|Q_0|^2}{60\pi\varepsilon_0} \; ,$$

wobei ϑ nun den Winkel zwischen der Richtung $\hat{\mathbf{x}}$, in der sich der Beobachter befindet, und der $\hat{\mathbf{e}}_3$-Achse bezeichnet. Eine Polardarstellung der zeitgemittelten Leistung pro Raumwinkel $\left[(\overline{W})^{-1}\frac{\overline{dW}}{d\Omega}\right]_{E2}$ wird in Abbildung 5.18 gezeigt. In dieser Abbildung symbolisiert die Richtung $\hat{\mathbf{e}}_\perp$ eine beliebige Richtung, die senkrecht auf $\hat{\mathbf{e}}_3$ steht. Falls das elektrische Quadrupolmoment eine andere Form als die hier betrachtete Modellform $Q = \mathrm{diag}\{Q_0, Q_0, -2Q_0\}$ hat, kann das zugehörige Strahlungsfeld durchaus auch komplizierter sein.

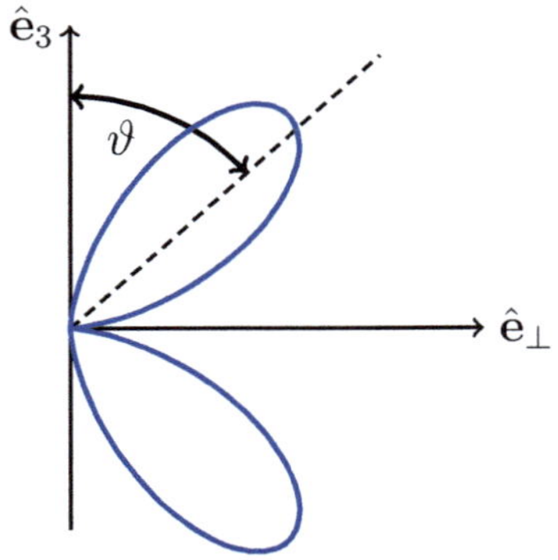

Abb. 5.18 Zeitgemittelte Leistung pro Raumwinkel bei Quadrupolstrahlung

Fazit

Zusammenfassend lässt sich sagen, dass die Dynamik der Strahlungsfelder, die von lokalisierten, nicht-relativistischen Ladungs- und Stromdichten erzeugt werden, mit Hilfe der im Laufe dieses Abschnitts entwickelten Methoden und Ideen im Detail untersucht werden kann. Für manche Anwendungen benötigt man unter Umständen Verfeinerungen des hier behandelten Formalismus: Zum Beispiel müsste man die Theorie für Anwendungen in der Atomphysik quantenmechanisch formulieren und benötigt man für astrophysikalische Zwecke u. U. eine relativistische Variante. Für solche Erweiterungen sei auf die Literatur (z. B. Refn. [6] und [36]) verwiesen.

5.4.4 Was ändert sich bei Wellenausbreitung im Medium?

Bisher wurde in diesem Abschnitt [5.4] angenommen, dass sich die Strahlungsfelder der betrachteten lokalisierten oszillierenden Quellen *im Vakuum* ausbreiten. Falls die Wellenausbreitung alternativ in einem linearen, isotropen, homogenen, isolierenden *Medium* (mit einer relativen Permeabilität μ_r und einer relativen Permittivität ε_r) stattfindet, ändert sich formal sehr wenig: Wie bereits aus der Einführung (Abschnitt [1.2]) bekannt ist, sind in diesem Fall lediglich überall die Parameter ε_0 und μ_0 durch $\varepsilon \equiv \varepsilon_0\varepsilon_r$ bzw. $\mu \equiv \mu_0\mu_r$ und somit auch $c = \frac{1}{\sqrt{\varepsilon_0\mu_0}}$ durch $\bar{c} = \frac{1}{\sqrt{\varepsilon\mu}}$ zu ersetzen.

Im Vakuum haben wir sowohl für die $E1$-Strahlung als auch für die $(M1+E2)$-Strahlung in der Strahlungszone Beziehungen der Form $\boldsymbol{\mathcal{E}} \sim c\boldsymbol{\mathcal{B}} \times \hat{\mathbf{x}}$ erhalten. *Im Medium* werden diese Beziehungen durch

$$\boldsymbol{\mathcal{E}} \sim \bar{c}\boldsymbol{\mathcal{B}} \times \hat{\mathbf{x}} = \mu\bar{c}\boldsymbol{\mathcal{H}} \times \hat{\mathbf{x}} \quad , \quad \boldsymbol{\mathcal{H}} \equiv \frac{1}{\mu}\boldsymbol{\mathcal{B}}$$

[17] Der Quadupoltensor hat immer dann diese Form, wenn die Ladungsverteilung ρ symmetrisch ist unter Spiegelungen an den Ebenen $x_1 = 0$, $x_2 = 0$ und $x_1 = x_2$, siehe Aufgabe (2.11).

ersetzt. Interessant an dieser verallgemeinerten Beziehung ist, dass das Verhältnis zwischen den Amplituden der elektrischen und magnetischen Felder *abhängig vom Medium* wird. Analog wird auch der Proportionalitätsfaktor im Ausdruck für den zeitlichen Mittelwert der Leistung pro Raumwinkel mediumabhängig:

$$\overline{\frac{dW}{d\Omega}} = \frac{\bar{c}x^2}{2\mu}\,|\boldsymbol{\mathcal{B}} \times \hat{\mathbf{x}}|^2 = \tfrac{1}{2}\mu\bar{c}x^2\,|\boldsymbol{\mathcal{H}} \times \hat{\mathbf{x}}|^2 \ .$$

Beide Ausdrücke enthalten also einen Vorfaktor $\mu\bar{c}$.

Amüsanterweise hat auf den jeweiligen rechten Seiten der beiden Ausdrücke für $\boldsymbol{\mathcal{E}}$ und $\overline{\frac{dW}{d\Omega}}$ der Vorfaktor $\mu\bar{c}$ die physikalische Dimension eines *Widerstandes*:

$$[\mu\bar{c}] = [\mu_0 c] = \frac{\text{kg m}^2}{\text{A}^2\text{s}^3} = [\text{Widerstand}] = \Omega \ .$$

Außerdem gilt $[x\boldsymbol{\mathcal{E}}] = [\text{Spannung}] = \text{V}$ und $[\boldsymbol{\mathcal{H}} \times \mathbf{x}] = [\text{Strom}] = \text{A}$. Definiert man also:

$$\mu\bar{c} \equiv R \quad , \quad x|\boldsymbol{\mathcal{E}}| \equiv V \quad , \quad x|\boldsymbol{\mathcal{H}}| \equiv I \quad , \quad \overline{\frac{dW}{d\Omega}} \equiv P \ ,$$

so erhält man die aus der Theorie eines Wechselstroms durch einen Ohm'schen Widerstand bekannten Ausdrücke:

$$V = IR \quad , \quad P = \tfrac{1}{2}RI^2 \ ,$$

wobei V die *Spannung* und P die zeitgemittelte (oder effektive) *Leistung* des Wechselstromkreises darstellt. Die Analogie mit der elementaren Elektrizitätslehre liegt auf der Hand, und in der Tat wird das Produkt $\mu\bar{c}$ in der Literatur manchmal als der *Wellenwiderstand* des Mediums bezeichnet. Der numerische Wert dieses „Wellenwiderstands" hängt von ε_{r} und μ_{r} und somit vom Medium ab und ist durch

$$\mu\bar{c} = \sqrt{\frac{\mu_{\text{r}}}{\varepsilon_{\text{r}}}}\,\mu_0 c = \sqrt{\frac{\mu_{\text{r}}}{\varepsilon_{\text{r}}}}\,R_0 \quad , \quad R_0 \equiv \mu_0 c \simeq 376{,}73\,\Omega$$

gegeben. Hierbei ist $R_0 \equiv \mu_0 c$ der *Wellenwiderstand des Vakuums*.

Es ist klar, dass man diese formale Analogie nicht überinterpretieren sollte: Mit echter Stromleitung hat die in diesem Abschnitt betrachtete Wellenausbreitung in einem *isolierenden* Medium natürlich nichts zu tun: Tatsächlich stammt der Begriff „Wellenwiderstand" aus der Theorie der *Telegraphengleichung*, siehe § 18 D in Ref. [45] sowie Übungsaufgabe 6.7 und Anhang E.

5.5 Übungsaufgaben

Aufgabe 5.1 Gesamtleistung bei *geradliniger* Beschleunigung

Überprüfen Sie die Richtigkeit des Integrationsergebnisses (5.21) für die ausgestrahlte Gesamtleistung bei *geradliniger* Beschleunigung, indem Sie zeigen:

$$\int d\Omega\ \frac{\sin^2(\phi)}{[1-\beta\cos(\phi)]^5} = \int_0^{2\pi} d\varphi \int_0^{\pi} d\phi\ \sin(\phi)\frac{\sin^2(\phi)}{[1-\beta\cos(\phi)]^5} = \frac{8\pi}{3}\gamma^6 \ .$$

Aufgabe 5.2 Ultrarelativistischer Limes bei *geradliniger* Beschleunigung

Zeigen Sie, ausgehend vom Energiestrom pro Raumwinkel $\frac{dW}{d\Omega}$ in Gleichung (5.22a), dass das *zweite* Moment $\langle\phi^2\rangle$ der Verteilung der möglichen ϕ-Werte in einem ultrarelativistischen Ausstrahlungsbündel bei *geradliniger* Beschleunigung durch (5.22b) gegeben ist, d. h., dass in diesem Limes gilt:

$$\langle\phi^2\rangle = \frac{\int d\Omega\ \phi^2 \frac{(\gamma\phi)^2}{[1+(\gamma\phi)^2]^5}}{\int d\Omega\ \frac{(\gamma\phi)^2}{[1+(\gamma\phi)^2]^5}} = \frac{\int_0^{2\pi} d\varphi \int_0^{\pi} d\phi\ \sin(\phi)\phi^2 \frac{(\gamma\phi)^2}{[1+(\gamma\phi)^2]^5}}{\int_0^{2\pi} d\varphi \int_0^{\pi} d\phi\ \sin(\phi) \frac{(\gamma\phi)^2}{[1+(\gamma\phi)^2]^5}} \sim \frac{1}{\gamma^2} \quad (\gamma \to \infty)\ .$$

Zeigen Sie analog, dass das *erste* Moment (also der Mittelwert) durch $\langle\phi\rangle \sim \frac{9\pi}{32\gamma}$ gegeben ist, wie ebenfalls in (5.22b) angegeben.

Aufgabe 5.3 Energiestrom pro Raumwinkel bei *kreisförmiger* Bewegung

Überprüfen Sie die Richtigkeit des Ergebnisses (5.23) für den Energiestrom pro Raumwinkel bei *kreisförmiger* Bewegung, indem Sie zeigen:

$$|\hat{\mathbf{R}} \times [(\hat{\mathbf{R}} - \boldsymbol{\beta}) \times \dot{\boldsymbol{\beta}}]|^2 = |\dot{\boldsymbol{\beta}}|^2 \{[1-\beta\cos(\vartheta)]^2 - (1-\beta^2)\sin^2(\vartheta)\cos^2(\varphi)\}\ .$$

Aufgabe 5.4 Gesamtleistung bei *kreisförmiger* Bewegung

Überprüfen Sie die Richtigkeit des Integrationsergebnisses (5.25) für die ausgestrahlte Gesamtleistung bei *kreisförmiger* Bewegung, indem Sie mit der üblichen Definition des infinitesimalen Raumwinkels $d\Omega = \sin(\vartheta)d\vartheta d\varphi$ zeigen:

$$\int d\Omega\ \frac{[1-\beta\cos(\vartheta)]^2 - (1-\beta^2)\sin^2(\vartheta)\cos^2(\varphi)}{[1-\beta\cos(\vartheta)]^5} = \frac{8\pi}{3}\gamma^4\ .$$

Aufgabe 5.5 Ultrarelativistischer Limes bei *kreisförmiger* Bewegung

Zeigen Sie, ausgehend vom Energiestrom pro Raumwinkel $\frac{dW}{d\Omega}$ in Gleichung (5.26a), dass das *zweite* Moment der Verteilung der möglichen ϑ-Werte in einem ultrarelativistischen Ausstrahlungsbündel bei *kreisförmiger* Bewegung durch (5.26c) gegeben ist, d. h., dass in diesem Limes mit $d\Omega = \sin(\vartheta)d\vartheta d\varphi$ gilt:

$$\langle\vartheta^2\rangle = \frac{\int d\Omega\ \vartheta^2 \frac{[1+(\gamma\vartheta)^2]^2 - 4(\gamma\vartheta)^2\cos^2(\varphi)}{[1+(\gamma\vartheta)^2]^5}}{\int d\Omega\ \frac{[1+(\gamma\vartheta)^2]^2 - 4(\gamma\vartheta)^2\cos^2(\varphi)}{[1+(\gamma\vartheta)^2]^5}} \sim \frac{1}{\gamma^2} \quad (\gamma \to \infty)\ .$$

Zeigen Sie analog, dass das *erste* Moment (also der Mittelwert) durch $\langle\vartheta\rangle \sim \frac{15\pi}{64\gamma}$ gegeben ist, wie ebenfalls in (5.26c) angegeben.

Aufgabe 5.6 Zeitmittelwerte von Produkten oszillierender Größen

Betrachten Sie zwei physikalische Größen

$$F(\mathbf{x},t) = \mathrm{Re}[\mathcal{F}(\mathbf{x})e^{-i\omega t}] \quad \text{und} \quad G(\mathbf{x},t) = \mathrm{Re}[\mathcal{G}(\mathbf{x})e^{-i\omega t}]\ ,$$

die also als Realteil komplexer Größen mit einer Zeitabhängigkeit der Form $e^{-i\omega t}$ geschrieben werden können.

(a) Zeigen Sie für den Zeitmittelwert des Produkts FG:

$$\overline{FG} = \tfrac{1}{2}\mathrm{Re}(\mathcal{F}\mathcal{G}^*) = \tfrac{1}{2}\mathrm{Re}(\mathcal{F}^*\mathcal{G}) \ .$$

(b) Verallgemeinern Sie dieses Ergebnis für den Fall, dass $\mathbf{F}$ und $\mathbf{G}$ 3-Vektoren sind und FG durch das Skalarprodukt $\mathbf{F}\cdot\mathbf{G}$ oder das Kreuzprodukt $\mathbf{F}\times\mathbf{G}$ ersetzt wird.

Aufgabe 5.7 Magnetische Dipol- und elektrische Quadrupolstrahlung

Bei der Berechnung der zeitgemittelten Gesamtleistung $\overline{W}_{M1+E2}$ für magnetische Dipol- und elektrische Quadrupolstrahlung in Gleichung (5.43a) wurde die Identität (5.43b) verwendet:

$$\langle|\hat{\mathbf{x}}\times(M\hat{\mathbf{x}})|^2\rangle_\Omega = \tfrac{1}{3}\,\mathrm{Sp}(DD^\dagger) + \frac{\omega^2}{45}\,\mathrm{Sp}(QQ^\dagger) \ .$$

Hierbei bezeichnet $\langle\cdots\rangle_\Omega = \frac{1}{4\pi}\int d\Omega\,(\cdots)$ den Mittelwert über alle möglichen Raumwinkel und ist der Tensor $M \equiv D - \frac{1}{3}i\omega Q$ aus dem *antisymmetrischen* magnetischen Dipoltensor $D = -\varepsilon_{ijk}m_k$ mit dem magnetischen Moment $\mathbf{m} = \frac{1}{2}\int d^3\xi\ \boldsymbol{\xi}\times\mathbf{j}(\boldsymbol{\xi})$ und dem *symmetrischen, spurfreien* elektrischen Quadrupoltensor Q zusammengesetzt. In dieser Aufgabe wird die Gültigkeit der Identität (5.43b) nachgewiesen.

(a) Zeigen Sie zuerst: $|\hat{\mathbf{x}}\times(M\hat{\mathbf{x}})|^2 = |M\hat{\mathbf{x}}|^2 - |\hat{\mathbf{x}}^{\mathrm{T}}M\hat{\mathbf{x}}|^2 = |M\hat{\mathbf{x}}|^2 - \frac{1}{9}\omega^2|\hat{\mathbf{x}}^{\mathrm{T}}Q\hat{\mathbf{x}}|^2$.

(b) Zeigen Sie: $\langle|M\hat{\mathbf{x}}|^2\rangle_\Omega = \frac{1}{3}\mathrm{Sp}(MM^\dagger) = \frac{1}{3}\left[\mathrm{Sp}(DD^\dagger) + \frac{1}{9}\omega^2\mathrm{Sp}(QQ^\dagger)\right]$.

(c) Zeigen Sie: $\langle|\hat{\mathbf{x}}^{\mathrm{T}}Q\hat{\mathbf{x}}|^2\rangle_\Omega = \frac{2}{15}\mathrm{Sp}(QQ^\dagger)$, indem Sie zuerst die folgende Identität nachweisen: $\langle\hat{x}_i\hat{x}_j\hat{x}_k\hat{x}_l\rangle_\Omega = \frac{1}{15}\big(\delta_{ij}\delta_{kl} + \delta_{ik}\delta_{jl} + \delta_{il}\delta_{jk}\big)$.

(d) Zeigen Sie nun die Identität (5.43b), indem Sie die Ergebnisse aus **(a)**, **(b)** und **(c)** miteinander kombinieren.

Aufgabe 5.8 Die Fernzone einer *Loop*antenne (PP)

Als Anwendung der inhomogenen Wellengleichung (5.1) mit einer 4-Stromdichte j^μ, die erst zu einer endlichen Zeit t_0 aktiviert wird (mit $-\infty < t_0 < 0$), betrachten wir eine dünne *Loop*antenne mit einer *rechteckigen* Form [*Loop* = Schleife (engl.)]. Die Loopantenne ist in der $\hat{\mathbf{e}}_1$-$\hat{\mathbf{e}}_3$-Ebene parallel zu den Koordinatenachsen ausgerichtet und hat den Mittelpunkt $\boldsymbol{\xi} = \mathbf{0}$ sowie die Seitenlängen L in $\hat{\mathbf{e}}_3$- und L' in $\hat{\mathbf{e}}_1$-Richtung. Die Antenne führt einen hochfrequenten *Wechselstrom* mit der Frequenz $\omega \gg \max\{\frac{c}{L}, \frac{c}{L'}\}$. Die entsprechende Stromdichte ist gegeben durch:

$$\begin{aligned}\mathbf{j}(\mathbf{x},t) = I_0\cos(\omega t)\delta(x_2)\Theta(t-t_0)\big\{&\hat{\mathbf{e}}_3\Theta\big(\tfrac{1}{2}L - |x_3|\big)\big[\delta(x_1 - \tfrac{1}{2}L') - \delta(x_1 + \tfrac{1}{2}L')\big]\\ &+ \hat{\mathbf{e}}_1\Theta\big(\tfrac{1}{2}L' - |x_1|\big)\big[\delta(x_3 + \tfrac{1}{2}L) - \delta(x_3 - \tfrac{1}{2}L)\big]\big\} \ .\end{aligned}$$

Die Antenne ist elektrisch ungeladen ($\rho = 0$). Das skalare Potential ist daher in diesem Fall *null*. Das retardierte Vektorpotential folgt aus Gleichung (5.2a) als:

$$\mathbf{A}(\mathbf{x},t) = \frac{\mu_0}{4\pi}\int d^3\xi\ \frac{\mathbf{j}(\boldsymbol{\xi}, t - \frac{|\boldsymbol{\xi}-\mathbf{x}|}{c})}{|\boldsymbol{\xi}-\mathbf{x}|}\Theta\Big(t - t_0 - \tfrac{|\boldsymbol{\xi}-\mathbf{x}|}{c}\Big) \ .$$

Das Vektorpotential erfüllt die Lorenz-Eichung, die wegen $\rho = 0$ und daher $\Phi = 0$ allerdings mit der Coulomb-Eichung $\nabla\cdot\mathbf{A} = 0$ identisch ist.

(a) Überprüfen Sie, dass für alle $\mathbf{x} \in \mathbb{R}^3$ gilt: $\nabla \cdot \mathbf{j} = 0$, insbesondere also auch für $\mathbf{x} = (\pm\frac{1}{2}L', 0, \pm\frac{1}{2}L)^{\mathrm{T}}$, sodass die Kontinuitätsgleichung $\partial_t \rho + \nabla \cdot \mathbf{j} = 0$ mit der Vorgabe eines ungeladenen Systems ($\rho = 0$) kompatibel ist.

(b) Zeigen Sie: $|\boldsymbol{\xi} - \mathbf{x}| \sim x - \hat{\mathbf{x}} \cdot \boldsymbol{\xi} + \frac{1}{2x}\left[\boldsymbol{\xi}^2 - (\hat{\mathbf{x}} \cdot \boldsymbol{\xi})^2\right] + \cdots$ für $x \equiv |\mathbf{x}| \to \infty$.

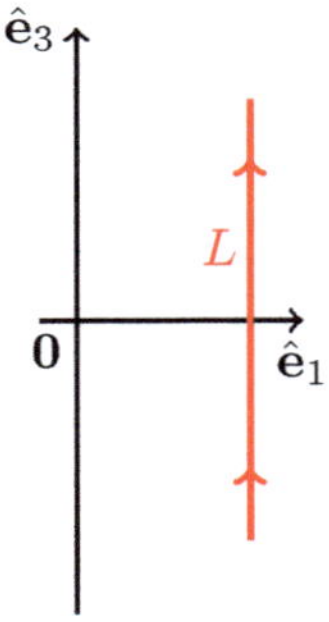

Abb. 5.19 Stromdichte $\mathbf{j}^{\uparrow}$ z. Z. $t = 0$

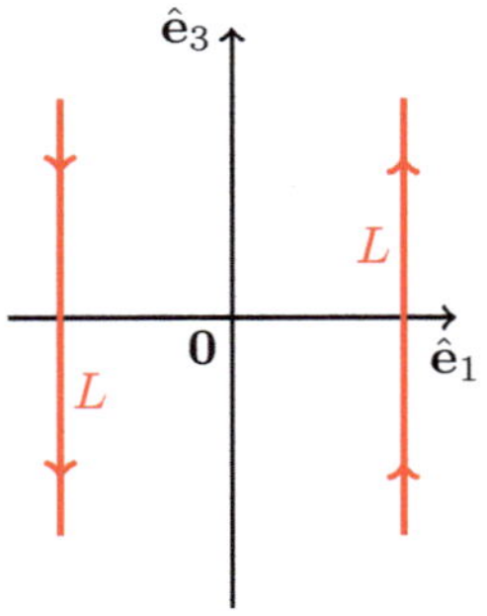

Abb. 5.20 Stromdichte $\mathbf{j}^{\updownarrow} = \mathbf{j}^{\uparrow} + \mathbf{j}^{\downarrow}$ z. Z. $t = 0$

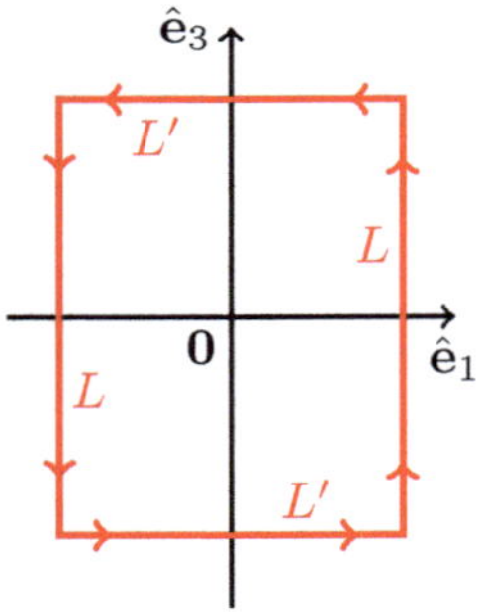

Abb. 5.21 Stromdichte $\mathbf{j} = \mathbf{j}^{\updownarrow} + \mathbf{j}^{\leftrightarrow}$ z. Z. $t = 0$

Da die Stromdichte $\mathbf{j}$ vier Beiträge enthält (jeweils zwei in $\hat{\mathbf{e}}_3$- und $\hat{\mathbf{e}}_1$-Richtung): $\mathbf{j} = \mathbf{j}^{\uparrow} + \mathbf{j}^{\leftarrow} + \mathbf{j}^{\downarrow} + \mathbf{j}^{\rightarrow}$, kann man nach dem Superpositionsprinzip auch im Vektorpotential vier Beiträge unterscheiden: $\mathbf{A} = \mathbf{A}^{\uparrow} + \mathbf{A}^{\leftarrow} + \mathbf{A}^{\downarrow} + \mathbf{A}^{\rightarrow}$. Hierbei zeigt der obere Index die Stromrichtung im jeweiligen Beitrag z. Z. $t = 0$ an. Die vier Beiträge zum Vektorpotential können einzeln oder auch in Kombination untersucht werden. Wir betrachten im Folgenden zuerst $\mathbf{A}^{\uparrow}$ einzeln, dann $\mathbf{A}^{\updownarrow} \equiv \mathbf{A}^{\uparrow} + \mathbf{A}^{\downarrow}$ und $\mathbf{A}^{\leftrightarrow} \equiv \mathbf{A}^{\leftarrow} + \mathbf{A}^{\rightarrow}$ und schließlich $\mathbf{A} = \mathbf{A}^{\updownarrow} + \mathbf{A}^{\leftrightarrow}$. Wir untersuchen diese Beiträge zu $\mathbf{A}$ in der *Fernzone*, d. h. für sowohl $x \gg k^{-1} \equiv \frac{c}{\omega}$ als auch $x \gg \max\{L, L'\}$, wobei im Hochfrequenzbereich die zweite Bedingung die stärkere ist. Auch für die Stromdichte kann man eine kompakte Notation einführen: $\mathbf{j}^{\updownarrow} \equiv \mathbf{j}^{\uparrow} + \mathbf{j}^{\downarrow}$, $\mathbf{j}^{\leftrightarrow} \equiv \mathbf{j}^{\leftarrow} + \mathbf{j}^{\rightarrow}$ und $\mathbf{j} = \mathbf{j}^{\updownarrow} + \mathbf{j}^{\leftrightarrow}$. Die Beiträge $\mathbf{j}^{\uparrow}$, $\mathbf{j}^{\updownarrow}$ und $\mathbf{j} = \mathbf{j}^{\updownarrow} + \mathbf{j}^{\leftrightarrow}$ sind zur Illustration in den Abbildungen 5.19, 5.20 bzw. 5.21 grafisch dargestellt.

(c) Zeigen Sie, dass für $\mathbf{A}^{\uparrow}$ in der Fernzone mit $x'_{-} \equiv x - \frac{1}{2}L'\hat{x}_1$ gilt:

$$\mathbf{A}^{\uparrow}(\mathbf{x}, t) \sim \frac{\mu_0 L I_0}{4\pi x'_{-}} \hat{\mathbf{e}}_3 \Theta\Big(t - t_0 - \tfrac{x'_{-}}{c}\Big) \cos\big[\omega\big(t - \tfrac{x'_{-}}{c}\big)\big] \frac{\sin(\frac{1}{2}kL\hat{x}_3)}{\frac{1}{2}kL\hat{x}_3} \quad (x \to \infty) \, .$$

Berechnen Sie die entsprechenden $(\mathbf{E}, \mathbf{B})$-Felder. Zeigen Sie, dass der *zeitgemittelte* Poynting-Vektor $\overline{\mathbf{S}}(\mathbf{x})$ und die *zeitgemittelte* Energiedichte $\overline{\rho_{\mathcal{E}}}(\mathbf{x})$ nach einer Integration über die orientierte Fläche $\mathcal{F} \equiv \{\mathbf{x} \,|\, |\mathbf{x}| = x\}$ (mit auswärts gerichtetem Normalenvektor) gegeben sind durch:

$$\int_{\mathcal{F}} d\mathbf{F} \cdot \overline{\mathbf{S}} = \tfrac{1}{8}\mu_0 \omega L I_0^2 \quad , \quad \int_{\mathcal{F}} dF \, \overline{\rho_{\mathcal{E}}} = \tfrac{1}{8c}\mu_0 \omega L I_0^2 \, .$$

(d) Zeigen Sie analog für $\mathbf{A}^{\updownarrow}$ in der Fernzone:

$$\mathbf{A}^{\updownarrow}(\mathbf{x}, t) \sim -\frac{\mu_0 L I_0}{2\pi x} \hat{\mathbf{e}}_3 \Theta\big(t - t_0 - \tfrac{x}{c}\big) \sin\big[\omega\big(t - \tfrac{x}{c}\big)\big] \sin(\tfrac{1}{2}kL'\hat{x}_1) \frac{\sin(\frac{1}{2}kL\hat{x}_3)}{\frac{1}{2}kL\hat{x}_3}$$

und berechnen Sie die $(\mathbf{E}, \mathbf{B})$-Felder sowie $\int_{\mathcal{F}} d\mathbf{F} \cdot \overline{\mathbf{S}}$ und $\int_{\mathcal{F}} dF\ \overline{\rho_{\mathcal{E}}}$.

(e) Schließen Sie aus Teil **(d)** für $\mathbf{A}^{\leftrightarrow}$ in der Fernzone:

$$\mathbf{A}^{\leftrightarrow}(\mathbf{x}, t) \sim +\frac{\mu_0 L' I_0}{2\pi x}\hat{\mathbf{e}}_1 \Theta\big(t - t_0 - \tfrac{x}{c}\big) \sin\big[\omega\big(t - \tfrac{x}{c}\big)\big] \sin(\tfrac{1}{2}kL\hat{x}_3)\frac{\sin(\frac{1}{2}kL'\hat{x}_1)}{\frac{1}{2}kL'\hat{x}_1}$$

und bestimmen Sie die $(\mathbf{E}, \mathbf{B})$-Felder sowie $\int_{\mathcal{F}} d\mathbf{F} \cdot \overline{\mathbf{S}}$ und $\int_{\mathcal{F}} dF\ \overline{\rho_{\mathcal{E}}}$.

(f) Bestimmen Sie nun $\int_{\mathcal{F}} d\mathbf{F} \cdot \overline{\mathbf{S}}$ und $\int_{\mathcal{F}} dF\ \overline{\rho_{\mathcal{E}}}$ für die komplette Loopantenne, indem Sie die Ergebnisse aus den Teilen **(d)** und **(e)** miteinander kombinieren.

(g) Wieviel Energie hat die Loopantenne also seit der Einschaltzeit t_0 ausgestrahlt?

Kapitel 6

Elektrodynamik „im Medium"

Bereits aus dem einführenden Kapitel [1] wissen wir, dass die Elektrodynamik *im Vakuum* mit Hilfe von **E**- und **B**-Feldern beschrieben werden kann, deren Dynamik *Wellencharakter* hat, siehe die Gleichungen (1.13) und (1.14):

$$\boxed{\Box \mathbf{B} = \mu_0 \boldsymbol{\nabla} \times \mathbf{j} \quad , \quad \Box \mathbf{E} = -\frac{1}{\varepsilon_0}\left(\boldsymbol{\nabla}\rho + \frac{1}{c^2}\frac{\partial \mathbf{j}}{\partial t}\right) \ .} \tag{6.1}$$

Diese *Wellen*gleichungen für **E** und **B** folgen direkt aus den Maxwell-Gleichungen (1.4) *im Vakuum*. Ebenfalls aus Kapitel [1] ist bekannt, dass die Form der Maxwell-Gleichungen „im Medium" von derjenigen „im Vakuum" abweicht, siehe (1.15). Im Medium sind bei der Formulierung der Maxwell-Gleichungen auch die Effekte der Magnetisierung **M** und der Polarisation **P** der Materie zu berücksichtigen.

Da streng genommen fast alle Beobachtungen und Experimente, die unter *irdischen* Bedingungen durchgeführt werden, in irgendeinem *Medium* stattfinden, stellt sich sofort die Frage nach dem möglichen Einfluss des Mediums auf die beobachteten elektromagnetischen Phänomene: Wie verhalten sich die neuen Felder **M** und **P** abhängig von den $(\mathbf{E}, \mathbf{B})$-Feldern und wie beeinflussen sie elektrodynamische Prozesse? Gelten auch im Medium die vertrauten *Erhaltungsgesetze*? Erfüllen die $(\mathbf{E}, \mathbf{B})$-Felder auch im Medium *Wellengleichungen* und, falls ja, haben sie dann eine ähnliche Form wie in (6.1)? Kann man die Elektrodynamik auch in materiellen Medien *kovariant* formulieren? Gibt es im Medium *neuartige* Wellenphänomene und, falls ja, spielen Materialeigenschaften wie die *Leitfähigkeit* und *Randeffekte* dabei eine Rolle? Wie leitet man die Theorie „im Medium" überhaupt her?

In diesem Kapitel und dem nächsten werden wir diese und viele weitere Fragen über die Elektrodynamik *im Medium* untersuchen. Zuerst formulieren wir in Abschnitt [6.1] die Basisgleichungen der Maxwell-Theorie im Medium und beantworten erste Fragen über die Existenz von *Erhaltungsgrößen*. In Abschnitt [6.2] zeigen wir, dass auch in materiellen Medien *Wellengleichungen* gelten, die allerdings i. A. *nicht* genau die Form (6.1) haben und deren Interpretation in der Tat auf mögliche *neuartige* Wellenphänomene hinweist. Diese neuartigen Wellenphänomene werden dann als Anwendung der allgemeinen Theorie in Kapitel [7] behandelt. Dass die Elektrodynamik im Medium auch *Lorentz-kovariant* formuliert werden kann, zeigen wir in Abschnitt [6.3].

P. van Dongen, *Klassische Elektrodynamik*, https://doi.org/10.1007/978-3-662-69830-3_6

Die *Hertz'schen Potentiale* sind das Thema von Abschnitt [6.4]. Sie sind besonders gut geeignet für die Beschreibung elektromagnetischer Wellen, die durch eine *räumlich lokalisierte Antenne* erzeugt werden.

Auf die *Herleitung* der Maxwell-Gleichungen (6.3) „im Medium“ mit Hilfe einer räumlichen Mittelung gehen wir schließlich in Abschnitt [6.5] ausführlicher ein.

6.1 Die Basisgleichungen der Maxwell-Theorie *im Medium*

Wie bereits aus Kapitel [1] bekannt, siehe z. B. Gleichung (1.15), sind bei der Formulierung der Maxwell-Theorie „im Medium“ auch die Effekte der *Magnetisierung* $\mathbf{M}$ und der *Polarisation* $\mathbf{P}$ zu berücksichtigen. Neben dem elektrischen Feld $\mathbf{E}$ und dem Magnetfeld $\mathbf{B}$ definiert man dazu zwei *Hilfsfelder* $\mathbf{D}$ und $\mathbf{H}$, die Beiträge der Magnetisierung und der Polarisation enthalten:

$$\boxed{\mathbf{D} \equiv \varepsilon_0 \mathbf{E} + \mathbf{P} \quad , \quad \mathbf{H} \equiv \tfrac{1}{\mu_0}\mathbf{B} - \mathbf{M}\,,} \tag{6.2}$$

und erhält dann für die Felder $(\mathbf{E}, \mathbf{B}, \mathbf{D}, \mathbf{H})$ die sogenannten *Maxwell-Gleichungen „im Medium“*:

$$\boxed{\begin{array}{llll} \text{I.} & \boldsymbol{\nabla} \cdot \mathbf{D} = \rho & \text{III.} & \boldsymbol{\nabla} \times \mathbf{E} + \dfrac{\partial \mathbf{B}}{\partial t} = \mathbf{0} \\ \text{II.} & \boldsymbol{\nabla} \cdot \mathbf{B} = 0 & \text{IV.} & \boldsymbol{\nabla} \times \mathbf{H} - \dfrac{\partial \mathbf{D}}{\partial t} = \mathbf{j}\,. \end{array}} \tag{6.3}$$

Hierbei müssen die Ladungsdichte ρ und die Stromdichte $\mathbf{j}$ analog zur Theorie „im Vakuum“, siehe Gleichung (1.6), eine *Kontinuitätsgleichung* erfüllen,

$$\boxed{\frac{\partial \rho}{\partial t} + \boldsymbol{\nabla} \cdot \mathbf{j} = 0\,,} \tag{6.4}$$

sodass auch die mathematische Konsistenz der Maxwell-Gleichungen „im Medium“ auf die physikalische Anforderung der *Ladungserhaltung* führt. Die Kontinuitätsgleichung (6.4) wird – analog zum Argument (1.8) „im Vakuum“ – durch Einsetzen der *inhomogenen* Gleichungen I und IV in Gleichung (6.3) in die linke Seite von (6.4) als Integrabilitätsbedingung der Maxwell-Gleichungen nachgewiesen:[1]

$$\frac{\partial \rho}{\partial t} + \boldsymbol{\nabla} \cdot \mathbf{j} = \frac{\partial}{\partial t}(\boldsymbol{\nabla} \cdot \mathbf{D}) + \boldsymbol{\nabla} \cdot \left(\boldsymbol{\nabla} \times \mathbf{H} - \frac{\partial \mathbf{D}}{\partial t}\right) = \frac{\partial}{\partial t}\boldsymbol{\nabla} \cdot \mathbf{D} - \boldsymbol{\nabla} \cdot \frac{\partial \mathbf{D}}{\partial t} = 0\,.$$

Im zweiten Schritt wurde die Identität $\boldsymbol{\nabla} \cdot (\boldsymbol{\nabla} \times \mathbf{H}) = 0$ verwendet und im dritten die Vertauschbarkeit von partiellen Ableitungen.

Die moderne, kompakte Notation der Theorie „im Medium“ in den Gleichungen (6.2)–(6.7) geht auf den englischen Physiker Oliver Heaviside (1850–1925) zurück.

[1] Hierbei ist eine „Integrabilitätsbedingung“ eine Bedingung, die erfüllt sein *muss*, damit eine Differentialgleichung oder differentielle Beziehung konsistent gelöst (d. h. *integriert*) werden kann.

6.1.1 Materialgleichungen

Die Theorie (6.3) „im Medium“ erhält allerdings erst dann einen physikalischen Inhalt, wenn die Beziehungen zwischen $\mathbf{P}$ und $\mathbf{M}$ einerseits und $\mathbf{E}$ und $\mathbf{B}$ andererseits festgelegt werden. In einfachen (d. h. konkret: in *linearen, isotropen, homogenen*) Medien gelten z. B. die Materialabhängigkeiten

$$\boxed{\mathbf{M} = \chi^{\mathrm{m}}\mathbf{H} \quad , \quad \frac{1}{\varepsilon_0}\mathbf{P} = \chi^{\mathrm{e}}\mathbf{E} \, ,} \tag{6.5}$$

wobei die skalaren Proportionalitätskonstanten χ^{m} und χ^{e} in (6.5) die *magnetische* bzw. *dielektrische Suszeptibilität* darstellen. Die entsprechenden Beziehungen zwischen den Feldern $(\mathbf{E}, \mathbf{B})$ und den Hilfsfeldern $(\mathbf{D}, \mathbf{H})$ lauten dann:

$$\begin{aligned} \mathbf{D} &= \varepsilon_0\mathbf{E} + \mathbf{P} = \varepsilon_0(1+\chi^{\mathrm{e}})\mathbf{E} = \varepsilon_0\varepsilon_{\mathrm{r}}\mathbf{E} = \varepsilon\mathbf{E} \quad , \quad \varepsilon_{\mathrm{r}} \equiv 1 + \chi^{\mathrm{e}} \quad , \quad \varepsilon \equiv \varepsilon_0\varepsilon_{\mathrm{r}} \\ \mathbf{B} &= \mu_0(\mathbf{H} + \mathbf{M}) = \mu_0(1+\chi^{\mathrm{m}})\mathbf{H} = \mu_0\mu_{\mathrm{r}}\mathbf{H} = \mu\mathbf{H} \quad , \quad \mu_{\mathrm{r}} \equiv 1 + \chi^{\mathrm{m}} \quad , \quad \mu \equiv \mu_0\mu_{\mathrm{r}} \, . \end{aligned}$$

Hierbei wurden neue Konstanten $(\varepsilon_{\mathrm{r}}, \mu_{\mathrm{r}}, \varepsilon, \mu)$ definiert, um die Notation kompakter zu gestalten: Die Größen ε_{r} und μ_{r} werden als die *relative Permittivität* bzw. *relative Permeabilität* des Mediums bezeichnet[2] und ε und μ dementsprechend als die (absolute) *Permittivität* bzw. *Permeabilität*.

Aufgrund der einfachen *linearen* Beziehungen $\mathbf{D} = \varepsilon\mathbf{E}$ und $\mathbf{B} = \mu\mathbf{H}$ vereinfachen sich die *inhomogenen* Maxwell-Gleichungen „im Medium“ auf die Form

$$\boxed{\text{I. } \boldsymbol{\nabla}\cdot\mathbf{E} = \frac{1}{\varepsilon}\rho \qquad \text{IV. } \boldsymbol{\nabla}\times(\mu^{-1}\mathbf{B}) - \varepsilon\frac{\partial\mathbf{E}}{\partial t} = \mathbf{j} \, .} \tag{6.6}$$

In linearen, isotropen, homogenen Medien haben die Maxwell-Gleichungen „im Medium“ also genau dieselbe *Form* wie diejenigen „im Vakuum“, siehe (1.4), falls man die Konstanten gemäß $(\varepsilon_0, \mu_0) \to (\varepsilon, \mu)$ ersetzt. Dennoch gibt es bei der *Interpretation* der Gleichungen „im Medium“ und „im Vakuum“ einen fundamentalen Unterschied, nämlich, dass die Elektrodynamik „im Vakuum“ *Punktteilchen* und *mikroskopische Felder* beschreibt und diejenige „im Medium“ *räumlich gemittelte Größen*. Dieser fundamentale Unterschied wird in Abschnitt [6.5] genauer erklärt.

Es ist jedoch jetzt schon klar, dass sich die Begriffe „Vakuum“ und „Medium“ rein semantisch nicht auf reale Objekte oder Zustände beziehen, sondern auf zwei approximative, klassische, mathematische Darstellungen der quantenmechanischen Realität: Hierbei stellt die „Vakuum“-Variante diese Realität mit Hilfe von klassischen Feldern und Punktteilchen dar, und die „Medium“-Variante folgt durch räumliche Mittelung des „Vakuums“. Diese Begriffe bezeichnen also *Modelle*.

In *Leitern* werden die beiden Materialgleichungen (6.5) für $\mathbf{P}$ und $\mathbf{M}$ noch um das *Ohm'sche Gesetz* ergänzt, das eine lineare Beziehung zwischen der Stromdichte $\mathbf{j}$ und dem elektrischen Feld $\mathbf{E}$ beschreibt:

$$\boxed{\mathbf{j} = \sigma\mathbf{E} \, .} \tag{6.7}$$

Falls das leitende Material nicht nur *linear* und *homogen*, sondern auch *isotrop* ist, wird die Proportionalitätskonstante σ als die *Leitfähigkeit* des Mediums bezeichnet.

[2] Alternativ werden $(\varepsilon_{\mathrm{r}}, \mu_{\mathrm{r}})$ auch als *Permittivitätszahl* bzw. *Permeabilitätszahl* bezeichnet.

Wie auch bereits in der Einführung Abschnitt [1.2] erwähnt, erhalten die Materialabhängigkeiten in linearen *anisotropen* Medien *Tensor*charakter, d. h., dass die beiden Suszeptibilitäten χ^{m} und χ^{e} sowie die Materialkonstanten (ε, μ) und der Leitfähigkeits*tensor* σ dann durch (3×3)-Matrizen beschrieben werden.

6.1.2 Statische Felder „im Medium“

Da die *zeitabhängigen* Maxwell-Gleichungen (6.6) in linearen, homogenen, isotropen Medien genau dieselbe Form haben wie diejenigen „im Vakuum“, muss dies sicherlich auch für die Gleichungen der *Statik* gelten, die ja durch *Zeitmittelung* aus den vollen Maxwell-Gleichungen hergeleitet werden. Analog zur Vorgehensweise in Abschnitt [2.1] erhält man „im Medium“ für die Gleichungen der Statik:

$$\begin{aligned} \left(\boldsymbol{\nabla} \cdot \overline{\mathbf{E}}\right)(\mathbf{x}) &= \frac{1}{\varepsilon}\,\bar{\rho}(\mathbf{x}) \quad , \quad \left(\boldsymbol{\nabla} \times \overline{\mathbf{E}}\right)(\mathbf{x}) = \mathbf{0} \\ \left(\boldsymbol{\nabla} \cdot \overline{\mathbf{B}}\right)(\mathbf{x}) &= 0 \qquad\quad\; , \quad \left(\boldsymbol{\nabla} \times \overline{\mathbf{B}}\right)(\mathbf{x}) = \mu\,\bar{\mathbf{j}}(\mathbf{x})\,. \end{aligned} \tag{6.8}$$

Die Gleichungen der Statik „im Medium“ haben daher die bereits aus Abschnitt [2.1] vertraute Form, wobei lediglich $(\varepsilon_0, \mu_0) \to (\varepsilon, \mu)$ zu ersetzen ist. Genau wie für die Theorie „im Vakuum“ gilt auch im Medium, dass die Gleichungen der Elektrostatik und die Gleichungen der Magnetostatik *entkoppelt* sind. Analog zu Abschnitt [2.1] können elektro- und magnetostatische Systeme auch nun mit Hilfe von zeit*un*abhängigen skalaren Potentialen bzw. Vektorpotentialen beschrieben werden:

$$\overline{\Phi}(\mathbf{x}) = \frac{1}{4\pi\varepsilon}\int d^3x'\,\frac{\bar{\rho}(\mathbf{x}')}{|\mathbf{x}-\mathbf{x}'|} \quad , \quad \overline{\mathbf{A}}(\mathbf{x}) = \frac{\mu}{4\pi}\int d^3x'\,\frac{\bar{\mathbf{j}}(\mathbf{x}')}{|\mathbf{x}-\mathbf{x}'|}\,. \tag{6.9}$$

Die entsprechenden Felder sind gegeben durch:

$$\overline{\mathbf{E}}(\mathbf{x}) = \frac{1}{4\pi\varepsilon}\int d^3x'\,\bar{\rho}(\mathbf{x}')\frac{\mathbf{x}-\mathbf{x}'}{|\mathbf{x}-\mathbf{x}'|^3} \quad , \quad \overline{\mathbf{B}}(\mathbf{x}) = \frac{\mu}{4\pi}\int d^3x'\,\frac{\bar{\mathbf{j}}(\mathbf{x}') \times (\mathbf{x}-\mathbf{x}')}{|\mathbf{x}-\mathbf{x}'|^3}\,. \tag{6.10}$$

Da statische Phänomene bereits ausführlich in Kapitel [2] abgehandelt wurden, hat die Theorie der Statik „im Medium“ für uns wenig Neues mehr zu bieten.[3] Wir konzentrieren uns daher im Folgenden bei der Behandlung der Maxwell-Theorie „im Medium“ vollständig auf *explizit zeitabhängige Phänomene* und die Ausbreitung *elektromagnetischer Wellen.*

6.1.3 Die Energiebilanzgleichung

Neben der Kontinuitätsgleichung (6.4) für die *Ladungsdichte*, die für *beliebige* Medien gilt, kann für die Elektrodynamik in *linearen, nicht notwendigerweise homogenen oder isotropen* Medien auch eine *Energie*bilanzgleichung hergeleitet werden:

$$\boxed{-\mathbf{E} \cdot \mathbf{j} = \frac{\partial \rho_{\mathcal{E}}}{\partial t} + \boldsymbol{\nabla} \cdot \mathbf{S}\,.} \tag{6.11a}$$

Hierbei haben die Energiedichte $\rho_{\mathcal{E}}$ und die Energiestromdichte $\mathbf{S}$ für solche *lineare* Medien die Form

$$\boxed{\rho_{\mathcal{E}} = \tfrac{1}{2}(\mathbf{E} \cdot \mathbf{D} + \mathbf{H} \cdot \mathbf{B}) \quad , \quad \mathbf{S} = \mathbf{E} \times \mathbf{H}\,.} \tag{6.11b}$$

[3] Eine interessante und wichtige Ausnahme findet sich in Aufgabe 7.4.

Die Energiebilanzgleichung (6.11a) kann auch im Medium als 0-Komponente einer Tensorgleichung der Form (4.32a) geschrieben werden.[4] Für den *isotropen* Fall leiten wir die Bilanzgleichung (6.11a) in Übungsaufgabe 6.1 her und für den *anisotropen* Fall in Aufgabe 6.2. Die Herleitung der Bilanzgleichung für *anisotrope* Systeme erfordert allerdings ein besseres Verständnis der für die Suszeptibilitäten χ^{m} und χ^{e} im Medium geltenden *Symmetrieeigenschaften*. Diese Symmetrieeigenschaften werden daher im nächsten Abschnitt besprochen.

6.1.4 Die Suszeptibilitäten in *anisotropen Medien*

In linearen, homogenen, *anisotropen* Medien erhalten die Materialabhängigkeiten $\mathbf{M} = \chi^{\mathrm{m}}\mathbf{H}$ und $\frac{1}{\varepsilon_0}\mathbf{P} = \chi^{\mathrm{e}}\mathbf{E}$ in (6.5) *Tensor*charakter, sodass die Suszeptibilitäten χ^{m} und χ^{e} nicht wie im isotropen Fall durch skalare Größen, sondern durch dreidimensionale *Tensoren* [in einem konkreten Bezugssystems also durch (3×3)-Matrizen] beschrieben werden. Diese Suszeptibilitäten weisen im anisotropen Fall interessante *Symmetrieeigenschaften* auf, die wir hier herleiten möchten.

Die Symmetrieeigenschaften der Suszeptibilitäten χ^{m} und χ^{e} folgen aus einer Betrachtung der *Energie* des Systems.[5] Da das *System* in diesem Fall konkret ein materielles Medium mit fester Teilchenzahl, festem Volumen und konstanter Temperatur darstellt, muss es *thermodynamisch* betrachtet werden.

Im Rahmen der Thermodynamik kann ein solches System bequem mit Hilfe der Helmholtz'schen *freien Energie* F beschrieben werden. Da wir allerdings *Dichten* wie die *Magnetisierung* $\mathbf{M}$ und die *Polarisation* $\mathbf{P}$ beschreiben möchten, ist es zweckmäßig, statt der freien Energie selbst die *freie Energie pro Volumeneinheit* $f \equiv F/V$ zu betrachten. Infinitesimale *isotherme* Änderungen df der freien Energie *pro Volumeneinheit* eines elektromagnetischen Systems sind nämlich aufgrund des ersten Hauptsatzes der Thermodynamik gegeben durch[6]

$$\boxed{df = \mathbf{E} \cdot d\mathbf{P} + \mu_0 \mathbf{H} \cdot d\mathbf{M}\ .} \tag{6.12}$$

Aus der Thermodynamik ist außerdem bekannt, dass die infinitesimale Änderung df ein *exaktes* Differential darstellt, sodass Ableitungen der freien Energiedichte $f(\mathbf{E}, \mathbf{H})$ nach beliebigen Feldkomponenten E_i bzw. H_j *vertauschbar* sind. Gleichung (6.12) ist der Startpunkt unserer Symmetriebetrachtungen.

Systeme nur mit *elektrischen* Freiheitsgraden

Falls nur die *elektrischen* Größen $(\mathbf{E}, \mathbf{P})$ relevant sind (also $\mathbf{H} = \mathbf{0}$ und $\mathbf{M} = \mathbf{0}$ gilt), vereinfacht sich (6.12) für ein lineares *anisotropes* System auf die Form

$$\boxed{df = \mathbf{E} \cdot d\mathbf{P} = \varepsilon_0 \mathbf{E}^{\mathrm{T}} \chi^{\mathrm{e}} d\mathbf{E} = \varepsilon_0 E_i \chi^{\mathrm{e}}_{ij} dE_j\ .}$$

[4] Die Interpretation der *räumlichen* Komponenten dieser Tensorgleichung im Sinne einer Impulsdichte bzw. eines Spannungstensors ist allerdings problematisch. Siehe z. B. Abschnitt 6.9 von Ref. [22] für eine Zusammenfassung der relevanten Literatur.

[5] Das nachfolgende Argument basiert auf einer Diskussion der Symmetrieeigenschaften von Suszeptibilitäten in den Kapiteln III und IV von Ref. [30].

[6] Siehe z. B. Gleichung (2.5), Abschnitt 2.11.3 und Anhang A.2 in Ref. [10].

Wir haben die lineare Beziehung $\mathbf{P} = \varepsilon_0\chi^{\mathrm{e}}\mathbf{E}$ eingesetzt, in der χ^{e} nun eine orts- und zeit*un*abhängige (3×3)-Matrix ist. Im letzten Schritt wurde die Summationskonvention verwendet. Da *df* ein *exaktes* Differential darstellt, gilt:

$$\varepsilon_0\chi^{\mathrm{e}}_{kl} = \frac{\partial}{\partial E_k}\varepsilon_0 E_i\chi^{\mathrm{e}}_{il} = \frac{\partial}{\partial E_k}\frac{\partial f}{\partial E_l} \stackrel{!}{=} \frac{\partial}{\partial E_l}\frac{\partial f}{\partial E_k} = \frac{\partial}{\partial E_l}\varepsilon_0 E_i\chi^{\mathrm{e}}_{ik} = \varepsilon_0\chi^{\mathrm{e}}_{lk} \ .$$

Wir stellen fest, dass die Suszeptibilität χ^{e} *symmetrisch* ist: $\chi^{\mathrm{e}} = (\chi^{\mathrm{e}})^{\mathrm{T}}$.

Systeme nur mit *magnetischen* Freiheitsgraden

Falls nur die *magnetischen* Größen $(\mathbf{H}, \mathbf{M})$ relevant sind (also $\mathbf{E} = \mathbf{0}$ und $\mathbf{P} = \mathbf{0}$ gilt), vereinfacht sich (6.12) analog auf die Form

$$\boxed{df = \mu_0\mathbf{H}\cdot d\mathbf{M} = \mu_0\mathbf{H}^{\mathrm{T}}\chi^{\mathrm{m}}d\mathbf{H} = \mu_0 H_i\chi^{\mathrm{m}}_{ij}dH_j \ .}$$

Wir haben nun die lineare Beziehung $\mathbf{M} = \chi^{\mathrm{m}}\mathbf{H}$ eingesetzt und wiederum im letzten Schritt die Summationskonvention verwendet. Da *df* ein *exaktes* Differential darstellt, gilt:

$$\mu_0\chi^{\mathrm{m}}_{kl} = \frac{\partial}{\partial H_k}\mu_0 H_i\chi^{\mathrm{m}}_{il} = \frac{\partial}{\partial H_k}\frac{\partial f}{\partial H_l} \stackrel{!}{=} \frac{\partial}{\partial H_l}\frac{\partial f}{\partial H_k} = \frac{\partial}{\partial H_l}\mu_0 H_i\chi^{\mathrm{m}}_{ik} = \mu_0\chi^{\mathrm{m}}_{lk} \ ,$$

sodass auch die Suszeptibilität χ^{m} *symmetrisch* ist: $\chi^{\mathrm{m}} = (\chi^{\mathrm{m}})^{\mathrm{T}}$.

Systeme mit elektrischen *und* magnetischen Freiheitsgraden

Sollten in einem physikalischen System sowohl $(\mathbf{E}, \mathbf{P})$ als auch $(\mathbf{H}, \mathbf{M})$ relevant sein, lautet (6.12) für ein lineares *anisotropes* System:[7]

$$\boxed{df = \mathbf{E}\cdot d\mathbf{P} + \mu_0\mathbf{H}\cdot d\mathbf{M} = \varepsilon_0 E_i\chi^{\mathrm{e}}_{ij}dE_j + \mu_0 H_i\chi^{\mathrm{m}}_{ij}dH_j \ .} \tag{6.13}$$

Die Vertauschbarkeit der (E_k, E_l)-Ableitungen von $f(\mathbf{E}, \mathbf{H})$ zeigt in diesem Fall die Symmetrie von χ^{e} und diejenige der (H_k, H_l)-Ableitungen die Symmetrie von χ^{m}.

Manche lineare, anisotrope Systeme werden durch die Materialabhängigkeiten $\mathbf{M} = \chi^{\mathrm{m}}\mathbf{H}$ und $\frac{1}{\varepsilon_0}\mathbf{P} = \chi^{\mathrm{e}}\mathbf{E}$ in Gleichung (6.5) jedoch nicht adäquat beschrieben und gehorchen eher Gesetzen der Form:[8]

$$\mathbf{M} = \chi^{\mathrm{m}}\mathbf{H} + R_0^{-1}\bar{\chi}^{\mathrm{e}}\mathbf{E} \quad , \quad \frac{1}{\varepsilon_0}\mathbf{P} = \chi^{\mathrm{e}}\mathbf{E} + R_0\bar{\chi}^{\mathrm{m}}\mathbf{H} \ . \tag{6.14}$$

Hierbei ist $R_0 = \mu_0 c = \sqrt{\mu_0/\varepsilon_0} \simeq 376{,}73\,\Omega$ der in Abschnitt [5.4.4] eingeführte „Wellenwiderstand des Vakuums“. Die Faktoren R_0 und R_0^{-1} wurden eingeführt, damit sämtliche Suszeptibilitäten $\chi^{\mathrm{e,m}}$ und $\bar{\chi}^{\mathrm{e,m}}$ die gleiche physikalische Dimension besitzen. Durch Einsetzen der Materialabhängigkeiten (6.14) in (6.12) erhält man:

$$\begin{aligned} df &= \varepsilon_0\mathbf{E}\cdot d\big(\chi^{\mathrm{e}}\mathbf{E} + R_0\bar{\chi}^{\mathrm{m}}\mathbf{H}\big) + \mu_0\mathbf{H}\cdot d\big(\chi^{\mathrm{m}}\mathbf{H} + R_0^{-1}\bar{\chi}^{\mathrm{e}}\mathbf{E}\big) \\ &= \varepsilon_0 E_i\chi^{\mathrm{e}}_{ij}dE_j + \mu_0 H_i\chi^{\mathrm{m}}_{ij}dH_j + \tfrac{1}{c}\big(E_i\bar{\chi}^{\mathrm{m}}_{ij}dH_j + H_i\bar{\chi}^{\mathrm{e}}_{ij}dE_j\big) \ . \end{aligned}$$

[7] Gleichung (6.13) zeigt übrigens klar, dass die Suszeptibilitäten χ^{m} und χ^{e} die gleiche physikalische Dimension haben. Dies folgt z. B. aus: $[\mu_0 H^2] = [B^2/\mu_0] = [(cB)^2/c^2\mu_0] = [\varepsilon_0 E^2]$.

[8] Derartige Materialabhängigkeiten werden in den Refn. [29] und [34] diskutiert. Ref. [34] beschreibt auch Experimente an Cr_2O_3, deren Ergebnisse im Einklang mit Gleichung (6.14) sind.

Die Suszeptibilitäten χ^{m} und χ^{e} sind wiederum *symmetrisch*, aber da df ein *exaktes* Differential darstellt, folgt nun auch:

$$\bar{\chi}^{\mathrm{m}}_{kl} = \frac{\partial}{\partial E_k} E_i \bar{\chi}^{\mathrm{m}}_{il} = c \frac{\partial}{\partial E_k} \frac{\partial f}{\partial H_l} \stackrel{!}{=} c \frac{\partial}{\partial H_l} \frac{\partial f}{\partial E_k} = \frac{\partial}{\partial H_l} H_i \bar{\chi}^{\mathrm{e}}_{ik} = \bar{\chi}^{\mathrm{e}}_{lk} = (\bar{\chi}^{\mathrm{e}})^{\mathrm{T}}_{kl} \,.$$

Wir lernen also, dass die Suszeptibilitäten $\bar{\chi}^{\mathrm{m}}$ und $\bar{\chi}^{\mathrm{e}}$ durch eine *Transposition* miteinander verbunden sind: $\bar{\chi}^{\mathrm{m}} = (\bar{\chi}^{\mathrm{e}})^{\mathrm{T}}$. Setzt man die Materialabhängigkeiten (6.14) in (6.2) ein, so erhält man die folgenden linearen Beziehungen zwischen den Feldern $(\mathbf{E}, \mathbf{B})$ und den Hilfsfeldern $(\mathbf{D}, \mathbf{H})$:

$$\begin{aligned} \mathbf{D} &= \varepsilon_0 \mathbf{E} + \mathbf{P} = \varepsilon_0 \big[(\mathbb{1}_3 + \chi^{\mathrm{e}}) \mathbf{E} + R_0 \bar{\chi}^{\mathrm{m}} \mathbf{H} \big] = \varepsilon_0 \varepsilon_{\mathrm{r}} \mathbf{E} + \tfrac{1}{c} \bar{\chi}^{\mathrm{m}} \mathbf{H} = \varepsilon \mathbf{E} + \tfrac{1}{c} \bar{\chi}^{\mathrm{m}} \mathbf{H} \\ \mathbf{B} &= \mu_0 (\mathbf{H} + \mathbf{M}) = \mu_0 \big[(\mathbb{1}_3 + \chi^{\mathrm{m}}) \mathbf{H} + R_0^{-1} \bar{\chi}^{\mathrm{e}} \mathbf{E} \big] = \mu_0 \mu_{\mathrm{r}} \mathbf{H} + \tfrac{1}{c} \bar{\chi}^{\mathrm{e}} \mathbf{E} = \mu \mathbf{H} + \tfrac{1}{c} \bar{\chi}^{\mathrm{e}} \mathbf{E} \,. \end{aligned}$$

Hierbei sind $\varepsilon_{\mathrm{r}} \equiv \big(\mathbb{1}_3 + \chi^{\mathrm{e}}\big)$, $\mu_{\mathrm{r}} \equiv \big(\mathbb{1}_3 + \chi^{\mathrm{m}}\big)$ und (ε, μ) auf der rechten Seite nun dreidimensionale *Tensoren*. Für lineare, anisotrope Medien mit einfacheren Materialabhängigkeiten der Form (6.5) sind $\bar{\chi}^{\mathrm{m}}$ und $\bar{\chi}^{\mathrm{e}}$ gleich dem Nulltensor $\mathbb{O}_3$.

6.1.5 Gültigkeitsbereich: hinreichend *niedrige* Frequenzen

Abschließend weisen wir darauf hin, dass der Startpunkt (6.12) unserer Symmetriebetrachtungen zunächst einmal nur im *Gleichgewicht* gilt. Man erwartet jedoch, dass die aus Gleichung (6.12) hergeleiteten Symmetrieeigenschaften allgemeiner für lineare Medien bei hinreichend niedrigen Frequenzen und Wellenzahlen gelten. Das Kriterium hierfür ist, dass das System bei der vorgegebenen Frequenz dem zeitabhängigen Feld *quasi-statisch* und *reversibel* folgen kann. Insbesondere sollen die Frequenzen so niedrig sein, dass keine Energiedissipation durch Anregung der inneren Freiheitsgrade des Systems auftritt. Das Auftreten von Energiedissipation im Medium hätte zur Konsequenz, dass die Dielektrizitätskonstante ε frequenzabhängig wird und formal einen endlichen *Imaginärteil* erhält. Wir nehmen im Folgenden generell an, dass die verwendeten Frequenzen hinreichend niedrig sind, damit derartige Komplikationen nicht auftreten und ε reell und etwa konstant ist.

Beispiel: Isolatoren Wir erklären die Bedeutung des Kriteriums einer „hinreichend niedrigen Frequenz“ nun konkret für einige Klassen von *Isolatoren*.

Für Isolatoren oder schlechte Leiter, die *molekulare Dipole* enthalten,[9] erwartet man, dass χ^{e}, ε_{r} und ε explizit frequenzabhängig werden, wenn die Feldfrequenz ω das Schwingungsspektrum $\{\omega_{0\nu}\}$ der Dipole durchläuft. In diesem Bereich wird dann Energie dissipiert. Für $\omega \gtrsim \max_\nu \{\omega_{0\nu}\}$ können solche molekularen Dipole dem $\mathbf{E}$-Feld nicht mehr quasi-statisch folgen. Experimentell stellt man fest, dass das Spektrum $\{\omega_{0\nu}\}$ der Dipol-Schwingungsfrequenzen in der Regel recht breit ist und stark von ihrem physikochemischen Umfeld (z. B. von Druck, Temperatur und Viskosität) abhängt. Ein bekanntes Beispiel ist die Flüssigkeit *Wasser* unter Normaldruck: Die Eigenschwingungen der polaren H_2O-Moleküle werden in diesem Fall im *Mikrowellen*bereich $f = \omega/2\pi \simeq 10^9\text{-}10^{11}\,\mathrm{s}^{-1}$ angeregt, siehe die Abbildungen 7.9 in Ref. [22] oder 10.7 in Ref. [5]. Für die schwereren Moleküle der stark viskosen

[9] Beispiele sind Ionenkristalle wie KCl mit OH^--Störstellen oder Flüssigkeiten mit polaren Molekülen wie H_2O oder NH_3.

Flüssigkeit Glycerin bei 295 K sind die Anregungsfrequenzen entsprechend um zwei bis drei Größenordnungen niedriger, siehe Abschnitt 10.8 in Ref. [5].

Falls der Isolator keine molekularen Dipole, aber mehrere Ionen pro Einheitszelle enthält (man denke z. B. an *reine* Ionenkristalle), wird die Dielektrizitätskonstante ε erst im Bereich $\omega \simeq 10^{12}\,\mathrm{s}^{-1}$ frequenzabhängig durch Anregung von *optischen Phononen*. Diese Anregungen werden mit Energiedissipation einhergehen. Für nicht-leitende Ionenkristalle muss man daher $\omega \lesssim 10^{12}\,\mathrm{s}^{-1}$ fordern.

Falls der Isolator weder molekulare Dipole noch mehratomige Einheitszellen enthält (man denke z. B. an Edelgase wie He, Ne, Ar, Kr, Xe), wird die Dielektrizitätskonstante ε spätestens im Bereich $\omega \simeq 10^{14}$-$10^{15}\,\mathrm{s}^{-1}$ frequenzabhängig durch die Anregung *elektronischer Freiheitsgrade*. Beispiele solcher Anregungen sind die Polarisierung der Elektronenhüllen und Ionisierungsprozesse.

Zusammenfassend gilt also, dass die Beschreibung eines Isolators mit Hilfe von frequenzunabhängigen Suszeptibilitäten und Dielektrizitätskonstanten bestenfalls für Frequenzen im Bereich $\omega \lesssim 10^{14}\,\mathrm{s}^{-1}$ möglich ist. Falls Komplikationen – wie molekulare Dipole oder mehratomige Einheitszellen – auftreten, ist der Gültigkeitsbereich der Beschreibung entsprechend weiter eingeschränkt.

6.2 Wellengleichungen in materiellen Medien

Wir untersuchen nun die Möglichkeit der *Wellenausbreitung* in linearen materiellen Medien. Hierzu gehen wir von den makroskopischen Maxwell-Gleichungen (6.3) aus und nehmen an, dass die Materialparameter ε, μ und σ ortsunabhängig und räumlich isotrop sind. Wir nehmen außerdem an, dass der Raumbereich $\mathcal{D}$, in dem sich das Medium befindet, sowie auch seine Umgebung $\mathbb{R}^3 \backslash \mathcal{D}$ *keine* unkompensierten Ladungen enthält ($\rho = 0$).

In diesem Fall kann man die $(\mathbf{E}, \mathbf{B})$-Felder mit Hilfe von Potentialen $(\Phi, \mathbf{A})$ beschreiben, die in der Coulomb-Eichung $\boldsymbol{\nabla} \cdot \mathbf{A} = 0$ die Gleichungen

$$\Delta\Phi = -\tfrac{1}{\varepsilon}\rho = 0 \tag{6.15a}$$

$$\begin{aligned}\Delta\mathbf{A} &= -[\boldsymbol{\nabla}(\boldsymbol{\nabla} \cdot \mathbf{A}) - \Delta\mathbf{A}] = -\boldsymbol{\nabla} \times (\boldsymbol{\nabla} \times \mathbf{A}) = -\boldsymbol{\nabla} \times \mathbf{B} \\ &= -\mu\boldsymbol{\nabla} \times \mathbf{H} = -\mu\left(\mathbf{j} + \frac{\partial \mathbf{D}}{\partial t}\right) = -\mu\left(\sigma\mathbf{E} + \varepsilon\frac{\partial \mathbf{E}}{\partial t}\right)\end{aligned} \tag{6.15b}$$

erfüllen. Die eindeutige Lösung der Laplace-Gleichung (6.15a) zur Randbedingung $\Phi = 0$ für $|\mathbf{x}| = \infty$ lautet $\Phi(\mathbf{x}, t) = 0$ für alle $\mathbf{x} \in \mathbb{R}^3$, sodass sich der Zusammenhang zwischen den Potentialen und den Feldern auf

$$\mathbf{E} = -\frac{\partial \mathbf{A}}{\partial t} \quad , \quad \mathbf{B} = \boldsymbol{\nabla} \times \mathbf{A} \tag{6.16}$$

vereinfacht. Folglich lässt sich (6.15b) auch als

$$\boxed{\Delta\mathbf{A} = \varepsilon\mu\left(\frac{\partial^2 \mathbf{A}}{\partial t^2} + \frac{\sigma}{\varepsilon}\frac{\partial \mathbf{A}}{\partial t}\right) = \frac{1}{\bar{c}^2}\left(\frac{\partial^2 \mathbf{A}}{\partial t^2} + \frac{1}{\tau}\frac{\partial \mathbf{A}}{\partial t}\right)} \tag{6.17}$$

schreiben. Hierbei wurden die Ausbreitungsgeschwindigkeit $\bar{c} \equiv (\varepsilon\mu)^{-1/2}$ und die charakteristische Dämpfungszeit $\tau \equiv \frac{\varepsilon}{\sigma}$ der Wellen eingeführt. Der letzte Term auf der rechten Seite von (6.17) wirkt als *Reibungs-* oder *Dämpfungs*term. Aus (6.16) folgt sofort, dass $\mathbf{E}$ und $\mathbf{B}$ Gleichungen derselben Form wie $\mathbf{A}$ erfüllen:

$$\boxed{\Delta\mathbf{E} = \frac{1}{\bar{c}^2}\left(\frac{\partial^2\mathbf{E}}{\partial t^2} + \frac{1}{\tau}\frac{\partial\mathbf{E}}{\partial t}\right) \quad , \quad \Delta\mathbf{B} = \frac{1}{\bar{c}^2}\left(\frac{\partial^2\mathbf{B}}{\partial t^2} + \frac{1}{\tau}\frac{\partial\mathbf{B}}{\partial t}\right) .} \tag{6.18}$$

Diese Gleichungen für die $(\mathbf{E}, \mathbf{B})$-Felder enthalten also ebenfalls als jeweils zweiten Term auf ihren rechten Seiten einen *Dämpfungs*term.

Die Wellengleichungen (6.17) und (6.18) mit zusätzlichem Dämpfungsterm sind Spezialfälle der sogenannten *Telegraphengleichung* für Funktionen $v(\mathbf{x}, t)$,

$$\boxed{\Delta v = \frac{1}{\bar{c}^2}\left[\frac{\partial^2 v}{\partial t^2} + (r_1 + r_2)\frac{\partial v}{\partial t} + r_1 r_2 v\right] \qquad (r_1, r_2 \geq 0) ,} \tag{6.19}$$

die im Allgemeinen neben dem Dämpfungsterm auch einen „Oszillatorterm“ (letzter Term auf der rechten Seite) enthält. Analog könnte man die zweite Zeitableitung (erster Term auf der rechten Seite) als „Beschleunigungsterm“ interpretieren. Die Bedeutung dieser Nomenklatur wird besonders klar für orts*un*abhängige Lösungen $v(t)$ von Gleichung (6.19), für die $\ddot{v} = -(r_1 + r_2)\dot{v} - r_1 r_2 v$ gilt.

Zur Illustration zeigen wir in Aufgabe 6.7, wie man anhand der Telegraphengleichung (6.19) quantitativ *Dämpfung* von Signalen im Telegraphenkabel untersuchen kann. Auch das Phänomen einer *Schockwelle* wird dort angesprochen. Auf die allgemeinen Eigenschaften der Telegraphengleichung und typische Lösungsverfahren gehen wir in Anhang E näher ein.

Gültigkeitsbereich der Herleitung

Bei der Herleitung von (6.17) und (6.18) wurde angenommen, dass das Medium *dispersionslos* ist, d. h., dass die Materialparameter σ, ε und μ nicht von der typischen Frequenz der Wellen im Vektorpotential $\mathbf{A}(\mathbf{x}, t)$ oder in den physikalischen Feldern $\mathbf{E}(\mathbf{x}, t)$ bzw. $\mathbf{B}(\mathbf{x}, t)$ abhängen: $\sigma(\omega) \simeq \sigma(0) \equiv \sigma$ (und analog für ε und μ). Wie in Abschnitt [6.1.5] erklärt, würde z. B. eine Frequenzabhängigkeit der Dielektrizitätskonstante ε bedeuten, dass innere Freiheitsgrade des Mediums angeregt werden und somit *Energiedissipation* auftritt. Dies hätte sogar zur Konsequenz, dass die Dielektrizitätskonstante ε formal einen endlichen Imaginärteil erhält. Die Voraussetzung eines dispersionslosen Mediums ist nur für *nicht zu große Frequenzen* erfüllbar. Die konkrete Bedeutung von „nicht zu groß“ wurde für Isolatoren in Abschnitt [6.1.5] erklärt. Für Metalle würde man typischerweise fordern, dass etwa $\omega \lesssim 10^{14}$ Hz gilt, damit keine elektronischen Freiheitsgrade angeregt werden.

Wellengleichungen für Isolatoren, Diffusionsgleichungen für Metalle

Der Dämpfungsterms in den Gleichungen (6.17) und (6.18) hat im Vergleich zum Beschleunigungsterm einen sehr unterschiedlichen Einfluss in Isolatoren und Metallen. Um dies zu zeigen, bestimmen wir die *Frequenz*abhängigkeit des Vektorpotentials bzw. der $(\mathbf{E}, \mathbf{B})$-Felder mit Hilfe einer Fourier-Transformation bezüglich der Zeitvariablen. Beispielsweise erhält man aus Gleichung (6.17) für die Fourier-Transformierte $\hat{\mathbf{A}}(\mathbf{x},\omega) \equiv \frac{1}{\sqrt{2\pi}}\int_{-\infty}^{\infty} dt\ \mathbf{A}(\mathbf{x},t)e^{i\omega t}$ des Vektorpotentials:

$$\begin{aligned}\Delta\hat{\mathbf{A}}(\mathbf{x},\omega) &= \frac{1}{\bar{c}^2\sqrt{2\pi}}\int_{-\infty}^{\infty} dt\ e^{i\omega t}\left[\frac{\partial^2\mathbf{A}}{\partial t^2}(\mathbf{x},t) + \frac{1}{\tau}\frac{\partial\mathbf{A}}{\partial t}(\mathbf{x},t)\right] \\ &= \frac{1}{\bar{c}^2\sqrt{2\pi}}\int_{-\infty}^{\infty} dt\ e^{i\omega t}\left[-\omega^2\mathbf{A}(\mathbf{x},t) - \frac{i\omega}{\tau}\mathbf{A}(\mathbf{x},t)\right] \\ &= \frac{1}{\bar{c}^2}\left(-\omega^2 - \frac{i\omega}{\tau}\right)\hat{\mathbf{A}}(\mathbf{x},\omega) = -\frac{\omega^2}{\bar{c}^2}\left(1+\frac{i}{\omega\tau}\right)\hat{\mathbf{A}}(\mathbf{x},\omega)\ .\end{aligned}$$

Im zweiten Schritt wurde im ersten Term des Integranden *zweimal* und im zweiten Term *einmal* partiell bzgl. der Zeitvariablen integriert. Das Ergebnis zeigt, dass die Fourier-Transformierte $\hat{\mathbf{A}}$ eine Helmholtz-Gleichung der Form $(\Delta+\lambda)\hat{\mathbf{A}} = \mathbf{0}$ erfüllt mit einer *komplexen* Konstanten $\lambda = \frac{\omega^2}{\bar{c}^2}\left(1+\frac{i}{\omega\tau}\right)$. Das Ergebnis zeigt außerdem, dass der Fourier-transformierte Dämpfungsterm bei der Frequenz ω im Vergleich zum Beschleunigungsterm einen zusätzlichen Faktor $\frac{1}{\omega\tau}$ enthält, der (abhängig vom Medium) sehr groß oder sehr klein sein kann.

Für *Isolatoren* ist die Dämpfungszeit τ so lang, dass für alle relevanten Frequenzen ω gilt: $\omega\tau \gg 1$. Folglich kann der Dämpfungsterm in (6.17) und (6.18) vernachlässigt werden, und die Felder $\mathbf{E}$ und $\mathbf{B}$ und das Vektorpotential $\mathbf{A}$ erfüllen die *homogenen Wellengleichungen*:

$$\boxed{\Delta\mathbf{A} = \frac{1}{\bar{c}^2}\frac{\partial^2\mathbf{A}}{\partial t^2}\quad,\quad \Delta\mathbf{E} = \frac{1}{\bar{c}^2}\frac{\partial^2\mathbf{E}}{\partial t^2}\quad,\quad \Delta\mathbf{B} = \frac{1}{\bar{c}^2}\frac{\partial^2\mathbf{B}}{\partial t^2}\ ,} \tag{6.20}$$

die die Ausbreitung ungedämpfter elektromagnetischer Wellen beschreiben. Die Lösung von Wellengleichungen der Form (6.20) im *unendlich ausgedehnten* Raum (d. h. für $\mathcal{D} = \mathbb{R}^d$ mit $d = 1,2,3,\cdots$) wurde in Kapitel [2] behandelt. Wir zeigen in Aufgabe 6.3, wie homogene Wellengleichungen der Form (6.20) für *räumlich begrenzte* Systeme grundsätzlich gelöst werden können. In Aufgabe 6.4 gehen wir näher auf den Effekt einer zusätzlichen äußeren Kraft oder Quelle ein, die eine Inhomogenität in der Wellengleichung erzeugt und zu *Resonanz* führen kann.

Im entgegengesetzten (metallischen) Limes ist σ groß und die Dämpfungszeit τ daher klein ($\tau \simeq 10^{-14}\,\mathrm{s}$), sodass für alle Frequenzen im nicht-dispersiven Bereich $\omega\tau \ll 1$ gilt.[10] Es folgt, dass der Dämpfungsterm dominiert und die zweiten Zeitableitungen vernachlässigt werden können:

$$\boxed{\Delta\mathbf{A} = \frac{1}{\bar{c}^2\tau}\frac{\partial\mathbf{A}}{\partial t}\quad,\quad \Delta\mathbf{E} = \frac{1}{\bar{c}^2\tau}\frac{\partial\mathbf{E}}{\partial t}\quad,\quad \Delta\mathbf{B} = \frac{1}{\bar{c}^2\tau}\frac{\partial\mathbf{B}}{\partial t}\ .} \tag{6.21}$$

Im metallischen Limes erfüllen die Felder daher *Diffusionsgleichungen* mit einer effektiven Diffusionskonstanten $\bar{c}^2\tau$. Methoden zur Lösung von Diffusionsgleichungen werden näher in Aufgabe 6.5 untersucht. In Aufgabe 6.6 zeigen wir weiterhin die Eindeutigkeit der Lösung der Diffusionsgleichung.

[10] Eine Dämpfungszeit $\tau \simeq 10^{-14}\,\mathrm{s}$ entspricht Kreisfrequenzen $\omega \equiv \frac{2\pi}{\tau} \simeq 6\cdot 10^{14}\,\mathrm{s}^{-1}$ im *infraroten* Teil des Spektrums und daher Wellenlängen λ im Mikrometerbereich. Die Dämpfungszeit τ wird alternativ auch häufig als *Relaxationszeit* bezeichnet, da orts*un*abhängige Lösungen der Gleichungen (6.17) und (6.18) auf dieser Zeitskala gegen null streben („relaxieren“).

Im Zwischenbereich zwischen Isolatoren und Metallen, also z. B. für schlechte Leiter oder Halbleiter, kann im interessierenden Frequenzbereich durchaus $\omega\tau \simeq 1$ gelten; in diesem Fall sind beide Terme auf der rechten Seite von (6.17) bzw. (6.18) relevant und muss die allgemeinere *Telegraphengleichung* gelöst werden. Gleiches gilt für sehr lange metallische Kabel, in denen auch eine geringe Dämpfung das zu übermittelnde Signal erheblich schwächen und verzerren kann.

Wir werden im nachfolgenden Kapitel [7] als wichtige physikalische Anwendung der Telegraphengleichungen (6.17) und (6.18) den *Skineffekt* näher kennenlernen. Allgemeine Eigenschaften der Telegraphengleichung und typische Lösungsverfahren werden in Anhang E vorgestellt. Außerdem betrachten wir in Übungsaufgabe 6.7 das speziell aus technologischer – aber auch aus physikalischer – Sicht wichtige Phänomen der *Dämpfung* von Signalen im Telegraphenkabel.

6.3 Kovariante Formulierung der Elektrodynamik in materiellen Medien

Die Maxwell-Theorie für lineare, isotrope, homogene Medien kann auch Lorentz-kovariant formuliert werden. Hierzu können die **E**- und **B**-Felder mit Hilfe eines elektromagnetischen Feldtensors $(F^{\mu\nu}) = (\mathbf{E},\, \bar{c}\mathbf{B})$ beschrieben werden, der jetzt allerdings (genau wie **E** und **B** selbst) kein mikroskopisches Feld, sondern eine *räumlich gemittelte* Größe darstellt. Analog kann man den echten Vektor **P** und den Pseudovektor **M** zu einem antisymmetrischen echten 4-Tensor $M^{\mu\nu} = (-\bar{c}^2\mathbf{P},\, \bar{c}\mathbf{M})$ kombinieren:

$$(F^{\mu\nu}) = \begin{pmatrix} 0 & & -\mathbf{E}^{\mathrm{T}} & \\ & 0 & -\bar{c}B_3 & \bar{c}B_2 \\ \mathbf{E} & \bar{c}B_3 & 0 & -\bar{c}B_1 \\ & -\bar{c}B_2 & \bar{c}B_1 & 0 \end{pmatrix} , \quad (M^{\mu\nu}) = \begin{pmatrix} 0 & & \bar{c}^2\mathbf{P}^{\mathrm{T}} & \\ & 0 & -\bar{c}M_3 & \bar{c}M_2 \\ -\bar{c}^2\mathbf{P} & \bar{c}M_3 & 0 & -\bar{c}M_1 \\ & -\bar{c}M_2 & \bar{c}M_1 & 0 \end{pmatrix} .$$

Die **D**- und **H**-Felder können dann mit Hilfe einer Linearkombination dieser Tensoren beschrieben werden:

$$(H^{\mu\nu}) \equiv \left(\tfrac{1}{\mu_0}F^{\mu\nu} - M^{\mu\nu}\right) = \left(\tfrac{1}{\mu_0}\mathbf{E} + \bar{c}^2\mathbf{P},\, \tfrac{\bar{c}}{\mu_0}\mathbf{B} - \bar{c}\mathbf{M}\right) = (\bar{c}^2\mathbf{D}, \bar{c}\mathbf{H}) \; .$$

Die homogenen Maxwell-Gleichungen sind unverändert und können somit als

$$\boxed{\partial_\mu \tilde{F}^{\mu\nu} = 0}$$

zusammengefasst werden. Die inhomogenen Maxwell-Gleichungen, die im Vakuum durch $\partial_\mu(\frac{1}{\mu_0}F^{\mu\nu}) = cj^\nu$ gegeben sind, erhalten im Medium die Form

$$\boxed{\partial_\mu H^{\mu\nu} = \bar{c}j^\nu \; .}$$

In der kovarianten Formulierung der *inhomogenen* Maxwell-Gleichungen im Medium wird der elektromagnetische Feldtensor $\frac{1}{\mu_0}F$ also einfach durch die Hilfsfelder $H = (\bar{c}^2\mathbf{D}, \bar{c}\mathbf{H})$ ersetzt.

Es ist physikalisch auch klar, dass die Maxwell-Theorie „im Medium“ *nur* für lineare, isotrope, homogene Medien Lorentz-kovariant formuliert werden kann, denn eine nicht-lineare Beziehung zwischen (**P**, **M**) und (**E**, **B**) würde die lineare Struktur der Maxwell-Theorie (und damit ihre Kovarianz) zerstören. Außerdem hätte die Lichtgeschwindigkeit $\bar{c} = (\varepsilon\mu)^{-1/2}$ für nicht-isotrope Medien im Gegensatz zur Lichtgeschwindigkeit c im Vakuum *Tensor*charakter, und in einem nicht-homogenen Medium wäre $\bar{c}$ orts- und daher beobachterabhängig.

Auch die Materialgleichungen können für lineare, isotrope und homogene Medien Lorentz-kovariant dargestellt werden, wie zuerst von Minkowski (1908) gezeigt wurde.[11] Wenn wir annehmen, dass das betrachtete Medium eine 3-Geschwindigkeit $\mathbf{u}$ und somit eine 4-Geschwindigkeit $(u^\mu) = \gamma_u \bar{c}(1, \boldsymbol{\beta}^{\mathrm{T}})$ mit $\boldsymbol{\beta} = \mathbf{u}/\bar{c}$, $\beta = |\boldsymbol{\beta}|$ und $\gamma_u = (1-\beta^2)^{-1/2}$ relativ zum Beobachter hat, dann kann die Materialgleichung $\mathbf{D} = \varepsilon\mathbf{E}$ Lorentz-kovariant als

$$\tfrac{1}{\bar{c}^2} H^{\nu\rho} u_\rho = \varepsilon F^{\nu\rho} u_\rho \ , \tag{6.22a}$$

die Gleichung $\mathbf{B} = \mu\mathbf{H}$ als

$$\tilde{F}^{\nu\rho} u_\rho = \mu \tilde{H}^{\nu\rho} u_\rho \tag{6.22b}$$

und das Ohm'sche Gesetz, das im nicht-relativistischen Limes für *bewegte* Medien die Form $\mathbf{j} = \rho\mathbf{u} + \sigma(\mathbf{E} + \mathbf{u} \times \mathbf{B})$ hat, als

$$j^\nu = \tfrac{1}{\bar{c}^2}(u_\rho j^\rho) u^\nu + \tfrac{\sigma}{c} F^{\nu\rho} u_\rho \tag{6.22c}$$

dargestellt werden. Bei der Interpretation der letzten Gleichung ist zu bedenken, dass der 3-Strom einen konvektiven und einen konduktiven Anteil hat, wobei der *konvektive* Teil auf die Bewegung des Mediums mit der 3-Geschwindigkeit $\mathbf{u}$ zurückzuführen ist und der *konduktive* Anteil (proportional zur Leitfähigkeit σ) von der Lorentz-Kraft $\frac{1}{c}\big(F^{\nu\rho}u_\rho\big) = q^{-1}\big(K^\nu\big)$ hervorgerufen wird.[12]

Wir erklären kurz die Bedeutung von Gleichung (6.22) in 3-Notation: Die räumlichen bzw. zeitlichen Komponenten der Gleichungen (6.22a) und (6.22b) können wie folgt geschrieben werden:

$$\mathbf{D} - \varepsilon\mathbf{E} = \varepsilon\bar{c}\boldsymbol{\beta} \times (\mathbf{B} - \mu\mathbf{H}) \quad , \quad (\mathbf{D} - \varepsilon\mathbf{E}) \cdot \mathbf{u} = 0 \tag{6.23a}$$

$$\mathbf{B} - \mu\mathbf{H} = \mu\bar{c}\boldsymbol{\beta} \times (\mathbf{D} - \varepsilon\mathbf{E}) \quad , \quad (\mathbf{B} - \mu\mathbf{H}) \cdot \mathbf{u} = 0 \ . \tag{6.23b}$$

Durch *skalare* Multiplikation der räumlichen Komponenten in (6.23a) und (6.23b) mit $\mathbf{u}$ erhält man sofort die zeitlichen Komponenten, die also redundant sind. Durch *vektorielle* Multiplikation der räumlichen Komponenten mit $\boldsymbol{\beta}$ erhält man außerdem die beiden Identitäten

$$\boldsymbol{\beta} \times (\mathbf{D} - \varepsilon\mathbf{E}) = -\beta^2 \varepsilon\bar{c}(\mathbf{B} - \mu\mathbf{H}) \quad , \quad \boldsymbol{\beta} \times (\mathbf{B} - \mu\mathbf{H}) = -\beta^2 \mu\bar{c}(\mathbf{D} - \varepsilon\mathbf{E}) \ .$$

Die beiden Materialgleichungen $\mathbf{D} = \varepsilon\mathbf{E}$ und $\mathbf{B} = \mu\mathbf{H}$ folgen dann durch Einsetzen dieser beiden Identitäten in (6.23a) und (6.23b). Die räumlichen bzw. zeitlichen Komponenten des Ohm'schen Gesetzes (6.22c) lauten:

$$\left(\frac{1}{\gamma_u^2}\mathbb{1}_3 + \boldsymbol{\beta}\boldsymbol{\beta}^{\mathrm{T}}\right)\mathbf{j} = \rho\mathbf{u} + \frac{\sigma}{\gamma_u}(\mathbf{E} + \mathbf{u} \times \mathbf{B}) \quad , \quad \mathbf{j} \cdot \mathbf{u} = \beta^2 \bar{c}^2 \rho + \frac{\sigma}{\gamma_u}\mathbf{E} \cdot \mathbf{u} \ . \tag{6.23c}$$

[11] Siehe die Literaturangaben hierzu in § 33 von Ref. [37].

[12] *Konvektiv* bezeichnet allgemein einen (hydro)dynamischen Transport mit lokal wohldefinierter Geschwindigkeit (hier also: das mechanische Mitbewegen mit dem Medium) und *konduktiv* einen elektrodynamischen Transport proportional zur Leitfähigkeit des Mediums.

Durch *skalare* Multiplikation der räumlichen Komponenten in (6.23c) mit $\mathbf{u}$ erhält man die zeitliche Komponente, die daher wiederum redundant ist. Für $\boldsymbol{\beta} \to \mathbf{0}$ ergibt sich in der Tat das nicht-relativistische Gesetz $\mathbf{j} = \rho\mathbf{u} + \sigma(\mathbf{E} + \mathbf{u} \times \mathbf{B})$.

Die wichtigsten Vorteile von Minkowskis Lorentz-kovarianter Formulierung sind wohl ihre kompakte Gestalt sowie die Einsicht, dass die theoretische Beschreibung der Elektrodynamik „im Medium" zumindest für lineare, isotrope und homogene Medien eine sehr ähnliche Struktur hat wie die Theorie „im Vakuum".

6.4 Hertz'sche Potentiale

Wir haben Wellenphänomene im Vakuum bisher mit Hilfe der *elektromagnetischen Potentiale* $A^\mu = (\Phi, c\mathbf{A})$ beschrieben, wobei die *Ladungs-* und *Stromdichten* $j^\mu = (c\rho, \mathbf{j})$ als Quellen auftraten. Beispielsweise gilt für Wellen *im Vakuum* in der Coulomb-Eichung die Gleichung (1.40), $\Box\mathbf{A} = \mu_0\mathbf{j}_\perp$, und in der Lorenz-Eichung gilt die Gleichung (3.46), $\Box A^\nu = \mu_0 c j^\nu$. Für Wellenausbreitung in *materiellen Medien* mit $\rho = 0$ haben wir die Wellengleichung (6.15b) [oder alternativ (6.17)] kennengelernt, die auch als

$$\bar{\Box}\mathbf{A} = \mu\mathbf{j} \quad , \quad \bar{\Box} \equiv \frac{1}{\bar{c}^2}\frac{\partial^2}{\partial t^2} - \Delta \quad , \quad \bar{c}^2 = \frac{1}{\varepsilon\mu} \tag{6.24}$$

darstellbar ist. Aus der Lösung dieser Wellengleichungen für das Vektorpotential folgen dann in der üblichen Weise die elektromagnetischen Felder $\mathbf{E} = -\frac{\partial \mathbf{A}}{\partial t}$ und $\mathbf{B} = \boldsymbol{\nabla} \times \mathbf{A}$, siehe Gleichung (6.16).

Für die Beschreibung elektromagnetischer Wellen, die durch eine *räumlich lokalisierte Antenne* erzeugt werden, sind die elektromagnetischen Potentiale und die Ladungs- und Stromdichten jedoch nicht gut geeignet. Insbesondere für die Beschreibung des Wellenempfangs in großem Abstand von der Quelle kann die Sendeantenne in guter Näherung als *punktförmig* angesehen und durch einige wenige Momente der Ladungs- und Stromdichten charakterisiert werden, z. B. durch das elektrische Dipolmoment $\mathbf{d}(t)$ oder das magnetische Dipolmoment $\mathbf{m}(t)$. Wir zeigen in diesem Abschnitt, wie Sendeantennen mit Hilfe solcher Momente der Ladungs- und Stromdichten effizienter beschrieben werden können.

Man erhält das elektrische bzw. das magnetische Dipolmoment einer Sendeantenne, indem man räumlich über die *Polarisation* und die *Magnetisierung* dieser Antenne integriert: $\mathbf{d}(t) = \int d^3x\ \mathbf{P}_\mathrm{x}(\mathbf{x}, t)$ sowie $\mathbf{m}(t) = \int d^3x\ \mathbf{M}_\mathrm{x}(\mathbf{x}, t)$. Die *externe* Polarisation $\mathbf{P}_\mathrm{x}$ und die *externe* Magnetisierung $\mathbf{M}_\mathrm{x}$, die von einer punktförmigen Sendeantenne am Ort $\mathbf{x}_0$ erzeugt werden, sind durch Deltafunktionen gegeben:

$$\boxed{\mathbf{P}_\mathrm{x}(\mathbf{x}, t) = \mathbf{d}(t)\delta(\mathbf{x} - \mathbf{x}_0) \quad , \quad \mathbf{M}_\mathrm{x}(\mathbf{x}, t) = \mathbf{m}(t)\delta(\mathbf{x} - \mathbf{x}_0)\ .} \tag{6.25}$$

Das Wort *extern* (gekennzeichnet durch einen Index „x") hat hierbei die Bedeutung: „von auswärts auf das empfangende Medium einwirkend". Diese *externen* Größen sind daher von der *intrinsischen* Polarisation und Magnetisierung des *Mediums* zu unterscheiden.

Aufgrund von (6.25) ist es also naheliegend, bei der Beschreibung der durch eine Antenne ausgestrahlten elektromagnetischen Wellen die Ladungs- und Stromdichten durch die *Polarisation* und die *Magnetisierung* zu ersetzen. Dementsprechend wünscht man sich *Potentiale* $(\mathbf{V}_\mathrm{e}, \mathbf{V}_\mathrm{m})$, die direkt durch diese *Quellen* $(\mathbf{P}_\mathrm{x}, \mathbf{M}_\mathrm{x})$ angeregt werden und somit die Rolle des 4-Potentials $(A^\mu) = (\Phi, c\mathbf{A}^\mathrm{T})$ übernehmen können:

$$\boxed{\bar{\Box}\mathbf{V}_\mathrm{e} = \mathbf{P}_\mathrm{x} \quad , \quad \bar{\Box}\mathbf{V}_\mathrm{m} = \mathbf{M}_\mathrm{x} \, .} \tag{6.26}$$

Es stellt sich heraus, dass solche Potentiale $(\mathbf{V}_\mathrm{e}, \mathbf{V}_\mathrm{m})$ in der Tat existieren. Sie werden als *Hertz'sche Vektoren* bezeichnet.[13] Wir werden im Folgenden ihre Herleitung, ihre Eigenschaften und eine mögliche Anwendung diskutieren.

Beschreibung des empfangenden Mediums

Als Medium, in dem sich die elektromagnetischen Wellen ausbreiten sollen, betrachten wir ein ungeladenes Dielektrikum ($\rho = 0$, $\sigma = 0$, $\mathbf{j} = \mathbf{0}$) mit einer konstanten elektrischen Permittivität ε und einer magnetischen Permeabilität μ und daher mit einer Lichtgeschwindigkeit $\bar{c} = \frac{1}{\sqrt{\varepsilon\mu}}$. Wir nehmen also an, dass dieses Medium linear, homogen und isotrop ist.

Neben der *intrinsischen* Polarisation $\mathbf{P}$ bzw. Magnetisierung $\mathbf{M}$ des Mediums sind nun auch die *externe* (und explizit vorgegebene) Polarisation $\mathbf{P}_\mathrm{x}$ bzw. Magnetisierung $\mathbf{M}_\mathrm{x}$ der Antenne zu berücksichtigen. Die Beziehungen zwischen den $(\mathbf{E}, \mathbf{B})$- und den $(\mathbf{D}, \mathbf{H})$-Feldern sind daher durch

$$\mathbf{D} = \varepsilon_0\mathbf{E} + \mathbf{P} + \mathbf{P}_\mathrm{x} = \varepsilon\mathbf{E} + \mathbf{P}_\mathrm{x} \quad , \quad \mathbf{B} = \mu_0(\mathbf{H} + \mathbf{M} + \mathbf{M}_\mathrm{x}) = \mu\mathbf{H} + \mu_0\mathbf{M}_\mathrm{x} \tag{6.27}$$

gegeben; sie hängen also explizit von den Quellen $(\mathbf{P}_\mathrm{x}, \mathbf{M}_\mathrm{x})$ ab.

Aus den Maxwell-Gleichungen $\boldsymbol{\nabla} \cdot \mathbf{B} = 0$ und $\boldsymbol{\nabla} \times \mathbf{E} + \partial_t\mathbf{B} = \mathbf{0}$ folgt wie üblich die Existenz von elektromagnetischen Potentialen Φ und $\mathbf{A}$ mit

$$\mathbf{E} = -\boldsymbol{\nabla}\Phi - \partial_t\mathbf{A} \quad , \quad \mathbf{B} = \boldsymbol{\nabla} \times \mathbf{A} \, . \tag{6.28}$$

Aus den Maxwell-Gleichungen $\boldsymbol{\nabla} \cdot \mathbf{D} = \rho = 0$ und $\boldsymbol{\nabla} \times \mathbf{H} - \partial_t\mathbf{D} = \mathbf{j} = \mathbf{0}$ ergibt sich mit Hilfe von (6.27):

$$\boldsymbol{\nabla} \cdot \mathbf{E} = -\frac{1}{\varepsilon}\boldsymbol{\nabla} \cdot \mathbf{P}_\mathrm{x} \quad , \quad \boldsymbol{\nabla} \times \mathbf{B} - \varepsilon\mu\partial_t\mathbf{E} = \mu\partial_t\mathbf{P}_\mathrm{x} + \mu_0\boldsymbol{\nabla} \times \mathbf{M}_\mathrm{x} \, . \tag{6.29}$$

Man erhält also zwei Gleichungen mit der Struktur der *inhomogenen* Maxwell-Gleichungen, wobei nun die Ableitungen der *externen, explizit vorgegebenen* Polarisation bzw. Magnetisierung als Quellen für die $(\mathbf{E}, \mathbf{B})$-Felder wirken.

An dieser Stelle ist es bequem, eine speziell auf ein Medium mit der Lichtgeschwindigkeit $\bar{c}$ zugeschnittene 4-Notation einzuführen. Wir definieren daher das 4-Potential $(A^\nu) \equiv (\Phi, \bar{c}\mathbf{A}^\mathrm{T})$, den 4-Ortsvektor $(x^\nu) \equiv (\bar{c}t, \mathbf{x}^\mathrm{T})$ und den 4-Gradienten $(\partial_\nu) \equiv (\frac{1}{\bar{c}}\partial_t, \boldsymbol{\nabla}^\mathrm{T}) = (\partial_0, \boldsymbol{\nabla}^\mathrm{T})$. Außerdem verwenden wir den bereits in (6.24) eingeführten d'Alembert-Operator $\bar{\Box}$. Entsprechend wählen wir die Lorenz-Eichung

$$\boldsymbol{\nabla} \cdot \mathbf{A} + \varepsilon\mu\partial_t\Phi = 0 \quad \text{bzw.} \quad \partial_\nu A^\nu = 0 \, , \tag{6.30}$$

da nur diese eine Lorentz-kovariante Formulierung und eine Interpretation von (A^ν) als 4-Vektor ermöglicht.

[13] Die Potentiale sind nach dem deutschen Experimentalphysiker Heinrich Hertz (1857–1894) benannt, der auch 1887 erstmals die Existenz elektromagnetischer Wellen nachgewiesen hat.

Durch Einsetzen von (6.28) in (6.29) ergibt sich nun

$$\overline{\Box}\Phi = -\tfrac{1}{\varepsilon}\boldsymbol{\nabla}\cdot\mathbf{P}_{\mathrm{x}} \quad , \quad \overline{\Box}\mathbf{A} = \mu\partial_t\mathbf{P}_{\mathrm{x}} + \mu_0\boldsymbol{\nabla}\times\mathbf{M}_{\mathrm{x}} \ ,$$

d. h. in 4-Notation:[14]

$$\big(\overline{\Box}A^{\rho}\big) = \big(-\tfrac{1}{\varepsilon}\boldsymbol{\nabla}\cdot\mathbf{P}_{\mathrm{x}} \ , \ \mu\bar{c}(\partial_t\mathbf{P}_{\mathrm{x}})^{\mathrm{T}} + \mu_0\bar{c}\,(\boldsymbol{\nabla}\times\mathbf{M}_{\mathrm{x}})^{\mathrm{T}}\big) \ , \tag{6.31}$$

wobei die rechte Seite als kontravarianter 4-Vektor zu interpretieren ist.

Polarisation und Magnetisierung bilden einen *Tensor*

Wir erinnern nun an die in Gleichung (3.53) eingeführte Notation $\big(A^{\mu\nu}\big) = (\mathbf{p}, \mathbf{a})$ mit $A^{i0} \overset{4\to 3}{=} p_i$ und $A^{ij} \overset{4\to 3}{=} -\varepsilon_{ijk}a_k$, die allgemein anwendbar ist für beliebige *echte antisymmetrische* Tensoren $\big(A^{\mu\nu}\big)$ zweiter Stufe. Speziell definieren wir den *echten antisymmetrischen Tensor*:

$$\big(M_{\mathrm{x}}^{\nu\rho}\big) \equiv \left(-\bar{c}^2\mathbf{P}_{\mathrm{x}}, \ \frac{\mu_0\bar{c}}{\mu}\mathbf{M}_{\mathrm{x}}\right) . \tag{6.32}$$

Die zeitliche Komponente ($\rho = 0$) und die räumlichen Komponenten ($\rho = j$) der 4-Divergenz $\partial_\nu M_{\mathrm{x}}^{\nu\rho}$ dieses Tensors haben die Eigenschaften

$$\mu\partial_\nu M_{\mathrm{x}}^{\nu 0} = -\tfrac{1}{\varepsilon}\boldsymbol{\nabla}\cdot\mathbf{P}_{\mathrm{x}} \quad , \quad \mu\partial_\nu M_{\mathrm{x}}^{\nu j} = \big(\mu\bar{c}\partial_t\mathbf{P}_{\mathrm{x}} + \mu_0\bar{c}\boldsymbol{\nabla}\times\mathbf{M}_{\mathrm{x}}\big)\cdot\hat{\mathbf{e}}_j \ ,$$

sodass man (6.31) auch kompakt als

$$\boxed{\overline{\Box}A^{\rho} = \mu\partial_\nu M_{\mathrm{x}}^{\nu\rho}} \tag{6.33}$$

schreiben kann.

Die Wellengleichungen (6.31) und (6.33) zeigen bereits, dass die Quellen $(\mathbf{P}_{\mathrm{x}}, \mathbf{M}_{\mathrm{x}})$ elektromagnetische Wellen im 4-Potential A^{μ} erzeugen. Mit Hilfe der Hertz'schen Vektoren kann die Form von (6.33) jedoch noch erheblich vereinfacht werden.

Beziehung zwischen 4-Potential und Hertz'schen Vektoren

Als Anfangsbedingung zur Zeit $t = -\infty$ nehmen wir an, dass $A^{\rho} = 0$ und $M_{\mathrm{x}}^{\nu\rho} = 0$ gilt. Dies ist realistisch, da jede reale Antenne erst vor endlich langer Zeit eingeschaltet wurde und davor kein Signal ausstrahlte. Es folgt, dass das skalare Potential in der Form $\Phi = -\frac{1}{\varepsilon}\boldsymbol{\nabla}\cdot\mathbf{V}_{\mathrm{e}}$ darstellbar ist, denn aufgrund von (6.30) ist eine mögliche Form des Hertz'schen Vektors $\mathbf{V}_{\mathrm{e}}$ gegeben durch

$$\mathbf{V}_{\mathrm{e}}^{\mathrm{A}} \equiv \frac{1}{\mu}\int_{-\infty}^{t} dt'\ \mathbf{A}(\mathbf{x}, t') \ .$$

Hieraus folgt nämlich: $-\frac{1}{\varepsilon}\boldsymbol{\nabla}\cdot\mathbf{V}_{\mathrm{e}} = -\frac{1}{\varepsilon\mu}\int_{-\infty}^{t} dt'\ \boldsymbol{\nabla}\cdot\mathbf{A} = \int_{-\infty}^{t} dt'\ (\partial_t\Phi)(\mathbf{x}, t') = \Phi$. Da $\mathbf{A}$ ein *echter* 3-Vektor ist, gilt das gleiche für $\mathbf{V}_{\mathrm{e}}^{\mathrm{A}}$.

[14] Wir erinnern an die zuerst in (3.21) eingeführte Konvention, dass *Komponenten* von 4-Vektoren als A^{ρ} und die 4-Vektoren selbst als $\big(A^{\rho}\big)$ oder einfach A bezeichnet werden. Die rechte Seite von Gleichung (6.31) beschreibt den 4-Vektor $\overline{\Box}A = \big(\overline{\Box}A^{\rho}\big)$ dann in „3-Notation".

Für *jeden* möglichen *echten* Vektor $\mathbf{V}_\mathrm{e}$ mit $\Phi = -\frac{1}{\varepsilon}\boldsymbol{\nabla}\cdot\mathbf{V}_\mathrm{e}$ (also nicht notwendigerweise $\mathbf{V}_\mathrm{e} = \mathbf{V}_\mathrm{e}^\mathrm{A}$) folgt aus (6.30):

$$0 = \boldsymbol{\nabla}\cdot\mathbf{A} + \varepsilon\mu\partial_t\Phi = \boldsymbol{\nabla}\cdot(\mathbf{A} - \mu\partial_t\mathbf{V}_\mathrm{e}) \; ,$$

sodass aufgrund des Helmholtz'schen Satzes ein zweiter Vektor $\mathbf{V}_\mathrm{m}$ existieren muss mit der Eigenschaft

$$\mathbf{A} = \mu\partial_t\mathbf{V}_\mathrm{e} + \mu_0\boldsymbol{\nabla}\times\mathbf{V}_\mathrm{m} \; .$$

In 4-Notation gilt daher

$$\big(A^\rho\big) = \big(-\tfrac{1}{\varepsilon}\boldsymbol{\nabla}\cdot\mathbf{V}_\mathrm{e},\, \mu\bar{c}\,(\partial_t\mathbf{V}_\mathrm{e})^\mathrm{T} + \mu_0\bar{c}\,(\boldsymbol{\nabla}\times\mathbf{V}_\mathrm{m})^\mathrm{T}\big) \; . \tag{6.34}$$

Damit $\mathbf{A}$ ein *echter* 3-Vektor und A ein *echter* 4-Vektor ist, muss $\mathbf{V}_\mathrm{m}$ offenbar ein *Pseudo*vektor sein.

Da die rechte Seite von (6.34) und diejenige von (6.31) die gleiche Form haben, ist es naheliegend, auch für die Hertz'schen Vektoren, analog zu $\big(M_\mathrm{x}^{\nu\rho}\big)$ in (6.32), einen *echten antisymmetrischen Tensor* zweiter Stufe $\big(V^{\nu\rho}\big)$ einzuführen:

$$\big(V^{\nu\rho}\big) \equiv \left(-\bar{c}^2\mathbf{V}_\mathrm{e},\, \frac{\mu_0\bar{c}}{\mu}\mathbf{V}_\mathrm{m}\right) , \tag{6.35}$$

damit das 4-Potential als $\big(A^\rho\big) = \mu\big(\partial_\nu V^{\nu\rho}\big)$ und die Wellengleichung (6.33) als

$$\partial_\nu \mathcal{A}^{\nu\rho} = 0 \quad , \quad \mathcal{A}^{\nu\rho} \equiv \overline{\Box} V^{\nu\rho} - M_\mathrm{x}^{\nu\rho}$$

geschrieben werden kann.

Für divergenzfreie echte antisymmetrische Tensoren $(\mathcal{A}^{\nu\rho})$ ist aufgrund des Helmholtz'schen Satzes bekannt, dass sie in der Form $(\varepsilon^{\nu\rho\sigma\tau}\partial_\sigma\xi_\tau)$ geschrieben werden können, wobei der 4-Pseudovektor (ξ^ν) zunächst unbekannt ist (siehe z. B. Übungsaufgabe 5.14 in Ref. [11] für eine Herleitung). Es folgt daher:

$$\big(\mathcal{A}^{\nu\rho}\big) = \big(\overline{\Box}V^{\nu\rho} - M_\mathrm{x}^{\nu\rho}\big) = \big(\varepsilon^{\nu\rho\sigma\tau}\partial_\rho\xi_\tau\big) = (\boldsymbol{\nabla}\times\boldsymbol{\xi},\, \boldsymbol{\nabla}\xi_0 + \partial_0\boldsymbol{\xi}) \; . \tag{6.36}$$

Wir zeigen im Folgenden, dass die zunächst unbekannte rechte Seite von (6.36) mit Hilfe einer Eichtransformation gleich null gewählt werden kann.

Herleitung der Wellengleichung für die Hertz'schen Vektoren

Die Lorenz-Eichung (6.30) legt das 4-Potential $\big(A^\rho\big)$ bekanntlich nicht vollständig fest: Es ist immer möglich, eine weitere Eichtransformation der Form

$$\tilde{A}^\rho = A^\rho + \partial^\rho\Lambda \quad , \quad \overline{\Box}\Lambda = 0 \tag{6.37}$$

vorzunehmen, wobei Λ nun ein *Lorentz-Skalar* sein soll. Die Transformation

$$\big(\tilde{V}^{\nu\rho}\big) = \big(V^{\nu\rho}\big) - \mu_0\bar{c}^2(\boldsymbol{\nabla}\times\mathbf{g} - \boldsymbol{\nabla}g_0,\, \partial_0\mathbf{g}) \quad , \quad \overline{\Box}g_0 = 0 \tag{6.38}$$

entspricht genau einer speziellen Eichtransformation der Form (6.37). Aus der Beziehung $A^\rho = \mu\partial_\nu V^{\nu\rho}$ zwischen dem 4-Potential und den Hertz'schen Vektoren folgt nämlich in Kombination mit (6.38):

$$\tilde{A}^\rho = \mu\partial_\nu\tilde{V}^{\nu\rho} = A^\rho + \partial^\rho\Lambda \quad \text{mit} \quad \Lambda = \mu\mu_0\bar{c}^2\partial_0 g_0 \; ,$$

und aufgrund der zweiten Gleichung in (6.38) gilt in der Tat $\overline{\Box}\Lambda = 0$.

Durch Einsetzen der Eichtransformation (6.38) in (6.36) erhält man

$$\left(\overline{\Box}\tilde{V}^{\nu\rho} - M_{\mathrm{x}}^{\nu\rho}\right) = \left(\boldsymbol{\nabla} \times (\boldsymbol{\xi} - \mu_0 \bar{c}^2 \overline{\Box}\mathbf{g}) \,,\, \boldsymbol{\nabla}\xi_0 + \partial_0 \boldsymbol{\xi} - \mu_0 \bar{c}^2 \partial_0 (\overline{\Box}\mathbf{g})\right) \,. \tag{6.39}$$

Für einen beliebigen 4-Pseudovektor $\left(\xi^\nu\right)$ kann man die rechte Seite von (6.39) exakt gleich null wählen, indem man $\xi_0 \equiv \partial_0 \Xi$ setzt und den bisher beliebigen Eichvektor $\mathbf{g}$ als Lösung der inhomogenen Wellengleichung

$$\mu_0 \bar{c}^2 \overline{\Box}\, \mathbf{g} = \boldsymbol{\nabla}\, \Xi + \boldsymbol{\xi}$$

wählt. Für diese spezielle Lorenz-Eichung gilt also (wir unterdrücken die Tilde und schreiben wieder $V^{\nu\rho}$ statt $\tilde{V}^{\nu\rho}$):

$$\overline{\Box} V^{\nu\rho} = M_{\mathrm{x}}^{\nu\rho} \,.$$

Setzt man in diese homogene Wellengleichung die Definitionen (6.35) und (6.32) für $V^{\nu\rho}$ bzw. $M_{\mathrm{x}}^{\nu\rho}$ ein, so folgen sofort die anfangs postulierten Wellengleichungen (6.26) für die Hertz'schen Vektoren mit $(\mathbf{P}_{\mathrm{x}}, \mathbf{M}_{\mathrm{x}})$ als Quellen der elektromagnetischen Strahlung.

Ergebnis für die empfangenen (E,B)-Felder

Die $(\mathbf{E}, \mathbf{B})$-Felder folgen schließlich aus den Beziehungen (6.34) und (6.28) als

$$\begin{aligned}
\mathbf{E} &= \tfrac{1}{\varepsilon} \boldsymbol{\nabla}(\boldsymbol{\nabla} \cdot \mathbf{V}_{\mathrm{e}}) - \mu \partial_t^2 \mathbf{V}_{\mathrm{e}} - \mu_0 \boldsymbol{\nabla} \times (\partial_t \mathbf{V}_{\mathrm{m}}) \\
\mathbf{B} &= \mu \boldsymbol{\nabla} \times (\partial_t \mathbf{V}_{\mathrm{e}}) + \mu_0 \boldsymbol{\nabla} \times (\boldsymbol{\nabla} \times \mathbf{V}_{\mathrm{m}}) \,.
\end{aligned}$$

Die Gleichung für das Magnetfeld lässt sich mit $\bar{c} = \frac{1}{\sqrt{\varepsilon\mu}}$ alternativ als

$$\bar{c}\mathbf{B} = \tfrac{1}{\varepsilon} \boldsymbol{\nabla} \times (\partial_0 \mathbf{V}_{\mathrm{e}}) + \mu_0 \boldsymbol{\nabla} \times \left[\boldsymbol{\nabla} \times (\bar{c}\mathbf{V}_{\mathrm{m}})\right] \tag{6.40}$$

schreiben. Außerhalb der Quellen gilt $\mathbf{P}_{\mathrm{x}} = \mathbf{0}$ und daher $\overline{\Box}\mathbf{V}_{\mathrm{e}} = \mathbf{0}$; daher kann die Gleichung für das elektrische Feld dort alternativ als

$$\begin{aligned}
\mathbf{E} &= \tfrac{1}{\varepsilon}\left[\boldsymbol{\nabla}\,(\boldsymbol{\nabla} \cdot \mathbf{V}_{\mathrm{e}}) - \Delta \mathbf{V}_{\mathrm{e}}\right] - \mu_0 \boldsymbol{\nabla} \times (\partial_t \mathbf{V}_{\mathrm{m}}) \\
&= -\mu_0 \boldsymbol{\nabla} \times \left[\partial_0 (\bar{c}\mathbf{V}_{\mathrm{m}})\right] + \tfrac{1}{\varepsilon} \boldsymbol{\nabla} \times (\boldsymbol{\nabla} \times \mathbf{V}_{\mathrm{e}})
\end{aligned} \tag{6.41}$$

geschrieben werden. In (6.41) verwendeten wir die bereits aus Gleichung (1.11) bekannte Identität $\boldsymbol{\nabla} \times (\boldsymbol{\nabla} \times \mathbf{a}) = \boldsymbol{\nabla}\,(\boldsymbol{\nabla} \cdot \mathbf{a}) - \Delta\mathbf{a}$. Außerhalb der Quellen besitzen die $(\mathbf{E}, \bar{c}\mathbf{B})$-Felder also eine ähnliche Form, allerdings mit vertauschten Rollen für die Potentiale $\mathbf{V}_{\mathrm{e}}$ und $\mathbf{V}_{\mathrm{m}}$:

$$\left(\bar{c}^2 \mathbf{V}_{\mathrm{e}},\, -\frac{\mu_0 \bar{c}}{\mu} \mathbf{V}_{\mathrm{m}}\right) \to \left(\frac{\mu_0 \bar{c}}{\mu} \mathbf{V}_{\mathrm{m}},\, \bar{c}^2 \mathbf{V}_{\mathrm{e}}\right) \quad \text{bzw.} \quad \left(V^{\nu\rho}\right) \to \left(\tilde{V}^{\nu\rho}\right) .$$

Man erhält die $\bar{c}\mathbf{B}$-Gleichung also aus der $\mathbf{E}$-Gleichung, indem man den Potentialtensor V durch seinen dualen Tensor $\tilde{V}$ ersetzt.

6.4.1 Beispiel 1: zeitabhängige Magnetisierung

Als erstes Beispiel betrachten wir eine unpolarisierte Antenne ($\mathbf{P}_\mathrm{x} = \mathbf{0}$, $\mathbf{V}_\mathrm{e} = \mathbf{0}$) im Ursprung des Koordinatensystems ($\mathbf{x}_0 = \mathbf{0}$), die zum Zeitpunkt $t_0 = 0$ eingeschaltet wird und durch eine zeitlich veränderliche und räumlich stark lokalisierte Magnetisierung charakterisiert werden kann:

$$\boxed{\mathbf{M}_\mathrm{x}(\mathbf{x},t) = \mathbf{m}(t)\delta(\mathbf{x}) \quad , \quad \mathbf{V}_\mathrm{m}(\mathbf{x},t) = \frac{\mathbf{m}(t - x/\bar{c})}{4\pi x}\Theta(t - x/\bar{c}) \; .} \tag{6.42}$$

Die Lösung $\mathbf{V}_\mathrm{m}(\mathbf{x},t)$ von (6.26) für diesen Spezialfall folgt sofort aus Gleichung (2.52), wenn man $\mu_0 \mathbf{j}_\perp$ durch $\mathbf{M}_\mathrm{x}$ ersetzt, und ist bereits in (6.42) angegeben. Für $t > x/\bar{c}$ sind die $(\mathbf{E},\mathbf{B})$-Felder [siehe (6.40) und (6.41)] also durch

$$\mathbf{E} = -\mu_0 \partial_t \boldsymbol{\nabla} \times \left[\frac{\mathbf{m}(t - x/\bar{c})}{4\pi x}\right] \quad , \quad \mathbf{B} = \mu_0 \boldsymbol{\nabla} \times \left\{\boldsymbol{\nabla} \times \left[\frac{\mathbf{m}(t - x/\bar{c})}{4\pi x}\right]\right\} \tag{6.43}$$

gegeben. Nehmen wir nun an, dass die typische Frequenz des zeitabhängigen magnetischen Dipols gleich ω ist und der Empfänger der erzeugten Strahlung sich im Vergleich zur typischen Wellenlänge in großem Abstand[15] von der ausstrahlenden Antenne aufhält: $x \gg \bar{c}/\omega$. Dann sind die Ortsableitungen von $\mathbf{m}(t - x/\bar{c})$ um einen Faktor $\omega x/\bar{c} \gg 1$ größer als diejenigen des Faktors $\frac{1}{x}$, und wir können nähern:

$$\mathbf{E}(\mathbf{x},t) \sim \frac{\mu_0}{4\pi\bar{c}x}\hat{\mathbf{x}} \times \ddot{\mathbf{m}}(t - x/\bar{c}) \quad , \quad \bar{c}\mathbf{B}(\mathbf{x},t) \sim \frac{\mu_0}{4\pi\bar{c}x}\hat{\mathbf{x}} \times [\hat{\mathbf{x}} \times \ddot{\mathbf{m}}(t - x/\bar{c})] \; .$$

Wie üblich in der Strahlungszone gilt $\bar{c}\mathbf{B}(\mathbf{x},t) \sim \hat{\mathbf{x}} \times \mathbf{E}(\mathbf{x},t)$ und daher $|\bar{c}\mathbf{B}| \sim |\mathbf{E}|$.

Man überprüft auch leicht die Eigenschaften $\mathbf{E} \perp \bar{c}\mathbf{B}$ und $\mathbf{E}^2 - \bar{c}^2\mathbf{B}^2 = 0$, die ebenfalls charakteristisch sind für die $(\mathbf{E},\mathbf{B})$-Felder in der Strahlungszone.

Für den Poynting-Vektor $\mathbf{S} = \mathbf{E} \times \mathbf{H}$ in (6.11a), der die Interpretation der mit der Strahlung einhergehenden *Energiestromdichte* hat, folgt:

$$\mathbf{S} = \mathbf{E} \times \mathbf{H} = \frac{1}{\mu\bar{c}}\mathbf{E} \times (\bar{c}\mathbf{B}) = \frac{1}{\mu\bar{c}}\left(\frac{\mu_0}{4\pi\bar{c}x}\right)^2 [\hat{\mathbf{x}} \times \ddot{\mathbf{m}}(t - x/\bar{c})]^2 \,\hat{\mathbf{x}} \; . \tag{6.44}$$

Daher wird die Energie für hinreichend große Abstände von der Quelle ($x \gg \bar{c}/\omega$) erwartungsgemäß in *radialer* Richtung ($\mathbf{S} \propto \hat{\mathbf{x}}$) ausgestrahlt.

Betrachten wir nun als einfaches Beispiel ein zeitabhängiges magnetisches Moment der Form $\mathbf{m}(t) = m(t)\hat{\mathbf{e}}_3$ und definieren den Winkel ϑ wie üblich durch $\hat{x}_3 \equiv \cos(\vartheta)$, so vereinfacht sich (6.44) auf die Form

$$\mathbf{S} = \frac{1}{\mu\bar{c}}\left[\frac{\mu_0 \ddot{m}(t - x/\bar{c})}{4\pi\bar{c}x}\right]^2 \sin^2(\vartheta)\hat{\mathbf{x}} \; .$$

Die Leistung der Antenne pro Raumwinkel, die als $\frac{dW}{d\Omega} = x^2(\mathbf{S} \cdot \hat{\mathbf{x}})$ definiert ist, folgt als:

$$\boxed{\frac{dW}{d\Omega} = \frac{1}{\mu\bar{c}}\left[\frac{\mu_0 \ddot{m}(t - x/\bar{c})}{4\pi\bar{c}}\right]^2 \sin^2(\vartheta) \; ,}$$

[15] In Kapitel [5] bezeichneten wir diesen Bereich als die *Fern-* oder *Strahlungszone*.

und die über alle Raumwinkel integrierte Gesamtleistung ist durch

$$\boxed{W = \int d\Omega \, \frac{dW}{d\Omega} = \frac{8\pi}{3\mu\bar{c}} \left[\frac{\mu_0 \dddot{m}(t - x/\bar{c})}{4\pi\bar{c}} \right]^2}$$

gegeben. Interessant ist insbesondere die Proportionalität der Gesamtleistung zum „Beschleunigungsquadrat" $[\dddot{m}(t - x/\bar{c})]^2$ der Antenne. Dieses Ergebnis ist analog zur *Larmor-Formel*, die in Kapitel [5] hergeleitetet wurde. Siehe hierzu z. B. die Gleichungen (5.18), (5.21) und (5.25).

6.4.2 Beispiel 2: zeitabhängige Polarisation

Als zweites Beispiel betrachten wir eine unmagnetisierte Antenne ($\mathbf{M}_\mathrm{x} = \mathbf{0}$), die sich wiederum im Ursprung des Koordinatensystems ($\mathbf{x}_0 = \mathbf{0}$) befinden soll und zum Zeitpunkt $t_0 = 0$ eingeschaltet wird, nun aber eine zeitabhängige *Polarisation* hat:

$$\boxed{\mathbf{P}_\mathrm{x}(\mathbf{x}, t) = \mathbf{d}(t)\delta(\mathbf{x}) \quad , \quad \mathbf{V}_\mathrm{e}(\mathbf{x}, t) = \frac{\mathbf{d}(t - x/\bar{c})}{4\pi x}\Theta(t - x/\bar{c}) \; .} \tag{6.45}$$

Bereits durch den Vergleich mit den Formeln (6.40), (6.41) und (6.42) ist klar, dass die Berechnung der $(\mathbf{E}, \mathbf{B})$-Felder in diesem Fall weitgehend analog zu den Überlegungen in Abschnitt [6.4.1] verläuft.

Das Problem einer zeitabhängigen Polarisation der Form (6.45) ist dennoch physikalisch und historisch interessant, da das Modell (6.45) in idealisierter Form den *Hertz'schen Dipol* darstellt, der 1887 in den Experimenten von Heinrich Hertz zum Nachweis der elektromagnetischen Wellen als *Sendeantenne* diente.

Wegen der Analogie mit Abschnitt [6.4.1] ist es auf jeden Fall vorteilhaft, die dort berechneten elektrischen und magnetischen Felder als $\mathbf{E}_\mathbf{m}(\mathbf{x}, t)$ bzw. $\mathbf{B}_\mathbf{m}(\mathbf{x}, t)$ zu bezeichnen; so kommt die Abhängigkeit der Felder vom zeitabhängigen magnetischen Dipol $\mathbf{m}(t)$ explizit zum Ausdruck. Analog bezeichnen wir die Felder, die dem elektrischen Dipol (6.45) entsprechen, als $\mathbf{E}_\mathbf{d}(\mathbf{x}, t)$ und $\mathbf{B}_\mathbf{d}(\mathbf{x}, t)$.

Durch Einsetzen des in (6.45) berechneten Hertz'schen Potentials $\mathbf{V}_\mathrm{e}$ in (6.40) und (6.41) ergeben sich für $t > x/\bar{c}$ die folgenden Ausdrücke für die $(\mathbf{E}, \mathbf{B})$-Felder:

$$\mathbf{E}_\mathbf{d} = \tfrac{1}{\varepsilon}\boldsymbol{\nabla} \times \left\{ \boldsymbol{\nabla} \times \left[\frac{\mathbf{d}(t - x/\bar{c})}{4\pi x} \right] \right\} \quad , \quad \mathbf{B}_\mathbf{d} = \mu\partial_t \boldsymbol{\nabla} \times \left[\frac{\mathbf{d}(t - x/\bar{c})}{4\pi x} \right] \; . \tag{6.46}$$

Definiert man als Hilfsgröße den magnetischen Dipol $\mathbf{m}'(t)$ durch $\mathbf{d}(t) \equiv \frac{\mu_0}{\mu\bar{c}}\mathbf{m}'(t)$, so erhält man durch den Vergleich mit (6.43) sofort die Beziehungen

$$\mathbf{E}_\mathbf{d} = \bar{c}\,\mathbf{B}_{\mathbf{m}'} \quad , \quad \bar{c}\,\mathbf{B}_\mathbf{d} = -\mathbf{E}_{\mathbf{m}'} \; .$$

Als weitere Konsequenz folgt für die entsprechenden Poynting-Vektoren:

$$\mathbf{S}_\mathbf{d} \equiv \frac{1}{\mu\bar{c}}\mathbf{E}_\mathbf{d} \times (\bar{c}\,\mathbf{B}_\mathbf{d}) = \frac{1}{\mu\bar{c}}\mathbf{E}_{\mathbf{m}'} \times (\bar{c}\,\mathbf{B}_{\mathbf{m}'}) \equiv \mathbf{S}_{\mathbf{m}'} \; .$$

Falls sich der Empfänger der erzeugten Strahlung im Vergleich zur typischen Wellenlänge in großem Abstand von der ausstrahlenden Antenne befindet: $x \gg \bar{c}/\omega$, gilt also aufgrund von (6.44):

$$\mathbf{S_d} = \frac{\mu}{\bar{c}} \left[\frac{\hat{\mathbf{x}} \times \ddot{\mathbf{d}}(t - x/\bar{c})}{4\pi x} \right]^2 \hat{\mathbf{x}} \, .$$

Wiederum stellt man fest, dass die Energie für hinreichend große Abstände von der Quelle (also in der *Strahlungszone*) in *radialer* Richtung ausgestrahlt wird.

Betrachten wir als einfaches Beispiel ein zeitabhängiges elektrisches Dipolmoment der Form $\mathbf{d}(t) = d(t)\hat{\mathbf{e}}_3$ und definieren den Winkel ϑ wieder durch $\hat{x}_3 \equiv \cos(\vartheta)$, so vereinfacht sich der Poynting-Vektor $\mathbf{S_d}$ auf die Form

$$\mathbf{S_d} = \frac{\mu}{\bar{c}} \left[\frac{\ddot{d}(t - x/\bar{c})}{4\pi x} \right]^2 \sin^2(\vartheta) \hat{\mathbf{x}} \, .$$

Für die Leistung pro Raumwinkel und die Gesamtleistung erhalten wir nun:

$$\boxed{\frac{dW}{d\Omega} = \frac{\mu}{\bar{c}} \left[\frac{\ddot{d}(t - x/\bar{c})}{4\pi} \right]^2 \sin^2(\vartheta) \quad \text{bzw.} \quad W = \frac{8\pi\mu}{3\bar{c}} \left[\frac{\ddot{d}(t - x/\bar{c})}{4\pi} \right]^2 .}$$

Das Ergebnis für W ist wiederum analog zur in Kapitel [5] hergeleiteten Larmor-Formel, in diesem Fall mit dem „Beschleunigungsquadrat“ $[\ddot{d}(t - x/\bar{c})]^2$.

In der Literatur wird häufig eine Zeitabhängigkeit des elektrischen Dipols der Form $d(t) = d_0 \cos(\omega t)$ angenommen. In diesem Fall erhält man für die *zeitgemittelte* Gesamtleistung:

$$\overline{W} = \frac{\mu}{6\pi\bar{c}} \overline{[\ddot{d}(t - x/\bar{c})]^2} = \frac{\mu (d_0)^2 \omega^4}{12\pi\bar{c}} \, .$$

Es muss allerdings angemerkt werden, dass die Modellannahme $d(t) \propto \cos(\omega t)$ im ursprünglichen Hertz'schen Experiment und auch noch in Marconis späteren Versuchen (1897) sicherlich nicht gerechtfertigt war, da in beider Sendeantennen Funkenstrecken enthalten waren, die die Dipoloszillationen innerhalb weniger Schwingungen dämpften.

6.5 Herleitung der Maxwell-Theorie „im Medium“

Als Ausgangspunkt für unsere Untersuchungen von Wellen und Wellengleichungen in materiellen Medien haben wir bisher (in den Abschnitten [6.2]–[6.4]) die üblichen Maxwell-Gleichungen „*im Medium*“ angenommen, die laut (6.3) die Form

$$\begin{aligned} &\text{I.} \quad \boldsymbol{\nabla} \cdot \mathbf{D} = \rho_{\mathrm{M}} && \text{III.} \quad \boldsymbol{\nabla} \times \mathbf{E} + \frac{\partial \mathbf{B}}{\partial t} = \mathbf{0} \\ &\text{II.} \quad \boldsymbol{\nabla} \cdot \mathbf{B} = 0 && \text{IV.} \quad \boldsymbol{\nabla} \times \mathbf{H} - \frac{\partial \mathbf{D}}{\partial t} = \mathbf{j}_{\mathrm{M}} \end{aligned} \tag{6.47a}$$

mit den Hilfsfeldern

$$\mathbf{D} = \varepsilon_0 \mathbf{E} + \mathbf{P} \quad , \quad \mathbf{B} = \mu_0 (\mathbf{H} + \mathbf{M}) \tag{6.47b}$$

besitzen. Ziel dieses Abschnitts ist, die Gleichungen (6.47) *herzuleiten*, und zwar *aus den Maxwell-Gleichungen „im Vakuum“*.

Es wurde bereits im einführenden Kapitel [1] darauf hingewiesen, dass die Maxwell-Theorie im Medium daher (im Gegensatz zu derjenigen im Vakuum) keine fundamentale Theorie ist. Andererseits ist sie gerade durch die Möglichkeit ihrer *Herleitung* aus einer fundamentalen Theorie auch wesentlich mehr als lediglich eine phänomenologische Beschreibung des Elektromagnetismus. Auf jeden Fall ist die Maxwell-Theorie im Medium wegen ihrer Anwendungen physikalisch von größter Bedeutung.

In Abschnitt [6.2] (wie auch in [1.2]) wurde darauf hingewiesen, dass die Theorie im Medium um gewisse Materialgleichungen (wie z. B. $\frac{1}{\varepsilon_0}\mathbf{P} = \chi_e\mathbf{E}$, $\mathbf{M} = \chi_m\mathbf{H}$ oder $\mathbf{j}_M = \sigma\mathbf{E}$) ergänzt werden muss, damit sie in geschlossener Form lösbar wird; die Herleitung solcher Zusatzgleichungen ist *nicht* das Ziel dieses Abschnitts: Hier befassen wir uns mit den Grundgleichungen (6.47) der Maxwell-Theorie im Medium.

Die Theorie „im Vakuum“ als *fundamentale* Theorie

Die Gleichungen des Elektromagnetismus, die von James Clerk Maxwell 1864 aufgeschrieben und von Oliver Heaviside 1884 in moderner Notation umformuliert wurden, sind die Gleichungen (6.47) „im Medium“, *nicht* die fundamentalen Gleichungen (1.4) im Vakuum. Die Gleichungen „im Vakuum“ lauten bekanntlich:

$$\begin{aligned} &\text{I. } \boldsymbol{\nabla}\cdot\mathbf{E} = \frac{1}{\varepsilon_0}\rho &&\text{III. } \boldsymbol{\nabla}\times\mathbf{E} + \frac{\partial\mathbf{B}}{\partial t} = \mathbf{0} \\ &\text{II. } \boldsymbol{\nabla}\cdot\mathbf{B} = 0 &&\text{IV. } \boldsymbol{\nabla}\times\mathbf{B} - \varepsilon_0\mu_0\frac{\partial\mathbf{E}}{\partial t} = \mu_0\mathbf{j}\,. \end{aligned} \tag{6.48}$$

In den Gleichungen (6.48) wirken die mit *Punktteilchen* einhergehenden Ladungs- und Stromdichten $(\rho, \mathbf{j})$ als Quellen des elektromagnetischen Felds.

Man könnte meinen, dass die Gleichungen (6.48) im Vakuum trivialerweise aus der Theorie (6.47) im Medium folgen, wenn man die Polarisation $\mathbf{P}$ und die Magnetisierung $\mathbf{M}$ aus der Theorie ausschließt: $\mathbf{P} = \mathbf{0}$, $\mathbf{M} = \mathbf{0}$. Wir werden im Folgenden sehen, dass dieser Eindruck *nicht* richtig ist.

Tatsächlich bedeuten die Symbole $(\mathbf{E}, \mathbf{B})$ in (6.48) nicht genau dasselbe wie in (6.47a), und die Bedeutung von $(\rho, \mathbf{j})$ in (6.48) und $(\rho_M, \mathbf{j}_M)$ in (6.47a) unterscheidet sich zum Teil sogar drastisch. Aus diesem Grund werden die Ladungs- und Stromdichten im Medium in (6.47a) auch durch einen zusätzlichen Index „M“ gekennzeichnet. Mit einigem Recht ließe sich sagen, dass man sowohl die Maxwell-Gleichungen (6.47a) im Medium als auch (6.48) im Vakuum nicht wirklich verstehen *kann*, wenn man ihren Zusammenhang nicht kennt. Daher also dieser Abschnitt.

Zentrale Idee der Herleitung, Literatur

Der Zusammenhang zwischen der fundamentalen Theorie „im Vakuum“ und der Maxwell'schen Theorie „im Medium“ wurde 1906 von Hendrik Antoon Lorentz hergestellt und 1909 in seinem Buch *The Theory of Electrons* (siehe Ref. [27]) publiziert; dieses Buch ist nach wie vor als Reprint verfügbar.

Wie der Titel von Lorentz’ Buch bereits suggeriert, basiert die Herleitung des Zusammenhangs auf dem Konzept des *Elektrons*, dessen Existenz in den 70er- und 80er-Jahren des 19. Jahrhunderts postuliert und 1897 experimentell von J. J. Thomson nachgewiesen wurde. Bereits 1896, also ein Jahr vor dem experimentellen Nachweis der Existenz des Elektrons, hatte Lorentz mit Hilfe seiner sich entwickelnden Elektronentheorie die von Pieter Zeeman experimentell entdeckte Spektrallinienaufspaltung in einem Magnetfeld, also den sogenannten „Zeeman-Effekt“, theoretisch erklärt. Für diese Arbeiten teilten sich Zeeman und Lorentz 1902 den (chronologisch zweiten) Physik-Nobelpreis.

Die zentrale Idee der Lorentz’schen Herleitung von (6.47a) aus (6.48) beruht auf einer *räumlichen Mittelung* aller physikalischen Größen über Raumbereiche der Größenordnung ℓ^3, wobei ℓ viel größer als der mittlere Abstand der Atomkerne sein soll: $\ell \gg (\mathcal{V}/N_{\mathrm{K}})^{1/3}$. Hierbei ist $\mathcal{V}$ das Volumen des Mediums und N_{K} die Zahl der Atomkerne. Für einen Festkörper würde man typischerweise $\ell \simeq 10$ - 100 Å wählen, für ein verdünntes Plasma wäre ℓ entsprechend größer. Wir werden die Wahl von ℓ im Folgenden näher erläutern.

Ein empfehlenswertes Buch, in dem Lorentz’ Herleitung kritisch diskutiert und ergänzt wird, ist Ref. [39]; eine Zusammenfassung dieser Ideen findet sich in Ref. [22]. In dieser Literatur wird u. a. auch darauf hingewiesen, dass eine zusätzliche *zeitliche Mittelung* möglich, aber unnötig ist: Die Zeitabhängigkeit aller physikalischen Größen wird durch die räumliche Mittelung bereits geglättet, sodass eine zusätzliche zeitliche Glättung keinen Effekt hat.

Man sollte allerdings nicht aus den Augen verlieren, dass auch die fundamentale Theorie (6.48) eine *klassische* Beschreibung darstellt, während die atomare Welt nur mit Hilfe der Quantenmechanik adäquat beschrieben werden kann. Die Herleitung von (6.47) erfordert daher streng genommen *zwei* Mittelungen: Zuerst sollte (6.48) mit Hilfe einer *quantenmechanischen Mittelung* aus der QED hergeleitet werden; dieser Schritt kann insbesondere im relativistischen Bereich, in dem Teilchenerzeugung und -vernichtung relevant wird, nur approximativ gültig sein. Im zweiten Schritt wird (6.47) dann durch *räumliche Mittelung* aus der streng klassischen Theorie (6.48) hergeleitet. Hier befassen wir uns nur mit dem zweiten Schritt. Wir werden nicht nur die Elektronen, sondern auch die Atomkerne im Folgenden als *klassische Punktteilchen* auffassen. Da die innere Struktur der Atomkerne von der klassischen Theorie (6.48) nicht aufgelöst werden kann,[16] ist der Gültigkeitsbereich von (6.48) also bestenfalls auf Abstände größer als etwa 10^{-14} m beschränkt.

6.5.1 Klassisches mikroskopisches Bild des „Mediums“

Der Kernpunkt des klassischen mikroskopischen Bildes des Mediums (d. h. des Festkörpers, des Plasmas, ...) ist, dass man formal zwischen *ungebundenen* Einzelladungen (z. B. freien Elektronen oder Atomkernen) und an andere Teilchen *gebundenen* Ladungen (z. B. nicht-vollständig ionisierten Atomen oder Molekülen) unterscheidet. Dieser Unterschied ist wichtig, da ungebundene Einzelladungen als *punktförmig* angesehen werden können und Komposita nicht. Folglich kann man Einzelladungen vollständig durch ihre Ladung und eventuell ihren Spin charakte-

[16] Das Gleiche gilt im Rahmen der klassischen Theorie für *Elektronen*, die (im Rahmen dieser Theorie) durch einen endlichen „klassischen Elektronenradius“ $r_e = \alpha^2 a_{\mathrm{B}}$ beschrieben werden und deren „innere Struktur“ (im Rahmen dieser Theorie) terra incognita ist.

risieren, während ein Kompositum auch Multipolmomente beliebig hoher Ordnung besitzen kann. Ungebundene Einzelladungen werden oft als „frei“ bezeichnet.

Die Ladungsdichte

Wir führen einen Index n ein, um die ungebundenen Einzelteilchen und Komposita abzählen zu können. Außerdem führen wir eine Zahl $\nu_n \in \mathbb{N}_0$ ein, die für ungebundene Einzelteilchen den Wert *null* hat ($\nu_n = 0$) und für Komposita die Anzahl der im Kompositum enthaltenen Einzelladungen minus eins angibt ($\nu_n \geq 1$). Die mikroskopische *Ladungsdichte* des Mediums ist somit in diesem klassischen Bild gegeben durch

$$\boxed{\rho(\mathbf{x}, t) = \sum_n \sum_{j=0}^{\nu_n} q_{nj}\, \delta(\mathbf{x} - \mathbf{x}_{nj}) \ .}$$

Hierbei stellen q_{nj} und $\mathbf{x}_{nj}$ für $\nu_n \geq 1$ die Ladung bzw. den Aufenthaltsort der j-ten Ladung im Kompositum mit dem Index n dar. Für $\nu_n = j = 0$ sind q_{n0} und $\mathbf{x}_{n0}$ die Ladung bzw. der Aufenthaltsort der freien Ladung mit dem Index n. Im Allgemeinen wird $q_{nj} \neq 0$ gelten. Wir können aber zusätzlich o. B. d. A. auch elektrisch neutrale Teilchen mit $q_{nj} = 0$ zulassen; diese Flexibilität wird in den Abschnitten [6.5.4] und [6.5.5] vorteilhaft sein.

Die Multipolmomente der Komposita

Für alle Teilchen (ungebundene Einzelladungen oder Komposita) wählen wir nun als *Referenzpunkt* den Ort $\mathbf{x}_{n0}$. Für ungebundene Einzelladungen ist dies naheliegend, für Komposita enthält diese Wahl eine gewisse Willkür: Eine andere Wahl würde im Folgenden bedeuten, dass sich die Beiträge der verschiedenen Ordnungen der Multipolentwicklung zu physikalischen Größen u. U. ändern, wobei die Summe aller Beiträge in der Multipolentwicklung natürlich konstant bleibt. Als Referenzpunkt ($j = 0$) könnte man in einem Kompositum z. B. den *Atomkern* oder – falls es mehrere Kerne enthält – *einen der Atomkerne* wählen.

Definieren wir noch die *Auslenkungen* $\boldsymbol{\xi}_{nj} \equiv \mathbf{x}_{nj} - \mathbf{x}_{n0}$ der j-ten Ladung des n-ten Teilchens aus dem Referenzpunkt $\mathbf{x}_{n0}$, so folgt die *Gesamtladung* des n-ten Teilchens als

$$\boxed{q_n \equiv \sum_{j=0}^{\nu_n} q_{nj} \ ,}$$

das *elektrische Dipolmoment* des n-ten Teilchens als

$$\boxed{\mathbf{d}_n \equiv \sum_{j=0}^{\nu_n} q_{nj}\, \boldsymbol{\xi}_{nj} \ ,} \tag{6.49}$$

das *magnetische Dipolmoment* des n-ten Teilchens als

$$\boxed{\mathbf{m}_n \equiv \tfrac{1}{2} \sum_{j=0}^{\nu_n} q_{nj}\, \boldsymbol{\xi}_{nj} \times \dot{\boldsymbol{\xi}}_{nj}}$$

und der *elektrische Quadrupoltensor* des n-ten Teilchens als

$$Q_n \equiv \sum_{j=0}^{\nu_n} q_{nj} \left(\tfrac{3}{2} \boldsymbol{\xi}_{nj} \boldsymbol{\xi}_{nj}^{\mathrm{T}} - \tfrac{1}{2} \boldsymbol{\xi}_{nj}^2 \mathbb{1}_3 \right) \quad , \quad \mathrm{Sp}(Q_n) = 0 \, . \tag{6.50a}$$

Die höheren Multipolmomente folgen analog. Als *Hilfsgrößen* führen wir noch ein:

$$\tilde{Q}_n \equiv \tfrac{3}{2} \sum_{j=0}^{\nu_n} q_{nj} \, \boldsymbol{\xi}_{nj} \boldsymbol{\xi}_{nj}^{\mathrm{T}} \quad , \quad S_n \equiv \tfrac{1}{3} \mathrm{Sp}(\tilde{Q}_n) = \tfrac{1}{2} \sum_{j=0}^{\nu_n} q_{nj} \, \boldsymbol{\xi}_{nj}^2 \, , \tag{6.50b}$$

sodass für den elektrischen Quadrupoltensor die Beziehungen

$$Q_n = \tilde{Q}_n - S_n \mathbb{1}_3 \quad , \quad \mathrm{Sp}(Q_n) = 0$$

gelten. Wie bereits angekündigt, gilt für ungebundene Einzelladungen ($\nu_n = 0$) zwar i. A. $q_n \neq 0$, jedoch $\mathbf{d}_n = \mathbf{0}$, $\mathbf{m}_n = \mathbf{0}$, $Q_n = \tilde{Q}_n = \mathbb{O}_3$, $S_n = 0$ und so weiter.

6.5.2 Räumliche Mittelung physikalischer Größen

Wir möchten nun über Raumbereiche der Größenordnung ℓ^3 mitteln (mit z. B. $\ell \simeq 10$ - 100 Å in einem Festkörper). Hierzu führen wir die streng nicht-negative Gewichtsfunktion $w(\mathbf{y}) \geq 0$ ein, die normiert sein soll: $\int d^3y \; w(\mathbf{y}) = 1$, und wir definieren den Mittelwert einer Größe $f(\mathbf{y})$ allgemein durch

$$\langle f(\mathbf{y}) \rangle_w \equiv \int d^3y \; f(\mathbf{y}) \, w(\mathbf{y}) \; ,$$

sodass beispielsweise wegen der Normierung $\langle 1 \rangle_w = 1$ gilt. Wir fordern außerdem, dass $w(\mathbf{y})$ räumlich isotrop und symmetrisch sein soll: $w(\mathbf{y}) = w\big(\sigma R(\boldsymbol{\alpha})\mathbf{y}\big)$ für beliebige Drehungen $R(\boldsymbol{\alpha})$ und $\sigma = \pm$. Wir definieren die Varianzen der Gewichtsfunktion $w(\mathbf{y})$ dann als $\langle y_i^2 \rangle_w \equiv \ell^2$ für $i \in \{1, 2, 3\}$, sodass gilt:

$$\langle \mathbf{y} \rangle_w = \mathbf{0} \quad , \quad \langle \mathbf{y}\mathbf{y}^{\mathrm{T}} \rangle_w = \ell^2 \mathbb{1}_3 \quad , \quad \langle \mathbf{y}^2 \rangle_w = 3\ell^2 \, .$$

Ein mögliche Wahl für w wäre z. B. die Gauß-Funktion $w(\mathbf{y}) = (2\pi\ell^2)^{-3/2} e^{-\mathbf{y}^2/2\ell^2}$.

Für eine beliebige physikalische Größe $g(\mathbf{x}, t)$ können wir nun die *geglättete* Variante $\bar{g}(\mathbf{x}, t)$ als Faltung der Funktionen g und w definieren:

$$\bar{g}(\mathbf{x}, t) \equiv \int d^3y \; g(\mathbf{x} - \mathbf{y}, t) \, w(\mathbf{y}) = \langle g(\mathbf{x} - \mathbf{y}, t) \rangle_w \; .$$

Aus dem drastischen Beispiel $g(\mathbf{x}, t) = \delta(\mathbf{x})$ mit $\bar{g}(\mathbf{x}, t) = w(\mathbf{x})$ als Glättung sieht man, dass sogar räumlich überaus starke Variationen über Raumbereiche der Größenordnung ℓ^3 „ausgeschmiert“ werden.

Man überprüft leicht die Rechenregeln

$$(\partial_t \bar{g})(\mathbf{x}, t) = \overline{\partial_t g}(\mathbf{x}, t) \quad , \quad (\partial_i \bar{g})(\mathbf{x}, t) = \overline{\partial_i g}(\mathbf{x}, t) \; ,$$

sodass z. B. die Regeln $\boldsymbol{\nabla} \bar{g} = \overline{\boldsymbol{\nabla} g}$, $\boldsymbol{\nabla} \times \bar{\mathbf{g}} = \overline{\boldsymbol{\nabla} \times \mathbf{g}}$ und $\boldsymbol{\nabla} \cdot \bar{\mathbf{g}} = \overline{\boldsymbol{\nabla} \cdot \mathbf{g}}$ gelten.

Die räumlich gemittelten Maxwell-Gleichungen

Mit Hilfe dieser Rechenregeln erhält man für die Maxwell-Gleichungen (6.48) im Vakuum nach dieser *räumlichen* Mittelung:

$$\begin{aligned} &\text{I.} \quad \boldsymbol{\nabla}\cdot\overline{\mathbf{E}} = \frac{1}{\varepsilon_0}\bar{\rho} && \text{III.} \quad \boldsymbol{\nabla}\times\overline{\mathbf{E}} + \frac{\partial\overline{\mathbf{B}}}{\partial t} = \mathbf{0} \\ &\text{II.} \quad \boldsymbol{\nabla}\cdot\overline{\mathbf{B}} = 0 && \text{IV.} \quad \boldsymbol{\nabla}\times\overline{\mathbf{B}} - \varepsilon_0\mu_0\frac{\partial\overline{\mathbf{E}}}{\partial t} = \mu_0\bar{\mathbf{j}}\,, \end{aligned} \tag{6.51}$$

wobei z. B. die räumlich gemittelte Ladungsdichte $\bar{\rho}$ durch die Faltung

$$\begin{aligned} \bar{\rho}(\mathbf{x},t) &= \int d^3y\;\rho(\mathbf{x}-\mathbf{y},t)\,w(\mathbf{y}) = \sum_{nj} q_{nj}\,w(\mathbf{x}-\mathbf{x}_{nj}) \\ &= \sum_{nj} q_{nj}\,w(\mathbf{x}-\mathbf{x}_{n0}-\boldsymbol{\xi}_{nj}) \end{aligned} \tag{6.52}$$

gegeben ist. Wir zeigen im Folgenden, dass eine genauere Untersuchung von $\bar{\rho}$ und $\bar{\mathbf{j}}$ in (6.51) in der Tat auf die Maxwell-Gleichungen „im Medium“ in der Form (6.47) führt. Ein Vergleich der homogenen Gleichungen II und III in (6.47a) und (6.51) zeigt übrigens klar, dass die $(\mathbf{E},\mathbf{B})$-Felder „im Medium“ in (6.47a) keineswegs mit den mikroskopischen $(\mathbf{E},\mathbf{B})$-Feldern „im Vakuum“ in (6.48) identisch sind; vielmehr müssen sie als *räumlich* über Bereiche der Größenordnung ℓ^3 *gemittelte* Felder interpretiert werden.

6.5.3 Die räumlich gemittelte *Ladungsdichte*

Die räumlich gemittelte Ladungsdichte in (6.52) kann nun unter Verwendung der in Abschnitt [6.5.1] eingeführten Multipolmomente der Teilchen nach Potenzen der Auslenkungen $\boldsymbol{\xi}_{nj}$ entwickelt werden:

$$\begin{aligned} \bar{\rho}(\mathbf{x},t) &= \sum_{nj} q_{nj}\,w(\mathbf{x}-\mathbf{x}_{n0}-\boldsymbol{\xi}_{nj}) \\ &= \sum_{nj} q_{nj}\left[w(\mathbf{x}-\mathbf{x}_{n0}) - \boldsymbol{\xi}_{nj}\cdot(\boldsymbol{\nabla}w)(\mathbf{x}-\mathbf{x}_{n0})\right. \\ &\qquad\qquad \left. + \tfrac{1}{2}\xi_{nj}^{(\alpha)}\xi_{nj}^{(\beta)}(\partial_\alpha\partial_\beta w)(\mathbf{x}-\mathbf{x}_{n0}) + \cdots\right] \\ &= \sum_{n}\left[q_n w(\mathbf{x}-\mathbf{x}_{n0}) - \mathbf{d}_n\cdot(\boldsymbol{\nabla}w)(\mathbf{x}-\mathbf{x}_{n0})\right. \\ &\qquad\qquad \left. + \tfrac{1}{3}\tilde{Q}_n^{(\alpha\beta)}(\partial_\alpha\partial_\beta w)(\mathbf{x}-\mathbf{x}_{n0}) + \cdots\right]\,. \end{aligned}$$

Mit den Definitionen der räumlich gemittelten Multipoldichten

$$q(\mathbf{x},t) \equiv \sum_n q_n\,w(\mathbf{x}-\mathbf{x}_{n0}) \quad , \quad \mathbf{d}(\mathbf{x},t) \equiv \sum_n \mathbf{d}_n\,w(\mathbf{x}-\mathbf{x}_{n0}) \tag{6.53}$$

$$Q(\mathbf{x},t) \equiv \sum_n Q_n\,w(\mathbf{x}-\mathbf{x}_{n0}) \quad , \quad S(\mathbf{x},t) \equiv \sum_n S_n\,w(\mathbf{x}-\mathbf{x}_{n0}) \tag{6.54}$$

sowie $\tilde{Q}(\mathbf{x},t) = Q(\mathbf{x},t) + S(\mathbf{x},t)\mathbb{1}_3$ erhalten wir zunächst die Gleichung

$$\bar{\rho} = (q + \tfrac{1}{3}\Delta S + \cdots) - \partial_\alpha\big(d_\alpha - \tfrac{1}{3}\partial_\beta Q^{(\alpha\beta)} + \cdots\big)\,,$$

wobei wir die Summenkonvention verwendeten und $(\cdots)$ die Beiträge der höheren Multipole bezeichnet.

Definieren wir nun die *Ladungsdichte im Medium* ρ_M als

$$\boxed{\rho_\mathrm{M} \equiv q + \tfrac{1}{3}\Delta S + \cdots} \tag{6.55a}$$

und die *Polarisation im Medium* $\mathbf{P}_\mathrm{M}$ durch

$$\boxed{P_{\mathrm{M}\alpha} \equiv d_\alpha - \tfrac{1}{3}\partial_\beta Q^{(\alpha\beta)} + \cdots \qquad (\alpha \in \{1,2,3\})\,,} \tag{6.55b}$$

so erhalten wir die Maxwell-Gleichung I in (6.47) in der Form

$$\boxed{\boldsymbol{\nabla}\cdot\mathbf{D} = \rho_\mathrm{M} \quad , \quad \mathbf{D} \equiv \varepsilon_0\overline{\mathbf{E}} + \mathbf{P}_\mathrm{M}\,.} \tag{6.56}$$

Dies ist ein sehr wichtiges Ergebnis, da hiermit endgültig geklärt ist, wie die inhomogene Maxwell-Gleichung I im Medium zu interpretieren ist.

Aber auch Gleichung (6.55) ist aus grundsätzlicher Sicht sehr wichtig, da sie zeigt, dass die hier durchgeführte Entwicklung nach Potenzen der Auslenkungen $\boldsymbol{\xi}_{nj}$ tatsächlich eine Entwicklung nach den *dimensionslosen* Auslenkungen $\boldsymbol{\xi}_{nj}/\ell$ ist. Die räumlich gemittelten Größen S und Q variieren räumlich auf der Längenskala ℓ, sodass ihre Ableitungen betragsmäßig typischerweise von relativer Ordnung ℓ^{-1} sind: $\Delta S \simeq \ell^{-2}S$ bzw. $\partial_\beta Q^{(\alpha\beta)} \simeq (3\ell)^{-1}\sum_\beta Q^{(\alpha\beta)}$. Dies zeigt außerdem, dass der Parameter ℓ bei der räumlichen Mittelung deutlich größer als die typische Ausdehnung eines Kompositums gewählt werden sollte. Andererseits sollte ℓ auch deutlich kleiner als die typische Auflösung der Messapparatur gewählt werden. Dies bedeutet umgekehrt natürlich auch, dass die Anwendbarkeit der Maxwell-Theorie im Medium auf Experimente, in denen Längen auf der atomaren Skala aufgelöst werden sollen, nicht gegeben und ihre Anwendung daher zumindest fragwürdig ist.

Wir stellen also fest, dass die Ladungsdichte im Medium in (6.55a) nicht nur durch die „freien“ Ladungen $q(\mathbf{x},t)$, sondern auch durch höhere Multipole (wie den Quadrupolbeitrag S) bestimmt wird. Analog stellen wir fest, dass die „Polarisation“ im Medium in (6.55b) keineswegs nur durch die Dipoldichte $\mathbf{d}(\mathbf{x},t)$, sondern auch durch höhere Multipole (wie den Quadrupoltensor Q) definiert wird. Allerdings werden die Beiträge der höheren Multipole in der Regel numerisch relativ *klein* sein, vorausgesetzt dass der Parameter ℓ deutlich größer als die typische Ausdehnung eines Kompositums gewählt wird. Auf jeden Fall ist nun bereits klar, wie die Maxwell-Gleichungen I–III im Medium zu interpretieren sind.

6.5.4 Die *Stromdichte* „im Vakuum“

Unsere Aufgabe ist also „nur“ noch, die Maxwell-Gleichung IV im Medium zu interpretieren. Hierzu müssen wir die Beziehung zwischen der *räumlich gemittelten* Maxwell-Gleichung IV in (6.51), also $\boldsymbol{\nabla}\times\overline{\mathbf{B}} - \varepsilon_0\mu_0\frac{\partial\overline{\mathbf{E}}}{\partial t} = \mu_0\bar{\mathbf{j}}$, und der Gleichung IV im Medium in (6.47a), also $\boldsymbol{\nabla}\times\mathbf{H} - \frac{\partial\mathbf{D}}{\partial t} = \mathbf{j}_\mathrm{M}$, verstehen.

Hierbei gelten die Beziehungen $\mathbf{D} = \varepsilon_0\overline{\mathbf{E}} + \mathbf{P}_\mathrm{M}$ und $\overline{\mathbf{B}} = \mu_0\big(\mathbf{H} + \mathbf{M}_\mathrm{M}\big)$, siehe (6.47b). Die Notation zeigt bereits, dass die $(\overline{\mathbf{E}},\overline{\mathbf{B}})$-Felder als *räumliche Mittelwerte* und $(\mathbf{P}_\mathrm{M},\mathbf{M}_\mathrm{M})$ als Eigenschaften des *Mediums* zu interpretieren sind. Der

Startpunkt und das *Ziel* unserer Überlegungen sind also die beiden Gleichungen

$$\tfrac{1}{\mu_0}\boldsymbol{\nabla}\times\overline{\mathbf{B}}-\varepsilon_0\frac{\partial\overline{\mathbf{E}}}{\partial t}=\bar{\mathbf{j}}\quad\longrightarrow\quad\boldsymbol{\nabla}\times\left(\tfrac{1}{\mu_0}\overline{\mathbf{B}}-\mathbf{M}_\mathrm{M}\right)-\frac{\partial}{\partial t}(\varepsilon_0\overline{\mathbf{E}}+\mathbf{P}_\mathrm{M})=\mathbf{j}_\mathrm{M}\ ,$$

wobei die linke Gleichung dem *Startpunkt* und die rechte dem *Ziel* entspricht.

Ein Vergleich dieser beiden Formeln zeigt, dass wir „lediglich“ noch verstehen müssen, wie der Zusammenhang zwischen der *räumlich gemittelten* Stromdichte im Vakuum $\bar{\mathbf{j}}$ und der Stromdichte im Medium $\mathbf{j}_\mathrm{M}$ ist und wie bei der räumlichen Mittelung Terme erzeugt werden, die als Zeitableitung einer Polarisation $\frac{\partial}{\partial t}\mathbf{P}_\mathrm{M}$ oder als Magnetisierung $\mathbf{M}_\mathrm{M}$ zu interpretieren sind. Speziell die Frage nach dem Zusammenhang zwischen $\bar{\mathbf{j}}$ und der Magnetisierung $\mathbf{M}_\mathrm{M}$ stellt sich als hilfreich heraus; die Polarisation $\mathbf{P}_\mathrm{M}$ ist uns bereits aus Abschnitt [6.5.3] bekannt.

Bei der Suche nach einer Antwort auf die Frage nach dem Zusammenhang zwischen $\bar{\mathbf{j}}$ und $\mathbf{M}_\mathrm{M}$ ist das Konzept des *magnetischen Moments* $\mathbf{m}(t)$ eines Systems sehr nützlich. Einerseits kann ein magnetisches Moment als Raumintegral einer *Magnetisierung* interpretiert werden:

$$\boxed{\mathbf{m}(t)\equiv\int d^3x'\ \mathbf{M}(\mathbf{x}',t)\ .}\tag{6.57a}$$

Andererseits ist das magnetische Moment uns bereits in Kapitel [2] begegnet, siehe Gleichung (2.29), wo es als Raumintegral des Kreuzprodukts $\mathbf{x}\times\mathbf{j}$ definiert wurde:

$$\boxed{\mathbf{m}(t)\equiv\tfrac{1}{2}\int d^3x'\ \mathbf{x}'\times\mathbf{j}(\mathbf{x}',t)\ .}\tag{6.57b}$$

Wir stellen also fest, dass eine Stromdichte $\mathbf{j}$ *global* ein magnetisches Moment $\mathbf{m}$ und *lokal* eine entsprechende Magnetisierung $\mathbf{M}$ erzeugen kann.

Hiermit ist der Zusammenhang zwischen $\mathbf{j}$ und $\mathbf{M}$ *grundsätzlich* geklärt; wir werden diesen Zusammenhang in Abschnitt [6.5.6] allerdings noch genauer erklären.

Zwei Beiträge zur Stromdichte „im Vakuum“

Um nun die *räumlich gemittelte* Stromdichte $\bar{\mathbf{j}}$ bestimmen zu können, benötigt man zuerst einmal einen Ausdruck für die mikroskopische Stromdichte $\mathbf{j}$ „im Vakuum“. Diese enthält *zwei* fundamental unterschiedliche Beiträge, die den zwei mikroskopischen Freiheitsgraden *Ladung* und *Spin* aller Einzelladungen entsprechen:

$$\boxed{\mathbf{j}(\mathbf{x},t)=\mathbf{j}_\mathrm{kv}(\mathbf{x},t)+\mathbf{j}_\mathrm{s}(\mathbf{x},t)\ .}\tag{6.58}$$

Hierbei stellt $\mathbf{j}_\mathrm{kv}$ den *konvektiven* Anteil der Stromdichte dar, der von den Ladungsfreiheitsgraden hervorgerufen wird:

$$\boxed{\mathbf{j}_\mathrm{kv}(\mathbf{x},t)=\sum_{nj}q_{nj}\,\dot{\mathbf{x}}_{nj}\,\delta(\mathbf{x}-\mathbf{x}_{nj})\ ,}\tag{6.59}$$

und $\mathbf{j}_\mathrm{s}$ den *Spin*anteil der Stromdichte.

Bisher haben wir bei der Untersuchung der Maxwell-Gleichungen immer nur den *konvektiven* Beitrag zur Stromdichte $\mathbf{j}_{\mathrm{kv}}$ berücksichtigt, da magnetische Eigenschaften nicht zentral standen. Der konvektive Anteil $\mathbf{j}_{\mathrm{kv}}$ enthält jedoch lediglich Information über die *Bahnbewegung* der Ladungsträger und kann daher nur sogenannte „orbitale“ Beiträge zur Magnetisierung beschreiben. Ein weiterer wichtiger Beitrag zur Magnetisierung wird offensichtlich von den *Spins* der Teilchen kommen (d. h. von den mit den Teilchen verknüpften *Elementarmagneten*), da diese sich kollektiv zu einem makroskopischen magnetischen Moment $\mathbf{m}_{\mathrm{s}}$ addieren können.

Um den Spinanteil der Stromdichte $\mathbf{j}_{\mathrm{s}}$ bestimmen zu können, verwenden wir die Beziehung (6.57b) zwischen der Stromdichte und dem *magnetischen Moment*:

$$\mathbf{m}_{\mathrm{s}}(t) \equiv \tfrac{1}{2} \int d^3x' \, \mathbf{x}' \times \mathbf{j}_{\mathrm{s}}(\mathbf{x}', t) \ , \tag{6.60}$$

wobei wir über den ganzen Ortsraum integrieren können, da das „Medium“ räumlich lokalisiert ist und daher effektiv nur ein begrenzter Raumbereich zum Integral beiträgt. Gleichung (6.60) zeigt, dass der Spinanteil $\mathbf{j}_{\mathrm{s}}$ der Stromdichte den Spinanteil $\mathbf{m}_{\mathrm{s}}$ des magnetischen Moments erzeugt. Andererseits kann $\mathbf{m}_{\mathrm{s}}(t)$ auch als Raumintegral der Magnetisierung $\mathbf{M}_{\mathrm{s}}(\mathbf{x}, t)$ geschrieben werden:

$$\mathbf{m}_{\mathrm{s}}(t) = \int d^3x \, \mathbf{M}_{\mathrm{s}}(\mathbf{x}, t) = \sum_{nj} \mathbf{s}_{nj} \quad , \quad \mathbf{M}_{\mathrm{s}}(\mathbf{x}, t) \equiv \sum_{nj} \mathbf{s}_{nj} \, \delta(\mathbf{x} - \mathbf{x}_{nj}) \ , \tag{6.61}$$

wobei $\mathbf{s}_{nj}$ die *lokalen* Momente, also die Beiträge der einzelnen Spins zu $\mathbf{m}_{\mathrm{s}}$ darstellt (ggf. einschließlich des entsprechenden gyromagnetischen Faktors[17]). Die Kombination der beiden Ausdrücke für $\mathbf{m}_{\mathrm{s}}(t)$ zeigt, dass der Spinanteil der Stromdichte exakt durch die Rotation des Spinanteils $\mathbf{M}_{\mathrm{s}}$ der Magnetisierung gegeben ist:[18]

$$\boxed{\mathbf{j}_{\mathrm{s}}(\mathbf{x}, t) = (\boldsymbol{\nabla} \times \mathbf{M}_{\mathrm{s}})(\mathbf{x}, t) \ .} \tag{6.62}$$

Durch Einsetzen von (6.62) in (6.60) ergibt sich (6.61) für alle möglichen Werte $\{\mathbf{s}_{nj}\}$ der Spins und alle möglichen Ortskonfigurationen $\{\mathbf{x}_{nj}\}$. Der Spinanteil $\mathbf{j}_{\mathrm{s}}$ der Stromdichte hat also „im Vakuum“ die Form einer verallgemeinerten Funktion.

Hiermit ist die mikroskopische Stromdichte $\mathbf{j} = \mathbf{j}_{\mathrm{kv}} + \mathbf{j}_{\mathrm{s}}$ „im Vakuum“ mit ihren zwei Anteilen $\mathbf{j}_{\mathrm{kv}}$ und $\mathbf{j}_{\mathrm{s}}$ vollständig bekannt. Die Gleichungen (6.59) und (6.62) für $\mathbf{j}_{\mathrm{kv}}$ und $\mathbf{j}_{\mathrm{s}}$ zeigen allerdings noch einmal deutlich, dass die Beschreibung der mikroskopischen Stromdichte im Rahmen der Maxwell-Theorie „im Vakuum“ einem *sehr* klassischen Weltbild entspricht. Der Erfolg der Maxwell-Theorie „im Medium“ beruht teilweise wohl darauf, dass die Diskrepanz zwischen dem klassischen Weltbild der Theorie „im Vakuum“ und der quantenmechanischen Realität durch die räumliche Mittelung über Raumbereiche der Größenordnung ℓ^3 stark gelindert wird.

[17] Der gyromagnetische Faktor bestimmt das Verhältnis zwischen einem Drehimpuls und dem entsprechenden magnetischen Moment. Für den Bahndrehimpuls eines geladenen Teilchens ist dieser Faktor gleich eins und z. B. für den Spindrehimpuls eines Elektrons etwa gleich zwei.

[18] Aufgrund der Kontinuitätsgleichung $0 = \partial_t \rho + \boldsymbol{\nabla} \cdot \mathbf{j} = \boldsymbol{\nabla} \cdot \mathbf{j}_{\mathrm{s}}$ und des Helmholtz'schen Satzes muss der Spinanteil der Stromdichte die Form $\mathbf{j}_{\mathrm{s}} = \boldsymbol{\nabla} \times \mathbf{J}_{\mathrm{s}}$ haben, woraus $\mathbf{m}_{\mathrm{s}}(t) = \int d^3x \, \mathbf{J}_{\mathrm{s}}(\mathbf{x}, t)$ folgt. Damit dies für beliebige Spinkonfigurationen gilt, muss $\mathbf{J}_{\mathrm{s}} = \mathbf{M}_{\mathrm{s}}$ sein. Die Divergenzfreiheit des Spinanteils der Stromdichte ($\boldsymbol{\nabla} \cdot \mathbf{j}_{\mathrm{s}} = 0$) folgt alternativ auch sofort aus der Nichtexistenz magnetischer Ladungen: $\rho_{\mathrm{s}} = 0$.

Die *räumlich gemittelte* Stromdichte folgt nun direkt aus Gleichung (6.58) als

$$\boxed{\bar{\mathbf{j}}(\mathbf{x},t) = \bar{\mathbf{j}}_{\text{kv}}(\mathbf{x},t) + \bar{\mathbf{j}}_{\text{s}}(\mathbf{x},t)\ ,} \tag{6.63}$$

wobei der Spinanteil und der konvektiven Anteil gegeben sind durch

$$\bar{\mathbf{j}}_{\text{s}}(\mathbf{x},t) = \overline{\boldsymbol{\nabla}\times\mathbf{M}_{\text{s}}} = \boldsymbol{\nabla}\times\overline{\mathbf{M}}_{\text{s}} \quad , \quad \overline{\mathbf{M}}_{\text{s}}(\mathbf{x},t) = \sum_{nj} \mathbf{s}_{nj}\, w(\mathbf{x}-\mathbf{x}_{nj}) \tag{6.64a}$$

$$\bar{\mathbf{j}}_{\text{kv}}(\mathbf{x},t) = \sum_{nj} q_{nj}\, \dot{\mathbf{x}}_{nj}\, w(\mathbf{x}-\mathbf{x}_{nj})\ . \tag{6.64b}$$

Der Spinanteil $\bar{\mathbf{j}}_{\text{s}}$ in (6.64a) besitzt bereits die Form, die wir für die Herleitung der Maxwell-Gleichung IV „im Medium“ benötigen. Im nächsten Abschnitt [6.5.5] werden wir daher insbesondere den konvektiven Anteil $\bar{\mathbf{j}}_{\text{kv}}$ weiter untersuchen und seine Beziehung zu den Größen $\mathbf{j}_{\text{M}}$, $\mathbf{P}_{\text{M}}$ und $\mathbf{M}_{\text{M}}$ klären. In Abschnitt [6.5.6] fassen wir die Ergebnisse zusammen.

6.5.5 *Konvektiver* Anteil der *Stromdichte* „im Medium“

Da der Spinanteil $\bar{\mathbf{j}}_{\text{s}}$ der räumlich gemittelten Stromdichte in (6.63) bereits bekannt ist, siehe Gleichung (6.64a), konzentrieren wir uns in diesem Abschnitt auf den *konvektiven* Anteil $\bar{\mathbf{j}}_{\text{kv}}(\mathbf{x},t)$ in (6.64b).

Unser Startpunkt ist also Gleichung (6.64b). Ähnlich wie wir dies bei der Untersuchung der räumlich gemittelten *Ladungs*dichte in Abschnitt [6.5.3] getan haben, entwickeln wir die rechte Seite von Gleichung (6.64b) nach Potenzen der Auslenkungen $\boldsymbol{\xi}_{nj}$ aus den Referenzpunkten der Komposita:

$$\begin{aligned}\bar{\mathbf{j}}_{\text{kv}}(\mathbf{x},t) &= \sum_{nj} q_{nj}(\dot{\mathbf{x}}_{n0} + \dot{\boldsymbol{\xi}}_{nj})\, w(\mathbf{x}-\mathbf{x}_{n0}-\boldsymbol{\xi}_{nj}) \\ &= \sum_{nj} q_{nj}(\dot{\mathbf{x}}_{n0} + \dot{\boldsymbol{\xi}}_{nj})\Big[w(\mathbf{x}-\mathbf{x}_{n0}) - \boldsymbol{\xi}_{nj}\cdot(\boldsymbol{\nabla}w)(\mathbf{x}-\mathbf{x}_{n0}) \\ &\qquad\qquad + \tfrac{1}{2}\xi_{nj}^{(\alpha)}\,\xi_{nj}^{(\beta)}(\partial_\alpha\partial_\beta w)(\mathbf{x}-\mathbf{x}_{n0}) + \cdots\Big]\ .\end{aligned}$$

Wir beschränken uns im Folgenden auf Terme von höchstens *quadratischer* Ordnung in den kleinen Auslenkungen $\boldsymbol{\xi}_{nj}$, d. h., wir fassen den kubischen Term von Ordnung $\dot{\xi}\xi\xi$ als Teil der Beiträge höherer Ordnung $(\cdots)$ auf und untersuchen ihn nicht konkret weiter. Das bisherige Ergebnis lautet also:

$$\begin{aligned}\bar{\mathbf{j}}_{\text{kv}}(\mathbf{x},t) &= \sum_{nj} q_{nj}(\dot{\mathbf{x}}_{n0} + \dot{\boldsymbol{\xi}}_{nj})\big[w(\mathbf{x}-\mathbf{x}_{n0}) - \boldsymbol{\xi}_{nj}\cdot(\boldsymbol{\nabla}w)(\mathbf{x}-\mathbf{x}_{n0})\big] \\ &\quad + \tfrac{1}{2}\sum_{nj} q_{nj}\dot{\mathbf{x}}_{n0}\,\xi_{nj}^{(\alpha)}\,\xi_{nj}^{(\beta)}(\partial_\alpha\partial_\beta w)(\mathbf{x}-\mathbf{x}_{n0}) + \cdots\ .\end{aligned} \tag{6.65}$$

Wir unterscheiden im Folgenden Beiträge *nullter*, *erster*, *zweiter* Ordnung (und so weiter) in den kleinen Auslenkungen $\boldsymbol{\xi}_{nj}$:

$$\bar{\mathbf{j}}_{\text{kv}}(\mathbf{x},t) = \bar{\mathbf{j}}_{\text{kv}}^{(0)}(\mathbf{x},t) + \bar{\mathbf{j}}_{\text{kv}}^{(1)}(\mathbf{x},t) + \bar{\mathbf{j}}_{\text{kv}}^{(2)}(\mathbf{x},t) + \cdots\ .$$

Man erwartet (und stellt in der Praxis auch fest), dass diese Entwicklung nach kleinen Auslenkungen $\boldsymbol{\xi}_{nj}$ bei einer geeigneten Wahl der Länge ℓ in der räumlichen Mittelung (siehe Abschnitt [6.5.3]) schnell konvergiert.

Beitrag *nullter* Ordnung in den Auslenkungen $\boldsymbol{\xi}_{nj}$

Es gibt nur einen einzigen Beitrag *nullter* Ordnung in den Auslenkungen $\boldsymbol{\xi}_{nj}$, der also völlig unabhängig von den ξ-Variablen ist, nämlich:

$$\bar{\mathbf{j}}_{\mathrm{kv}}^{(0)}(\mathbf{x},t) = \sum_n q_n \dot{\mathbf{x}}_{n0}\, w(\mathbf{x}-\mathbf{x}_{n0}) \equiv \mathbf{j}_{\mathrm{q}}(\mathbf{x},t) \ .$$

Dieser Beitrag $\mathbf{j}_{\mathrm{q}}$ stellt die konvektive Stromdichte der „freien“ Teilchen (d. h. der ungebundenen Einzelladungen oder Komposita) dar.

Beiträge *erster* Ordnung in den Auslenkungen $\boldsymbol{\xi}_{nj}$

Es gibt in Gleichung (6.65) zwei Beiträge *erster* Ordnung in den Auslenkungen $\boldsymbol{\xi}_{nj}$, nämlich:

$$\bar{\mathbf{j}}_{\mathrm{kv}}^{(1)}(\mathbf{x},t) = \sum_{nj} q_{nj} \left[\dot{\boldsymbol{\xi}}_{nj} w(\mathbf{x}-\mathbf{x}_{n0}) - \dot{\mathbf{x}}_{n0}\boldsymbol{\xi}_{nj}^{\mathrm{T}}(\boldsymbol{\nabla} w)(\mathbf{x}-\mathbf{x}_{n0})\right] \ .$$

Um diese zwei Beiträge interpretieren zu können, erinnern wir an die Definitionen (6.49) des elektrischen Dipolmoments und (6.53) der elektrischen Dipoldichte:

$$\mathbf{d}_n \equiv \sum_{j=0}^{\nu_n} q_{nj}\, \boldsymbol{\xi}_{nj} \quad , \quad \mathbf{d}(\mathbf{x},t) \equiv \sum_n \mathbf{d}_n\, w(\mathbf{x}-\mathbf{x}_{n0}) \ .$$

Aufgrund der folgenden Beziehung für die *Zeitableitung* dieser Dipoldichte:

$$(\partial_t \mathbf{d})(\mathbf{x},t) = \sum_{nj} q_{nj}\dot{\boldsymbol{\xi}}_{nj}\, w(\mathbf{x}-\mathbf{x}_{n0}) - \sum_{nj} q_{nj}\, \boldsymbol{\xi}_{nj}\dot{\mathbf{x}}_{n0}^{\mathrm{T}}(\boldsymbol{\nabla} w)(\mathbf{x}-\mathbf{x}_{n0})$$

kann der Beitrag erster Ordnung $\bar{\mathbf{j}}_{\mathrm{kv}}^{(1)}$ sehr kurz zusammengefasst werden:

$$\bar{\mathbf{j}}_{\mathrm{kv}}^{(1)}(\mathbf{x},t) = (\partial_t \mathbf{d})(\mathbf{x},t) + \mathbf{j}_{\mathrm{d}}(\mathbf{x},t) = (\partial_t \mathbf{d})(\mathbf{x},t) + (\boldsymbol{\nabla}\times\mathbf{M}_{\mathrm{d}})(\mathbf{x},t) \ .$$

Hierbei ist die *elektrische Dipolstromdichte* $\mathbf{j}_{\mathrm{d}}$ definiert als:

$$\mathbf{j}_{\mathrm{d}}(\mathbf{x},t) \equiv \sum_n \left(\mathbf{d}_n \dot{\mathbf{x}}_{n0}^{\mathrm{T}} - \dot{\mathbf{x}}_{n0}\mathbf{d}_n^{\mathrm{T}}\right)(\boldsymbol{\nabla} w)(\mathbf{x}-\mathbf{x}_{n0}) = (\boldsymbol{\nabla}\times\mathbf{M}_{\mathrm{d}})(\mathbf{x},t) \qquad (6.66)$$

$$\mathbf{M}_{\mathrm{d}}(\mathbf{x},t) \equiv \sum_n (\mathbf{d}_n \times \dot{\mathbf{x}}_{n0})\, w(\mathbf{x}-\mathbf{x}_{n0}) \ .$$

Analog zu Gleichung (6.62) für die Spinstromdichte kann $\mathbf{M}_{\mathrm{d}}$ nun als die von der Dipolstromdichte $\mathbf{j}_{\mathrm{d}}$ erzeugte *Magnetisierung* interpretiert werden.

Beiträge *zweiter* Ordnung in den Auslenkungen $\boldsymbol{\xi}_{nj}$

Es gibt in Gleichung (6.65) außerdem zwei Beiträge *zweiter* Ordnung in den kleinen Auslenkungen $\boldsymbol{\xi}_{nj}$, nämlich:

$$\bar{\mathbf{j}}_{\mathrm{kv}}^{(2)}(\mathbf{x},t) = \sum_{nj} q_{nj}\left[\tfrac{1}{2}\dot{\mathbf{x}}_{n0}\xi_{nj}^{(\alpha)}\xi_{nj}^{(\beta)}(\partial_\alpha\partial_\beta w)(\mathbf{x}-\mathbf{x}_{n0}) - \dot{\boldsymbol{\xi}}_{nj}\boldsymbol{\xi}_{nj}^{\mathrm{T}}(\boldsymbol{\nabla} w)(\mathbf{x}-\mathbf{x}_{n0})\right] \ .$$

Um diese zwei Beiträge interpretieren zu können, definieren wir die *orbitale* Magnetisierung durch

$$\mathbf{M}_{\mathrm{O}}(\mathbf{x},t) \equiv \sum_n \mathbf{m}_n w(\mathbf{x}-\mathbf{x}_{n0}) = \tfrac{1}{2}\sum_{nj} q_{nj}\, \boldsymbol{\xi}_{nj} \times \dot{\boldsymbol{\xi}}_{nj}\, w(\mathbf{x}-\mathbf{x}_{n0})\ .$$

Diese orbitale Magnetisierung ist – wiederum analog zu den Gleichungen (6.62) und (6.66) – mit einer *orbitalen Stromdichte* $\mathbf{j}_{\mathrm{O}}$ verknüpft:

$$\mathbf{j}_{\mathrm{O}}(\mathbf{x},t) \equiv (\boldsymbol{\nabla} \times \mathbf{M}_{\mathrm{O}})(\mathbf{x},t) = \tfrac{1}{2}\sum_{nj} q_{nj}(\boldsymbol{\xi}_{nj}\, \dot{\boldsymbol{\xi}}_{nj}^{\mathrm{T}} - \dot{\boldsymbol{\xi}}_{nj}\, \boldsymbol{\xi}_{nj}^{\mathrm{T}})(\boldsymbol{\nabla} w)(\mathbf{x}-\mathbf{x}_{n0})\ .$$

Die jeweils zweiten Terme in $\bar{\mathbf{j}}_{\mathrm{kv}}^{(2)}$ und $\mathbf{j}_{\mathrm{O}}$ haben bereits dieselbe Struktur.

Wir erinnern außerdem an das elektrische Quadrupolmoment $Q_n = \tilde{Q}_n - S_n \mathbb{1}_3$ in (6.50) und an die Quadrupoldichten $Q(\mathbf{x},t) = \tilde{Q}(\mathbf{x},t) - S(\mathbf{x},t)\mathbb{1}_3$ in (6.54):

$$\tilde{Q}(\mathbf{x},t) \equiv \tfrac{3}{2}\sum_{nj} q_{nj}\, \boldsymbol{\xi}_{nj}\, \boldsymbol{\xi}_{nj}^{\mathrm{T}}\, w(\mathbf{x}-\mathbf{x}_{n0}) \quad , \quad S(\mathbf{x},t) \equiv \tfrac{1}{2}\sum_{nj} q_{nj}\, \boldsymbol{\xi}_{nj}^{2}\, w(\mathbf{x}-\mathbf{x}_{n0})\ .$$

Aus der Quadrupoldichte $\tilde{Q}(\mathbf{x},t) = \sum_n \tilde{Q}_n w(\mathbf{x}-\mathbf{x}_{n0})$ folgt nach einer zweifachen Ableitung (einmal bzgl. des Orts und einmal bzgl. der Zeit) die Beziehung:

$$\begin{aligned}\tfrac{1}{3}\left[\partial_t \partial_k \tilde{Q}^{(ik)}\right](\mathbf{x},t) &= \tfrac{1}{2}\sum_{nj} q_{nj}\left[\dot{\xi}_{nj}^{(i)}\, \xi_{nj}^{(k)} + \xi_{nj}^{(i)}\, \dot{\xi}_{nj}^{(k)}\right](\partial_k w)(\mathbf{x}-\mathbf{x}_{n0}) \\ &\quad - \tfrac{1}{3}\sum_n \tilde{Q}_n^{(ik)}\left[(\dot{\mathbf{x}}_{n0}\cdot\boldsymbol{\nabla})\partial_k w\right](\mathbf{x}-\mathbf{x}_{n0})\ ,\end{aligned}$$

mit deren Hilfe die i-te Komponente des Beitrags zweiter Ordnung $\bar{\mathbf{j}}_{\mathrm{kv}}^{(2)}$ zur räumlich gemittelten konvektiven Stromdichte zusammengefasst werden kann als:

$$\bar{j}_{\mathrm{kv},i}^{(2)} = -\tfrac{1}{3}\partial_t \partial_k \tilde{Q}^{(ik)} + j_{\mathrm{O},i} + j_{\mathrm{Q},i}\ .$$

Die Beiträge zweiter Ordnung sind nun kompakt in drei Termen zusammengefasst.

Der letzte Term auf der rechten Seite stellt den *Quadrupolbeitrag* zur konvektiven Stromdichte dar:

$$j_{\mathrm{Q},i}(\mathbf{x},t) \equiv -\tfrac{1}{3}\sum_n \left[\tilde{Q}_n^{(ik)}\dot{x}_{n0}^{(l)} - \dot{x}_{n0}^{(i)}\tilde{Q}_n^{(lk)}\right](\partial_l \partial_k w)(\mathbf{x}-\mathbf{x}_{n0})\ .$$

Auch dieser Beitrag zur räumlich gemittelten Stromdichte kann als Rotation eines Beitrags zur Magnetisierung geschrieben werden:

$$\mathbf{j}_{\mathrm{Q}} = \boldsymbol{\nabla} \times \mathbf{M}_{\tilde{\mathrm{Q}}} \quad , \quad M_{\tilde{\mathrm{Q}},i} \equiv -\tfrac{1}{3}\sum_n \varepsilon_{ijl}\tilde{Q}_n^{(jk)}\dot{x}_{n0}^{(l)}(\partial_k w)(\mathbf{x}-\mathbf{x}_{n0})\ .$$

Mit Hilfe von $\tilde{Q}_n = Q_n + S_n \mathbb{1}_3$ kann dieses Ergebnis auch leicht so umgeschrieben werden, dass die Beiträge des spurfreien Tensors Q_n sowie der Spur $S_n = \frac{1}{3}\mathrm{Sp}(\tilde{Q}_n)$ klar ersichtlich werden. Hierzu definiert man:

$$M_{\mathrm{Q},i} \equiv -\tfrac{1}{3}\sum_n \varepsilon_{ijl} Q_n^{(jk)}\dot{x}_{n0}^{(l)}(\partial_k w)(\mathbf{x}-\mathbf{x}_{n0}) \quad , \quad \mathbf{M}_{\mathrm{S}} \equiv \tfrac{1}{3}\sum_n S_n \dot{\mathbf{x}}_{n0} \times (\boldsymbol{\nabla} w)(\mathbf{x}-\mathbf{x}_{n0})$$

und erhält dann die Beziehung $\mathbf{j}_{\mathrm{Q}} = \boldsymbol{\nabla} \times (\mathbf{M}_{\mathrm{Q}} + \mathbf{M}_{\mathrm{S}})$.

Summe aller Beiträge bis zur zweiten Ordnung in $\boldsymbol{\xi}_{nj}$

Wir fassen alle Beiträge zur räumlich gemittelten konvektiven Stromdichte bis zur zweiten Ordnung in den kleinen Auslenkungen $\boldsymbol{\xi}_{nj}$ zusammen; die i-te Komponente dieses Vektors lautet:

$$\begin{aligned}\bar{j}_{\mathrm{kv},i} &= \bar{j}^{(0)}_{\mathrm{kv},i} + \bar{j}^{(1)}_{\mathrm{kv},i} + \bar{j}^{(2)}_{\mathrm{kv},i} + \cdots \\ &= j_{\mathrm{q},i} + \partial_t\big[d_i - \tfrac{1}{3}\partial_k\tilde{Q}^{(ik)}\big] + [\boldsymbol{\nabla}\times(\mathbf{M}_{\mathrm{d}} + \mathbf{M}_{\mathrm{O}} + \mathbf{M}_{\mathrm{Q}} + \mathbf{M}_{\mathrm{S}})]_i + \cdots \,.\end{aligned}$$

Sämtliche Beiträge höherer Ordnung werden hierbei durch $(\cdots)$ bezeichnet. Aufgrund der Definition (6.55b) der Polarisation $\mathbf{P}_{\mathrm{M}}$ im Medium,

$$P_{\mathrm{M},i} \equiv d_i - \tfrac{1}{3}\partial_k Q^{(ik)} + \cdots \qquad (i,k \in \{1,2,3\})\,, \tag{6.67}$$

kann die Zeitableitung in $\bar{\mathbf{j}}_{\mathrm{kv}}$ mit Hilfe von $d_i - \frac{1}{3}\partial_k\tilde{Q}^{(ik)} = P_{\mathrm{M},i} - \frac{1}{3}\partial_i S$ vereinfacht werden. Wir erhalten daher in Vektornotation:

$$\bar{\mathbf{j}}_{\mathrm{kv}} = \big(\mathbf{j}_{\mathrm{q}} - \tfrac{1}{3}\partial_t\boldsymbol{\nabla}S\big) + \partial_t\mathbf{P}_{\mathrm{M}} + [\boldsymbol{\nabla}\times(\mathbf{M}_{\mathrm{d}} + \mathbf{M}_{\mathrm{O}} + \mathbf{M}_{\mathrm{Q}} + \mathbf{M}_{\mathrm{S}})]_i + \cdots \,.$$

Die Korrekturen $(\cdots)$ auf der rechten Seite entsprechen numerisch kleinen Beiträgen von höherer als zweiter Ordnung in den Auslenkungen $\boldsymbol{\xi}_{nj}$.

Die *räumlich gemittelte* konvektive Stromdichte $\bar{\mathbf{j}}_{\mathrm{kv}}$ enthält also *drei* unterschiedliche Beiträge, nämlich:

- die Zeitableitung $\partial_t\mathbf{P}_{\mathrm{M}}$ der Polarisation,
- die Rotation $\boldsymbol{\nabla}\times\mathbf{M}_{\mathrm{kv}}$ des konvektiven Anteils der Magnetisierung im Medium mit $\mathbf{M}_{\mathrm{kv}} = \mathbf{M}_{\mathrm{d}} + \mathbf{M}_{\mathrm{O}} + \mathbf{M}_{\mathrm{Q}} + \mathbf{M}_{\mathrm{S}} + \cdots$
- und die Stromdichte $\mathbf{j}_{\mathrm{M}} = \mathbf{j}_{\mathrm{q}} - \frac{1}{3}\partial_t\boldsymbol{\nabla}S + \cdots$ im Medium.

Mit dieser Notation erhalten wir daher insgesamt für die räumlich gemittelte konvektive Stromdichte:

$$\boxed{\bar{\mathbf{j}}_{\mathrm{kv}} = \mathbf{j}_{\mathrm{M}} + \partial_t\mathbf{P}_{\mathrm{M}} + \boldsymbol{\nabla}\times\mathbf{M}_{\mathrm{kv}}\,.} \tag{6.68}$$

Hiermit ist der konvektive Anteil der räumlich gemittelten Stromdichte bekannt. Wir werden diesen nun mit dem Spinanteil kombinieren und die endgültige Form der Maxwell-Gleichung IV im Medium herleiten.

6.5.6 Das räumlich gemittelte Durchflutungsgesetz

Wir kombinieren nun den konvektiven Anteil $\bar{\mathbf{j}}_{\mathrm{kv}}$ der räumlich gemittelten Stromdichte in (6.68) mit dem räumlich gemittelten Spinanteil $\bar{\mathbf{j}}_{\mathrm{s}} = \boldsymbol{\nabla}\times\overline{\mathbf{M}}_{\mathrm{s}}$ in (6.64a),

$$\boxed{\bar{\mathbf{j}} = \bar{\mathbf{j}}_{\mathrm{kv}} + \bar{\mathbf{j}}_{\mathrm{s}} = \mathbf{j}_{\mathrm{M}} + \partial_t\mathbf{P}_{\mathrm{M}} + \boldsymbol{\nabla}\times\mathbf{M}_{\mathrm{M}} \quad , \quad \mathbf{M}_{\mathrm{M}} \equiv \mathbf{M}_{\mathrm{kv}} + \overline{\mathbf{M}}_{\mathrm{s}}\,,} \tag{6.69a}$$

und erhalten somit insgesamt als Ergebnis für die räumlich gemittelte Maxwell-Gleichung IV „im Vakuum“ in (6.51):

$$\boxed{\boldsymbol{\nabla}\times\mathbf{H} - \partial_t\mathbf{D} = \mathbf{j}_{\mathrm{M}} \quad , \quad \mathbf{H} \equiv \tfrac{1}{\mu_0}\overline{\mathbf{B}} - \mathbf{M}_{\mathrm{M}} \quad , \quad \mathbf{D} = \varepsilon_0\overline{\mathbf{E}} + \mathbf{P}_{\mathrm{M}}\,.} \tag{6.69b}$$

Das räumlich gemittelte elektrische Feld $\overline{\mathbf{E}}$ wird hierbei zusammen mit der Polarisation im Medium $\mathbf{P}_{\rm M}$ zum $\mathbf{D}$-Feld kombiniert und das räumlich gemittelte Magnetfeld $\overline{\mathbf{B}}$ zusammen mit der Magnetisierung $\mathbf{M}_{\rm M}$ im Medium zum $\mathbf{H}$-Feld.

Das Ergebnis (6.69b) entspricht genau der Form der Maxwell-Gleichung IV „im Medium“ in (6.47a). Ähnlich wie bei der Untersuchung der räumlich gemittelten Ladungsdichte zeigt auch der Vergleich von (6.69) und (6.47a), dass $\mathbf{j}_{\rm M}$ nicht nur Transport von „freien“ Ladungen beschreibt und $\mathbf{M}_{\rm M}$ nicht nur Dipol- und Spinbeiträge zur Magnetisierung enthält: In beiden Fällen sind auch Beiträge von höheren Multipolmomenten enthalten; wir haben explizit die Quadrupolbeiträge bestimmt. Es gibt sogar insofern einen drastischen und fundamentalen Unterschied zwischen den Stromdichten $\mathbf{j}$ in den Maxwell-Gleichungen im Vakuum und $\mathbf{j}_{\rm M}$ im Medium, als $\mathbf{j}$ den Spinanteil der Stromdichte enthält und $\mathbf{j}_{\rm M}$ nicht.

Die Kontinuitätsgleichung

Wir weisen schließlich darauf hin, dass (rein aufgrund der Definitionen der Ladungs- und Stromdichten $\rho_{\rm M}$ und $\mathbf{j}_{\rm M}$ im Medium) die *Kontinuitätsgleichung* erfüllt ist:

$$\begin{aligned}\partial_t\rho_{\rm M} + \boldsymbol{\nabla}\cdot\mathbf{j}_{\rm M} &= \partial_t\left(q + \tfrac{1}{3}\Delta S\right) + \boldsymbol{\nabla}\cdot\left(\mathbf{j}_{\rm q} - \tfrac{1}{3}\partial_t\boldsymbol{\nabla}S\right) = \partial_t q + \boldsymbol{\nabla}\cdot\mathbf{j}_{\rm q}\\ &= \partial_t\left[\sum_n q_n w(\mathbf{x}-\mathbf{x}_{n0})\right] + \boldsymbol{\nabla}\cdot\left[\sum_n q_n\dot{\mathbf{x}}_{n0} w(\mathbf{x}-\mathbf{x}_{n0})\right] = 0\ ,\end{aligned}$$

sodass die Ladungserhaltung auf jeden Fall auch im „Medium“ als Integrabilitätsbedingung für die Maxwell-Gleichungen auftritt. Auch wenn die Form von $(\rho_{\rm M}, \mathbf{j}_{\rm M})$ nicht bekannt ist, folgt die Kontinuitätsgleichung übrigens aus der allgemeinen Form (6.47a) der (inhomogenen) Maxwell-Gleichungen „im Medium“.

Stromdichte, Magnetisierung und magnetisches Moment

Wir erläutern abschließend die Beziehung zwischen der Stromdichte, der Magnetisierung und dem magnetischen Moment sowie die genaue Interpretation der beiden Gleichungen in (6.57). Die räumlich gemittelte Stromdichte $\bar{\mathbf{j}}$ enthält drei physikalisch sehr unterschiedliche Anteile: $\mathbf{j}_{\rm M}$, $\partial_t\mathbf{P}_{\rm M}$ und $\boldsymbol{\nabla}\times\mathbf{M}_{\rm M}$, die gemäß (6.57) alle zum magnetischen Moment beitragen.

Der Beitrag $\boldsymbol{\nabla}\times\mathbf{M}_{\rm M}$ der Magnetisierung im Medium trägt erwartungsgemäß und auf intuitiv plausible Weise zum magnetischen Moment bei; wir bezeichnen diesen Beitrag als $\mathbf{m}_{\mathbf{M}}$:

$$\mathbf{m}_{\mathbf{M}}(t) \equiv \tfrac{1}{2}\int d^3x'\ \mathbf{x}'\times\left[(\boldsymbol{\nabla}\times\mathbf{M}_{\rm M})(\mathbf{x}',t)\right] = \int d^3x'\ \mathbf{M}_{\rm M}(\mathbf{x}',t)\ .$$

Im letzten Schritt wurde das doppelte Kreuzprodukt im Integranden mit Hilfe des ε-Tensors ausgerechnet, und es wurde partiell integriert. In der Tat ist $\mathbf{m}_{\mathbf{M}}$ als Integral über die Magnetisierung darstellbar und entspricht damit der in Gleichung (6.57a) formulierten Erwartung.

Aber auch die Stromdichte $\mathbf{j}_{\rm M} = \mathbf{j}_{\rm q} - \frac{1}{3}\partial_t\boldsymbol{\nabla}S + \cdots$ im Medium kann u. U. ein magnetisches Moment erzeugen; wir bezeichnen diesen Beitrag als $\mathbf{m}_{\mathbf{L}}$. Der Beitrag des Quadrupolterms $\partial_t\boldsymbol{\nabla}S$ zu $\mathbf{m}_{\mathbf{L}}$ ist zwar gleich null, aber die konvektive Stromdichte $\mathbf{j}_{\rm q}(\mathbf{x},t) = \sum_n q_n\dot{\mathbf{x}}_{n0}\, w(\mathbf{x}-\mathbf{x}_{n0})$ der „freien“ Teilchen kann zum magnetischen Moment beitragen.

Um dies zu zeigen, nehmen wir wie in Gleichung (2.31) an, dass das Verhältnis q_n/m_n von Ladung zu Masse für alle Teilchen, die signifikant zur Stromdichte $\mathbf{j}_\mathrm{q}$ beitragen, denselben Wert q/m hat. Es folgt dann die Beziehung

$$\begin{aligned}
\mathbf{m}_\mathbf{L}(t) &= \tfrac{1}{2}\int d^3x'\; \mathbf{x}' \times \mathbf{j}_\mathrm{q}(\mathbf{x}',t) = \tfrac{1}{2}\int d^3x'\; \mathbf{x}' \times \sum_n q_n \dot{\mathbf{x}}_{n0}\, w(\mathbf{x}' - \mathbf{x}_{n0}) \\
&= \tfrac{1}{2}\int d^3x'\; \mathbf{x}' \times \sum_n q_n \dot{\mathbf{x}}_{n0} \int d^3y\; \delta(\mathbf{x}' - \mathbf{x}_{n0} - \mathbf{y}) w(\mathbf{y}) \\
&= \tfrac{1}{2}\sum_n q_n \left[\int d^3y\; (\mathbf{x}_{n0} + \mathbf{y}) w(\mathbf{y})\right] \times \dot{\mathbf{x}}_{n0} = \tfrac{1}{2}\sum_n q_n \mathbf{x}_{n0} \times \dot{\mathbf{x}}_{n0} \\
&= \frac{q}{2m}\sum_n m_n\, \mathbf{x}_{n0} \times \dot{\mathbf{x}}_{n0} \\
&= \frac{q}{2m}\mathbf{L}(t)\;,
\end{aligned}$$

wobei $\mathbf{L}$ den Gesamtdrehimpuls der *relevanten* Ladungsträger darstellt, d. h. der „freien“ Teilchen, die signifikant zur Stromdichte $\mathbf{j}_\mathrm{q}$ beitragen. In der Praxis werden dies die leichten freien *Elektronen* sein, die eine viel höhere Mobilität $\dot{\mathbf{x}}_{n0}$ als die schweren Kerne der Komposita haben, zumal diese in der Regel in einem Gitter eingebunden sind.[19] In diesem Fall stellen q und m also die Elektronenladung und die Elektronenmasse dar, und es wird in der $\sum_n$-Summe effektiv nur über die freien Elektronen summiert. Der Beitrag $\mathbf{m}_\mathbf{L}$ zum magnetischen Moment beschreibt daher physikalisch einen Stromwirbel, der typischerweise von der Bewegung der Elektronen herrührt.

Der Beitrag $\mathbf{m}_\mathbf{L}$ zum magnetischen Moment hat also *nicht* die Form eines Integrals über eine Magnetisierung und entspricht insofern nicht der in (6.57a) formulierten Erwartung. Bei der Berechnung von $\mathbf{m}_\mathbf{L}$ verwendeten wir die Eigenschaften $\langle 1\rangle_w = 1$ und $\langle \mathbf{y}\rangle_w = \mathbf{0}$ der Gewichtsfunktion w. Die räumliche Mittelung hat auf das Endergebnis $\frac{q}{2m}\mathbf{L}$ der Berechnung also keinerlei Einfluss.

Auch der *Polarisations*term $\partial_t \mathbf{P}_\mathrm{M}$ in der räumlich gemittelten Stromdichte $\bar{\mathbf{j}}$ kann zum magnetischen Moment beitragen; wir bezeichnen diesen Beitrag als $\mathbf{m}_\mathbf{P}$:

$$\mathbf{m}_\mathbf{P}(t) \equiv \tfrac{1}{2}\int d^3x'\; \mathbf{x}' \times \left[(\partial_t \mathbf{P}_\mathrm{M})(\mathbf{x}',t)\right] = \frac{d\boldsymbol{\mathcal{P}}}{dt} \quad,\quad \boldsymbol{\mathcal{P}} \equiv \tfrac{1}{2}\int d^3x'\; \mathbf{x}' \times \mathbf{P}_\mathrm{M}(\mathbf{x}',t)\;.$$

Der Polarisationsbeitrag $\mathbf{m}_\mathbf{P}$ zum magnetischen Moment hat ebenso wie $\mathbf{m}_\mathbf{L}$ *nicht* die Form eines Integrals über eine Magnetisierung und entspricht insofern ebenfalls nicht der in (6.57a) formulierten Erwartung. Die Beziehung $\mathbf{m}_\mathbf{P}(t) = \frac{d\boldsymbol{\mathcal{P}}}{dt}$ ist eher analog zur Beziehung $\mathbf{N} = \frac{d\mathbf{L}}{dt}$ in (2.32) zwischen dem Drehmoment $\mathbf{N}$ und der Zeitableitung des Drehimpulses $\mathbf{L}$. In diesem Sinne könnte man $\boldsymbol{\mathcal{P}}$ als „Drehdipol“ identifizieren; die Beziehung $\mathbf{m}_\mathbf{P}(t) = \frac{d\boldsymbol{\mathcal{P}}}{dt}$ verknüpft dann den Polarisationsbeitrag zum magnetischen Moment mit der zeitlichen Änderung des „Drehdipols“. Dieser Beitrag der gebundenen Teilchen ist in der Praxis wohl eher klein und würde bei einer zeitlichen Mittelung von $\mathbf{m}(t)$ null ergeben.

Zusammenfassend stellen wir fest, dass das von einer Stromverteilung im Medium erzeugte magnetische Moment drei unterschiedliche Quellen hat und entsprechend als Summe dreier Beiträge dargestellt werden kann: $\mathbf{m} = \mathbf{m}_\mathbf{M} + \mathbf{m}_\mathbf{L} + \mathbf{m}_\mathbf{P}$.

---

[19] Siehe hierzu auch Fußnote 10 auf Seite 54 in Kapitel [2].

6.6 Übungsaufgaben

Aufgabe 6.1 Energiebilanz in *linearen, isotropen* Medien

Wir betrachten lineare, isotrope Medien und nehmen an, dass die charakteristischen Frequenzen der elektromagnetischen Strahlung so niedrig sind, dass das Medium als dispersionslos aufgefasst werden kann.

Beweisen Sie die Energiebilanzgleichung $-\mathbf{E}\cdot\mathbf{j} = \frac{\partial \varrho_{\mathcal{E}}}{\partial t} + \boldsymbol{\nabla}\cdot\mathbf{S}$ im Medium, ausgehend von den Maxwell-Gleichungen. Zeigen Sie insbesondere für die Energiedichte und den Poynting-Vektor: $\varrho_{\mathcal{E}} = \frac{1}{2}(\mathbf{E}\cdot\mathbf{D} + \mathbf{H}\cdot\mathbf{B})$ bzw. $\mathbf{S} = \mathbf{E}\times\mathbf{H}$.

Aufgabe 6.2 Energiebilanz in *anisotropen* Systemen

Wir zeigen in dieser Aufgabe, dass die Energiebilanzgleichung $-\mathbf{E}\cdot\mathbf{j} = \frac{\partial \varrho_{\mathcal{E}}}{\partial t} + \boldsymbol{\nabla}\cdot\mathbf{S}$, die bereits in Aufgabe 6.1 für lineare *isotrope* Medien hergeleitet wurde, unverändert auch für lineare *anisotrope* Medien gilt, und zwar mit den *gleichen* Definitionen für die Energiestromdichte $\mathbf{S} \equiv \mathbf{E}\times\mathbf{H}$ und für die Energiedichte $\varrho_{\mathcal{E}} \equiv \frac{1}{2}(\mathbf{E}\cdot\mathbf{D} + \mathbf{H}\cdot\mathbf{B})$.

(a) Leiten Sie die Energiebilanzgleichung her für lineare *anisotrope* Medien mit den Materialabhängigkeiten $\mathbf{M} = \chi^{\mathrm{m}}\mathbf{H}$ und $\frac{1}{\varepsilon_0}\mathbf{P} = \chi^{\mathrm{e}}\mathbf{E}$, wobei χ^{m} und χ^{e} nun allerdings dreidimensionale *Tensoren* sind.

(b) Leiten Sie die Energiebilanzgleichung her für lineare *anisotrope* Medien mit den Materialabhängigkeiten $\mathbf{M} = \chi^{\mathrm{m}}\mathbf{H} + R_0^{-1}\bar{\chi}^{\mathrm{e}}\mathbf{E}$ und $\frac{1}{\varepsilon_0}\mathbf{P} = \chi^{\mathrm{e}}\mathbf{E} + R_0\bar{\chi}^{\mathrm{m}}\mathbf{H}$, wobei $R_0 = \sqrt{\mu_0/\varepsilon_0}$ ist und nun neben χ^{m} und χ^{e} auch $\bar{\chi}^{\mathrm{m}}$ und $\bar{\chi}^{\mathrm{e}}$ dreidimensionale Tensoren sind.

Aufgabe 6.3 Wellengleichung für räumlich begrenzte Systeme

In Kapitel [2] wird die allgemeine Lösung der Wellengleichung in räumlich unendlich ausgedehnten Systemen diskutiert. Hier studieren wir einige relativ einfache Beispiele von räumlichen Begrenzungen, in denen eine *exakte Lösung* der Wellengleichung erzielt werden kann. Der Einfachheit halber beschreiben wir diese räumlich begrenzten Systeme zwar als „schwingende“ (also elastische) Medien, aber die gleichen Methoden sind auch für elektromagnetische Wellen anwendbar.

(a) Die schwingende Saite: Die Wellengleichung für eine Saite (d. h. für ein effektiv eindimensionales System der Länge L) lautet:

$$\frac{\partial^2 u}{\partial x^2} = \frac{1}{\bar{c}^2}\frac{\partial^2 u}{\partial t^2} \qquad (0 \leq x \leq L)$$

$$u(x,0) = f(x) \quad ; \quad \frac{\partial u}{\partial t}(x,0) = g(x) \quad , \quad u(0,t) = u(L,t) = 0\ .$$

Warum muss man hierbei $f(0) = f(L) = 0$ sowie $g(0) = g(L) = 0$ fordern? Zeigen Sie, dass man die Lösung dieses kombinierten Anfangs- und Randwertproblems durch Trennung von Variablen in der Form einer Reihe darstellen kann:

$$u(x,t) = \sum_n X_n(x)\, T_n(t)\ ,$$

wobei $\{X_n(x)\}$ den Satz der normierten Eigenfunktionen des „Laplace-Operators“ $\partial^2/\partial x^2$ auf dem Intervall $0 \leq x \leq L$ bezeichnet. Bestimmen Sie $X_n(x)$ und $T_n(t)$ explizit.

(b) Die schwingende Fensterscheibe, das schwingende Haus, etc.: Zeigen Sie, dass man die unter a) hergeleiteten Ergebnisse leicht auf ein d-dimensionales quaderförmiges System verallgemeinern kann, d. h. auf ein System der Form $\mathcal{D} = \{\mathbf{x} \mid 0 \leq x_i \leq L_i \quad (i = 1, \ldots, d)\}$. Auf dem Rand $\partial\mathcal{D}$ von $\mathcal{D}$ soll zu jeder Zeit $u = 0$ gelten.

(c) Die schwingende Membran: Auch für nicht-quaderförmige oszillierende Systeme kann man mit Hilfe der Methode der Variablentrennung explizite Lösungen erzielen. Hier betrachten wir als Beispiel eine Kreisscheibe mit Radius R, d. h.: $\mathcal{D} = \{\mathbf{x} \in \mathbb{R}^2 \mid x_1^2 + x_2^2 \leq R\}$. Es gilt wieder $u = 0$ auf dem Rand von $\mathcal{D}$. Zeigen Sie, dass man dieses Problem lösen kann durch Einführung von Polarkoordinaten: $(x_1, x_2) = (\rho\cos(\varphi), \rho\sin(\varphi))$ und Trennung der Variablen $(\rho,\ \varphi,\ t)$, sodass man eine Lösung der Form

$$u(\mathbf{x}, t) = \sum_{mn} P_{mn}(\rho)\Phi_{mn}(\varphi)T_{mn}(t)$$

erhält. Zeigen Sie insbesondere, dass der ρ-abhängige Anteil $P_{nm}(\rho)$ in einfacher Weise mit der Bessel-Funktion J_n verknüpft ist.

(d) Welche Struktur hat also die Lösung $u(\mathbf{x}, t)$ der Wellengleichung auf einem allgemeinen, räumlich beschränkten, d-dimensionalen, einfach zusammenhängenden Gebiet $\mathcal{D}$ mit der Randbedingung $u = 0$ für $\mathbf{x} \in \partial\mathcal{D}$? Zeigen Sie allgemein, dass die Energie $E(t)$ einer solchen Lösung *zeitlich konstant* ist:

$$E(t) \equiv \tfrac{1}{2} \int_{\mathcal{D}} d^d x \left[(\boldsymbol{\nabla} u)^2 + \tfrac{1}{\bar{c}^2}\left(\tfrac{\partial u}{\partial t}\right)^2\right] \quad , \quad \frac{dE}{dt} = 0\,.$$

Aufgabe 6.4 Inhomogene Wellengleichung und Resonanz

Die Anwesenheit äußerer Kräfte führt zu *Inhomogenitäten* in der Wellengleichung, die wir in dieser Aufgabe durch eine Funktion $F(\mathbf{x}, t)$ beschreiben werden. Wir nehmen an, dass die Wellengleichung in einem offenen d-dimensionalen Gebiet $\mathcal{D}$ gelöst werden soll und dass die Anfangswerte der Funktion u und ihrer Ableitung $\partial u/\partial t$ sowie der Wert von u auf dem Rand $\partial\mathcal{D}$ von $\mathcal{D}$ vorgegeben sind:

$$\left.\begin{aligned} &\frac{\partial^2 u}{\partial t^2} = \bar{c}^2 \Delta u + F(\mathbf{x}, t) \\ &u(\mathbf{x}, 0) = f(\mathbf{x}) \ ; \quad \frac{\partial u}{\partial t}(\mathbf{x}, 0) = g(\mathbf{x}) \end{aligned}\right\} \qquad (\mathbf{x} \in \mathcal{D})$$

$$u(\mathbf{x}, t) = v(\mathbf{x}, t) \qquad\qquad (\mathbf{x} \in \partial\mathcal{D})\,.$$

Dabei sei $\mathcal{D}$ sternförmig[20] sowie der Rand $\partial\mathcal{D}$ selbst und die darauf definierte Funktion $v(\mathbf{x}, t)$ hinreichend glatt. Für die Konsistenz des Problems ist es erforderlich, dass für alle $\bar{\mathbf{x}} \in \partial\mathcal{D}$ gilt: $f(\mathbf{x}) \to v(\bar{\mathbf{x}}, 0)$ und $g(\mathbf{x}) \to \frac{\partial v}{\partial t}(\bar{\mathbf{x}}, 0)$ für $\mathbf{x} \to \bar{\mathbf{x}}$.

[20] Hierbei bedeutet *sternförmig*, dass es einen Punkt $\mathbf{x}_0$ im Inneren $\mathcal{D}\backslash\partial\mathcal{D}$ von $\mathcal{D}$ gibt, von dem aus man jeden Punkt des Rands $\partial\mathcal{D}$ „sehen“ kann:

$$(\exists \mathbf{x}_0 \in \mathcal{D}\backslash\partial\mathcal{D})\,(\forall \bar{\mathbf{x}} \in \partial\mathcal{D})\,(\forall \lambda \in (0,1])\,[\,\lambda\mathbf{x}_0 + (1-\lambda)\bar{\mathbf{x}} \in \mathcal{D}\backslash\partial\mathcal{D}\,]\,.$$

(a) Zeigen Sie, dass man o. B. d. A. den vorgegebenen Randwert $v(\mathbf{x}, t)$ ($\mathbf{x} \in \partial\mathcal{D}$) durch $v(\mathbf{x}, t) = 0$ ersetzen kann, indem man die Funktionen u, F, f und g geeignet modifiziert. Im Folgenden werden wir annehmen, dass $v(\mathbf{x}, t) = 0$ gewählt wurde.

(b) Man kann die gesuchte Lösung $u(\mathbf{x}, t)$ und die Inhomogenität $F(\mathbf{x}, t)$ nun entwickeln nach den Eigenfunktionen X_n des Laplace-Operators, die die vorgegebene Randbedingung erfüllen, d. h., es gilt $\Delta X_n = -k_n^2 X_n$ mit $k_n > 0$ auf $\mathcal{D}$ sowie $X_n(\mathbf{x}) = 0$ für $\mathbf{x} \in \partial\mathcal{D}$:

$$u(\mathbf{x}, t) = \sum_{n=1}^{\infty} U_n(t) X_n(\mathbf{x}) \quad , \quad U_n(t) = \int_{\mathcal{D}} d^d x\; u(\mathbf{x}, t) X_n(\mathbf{x})$$

$$F(\mathbf{x}, t) = \sum_{n=1}^{\infty} F_n(t) X_n(\mathbf{x}) \quad , \quad F_n(t) = \int_{\mathcal{D}} d^d x\; F(\mathbf{x}, t) X_n(\mathbf{x}) \; .$$

Hierbei ist $-k_n^2 < 0$ der zu X_n gehörende Eigenwert des Laplace-Operators. Zeigen Sie, dass die Entwicklungskoeffizienten $U_n(t)$ folgenden Satz von gewöhnlichen Differentialgleichungen erfüllen:

$$\frac{d^2 U_n(t)}{dt^2} + \omega_n^2 U_n(t) = F_n(t) \qquad (\omega_n \equiv \bar{c} k_n) \; .$$

Geben Sie auch die Anfangsbedingungen $U_n(0)$, $\frac{dU_n}{dt}(0)$ der Entwicklungskoeffizienten an.

(c) Es gibt hierbei einen interessanten Spezialfall, der auftritt, wenn für irgendeine Mode (z. B. für $n = m$) die Zeitabhängigkeit der Inhomogenität $F_m(t)$ genau der Eigenfrequenz ω_m entspricht: $F_m(t) = K \cos(\omega_m t)$ mit $K \neq 0$ konstant. Zeigen Sie, dass in diesem Fall

$$U_m(t) = A_m \cos(\omega_m t) + B_m \sin(\omega_m t) + C_m t \sin(\omega_m t)$$

gilt, sodass $U_m(t)$ für $t \to \infty$ divergiert und folglich die in der m-ten Mode gespeicherte Energie unbegrenzt anwächst (mit möglicherweise verheerenden Konsequenzen). Man spricht von „Resonanz“. Drücken Sie die Konstanten A_m, B_m und C_m durch die Anfangsbedingungen aus.

Aufgabe 6.5 Diffusion im unendlichen Raum

Gleichung (6.21) hat gezeigt, dass im Metall jede Komponente A_i des Vektorpotentials (mit $i = 1, 2, 3$) eine Diffusionsgleichung der Form $\frac{\partial}{\partial t} A_i = D\Delta A_i$ mit einer effektiven Diffusionskonstanten $D \equiv \bar{c}^{\,2}\tau$ erfüllt. Analoges gilt im Metall für jede Komponente der $(\mathbf{E}, \mathbf{B})$-Felder. In dieser Aufgabe wird gezeigt, wie man derartige Diffusionsgleichungen im unendlichen Raum $\mathcal{D} = \mathbb{R}^d$ löst. Wir werden feststellen, dass es hilfreich ist, den Wert d der Raumdimension allgemein zu halten, und betrachten zuerst die *homogene* Diffusionsgleichung mit einer punktförmigen, am Ort $\mathbf{y} \in \mathbb{R}^d$ lokalisierten Anfangsbedingung:

$$\frac{\partial A}{\partial t} = D\Delta A \quad , \quad A(\mathbf{x}, t_0) = \delta^{(d)}(\mathbf{x} - \mathbf{y}) \quad , \quad \Delta = \sum_{i=1}^{d} \frac{\partial^2}{\partial x_i^2} \; . \qquad (6.70)$$

Dieses Anfangswertproblem beschreibt neben dem Vektorpotential $\mathbf{A}$ und den $(\mathbf{E},\mathbf{B})$-Feldern z. B. auch die Zeitentwicklung eines (anfangs stark lokalisierten) Tintentröpfchens im Wasser.

(a) Zeigen Sie mit Hilfe einer Fourier-Transformation bzgl. der Ortsvariablen, d. h. $\mathcal{A}(k,t) = \frac{1}{\sqrt{2\pi}} \int dx\; e^{ikx} A(x,t)$ bzw. $A(x,t) = \frac{1}{\sqrt{2\pi}} \int dk\; e^{-ikx} \mathcal{A}(k,t)$, dass die Lösung von (6.70) im *ein*dimensionalen Raum ($d=1$) *gaußförmig* und durch $A(x,t) = a_1(x-y, t-t_0)$ mit $a_1(x,t) \equiv (4\pi Dt)^{-1/2} e^{-x^2/4Dt}$ gegeben ist.

(b) Zeigen Sie mit Hilfe des Ergebnisses aus Teil **(a)**, dass die Lösung von (6.70) im d-dimensionalen Raum ebenfalls eine Gaußform hat und gegeben ist durch $A(\mathbf{x},t) = a_d(\mathbf{x}-\mathbf{y}, t-t_0)$ mit $a_d(\mathbf{x},t) \equiv \prod_{i=1}^{d} a_1(x_i,t)$.

(c) Zeigen Sie, dass zu jeder Zeit $t \geq t_0$ gilt: $\int d^dx\; A(\mathbf{x},t) = 1$, sodass $A(\mathbf{x},t) \geq 0$ auch als Wahrscheinlichkeitsverteilung interpretiert werden kann.

Wir definieren den Erwartungswert $\langle g(\mathbf{x})\rangle_t \equiv \int d^dx\; g(\mathbf{x}) A(\mathbf{x},t)$ einer Größe $g(\mathbf{x})$.

(d) Bestimmen Sie den Erwartungswert $\langle \mathbf{x}\rangle_t$ sowie die Varianz $\sigma_t^2 \equiv \langle (\mathbf{x} - \langle \mathbf{x}\rangle_t)^2\rangle_t$ und die Breite σ_t der Verteilung A. Zeigen Sie: $\lim_{t\to\infty} A(\mathbf{x},t) = 0$. Wie ist dieses letzte Resultat mit dem Ergebnis von **(c)** verträglich?

Wir definieren die retardierte Green'sche Funktion $G(\mathbf{x}t|\mathbf{y}t_0)$ der Diffusionsgleichung durch $G(\mathbf{x}t|\mathbf{y}t_0) \equiv A(\mathbf{x},t)\Theta(t-t_0)$, wobei $\Theta(t-t_0)$ die Stufenfunktion ist und $A(\mathbf{x},t)$ die Lösung des d-dimensionalen Anfangswertproblems (6.70) darstellt.

(e) Zeigen Sie, dass G die folgende Bewegungsgleichung erfüllt:

$$\frac{\partial G}{\partial t}(\mathbf{x}t|\mathbf{y}t_0) - D(\Delta G)(\mathbf{x}t|\mathbf{y}t_0) = \delta^{(d)}(\mathbf{x}-\mathbf{y})\delta(t-t_0)\;, \tag{6.71}$$

die mit der Anfangsbedingung $G(\mathbf{x}t|\mathbf{y}t_0) = 0$ für alle $t < t_0$ zu lösen ist.

(f) Zeigen Sie, dass die Lösung des allgemeinen d-dimensionalen Anfangswertproblems der *inhomogenen* Diffusionsgleichung:

$$\frac{\partial \bar{A}}{\partial t}(\mathbf{x},t) = (D\Delta\bar{A})(\mathbf{x},t) + Q(\mathbf{x},t) \quad , \quad \bar{A}(\mathbf{x},t_0) = \bar{A}_0(\mathbf{x})$$

mit Hilfe der retardierten Green'schen Funktion G vollständig gelöst werden kann. Hierbei stellt $\bar{A}_0$ den Anfangswert der Lösung dar und Q eine zeitabhängige Quelle (z. B. von zusätzlichen Tintentröpfchen im Wasser).

Aufgabe 6.6 Eindeutigkeit der Lösung der Diffusionsgleichung

Um die *Eindeutigkeit* der Lösung einer Diffusionsgleichung zu zeigen, betrachten wir wiederum die d-dimensionale *inhomogene* Diffusionsgleichung aus Teil **(f)** von Aufgabe 6.5, nun allerdings für Diffusion in einem *endlichen* Raumbereich $\mathcal{D} \subset \mathbb{R}^d$:

$$\frac{\partial A}{\partial t}(\mathbf{x},t) = (D\Delta A)(\mathbf{x},t) + Q(\mathbf{x},t) \quad \text{mit} \quad \begin{cases} A(\mathbf{x},t_0) = A_0(\mathbf{x}) & (\mathbf{x} \in \mathcal{D}) \\ A(\mathbf{x},t) = A_{\mathcal{D}}(\mathbf{x},t) & (\mathbf{x} \in \partial\mathcal{D})\;. \end{cases}$$

Die Eindeutigkeit der Lösung folgt dann mit Hilfe eines Widerspruchsbeweises, indem wir zuerst annehmen, dass es zwei unterschiedliche Lösungen A_1 und A_2 dieses gemischten Anfangs- und Randwertproblems gibt, und dann zeigen, dass diese Lösungen – im Widerspruch zur Annahme – identisch sein müssen.

(a) Leiten Sie das Anfangs-Randwertproblem der inhomogenen Diffusionsgleichung für die Differenzlösung $w \equiv A_1 - A_2$ her.

(b) Betrachten Sie das Energiefunktional $E(t) = \frac{1}{2}\int d^d y\ (\boldsymbol{\nabla} w)^2 \geq 0$ und zeigen Sie: $\frac{dE}{dt} \leq 0$.

(c) Warum folgt aus dem Ergebnis von **(b)** sofort der Widerspruch?

Aufgabe 6.7 Dämpfung von Signalen im Telegraphenkabel (P)

Die *Telegraphengleichung* hat ihren Ursprung in der Theorie der Ausbreitung elektrischer Schwingungen in Kabeln und beschreibt die Dämpfung solcher Schwingungen durch Ohm'sche Widerstände und Isolationsverluste. Die Standardform der Telegraphengleichung ist:

$$\frac{\partial^2 v}{\partial x^2} = \frac{1}{\bar{c}^2}\left[\frac{\partial^2 v}{\partial t^2} + (r_1 + r_2)\frac{\partial v}{\partial t} + r_1 r_2 v\right] \qquad (\bar{c}\,,\, r_{1,2} > 0)\ , \tag{6.72a}$$

wobei die Parameter $\bar{c}$, r_1 und r_2 einfache Kombinationen der physikalischen Größen R (ohmscher Widerstand), L (Selbstinduktion), C (Kapazität) und A (Isolationsverluste) darstellen: $\bar{c} = \frac{1}{\sqrt{LC}}$, $r_1 = \frac{A}{C}$, $r_2 = \frac{R}{L}$.

In dieser Aufgabe betrachten wir die Lösung der Telegraphengleichung für den Fall eines Kabels der Länge ℓ, das zur Zeit $t = 0$ ungestört ist und dann am einen Ende ($x = 0$) sprunghaft auf die Spannung V_0 gebracht wird. Dies entspricht den Anfangs- bzw. Randbedingungen

$$\begin{aligned} v(x,0) &= 0 \quad , \quad \tfrac{\partial v}{\partial t}(x,0) = 0 \quad (0 \leq x \leq \ell) \\ v(\ell,t) &= 0 \quad , \quad v(0,t) = V_0\Theta(t - 0^+)\ , \end{aligned}$$

wobei Θ die Stufenfunktion darstellt. Es wird also angenommen, dass das andere Ende des Kabels stets geerdet ist ($v = 0$ für $x = \ell$).

(a) Bestimmen Sie zuerst den zeitunabhängigen Spannungsverlauf $V(x) \equiv v(x, \infty)$, der sich im Langzeitlimes ($t \to \infty$) einstellt. Woher rührt die Asymmetrie bezüglich $x \leftrightarrow \ell - x$?

(b) Zeigen Sie, dass die Abweichung $u(x,t) \equiv v(x,t) - V(x)$ von der stationären Spannung die Telegraphengleichung (6.72a) erfüllt, die in diesem Fall zu lösen ist mit den Anfangs- und Randbedingungen

$$\begin{aligned} u(x,0) = -V(x) \quad &, \quad \frac{\partial u}{\partial t}(x,0) = 0 \quad (0 \leq x \leq \ell) \\ u(0,t) = 0 \quad &, \quad u(\ell,t) = 0 \quad (t > 0)\ . \end{aligned} \tag{6.72b}$$

(c) Der Gleichungssatz (6.72) für $u(x,t)$ kann bequem mit Hilfe eines Separationsansatzes der Form $u(x,t) = X(x)T(t)$ gelöst werden. Bestimmen Sie alle möglichen Funktionen $X_n(x)$ und $T_n(t)$ ($n \in \mathbb{N}$), sodass $u_n(x,t) = X_n(x)T_n(t)$ die Telegraphengleichung (6.72a) mit $v \to u$ und die *Randbedingung* in (6.72b) erfüllt. Die *Anfangsbedingung* wird zunächst nicht auferlegt.

(d) Konstruieren Sie nun eine Überlagerung der Funktionen $u_n(x,t) = X_n(x)T_n(t)$, sodass diese Überlagerung zur Zeit $t = 0$ auch die *Anfangsbedingung* in (6.72b) erfüllt:

$$u(x,t) = \sum_{n=1}^{\infty} X_n(x)T_n(t) \quad ; \quad u(x,0) = -V(x) \quad , \quad \frac{\partial u}{\partial t}(x,0) = 0 \; .$$

Zeigen Sie insbesondere, dass die durch $V(x) = \sum_{n=1}^{\infty} V_n X_n(x)$ definierten Fourier-Koeffizienten V_n explizit gegeben sind durch:

$$V_n = \sqrt{\frac{2}{l}}\, V_0 \, \frac{n\pi l}{(l/\Lambda)^2 + (n\pi)^2} \quad , \quad \Lambda \equiv \frac{\bar{c}}{\sqrt{r_1 r_2}} \; .$$

(e) Die in den Teilen **(a-d)** konstruierte Lösung $u(x,t)$ des Anfangs- und Randwertproblems der Telegraphengleichung weist *vier* Längenskalen auf, von denen allerdings nur *drei* unabhängig sind, und entsprechend auch *vier* Zeitskalen. Welche? Interpretieren Sie diese Längen- und Zeitskalen physikalisch.

Erweiterung: Die **Schockwelle** in der Lösung der Telegraphengleichung (P)

Die in den Teilen **(a-d)** konstruierte Lösung $u(x,t)$ bzw. $v(x,t)$ beschreibt eine *Schockwelle* im Spannungsverlauf, die sich mit der Geschwindigkeit $\bar{c}$ im Telegraphenkabel ausbreitet. Wir untersuchen in dieser Erweiterung, wie sich diese Schockwelle im Telegraphenkabel ausbreitet, zunächst für *kurze* Zeiten ($t \downarrow 0$) und dann auch für *beliebige* Zeiten $t \geq 0$.

(f) Das *Kurzzeitverhalten* von $u(x,t)$ in der Nähe von $x = 0$ (d.h. dort, wo die sprunghafte Spannungsänderung auftritt) ist besonders interessant. Zeigen Sie, dass im kombinierten Limes $x \to 0$ und $t \to 0$, wobei das Verhältnis $x/\bar{c}t$ festgehalten wird, gilt:

$$u(x,t) \sim \begin{cases} 0 & (x < \bar{c}t) \\ -V_0/2 & (x = \bar{c}t) \\ -V_0 & (x > \bar{c}t) \; , \end{cases}$$

sodass sich eine *Schockwelle* mit der Geschwindigkeit $\bar{c}$ durch das Kabel ausbreitet. Warum tragen nur Terme $X_n(x)T_n(t)$ mit $n \gg 1$ signifikant bei?

(g) Bestimmen Sie nun das Verhalten der Schockwelle (d. h. die Größe des Sprungs im Spannungsverlauf) für *beliebige* Zeiten $t > 0$. Warum tragen wiederum nur Terme $X_n(x)T_n(t)$ mit $n \gg 1$ signifikant zu diesem Sprung bei?
Hinweis: Definieren Sie den Ort der Schockwelle nach der $(m-1)$-ten Reflexion als x_m ($m \in \mathbb{N}$), wobei x_1 den Ort *vor* der ersten Reflexion bezeichnet. Zeigen Sie, dass für die Eigenfunktionen X_n in der Umgebung von x_m gilt:

$$X_n(x_m + \epsilon) - X_n(x_m - \epsilon) = 2\sqrt{\tfrac{2}{l}}\, \cos\left(\tfrac{n\pi\bar{c}t}{l}\right) \sin\left(\tfrac{n\pi\epsilon}{l}\right) \; .$$

(h) Bestimmen Sie nun auch das *Langzeitverhalten* von $u(x,t)$ für $t \to \infty$. Unterscheiden Sie hierbei *große* Systeme ($\ell > \pi/\kappa$) mit $\kappa \equiv \frac{1}{2\bar{c}}|r_1 - r_2|$ und *kleine* Systeme ($\ell \leq \pi/\kappa$).

Kapitel 7

Elektromagnetische Wellen in materiellen Medien

Kapitel [6] hat gezeigt, dass die Orts- und Zeitabhängigkeit des elektromagnetischen Feldes „im Medium" – wie in der Theorie „im Vakuum" – durch *Wellengleichungen* beschrieben wird. Diese Wellengleichungen im Medium haben allerdings die Struktur einer *Telegraphengleichung* mit einer effektiven Ausbreitungsgeschwindigkeit $\bar{c} \equiv (\varepsilon\mu)^{-1/2}$ und einer charakteristischen Dämpfungszeit $\tau \equiv \frac{\varepsilon}{\sigma}$. Hierbei stellen ε und μ die Permittivität bzw. Permeabilität des Mediums und σ die Leitfähigkeit dar. Konkret wird das Vektorpotential durch die Telegraphengleichung

$$\Delta\mathbf{A} = \frac{1}{\bar{c}^{\,2}}\left(\frac{\partial^2\mathbf{A}}{\partial t^2} + \frac{1}{\tau}\frac{\partial\mathbf{A}}{\partial t}\right) \tag{7.1a}$$

beschrieben und die $(\mathbf{E},\mathbf{B})$-Felder analog durch:

$$\Delta\mathbf{E} = \frac{1}{\bar{c}^{\,2}}\left(\frac{\partial^2\mathbf{E}}{\partial t^2} + \frac{1}{\tau}\frac{\partial\mathbf{E}}{\partial t}\right) \quad , \quad \Delta\mathbf{B} = \frac{1}{\bar{c}^{\,2}}\left(\frac{\partial^2\mathbf{B}}{\partial t^2} + \frac{1}{\tau}\frac{\partial\mathbf{B}}{\partial t}\right) . \tag{7.1b}$$

Wir haben außerdem festgestellt, dass die Relaxationszeit τ für *Isolatoren* so lang ist, dass für alle relevanten Frequenzen $\omega\tau \gg 1$ gilt. Folglich kann der Dämpfungsterm vernachlässigt werden und erfüllen die Felder $\mathbf{E}$ und $\mathbf{B}$ und das Vektorpotential $\mathbf{A}$ die homogenen Wellengleichungen:

$$\Delta\mathbf{A} = \frac{1}{\bar{c}^2}\frac{\partial^2\mathbf{A}}{\partial t^2} \quad , \quad \Delta\mathbf{E} = \frac{1}{\bar{c}^{\,2}}\frac{\partial^2\mathbf{E}}{\partial t^2} \quad , \quad \Delta\mathbf{B} = \frac{1}{\bar{c}^{\,2}}\frac{\partial^2\mathbf{B}}{\partial t^2} . \tag{7.2a}$$

Für *Metalle* ist die Leitfähigkeit σ dagegen groß und die Relaxationszeit τ daher klein, sodass für alle Frequenzen im nicht-dispersiven Bereich $\omega\tau \ll 1$ gilt. Folglich dominiert der Dämpfungsterm und erfüllen das Vektorpotential und die $(\mathbf{E},\mathbf{B})$-Felder *Diffusionsgleichungen* mit einer effektiven Diffusionskonstanten $\bar{c}^{\,2}\tau$:

$$\Delta\mathbf{A} = \frac{1}{\bar{c}^{\,2}\tau}\frac{\partial\mathbf{A}}{\partial t} \quad , \quad \Delta\mathbf{E} = \frac{1}{\bar{c}^{\,2}\tau}\frac{\partial\mathbf{E}}{\partial t} \quad , \quad \Delta\mathbf{B} = \frac{1}{\bar{c}^{\,2}\tau}\frac{\partial\mathbf{B}}{\partial t} . \tag{7.2b}$$

Im Zwischenbereich zwischen Isolatoren und Metallen sind beide Terme auf der rechten Seite der drei Gleichungen in (7.1) relevant und muss die allgemeinere *Telegraphengleichung* gelöst werden, siehe Anhang E und Aufgabe 6.7.

P. van Dongen, *Klassische Elektrodynamik*, https://doi.org/10.1007/978-3-662-69830-3_7

In diesem Kapitel möchten wir die physikalischen Konsequenzen der unterschiedlichen Wellenausbreitung in Metallen und Isolatoren untersuchen für Systeme, die teilweise metallisch und teilweise isolierend sind, wobei die zwei Teilsysteme auch *Grenzflächen* aufweisen sollen. Die *Randbedingungen* an einer solchen Grenzfläche werden sich als besonders wichtig herausstellen. Wir möchten zeigen, dass in diesen kombiniert metallisch-isolierenden Systemen neuartige Wellenphänomene auftreten, die von großer Relevanz für das tägliche Leben sind und insbesondere auch medizinische, elektrotechnische und geophysikalische Anwendungen haben.

Konkret werden wir in diesem Kapitel zwei neue Phänomene beschreiben, nämlich den *Skineffekt* für hochfrequente Wechselströme in einem Leiter, also insbesondere auch in einem Metall, und die Struktur stehender Wellen in *isolierenden Hohlräumen*, die in ein leitendes Medium eingebettet sind.

Der Skineffekt beinhaltet, dass ein hinreichend hochfrequentes elektromagnetisches Feld in einem Leiter eine *endliche Eindringtiefe* aufweist, sodass das Feld auf eine dünne Oberflächenschicht, also auf die „Haut“ (englisch: *skin*) des Leiters beschränkt ist. Dieser Effekt ist wichtig für jede Art von Wechselstromtransport in metallischen Drähten und Kabeln, für den Empfang elektromagnetischer Signale durch Antennen, aber auch für die Untersuchung oder die Therapie eines menschlichen Körpers mit Hilfe von elektromagnetischer Strahlung.[1] Der Skineffekt zeigt beispielhaft, dass Materialeigenschaften (in diesem Fall insbesondere die *Leitfähigkeit*) im Medium eine zentrale Rolle spielen und neuartige Phänomene erzeugen.

Elektromagnetische (aber auch akustische) Hohlraumresonatoren werden vielfach in Forschung und Technik eingesetzt. Beispiele für Anwendungen von elektromagnetischen Hohlraumresonatoren findet man in der Beschleunigerphysik, wobei die Resonatoren oft – wie in Abschnitt [7.2.2] – eine Zylindergeometrie aufweisen, aber auch zuhause in Mikrowellengeräten. Die elektromagnetischen Wellen in diesen Anwendungen haben typischerweise Frequenzen im Mikrowellenbereich. Auch der Maser und der Laser verwenden optische Hohlraumresonatoren, um kohärente Strahlung zu erzeugen.[2] Als besonders interessantes und spektakuläres Beispiel für Wellen in einem sphärisch symmetrischen Hohlraum behandeln wir die teils extrem niederfrequente elektromagnetische Strahlung in der *Erdatmosphäre*, insbesondere die bekannten *Schumann-Resonanzen*.

In Abschnitt [7.1] behandeln wir die Themen „Skineffekt“ und „Skintiefe“ zuerst einführend anhand eines relativ einfachen Beispiels: Wir untersuchen den Skineffekt für elektromagnetische Strahlung, die auf eine ebene metallische Grenzfläche einfällt. Analog behandeln wir in Abschnitt [7.2] das Thema „Hohlraumresonatoren“ zuerst einführend für quaderförmige Hohlräume und allgemeinere Hohlräume mit einer Zylindergeometrie. Anschließend präsentieren wir ausführlicher zwei wichtige Anwendungen: In Abschnitt [7.3] untersuchen wir zuerst den Skineffekt für das Paradebeispiel eines leitenden Körpers, nämlich für einen Wechselstrom in einem *leitenden Draht*. Als zweite wichtige Anwendung behandeln wir dann in Abschnitt [7.4] die Eigenschwingungen eines *sphärisch symmetrischen* Hohlraums; wir betrachten insbesondere den Spezialfall der Erdatmosphäre und erklären das Auftreten der extrem niederfrequenten Schumann-Resonanzen; auch die höheren Eigenfrequenzen der Erdatmosphäre können so bestimmt werden.

---

[1] Auch der menschliche *Körper* ist ein *Leiter*.

[2] Anders als beim Maser ist der optische Hohlraumresonator beim Laser allerdings offen.

7.1 Skineffekt an einer *ebenen Grenzfläche*

In diesem Abschnitt untersuchen wir als erste *Anwendung* der Maxwell-Theorie „im Medium" das Verhalten der elektromagnetischen Felder **E** und **B** nahe einer *Grenzfläche* zwischen einem *Leiter* (z. B. einem Metall) und einem *Isolator* (Dielektrikum). Der Einfachheit halber nehmen wir an, dass diese Grenzfläche durch eine *Ebene* definiert ist. Wir werden feststellen, dass ein hinreichend *hochfrequentes* elektromagnetisches Feld in einem Leiter auf eine dünne Schicht nahe der Oberfläche (also auf die „Haut" oder „Skin") des Leiters beschränkt ist. Aufgrund des Ohm'schen Gesetzes folgt hieraus aber auch, dass das elektromagnetische Feld in diesem Randbereich des Leiters *Wechselströme* erzeugt. Dieser Effekt, der offensichtlich für technische und auch medizinische Anwendungen sehr wichtig ist, wird als *Skineffekt* bezeichnet und die entsprechende Eindringtiefe der elektromagnetischen Felder als *Skintiefe*. Das Auftreten von Wechselströmen in einer dünnen Schicht nahe der Grenzfläche impliziert ferner, dass in dieser leitenden (und somit auch *resistiven*) Schicht *Energiedissipation* auftritt. Wir identifizieren die Energiequelle, die diese Dissipation nährt, und diskutieren die entsprechende Energiebilanz.

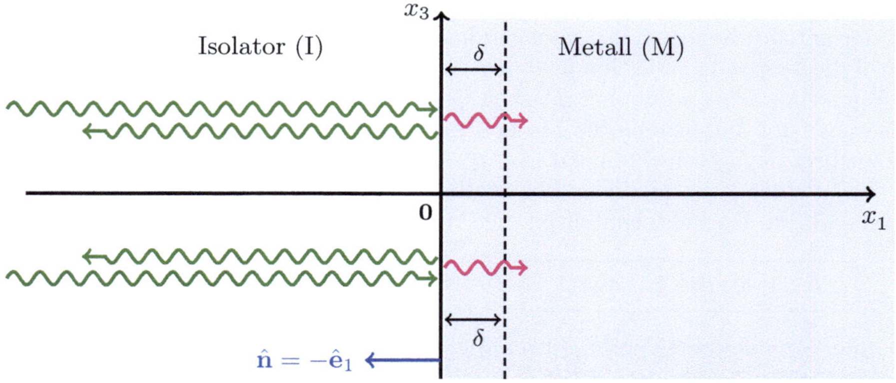

Abb. 7.1 Grenzfläche zwischen einem Isolator (I) und einem Metall (M)

7.1.1 Die Skintiefe

Um zu zeigen, dass ein in ein Metall eindringendes, hinreichend hochfrequentes elektromagnetisches Feld auf eine dünne Grenzschicht beschränkt ist, betrachten wir eine ebene, monochromatische Welle, die von links entlang der $\hat{\mathbf{e}}_1$-Achse senkrecht auf die Grenzfläche zwischen dem Isolator und dem Metall einfällt (siehe Abbildung 7.1). Wir wählen den Ursprung des Koordinatensystems so, dass sich die Grenzfläche bei $x_1 = 0$ befindet. Die einfallende Welle wird zum Teil reflektiert und zum Teil transmittiert, sodass im Isolatorbereich auch eine nach links laufende Komponente anwesend ist.[3] Wir nehmen wie in Abschnitt [6.2] an, dass die

[3]Die Frequenz der Strahlung muss so niedrig sein, dass keine Anregung (z. B. Ionisierung) im Metall stattfindet, d. h., es muss auf jeden Fall $\hbar\omega \ll 0{,}1\,\text{eV}$ gelten. Wegen $1\,\text{eV} \simeq 1{,}6 \cdot 10^{-19}\,\text{J}$ folgt hieraus für die Frequenzen: $\omega \ll 1{,}6 \cdot 10^{14}\,\text{s}^{-1}$ und für die Wellenlängen: $\lambda = \frac{2\pi c}{\omega} \gg 10^4\,\text{nm}$. Auch so sieht man, dass nur *infrarotes* Licht für diese Untersuchung geeignet ist.

Ladungsdichte überall null ist, insbesondere also auch im Metall, sodass sich zur Beschreibung des Skineffekts wiederum die *Coulomb-Eichung* mit $\Phi = 0$ anbietet.

In der Coulomb-Eichung $(\boldsymbol{\nabla} \cdot \mathbf{A})(x_1, t) = \frac{\partial A_1}{\partial x_1}(x_1, t) = 0$ kann die A_1-Komponente des Vektorpotentials, die ja generell eine *Telegraphengleichung* erfüllen soll, gleich null gewählt werden, sodass das Vektorpotential $\mathbf{A}(x_1, t)$ in diesem Fall *senkrecht* auf der $\hat{\mathbf{e}}_1$-Richtung steht. Wir betrachten konkret *linear* (in $\hat{\mathbf{e}}_2$-Richtung) polarisiertes Licht: $\mathbf{A}(x_1, t) = A_2(x_1, t)\hat{\mathbf{e}}_2$.

Speziell im *Isolator* (d. h. für $x_1 < 0$, Index „I") gilt daher

$$\boxed{\mathbf{A}_\mathrm{I}(x_1, t) = \hat{\mathbf{e}}_2 \,\mathrm{Re}\left[\mathcal{A}_\mathrm{I}(x_1, t)\right]} \tag{7.3a}$$

mit einer komplexwertigen Funktion $\mathcal{A}_\mathrm{I}$, die im Isolator eine Lösung der eindimensionalen *Wellengleichung* mit der Frequenz ω und der Wellenzahl k_I sein soll:

$$\boxed{\mathcal{A}_\mathrm{I}(x_1, t) \equiv \mathcal{A}_\mathrm{I}(x_1) e^{-i\omega t} \quad , \quad \mathcal{A}_\mathrm{I}(x_1) = a_r e^{ik_\mathrm{I} x_1} + a_l e^{-ik_\mathrm{I} x_1} \quad (x_1 < 0)\ .} \tag{7.3b}$$

Hierbei sind a_r und a_l zwei zunächst beliebige komplexe Zahlen ($a_{r,l} \in \mathbb{C}$). Damit das Vektorpotential $\mathbf{A}_\mathrm{I}$ in der Isolatorphase die homogene Wellengleichung (7.2a) mit der entsprechenden Lichtgeschwindigkeit $\bar{c}_\mathrm{I} = (\varepsilon_\mathrm{I} \mu_\mathrm{I})^{-1/2}$ erfüllt, muss für alle $k_\mathrm{I} > 0$ die Dispersionsrelation $\omega = \bar{c}_\mathrm{I} k_\mathrm{I}$ gelten.

Wir kennzeichnen den metallischen Bereich ($x_1 > 0$) im Folgenden durch einen Index „M" und bezeichnen die Materialparameter in dieser Phase als $(\varepsilon_\mathrm{M}, \mu_\mathrm{M}, \sigma)$, die Ausbreitungsgeschwindigkeit als $\bar{c}_\mathrm{M} = (\varepsilon_\mathrm{M} \mu_\mathrm{M})^{-1/2}$ und die Dämpfungszeit als $\tau = \varepsilon_\mathrm{M}/\sigma$. In der metallischen Phase gilt die *Diffusionsgleichung* (7.2b). Dementsprechend hat das Vektorpotential die Form

$$\boxed{\mathbf{A}_\mathrm{M} = \hat{\mathbf{e}}_2 \,\mathrm{Re}[\mathcal{A}_\mathrm{M}(x_1, t)]} \tag{7.4a}$$

mit einer komplexwertigen Funktion $\mathcal{A}_\mathrm{M}$, die im Metall eine Lösung der eindimensionalen *Diffusionsgleichung* $\frac{\partial^2 \mathbf{A}}{\partial x_1^2} = \frac{1}{\bar{c}_\mathrm{M}^2 \tau} \frac{\partial \mathbf{A}}{\partial t}$ mit der Frequenz ω ist:

$$\boxed{\mathcal{A}_\mathrm{M}(x_1, t) \equiv \mathcal{A}_\mathrm{M}(x_1) e^{-i\omega t} \quad , \quad \mathcal{A}_\mathrm{M}(x_1) = a_\mathrm{M} e^{(i-1)x_1/\delta} \quad (x_1 > 0)\ .} \tag{7.4b}$$

Hierbei ist a_M wieder eine zunächst beliebige komplexe Zahl ($a_\mathrm{M} \in \mathbb{C}$). Setzt man nämlich den allgemeinen komplexen Ansatz $\mathcal{A}_\mathrm{M}(x_1, t) = a_\mathrm{M} e^{i(kx_1 - \omega t)}$ in die Diffusionsgleichung ein, so erhält man die Bedingung $-k^2 = -i\omega\mu_\mathrm{M}\sigma$ für die Wellenzahl, die die komplexe Lösung $k = \sqrt{i\omega\mu_\mathrm{M}\sigma} = \frac{1+i}{\sqrt{2}}\sqrt{\omega\mu_\mathrm{M}\sigma} \equiv (1+i)\delta^{-1}$ hat.[4] Die Länge δ in (7.4b) ist also gegeben durch:

$$\boxed{\delta = \sqrt{\frac{2}{\omega\mu_\mathrm{M}\sigma}} = \frac{\sqrt{2\omega\tau}}{k_\mathrm{M}} \quad , \quad k_\mathrm{M} \equiv \frac{\bar{c}_\mathrm{I}}{\bar{c}_\mathrm{M}} k_\mathrm{I}\ .} \tag{7.5}$$

Auf der Längenskala δ weist das komplexe Vektorpotential (7.4) im Metall daher sowohl *exponentiellen Zerfall* als auch *Oszillationen* auf. Die Eindringtiefe δ in der

[4] Wir wählen die *positive* Wurzel $k = +\sqrt{i\omega\mu\sigma}$, da die Welle nach *rechts* laufen und auch normierbar (also nicht exponentiell ansteigend) sein soll.

metallischen Phase wird als *Skintiefe* und die entsprechende Verdrängung des Felds aus dem Metall als *Skineffekt* bezeichnet. Da in dieser Phase $\omega\tau \ll 1$ und daher aufgrund von (7.5) auch $\delta \ll k_{\mathrm{M}}^{-1}$ bzw. $k_{\mathrm{M}} \ll \delta^{-1}$ gilt, ist k_{M} deutlich kleiner als die Wellenzahl $\mathrm{Re}(k) = \delta^{-1}$, die die Oszillationen im Metall charakterisiert.[5]

Die Beziehung zwischen den komplexen Konstanten a_r und a_l in der isolierenden und a_{M} in der metallischen Phase wird im Folgenden durch entsprechende *Randbedingungen* an der Grenzfläche festgelegt werden. In Aufgabe 7.1 gehen wir näher auf die Energie(strom)dichten im Isolator und im Metall ein.

Zur Illustration wurden in Tabelle 7.1 einige Beispiele für Werte von Skintiefen δ bei einer Frequenz $f = \frac{\omega}{2\pi} = 1\,\mathrm{MHz}$ aufgelistet. Die Skintiefe bei anderen Frequenzen kann aus den angegebenen Werten leicht berechnet werden, indem man diese durch $\sqrt{f/(1\text{ MHz})}$ dividiert. Beispielsweise sind die Skintiefen bei der Frequenz $f = 10\,\mathrm{GHz}$ um einen Faktor 100 kleiner und bei $f = 100\,\mathrm{Hz}$ um einen Faktor 100 größer. Der Unterschied zwischen Eisen (Fe) und den übrigen, *nicht*magnetischen Metallen wird weitgehend dadurch erklärt, dass die letzteren eine *relative* Permeabilität $\mu_{\mathrm{r}} \simeq 1$ besitzen und Eisen aufgrund seines Ferromagnetismus und der entsprechend hohen magnetischen Suszeptibilität χ_{r} einen hohen Wert $\mu_{\mathrm{r}} \simeq 10^4$ erreicht. Die geringe Skintiefe in Eisen macht dieses Metall aufgrund des höheren effektiven Widerstands bei hohen Frequenzen für praktische Anwendungen im Hochfrequenzbereich weniger interessant. Die Formeln für die Skintiefen in Tab. 7.1 sind aufgrund der Bedingung $\omega \ll \tau^{-1}$ nur für nicht zu hohe Frequenzen gültig.

Tab. 7.1 Beispiele für Werte von Skintiefen δ bei $f = \frac{\omega}{2\pi} = 1\,\mathrm{Mhz}$

Skintiefe	Al	Fe	Cu	Ag	Au
$\sqrt{\frac{f}{1\text{ MHz}}}\,\delta$	$82 \cdot 10^{-6}\,\mathrm{m}$	$1{,}7 \cdot 10^{-6}\,\mathrm{m}$	$65 \cdot 10^{-6}\,\mathrm{m}$	$63 \cdot 10^{-6}\,\mathrm{m}$	$75 \cdot 10^{-6}\,\mathrm{m}$

7.1.2 Die Felder und Stromdichten

Da das Vektorpotential $\mathbf{A}(x_1, t)$ aufgrund der Gleichungen (7.3) und (7.4) nun bekannt ist, können wir die $(\mathbf{E}, \mathbf{B})$-Felder bestimmen und anschließend auch die *Ladungs*stromdichte $\mathbf{j} = \sigma\mathbf{E}$ und die *Energie*stromdichte $\mathbf{S} = \mathbf{E} \times \mathbf{H} = \frac{1}{\mu}\mathbf{E} \times \mathbf{B}$.

Das elektrische Feld folgt aus den beiden Gleichungen (7.3) und (7.4) als

$$\mathbf{E}_{\mathrm{I}} = -\frac{\partial \mathbf{A}_{\mathrm{I}}}{\partial t} = \hat{\mathbf{e}}_2\,\mathrm{Re}(\mathcal{E}_{\mathrm{I}} e^{-i\omega t}) \quad , \quad \mathcal{E}_{\mathrm{I}}(x_1) = i\omega\mathcal{A}_{\mathrm{I}}(x_1) = i\omega(a_r e^{ik_{\mathrm{I}}x_1} + a_l e^{-ik_{\mathrm{I}}})$$
$$\mathbf{E}_{\mathrm{M}} = -\frac{\partial \mathbf{A}_{\mathrm{M}}}{\partial t} = \hat{\mathbf{e}}_2\,\mathrm{Re}(\mathcal{E}_{\mathrm{M}} e^{-i\omega t}) \quad , \quad \mathcal{E}_{\mathrm{M}}(x_1) = i\omega\mathcal{A}_{\mathrm{M}}(x_1) = i\omega a_{\mathrm{M}} e^{(i-1)x_1/\delta} \;,$$

und das Magnetfeld $\mathbf{B} = \boldsymbol{\nabla} \times \mathbf{A}$ folgt analog als:

$$\mathbf{B}_{\mathrm{I}} = \hat{\mathbf{e}}_1 \times \frac{\partial \mathbf{A}_{\mathrm{I}}}{\partial x_1} = \hat{\mathbf{e}}_3\,\mathrm{Re}(\mathcal{B}_{\mathrm{I}} e^{-i\omega t}) \;,\; \mathcal{B}_{\mathrm{I}}(x_1) = \frac{d\mathcal{A}_{\mathrm{I}}}{dx_1}(x_1) = ik_{\mathrm{I}}(a_r e^{ik_{\mathrm{I}}x_1} - a_l e^{-ik_{\mathrm{I}}x_1})$$
$$\mathbf{B}_{\mathrm{M}} = \hat{\mathbf{e}}_1 \times \frac{\partial \mathbf{A}_{\mathrm{M}}}{\partial x_1} = \hat{\mathbf{e}}_3\,\mathrm{Re}(\mathcal{B}_{\mathrm{M}} e^{-i\omega t}) \;,\; \mathcal{B}_{\mathrm{M}}(x_1) = \frac{d\mathcal{A}_{\mathrm{M}}}{dx_1}(x_1) = \tfrac{i-1}{\delta} a_{\mathrm{M}} e^{(i-1)x_1/\delta} \;.$$

[5] Die Ergebnisse ändern sich nur geringfügig für kleine *endliche* Werte von $\omega\tau$. Die Skintiefe ist dann durch $\delta(\omega\tau) = \delta(0)[1 + \frac{1}{2}\omega\tau + \frac{1}{8}(\omega\tau)^2 + \cdots]$ gegeben mit $\delta(0) = \delta$.

In beiden Raumbereichen stehen die $(\mathbf{E}, \mathbf{B})$-Felder also senkrecht aufeinander und auch senkrecht auf den entsprechenden Wellenvektoren $\mathbf{k}_\mathrm{I} = k_\mathrm{I}\hat{\mathbf{e}}_1$ bzw. $\mathbf{k}_\mathrm{M} = k_\mathrm{M}\hat{\mathbf{e}}_1$.

Neben dem *Skineffekt*, also der Verdrängung des Felds aus dem Inneren des metallischen Bereichs, sind noch zwei Aspekte interessant: Erstens gibt es eine *Phasendifferenz* $\frac{\pi}{4}$ zwischen Magnetfeld und elektrischem Feld. Dies sieht man aus:

$$\mathcal{B}_\mathrm{M}(x_1) = \tfrac{i-1}{\delta} a_\mathrm{M} e^{(i-1)x_1/\delta} = \tfrac{1+i}{\sqrt{2}} \left[\tfrac{\sqrt{2}}{\omega\delta}\, i\omega a_\mathrm{M} e^{(i-1)x_1/\delta}\right] = e^{\frac{i\pi}{4}} \tfrac{\sqrt{2}}{\omega\delta}\, \mathcal{E}_\mathrm{M}(x_1)\ .$$

Zweitens ist das Magnetfeld im metallischen Bereich viel *stärker* als das elektrische Feld: $|\bar{c}_\mathrm{M}\mathcal{B}_\mathrm{M}| \gg |\mathcal{E}_\mathrm{M}|$. Dies folgt aus:

$$\bar{c}_\mathrm{M}\mathcal{B}_\mathrm{M} = \frac{\bar{c}_\mathrm{I} k_\mathrm{I}}{k_\mathrm{M}}\mathcal{B}_\mathrm{M} = \frac{\omega}{k_\mathrm{M}}\mathcal{B}_\mathrm{M} = e^{\frac{i\pi}{4}} \tfrac{\sqrt{2}}{k_\mathrm{M}\delta}\, \mathcal{E}_\mathrm{M} = \tfrac{e^{i\pi/4}}{\sqrt{\omega\tau}}\, \mathcal{E}_\mathrm{M} \quad , \quad |c_\mathrm{M}\mathcal{B}_\mathrm{M}| \gg |\mathcal{E}_\mathrm{M}|\ ,$$

wobei wir die Beziehung (7.5) sowie $\omega\tau \ll 1$ verwendeten.

Ladungsstromdichte Die *Ladungs*stromdichte $\mathbf{j} = \sigma\mathbf{E}$ folgt direkt aus dem nun bekannten elektrischen Feld $\mathbf{E}$. Im isolierenden Bereich ($\sigma_\mathrm{I} = 0$) gilt naturgemäß $\mathbf{j}_\mathrm{I} = \mathbf{0}$, und im metallischen Bereich ($\sigma_\mathrm{M} = \sigma > 0$) folgt die Ladungsstromdichte als

$$\mathbf{j}_\mathrm{M} = \sigma\mathbf{E}_\mathrm{M} = \hat{\mathbf{e}}_2\,\mathrm{Re}(j_\mathrm{M} e^{-i\omega t}) \quad , \quad j_\mathrm{M}(x_1) = i\omega\sigma\mathcal{A}_\mathrm{M}(x_1)\ .$$

Da das $\mathbf{E}_\mathrm{M}$-Feld auf eine dünne Grenzschicht beschränkt ist, gilt das Gleiche auch für die Ladungsstromdichte $\mathbf{j}_\mathrm{M}$. Stets gilt hierbei aufgrund der Coulomb-Eichung:

$$\boldsymbol{\nabla}\cdot\mathbf{j}_\mathrm{M} = \sigma\boldsymbol{\nabla}\cdot\mathbf{E}_\mathrm{M} = -\sigma\frac{\partial}{\partial t}(\boldsymbol{\nabla}\cdot\mathbf{A}_\mathrm{M}) = 0\ .$$

Aus der Kontinuitätsgleichung folgt daher noch $\frac{\partial\rho}{\partial t} = 0$, im Einklang mit der anfangs gemachten Annahme $\rho = 0$.

Das Fließen eines Stromes im Metall geht nach dem Ohm'schen Gesetz mit einer *Energiedissipation pro Volumeneinheit* der Form $-\mathbf{j}_\mathrm{M}\cdot\mathbf{E}_\mathrm{M} = -\sigma\mathbf{E}_\mathrm{M}^2$ einher, die *zeitgemittelt* gegeben ist durch

$$\boxed{\overline{-\mathbf{j}_\mathrm{M}\cdot\mathbf{E}_\mathrm{M}}(x_1) \equiv -\sigma\overline{\mathbf{E}_\mathrm{M}^2(x_1,t)} = -\tfrac{1}{2}\sigma|\mathcal{E}_\mathrm{M}(x_1)|^2 = -\tfrac{1}{2}\sigma\omega^2|\mathcal{A}_\mathrm{M}(x_1)|^2\ .} \qquad (7.6)$$

Im zweiten Schritt haben wir die Ergebnisse von Aufgabe 5.6 verwendet. Die Energiedissipation im Metall erfolgt *mikroskopisch* durch Streuung von Elektronen aneinander oder am Metallionengitter. Bei der Streuung am Gitter werden Gitterschwingungen („Phononen") erzeugt, wodurch sich das Metall erwärmt. Die durch Streuprozesse in der Grenzschicht produzierte „Joule'sche Wärme" wird dann durch Wärmeleitung oder Wärmestrahlung aus der Grenzschicht abgeführt, sodass sich allmählich ein Gleichgewichtszustand einstellen kann.

Energiestromdichte Aus den nun bekannten $(\mathbf{E}, \mathbf{B})$-Feldern folgt analog auch die *Energie*stromdichte, die durch den Poynting-Vektor $\mathbf{S} = \mathbf{E}\times\mathbf{H} = \frac{1}{\mu}\mathbf{E}\times\mathbf{B}$ gegeben ist. Im isolierenden bzw. metallischen Bereich erhält man als Ergebnis:

$$\begin{aligned}
\mathbf{S}_\mathrm{I}(x_1,t) &= \tfrac{1}{\mu_\mathrm{I}}\mathbf{E}_\mathrm{I}(x_1,t)\times\mathbf{B}_\mathrm{I}(x_1,t) = \tfrac{1}{\mu_\mathrm{I}}\hat{\mathbf{e}}_1\,\mathrm{Re}[\mathcal{E}_\mathrm{I}(x_1)e^{-i\omega t}]\,\mathrm{Re}[\mathcal{B}_\mathrm{I}(x_1)e^{-i\omega t}] \\
\mathbf{S}_\mathrm{M}(x_1,t) &= \tfrac{1}{\mu_\mathrm{M}}\mathbf{E}_\mathrm{M}(x_1,t)\times\mathbf{B}_\mathrm{M}(x_1,t) = \tfrac{1}{\mu_\mathrm{M}}\hat{\mathbf{e}}_1\,\mathrm{Re}[\mathcal{E}_\mathrm{M}(x_1)e^{-i\omega t}]\,\mathrm{Re}[\mathcal{B}_\mathrm{M}(x_1)e^{-i\omega t}]\ ,
\end{aligned}$$

sodass die Energiestromdichte im Isolator *zeitgemittelt* gegeben ist durch

$$\begin{aligned}\overline{\mathbf{S}_\mathrm{I}}(x_1) &= \tfrac{1}{\mu_\mathrm{I}}\hat{\mathbf{e}}_1\overline{\mathrm{Re}[\mathcal{E}_\mathrm{I}(x_1)e^{-i\omega t}]\,\mathrm{Re}[\mathcal{B}_\mathrm{I}(x_1)e^{-i\omega t}]} = \tfrac{1}{2\mu_\mathrm{I}}\hat{\mathbf{e}}_1\,\mathrm{Re}[\mathcal{E}_\mathrm{I}^*(x_1)\mathcal{B}_\mathrm{I}(x_1)]\\ &= -\frac{\omega}{2\mu_\mathrm{I}}\hat{\mathbf{e}}_1\,\mathrm{Re}\left[i\mathcal{A}_\mathrm{I}^*(x_1)\frac{d\mathcal{A}_\mathrm{I}}{dx_1}(x_1)\right]\end{aligned} \tag{7.7a}$$

und analog im Metall *zeitgemittelt* durch

$$\begin{aligned}\overline{\mathbf{S}_\mathrm{M}}(x_1) &= \tfrac{1}{\mu_\mathrm{M}}\hat{\mathbf{e}}_1\overline{\mathrm{Re}[\mathcal{E}_\mathrm{M}(x_1)e^{-i\omega t}]\,\mathrm{Re}[\mathcal{B}_\mathrm{M}(x_1)e^{-i\omega t}]} = \tfrac{1}{2\mu_\mathrm{M}}\hat{\mathbf{e}}_1\,\mathrm{Re}[\mathcal{E}_\mathrm{M}^*(x_1)\mathcal{B}_\mathrm{M}(x_1)]\ ,\\ &= -\frac{\omega}{2\mu_\mathrm{M}}\hat{\mathbf{e}}_1\,\mathrm{Re}\left[i\mathcal{A}_\mathrm{M}^*(x_1)\frac{d\mathcal{A}_\mathrm{M}}{dx_1}(x_1)\right]\ .\end{aligned} \tag{7.7b}$$

Wir verwendeten wiederum die Ergebnisse von Aufgabe 5.6.

Die Poynting-Vektoren $\overline{\mathbf{S}_{\mathrm{I,M}}}$ beschreiben, wieviel Energie zeitgemittelt durch den isolierenden Bereich hindurch und dann in den metallischen Bereich hineinfließt. Intuitiv würde man erwarten, dass dieser Energie*zufuhr* exakt den Energie*verlust* im metallischen Bereich durch Dissipation kompensieren müsste. Wir überprüfen daher unten, in Abschnitt [7.1.4], ob diese Intuition tatsächlich zutrifft.

7.1.3 Die Randbedingungen

Um die Koeffizienten (a_l, a_r, a_M) festzulegen, verwenden wir die Randbedingungen, die aus den Maxwell-Gleichungen (6.3) folgen. Die Konsequenzen dieser Randbedingungen für die elektromagnetischen Felder $\mathbf{E}$, $\mathbf{D}$, $\mathbf{B}$ und $\mathbf{H}$ werden allgemein in Aufgabe 7.2 untersucht für eine Grenzfläche, an der auch eine *Oberflächenladungsdichte* ρ_F und eine *Oberflächenstromdichte* $\mathbf{j}_\mathrm{F}$ auftreten können.

Angewandt auf die hier interessierende, senkrecht zur $\hat{\mathbf{e}}_1$-Achse ausgerichtete *ebene* Grenzfläche zwischen einem Isolator und einem Metall mit den Oberflächendichten $\rho_\mathrm{F} = \Sigma\,\delta(x_1)$ und $\mathbf{j}_\mathrm{F} = \mathbf{J}\,\delta(x_1)$ lautet das Ergebnis dieser Untersuchung:[6]

$$\begin{aligned}&\text{I. } \hat{\mathbf{e}}_1\cdot(\mathbf{D}_\mathrm{M}-\mathbf{D}_\mathrm{I}) = \hat{\mathbf{e}}_1\cdot(\varepsilon_\mathrm{M}\mathbf{E}_\mathrm{M}-\varepsilon_\mathrm{I}\mathbf{E}_\mathrm{I}) = \Sigma\quad ,\quad \text{III. } (\mathbf{E}_\mathrm{M}-\mathbf{E}_\mathrm{I})_\mathrm{t} = \mathbf{0}\\ &\text{II. } \hat{\mathbf{e}}_1\cdot(\mathbf{B}_\mathrm{M}-\mathbf{B}_\mathrm{I}) = 0\quad ,\quad \text{IV. } (\mathbf{H}_\mathrm{M}-\mathbf{H}_\mathrm{I})_\mathrm{t} = (\tfrac{1}{\mu_\mathrm{M}}\mathbf{B}_\mathrm{M}-\tfrac{1}{\mu_\mathrm{I}}\mathbf{B}_\mathrm{I})_\mathrm{t} = \mathbf{J}\times\hat{\mathbf{e}}_1\ .\end{aligned}$$

Wir verwendeten, dass der *Normalenvektor* an der Grenzfläche (siehe Abb. 7.1) durch $\hat{\mathbf{n}} = -\hat{\mathbf{e}}_1$ gegeben ist. Die Notation $\mathbf{a}_\mathrm{t}$ bezeichnet die *tangentiale* Komponente eines Vektors $\mathbf{a} \in \mathbb{R}^3$, d. h., es gilt $\mathbf{a}_\mathrm{t} = -\hat{\mathbf{n}}\times(\hat{\mathbf{n}}\times\mathbf{a}) = -\hat{\mathbf{e}}_1\times(\hat{\mathbf{e}}_1\times\mathbf{a})$.

In unserem Fall sind die Oberflächendichten aus der allgemeinen Formulierung außerdem *null*[7] ($\Sigma = 0$, $\mathbf{J} = \mathbf{0}$), sodass sich das Ergebnis für die Randbedingungen wie folgt vereinfacht:

$$\boxed{\begin{aligned}&\text{I. } \hat{\mathbf{e}}_1\cdot(\mathbf{D}_\mathrm{M}-\mathbf{D}_\mathrm{I}) = \hat{\mathbf{e}}_1\cdot(\varepsilon_\mathrm{M}\mathbf{E}_\mathrm{M}-\varepsilon_\mathrm{I}\mathbf{E}_\mathrm{I}) = 0\quad ,\quad \text{III. } (\mathbf{E}_\mathrm{M}-\mathbf{E}_\mathrm{I})_\mathrm{t} = \mathbf{0}\\ &\text{II. } \hat{\mathbf{e}}_1\cdot(\mathbf{B}_\mathrm{M}-\mathbf{B}_\mathrm{I}) = 0\quad ,\quad \text{IV. } (\mathbf{H}_\mathrm{M}-\mathbf{H}_\mathrm{I})_\mathrm{t} = (\tfrac{1}{\mu_\mathrm{M}}\mathbf{B}_\mathrm{M}-\tfrac{1}{\mu_\mathrm{I}}\mathbf{B}_\mathrm{I})_\mathrm{t} = \mathbf{0}\ .\end{aligned}}$$

[6] Die römischen Zahlen I, II, III und IV entsprechen hierbei den Maxwell-Gleichungen, aus denen diese vier Randbedingungen hergeleitet wurden.

[7] Die Eigenschaft $\Sigma = 0$ folgt direkt aus $\mathbf{E}_{\mathrm{I,M}} \parallel \hat{\mathbf{e}}_2$ und daher $\hat{\mathbf{e}}_1\cdot\mathbf{E}_{\mathrm{I,M}} = 0$. Die Stromdichte $\mathbf{j} = \sigma\mathbf{E}_\mathrm{M}$ ist aufgrund des endlichen Werts der Leitfähigkeit σ *stetig* im Metall und enthält daher keine Deltafunktion $\mathbf{J}\delta(x_1)$ an der Oberfläche.

Diese Randbedingungen bedeuten, dass die *normalen* Komponenten von $\mathbf{D}$ und $\mathbf{B}$ und die *tangentialen* Komponenten von $\mathbf{E}$ und $\mathbf{H}$ *stetig* sind. Die normalen Komponenten von $\mathbf{D} = \varepsilon\mathbf{E}$ und $\mathbf{B}$ sind in unserem Fall jedoch überall null und daher sicherlich stetig, sodass die Bedingungen I und II automatisch erfüllt sind und nur die Bedingungen III und IV (bezüglich der tangentialen Komponenten) nicht-triviale Information enthalten.

Die Forderung $\mathbf{E}_\mathrm{I}(0,t) = \mathbf{E}_\mathrm{M}(0,t)$ in Gleichung III ergibt:

$$a_r + a_l = a_\mathrm{M} \;, \tag{7.8}$$

während aus der Bedingung $\frac{1}{\mu_\mathrm{I}}\mathbf{B}_\mathrm{I}(0,t) = \frac{1}{\mu_\mathrm{M}}\mathbf{B}_\mathrm{M}(0,t)$ in Gleichung IV folgt:

$$\frac{1}{\mu_\mathrm{I}} ik_\mathrm{I}(a_r - a_l) = \frac{1}{\mu_\mathrm{M}}\frac{i-1}{\delta}a_\mathrm{M} = \frac{1}{\mu_\mathrm{M}}\frac{i-1}{\sqrt{2\omega\tau}}k_\mathrm{M}a_\mathrm{M} = \frac{k_\mathrm{I}\bar{c}_\mathrm{I}}{\mu_\mathrm{M}\bar{c}_\mathrm{M}}\frac{i-1}{\sqrt{2\omega\tau}}a_\mathrm{M} \;.$$

Die letzte Beziehung kann wie folgt vereinfacht werden:

$$a_r - a_l = \frac{\mu_\mathrm{I}\bar{c}_\mathrm{I}}{\mu_\mathrm{M}\bar{c}_\mathrm{M}}\frac{1+i}{\sqrt{2\omega\tau}}a_\mathrm{M} = \sqrt{\frac{\varepsilon_\mathrm{M}\mu_\mathrm{I}}{\varepsilon_\mathrm{I}\mu_\mathrm{M}}}\frac{1+i}{\sqrt{2\omega\tau}}a_\mathrm{M} \;. \tag{7.9}$$

Durch Kombination von (7.8) und (7.9) erhält man schließlich:

$$\boxed{a_r = \frac{1}{2}\left(1 + \sqrt{\frac{\varepsilon_\mathrm{M}\mu_\mathrm{I}}{\varepsilon_\mathrm{I}\mu_\mathrm{M}}}\frac{1+i}{\sqrt{2\omega\tau}}\right)a_\mathrm{M} \quad , \quad a_l = \frac{1}{2}\left(1 - \sqrt{\frac{\varepsilon_\mathrm{M}\mu_\mathrm{I}}{\varepsilon_\mathrm{I}\mu_\mathrm{M}}}\frac{1+i}{\sqrt{2\omega\tau}}\right)a_\mathrm{M} \;.}$$

Der verbleibende Koeffizient a_M bestimmt die Amplitude und die globale Phase der Gesamtwelle und ist daher grundsätzlich beliebig ($a_\mathrm{M} \in \mathbb{C}$).

7.1.4 Der Energiefluss

Wir diskutieren nun die *Energiedissipation*, die aufgrund des Ohm'schen Gesetzes mit dem Fließen eines Stromes im Metall einhergeht. Diese ist *pro Volumeneinheit* und *zeitgemittelt* durch den Ausdruck $\overline{-\mathbf{j}_\mathrm{M} \cdot \mathbf{E}_\mathrm{M}}(x_1)$ gegeben, siehe Gleichung (7.6). Da sowohl die Stromdichte $\mathbf{j}_\mathrm{M}$ als auch die Energiedissipation $-\mathbf{j}_\mathrm{M} \cdot \mathbf{E}_\mathrm{M}$ vom *elektrischen* Feld $\mathbf{E}_\mathrm{M}$ erzeugt werden, könnte man meinen, dass Stromdichte und Dissipation beide lediglich von der im *elektrischen* Feld enthaltenen Energie genährt werden. Wir zeigen im Folgenden, dass dies *nicht* so ist.

Der Energieaustausch zwischen den verschiedenen Systemkomponenten wird durch die *Energiebilanzgleichung* (6.11) beschrieben:

$$-\mathbf{E}\cdot\mathbf{j} = \frac{\partial\rho_\mathcal{E}}{\partial t} + \boldsymbol{\nabla}\cdot\mathbf{S} \quad \text{mit} \quad \rho_\mathcal{E} = \tfrac{1}{2}(\mathbf{E}\cdot\mathbf{D} + \mathbf{H}\cdot\mathbf{B}) \quad , \quad \mathbf{S} = \mathbf{E}\times\mathbf{H} \;.$$

Die linke Seite der Energiebilanzgleichung beschreibt die Energiedissipation im Metall, die rechte Seite die zeitliche Änderung der Energiedichte $\rho_\mathcal{E}$ sowie die Divergenz der Energiestromdichte $\mathbf{S}$. Hierbei ist die Energiedichte

$$\rho_\mathcal{E} = \tfrac{1}{2}(\mathbf{E}\cdot\mathbf{D} + \mathbf{H}\cdot\mathbf{B}) = \tfrac{1}{2}\big(\varepsilon\mathbf{E}^2 + \tfrac{1}{\mu}\mathbf{B}^2\big) = \tfrac{1}{2}\varepsilon\big(\mathbf{E}^2 + \tfrac{1}{\varepsilon\mu}\mathbf{B}^2\big) = \tfrac{1}{2}\varepsilon\big(\mathbf{E}^2 + \bar{c}^2\mathbf{B}^2\big)$$

eine $\frac{\pi}{\omega}$-periodische Funktion von t, sodass der Zeitmittelwert von $\frac{\partial\rho_\mathcal{E}}{\partial t}$ *null* ergibt, da die Funktionswerte einer stetigen periodischen Funktion beschränkt sind:

$$\overline{\frac{\partial\rho_\mathcal{E}}{\partial t}}(x_1) = \lim_{T\to\infty}\frac{1}{T}\int_0^T dt\,\frac{\partial\rho_\mathcal{E}}{\partial t}(x_1,t) = \lim_{T\to\infty}\frac{1}{T}\left[\frac{\partial\rho_\mathcal{E}}{\partial t}(x_1,T) - \frac{\partial\rho_\mathcal{E}}{\partial t}(x_1,0)\right] = 0 \;.$$

Insgesamt folgt daher aus der Energiebilanzgleichung nach einer Zeitmittelung:

$$\overline{-\mathbf{E}\cdot\mathbf{j}}(x_1) = \overline{\frac{\partial\rho_{\mathcal{E}}}{\partial t}}(x_1) + \overline{\boldsymbol{\nabla}\cdot\mathbf{S}}(x_1) \stackrel{!}{=} \big(\boldsymbol{\nabla}\cdot\overline{\mathbf{S}}\big)(x_1) = \frac{d\overline{S_1}}{dx_1}(x_1)\ . \tag{7.10a}$$

Wir stellen also fest, dass die Energiedissipation auf der linken Seite dieser Gleichung durch die volle Energiestromdichte $\overline{\mathbf{S}} = \overline{\mathbf{E}\times\mathbf{H}} = \frac{1}{\mu}\overline{\mathbf{E}\times\mathbf{B}}$ genährt wird, die entscheidend auch durch das Magnetfeld $\mathbf{B}$ mitbestimmt wird.

Eine Integration der zeitgemittelten Energiebilanzgleichung (7.10a) über eine beliebige Halbachse $\{\mathbf{x}\,|\,x_1 \geq R\,,\ (x_2,x_3)\text{ fest}\}$ parallel zur $\hat{\mathbf{e}}_1$-Richtung ergibt dann:

$$\int_R^\infty dx_1\,\overline{\mathbf{E}\cdot\mathbf{j}}(x_1) = -\int_R^\infty dx_1\,\frac{d\overline{S_1}}{dx_1}(x_1) = \overline{S_1}(R)\quad,\quad -\overline{\mathbf{E}\cdot\mathbf{j}}(R) = \frac{d\overline{S_1}}{dx_1}(R)\ . \tag{7.10b}$$

Die erste Gleichung in (7.10b) besagt, dass der auf die Ebene $x_1 = R$ einfallende Energiestrom im Halbraum $x_1 \geq R$ vollständig dissipiert wird. Die zweite Gleichung in (7.10b) folgt direkt aus (7.10a) oder alternativ aus der ersten durch Differentiation nach R.

Als Konsistenzcheck überprüfen wir die Gültigkeit der zweiten Gleichung in (7.10b) zuerst im Isolator ($R < 0$) und dann auch im Metall ($R \geq 0$).

Im Isolator ($R < 0$) gilt $\overline{\mathbf{E}\cdot\mathbf{j}}(R) = 0$ und ist $\overline{\mathbf{S}}$ durch (7.7a) gegeben. Aus (7.10b) erhalten wir daher die Vorhersage $0 = -\frac{d\overline{S_1}}{dx_1}(R)$, d. h.:

$$0 = \frac{\omega}{2\mu_{\mathrm{I}}}\frac{d}{dR}\,\mathrm{Re}\left[i\mathcal{A}_{\mathrm{I}}^*(R)\frac{d\mathcal{A}_{\mathrm{I}}}{dx_1}(R)\right] = \frac{\omega i}{4\mu_{\mathrm{I}}}\left[\mathcal{A}_{\mathrm{I}}^*(R)\frac{d^2\mathcal{A}_{\mathrm{I}}}{dx_1^2}(R) - \mathcal{A}_{\mathrm{I}}(R)\frac{d^2\mathcal{A}_{\mathrm{I}}^*}{dx_1^2}(R)\right]\ .$$

Im isolierenden Bereich ist die Funktion $\mathcal{A}_{\mathrm{I}}$ eine Lösung der eindimensionalen Wellengleichung mit der Wellenzahl k_{I}, sodass $\frac{d^2\mathcal{A}_{\mathrm{I}}}{dx_1^2} = -k_{\mathrm{I}}^2\mathcal{A}_{\mathrm{I}}$ gilt, siehe Gleichung (7.3). Folglich ist der Faktor $[\cdots]$ auf der rechten Seite gleich $-k_{\mathrm{I}}^2[\mathcal{A}_{\mathrm{I}}^*\mathcal{A}_{\mathrm{I}} - \mathcal{A}_{\mathrm{I}}\mathcal{A}_{\mathrm{I}}^*]$ und somit in der Tat gleich null. Die Energiestromdichte $\overline{S_1}(x_1)$ ist im Isolator also räumlich *konstant*, d. h. unabhängig von ihrem Argument x_1.

Im Metall ($R \geq 0$) ist $-\overline{\mathbf{E}\cdot\mathbf{j}}(R)$ durch Gleichung (7.6) und $\overline{\mathbf{S}}$ durch (7.7b) gegeben. Aus (7.10b) erhalten wir daher die Vorhersage:

$$\tfrac{1}{2}\sigma\omega^2|\mathcal{A}_{\mathrm{M}}(R)|^2 = \frac{\omega i}{4\mu_{\mathrm{M}}}\left[\mathcal{A}_{\mathrm{M}}^*(R)\frac{d^2\mathcal{A}_{\mathrm{M}}}{dx_1^2}(R) - \mathcal{A}_{\mathrm{M}}(R)\frac{d^2\mathcal{A}_{\mathrm{M}}^*}{dx_1^2}(R)\right]\ .$$

Mit Hilfe der Definition $\delta = \sqrt{\frac{2}{\omega\mu_{\mathrm{M}}\sigma}}$ der Skintiefe kann man dies umschreiben als:

$$|\mathcal{A}_{\mathrm{M}}(R)|^2 = \tfrac{1}{4}i\delta^2\left[\mathcal{A}_{\mathrm{M}}^*(R)\frac{d^2\mathcal{A}_{\mathrm{M}}}{dx_1^2}(R) - \mathcal{A}_{\mathrm{M}}(R)\frac{d^2\mathcal{A}_{\mathrm{M}}^*}{dx_1^2}(R)\right]\ .$$

Im Metall ist die Funktion $\mathcal{A}_{\mathrm{M}}$ eine Lösung der eindimensionalen Diffusionsgleichung $\frac{d^2\mathcal{A}_{\mathrm{M}}}{dx_1^2} = -k^2\mathcal{A}_{\mathrm{M}}$ mit der komplexen Wellenzahl $k = (1+i)/\delta$, siehe Gleichung (7.4b). Es gilt also $k^2 = 2i/\delta^2$. Folglich ist der Faktor $[\cdots]$ auf der rechten Seite nun gleich $-k^2[\mathcal{A}_{\mathrm{M}}^*\mathcal{A}_{\mathrm{M}} + \mathcal{A}_{\mathrm{M}}\mathcal{A}_{\mathrm{M}}^*] = -\frac{4i}{\delta^2}|\mathcal{A}_{\mathrm{M}}(R)|^2$, sodass die rechte Seite insgesamt in der Tat gleich $|\mathcal{A}_{\mathrm{M}}(R)|^2$ und somit gleich der linken Seite ist.

Wir haben hiermit explizit anhand der exakten Lösung $\mathcal{A}_{\mathrm{M}}(x_1)$ überprüft, dass die am Ort $x_1 = R$ im Metall dissipierte Energie $\overline{\mathbf{E}\cdot\mathbf{j}}(R)$ genau von der an dieser Stelle absorbierten Energiestromdichte $-\frac{d\overline{S_1}}{dx_1}(R)$ kompensiert wird.

7.1.5 Anmerkungen

Wir fügen zwei Anmerkungen hinzu, die erste bezüglich der *Allgemeingültigkeit* des Konzepts *Skintiefe* und die zweite bezüglich *Oberflächenladungs(strom)dichten.*

Allgemeingültigkeit des Konzepts *Skintiefe*

Das in diesem Abschnitt erzielte Ergebnis $\delta = \sqrt{\frac{2}{\omega\mu_{\mathrm{M}}\sigma}}$ für die *Skintiefe* gilt keineswegs nur für die gewählte Anordnung mit einer *ebenen* Grenzfläche, sondern ist *allgemeiner gültig*. Dies sieht man wie folgt ein: Im Metall erfüllt $\mathbf{A}(\mathbf{x},t)$ eine Diffusionsgleichung $\frac{\partial\mathbf{A}}{\partial t} = D\Delta\mathbf{A}$ mit $D = \bar{c}_{\mathrm{M}}^2\tau$, und Lösungen der Diffusionsgleichung haben die Eigenschaft, dass sich Signale im Zeitintervall t über einen Abstand $\sqrt{2dDt}$ ausbreiten.[8] Für Strahlung, die auf *irgendeine* glatte Grenzfläche einfällt, ist die effektive Raumdimension durch $d = 1$, die Diffusionskonstante durch $D = \bar{c}_{\mathrm{M}}^2\tau = (\varepsilon_{\mathrm{M}}\mu_{\mathrm{M}})^{-1}\frac{\varepsilon_{\mathrm{M}}}{\sigma} = \frac{1}{\mu_{\mathrm{M}}\sigma}$ und die charakteristische Diffusionszeit durch $t \simeq \omega^{-1}$ gegeben. Für die *Diffusionslänge*, d. h. für den typischen Abstand, über den sich Signale innerhalb der Diffusionszeit ausbreiten können, erhält man dann allgemein als Ergebnis für die Skintiefe: $\delta = \sqrt{2dDt} = \sqrt{\frac{2}{\omega\mu_{\mathrm{M}}\sigma}}$.

Die Allgemeingültigkeit des Konzepts *Skintiefe* kann auch etwas formaler wie folgt nachgewiesen werden: Die Form $D = \frac{1}{\mu_{\mathrm{M}}\sigma} = \frac{1}{2}\delta^2\omega$ zeigt, dass die Diffusionsgleichung $\frac{\partial\mathbf{A}}{\partial t} = D\Delta\mathbf{A} = \frac{1}{2}\delta^2\omega\Delta\mathbf{A}$ mit Hilfe der *dimensionslosen* Variabeln $\bar{\mathbf{x}} \equiv \mathbf{x}/\delta$ und $\bar{t} \equiv \omega t$ alternativ als

$$\boxed{\frac{\partial\mathbf{A}}{\partial\bar{t}} = \frac{1}{2}\frac{\partial^2\mathbf{A}}{\partial\bar{\mathbf{x}}^2} \quad \text{bzw.} \quad \mathbf{A}(\mathbf{x},t) = \bar{\mathbf{A}}(\bar{\mathbf{x}},\bar{t})}$$

geschrieben werden kann. Dies bedeutet, dass die Diffusionsgleichung für das Vektorpotential Lösungen der Form $\bar{\mathbf{A}}(\bar{\mathbf{x}},\bar{t})$ hat, d. h., dass die relevante *Längen*skala der Lösungen δ und die relevante *Zeit*skala ω^{-1} ist.

Außerdem sollte man bedenken, dass das Konzept der Skintiefe nicht nur für Metalle gültig ist, sondern für sämtliche *leitfähigen Körper*, vorausgesetzt dass die Bedingung $\omega\tau \ll 1$ für diese Körper erfüllt ist. Unter dieser Voraussetzung wird die Ausbreitung elektromagnetischer Wellen mit der Frequenz ω durch eine *Diffusionsgleichung* beschrieben. In Abschnitt [7.4.5] werden wir beispielsweise *Meereswasser* als ein weiteres leitfähiges Medium kennenlernen, das eine diffusionsartige Ausbreitung elektromagnetischer Wellen sowie einen ausgeprägten Skineffekt aufweist.

Wann treten Oberflächenladungs(strom)dichten auf?

Das Ergebnis $\delta = \sqrt{\frac{2}{\omega\mu_{\mathrm{M}}\sigma}}$ für die Skintiefe zeigt außerdem, wie die bereits in Abschnitt [7.1.3] erwähnten *Oberflächenladungsdichten* und *Oberflächenstromdichten* in Zusammenhang mit hochfrequenten Feldmoden entstehen können: Oberflächenladungs(strom)dichten sind Effekte, die typischerweise im Grenzfall eines perfekten

[8] Aus einer Diffusionsgleichung $\frac{\partial A}{\partial t} = D\Delta A$ für ein Vektorpotential $\mathbf{A}(\mathbf{x},t) = A(\mathbf{x},t)\hat{\mathbf{e}}_2$ folgt nämlich erstens mit Hilfe einer partiellen Integration $\frac{\partial}{\partial t}\int d^3x\ A = D\int d^3x\ \Delta A = 0$ und zweitens (mit einer zweifachen partiellen Integration) $\frac{\partial}{\partial t}\int d^3x\ \mathbf{x}^2 A = D\int d^3x\ \mathbf{x}^2\Delta A = 2dD\int d^3x\ A$, sodass insgesamt $\frac{\partial}{\partial t}\langle\mathbf{x}^2\rangle = (\int d^3x\ A)^{-1}\frac{\partial}{\partial t}\int d^3x\ \mathbf{x}^2 A = 2dD$ und somit $\langle\mathbf{x}^2\rangle = 2dDt$ gilt.

Leiters, d. h. für $\sigma \to \infty$ und daher $\delta \downarrow 0$ auftreten können. Konkret werden wir solche Oberflächendichten im nächsten Abschnitt [7.2] untersuchen können, wo in der Tat für den metallischen Bereich $\sigma \to \infty$ angenommen wird.

7.2 Hohlraumresonatoren und Wellenleiter

In diesem Abschnitt betrachten wir Schwingungen des elektromagnetischen Feldes in einem *isolierenden* Medium im Raumbereich $\mathcal{D} \subset \mathbb{R}^3$, das in ein *perfekt leitendes Metall* eingebettet ist ($\sigma \to \infty$), siehe Abbildung 7.2 für eine Skizze. Wir nehmen an, dass das isolierende Medium *linear*, *homogen* und *isotrop* ist.[9]

Im Sinne einer Fourier-Analyse der Felder genügt es wiederum, harmonische Lösungen mit der Frequenz ω zu untersuchen:

$$\boxed{\begin{aligned} \mathbf{E}(\mathbf{x},t) &= \mathrm{Re}\left[\boldsymbol{\mathcal{E}}(\mathbf{x})e^{-i\omega t}\right] \\ \mathbf{B}(\mathbf{x},t) &= \mathrm{Re}\left[\boldsymbol{\mathcal{B}}(\mathbf{x})e^{-i\omega t}\right] \ . \end{aligned}}$$

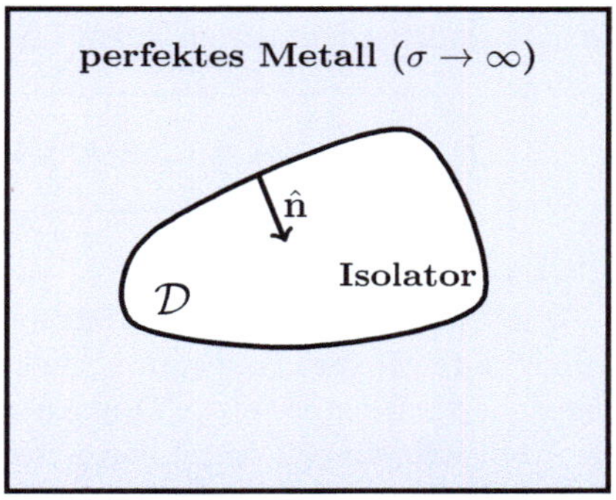

Abb. 7.2 Skizze eines in einen Leiter eingebetteten isolierenden Hohlraums

Aus Abschnitt [7.1] wissen wir bereits, dass die **E**- und **B**-Felder und die Stromdichte **j** im Inneren eines perfekten Leiters null sind und dass elektromagnetische Wellen im isolierenden Medium eine Oberflächen*stromdichte* **J** und eventuell auch eine Oberflächen*ladungsdichte* Σ an der Grenzfläche zwischen Dielektrikum und Metall hervorrufen können. Diese Oberflächendichten im perfekten Leiter sind also im Grunde Merkmale eines extremen Skineffekts. Hierbei sind $(\Sigma, \mathbf{J})$ vollständig durch die Felder im Isolator bestimmt.

Feldgleichungen im Inneren des Hohlraums

Da im isolierenden Bereich $\mathcal{D}$ keine Ladungen vorliegen, erfüllt das elektromagnetische Feld dort die Maxwell-Gleichungen

$$\boldsymbol{\nabla} \times \mathbf{E} + \frac{\partial \mathbf{B}}{\partial t} = \mathbf{0} \quad , \quad \boldsymbol{\nabla} \cdot \mathbf{D} = \varepsilon \boldsymbol{\nabla} \cdot \mathbf{E} = 0 \ .$$

Somit gilt auch: $\boldsymbol{\nabla} \times \boldsymbol{\mathcal{E}} = i\omega \boldsymbol{\mathcal{B}}$ und $\boldsymbol{\nabla} \cdot \boldsymbol{\mathcal{E}} = 0$. Wir können daher im Isolator nach wie vor ein komplexes Vektorpotential $\boldsymbol{\mathcal{A}}(\mathbf{x}) \equiv \boldsymbol{\mathcal{E}}(\mathbf{x})/i\omega$ definieren. Das reellwertige, zeitabhängige Vektorpotential

$$\mathbf{A}(\mathbf{x},t) \equiv \mathrm{Re}\left[\boldsymbol{\mathcal{A}}(\mathbf{x})e^{-i\omega t}\right]$$

ist dann gemäß

$$\begin{aligned} \mathbf{E}(\mathbf{x},t) &= -\frac{\partial \mathbf{A}}{\partial t} = \mathrm{Re}\left[i\omega \boldsymbol{\mathcal{A}}(\mathbf{x})e^{-i\omega t}\right] \\ \mathbf{B}(\mathbf{x},t) &= \boldsymbol{\nabla} \times \mathbf{A} = \mathrm{Re}\left[(\boldsymbol{\nabla} \times \boldsymbol{\mathcal{A}})(\mathbf{x})e^{-i\omega t}\right] \end{aligned}$$

[9]Wir werden im Folgenden auch o. B. d. A. annehmen, dass der isolierende Hohlraum *topologisch wegzusammenhängend* ist, sonst könnte man mehrere getrennte Hohlräume unterscheiden.

mit den Feldern verknüpft und erfüllt für alle $\mathbf{x} \in \mathcal{D}$ die Coulomb-Eichung

$$\boldsymbol{\nabla} \cdot \mathbf{A} = \mathrm{Re}\left[(\boldsymbol{\nabla} \cdot \boldsymbol{\mathcal{A}})e^{-i\omega t}\right] = \mathrm{Re}\left[\frac{1}{i\omega}(\boldsymbol{\nabla} \cdot \boldsymbol{\mathcal{E}})e^{-i\omega t}\right] = 0\ .$$

Innerhalb des Hohlraums erfüllt das zeitabhängige Vektorpotential $\mathbf{A}$ eine *Wellengleichung* mit der Ausbreitungsgeschwindigkeit $\bar{c} = \frac{1}{\sqrt{\varepsilon\mu}}$:

$$\left(\frac{1}{\bar{c}^2}\frac{\partial^2}{\partial t^2} - \Delta\right)\mathbf{A} = \mathbf{0} \qquad (\mathbf{x} \in \mathcal{D})\ .$$

Hieraus folgt direkt, dass das komplexwertige Vektorpotential $\boldsymbol{\mathcal{A}}(\mathbf{x})$ eine *Helmholtz-Gleichung* der allgemeinen Form $(\Delta + \lambda)\boldsymbol{\mathcal{A}} = \mathbf{0}$ erfüllt:

$$\boxed{\left(\Delta + \frac{\omega^2}{\bar{c}^2}\right)\boldsymbol{\mathcal{A}} = (\Delta + k^2)\boldsymbol{\mathcal{A}} = \mathbf{0} \qquad (\mathbf{x} \in \mathcal{D})\ ,} \tag{7.11}$$

wobei nun also konkret $\lambda = k^2 \equiv \frac{\omega^2}{\bar{c}^2}$ gilt.

Wir bezeichnen im Folgenden den nach *innen* gerichteten Normalenvektor auf dem Rand $\partial\mathcal{D}$ des Hohlraums, der also *von der metallischen in die isolierende Phase* zeigt, für alle $\mathbf{x} \in \partial\mathcal{D}$ als $\hat{\mathbf{n}}(\mathbf{x})$. Wir benötigen diesen Normalenvektor um die *Randbedingungen* formulieren zu können.

Randbedingungen an der Grenzfläche zum Metall

Die Randbedingungen $\hat{\mathbf{n}} \times \mathbf{E} = \mathbf{0}$ und $\hat{\mathbf{n}} \cdot \mathbf{B} = 0$ (für $\mathbf{x} \in \partial\mathcal{D}$) implizieren eine einzige Randbedingung für das Vektorpotential:[10]

$$\boxed{\hat{\mathbf{n}} \times \boldsymbol{\mathcal{A}} = \mathbf{0} \qquad (\mathbf{x} \in \partial\mathcal{D})\ .} \tag{7.12}$$

Außerdem folgt aus der Maxwell-Gleichung $\boldsymbol{\nabla} \cdot \mathbf{D} = \rho$ mit Hilfe des *Gauß'schen* Satzes und aus $\boldsymbol{\nabla} \times \mathbf{H} = \mathbf{j} + \frac{\partial \mathbf{D}}{\partial t}$ mit Hilfe des *Stokes'schen* Satzes, dass auf dem Rand des Resonators die Bedingungen $\Sigma = \hat{\mathbf{n}} \cdot \mathbf{D}$ und $\mathbf{J} = \hat{\mathbf{n}} \times \mathbf{H}$ bzw.

$$\boxed{\begin{aligned} \Sigma &= \varepsilon\, \hat{\mathbf{n}} \cdot \mathbf{E} = \varepsilon\, \mathrm{Re}\left[i\omega(\hat{\mathbf{n}} \cdot \boldsymbol{\mathcal{A}})e^{-i\omega t}\right] \\ \mathbf{J} &= \tfrac{1}{\mu}\, \hat{\mathbf{n}} \times \mathbf{B} = \tfrac{1}{\mu}\, \mathrm{Re}\left[\hat{\mathbf{n}} \times (\boldsymbol{\nabla} \times \boldsymbol{\mathcal{A}})e^{-i\omega t}\right] \end{aligned}} \tag{7.13}$$

zu erfüllen sind (siehe Aufgabe 7.2 für Details).

Die Randbedingungen (7.13) haben jedoch einen völlig anderen Charakter als (7.12): Sie stellen *keine Einschränkung* der möglichen Lösungen dar, sondern besagen lediglich, dass die Lösung des Randwertproblems (7.11)–(7.12) mit einer Oberflächenladungsdichte Σ und einer Oberflächenstromdichte $\mathbf{J}$ einhergeht, die aus den beiden Gleichungen (7.13) berechnet werden können.

[10] Wegen $\hat{\mathbf{n}} \times \boldsymbol{\mathcal{A}} = \mathbf{0}$ gilt nämlich $\boldsymbol{\mathcal{A}} = \hat{\mathbf{n}}(\hat{\mathbf{n}} \cdot \boldsymbol{\mathcal{A}})$ für alle $\mathbf{x} \in \partial\mathcal{D}$. Folglich gilt für hinreichend kleine Teilflächen $\mathcal{F} \subset \partial\mathcal{D}$ mit dem Flächeninhalt F aufgrund des Stokes'schen Satzes:

$$\hat{\mathbf{n}} \cdot \boldsymbol{\mathcal{B}} = \hat{\mathbf{n}} \cdot \boldsymbol{\nabla} \times \boldsymbol{\mathcal{A}} = \lim_{F\to 0}\left[\frac{1}{F}\int_{\mathcal{F}} d\mathbf{F} \cdot \boldsymbol{\nabla} \times \boldsymbol{\mathcal{A}}\right] = \lim_{F\to 0}\left[\frac{1}{F}\oint_{\partial\mathcal{F}} d\mathbf{x} \cdot \boldsymbol{\mathcal{A}}\right] = \lim_{F\to 0}\frac{1}{F} \cdot 0 = 0\ ,$$

sodass neben $\hat{\mathbf{n}} \times \mathbf{E} = \mathbf{0}$ auch die zweite Randbedingung $\hat{\mathbf{n}} \cdot \mathbf{B} = 0$ erfüllt ist.

Die Dichten $(\Sigma, \mathbf{J})$ treten also lediglich als Nebenprodukte auf. Die Dichten Σ und $\mathbf{J}$ sind nicht unabhängig voneinander, sondern erfüllen eine Kontinuitätsgleichung der Form

$$\boxed{0 = \frac{\partial \Sigma}{\partial t} + \boldsymbol{\nabla}_{\mathrm{t}} \cdot \mathbf{J} = \frac{\partial \Sigma}{\partial t} - [\hat{\mathbf{n}} \times (\hat{\mathbf{n}} \times \boldsymbol{\nabla})] \cdot \mathbf{J} \qquad (\mathbf{x} \in \partial \mathcal{D}) \;,} \tag{7.14}$$

wobei

$$\boldsymbol{\nabla}_{\mathrm{t}} \equiv \boldsymbol{\nabla} - \hat{\mathbf{n}}(\hat{\mathbf{n}} \cdot \boldsymbol{\nabla})$$

die *tangentiale* Ortsableitung darstellt.[11]

Änderungen in realen Systemen

Aufgrund der Annahme eines *perfekt leitenden* Metalls ($\sigma \to \infty$) sind die durch die Gleichungen (7.11)-(7.13) beschriebenen Wellen *dissipationslos*. In realen Systemen (mit endlicher Leitfähigkeit außerhalb des Dielektrikums) würden Energieverluste auftreten, die zu einer *Dämpfung* der in den nachfolgenden Beispielen zu bestimmenden *Eigenschwingungen* führen. In der Realität müsste man also wohl ständig Energie in das System hineinpumpen, um diese Schwingungen aufrechtzuerhalten.

7.2.1 Beispiel: quaderförmiger Hohlraum

Als erstes, relativ einfaches Beispiel für einen Hohlraumresonator betrachten wir ein quaderförmiges Dielektrikum im Raumbereich $\mathcal{D} = \{\mathbf{x} \,|\, 0 < x_i < L_i \;,\; i = 1, 2, 3\}$, eingebettet in ein perfekt leitendes Metall (siehe Abbildung 7.3).

Durch Variablentrennung erhalten wir die folgenden Lösungen („Eigenmoden“) des Randwertproblems (7.11)–(7.12):

$$\boldsymbol{\mathcal{A}} = \begin{pmatrix} \mathcal{A}_1 \\ \mathcal{A}_2 \\ \mathcal{A}_3 \end{pmatrix} = \begin{pmatrix} a_1 \cos(k_1 x_1) \sin(k_2 x_2) \sin(k_3 x_3) \\ a_2 \sin(k_1 x_1) \cos(k_2 x_2) \sin(k_3 x_3) \\ a_3 \sin(k_1 x_1) \sin(k_2 x_2) \cos(k_3 x_3) \end{pmatrix} \stackrel{!}{=} \begin{pmatrix} a_1 c_1 s_2 s_3 \\ a_2 s_1 c_2 s_3 \\ a_3 s_1 s_2 c_3 \end{pmatrix} \;, \tag{7.15}$$

wobei wir die kompakten Notationen $c_i \equiv \cos(k_i x_i)$ und $s_i \equiv \sin(k_i x_i)$ einführen $(i = 1, 2, 3)$. Die Komponenten des Wellenvektors $\mathbf{k}$ sind gegeben durch

$$\mathbf{k} = (k_1, k_2, k_3)^{\mathrm{T}} \quad , \quad k_i = \frac{n_i \pi}{L_i} \quad (n_i \in \mathbb{N}_0) \quad , \quad k^2 = k_1^2 + k_2^2 + k_3^2 = \frac{\omega^2}{\bar{c}^2} \;.$$

Hierbei darf höchstens eine der Zahlen n_i gleich null sein, damit die Lösung nichttrivial ist. Außerdem sind nur zwei der drei Zahlen a_i unabhängig, denn aufgrund der Coulomb-Eichung gilt $\mathbf{k} \cdot \mathbf{a} = 0$.

Das Vektorpotential (7.15) erfüllt die Helmholtz-Gleichung $(\Delta + k^2)\boldsymbol{\mathcal{A}} = \mathbf{0}$ in (7.11) für alle $\mathbf{x} \in \mathcal{D}$. Außerdem erfüllen die Eigenmoden (7.15) auch die Randbedingung $\hat{\mathbf{n}} \times \boldsymbol{\mathcal{A}} = \mathbf{0}$ in (7.12) für alle $\mathbf{x} \in \partial\mathcal{D}$. Auf der Fläche $x_1 = 0$ gilt zum Beispiel

[11] Wir verwenden die Rechenregel $\mathbf{a} \times (\mathbf{b} \times \mathbf{c}) = \mathbf{b}(\mathbf{a} \cdot \mathbf{c}) - (\mathbf{a} \cdot \mathbf{b})\mathbf{c}$ für ein doppeltes Vektorprodukt:

$$-[\hat{\mathbf{n}} \times (\hat{\mathbf{n}} \times \boldsymbol{\nabla})] = (\hat{\mathbf{n}} \cdot \hat{\mathbf{n}})\boldsymbol{\nabla} - \hat{\mathbf{n}}(\hat{\mathbf{n}} \cdot \boldsymbol{\nabla}) = \boldsymbol{\nabla} - \hat{\mathbf{n}}(\hat{\mathbf{n}} \cdot \boldsymbol{\nabla}) = \boldsymbol{\nabla}_{\mathrm{t}} \;.$$

$\boldsymbol{\mathcal{A}}(0, x_2, x_3) = a_1 s_2 s_3 \hat{\mathbf{e}}_1$, und analog erhält man $\boldsymbol{\mathcal{A}}(L_3, x_2, x_3) = (-1)^{n_1} a_1 s_2 s_3 \hat{\mathbf{e}}_1$ auf der gegenüberliegenden Fläche $x_1 = L_1$, sodass die Bedingung $\boldsymbol{\mathcal{A}} \parallel \hat{\mathbf{e}}_1$ in beiden Fällen erfüllt ist. Das elektrische Feld im Resonator folgt aus

$$\mathbf{E} = \mathrm{Re}[i\omega \boldsymbol{\mathcal{A}} e^{-i\omega t}] \,,$$

und das Magnetfeld ist durch

$$\mathbf{B} = \mathrm{Re}[(\boldsymbol{\nabla} \times \boldsymbol{\mathcal{A}}) e^{-i\omega t}$$

mit

$$\boldsymbol{\nabla} \times \boldsymbol{\mathcal{A}} = \begin{pmatrix} s_1 c_2 c_3 \,(k_2 a_3 - k_3 a_2) \\ c_1 s_2 c_3 \,(k_3 a_1 - k_1 a_3) \\ c_1 c_2 s_3 \,(k_1 a_2 - k_2 a_1) \end{pmatrix}$$

gegeben. Die Dichten $(\Sigma, \mathbf{J})$ sind z. B. auf der Grenzfläche $x_1 = 0$ explizit durch

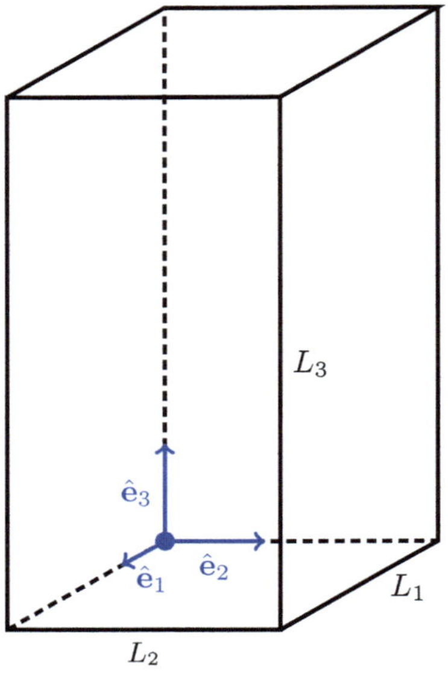

Abb. 7.3 Skizze eines quaderförmigen Hohlraums

$$\Sigma(t) = \omega\varepsilon \, s_2 s_3 \; \mathrm{Re}\left[i a_1 e^{-i\omega t} \right]$$

und

$$\mathbf{J} = \frac{1}{\mu}\, \hat{\mathbf{e}}_1 \times \mathbf{B} = \frac{1}{\mu} \begin{pmatrix} 0 \\ -c_2 s_3 \,\mathrm{Re}\left[(k_1 a_2 - k_2 a_1) e^{-i\omega t}\right] \\ s_2 c_3 \,\mathrm{Re}\left[(k_3 a_1 - k_1 a_3) e^{-i\omega t}\right] \end{pmatrix}$$

gegeben. Mit Hilfe der Coulomb-Eichung $\mathbf{k} \cdot \mathbf{a} = 0$ und der Identität $\omega^2 = \bar{c}^2 k^2$ überprüft man leicht, dass diese Dichten die Kontinuitätsgleichung (7.14) erfüllen. Die Dichten $(\Sigma, \mathbf{J})$ auf den übrigen Grenzflächen können analog berechnet werden.

Bei der Untersuchung der möglichen Eigenmoden (7.15) des Randwertproblems (7.11)–(7.12) kann man o. B. d. A. annehmen, dass die Proportionalitätskonstanten $\mathbf{a} = (a_1, a_2, a_3)^{\mathrm{T}}$ *reell* sind.[12] Die allgemeine Lösung des Problems (7.11)–(7.12) ist dann durch eine komplexe Linearkombination der Eigenmoden gegeben.

TE- und TM-Wellen

Betrachten wir den Quader nun als einen in $\hat{\mathbf{e}}_3$-Richtung ausgerichteten senkrechten Zylinder mit rechteckigem Querschnitt und endlicher Höhe L_3. Bei einer solchen zylindrischen Geometrie ist es Tradition, die zwei unabhängigen Lösungen so zu wählen, dass bei der einen die E_3- und bei der anderen die B_3-Komponente null ist. Man spricht von transversal-elektrischen Moden ($E_3 = 0$, Index „TE“) bzw. transversal-magnetischen Moden ($B_3 = 0$, Index „TM“). Die beiden Bezeichnungen „TE-Welle“ und „TM-Welle“ sind also sehr deskriptiv, da das elektrische Feld bzw. das Magnetfeld bei diesen Moden *transversal*, d. h. im Falle des quaderförmigen Hohlraums *orthogonal zur* $\hat{\mathbf{e}}_3$*-Achse* ausgerichtet ist.

[12] Denn für eine Eigenmode mit *komplexem* $\mathbf{a} = \mathbf{a}_{\mathrm{R}} + i\mathbf{a}_{\mathrm{I}} \in \mathbb{C}^3$ mit $\mathbf{a}_{\mathrm{R,I}} \in \mathbb{R}^3$ würden Real- und Imaginärteil separat zwei *reellwertige* Eigenmoden erzeugen.

Es ist besonders dann sinnvoll, TE- und TM-Wellen zu unterscheiden, wenn die Seitenlängen des Zylinders sehr unterschiedlich sind: $L_3 \gg L_{1,2}$. In diesem Fall sind die Differenzen zweier aufeinander folgender k_i-Werte *groß* in $\hat{\mathbf{e}}_1$- und $\hat{\mathbf{e}}_2$-Richtung und verhältnismäßig *klein* in $\hat{\mathbf{e}}_3$-Richtung: $\Delta k_{1,2} = \pi L_{1,2}^{-1} \gg \pi L_3^{-1} = \Delta k_3$.

Die TE-Welle ($E_3 = 0$) wird durch die zwei Bedingungen $\mathbf{k} \cdot \mathbf{a} = 0$ und $a_3 = 0$, also durch $a_2 = -\frac{k_1}{k_2} a_1$, charakterisiert:

$$\mathbf{A}^{\mathrm{TE}} = \begin{pmatrix} c_1 s_2 s_3 \\ -\frac{k_1}{k_2} s_1 c_2 s_3 \\ 0 \end{pmatrix} \mathrm{Re}\left[a_1 e^{-i\omega t}\right] = \begin{pmatrix} k_2\, c_1 s_2 s_3 \\ -k_1\, s_1 c_2 s_3 \\ 0 \end{pmatrix} \mathrm{Re}\left[\bar{a}_1 e^{-i\omega t}\right] ,$$

während die TM-Welle ($B_3 = 0$) durch $\mathbf{k} \cdot \mathbf{a} = 0$ und $k_1 a_2 - k_2 a_1 = 0$, also durch $a_2 = \frac{k_2}{k_1} a_1$ und $a_3 = -\frac{k_1^2 + k_2^2}{k_1 k_3} a_1$, definiert ist:

$$\mathbf{A}^{\mathrm{TM}} = \begin{pmatrix} c_1 s_2 s_3 \\ \frac{k_2}{k_1} s_1 c_2 s_3 \\ -\frac{k_1^2 + k_2^2}{k_1 k_3} s_1 s_2 c_3 \end{pmatrix} \mathrm{Re}\left[a_1 e^{-i\omega t}\right] = \begin{pmatrix} k_1 k_3\, c_1 s_2 s_3 \\ k_2 k_3\, s_1 c_2 s_3 \\ -(k_1^2 + k_2^2)\, s_1 s_2 c_3 \end{pmatrix} \mathrm{Re}\left[\bar{a}_1 e^{-i\omega t}\right] .$$

Der jeweils zweite Schritt in diesen beiden Gleichungen zeigt, dass man Ausdrücke mit größerer Symmetrie erhält, indem man für die TE-Welle $a_1 \to k_2 \bar{a}_1$ und für die TM-Welle $a_1 \to k_1 k_3 \bar{a}_1$ ersetzt.

Diese Ausdrücke zeigen außerdem, dass *niederfrequente* TE-Moden mit den Wellenzahlen $(n_1, n_2) = (1, 0)$ und $(n_1, n_2) = (0, 1)$, aber keine TM-Moden mit solchen Wellenzahlen existieren. Zwar existiert auch eine TM-Mode mit $k_3 = 0$ bzw. $n_3 = 0$, aber diese erfordert sowohl $n_1 \geq 1$ als auch $n_2 \geq 1$ und ist daher nicht optimal niederfrequent: $\omega_{\mathrm{min}}^{\mathrm{TM}} = \bar{c}\,[(\frac{\pi}{L_1})^2 + (\frac{\pi}{L_2})^2]^{\frac{1}{2}} > \bar{c}\,[(\frac{\pi}{L_{1,2}})^2 + (\frac{\pi}{L_3})^2]^{\frac{1}{2}} = \omega_{\mathrm{min}}^{\mathrm{TE}}$.

Felder und Energiefluss für die TE-Wellen Das elektrische Feld der TE-Welle ist gegeben durch:

$$\mathbf{E}^{\mathrm{TE}} = -\frac{\partial \mathbf{A}^{\mathrm{TE}}}{\partial t} = \begin{pmatrix} k_2\, c_1 s_2 s_3 \\ -k_1\, s_1 c_2 s_3 \\ 0 \end{pmatrix} \mathrm{Re}\left[i\omega \bar{a}_1 e^{-i\omega t}\right]$$

und das mit der TE-Welle einhergehende Magnetfeld durch:

$$\mathbf{B}^{\mathrm{TE}} = \nabla \times \mathbf{A}^{\mathrm{TE}} = \begin{pmatrix} k_1 k_3\, s_1 c_2 c_3 \\ k_2 k_3\, c_1 s_2 c_3 \\ -(k_1^2 + k_2^2)\, c_1 c_2 s_3 \end{pmatrix} \mathrm{Re}\left[\bar{a}_1 e^{-i\omega t}\right] .$$

Aus diesen $(\mathbf{E}, \mathbf{B})$-Feldern folgt die Energiestromdichte, die durch den Poynting-Vektor $\mathbf{S} = \mathbf{E} \times \mathbf{H} = \frac{1}{\mu} \mathbf{E} \times \mathbf{B}$ gegeben ist. Wir berechnen konkret den *Zeitmittelwert* der Energiestromdichte mit Hilfe der Ergebnisse aus Aufgabe 5.6:

$$\begin{aligned} \overline{\mathbf{S}} &= \frac{1}{\mu} \overline{\mathbf{E} \times \mathbf{B}} = \frac{1}{2\mu} \mathrm{Re}(\boldsymbol{\mathcal{E}}^* \times \boldsymbol{\mathcal{B}}) \\ &= \frac{1}{2\mu} \mathrm{Re}\left[(i\omega \bar{a}_1)^* \bar{a}_1\right] \begin{pmatrix} k_2\, c_1 s_2 s_3 \\ -k_1\, s_1 c_2 s_3 \\ 0 \end{pmatrix} \times \begin{pmatrix} k_1 k_3\, s_1 c_2 c_3 \\ k_2 k_3\, c_1 s_2 c_3 \\ -(k_1^2 + k_2^2)\, c_1 c_2 s_3 \end{pmatrix} = \mathbf{0} . \end{aligned}$$

Der letzte Schritt folgt direkt daraus, dass der Realteil einer imaginären Zahl null ist: $\mathrm{Re}[-i\omega|\bar{a}_1|^2] = 0$.

Dieses Ergebnis $\overline{\mathbf{S}} = \mathbf{0}$ gilt allerdings zunächst nur für die hier betrachteten *Eigenmoden* des quaderförmigen Hohlraums. Es ist intuitiv zwar plausibel, dass in einem *endlichen* Hohlraum, der vollständig in ein perfekt leitendes Metall eingebettet ist, *im Zeitmittel* kein Energiefluss durch eine beliebige, vorgegebene Ebene auftreten sollte.[13] Dies schließt jedoch Kreisströme *innerhalb* einer Ebene nicht aus. Wir zeigen im Folgenden anhand eines Beispiels, dass derartige Kreisströme für Überlagerungen von Eigenmoden durchaus möglich sind.

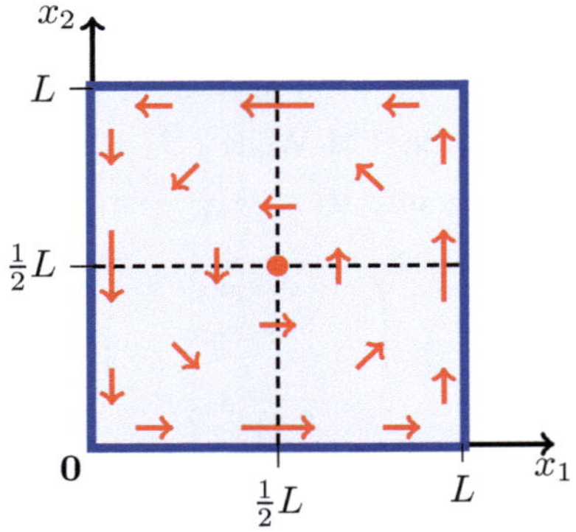

Abb. 7.4 Energiestromdichte für eine Überlagerung zweier TE-Moden

Beispiel: Wir betrachten die Überlagerung zweier TE-Moden mit *derselben* Frequenz $\omega = \bar{c}|\mathbf{k}|$, damit wir im Folgenden die Formel $\overline{\mathbf{E}\times\mathbf{B}} = \frac{1}{2}\mathrm{Re}(\boldsymbol{\mathcal{E}}^* \times \boldsymbol{\mathcal{B}})$ anwenden können. Zur Illustration nehmen wir an, dass der Hohlraum *würfelförmig* ist ($L_1 = L_2 = L_3 = L$). Wir wählen zwei niederfrequente TE-Moden, die außerdem die gleiche Amplitude $\bar{a}_1$ haben sollen:

$$\mathbf{k}_1^{\mathrm{TE}} = \frac{\pi}{L}\begin{pmatrix}1\\0\\1\end{pmatrix} \quad , \quad \boldsymbol{\mathcal{A}}_1 = -\frac{\pi}{L}\bar{a}_1 s_1 s_3 \hat{\mathbf{e}}_2 \quad , \quad \boldsymbol{\mathcal{E}}_1 = i\omega\boldsymbol{\mathcal{A}}_1 \quad , \quad \boldsymbol{\mathcal{B}}_1 = \frac{\pi^2}{L^2}\bar{a}_1\begin{pmatrix}s_1c_3\\0\\-c_1s_3\end{pmatrix}$$

$$\mathbf{k}_2^{\mathrm{TE}} = \frac{\pi}{L}\begin{pmatrix}0\\1\\1\end{pmatrix} \quad , \quad \boldsymbol{\mathcal{A}}_2 = \frac{\pi}{L}\bar{a}_1 s_2 s_3 \hat{\mathbf{e}}_1 \quad , \quad \boldsymbol{\mathcal{E}}_2 = i\omega\boldsymbol{\mathcal{A}}_2 \quad , \quad \boldsymbol{\mathcal{B}}_2 = \frac{\pi^2}{L^2}\bar{a}_1\begin{pmatrix}0\\s_2c_3\\-c_2s_3\end{pmatrix}$$

und überlagern diese mit einer Phasendifferenz ϕ, sodass das komplexe Vektorpotential insgesamt die Form $\boldsymbol{\mathcal{A}} = \boldsymbol{\mathcal{A}}_1 + e^{i\phi}\boldsymbol{\mathcal{A}}_2$ hat. Die komplexen Felder folgen dann als $\boldsymbol{\mathcal{E}} = i\omega\boldsymbol{\mathcal{A}}$ und $\boldsymbol{\mathcal{B}} = \boldsymbol{\nabla}\times\boldsymbol{\mathcal{A}}$. Die zeitgemittelte Energiestromdichte ist nun gegeben durch

$$\begin{aligned}
\overline{\mathbf{S}} &= \frac{1}{\mu}\overline{\mathbf{E}\times\mathbf{B}} = \frac{1}{2\mu}\mathrm{Re}(\boldsymbol{\mathcal{E}}^*\times\boldsymbol{\mathcal{B}}) = \frac{1}{2\mu}\mathrm{Re}\big[(\boldsymbol{\mathcal{E}}_1 + e^{i\phi}\boldsymbol{\mathcal{E}}_2)^*\times(\boldsymbol{\mathcal{B}}_1 + e^{i\phi}\boldsymbol{\mathcal{B}}_2)\big] \\
&= \frac{1}{2\mu}\mathrm{Re}\big(e^{-i\phi}\boldsymbol{\mathcal{E}}_2^*\times\boldsymbol{\mathcal{B}}_1 + e^{i\phi}\boldsymbol{\mathcal{E}}_1^*\times\boldsymbol{\mathcal{B}}_2\big) \\
&= \frac{\pi^3\omega s_3}{2\mu L^3}|\bar{a}_1|^2\left[-ie^{-i\phi}s_2\hat{\mathbf{e}}_1\times\begin{pmatrix}s_1c_3\\0\\-c_1s_3\end{pmatrix} + ie^{i\phi}s_1\hat{\mathbf{e}}_2\times\begin{pmatrix}0\\s_2c_3\\-c_2s_3\end{pmatrix}\right] \\
&= \frac{\pi^3\omega s_3^2}{2\mu L^3}|\bar{a}_1|^2\sin(\phi)\begin{pmatrix}s_1c_2\\-c_1s_2\\0\end{pmatrix} \quad , \quad c_i = \cos\big(\tfrac{\pi}{L}x_i\big) \quad , \quad s_i = \sin\big(\tfrac{\pi}{L}x_i\big)\ . \qquad (7.16)
\end{aligned}$$

Für *reell*wertige Überlagerungen der Form $\boldsymbol{\mathcal{A}} = \boldsymbol{\mathcal{A}}_1 \pm \boldsymbol{\mathcal{A}}_2$ mit $\phi = 0, \pi$ und $\sin(\phi) = 0$ ist die zeitgemittelte Energiestromdichte also nach wie vor null. Die

[13] Wir zeigen in Abschnitt [7.2.3], dass die Eigenmoden in *Wellenleitern*, die in einer Raumrichtung *unendlich ausgedehnt* sind, durchaus Energietransport entlang des Wellenleiters aufweisen.

Ortsabhängigkeit der zeitgemittelten Energiestromdichte für eine *komplex*wertige Überlagerung mit $\phi \in (0, \pi)$ ist in Abbildung 7.4 skizziert. Die Abbildung zeigt, dass die Energiestromdichte in diesem Fall Kreisströme in der $\hat{\mathbf{e}}_1$-$\hat{\mathbf{e}}_2$-Ebene aufweist. In der $\hat{\mathbf{e}}_3$-Richtung findet für diese Überlagerung (zeitgemittelt) kein Energietransport statt.

Felder und Energiefluss für die TM-Wellen Das elektrische Feld der TM-Welle folgt aus:

$$\mathbf{E}^{\mathrm{TM}} = -\frac{\partial \mathbf{A}^{\mathrm{TM}}}{\partial t} = \begin{pmatrix} k_1 k_3\, c_1 s_2 s_3 \\ k_2 k_3\, s_1 c_2 s_3 \\ -(k_1^2 + k_2^2)\, s_1 s_2 c_3 \end{pmatrix} \mathrm{Re}\left[i\omega \bar{a}_1 e^{-i\omega t}\right]$$

und das mit der TM-Welle einhergehende Magnetfeld aus:

$$\mathbf{B}^{\mathrm{TM}} = \nabla \times \mathbf{A}^{\mathrm{TM}} = (k_1^2 + k_2^2 + k_3^2) \begin{pmatrix} -k_2\, s_1 c_2 c_3 \\ k_1\, c_1 s_2 c_3 \\ 0 \end{pmatrix} \mathrm{Re}\left[\bar{a}_1 e^{-i\omega t}\right] .$$

Die Energiestromdichte ist wieder durch den Poynting-Vektor $\mathbf{S} = \frac{1}{\mu}\mathbf{E} \times \mathbf{B}$ gegeben. Wie bei der TE-Welle ist auch nun die *zeitgemittelte* Energiestromdichte gleich null:

$$\overline{\mathbf{S}} = \frac{1}{\mu}\overline{\mathbf{E} \times \mathbf{B}} = \frac{1}{2\mu}\,\mathrm{Re}\big(\boldsymbol{\mathcal{E}}^* \times \boldsymbol{\mathcal{B}}\big) = \mathbf{0} \,,$$

wobei der letzte Schritt (analog zur TE-Welle) direkt aus $\mathrm{Re}[-i\omega|\bar{a}_1|^2] = 0$ folgt. Dieses Ergebnis $\overline{\mathbf{S}} = \mathbf{0}$ gilt zunächst wieder nur für die hier betrachteten Eigenmoden. Wir zeigen im Folgenden anhand eines Beispiels, dass für komplexwertige Überlagerungen von TM-Moden mit anderen Eigenmoden durchaus Kreisströme mit $\overline{\mathbf{S}} \neq \mathbf{0}$ möglich sind.

Beispiel: Bei der Auswahl der Überlagerung ist wiederum wichtig, dass die zu überlagernden Moden *dieselbe* Frequenz $\omega = \bar{c}|\mathbf{k}|$ haben, damit wir bei der Zeitmittelung die Formel $\overline{\mathbf{E} \times \mathbf{B}} = \frac{1}{2}\,\mathrm{Re}\big(\boldsymbol{\mathcal{E}}^* \times \boldsymbol{\mathcal{B}}\big)$ anwenden können. Zur Illustration wählen wir wieder zwei niedrigfrequente Moden, und zwar die TM-Mode $\mathbf{k}_1^{\mathrm{TM}}$ sowie die TE-Mode $\mathbf{k}_2^{\mathrm{TE}}$ aus dem vorigen Beispiel:

$$\mathbf{k}_1^{\mathrm{TM}} = \frac{\pi}{L}\begin{pmatrix}1\\1\\0\end{pmatrix} \;,\; \boldsymbol{\mathcal{A}}_1 = -\frac{2\pi^2}{L^2}\bar{\bar{a}}_1 s_1 s_2 \hat{\mathbf{e}}_3 \;,\; \boldsymbol{\mathcal{E}}_1 = i\omega\boldsymbol{\mathcal{A}}_1 \;,\; \boldsymbol{\mathcal{B}}_1 = -\frac{2\pi^3}{L^3}\bar{\bar{a}}_1 \begin{pmatrix} s_1 c_2 \\ -c_1 s_2 \\ 0 \end{pmatrix}$$

$$\mathbf{k}_2^{\mathrm{TE}} = \frac{\pi}{L}\begin{pmatrix}0\\1\\1\end{pmatrix} \;,\; \boldsymbol{\mathcal{A}}_2 = \frac{\pi}{L}\bar{a}_1 s_2 s_3 \hat{\mathbf{e}}_1 \;,\; \boldsymbol{\mathcal{E}}_2 = i\omega\boldsymbol{\mathcal{A}}_2 \;,\; \boldsymbol{\mathcal{B}}_2 = \frac{\pi^2}{L^2}\bar{a}_1 \begin{pmatrix} 0 \\ s_2 c_3 \\ -c_2 s_3 \end{pmatrix} .$$

Außerdem wählen wir für die Amplitude der TM-Welle speziell: $\bar{\bar{a}}_1 = \frac{L}{2\pi}\bar{a}_1$, damit die Ausdrücke für die Vektorpotentiale $\boldsymbol{\mathcal{A}}_1$ und $\boldsymbol{\mathcal{A}}_1$ symmetrischer werden und auch manifest die gleiche physikalische Dimension besitzen:

$$\mathbf{k}_1^{\mathrm{TM}} = \frac{\pi}{L}\begin{pmatrix}1\\1\\0\end{pmatrix} \;,\; \boldsymbol{\mathcal{A}}_1 = -\frac{\pi}{L}\bar{a}_1 s_1 s_2 \hat{\mathbf{e}}_3 \;,\; \boldsymbol{\mathcal{E}}_1 = i\omega\boldsymbol{\mathcal{A}}_1 \;,\; \boldsymbol{\mathcal{B}}_1 = -\frac{\pi^2}{L^2}\bar{a}_1 \begin{pmatrix} s_1 c_2 \\ -c_1 s_2 \\ 0 \end{pmatrix} .$$

Wir überlagern die entsprechenden Beiträge zum komplexen Vektorpotential mit einer Phasendifferenz ϕ, sodass das Vektorpotential die Form $\boldsymbol{\mathcal{A}} = \boldsymbol{\mathcal{A}}_1 + e^{i\phi}\boldsymbol{\mathcal{A}}_2$ erhält. Ein Vergleich mit der Berechnung (7.16) für die Überlagerung zweier TE-Wellen zeigt, dass das jetzige Problem der Überlagerung einer TM- und einer TE-Welle mit Hilfe einer zyklischen Permutation $1 \to 2 \to 3 \to 1$ auf (7.16) abgebildet werden kann. Folglich können wir das Ergebnis (7.16) für die zeitgemittelte Energiestromdichte mit entsprechenden Änderungen übernehmen:

$$\begin{aligned}\overline{\mathbf{S}} &= \frac{1}{\mu}\overline{\mathbf{E}\times\mathbf{B}} = \frac{1}{2\mu}\,\mathrm{Re}\big(e^{-i\phi}\boldsymbol{\mathcal{E}}_2^*\times\boldsymbol{\mathcal{B}}_1 + e^{i\phi}\boldsymbol{\mathcal{E}}_1^*\times\boldsymbol{\mathcal{B}}_2\big)\\ &= \frac{\pi^3\omega s_2^2}{2\mu L^3}|\bar{a}_1|^2\sin(\phi)\begin{pmatrix} s_1c_3\\ 0\\ -c_1s_3\end{pmatrix}\quad,\quad c_i=\cos\big(\tfrac{\pi}{L}x_i\big)\quad,\quad s_i=\sin\big(\tfrac{\pi}{L}x_i\big)\;. \end{aligned} \tag{7.17}$$

Für reellwertige Überlagerungen $\boldsymbol{\mathcal{A}} = \boldsymbol{\mathcal{A}}_1 \pm \boldsymbol{\mathcal{A}}_2$ mit $\phi = 0, \pi$ ist die zeitgemittelte Energiestromdichte wiederum null. Die Ortsabhängigkeit der zeitgemittelten Energiestromdichte für eine komplexwertige Überlagerung mit $\phi \in (0, \pi)$ ist in Abbildung 7.5 skizziert. Abweichend vom vorigen Beispiel für die Überlagerung zweier TE-Wellen zeigt Abb. 7.5, dass die Energiestromdichte nun Kreisströme in der $\hat{\mathbf{e}}_1$-$\hat{\mathbf{e}}_3$-Ebene aufweist. Kein Energietransport findet für diese Überlagerung (zeitgemittelt) in der $\hat{\mathbf{e}}_2$-Richtung statt.

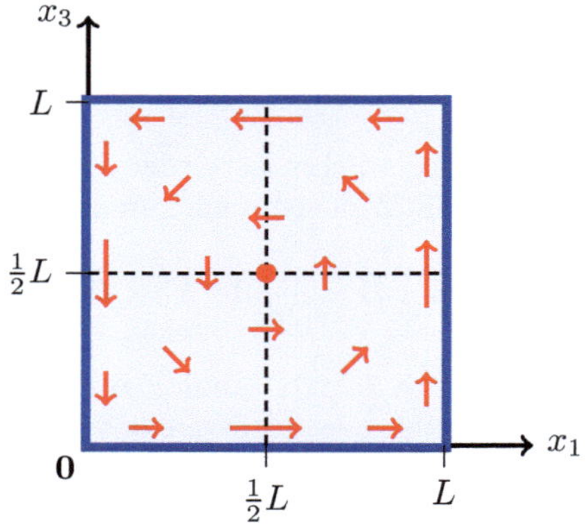

Abb. 7.5 Energiestromdichte für eine Überlagerung von TE- und TM-Moden

7.2.2 Beispiel: allgemeine Zylindergeometrien

Wir betrachten nun Zylindergeometrien mit beliebigem Querschnitt. Für einen senkrechten Zylinder in $\hat{\mathbf{e}}_3$-Richtung mit $0 < x_3 < L_3$ und $\mathbf{x}_\perp \equiv (x_1, x_2) \in \mathcal{D}_\perp$ hat das Vektorpotential die Form $\mathbf{A}(\mathbf{x}, t) \equiv \mathrm{Re}\left[\boldsymbol{\mathcal{A}}(\mathbf{x})e^{-i\omega t}\right]$ mit

$$\boldsymbol{\mathcal{A}}(\mathbf{x}) = \begin{pmatrix} a_1(\mathbf{x}_\perp)\,\sin(k_3x_3)\\ a_2(\mathbf{x}_\perp)\,\sin(k_3x_3)\\ a_3(\mathbf{x}_\perp)\,\cos(k_3x_3)\end{pmatrix}\quad,\quad k_3 = \frac{n_3\pi}{L_3}\qquad (n_3 \in \mathbb{N}_0)\;.$$

Wir diskutieren im Folgenden wiederum transversal-elektrische (TE) und transversal-magnetische (TM) Wellen als die zwei unabhängigen Lösungen dieses allgemeinen Problems. Bei der TE-Welle ist das elektrische Feld und bei der TM-Welle das Magnetfeld *transversal* (orthogonal zur $\hat{\mathbf{e}}_3$-Achse) ausgerichtet. Auf den Flächen $x_3 = 0$ und $x_3 = L_3$ gilt $\boldsymbol{\mathcal{A}}(\mathbf{x}_\perp, 0) = a_3(\mathbf{x}_\perp)\hat{\mathbf{e}}_3$ bzw. $\boldsymbol{\mathcal{A}}(\mathbf{x}_\perp, L_3) = (-1)^{n_3}a_3(\mathbf{x}_\perp)\hat{\mathbf{e}}_3$, sodass die Randbedingung $\hat{\mathbf{n}} \times \boldsymbol{\mathcal{A}} = \mathbf{0}$ für alle $\mathbf{x}_\perp \in \mathcal{D}_\perp$ dort erfüllt ist.

Die TE-Welle entspricht einem *Neumann-Problem*

Die TE-Welle (mit $E_3 = 0$) wird definiert durch die Gleichungen

$$(\Delta_2 + \kappa^2)\begin{pmatrix} a_1 \\ a_2 \end{pmatrix} = \begin{pmatrix} 0 \\ 0 \end{pmatrix} \quad , \quad a_3 = 0 \quad , \quad \frac{\partial a_1}{\partial x_1} + \frac{\partial a_2}{\partial x_2} = 0 \quad (\mathbf{x}_\perp \in \mathcal{D}_\perp) \quad (7.18a)$$

mit $\Delta_2 = \partial_1^2 + \partial_2^2$. Die Wellenzahl κ ist durch

$$\kappa^2 = k^2 - k_3^2 = \frac{\omega^2}{\bar{c}^2} - k_3^2 \qquad (k_3 > 0) \qquad (7.18b)$$

festgelegt, und die Randbedingung $\hat{\mathbf{n}} \times \boldsymbol{\mathcal{A}} = \mathbf{0}$ lautet explizit:

$$a_3 = 0 \quad \text{und} \quad n_2 a_1 - n_1 a_2 = 0 \qquad (\mathbf{x}_\perp \in \partial\mathcal{D}_\perp)\,. \qquad (7.18c)$$

Diese Randbedingung ist für alle $\mathbf{x}_\perp \in \partial\mathcal{D}_\perp$ zu erfüllen.

Dieses lineare Gleichungssystem für die Funktionen $a_i(\mathbf{x}_\perp)$ mit $i = 1, 2, 3$ zeigt, dass wir wieder o. B. d. A. annehmen können, dass a_i *reell*wertig ist (siehe Fußnote 12 auf Seite 252). Wir stellen außerdem fest, dass nur eine der beiden Komponenten a_1 und a_2 unabhängig ist: Da $\mathbf{a}(\mathbf{x}_\perp)$ divergenzfrei ist und $a_3 = 0$ gilt, kann man $\mathbf{a}$ als Rotation eines reellwertigen Vektorfeldes $(0, 0, \psi(\mathbf{x}_\perp))$ schreiben:[14]

$$\mathbf{a} = \begin{pmatrix} a_1 \\ a_2 \\ 0 \end{pmatrix} = \boldsymbol{\nabla} \times \begin{pmatrix} 0 \\ 0 \\ \psi \end{pmatrix} = \begin{pmatrix} \partial\psi/\partial x_2 \\ -\partial\psi/\partial x_1 \\ 0 \end{pmatrix}\,.$$

Das Feld $\psi(\mathbf{x}_\perp)$ ist die Lösung des Randwertproblems

$$(\Delta_2 + \kappa^2)\psi = \lambda \qquad (\mathbf{x}_\perp \in \mathcal{D}_\perp)$$

mit

$$\begin{pmatrix} n_1 \\ n_2 \end{pmatrix} \cdot \boldsymbol{\nabla}_2\psi = \frac{\partial\psi}{\partial n} = 0 \qquad (\mathbf{x}_\perp \in \partial\mathcal{D}_\perp)\,,$$

wobei λ eine zunächst beliebige reelle Konstante darstellt. Diese Gleichungen können auch als $(\Delta_2 + \kappa^2)\tilde{\psi} = 0$ und $\frac{\partial\tilde{\psi}}{\partial n} = 0$ mit $\tilde{\psi} \equiv \psi - \frac{\lambda}{\kappa^2}$ geschrieben werden. Da nur die *Ableitungen* von ψ physikalische Relevanz haben, kann man für die reelle Konstante o. B. d. A. $\lambda = 0$ wählen und $\tilde{\psi} \to \psi$ ersetzen:

$$\boxed{(\Delta_2 + \kappa^2)\psi = 0 \quad (\mathbf{x}_\perp \in \mathcal{D}_\perp) \quad , \quad \frac{\partial\psi}{\partial n} = 0 \quad (\mathbf{x}_\perp \in \partial\mathcal{D}_\perp)\,.}$$

Im Falle der TE-Welle ist also ein *Neumann-Problem* (mit vorgegebener *Normalenableitung* auf $\partial\mathcal{D}_\perp$) für die zweidimensionale Helmholtz-Gleichung zu lösen.

[14]Dies beweist man wie folgt: Der allgemeine Ansatz $\mathbf{a}(\mathbf{x}_\perp) = \boldsymbol{\nabla} \times \boldsymbol{\psi}(\mathbf{x}_\perp)$ mit $\boldsymbol{\psi} = (\psi_1, \psi_2, \psi)$ impliziert $a_3 = \partial_1\psi_2 - \partial_2\psi_1 = 0$, sodass das Differential $d\psi_0 \equiv \psi_1 dx_1 + \psi_2 dx_2$ *exakt* ist und $\psi_1 = \partial_1\psi_0$ sowie $\psi_2 = \partial_2\psi_0$ gilt. Es folgt also $\boldsymbol{\psi} = \boldsymbol{\nabla}\psi_0 + \psi\hat{\mathbf{e}}_3$ und somit $\mathbf{a} = \boldsymbol{\nabla} \times \boldsymbol{\psi} = \boldsymbol{\nabla} \times (\psi\hat{\mathbf{e}}_3)$. Man kann also o. B. d. A. $\psi_0 = 0$ wählen und $\mathbf{a} = \boldsymbol{\nabla} \times (\psi\hat{\mathbf{e}}_3)$ annehmen.

Felder und Energiefluss für TE-Wellen Das elektrische Feld der TE-Welle ist für eine allgemeine Zylindergeometrie gegeben durch:

$$\mathbf{E}^{\mathrm{TE}} = -\frac{\partial \mathbf{A}^{\mathrm{TE}}}{\partial t} = \begin{pmatrix} a_1(\mathbf{x}_\perp)\,\sin(k_3x_3) \\ a_2(\mathbf{x}_\perp)\,\sin(k_3x_3) \\ 0 \end{pmatrix} \mathrm{Re}\left[i\omega e^{-i\omega t}\right]$$

und das entsprechende Magnetfeld durch:

$$\mathbf{B}^{\mathrm{TE}} = \nabla \times \mathbf{A}^{\mathrm{TE}} = \begin{pmatrix} -k_3a_2(\mathbf{x}_\perp)\,\cos(k_3x_3) \\ k_3a_1(\mathbf{x}_\perp)\,\cos(k_3x_3) \\ [\partial_1 a_2(\mathbf{x}_\perp) - \partial_2 a_1(\mathbf{x}_\perp)]\,\sin(k_3x_3) \end{pmatrix} \mathrm{Re}\left[e^{-i\omega t}\right] .$$

Die zeitgemittelte Energiestromdichte $\overline{\mathbf{S}} = \frac{1}{\mu}\overline{\mathbf{E}\times\mathbf{B}} = \frac{1}{2\mu}\,\mathrm{Re}\big(\boldsymbol{\mathcal{E}}^* \times \boldsymbol{\mathcal{B}}\big)$ ist für eine einzelne Eigenmode wieder gleich null, da der Realteil einer imaginären Zahl null ist: $\mathrm{Re}[-i\omega] = 0$. Für Überlagerungen von Eigenmoden kann die zeitgemittelte Energiestromdichte $\overline{\mathbf{S}}$ durchaus ungleich null sein.

Beispiel 1: Zur Illustration können wir auf bereits vorhandenes Wissen zurückgreifen, da der in Abschnitt [7.2.1] behandelte quaderförmige Hohlraum ein Spezielfall einer Zylindergeometrie ist. Im Falle der TE-Welle im quaderförmigen Hohlraum ist das einkomponentige Feld ψ für alle $\mathbf{x}_\perp \in \mathcal{D}_\perp = [0, L_1] \times [0, L_2]$ gegeben durch $\psi(\mathbf{x}_\perp) = -\bar{a}_1c_1c_2$ mit $c_i = \cos(k_ix_i)$. Für komplexwertige Überlagerungen mehrerer TE-Wellen in einem solchen Hohlraum können in der Tat Kreisströme auftreten, wie wir aus Gleichung (7.16) und Abb. 7.4 wissen.

Beispiel 2: Für einen senkrechten Kreiszylinder ist das einkomponentige Feld ψ für alle $\mathbf{x}_\perp \in \mathcal{D}_\perp = \{\mathbf{x}_\perp \,|\, x_\perp \equiv |\mathbf{x}_\perp| \leq R\}$ in Polarkoordinaten gegeben durch $\psi(\mathbf{x}_\perp) = J_m(\kappa_{nm}x_\perp)\big[\bar{a}_{1\mathrm{c}}\cos(m\varphi) + \bar{a}_{1\mathrm{s}}\sin(m\varphi)\big]$ mit $\bar{a}_{1\mathrm{c,s}} \in \mathbb{R}$. Hierbei stellt J_m eine Bessel-Funktion dar. Dies folgt aus der Lösung der Helmholtz-Gleichung für eine Kreisscheibe in Aufgabe 6.3, Teil **(c)**. Die möglichen Wellenzahlen κ_{nm} werden hierbei durch die Neumann-Randbedingung $J'_m(\kappa_{nm}R) = 0$ festgelegt.

Die TM-Welle entspricht einem *Dirichlet-Problem*

Die TM-Welle (mit $B_3 = 0$) erfüllt für $\mathbf{x}_\perp \in \mathcal{D}_\perp$ die Gleichungen

$$(\Delta_2 + \kappa^2)\mathbf{a} = \mathbf{0} \quad , \quad \frac{\partial a_1}{\partial x_2} - \frac{\partial a_2}{\partial x_1} = 0 \quad , \quad \frac{\partial a_1}{\partial x_1} + \frac{\partial a_2}{\partial x_2} - k_3a_3 = 0 \tag{7.19a}$$

und für $\mathbf{x}_\perp \in \partial\mathcal{D}_\perp$ die Randbedingung $\hat{\mathbf{n}} \times \boldsymbol{\mathcal{A}} = \mathbf{0}$, d. h., es gilt wiederum

$$a_3 = 0 \quad \text{und} \quad n_2a_1 - n_1a_2 = 0 \qquad (\mathbf{x}_\perp \in \partial\mathcal{D}_\perp) . \tag{7.19b}$$

Aufgrund der Linearität dieses Gleichungssystems kann man wieder o. B. d. A. annehmen, dass die Funktionen a_i *reell*wertig sind (siehe Fußnote 12 auf Seite 252).

Aus der Gleichung $\frac{\partial a_1}{\partial x_2} - \frac{\partial a_2}{\partial x_1} = 0$ folgt, dass das Differential $d\psi = a_1dx_1 + a_2dx_2$ *exakt* ist,[15] sodass der Vektor $\mathbf{a}(\mathbf{x}_\perp)$ aus einer einzelnen Funktion ψ herleitbar ist:

$$a_1 = \frac{\partial \psi}{\partial x_1} \quad , \quad a_2 = \frac{\partial \psi}{\partial x_2} \quad , \quad k_3a_3 = \Delta_2\psi \qquad (\mathbf{x}_\perp \in \mathcal{D}_\perp) .$$

[15] Exakte Differentiale werden auch ausführlich in § 7.3.8 von Ref. [9] behandelt.

Hierbei erfüllt ψ für irgendeine Konstante $\lambda_1 \in \mathbb{R}$ die Gleichung

$$(\Delta_2 + \kappa^2)\psi = \lambda_1 \qquad (\mathbf{x}_\perp \in \mathcal{D}_\perp) \tag{7.20}$$

und die Randbedingungen

$$\Delta_2\psi = 0 \quad , \quad \begin{pmatrix} -n_2 \\ n_1 \end{pmatrix} \cdot \boldsymbol{\nabla}_2\psi = \nabla_{2t}\psi = 0 \qquad (\mathbf{x}_\perp \in \partial\mathcal{D}_\perp) \; ,$$

die wiederum für alle $\mathbf{x}_\perp \in \partial\mathcal{D}_\perp$ zu erfüllen sind.

Die zweite Randbedingung, $\nabla_{2t}\psi = 0$, besagt, dass die Ableitung von ψ entlang der Kurve $\partial\mathcal{D}_\perp$ null ist, sodass für irgendeine Konstante $\lambda_2 \in \mathbb{R}$

$$\psi = \lambda_2 \qquad (\mathbf{x}_\perp \in \partial\mathcal{D}_\perp)$$

gilt. In Kombination mit der Randbedingung $\Delta_2\psi = 0$ und mit (7.20) ergibt diese Gleichung die Relation

$$\lambda_1 = \Delta_2\psi + \kappa^2\psi = \kappa^2\lambda_2 \qquad (\mathbf{x}_\perp \in \partial\mathcal{D}_\perp)$$

zwischen λ_1 und λ_2. Es folgt mit $\tilde{\psi} \equiv \psi - \lambda_2$:

$$(\Delta_2 + \kappa^2)\tilde{\psi} = 0 \quad (\mathbf{x}_\perp \in \mathcal{D}_\perp) \quad , \quad \tilde{\psi} = 0 \quad (\mathbf{x}_\perp \in \partial\mathcal{D}_\perp) \; .$$

Da wiederum nur die *Ableitungen* von ψ physikalische Relevanz haben, kann man o. B. d. A. $\lambda_2 = 0$ und somit auch $\lambda_1 = 0$ wählen, sodass

$$\boxed{(\Delta_2 + \kappa^2)\psi = 0 \quad (\mathbf{x}_\perp \in \mathcal{D}_\perp) \quad , \quad \psi = 0 \quad (\mathbf{x}_\perp \in \partial\mathcal{D}_\perp)}$$

gilt. Im Falle der TM-Welle ist also ein *Dirichlet-Problem* (mit vorgegebenem ψ-Wert auf $\partial\mathcal{D}_\perp$) für die zweidimensionale Helmholtz-Gleichung zu lösen.

Anders als bei der TE-Welle (siehe oben) sind grundsätzlich TM-Lösungen möglich mit $k_3 = 0$ sowie

$$a_1 = a_2 = 0 \quad , \quad \psi = 0 \quad , \quad a_3 \neq 0 \quad \text{mit} \quad (\Delta_2 + \kappa^2)a_3 = 0 \qquad (\mathbf{x}_\perp \in \mathcal{D}_\perp)$$

und $a_3 = 0$ für $\mathbf{x}_\perp \in \partial\mathcal{D}_\perp$. Diese Lösungen haben Frequenzen $\omega = \bar{c}\,\kappa > 0$ sowie die Eigenschaften $\mathbf{E} = -\partial_t\mathbf{A} \parallel \hat{\mathbf{e}}_3$ und $\mathbf{B} = \nabla \times \mathbf{A} \perp \hat{\mathbf{e}}_3$. Falls L_3 deutlich größer als die transversalen Ausdehnungen des Hohlraums ist, sind solche TM-Moden nicht optimal niederfrequent. Für $k_3 \neq 0$ ist zu beachten, dass a_3 ebenfalls komplett durch ψ festgelegt wird: $a_3 = k_3^{-1}\Delta_2\psi$ für $\mathbf{x}_\perp \in \mathcal{D}_\perp$.

Felder und Energiefluss für TM-Wellen Das elektrische Feld der TM-Welle ist für eine allgemeine Zylindergeometrie gegeben durch:

$$\mathbf{E}^{\text{TM}} = -\frac{\partial\mathbf{A}^{\text{TM}}}{\partial t} = \begin{pmatrix} a_1(\mathbf{x}_\perp)\,\sin(k_3x_3) \\ a_2(\mathbf{x}_\perp)\,\sin(k_3x_3) \\ a_3(\mathbf{x}_\perp)\,\cos(k_3x_3) \end{pmatrix} \text{Re}\left[i\omega e^{-i\omega t}\right]$$

und das entsprechende Magnetfeld durch:

$$\mathbf{B}^{\text{TM}} = \nabla \times \mathbf{A}^{\text{TM}} = \begin{pmatrix} [\partial_2 a_3(\mathbf{x}_\perp) - k_3 a_2(\mathbf{x}_\perp)]\,\cos(k_3x_3) \\ [k_3 a_1(\mathbf{x}_\perp) - \partial_1 a_3(\mathbf{x}_\perp)]\,\cos(k_3x_3) \\ 0 \end{pmatrix} \text{Re}\left[e^{-i\omega t}\right] \; .$$

Bei der Berechnung der B_3^{TM}-Komponente wurde die Vertauschbarkeit von Ableitungen verwendet: $\partial_1 a_2 - \partial_2 a_1 = (\partial_1\partial_2 - \partial_2\partial_1)\psi = 0$. Wie bei der TE-Welle ist die zeitgemittelte Energiestromdichte $\overline{\mathbf{S}} = \frac{1}{\mu}\overline{\mathbf{E}\times\mathbf{B}} = \frac{1}{2\mu}\,\mathrm{Re}(\boldsymbol{\mathcal{E}}^* \times \boldsymbol{\mathcal{B}})$ gleich null.

Beispiel 1: Wir nennen zuerst wieder den in Abschnitt [7.2.1] behandelten quaderförmigen Hohlraum. Im Falle der TM-Welle ist das einkomponentige Feld ψ für $\mathbf{x}_\perp \in \mathcal{D}_\perp = [0, L_1]\times[0, L_2]$ gegeben durch $\psi(\mathbf{x}_\perp) = \bar{a}_1 k_3 s_1 s_2$ mit $s_i = \sin(k_i x_i)$. Für komplexwertige Überlagerungen von TM-Moden mit anderen Eigenmoden können Kreisströme auftreten, siehe Gleichung (7.17) und Abb. 7.5.

Beispiel 2: Für einen senkrechten Kreiszylinder ist das einkomponentige Feld ψ, wie für die TE-Welle, durch $\psi(\mathbf{x}_\perp) = J_m(\kappa_{nm} x_\perp)\big[\bar{a}_{1\mathrm{c}} \cos(m\varphi) + \bar{a}_{1\mathrm{s}} \sin(m\varphi)\big]$ mit $\bar{a}_{1\mathrm{c,s}} \in \mathbb{R}$ gegeben. Hierbei stellt J_m wiederum eine Bessel-Funktion dar. Die möglichen Wellenzahlen κ_{nm} werden nun allerdings durch die Dirichlet-Randbedingung $J_m(\kappa_{nm} R) = 0$ festgelegt.

7.2.3 Beispiel: Wellenleiter

Falls das zylinderförmige Dielektrikum aus dem vorigen Abschnitt [7.2.2], das in ein perfekt leitendes metallisches Material eingebettet ist, in $\hat{\mathbf{e}}_3$-Richtung *unendlich ausgedehnt* ist, spricht man von einem *Wellenleiter*.

Mögliche Lösungen haben die Struktur

$$\boxed{\mathbf{A}(\mathbf{x}, t) = \mathrm{Re}\big[\mathbf{a}(\mathbf{x}_\perp) e^{i(k_3 x_3 - \omega t)}\big]\ ,}$$

wobei $\mathbf{a}(\mathbf{x}_\perp)$ die zweidimensionale Helmholtz-Gleichung $(\Delta_2 + \kappa^2)\mathbf{a} = \mathbf{0}$ erfüllt und $\omega = \bar{c}\sqrt{\kappa^2 + k_3^2}$ gilt.

Bemerkenswert an diesen Lösungen ist der drastische Unterschied zwischen der Phasen- und der Gruppengeschwindigkeit. Die Phasengeschwindigkeit der Welle ist gegeben durch

$$\frac{\omega}{k_3} = \bar{c}\,\frac{\sqrt{\kappa^2 + k_3^2}}{k_3} > \bar{c}\ ,$$

und die Gruppengeschwindigkeit folgt als

$$\boxed{\frac{\partial\omega}{\partial k_3} = \bar{c}\,\frac{k_3}{\sqrt{\kappa^2 + k_3^2}} < \bar{c}\ .}$$

Folglich ist der geometrische Mittelwert der beiden Geschwindigkeiten genau $\bar{c}$:

$$\left(\frac{\omega}{k_3}\frac{\partial\omega}{\partial k_3}\right)^{1/2} = \left(\frac{\partial\omega^2}{\partial k_3^2}\right)^{1/2} = \bar{c}\ .$$

Für den physikalischen Transport von „Information“ (z. B. von Energie oder Impuls in Wellenpaketen) ist die *Gruppengeschwindigkeit* relevant, sodass Überlichtgeschwindigkeiten von physikalischen Größen in Wellenleitern nicht auftreten.

Im Folgenden betrachten wir die möglichen transversal-elektrischen (TE) und transversal-magnetischen (TM) Wellen im Wellenleiter und die mit ihnen einhergehenden $(\mathbf{E}, \mathbf{B})$-Felder und Energieflüsse. Auch in diesem Fall ist bei der TE-Welle das elektrische Feld und bei der TM-Welle das Magnetfeld *transversal* (orthogonal zur $\hat{\mathbf{e}}_3$-Achse) ausgerichtet.

TE-Wellen im Wellenleiter

Die Beschreibung der möglichen TE-Wellen im Wellenleiter (mit $E_3 = 0$) ist sehr einfach, da sie genau dieselben Gleichungen (7.18) erfüllen wie die TE-Wellen in einer allgemeinen Zylindergeometrie in Abschnitt [7.2.2]. Dies bedeutet konkret, dass man wieder o. B. d. A. annehmen kann, dass die Funktionen $\mathbf{a} = (a_1, a_2, 0)^{\mathrm{T}}$ *reell*wertig sind und aus einer einzelnen Funktion ψ abgeleitet werden können, die durch ein *Neumann-Problem* der zweidimensionalen Helmholtz-Gleichung festgelegt ist.

Der einzige Unterschied zu den TE-Wellen in allgemeinen Zylindergeometrien ist, dass die Wellenzahl k_3 im Wellenleiter allgemein *reell* und nicht diskretisiert ist: $k_3 \in \mathbb{R}$. Insbesondere ist also auch $k_3 = 0$ nun möglich.

Felder und Energiefluss für TE-Wellen im Wellenleiter

Das elektrische Feld $\mathbf{E}^{\mathrm{TE}} = -\partial_t \mathbf{A}^{\mathrm{TE}}$ und das Magnetfeld $\mathbf{B}^{\mathrm{TE}} = \nabla \times \mathbf{A}^{\mathrm{TE}}$ der TE-Welle sind in einem Wellenleiter gegeben durch:

$$\mathbf{E}^{\mathrm{TE}} = -\omega \begin{pmatrix} a_1 \\ a_2 \\ 0 \end{pmatrix} \sin(k_3 x_3 - \omega t) \quad , \quad \mathbf{B}^{\mathrm{TE}} = \begin{pmatrix} k_3\, a_2 \sin(k_3 x_3 - \omega t) \\ -k_3\, a_1 \sin(k_3 x_3 - \omega t) \\ (\partial_1 a_2 - \partial_2 a_1) \cos(k_3 x_3 - \omega t) \end{pmatrix} .$$

Die zeitgemittelte Energiestromdichte $\overline{\mathbf{S}} = \frac{1}{\mu} \overline{\mathbf{E} \times \mathbf{B}}$ folgt mit Hilfe von $\overline{\sin^2} \to \frac{1}{2}$ und $\overline{\sin\cos} \to 0$ als

$$\boxed{\overline{\mathbf{S}} = \frac{\omega k_3}{2\mu}(a_1^2 + a_2^2)\hat{\mathbf{e}}_3}$$

und ist nun *ungleich* null: Anders als für endliche, abgeschlossene Hohlräume ist nun ein Energietransport entlang der Achse des Wellenleiters möglich.

TM-Wellen im Wellenleiter

Auch die TM-Wellen verhalten sich grundsätzlich analog zu den TM-Wellen in allgemeinen Zylindergeometrien in Abschnitt [7.2.2], nur verläuft die Herleitung im Detail doch etwas anders. Wir fassen das modifizierte Argument kurz zusammen.

Die TM-Welle (mit $B_3 = 0$) erfüllt im Wellenleiter für $\mathbf{x}_\perp \in \mathcal{D}_\perp$ die Gleichungen

$$(\Delta_2 + \kappa^2)\mathbf{a} = \mathbf{0} \quad , \quad \frac{\partial a_1}{\partial x_2} - \frac{\partial a_2}{\partial x_1} = 0 \quad , \quad \frac{\partial a_1}{\partial x_1} + \frac{\partial a_2}{\partial x_2} + i k_3 a_3 = 0 \ ,$$

wobei die letzte Gleichung die Konsequenz der Coulomb-Eichung $\nabla \cdot \mathbf{A} = 0$ ist. Für Ortsvektoren mit transversalen Komponenten $\mathbf{x}_\perp \in \partial\mathcal{D}_\perp$ gilt nun

$$a_3 = 0 \quad \text{und} \quad n_2 a_1 - n_1 a_2 = 0 \qquad (\mathbf{x}_\perp \in \partial\mathcal{D}_\perp)$$

aufgrund der allgemeinen Randbedingung $\hat{\mathbf{n}} \times \boldsymbol{\mathcal{A}} = \mathbf{0}$.

Wegen des Faktors i in der Coulomb-Eichung $\nabla \cdot \mathbf{A} = 0$ kann man nun *nicht* ohne Weiteres annehmen, dass die Funktionen a_i reellwertig sind. Wir substituieren daher $a_3 \equiv i\bar{a}_3$ und erhalten einen Gleichungssatz mit *reellen* Koeffizienten:

$$(\Delta_2 + \kappa^2)\bar{\mathbf{a}} = \mathbf{0} \quad , \quad \frac{\partial a_1}{\partial x_2} - \frac{\partial a_2}{\partial x_1} = 0 \quad , \quad \frac{\partial a_1}{\partial x_1} + \frac{\partial a_2}{\partial x_2} - k_3\bar{a}_3 = 0 \quad (\mathbf{x}_\perp \in \mathcal{D}_\perp)$$
$$\bar{a}_3 = 0 \quad \text{und} \quad n_2 a_1 - n_1 a_2 = 0 \qquad (\mathbf{x}_\perp \in \partial\mathcal{D}_\perp) \, .$$

Wir definierten $\bar{\mathbf{a}} \equiv (a_1, a_2, \bar{a}_3)^{\mathrm{T}}$. Dieser Gleichungssatz ist *identisch* mit den Gleichungen (7.19) für TM-Wellen in einer allgemeinen Zylindergeometrie. Da in diesem Satz nur *reelle* Koeffizienten auftreten, kann man o. B. d. A. annehmen, dass die Funktionen $a_{1,2}$ und $\bar{a}_3$ *reell*wertig sind (siehe Fußnote 12 auf Seite 252).

Ab diesem Punkt kann man die Herleitung für die allgemeine Zylindergeometrie übernehmen. Es folgt, dass die reellwertigen Funktionen $a_{1,2}$ und $\bar{a}_3$ alle aus einer einzelnen reellwertigen Funktion ψ herleitbar sind:

$$a_1 = \frac{\partial\psi}{\partial x_1} \quad , \quad a_2 = \frac{\partial\psi}{\partial x_2} \quad , \quad k_3\bar{a}_3 = \Delta_2\psi \qquad (\mathbf{x}_\perp \in \mathcal{D}_\perp) \, ,$$

wobei ψ die Lösung eines *Dirichlet-Problems* für die zweidimensionale Helmholtz-Gleichung ist:

$$(\Delta_2 + \kappa^2)\psi = 0 \quad (\mathbf{x}_\perp \in \mathcal{D}_\perp) \quad , \quad \psi = 0 \quad (\mathbf{x}_\perp \in \partial\mathcal{D}_\perp) \, .$$

Wir unterscheiden nun mögliche Lösungen mit $k_3 = 0$ und solche mit $k_3 \neq 0$.

Für $k_3 = 0$ werden die TM-Wellen im Inneren des Wellenleiters ($\mathbf{x}_\perp \in \mathcal{D}_\perp$) durch Funktionen $a_{1,2} = 0$ sowie $a_3 = i\bar{a}_3$ mit $(\Delta_2 + \kappa^2)\bar{a}_3 = 0$ charakterisiert, wobei $\bar{a}_3 = 0$ auf dem Rand gilt ($\mathbf{x}_\perp \in \mathcal{D}_\perp$). Diese Lösungen haben Frequenzen $\omega = \bar{c}\kappa > 0$ sowie die Eigenschaften $\mathbf{E} = -\partial_t\mathbf{A} \parallel \hat{\mathbf{e}}_3$ und $\mathbf{B} = \nabla \times \mathbf{A} \perp \hat{\mathbf{e}}_3$.

Für $k_3 \neq 0$ ist zu beachten, dass neben $a_1 = \partial_1\psi$ und $a_2 = \partial_2\psi$ auch a_3 komplett durch die reellwertige Funktion ψ festgelegt wird und proportional zu dieser ist, denn es gilt $a_3 = i\bar{a}_3 = ik_3^{-1}\Delta_2\psi = -i\kappa^2\psi/k_3$ für alle $\mathbf{x}_\perp \in \mathcal{D}_\perp$.

Felder für TM-Wellen im Wellenleiter

Das Vektorpotential der TM-Welle hat nun also die Form:

$$\mathbf{A}^{\mathrm{TM}}(\mathbf{x}, t) = \mathrm{Re}\big[\mathbf{a}(\mathbf{x}_\perp)e^{i(k_3x_3 - \omega t)}\big] = \begin{pmatrix} a_1(\mathbf{x}_\perp)\cos(k_3x_3 - \omega t) \\ a_2(\mathbf{x}_\perp)\cos(k_3x_3 - \omega t) \\ -\bar{a}_3(\mathbf{x}_\perp)\sin(k_3x_3 - \omega t) \end{pmatrix}$$

mit *reellwertigen* Funktionen $a_{1,2}$ und $\bar{a}_3$. Das elektrische Feld $\mathbf{E}^{\mathrm{TM}} = -\partial_t\mathbf{A}^{\mathrm{TM}}$ und das Magnetfeld $\mathbf{B}^{\mathrm{TM}} = \nabla \times \mathbf{A}^{\mathrm{TM}}$ der TM-Welle sind daher in einem Wellenleiter gegeben durch:

$$\mathbf{E}^{\mathrm{TM}} = -\omega \begin{pmatrix} a_1 \sin(k_3x_3 - \omega t) \\ a_2 \sin(k_3x_3 - \omega t) \\ \bar{a}_3 \cos(k_3x_3 - \omega t) \end{pmatrix} \quad , \quad \mathbf{B}^{\mathrm{TM}} = \begin{pmatrix} (k_3a_2 - \partial_2\bar{a}_3)\sin(k_3x_3 - \omega t) \\ (\partial_1\bar{a}_3 - k_3a_1)\sin(k_3x_3 - \omega t) \\ 0 \end{pmatrix} .$$

Bei der Berechnung der B_3^{TM}-Komponente wurde wieder die Vertauschbarkeit von Ableitungen verwendet: $\partial_1 a_2 - \partial_2 a_1 = (\partial_1\partial_2 - \partial_2\partial_1)\psi = 0$.

Energiefluss für TM-Wellen im Wellenleiter

Die zeitgemittelte Energiestromdichte $\overline{\mathbf{S}} = \frac{1}{\mu}\overline{\mathbf{E} \times \mathbf{B}}$ ist entlang der $\hat{\mathbf{e}}_3$-Achse ausgerichtet und folgt mit Hilfe von $\overline{\sin^2} \to \frac{1}{2}$ und $\overline{\sin\cos} \to 0$ als

$$\overline{\mathbf{S}} = \frac{\omega}{2\mu}\left[k_3(a_1^2 + a_2^2) - (a_1\partial_1\bar{a}_3 + a_2\partial_2\bar{a}_3)\right]\hat{\mathbf{e}}_3 \ .$$

Wir schreiben den zweiten Term in $[\cdots]$ mit Hilfe von $\partial_1 a_1 + \partial_2 a_2 = k_3\bar{a}_3$ um als:

$$\begin{aligned} a_1\partial_1\bar{a}_3 + a_2\partial_2\bar{a}_3 &= \partial_1(a_1\bar{a}_3) + \partial_2(a_2\bar{a}_3) - \bar{a}_3(\partial_1 a_1 + \partial_2 a_2) \\ &= \nabla_2 \cdot \left[\bar{a}_3\begin{pmatrix} a_1 \\ a_2 \end{pmatrix}\right] - k_3\bar{a}_3^2 \end{aligned}$$

und erhalten dann

$$\overline{\mathbf{S}} = \frac{\omega}{2\mu}\left\{k_3(a_1^2 + a_2^2 + \bar{a}_3^2) - \nabla_2 \cdot \left[\bar{a}_3\begin{pmatrix} a_1 \\ a_2 \end{pmatrix}\right]\right\}\hat{\mathbf{e}}_3$$

für die zeitgemittelte Energiestromdichte.

Räumliche Mittelung Die Form des zweiten Terms in $\{\cdots\}$ zeigt, dass es vorteilhaft ist, eine *zweite* Mittelung des Poynting-Vektors durchzuführen, nämlich eine *räumliche* Mittelung über den Querschnitt des Wellenleiters. Eine solche Mittelung hat zur Konsequenz, dass der zweite Term aufgrund des Gauß'schen Satzes und der Randbedingung $\bar{a}_3 = 0$ für $\mathbf{x}_\perp \in \partial\mathcal{D}_\perp$ *null* wird:

$$\int_{\mathcal{D}_\perp} d^2x_\perp \ \nabla_2 \cdot \left[\bar{a}_3\begin{pmatrix} a_1 \\ a_2 \end{pmatrix}\right] = \int_{\partial\mathcal{D}_\perp} d\mathbf{F} \cdot \left[\bar{a}_3\begin{pmatrix} a_1 \\ a_2 \end{pmatrix}\right] = 0 \ .$$

Hierbei ist $d\mathbf{F} = -\hat{\mathbf{n}}(\mathbf{x}_\perp)\, dF$ mit $dF = |d\mathbf{F}|$ das orientierte „Flächenelement" von $\partial\mathcal{D}_\perp$ mit *auswärts* gerichtetem Normalenvektor.[16] Wir kennzeichnen die zweite Mittelung, also die *räumliche* Mittelung über den Querschnitt des Wellenleiters mit Hilfe von spitzen Klammern: $\langle\cdots\rangle$. Das Ergebnis für die Energiestromdichte lautet nach den beiden Mittelungen über die Zeit und den Querschnitt des Wellenleiters:

$$\boxed{\langle\overline{\mathbf{S}}\rangle = \frac{\omega k_3}{2\mu}\left(\langle a_1^2\rangle + \langle a_2^2\rangle + \langle\bar{a}_3^2\rangle\right)\hat{\mathbf{e}}_3 = \frac{\omega k_3}{2\mu}\langle\bar{\mathbf{a}}^2\rangle\hat{\mathbf{e}}_3 \ .}$$

Der gemittelte Energiestrom erfolgt also erwartungsgemäß in $\hat{\mathbf{e}}_3$-Richtung.

Fazit Wir stellen fest, dass die Energiestromdichte zeit- und querschnittsgemittelt im Allgemeinen *ungleich* null und entlang der $\pm\hat{\mathbf{e}}_3$-Achse ausgerichtet ist, wobei das Vorzeichen der Stromrichtung durch k_3 bestimmt wird. Für $k_3 \neq 0$ wird die Energiestromdichte $\langle\overline{\mathbf{S}}\rangle$ betragsmäßig durch die Summe der Quadrate der Feldamplituden $a_{1,2}$ und $\bar{a}_3$ bestimmt. Nur für $k_3 = 0$ findet gemittelt kein Energietransport statt. Beide Ergebnisse (für $k_3 \neq 0$ und $k_3 = 0$) sind intuitiv auch plausibel und ähnlich zu den analogen Ergebnissen für die TE-Welle.

[16] Man beachte, dass $\hat{\mathbf{n}}(\mathbf{x}_\perp)$ vom Metall in den Isolator zeigt, also *einwärts* gerichtet ist.

7.3 Skineffekt im leitenden Draht

Wir diskutieren nun den Skineffekt in einem *leitenden Draht*, d. h. die Verdrängung eines hinreichend hochfrequenten Stroms aus dessen Innern. Der Skineffekt an einer *ebenen Grenzfläche* wurde bereits in Abschnitt [7.1] besprochen. Wir nehmen an, dass der leitende Draht unendlich lang und *zylinder*förmig ist, wie in Abbildung 7.6 skizziert, also speziell die Form eines unendlich hohen senkrechten *Kreis*zylinders mit dem Radius R hat, in $\hat{\mathbf{e}}_3$-Richtung verläuft und eingebettet ist in ein isolierendes Medium. Beide Medien (Draht und Isolator) sollen linear, homogen und isotrop sein. Die Leitfähigkeit des Drahts ist σ. Außerdem nehmen wir wie in den Abschnitten [6.2] und [7.1] an, dass die Ladungsdichte überall null ist, sodass sich zur Beschreibung des Skineffekts im leitenden Draht wiederum die *Coulomb-Eichung* $\nabla \cdot \mathbf{A} = 0$ mit $\Phi = 0$ anbietet. Wir werden im Folgenden sehen, dass die Annahme $\rho = 0$ für den unendlich langen zylinderförmigen Draht konsistent ist.

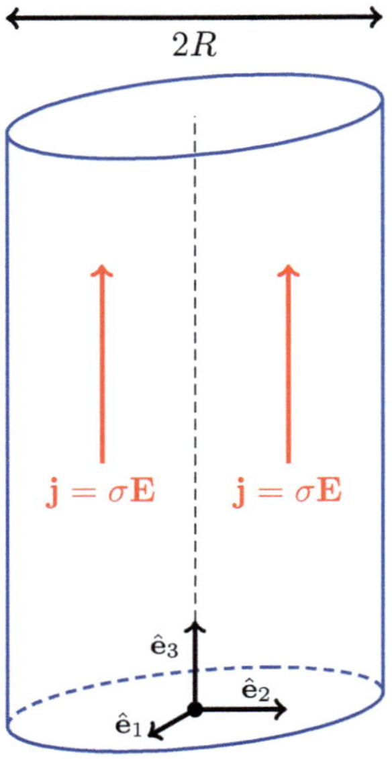

Abb. 7.6 Skizze eines leitenden Drahts

Dieses stilisierte Modell eines hochfrequenten Wechselstroms in einem „unendlich langen geraden, leitenden Draht“, ist konzeptionell wichtig, da es zeigt, wie das Anlegen einer Wechselspannung *zwei* physikalische Effekte *gleichzeitig* hervorruft, nämlich einen *Ladungsstrom* durch den Draht und ein über den ganzen Ortsraum ausgebreitetes elektromagnetisches *Feld*. Das Modell zeigt in sehr transparenter Weise, wie die mit dem Fließen eines Stroms einhergehende *Energiedissipation* ständig durch Absorption von *Feldenergie* kompensiert wird. Außerdem zeigt das Modell den bereits im Titel dieses Abschnitts genannten *Skineffekt* in einer Weise, die die Untersuchung der *ebenen Grenzfläche* in Abschnitt [7.1] substanziell ergänzt. Das Modell trägt auch zu einem besseren Verständnis von *Antennen* bei und indirekt sogar zu einem besseren Verständnis von *niederfrequenter* Wechselspannung oder Gleichspannung in einem Stromkreis.[17]

In Abschnitt [7.3.1] erklären wir zuerst, wie das Modell des „unendlich langen Drahts“ physikalisch zu interpretieren ist. Die Abschnitte [7.3.2] und [7.3.3] enthalten allgemeine Überlegungen zur Bestimmung der Felder und Stromdichten sowie zur Bestimmung der Form der Lösung für das Vektorpotential. Die Lösung *innerhalb* des leitenden Drahts wird im Detail in Abschnitt [7.3.4] besprochen und die Lösung *außerhalb* des Drahts in Abschnitt [7.3.5]. In den Abschnitten [7.3.6] und [7.3.7] gehen wir näher auf den Grenzfall hoher Leitfähigkeit und auf den Energiefluss in der Nähe des Drahts ein. Der abschließende Abschnitt [7.3.8] enthält einige weitere Anmerkungen zu Modellannahmen und ihren physikalischen Konsequenzen. Wir zitieren dort auch einige neuere Arbeiten über *niederfrequente* Wechselstromkreise und machen ein paar historische Anmerkungen.

[17] Einige Kommentare zu diesem Thema finden sich in Abschnitt [7.3.8].

7.3.1 *Physikalische Bedeutung* dieses Modells

Wir erklären zuerst, warum der Wechselstrom *hochfrequent* sein soll und wie das Modell eines „unendlich langen geraden, leitenden Drahts“ zu interpretieren ist bzw. auf welchen Längenskalen es physikalische Relevanz hat.

In der Realität existieren keine *unendlich* langen Drähte. Die Modellannahme „unendlich lang“ ist daher als *lang* zu interpretieren, wobei „lang“ bedeutet: viel länger als die charakteristische Länge des elektromagnetischen Felds im isolierenden Medium, d. h. viel länger als die Wellenlänge $\lambda = 2\pi k_\mathrm{I}^{-1} = 2\pi\bar{c}_\mathrm{I}/\omega$. Frequenzen im Mikrowellenbereich ($f = \frac{\omega}{2\pi} \simeq$ 1-300 GHz) entsprechen Wellenlängen λ zwischen 10^{-3} m und $3 \cdot 10^{-1}$ m. Beispielsweise müsste die Drahtlänge L für $f = \frac{\omega}{2\pi} \simeq 10\,\mathrm{GHz}$ etwa 1 m betragen, um als hinreichend „lang“ zu gelten, damit die Aussagen unseres Modells eines „unendlich langen“ Drahts relevant sind.

Der Hochfrequenzbereich, in dem $L \gg \lambda$ gilt, hat als weiteren Vorteil, dass der Draht auch nicht exakt „gerade“ sein muss, damit unser Modell eines „unendlich langen geraden Drahts“ physikalisch relevant ist. Es reicht in der Praxis aus, wenn der Krümmungsradius $\mathcal{R}$ einer Drahtschleife viel größer als der Radius R des Drahts und die Wellenlänge λ ist. Das Modell ist daher relevant für Wechselströme in Drähten, die die Bedingungen $\min\{L, \mathcal{R}\} \gg \max\{\lambda, R\}$ erfüllen.[18]

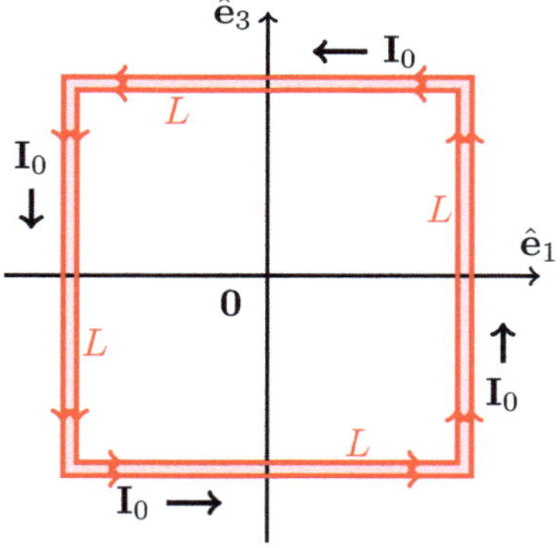

Abb. 7.7 Skizze des Stroms $\mathbf{I} = \mathbf{I}_0 \cos(\omega t)$ z. Z. $t = 0$

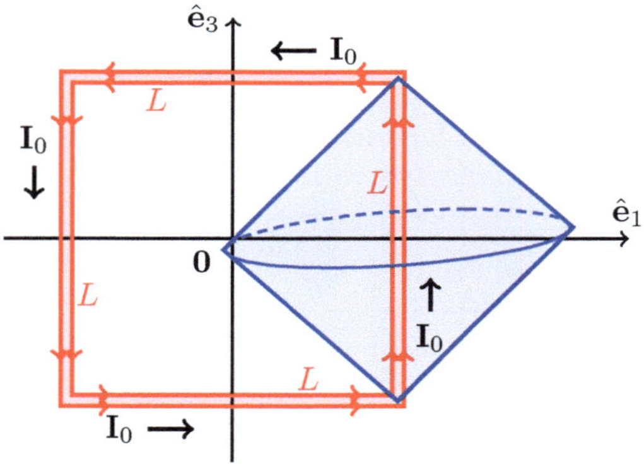

Abb. 7.8 Skizze der Nahzone des rechten Asts des Drahts

Diese Überlegungen zeigen, dass das Modell des „unendlich langen“ Drahts z. B. durchaus auch relevant ist für die Beschreibung einer *Loopantenne* der Seitenlänge L, wie sie in Abbildung 7.7 skizziert ist. Die *Fernzone* $|\mathbf{x}| \gtrsim L$ einer solchen Antenne ist uns bereits aus Aufgabe 5.8 bekannt. Die Bedingungen $\min\{L, \mathcal{R}\} \gg \max\{\lambda, R\}$ bedeuten konkret, dass unser jetziges Modell die *Nahzone* $|\mathbf{x}| \lesssim L$ einer solchen Antenne beschreibt.[19] Betrachten wir beispielsweise den *rechten* Ast der Loopantenne: $\{\mathbf{x} \,|\, r \leq R\,,\ |x_3| \leq \frac{1}{2}L\}$ mit dem Abstand $r \equiv [(x_1 - \frac{1}{2}L)^2 + x_2^2]^{1/2}$ zur Drahtachse. Die Nahzone dieses Asts ist approximativ gegeben durch den in Abbildung 7.8 *blau* eingezeichneten, doppelkegelförmigen Raumbereich $r \lesssim \big|\frac{1}{2}L - |x_3|\big|$.

[18] Hiermit ist auch klar, warum der Wechselstrom *hochfrequent* sein muss: Eine kurze Rechnung zeigt, dass die Bedingungen $\min\{L, \mathcal{R}\} \gg \max\{\lambda, R\}$ z. B. für Frequenzen $f = \frac{\omega}{2\pi} \lesssim 7{,}5\,\mathrm{Hz}$ auf der Erde nicht erfüllbar sind, da die Wellenlänge λ dann größer als der Erdumfang ist.

[19] Diese Begriffe *Nah-* und *Fernzone* weichen von der Nomenklatur in Abschnitt [5.4] geringfügig ab, da die Wellenlänge nun *klein* ist im Vergleich zur Ausdehnung der Quelle: $\lambda \ll R$.

Der Vergleich der Ergebnisse der *Fernzone* (siehe Aufgabe 5.8) mit den Ergebnissen des jetzigen Abschnitts [7.3] für die *Nahzone* ist sehr hilfreich für ein besseres Verständnis eines stromführenden Drahts bzw. einer Loopantenne[20] im Mikrowellenbereich. Ein wichtiger Befund wird z. B. sein, dass der Energiestrom des elektromagnetischen Felds in der Nahzone *auf den Draht zufließt* und dort in Joule'sche Wärme umgesetzt wird, während die Energie in der Fernzone – wie aus Aufgabe 5.8 bekannt – gerade *vom Draht wegfließt*. Für $|\mathbf{x}| \simeq L$ ändert sich das Verhalten also fundamental.

Der Wechselstrom im leitenden Draht kann auf zweierlei Weisen erzeugt werden. Erstens ist es – wie für die ebene Grenzfläche in Abschnitt [7.1] – möglich, den Wechselstrom durch Einstrahlung von hochfrequenten elektromagnetischen Wellen zu induzieren. Speziell beim *Empfang* elektromagnetischer Signale durch eine Antenne ist diese Art der Wechselstromerzeugung essentiell. Zweitens kann der Wechselstrom durch eine Quelle für hochfrequente Wechselspannung erzeugt werden, z. B. durch einen Oszillator, dessen Signal verstärkt und an die Antenne übertragen wird. Diese Art der Wechselstromerzeugung ist beim *Senden* relevant.

7.3.2 Die Felder und Stromdichten

Wir formalisieren nun das Modell und beschreiben die Struktur der elektromagnetischen Felder sowie der Ladungs- und Energiestromdichten.

Wir betrachten allgemein einen *Wechsel*strom mit der Frequenz $\omega > 0$ im unendlich langen leitenden Draht. Wegen der Zylindersymmetrie sind wir besonders an *axialsymmetrischen* Lösungen interessiert, wobei die Stromdichte

$$\boxed{\mathbf{j} = \sigma\mathbf{E} = -\sigma\frac{\partial\mathbf{A}}{\partial t} \quad , \quad \nabla\cdot\mathbf{A} = 0}$$

in $\hat{\mathbf{e}}_3$-Richtung zeigt und periodisch mit der Frequenz ω oszilliert:

$$\boxed{\mathbf{A}(r,t) = \hat{\mathbf{e}}_3 \operatorname{Re}\left[\mathcal{A}(r)e^{-i\omega t}\right] \quad , \quad r \equiv \sqrt{x_1^2 + x_2^2}\;.}$$

Daher gilt auch für das elektrische Feld $\mathbf{E}$ und für die Stromdichte $\mathbf{j}$, dass sie in $\hat{\mathbf{e}}_3$-Richtung ausgerichtet sind und periodisch mit der Frequenz ω oszillieren:

$$\begin{aligned} \mathbf{E}(r,t) &= \hat{\mathbf{e}}_3 \operatorname{Re}\left[\mathcal{E}(r)e^{-i\omega t}\right] \quad , \quad \mathcal{E}(r) = i\omega\mathcal{A}(r) \qquad (0 \le r < \infty) \\ \mathbf{j}(r,t) &= \hat{\mathbf{e}}_3 \operatorname{Re}\left[j(r)e^{-i\omega t}\right] \quad , \quad j(r) = i\omega\sigma\mathcal{A}(r) \qquad (0 \le r \le R)\;. \end{aligned}$$

Hierbei bezeichnet r den Abstand zur Achse des leitenden Drahtes.[21]

Aufgrund unserer Erfahrungen in Abschnitt [7.1] erwarten wir wieder, dass das $\mathbf{E}$-Feld und die Ladungsstromdichte $\mathbf{j}$ im Draht für hinreichend hohe Frequenzen ω auf eine dünne Grenzschicht (also auf die „Haut" des Drahts) beschränkt sind.

Wie in Abschnitt [7.1] folgt aus der Coulomb-Eichung

$$\boldsymbol{\nabla}\cdot\mathbf{j} = \sigma\boldsymbol{\nabla}\cdot\mathbf{E} = -\sigma\frac{\partial}{\partial t}\boldsymbol{\nabla}\cdot\mathbf{A} = 0$$

[20] Hierbei ist allerdings zu bedenken, dass reale Sender und Empfänger im Mikrowellenbereich (Wlan, Bluetooth, Smartphones) immens viel komplizierter sind als der „Prototyp" in Abb. 7.7.

[21] Wir verwenden bei der Beschreibung des Drahts die Zylinderkoordinaten (r, φ, x_3) statt der üblicheren Notation (ρ, φ, x_3), da ρ in der Elektrodynamik die Ladungsdichte bezeichnet.

und daher

$$\frac{\partial \rho}{\partial t} = -\boldsymbol{\nabla} \cdot \mathbf{j} = 0 \,,$$

im Einklang mit der Annahme $\rho = 0$.

Aus dem Vektorpotential $\mathbf{A}$ folgt analog das Magnetfeld $\mathbf{B} = \boldsymbol{\nabla} \times \mathbf{A}$ als

$$\mathbf{B}(r,t) = (\boldsymbol{\nabla} \times \mathbf{A})(r,t) = \hat{\mathbf{e}}_\varphi \operatorname{Re}\left[\mathcal{B}(r)e^{-i\omega t}\right] \quad , \quad \mathcal{B}(r) = -\frac{d\mathcal{A}}{dr} \,.$$

Hierbei wird als Notation für die Basisvektoren in Zylinderkoordinaten

$$\begin{aligned} \hat{\mathbf{e}}_r &= \hat{\mathbf{e}}_1 \cos(\varphi) + \hat{\mathbf{e}}_2 \sin(\varphi) \\ \hat{\mathbf{e}}_\varphi &= \partial_\varphi \hat{\mathbf{e}}_r = -\hat{\mathbf{e}}_1 \sin(\varphi) + \hat{\mathbf{e}}_2 \cos(\varphi) \end{aligned}$$

eingeführt. Außerdem verwenden wir die Eigenschaften des Nabla-Operators in Zylinderkoordinaten:

$$\begin{aligned} \boldsymbol{\nabla} &= \hat{\mathbf{e}}_1\partial_1 + \hat{\mathbf{e}}_2\partial_2 + \hat{\mathbf{e}}_3\partial_3 = \hat{\mathbf{e}}_1\left[(\partial_1 r)\partial_r + (\partial_1\varphi)\partial_\varphi\right] + \hat{\mathbf{e}}_2\left[(\partial_2 r)\partial_r + (\partial_2\varphi)\partial_\varphi\right] + \hat{\mathbf{e}}_3\partial_3 \\ &= \hat{\mathbf{e}}_1\left[\cos(\varphi)\partial_r - \tfrac{1}{r}\sin(\varphi)\partial_\varphi\right] + \hat{\mathbf{e}}_2\left[\sin(\varphi)\partial_r + \tfrac{1}{r}\cos(\varphi)\partial_\varphi\right] + \hat{\mathbf{e}}_3\partial_3 \\ &= \hat{\mathbf{e}}_r\partial_r + \tfrac{1}{r}\hat{\mathbf{e}}_\varphi\partial_\varphi + \hat{\mathbf{e}}_3\partial_3 \,, \end{aligned}$$

denn hieraus folgt $\boldsymbol{\nabla} \times [\hat{\mathbf{e}}_3\mathcal{A}(r)] = \hat{\mathbf{e}}_r \times \hat{\mathbf{e}}_3(\partial_r\mathcal{A}) = -\hat{\mathbf{e}}_\varphi(\partial_r\mathcal{A})$. Als Nebenprodukt dieser Berechnung erhält man auch den Laplace-Operator in Zylinderkoordinaten:

$$\begin{aligned} \Delta = \boldsymbol{\nabla} \cdot \boldsymbol{\nabla} &= \left(\hat{\mathbf{e}}_r\partial_r + \tfrac{1}{r}\hat{\mathbf{e}}_\varphi\partial_\varphi + \hat{\mathbf{e}}_3\partial_3\right) \cdot \left(\hat{\mathbf{e}}_r\partial_r + \tfrac{1}{r}\hat{\mathbf{e}}_\varphi\partial_\varphi + \hat{\mathbf{e}}_3\partial_3\right) \\ &= (\hat{\mathbf{e}}_r \cdot \hat{\mathbf{e}}_r)\partial_r^2 + \tfrac{1}{r^2}(\hat{\mathbf{e}}_\varphi \cdot \hat{\mathbf{e}}_\varphi)\partial_\varphi^2 + (\hat{\mathbf{e}}_3 \cdot \hat{\mathbf{e}}_3)\partial_3^2 + \tfrac{1}{r}\left[\hat{\mathbf{e}}_\varphi \cdot (\partial_\varphi\hat{\mathbf{e}}_r)\right]\partial_r \\ &= \partial_r^2 + \tfrac{1}{r^2}\partial_\varphi^2 + \partial_3^2 + \tfrac{1}{r}\partial_r \\ &= \tfrac{1}{r}\partial_r r\partial_r + \tfrac{1}{r^2}\partial_\varphi^2 + \partial_3^2 \,. \end{aligned}$$

Bei Anwendung auf eine rein r-abhängige Funktion gilt also $\Delta \to \partial_r^2 + \frac{1}{r}\partial_r$.

Das Fließen eines Stromes im leitenden Draht geht nach dem Ohm'schen Gesetz wie in Abschnitt [7.1] mit einer *Energiedissipation pro Volumeneinheit* der Form $-\mathbf{j} \cdot \mathbf{E} = -\sigma\mathbf{E}^2$ einher, die *zeitgemittelt* durch

$$\boxed{\overline{-\mathbf{j} \cdot \mathbf{E}}(r) \equiv -\sigma\overline{\mathbf{E}^2(r,t)} = -\tfrac{1}{2}\sigma|\mathcal{E}(r)|^2 = -\tfrac{1}{2}\sigma\omega^2|\mathcal{A}(r)|^2} \tag{7.21}$$

gegeben ist. Im zweiten Schritt haben wir die Ergebnisse von Aufgabe 5.6 verwendet. Die im Draht durch Streuprozesse dissipierte Energie („Joule'sche Wärme") wird dann durch Wärmeleitung und Wärmestrahlung aus dem Draht abgeführt bis sich im Draht allmählich ein thermischer Gleichgewichtszustand einstellt.

Im Folgenden kennzeichnen wir den Bereich *außerhalb* des Drahts, also den *isolierenden* Bereich, durch einen Index „I" und den metallischen Bereich *innerhalb* des Drahts durch einen Index „M". Im Außenbereich sind die Materialparameter dementsprechend durch $\varepsilon_{\rm I}$ und $\mu_{\rm I}$ und die Lichtgeschwindigkeit durch $\bar{c}_{\rm I} = (\varepsilon_{\rm I}\mu_{\rm I})^{-1/2}$ gegeben. Im leitenden Draht sind die Materialparameter $\varepsilon_{\rm M}$, $\mu_{\rm M}$ und σ; die Ausbreitungsgeschwindigkeit von elektromagnetischen Wellen ist dort durch $\bar{c}_{\rm M} = (\varepsilon_{\rm M}\mu_{\rm M})^{-1/2}$ gegeben und die Dämpfungszeit durch $\tau = \varepsilon_{\rm M}/\sigma$.

Aus den nun bekannten $(\mathbf{E},\mathbf{B})$-Feldern folgt auch die *Energie*stromdichte in der Form des Poynting-Vektors: $\mathbf{S} = \mathbf{E}\times\mathbf{H} = \frac{1}{\mu}\mathbf{E}\times\mathbf{B}$. Im isolierenden bzw. metallischen Bereich erhält man als Ergebnis:

$$\mathbf{S}_{\mathrm{I}}(r,t) = \tfrac{1}{\mu_{\mathrm{I}}}\mathbf{E}_{\mathrm{I}}(r,t)\times\mathbf{B}_{\mathrm{I}}(r,t) = \tfrac{1}{\mu_{\mathrm{I}}}(-\hat{\mathbf{e}}_r)\,\mathrm{Re}[\mathcal{E}_{\mathrm{I}}(r)e^{-i\omega t}]\,\mathrm{Re}[\mathcal{B}_{\mathrm{I}}(r)e^{-i\omega t}]$$
$$\mathbf{S}_{\mathrm{M}}(r,t) = \tfrac{1}{\mu_{\mathrm{M}}}\mathbf{E}_{\mathrm{M}}(r,t)\times\mathbf{B}_{\mathrm{M}}(r,t) = \tfrac{1}{\mu_{\mathrm{M}}}(-\hat{\mathbf{e}}_r)\,\mathrm{Re}[\mathcal{E}_{\mathrm{M}}(r)e^{-i\omega t}]\,\mathrm{Re}[\mathcal{B}_{\mathrm{M}}(r)e^{-i\omega t}]\;,$$

sodass die Energiestromdichte im Isolator *zeitgemittelt* gegeben ist durch

$$\overline{\mathbf{S}_{\mathrm{I}}}(r) = -\tfrac{1}{\mu_{\mathrm{I}}}\hat{\mathbf{e}}_r\overline{\mathrm{Re}[\mathcal{E}_{\mathrm{I}}(r)e^{-i\omega t}]\,\mathrm{Re}[\mathcal{B}_{\mathrm{I}}(r)e^{-i\omega t}]} = -\tfrac{1}{2\mu_{\mathrm{I}}}\hat{\mathbf{e}}_r\,\mathrm{Re}[\mathcal{E}_{\mathrm{I}}^*(r)\mathcal{B}_{\mathrm{I}}(r)]$$
$$= -\frac{\omega}{2\mu_{\mathrm{I}}}\hat{\mathbf{e}}_r\,\mathrm{Re}\left[i\mathcal{A}_{\mathrm{I}}^*(r)\frac{d\mathcal{A}_{\mathrm{I}}}{dr}(r)\right] \tag{7.22a}$$

und analog im Metall *zeitgemittelt* durch

$$\overline{\mathbf{S}_{\mathrm{M}}}(r) = -\tfrac{1}{\mu_{\mathrm{M}}}\hat{\mathbf{e}}_r\overline{\mathrm{Re}[\mathcal{E}_{\mathrm{M}}(r)e^{-i\omega t}]\,\mathrm{Re}[\mathcal{B}_{\mathrm{M}}(r)e^{-i\omega t}]} = -\tfrac{1}{2\mu_{\mathrm{M}}}\hat{\mathbf{e}}_r\,\mathrm{Re}[\mathcal{E}_{\mathrm{M}}^*(r)\mathcal{B}_{\mathrm{M}}(r)]$$
$$= -\frac{\omega}{2\mu_{\mathrm{M}}}\hat{\mathbf{e}}_r\,\mathrm{Re}\left[i\mathcal{A}_{\mathrm{M}}^*(r)\frac{d\mathcal{A}_{\mathrm{M}}}{dr}(r)\right]\,. \tag{7.22b}$$

Wir verwendeten wiederum die Ergebnisse von Aufgabe 5.6 für die Berechnung der Zeitmittelwerte von Produkten oszillierender Felder. Die Poynting-Vektoren $\overline{\mathbf{S}_{\mathrm{I,M}}}$ beschreiben, wieviel *Feld*energie zeitgemittelt durch den isolierenden Außenbereich hindurch und dann in den metallischen Draht hineinfließt.

7.3.3 Bestimmungsgleichungen für das Vektorpotential

Innerhalb des leitenden Drahts (d. h. für $r < R$) erfüllt das Vektorpotential eine *Diffusions*gleichung:

$$0 = e^{i\omega t}\left(\Delta - \frac{1}{\bar{c}_{\mathrm{M}}^2\tau}\frac{\partial}{\partial t}\right)\mathcal{A}(r)e^{-i\omega t} = \left(\Delta + \frac{i\omega}{\bar{c}_{\mathrm{M}}^2\tau}\right)\mathcal{A}(r)$$
$$= \left(\frac{\partial^2}{\partial r^2} + \frac{1}{r}\frac{\partial}{\partial r} + i\omega\mu_{\mathrm{M}}\sigma\right)\mathcal{A} = \left(\frac{\partial^2}{\partial r^2} + \frac{1}{r}\frac{\partial}{\partial r} + k_{\mathrm{M}}^2\right)\mathcal{A}\;, \tag{7.23a}$$

wobei wir $\Delta \to \partial_r^2 + \frac{1}{r}\partial_r$ ersetzen konnten. Die *komplexe* Wellenzahl k_{M} auf der rechten Seite von Gleichung (7.23a) ist gegeben durch

$$\boxed{k_{\mathrm{M}} = \frac{\sqrt{2i}}{\delta} = \frac{1+i}{\delta}\,,}$$

und $\delta = \sqrt{\frac{2}{\omega\mu_{\mathrm{M}}\sigma}} \ll \lambda$ stellt wie in Abschnitt [7.1] die *Skintiefe* dar. Die Wellenzahl k_{M} wurde in Abschnitt [7.1] einfach als „k" bezeichnet.

Außerhalb des Drahts (d. h. für $r > R$), also im Isolator, gilt eine *Wellen*gleichung für $\mathbf{A}$:

$$0 = e^{i\omega t}\left(\Delta - \frac{1}{\bar{c}_{\mathrm{I}}^2}\frac{\partial^2}{\partial t^2}\right)\mathcal{A}(r)e^{-i\omega t} = \left(\frac{\partial^2}{\partial r^2} + \frac{1}{r}\frac{\partial}{\partial r} + k_{\mathrm{I}}^2\right)\mathcal{A} \tag{7.23b}$$

mit der *reellen* Wellenzahl

$$\boxed{k_{\mathrm{I}} \equiv \frac{\omega}{\bar{c}_{\mathrm{I}}}\,.}$$

und der Lichtgeschwindigkeit $\bar{c}_{\mathrm{I}} = (\varepsilon_{\mathrm{I}}\mu_{\mathrm{I}})^{-1/2}$.

Wir werden die beiden Gleichungen (7.23) im Folgenden explizit lösen und die Lösung im Detail untersuchen. Die Gleichungen (7.23) werden sich auch bei der Betrachtung des Energieflusses in Abschnitt [7.3.7] als wichtig herausstellen.

Die Randbedingungen

An der Grenzfläche zwischen Isolator und Leiter sind noch die folgenden Randbedingungen zu erfüllen:[22]

$$\hat{\mathbf{e}}_r \cdot (\varepsilon_{\mathrm{I}}\mathbf{E}_{\mathrm{I}} - \varepsilon_{\mathrm{M}}\mathbf{E}_{\mathrm{M}}) = 0 \quad , \quad \hat{\mathbf{e}}_r \cdot (\mathbf{B}_{\mathrm{I}} - \mathbf{B}_{\mathrm{M}}) = 0$$

sowie

$$(\mathbf{E}_{\mathrm{I}} - \mathbf{E}_{\mathrm{M}})_{\mathrm{t}} = \mathbf{0} \quad , \quad \left(\tfrac{1}{\mu_{\mathrm{I}}}\mathbf{B}_{\mathrm{I}} - \tfrac{1}{\mu_{\mathrm{M}}}\mathbf{B}_{\mathrm{M}}\right)_{\mathrm{t}} = \mathbf{0}\,. \tag{7.24}$$

Die ersten zwei Bedingungen stellen wegen $\mathbf{E} \propto \hat{\mathbf{e}}_3$ und $\mathbf{B} \propto \hat{\mathbf{e}}_\varphi$ keine Einschränkung dar, sodass es ausreicht, die beiden Randbedingungen (7.24) zu betrachten. Diese besagen, dass die *tangentialen* Komponenten des **E**- und des **H**-Felds an der Grenzfläche stetig sind.

Fordern wir noch, dass die maximale Amplitude des Gesamtstroms durch den Draht $I_0 \in \mathbb{R}$ entspricht:

$$\mathbf{I}(t) = 2\pi \int_0^R dr\; r\,\mathbf{j}(r,t) = \hat{\mathbf{e}}_3\,\mathrm{Re}\left[I_0 e^{-i\omega t}\right] = \hat{\mathbf{e}}_3 I_0 \cos(\omega t) \tag{7.25a}$$

mit

$$I_0 \equiv 2\pi \int_0^R dr\; r j(r) = 2\pi i\omega\sigma \int_0^R dr\; r\mathcal{A}(r) \overset{!}{\in} \mathbb{R}\,, \tag{7.25b}$$

dann werden das Vektorpotential, die Felder **E** und **B** und die Stromdichte **j** vollständig durch die Gleichungen (7.23)–(7.25) festgelegt. Die Forderung (7.25b), dass I_0 *reell* ist, legt die globale Phase von $\mathcal{A}(r)$ (und somit den Zeitnullpunkt) fest.

Die Form der Lösung

Die beiden Gleichungen in (7.23) sind Spezialfälle (zum Index $\nu = 0$) der *Bessel'schen* Differentialgleichung[23]. Die Lösung der beiden Gleichungen (7.23), die *regulär* in $r = 0$ ist, hat im metallischen Bereich die Form:

$$\boxed{\mathcal{A}_{\mathrm{M}}(r) = aJ_0(k_{\mathrm{M}}r) \qquad\qquad (r \leq R)} \tag{7.26a}$$

[22] An dieser Grenzfläche gilt wieder $\Sigma = 0$ und $\mathbf{J} = \mathbf{0}$, wie in Abschnitt [7.1]. Die allgemeine Form solcher Randbedingungen (evtl. mit $\Sigma \neq 0$ und $\mathbf{J} \neq \mathbf{0}$) wird in Aufgabe 7.2 behandelt.

[23] Die Bessel'sche Differentialgleichung lautet im Allgemeinen (siehe die Kapitel 9 von Ref. [1] oder 10 in Ref. [35]):

$$z^2\frac{d^2w}{dz^2} + z\frac{dw}{dz} + (z^2 - \nu^2)w = 0$$

und hat die Bessel-Funktionen $J_\nu(z)$ und $Y_\nu(z)$ als zwei unabhängige Lösungen.

und im isolierenden Bereich:

$$\boxed{\mathcal{A}_{\mathrm{I}}(r) = b_1 J_0(k_{\mathrm{I}} r) + b_2 Y_0(k_{\mathrm{I}} r) \quad (r > R)\ ,} \tag{7.26b}$$

wobei die Proportionalitätskonstanten a, b_1 und b_2 noch zu bestimmen sind. Wir untersuchen im Folgenden zuerst die Lösung (7.26a) *innerhalb* des leitenden Drahts ($r < R$) und anschließend die Lösung (7.26b) *außerhalb* des Drahts ($r > R$).

7.3.4 Lösung *innerhalb* des leitenden Drahts

Wir betrachten zuerst die Lösung (7.26a) *innerhalb* des Drahts ($r < R$). Das asymptotische Verhalten der Bessel-Funktionen J_0 und Y_0 ist für kleine $|z|$-Werte mit der Euler-Konstanten $\gamma \equiv \lim_{n\to\infty}\left[\sum_{m=1}^{n} \frac{1}{m} - \ln(n)\right] \simeq 0{,}57722$ gegeben durch[24]

$$J_0(z) \sim 1 - \tfrac{1}{4}z^2 + \tfrac{1}{64}z^4 \quad , \quad Y_0(z) \sim \tfrac{2}{\pi}\left[\ln\left(\tfrac{1}{2}z\right) + \gamma\right] \qquad (|z| \to 0) \tag{7.27a}$$

und für große $|z|$-Werte durch[25]

$$J_0(z) \sim \sqrt{\tfrac{2}{\pi z}}\cos\left(z - \tfrac{1}{4}\pi\right) \quad , \quad Y_0(z) \sim \sqrt{\tfrac{2}{\pi z}}\sin\left(z - \tfrac{1}{4}\pi\right) \qquad (|z| \to \infty)\ . \tag{7.27b}$$

Hierbei gilt $|\arg(z)| < \pi$, falls die Variable z komplex ist.

Die Konstante a in (7.26) wird durch die Definition (7.25a) der maximalen Amplitude I_0 des Gesamtstroms durch den Draht festgelegt:

$$\begin{aligned} I_0 &= 2\pi \int_0^R dr\ r j(r) = 2\pi i\omega\sigma a \int_0^R dr\ r J_0(k_{\mathrm{M}} r) = \frac{2\pi i\omega\sigma a}{(k_{\mathrm{M}})^2} \int_0^{k_{\mathrm{M}} R} dz\ z J_0(z) \\ &= \frac{2\pi i\omega\sigma a}{i\omega\sigma\mu_{\mathrm{M}}} \int_0^{k_{\mathrm{M}} R} dz\ \frac{d}{dz}[z J_1(z)] = \frac{2\pi a}{\mu_{\mathrm{M}}} k_{\mathrm{M}} R J_1(k_{\mathrm{M}} R) \quad , \quad a = \frac{\mu_{\mathrm{M}} I_0}{2\pi k_{\mathrm{M}} R J_1(k_{\mathrm{M}} R)}\ . \end{aligned}$$

Hierbei wurde die Beziehung $J_0'(z) = -J_1(z)$ (siehe die Formeln 9.1.28 in Ref. [1] oder 10.6.3 in Ref. [35]) in Kombination mit der Bessel'schen Differentialgleichung verwendet:

$$0 = zJ_0'' + J_0' + zJ_0 = -(zJ_1' + J_1) + zJ_0 = -\frac{d}{dz}(zJ_1) + zJ_0\ .$$

Die Bessel-Funktion J_1 verhält sich für kleine und große $|z|$-Werte wie folgt:

$$J_1(z) \sim \tfrac{1}{2}z\left(1 - \tfrac{1}{8}z^2 + \tfrac{1}{192}z^4 + \cdots\right) \qquad (|z| \to 0) \tag{7.27c}$$

$$\sim \sqrt{\tfrac{2}{\pi z}}\cos\left(z - \tfrac{3}{4}\pi\right) \qquad (|z| \to \infty)\ , \tag{7.27d}$$

wobei für $|z| \to \infty$ wiederum $|\arg(z)| < \pi$ gilt, falls die Variable z komplex ist.

Insgesamt erhalten wir also

$$\boxed{\mathcal{A}_{\mathrm{M}}(r) = \frac{\mu_{\mathrm{M}} I_0}{2\pi}\frac{J_0(k_{\mathrm{M}} r)}{k_{\mathrm{M}} R J_1(k_{\mathrm{M}} R)} \quad , \quad k_{\mathrm{M}} = \frac{1+i}{\delta} \quad , \quad \delta = \sqrt{\frac{2}{\omega\mu_{\mathrm{M}}\sigma}}}$$

[24] Siehe die Formeln 9.1.10 und 9.1.11 in Ref. [1] oder 10.2.2 und 10.8.1 in Ref. [35].

[25] Siehe die Formeln 9.2.1 und 9.2.2 in Ref. [1] oder 10.7.8 in Ref. [35].

für das komplexwertige Vektorpotential *innerhalb* des leitenden Drahts. Wir zeigen im Folgenden, dass δ tatsächlich die Interpretation einer *Skintiefe* hat, d. h., dass sowohl der Strom durch den Draht als auch die Felder für hinreichend hohe Frequenzen auf eine *dünne Grenzschicht* beschränkt sind: $R - r = \mathcal{O}(\delta)$.

Wie in Abschnitt [7.1] sind neben dem *Skineffekt* zwei weitere Aspekte interessant:

Wir zeigen zuerst, dass das Magnetfeld im metallischen Bereich viel *stärker* als das elektrische Feld ist: $|\bar{c}_\mathrm{M}\mathcal{B}_\mathrm{M}| \gg |\mathcal{E}_\mathrm{M}|$. Dies folgt aus den Beziehungen

$$\mathcal{E}_\mathrm{M}(r) = i\omega\mathcal{A}_\mathrm{M}(r) = i\omega a J_0(k_\mathrm{M}r) \quad , \quad \mathcal{B}_\mathrm{M}(r) = -\frac{d\mathcal{A}_\mathrm{M}}{dr} = ak_\mathrm{M}J_1(k_\mathrm{M}r) \; ,$$

wobei das komplexe Vektorpotential durch (7.26a) gegeben ist. Es folgt also:

$$\left|\frac{\bar{c}_\mathrm{M}\mathcal{B}_\mathrm{M}}{\mathcal{E}_\mathrm{M}}\right| = \left|\frac{\bar{c}_\mathrm{M}}{i\omega}\frac{d}{dr}\ln(\mathcal{A}_\mathrm{M})\right| = \left|\frac{\bar{c}_\mathrm{M}k_\mathrm{M}J_1(k_\mathrm{M}r)}{\omega J_0(k_\mathrm{M}r)}\right| \gg 1 \; ,$$

da der Vorfaktor auf der rechten Seite *groß* ist:

$$\left|\frac{\bar{c}_\mathrm{M}k_\mathrm{M}}{\omega}\right| = \left|\frac{\sqrt{i\omega\mu_\mathrm{M}\sigma}}{\omega\sqrt{\varepsilon_\mathrm{M}\mu_\mathrm{M}}}\right| = \sqrt{\frac{\sigma}{\omega\varepsilon_\mathrm{M}}} = \frac{1}{\sqrt{\omega\tau}} \gg 1 \; .$$

Im letzten Schritt verwendeten wir die Bedingung $\omega\tau \ll 1$.

Außerdem gibt es wieder eine *Phasendifferenz* zwischen Magnetfeld und elektrischem Feld, deren Wert nun allerdings vom Verhältnis δ/R abhängt. Für $\frac{\delta}{R} \gg 1$ gilt überall im Draht $J_0(k_\mathrm{M}r) \simeq 1$ und $J_1(k_\mathrm{M}r) \simeq \frac{1}{2}k_\mathrm{M}r$, sodass die relative Phase von $\mathcal{B}_\mathrm{M}$ und $\mathcal{E}_\mathrm{M}$ gegeben ist durch:

$$\arg\left(\frac{\mathcal{B}_\mathrm{M}}{\mathcal{E}_\mathrm{M}}\right) = \arg\left(\frac{k_\mathrm{M}J_1(k_\mathrm{M}r)}{i\omega J_0(k_\mathrm{M}r)}\right) \simeq \arg(-ik_\mathrm{M}^2) = \arg(-i\cdot 2i/\delta^2) = \arg(1) = 0 \; .$$

Für $\frac{\delta}{R} \ll 1$ bzw. $|k_\mathrm{M}R| \gg 1$ mit $\arg(k_\mathrm{M}) = \frac{\pi}{4}$ folgt dagegen aus den asymptotischen Formeln (7.27b) und (7.27d) bei einem festgehaltenen Wert von $\frac{r}{R} \in (0,1]$:

$$\begin{aligned}\arg\left(\frac{\mathcal{B}_\mathrm{M}}{\mathcal{E}_\mathrm{M}}\right) &= \arg\left(\frac{k_\mathrm{M}J_1(k_\mathrm{M}r)}{i\omega J_0(k_\mathrm{M}r)}\right) \simeq \arg\left[\frac{k_\mathrm{M}\cos\left(k_\mathrm{M}r - \frac{3}{4}\pi\right)}{i\omega\cos\left(k_\mathrm{M}r - \frac{1}{4}\pi\right)}\right] \\ &= \arg\left[-i(1+i)e^{\frac{i\pi}{2}}\right] = \arg\left[e^{-\frac{i\pi}{4}}e^{\frac{i\pi}{2}}\right] = \arg\left[e^{\frac{i\pi}{4}}\right] = \frac{\pi}{4} \; .\end{aligned}$$

Man erhält für $\frac{\delta}{R} \ll 1$ also das gleiche Ergebnis wie in Abschnitt [7.1].

Frequenzabhängigkeit Wir untersuchen nun speziell das Verhalten der Stromdichte $\mathbf{j}$ für *niedrige* und für *hohe* Frequenzen.

Niedrige Frequenzen Bei *niedrigen* Frequenzen ($\delta \gg R$) kann man die Entwicklung der Bessel-Funktionen $J_0(z)$ und $J_1(z)$ für kleine Argumente [bis zu $\mathcal{O}(z^4)$ bzw. $\mathcal{O}(z^5)$] verwenden:

$$\mathcal{A}_\mathrm{M}(r) \sim \frac{\mu_\mathrm{M}I_0\delta^2}{2\pi iR^2}\left[1 + \frac{i}{4\delta^2}(R^2 - 2r^2) + \frac{1}{8\delta^4}\left(R^2r^2 - \tfrac{1}{2}r^4 - \tfrac{1}{3}R^4\right) + \cdots\right] .$$

Mit Hilfe von $j(r) = i\omega\sigma\mathcal{A}_{\mathrm{M}}(r)$ folgt nun

$$j(r) \sim \frac{I_0}{\pi R^2}\left[1 + \frac{i}{4\delta^2}(R^2 - 2r^2) + \frac{1}{8\delta^4}\left(R^2r^2 - \tfrac{1}{2}r^4 - \tfrac{1}{3}R^4\right) + \cdots\right]$$

und daher für die Stromdichte:

$$\mathbf{j}(r,t) \sim \frac{I_0}{\pi R^2}\hat{\mathbf{e}}_3\left[a_{\mathrm{g}}(r)\cos(\omega t) + a_{\mathrm{u}}(r)\sin(\omega t)\right] ,$$

wobei die r-abhängigen Funktionen a_{g} und a_{u} Stromdichtebeiträge beschreiben, die *gerade* bzw. *ungerade* unter Zeitumkehr sind:

$$a_{\mathrm{g}}(r) \equiv 1 + \frac{1}{8\delta^4}\left(R^2r^2 - \tfrac{1}{2}r^4 - \tfrac{1}{3}R^4\right) + \cdots \quad , \quad a_{\mathrm{u}}(r) \equiv \frac{1}{4\delta^2}(R^2 - 2r^2) + \cdots .$$

Die Korrekturen $(\cdots)$ auf der rechten Seite sind jeweils von $\mathcal{O}\left[(R/\delta)^6\right]$.

Es ist bemerkenswert, dass für niedrige Frequenzen ($\delta \gg R$) der *ungerade* Anteil a_{u} stets sehr klein ist, nämlich $a_{\mathrm{u}}(0) \simeq \frac{R^2}{4\delta^2}$ und $a_{\mathrm{u}}(R) \simeq -\frac{R^2}{4\delta^2}$, und der *gerade* Anteil nur geringfügig vom Wert Eins verschieden ist: $a_{\mathrm{g}}(0) \simeq 1 - \frac{2}{3}\left(\frac{R^2}{4\delta^2}\right)^2$ und $a_{\mathrm{g}}(R) \simeq 1 + \frac{1}{3}\left(\frac{R^2}{4\delta^2}\right)^2$. Die Stromdichte wird in diesem Fall also stark durch den *geraden* Anteil geprägt.

Die im Draht dissipierte Energie (7.21) folgt im Limes niedriger Frequenzen (d. h. für $\frac{\delta}{R} \to \infty$) direkt aus dem asymptotisch gültigen Ausdruck $j(r) \sim \frac{I_0}{\pi R^2}$. Man erhält zeitgemittelt und pro Längeneinheit des Drahts:

$$\begin{aligned} D_\infty(\sigma) &\equiv 2\pi\int_0^R dr\, r\,\overline{\mathbf{j}\cdot\mathbf{E}_{\mathrm{M}}}(r) = \frac{2\pi}{\sigma}\int_0^R dr\, r\,\overline{\mathbf{j}^2}(r) = \frac{\pi}{\sigma}\int_0^R dr\, r\,|j(r)|^2 \\ &= \frac{\pi R^2}{2\sigma}\left(\frac{I_0}{\pi R^2}\right)^2 = \frac{I_0^2}{2\pi\sigma R^2} \qquad \left(\tfrac{\delta}{R} \to \infty\right) . \end{aligned} \tag{7.28}$$

Es ist interessant, dieses Ergebnis im Folgenden mit dem entsprechenden Resultat für einen starken Skineffekt (also für $\frac{\delta}{R} \downarrow 0$) zu vergleichen.

Hohe Frequenzen Bei *hohen* Frequenzen ($\delta \ll R$) folgt aus der Entwicklung der Bessel-Funktionen für große Argumente:

$$\mathcal{A}_{\mathrm{M}}(r) \sim \frac{\mu_{\mathrm{M}}I_0}{2\pi i k_{\mathrm{M}}R}\left(\frac{R}{r}\right)^{\frac{1}{2}} e^{\frac{i-1}{\delta}(R-r)} \sim \frac{\mu_{\mathrm{M}}I_0}{2\pi i\sqrt{2i}}\frac{\delta}{\sqrt{Rr}}e^{\frac{i-1}{\delta}(R-r)} ,$$

sodass die komplexwertige Funktion $j(r)$ gegeben ist durch:

$$j(r) = i\omega\sigma\mathcal{A}_{\mathrm{M}}(r) \sim \frac{I_0}{\pi\delta^2\sqrt{2i}}\frac{\delta}{\sqrt{Rr}}e^{\frac{i-1}{\delta}(R-r)} \sim \frac{I_0}{\pi\delta\sqrt{2Rr}}e^{\frac{i-1}{\delta}(R-r)-\frac{1}{4}\pi i} .$$

Insgesamt folgt daher für die Stromdichte bei hohen Frequenzen:

$$\mathbf{j}(r,t) \sim \hat{\mathbf{e}}_3\frac{I_0}{\pi\delta\sqrt{2Rr}}e^{-\frac{R-r}{\delta}}\cos\left(\tfrac{R-r}{\delta} - \omega t - \tfrac{\pi}{4}\right) , \tag{7.29}$$

sodass der Strom durch den Draht auf eine *dünne Grenzschicht* beschränkt ist: $R - r = \mathcal{O}(\delta)$. Die Dicke dieser Grenzschicht ist wiederum durch die bereits aus Abschnitt [7.1] bekannte *Skintiefe* $\delta = \sqrt{\frac{2}{\omega\mu_{\mathrm{M}}\sigma}}$ gegeben.

Es ist nicht schwer, ausgehend von (7.29) zu überprüfen, dass der Gesamtstrom in der Tat die Form (7.25a) hat, d. h., dass $2\pi \int_0^R dr\, r\,\mathbf{j}(r,t) = \hat{\mathbf{e}}_3 I_0 \cos(\omega t)$ gilt.

Auch im Limes hoher Frequenzen (d. h. für $\frac{\delta}{R} \downarrow 0$) kann die im Draht dissipierte Energie (7.21) relativ leicht berechnet werden. Wir verwenden hierzu Gleichung (7.29). Wir erhalten zeitgemittelt und pro Längeneinheit des Drahts:

$$\begin{aligned} D_0(\sigma) &\equiv 2\pi \int_0^R dr\, r\,\overline{\mathbf{j}\cdot\mathbf{E}_\mathrm{M}}(r) = \frac{2\pi}{\sigma}\int_0^R dr\, r\,\overline{\mathbf{j}^2}(r) = \frac{\pi}{\sigma}\int_0^R dr\, r\left(\frac{I_0}{\pi\delta\sqrt{2Rr}} e^{-\frac{R-r}{\delta}}\right)^2 \\ &= \frac{\pi}{\sigma}\left(\frac{I_0}{\pi\delta\sqrt{2R}}\right)^2 \int_0^R dr\, e^{-2\frac{R-r}{\delta}} = \frac{\pi\delta}{4\sigma R}\left(\frac{I_0}{\pi\delta}\right)^2 \int_0^{2R/\delta} dx\, e^{-x} \\ &\sim \frac{I_0^2}{4\pi\sigma R\delta}\int_0^\infty dx\, e^{-x} = \frac{I_0^2}{4\pi\sigma R\delta} \qquad \left(\tfrac{\delta}{R}\downarrow 0\right) . \end{aligned} \tag{7.30}$$

Wir verwendeten zuerst die Beziehung $\mathbf{j} = \sigma\mathbf{E}_\mathrm{M}$. Im zweiten Schritt wurden Gleichung (7.29) für $\mathbf{j}$ und der Zeitmittelwert $\overline{\cos^2(\omega t)} = \frac{1}{2}$ eingesetzt.

Wir vergleichen nun das Ergebnis für die Energiedissipation $D_\infty(\sigma)$ *ohne Skineffekt* in (7.28) mit dem entsprechenden Resultat (7.30) für die Energiedissipation $D_0(\sigma)$ in Anwesenheit eines *starken Skineffekts*. Erstens fällt auf, dass man Gleichung (7.30) für den starken Skineffekt aus Gleichung (7.28) erhält, wenn man die Querschnittsfläche πR^2 des Drahts durch die effektiv für den Stromtransport bei starkem Skineffekt verfügbare Fläche $2\pi R\delta$ ersetzt. Die Interpretation von (7.30) ist hiermit also relativ einfach. Zweitens ermöglicht der Vergleich dieser beiden Ergebnisse die Definition einer *effektiven* Leitfähigkeit σ_f für einen Stromdraht bei starkem Skineffekt. Man fordert hierzu, dass $D_0(\sigma)$ in (7.30) genau der Energiedissipation $D_\infty(\sigma_\mathrm{f})$ in (7.28) entspricht:

$$\frac{I_0^2}{2\pi\sigma_\mathrm{f}R^2} = D_\infty(\sigma_\mathrm{f}) \equiv D_0(\sigma) = \frac{I_0^2}{4\pi\sigma R\delta} \quad , \quad \boxed{\sigma_\mathrm{f} = \frac{2\delta}{R}\sigma\ .} \tag{7.31}$$

Dieses bemerkenswert einfache Ergebnis ist in der reziproken Form $\sigma_\mathrm{f}^{-1} = \frac{R}{2\delta}\sigma^{-1}$ bekannt als die *Rayleigh'sche Widerstandsformel* für hochfrequenten Wechselstrom.

7.3.5 Lösung *außerhalb* des leitenden Drahts

Wir untersuchen nun die Lösung (7.26b) *außerhalb* des Drahts ($r < R$). Hierzu berechnen wir die Parameter $b_{1,2}$ in (7.26b) mit Hilfe der Randbedingungen (7.24). Die erste der beiden Randbedingungen ergibt eine Stetigkeitsbedingung für das Vektorpotential an der Grenzfläche: $\mathcal{A}_\mathrm{M}(R-0^+) = \mathcal{A}_\mathrm{I}(R+0^+)$, d. h.:

$$b_1 J_0(k_\mathrm{I}R) + b_2 Y_0(k_\mathrm{I}R) = a J_0(k_\mathrm{M}R)\ .$$

Die zweite Randbedingung ergibt $-\frac{1}{\mu_\mathrm{M}}\frac{d\mathcal{A}_\mathrm{M}}{dr}(R-0^+) = -\frac{1}{\mu_\mathrm{I}}\frac{d\mathcal{A}_\mathrm{I}}{dr}(R+0^+)$, d. h.:

$$\frac{k_\mathrm{I}}{\mu_\mathrm{I}}[b_1 J_1(k_\mathrm{I}R) + b_2 Y_1(k_\mathrm{I}R)] = \frac{a k_\mathrm{M}}{\mu_\mathrm{M}} J_1(k_\mathrm{M}R)\ .$$

Wir verwendeten die Beziehungen $J_0' = -J_1$ und $Y_0' = -Y_1$ (siehe die Formeln 9.1.28 in Ref. [1] oder 10.6.3 in Ref. [35]).

Zusammenfassend gilt also in Matrixform für die beiden Parameter $b_{1,2}$:

$$\begin{aligned}\begin{pmatrix} b_1 \\ b_2 \end{pmatrix} &= a \begin{pmatrix} J_0(k_\mathrm{I}R) & Y_0(k_\mathrm{I}R) \\ \frac{k_\mathrm{I}}{\mu_\mathrm{I}} J_1(k_\mathrm{I}R) & \frac{k_\mathrm{I}}{\mu_\mathrm{I}} Y_1(k_\mathrm{I}R) \end{pmatrix}^{-1} \begin{pmatrix} J_0(k_\mathrm{M}R) \\ \frac{k_\mathrm{M}}{\mu_\mathrm{M}} J_1(k_\mathrm{M}R) \end{pmatrix} \\ &= -\tfrac{1}{2} a\pi\mu_\mathrm{I} R \begin{pmatrix} \frac{k_\mathrm{I}}{\mu_\mathrm{I}} Y_1(k_\mathrm{I}R) & -Y_0(k_\mathrm{I}R) \\ -\frac{k_\mathrm{I}}{\mu_\mathrm{I}} J_1(k_\mathrm{I}R) & J_0(k_\mathrm{I}R) \end{pmatrix} \begin{pmatrix} J_0(k_\mathrm{M}R) \\ \frac{k_\mathrm{M}}{\mu_\mathrm{M}} J_1(k_\mathrm{M}R) \end{pmatrix} , \end{aligned} \tag{7.32}$$

wobei der Parameter a durch die Amplitude I_0 des Gesamtstroms festgelegt wird, siehe Abschnitt [7.3.4]. Bei der Matrixinversion in (7.32) wurde Formel 9.1.16 in Ref. [1] bzw. 10.5.2 in Ref. [35] verwendet:

$$J_1(z)Y_0(z) - J_0(z)Y_1(z) = \frac{2}{\pi z} . \tag{7.33}$$

Aus dieser Formel folgt nämlich, dass die Determinante der in (7.32) zu invertierenden Matrix durch $-\frac{2}{\pi\mu_\mathrm{I} R}$ gegeben ist.

Für einen beliebigen vorgegebenen I_0-Wert sind das Vektorpotential, die $(\mathbf{E}, \mathbf{B})$-Felder und die Stromdichte nun also im ganzen Raum bekannt.

7.3.6 Grenzfall hoher Leitfähigkeit

Der Spezialfall eines sehr guten Metalls ($\sigma \to \infty$, $\frac{\delta}{R} \downarrow 0$ und $k_\mathrm{M}R = \sqrt{2i}\frac{R}{\delta} \to \infty$) ist wegen des hierbei auftretenden starken Skineffekts besonders interessant. Bei festem I_0 erhält man für den Vektor auf der rechten Seite von Gleichung (7.32):

$$\begin{aligned} a \begin{pmatrix} J_0(k_\mathrm{M}R) \\ \frac{k_\mathrm{M}}{\mu_\mathrm{M}} J_1(k_\mathrm{M}R) \end{pmatrix} &= \frac{\mu_\mathrm{M} I_0}{2\pi k_\mathrm{M} R J_1(k_\mathrm{M}R)} \begin{pmatrix} J_0(k_\mathrm{M}R) \\ \frac{k_\mathrm{M}}{\mu_\mathrm{M}} J_1(k_\mathrm{M}R) \end{pmatrix} = \frac{I_0}{2\pi R} \begin{pmatrix} \frac{\mu_\mathrm{M} J_0(k_\mathrm{M}R)}{k_\mathrm{M} J_1(k_\mathrm{M}R)} \\ 1 \end{pmatrix} \\ &\sim \frac{I_0}{2\pi R} \begin{pmatrix} \frac{\mu_\mathrm{M}}{i k_\mathrm{M}} \\ 1 \end{pmatrix} = \frac{I_0}{2\pi R} \begin{pmatrix} \frac{\mu_\mathrm{M} R}{i k_\mathrm{M} R} \\ 1 \end{pmatrix} \qquad \left(\tfrac{\delta}{R} \downarrow 0\right) . \end{aligned} \tag{7.34}$$

Im ersten Schritt wurde der a-Wert eingesetzt und im dritten das asymptotische Verhalten (7.27) der Besselfunktionen verwendet: $\frac{J_0(z)}{J_1(z)} \sim \frac{\cos(z-\frac{1}{4}\pi)}{\cos(z-\frac{3}{4}\pi)} \sim e^{-\frac{1}{2}\pi i}$ für $z = k_\mathrm{M}R = (1+i)\frac{R}{\delta} \to \infty$. Der Beitrag zu (7.32) der oberen Komponente auf der rechten Seite in (7.34) ist wegen $|k_\mathrm{M}R| \to \infty$ also viel kleiner als der Beitrag der unteren Komponente.

Durch Einsetzen von (7.34) in Gleichung (7.32) und Einsetzen der Koeffizienten $b_{1,2}$ in $\mathcal{A}_\mathrm{I}(r)$ erhält man für das Vektorpotential im Außenbereich ($r > R$):

$$\mathcal{A}_\mathrm{I}(r) = b_1 J_0(k_\mathrm{I} r) + b_2 Y_0(k_\mathrm{I} r) \equiv \mathcal{A}_\mathrm{IR}(r) + i\mathcal{A}_\mathrm{II}(r) .$$

Hierbei sind *Real*teil $\mathcal{A}_\mathrm{IR}(r)$ und *Imaginär*teil $\mathcal{A}_\mathrm{II}(r)$ von $\mathcal{A}_\mathrm{I}(r)$ gegeben durch:

$$\begin{aligned} \mathcal{A}_\mathrm{IR}(r) &\sim -\tfrac{1}{4}\mu_\mathrm{I} I_0 \left[J_0(k_\mathrm{I}R)Y_0(k_\mathrm{I}r) - Y_0(k_\mathrm{I}R)J_0(k_\mathrm{I}r)\right] \qquad \left(\tfrac{\delta}{R} \downarrow 0\right) \\ \mathcal{A}_\mathrm{II}(r) &\sim -\tfrac{1}{8}\mu_\mathrm{M} I_0 k_\mathrm{I} \delta \left[J_1(k_\mathrm{I}R)Y_0(k_\mathrm{I}r) - Y_1(k_\mathrm{I}R)J_0(k_\mathrm{I}r)\right] \qquad \left(\tfrac{\delta}{R} \downarrow 0\right) . \end{aligned}$$

Wegen $\frac{\delta}{R} \downarrow 0$ ist der Imaginärteil $\mathcal{A}_\mathrm{II}(r)$ des komplexen Vektorpotentials $\mathcal{A}_\mathrm{I}(r)$ für ein sehr gutes Metall also viel kleiner als der Realteil $\mathcal{A}_\mathrm{IR}(r)$.

Das komplexe Vektorpotential $\mathcal{A}(r)$ für $r > R$ strebt für große Abstände zum Draht ($k_\mathrm{I} r \to \infty$) oszillierend und langsam abfallend [proportional zu $(k_\mathrm{I} r)^{-1/2}$] gegen null. Dieses Ergebnis ist deshalb so interessant, weil es zeigt, dass die Felder *außerhalb* des Drahts ($r > R$) in diesem Limes *endlich* sind, obwohl die Felder *innerhalb* des Drahts ($r < R$) rigoros *null* sind. Im isolierenden Bereich gilt also:

$$\mathcal{E}_\mathrm{I}(r) = i\omega\,\mathcal{A}_\mathrm{I}(r) = i\omega[\mathcal{A}_\mathrm{IR}(r) + i\mathcal{A}_\mathrm{II}(r)] \sim i\omega\mathcal{A}_\mathrm{IR}(r) \qquad \left(\tfrac{\delta}{R} \downarrow 0\right)$$
$$\mathcal{B}_\mathrm{I}(r) = -\frac{d\mathcal{A}_\mathrm{I}}{dr}(r) \sim -\tfrac{1}{4}\mu_\mathrm{I} I_0 k_\mathrm{I}\left[J_0(k_\mathrm{I}R)Y_1(k_\mathrm{I}r) - Y_0(k_\mathrm{I}R)J_1(k_\mathrm{I}r)\right] \qquad \left(\tfrac{\delta}{R} \downarrow 0\right) ,$$

falls der metallische Draht sehr gut leitend ist $\left(\frac{\delta}{R} \downarrow 0\right)$.

Wir stellen *erstens* fest, dass $\mathcal{E}_\mathrm{I}$ und $\mathcal{B}_\mathrm{I}$ für sehr gute Metalle *außer Phase* sind, denn $\mathcal{E}_\mathrm{I}$ ist im Wesentlichen imaginär und $\mathcal{B}_\mathrm{I}$ reell.

Zweitens zeigen die Ergebnisse für $\mathcal{E}_\mathrm{I}$ und $\mathcal{B}_\mathrm{I}$, dass im Limes $\frac{\delta}{R} \downarrow 0$ die tangentiale Komponente des elektrischen Felds an der Grenzfläche null ist, $\mathbf{E}_\mathrm{I}(R+0^+, t) = \mathbf{0}$, und die tangentiale Komponente des **H**-Felds dort einen Sprung macht,

$$\mathbf{H}_\mathrm{I}(R+0^+, t) = \frac{1}{\mu_\mathrm{I}}\mathbf{B}_\mathrm{I}(R+0^+, t) \sim \tfrac{1}{4} I_0 k_\mathrm{I} \frac{2}{\pi k_\mathrm{I} R}\cos(\omega t)\hat{\mathbf{e}}_\varphi = \frac{\mathrm{I}_0}{2\pi R}\cos(\omega t)\hat{\mathbf{e}}_\varphi .$$

In der Herleitung des letzteren Ergebnisses verwendeten wir Gleichung (7.33). Aufgrund des Stokes'schen Satzes, angewandt auf die Maxwell-Gleichung

$$\boldsymbol{\nabla} \times \mathbf{H} = \mathbf{j} + \frac{\partial \mathbf{D}}{\partial t} = \hat{\mathbf{e}}_3 \,\mathrm{Re}\left[(1 - i\omega\tau)j(r)e^{-i\omega t}\right] \sim \mathbf{j} \qquad \left(\tfrac{\delta}{R} \downarrow 0\right) ,$$

muss im Limes sehr guter Leitfähigkeit natürlich auch $\oint d\mathbf{x} \cdot \mathbf{H}_\mathrm{I}(\mathbf{x}, t) = I(t)$ gelten, falls der Integrationsweg einmal um den Draht herumführt.

Es ist bemerkenswert, dass im Limes hoher Leitfähigkeit die Felder und auch die Stromdichte *innerhalb* des Drahts null sind und die Felder *außerhalb* des Drahts von einer reinen Oberflächenstromdichte hervorgerufen werden. In diesem Limes gilt also für die hier verwendete Geometrie $\Sigma = 0$ aber $\mathbf{J} \neq \mathbf{0}$. Allgemeiner kann im Limes $\sigma \to \infty$ auch $\Sigma \neq 0$ sein, wie wir in Abschnitt [7.2] gesehen haben.

Die im Draht dissipierte Energie (7.21) kann im Limes hoher Leitfähigkeit leicht berechnet werden, denn in diesem Fall gilt wiederum (7.29). Diese Gleichung beschreibt generell den Limes $\delta/R \ll 1$, der sowohl für hohe Frequenzen als auch für $\sigma \to \infty$ zutrifft. Man erhält pro Längeneinheit des Drahts, wie in (7.30):

$$\boxed{D_0(\sigma) \equiv 2\pi \int_0^R dr\, r\,\overline{\mathbf{j} \cdot \mathbf{E}}(r) \sim \frac{I_0^2}{4\pi\sigma R\delta} = \frac{I_0^2}{4\pi R}\sqrt{\frac{\omega\mu_\mathrm{M}}{2\sigma}} \to 0 \quad (\sigma \to \infty) .}$$

Es wurde lediglich im letzten Schritt $\delta = \sqrt{\frac{2}{\omega\mu_\mathrm{M}\sigma}}$ substituiert. Das Ergebnis illustriert den intuitiv plausiblen Effekt, dass die dissipierte Energie im Limes hoher Leitfähigkeit (bei festem ω, R und I_0) gegen null strebt.

7.3.7 Der Energiefluss

Wir gehen nun näher auf die *Energiedissipation* im leitenden Draht ein. Diese ist *pro Volumeneinheit* und *zeitgemittelt* durch den Ausdruck $\overline{-\mathbf{j} \cdot \mathbf{E}_\mathrm{M}}(r)$ gegeben, siehe

Gleichung (7.21). Wir zeigen im Folgenden, dass die im Draht dissipierte Energie vom Energiestrom genährt wird, der entlang des Poynting-Vektors in den Draht hinein transportiert, dort absorbiert und dann in Wärmeenergie umgewandelt wird.

Der Energieaustausch zwischen den verschiedenen Systemkomponenten wird wieder, wie in Abschnitt [7.1], durch die *Energiebilanzgleichung* (6.11) beschrieben:

$$-\mathbf{E}\cdot\mathbf{j} = \frac{\partial\rho_{\mathcal{E}}}{\partial t} + \boldsymbol{\nabla}\cdot\mathbf{S} \quad \text{mit} \quad \rho_{\mathcal{E}} = \tfrac{1}{2}(\mathbf{E}\cdot\mathbf{D} + \mathbf{H}\cdot\mathbf{B}) \quad , \quad \mathbf{S} = \mathbf{E}\times\mathbf{H}\,.$$

Hierbei hat die Energiedichte in den beiden linearen Medien *Draht* und *Isolator* die einfachere Form $\rho_{\mathcal{E}} = \frac{1}{2}\varepsilon\big(\mathbf{E}^2 + \bar{c}^2\mathbf{B}^2\big)$; sie ist eine $\frac{\pi}{\omega}$-periodische Funktion der Zeitvariablen t. Daher ist der Zeitmittelwert von $\frac{\partial\rho_{\mathcal{E}}}{\partial t}$ wiederum *null*. Insgesamt folgt daher aus der Energiebilanzgleichung nach einer Zeitmittelung:

$$\boxed{\overline{-\mathbf{E}\cdot\mathbf{j}}(r) = \overline{\frac{\partial\rho_{\mathcal{E}}}{\partial t}}(r) + \overline{\boldsymbol{\nabla}\cdot\mathbf{S}}(r) \overset{!}{=} \big(\boldsymbol{\nabla}\cdot\overline{\mathbf{S}}\big)(r)\,.} \tag{7.35a}$$

Gleichung (7.35a) besagt physikalisch, dass die Energiedissipation auf der linken Seite durch die Energiestromdichte $\overline{\mathbf{S}} = \overline{\mathbf{E}\times\mathbf{H}} = \frac{1}{\mu}\overline{\mathbf{E}\times\mathbf{B}}$ genährt wird. Die Energiestromdichte $\overline{\mathbf{S}} \propto -\hat{\mathbf{e}}_r$ zeigt in *radiale* Richtung, siehe die Gleichungen (7.22).

Eine Integration der zeitgemittelten Energiebilanzgleichung (7.35a) über das zylinderförmige Volumen $\mathcal{V}(r_0) \equiv \{\mathbf{x}\,|\,r \le r_0 \;,\; |x_3 - x_{30}| \le \frac{1}{2}\ell\}$, mit $\ell > 0$ fest und beliebigen Werten von $r_0 > 0$ und $x_{30} \in \mathbb{R}$, ergibt dann mit der Definition $\overline{S_r} \equiv \hat{\mathbf{e}}_r \cdot \overline{\mathbf{S}}$:

$$-2\pi\ell\int_0^{r_0} dr\; r\,\overline{\mathbf{E}\cdot\mathbf{j}} = -\int_{\mathcal{V}(r_0)} d^3x\;\overline{\mathbf{E}\cdot\mathbf{j}} = \int_{\mathcal{V}(r_0)} d^3x\;\boldsymbol{\nabla}\cdot\overline{\mathbf{S}} = \int_{\partial\mathcal{V}(r_0)} d\mathbf{F}\cdot\overline{\mathbf{S}} = 2\pi\ell r_0\overline{S_r}\,.$$

Im dritten Schritt wurde der Gauß'sche Satz angewandt. Das Oberflächenintegral $\int d\mathbf{F}\cdot\overline{\mathbf{S}}$ enthält Beiträge von den beiden Flächen mit $|x_3 - x_{30}| = \frac{1}{2}\ell$, die wegen $d\mathbf{F} = \pm|d\mathbf{F}|\,\hat{\mathbf{e}}_3 \perp \overline{\mathbf{S}}$ *null* sind, und Beiträge der Fläche $\{r = r_0 \;,\; |x_3 - x_{30}| \le \frac{1}{2}\ell\}$ mit dem orientierten Flächenelement $d\mathbf{F} = |d\mathbf{F}|\,\hat{\mathbf{e}}_r$, die das Ergebnis auf der rechten Seite erklären. Wir dividieren dieses Ergebnis durch $2\pi\ell$ und differenzieren auf der linken und rechten Seite nach dem Radius r_0. Wir erhalten:

$$\boxed{-r_0\,\overline{\mathbf{E}\cdot\mathbf{j}}(r_0) = \frac{d}{dr_0} r_0\overline{S_r}(r_0)\,.} \tag{7.35b}$$

Das exakte Ergebnis (7.35b) gilt sowohl im Draht als auch im Isolator.

Im Folgenden zeigen wir die Gültigkeit von (7.35b) auch noch einmal *explizit* anhand der Bestimmungsgleichungen (7.23) für das Vektorpotential. Wir zeigen dies zuerst außerhalb des Drahts (also im Isolator, $r_0 \ge R$) und dann innerhalb des Drahts ($r_0 \le R$).

Im Isolator Im Isolator ($r_0 > R$) gilt $\overline{\mathbf{E}\cdot\mathbf{j}}(r_0) = 0$ und ist $\overline{\mathbf{S}} = \overline{\mathbf{S}_{\mathrm{I}}}$ durch (7.22a) gegeben. Aus (7.35b) erhalten wir daher die Vorhersage $0 = -\frac{d}{dr_0} r_0\overline{S_{\mathrm{I}r}}(r_0)$, d. h.:

$$\begin{aligned} 0 &= \frac{d}{dr_0} r_0 \operatorname{Re}\left[i\mathcal{A}_{\mathrm{I}}^*(r_0)\frac{d\mathcal{A}_{\mathrm{I}}}{dr}(r_0)\right] = \tfrac{1}{2}i\frac{d}{dr_0} r_0\left[\mathcal{A}_{\mathrm{I}}^*(r_0)\frac{d\mathcal{A}_{\mathrm{I}}}{dr}(r_0) - \mathcal{A}_{\mathrm{I}}(r_0)\frac{d\mathcal{A}_{\mathrm{I}}^*}{dr}(r_0)\right] \\ &= \tfrac{1}{2}ir_0\big[\mathcal{A}_{\mathrm{I}}^*(\partial_r^2 + \tfrac{1}{r}\partial_r)\mathcal{A}_{\mathrm{I}} - \mathcal{A}_{\mathrm{I}}(\partial_r^2 + \tfrac{1}{r}\partial_r)\mathcal{A}_{\mathrm{I}}^*\big]_{r=r_0}\,. \end{aligned}$$

Im isolierenden Bereich ist die Funktion $\mathcal{A}_{\rm I}$ eine Lösung der dreidimensionalen Wellengleichung $0 = (\partial_r^2 + \frac{1}{r}\partial_r + k_{\rm I}^2)\mathcal{A}$ mit der reellen Wellenzahl $k_{\rm I} = \frac{\omega}{\bar{c}_{\rm I}}$, siehe (7.23b), sodass $(\partial_r^2 + \frac{1}{r}\partial_r)\mathcal{A}_{\rm I} = -k_{\rm I}^2\mathcal{A}_{\rm I}$ und daher auch $(\partial_r^2 + \frac{1}{r}\partial_r)\mathcal{A}_{\rm I}^* = -k_{\rm I}^2\mathcal{A}_{\rm I}^*$ gilt. Folglich ist der Faktor $[\cdots]$ auf der rechten Seite gleich $-k_{\rm I}^2[\mathcal{A}_{\rm I}^*\mathcal{A}_{\rm I} - \mathcal{A}_{\rm I}\mathcal{A}_{\rm I}^*]$ und somit in der Tat gleich null.

Der Energiestrom, der im isolierenden Bereich von außen auf die zylinderförmige Fläche $r = r_0$ einfällt, ist also räumlich *konstant*, d. h. unabhängig vom Radius r_0 des Zylinders $\mathcal{V}(r_0)$.

Im Metall Im Metall ($r_0 \leq R$) ist $-\overline{\mathbf{E}\cdot\mathbf{j}}(R)$ durch Gleichung (7.21) und $\overline{\mathbf{S}}$ durch (7.22b) gegeben. Aus (7.35b) erhalten wir daher analog die Vorhersage:

$$\tfrac{1}{2}\sigma\omega^2 r_0\,|\mathcal{A}_{\rm M}(r_0)|^2 = \frac{\omega i r_0}{4\mu_{\rm M}}\left[\mathcal{A}_{\rm M}^*(\partial_r^2 + \tfrac{1}{r}\partial_r)\mathcal{A}_{\rm M} - \mathcal{A}_{\rm M}(\partial_r^2 + \tfrac{1}{r}\partial_r)\mathcal{A}_{\rm M}^*\right]_{r=r_0} .$$

Mit Hilfe der Definition $\delta = \sqrt{\frac{2}{\omega\mu_{\rm M}\sigma}}$ der Skintiefe kann man dies umschreiben als:

$$|\mathcal{A}_{\rm M}(r_0)|^2 = \tfrac{1}{4}i\delta^2\left[\mathcal{A}_{\rm M}^*(\partial_r^2 + \tfrac{1}{r}\partial_r)\mathcal{A}_{\rm M} - \mathcal{A}_{\rm M}(\partial_r^2 + \tfrac{1}{r}\partial_r)\mathcal{A}_{\rm M}^*\right]_{r=r_0} .$$

Im Metall ist die Funktion $\mathcal{A}_{\rm M}$ eine Lösung der dreidimensionalen Diffusionsgleichung $0 = (\partial_r^2 + \frac{1}{r}\partial_r + k_{\rm M}^2)\mathcal{A}$ mit der *komplexen* Wellenzahl $k_{\rm M} = (1+i)/\delta$, siehe (7.23a). Es gilt also $k_{\rm M}^2 = 2i/\delta^2$. Folglich ist der Faktor $[\cdots]$ auf der rechten Seite nun gleich $-k_{\rm M}^2[\mathcal{A}_{\rm M}^*\mathcal{A}_{\rm M} + \mathcal{A}_{\rm M}\mathcal{A}_{\rm M}^*] = -\frac{4i}{\delta^2}|\mathcal{A}_{\rm M}(r_0)|^2$, sodass die rechte Seite insgesamt in der Tat gleich $|\mathcal{A}_{\rm M}(r_0)|^2$ und somit gleich der linken Seite ist.

Wir haben hiermit anhand der exakten Bestimmungsgleichung für $\mathcal{A}_{\rm M}(r)$ explizit überprüft, dass die an der zylinderförmigen Fläche $r = r_0 \leq R$ im Metall dissipierte Energie genau von der an dieser Stelle absorbierten *Feld*energie kompensiert wird.

Exakter Wert des Energieflusses

Wir zeigen nun, wie der Energiefluss, der auf den leitenden Draht zuströmt, *exakt* bestimmt werden kann. Das Ergebnis stellt einen *exakten* Ausdruck dafür dar, wieviel Energie pro Zeiteinheit im Draht *dissipiert* wird. Die Berechnung basiert darauf, dass der Energiestrom im *isolierenden* Bereich räumlich *konstant* ist (unabhängig vom Radius r_0, siehe oben) und im Limes $k_{\rm I}r_0 \to \infty$ leicht explizit ausgewertet werden kann.

Der Startpunkt der Berechnung ist Gleichung (7.22a) für den zeitgemittelten Energiefluss im Isolator:

$$\overline{\mathbf{S}_{\rm I}}(r) = -\frac{\omega}{2\mu_{\rm I}}\hat{\mathbf{e}}_r\,\mathrm{Re}\left[i\mathcal{A}_{\rm I}^*(r)\frac{d\mathcal{A}_{\rm I}}{dr}(r)\right] .$$

Wir verwenden die Form (7.26b) des komplexen Vektorpotentials im isolierenden Bereich, $\mathcal{A}_{\rm I}(r) = b_1 J_0(k_{\rm I}r) + b_2 Y_0(k_{\rm I}r)$ und erhalten:

$$\overline{\mathbf{S}_{\rm I}}(r) = -\frac{\omega k_{\rm I}}{2\mu_{\rm I}}\hat{\mathbf{e}}_r\,\mathrm{Re}\Big\{i\left[b_1 J_0(k_{\rm I}r) + b_2 Y_0(k_{\rm I}r)\right]^*\left[b_1 J_0'(k_{\rm I}r) + b_2 Y_0'(k_{\rm I}r)\right]\Big\} .$$

Im Limes $k_\mathrm{I} r_0 \to \infty$ benötigen wir das Verhalten (7.27b) der Bessel-Funktionen für große Argumente, d. h. $J_0(z) \sim \sqrt{\frac{2}{\pi z}} \cos\left(z - \frac{1}{4}\pi\right)$ sowie $Y_0(z) \sim \sqrt{\frac{2}{\pi z}} \sin\left(z - \frac{1}{4}\pi\right)$ für $|z| \to \infty$. Es folgt:

$$\begin{aligned}\overline{\mathbf{S}_\mathrm{I}}(r) &\sim \frac{\omega}{\pi \mu_\mathrm{I} r} \hat{\mathbf{e}}_r \,\mathrm{Re}\big\{ i \big[b_1^* \cos(k_\mathrm{I} r - \tfrac{1}{4}\pi) + b_2^* \sin(k_\mathrm{I} r - \tfrac{1}{4}\pi) \big] \\ &\qquad\qquad \times \big[b_1 \sin(k_\mathrm{I} r - \tfrac{1}{4}\pi) - b_2 \cos(k_\mathrm{I} r - \tfrac{1}{4}\pi) \big] \big\} \\ &= \frac{\omega}{\pi \mu_\mathrm{I} r} \hat{\mathbf{e}}_r \,\mathrm{Re}\big\{ i \big[b_1 b_2^* \sin^2(k_\mathrm{I} r - \tfrac{1}{4}\pi) - b_1^* b_2 \cos^2(k_\mathrm{I} r - \tfrac{1}{4}\pi) \big] \big\} \,.\end{aligned}$$

Mit $\sin^2 = 1 - \cos^2$ folgt schließlich

$$\overline{\mathbf{S}_\mathrm{I}}(r) \sim \frac{\omega}{\pi \mu_\mathrm{I} r} \hat{\mathbf{e}}_r \,\mathrm{Re}\big\{ i \big[b_1 b_2^* - 2\,\mathrm{Re}(b_1 b_2^*) \cos^2(k_\mathrm{I} r - \tfrac{1}{4}\pi) \big] \big\} = -\frac{\omega}{\pi \mu_\mathrm{I} r} \mathrm{Im}(b_1 b_2^*) \hat{\mathbf{e}}_r$$

für den zeitgemittelten Poynting-Vektor. Wir verwendeten $\mathrm{Re}[\,i\,\mathrm{Re}(\cdots)] = 0$.

Der Energiefluss, der im Abstand r_0 auf den leitenden Draht zuströmt, ist dann (pro Längeneinheit des Drahts) gegeben durch:

$$D_{\delta/R}(\sigma) \equiv -2\pi r_0 \overline{\mathbf{S}_\mathrm{I}}(r_0) \cdot \hat{\mathbf{e}}_r = 2\pi r_0 \frac{\omega}{\pi \mu_\mathrm{I} r_0} \mathrm{Im}(b_1 b_2^*) = \frac{2\omega}{\mu_\mathrm{I}} \mathrm{Im}(b_1 b_2^*) \,. \tag{7.36a}$$

Da die Parameter $b_{1,2}$ exakt bekannt sind [siehe Gleichung (7.32)], gilt nun das Gleiche für den Energiefluss. Wir zeigen in Aufgabe 7.3, dass der Imaginärteil in (7.36a) noch wie folgt vereinfacht werden kann:

$$\mathrm{Im}(b_1 b_2^*) = \frac{|a|^2 \pi \mu_\mathrm{I} R}{2\mu_\mathrm{M}} \mathrm{Im}\big[k_\mathrm{M} J_0^*(k_\mathrm{M} R) J_1(k_\mathrm{M} R) \big] \quad , \quad a = \frac{\mu_\mathrm{M} I_0}{2\pi k_\mathrm{M} R J_1(k_\mathrm{M} R)} \,, \tag{7.36b}$$

sodass der zeitgemittelte Energiefluss nun sogar *exakt und explizit* als Produkt zweier Bessel-Funktionen bekannt ist:

$$\boxed{D_{\delta/R}(\sigma) = \frac{I_0^2 \,\mathrm{Im}\big[k_\mathrm{M} J_0^*(k_\mathrm{M} R) J_1(k_\mathrm{M} R) \big]}{4\pi \sigma R \,|J_1(k_\mathrm{M} R)|^2} \,.} \tag{7.37}$$

Bei der Herleitung von (7.37) wurde $|k_\mathrm{M}|^2 = 2/\delta^2$ und $\delta = \sqrt{\frac{2}{\omega \mu_\mathrm{M} \sigma}}$ verwendet.

Mit Hilfe des asymptotischen Verhaltens (7.27) der Bessel-Funktionen J_0 und J_1 für kleine und große Werte des Arguments kann man überprüfen, dass das exakte Resultat (7.37) für den Energiefluss im Einklang mit unseren früheren Ergebnissen (7.28) und (7.30) ist:

$$\lim_{\delta/R \to \infty} D_{\delta/R}(\sigma) = \frac{I_0^2}{2\pi \sigma R^2} = D_\infty(\sigma) \quad , \quad \lim_{\delta/R \downarrow 0} D_{\delta/R}(\sigma) = \frac{I_0^2}{4\pi \sigma R \delta} = D_0(\sigma) \,.$$

Analog zu Gleichung (7.31) kann man nun auch eine *effektive* Leitfähigkeit $\sigma_\mathrm{f}\big(\frac{\delta}{R}\big)$ für beliebige Werte des Verhältnisses δ/R definieren:

$$D_\infty(\sigma_\mathrm{f}) \equiv D_{\delta/R}(\sigma) \quad , \quad \boxed{\big[\sigma_\mathrm{f}\big(\tfrac{\delta}{R}\big)\big]^{-1} = \frac{\mathrm{Im}\big[k_\mathrm{M} R \, J_0^*(k_\mathrm{M} R) J_1(k_\mathrm{M} R) \big]}{2\sigma \,|J_1(k_\mathrm{M} R)|^2} \,.} \tag{7.38}$$

Dieses exakte Ergebnis ist dann die Verallgemeinerung der Rayleigh'schen Widerstandsformel, gültig für beliebige (δ/R)-Werte bzw. für beliebige Frequenzen.

7.3.8 Anmerkungen

Wir führen noch ein paar Literaturhinweise zum Modell des „unendlich langen Drahts“ an und skizzieren die Kritik, die aus praktischer Sicht an diesem Modell in der älteren und auch in der modernen Literatur geübt wird. Diese Kritik bezieht sich allerdings *nicht* auf den hier betrachteten *Hochfrequenz*limes, sondern auf Drähte, die Gleichstrom oder niederfrequenten Wechselstrom führen.

Zum unendlich langen Draht Der in diesem Abschnitt untersuchte unendlich lange, zylinderförmige, leitende Draht mit dem Radius R und der Leitfähigkeit σ wurde bereits 1884 von John Henry Poynting als einfachstes Modell für den Energiefluss in einem Stromleiter betrachtet, siehe Ref. [38]. Poynting konzentrierte sich auf den Spezialfall eines *Gleichstroms* im Draht, wie auch Feynman in seinen *Vorlesungen*, siehe Kapitel 27 in Ref. [14]. Der allgemeine Fall des *Wechselstroms* wird von Landau und Lifschitz betrachtet, siehe Ref. [25]. Wie auch wir in diesem Abschnitt, nehmen die genannten Autoren alle an, dass die Leitfähigkeit des Drahts frequenz*un*abhängig[26] und die Ladungsdichte im Draht überall null ist. Die letzte Annahme bedeutet, dass sich der Draht nicht selbst elektrisch aufladen soll, wenn er an die Elektroden einer Spannungsquelle angeschlossen wird.

Kritik am „Draht“ als Modell für *Gleichstrom* Eine grundlegende Kritik am Modell des langen Drahts zur Beschreibung von *Gleichstrom* wurde ab 1885 nachdrücklich von Oliver Heaviside vertreten, siehe insbesondere die Seiten 434 ff. in Ref. [18] und die Seiten 91 ff. in Ref. [19]. Heaviside wies darauf hin, dass der Energiefluss in einem *realen Gleichstromkreis* nur zu einem geringen Teil *senkrecht* zum stromführenden Draht und tatsächlich weitgehend *parallel* dazu ausgerichtet ist. Falls der Stromkreis neben den Anschlußkabeln noch ein weiteres *resistives* Element (z. B. eine Glühbirne) enthält, fließt die Energie an den Kabeln entlang *von der Spannungsquelle zum Widerstand*. Die *parallele* Komponente des Energieflusses impliziert eine *senkrecht* zum Draht ausgerichtete Komponente des elektrischen Felds und somit die Existenz einer *Linienladungsdichte* auf dem Draht. Wir zeigen diesen wichtigen Effekt anhand eines einfachen Modells für einen Stromkreis mit Glühbirne in Aufgabe 7.4. Ein weiteres, relativ einfaches, exakt lösbares Modell für ein Koaxialkabel, das diese Situation näherungsweise beschreibt, wird in § 17 von Ref. [45] beschrieben.[27] Eine Zusammenfassung der Diskussion zwischen Poynting und Heaviside aus historischer Perspektive findet sich in Ref. [28].

Modelle für den Transport von *Gleichstrom* Die Diskussion über die grundlegende Kritik von Heaviside am Modell des langen Drahts zur Beschreibung von *Gleichstrom* wird seit etwa Mitte des 20. Jahrhunderts in der Literatur weitergeführt. Neben Modellrechnungen, wie in Ref. [45], werden auch Experimente und numerische Simulationen an realistischen Stromkreisen durchgeführt. Einen Überblick über modernere Entwicklungen bietet z. B. Ref. [15]. Die moderne Literatur

[26] Ref. [25] weist darauf hin, dass die Leitfähigkeit für sehr hohe Frequenzen ω durch Selbstinduktionseffekte frequenz*abhängig* wird. Auch die Coulomb-Wechselwirkung zwischen den Elektronen würde zur Frequenzabhängigkeit der Leitfähigkeit beitragen.

[27] Sommerfeld kritisiert in § 22 B von Ref. [45] verständlicherweise auch das Konzept eines streng *unendlich* langen Drahts; diese Kritik trifft für Drähte endlicher Länge ($L < \infty$) nicht zu.

bestätigt, dass das Fließen eines Gleichstroms (oder allgemeiner: eines niederfrequenten Wechselstroms) in der Tat eine *Oberflächenladung* auf dem Draht hervorruft, die den *Energiefluss* entlang des Drahts stark beeinflusst.[28] Das Auftreten dieses Effekts zeigt übrigens noch einmal die Wichtigkeit der in diesem Abschnitt geforderten Bedingung *hoher* Frequenzen ($L \gg \lambda$), da diese Forderung die Bildung einer Oberflächenladung entlang des Drahts effektiv verhindert.

7.4 Hohlräume mit *sphärischer Geometrie*

Wir betrachten nun einen Hohlraumresonator mit sphärischer Symmetrie, wobei sich das isolierende Medium in einem endlichen Raumbereich $\mathcal{D} \subset \mathbb{R}^3$ befindet, der durch zwei Kugelschalen mit den Radien R_- und R_+ begrenzt wird:

$$\mathcal{D} = \{\mathbf{x} \mid 0 < R_- < x < R_+ < \infty\} \qquad (x \equiv |\mathbf{x}|)$$
$$\partial\mathcal{D} = \partial\mathcal{D}_- \cup \partial\mathcal{D}_+ \quad , \quad \partial\mathcal{D}_\pm = \{\mathbf{x} \mid x = R_\pm\} \ .$$

In den Raumbereichen $0 \leq x \leq R_-$ und $x \geq R_+$ befindet sich ein perfekt leitendes Metall ($\sigma \to \infty$). Das komplexe Vektorpotential $\boldsymbol{\mathcal{A}}(\mathbf{x})$, das die elektromagnetischen Moden mit der Frequenz ω beschreibt, ist divergenzfrei, $\boldsymbol{\nabla} \cdot \boldsymbol{\mathcal{A}} = 0$, und erfüllt die Helmholtz-Gleichung

$$\boxed{(\Delta + k^2)\boldsymbol{\mathcal{A}} = \mathbf{0} \quad , \quad k^2 = \frac{\omega^2}{\bar{c}^2} \quad , \quad \bar{c} = \frac{1}{\sqrt{\varepsilon\mu}} \qquad (\mathbf{x} \in \mathcal{D}) \ ,} \tag{7.39a}$$

wie in (7.11). Diese Helmholtz-Gleichung muss mit der Randbedingung

$$\boxed{\hat{\mathbf{n}}_\alpha \times \boldsymbol{\mathcal{A}} = \mathbf{0} \qquad (\mathbf{x} \in \partial\mathcal{D}_\alpha \ , \ \alpha = \pm)} \tag{7.39b}$$

gelöst werden, wobei $\hat{\mathbf{n}}_\alpha = -\alpha\hat{\mathbf{x}}$ den Normalenvektor auf dem inneren ($\alpha = -$) bzw. äußeren ($\alpha = +$) Rand $\partial\mathcal{D}_\alpha$ darstellt. Der Normalenvektor $\hat{\mathbf{n}}_\alpha(\mathbf{x})$ auf dem Rand $\partial\mathcal{D}$ des Hohlraums zeigt also für alle $\mathbf{x} \in \partial\mathcal{D}$ *von der metallischen in die isolierende Phase.*

Das reelle, zeitabhängige Vektorpotential ist gemäß $\mathbf{A}(\mathbf{x}, t) = \mathrm{Re}\left[\boldsymbol{\mathcal{A}}(\mathbf{x})e^{-i\omega t}\right]$ mit dem komplexen Vektorpotential verknüpft. Die physikalischen Felder $\mathbf{E}$ und $\mathbf{B}$ sind wie üblich gegeben durch

$$\mathbf{E}(\mathbf{x}, t) = -\frac{\partial \mathbf{A}}{\partial t}(\mathbf{x}, t) = \mathrm{Re}\left[\boldsymbol{\mathcal{E}}(\mathbf{x})e^{-i\omega t}\right] \qquad , \quad \boldsymbol{\mathcal{E}}(\mathbf{x}) = i\omega\boldsymbol{\mathcal{A}}(\mathbf{x}) \tag{7.40a}$$
$$\mathbf{B}(\mathbf{x}, t) = (\boldsymbol{\nabla} \times \mathbf{A})(\mathbf{x}, t) = \mathrm{Re}\left[\boldsymbol{\mathcal{B}}(\mathbf{x})e^{-i\omega t}\right] \quad , \quad \boldsymbol{\mathcal{B}}(\mathbf{x}) = (\boldsymbol{\nabla} \times \boldsymbol{\mathcal{A}})(\mathbf{x}) \ . \tag{7.40b}$$

Folglich hat auch die zeitgemittelte Energiestromdichte $\mathbf{S} = \frac{1}{\mu}\mathbf{E} \times \mathbf{B}$ für Hohlräume mit sphärischer Geometrie die übliche Form:

$$\overline{\mathbf{S}} = \frac{1}{\mu}\overline{\mathbf{E} \times \mathbf{B}} = \frac{1}{2\mu}\mathrm{Re}\big(\boldsymbol{\mathcal{E}}^* \times \boldsymbol{\mathcal{B}}\big) = -\frac{\omega}{2\mu}\mathrm{Re}\big[i\boldsymbol{\mathcal{A}}^* \times (\boldsymbol{\nabla} \times \boldsymbol{\mathcal{A}})\big] \ . \tag{7.41}$$

[28] Dieser komplexe Verlauf des Energieflusses bei niederfrequentem Wechselstrom zeigt, dass die Antwort auf die einfache Frage, warum eine Glühbirne brennt, höchst nicht-trivial ist, siehe Aufgabe 7.4 für ein relativ einfaches, exakt lösbares Modell.

Die Oberflächenladungsdichte Σ_α und die Oberflächenstromdichte $\mathbf{J}_\alpha$, die mit der elektromagnetischen Schwingung der Frequenz ω einhergehen, folgen dann als

$$\boxed{\begin{aligned} \Sigma_\alpha &= \varepsilon\hat{\mathbf{n}}_\alpha \cdot \mathbf{E} = \varepsilon \mathrm{Re}\left[i\omega(\hat{\mathbf{n}}_\alpha \cdot \boldsymbol{\mathcal{A}})e^{-i\omega t}\right] \\ \mathbf{J}_\alpha &= \tfrac{1}{\mu}\hat{\mathbf{n}}_\alpha \times \mathbf{B} = \tfrac{1}{\mu}\mathrm{Re}\left[\hat{\mathbf{n}}_\alpha \times (\boldsymbol{\nabla} \times \boldsymbol{\mathcal{A}})e^{-i\omega t}\right] \end{aligned}} \qquad (\mathbf{x} \in \partial\mathcal{D}_\alpha) \qquad (7.42)$$

und erfüllen die Kontinuitätsgleichung (7.14). Die Gleichungen (7.39)–(7.42) legen die Dynamik der möglichen Eigenschwingungen des sphärisch symmetrischen Hohlraumresonators vollständig fest.

Wegen der Struktur der Helmholtz-Gleichung (7.39a), die wesentlich durch den *Laplace-Operator* Δ geprägt wird, und der sphärischen Symmetrie des Problems ist es naheliegend, den Laplace-Operator in Gleichung (7.39a) mit Hilfe von *sphärischen Koordinaten* zu formulieren. Diese Aufgabe haben wir glücklicherweise bereits vorher (in Abschnitt [2.2.3]) gelöst. Wir können das Ergebnis daher direkt aus den Gleichungen (2.16) und (2.17a) übernehmen:

$$\Delta = -\left[\left(\frac{1}{ix}\frac{\partial}{\partial x}x\right)^2 + \frac{1}{x^2}\hat{\boldsymbol{\mathcal{L}}}^2\right] \quad , \quad \hat{\boldsymbol{\mathcal{L}}} = \frac{1}{i}\begin{pmatrix} -\sin(\varphi)\frac{\partial}{\partial\vartheta} - \cos(\varphi)\cot(\vartheta)\frac{\partial}{\partial\varphi} \\ \cos(\varphi)\frac{\partial}{\partial\vartheta} - \sin(\varphi)\cot(\vartheta)\frac{\partial}{\partial\varphi} \\ \frac{\partial}{\partial\varphi} \end{pmatrix} . \qquad (7.43)$$

Neben *Orts*ableitungen wird der Laplace-Operator ganz entscheidend durch den Differentialoperator $\hat{\boldsymbol{\mathcal{L}}}$ mitbestimmt, der nur von den Winkelvariablen $\Omega = (\vartheta, \varphi)$ und den entsprechenden Ableitungen abhängt.[29] Der dimensionslose Differentialoperator $\hat{\boldsymbol{\mathcal{L}}} = \frac{1}{i}\mathbf{x} \times \boldsymbol{\nabla}$ ist *hermitesch*, d. h., es gilt $\hat{\mathcal{L}}_k^\dagger = \hat{\mathcal{L}}_k$ für $k \in \{1, 2, 3\}$.

Eigenschaften des Differentialoperators $\hat{\boldsymbol{\mathcal{L}}}$

Wir fassen einige zentrale Formeln aus Abschnitt [2.2.3] zusammen. Die Eigenschaften von $\hat{\boldsymbol{\mathcal{L}}}$ und $\hat{\boldsymbol{\mathcal{L}}}^2$ sowie Form und Eigenschaften ihrer Eigenfunktionen werden außerdem ausführlich in Anhang C behandelt. Für Details verweisen wir daher speziell auch auf diesen Anhang.

Der Laplace-Operator Δ in (7.43) enthält konkret das *Quadrat* $\hat{\boldsymbol{\mathcal{L}}}^2$ des Differentialoperators $\hat{\boldsymbol{\mathcal{L}}}$. Dieses Quadrat ist laut (2.17b) gegeben durch:

$$\hat{\boldsymbol{\mathcal{L}}}^2 = -\left[\frac{1}{\sin(\vartheta)}\frac{\partial}{\partial\vartheta}\sin(\vartheta)\frac{\partial}{\partial\vartheta} + \frac{1}{\sin^2(\vartheta)}\frac{\partial^2}{\partial\varphi^2}\right] .$$

Wichtig sind auch die Vertauschungsrelationen (2.18) der Komponenten von $\hat{\boldsymbol{\mathcal{L}}}$:

$$[\hat{\mathcal{L}}_k, \hat{\mathcal{L}}_l] = i\varepsilon_{klm}\hat{\mathcal{L}}_m \quad , \quad \hat{\boldsymbol{\mathcal{L}}} \times \hat{\boldsymbol{\mathcal{L}}} = i\hat{\boldsymbol{\mathcal{L}}} \quad , \quad [\hat{\boldsymbol{\mathcal{L}}}^2, \hat{\boldsymbol{\mathcal{L}}}] = \mathbf{0} \quad , \quad [\Delta, \hat{\boldsymbol{\mathcal{L}}}] = \mathbf{0} .$$

Aus (2.19) wissen wir, dass die gemeinsamen *Eigenfunktionen* von $\hat{\boldsymbol{\mathcal{L}}}^2$ und $\hat{\mathcal{L}}_3$ durch die Kugelflächenfunktionen $Y_{\ell m}$ gegeben sind:

$$\hat{\boldsymbol{\mathcal{L}}}^2 Y_{\ell m} = \ell(\ell+1)Y_{\ell m} \quad , \quad \hat{\mathcal{L}}_3 Y_{\ell m} = mY_{\ell m} .$$

[29] In einem quantenmechanischen Kontext würde man $\hat{\boldsymbol{\mathcal{L}}}$ als *Bahndrehimpuls*operator interpretieren. Auch in der Elektrodynamik ist dieser Operator ganz offensichtlich sehr wichtig.

Die explizite Form dieser Kugelflächenfunktionen wird in Gleichung (2.20) angegeben, siehe auch Anhang C für Details. Außerdem gelten aufgrund der Antisymmetrie des Levi-Civita-Tensors ε_{klm} die folgenden Operatoridentitäten:

$$\mathbf{x} \cdot \hat{\boldsymbol{\mathcal{L}}} = \tfrac{1}{i}\varepsilon_{klm} x_k x_l \partial_m = 0 \quad , \quad \boldsymbol{\nabla} \cdot \hat{\boldsymbol{\mathcal{L}}} = \tfrac{1}{i}\varepsilon_{klm} \partial_k x_l \partial_m = 0 \; , \tag{7.44}$$

die im Folgenden öfter verwendet werden.

7.4.1 Die Struktur des komplexen Vektorpotentials

Wir zeigen in diesem Abschnitt, dass das komplexe Vektorpotential $\boldsymbol{\mathcal{A}}$ aufgrund der Coulomb-Eichung nur *zwei* unabhängige Komponenten hat und dass diese als $\mathbf{x} \cdot \boldsymbol{\mathcal{A}}$ und $i\hat{\boldsymbol{\mathcal{L}}} \cdot \boldsymbol{\mathcal{A}}$ gewählt werden können. Für diese zwei Komponenten leiten wir Helmholtz-Gleichungen her. Wir zeigen, dass die Winkelabhängigkeit der entsprechenden Lösungen für das Vektorpotential und die physikalischen $(\boldsymbol{\mathcal{E}}, \boldsymbol{\mathcal{B}})$-Felder durch *Vektorkugelflächenfunktionen* beschrieben wird. Wir erklären die unterschiedliche Struktur der Lösungen für transversal-elektrische und transversal-magnetische Moden.

Wahl der unabhängigen Komponenten von $\boldsymbol{\mathcal{A}}$

Aufgrund der Coulomb-Eichung, $\boldsymbol{\nabla} \cdot \boldsymbol{\mathcal{A}} = 0$, sind nur zwei der drei Komponenten des komplexen Vektorpotentials $\boldsymbol{\mathcal{A}}$ unabhängig. Es wird im Folgenden wichtig sein, diese zwei unabhängigen Komponenten von $\boldsymbol{\mathcal{A}}$ geschickt zu wählen. Hierzu zeigen wir zunächst, dass ein reguläres (d. h. für alle $\mathbf{x} \in \mathcal{D}$ endliches) und divergenzfreies Vektorpotential $\boldsymbol{\mathcal{A}}$ vollständig durch die zwei skalaren Größen $\mathbf{x} \cdot \boldsymbol{\mathcal{A}}$ und $i\hat{\boldsymbol{\mathcal{L}}} \cdot \boldsymbol{\mathcal{A}}$ bestimmt wird.

Dies beweist man am einfachsten, indem man die Existenz zweier unterschiedlicher, regulärer Vektorpotentiale $\boldsymbol{\mathcal{A}}_1$ und $\boldsymbol{\mathcal{A}}_2$ mit den *gleichen* Werten von $\mathbf{x} \cdot \boldsymbol{\mathcal{A}}$ und $i\hat{\boldsymbol{\mathcal{L}}} \cdot \boldsymbol{\mathcal{A}}$ annimmt und dann einen Widerspruch herleitet: Das Differenzvektorpotential $\mathbf{a} \equiv \boldsymbol{\mathcal{A}}_1 - \boldsymbol{\mathcal{A}}_2 \neq \mathbf{0}$ erfüllt nämlich die Gleichungen

$$\mathbf{x} \cdot \mathbf{a} = 0 \quad , \quad i\hat{\boldsymbol{\mathcal{L}}} \cdot \mathbf{a} = 0 \quad , \quad \boldsymbol{\nabla} \cdot \mathbf{a} = 0 \quad (\mathbf{x} \in \mathcal{D}) \; . \tag{7.45}$$

Wir zeigen im Folgenden, dass eine nicht-triviale Lösung $\mathbf{a} \neq \mathbf{0}$ von (7.45) nicht existiert. Wegen der sphärischen Symmetrie des Problems ist es günstig, diese Gleichungen zuerst mit Hilfe von sphärischen Koordinaten umzuformulieren.

Vektoranalysis in sphärischen Koordinaten

Allgemein kann man für ein Vektorfeld $\mathbf{a}$ in sphärischen Koordinaten schreiben: $\mathbf{a} = a_x \hat{\mathbf{e}}_x + a_\vartheta \hat{\mathbf{e}}_\vartheta + a_\varphi \hat{\mathbf{e}}_\varphi$, wobei die „Koordinaten“ $a_\nu(x, \vartheta, \varphi)$ mit $\nu \in \{x, \vartheta, \varphi\}$ ortsabhängige Funktionen sind und die Basisvektoren die Form:

$$\hat{\mathbf{e}}_x = \begin{pmatrix} \cos(\varphi)\sin(\vartheta) \\ \sin(\varphi)\sin(\vartheta) \\ \cos(\vartheta) \end{pmatrix} \quad , \quad \hat{\mathbf{e}}_\vartheta = \begin{pmatrix} \cos(\varphi)\cos(\vartheta) \\ \sin(\varphi)\cos(\vartheta) \\ -\sin(\vartheta) \end{pmatrix} \quad , \quad \hat{\mathbf{e}}_\varphi = \begin{pmatrix} -\sin(\varphi) \\ \cos(\varphi) \\ 0 \end{pmatrix}$$

haben. Die Basisvektoren $\{\hat{\mathbf{e}}_x, \hat{\mathbf{e}}_\vartheta, \hat{\mathbf{e}}_\varphi\}$ bilden ein rechtshändiges Orthonormalsystem: Es gilt also $\hat{\mathbf{e}}_x \times \hat{\mathbf{e}}_\vartheta = \hat{\mathbf{e}}_\varphi$, $\hat{\mathbf{e}}_\vartheta \times \hat{\mathbf{e}}_\varphi = \hat{\mathbf{e}}_x$ und $\hat{\mathbf{e}}_\varphi \times \hat{\mathbf{e}}_x = \hat{\mathbf{e}}_\vartheta$. Die Ableitungen der Basisvektoren sind:

$$\partial_\vartheta \hat{\mathbf{e}}_x = \hat{\mathbf{e}}_\vartheta \quad , \quad \partial_\varphi \hat{\mathbf{e}}_x = \sin(\vartheta)\hat{\mathbf{e}}_\varphi \quad , \quad \partial_\vartheta \hat{\mathbf{e}}_\vartheta = -\hat{\mathbf{e}}_x \quad , \quad \partial_\varphi \hat{\mathbf{e}}_\vartheta = \cos(\vartheta)\hat{\mathbf{e}}_\varphi$$

sowie $\partial_\varphi \hat{\mathbf{e}}_\varphi = -[\sin(\vartheta)\hat{\mathbf{e}}_x + \cos(\vartheta)\hat{\mathbf{e}}_\vartheta]$. Der Nabla-Operator hat in sphärischen Koordinaten die Form $\boldsymbol{\nabla} = \hat{\mathbf{e}}_x\partial_x + \frac{1}{x}\hat{\mathbf{e}}_\vartheta\partial_\vartheta + \frac{1}{x\sin(\vartheta)}\hat{\mathbf{e}}_\varphi\partial_\varphi$. Folglich ist der Gradient durch $\boldsymbol{\nabla}\psi = \hat{\mathbf{e}}_x(\partial_x\psi) + \frac{1}{x}\hat{\mathbf{e}}_\vartheta(\partial_\vartheta\psi) + \frac{1}{x\sin(\vartheta)}\hat{\mathbf{e}}_\varphi(\partial_\varphi\psi)$ gegeben und die Divergenz eines allgemeinen Vektorfelds $\mathbf{a}$ durch:

$$\begin{aligned}\boldsymbol{\nabla}\cdot\mathbf{a} &= \left(\hat{\mathbf{e}}_x\partial_x + \tfrac{1}{x}\hat{\mathbf{e}}_\vartheta\partial_\vartheta + \tfrac{1}{x\sin(\vartheta)}\hat{\mathbf{e}}_\varphi\partial_\varphi\right)\cdot(a_x\hat{\mathbf{e}}_x + a_\vartheta\hat{\mathbf{e}}_\vartheta + a_\varphi\hat{\mathbf{e}}_\varphi)\\ &= \tfrac{1}{x^2}\partial_x(x^2 a_x) + \tfrac{1}{x\sin(\vartheta)}\left\{\partial_\vartheta[\sin(\vartheta)a_\vartheta] + \partial_\varphi a_\varphi\right\}\ .\end{aligned}$$

Analog berechnet man die Rotation eines allgemeinen Vektorfelds $\mathbf{a}$:

$$\begin{aligned}\boldsymbol{\nabla}\times\mathbf{a} = \tfrac{1}{x\sin(\vartheta)}\hat{\mathbf{e}}_x\left\{\partial_\vartheta[\sin(\vartheta)a_\varphi] - \partial_\varphi a_\vartheta\right\} &+ \tfrac{1}{x\sin(\vartheta)}\hat{\mathbf{e}}_\vartheta\left[\partial_\varphi a_x - \sin(\vartheta)\partial_x(x a_\varphi)\right]\\ &+ \tfrac{1}{x}\hat{\mathbf{e}}_\varphi\left[\partial_x(x a_\vartheta) - \partial_\vartheta a_x\right]\ .\end{aligned}$$

Die Größe $i\hat{\boldsymbol{\mathcal{L}}}\cdot\mathbf{a}$ in (7.45) hat schließlich für allgemeines $\mathbf{a}$ die Form:

$$i\hat{\boldsymbol{\mathcal{L}}}\cdot\mathbf{a} = \left[\hat{\mathbf{e}}_\varphi\partial_\vartheta - \tfrac{1}{\sin(\vartheta)}\hat{\mathbf{e}}_\vartheta\partial_\varphi\right]\cdot(a_x\hat{\mathbf{e}}_x + a_\vartheta\hat{\mathbf{e}}_\vartheta + a_\varphi\hat{\mathbf{e}}_\varphi) = \left[\partial_\vartheta + \mathrm{cotan}(\vartheta)\right]a_\varphi - \tfrac{1}{\sin(\vartheta)}\partial_\varphi a_\vartheta\ .$$

Wir werten diese Ergebnisse im Folgenden aus für den Differenzvektor $\mathbf{a}$ in (7.45).

Auswertung der Gleichungen (7.45) für a

Wir werten (7.45) aus in sphärischen Koordinaten. Wegen der ersten Gleichung $\mathbf{x}\cdot\mathbf{a} = 0$ in (7.45) gilt $a_x = 0$ und daher $\mathbf{a} = a_\vartheta\hat{\mathbf{e}}_\vartheta + a_\varphi\hat{\mathbf{e}}_\varphi$, sodass sich auch die Ableitungen von $\mathbf{a}$ vereinfachen. Durch Kombination der Identitäten

$$\begin{aligned}0 = \boldsymbol{\nabla}\cdot\mathbf{a} &= \tfrac{1}{x\sin(\vartheta)}\{\partial_\vartheta[\sin(\vartheta)a_\vartheta] + \partial_\varphi a_\varphi\} \quad , \quad \partial_\vartheta[\sin(\vartheta)a_\vartheta] + \partial_\varphi a_\varphi = 0\\ 0 = i\hat{\boldsymbol{\mathcal{L}}}\cdot\mathbf{a} &= \tfrac{1}{\sin(\vartheta)}\{\partial_\vartheta[\sin(\vartheta)a_\varphi] - \partial_\varphi a_\vartheta\} \quad , \quad \partial_\vartheta[\sin(\vartheta)a_\varphi] - \partial_\varphi a_\vartheta = 0\end{aligned}$$

erhält man die beiden Eigenwertgleichungen $\hat{\boldsymbol{\mathcal{L}}}^2[\sin(\vartheta)a_\vartheta] = 0$ und $\hat{\boldsymbol{\mathcal{L}}}^2[\sin(\vartheta)a_\varphi] = 0$ mit der allgemeinen Lösung

$$\sin(\vartheta)a_\vartheta = f_\vartheta(x)Y_{00}(\Omega) \quad , \quad \sin(\vartheta)a_\varphi = f_\varphi(x)Y_{00}(\Omega)$$

und somit

$$\mathbf{a} = a_\vartheta\hat{\mathbf{e}}_\vartheta + a_\varphi\hat{\mathbf{e}}_\varphi = \frac{1}{\sqrt{4\pi}\sin(\vartheta)}\left[f_\vartheta(x)\hat{\mathbf{e}}_\vartheta + f_\varphi(x)\hat{\mathbf{e}}_\varphi\right]\ .$$

Dieses Differenzvektorpotential ist nur dann regulär (d. h. endlich für alle x, Ω, speziell also für $\vartheta = 0, \pi$), falls $f_\vartheta \equiv 0$ und $f_\varphi \equiv 0$ und somit auch $\mathbf{a} = \mathbf{0}$ gilt, im Widerspruch zur Annahme $\mathbf{a} \neq \mathbf{0}$. Wir schließen hieraus, dass ein physikalisch akzeptables (reguläres, divergenzfreies) Vektorpotential $\boldsymbol{\mathcal{A}}$ in der Tat eindeutig durch die zwei skalaren Größen $\mathbf{x}\cdot\boldsymbol{\mathcal{A}}$ und $i\hat{\boldsymbol{\mathcal{L}}}\cdot\boldsymbol{\mathcal{A}}$ charakterisiert wird.

Physikalische Bedeutung der unabhängigen Komponenten

Die *physikalische* Bedeutung der zwei skalaren Größen $\mathbf{x}\cdot\boldsymbol{\mathcal{A}}$ und $i\hat{\boldsymbol{\mathcal{L}}}\cdot\boldsymbol{\mathcal{A}}$ wird klar aus den Beziehungen $\boldsymbol{\mathcal{E}} = i\omega\boldsymbol{\mathcal{A}}$ und $\boldsymbol{\mathcal{B}} = \boldsymbol{\nabla}\times\boldsymbol{\mathcal{A}}$ in Gleichung (7.40) zwischen dem komplexen Vektorpotential $\boldsymbol{\mathcal{A}}$ und den komplexen $(\boldsymbol{\mathcal{E}}, \boldsymbol{\mathcal{B}})$-Feldern:

$$\mathbf{x} \cdot \boldsymbol{\mathcal{A}} = \frac{1}{i\omega} \mathbf{x} \cdot \boldsymbol{\mathcal{E}} \tag{7.46a}$$

$$i\hat{\boldsymbol{\mathcal{L}}} \cdot \boldsymbol{\mathcal{A}} = (\mathbf{x} \times \boldsymbol{\nabla}) \cdot \boldsymbol{\mathcal{A}} = \varepsilon_{klm} x_l \partial_m \mathcal{A}_k = \varepsilon_{lmk} x_l \partial_m \mathcal{A}_k = \mathbf{x} \cdot \boldsymbol{\mathcal{B}} \,. \tag{7.46b}$$

Die Größen $\mathbf{x} \cdot \boldsymbol{\mathcal{A}}$ und $i\hat{\boldsymbol{\mathcal{L}}} \cdot \boldsymbol{\mathcal{A}}$ stellen also im Wesentlichen die *radialen* Komponenten des elektrischen bzw. magnetischen Feldes dar.

Helmholtz-Gleichungen für $\mathbf{x} \cdot \boldsymbol{\mathcal{A}}$ und $i\hat{\boldsymbol{\mathcal{L}}} \cdot \boldsymbol{\mathcal{A}}$

Die skalaren Größen $\mathbf{x} \cdot \boldsymbol{\mathcal{A}}$ und $i\hat{\boldsymbol{\mathcal{L}}} \cdot \boldsymbol{\mathcal{A}}$ erfüllen relativ einfache Gleichungen der uns mittlerweile vertrauten Helmholtz-Form $(\Delta + k^2)\psi = 0$. Dies sieht man aus:

$$(\Delta + k^2)(\mathbf{x} \cdot \boldsymbol{\mathcal{A}}) = 2\boldsymbol{\nabla} \cdot \boldsymbol{\mathcal{A}} + \mathbf{x} \cdot \Delta\boldsymbol{\mathcal{A}} + k^2(\mathbf{x} \cdot \boldsymbol{\mathcal{A}}) = \mathbf{x} \cdot (-k^2\boldsymbol{\mathcal{A}}) + k^2(\mathbf{x} \cdot \boldsymbol{\mathcal{A}}) = 0$$

und wegen $[\Delta, \hat{\boldsymbol{\mathcal{L}}}] = \mathbf{0}$:

$$(\Delta + k^2)(i\hat{\boldsymbol{\mathcal{L}}} \cdot \boldsymbol{\mathcal{A}}) = i\hat{\mathcal{L}}_j (\Delta + k^2)\boldsymbol{\mathcal{A}}_j = 0 \,.$$

In der Herleitung wurde die Coulomb-Eichung $\boldsymbol{\nabla} \cdot \boldsymbol{\mathcal{A}} = 0$ verwendet.

Das Randwertproblem für $\boldsymbol{\mathcal{A}}$ kann also äquivalent auch in der Form

$$(\Delta + k^2)(\mathbf{x} \cdot \boldsymbol{\mathcal{A}}) = 0 \quad , \quad (\Delta + k^2)(i\hat{\boldsymbol{\mathcal{L}}} \cdot \boldsymbol{\mathcal{A}}) = 0 \quad , \quad \boldsymbol{\nabla} \cdot \boldsymbol{\mathcal{A}} = 0 \quad (\mathbf{x} \in \mathcal{D}) \tag{7.47a}$$

dargestellt werden. Die entsprechende Randbedingung ist:

$$\hat{\mathbf{n}}_\alpha \times \boldsymbol{\mathcal{A}} = \mathbf{0} \qquad (\mathbf{x} \in \partial\mathcal{D}_\alpha \;,\; \alpha = \pm) \,, \tag{7.47b}$$

wie man aus Gleichung (7.39b) sieht.

Wir unterscheiden wiederum transversal-elektrische (TE) und transversal-magnetische (TM) Lösungen, die für den sphärisch symmetrischen Fall definiert sind durch

$$\begin{aligned} &\text{TE}: \quad \mathbf{x} \cdot \boldsymbol{\mathcal{A}} = 0 \quad , \quad i\hat{\boldsymbol{\mathcal{L}}} \cdot \boldsymbol{\mathcal{A}} \neq 0 \qquad (\text{und daher:} \;\; \mathbf{x} \cdot \boldsymbol{\mathcal{E}} = 0) \\ &\text{TM}: \quad \mathbf{x} \cdot \boldsymbol{\mathcal{A}} \neq 0 \quad , \quad i\hat{\boldsymbol{\mathcal{L}}} \cdot \boldsymbol{\mathcal{A}} = 0 \qquad (\text{und daher:} \;\; \mathbf{x} \cdot \boldsymbol{\mathcal{B}} = 0) \end{aligned}$$

und außerdem natürlich durch $\boldsymbol{\nabla} \cdot \boldsymbol{\mathcal{A}} = 0$ $(\mathbf{x} \in \mathcal{D})$ und $\hat{\mathbf{n}}_\alpha \times \boldsymbol{\mathcal{A}} = \mathbf{0}$ $(\mathbf{x} \in \partial\mathcal{D}_\alpha)$. Die allgemeine Lösung $\boldsymbol{\mathcal{A}}$ folgt dann durch Linearkombination der transversal-elektrischen und transversal-magnetischen Lösungen $\boldsymbol{\mathcal{A}}^{\text{TE}}$ bzw. $\boldsymbol{\mathcal{A}}^{\text{TM}}$.

Anders als beim quaderförmigen Hohlraum oder bei den allgemeinen Zylindergeometrien sind das elektrische Feld bei der TE-Welle und das Magnetfeld bei der TM-Welle nun *nicht* orthogonal zur $\hat{\mathbf{e}}_3$-Achse ausgerichtet. Beim sphärisch symmetrischen Hohlraum ist die Bezeichnung *transversal* anders zu interpretieren, und zwar als *orthogonal zum Radiusvektor* $\mathbf{x}$.

*Vektor*kugelflächenfunktionen als Baustein der Lösungen

Das komplexwertige Vektorpotential $\boldsymbol{\mathcal{A}}$ hat *Vektorcharakter*, d. h., es wird unter Drehungen wie ein *Vektor* transformiert. Wir werden im Folgenden feststellen, dass seine Winkelabhängigkeit daher nicht durch die üblichen Kugelflächenfunktionen $Y_{\ell m}(\Omega)$ beschrieben wird, sondern durch die *Vektor*kugelflächenfunktionen

$$\boxed{\mathbf{Y}_{\ell m}(\Omega) \equiv \frac{1}{\sqrt{\ell(\ell+1)}}\left[\hat{\boldsymbol{\mathcal{L}}} Y_{\ell m}\right](\Omega) \qquad (\ell \geq 1)\,.} \tag{7.48}$$

Dies ist intuitiv auch plausibel, da der Differentialoperator $\hat{\boldsymbol{\mathcal{L}}}$, der physikalisch als Bahndrehimpulsoperator interpretiert werden kann, unter Drehungen ja ebenfalls wie ein *Vektor* transformiert wird. Konkret werden wir feststellen, dass die Vektorkugelflächenfunktionen $\mathbf{Y}_{\ell m}(\Omega)$ im Falle der TE-Lösungen die Winkelabhängigkeit der Felder $\boldsymbol{\mathcal{E}}$ und $\boldsymbol{\mathcal{A}}$ beschreibt und im Falle der TM-Lösungen die Winkelabhängigkeit des Magnetfelds $\boldsymbol{\mathcal{B}} = \boldsymbol{\nabla} \times \boldsymbol{\mathcal{A}}$.

Aufgrund der Orthonormalitäts- und Vollständigkeitsbedingungen für die Kugelflächenfunktionen $Y_{\ell m}$ in (2.21) erfüllen die *Vektor*kugelflächenfunktionen die *Orthonormalitätsbedingung*:

$$\begin{aligned}
(\mathbf{Y}_{\ell m}, \mathbf{Y}_{\ell' m'}) &\equiv \int d\Omega\; \mathbf{Y}^{\dagger}_{\ell m}(\Omega)\mathbf{Y}_{\ell' m'}(\Omega) = \sum_{i=1}^{3} \frac{\langle \hat{\mathcal{L}}_i Y_{\ell m}, \hat{\mathcal{L}}_i Y_{\ell' m'}\rangle}{\sqrt{\ell(\ell+1)\ell'(\ell'+1)}} \\
&= \sum_{i=1}^{3} \frac{\langle Y_{\ell m}, \hat{\mathcal{L}}_i^2 Y_{\ell' m'}\rangle}{\sqrt{\ell(\ell+1)\ell'(\ell'+1)}} = \frac{\langle Y_{\ell m}, \hat{\boldsymbol{\mathcal{L}}}^2 Y_{\ell' m'}\rangle}{\sqrt{\ell(\ell+1)\ell'(\ell'+1)}} \\
&= \sqrt{\frac{\ell'(\ell'+1)}{\ell(\ell+1)}}\langle Y_{\ell m}, Y_{\ell' m'}\rangle = \sqrt{\frac{\ell'(\ell'+1)}{\ell(\ell+1)}}\delta_{\ell\ell'}\delta_{mm'} \\
&= \delta_{\ell\ell'}\delta_{mm'} \quad , \qquad \boxed{(\mathbf{Y}_{\ell m}, \mathbf{Y}_{\ell' m'}) = \delta_{\ell\ell'}\delta_{mm'}}
\end{aligned} \tag{7.49}$$

und für beliebige winkelabhängige Vektorfunktionen der Form $(\hat{\boldsymbol{\mathcal{L}}}\chi)(\Omega)$ außerdem die *Vollständigkeitsbeziehung*:

$$\boxed{\sum_{\ell m} \mathbf{Y}_{\ell m}(\Omega)\mathbf{Y}^{\dagger}_{\ell m}(\Omega') = \delta(\Omega - \Omega')\mathbb{1}_3\,.}$$

Diese letzte Identität folgt konkret aus:

$$\begin{aligned}
\sum_{\ell m} \mathbf{Y}_{\ell m}(\Omega) \int d\Omega'\; \mathbf{Y}^{\dagger}_{\ell m}(\Omega')(\hat{\boldsymbol{\mathcal{L}}}\chi)(\Omega') &= \sum_{\ell m} \frac{(\hat{\boldsymbol{\mathcal{L}}} Y_{\ell m})(\Omega)}{\ell(\ell+1)}(\hat{\boldsymbol{\mathcal{L}}} Y_{\ell m}, \hat{\boldsymbol{\mathcal{L}}}\chi) \\
= \sum_{\ell m} \frac{(\hat{\boldsymbol{\mathcal{L}}} Y_{\ell m})(\Omega)}{\ell(\ell+1)}\langle \hat{\boldsymbol{\mathcal{L}}}^2 Y_{\ell m}, \chi\rangle &= \sum_{\ell m} (\hat{\boldsymbol{\mathcal{L}}} Y_{\ell m})(\Omega)\langle Y_{\ell m}, \chi\rangle = (\hat{\boldsymbol{\mathcal{L}}}\chi)(\Omega)\,,
\end{aligned}$$

wobei im letzten Schritt die Vollständigkeitsbedingung (2.21) für die Kugelflächenfunktionen $Y_{\ell m}$ verwendet wurde.

Wir erwähnen ein paar weitere Eigenschaften der Funktionen $\mathbf{Y}_{\ell m}$. Aufgrund der ersten Identität $\mathbf{x} \cdot \hat{\boldsymbol{\mathcal{L}}} = 0$ in (7.44) haben die Vektorkugelflächenfunktionen die Eigenschaft $\mathbf{x} \cdot \mathbf{Y}_{\ell m} = 0$ und aufgrund der zweiten Identität $\boldsymbol{\nabla} \cdot \hat{\boldsymbol{\mathcal{L}}} = 0$ in (7.44) die Eigenschaft $\boldsymbol{\nabla} \cdot \mathbf{Y}_{\ell m} = 0$. Außerdem gilt aufgrund der Identität $\mathbf{x} \cdot \hat{\boldsymbol{\mathcal{L}}} = 0$:

$$(\mathbf{Y}_{\ell m}, \mathbf{x} \times \mathbf{Y}_{\ell' m'}) = 0\,, \tag{7.50a}$$

wobei in der Herleitung verwendet wird, dass der Ortsoperator ein Vektoroperator ist: $[\hat{\mathcal{L}}_k, x_l] = i\varepsilon_{klm}x_m$. Analog folgt aus der Operatoridentität $\boldsymbol{\nabla}\cdot\hat{\boldsymbol{\mathcal{L}}} = 0$:

$$(\mathbf{Y}_{\ell m}, \boldsymbol{\nabla}\times\mathbf{Y}_{\ell' m'}) = i(\mathbf{Y}_{\ell m}, \hat{\boldsymbol{\pi}}\times\mathbf{Y}_{\ell' m'}) = 0 \quad , \quad \hat{\boldsymbol{\pi}} \equiv \tfrac{1}{i}\boldsymbol{\nabla} \; , \tag{7.50b}$$

wobei nun verwendet wird, dass auch der mit i^{-1} multiplizierte Nabla-Operator $\hat{\boldsymbol{\pi}} = \frac{1}{i}\boldsymbol{\nabla}$ ein hermitescher Vektoroperator ist: $[\hat{\mathcal{L}}_k, \hat{\pi}_l] = i\varepsilon_{klm}\hat{\pi}_m$.[30] Die Herleitung der beiden Identitäten (7.50) wird in Übungsaufgabe 7.5 behandelt.

Es gibt keine *sphärisch symmetrischen* Lösungen

Die Vektorkugelflächenfunktionen sind nur für $\ell \geq 1$ definiert und können daher keine *sphärisch symmetrischen* Lösungen ($\ell = 0$) erzeugen. Tatsächlich sind nichttriviale Lösungen des Randwertproblems (7.47) für das komplexe Vektorpotential $\boldsymbol{\mathcal{A}}$ mit $\ell = 0$ nicht möglich: Der Ansatz

$$\boldsymbol{\mathcal{A}}(\mathbf{x}) = \mathbf{a}(x)Y_{00}(\Omega) = \frac{1}{\sqrt{4\pi}}\mathbf{a}(x) \neq \mathbf{0} \tag{7.51}$$

führt sofort auf einen Widerspruch, da die Gültigkeit der Coulomb-Eichung für alle Richtungen $\hat{\mathbf{x}}$, d. h. $0 = \boldsymbol{\nabla}\cdot\mathbf{a} = \hat{\mathbf{x}}\cdot\mathbf{a}'(x)$, erfordert, dass $\mathbf{a}' = \mathbf{0}$ und somit $\mathbf{a}(x) =$ konstant gilt. Der einzige konstante Vektor, der mit der Randbedingung $\mathbf{0} = \hat{\mathbf{n}}_\pm \times \boldsymbol{\mathcal{A}} = \mp\frac{1}{\sqrt{4\pi}}\hat{\mathbf{x}}\times\mathbf{a}(R_\pm)$ verträglich ist, ist jedoch der Nullvektor: $\mathbf{a}(x) = \mathbf{a}(R_\pm) = \mathbf{0}$ und daher $\boldsymbol{\mathcal{A}}(\mathbf{x}) = \mathbf{0}$. Wir schließen hieraus, dass sphärisch symmetrische Hohlraumresonatoren nur Moden mit $l \geq 1$ zulassen.

Struktur der TE-Lösungen

Transversal-elektrische (TE) Lösungen sind also definiert durch die beiden Bedingungen

$$\mathbf{x}\cdot\boldsymbol{\mathcal{A}} = 0 = \frac{1}{i\omega}\mathbf{x}\cdot\boldsymbol{\mathcal{E}} \quad , \quad i\hat{\boldsymbol{\mathcal{L}}}\cdot\boldsymbol{\mathcal{A}} \neq 0 \; ,$$

wobei die Komponente $i\hat{\boldsymbol{\mathcal{L}}}\cdot\boldsymbol{\mathcal{A}}$ des Vektorpotentials, die ungleich null ist, ein Randwertproblem für die Helmholtz-Gleichung erfüllt:

$$0 = (\Delta + k^2)(i\hat{\boldsymbol{\mathcal{L}}}\cdot\boldsymbol{\mathcal{A}}) = \left[\frac{1}{x}\frac{\partial^2}{\partial x^2}x - \frac{1}{x^2}\hat{\boldsymbol{\mathcal{L}}}^2 + k^2\right](i\hat{\boldsymbol{\mathcal{L}}}\cdot\boldsymbol{\mathcal{A}}) \quad (\mathbf{x}\in\mathcal{D}) \tag{7.52a}$$

$$\mathbf{0} = \hat{\mathbf{n}}_\alpha \times \boldsymbol{\mathcal{A}} \quad (\mathbf{x}\in\partial\mathcal{D}_\alpha) \quad , \quad \mathbf{x}\cdot\boldsymbol{\mathcal{A}} = 0 \quad , \quad \boldsymbol{\nabla}\cdot\boldsymbol{\mathcal{A}} = 0 \quad (\mathbf{x}\in\mathcal{D}) \; . \tag{7.52b}$$

Da die x- und (ϑ, φ)-Ableitungen im Laplace-Operator Δ in Gleichung (7.52a) getrennt auftreten, erhält man die Lösungen von (7.52) durch Variablenseparation: $\boldsymbol{\mathcal{A}}(\mathbf{x}) = \mathcal{R}(x)\mathbf{Y}(\Omega)$. Es folgt durch Einsetzen von $(i\hat{\boldsymbol{\mathcal{L}}}\cdot\boldsymbol{\mathcal{A}})(\mathbf{x}) = \mathcal{R}(x)(i\hat{\boldsymbol{\mathcal{L}}}\cdot\mathbf{Y})(\Omega)$:

$$\hat{\boldsymbol{\mathcal{L}}}^2(i\hat{\boldsymbol{\mathcal{L}}}\cdot\mathbf{Y}) = x^2\left[\frac{1}{x\mathcal{R}}\frac{\partial^2}{\partial x^2}x\mathcal{R} + k^2\right](i\hat{\boldsymbol{\mathcal{L}}}\cdot\mathbf{Y}) \qquad (\mathbf{x}\in\mathcal{D}) \; .$$

Da die linke Seite dieser Gleichung und auch $i\hat{\boldsymbol{\mathcal{L}}}\cdot\mathbf{Y}$ auf der rechten Seite nur vom Raumwinkel Ω und von Ableitungen nach Ω abhängig ist, muss der Faktor $x^2[\cdots]$

[30] In einem quantenmechanischen Kontext würde man $\hat{\boldsymbol{\pi}}$ als *Impuls*operator interpretieren.

auf der rechten Seite x-unabhängig und somit *konstant* sein. Folglich ist $i\hat{\boldsymbol{\mathcal{L}}}\cdot\mathbf{Y}$ eine Eigenfunktion von $\hat{\boldsymbol{\mathcal{L}}}^2$. Aus Abschnitt [2.2.3], siehe Gleichung (2.19), und Anhang C ist bekannt, dass die Eigenwerte von $\hat{\boldsymbol{\mathcal{L}}}^2$ durch $\ell(\ell+1)$ mit $\ell \in \mathbb{N}_0$ gegeben sind, wobei wir allerdings aus Gleichung (7.51) wissen, dass der Eigenwert $\ell = 0$ in diesem Vektorproblem nicht auftritt.

Da der Faktor $x^2[\cdots]$ auf der rechten Seite also gleich $\ell(\ell+1)$ mit $\ell \in \mathbb{N}$ ist, muss die Funktion $\mathcal{R}(x)$ die lineare gewöhnliche Differentialgleichung

$$x^2\left[\frac{1}{x\mathcal{R}}\frac{d^2}{dx^2}x\mathcal{R}+k^2\right]=\ell(\ell+1) \quad \text{bzw.} \quad \frac{1}{x}\frac{d^2(x\mathcal{R})}{dx^2}+\left[k^2-\frac{\ell(\ell+1)}{x^2}\right]\mathcal{R}=0 \quad (7.53)$$

erfüllen. Diese Gleichung zweiter Ordnung hat im Allgemeinen zwei unabhängige Lösungen, die *reellwertig* gewählt werden können: Jede *komplex*wertige Lösung $\mathcal{R}(x)$ kann nämlich alternativ mit Hilfe der beiden reellwertigen Funktionen $\mathrm{Re}[\mathcal{R}]$ und $\mathrm{Im}[\mathcal{R}]$ dargestellt werden, die ebenfalls Lösungen von (7.53) sind.

Als weitere Konsequenz davon, dass der Faktor $x^2[\cdots]$ gleich $\ell(\ell+1)$ ist, erfüllen die Vektorfunktionen $\mathbf{Y}$ ein Eigenwertproblem, dessen Lösungen zum Eigenwert ℓ wir als $\mathbf{Y}_\ell$ bezeichnen:

$$\hat{\boldsymbol{\mathcal{L}}}^2\big(i\hat{\boldsymbol{\mathcal{L}}}\cdot\mathbf{Y}_\ell\big)=\ell(\ell+1)\big(i\hat{\boldsymbol{\mathcal{L}}}\cdot\mathbf{Y}_\ell\big) \qquad (\mathbf{x}\in\mathcal{D}\,,\ \ell\geq 1)\,.$$

Die allgemeine Lösung dieser Eigenwertgleichung hat die Form einer Überlagerung von Kugelflächenfunktionen $Y_{\ell m}$ zum gleichen ℓ-Wert; wir bezeichnen die Entwicklungskoeffizienten als $a_{\ell m}$. Zentral wichtig ist nun, dass die $\mathbf{Y}_\ell$-Funktion, die eine derartige allgemeine Überlagerung erzeugt, immer auch mit Hilfe von Vektorkugelflächenfunktionen $\mathbf{Y}_{\ell m}$ darstellbar ist:

$$i\hat{\boldsymbol{\mathcal{L}}}\cdot\mathbf{Y}_\ell=\sum_{m=-\ell}^{\ell}a_{\ell m}Y_{\ell m}\quad,\quad \mathbf{Y}_\ell\stackrel{!}{=}\sum_{m=-\ell}^{\ell}\frac{a_{\ell m}}{i\sqrt{\ell(\ell+1)}}\mathbf{Y}_{\ell m}\qquad (a_{\ell m}\in\mathbb{C})\,.$$

Für diese spezielle $\mathbf{Y}_\ell$-Funktion gilt nämlich:

$$i\hat{\boldsymbol{\mathcal{L}}}\cdot\mathbf{Y}_\ell=\sum_{m=-\ell}^{\ell}\frac{a_{\ell m}}{i\sqrt{\ell(\ell+1)}}i\hat{\boldsymbol{\mathcal{L}}}\cdot\mathbf{Y}_{\ell m}=\sum_{m=-\ell}^{\ell}\frac{a_{\ell m}}{\ell(\ell+1)}\hat{\boldsymbol{\mathcal{L}}}^2Y_{\ell m}=\sum_{m=-\ell}^{\ell}a_{\ell m}Y_{\ell m}\,.$$

Folglich haben die Eigenmoden des Vektorpotentials für TE-Lösungen die Form

$$\boldsymbol{\mathcal{A}}_{k\ell m}^{\mathrm{TE}}(\mathbf{x})=\mathcal{R}_{k\ell}^{\mathrm{TE}}(x)\mathbf{Y}_{\ell m}(\Omega)\,. \qquad (7.54)$$

Gleichung (7.53) zeigt, dass die x-abhängige Funktion $\mathcal{R}$ für die TE-Mode nur vom Index ℓ und von der Wellenzahl k abhängig ist, aber nicht von m. Aufgrund der beiden Identitäten $\mathbf{x}\cdot\hat{\boldsymbol{\mathcal{L}}}=0$ und $\boldsymbol{\nabla}\cdot\hat{\boldsymbol{\mathcal{L}}}=0$ in Gleichung (7.44) sind die weiteren Bedingungen $\mathbf{x}\cdot\boldsymbol{\mathcal{A}}=0$ bzw. $\boldsymbol{\nabla}\cdot\boldsymbol{\mathcal{A}}=0$ für $\mathbf{x}\in\mathcal{D}$ automatisch erfüllt.

In Abschnitt [7.4.3] zeigen wir die Details der Berechnung für TE-Eigenmoden. Insbesondere zeigen wir dort, dass auch die Randbedingung $\hat{\mathbf{n}}_\alpha\times\boldsymbol{\mathcal{A}}=\mathbf{0}$ in Gleichung (7.52b) für alle $\mathbf{x}\in\partial\mathcal{D}_\alpha$ erfüllt werden kann.

Struktur der TM-Lösungen

Transversal-magnetische (TM) Lösungen sind definiert durch die Bedingungen

$$\mathbf{x}\cdot\boldsymbol{\mathcal{A}}\neq 0 \quad , \quad i\hat{\boldsymbol{\mathcal{L}}}\cdot\boldsymbol{\mathcal{A}}=0=\mathbf{x}\cdot\boldsymbol{\mathcal{B}}\,,$$

wobei die radiale Komponente $\mathbf{x}\cdot\boldsymbol{\mathcal{A}}$ des Vektorpotentials, die in diesem Fall ungleich null ist, in $\mathcal{D}$ ein Randwertproblem für die Helmholtz-Gleichung erfüllt:

$$0=(\Delta+k^2)(\mathbf{x}\cdot\boldsymbol{\mathcal{A}}) \quad , \quad i\hat{\boldsymbol{\mathcal{L}}}\cdot\boldsymbol{\mathcal{A}}=0 \quad , \quad \boldsymbol{\nabla}\cdot\boldsymbol{\mathcal{A}}=0 \quad (\mathbf{x}\in\mathcal{D}) \tag{7.55a}$$

$$\mathbf{0}=\hat{\mathbf{n}}_\alpha\times\boldsymbol{\mathcal{A}} \quad (\mathbf{x}\in\partial\mathcal{D}_\alpha\,,\ \alpha=\pm)\,. \tag{7.55b}$$

An dieser Stelle ist die Vektoridentität $\boldsymbol{\nabla}\times(\boldsymbol{\nabla}\times\boldsymbol{\mathcal{A}})=\boldsymbol{\nabla}(\boldsymbol{\nabla}\cdot\boldsymbol{\mathcal{A}})-\Delta\boldsymbol{\mathcal{A}}$ sehr hilfreich, da diese sich aufgrund der Coulomb-Eichung $\boldsymbol{\nabla}\cdot\boldsymbol{\mathcal{A}}=0$ und der Helmholtz-Gleichung (7.39a) für das komplexe Vektorpotential, d. h. $\Delta\boldsymbol{\mathcal{A}}=-k^2\boldsymbol{\mathcal{A}}$, auf die Form $\boldsymbol{\nabla}\times(\boldsymbol{\nabla}\times\boldsymbol{\mathcal{A}})=-\Delta\boldsymbol{\mathcal{A}}=k^2\boldsymbol{\mathcal{A}}$ bzw. $k^2\boldsymbol{\mathcal{A}}=\boldsymbol{\nabla}\times\boldsymbol{\mathcal{B}}$ vereinfacht. Es folgt:

$$k^2\mathbf{x}\cdot\boldsymbol{\mathcal{A}}=\mathbf{x}\cdot\boldsymbol{\nabla}\times\boldsymbol{\mathcal{B}}=\varepsilon_{klm}x_k\partial_l\mathcal{B}_m=(\mathbf{x}\times\boldsymbol{\nabla})\cdot\boldsymbol{\mathcal{B}}=i\hat{\boldsymbol{\mathcal{L}}}\cdot\boldsymbol{\mathcal{B}}\,.$$

Die Helmholtz-Gleichung (7.55a) kann also alternativ als

$$0=(\Delta+k^2)(k^2\mathbf{x}\cdot\boldsymbol{\mathcal{A}})=(\Delta+k^2)(i\hat{\boldsymbol{\mathcal{L}}}\cdot\boldsymbol{\mathcal{B}})$$

geschrieben werden und ist daher formal vollkommen äquivalent zur Helmholtz-Gleichung (7.52a) für $i\hat{\boldsymbol{\mathcal{L}}}\cdot\boldsymbol{\mathcal{A}}$ im Fall der TE-Mode. Dies bedeutet aber auch, dass die Form der TM-Lösung für das Magnetfeld $\boldsymbol{\mathcal{B}}$ und die Form der TE-Lösung für das Vektorpotential $\boldsymbol{\mathcal{A}}$ identisch sind:

$$\boldsymbol{\mathcal{B}}^{\mathrm{TM}}_{k\ell m}(\mathbf{x})=\big(\boldsymbol{\nabla}\times\boldsymbol{\mathcal{A}}^{\mathrm{TM}}_{k\ell m}\big)(\mathbf{x})=\mathcal{R}^{\mathrm{TM}}_{k\ell}(x)\mathbf{Y}_{\ell m}(\Omega)\,. \tag{7.56a}$$

Der x-abhängige Faktor $\mathcal{R}^{\mathrm{TM}}_{k\ell}$ erfüllt wiederum Gleichung (7.53) und kann reellwertig gewählt werden.

Die Form der TM-Lösung für das Vektorpotential selbst folgt schließlich aus der Vektoridentität $\boldsymbol{\mathcal{A}}=k^{-2}\boldsymbol{\nabla}\times(\boldsymbol{\nabla}\times\boldsymbol{\mathcal{A}})=k^{-2}\boldsymbol{\nabla}\times\boldsymbol{\mathcal{B}}$ als

$$\boldsymbol{\mathcal{A}}^{\mathrm{TM}}_{k\ell m}=k^{-2}\boldsymbol{\nabla}\times\boldsymbol{\mathcal{B}}^{\mathrm{TM}}_{k\ell m}=k^{-2}\boldsymbol{\nabla}\times\big(\mathcal{R}^{\mathrm{TM}}_{k\ell}\mathbf{Y}_{\ell m}\big)\,. \tag{7.56b}$$

Wegen $\boldsymbol{\nabla}\cdot\boldsymbol{\mathcal{A}}=k^{-2}\boldsymbol{\nabla}\cdot(\boldsymbol{\nabla}\times\boldsymbol{\mathcal{B}})=0$ ist die Coulomb-Eichung erfüllt. Außerdem gilt aufgrund von Gleichung (7.46b):

$$i\hat{\boldsymbol{\mathcal{L}}}\cdot\boldsymbol{\mathcal{A}}=\mathbf{x}\cdot\boldsymbol{\mathcal{B}}=\mathcal{R}^{\mathrm{TM}}\mathbf{x}\cdot\mathbf{Y}_{\ell m}=\frac{\mathcal{R}^{\mathrm{TM}}}{\sqrt{\ell(\ell+1)}}(\mathbf{x}\cdot\hat{\boldsymbol{\mathcal{L}}})Y_{\ell m}=0\,, \tag{7.57}$$

sodass auch die Bedingung $i\hat{\boldsymbol{\mathcal{L}}}\cdot\boldsymbol{\mathcal{A}}=0$ erfüllt ist.

In Abschnitt [7.4.4] zeigen wir die Details der Berechnung für TM-Eigenmoden. Insbesondere zeigen wir dort, dass auch die Randbedingung $\hat{\mathbf{n}}_\alpha\times\boldsymbol{\mathcal{A}}=\mathbf{0}$ in Gleichung (7.55b) für alle $\mathbf{x}\in\partial\mathcal{D}_\alpha$ erfüllt werden kann.

7.4.2 Energiefluss im sphärischen Hohlraum

Die Frage nach dem *Energiefluss* in sphärischen Hohlräumen ist besonders interessant, einerseits wegen des Vergleichs mit dem Energiefluss in Hohlräumen mit einer Zylindergeometrie und andererseits wegen der Relevanz des Ergebnisses für die niederfrequenten elektromagnetischen Moden in der Erdatmosphäre („Schumann-Resonanzen"), die in Abschnitt [7.4.5] besprochen werden.

Wir zeigen im Folgenden, dass die zeitgemittelte Energiestromdichte $\overline{\mathbf{S}}$ in sphärischen Hohlräumen sogar für Eigenmoden in der Regel *ungleich null* ist und eine erstaunlich einfache Form hat. Wir werden feststellen, dass der Energiefluss in sphärischen Hohlräumen auch für Eigenmoden um die innere Kugelschale herum strömen und somit einen *Wirbel* bilden kann. Dieser Wirbel kann verhältnismäßig einfach mit Hilfe des in $\overline{\mathbf{S}}$ enthaltenen *Drehimpulses* beschrieben werden.

Die zeitgemittelte Energiestromdichte $\overline{\mathbf{S}}$ kann wie folgt mit dem zeitgemittelten Drehimpuls des elektromagnetischen Feldes in Verbindung gebracht werden: Gleichung (7.41) zeigt, dass $\overline{\mathbf{S}} = \frac{1}{\mu}\overline{\mathbf{E} \times \mathbf{B}}$ für Hohlräume mit sphärischer Geometrie darstellbar ist als

$$\overline{\mathbf{S}} = \frac{1}{2\mu}\mathrm{Re}\big(\boldsymbol{\mathcal{E}}^* \times \boldsymbol{\mathcal{B}}\big) \quad \text{oder äquivalent als} \quad \overline{\mathbf{S}} = -\frac{1}{2\mu}\mathrm{Re}\big(\boldsymbol{\mathcal{B}}^* \times \boldsymbol{\mathcal{E}}\big)\ . \tag{7.58}$$

Wir möchten im Folgenden also zeigen, dass diese zeitgemittelte Energiestromdichte $\overline{\mathbf{S}}$ *ungleich null* ist. Außerdem möchten wir ihre *räumliche Ausrichtung* bestimmen. Hierzu bestimmen wir die beiden Größen

$$\mathbf{l}(x) \equiv \int d\Omega\ \mathbf{x} \times \big(\tfrac{1}{\bar{c}^2}\overline{\mathbf{S}}\big) \quad , \quad \mathbf{L} \equiv \int_{R_-}^{R_+} dx\ x^2 \mathbf{l}(x) = \int_{\mathcal{D}} d^3x\ \mathbf{x} \times \big(\tfrac{1}{\bar{c}^2}\overline{\mathbf{S}}\big) \tag{7.59}$$

und zeigen, dass diese in der Regel beide ungleich null sind. Daher muss auch $\overline{\mathbf{S}}$ ungleich null sein. Die physikalische Interpretation von $\frac{1}{\bar{c}^2}\overline{\mathbf{S}}$ ist bekanntlich die einer zeitgemittelten *Impulsdichte*. Folglich kann $\mathbf{x}\times\big(\frac{1}{\bar{c}^2}\overline{\mathbf{S}}\big)$ als die *Drehimpulsdichte* der Hohlraumschwingung interpretiert werden und $\mathbf{l}(x)$ als die *radiale* (d. h. über den kompletten Raumwinkel integrierte) Drehimpulsdichte. Die zusätzlich über den Radius x integrierte Größe $\mathbf{L}$ stellt daher den zeitgemittelten *Gesamtdrehimpuls* der elektromagnetischen Schwingung im sphärischen Hohlraum dar.

Wir unterscheiden im Folgenden TE- und TM-Wellen, für die die erste bzw. zweite Formel für $\overline{\mathbf{S}}$ in (7.58) als Startpunkt günstiger ist.

Energiefluss für TE-Wellen

Für TE-Wellen hat das elektrische Feld $\boldsymbol{\mathcal{E}} = i\omega\boldsymbol{\mathcal{A}}$ eine einfachere analytische Form als das Magnetfeld $\boldsymbol{\mathcal{B}} = \boldsymbol{\nabla}\times\boldsymbol{\mathcal{A}}$, siehe Gleichung (7.54). Wir wählen daher als Startpunkt für unsere Berechnungen die erste Formel für $\overline{\mathbf{S}}$ in (7.58) und substituieren $\boldsymbol{\mathcal{B}} = (i\omega)^{-1}\boldsymbol{\nabla}\times\boldsymbol{\mathcal{E}}$ sowie $\bar{c}^2 = (\varepsilon\mu)^{-1}$:

$$\frac{1}{\bar{c}^2}\overline{\mathbf{S}} = \frac{1}{2\mu\bar{c}^2}\mathrm{Re}\big[(i\omega)^{-1}\boldsymbol{\mathcal{E}}^* \times (\boldsymbol{\nabla}\times\boldsymbol{\mathcal{E}})\big] = -\frac{\varepsilon}{2\omega}\mathrm{Re}\big[i\boldsymbol{\mathcal{E}}^* \times (\boldsymbol{\nabla}\times\boldsymbol{\mathcal{E}})\big]\ .$$

Hieraus folgt für die Drehimpulsdichte der TE-Welle:

$$\mathbf{x}\times\big(\tfrac{1}{\bar{c}^2}\overline{\mathbf{S}}\big) = -\frac{\varepsilon}{2\omega}\mathrm{Re}\big\{i\mathbf{x}\times\big[\boldsymbol{\mathcal{E}}^* \times (\boldsymbol{\nabla}\times\boldsymbol{\mathcal{E}})\big]\big\}\ .$$

Wir berechnen die i-Komponente des dreifachen Vektorprodukts in $\{\cdots\}$ und berücksichtigen insbesondere, dass für die TE-Welle $\mathbf{x} \cdot \boldsymbol{\mathcal{E}} = 0$ gilt:

$$\begin{aligned}\{\mathbf{x} \times [\boldsymbol{\mathcal{E}}^* \times (\boldsymbol{\nabla} \times \boldsymbol{\mathcal{E}})]\}_i &= \varepsilon_{ijk} x_j \varepsilon_{klm} \mathcal{E}_l^* \varepsilon_{mpq} \partial_p \mathcal{E}_q = (\delta_{il}\delta_{jm} - \delta_{im}\delta_{jl}) \varepsilon_{mpq} x_j \mathcal{E}_l^* \partial_p \mathcal{E}_q \\ &= \varepsilon_{jpq} x_j \mathcal{E}_i^* \partial_p \mathcal{E}_q - \varepsilon_{ipq} x_j \mathcal{E}_j^* \partial_p \mathcal{E}_q = \mathcal{E}_i^* (\mathbf{x} \times \boldsymbol{\nabla})_q \mathcal{E}_q \ .\end{aligned}$$

Im letzten Schritt wurde $x_j \mathcal{E}_j^* = (\mathbf{x} \cdot \boldsymbol{\mathcal{E}})^* = 0$ verwendet. Es folgt

$$\mathbf{x} \times \left(\tfrac{1}{\bar{c}^2} \overline{\mathbf{S}}\right) = \frac{\varepsilon}{2\omega} \mathrm{Re}\left\{\tfrac{1}{i} \boldsymbol{\mathcal{E}}^* \left[(\mathbf{x} \times \boldsymbol{\nabla}) \cdot \boldsymbol{\mathcal{E}}\right]\right\} = \frac{\varepsilon}{2\omega} \mathrm{Re}\left[\boldsymbol{\mathcal{E}}^* (\hat{\boldsymbol{\mathcal{L}}} \cdot \boldsymbol{\mathcal{E}})\right]$$

für die Drehimpulsdichte und daher

$$\mathbf{l}(x) = \int d\Omega \ \mathbf{x} \times \left(\tfrac{1}{\bar{c}^2} \overline{\mathbf{S}}\right) = \frac{\varepsilon}{2\omega} \int d\Omega \ \mathrm{Re}\left[\boldsymbol{\mathcal{E}}^* (\hat{\boldsymbol{\mathcal{L}}} \cdot \boldsymbol{\mathcal{E}})\right] \tag{7.60}$$

für die radiale Drehimpulsdichte.

Wir werten das allgemeine Resultat (7.60) für TE-Wellen nun speziell aus für die Eigenmode $\boldsymbol{\mathcal{A}}_{k\ell m}^{\mathrm{TE}}(\mathbf{x}) = \mathcal{R}_{k\ell}^{\mathrm{TE}}(x) \mathbf{Y}_{\ell m}(\Omega)$ in Gleichung (7.54), d. h. für das elektrische Feld $\boldsymbol{\mathcal{E}}_{k\ell m}^{\mathrm{TE}}(\mathbf{x}) = i\omega \mathcal{R}_{k\ell}^{\mathrm{TE}}(x) \mathbf{Y}_{\ell m}(\Omega)$. Durch Einsetzen in (7.60) erhalten wir:

$$\mathbf{l}_{k\ell m}^{\mathrm{TE}}(x) = \tfrac{1}{2} \varepsilon\omega \left|\mathcal{R}_{k\ell}^{\mathrm{TE}}(x)\right|^2 \int d\Omega \ \mathrm{Re}\left[\mathbf{Y}_{\ell m}^* (\hat{\boldsymbol{\mathcal{L}}} \cdot \mathbf{Y}_{\ell m})\right] \ ,$$

wobei das Ω-Integral auf der rechten Seite wie folgt berechnet werden kann:

$$\begin{aligned}\int d\Omega \ (\cdots) &= \frac{1}{\ell(\ell+1)} \int d\Omega \ \mathrm{Re}\left\{(\hat{\boldsymbol{\mathcal{L}}} Y_{\ell m})^* \left[\hat{\boldsymbol{\mathcal{L}}} \cdot (\hat{\boldsymbol{\mathcal{L}}} Y_{\ell m})\right]\right\} = \mathrm{Re}\big(\langle \hat{\boldsymbol{\mathcal{L}}} Y_{\ell m}, Y_{\ell m}\rangle\big) \\ &= \mathrm{Re}\big(\langle Y_{\ell m}, \hat{\boldsymbol{\mathcal{L}}} Y_{\ell m}\rangle\big) = \langle Y_{\ell m}, \hat{\boldsymbol{\mathcal{L}}} Y_{\ell m}\rangle \equiv \langle \hat{\boldsymbol{\mathcal{L}}} \rangle_{\ell m} = m\hat{\mathbf{e}}_3 \ .\end{aligned}$$

Im ersten Schritt wurde lediglich die Definition (7.48) der Vektorkugelflächenfunktionen eingesetzt. Im zweiten Schritt verwendeten wir die Eigenwertgleichung $\hat{\boldsymbol{\mathcal{L}}}^2 Y_{\ell m} = \ell(\ell+1) Y_{\ell m}$ für die Kugelflächenfunktion $Y_{\ell m}$ und die Definition (C.4) des komplexen Skalarprodukts $\langle u, v\rangle$ für allgemeine winkelabhängige Funktionen. Der dritte Schritt folgt aus der Hermitezität des Differentialoperators $\hat{\boldsymbol{\mathcal{L}}}$ und der vierte daraus, dass Erwartungswerte von hermiteschen Operatoren *reell* sind. Da die Kugelflächenfunktionen $\{Y_{\ell m}\}$ orthonormal sind, siehe Gleichung (C.24), bietet sich die kompakte Notation $\langle \hat{\boldsymbol{\mathcal{L}}} \rangle_{\ell m}$ für den Erwartungswert im Zustand $Y_{\ell m}$ an. Der letzte Schritt folgt aus den Identitäten (C.10) und (C.12).

Die radiale Drehimpulsdichte und der Drehimpuls der Eigenmode $(k\ell m)$ sind daher für alle $m \in \mathbb{N}_0$ mit $|m| \leq \ell$ gegeben durch:

$$\mathbf{l}_{k\ell m}^{\mathrm{TE}}(x) = \tfrac{1}{2} \varepsilon\omega m \left|\mathcal{R}_{k\ell}^{\mathrm{TE}}(x)\right|^2 \hat{\mathbf{e}}_3 \quad , \quad \mathbf{L}_{k\ell m}^{\mathrm{TE}} = \tfrac{1}{2} \varepsilon\omega m \hat{\mathbf{e}}_3 \int_{R_-}^{R_+} dx \ x^2 \left|\mathcal{R}_{k\ell}^{\mathrm{TE}}(x)\right|^2 . \tag{7.61}$$

Der „Drehenergiefluss“, also das integrierte Moment der Energieflussdichte, ist dann durch $\bar{c}^2 \mathbf{L}_{k\ell m}^{\mathrm{TE}}$ gegeben. Dieser Energiefluss bewegt sich für $m > 0$ im *positiven* Sinne und für $m < 0$ im *negativen* Sinne um die $\hat{\mathbf{e}}_3$-Achse. Die Ausrichtung entlang der $\hat{\mathbf{e}}_3$-Achse ist die Konsequenz davon, dass die Kugelflächenfunktionen $\{Y_{\ell m}\}$ als Eigenfunktionen der Operatoren $\hat{\boldsymbol{\mathcal{L}}}^2$ und $\hat{\mathcal{L}}_3$ definiert sind. Nur für $m = 0$ sind die radiale Drehimpulsdichte und der Drehimpuls der Mode $(k\ell m)$ gleich null. Der Energiefluss einer Mode mit $m > 0$, der sich im *positiven* Sinne um die innere Kugelschale herum bewegt, ist in Abbildung 7.9 dargestellt. Der Energiefluss einer Mode mit $m < 0$, der sich im *negativen* Sinne um die innere Kugelschale herum bewegt, wird zum Vergleich in Abbildung 7.10 gezeigt.

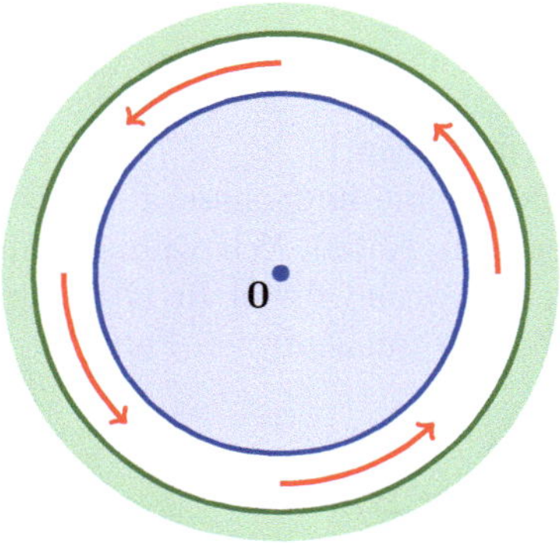

Abb. 7.9 Energiestromdichte für eine TE-Mode mit $m > 0$

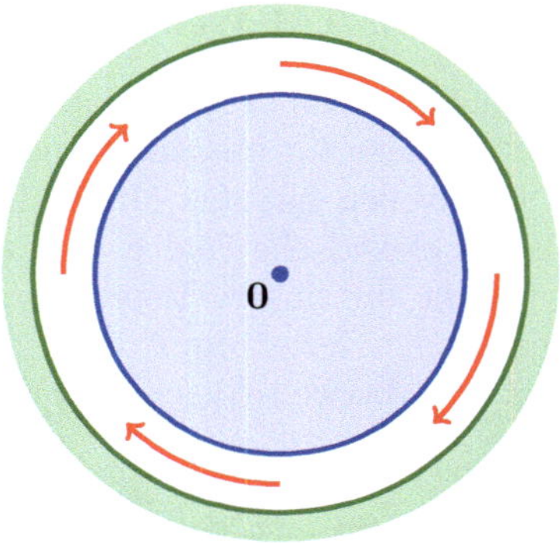

Abb. 7.10 Energiestromdichte für eine TE-Mode mit $m < 0$

Betrachtet man statt (7.54) das komplexe Vektorpotential $\boldsymbol{\mathcal{A}}^{\mathrm{TE}}$ für eine Überlagerung von $(k\ell m)$-Moden zu unterschiedlichen m-Werten:

$$\boldsymbol{\mathcal{A}}^{\mathrm{TE}}_{k\ell}(\mathbf{x}) = \mathcal{R}^{\mathrm{TE}}_{k\ell}(x)\mathbf{Y}_\ell(\Omega) \quad , \quad \mathbf{Y}_\ell \equiv \sum_{m=-\ell}^{\ell} a_m \mathbf{Y}_{\ell m} \qquad (a_m \in \mathbb{C}) \; , \tag{7.62}$$

so erhält man für die radiale Drehimpulsdichte:

$$\mathrm{l}^{\mathrm{TE}}_{k\ell}(x) = \tfrac{1}{2}\varepsilon\omega \left|\mathcal{R}^{\mathrm{TE}}_{k\ell}(x)\right|^2 \mathrm{Re}\left[\sum_{mm'} a^*_m a_{m'} \int d\Omega \; \mathbf{Y}^*_{\ell m}(\hat{\boldsymbol{\mathcal{L}}} \cdot \mathbf{Y}_{\ell m'})\right] .$$

Wir fordern in (7.62) noch $\sum_m |a_m|^2 = 1$, um die triviale Lösung $\boldsymbol{\mathcal{A}} = \mathbf{0}$ auszuschließen. Mit der Definition der Wurzelfunktion $r^{(\pm)}_{\ell m} \equiv \sqrt{\ell(\ell+1) - m(m \pm 1)}$ folgt nun aus Gleichung (C.12) für das Ω-Integral auf der rechten Seite:

$$\begin{aligned}
\int d\Omega \; (\cdots) &= \frac{1}{\ell(\ell+1)} \int d\Omega \; (\hat{\boldsymbol{\mathcal{L}}} Y_{\ell m})^* [\hat{\boldsymbol{\mathcal{L}}} \cdot (\hat{\boldsymbol{\mathcal{L}}} Y_{\ell m'})] = \langle \hat{\boldsymbol{\mathcal{L}}} Y_{\ell m}, Y_{\ell m'} \rangle \\
&= \langle Y_{\ell m}, \hat{\boldsymbol{\mathcal{L}}} Y_{\ell m'} \rangle \equiv \langle \hat{\boldsymbol{\mathcal{L}}} \rangle_{\ell m m'} \quad , \quad \hat{\boldsymbol{\mathcal{L}}} = \begin{pmatrix} \frac{1}{2}(\hat{\mathcal{L}}_+ + \hat{\mathcal{L}}_-) \\ \frac{1}{2i}(\hat{\mathcal{L}}_+ - \hat{\mathcal{L}}_-) \\ \hat{\mathcal{L}}_3 \end{pmatrix} \\
&= \tfrac{1}{2}(\hat{\mathbf{e}}_1 - i\hat{\mathbf{e}}_2) r^{(+)}_{\ell m'} \delta_{m',m-1} + \tfrac{1}{2i}(\hat{\mathbf{e}}_1 + i\hat{\mathbf{e}}_2) r^{(-)}_{\ell m'} \delta_{m',m+1} + m\delta_{m',m}\hat{\mathbf{e}}_3 \; .
\end{aligned}$$

Durch Einsetzen dieses Ergebnisses in den Ausdruck für die radiale Drehimpulsdichte erhält man als Resultat:

$$\mathrm{l}^{\mathrm{TE}}_{k\ell}(x) = \tfrac{1}{2}\varepsilon\omega \left|\mathcal{R}^{\mathrm{TE}}_{k\ell}(x)\right|^2 \mathrm{Re}\left[\sum_m a^*_m \begin{pmatrix} \frac{1}{2}[a_{m-1} r^{(+)}_{\ell,m-1} + a_{m+1} r^{(-)}_{\ell,m+1}] \\ \frac{1}{2i}[a_{m-1} r^{(+)}_{\ell,m-1} - a_{m+1} r^{(-)}_{\ell,m+1}] \\ m a_m \end{pmatrix}\right] .$$

Der Drehimpuls und daher auch das Moment des Energieflusses weisen für derartige Überlagerungen von $(k\ell m)$-Moden zu unterschiedlichen m-Werten also durchaus auch $\hat{\mathbf{e}}_1$- und $\hat{\mathbf{e}}_2$-Komponenten ungleich null auf. Außerdem lernen wir, dass die $\hat{\mathbf{e}}_3$-Komponente von $\mathbf{l}_{k\ell}^{\mathrm{TE}}$ nur im Spezialfall $\langle m\rangle = \sum_m m\,|a_m|^2 = 0$ gleich null ist.

Energiefluss für TM-Wellen

Die Berechnungen für TM-Wellen erfolgen weitgehend analog zu denjenigen für TE-Wellen, sodass wir uns diesbezüglich kurz fassen können.

Für TM-Wellen hat das Magnetfeld $\boldsymbol{\mathcal{B}} = \boldsymbol{\nabla}\times\boldsymbol{\mathcal{A}}$ eine einfachere analytische Form als das elektrische Feld $\boldsymbol{\mathcal{E}} = i\omega\boldsymbol{\mathcal{A}}$, siehe Gleichung (7.56). Wir wählen daher als Startpunkt für unsere Berechnungen die zweite Formel für $\overline{\mathbf{S}}$ in (7.58) und substituieren die Beziehung $\boldsymbol{\mathcal{E}} = \omega^{-1}i\bar{c}^2\boldsymbol{\nabla}\times\boldsymbol{\mathcal{B}}$, die im quellenfreien Fall ($\mathbf{j}=\mathbf{0}$) direkt aus der Maxwell-Gleichung IV folgt:

$$\frac{1}{\bar{c}^2}\overline{\mathbf{S}} = -\frac{1}{2\mu\bar{c}^2}\mathrm{Re}\big(\boldsymbol{\mathcal{B}}^*\times\boldsymbol{\mathcal{E}}\big) = -\frac{1}{2\mu\omega}\mathrm{Re}\big[i\boldsymbol{\mathcal{B}}^*\times\big(\boldsymbol{\nabla}\times\boldsymbol{\mathcal{B}}\big)\big]\ .$$

Hieraus folgt für die Drehimpulsdichte der TM-Welle:

$$\mathbf{x}\times\big(\tfrac{1}{\bar{c}^2}\overline{\mathbf{S}}\big) = -\frac{1}{2\mu\omega}\mathrm{Re}\big\{i\mathbf{x}\times\big[\boldsymbol{\mathcal{B}}^*\times\big(\boldsymbol{\nabla}\times\boldsymbol{\mathcal{B}}\big)\big]\big\}\ .$$

Analog zur Berechnung für die TE-Welle erhalten wir mit $\mathbf{x}\cdot\boldsymbol{\mathcal{B}} = 0$:

$$\mathbf{x}\times\big(\tfrac{1}{\bar{c}^2}\overline{\mathbf{S}}\big) = \frac{1}{2\mu\omega}\mathrm{Re}\big\{\tfrac{1}{i}\boldsymbol{\mathcal{B}}^*\big[(\mathbf{x}\times\boldsymbol{\nabla})\cdot\boldsymbol{\mathcal{B}}\big]\big\} = \frac{1}{2\mu\omega}\mathrm{Re}\big[\boldsymbol{\mathcal{B}}^*\big(\hat{\boldsymbol{\mathcal{L}}}\cdot\boldsymbol{\mathcal{B}}\big)\big]$$

für die Drehimpulsdichte und daher

$$\mathbf{l}(x) = \int d\Omega\,\mathbf{x}\times\big(\tfrac{1}{\bar{c}^2}\overline{\mathbf{S}}\big) = \frac{1}{2\mu\omega}\int d\Omega\,\mathrm{Re}\big[\boldsymbol{\mathcal{B}}^*\big(\hat{\boldsymbol{\mathcal{L}}}\cdot\boldsymbol{\mathcal{B}}\big)\big] \tag{7.63}$$

für die radiale Drehimpulsdichte.

Wir werten das allgemeine Resultat (7.63) für TM-Wellen nun speziell aus für die Eigenmode $\boldsymbol{\mathcal{B}}_{k\ell m}^{\mathrm{TM}}(\mathbf{x}) = \mathcal{R}_{k\ell}^{\mathrm{TM}}(x)\mathbf{Y}_{\ell m}(\Omega)$ in Gleichung (7.56a). Durch Einsetzen in (7.63) erhalten wir analog zum Ergebnis für TE-Wellen:

$$\mathbf{l}_{k\ell m}^{\mathrm{TM}}(x) = \frac{1}{2\mu\omega}\left|\mathcal{R}_{k\ell}^{\mathrm{TM}}(x)\right|^2\int d\Omega\,\mathrm{Re}\big[\mathbf{Y}_{\ell m}^*\big(\hat{\boldsymbol{\mathcal{L}}}\cdot\mathbf{Y}_{\ell m}\big)\big] = \frac{m}{2\mu\omega}\left|\mathcal{R}_{k\ell}^{\mathrm{TM}}(x)\right|^2\hat{\mathbf{e}}_3\ ,$$

und der Gesamtdrehimpuls der Eigenmode $(k\ell m)$ folgt dann aus Gleichung (7.59) als $\mathbf{L}_{k\ell m}^{\mathrm{TM}} = \int_{R_-}^{R_+}dx\;x^2\mathbf{l}_{k\ell m}^{\mathrm{TM}}(x)$. Das integrierte Moment der Energieflussdichte ist auch für transversal-magnetische Wellen durch $\bar{c}^2\mathbf{L}_{k\ell m}^{\mathrm{TM}}$ gegeben. Der Energiefluss für TM-Moden erfolgt also vollkommen analog zum Energiefluss für TE-Moden und kann daher für $m>0$ bzw. $m<0$ grafisch ebenfalls wie in den Abbildungen 7.9 und 7.10 gezeigt dargestellt werden.

Wiederum weisen Überlagerungen von $(k\ell m)$-Eigenmoden zu unterschiedlichen m-Werten durchaus auch $\hat{\mathbf{e}}_1$- und $\hat{\mathbf{e}}_2$-Komponenten von $\mathbf{L}_{k\ell m}^{\mathrm{TM}}$ ungleich null auf.

7.4.3 Transversal-elektrische Moden: die Details

Transversal-elektrische Moden sind dadurch definiert, dass das Vektorpotential (und somit auch das elektrische Feld $\mathcal{E}$) orthogonal auf dem Ortsvektor steht: $\mathbf{x} \cdot \boldsymbol{\mathcal{A}} = 0$, wobei jedoch $i\hat{\boldsymbol{\mathcal{L}}} \cdot \boldsymbol{\mathcal{A}} \neq 0$ gelten muss. Man überprüft leicht (siehe unten für Details), dass die reguläre TE-Lösung durch

$$\boxed{\boldsymbol{\mathcal{A}}^{\mathrm{TE}}_{n\ell m}(\mathbf{x}) = \frac{1}{ik_{n\ell}} R^{\mathrm{TE}}_{n\ell}(x)(\hat{\boldsymbol{\mathcal{L}}} Y_{\ell m})(\Omega) = \frac{\sqrt{\ell(\ell+1)}}{ik_{n\ell}} R^{\mathrm{TE}}_{n\ell}(x)\mathbf{Y}_{\ell m}(\Omega)} \tag{7.64a}$$

gegeben ist, wobei $R^{\mathrm{TE}}_{n\ell}(x)$ die Differentialgleichung

$$0 = \left[\frac{d^2}{dx^2} + \frac{2}{x}\frac{d}{dx} + k^2_{n\ell} - \frac{\ell(\ell+1)}{x^2}\right] R^{\mathrm{TE}}_{n\ell} \tag{7.64b}$$

erfüllt.[31] Gleichung (7.64b) ist ein Spezialfall der Bessel'schen Differentialgleichung. Ihre Lösung ist eine Linearkombination von sphärischen Bessel-Funktionen:

$$\boxed{R^{\mathrm{TE}}_{n\ell}(x) = A^{\mathrm{TE}}_{n\ell} j_\ell(k_{n\ell}x) + B^{\mathrm{TE}}_{n\ell} y_\ell(k_{n\ell}x)\ .} \tag{7.64c}$$

Die Wellenzahl $k_{n\ell}$ sowie das Verhältnis der Amplituden $A_{n\ell}$ und $B_{n\ell}$ werden durch die Randbedingungen bei $x = R_-$ und $x = R_+$ festgelegt. Hierbei soll $k_{n\ell}$ eine monoton ansteigende Funktion der „Hauptquantenzahl" $n \in \mathbb{N}$ sein.

Details bezüglich der Herleitung von Gleichung (7.64)

Zuerst weisen wir daraufhin, dass das Vektorpotential $\boldsymbol{\mathcal{A}}^{\mathrm{TE}}_{n\ell m}$ in (7.64a) die Coulomb-Eichung $\boldsymbol{\nabla} \cdot \boldsymbol{\mathcal{A}} = 0$ erfüllt; dies folgt sofort daraus, dass für jedes Vektorpotential der Form $\boldsymbol{\mathcal{A}}(\mathbf{x}) = R(x)(\hat{\boldsymbol{\mathcal{L}}} Y_{\ell m})(\Omega)$, insbesondere also für $\boldsymbol{\mathcal{A}}^{\mathrm{TE}}_{n\ell m}$, gilt:

$$\boldsymbol{\nabla} \cdot \boldsymbol{\mathcal{A}} = \boldsymbol{\nabla} \cdot \left[R(x)(\hat{\boldsymbol{\mathcal{L}}} Y_{\ell m})(\Omega)\right] = R'(x)\hat{\mathbf{x}} \cdot (\hat{\boldsymbol{\mathcal{L}}} Y_{\ell m})(\Omega) + R(x)[(\boldsymbol{\nabla} \cdot \hat{\boldsymbol{\mathcal{L}}})Y_{\ell m}](\Omega) = 0\ .$$

Wir verwendeten die Operatoridentitäten $\mathbf{x} \cdot \hat{\boldsymbol{\mathcal{L}}} = 0$ und $\boldsymbol{\nabla} \cdot \hat{\boldsymbol{\mathcal{L}}} = 0$ in (7.44).

Ebenfalls wegen der Identität $\mathbf{x} \cdot \hat{\boldsymbol{\mathcal{L}}} = 0$ gilt für das Vektorpotential (7.64a):

$$\mathbf{x} \cdot \boldsymbol{\mathcal{A}} = \frac{1}{ik_{n\ell}} R^{\mathrm{TE}}_{n\ell}(\mathbf{x} \cdot \hat{\boldsymbol{\mathcal{L}}})Y_{\ell m} = 0\ .$$

Außerdem gilt:

$$i\hat{\boldsymbol{\mathcal{L}}} \cdot \boldsymbol{\mathcal{A}} = \frac{1}{k_{n\ell}} R^{\mathrm{TE}}_{n\ell} \hat{\boldsymbol{\mathcal{L}}}^2 Y_{\ell m} = \frac{\ell(\ell+1)}{k_{n\ell}} R^{\mathrm{TE}}_{n\ell} Y_{\ell m} \neq 0 \qquad (\ell \geq 1)\ .$$

Gleichung (7.64b) für $R_{n\ell}$ folgt aus der Helmholtz-Gleichung (7.47a) für $i\hat{\boldsymbol{\mathcal{L}}} \cdot \boldsymbol{\mathcal{A}}$:

$$\begin{aligned} 0 &= (\Delta + k^2_{n\ell})(i\hat{\boldsymbol{\mathcal{L}}} \cdot \boldsymbol{\mathcal{A}}) = (\Delta + k^2_{n\ell})\frac{\ell(\ell+1)}{k_{n\ell}} R^{\mathrm{TE}}_{n\ell} Y_{\ell m} \\ &= \frac{\ell(\ell+1)}{k_{n\ell}}\left(\frac{\partial^2}{\partial x^2} + \frac{2}{x}\frac{\partial}{\partial x} + k^2_{n\ell} - \frac{1}{x^2}\hat{\boldsymbol{\mathcal{L}}}^2\right) R^{\mathrm{TE}}_{n\ell} Y_{\ell m} \\ &= \frac{\ell(\ell+1)}{k_{n\ell}} Y_{\ell m}\left[\frac{d^2}{dx^2} + \frac{2}{x}\frac{d}{dx} + k^2_{n\ell} - \frac{\ell(\ell+1)}{x^2}\right] R^{\mathrm{TE}}_{n\ell}\ . \end{aligned}$$

[31] Im Vergleich zu (7.54) definieren wir also $\mathcal{R}^{\mathrm{TE}}_{k\ell} \equiv \frac{\sqrt{\ell(\ell+1)}}{ik_{n\ell}} R^{\mathrm{TE}}_{n\ell}$. Der zusätzliche Vorfaktor ist aus kosmetischen Gründen gewählt und vereinfacht die Beziehung zwischen $\boldsymbol{\mathcal{E}}^{\mathrm{TE}}_{n\ell m}$ und $Y_{\ell m}$.

Teilt man beide Seiten für $\ell \geq 1$ durch $\frac{\ell(\ell+1)}{k_{n\ell}} Y_{\ell m}$, so ergibt sich (7.64b).

Definieren wir noch die Hilfsvariable $z \equiv k_{n\ell} x$, so hat Gleichung (7.64b) als unabhängige Lösungen[32] die *sphärischen Bessel*-Funktionen $j_\ell(z)$ der ersten und $y_\ell(z)$ der zweiten Art. Die sphärischen Bessel-Funktionen sind gemäß

$$j_\ell(z) = \sqrt{\frac{\pi}{2z}} J_{\ell+\frac{1}{2}}(z) \quad , \quad y_\ell(z) = \sqrt{\frac{\pi}{2z}} Y_{\ell+\frac{1}{2}}(z)$$

mit den *Bessel*-Funktionen $J_{\ell+\frac{1}{2}}$ der ersten und $Y_{\ell+\frac{1}{2}}$ der zweiten Art verknüpft. Die sphärischen Bessel-Funktionen j_ℓ und y_ℓ verhalten sich für kleine z-Werte wie

$$j_\ell(z) \sim \frac{z^\ell}{(2\ell+1)!!} \quad , \quad y_\ell(z) \sim -\frac{(2\ell-1)!!}{z^{\ell+1}} \quad (z \to 0) \; . \tag{7.65a}$$

Die sphärischen Bessel-Funktionen können mit $\varphi_\ell \equiv \frac{1}{2}(\ell+1)\pi$ allgemein in der Form

$$\begin{aligned} j_\ell(z) &= \frac{1}{z}\left[P_{\ell+\frac{1}{2}}(z)\cos(z-\varphi_\ell) - Q_{\ell+\frac{1}{2}}(z)\sin(z-\varphi_\ell)\right] \\ y_\ell(z) &= \frac{1}{z}\left[P_{\ell+\frac{1}{2}}(z)\sin(z-\varphi_\ell) + Q_{\ell+\frac{1}{2}}(z)\cos(z-\varphi_\ell)\right] \end{aligned} \tag{7.65b}$$

geschrieben werden, wobei sich die Funktionen $P_{\ell+\frac{1}{2}}$ und $Q_{\ell+\frac{1}{2}}$ für $z \to \infty$ wie

$$\begin{aligned} P_{\ell+\frac{1}{2}}(z) &\sim 1 - \frac{\ell(\ell+1)(\ell^2+\ell-2)}{8z^2} + \mathcal{O}\left(\frac{1}{z^4}\right) \\ Q_{\ell+\frac{1}{2}}(z) &\sim \frac{\ell(\ell+1)}{2z} + \mathcal{O}\left(\frac{1}{z^3}\right) \end{aligned} \tag{7.65c}$$

verhalten. Wir werden die asymptotischen Formeln (7.65) im Folgenden benötigen.

Die Randbedingung, die die möglichen Wellenzahlen $k_{n\ell}$ und das entsprechende Verhältnis $A^{\mathrm{TE}}_{n\ell}/B^{\mathrm{TE}}_{n\ell}$ festlegt, lautet $\hat{\mathbf{x}} \times \boldsymbol{\mathcal{A}}(R_\pm) = \mathbf{0}$ und daher $R^{\mathrm{TE}}_{n\ell}(R_\pm) = 0$ und somit

$$\begin{aligned} 0 &= A_{n\ell} j_\ell(z_-) + B_{n\ell} y_\ell(z_-) \quad , \quad z_- \equiv k_{n\ell} R_- \\ 0 &= A_{n\ell} j_\ell(z_+) + B_{n\ell} y_\ell(z_+) \quad , \quad z_+ \equiv k_{n\ell} R_+ \; . \end{aligned}$$

Dies bedeutet in Matrixnotation:

$$\begin{pmatrix} j_\ell(z_-) & y_\ell(z_-) \\ j_\ell(z_+) & y_\ell(z_+) \end{pmatrix} \begin{pmatrix} A_{n\ell} \\ B_{n\ell} \end{pmatrix} = \begin{pmatrix} 0 \\ 0 \end{pmatrix} \; . \tag{7.66}$$

Nicht-triviale Lösungen existieren nur dann, wenn die Determinante der Matrix auf der linken Seite von Gleichung (7.66) null ist:

$$j_\ell(z_-) y_\ell(z_+) - j_\ell(z_+) y_\ell(z_-) = 0 \; . \tag{7.67}$$

Gleichung (7.67) legt die möglichen $k_{n\ell}$-Werte fest. Falls $k_{n\ell}$ bekannt ist, folgt das Verhältnis $A^{\mathrm{TE}}_{n\ell}/B^{\mathrm{TE}}_{n\ell}$ aus (7.66) als

$$A^{\mathrm{TE}}_{n\ell}/B^{\mathrm{TE}}_{n\ell} = -y_\ell(k_{n\ell}R_-)/j_\ell(k_{n\ell}R_-) \; . \tag{7.68}$$

[32] Siehe hierzu mathematische Handbücher, wie z. B. Ref. [1] oder Ref. [35], jeweils Kapitel 10.

Die Absolutwerte der Amplituden $A^{\text{TE}}_{n\ell}$ und $B^{\text{TE}}_{n\ell}$ werden nicht festgelegt, da das Randwertproblem (7.47) linear ist. Wir werden die allgemeinen Bestimmungsgleichungen (7.67) und (7.68) in Abschnitt [7.4.5] genauer untersuchen für den Spezialfall $(R_+ - R_-)/R_- \ll 1$, der z. B. für das Auftreten von *Schumann-Resonanzen* in der Erdatmosphäre relevant ist.

7.4.4 Transversal-magnetische Moden: die Details

Transversal-magnetische Moden sind durch die Bedingung $i\hat{\boldsymbol{\mathcal{L}}} \cdot \boldsymbol{\mathcal{A}} = 0$ definiert, die bedeutet, dass das Magnetfeld orthogonal auf dem Ortsvektor steht:

$$0 = i\hat{\boldsymbol{\mathcal{L}}} \cdot \boldsymbol{\mathcal{A}} = (\mathbf{x} \times \boldsymbol{\nabla}) \cdot \boldsymbol{\mathcal{A}} = \mathbf{x} \cdot (\boldsymbol{\nabla} \times \boldsymbol{\mathcal{A}}) = \mathbf{x} \cdot \boldsymbol{\mathcal{B}} .$$

Außerdem muss für TM-Moden $\mathbf{x} \cdot \boldsymbol{\mathcal{A}} \neq 0$ (und somit auch $\mathbf{x} \cdot \boldsymbol{\mathcal{E}} \neq 0$) gelten, sodass das elektrische Feld in diesem Fall nicht orthogonal auf dem Ortsvektor steht, d. h. eine Komponente ungleich null in radialer Richtung haben muss.

Die reguläre TM-Lösung ist nun gegeben (siehe wieder unten für Details) durch das Vektorpotential

$$\boxed{\boldsymbol{\mathcal{A}}^{\text{TM}}_{n\ell m}(\mathbf{x}) = \frac{1}{ik_{n\ell}}(\boldsymbol{\nabla} \times \hat{\boldsymbol{\mathcal{L}}})(R^{\text{TM}}_{n\ell} Y_{\ell m}) = \frac{\sqrt{\ell(\ell+1)}}{ik_{n\ell}} \boldsymbol{\nabla} \times (R^{\text{TM}}_{n\ell} \mathbf{Y}_{\ell m}) ,} \tag{7.69a}$$

wobei die radiale Abhängigkeit wie auch für TE-Wellen durch die Bessel'sche Differentialgleichung bestimmt wird:

$$0 = \left[\frac{d^2}{dx^2} + \frac{2}{x}\frac{d}{dx} + k^2_{n\ell} - \frac{\ell(\ell+1)}{x^2}\right] R^{\text{TM}}_{n\ell} , \tag{7.69b}$$

sodass die Lösung wiederum die Form

$$\boxed{R^{\text{TM}}_{n\ell}(x) = A^{\text{TM}}_{n\ell} j_\ell(k_{n\ell}x) + B^{\text{TM}}_{n\ell} y_\ell(k_{n\ell}x)} \tag{7.69c}$$

hat.[33] Die möglichen Wellenzahlen $k_{n\ell}$ und das Verhältnis $A^{\text{TM}}_{n\ell}/B^{\text{TM}}_{n\ell}$ haben jedoch andere Werte, da die durch die Randbedingung hervorgerufenen Einschränkungen an $R_{n\ell}(x)$ für TM-Moden eine andere, d. h. von Gleichung (7.66) abweichende, Form haben. Das Vektorpotential $\boldsymbol{\mathcal{A}}^{\text{TM}}_{n\ell m}(\mathbf{x})$ erfüllt manifest die Coulomb-Eichung $\boldsymbol{\nabla} \cdot \boldsymbol{\mathcal{A}} = 0$ wegen der Identität $\boldsymbol{\nabla} \cdot (\boldsymbol{\nabla} \times \mathbf{a}) = 0$ für alle zweimal differentierbaren Vektorfelder $\mathbf{a}(\mathbf{x})$. Wir zeigen die Details der Herleitung von (7.69) im Folgenden.

Details bezüglich der Herleitung von Gleichung (7.69)

Ausgehend von Gleichung (7.69a) für das Vektorpotential zeigen wir, wie man die Differentialgleichung (7.69b) und die Randbedingung für $x = R_\pm$ herleitet.

Aus (7.69a) folgt erstens, dass nun $\mathbf{x} \cdot \boldsymbol{\mathcal{A}} \neq 0$ gilt:

$$\begin{aligned}\mathbf{x} \cdot \boldsymbol{\mathcal{A}} &= \frac{1}{ik_{n\ell}} \mathbf{x} \cdot (\boldsymbol{\nabla} \times \hat{\boldsymbol{\mathcal{L}}})(R_{n\ell} Y_{\ell m}) = \frac{1}{ik_{n\ell}} \left[(\mathbf{x} \times \boldsymbol{\nabla}) \cdot \hat{\boldsymbol{\mathcal{L}}}\right] (R_{n\ell} Y_{\ell m}) \\ &= \frac{1}{k_{n\ell}} \hat{\boldsymbol{\mathcal{L}}}^2 (R_{n\ell} Y_{\ell m}) = \frac{\ell(\ell+1)}{k_{n\ell}} R_{n\ell} Y_{\ell m} \neq 0 \qquad (\ell \geq 1) ,\end{aligned}$$

[33] Im Vergleich zu (7.56b) definieren wir also $k^{-2}\mathcal{R}^{\text{TM}}_{k\ell} \equiv \frac{\sqrt{\ell(\ell+1)}}{ik_{n\ell}} R^{\text{TM}}_{n\ell}$. Der zusätzliche Vorfaktor vereinfacht wiederum die Beziehung zwischen dem elektrischen Feld $\boldsymbol{\mathcal{E}}^{\text{TM}}_{n\ell m}$ und $Y_{\ell m}$.

und zweitens, dass in diesem Fall $i\hat{\boldsymbol{\mathcal{L}}} \cdot \boldsymbol{\mathcal{A}}$ null ist; dies wurde aufgrund allgemeiner Überlegungen bereits in Gleichung (7.57) gezeigt. Gleichung (7.69b) für $R_{n\ell}^{\mathrm{TM}}$ folgt aus der Helmholtz-Gleichung (7.47a) für $\mathbf{x} \cdot \boldsymbol{\mathcal{A}}$:

$$\begin{aligned} 0 = (\Delta + k_{n\ell}^2)(\mathbf{x} \cdot \boldsymbol{\mathcal{A}}) &= \frac{\ell(\ell+1)}{k_{n\ell}} \left(\frac{\partial^2}{\partial x^2} + \frac{2}{x}\frac{\partial}{\partial x} + k_{n\ell}^2 - \frac{1}{x^2}\hat{\boldsymbol{\mathcal{L}}}^2 \right) (R_{n\ell}^{\mathrm{TM}} Y_{\ell m}) \\ &= \frac{\ell(\ell+1)}{k_{n\ell}} Y_{\ell m} \left[\frac{d^2}{dx^2} + \frac{2}{x}\frac{d}{dx} + k_{n\ell}^2 - \frac{\ell(\ell+1)}{x^2} \right] R_{n\ell}^{\mathrm{TM}} \,. \end{aligned}$$

Teilt man beide Seiten wiederum für $\ell \geq 1$ durch $\frac{\ell(\ell+1)}{k_{n\ell}} Y_{\ell m}$, so ergibt sich (7.69b) und somit auch (7.69c).

Die Randbedingung in $x = R_\pm$ lautet

$$\mathbf{0} = \mathbf{x} \times \boldsymbol{\mathcal{A}} = \frac{1}{ik_{n\ell}} \left[\mathbf{x} \times (\boldsymbol{\nabla} \times \hat{\boldsymbol{\mathcal{L}}}) \right] (R_{n\ell}^{\mathrm{TM}} Y_{\ell m}) \,.$$

Hierbei gilt für den Differentialoperator $\mathbf{x} \times (\boldsymbol{\nabla} \times \hat{\boldsymbol{\mathcal{L}}})$ wegen der Identitäten $\mathbf{x} \cdot \hat{\boldsymbol{\mathcal{L}}} = 0$ und $\mathbf{x} \cdot \boldsymbol{\nabla} = x\frac{\partial}{\partial x}$:

$$\begin{aligned} \mathbf{x} \times (\boldsymbol{\nabla} \times \hat{\boldsymbol{\mathcal{L}}}) = x_j \boldsymbol{\nabla} \hat{\mathcal{L}}_j - (\mathbf{x} \cdot \boldsymbol{\nabla}) \hat{\boldsymbol{\mathcal{L}}} &= \boldsymbol{\nabla}(\mathbf{x} \cdot \hat{\boldsymbol{\mathcal{L}}}) - \hat{\boldsymbol{\mathcal{L}}} - x\frac{\partial}{\partial x}\hat{\boldsymbol{\mathcal{L}}} \\ &= -\left(x\frac{\partial}{\partial x} + 1 \right) \hat{\boldsymbol{\mathcal{L}}} = -\frac{\partial}{\partial x} x \hat{\boldsymbol{\mathcal{L}}} \,, \end{aligned}$$

sodass man für die Randbedingung in $x = R_\pm$ auch

$$\mathbf{0} = -\frac{1}{ik_{n\ell}} \left(\frac{\partial}{\partial x} x \hat{\boldsymbol{\mathcal{L}}} \right) (R_{n\ell}^{\mathrm{TM}} Y_{\ell m}) = -\frac{1}{ik_{n\ell}} \left(\frac{d}{dx} x R_{n\ell}^{\mathrm{TM}} \right) (\hat{\boldsymbol{\mathcal{L}}} Y_{\ell m})$$

bzw. $\frac{d}{dx} x R_{n\ell}^{\mathrm{TM}} = 0$ schreiben kann. Definieren wir wieder die Hilfsvariable $z \equiv k_{n\ell} x$ sowie die Funktionen

$$\alpha_\ell(z) \equiv \frac{\partial}{\partial z} z j_\ell(z) \quad , \quad \beta_\ell(z) \equiv \frac{\partial}{\partial z} z y_\ell(z)$$

und (wie vorher) $z_- \equiv k_{n\ell} R_-$ und $z_+ \equiv k_{n\ell} R_+$, so folgt nun statt (7.66):

$$\begin{pmatrix} \alpha_\ell(z_-) & \beta_\ell(z_-) \\ \alpha_\ell(z_+) & \beta_\ell(z_+) \end{pmatrix} \begin{pmatrix} A_{n\ell} \\ B_{n\ell} \end{pmatrix} = \begin{pmatrix} 0 \\ 0 \end{pmatrix} \,. \tag{7.70}$$

Diese Bedingung für TM-Moden ist analog zu Gleichung (7.66) für TE-Moden.

Nicht-triviale Lösungen von (7.70) existieren wiederum nur dann, wenn die Determinante der Matrix auf der linken Seite von Gleichung (7.70) null ist:

$$0 = \alpha_\ell(z_-)\beta_\ell(z_+) - \alpha_\ell(z_+)\beta_\ell(z_-) \,. \tag{7.71}$$

Das Verhältnis der Amplituden $A_{n\ell}^{\mathrm{TM}}$ und $B_{n\ell}^{\mathrm{TM}}$ in (7.69c) folgt für bekanntes $k_{n\ell}$ aus (7.70) als

$$A_{n\ell}^{\mathrm{TM}} / B_{n\ell}^{\mathrm{TM}} = -\beta_\ell(k_{n\ell} R_-) / \alpha_\ell(k_{n\ell} R_-) \,, \tag{7.72}$$

wobei die Absolutwerte dieser Amplituden wiederum unbestimmt bleiben, da das Randwertproblem (7.47) linear ist.

Das asymptotische Verhalten der beiden Funktionen $\alpha_\ell(z)$ und $\beta_\ell(z)$ ist für kleine z-Werte ($z \to 0$) durch

$$\alpha_\ell(z) \sim \frac{(\ell+1)z^\ell}{(2\ell+1)!!} \quad , \quad \beta_\ell(z) \sim \frac{\ell(2\ell-1)!!}{z^{\ell+1}} \quad (z \to 0)$$

gegeben und für große z-Werte ($z \to \infty$) durch

$$\begin{aligned} \alpha_\ell(z) &= -\left[P_{\ell+\frac{1}{2}}(z)\sin(z-\varphi_\ell) + Q_{\ell+\frac{1}{2}}(z)\cos(z-\varphi_\ell)\right] \\ &\qquad + \left[P'_{\ell+\frac{1}{2}}(z)\cos(z-\varphi_\ell) - Q'_{\ell+\frac{1}{2}}(z)\sin(z-\varphi_\ell)\right] \\ \beta_\ell(z) &= \left[P_{\ell+\frac{1}{2}}(z)\cos(z-\varphi_\ell) - Q_{\ell+\frac{1}{2}}(z)\sin(z-\varphi_\ell)\right] \\ &\qquad + \left[P'_{\ell+\frac{1}{2}}(z)\sin(z-\varphi_\ell) + Q'_{\ell+\frac{1}{2}}(z)\cos(z-\varphi_\ell)\right] \end{aligned} \tag{7.73}$$

mit $P_{\ell+\frac{1}{2}}(z)$ und $Q_{\ell+\frac{1}{2}}(z)$ wie in (7.65c). Auch die TM-Moden werden im Folgenden für den Spezialfall $(R_+ - R_-)/R_- \ll 1$ untersucht, d. h. insbesondere für *Schumann-Resonanzen* in der Erdatmosphäre.

7.4.5 Beispiel: Schumann-Resonanzen

Wir konzentrieren uns auf den Spezialfall von elektromagnetischen Schwingungen in einem isolierenden Medium zwischen zwei perfekten Leitern, deren Radien R_- und R_+ nahe zusammen liegen: $\Delta R/R_- \ll 1$ mit $\Delta R \equiv (R_+ - R_-)$.

Diese „Anordnung“ ist näherungsweise für die Erdatmosphäre realisiert, die als ein zwischen der mäßig leitenden Ionosphäre und dem gut leitenden Ozean eingespannter Isolator betrachtet werden kann. Aufgrund der Diskussion des vorigen Abschnitts ist klar, dass auch in der Erdatmosphäre elektromagnetische Schwingungen auftreten können, wobei man unterscheiden kann zwischen TE-Moden (mit einem streng transversalen elektrischen Feld und einer endlichen radialen Komponente des Magnetfelds) und TM-Moden (mit transversalem Magnetfeld und einer endlichen radialen Komponente des elektrischen Feldes).

Wir werden im Folgenden sehen, dass alle TE- und fast alle TM-Moden Frequenzen im Kilo- bis Megahertzbereich haben. Interessanterweise gibt es auch einige TM-Moden mit extrem niedrigen Frequenzen (im Hertzbereich). Es sind diese ELF-Moden (für „extremely low frequency“), die nach ihrem Erforscher als *Schumann-Resonanzen* bezeichnet werden.[34] Experimentell konnten Schumann-Resonanzen erst ab den frühen 1960-er Jahren untersucht werden – man findet sie als Peaks im Fourier-Spektrum der elektromagnetischen Rauschsignale in der Atmosphäre, ungefähr bei den theoretisch vorhergesagten Frequenzen.

---

[34] Die „Resonanzen“ sind nach dem deutschen Physiker und Elektroingenieur Winfried Otto Schumann (1888–1974) benannt, der das Phänomen in den 50-er Jahren des letzten Jahrhunderts in einer Reihe von Artikeln detailliert untersuchte. Auch vor Schumanns Werk wurden allerdings schon mögliche Resonanzen in sphärisch symmetrischen Hohlräumen postuliert, konkret berechnet und als relevant für die Erdatmosphäre identifiziert. In diesem Kontext muss man vor allem die Physiker J.J. Thomson, O. Heaviside, G.F. FitzGerald (um 1893) und J. Larmor (1894) sowie den Elektroingenieur und Erfinder N. Tesla (ab 1905) und den Mathematiker G.N. Watson (1918) nennen. Einen hervorragenden historischen Überblick über die Entwicklungen bietet Ref. [4].

Wir diskutieren im Folgenden zuerst die TE-Moden für den geophysikalisch relevanten Spezialfall $\Delta R/R_- \ll 1$ und dann die entsprechenden TM-Moden. Als mögliche praktische Anwendung der Schumann-Resonanzen im ELF-Band besprechen wir zum Abschluss noch kurz die Kommunikation von landbasierten Sendestationen mit weit entfernten abgetauchten U-Booten.

TE-Moden

Die möglichen $k_{n\ell}$-Werte der TE-Moden (und daher auch die entsprechenden Frequenzen $\omega_{n\ell} = \bar{c}\, k_{n\ell}$) werden durch Gleichung (7.67) bestimmt, wobei $z_\pm = k_{n\ell}R_\pm$ ist. Aus Gleichung (7.67) erhält man durch Einsetzen von (7.65b) mit $\nu \equiv \ell + \frac{1}{2}$ und $\Delta z \equiv z_+ - z_-$:

$$\begin{aligned} 0 = {} & [P_\nu(z_-)P_\nu(z_+) + Q_\nu(z_-)Q_\nu(z_+)] \sin(\Delta z) \\ & + [P_\nu(z_-)Q_\nu(z_+) - Q_\nu(z_-)P_\nu(z_+)] \cos(\Delta z) \ . \end{aligned} \tag{7.74}$$

Diese Bestimmungsgleichung für $k_{n\ell}$ ist noch exakt.

Lösungen mit hohen Frequenzen Wir konzentrieren uns nun zunächst auf Lösungen mit $z_\pm = k_{n\ell}R_\pm \gg 1$ und untersuchen danach die mögliche Existenz von Lösungen mit $z_\pm = \mathcal{O}(1)$. Für Lösungen mit $z_\pm \gg 1$ kann man das asymptotische Verhalten (7.65c) für $P_\nu(z)$ und $Q_\nu(z)$ mit $z \to \infty$ verwenden. Durch Einsetzen von (7.65c) in (7.74) erhält man:

$$0 \sim \left[1 + \frac{\ell(\ell+1)}{2(z_-)^2}\right] \sin(\Delta z) - \frac{\ell(\ell+1)}{2(z_-)^2}(\Delta z)\cos(\Delta z) \qquad (z_\pm \to \infty)$$

und daher:

$$0 \sim \sin\left((\Delta z)\left[1 - \frac{\ell(\ell+1)}{2(z_-)^2}\right]\right) \quad \text{bzw.} \quad (\Delta z)\left[1 - \frac{\ell(\ell+1)}{2(z_-)^2}\right] \sim n\pi \quad (n \in \mathbb{N}) \ .$$

Die möglichen Wellenzahlen $k_{n\ell}$ sind für TE-Moden mit $z_\pm \gg 1$ also gegeben durch

$$k_{n\ell}^{\mathrm{TE}} \sim \frac{n\pi}{\Delta R}\left[1 - \frac{\ell(\ell+1)}{2(k_{n\ell}R_-)^2}\right]^{-1} \sim \frac{n\pi}{\Delta R}\left[1 + \frac{\ell(\ell+1)}{2(n\pi)^2}\left(\frac{\Delta R}{R_-}\right)^2 + \cdots\right] \tag{7.75}$$

mit $n \in \mathbb{N}$ und $\Delta R/R_- \ll 1$. In der Tat ist die Bedingung $z_\pm = k_{n\ell}R_\pm \gg 1$ erfüllt, falls $\Delta R/R_- \ll 1$ gilt. Wellenzahlen der Form (7.75) mit $n = 0$ sind nicht konsistent, da die Annahme $z_\pm \gg 1$ in diesem Fall verletzt wird. Die entsprechenden Frequenzen zu den Wellenzahlen in (7.75) sind durch $\omega_{n\ell} = \bar{c}k_{n\ell}$ gegeben.

Mit $\Delta R \simeq 100\,\mathrm{km} = 10^5\,\mathrm{m}$, dem Erdradius $R_- \simeq 6400\,\mathrm{km} \simeq 6{,}4 \cdot 10^6\,\mathrm{m}$ und $\bar{c} \simeq 3 \cdot 10^8\,\mathrm{m/s}$ folgt also

$$\boxed{\omega_{n\ell}^{\mathrm{TE}} \simeq 10^4 n \left[1 + 10^{-5}\frac{\ell(\ell+1)}{n^2}\right] \mathrm{s}^{-1} \qquad (n \in \mathbb{N}) \ .}$$

Wie bereits angekündigt, entspricht dies Frequenzen $f_{n\ell} \equiv \omega_{n\ell}/2\pi$ im Kilo- bis Megahertzbereich. Die niedrigsten Eigenfrequenzen ($n \leq 20$) werden als VLF bezeichnet (für „very low frequency“), die höheren ($20 < n \leq 200$) als LF (für „low frequency“) oder MF ($200 < n \leq 2000$, für „medium frequency“).

Mögliche Lösungen mit niedrigen Frequenzen Wir untersuchen noch die mögliche Existenz von Lösungen mit $z_\pm = \mathcal{O}(1)$. Für diesen Fall erhalten wir aus der Gleichung (7.67) wegen $\Delta z = (\Delta R/R_-)z_- \ll 1$:

$$\begin{aligned} 0 &= j_\ell(z_-)y_\ell(z_- + \Delta z) - j_\ell(z_- + \Delta z)y_\ell(z_-) \\ &\sim (\Delta z)\,[j_\ell(z_-)y'_\ell(z_-) - j'_\ell(z_-)y_\ell(z_-)] = (\Delta z)W\{j_\ell, y_\ell\}(z)\ . \end{aligned}$$

Gesucht sind also Nullstellen der *Wronski-Determinante*

$$W\{j_\ell, y_\ell\}(z) = \det\begin{pmatrix} j_\ell(z) & y_\ell(z) \\ j'_\ell(z) & y'_\ell(z) \end{pmatrix} = j_\ell(z)y'_\ell(z) - j'_\ell(z)y_\ell(z)\ .$$

Die Wronski-Determinante zweier Funktionen f und g ist hierbei allgemein als $W\{f,g\} = fg' - f'g$ definiert. Mit Hilfe der Formeln 9.1.16 aus Ref. [1] bzw. 10.5.2 in Ref. [35],

$$W\{J_\nu, Y_\nu\}(z) = J_\nu(z)Y'_\nu(z) - J'_\nu(z)Y_\nu(z) = \frac{2}{\pi z}\ , \tag{7.76}$$

erhält man mit $\nu = \ell + \frac{1}{2}$:

$$\begin{aligned} W\{j_\ell, y_\ell\}(z) &= \frac{\pi}{2}z^{-\frac{1}{2}}\left[J_\nu\left(-\tfrac{1}{2}z^{-\frac{3}{2}}Y_\nu + z^{-\frac{1}{2}}Y'_\nu\right) - \left(-\tfrac{1}{2}z^{-\frac{3}{2}}J_\nu + z^{-\frac{1}{2}}J'_\nu\right)Y_\nu\right] \\ &= \frac{\pi}{2z}[J_\nu(z)Y'_\nu(z) - J'_\nu(z)Y_\nu(z)] = \frac{\pi}{2z}W\{J_\nu, Y_\nu\} = \frac{1}{z^2}\ , \end{aligned}$$

sodass die Wronski-Determinante im Bereich $z = \mathcal{O}(1)$ keine Nullstellen hat.

Wir schließen hieraus, dass keine Lösungen mit $z_\pm = \mathcal{O}(1)$ existieren, sodass nur TE-Moden mit Wellenzahlen der Form (7.75) auftreten können.

Berechnung des Amplitudenverhältnisses Das Verhältnis der Amplituden $A^{\mathrm{TE}}_{n\ell}/B^{\mathrm{TE}}_{n\ell}$ wird durch Gleichung (7.68) festgelegt. Mit Hilfe der Definition

$$\chi(z) \equiv \arcsin\left(\frac{Q_\nu(z)}{\sqrt{P^2_\nu(z) + Q^2_\nu(z)}}\right)$$

ergibt sich durch das Einsetzen von (7.65b) in (7.68):

$$\begin{aligned} \frac{A^{\mathrm{TE}}_{n\ell}}{B^{\mathrm{TE}}_{n\ell}} &= -\frac{y_\ell(z_-)}{j_\ell(z_-)} = -\frac{P_\nu(z_-)\sin(z_- - \varphi_\ell) + Q_\nu(z_-)\cos(z_- - \varphi_\ell)}{P_\nu(z_-)\cos(z_- - \varphi_\ell) - Q_\nu(z_-)\sin(z_- - \varphi_\ell)} \\ &= -\tan[z_- + \chi(z_-) - \varphi_\ell] \quad , \quad \varphi_\ell = \tfrac{1}{2}(\ell+1)\pi\ . \end{aligned}$$

Getrennt nach *geraden* und *ungeraden* ℓ-Werten bedeutet dies:

$$\frac{A^{\mathrm{TE}}_{n\ell}}{B^{\mathrm{TE}}_{n\ell}} = \begin{cases} -\tan[z_- + \chi(z_-)] & (\ell = 1,3,5,\cdots) \\ \operatorname{cotan}[z_- + \chi(z_-)] & (\ell = 2,4,6,\cdots)\ . \end{cases}$$

Da der Winkel $\chi(z_-)$ für $\Delta R/R_- \ll 1$ klein ist,

$$\chi(z_-) \sim Q_\nu(z_-) \sim \frac{\ell(\ell+1)}{2z_-} \sim \frac{\ell(\ell+1)}{2n\pi}\frac{\Delta R}{R_-} \ll 1\ ,$$

folgt insgesamt:

$$z_- + \chi(z_-) \sim \frac{n\pi}{\Delta R/R_-}\left[1 + \frac{\ell(\ell+1)}{(n\pi)^2}\left(\frac{\Delta R}{R_-}\right)^2 + \cdots\right] \qquad \left(\frac{\Delta R}{R_-} \ll 1\right) ,$$

sodass das Verhältnis $A_{n\ell}^{\mathrm{TE}}/B_{n\ell}^{\mathrm{TE}}$ der Amplituden der Bessel-Funktionen j_ℓ und y_ℓ in der radialen Abhängigkeit des Vektorpotentials bereits bei kleinen Änderungen des *kleinen* Parameters $\Delta R/R_-$ sehr stark variiert.

TM-Moden

Die möglichen Frequenzen $\omega_{n\ell} = \bar{c}k_{n\ell}$ der TM-Moden sind durch Gleichung (7.71) mit $z_\pm = k_{n\ell}R_\pm$ bestimmt. Wir untersuchen wiederum zuerst mögliche Lösungen von (7.71) mit $z_\pm \gg 1$ und danach die mögliche Existenz von niederfrequenten Lösungen mit $z_\pm = \mathcal{O}(1)$.

Lösungen mit hohen Frequenzen Durch Einsetzen von (7.73) zusammen mit dem asymptotischen Verhalten (7.65c) für $z_\pm \to \infty$ in Gleichung (7.71) ergibt sich nun

$$0 = \alpha_\ell(z_-)\beta_\ell(z_+) - \alpha_\ell(z_+)\beta_\ell(z_-) \sim \sin\left((\Delta z)\left[1 - \frac{\ell(\ell+1)}{2(z_-)^2}\right]\right) ,$$

sodass TM-Moden offenbar möglich sind für die Wellenzahlen

$$k_{n\ell}^{\mathrm{TM}} \sim \frac{n\pi}{\Delta R}\left[1 + \frac{\ell(\ell+1)}{2(n\pi)^2}\left(\frac{\Delta R}{R_-}\right)^2 + \cdots\right] \qquad \left(n \in \mathbb{N}\, ,\ \frac{\Delta R}{R_-} \ll 1\right) . \tag{7.77}$$

Wiederum sind Wellenzahlen der Form (7.77) mit $n = 0$ nicht konsistent, da sie die Annahme $z_\pm \gg 1$ verletzen. Ein Vergleich der Ergebnisse (7.75) und (7.77) zeigt, dass die Wellenzahlen $k_{n\ell}^{\mathrm{TE}}$ und $k_{n\ell}^{\mathrm{TM}}$ für TE- bzw. TM-Moden für $\Delta R/R_- \ll 1$ näherungsweise gleich sind. Also treten bei den Frequenzen

$$\boxed{\omega_{n\ell}^{\mathrm{TM}} \simeq 10^4 n\left[1 + 10^{-5}\frac{\ell(\ell+1)}{n^2}\right]\mathrm{s}^{-1} \qquad (n \in \mathbb{N})}$$

nicht nur TE- sondern auch TM-Wellen auf.

Lösungen mit niedrigen Frequenzen Wir untersuchen nun die mögliche Existenz von TM-Wellen mit *niedrigen* Frequenzen, für die $z_\pm = \mathcal{O}(1)$ und $\Delta z \ll 1$ gilt. Diese Lösungen erhalten den Index $n = 0$. Aus Gleichung (7.71),

$$0 = \alpha_\ell(z_-)\beta_\ell(z_- + \Delta z) - \alpha_\ell(z_- + \Delta z)\beta_\ell(z_-) ,$$

folgt nun durch Taylor-Entwickeln die Bestimmungsgleichung

$$\begin{aligned} 0 = {}& [\alpha_\ell(z_-)\beta_\ell'(z_-) - \alpha_\ell'(z_-)\beta_\ell(z_-)] + \tfrac{1}{2}(\Delta z)\,[\alpha_\ell(z_-)\beta_\ell''(z_-) - \alpha_\ell''(z_-)\beta_\ell(z_-)] \\ & + \tfrac{1}{6}(\Delta z)^2[\alpha_\ell(z_-)\beta_\ell'''(z_-) - \alpha_\ell'''(z_-)\beta_\ell(z_-)] + \cdots . \end{aligned} \tag{7.78}$$

Um diese Gleichung auszuwerten, berechnen wir die Koeffizienten $[\alpha_\ell \beta_\ell^{(m)} - \alpha_\ell^{(m)} \beta_\ell]$ für $m = 1, 2, 3$ mit Hilfe der Wronski-Determinante (7.76). Für $m = 1$ erhalten wir mit $\nu = \ell + \frac{1}{2}$ unter Verwendung der Bessel'schen Differentialgleichung:

$$\begin{aligned} \alpha_\ell(z)\beta_\ell'(z) - \alpha_\ell'(z)\beta_\ell(z) &= -\frac{\pi}{2z}\left[\ell(\ell+1) - z^2\right] W\{J_\nu, Y_\nu\}(z) \\ &= 1 - \frac{\ell(\ell+1)}{z^2}\,, \end{aligned} \tag{7.79a}$$

für $m = 2$:

$$\alpha_\ell(z)\beta_\ell''(z) - \alpha_\ell''(z)\beta_\ell(z) = \frac{d}{dz}(\alpha_\ell\beta_\ell' - \alpha_\ell'\beta_\ell) = \frac{2\ell(\ell+1)}{z^3} \tag{7.79b}$$

und für $m = 3$:

$$\begin{aligned} \alpha_\ell(z)\beta_\ell'''(z) - \alpha_\ell'''(z)\beta_\ell(z) &= \frac{d^2}{dz^2}(\alpha_\ell\beta_\ell' - \alpha_\ell'\beta_\ell) - (\alpha_\ell'\beta_\ell'' - \alpha_\ell''\beta_\ell') \\ &= -\frac{6\ell(\ell+1)}{z^4} - \frac{\pi}{2z^3}\left[\ell(\ell+1) - z^2\right]^2 W\{J_\nu, Y_\nu\}(z) \\ &= -\frac{6\ell(\ell+1)}{z^4} - \left[\frac{\ell(\ell+1)}{z^2} - 1\right]^2 . \end{aligned} \tag{7.79c}$$

Durch Einsetzen von (7.79) in (7.78) erhält man die Bestimmungsgleichung:

$$\begin{aligned} 0 = &\left[1 - \frac{\ell(\ell+1)}{(z_-)^2}\right] + \frac{\Delta R}{R_-}\frac{\ell(\ell+1)}{(z_-)^2} \\ &- \frac{1}{6}\left(\frac{\Delta R}{R_-}\right)^2 \left\{\frac{6\ell(\ell+1)}{(z_-)^2} + (z_-)^2\left[\frac{\ell(\ell+1)}{(z_-)^2} - 1\right]^2\right\} + \cdots\,, \end{aligned} \tag{7.80}$$

die leicht sukzessiv gelöst werden kann: Berücksichtigt man nur den führenden Term, so erhält man für die niederfrequenten TM-Moden ($n = 0$):

$$(z_-)^2 \sim \ell(\ell+1) \quad \text{bzw.} \quad k_{0\ell}^{\mathrm{TM}} \sim \sqrt{\ell(\ell+1)}/R_-\,.$$

Hierbei dürfen die ℓ-Werte allerdings nicht allzu groß werden: Die Gültigkeit der Taylor-Entwicklung (7.78) erfordert $\Delta z = (\Delta R/R_-)z_- \ll 1$ mit $\Delta R/R_- \simeq \frac{1}{64}$ und $z_- \sim \sqrt{\ell(\ell+1)} \sim \ell$ und setzt den ℓ-Werten die Obergrenze $\frac{1}{64}\ell \ll 1$ bzw. $\ell \ll 64$.

Im Hinblick auf das Auftreten von *Schumann-Resonanzen* zeigt dieses führende Ergebnis, dass die entsprechenden Frequenzen

$$f_{0\ell}^{\mathrm{TM}} = \frac{1}{2\pi}\omega_{0\ell}^{\mathrm{TM}} = \frac{\bar{c}}{2\pi}k_{0\ell}^{\mathrm{TM}} \sim \frac{\bar{c}}{2\pi R_-}\sqrt{\ell(\ell+1)}$$

im Wesentlichen durch das Verhältnis der Lichtgeschwindigkeit im Medium (d. h. in der Erdatmosphäre) zum Erdumfang $2\pi R_-$ bestimmt wird. Mit $\bar{c} \simeq 3 \cdot 10^8\,\mathrm{m/s}$ und $R_- \simeq 6{,}4 \cdot 10^6\,\mathrm{m}$ erhält man

$$\boxed{f_{0\ell}^{\mathrm{TM}} \simeq 7{,}5\sqrt{\ell(\ell+1)}\,\mathrm{s}^{-1}\,,}$$

sodass die niedrigsten Frequenzen dieser TM-Moden also durch $f_{01}^{\mathrm{TM}} \simeq 10{,}6\,\mathrm{s}^{-1}$, $f_{02}^{\mathrm{TM}} \simeq 18{,}4\,\mathrm{s}^{-1}$, $f_{03}^{\mathrm{TM}} \simeq 26{,}0\,\mathrm{s}^{-1}$ usw. gegeben sind.[35]

Experimentell findet man geringfügig niedrigere Frequenzen:

$$\boxed{f_{0\ell}^{\mathrm{exp}} \simeq 5{,}8\sqrt{\ell(\ell+1)}\,\mathrm{s}^{-1}\ ,}$$

also ebenfalls mit der charakteristischen $\sqrt{\ell(\ell+1)}$-Abhängigkeit. Die Diskrepanz zwischen den numerischen Vorfaktoren in der Theorie und im „Experiment" (also in der Realität) wird einerseits durch Dämpfung der elektromagnetischen Schwingungen in der Atmosphäre und andererseits durch die nicht-perfekte Leitfähigkeit der Grenzschichten (d. h. der Ionosphäre und des Ozeans) verursacht.[36]

Berücksichtigt man den linearen Term in $\Delta R/R_-$, so zeigt sich, dass

$$\left[\frac{\ell(\ell+1)}{(z_-)^2} - 1\right] \sim \frac{\Delta R}{R_-}$$

gilt. Der Koeffizient $\{\cdots\}$ des quadratischen Terms in $(\Delta R/R_-)^2$ in (7.80) kann also durch $6\ell(\ell+1)/(z_-)^2$ ersetzt werden. Insgesamt erhält man

$$0 = 1 - \left[1 - \frac{\Delta R}{R_-} + \left(\frac{\Delta R}{R_-}\right)^2\right]\frac{\ell(\ell+1)}{(z_-)^2} + \cdots$$

und daher für die Wellenzahlen:

$$k_{0\ell}^{\mathrm{TM}} \sim \frac{\sqrt{\ell(\ell+1)}}{R_-}\left[1 - \frac{\Delta R}{R_-} + \left(\frac{\Delta R}{R_-}\right)^2\right]^{1/2} + \cdots$$

und somit für die Frequenzen:

$$f_{0\ell}^{\mathrm{TM}} \sim \frac{\bar{c}\sqrt{\ell(\ell+1)}}{2\pi R_-}\left[1 - \frac{1}{2}\left(\frac{\Delta R}{R_-}\right) + \frac{3}{8}\left(\frac{\Delta R}{R_-}\right)^2 + \cdots\right] \quad \left(\frac{\Delta R}{R_-} \ll 1\right) . \tag{7.81}$$

Da für Schumann-Resonanzen $\Delta R/R_- \simeq \frac{1}{64}$ gilt, sind die Frequenzkorrekturen durch die Endlichkeit des Parameters $\Delta R/R_-$ im Allgemeinen recht klein.

Berechnung des Amplitudenverhältnisses Das Verhältnis der Amplituden $A_{n\ell}^{\mathrm{TM}}/B_{n\ell}^{\mathrm{TM}}$ wird durch (7.72) bestimmt. Für die relativ hochfrequenten TM-Moden mit $n \geq 1$ kann man (7.73) und (7.65c) verwenden. Man erhält mit $\nu = \ell + \frac{1}{2}$:

$$\frac{A_{n\ell}^{\mathrm{TM}}}{B_{n\ell}^{\mathrm{TM}}} = -\frac{\beta_\ell(z_-)}{\alpha_\ell(z_-)} \sim \frac{\bar{P}_\nu(z_-)\cos(z_- - \varphi_\ell) - Q_\nu(z_-)\sin(z_- - \varphi_\ell) + \mathcal{O}(z^{-3})}{\bar{P}_\nu(z_-)\sin(z_- - \varphi_\ell) + Q_\nu(z_-)\cos(z_- - \varphi_\ell) + \mathcal{O}(z^{-3})}$$
$$\sim \operatorname{cotan}\left[z_- + \bar{\chi}(z_-) - \varphi_\ell\right] \quad , \quad \varphi_\ell = \tfrac{1}{2}(\ell+1)\pi \qquad (n \geq 1)\ ,$$

[35]Derart niedrige Frequenzen werden international (also auch in der deutschen Fachsprache) als *ELF* (extremely low frequency) bezeichnet.

[36]Die *höheren* Frequenzen der theoretischen Vorhersage zeigen, dass das theoretische Modell rigider („steifer") als die nicht-perfekt leitende oder isolierende irdische Realität ist.

wobei wir nun definierten:

$$\bar{\chi}(z) \equiv \arcsin\left(\frac{Q_\nu(z)}{\sqrt{\bar{P}_\nu^2(z) + Q_\nu^2(z)}}\right) \quad , \quad \bar{P}_\nu(z) \equiv P_\nu(z) + Q'_\nu(z) \; .$$

Getrennt nach *geraden* und *ungeraden* ℓ-Werten bedeutet dies:

$$\frac{A_{n\ell}^{\mathrm{TM}}}{B_{n\ell}^{\mathrm{TM}}} \sim \begin{cases} \cot\mathrm{an}[z_- + \chi(z_-)] & (n \geq 1, \quad \ell = 1, 3, 5, \cdots) \\ -\tan[z_- + \chi(z_-)] & (n \geq 1, \quad \ell = 2, 4, 6, \cdots) \; , \end{cases}$$

wobei die Winkelvariable $z_- + \chi(z_-)$ wiederum sehr stark mit $\Delta R/R_-$ variiert. Für Schumann-Resonanzen ($n = 0$) folgt also:

$$\frac{A_{0\ell}^{\mathrm{TM}}}{B_{0\ell}^{\mathrm{TM}}} = -\frac{\beta_\ell(z_-)}{\alpha_\ell(z_-)} = -\frac{Y_\nu(z_-) + 2z_- Y'_\nu(z_-)}{J_\nu(z_-) + 2z_- J'_\nu(z_-)} \quad (\ell \geq 1) \; ,$$

wobei $z_- = 2\pi R_- f_{0\ell}^{\mathrm{TM}}/\bar{c}$ für $\Delta R/R_- \ll 1$ durch (7.81) bestimmt ist.

Anwendung: Kommunikation mit U-Booten

Wenn Nationen U-Boote entsenden, um die Unterwasserwelt zu erkunden, möchten sie selbstverständlich Kontakt zu diesen Informationsquellen halten und sich gelegentlich mit den Crews austauschen, vorzugsweise mit Hilfe elektromagnetischer Signale. Hierbei soll sich das U-Boot möglichst im *abgetauchten* Zustand befinden, um nicht von anderen Interessenten entdeckt zu werden. Unglücklicherweise ist Meereswasser jedoch leitfähig. Daher tritt ein *Skineffekt* auf, der verhindert, dass Radiowellen (im Frequenzbereich von 30 kHz bis 300 MHz) signifikant in das Meereswasser eindringen. Die Skintiefe ist nämlich allgemein durch $\delta = \sqrt{2/\omega\mu_{\mathrm{M}}\sigma} = (\pi f \mu_{\mathrm{M}}\sigma)^{-1/2}$ gegeben, wobei $f = \omega/2\pi$ die Frequenz der Wellen (gemessen in Hz) darstellt. Feld*amplituden* fallen als Funktion der Tiefe z unter der Wasseroberfläche ab wie $e^{-z/\delta}$ und Feld*intensitäten* daher wie $e^{-2z/\delta}$. Die charakteristische Zerfallslänge für die Intensität der Wellen, mit deren Hilfe kommuniziert werden soll, ist daher $\frac{1}{2}\delta = (4\pi f \mu_{\mathrm{M}}\sigma)^{-1/2}$. Die Materialkonstanten für Meereswasser in dieser Formel sind in SI-Einheiten gegeben durch die Permeabilität $\mu_{\mathrm{M}} \simeq \mu_0 = 4\pi \cdot 10^{-7}\,\mathrm{kg\,m/A^2s^2}$ und die Leitfähigkeit $\sigma \simeq 3{,}313\,\Omega^{-1}\mathrm{m}^{-1}$. Die charakteristische Zerfallslänge der Intensität ist daher $\frac{1}{2}\delta \simeq 138 \cdot (f/1\,\mathrm{Hz})^{-1/2}\,\mathrm{m}$.[37,38]

[37] Die Leitfähigkeit $\sigma(T, s)$ von Meereswasser hängt stark von der Temperatur T und der Salinität s des Wassers ab. Der angegebene Wert $\sigma \simeq 3{,}313\,\Omega^{-1}\mathrm{m}^{-1}$ gilt für $T = 10°\mathrm{C}$ und $s = 30\,\mathrm{g/kg}$. Eine bilineare Approximationsformel, gültig im Bereich $T =$ 0-25°C und $s =$ 20-40 g/kg, lautet

$$\sigma(T, s) \simeq \sigma_0(T) + \lambda(T)s \quad , \quad \sigma_0(T) = \left(0{,}205 + \tfrac{T/°\mathrm{C}}{100}\right)(\Omega\mathrm{m})^{-1} \quad , \quad \lambda(T) = \left(0{,}077 + \tfrac{T/°\mathrm{C}}{410}\right)(\Omega\mathrm{m})^{-1} \; .$$

Die Leitfähigkeit variiert in diesem (T, s)-Bereich also zwischen $\sigma(0°\mathrm{C}, 20) \simeq 1{,}745\,\Omega^{-1}\mathrm{m}^{-1}$ und $\sigma(25°\mathrm{C}, 40) \simeq 5{,}975\,\Omega^{-1}\mathrm{m}^{-1}$. Alle Werte gelten bei Normaldruck.

[38] Man überprüft auch leicht, dass niederfrequente elektromagnetische Signale im Meereswasser *Diffusionsgleichungen* erfüllen. Das Kriterium hierfür ist $\omega\tau \ll 1$, wobei $\tau = \frac{\varepsilon}{\sigma}$ die Dämpfungszeit darstellt. Da die relative Permittivität für Wasser im Niederfrequenzbereich ($f \leq 1\,\mathrm{kHz}$) durch $\varepsilon_{\mathrm{r}} \simeq 80$ gegeben ist, gilt: $\omega\tau = \omega\frac{\varepsilon_{\mathrm{r}}}{\sigma}\varepsilon_0 \simeq \frac{\omega}{1\,\mathrm{Hz}} \cdot \frac{80}{3{,}313} \cdot 8{,}85 \cdot 10^{-12} \simeq 1{,}3 \cdot 10^{-9}\,(f/1\,\mathrm{Hz})$. Für sämtliche niederfrequenten Wellen mit Frequenzen im Bereich $f \leq 1\,\mathrm{kHz}$ gilt also eindeutig $\omega\tau \ll 1$.

Kommunikation mit U-Booten in der Praxis Für z. B. *Radiowellen* folgt hieraus, dass die charakteristische Zerfallslänge der Signalintensität im Meereswasser sogar bei der niedrigsten Frequenz im Radioband (30 kHz) lediglich 80 cm ist, sodass ein abgetauchtes U-Boot sogar in Periskoptiefe, bei der sich das U-Boot etwa 12-20 m unter der Meeresoberfläche befindet, kein messbares Signal erhielte. Deshalb wurde im Kalten Krieg zuerst mit Hilfe von Wellen im SLF-Band (mit *Super Low Frequencies* von etwa 80 Hz und $\frac{1}{2}\delta \simeq 15{,}4\,\mathrm{m}$) Kontakt mit dem U-Boot aufgenommen, wonach es bis Periskoptiefe auftauchen und der Informationsaustausch mit Hilfe von Wellen im VLF-Band (mit *Very Low Frequencies* von etwa 3-30 kHz und $\frac{1}{2}\delta \gtrsim 2{,}5\,\mathrm{m}$) fortgesetzt werden konnte.

Kommunikation mit U-Booten in der Theorie Noch besser wäre es offensichtlich gewesen, den Erstkontakt zum U-Boot mit Hilfe der niedrigstfrequenten Schumann-Resonanz im ELF-Band (mit einer *Extremely Low Frequency* von 8,2 Hz und $\frac{1}{2}\delta \simeq 48{,}2\,\mathrm{m}$) aufzunehmen, aber dies war technisch wohl zu anspruchsvoll.[39] Bei Verwendung von Wellen der Frequenz 8,2 Hz würde man sogar in einer Tiefe von 222 m unter der Meeresoberfläche noch 1 % der Signalintensität erhalten, die an der Meeresoberfläche über dem U-Boot ankommt. Ein derartiger Empfangsbereich wäre aus praktischer Sicht durchaus interessant, da moderne militärische U-Boote typischerweise Tiefen bis 600 m erreichen können.

7.5 Übungsaufgaben

Aufgabe 7.1 Energie(strom)dichten im Isolator und im Metall

In Abschnitt [7.1.1] wird der Fall einer ebenen, monochromatischen Welle diskutiert, die in $\hat{\mathbf{e}}_1$-Richtung auf die Grenzfläche $x_1 = 0$ zwischen einem Isolator und einem gut leitenden Metall fällt und zum Teil reflektiert, zum Teil transmittiert (und dann im metallischen Bereich absorbiert) wird. Das Vektorpotential $\mathbf{A}_\mathrm{I}(\mathbf{x}, t)$ im Isolator bzw. $\mathbf{A}_\mathrm{M}(\mathbf{x}, t)$ im Metall und die entsprechenden **E**- und **B**-Felder werden in Abschnitt [7.1.1] explizit berechnet.

(a) Bestimmen Sie die Zeitmittelwerte der Energiedichten $\varrho_{\mathcal{E},\mathrm{I}}$ im Isolator bzw. $\varrho_{\mathcal{E},\mathrm{M}}$ im Metall. Bestimmen Sie insbesondere das Verhältnis der Anteile des elektrischen Felds und des Magnetfelds zu $\overline{\varrho_{\mathcal{E},\mathrm{M}}}$. Verwenden Sie bei Bedarf die Ergebnisse von Aufgabe 5.6.

(b) Bestimmen Sie die Zeitmittelwerte der Energiestromdichten $\mathbf{S}_\mathrm{I}$ im Isolator bzw. $\mathbf{S}_\mathrm{M}$ im Metall.

---

[39] Im *sichtbaren* Teil des elektromagnetischen Spektrums, also für Frequenzen $f \simeq$ 400-800 THz, tritt interessanterweise ein ähnliches Phänomen auf, allerdings aufgrund eines komplett anderen physikalischen Mechanismus: Auch in diesem Bereich fallen die Feld*amplituden* als Funktion der Tiefe z unter der Wasseroberfläche ab wie $e^{-z/\delta}$ und die Feld*intensitäten* wie $e^{-2z/\delta(f)}$ mit der (frequenzabhängigen) Zerfallslänge $\frac{1}{2}\delta(f) \simeq$ 2-200 m, aber nun wird die Feldenergie unmittelbar von den Schwingungsfreiheitsgraden der Wassermoleküle absorbiert. Zwei Drittel der Erdoberfläche, nämlich der Anteil, der sich am Meeresboden befindet, ist aus diesem Grund ständig dunkel. Da die Zerfallslänge $\frac{1}{2}\delta(f)$ für rötliches Licht sehr viel kürzer als für bläuliches ist, wird außerdem verständlich, dass Wasser in moderater Tiefe (z. B. $z \simeq 10\,\mathrm{m}$) blau erscheint.

Aufgabe 7.2 Randbedingungen für Felder an einer Grenzfläche

Wir betrachten allgemein eine Grenzfläche zwischen einem *metallischen* Medium „M" und einem isolierenden Medium „I", an der auch eine *Oberflächenladungsdichte* Σ und eine *Oberflächenstromdichte* $\mathbf{J}$ auftreten können.[40] Das metallische Medium „M" befindet sich im endlichen Raumbereich $\mathcal{D} \subset \mathbb{R}^3$ mit dem Rand $\partial\mathcal{D}$. Die glatte, aber nicht notwendigerweise ebene *Grenzfläche* zwischen „M" und „I" wird als $\partial\bar{\mathcal{D}} \subseteq \partial\mathcal{D}$ bezeichnet. In jedem Punkt $\boldsymbol{\xi} \in \partial\mathcal{D}$ definieren wir den auswärts gerichteten Normalenvektor $\hat{\mathbf{n}}(\boldsymbol{\xi})$, der insbesondere also für $\boldsymbol{\xi} \in \partial\bar{\mathcal{D}}$ vom Metall zum Isolator zeigt. Auf der Geraden $\{\mathbf{x} \,|\, \mathbf{x} = \boldsymbol{\xi} + \eta\hat{\mathbf{n}}(\boldsymbol{\xi}) \;,\; \eta \in \mathbb{R}\}$ gilt dann

$$\rho(\mathbf{x}) = \rho_0(\mathbf{x})\Theta(-\eta) + \Sigma(\boldsymbol{\xi})\delta(\eta) \;\;,\;\; \mathbf{j}(\mathbf{x}) = \mathbf{j}_0(\mathbf{x})\Theta(-\eta) + \mathbf{J}(\boldsymbol{\xi})\delta(\eta) \;\; \left[\mathbf{J}(\boldsymbol{\xi}) \perp \hat{\mathbf{n}}(\boldsymbol{\xi})\right] ,$$

wobei die glatten Funktionen $\rho_0(\mathbf{x})$ und $\mathbf{j}_0(\mathbf{x})$ die Ladungsdichte bzw. Stromdichte im *Inneren* von „M" darstellen. Wir unterdrücken eine eventuelle Zeitabhängigkeit der Dichten ρ_0, $\mathbf{j}_0$, Σ und $\mathbf{J}$, da diese im Folgenden keine Rolle spielt.

Ausgehend von den Maxwell-Gleichungen (6.3) möchten wir die *Randbedingungen* für die Felder $\mathbf{E}$, $\mathbf{D}$, $\mathbf{B}$ und $\mathbf{H}$ bestimmen, die an der Grenzfläche $\partial\bar{\mathcal{D}}$ gelten. Diese Randbedingungen haben die folgende Form:

$$\text{I.}\;\; \hat{\mathbf{n}} \cdot (\mathbf{D}_\text{I} - \mathbf{D}_\text{M}) = \hat{\mathbf{n}} \cdot (\varepsilon_\text{I}\mathbf{E}_\text{I} - \varepsilon_\text{M}\mathbf{E}_\text{M}) = \Sigma \quad , \quad \text{III.}\;\; (\mathbf{E}_\text{I} - \mathbf{E}_\text{M})_\text{t} = \mathbf{0}$$

$$\text{II.}\;\; \hat{\mathbf{n}} \cdot (\mathbf{B}_\text{I} - \mathbf{B}_\text{M}) = 0 \quad , \quad \text{IV.}\;\; (\mathbf{H}_\text{I} - \mathbf{H}_\text{M})_\text{t} = (\tfrac{1}{\mu_\text{I}}\mathbf{B}_\text{I} - \tfrac{1}{\mu_\text{M}}\mathbf{B}_\text{M})_\text{t} = \mathbf{J} \times \hat{\mathbf{n}} \;,$$

wobei die römischen Zahlen I, II, III und IV den Nummern der Maxwell-Gleichungen entsprechen, aus denen diese vier Randbedingungen hergeleitet werden. Der Index „t" bezeichnet die *tangentiale* Komponente $\mathbf{a}_\text{t} = -\hat{\mathbf{n}} \times (\hat{\mathbf{n}} \times \mathbf{a}) = \mathbf{a} - (\mathbf{a} \cdot \hat{\mathbf{n}})\hat{\mathbf{n}}$ eines dreidimensionalen Vektors $\mathbf{a}(\boldsymbol{\xi}) \in \mathbb{R}^3$, der im Punkt $\boldsymbol{\xi} \in \partial\mathcal{D}$ definiert ist.

(a) Zeigen Sie die Randbedingungen I und II mit Hilfe des Gauß'schen Satzes.

(b) Zeigen Sie die Randbedingungen III und IV mit Hilfe des Stokes'schen Satzes.

Aufgabe 7.3 Exakter Wert des Energieflusses im leitenden Draht

(a) Zeigen Sie die Identität (7.36b) in Abschnitt [7.3.7], mit deren Hilfe der Energiefluss, der auf den leitenden Draht zuströmt, exakt als Produkt zweiter Bessel-Funktionen geschrieben werden kann:

$$\text{Im}(b_1 b_2^*) = \frac{|a|^2\pi\mu_\text{I}R}{2\mu_\text{M}}\text{Im}\left[k_\text{M}J_0^*(k_\text{M}R)J_1(k_\text{M}R)\right] .$$

Aus den Gleichungen (7.21) und (7.26a) folgt, dass die zeitgemittelte Energiedissipation pro Längeneinheit im Draht *exakt* gegeben ist durch:

$$2\pi\int_0^R dr\; r\,\overline{\mathbf{j} \cdot \mathbf{E}}(r) = 2\pi \cdot \tfrac{1}{2}\sigma\omega^2\int_0^R dr\; r\,|\mathcal{A}_\text{M}(r)|^2 = \pi\sigma\omega^2|a|^2\int_0^R dr\; r\,|J_0(k_\text{M}r)|^2 \,.$$

[40] Die Ergebnisse sind auch gültig für zwei metallische Medien „M_1" und „M_2", aber wir werden sie im Text nur auf Grenzflächen zwischen einem Metall und einem Isolator anwenden. Mindestens eins der Medien muss metallisch sein, damit überhaupt Ladungen und Ströme auftreten können.

(b) Zeigen Sie mit Hilfe von Teil **(a)**, dass diese zeitgemittelte Energiedissipation im Draht exakt gleich dem Energiefluss

$$-2\pi r_0 \overline{\mathbf{S}_{\rm I}}(r_0)\cdot \hat{\mathbf{e}}_r = \frac{2\omega}{\mu_{\rm I}}\mathrm{Im}(b_1 b_2^*)$$

ist, der im isolierenden Bereich auf den leitenden Draht zuströmt, siehe (7.36a).

(c) Zeigen Sie, dass das *physikalische* Ergebnis, das Sie in Teil **(b)** erzielt haben, *mathematisch* bedeutet, dass das ungewöhnliche Integral auf der linken Seite der nachfolgenden Gleichung *exakt* durch die rechte Seite gelöst wird:

$$\int_0^x d\xi\; \xi\,\big|J_0(e^{i\frac{\pi}{4}}\xi)\big|^2 = \mathrm{Im}\big[e^{i\frac{\pi}{4}}xJ_0(e^{-i\frac{\pi}{4}}x)\,J_1(e^{i\frac{\pi}{4}}x)\big]\ .$$

Aufgabe 7.4 Warum brennt eine Glühbirne? (P)

Wir beantworten in dieser Aufgabe die Frage, woher eine Glühbirne die Energie erhält, die sie zum Glühen benötigt. Diese an sich einfache und naheliegende Frage, die bereits von Poynting und Heaviside diskutiert wurde, erscheint dennoch äußerst berechtigt, da die zum Glühen benötigte Energie mit Sicherheit *nicht* durch den Stromdraht zur Birne gelangt. Letzteres folgt direkt daraus, dass das elektrische Feld $\mathbf{E} = \sigma^{-1}\mathbf{j}$ dort in Stromrichtung und das Magnetfeld aufgrund des Biot-Savart-Gesetzes (1.2b) in Azimutalrichtung zeigt: $\mathbf{B}(\mathbf{x}) = \frac{\mu_0 I}{2\pi x_\perp}\hat{\mathbf{j}}\times\hat{\mathbf{x}}_\perp$, sodass die Energiestromdichte $\mathbf{S} = \mu_0^{-1}\mathbf{E}\times\mathbf{B} \propto -\hat{\mathbf{x}}_\perp$ auf die Drahtmitte gerichtet ist und keine auf die Glühbirne gerichtete Komponente entlang des Drahts hat.

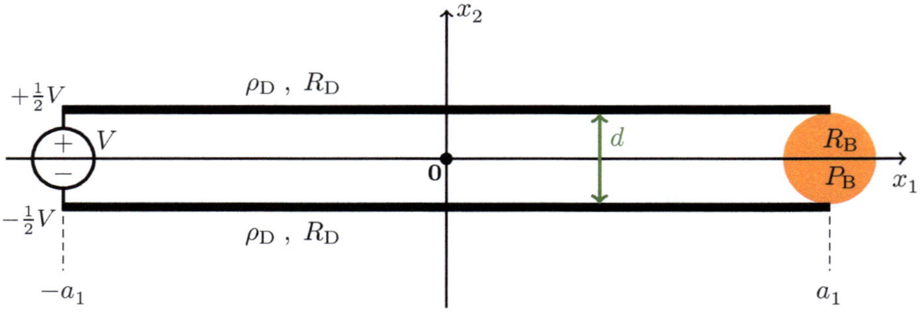

Abb. 7.11 Skizze eines Stromkreises mit zwei Drähten und einer Glühbirne

Um die Frage zu beantworten, betrachten wir den in Abbildung 7.11 skizzierten Stromkreis. Dieser Stromkreis enthält zwei zylinderförmige, leitfähige Metalldrähte, jeweils mit der Länge $2a_1$, dem Radius a_2 und dem spezifischen Widerstand $\rho_{\rm D}$, sodass der Widerstand eines einzelnen Drahts insgesamt gleich $R_{\rm D} = \frac{2a_1}{\pi a_2^2}\rho_{\rm D}$ ist. Die Drähte befinden sich in den Raumbereichen $\mathcal{D}_\pm$, wobei der Index + den oberen Draht in Abb. 7.11 (bei $x_2 = \frac{1}{2}d$) bezeichnet und der Index − den unteren (bei $x_2 = -\frac{1}{2}d$). Es gilt also $\mathcal{D}_\pm = \{\mathbf{x}\,|\,|x_1| \leq a_1\ ,\ (x_2 \mp \frac{1}{2}d)^2 + x_3^2 \leq a_2^2\}$. Die Drähte verlaufen daher parallel und haben den Abstand d. Die Glühbirne befindet sich zwischen den Drahtenden bei $x_1 = a_1$, wird mit Gleichstrom betrieben und hat den Widerstand $R_{\rm B}$ sowie die Leistung $P_{\rm B}$. Die ideale Gleichspannungsquelle zwischen den Drahtenden bei $x_1 = -a_1$ erzeugt einen Spannungsunterschied V, wobei der obere Draht an seinem linken Ende (für $x_1 = -a_1$) die Spannung $+\frac{1}{2}V$ und der untere Draht analog an seinem linken Ende die Spannung $-\frac{1}{2}V$ haben soll.[41]

Wir nehmen an, dass der Stromkreis die Bedingungen $a_2 \ll d \ll a_1$ sowie $R_\mathrm{D} \ll R_\mathrm{B}$ erfüllt.

(a) Überprüfen Sie, dass die Bedingungen $a_2 \ll d \ll a_1$ und $R_\mathrm{D} \ll R_\mathrm{B}$ erfüllt sind für eine Glühbirne mit $P_\mathrm{B} = 60\,\mathrm{W}$, die bei $V = 220\,\mathrm{V}$ Gleichspannung betrieben wird, und Kupferdrähte mit $\rho_\mathrm{D} \simeq 1{,}7\cdot 10^{-2}\,\Omega\frac{\mathrm{mm}^2}{\mathrm{m}}$ sowie dem Radius $a_2 = 10^{-3}\,\mathrm{m}$, dem Abstand $d = 10^{-1}\,\mathrm{m}$ und der Länge $2a_1 = 10\,\mathrm{m}$.

Im Folgenden verwenden wir wieder allgemeine Größen (a_2, d, a_1) und $(R_\mathrm{D}, R_\mathrm{B})$, die die genannten Bedingungen erfüllen. Wir nehmen zunächst an, dass die Glühbirne aus dem Stromkreis entfernt wird, sodass effektiv $R_\mathrm{B} = \infty$ gilt.

(b) Bestimmen Sie das elektrische Feld $\mathbf{E}(\mathbf{x})$ in der Nähe der Drähte, d. h. für Ortsvektoren $\mathbf{x} = \lambda a_1 \hat{\mathbf{e}}_1 + x_2\hat{\mathbf{e}}_2 + x_3\hat{\mathbf{e}}_3$ mit $|\lambda| < 1$ und $\sqrt{x_2^2 + x_3^2} \ll a_1$. Bestimmen Sie außerdem die elektrischen Linienladungsdichten auf den beiden Drähten. **Hinweis:** Verwenden Sie die Ergebnisse von Aufgabe 2.8.

Die Glühbirne wird wieder in ihrer Fassung montiert, sodass nun $R_\mathrm{B} < \infty$ gilt.

(c) Zeigen Sie für den Strom durch den Stromkreis: $I = \frac{V}{R_\mathrm{B}+2R_\mathrm{D}}$, für die Spannungsprofile im oberen bzw. unteren Draht: $V_\pm(x_1) = \pm[\frac{1}{2}V - v(x_1 + a_1)]$ mit $v \equiv \frac{VR_\mathrm{D}/2a_1}{R_\mathrm{B}+2R_\mathrm{D}}$ und für das (ortsunabhängige) elektrische Feld im Inneren des oberen bzw. unteren Drahts: $\mathbf{E}_\pm(x_1) = \pm v\hat{\mathbf{e}}_1$.

(d) Zeigen Sie für die elektrischen Linienladungsdichten $\tau_\pm$ auf den beiden Drähten: $\tau_\pm = \pm 2\gamma[\frac{1}{2}V - v(x_1 + a_1)]$, wobei $\gamma \simeq \pi\varepsilon_0/\ln(\frac{d}{a_2})$ die Kapazität pro Längeneinheit der beiden Drähte darstellt. Welche Form hat also das Gesamtpotential $\Phi(\mathbf{x})$ der Drähte im Raumbereich $|x_1| \lesssim a_1$ mit $\sqrt{x_2^2 + x_3^2} \ll a_1$ und welche Form das entsprechende elektrische Feld $\mathbf{E}(\mathbf{x})$?
Hinweis: Die Berechnungen sind analog zu denjenigen in Aufgabe 2.8.

(e) Schreiben Sie: $\mathbf{E} = \mathbf{E}_\parallel + \mathbf{E}_\perp$ mit $\mathbf{E}_\parallel \parallel \hat{\mathbf{e}}_1$ und $\mathbf{E}_\perp \perp \hat{\mathbf{e}}_1$ und zeigen Sie: $|\mathbf{E}_\parallel|/|\mathbf{E}_\perp| \ll 1$ im ganzen Raumbereich $|x_1| \lesssim a_1$ mit $\sqrt{x_2^2 + x_3^2} \ll a_1$.

(f) Bestimmen Sie mit Hilfe der Ergebnisse von **(d)** nun auch die Energiestromdichte $\mathbf{S} = \frac{1}{\mu_0}\mathbf{E} \times \mathbf{B}$. Schreiben Sie: $\mathbf{S} = \mathbf{S}_\parallel + \mathbf{S}_\perp$ mit $\mathbf{S}_\parallel \parallel \hat{\mathbf{e}}_1$ und $\mathbf{S}_\perp \perp \hat{\mathbf{e}}_1$ und zeigen Sie: $|\mathbf{S}_\perp|/|\mathbf{S}_\parallel| \ll 1$ im Raumbereich $|x_1| \lesssim a_1$ mit $\sqrt{x_2^2 + x_3^2} \ll a_1$. Schließen Sie hieraus, dass die Energiestromdichte $\mathbf{S}$ tatsächlich weitaus überwiegend *entlang der Drähte* ausgerichtet ist und außerdem entlang *beider* Drähte auf die Glühbirne zufließt und sie in dieser Weise mit der zum Glühen benötigten Energie speist. Machen Sie eine Skizze.

(f) Folgern Sie aus diesen Ergebnissen, dass neben dem Fließen eines elektrischen Stroms durch den Stromkreis auch das Auftreten der elektrischen Linienladungsdichten $\tau_\pm$ auf den Drähten wesentlich für das Funktionieren einer Glühbirne ist. Dieser Umstand war Oliver Heaviside bereits 1885 klar.

---

[41] Die Annahme einer *Gleichspannung* ist unwesentlich: Eine Wechselspannung mit der Frequenz $\omega \ll \frac{c}{2a_1}$ führt zum gleichen Effekt. Nur der Einfachheit halber verwenden wir in diesem Gedankenexperiment eine herkömmliche *Glühbirne mit Glühfaden*, da ihr Wirkungsprinzip (z. B. im Gegensatz zu demjenigen einer an sich viel effizienteren LED-Lampe) sofort „einleuchtend“ ist.

Aufgabe 7.5 Zwei Identitäten für Vektorkugelflächenfunktionen

In Gleichung (7.50) werden die beiden Identitäten $(\mathbf{Y}_{\ell m}, \mathbf{x} \times \mathbf{Y}_{\ell' m'}) = 0$ und $i(\mathbf{Y}_{\ell m}, \hat{\boldsymbol{\pi}} \times \mathbf{Y}_{\ell' m'}) = 0$ mit $\hat{\boldsymbol{\pi}} \equiv \frac{1}{i}\boldsymbol{\nabla}$ ohne Herleitung präsentiert. Wir zeigen die Herleitung der beiden Identitäten in dieser Aufgabe.

(a) Beweisen Sie die Identität $(\mathbf{Y}_{\ell m}, \mathbf{x} \times \mathbf{Y}_{\ell' m'}) = 0$ in Gleichung (7.50a) mit Hilfe der dort angegebenen Hinweise.

(b) Beweisen Sie die Identität $(\mathbf{Y}_{\ell m}, \hat{\boldsymbol{\pi}} \times \mathbf{Y}_{\ell' m'}) = 0$ in Gleichung (7.50b) mit Hilfe der dort angegebenen Hinweise.

Kapitel 8

Lösungen zu den Übungsaufgaben

8.1 Einführung

Lösung 1.1 Magnetfeld eines unendlich langen geraden Stromdrahts

(a) Das Magnetfeld $\mathbf{B}$ am Ort $\mathbf{x}$ soll für einen unendlich langen, dünnen, geraden Stromdraht durch den Ursprung berechnet werden. Wir verwenden die Notation $x_\perp \equiv |\mathbf{x}_\perp|$. Wir können bei dieser Berechnung o. B. d. A. annehmen, dass der Strom in $\hat{\mathbf{e}}_3$-Richtung fließt, sodass $x_\perp = (x_1^2 + x_2^2)^{1/2}$ gilt. Die $\hat{\mathbf{e}}_3$-Koordinate eines Segments des Stromdrahts wird als ξ_3 bezeichnet. Aus dem Biot-Savart-Gesetz in Gleichung (1.2a) folgt dann mit $d\boldsymbol{\ell} = d\xi_3\,\hat{\mathbf{e}}_3$ für den unendlich langen Draht:

$$\begin{aligned}\mathbf{B}(\mathbf{x}) &= \frac{\mu_0 I}{4\pi}\int_{-\infty}^{\infty} d\xi_3\,\frac{\hat{\mathbf{e}}_3 \times (\mathbf{x} - \xi_3\hat{\mathbf{e}}_3)}{|\mathbf{x} - \xi_3\hat{\mathbf{e}}_3|^3} = \frac{\mu_0 I}{4\pi}\int_{-\infty}^{\infty} d\xi_3\,\frac{\hat{\mathbf{e}}_3 \times \mathbf{x}}{|\mathbf{x} - \xi_3\hat{\mathbf{e}}_3|^3}\\ &= \frac{\mu_0 I}{4\pi}\int_{-\infty}^{\infty} d\xi_3\,\frac{\hat{\mathbf{e}}_3 \times \mathbf{x}_\perp}{|\mathbf{x} - \xi_3\hat{\mathbf{e}}_3|^3} = \frac{\mu_0 I}{4\pi}\int_{-\infty}^{\infty} d\xi_3\,\frac{x_\perp}{|\mathbf{x} - \xi_3\hat{\mathbf{e}}_3|^3}\hat{\mathbf{e}}_3 \times \hat{\mathbf{x}}_\perp\;. \qquad (8.1)\end{aligned}$$

Wir verwendeten im zweiten und im dritten Schritt die Identität $\hat{\mathbf{e}}_3 \times \hat{\mathbf{e}}_3 = \mathbf{0}$ und im letzten $\mathbf{x}_\perp = x_\perp\hat{\mathbf{x}}_\perp$. Das ξ_3-Integral kann wie folgt berechnet werden:

$$\begin{aligned}\int_{-\infty}^{\infty} d\xi_3\,\frac{x_\perp}{|\mathbf{x} - \xi_3\hat{\mathbf{e}}_3|^3} &= \int_{-\infty}^{\infty} d\xi_3'\,\frac{x_\perp}{[x_\perp^2 + (\xi_3')^2]^{3/2}} = \frac{1}{x_\perp}\int_{-\infty}^{\infty} dy\,\frac{1}{(1+y^2)^{3/2}}\\ &= \frac{1}{x_\perp}\int_{-\frac{1}{2}\pi}^{\frac{1}{2}\pi} dy\,\cos(\varphi) = \frac{1}{x_\perp}\sin(\varphi)\Big|_{-\frac{1}{2}\pi}^{\frac{1}{2}\pi} = \frac{2}{x_\perp}\;.\end{aligned}$$

Im ersten Schritt wurde $\xi_3 - x_3 \equiv \xi_3'$ substituiert, im zweiten $\xi_3'/x_\perp \equiv y$ und im dritten $y \equiv \tan(\varphi)$. Durch Einsetzen des Integrals erhält man für das Magnetfeld am Ort $\mathbf{x}$:

$$\mathbf{B}(\mathbf{x}) = \frac{\mu_0 I}{2\pi x_\perp}\hat{\mathbf{e}}_3 \times \hat{\mathbf{x}}_\perp = \frac{\mu_0 I}{2\pi x_\perp}\hat{\mathbf{I}} \times \hat{\mathbf{x}}_\perp\;.$$

P. van Dongen, *Klassische Elektrodynamik*, https://doi.org/10.1007/978-3-662-69830-3_8

Da $\mathbf{x}_\perp$ generell den senkrechten Relativ*vektor* vom Stromdraht zum Punkt $\mathbf{x}$ bezeichnet, $\hat{\mathbf{x}}_\perp$ den entsprechenden *Einheits*vektor und $x_\perp$ den Relativ*abstand*, ist das hier hergeleitete Endergebnis für $\mathbf{B}$ auch gültig für *beliebige* Ausrichtungen $\hat{\mathbf{I}}$ des Stromdrahts, nicht nur für $\hat{\mathbf{I}} = \hat{\mathbf{e}}_3$. Unser Resultat für $\mathbf{B}$ entspricht daher genau dem in Gleichung (1.2b) angegeben Ergebnis.

(b) Der Beitrag des Magnetfelds zur *Energie* des elektromagnetischen Felds *pro Längeneinheit* des Stromdrahts ist für die Wahl $\hat{\mathbf{I}} = \hat{\mathbf{e}}_3$ gegeben durch:

$$\begin{aligned}\int d^3x\ \rho_\mathcal{E}(\mathbf{x})\,\delta(\mathbf{x}\cdot\hat{\mathbf{I}}) &= \int d^3x\ \rho_\mathcal{E}(\mathbf{x})\,\delta(x_3) = \iint dx_1 dx_2\ \rho_\mathcal{E}(x_1,x_2,0)\\ &= \frac{1}{2\mu_0}\iint dx_1 dx_2 \left(\frac{\mu_0 I}{2\pi x_\perp}\right)^2 = \frac{\mu_0 I^2}{8\pi^2}\int_0^\infty \rho\,d\rho \int_0^{2\pi} d\varphi\ \frac{1}{\rho^2}\\ &= \frac{\mu_0 I^2}{4\pi}\int_0^\infty d\rho\ \frac{1}{\rho} = \infty\ .\end{aligned}$$

Im zweiten Schritt der zweiten Zeile wurden die kartesischen Koordinaten (x_1, x_2) durch Polarkoordinaten (ρ, φ) mit $\rho = x_\perp$ ersetzt. Die Beitrag des Magnetfelds zur Gesamtenergie des *unendlich langen* Stromdrahts ist daher wegen $\infty^2 = \infty$ ebenfalls unendlich groß. Die Erklärung für dieses physikalisch manifest inakzeptable Ergebnis ist, dass im Biot-Savart-Gesetz (mindestens) drei unrealistische Näherungen gemacht werden: Erstens hat der Draht einen endlichen Radius $\rho_0 > 0$, der dafür sorgt, dass die für $\rho \downarrow 0$ auftretende Divergenz abgeschnitten wird. Zweitens gibt es keine *unendlich langen* Stromdrähte und drittens kann das Magnetfeld eines Stromdrahts niemals streng *statisch* im ganzen Ortsraum sein. Falls der Strom zur Zeit $t_0 \neq -\infty$ eingeschaltet wird, breitet sich die Information über dieses „Experiment" nämlich zunächst wellenartig mit der Lichtgeschwindigkeit c aus, sodass das Magnetfeld für $\rho > c(t - t_0)$ sogar rigoros *null* ist. Dies zeigt, dass das Biot-Savart-Gesetz lediglich *approximativ* in einem Raumbereich $\rho \geq \rho_0$ gilt, dessen Radius höchstens etwa die halbe Länge des Drahts beträgt.

Lösung 1.2 Magnetische Monopole

(a) Man kann für $(\rho_\mathrm{m}, \mathbf{j}_\mathrm{m}) \neq (0, \mathbf{0})$ i. A. keine Potentiale $(\Phi, \mathbf{A})$ mit den Eigenschaften $\mathbf{E} = -\boldsymbol{\nabla}\Phi - \frac{\partial \mathbf{A}}{\partial t}$ und $\mathbf{B} = \boldsymbol{\nabla}\times\mathbf{A}$ einführen, da dies zu einem Widerspruch führt:

$$\begin{aligned}(c\rho_\mathrm{m}, \mathbf{j}_\mathrm{m}) &= \left(c\boldsymbol{\nabla}\cdot\mathbf{B}, -\boldsymbol{\nabla}\times\mathbf{E} - \tfrac{\partial \mathbf{B}}{\partial t}\right)\\ &= \left(c\boldsymbol{\nabla}\cdot(\boldsymbol{\nabla}\times\mathbf{A}), \boldsymbol{\nabla}\times(\boldsymbol{\nabla}\Phi + \tfrac{\partial \mathbf{A}}{\partial t}) - \tfrac{\partial}{\partial t}\boldsymbol{\nabla}\times\mathbf{A}\right)\\ &= \left(0, \boldsymbol{\nabla}\times\tfrac{\partial \mathbf{A}}{\partial t} - \tfrac{\partial}{\partial t}\boldsymbol{\nabla}\times\mathbf{A}\right)\\ &= (0, \mathbf{0}) \neq (c\rho_\mathrm{m}, \mathbf{j}_\mathrm{m})\ .\end{aligned}$$

(b) Da die Maxwell-Gleichungen I und IV im Vergleich zur Standardformulierung unverändert sind, ändert sich auch in der Herleitung (1.8) der Kontinuitätsgleichung $\frac{\partial \rho_\mathrm{e}}{\partial t} + \boldsymbol{\nabla}\cdot\mathbf{j}_\mathrm{e} = 0$ für die *elektrische* Ladung nichts:

$$\frac{\partial \rho_\mathrm{e}}{\partial t} + \boldsymbol{\nabla}\cdot\mathbf{j}_\mathrm{e} = \frac{\partial}{\partial t}(\varepsilon_0\boldsymbol{\nabla}\cdot\mathbf{E}) + \frac{1}{\mu_0}\boldsymbol{\nabla}\cdot\left(\boldsymbol{\nabla}\times\mathbf{B} - \varepsilon_0\mu_0\frac{\partial \mathbf{E}}{\partial t}\right) = 0\ .$$

Die Erhaltung der *magnetischen* Ladung wird durch die Kontinuitätsgleichung $\frac{\partial \rho_{\rm m}}{\partial t} + \boldsymbol{\nabla} \cdot \mathbf{j}_{\rm m} = 0$ beschrieben, die wie folgt hergeleitet werden kann:

$$\frac{\partial \rho_{\rm m}}{\partial t} + \boldsymbol{\nabla} \cdot \mathbf{j}_{\rm m} = \frac{\partial}{\partial t} \boldsymbol{\nabla} \cdot \mathbf{B} + \boldsymbol{\nabla} \cdot \left(-\boldsymbol{\nabla} \times \mathbf{E} - \frac{\partial \mathbf{B}}{\partial t} \right) = 0 \ .$$

Hierbei wurden die Maxwell-Gleichungen II und III für $\rho_{\rm m}$ und $\mathbf{j}_{\rm m}$ eingesetzt und außerdem die Identitäten $\boldsymbol{\nabla} \cdot \boldsymbol{\nabla} \times \mathbf{B} = 0$ und $\boldsymbol{\nabla} \cdot \boldsymbol{\nabla} \times \mathbf{E} = 0$ verwendet.

(c) Die Integralform der Maxwell-Gleichung II in einem Raumbereich $\mathcal{D}$ folgt mit Hilfe des Gauß'schen Satzes als:

$$\int_{\mathcal{D}} d^3x \ \rho_{\rm m}(\mathbf{x}, t) = \int_{\mathcal{D}} d^3x \ (\boldsymbol{\nabla} \cdot \mathbf{B})(\mathbf{x}, t) = \int_{\partial \mathcal{D}} d\mathbf{S} \ \cdot \mathbf{B}(\mathbf{x}, t) \ .$$

Für eine stationäre *magnetische* Punktladungsdichte $\rho_{\rm m}(\mathbf{x}, t) = q_2 \delta(\mathbf{x} - \mathbf{x}_2)$ folgt hieraus analog zu (1.20), dass das entsprechende Magnetfeld am Ort $\mathbf{x}_1$ durch $\mathbf{B}(\mathbf{x}_1) = \frac{q_2}{4\pi x_{12}^2} \hat{\mathbf{x}}_{12}$ gegeben ist. Da das Argument (1.44) auch in Anwesenheit von magnetischen Ladungen zutrifft, kann man annehmen, dass die Lorentz-Kraft, die auf *elektrische* Ladungen wirkt, die übliche Form hat. Es gilt also: $\mathbf{F} = q_1 \dot{\mathbf{x}}_1 \times \mathbf{B}(\mathbf{x}_1) = \frac{q_1 q_2}{4\pi x_{12}^2} \dot{\mathbf{x}}_1 \times \hat{\mathbf{x}}_{12}$.

(d) Für das **B**-Feld gilt analog zu (1.13):

$$\begin{aligned} \frac{1}{c^2} \left(\frac{\partial^2 \mathbf{B}}{\partial t^2} + \frac{\partial \mathbf{j}_{\rm m}}{\partial t} \right) &= \frac{1}{c^2} \frac{\partial}{\partial t} (-\boldsymbol{\nabla} \times \mathbf{E}) = -\varepsilon_0 \mu_0 \boldsymbol{\nabla} \times \frac{\partial \mathbf{E}}{\partial t} \\ &= \boldsymbol{\nabla} \times \big(\mu_0 \mathbf{j}_{\rm e} - \boldsymbol{\nabla} \times \mathbf{B} \big) = \mu_0 \boldsymbol{\nabla} \times \mathbf{j}_{\rm e} - \big[\boldsymbol{\nabla} (\boldsymbol{\nabla} \cdot \mathbf{B}) - \Delta \mathbf{B} \big] \ , \end{aligned}$$

wobei Gleichung (1.11) verwendet wurde: $\boldsymbol{\nabla} \times (\boldsymbol{\nabla} \times \mathbf{a}) = \boldsymbol{\nabla} (\boldsymbol{\nabla} \cdot \mathbf{a}) - \Delta \mathbf{a}$. Es folgt die inhomogene Wellengleichung

$$\Box \mathbf{B} = \mu_0 \boldsymbol{\nabla} \times \mathbf{j}_{\rm e} - \boldsymbol{\nabla} \rho_{\rm m} - \frac{1}{c^2} \frac{\partial \mathbf{j}_{\rm m}}{\partial t} \ .$$

Für das **E**-Feld gilt analog zu (1.14):

$$\begin{aligned} \frac{1}{c^2} \frac{\partial^2 \mathbf{E}}{\partial t^2} + \mu_0 \frac{\partial \mathbf{j}_{\rm e}}{\partial t} &= \frac{\partial}{\partial t} \boldsymbol{\nabla} \times \mathbf{B} = \boldsymbol{\nabla} \times \frac{\partial \mathbf{B}}{\partial t} \\ &= \boldsymbol{\nabla} \times \big(-\mathbf{j}_{\rm m} - \boldsymbol{\nabla} \times \mathbf{E} \big) = -\boldsymbol{\nabla} \times \mathbf{j}_{\rm m} - \big[\boldsymbol{\nabla} (\boldsymbol{\nabla} \cdot \mathbf{E}) - \Delta \mathbf{E} \big] \ , \end{aligned}$$

wobei wiederum Gleichung (1.11) verwendet wurde. Es folgt nun die inhomogene Wellengleichung

$$\Box \mathbf{E} = -\boldsymbol{\nabla} \times \mathbf{j}_{\rm m} - \frac{1}{\varepsilon_0} \boldsymbol{\nabla} \rho_{\rm e} - \mu_0 \frac{\partial \mathbf{j}_{\rm e}}{\partial t} \ .$$

(e) Im stationären Grenzfall erhält man aus Teil **(c)** die Poisson-Gleichungen:

$$-\Delta \mathbf{B} = \mu_0 \boldsymbol{\nabla} \times \mathbf{j}_{\rm e} - \boldsymbol{\nabla} \rho_{\rm m} \quad , \quad -\Delta \mathbf{E} = -\boldsymbol{\nabla} \times \mathbf{j}_{\rm m} - \frac{1}{\varepsilon_0} \boldsymbol{\nabla} \rho_{\rm e} \ .$$

Die Lösung dieser Poisson-Gleichungen erfolgt nach dem allgemeinen Schema (1.31a) und (1.31b). Wir stellen fest, dass das Magnetfeld durch die magnetischen Ladungen mitbestimmt wird und das elektrische Feld durch die magnetischen Ströme:

$$\mathbf{B}(\mathbf{x}) = \int d^3x' \, \frac{\mu_0(\boldsymbol{\nabla} \times \mathbf{j}_\mathrm{e})(\mathbf{x}') - \boldsymbol{\nabla}\rho_\mathrm{m}(\mathbf{x}')}{4\pi\,|\mathbf{x}-\mathbf{x}'|}$$

$$\mathbf{E}(\mathbf{x}) = -\int d^3x' \, \frac{(\boldsymbol{\nabla} \times \mathbf{j}_\mathrm{m})(\mathbf{x}') + \frac{1}{\varepsilon_0}\boldsymbol{\nabla}\rho_\mathrm{e}(\mathbf{x}')}{4\pi\,|\mathbf{x}-\mathbf{x}'|} \,.$$

Lösung 1.3 Das Vektorpotential in der Coulomb-Eichung

Wir verwenden in der Lösung mehrmals Gleichung (1.29) aus Abschnitt [1.4.1] für das Vektorpotential $\mathbf{A}$ in der Coulomb-Eichung:

$$\mathbf{A}(\mathbf{x},t) = \boldsymbol{\nabla} \times \int d^3x' \, \frac{\mathbf{B}(\mathbf{x}',t)}{4\pi\,|\mathbf{x}-\mathbf{x}'|} \quad , \quad (\boldsymbol{\nabla}\cdot\mathbf{A})(\mathbf{x},t) = 0 \,. \tag{8.2}$$

(a) Wir untersuchen zuerst das asymptotische Verhalten von $\mathbf{A}(\mathbf{x},t)$ für $|\mathbf{x}| \to \infty$. Dieses folgt direkt aus der Entwicklung des Faktors $|\mathbf{x}-\mathbf{x}'|^{-1}$ nach Potenzen des *kleinen* Parameters $\frac{x'}{x}$ (wir verwenden an dieser Stelle, dass $\mathbf{B} \neq \mathbf{0}$ nur in einem *endlichen* Raumbereich $\mathcal{D} \subset \mathbb{R}^3$ gilt):

$$\frac{1}{|\mathbf{x}-\mathbf{x}'|} = \frac{1}{\sqrt{x^2 - 2\mathbf{x}\cdot\mathbf{x}' + (x')^2}} = \frac{1}{x}\left[1 - \frac{2\hat{\mathbf{x}}\cdot\mathbf{x}'}{x} + \left(\frac{x'}{x}\right)^2\right]^{-1/2}$$
$$= \frac{1}{x}\left\{1 + \frac{\hat{\mathbf{x}}\cdot\mathbf{x}'}{x} + \mathcal{O}\left(\frac{x'}{x}\right)^2\right\} \qquad (|\mathbf{x}| \equiv x \to \infty \,,\ |\mathbf{x}'| \equiv x') \,.$$

Durch Einsetzen dieser Entwicklung in (8.2) erhält man das verlangte asymptotische Verhalten des Vektorpotentials: $\mathbf{A} = \boldsymbol{\nabla} \times \mathbf{I}$ mit

$$\mathbf{I}(\mathbf{x},t) \equiv \int d^3x' \, \frac{\mathbf{B}(\mathbf{x}',t)}{4\pi\,|\mathbf{x}-\mathbf{x}'|} = \int d^3x' \, \frac{\mathbf{B}(\mathbf{x}',t)}{4\pi x}\left\{1 + \frac{\hat{\mathbf{x}}\cdot\mathbf{x}'}{x} + \mathcal{O}\left(\frac{x'}{x}\right)^2\right\}$$
$$= \frac{1}{x}\mathbf{b}_0 + \frac{1}{x^2}B_1\hat{\mathbf{x}} + \mathcal{O}\left(\frac{1}{x^3}\right) \quad , \quad \begin{Bmatrix}\mathbf{b}_0 \\ B_1\end{Bmatrix} \equiv \frac{1}{4\pi}\int d^3x' \, \mathbf{B}(\mathbf{x}',t)\begin{Bmatrix}1 \\ (\mathbf{x}')^\mathrm{T}\end{Bmatrix} .$$

Hierbei entspricht der obere Eintrag in $\{\cdots\}$ *links* dem oberen Eintrag in $\{\cdots\}$ *rechts* und der untere Eintrag *links* dem unteren *rechts*.

(b) Bei der Berechnung des Oberflächenintegrals mit dem orientierten Flächenelement $d\mathbf{S} = R^2 d\Omega\,\hat{\mathbf{x}}$ und *auswärts* gerichtetem Normalenvektor:

$$\lim_{R\to\infty} \int_{\partial\mathcal{K}(R)} d\mathbf{S} \cdot \frac{e^{i\mathbf{k}\cdot\mathbf{x}}\mathbf{A}(\mathbf{x},t)}{(2\pi)^{3/2}} = \lim_{R\to\infty} \int_{\partial\mathcal{K}(R)} d\mathbf{S} \cdot \frac{e^{i\mathbf{k}\cdot\mathbf{x}}(\boldsymbol{\nabla}\times\mathbf{I})(\mathbf{x},t)}{(2\pi)^{3/2}}$$

sind lediglich Funktionswerte $\mathbf{A}(\mathbf{x},t)$ mit $|\mathbf{x}| = R \to \infty$ zu berücksichtigen:

$$\mathbf{A}(\mathbf{x},t) = (\boldsymbol{\nabla}\times\mathbf{I})(\mathbf{x},t) = \boldsymbol{\nabla}\times\left[\frac{1}{x}\mathbf{b}_0 + \frac{1}{x^2}B_1\hat{\mathbf{x}} + \mathcal{O}\left(\frac{1}{x^3}\right)\right] = -\frac{\hat{\mathbf{x}}\times\mathbf{b}_0}{x^2} + \mathcal{O}\left(\frac{1}{x^3}\right) .$$

Wir verwendeten $[\boldsymbol{\nabla} \times (\frac{1}{x}\mathbf{b}_0)]_i = \varepsilon_{ijk}\partial_j(\frac{1}{x}b_{0k}) = \varepsilon_{ijk}b_{0k}(-\frac{1}{x^3})x_j$ und daher $\boldsymbol{\nabla} \times (\frac{1}{x}\mathbf{b}_0) = -\frac{1}{x^2}\hat{\mathbf{x}} \times \mathbf{b}_0$. Wegen $d\mathbf{S} \cdot (\hat{\mathbf{x}} \times \mathbf{b}_0) = R^2 d\Omega\, \hat{\mathbf{x}} \cdot (\hat{\mathbf{x}} \times \mathbf{b}_0) = 0$ ergibt der führende $\frac{1}{x^2}$-Term im asymptotischen Verhalten von $\mathbf{A}$ exakt *null*, wenn man ihn in das Oberflächenintegral einsetzt. Für den zweitgrößten Term im asymptotischen Verhalten von $\mathbf{A}$ gilt auf der Oberfläche: $\mathcal{O}(\frac{1}{x^3}) \propto R^{-3}$. Folglich ergibt das Oberflächenintegral für $R \to \infty$:

$$\lim_{R\to\infty} \int_{\partial\mathcal{K}(R)} R^2 d\Omega\, \mathcal{O}\Big(\frac{1}{R^3}\Big) = \lim_{R\to\infty} \mathcal{O}\Big(\frac{1}{R}\Big) \int_{\partial\mathcal{K}(R)} d\Omega = \lim_{R\to\infty} \mathcal{O}\Big(\frac{1}{R}\Big) = 0 \;,$$

sodass dieses Oberflächenintegral *im Unendlichen* tatsächlich *null* ist.

(c) Für den Nachweis der verlangten Identität verwenden wir Gleichung (8.2) und die Summenkonvention:

$$\begin{aligned}\int_{\mathbb{R}^3} d^3x\, [\mathbf{A}(\mathbf{x},t)]^2 &= \int_{\mathbb{R}^3} d^3x\, \mathbf{A} \cdot (\boldsymbol{\nabla} \times \mathbf{I}) = \int_{\mathbb{R}^3} d^3x\, A_i \varepsilon_{ijk}\partial_j I_k = -\varepsilon_{ijk} \int_{\mathbb{R}^3} d^3x\, I_k \partial_j A_i \\ &= \int_{\mathbb{R}^3} d^3x\, I_k \varepsilon_{kji}\partial_j A_i = \int_{\mathbb{R}^3} d^3x\, I_k B_k = \int_{\mathbb{R}^3} d^3x\, \mathbf{B}(\mathbf{x},t) \cdot \mathbf{I}(\mathbf{x},t) \\ &= \int_{\mathbb{R}^3} d^3x \int_{\mathbb{R}^3} d^3x'\, \frac{\mathbf{B}(\mathbf{x},t) \cdot \mathbf{B}(\mathbf{x}',t)}{4\pi\, |\mathbf{x} - \mathbf{x}'|} \;.\end{aligned}$$

Im letzten Schritt wurde der explizite Ausdruck für $\mathbf{I}(\mathbf{x},t)$ aus **(a)** verwendet. Bei der partiellen Integration im letzten Schritt in der ersten Zeile sind die Randterme im Unendlichen null, da die Funktion $A_i I_k \propto |\mathbf{x}|^{-3}$ für $|\mathbf{x}| \to \infty$ schneller als $|\mathbf{x}|^{-2}$ abfällt.

(d) Die Ungleichung für ein Vektorpotential $\mathbf{A}$ in der Coulomb-Eichung und ein weiteres, äquivalentes Vektorpotential $\widetilde{\mathbf{A}} = \mathbf{A} - \frac{1}{c}\boldsymbol{\nabla}\Lambda$ folgt aus:

$$\begin{aligned}\int_{\mathbb{R}^3} d^3x\, \big[\widetilde{\mathbf{A}}(\mathbf{x},t)\big]^2 &= \int_{\mathbb{R}^3} d^3x\, \big[\mathbf{A} - \tfrac{1}{c}\boldsymbol{\nabla}\Lambda\big]^2 \\ &= \int_{\mathbb{R}^3} d^3x\, \big[\mathbf{A}^2 + \tfrac{1}{c^2}(\boldsymbol{\nabla}\Lambda)^2 - \tfrac{2}{c}\mathbf{A} \cdot \boldsymbol{\nabla}\Lambda\big] \\ &= \int_{\mathbb{R}^3} d^3x\, \big[\mathbf{A}^2 + \tfrac{1}{c^2}(\boldsymbol{\nabla}\Lambda)^2\big] \\ &\geq \int_{\mathbb{R}^3} d^3x\, [\mathbf{A}(\mathbf{x},t)]^2 \;.\end{aligned}$$

Beim Übergang von der ersten zur zweiten Zeile wurde verwendet:

$$\begin{aligned}\int_{\mathbb{R}^3} d^3x\, \mathbf{A} \cdot \boldsymbol{\nabla}\Lambda &= \int_{\mathbb{R}^3} d^3x\, \big[\boldsymbol{\nabla} \cdot (\mathbf{A}\Lambda) - \Lambda(\boldsymbol{\nabla} \cdot \mathbf{A})\big] = \int_{\mathbb{R}^3} d^3x\, \boldsymbol{\nabla} \cdot (\mathbf{A}\Lambda) \\ &= \lim_{R\to\infty} \int_{\mathcal{K}(R)} d^3x\, \boldsymbol{\nabla} \cdot (\mathbf{A}\Lambda) = \lim_{R\to\infty} \int_{\partial\mathcal{K}(R)} d\mathbf{S} \cdot \mathbf{A}\Lambda = 0 \;.\end{aligned}$$

Der zweite Schritt folgt daraus, dass $\mathbf{A}$ die Coulomb-Eichung erfüllen soll: $\boldsymbol{\nabla} \cdot \mathbf{A} = 0$. Im vierten Schritt wird der Gauß'sche Satz angewandt mit dem orientierten Flächenelement $d\mathbf{S} = R^2 d\Omega\, \hat{\mathbf{x}}$ und *auswärts* gerichtetem Normalenvektor. Der letzte Schritt erfolgt vollkommen analog zu Teil **(b)**.

Lösung 1.4 Die Fourier-Transformation bzgl. der *Zeitvariablen*

(a) Die Fourier-transformierte Funktion $\hat{f}(\omega) = \frac{1}{\sqrt{2\pi}} \int_{-\infty}^{\infty} dt\ f(t)e^{i\omega t}$ lautet für $f(t) = \Theta\big(\frac{1}{2}\tau - |t|\big)$:

$$\hat{f}(\omega) = \frac{1}{\sqrt{2\pi}} \int_{-\infty}^{\infty} dt\ \Theta\big(\tfrac{1}{2}\tau - |t|\big)e^{i\omega t} = \frac{1}{\sqrt{2\pi}} \int_{-\frac{1}{2}\tau}^{\frac{1}{2}\tau} dt\ e^{i\omega t}$$

$$= \frac{e^{i\omega t}}{i\omega\sqrt{2\pi}}\bigg|_{-\frac{1}{2}\tau}^{\frac{1}{2}\tau} = \frac{e^{\frac{1}{2}i\omega\tau} - e^{-\frac{1}{2}i\omega\tau}}{i\omega\sqrt{2\pi}} = \frac{1}{\omega}\sqrt{\frac{2}{\pi}} \sin\big(\tfrac{1}{2}\omega\tau\big)\ .$$

Für $f(t) = \Theta\big(\frac{1}{2}\tau - \big|\frac{1}{2}T - |t|\big|\big)$ mit $T > \tau$ erhält man zunächst:

$$\hat{f}(\omega) = \int_{-\infty}^{\infty} dt\ \Theta\big(\tfrac{1}{2}\tau - \big|\tfrac{1}{2}T - |t|\big|\big)\frac{e^{i\omega t}}{\sqrt{2\pi}} = \int_{\frac{1}{2}(T-\tau)}^{\frac{1}{2}(T+\tau)} dt\ \frac{e^{i\omega t}}{\sqrt{2\pi}} + \int_{-\frac{1}{2}(T+\tau)}^{-\frac{1}{2}(T-\tau)} dt\ \frac{e^{i\omega t}}{\sqrt{2\pi}}$$

und dann durch Auswertung der Integrale:

$$\hat{f}(\omega) = \frac{e^{i\omega t}}{i\omega\sqrt{2\pi}}\bigg|_{\frac{1}{2}(T-\tau)}^{\frac{1}{2}(T+\tau)} + \frac{e^{i\omega t}}{i\omega\sqrt{2\pi}}\bigg|_{-\frac{1}{2}(T+\tau)}^{-\frac{1}{2}(T-\tau)}$$

$$= \frac{1}{\omega}\sqrt{\frac{2}{\pi}} \sin\big(\tfrac{1}{2}\omega\tau\big)\big(e^{\frac{1}{2}i\omega T} + e^{-\frac{1}{2}i\omega T}\big) = \frac{2}{\omega}\sqrt{\frac{2}{\pi}} \sin\big(\tfrac{1}{2}\omega\tau\big)\cos\big(\tfrac{1}{2}\omega T\big)\ .$$

Für die Gauß-Funktion $f(t) = \frac{1}{\sqrt{\sigma\sqrt{\pi}}} e^{-t^2/2\sigma^2}$ erhält man:

$$\hat{f}(\omega) = \int_{-\infty}^{\infty} dt\ \frac{e^{i\omega t - t^2/2\sigma^2}}{\sqrt{2\pi\sigma\sqrt{\pi}}} = \sqrt{\frac{\sigma}{\pi\sqrt{\pi}}} \int_{-\infty}^{\infty} dx\ e^{\sqrt{2}i\omega\sigma x - x^2}$$

$$= \sqrt{\frac{\sigma}{\pi\sqrt{\pi}}} e^{-\left(\frac{1}{\sqrt{2}}\omega\sigma\right)^2} \int_{-\infty}^{\infty} dx\ e^{-\left(x - \frac{1}{\sqrt{2}}i\omega\sigma\right)^2} = \sqrt{\frac{\sigma}{\sqrt{\pi}}} e^{-\frac{1}{2}(\omega\sigma)^2}\ .$$

Im letzten Schritt wurde der Satz von Cauchy verwendet, der in diesem Fall besagt, dass das x-Integral gleich $\int_{-\infty}^{\infty} dx\ e^{-x^2} = \sqrt{\pi}$ ist. Da $f(t)$ und $\hat{f}(\omega)$ beide dieselbe gaußsche Struktur haben, allerdings mit einer Breite σ für f und σ^{-1} für $\hat{f}$, braucht man nur von einer der beiden Funktionen die Normierung zu überprüfen, z. B. von f; wir substituieren $t = \sigma x$:

$$\int dt\ |f(t)|^2 = \frac{1}{\sigma\sqrt{\pi}} \int dt\ e^{-t^2/\sigma^2} = \frac{1}{\sqrt{\pi}} \int dx\ e^{-x^2} = 1\ .$$

(b) Für die Zeittranslation $\bar{f}(t) \equiv f(t-\tau)$ ergibt sich durch Fourier-Transformation:

$$\hat{\bar{f}}(\omega) = \frac{1}{\sqrt{2\pi}} \int_{-\infty}^{\infty} dt\ f(t-\tau)e^{i\omega t} = \frac{1}{\sqrt{2\pi}} \int_{-\infty}^{\infty} dt'\ f(t')e^{i\omega(t'+\tau)} = e^{i\omega\tau}\hat{f}(\omega)\ .$$

Für die zeitliche Dehnung $\bar{f}(t) \equiv f(\lambda t)$ erhält man:

$$\hat{\bar{f}}(\omega) = \frac{1}{\sqrt{2\pi}} \int_{-\infty}^{\infty} dt\ f(\lambda t)e^{i\omega t} = \frac{1}{\lambda\sqrt{2\pi}} \int_{-\infty}^{\infty} dx\ f(x)e^{i\omega x/\lambda} = \frac{1}{\lambda}\hat{f}\big(\tfrac{\omega}{\lambda}\big)\ .$$

(c) Die Identität (1.50) folgt aus:

$$\begin{aligned}\lim_{\epsilon\downarrow 0}\frac{1}{2\pi}\int_{-\infty}^{\infty}d\omega\ e^{-\epsilon\omega^2-i\omega(t-t')} &= \lim_{\epsilon\downarrow 0}\frac{1}{2\pi\sqrt{\epsilon}}\int_{-\infty}^{\infty}dx\ e^{-x^2-ix(t-t')/\sqrt{\epsilon}}\\ &= \lim_{\epsilon\downarrow 0}\frac{1}{2\pi\sqrt{\epsilon}}e^{-[(t-t')/2\sqrt{\epsilon}]^2}\int_{-\infty}^{\infty}dx\ e^{-[x+i(t-t')/2\sqrt{\epsilon}]^2}\\ &= \lim_{\epsilon\downarrow 0}\frac{1}{2\sqrt{\pi\epsilon}}e^{-(t-t')^2/4\epsilon} = \delta(t-t')\ ,\end{aligned} \tag{8.3}$$

da die Gauß-Funktion in der letzten Zeile im Limes $\epsilon\downarrow 0$ immer schmaler wird und auf eins normiert ist.

(d) Mit Hilfe von (8.3) zeigt man wie folgt, dass die *inverse* Fourier-Transformation einer Fourier-transformierten Funktion $\hat{f}$ die ursprüngliche Funktion f ergibt:

$$\begin{aligned}\frac{1}{\sqrt{2\pi}}\int_{-\infty}^{\infty}d\omega\ \hat{f}(\omega)e^{-i\omega t} &= \lim_{\epsilon\downarrow 0}\frac{1}{2\pi}\int_{-\infty}^{\infty}d\omega\int_{-\infty}^{\infty}dt'\ f(t')e^{-\epsilon\omega^2-i\omega(t-t')}\\ &= \int_{-\infty}^{\infty}dt'\ f(t')\lim_{\epsilon\downarrow 0}\frac{1}{2\pi}\int_{-\infty}^{\infty}d\omega\ e^{-\epsilon\omega^2-i\omega(t-t')}\\ &= \int_{-\infty}^{\infty}dt'\ f(t')\delta(t-t') = f(t)\ .\end{aligned}$$

In zweiten Schritt wurde die Integrationsreihenfolge vertauscht, im dritten (8.3) angewandt.

(e) Wir nennen lediglich die aus der Mathematik bekannten Axiome für Skalarprodukte und Normen, da die Überprüfung ihrer Gültigkeit für z. B. das Skalarprodukt $(f_1,f_2)\equiv\int_{-\infty}^{\infty}dt\ f_1^*(t)f_2(t)$ und die Norm $||f||\equiv(f,f)^{1/2}$ einfach ist. Ein komplexes Skalarprodukt soll 1.) sesquilinear sein sowie 2.) hermitesch: $(f_1,f_2)^*=(f_2,f_1)$ und 3.) positiv definit: $(f,f)\geq 0$ mit $(f,f)=0\ \Leftrightarrow\ f=0$. Eine Norm $||f||$ soll 1.) definit sein, $||f||\geq 0$ mit $||f||=0\ \Leftrightarrow\ f=0$, sowie 2.) absolut homogen, $||\alpha f||=|\alpha|\,||f||$ für $\alpha\in\mathbb{C}$, und 3.) die Dreiecksungleichung erfüllen. Da die Norm hier jedoch von einem Skalarprodukt *induziert* wird, sind diese Axiome für die Norm *automatisch* erfüllt.

(f) Wir zeigen, dass der numerische Wert des Skalarprodukts *invariant* unter einer Fourier-Transformation ist:

$$\begin{aligned}\langle\hat{f}_1,\hat{f}_2\rangle &= \int_{-\infty}^{\infty}d\omega\ \hat{f}_1^*(\omega)\hat{f}_2(\omega)\\ &= \frac{1}{2\pi}\int_{-\infty}^{\infty}d\omega\int_{-\infty}^{\infty}dt_1\ f_1^*(t_1)\int_{-\infty}^{\infty}dt_2\ f_2(t_2)e^{i\omega(t_2-t_1)}\\ &= \lim_{\epsilon\downarrow 0}\frac{1}{2\pi}\int_{-\infty}^{\infty}d\omega\int_{-\infty}^{\infty}dt_1\ f_1^*(t_1)\int_{-\infty}^{\infty}dt_2\ f_2(t_2)e^{-\epsilon\omega^2-i\omega(t_1-t_2)}\\ &= \int_{-\infty}^{\infty}dt_1\ f_1^*(t_1)\int_{-\infty}^{\infty}dt_2\ f_2(t_2)\delta(t_1-t_2) = \int_{-\infty}^{\infty}dt\ f_1^*(t)f_2(t) = (f_1,f_2)\ .\end{aligned}$$

Im vierten Schritt verwendeten wir die Identität (8.3). Das Skalarprodukt und daher auch die *Norm* einer Funktion sind also *invariant* unter einer

Fourier-Transformation, die daher eine *Isometrie* darstellt.[1] Angewandt auf das Funktionenpaar $f(t) = \Theta(\frac{1}{2}\tau - |t|)$ und $\hat{f}(\omega) = \frac{1}{\omega}\sqrt{2/\pi}\sin(\frac{1}{2}\omega\tau)$ aus Teil **(a)**, bedeutet die Invarianzeigenschaft $\langle \hat{f}_1, \hat{f}_2\rangle = (f_1, f_2)$ also:

$$\tau = (f,f) = \langle \hat{f}, \hat{f}\rangle = \frac{2}{\pi}\int_{-\infty}^{\infty} d\omega\ \frac{\sin^2(\frac{1}{2}\omega\tau)}{\omega^2} = \frac{\tau}{\pi}\int_{-\infty}^{\infty} dx\ \frac{\sin^2(x)}{x^2}\ .$$

Folglich gilt $\int_0^\infty dx\ \frac{\sin^2(x)}{x^2} = \frac{1}{2}\int_{-\infty}^{\infty} dx\ \frac{\sin^2(x)}{x^2} = \frac{1}{2}\pi$.

Lösung 1.5 Eine Unschärferelation für die Fourier-Transformation

(a) Die Varianz $(\Delta\omega)^2 = \overline{(\omega - \bar{\omega})^2} = \langle \hat{f}, (\omega-\bar{\omega})^2\hat{f}\rangle = \langle(\omega-\bar{\omega})\hat{f}, (\omega-\bar{\omega})\hat{f}\rangle$ in der Frequenzsprache enthält also die frequenzabhängige Funktion:

$$\begin{aligned}(\omega-\bar{\omega})\hat{f}(\omega) &= (\omega-\bar{\omega})\frac{1}{\sqrt{2\pi}}\int_{-\infty}^{\infty} dt\ f(t)e^{i\omega t}\\ &= \frac{1}{\sqrt{2\pi}}\int_{-\infty}^{\infty} dt\ f(t)\big(\tfrac{1}{i}\tfrac{d}{dt} - \bar{\omega}\big)e^{i\omega t}\\ &= -\int_{-\infty}^{\infty}\frac{dt}{\sqrt{2\pi}}\ e^{i\omega t}\big(\tfrac{1}{i}\tfrac{d}{dt} + \bar{\omega}\big)f(t) = -\int_{-\infty}^{\infty}\frac{dt}{\sqrt{2\pi}}\ \phi(t)e^{i\omega t}\\ &= -\hat{\phi}(\omega)\ ,\end{aligned}$$

wobei im ersten Schritt der dritten Zeile partiell integriert wurde. Da das Skalarprodukt invariant unter Fourier-Transformationen ist, folgt noch:

$$(\Delta\omega)^2 = \langle(\omega-\bar{\omega})\hat{f}, (\omega-\bar{\omega})\hat{f}\rangle = \langle\hat{\phi},\hat{\phi}\rangle = (\phi,\phi)\ .$$

(b) Aufgrund der Schwarz'schen Ungleichung für Skalarprodukte gilt mit der kompakten Definition $\delta t \equiv t - \bar{t}$:

$$\begin{aligned}(\Delta t)^2(\Delta\omega)^2 &= (f, (\delta t)^2 f)(\phi,\phi) = \big((\delta t)f, (\delta t)f\big)(\phi,\phi) \geq \big|\big((\delta t)f, \phi\big)\big|^2\\ &= \big|\big(f, (\delta t)\phi\big)\big|^2 \geq \big|\mathrm{Im}\big(f, (\delta t)\phi\big)\big|^2\ .\end{aligned} \tag{8.4}$$

Im letzten Schritt der *ersten* Zeile wurde die Schwarz'sche Ungleichung angewandt und im letzten Schritt der *zweiten* Zeile $\big|\mathrm{Re}\big(f, (\delta t)\phi\big)\big|^2$ vernachlässigt.

(c) Der Imaginärteil $\mathrm{Im}\big(f, (\delta t)\phi\big)$ auf der rechten Seite von Gleichung (8.4) kann wie folgt berechnet werden:

$$\begin{aligned}\mathrm{Im}\big(f, (\delta t)\phi\big) &= \tfrac{1}{2i}\big[\big(f, (\delta t)\phi\big) - \big(f, (\delta t)\phi\big)^*\big] = \tfrac{1}{2i}\big[\big(f, (\delta t)\phi\big) - \big((\delta t)\phi, f\big)\big]\\ &= \tfrac{1}{2i}\big[\big(f, (\delta t)\big(\tfrac{1}{i}\tfrac{d}{dt} + \bar{\omega}\big)f\big) - \big(\big(\tfrac{1}{i}\tfrac{d}{dt} + \bar{\omega}\big)f, (\delta t)f\big)\big]\\ &= \tfrac{1}{2i}\big[\big(f, (\delta t)\big(\tfrac{1}{i}\tfrac{d}{dt} + \bar{\omega}\big)f\big) - \big(f, \big(\tfrac{1}{i}\tfrac{d}{dt} + \bar{\omega}\big)(\delta t)f\big)\big]\\ &= \tfrac{1}{2i}\big\{\big(f, \big[(\delta t)\big(\tfrac{1}{i}\tfrac{d}{dt} + \bar{\omega}\big) - \big(\tfrac{1}{i}\tfrac{d}{dt} + \bar{\omega}\big)(\delta t)\big]f\big)\big\}\\ &= \tfrac{1}{2i}\big\{\big(f, \big[t\big(\tfrac{1}{i}\tfrac{d}{dt}\big) - \big(\tfrac{1}{i}\tfrac{d}{dt}\big)t\big]f\big)\big\} = \tfrac{1}{2i}(f, if) = \tfrac{1}{2}\,||f||^2 = \tfrac{1}{2}\ .\end{aligned}$$

[1]Eine Isometrie ist eine Abbildung, die *Abstände* invariant lässt. Das ist hier der Fall: $||f_1 - f_2||^2 = (f_1 - f_2, f_1 - f_2) = \langle\hat{f}_1 - \hat{f}_2, \hat{f}_1 - \hat{f}_2\rangle = ||\hat{f}_1 - \hat{f}_2||^2\ .$

Durch Einsetzen dieses Ergebnisses in die rechte Seite von (8.4) erhält man sofort die Unschärferelation $\Delta t\, \Delta\omega \geq \frac{1}{2}$.

(d) Der Fall $f = 0$ (d. h. *kein* elektromagnetisches Signal) ist uninteressant. Für alle Signale $f \neq 0$ kann man $F \equiv f/||f||$ mit $||F|| = 1$ definieren. Die Mittelwerte sind dann durch $\overline{\alpha(t)} \equiv (F, \alpha(t)F)$ bzw. $\overline{\beta(\omega)} \equiv \langle \hat{F}, \beta(\omega)\hat{F}\rangle$ gegeben. Die Herleitung der Unschärferelation $\Delta t\, \Delta\omega \geq \frac{1}{2}$ erfolgt genau wie oben, wobei lediglich überall $f \to F$ zu ersetzen ist. Das Ergebnis ist also das gleiche.

(e) Die Gauß-Funktion $f(t) = (\sigma\sqrt{\pi})^{-1/2}e^{-t^2/2\sigma^2}$ in Aufgabe 1.4 **(a)** hat als Fourier-Transformierte: $\hat{f}(\omega) = \sqrt{\frac{\sigma}{\sqrt{\pi}}}e^{-\frac{1}{2}(\omega\sigma)^2}$. Beide Funktionen sind *symmetrisch*, sodass $\bar{t} = 0$ und $\bar{\omega} = 0$ gilt. Für die Varianz der Funktion $|f(t)|^2$ ergibt sich:

$$\begin{aligned}\overline{t^2} &= \int_{-\infty}^{\infty} dt\; t^2|f(t)|^2 = \frac{1}{\sigma\sqrt{\pi}}\int_{-\infty}^{\infty} dt\; t^2 e^{-t^2/\sigma^2} = \frac{\sigma^2}{\sqrt{\pi}}\int_{-\infty}^{\infty} dx\; x^2 e^{-x^2} \\ &= \frac{2\sigma^2}{\sqrt{\pi}}\int_0^{\infty} dx\; x^2 e^{-x^2} = \frac{\sigma^2}{\sqrt{\pi}}\int_0^{\infty} dy\; \sqrt{y}e^{-y} = \frac{\sigma^2}{\sqrt{\pi}}\Gamma\left(\tfrac{3}{2}\right) = \tfrac{1}{2}\sigma^2\,.\end{aligned}$$

Da $\hat{f}(\omega)$ die gleiche Struktur hat, allerdings mit $\sigma \to \sigma^{-1}$, erhält man analog $\overline{\omega^2} = \frac{1}{2}\sigma^{-2}$. Insgesamt ergibt sich daher: $(\Delta t)^2(\Delta\omega)^2 = \overline{t^2}\;\overline{\omega^2} = \frac{1}{4}$ bzw. $\Delta t\, \Delta\omega = \frac{1}{2}$. Bemerkenswert an diesem Ergebnis ist, dass die *Ungleichung* $\Delta t\, \Delta\omega \geq \frac{1}{2}$ für die Gauß-Funktion zu einer *Gleichung* $\Delta t\, \Delta\omega = \frac{1}{2}$ wird, d. h., dass die Gauß-Funktion ein Signal mit *minimaler Unschärfe* darstellt.

Lösung 1.6 Die Fourier-Transformierten der E- und B-Felder

(a) Die Symmetrieeigenschaft $\hat{\Phi}(\mathbf{k}, \omega) = [\hat{\Phi}(-\mathbf{k}, -\omega)]^*$ folgt daraus, dass das skalare Potential $\Phi(\mathbf{x}, t)$ *reell*wertig ist:

$$\begin{aligned}\hat{\Phi}(\mathbf{k}, \omega) &= \iint \frac{d^3x\, dt}{(2\pi)^2}\; e^{i(\mathbf{k}\cdot\mathbf{x}+\omega t)}\Phi(\mathbf{x}, t) = \left[\iint \frac{d^3x\, dt}{(2\pi)^2}\; e^{-i(\mathbf{k}\cdot\mathbf{x}+\omega t)}\Phi(\mathbf{x}, t)\right]^* \\ &= \left[\hat{\Phi}(-\mathbf{k}, -\omega)\right]^*\,.\end{aligned}$$

Vollkommen analog zeigt man die Identitäten $\hat{\boldsymbol{\mathcal{A}}}(\mathbf{k}, \omega) = [\hat{\boldsymbol{\mathcal{A}}}(-\mathbf{k}, -\omega)]^*$ sowie $\hat{\boldsymbol{\mathcal{E}}}(\mathbf{k}, \omega) = [\hat{\boldsymbol{\mathcal{E}}}(-\mathbf{k}, -\omega)]^*$ und $\hat{\boldsymbol{\mathcal{B}}}(\mathbf{k}, \omega) = [\hat{\boldsymbol{\mathcal{B}}}(-\mathbf{k}, -\omega)]^*$, da das Vektorpotential $\mathbf{A}$, das elektrische Feld $\mathbf{E}$ und das Magnetfeld $\mathbf{B}$ ebenfalls *reell*wertig sind.

(b) Wir gehen von der Darstellung $\mathbf{E} = -\boldsymbol{\nabla}\Phi - \frac{\partial\mathbf{A}}{\partial t}$ bzw. $\mathbf{B} = \boldsymbol{\nabla}\times\mathbf{A}$ der elektromagnetischen Felder mit Hilfe von Potentialen aus. Die Fourier-transformierten Felder $\hat{\boldsymbol{\mathcal{E}}}$ und $\hat{\boldsymbol{\mathcal{B}}}$ folgen dann als Funktionen der transformierten Potentiale $\hat{\Phi}(\mathbf{k}, \omega)$ und $\hat{\boldsymbol{\mathcal{A}}}(\mathbf{k}, \omega)$ durch die Kombination der Fourier-Transformationen (1.33) bzgl. der *Orts*koordinaten und (1.37) bzgl. der *Zeit*variablen:

$$\begin{aligned}\hat{\boldsymbol{\mathcal{E}}}(\mathbf{k}, \omega) &= \iint \frac{d^3x\, dt}{(2\pi)^2}\; e^{i(\mathbf{k}\cdot\mathbf{x}+\omega t)}\,\mathbf{E}(\mathbf{x}, t) = -\iint \frac{d^3x\, dt}{(2\pi)^2}\; e^{i(\mathbf{k}\cdot\mathbf{x}+\omega t)}\left(\boldsymbol{\nabla}\Phi + \tfrac{\partial\mathbf{A}}{\partial t}\right) \\ &= \iint \frac{d^3x\, dt}{(2\pi)^2}\; e^{i(\mathbf{k}\cdot\mathbf{x}+\omega t)}\left(i\mathbf{k}\Phi + i\omega\mathbf{A}\right) = i\mathbf{k}\hat{\Phi}(\mathbf{k}, \omega) + i\omega\hat{\boldsymbol{\mathcal{A}}}(\mathbf{k}, \omega)\end{aligned}$$

und analog:

$$\hat{\mathcal{B}}(\mathbf{k},\omega) = \iint \frac{d^3x\,dt}{(2\pi)^2}\; e^{i(\mathbf{k}\cdot\mathbf{x}+\omega t)}\,\mathbf{B}(\mathbf{x},t) = \iint \frac{d^3x\,dt}{(2\pi)^2}\; e^{i(\mathbf{k}\cdot\mathbf{x}+\omega t)}\,\boldsymbol{\nabla}\times\mathbf{A}$$
$$= -i\iint \frac{d^3x\,dt}{(2\pi)^2}\; e^{i(\mathbf{k}\cdot\mathbf{x}+\omega t)}\,\mathbf{k}\times\mathbf{A} = -i\mathbf{k}\times\hat{\mathcal{A}}(\mathbf{k},\omega)\ .$$

Im jeweils zweiten Schritt wurden die Felder mit Hilfe von Potentialen dargestellt, im jeweils dritten wurde partiell bzgl. $\mathbf{x}$ oder t integriert und im jeweils vierten die Definitionen der Fourier-Transformierten $\hat{\Phi}$ bzw. $\hat{\mathcal{A}}$ verwendet. Aus den beiden Ergebnissen folgt direkt, dass die Fourier-transformierten Felder $\hat{\mathcal{E}}$ und $\hat{\mathcal{B}}$ orthogonal sind für alle $(\mathbf{k},\omega)\in\mathbb{R}^4$, da das Vektorprodukt $\mathbf{k}\times\hat{\mathcal{A}}$ sowohl senkrecht auf $\mathbf{k}$ als auch senkrecht auf $\hat{\mathcal{A}}$ steht:

$$\hat{\mathcal{E}}(\mathbf{k},\omega)\cdot\hat{\mathcal{B}}(\mathbf{k},\omega) = \big(\mathbf{k}\hat{\Phi}+\omega\hat{\mathcal{A}}\big)\cdot\big(\mathbf{k}\times\hat{\mathcal{A}}\big) = 0\ .$$

(c) Die Orthogonalität $\hat{\mathcal{E}}(\mathbf{k},\omega)\cdot\hat{\mathcal{B}}(\mathbf{k},\omega)=0$ folgt alternativ auch aus der Maxwell-Gleichung III in (1.4) mit Hilfe einer Fourier-Transformation bzgl. der Orts- und Zeitvariablen, zumindest falls $\omega\neq 0$ gilt:

$$\mathbf{0} = \iint \frac{d^3x\,dt}{(2\pi)^2}\; e^{i(\mathbf{k}\cdot\mathbf{x}+\omega t)}\big(\boldsymbol{\nabla}\times\mathbf{E}+\tfrac{\partial\mathbf{B}}{\partial t}\big) = -i\iint \frac{d^3x\,dt}{(2\pi)^2}\; e^{i(\mathbf{k}\cdot\mathbf{x}+\omega t)}\big(\mathbf{k}\times\mathbf{E}+\omega\mathbf{B}\big)$$
$$= -i\big[\mathbf{k}\times\hat{\mathcal{E}}(\mathbf{k},\omega)+\omega\hat{\mathcal{B}}(\mathbf{k},\omega)\big]\quad,\quad \hat{\mathcal{B}}(\mathbf{k},\omega) = -\tfrac{1}{\omega}\mathbf{k}\times\hat{\mathcal{E}}(\mathbf{k},\omega)\perp\hat{\mathcal{E}}(\mathbf{k},\omega)\ .$$

(d) Aus der Maxwell-Gleichung II in (1.4) folgt, dass immer $\mathbf{k}\cdot\hat{\mathcal{B}}(\mathbf{k},\omega)=0$ gilt:

$$0 = \iint \frac{d^3x\,dt}{(2\pi)^2}\; e^{i(\mathbf{k}\cdot\mathbf{x}+\omega t)}\boldsymbol{\nabla}\cdot\mathbf{B} = -i\iint \frac{d^3x\,dt}{(2\pi)^2}\; e^{i(\mathbf{k}\cdot\mathbf{x}+\omega t)}\mathbf{k}\cdot\mathbf{B} = -i\mathbf{k}\cdot\hat{\mathcal{B}}\ .$$

Bezeichnen wir die Fourier-transformierte Ladungsdichte als $\hat{\rho}(\mathbf{k},\omega)$, so folgt aus der Maxwell-Gleichung I in (1.4), dass *nicht* immer $\mathbf{k}\cdot\hat{\mathcal{E}}(\mathbf{k},\omega)=0$ gilt:

$$\tfrac{1}{\varepsilon_0}\hat{\rho} = \iint \frac{d^3x\,dt}{(2\pi)^2}\; e^{i(\mathbf{k}\cdot\mathbf{x}+\omega t)}\boldsymbol{\nabla}\cdot\mathbf{E} = -i\iint \frac{d^3x\,dt}{(2\pi)^2}\; e^{i(\mathbf{k}\cdot\mathbf{x}+\omega t)}\mathbf{k}\cdot\mathbf{E} = -i\mathbf{k}\cdot\hat{\mathcal{E}}\ .$$

Nur unter der Bedingung $\hat{\rho}(\mathbf{k},\omega)=0$ für alle $(\mathbf{k},\omega)\in\mathbb{R}^4$, d. h., nur falls $\rho(\mathbf{x},t)=0$ gilt für alle $(\mathbf{x},t)\in\mathbb{R}^4$, würde auch $\mathbf{k}\cdot\hat{\mathcal{E}}(\mathbf{k},\omega)=0$ gelten.

Lösung 1.7 Das Randwertproblem der Helmholtz-Gleichung

(a) Wir nehmen zuerst an, dass die Helmholtz-Gleichung (1.52) *zwei* unterschiedliche Lösungen u_1 und $u_2\neq u_1$ hat:

$$(\Delta+\lambda)u_1(\mathbf{x}) = -\mu(\mathbf{x})\quad(\mathbf{x}\in\mathcal{D})\quad,\quad u_1=u_{\mathrm{D}}\quad\text{oder}\quad\frac{\partial u_1}{\partial n}=u_{\mathrm{N}}\quad(\mathbf{x}\in\partial\mathcal{D})$$
$$(\Delta+\lambda)u_2(\mathbf{x}) = -\mu(\mathbf{x})\quad(\mathbf{x}\in\mathcal{D})\quad,\quad u_2=u_{\mathrm{D}}\quad\text{oder}\quad\frac{\partial u_2}{\partial n}=u_{\mathrm{N}}\quad(\mathbf{x}\in\partial\mathcal{D})\ .$$

In diesem Fall kann man die zweite Gleichung von der ersten abziehen und so ein Randwertproblem für die Differenzlösung $w\equiv u_1-u_2$ herleiten:

$$(\Delta+\lambda)w(\mathbf{x}) = 0\qquad(\mathbf{x}\in\mathcal{D})$$
$$w=0\quad\text{oder}\quad\frac{\partial w}{\partial n}=0\quad(\mathbf{x}\in\partial\mathcal{D})\ .$$

(b) Durch Anwendung der Greenschen Formel (1.53) mit $u = 1$ und $v = \frac{1}{2}w^2$ folgt sowohl für das Dirichlet- als auch für das Neumann-Problem:

$$\begin{aligned} 0 &= \int_{\partial\mathcal{D}} dS\, w\frac{\partial w}{\partial n} = \int_{\partial\mathcal{D}} dS\, \frac{\partial\left(\frac{1}{2}w^2\right)}{\partial n} = \int_{\mathcal{D}} d^3x\, \Delta\left(\tfrac{1}{2}w^2\right) \\ &= \int_{\mathcal{D}} d^3x\, \left[(\boldsymbol{\nabla}w)^2 + w\Delta w\right] = \int_{\mathcal{D}} d^3x\, \left[(\boldsymbol{\nabla}w)^2 - \lambda w^2\right] . \end{aligned} \tag{8.5}$$

(c) Für $\lambda < 0$ folgt aus **(b)** direkt ein Widerspruch, da die rechte Seite nur für $w = u_1 - u_2 = 0$ gleich null sein kann. Dies impliziert aber $u_1 = u_2$, sodass die beiden Lösungen u_1 und u_2 im Widerspruch zur Annahme *nicht* unterschiedlich sind. Für $\lambda < 0$ existiert also höchstens *eine* Lösung. Für $\lambda = 0$ kann die rechte Seite der Gleichungskette in **(b)** nur für $\boldsymbol{\nabla}w = \mathbf{0}$ gleich null sein, sodass die Funktion w räumlich *konstant* sein muss. Hieraus folgt, dass eine Lösung des *Dirichlet*-Problems immer eindeutig ist, da aufgrund der Dirichlet-Randbedingung $w(\mathbf{x})|_{\mathbf{x}\in\mathcal{D}} = \text{konstant} = w(\mathbf{x})|_{\mathbf{x}\in\partial\mathcal{D}} = 0$ gelten muss. Diesen Schluß kann man *nicht* ziehen für das *Neumann*-Problem mit $\lambda = 0$, da jede Lösung $w(\mathbf{x})|_{\mathbf{x}\in\mathcal{D}} = \text{konstant}$ im Einklang mit der Neumann-Randbedingung ist. Folglich ist eine Lösung des *Neumann*-Problems für $\lambda = 0$ *nicht* eindeutig bzw. nur „eindeutig bis auf eine Konstante".

Als Anmerkung sei hinzugefügt, dass die *Existenz* von Lösungen des Neumann-Problems nicht immer gewährleistet ist. Beispielsweise folgt aus der zweiten Green'schen Formel (1.53) mit $v = 1$ und $\Delta u|_{\mathbf{x}\in\mathcal{D}} = 0$ sowie $\frac{\partial u}{\partial n}\big|_{\mathbf{x}\in\partial\mathcal{D}} = u_{\mathrm{N}}$, also für ein Neumann-Problem mit $\lambda = 0$ und $\mu(\mathbf{x}) = 0$, dass auf dem Rand von $\mathcal{D}$ die Konsistenzbedingung $\int_{\partial\mathcal{D}} dS\, u_{\mathrm{N}} = 0$ erfüllt sein muss, damit das Problem überhaupt lösbar ist.

(d) Für das *gemischte* Randwertproblem der Helmholtz-Gleichung mit der Randbedingung $\frac{\partial u}{\partial n} + \sigma u = u_{\mathrm{g}}$ für $\mathbf{x} \in \partial\mathcal{D}$ folgt analog zu **(a)** für $w \equiv u_1 - u_2$:

$$(\Delta + \lambda)w(\mathbf{x}) = 0 \quad (\mathbf{x} \in \mathcal{D}) \quad , \quad w_{\mathrm{g}} \equiv \frac{\partial w}{\partial n} + \sigma w = 0 \quad (\mathbf{x} \in \partial\mathcal{D}) .$$

Analog zu **(b)** erhält man nun:

$$-\sigma \int_{\partial\mathcal{D}} dS\, w^2 = \int_{\partial\mathcal{D}} dS\, w\frac{\partial w}{\partial n} = (\cdots) = \int_{\mathcal{D}} d^3x\, \left[(\boldsymbol{\nabla}w)^2 - \lambda w^2\right] ,$$

wobei für $\lambda \leq 0$ und $\sigma > 0$ die linke Seite *nicht-positiv* und die rechte Seite *nicht-negativ* ist. Eine konsistente Lösung ist daher nur möglich, wenn beide Seiten gleich null sind. Dies erfordert also insbesondere auch, dass für alle $\mathbf{x} \in \partial\mathcal{D}$ eine Dirichlet-Randbedingung $w = 0$ gilt. Analog zu **(c)** kann man dann schließen, dass auch die Lösungen des *gemischten* Randwertproblems der Helmholtz-Gleichung für $\lambda \leq 0$ und $\sigma > 0$ eindeutig sind.

(e) Dass die Helmholtz-Gleichung mit $\lambda > 0$ i. a. nicht eindeutig lösbar ist, sieht man z. B. am Dirichlet-Randwertproblem

$$\begin{aligned} &(\Delta + \lambda)u = 0 \quad && (\mathbf{x} \in \mathcal{D} = [0,1]^3 \subset \mathbb{R}^3) \\ &u = 0 && (\mathbf{x} \in \partial\mathcal{D}) . \end{aligned}$$

Dieses Randwertproblem hat Lösungen der Form

$$u_{klm}(\mathbf{x}) = 2\sqrt{2}\sin(k\pi x_1)\sin(l\pi x_2)\sin(m\pi x_1) \quad \text{mit} \quad \begin{cases} \lambda = (k^2 + l^2 + m^2)\pi^2 \\ k, l, m \in \mathbb{N} \,, \end{cases}$$

wobei der Vorfaktor $2\sqrt{2}$ so gewählt ist, dass die Lösungen auf eins normiert sind: $\int_{\mathcal{D}} d^3x \; |u_{klm}|^2 = 1$. Beispielsweise für $\lambda = 6\pi^2$ ist die Lösung *nicht* eindeutig, da in diesem Fall sogar *drei* linear unabhängige Schwingungsmoden u_{211}, u_{121} und u_{112} (mit unendlich vielen Linearkombinationen) existieren.

8.2 Statik & Dynamik elektromagnetischer Felder

Lösung 2.1 Energie und Eindeutigkeit

(a) Aus der Definition $\mathbf{j}(\mathbf{x},t) = \sum_\nu q_\nu \dot{\mathbf{x}}_\nu \, \delta\big(\mathbf{x} - \mathbf{x}_\nu(t)\big)$ der Ladungsdichte in Gleichung (1.9) folgt $\int d^3x \; \mathbf{j} \cdot \mathbf{E} = \sum_\nu \dot{\mathbf{x}}_\nu \cdot \big[q_\nu \mathbf{E}(\mathbf{x}_\nu, t)\big]$, sodass diese Größe die Struktur [Geschwindigkeit] × [Kraft] hat und daher physikalisch als die vom Feld an den Teilchen verrichtete *Leistung*, also als Energie*verlust* des Feldes („Dissipation") interpretiert werden kann. Folglich hat $-\int d^3x \; \mathbf{j} \cdot \mathbf{E}$ dann die Interpretation der Energie*änderung* des Feldes.

(b) Aufgrund der Beziehungen $\mathbf{E} = -\boldsymbol{\nabla}\Phi - \frac{\partial \mathbf{A}}{\partial t}$ und $\mathbf{B} = \boldsymbol{\nabla} \times \mathbf{A}$ zwischen den Feldern und den elektromagnetischen Potentialen, siehe (1.24), kann die Stromdichte geschrieben werden als:

$$\begin{aligned} \mathbf{j} &= \frac{1}{\mu_0}\left(\boldsymbol{\nabla} \times \mathbf{B} - \varepsilon_0\mu_0 \frac{\partial \mathbf{E}}{\partial t}\right) \\ &= \frac{1}{\mu_0}\left[\boldsymbol{\nabla} \times (\boldsymbol{\nabla} \times \mathbf{A}) + \varepsilon_0\mu_0 \frac{\partial}{\partial t}\left(\boldsymbol{\nabla}\Phi + \frac{\partial \mathbf{A}}{\partial t}\right)\right] \\ &= -\frac{1}{\mu_0}\Delta\mathbf{A} + \varepsilon_0\left(\frac{\partial}{\partial t}\boldsymbol{\nabla}\Phi + \frac{\partial^2 \mathbf{A}}{\partial t^2}\right) . \end{aligned}$$

Die Energiedissipation folgt daher als:

$$\begin{aligned} -\int d^3x \, \mathbf{j} \cdot \mathbf{E} &= \int d^3x \left[-\frac{1}{\mu_0}\Delta\mathbf{A} + \varepsilon_0\left(\frac{\partial}{\partial t}\boldsymbol{\nabla}\Phi + \frac{\partial^2 \mathbf{A}}{\partial t^2}\right)\right] \cdot \left(\boldsymbol{\nabla}\Phi + \frac{\partial \mathbf{A}}{\partial t}\right) \\ &= \varepsilon_0 \int d^3x \left(-c^2\frac{\partial \mathbf{A}}{\partial t} \cdot \Delta\mathbf{A} + \boldsymbol{\nabla}\Phi \cdot \frac{\partial}{\partial t}\boldsymbol{\nabla}\Phi + \frac{\partial \mathbf{A}}{\partial t} \cdot \frac{\partial^2 \mathbf{A}}{\partial t^2}\right) \\ &\quad + \varepsilon_0 \int d^3x \left[\frac{\partial \mathbf{A}}{\partial t} \cdot \frac{\partial}{\partial t}\boldsymbol{\nabla}\Phi + \left(\frac{\partial^2 \mathbf{A}}{\partial t^2} - c^2\Delta\mathbf{A}\right) \cdot \boldsymbol{\nabla}\Phi\right] . \end{aligned}$$

Einer partielle Integration ergibt für die zweite Zeile der rechten Seite:

$$-\varepsilon_0 \int d^3x \left[\frac{\partial \Phi}{\partial t}\frac{\partial}{\partial t} + \Phi\left(\frac{\partial^2}{\partial t^2} - c^2\Delta\right)\right](\boldsymbol{\nabla} \cdot \mathbf{A}) = 0 \, .$$

Die hierbei entstehenden Randterme sind *null*, da sowohl das skalare Potential Φ als auch das Vektorpotential $\mathbf{A}$ schnell genug gegen null gehen für

$|\mathbf{x}| \to \infty$, siehe Lösung 1.3. Folglich erhält der Ausdruck $-\int d^3x\,\mathbf{j}\cdot\mathbf{E}$ für die Energiedissipation die Form:

$$\varepsilon_0 \int d^3x \left(\boldsymbol{\nabla}\Phi \cdot \frac{\partial}{\partial t}\boldsymbol{\nabla}\Phi + \frac{\partial \mathbf{A}}{\partial t}\cdot\frac{\partial^2 \mathbf{A}}{\partial t^2} + c^2 \sum_{i=1}^{3} \frac{\partial \boldsymbol{\nabla} A_i}{\partial t}\cdot \boldsymbol{\nabla} A_i \right) = \frac{dE}{dt} \,, \quad (8.6a)$$

wobei $E(t)$ das folgende Funktional der $(\Phi, \mathbf{A})$-Felder darstellt:

$$E(t) \equiv \tfrac{1}{2}\varepsilon_0 \int d^3x \left\{ (\boldsymbol{\nabla}\Phi)^2 + \sum_{i=1}^{3}\left[\left(\frac{\partial A_i}{\partial t}\right)^2 + c^2(\boldsymbol{\nabla}A_i)^2\right]\right\} . \quad (8.6b)$$

Bei der Herleitung des Ergebnisses (8.6) wurde im Term $-c^2\frac{\partial \mathbf{A}}{\partial t}\cdot\Delta\mathbf{A}$ partiell bzgl. der Ortskoordinaten integriert. Die hierbei entstehenden Randterme sind wiederum *null*, da das Vektorpotential $\mathbf{A}$ schnell genug gegen null geht für $|\mathbf{x}| \to \infty$. Da sämtliche verbleibenden Terme nach dieser partiellen Integration die Struktur $X\frac{\partial}{\partial t}X = \frac{1}{2}\frac{\partial}{\partial t}X^2$ haben, kann die Zeitableitung ausgeklammert werden. Da $-\int d^3x\,\mathbf{j}\cdot\mathbf{E} = \frac{dE}{dt}$ gleich der Energie*änderung* des elektromagnetischen Feldes sein soll, kann man $E(t)$ selbst (eventuell bis auf eine Integrationskonstante) als die im elektromagnetischen Feld enthaltene *Energie* auffassen. Die Integrationskonstante muss jedoch *null* sein, da für $\Phi = 0$ und $\mathbf{A} = \mathbf{0}$ keine Energie im Feld enthalten ist: $E(t) = 0$.

(c) Mit Hilfe von $\mathbf{j} = \frac{1}{\mu_0}\big(\boldsymbol{\nabla}\times\mathbf{B} - \varepsilon_0\mu_0\frac{\partial \mathbf{E}}{\partial t}\big) = \varepsilon_0\big(c^2\boldsymbol{\nabla}\times\mathbf{B} - \frac{\partial \mathbf{E}}{\partial t}\big)$ ergibt sich:

$$\begin{aligned}\frac{dE}{dt} &= -\int d^3x\,\mathbf{j}\cdot\mathbf{E} = -\varepsilon_0\int d^3x \left(c^2\boldsymbol{\nabla}\times\mathbf{B} - \frac{\partial \mathbf{E}}{\partial t}\right)\cdot\mathbf{E} \\ &= \varepsilon_0\int d^3x\left(\mathbf{E}\cdot\frac{\partial \mathbf{E}}{\partial t} - c^2\mathbf{E}\cdot\boldsymbol{\nabla}\times\mathbf{B}\right) .\end{aligned}$$

Der zweite Term auf der rechten Seite kann mit Hilfe einer partiellen Integration sowie der Maxwell-Gleichung $\boldsymbol{\nabla}\times\mathbf{E} + \frac{\partial \mathbf{B}}{\partial t} = \mathbf{0}$ in (1.4) wie folgt umgeschrieben werden (wir verwenden die Summationskonvention):

$$\begin{aligned}\int d^3x\,\mathbf{E}\cdot\boldsymbol{\nabla}\times\mathbf{B} &= \varepsilon_{ijk}\int d^3x\,E_i\partial_j B_k = -\varepsilon_{ijk}\int d^3x\,B_k\partial_j E_i \\ &= \varepsilon_{kji}\int d^3x\,B_k\partial_j E_i = \int d^3x\,\mathbf{B}\cdot\boldsymbol{\nabla}\times\mathbf{E} = -\int d^3x\,\mathbf{B}\cdot\frac{\partial \mathbf{B}}{\partial t} .\end{aligned}$$

Es folgt daher

$$\frac{dE}{dt} = \varepsilon_0\int d^3x\left(\mathbf{E}\cdot\frac{\partial \mathbf{E}}{\partial t} + c^2\mathbf{B}\cdot\frac{\partial \mathbf{B}}{\partial t}\right) = \frac{d}{dt}\tfrac{1}{2}\,\varepsilon_0\int d^3x\,(\mathbf{E}^2 + c^2\mathbf{B}^2) ,$$

sodass $E(t)$ in **(b)** auch als $\frac{1}{2}\,\varepsilon_0\int d^3x\,(\mathbf{E}^2 + c^2\mathbf{B}^2)$ darstellbar ist.

(d) Aus Gleichung (1.31b) und Aufgabe 1.7 wissen wir, dass das skalare Potential Φ in der Coulomb-Eichung eindeutig durch die Ladungsdichte ρ bestimmt wird. Für das Vektorpotential $\mathbf{A}$ gilt die Wellengleichung (1.35a), d. h. $\Box\mathbf{A} = \mu_0\big(\mathbf{j} - \varepsilon_0\boldsymbol{\nabla}\frac{\partial\Phi}{\partial t}\big)$. Laut Aufgabenstellung sind die Ladungs- und

Stromdichten ρ bzw. $\mathbf{j}$ sowie die (mit der Coulomb-Eichung kompatibelen) Anfangsbedingungen $\mathbf{A}(\mathbf{x}, t_0)$ und $\frac{\partial \mathbf{A}}{\partial t}(\mathbf{x}, t_0)$ vorgegeben. Nehmen wir nun an, es gäbe zwei unterschiedliche Lösungen $(\Phi, \mathbf{A}_1)$ und $(\Phi, \mathbf{A}_2)$ der Maxwell-Gleichungen. Die Differenzlösung $(\delta\Phi, \delta\mathbf{A})$ mit $\delta\Phi = 0$ und $\delta\mathbf{A} \equiv \mathbf{A}_1 - \mathbf{A}_2$ erfüllt dann die homogene Wellengleichung $\Box\delta\mathbf{A} = \mathbf{0}$ mit den Anfangsbedingungen $\delta\mathbf{A}(\mathbf{x}, t_0) = \mathbf{0}$ und $\frac{\partial \delta\mathbf{A}}{\partial t}(\mathbf{x}, t_0) = \mathbf{0}$. Zum Anfangszeitpunkt t_0 ist die Energie dieser Feldkonfiguration gleich *null*: $E(t_0) = 0$. Wegen $\delta\mathbf{j} = \mathbf{0}$ gilt aber auch $\frac{dE}{dt} = -\int d^3x \; (\delta\mathbf{j}) \cdot (\delta\mathbf{E}) = 0$ für alle $t \geq t_0$. Daher ist $E(t) = 0$ für alle $t \geq t_0$. Aufgrund von Gleichung (8.6b), angewandt auf $(\delta\Phi, \delta\mathbf{A})$ mit $\delta\Phi = 0$, muss $\delta\mathbf{A}$ zeitlich und räumlich *konstant* sein. Wegen der Anfangsbedingungen kann diese Konstante dann allerdings nur gleich null sein, d. h., es muss dann $\delta\mathbf{A} = \mathbf{0}$ bzw. $\mathbf{A}_1 = \mathbf{A}_2$ gelten für alle $\mathbf{x} \in \mathbb{R}^3$ und alle $t \geq t_0$.

Die Lösung $(\Phi, \boldsymbol{A})$ der Maxwell-Gleichungen zu den vorgegebenen Anfangs- und Randbedingungen ist daher *eindeutig*, wie physikalisch zu erwarten ist.

Lösung 2.2 Elektrostatik

(a) Wir entwickeln das skalare Potential $\Phi(\mathbf{x}) = \int d^3x' \; \frac{\rho(\mathbf{x}')}{4\pi\varepsilon_0|\mathbf{x}-\mathbf{x}'|}$ mit der Ladungsdichte ρ nach Potenzen der kleinen Größe $|\mathbf{x}'|/|\mathbf{x}|$. Hierzu verwenden wir die Taylorentwicklung für Potenzfunktionen:

$$(1+z)^\alpha = \sum_{n=0}^{\infty} \binom{\alpha}{n} z^n = \sum_{n=0}^{\infty} \frac{\Gamma(\alpha+1)z^n}{\Gamma(\alpha+1-n)\, n!} = 1+\alpha z+\tfrac{1}{2}\alpha(\alpha-1)z^2+\cdots \;,$$

wobei der Exponent in unserem Fall durch $\alpha = -\frac{1}{2}$ gegeben ist:

$$\begin{aligned}
\frac{1}{|\mathbf{x}-\mathbf{x}'|} &= \frac{1}{\sqrt{|\mathbf{x}-\mathbf{x}'|^2}} = \frac{1}{\sqrt{x^2 - 2\mathbf{x}\cdot\mathbf{x}' + (x')^2}} \quad , \quad x \equiv |\mathbf{x}| \;,\; x' \equiv |\mathbf{x}'| \\
&= \frac{1}{x}\left\{1 + \left[-2\frac{\mathbf{x}\cdot\mathbf{x}'}{x^2} + \frac{(x')^2}{x^2}\right]\right\}^{-1/2} \\
&= \frac{1}{x}\left\{1 - \frac{1}{2}\left[-2\frac{\hat{\mathbf{x}}\cdot\mathbf{x}'}{x} + \frac{(x')^2}{x^2}\right] + \frac{3}{8}\left(-2\frac{\hat{\mathbf{x}}\cdot\mathbf{x}'}{x}\right)^2 + \mathcal{O}\left(\frac{(x')^3}{x^3}\right)\right\} \\
&= \frac{1}{x}\left\{1 + \frac{\hat{\mathbf{x}}\cdot\mathbf{x}'}{x} + \frac{1}{2x^2}\hat{\mathbf{x}}^{\mathrm{T}}\left[3\mathbf{x}'(\mathbf{x}')^{\mathrm{T}} - (x')^2\mathbb{1}\right]\hat{\mathbf{x}} + \ldots\right\} .
\end{aligned}$$

Hierbei ist $\mathbf{x}'(\mathbf{x}')^{\mathrm{T}}$ als Dyade zu interpretieren: $(\mathbf{a}\mathbf{b}^{\mathrm{T}})_{ij} = a_i b_j$.

(b) Mit Hilfe des Ergebnisses aus **(a)** kann das skalare Potential $\Phi(\mathbf{x})$ für $x \to \infty$ bis einschließlich $\mathcal{O}(x^{-3})$ bestimmt werden. Man erhält in dieser Weise die ersten Terme auf der rechten Seite in Gleichung (2.8):

$$\begin{aligned}
\Phi(\mathbf{x}) &= \int d^3x' \; \frac{\rho(\mathbf{x}')}{4\pi\varepsilon_0|\mathbf{x}-\mathbf{x}'|} \\
&= \int d^3x' \; \frac{\rho(\mathbf{x}')}{4\pi\varepsilon_0 x}\left\{1 + \frac{\hat{\mathbf{x}}\cdot\mathbf{x}'}{x} + \frac{1}{2x^2}\hat{\mathbf{x}}^{\mathrm{T}}\left[3\mathbf{x}'(\mathbf{x}')^{\mathrm{T}} - (x')^2\mathbb{1}\right]\hat{\mathbf{x}} + \ldots\right\} \\
&= \frac{1}{4\pi\varepsilon_0 x}\left[q + \frac{\hat{\mathbf{x}}\cdot\mathbf{d}}{x} + \frac{\hat{\mathbf{x}}^{\mathrm{T}}Q\hat{\mathbf{x}}}{x^2} + \mathcal{O}\left(\frac{(x')^3}{x^3}\right)\right] \quad (x \to \infty) \;. \qquad (8.7)
\end{aligned}$$

Hierbei wurden analog zu Gleichung (2.7b) die Ladung $q = \int d^3x' \; \rho(\mathbf{x}')$ der Ladungsverteilung und ihr Dipolmoment $\mathbf{d} = \int d^3x' \; \rho(\mathbf{x}')\mathbf{x}'$ eingeführt sowie der Quadrupoltensor Q mit den Tensorelementen

$$Q_{i_1 i_2} = \int d^3x' \; \rho(\mathbf{x}') \left[\tfrac{3}{2} x'_{i_1} x'_{i_2} - \tfrac{1}{2}(x')^2 \delta_{i_1 i_2}\right] .$$

Für einen dünnen, homogen geladenen Stab ($|x_1| \leq a$) mit der Ladung q ist die Ladungsdichte durch

$$\rho(\mathbf{x}) = \frac{q}{2a} \Theta(a - |x_1|)\delta(x_2)\delta(x_3)$$

gegeben, wobei $\Theta(x)$ die Stufenfunktion darstellt. Für das Dipolmoment gilt dann $\mathbf{d} = \mathbf{0}$ wegen der Symmetrie der Ladungsdichte unter einer Raumspiegelung $\mathbf{x}' \to -\mathbf{x}'$. Der Quadrupoltensor ist diagonal wegen der Spiegelsymmetrie $x_i \leftrightarrow -x_i$. Außerdem gilt $Q_{22} = Q_{33}$ wegen der Spiegelsymmetrie $x_2 \leftrightarrow x_3$. Da der Quadrupoltensor auch *spurfrei* ist, muss $Q_{22} = Q_{33} = -\frac{1}{2}Q_{11}$ gelten. Wir brauchen also nur Q_{11} zu berechnen:

$$Q_{11} = \frac{q}{2a} \int_{-a}^{a} dx'_1 \; \left(\tfrac{3}{2} - \tfrac{1}{2}\right)(x'_1)^2 = \frac{q}{2a}\left(\frac{2}{3}a^3\right) = \frac{qa^2}{3} \quad , \quad Q_{22} = Q_{33} = -\frac{qa^2}{6} .$$

Durch Einsetzen dieser Ergebnisse für $\mathbf{d}$ und Q in Gleichung (8.7) erhält man dann schließlich das gesuchte skalare Potential $\Phi(\mathbf{x})$.

Für einen homogen geladenen Kubus $\{\mathbf{x} \,|\, |x_i| \leq a \, , \; i = 1, 2, 3\}$ ist die Ladungsdichte durch

$$\rho(\mathbf{x}) = \frac{q}{8a^3} \prod_{i=1}^{3} \Theta(a - |x_i|)$$

gegeben. Das Dipolmoment ist wiederum null, $\mathbf{d} = \mathbf{0}$, aufgrund der Symmetrie der Ladungsdichte unter einer Raumspiegelung. Der Quadrupoltensor ist diagonal wegen der Spiegelsymmetrie $x_i \leftrightarrow -x_i$. Wegen der Spiegelsymmetrien $x_i \leftrightarrow x_j$ für alle $i \neq j$ gilt nun aber $Q_{11} = Q_{22} = Q_{33} = \frac{1}{3}\mathrm{Sp}(Q) = 0$, sodass insgesamt $Q = 0$ gilt.

(c) Wir betrachten nun analog eine *homogen geladene* dünne Kreisscheibe mit dem Radius a, also mit der Ladungsdichte $\rho(\mathbf{x}) = \frac{q}{\pi a^2}\Theta(a - x)\delta(x_3)$. Das Dipolmoment $\mathbf{d}$ ist null wegen der Symmetrie der Ladungsdichte unter einer Inversion am Ursprung. Der Quadrupoltensor ist diagonal wegen der Spiegelsymmetrie $x_i \leftrightarrow -x_i$. Wegen der Spiegelsymmetrie $x_1 \leftrightarrow x_2$ und der Spurfreiheit gilt $Q_{11} = Q_{22} = -\frac{1}{2}Q_{33}$. Wir brauchen also nur Q_{33} zu berechnen, wofür wir Polarkoordinaten wählen:

$$Q_{33} = \int d^3x' \; \rho(\mathbf{x}') \left[-\tfrac{1}{2}(x')^2\right] = \frac{q}{\pi a^2} 2\pi \int_0^a dr \; r\left(-\tfrac{1}{2}r^2\right) = -\frac{q}{4a^2}a^4 = -\tfrac{1}{4}qa^2 .$$

Folglich gilt dann $Q_{11} = Q_{22} = \frac{1}{8}qa^2$.

Analog betrachten wir eine *leitende* Kreisscheibe, wiederum mit dem Radius a. In diesem Fall ist die Ladungsdichte durch $\rho(\mathbf{x}) = \frac{q}{2\pi a^2}\left(1 - \frac{x^2}{a^2}\right)^{-1/2} \delta(x_3)$ gegeben. Aufgrund derselben Symmetrieüberlegungen wie für die homogen geladene Scheibe ist das Dipolmoment $\mathbf{d}$ wieder null und der Quadrupoltensor diagonal mit $Q_{11} = Q_{22} = -\frac{1}{2}Q_{33}$, sodass wir nur Q_{33} zu berechnen brauchen. Wir wählen wiederum Polarkoordinaten:

$$\begin{aligned} Q_{33} &= \int d^3x'\ \rho(\mathbf{x}')\left[-\tfrac{1}{2}(x')^2\right] = \frac{q}{2\pi a^2}2\pi\int_0^a dr\ r\left(-\tfrac{1}{2}r^2\right)\left[1-\frac{r^2}{a^2}\right]^{-\frac{1}{2}} \\ &= -\tfrac{1}{2}qa^2\int_0^1 dy\ y^3(1-y^2)^{-1/2} = -\tfrac{1}{4}qa^2\int_0^1 dz\ z(1-z)^{-1/2} \\ &= -\tfrac{1}{4}qa^2\int_0^1 dz\ 2(1-z)^{1/2} = -\tfrac{1}{2}qa^2\left(\tfrac{2}{3}z^{3/2}\right)\Big|_0^1 = -\tfrac{1}{3}qa^2\ . \end{aligned}$$

In der zweiten Zeile wurde $z \equiv y^2$ definiert und in der letzten Zeile partiell integriert. Folglich gilt dann auch $Q_{11} = Q_{22} = \frac{1}{6}qa^2$.

Lösung 2.3 Magnetostatik

Das Vektorpotential $\mathbf{A}(\mathbf{x})$ in der Magnetostatik ist in der Coulomb-Eichung durch $\mathbf{A}(\mathbf{x}) = \int d^3x'\ \frac{\mu_0\,\mathbf{j}(\mathbf{x}')}{4\pi|\mathbf{x}-\mathbf{x}'|}$ gegeben. Hier betrachten wir eine stationäre Stromdichte $\mathbf{j} \neq \mathbf{0}$ in einem begrenzten Raumbereich nahe dem Ursprung. Wir setzen die Reihenentwicklung für $|\mathbf{x}-\mathbf{x}'|^{-1}$ aus Teil **(a)** von Lösung 2.2 in $\mathbf{A}(\mathbf{x})$ ein:

$$\mathbf{A}(\mathbf{x}) = \int d^3x'\ \frac{\mu_0\,\mathbf{j}(\mathbf{x}')}{4\pi x}\left\{1+\frac{\hat{\mathbf{x}}\cdot\mathbf{x}'}{x}+\frac{1}{2x^2}\hat{\mathbf{x}}^{\mathrm{T}}\left[3\mathbf{x}'(\mathbf{x}')^{\mathrm{T}}-(x')^2\mathbb{1}\right]\hat{\mathbf{x}}+\mathcal{O}\left(\frac{(x')^3}{x^3}\right)\right\}.$$

Hiermit liegt das Vektorpotential $\mathbf{A}(\mathbf{x})$ für $x \to \infty$ bis einschließlich $\mathcal{O}(x^{-3})$ fest.

Wir betrachten nun explizit einen rechteckigen Stromkreis in der x_1-x_2-Ebene:

$$\begin{aligned} \mathbf{j}(\mathbf{x}) = j\,\delta(x_3)\Big\{&\hat{\mathbf{e}}_1\left[\delta(x_2+b)-\delta(x_2-b)\right]\Theta(a-|x_1|) \\ &+\hat{\mathbf{e}}_2\left[\delta(x_1-a)-\delta(x_1+a)\right]\Theta(b-|x_2|)\Big\} \qquad (a,b>0)\ . \end{aligned}$$

Hierbei stellt $\Theta(x)$ die Stufenfunktion dar. Man beachte, dass der Vorfaktor j die physikalische Dimension [Stromdichte] $\times$ [Fläche] $=$ [Strom] hat. Für diese Stromdichte $\mathbf{j}(\mathbf{x})$ stellen wir zuerst fest, dass das Integral $\int d^3x'\ \mathbf{j}(\mathbf{x}')$ in der Reihenentwicklung für $\mathbf{A}(\mathbf{x})$ gleich null ist:

$$\int d^3x'\ \mathbf{j}(\mathbf{x}') = j\left[2a\hat{\mathbf{e}}_1(1-1)+2b\hat{\mathbf{e}}_2(1-1)\right] = \mathbf{0}\ ,$$

im Einklang mit den allgemeinen Überlegungen in Gleichung (2.26). Integrale der Form $\int d^3x'\ \mathbf{j}(\mathbf{x}')x'_k$ in der Entwicklung für $\mathbf{A}(\mathbf{x})$ sind aufgrund der Proportionalität von $\mathbf{j}$ zu $\delta(x_3)$ nur für $k=1$ oder $k=2$ ungleich null:

$$\begin{aligned} \int d^3x'\ \mathbf{j}(\mathbf{x}')x'_1 &= j\left\{\hat{\mathbf{e}}_1(1-1)\int_{-a}^a dx'_1\ x'_1+2b\hat{\mathbf{e}}_2\left[a-(-a)\right]\right\} = 4abj\hat{\mathbf{e}}_2 \\ \int d^3x'\ \mathbf{j}(\mathbf{x}')x'_2 &= j\left\{2a\hat{\mathbf{e}}_1\left[(-b)-b\right]+\hat{\mathbf{e}}_2(1-1)\int_{-b}^b dx'_2\ x'_2\right\} = -4abj\hat{\mathbf{e}}_1\ . \end{aligned}$$

Sämtliche Beiträge der Form $\int d^3x'\ \mathbf{j}(\mathbf{x}')x'_kx'_l$ in der Entwicklung für $\mathbf{A}(\mathbf{x})$ sind gleich null. Für $k=3$ oder $l=3$ folgt dies aus der Proportionalität von $\mathbf{j}$ zu $\delta(x_3)$. Für Diagonalterme mit $k=l=1$ folgt dies aus

$$\int d^3x'\ \mathbf{j}(\mathbf{x}')(x'_1)^2 = j\left[\hat{\mathbf{e}}_1(1-1)\int_{-a}^a dx'_1\ (x'_1)^2+2b\hat{\mathbf{e}}_2(a^2-a^2)\right] = \mathbf{0}$$

und für $k = l = 2$ analog aus $\int d^3x'\ \mathbf{j}(\mathbf{x}')(x_2')^2 = (\cdots) = \mathbf{0}$. Für Nichtdiagonalterme mit $(k,l) = (1,2)$ oder $(k,l) = (2,1)$ folgt dies schließlich aus:

$$\int d^3x'\ \mathbf{j}(\mathbf{x}')x_1'x_2' = j\left\{\hat{\mathbf{e}}_1\left[(-b) - b\right]\int_{-a}^{a} dx_1'\ x_1' + \hat{\mathbf{e}}_2\left[a - (-a)\right]\int_{-b}^{b} dx_2'\ x_2'\right\} = \mathbf{0}\ .$$

Durch Einsetzen aller Ergebnisse in die Reihenentwicklung für $\mathbf{A}(\mathbf{x})$ ergibt sich:

$$\begin{aligned}\mathbf{A}(\mathbf{x}) &= \int d^3x'\ \frac{\mu_0\,\mathbf{j}(\mathbf{x}')}{4\pi x^3}\mathbf{x}\cdot\mathbf{x}' + \mathcal{O}(x^{-4}) = \frac{4abj\mu_0}{4\pi x^3}(x_1\hat{\mathbf{e}}_2 - x_2\hat{\mathbf{e}}_1) + \mathcal{O}(x^{-4}) \\ &= \frac{4abj\mu_0}{4\pi x^2}\hat{\mathbf{e}}_3 \times \hat{\mathbf{x}} + \mathcal{O}(x^{-4}) = -\frac{\mu_0}{4\pi x^2}\hat{\mathbf{x}} \times (4abj\hat{\mathbf{e}}_3) + \mathcal{O}(x^{-4})\ .\end{aligned}$$

Wir lernen also, dass der führende Term in der Entwicklung von $\mathbf{A}(\mathbf{x})$ für $x \to \infty$ (d.h. der größte Term ungleich null) durch $\mathcal{O}(x^{-2})$ gegeben ist. Der zweitgrößte Term in dieser Entwicklung ist relativ klein, nämlich höchstens $\mathcal{O}(x^{-4})$. Ein Vergleich mit der Beziehung (2.30) zwischen $\mathbf{A}(\mathbf{x})$ und dem magnetischen Moment $\mathbf{m}$ zeigt noch, dass in diesem Fall $\mathbf{m} = 4abj\hat{\mathbf{e}}_3$ gilt. Dieses explizite Ergebnis und auch die allgemeine Definition $\mathbf{m} \equiv \frac{1}{2}\int d^3x'\ \mathbf{x}' \times \mathbf{j}(\mathbf{x}')$ in (2.29) zeigen klar, dass das magnetische Moment die physikalische Dimension [STROM] × [FLÄCHE] hat.

Lösung 2.4 Wechselwirkende statische Ladungs- & Stromverteilungen

(a) Wir betrachten zwei statische *Ladungs*verteilungen in den Raumbereichen $\mathcal{D}_1$ und $\mathcal{D}_2$ mit $\mathcal{D}_1 \cap \mathcal{D}_2 = \emptyset$ und berechnen die Kraft, die die Ladungsverteilung in $\mathcal{D}_2$ auf diejenige in $\mathcal{D}_1$ ausübt. Das elektrische Feld, das die Ladungsverteilung in $\mathcal{D}_2$ erzeugt, folgt aus dem Coulomb-Gesetz (1.39) bzw. (2.3) als

$$\mathbf{E}_2(\mathbf{x}) = \frac{1}{4\pi\varepsilon_0}\int_{\mathcal{D}_2} d^3x_2\ \rho(\mathbf{x}_2)\frac{\mathbf{x} - \mathbf{x}_2}{|\mathbf{x} - \mathbf{x}_2|^3}\ .$$

Die Kraft auf eine Ladung q_i am Ort $\mathbf{x}_i \in \mathcal{D}_1$ ist dann gleich $q_i\mathbf{E}_2(\mathbf{x}_i)$, sodass die Gesamtkraft, die auf die Ladungsverteilung in $\mathcal{D}_1$ ausübt wird, gegeben ist durch

$$\begin{aligned}\mathbf{F}_{12} &= \sum_{\{i\,|\,\mathbf{x}_i \in \mathcal{D}_1\}} q_i\mathbf{E}_2(\mathbf{x}_i) = \int_{\mathcal{D}_1} d^3x_1\ \rho(\mathbf{x}_1)\mathbf{E}_2(\mathbf{x}_1) \\ &= \frac{1}{4\pi\varepsilon_0}\int_{\mathcal{D}_1} d^3x_1\int_{\mathcal{D}_2} d^3x_2\ \rho(\mathbf{x}_1)\rho(\mathbf{x}_2)\frac{\mathbf{x}_{12}}{|\mathbf{x}_{12}|^3}\ .\end{aligned}$$

Wegen $\mathbf{x}_{12} = \mathbf{x}_1 - \mathbf{x}_2 = -(\mathbf{x}_2 - \mathbf{x}_1) = -\mathbf{x}_{21}$ und $|\mathbf{x}_{12}| = |\mathbf{x}_{21}|$ folgt durch Vertauschung der Indizes $1 \leftrightarrow 2$ für die Kraft, die die Ladungsverteilung in $\mathcal{D}_1$ auf diejenige in $\mathcal{D}_2$ ausübt: $\mathbf{F}_{21} = -\mathbf{F}_{12}$ (d. h. actio = − reactio).

(b) Wir betrachten zwei stationäre *Strom*verteilungen in $\mathcal{D}_1$ und $\mathcal{D}_2$ mit $\mathcal{D}_1 \cap \mathcal{D}_2 = \emptyset$ sowie $\mathbf{j}(\mathbf{x}) = \mathbf{0}$ für $\mathbf{x} \in \partial\mathcal{D}_1 \cup \partial\mathcal{D}_2$ und berechnen die Kraft, die die Stromverteilung in $\mathcal{D}_2$ auf diejenige in $\mathcal{D}_1$ ausübt. Das von der Stromverteilung in $\mathcal{D}_2$ erzeugte Magnetfeld folgt aus dem Biot-Savart-Gesetz (2.3) als

$$\mathbf{B}_2(\mathbf{x}) = \frac{\mu_0}{4\pi}\int_{\mathcal{D}_2} d^3x_2\ \frac{\mathbf{j}(\mathbf{x}_2) \times (\mathbf{x} - \mathbf{x}_2)}{|\mathbf{x} - \mathbf{x}_2|^3}\ .$$

Die Kraft auf eine Ladung q_i mit der Geschwindigkeit $\dot{\mathbf{x}}_i$ am Ort $\mathbf{x}_i \in \mathcal{D}_1$ ist dann gleich $q_i \dot{\mathbf{x}}_i \times \mathbf{B}_2(\mathbf{x}_i)$, sodass die Gesamtkraft, die auf die Stromverteilung in $\mathcal{D}_1$ ausübt wird, gegeben ist durch

$$\begin{aligned} \mathbf{F}_{12} &= \sum_{\{i \,|\, \mathbf{x}_i \in \mathcal{D}_1\}} q_i \dot{\mathbf{x}}_i \times \mathbf{B}_2(\mathbf{x}_i) = \int_{\mathcal{D}_1} d^3x_1 \, \mathbf{j}(\mathbf{x}_1) \times \mathbf{B}_2(\mathbf{x}_1) \\ &= \frac{\mu_0}{4\pi} \int_{\mathcal{D}_1} d^3x_1 \int_{\mathcal{D}_2} d^3x_2 \, \mathbf{j}(\mathbf{x}_1) \times \left[\mathbf{j}(\mathbf{x}_2) \times \mathbf{x}_{12}\right] \frac{1}{|\mathbf{x}_{12}|^3} \, . \end{aligned} \tag{8.8}$$

(c) Um zu zeigen, dass $\mathbf{j}(\mathbf{x}_1) \times \left[\mathbf{j}(\mathbf{x}_2) \times \mathbf{x}_{12}\right] \frac{1}{|\mathbf{x}_{12}|^3}$ gleich

$$-\mathbf{j}(\mathbf{x}_2) \left[\boldsymbol{\nabla}_1 \cdot \frac{\mathbf{j}(\mathbf{x}_1)}{|\mathbf{x}_{12}|} - \frac{(\boldsymbol{\nabla} \cdot \mathbf{j})(\mathbf{x}_1)}{|\mathbf{x}_{12}|}\right] - \frac{\mathbf{x}_{12}}{|\mathbf{x}_{12}|^3} \mathbf{j}(\mathbf{x}_1) \cdot \mathbf{j}(\mathbf{x}_2) \tag{8.9}$$

ist, schreiben wir die k-Komponente von $\mathbf{j}(\mathbf{x}_1) \times \left[\mathbf{j}(\mathbf{x}_2) \times \mathbf{x}_{12}\right]$ als:

$$\begin{aligned} \{\mathbf{j}(\mathbf{x}_1) \times \left[\mathbf{j}(\mathbf{x}_2) \times \mathbf{x}_{12}\right]\}_k &= \varepsilon_{klm} j_l(\mathbf{x}_1) \varepsilon_{mnp} j_n(\mathbf{x}_2) x_{12p} \\ &= (\delta_{kn}\delta_{lp} - \delta_{kp}\delta_{ln}) j_l(\mathbf{x}_1) j_n(\mathbf{x}_2) x_{12p} \\ &= j_l(\mathbf{x}_1) j_k(\mathbf{x}_2) x_{12l} - j_l(\mathbf{x}_1) j_l(\mathbf{x}_2) x_{12k} \\ &= \left\{\mathbf{j}(\mathbf{x}_2)\left[\mathbf{j}(\mathbf{x}_1) \cdot \mathbf{x}_{12}\right] - \mathbf{x}_{12}\left[\mathbf{j}(\mathbf{x}_1) \cdot \mathbf{j}(\mathbf{x}_2)\right]\right\}_k . \end{aligned}$$

Das bisherige Ergebnis lautet also

$$\mathbf{j}(\mathbf{x}_1) \times \left[\mathbf{j}(\mathbf{x}_2) \times \mathbf{x}_{12}\right] \frac{1}{|\mathbf{x}_{12}|^3} = \mathbf{j}(\mathbf{x}_2) \frac{\mathbf{j}(\mathbf{x}_1) \cdot \mathbf{x}_{12}}{|\mathbf{x}_{12}|^3} - \frac{\mathbf{x}_{12}}{|\mathbf{x}_{12}|^3} \mathbf{j}(\mathbf{x}_1) \cdot \mathbf{j}(\mathbf{x}_2) \, .$$

Der zweite Term auf der rechten Seite entspricht bereits dem zweiten Term in (8.9). Aber auch die beiden ersten Terme sind gleich, wie man durch Anwenden der Produktregel für die Divergenz sieht:

$$\boldsymbol{\nabla}_1 \cdot \frac{\mathbf{j}(\mathbf{x}_1)}{|\mathbf{x}_{12}|} = \frac{(\boldsymbol{\nabla} \cdot \mathbf{j})(\mathbf{x}_1)}{|\mathbf{x}_{12}|} + \mathbf{j}(\mathbf{x}_1) \cdot \boldsymbol{\nabla}_1 \frac{1}{|\mathbf{x}_{12}|} = \frac{(\boldsymbol{\nabla} \cdot \mathbf{j})(\mathbf{x}_1)}{|\mathbf{x}_{12}|} - \frac{\mathbf{j}(\mathbf{x}_1) \cdot \mathbf{x}_{12}}{|\mathbf{x}_{12}|^3} \, .$$

Folglich können wir $\mathbf{j}(\mathbf{x}_1) \times \left[\mathbf{j}(\mathbf{x}_2) \times \mathbf{x}_{12}\right] \frac{1}{|\mathbf{x}_{12}|^3}$ in (8.8) durch (8.9) ersetzen. Der $(\boldsymbol{\nabla} \cdot \mathbf{j})(\mathbf{x}_1)$-Term in (8.9) ist jedoch null aufgrund der Kontinuitätsgleichung für stationäre Ströme: $\boldsymbol{\nabla} \cdot \mathbf{j} = -\frac{\partial \rho}{\partial t} = 0$. Außerdem ergibt der Term proportional zur Divergenz $\boldsymbol{\nabla}_1 \cdot \frac{\mathbf{j}(\mathbf{x}_1)}{|\mathbf{x}_{12}|}$ bei Integration über $\mathcal{D}_1$ null, denn aufgrund des Gauß'schen Satzes gilt: $\int_{\mathcal{D}_1} d^3x_1 \; \boldsymbol{\nabla}_1 \cdot \frac{\mathbf{j}(\mathbf{x}_1)}{|\mathbf{x}_{12}|} = \int_{\partial \mathcal{D}_1} d\mathbf{S}_1 \cdot \frac{\mathbf{j}(\mathbf{x}_1)}{|\mathbf{x}_{12}|} = 0$. Wir verwendeten die Bedingung $\mathbf{j}(\mathbf{x}) = \mathbf{0}$ für $\mathbf{x} \in \partial\mathcal{D}_1 \cup \partial\mathcal{D}_2$, die $d\mathbf{S}_1 \cdot \mathbf{j}(\mathbf{x}_1) = 0$ auf dem Rand $\partial\mathcal{D}_1$ impliziert. Nur der letzte Term in (8.9) ergibt also bei Einsetzen in (8.8) *nicht* null. Es folgt:

$$\mathbf{F}_{12} = -\frac{\mu_0}{4\pi} \int_{\mathcal{D}_1} d^3x_1 \int_{\mathcal{D}_2} d^3x_2 \, \frac{\mathbf{x}_{12}}{|\mathbf{x}_{12}|^3} \left[\mathbf{j}(\mathbf{x}_1) \cdot \mathbf{j}(\mathbf{x}_2)\right] . \tag{8.10}$$

Wegen $\mathbf{x}_{12} = -\mathbf{x}_{21}$ und $|\mathbf{x}_{12}| = |\mathbf{x}_{21}|$ folgt durch Vertauschung der Indizes $1 \leftrightarrow 2$ für die Kraft, die die Stromverteilung in $\mathcal{D}_1$ auf diejenige in $\mathcal{D}_2$ ausübt: $\mathbf{F}_{21} = -\mathbf{F}_{12}$ (actio = – reactio). Hierbei liegt allerdings eine schwächere Variante des dritten Newton'schen Gesetzes (siehe Ref. [11]) vor, da die erforderliche Ausrichtung der Kraft entlang des Verbindungsvektors $\mathbf{x}_{12}$ zweier Volumenelemente nur in der Integralform (8.10) zutrifft und nicht in (8.8).

Lösung 2.5 Die ein- bzw. zweidimensionale Elektrodynamik

(a) Wir betrachten die Maxwell-Gleichungen im Vakuum für ein dreidimensionales System, das translationsinvariant in den x_2- und x_3-Richtungen und invariant gegenüber Spiegelungen an der x_1-Achse ist, sodass $\rho = \rho(x_1, t)$ und $\mathbf{j} = j(x_1, t)\hat{\mathbf{e}}_1$ gilt. Die physikalischen Felder im Unendlichen sollen null sein. Aufgrund der beiden Annahmen $\mathbf{E}(\mathbf{x}, t) = E(x_1, t)\hat{\mathbf{e}}_1$ und $\mathbf{B}(\mathbf{x}, t) = \mathbf{0}$ sind die Maxwell-Gleichungen $\boldsymbol{\nabla} \times \mathbf{E} + \frac{\partial \mathbf{B}}{\partial t} = \mathbf{0}$ und $\boldsymbol{\nabla} \cdot \mathbf{B} = 0$ automatisch erfüllt. Die Maxwell-Gleichungen I und IV in (1.4) und die Kontinuitätsgleichung (1.6) lauten:

$$\boldsymbol{\nabla} \cdot \mathbf{E} = \frac{\partial E}{\partial x_1} = \frac{1}{\varepsilon_0}\rho \quad , \quad -\varepsilon_0 \frac{\partial E}{\partial t} = j \quad , \quad \frac{\partial \rho}{\partial t} + \frac{\partial j}{\partial x_1} = 0 \, .$$

Aus den ersten beiden Gleichungen und der Randbedingung $E(-\infty, t) = 0$ folgt:

$$\begin{aligned} j &= -\varepsilon_0 \frac{\partial E}{\partial t} = -\varepsilon_0 \frac{\partial}{\partial t}\left[E(-\infty, t) + \frac{1}{\varepsilon_0}\int_{-\infty}^{x_1} dx_1' \, \rho(x_1', t)\right] \\ &= -\int_{-\infty}^{x_1} dx_1' \, \frac{\partial \rho}{\partial t}(x_1', t) \, . \end{aligned}$$

Diese Lösung für $j(x_1, t)$ erfüllt auch automatisch die Kontinuitätsgleichung. Interessant ist noch, dass dieser Ansatz mit der vorgegebenen Randbedingung nur dann zutreffen kann, wenn global Ladungsneutralität gilt:

$$0 = E(\infty, t) = E(-\infty, t) + \frac{1}{\varepsilon_0}\int_{-\infty}^{\infty} dx_1' \, \rho(x_1', t) = \frac{1}{\varepsilon_0}\int_{-\infty}^{\infty} dx_1' \, \rho(x_1', t) \, .$$

Hieraus folgt, dass für $|x_1| \to \infty$ auch $\rho \to 0$ und $\mathbf{j} \to \mathbf{0}$ gelten muss.

(b) Die Maxwell-Gleichung I in (1.4) lautet nun aufgrund der Coulomb-Eichung: $\boldsymbol{\nabla} \cdot \mathbf{E} = -\Delta_{\|}\Phi = \rho/\varepsilon_0$ mit $\Phi = \Phi(\mathbf{x}_{\|}, t)$ und $\rho = \rho(\mathbf{x}_{\|}, t)$. Die Lösung dieser zweidimensionalen Poisson-Gleichung hat im Allgemeinen die Form:

$$\Phi(\mathbf{x}_{\|}, t) = -\frac{1}{\varepsilon_0}\int d^2x_{\|}' \, \rho(\mathbf{x}_{\|}', t)u(\mathbf{x}_{\|} - \mathbf{x}_{\|}') \quad \text{mit} \quad (\Delta_{\|}u)(\mathbf{x}_{\|}) = \delta^{(2)}(\mathbf{x}_{\|}) \, .$$

Hierbei stellt $\delta^{(2)}$ die zweidimensionale Deltafunktion dar und $\Delta_{\|} = \partial_1^2 + \partial_2^2$ den zweidimensionalen Laplace-Operator. Die Funktion $u(\mathbf{x}_{\|})$ wird als die *Grundlösung* der zweidimensionalen Laplace-Gleichung bezeichnet. Aufgrund der Rotationsinvarianz der Poisson-Gleichung $\Delta_{\|}u = \delta^{(2)}$ hat die Lösung die Form $u(\mathbf{x}_{\|}) = \bar{u}(r)$ mit $r \equiv |\mathbf{x}_{\|}|$, sodass die Poisson-Gleichung die einfachere Form $(\Delta_{\|}u)(\mathbf{x}_{\|}) = (\frac{1}{r}\partial_r r \partial_r \bar{u})(r) = \delta^{(2)}(\mathbf{x}_{\|})$ erhält. Für $r > 0$ lautet diese Gleichung also $(\frac{1}{r}\partial_r r \partial_r \bar{u})(r) = 0$. Folglich muss für alle $r > 0$ und für gewisse positive Konstanten r_0 und ξ_0 gelten: $\bar{u}(r) = r_0 \ln(r/\xi_0)$. Hierbei folgt der Vorfaktor r_0 aus der Bedingung

$$\begin{aligned} 1 &= \int d^2x_{\|} \, \delta^{(2)}(\mathbf{x}_{\|})\Theta(\varepsilon - r) = \int d^2x_{\|} \, (\boldsymbol{\nabla}_{\|} \cdot \boldsymbol{\nabla}_{\|}u)(\mathbf{x}_{\|})\Theta(\varepsilon - r) \\ &= \int_0^{2\pi} d\varphi \, (\varepsilon\hat{\mathbf{x}}_{\|}) \cdot (\boldsymbol{\nabla}_{\|}u)(\varepsilon\hat{\mathbf{x}}_{\|}) = r_0 \int_0^{2\pi} d\varphi \, (\varepsilon\hat{\mathbf{x}}_{\|}) \cdot \frac{\hat{\mathbf{x}}_{\|}}{\varepsilon} = 2\pi r_0 \end{aligned}$$

als $r_0 = \frac{1}{2\pi}$. In der zweiten Zeile wurde zuerst der Gauß'sche Satz für die Ebene angewandt und dann das Integral über den Kreisrand $r = \varepsilon$ ausgerechnet. Hierbei entspricht $\varepsilon\, d\varphi$ dem Längenelement auf dem Kreisrand und $\hat{\mathbf{x}}_{\parallel}$ dem Normalenvektor. Aus dem Resultat $r_0 = \frac{1}{2\pi}$ folgt $\bar{u}(r) = \frac{1}{2\pi}\ln(r/\xi_0)$ mit beliebigem ξ_0. Durch Einsetzen dieser Grundlösung in die Integraldarstellung des skalaren Potentials erhält man schließlich:

$$\Phi(\mathbf{x}_{\parallel}, t) = \frac{1}{2\pi\varepsilon_0}\int d^2x'_{\parallel}\ \rho(\mathbf{x}'_{\parallel}, t)\ln\frac{\xi_0}{|\mathbf{x}_{\parallel} - \mathbf{x}'_{\parallel}|} \qquad (\text{Länge } \xi_0 \text{ beliebig})\ .$$

Interessant ist noch, dass der Beitrag $-\boldsymbol{\nabla}_{\parallel}\Phi$ zum elektrischen Feld im Unendlichen null ist:

$$-(\boldsymbol{\nabla}_{\parallel}\Phi)(\mathbf{x}_{\parallel}, t) \sim \frac{\mathbf{x}_{\parallel}}{2\pi\varepsilon_0|\mathbf{x}_{\parallel}|^2}\int d^2x'_{\parallel}\ \rho(\mathbf{x}'_{\parallel}, t) \to \mathbf{0} \qquad (|\mathbf{x}_{\parallel}| \to \infty)\ .$$

Die Randbedingung, dass dieser Beitrag zum **E**-Feld im Unendlichen null sein soll, erfordert in der zweidimensionalen Elektrodynamik offenbar *an sich* keine Ladungsneutralität. Die Gesamtladung (pro Längeneinheit in x_3-Richtung) muss nur endlich sein. Die strengere Anforderung, dass der entsprechende Beitrag zur Feldenergie (pro Längeneinheit in x_3-Richtung) endlich sein soll: $\frac{1}{2}\varepsilon_0\int d^2x'_{\parallel}\ (\boldsymbol{\nabla}_{\parallel}\Phi)^2 < \infty$, ist allerdings nur in einem ladungsneutralen System realisierbar. Insofern würde auch eine realistische zweidimensionale Elektrodynamik Ladungsneutralität erfordern.

(c) Der Ansatz $\mathbf{A}(\mathbf{x}_{\parallel}, t) = A_1(\mathbf{x}_{\parallel}, t)\hat{\mathbf{e}}_1 + A_2(\mathbf{x}_{\parallel}, t)\hat{\mathbf{e}}_2$ für das Vektorpotential führt zu einem Beitrag $-\frac{\partial \mathbf{A}}{\partial t}(\mathbf{x}_{\parallel}, t)$ zum *echten* Vektor $\mathbf{E}(\mathbf{x}_{\parallel}, t)$, der in der $\hat{\mathbf{e}}_1$-$\hat{\mathbf{e}}_2$-Ebene liegt, und zu einem *Pseudo*vektor $\mathbf{B}(\mathbf{x}_{\parallel}, t) = (\boldsymbol{\nabla}\times\mathbf{A})(\mathbf{x}_{\parallel}, t)$, parallel zur $\hat{\mathbf{e}}_3$-Achse. Sowohl $-\frac{\partial \mathbf{A}}{\partial t}$ als auch **B** sind translationsinvariant in $\hat{\mathbf{e}}_3$-Richtung und invariant gegenüber Spiegelungen an der $\hat{\mathbf{e}}_1$-$\hat{\mathbf{e}}_2$-Ebene und somit konsistent mit den Invarianzen des Systems.

Lösung 2.6 Ladungsverteilung in Leitern in der Elektrostatik

(a) Im Raumbereich $\mathcal{D}$ (mit dem Rand ∂D) soll sich also ein dreidimensionaler homogener leitender Körper mit stationärer Ladungsverteilung und der Gesamtladung q befinden. Die Annahme, dass sich in einem Volumenelement V (mit dem Rand ∂V) im *Inneren* des Leiters *stationäre* Überschussladungen befinden, sodass dort $\rho \neq 0$ gilt, führt zu einem Widerspruch, da aufgrund des Gauß'schen Satzes,

$$\int_{\partial V} d\mathbf{S}\cdot\mathbf{E} = \int_V d^3x\ \boldsymbol{\nabla}\cdot\mathbf{E} = \frac{1}{\varepsilon_0}\int_V d^3x\ \rho \neq 0\ ,$$

das elektrische Feld in diesem Volumenelement nicht null wäre. Dies würde nach dem Ohm'schen Gesetz $\mathbf{j} = \sigma\mathbf{E}$ zu einer Stromdichte $\mathbf{j} \neq \mathbf{0}$ in V führen, sodass die Ladungsverteilung (im Widerspruch zur Annahme) nicht stationär wäre. Folglich kann sich die Ladung nicht im Inneren des Leiters befinden und muss daher an seiner *Oberfläche* $\{\mathbf{x} \in \partial D\}$ angesiedelt sein, wo sie eine Oberflächenladungsdichte $\Sigma(\mathbf{x})$ bildet.

Wir zeigen nun, dass an der Oberfläche ∂D für das elektrische Feld gilt: $\mathbf{E}(\mathbf{x}) \perp \partial D$. Hierzu definieren wir zuerst für jeden Punkt $\mathbf{x} \in \partial D$ den auswärts gerichteten Normalenvektor $\hat{\mathbf{n}}(\mathbf{x})$. Außerdem betrachten wir eine beliebige Kurve $\mathcal{K} \subset \partial D$, die den Anfangspunkt $\mathbf{x}_0$ und den Endpunkt $\mathbf{x}_1$ haben soll, sowie die benachbarten Kurven

$$\mathcal{K}_+ \equiv \{\mathbf{x}+\epsilon\hat{\mathbf{n}}(\mathbf{x}) \,|\, \mathbf{x} \in \mathcal{K}\} \quad \text{und} \quad \mathcal{K}_- \equiv \{\mathbf{x}-\epsilon\hat{\mathbf{n}}(\mathbf{x}) \,|\, \mathbf{x} \in \mathcal{K}\} \quad (0 < \epsilon \ll 1) \, .$$

Hierbei verläuft $\mathcal{K}_+$ also gerade *außerhalb* und $\mathcal{K}_-$ gerade *innerhalb* des Körpers $\mathcal{D}$. Wir bezeichnen die im Limes $\epsilon \downarrow 0$ sehr schmale Fläche zwischen $\mathcal{K}_+$ und $\mathcal{K}_-$, die *senkrecht* auf dem Rand ∂D steht, als $\mathcal{F}$:

$$\mathcal{F} \equiv \{\mathbf{x} + \lambda\epsilon\hat{\mathbf{n}}(\mathbf{x}) \,|\, \mathbf{x} \in \mathcal{K} \, , \; -1 \leq \lambda \leq 1\} \, .$$

Aufgrund der Maxwell-Gleichung $\boldsymbol{\nabla} \times \mathbf{E} = \mathbf{0}$ und des Stokes'schen Satzes, angewandt auf die Fläche $\mathcal{F}$, folgt:

$$\begin{aligned} 0 &= \int_{\mathcal{F}} d\mathbf{S} \cdot \big[\boldsymbol{\nabla} \times \mathbf{E}(\mathbf{x})\big] = \oint_{\partial\mathcal{F}} d\mathbf{x} \cdot \mathbf{E}(\mathbf{x}) \\ &= \int_{\mathcal{K}_+} d\mathbf{x} \cdot \mathbf{E}(\mathbf{x}) - \int_{\mathcal{K}_-} d\mathbf{x} \cdot \mathbf{E}(\mathbf{x}) + \mathcal{O}(\epsilon) \to \int_{\mathcal{K}_+} d\mathbf{x} \cdot \mathbf{E}(\mathbf{x}) \qquad (\epsilon \downarrow 0) \, . \end{aligned}$$

Der $\mathcal{O}(\epsilon)$-Beitrag in der zweiten Zeile stammt von den zwei kurzen Verbindungsstrecken zwischen den beiden Anfangs- bzw. den beiden Endpunkten von $\mathcal{K}_+$ und $\mathcal{K}_-$. Im letzten Schritt wurde der Limes $\epsilon \downarrow 0$ durchgeführt und verwendet, dass das elektrische Feld entlang $\mathcal{K}_-$ (also im *Inneren* des Leiters) gleich null ist. Da offenbar $\int_{\mathcal{K}_+} d\mathbf{x} \cdot \mathbf{E}(\mathbf{x}) = 0$ gilt für *jede* Kurve $\mathcal{K} \subset \partial\mathcal{D}$, muss in jedem Punkt $\mathbf{x} \in \partial\mathcal{D}$ der Oberfläche $\mathbf{E}(\mathbf{x}) \perp \partial D$ gelten, oder genauer:

$$\lim_{\epsilon\downarrow 0} \mathbf{E}\big(\mathbf{x} + \epsilon\hat{\mathbf{n}}(\mathbf{x})\big) = E_\perp(\mathbf{x})\, \hat{\mathbf{n}}(\mathbf{x}) \perp \partial D \qquad (\forall \mathbf{x} \in \partial\mathcal{D}) \, ,$$

wobei $E_\perp(\mathbf{x})$ die Feldstärke in der Normalenrichtung bezeichnet.

Definieren wir in jedem Punkt $\mathbf{x} \in \partial\mathcal{D}$ noch ein „Gauß'sches Kästchen“:

$$\mathcal{G}(\mathbf{x}) \equiv \{\mathbf{y} + \lambda\epsilon\hat{\mathbf{n}}(\mathbf{y}) \,|\, \mathbf{y} \in \partial\mathcal{D} \, , \; |\mathbf{x} - \mathbf{y}| \leq \sqrt{\epsilon} \, , \; \epsilon \ll 1 \, , \; -1 \leq \lambda \leq 1\} \, ,$$

so zeigt der Gauß'sche Satz, angewandt auf $\mathcal{G}(\mathbf{x})$, im Limes $\epsilon \downarrow 0$:

$$\frac{\pi\epsilon}{\varepsilon_0}\Sigma(\mathbf{x}) \sim \frac{1}{\varepsilon_0} \int_{\mathcal{G}} d^3x \; \rho = \int_{\partial\mathcal{G}} d\mathbf{S} \cdot \mathbf{E} \sim \pi\epsilon E_\perp(\mathbf{x}) \quad \text{d. h.} \quad E_\perp(\mathbf{x}) = \tfrac{1}{\varepsilon_0}\Sigma(\mathbf{x}) \, .$$

Wegen $\mathbf{E} = -\boldsymbol{\nabla}\Phi$ gilt daher auch

$$\frac{1}{\varepsilon_0}\Sigma = E_\perp(\mathbf{x}) = -\lim_{\epsilon\downarrow 0} \hat{\mathbf{n}}(\mathbf{x}) \cdot (\boldsymbol{\nabla}\Phi)\big(\mathbf{x} + \epsilon\hat{\mathbf{n}}(\mathbf{x})\big) \equiv -\frac{\partial\Phi}{\partial n}(\mathbf{x}) \, .$$

Das elektrische Feld $\mathbf{E}$ ist an der Oberfläche ∂D also *unstetig*:

$$\frac{1}{\varepsilon_0}\Sigma(\mathbf{x})\hat{\mathbf{n}}(\mathbf{x}) = \lim_{\epsilon\downarrow 0} \mathbf{E}\big(\mathbf{x} + \epsilon\hat{\mathbf{n}}(\mathbf{x})\big) \neq \lim_{\epsilon\downarrow 0} \mathbf{E}\big(\mathbf{x} - \epsilon\hat{\mathbf{n}}(\mathbf{x})\big) = \mathbf{0} \qquad (\forall \mathbf{x} \in \partial\mathcal{D}) \, ,$$

und das skalare Potential $\Phi(\mathbf{x})$ ist dort folglich in der Normalenrichtung *nicht stetig differenzierbar*.

Für den Spezialfall einer leitenden *Kugel* mit dem Radius R und dem Mittelpunkt im Ursprung, $\mathcal{D} = \{\mathbf{y} \mid |\mathbf{y}| \leq R\}$, gilt wegen der sphärischen Symmetrie: $\Phi(\mathbf{x}) = \bar{\Phi}(x)$ mit $x \equiv |\mathbf{x}|$. Außerdem ist $\bar{\Phi}(x) = \bar{\Phi}(R)$ für $x \leq R$, da im Inneren des Leiters $\mathbf{E} = -\boldsymbol{\nabla}\Phi = \mathbf{0}$ gelten soll. Für $x > R$ folgt für das skalare Potential die Laplace-Gleichung:

$$\Delta\Phi = -\boldsymbol{\nabla} \cdot \mathbf{E} = -\tfrac{1}{\varepsilon_0}\rho = 0 \; ,$$

die in sphärischen Koordinaten lautet: $\bar{\Phi}''(x) + \frac{2}{x}\bar{\Phi}'(x) = 0$. Es folgt $\bar{\Phi}'(x) = -\frac{A}{x^2}$ bzw. $\bar{\Phi}(x) = \frac{A}{x} + B$. Wegen der Randbedingung $\bar{\Phi}(\infty) = 0$ muss $B = 0$ gelten. Außerdem soll die Oberflächenladungsdichte $\Sigma(\mathbf{x})$ proportional zur Normalenableitung des skalaren Potentials für $x = R$ sein, sodass auch A festliegt:

$$\Sigma(\mathbf{x}) = \frac{q}{4\pi R^2} = -\varepsilon_0 \frac{\partial\Phi}{\partial n}(R\hat{\mathbf{x}}) = \frac{\varepsilon_0 A}{R^2} \quad , \quad A = \frac{q}{4\pi\varepsilon_0} \quad , \quad \bar{\Phi}(x) = \frac{q}{4\pi\varepsilon_0 x} \; .$$

Hiermit ist $\Phi(\mathbf{x}) = \bar{\Phi}(x)$ für alle $\mathbf{x} \in \mathbb{R}^3$ bekannt.

(b) Wenn der Leiter effektiv *zwei-* oder sogar *ein*dimensional ist, würde man intuitiv erwarten, dass sich die Ladung q über den gesamten Leiter verteilt.

Als Gedankenexperiment könnte man z. B. eine dreidimensionale *Kugel* mit dem Radius R und dem Mittelpunkt $\mathbf{0}$ betrachten, die für $r \leq x = |\mathbf{x}| \leq R$ homogen und leitend ist und für $0 \leq x < r$ isolierend. In diesem Fall erwartet man im Limes $r \uparrow R$ (bei konstant gehaltener Gesamtladung), dass die Ladung q gleichmäßig über die gesamte zweidimensionale Oberfläche der Kugelschale verteilt wird. Analog erwartet man daher für einen streng zweidimensionalen Leiter im Raumbereich $\mathcal{D} \subset \mathbb{R}^2$ mit einem Rand ∂D, dass die Ladung q über den gesamten Körper verteilt ist, nur muss diese Verteilung nicht mehr *gleichmäßig* sein.

Ein analoges Gedankenexperiment, wobei nur der äußere Rand einer zweidimensionalen Kreisscheibe leitend ist, führt zu ähnlichen Schlußfolgerungen für streng *ein*dimensionale Leiter. *Wie genau* die Ladung q über diese zwei- bzw. eindimensionale Leiter verteilt ist, d. h., inwiefern Randeffekte die Ladungsverteilung beeinflussen, lässt sich intuitiv nicht so einfach bestimmen.

(c) Wir verwenden das bekannte Ergebnis für die Oberflächenladungsdichte eines leitenden Ellipsoids mit zwei gleichen Achsen, $\mathcal{D} = \left\{\mathbf{x} \mid \frac{x_1^2}{a_1^2} + \frac{x_2^2+x_3^2}{a_2^2} \leq 1\right\}$:

$$\Sigma(\mathbf{x}) = \frac{q}{4\pi a_1 (a_2)^2} \left(\frac{x_1^2}{a_1^4} + \frac{r^2}{a_2^4}\right)^{-1/2} \quad , \quad r \equiv \sqrt{x_2^2 + x_3^2} \; . \tag{8.11}$$

Wir bestimmen nun die Ladungsverteilung einer leitenden Kreisscheibe mit Radius a_2, indem wir in (8.11) den Limes $a_1 \to 0$ durchführen. Hierzu verwenden wir Zylinderkoordinaten (x_1, r, φ):

$$\mathbf{x} = (x_1, x_2, x_3) = \big(x_1, r\cos(\varphi), r\sin(\varphi)\big) \quad , \quad 0 \leq r < \infty \quad , \quad 0 \leq \varphi < 2\pi \; .$$

Die Oberfläche des Ellipsoids ist durch die Gleichung $\frac{x_1^2}{a_1^2} + \frac{r^2}{a_2^2} = 1$ gegeben.

Die Oberflächenladungsdichte ist daher lediglich r-abhängig, $\Sigma(\mathbf{x}) = \bar{\Sigma}(r)$, und gleich:

$$\bar{\Sigma}(r) = \frac{q}{4\pi a_1 (a_2)^2}\left[\frac{r^2}{a_2^4}+\frac{1}{a_1^2}\left(1-\frac{r^2}{a_2^2}\right)\right]^{-1/2} = \frac{q}{4\pi (a_2)^2}\left[1-\frac{r^2}{a_2^2}\left(1-\frac{a_1^2}{a_2^2}\right)\right]^{-1/2} .$$

Daher befindet sich *unter* und *über* dem infinitesimalen Flächenelement

$$\left\{\mathbf{x} = \left(0, r'\cos(\varphi'), r'\sin(\varphi')\right) \mid r < r' < r + dr \ , \ \varphi < \varphi' < \varphi + d\varphi\right\}$$

die Ladung $\tau(r)\, rdr\, d\varphi$ mit

$$\begin{aligned}\tau(r) &= 2\bar{\Sigma}(r)\sqrt{1+\left(\frac{dx_1}{dr}\right)^2} = 2\bar{\Sigma}(r)\sqrt{1+\left(\frac{ra_1^2}{x_1 a_2^2}\right)^2}\\ &= 2\bar{\Sigma}(r)\sqrt{1+\left(\frac{ra_1}{a_2^2}\right)^2\frac{a_2^2}{a_2^2-r^2}} = 2\bar{\Sigma}(r)\sqrt{1+\frac{r^2a_1^2}{a_2^2(a_2^2-r^2)}} \ .\end{aligned}$$

Für die Flächenladungsdichte $\tau(r)$ auf der Kreisscheibe erhält man schließlich im Limes $a_1 \to 0$:

$$\tau(r) = \frac{q}{2\pi(a_2)^2}\left[1-\frac{r^2}{a_2^2}\left(1-\frac{a_1^2}{a_2^2}\right)\right]^{-\frac{1}{2}}\sqrt{1+\frac{r^2a_1^2}{a_2^2(a_2^2-r^2)}} \sim \frac{q}{2\pi(a_2)^2}\left(1-\frac{r^2}{a_2^2}\right)^{-\frac{1}{2}} .$$

Die Ladung ist also *nicht* homogen über die Scheibe verteilt, sondern bevorzugt am Rand der Kreisscheibe angesiedelt. Wir überprüfen noch, dass diese Flächenladungsdichte insgesamt eine Ladung q der Scheibe ergibt:

$$\int_0^{a_2} dr \int_0^{2\pi} d\varphi\ r\,\tau(r) = \frac{q}{(a_2)^2}\int_0^{a_2} dr\ \frac{r}{\sqrt{1-(r/a_2)^2}} = \tfrac{1}{2}q\int_0^1 dy\ \frac{1}{\sqrt{1-y}} = q \ .$$

Hierbei wurde im vorletzten Schritt $y \equiv (r/a_2)^2$ definiert.

(d) Wir bestimmen nun die Ladungsverteilung eines dünnen, leitenden Stabs der Länge $2a_1$, indem wir in (8.11) den Limes $a_2 \to 0$ durchführen. In diesem Fall ist es zweckmäßig, die Oberflächenladungsdichte $\Sigma(\mathbf{x}) = \bar{\bar{\Sigma}}(x_1)$ lediglich als Funktion von x_1 zu formulieren:

$$\bar{\bar{\Sigma}}(x_1) = \frac{q}{4\pi a_1(a_2)^2}\left[\frac{x_1^2}{a_1^4}+\frac{1}{a_2^2}\left(1-\frac{x_1^2}{a_1^2}\right)\right]^{-1/2} = \frac{q}{4\pi a_1 a_2}\left[1-\frac{x_1^2}{a_1^2}\left(1-\frac{a_2^2}{a_1^2}\right)\right]^{-1/2} .$$

Die Gesamtladung im Streifen $\{\mathbf{x}' \in \partial\mathcal{D} \mid x_1 < x_1' < x_1 + dx_1\}$ an der Oberfläche des Leiters ist daher gleich $\tau(x_1)dx_1$ mit:

$$\begin{aligned}\tau(x_1) &= 2\pi r\bar{\bar{\Sigma}}(x_1)\sqrt{1+\left(\frac{dr}{dx_1}\right)^2} = 2\pi r\bar{\bar{\Sigma}}(x_1)\sqrt{1+\left(\frac{x_1a_2^2}{ra_1^2}\right)^2}\\ &= 2\pi\bar{\bar{\Sigma}}(x_1)\sqrt{r^2+x_1^2\left(\frac{a_2}{a_1}\right)^4} = 2\pi a_2\bar{\bar{\Sigma}}(x_1)\sqrt{1-\frac{x_1^2}{a_1^2}\left(1-\frac{a_2^2}{a_1^2}\right)}\\ &= 2\pi a_2\frac{q}{4\pi a_1 a_2} = \frac{q}{2a_1} \ .\end{aligned}$$

Die Linienladungsdichte $\tau(x_1) = \frac{q}{2a_1}$ ist also *unabhängig* von a_2, sodass der Limes $a_2 \to 0$ nichts Neues bringt, sowie auch *unabhängig* von x_1, sodass die Gesamtladung q im eindimensionalen Fall *homogen* über den dünnen leitenden Stab der Länge $2a_1$ verteilt wird.

Lösung 2.7 Das geladene Ellipsoid (P)

Wir betrachten ein geladenes, *leitendes* Ellipsoid mit drei unterschiedlichen Achsen a_1, a_2 und a_3. Dieser Körper $\mathcal{D}$ und seine Oberfläche $\partial\mathcal{D}$ sind durch die Gleichungen

$$\mathcal{D} = \left\{\mathbf{x} \,\middle|\, \tfrac{x_1^2}{a_1^2} + \tfrac{x_2^2}{a_2^2} + \tfrac{x_3^2}{a_3^2} \leq 1\right\} \quad \text{bzw.} \quad \partial\mathcal{D} = \left\{\mathbf{x} \,\middle|\, \tfrac{x_1^2}{a_1^2} + \tfrac{x_2^2}{a_2^2} + \tfrac{x_3^2}{a_3^2} = 1\right\}$$

definiert. Die Gesamtladung des Körpers sei q. Für diesen leitenden Körper möchten wir das skalare Potential $\Phi(\mathbf{x})$ im gesamten Raum $\mathbb{R}^3$ bestimmen. Hierbei gelten die Randbedingungen $\Phi(\mathbf{x}) \to 0$ für $|\mathbf{x}| \to \infty$ und $\Phi(\mathbf{x}) =$ konstant für $\mathbf{x} \in \mathcal{D}$. Aus dem skalaren Potential folgt dann die Oberflächenladungsdichte $\Sigma(\mathbf{x})$ mit $\mathbf{x} \in \partial\mathcal{D}$, die – wie in Aufgabe 2.6 gezeigt wurde – gemäß $\Sigma(\mathbf{x}) = -\varepsilon_0 \frac{\partial\Phi}{\partial n}$ mit der Normalenableitung des skalaren Potentials verknüpft ist.

(a) Wir definieren zuerst für beliebige $\mathbf{x} \in \mathbb{R}^3$ und für $\xi > -\min\{a_1^2, a_2^2, a_3^2\}$ die Funktionen $f(\mathbf{x}, \xi)$ und $\xi(\mathbf{x})$ durch

$$f(\mathbf{x}, \xi) \equiv \frac{x_1^2}{a_1^2 + \xi} + \frac{x_2^2}{a_2^2 + \xi} + \frac{x_3^2}{a_3^2 + \xi} - 1 \quad \text{bzw.} \quad f\big(\mathbf{x}, \xi(\mathbf{x})\big) \equiv 0\ . \tag{8.12}$$

Die Fläche $\xi = 0$ entspricht also der *Oberfläche* $\partial\mathcal{D}$ des Ellipsoids, der Bereich $\xi > 0$ seinem *Außen*bereich und der Bereich $-\min\{a_1^2, a_2^2, a_3^2\} < \xi < 0$ seinem *Innen*bereich. Sämtliche Flächen $f(\mathbf{x}, \xi) = 0$ mit $\xi =$ konstant haben die Form eines Ellipsoids. Hierbei gilt $\xi(\mathbf{x}) \sim |\mathbf{x}|^2 \to \infty$ für $|\mathbf{x}| \to \infty$. Außerdem gilt $\xi(\mathbf{x}) \downarrow -\min\{a_1^2, a_2^2, a_3^2\}$ für $\mathbf{x} \to \mathbf{0}$.

Wir machen nun den *Ansatz* $\Phi(\mathbf{x}) = \phi\big(\xi(\mathbf{x})\big)$, wobei ϕ eine näher zu bestimmende Funktion ist. Dieser Ansatz ist gerechtfertigt, da wir eine Lösung dieser Form werden konstruieren können, die die Randbedingungen erfüllt, und da die Lösung der Poisson-Gleichung laut Aufgabe 1.7 eindeutig ist.

Im *Außen*bereich des Ellipsoids, d. h. für $\xi > 0$, gilt die *Laplace*-Gleichung:

$$0 = \Delta\Phi = \boldsymbol{\nabla} \cdot \big[\phi'(\xi)\boldsymbol{\nabla}\xi\big] = \phi''(\xi)|\boldsymbol{\nabla}\xi|^2 + \phi'(\xi)\Delta\xi \quad , \quad \frac{\phi''(\xi)}{\phi'(\xi)} = -\frac{\Delta\xi}{|\boldsymbol{\nabla}\xi|^2}\ .$$

Aufgrund der Kettenregel müssen wir also „nur“ die ersten und zweiten Ableitungen $\boldsymbol{\nabla}\xi$ bzw. $\Delta\xi$ der Funktion $\xi(\mathbf{x})$ aus (8.12) bestimmen. Als Hilfsgrößen definieren wir hierzu die partiellen Ableitungen $\boldsymbol{\nabla}_\mathbf{x}$ und $\Delta_\mathbf{x}$ der Funktion f nach den Raumkoordinaten $\mathbf{x}$ bei konstantem Parameter ξ:

$$(\boldsymbol{\nabla}_\mathbf{x} f)(\mathbf{x}, \xi) \equiv \left(\frac{\partial f}{\partial \mathbf{x}}\right)_\xi (\mathbf{x}, \xi) \quad , \quad (\Delta_\mathbf{x} f)(\mathbf{x}, \xi) \equiv \sum_{i=1}^{3} \left(\frac{\partial^2 f}{\partial x_i^2}\right)_\xi (\mathbf{x}, \xi)\ .$$

Aus der Definitionsgleichung $f\big(\mathbf{x}, \xi(\mathbf{x})\big) = 0$ von $\xi(\mathbf{x})$ folgt durch Ableiten:

$$\boldsymbol{\nabla}_\mathbf{x} f + (\partial_\xi f)\boldsymbol{\nabla}\xi = \mathbf{0} \quad \text{und daher} \quad (\boldsymbol{\nabla}\xi)(\mathbf{x}) = -\frac{(\boldsymbol{\nabla}_\mathbf{x} f)\big(\mathbf{x}, \xi(\mathbf{x})\big)}{(\partial_\xi f)\big(\mathbf{x}, \xi(\mathbf{x})\big)}\ .$$

Durch nochmaliges Ableiten erhält man dann $\Delta\xi$:

$$\Delta\xi = \boldsymbol{\nabla}\cdot\boldsymbol{\nabla}\xi = \boldsymbol{\nabla}\cdot\left(-\frac{\boldsymbol{\nabla}_{\mathbf{x}}f}{\partial_\xi f}\right)$$
$$= -\frac{1}{\partial_\xi f}\left[\Delta_{\mathbf{x}}f + (\partial_\xi\boldsymbol{\nabla}_{\mathbf{x}}f)\cdot\boldsymbol{\nabla}\xi\right] + \frac{1}{(\partial_\xi f)^2}(\boldsymbol{\nabla}_{\mathbf{x}}f)\cdot\left[\partial_\xi\boldsymbol{\nabla}_{\mathbf{x}}f + (\partial_\xi^2 f)\boldsymbol{\nabla}\xi\right] .$$

Wegen der beiden Identitäten

$$|\boldsymbol{\nabla}_{\mathbf{x}}f|^2 = 4\left[\frac{x_1^2}{(a_1^2+\xi)^2}+\frac{x_2^2}{(a_2^2+\xi)^2}+\frac{x_3^2}{(a_3^2+\xi)^2}\right] = -4\partial_\xi f \quad , \quad \boldsymbol{\nabla}\xi = -\frac{\boldsymbol{\nabla}_{\mathbf{x}}f}{\partial_\xi f}$$

folgt nun:

$$\Delta\xi + \frac{\Delta_{\mathbf{x}}f}{\partial_\xi f} = \left[-\frac{\partial_\xi\boldsymbol{\nabla}_{\mathbf{x}}f}{\partial_\xi f} + \frac{\partial_\xi^2 f}{(\partial_\xi f)^2}\boldsymbol{\nabla}_{\mathbf{x}}f\right]\cdot\boldsymbol{\nabla}\xi + \frac{\partial_\xi|\boldsymbol{\nabla}_{\mathbf{x}}f|^2}{2(\partial_\xi f)^2}$$
$$= \left[-\frac{\partial_\xi\boldsymbol{\nabla}_{\mathbf{x}}f}{\partial_\xi f} + \frac{\partial_\xi^2 f}{(\partial_\xi f)^2}\boldsymbol{\nabla}_{\mathbf{x}}f\right]\cdot\left(-\frac{\boldsymbol{\nabla}_{\mathbf{x}}f}{\partial_\xi f}\right) + \frac{\partial_\xi|\boldsymbol{\nabla}_{\mathbf{x}}f|^2}{2(\partial_\xi f)^2}$$
$$= 2\frac{\partial_\xi|\boldsymbol{\nabla}_{\mathbf{x}}f|^2}{2(\partial_\xi f)^2} - \frac{\partial_\xi^2 f}{(\partial_\xi f)^3}|\boldsymbol{\nabla}_{\mathbf{x}}f|^2 = -4\frac{\partial_\xi^2 f}{(\partial_\xi f)^2} + 4\frac{\partial_\xi^2 f}{(\partial_\xi f)^2} = 0 .$$

In der zweiten Zeile wurde die Identität für $\boldsymbol{\nabla}\xi$ eingesetzt und in der dritten diejenige für $|\boldsymbol{\nabla}_{\mathbf{x}}f|^2$. Wir setzen nun die bisher erzielten Ergebnisse für $\boldsymbol{\nabla}\xi$ und $\Delta\xi$ in die Bestimmungsgleichung für $\phi(\xi)$ ein:

$$\frac{d}{d\xi}\ln\left[\phi'(\xi)\right] = \frac{\phi''(\xi)}{\phi'(\xi)} = -\frac{\Delta\xi}{|\boldsymbol{\nabla}\xi|^2} = \frac{(\Delta_{\mathbf{x}}f)/(\partial_\xi f)}{|\boldsymbol{\nabla}_{\mathbf{x}}f|^2/(\partial_\xi f)^2} = -\tfrac{1}{4}\Delta_{\mathbf{x}}f$$
$$= -\frac{1}{2}\left(\frac{1}{a_1^2+\xi}+\frac{1}{a_2^2+\xi}+\frac{1}{a_3^2+\xi}\right) = -\frac{d}{d\xi}\ln\left[R(\xi)\right] .$$

Im letzten Schritt der ersten Zeile wurde wiederum die Identität für $|\boldsymbol{\nabla}_{\mathbf{x}}f|^2$ verwendet. Die Funktion

$$R(\xi) \equiv \sqrt{(a_1^2+\xi)(a_2^2+\xi)(a_3^2+\xi)}$$

wurde in der Aufgabenstellung definiert. Das Ergebnis für $\phi(\xi)$ hat also wie verlangt die Form

$$0 = \frac{d}{d\xi}\left\{\ln\left[\phi'(\xi)\right]+\ln\left[R(\xi)\right]\right\} = \frac{d}{d\xi}\ln\left[R(\xi)\phi'(\xi)\right] \text{ bzw. } 0 = \frac{d}{d\xi}\left[R(\xi)\phi'(\xi)\right] .$$

(b) Aus dem Ergebnis $0 = \frac{d}{d\xi}\left[R(\xi)\phi'(\xi)\right]$ von Teil **(a)** folgt $\phi'(\xi) = -C/R(\xi)$, wobei die Proportionalitätskonstante C das gleiche Vorzeichen wie die Gesamtladung q des Ellipsoids haben soll. Wir haben an dieser Stelle bereits vorweggenommen, dass $\phi(\xi)$ für ein *positiv* geladenes Ellipsoid mit dem Abstand $|\mathbf{x}|$ und daher auch mit ξ *abfällt*, sodass die elektrische Feldstärke $\mathbf{E} = -\boldsymbol{\nabla}\Phi$ vom Ellipsoid weg zeigt. Wie oben bereits erwähnt, folgt die Oberflächenladungsdichte $\Sigma(\mathbf{x})$ aus der Normalenableitung des skalaren Potentials:

$$\Sigma(\mathbf{x}) = -\varepsilon_0\frac{\partial\Phi}{\partial n} = \frac{\varepsilon_0 C}{R(0)}\frac{\partial\xi}{\partial n} = \frac{2\varepsilon_0 C}{a_1a_2a_3}\left(\frac{x_1^2}{a_1^4}+\frac{x_2^2}{a_2^4}+\frac{x_3^2}{a_3^4}\right)^{-\frac{1}{2}} .$$

Im letzten Schritt wurde die Normalenableitung von ξ eingesetzt, die wie folgt berechnet werden kann:

$$\frac{\partial \xi}{\partial n} = \hat{\mathbf{n}} \cdot \boldsymbol{\nabla}\xi \,\Big|_{\xi=0} = \frac{\boldsymbol{\nabla}_{\mathbf{x}} f}{\sqrt{|\boldsymbol{\nabla}_{\mathbf{x}} f|^2}} \cdot \left(-\frac{\boldsymbol{\nabla}_{\mathbf{x}} f}{\partial_\xi f}\right)\Bigg|_{\xi=0} = -\frac{\sqrt{|\boldsymbol{\nabla}_{\mathbf{x}} f|^2}}{\partial_\xi f}\Bigg|_{\xi=0}$$

$$= \frac{2}{\sqrt{-\partial_\xi f}} = 2\left(\frac{x_1^2}{a_1^4} + \frac{x_2^2}{a_2^4} + \frac{x_3^2}{a_3^4}\right)^{-\frac{1}{2}} .$$

In der zweiten Zeile dieser Berechnung wurde im ersten Schritt die Identität $|\boldsymbol{\nabla}_{\mathbf{x}} f|^2 = -4\partial_\xi f$ verwendet. Die Konstante C folgt noch am einfachsten aus dem asymptotischen Verhalten von $\Phi(\mathbf{x})$ für $|\mathbf{x}| \to \infty$. Einerseits gilt nämlich

$$\Phi(\mathbf{x}) \sim \frac{q}{4\pi\varepsilon_0|\mathbf{x}|} \sim \frac{q}{4\pi\varepsilon_0\sqrt{\xi}}$$

wegen $\xi(\mathbf{x}) \sim |\mathbf{x}|^2$ für $|\mathbf{x}| \to \infty$. Andererseits folgt aus dem expliziten Ausdruck für $\phi(\xi)$:

$$\Phi(\mathbf{x}) = \phi(\xi) = C\int_\xi^\infty d\xi' \,\frac{1}{R(\xi')} \sim C\int_\xi^\infty d\xi' \,(\xi')^{-3/2} \sim \frac{2C}{\sqrt{\xi}} \qquad (\xi \to \infty) .$$

Durch Koeffizientenvergleich ergibt sich schließlich $C = \frac{q}{8\pi\varepsilon_0}$ und somit:

$$\Sigma(\mathbf{x}) = \frac{q}{4\pi a_1 a_2 a_3}\left(\frac{x_1^2}{a_1^4} + \frac{x_2^2}{a_2^4} + \frac{x_3^2}{a_3^4}\right)^{-\frac{1}{2}} . \tag{8.13}$$

Diese Ladungsdichte ist *maximal*, wenn das Argument $\frac{x_1^2}{a_1^4} + \frac{x_2^2}{a_2^4} + \frac{x_3^2}{a_3^4}$ der Wurzel *minimal* ist, d. h. für $|\mathbf{x}| = \max\{a_1, a_2, a_3\}$, also an den beiden Enden der *längsten* Achse, wo die Krümmung der Oberfläche am größten ist. Die Oberflächenladungsdichte hat dort den Wert $\Sigma_{\max} = \frac{q}{4\pi a_1 a_2 a_3}\max\{a_1, a_2, a_3\}$. Eine Integration von $\Sigma(\mathbf{x})$ in Gleichung (8.13) über die gesamte Oberfläche des Ellipsoids[2] ergibt erwartungsgemäß den Wert q.

Für den Spezialfall $a_2 = a_3$ ist der hier hergeleitete Ausdruck für die Oberflächenladungsdichte $\Sigma(\mathbf{x})$ im Einklang mit Gleichung (2.66).

(c) Wir berechnen $\phi(\xi)$ nun explizit für den Spezialfall $a_2 = a_3 \neq a_1$. In diesem Fall gilt:

$$\Phi(\mathbf{x}) = \phi(\xi) = \frac{q}{8\pi\varepsilon_0} I(\xi) ,$$

wobei das Integral $I(\xi)$ gegeben ist durch:

$$I(\xi) = \int_\xi^\infty \frac{d\xi'}{(a_2^2 + \xi')\sqrt{a_1^2 + \xi'}} = \int_\xi^\infty \frac{d\xi'}{\left[(a_2^2 - a_1^2) + (\sqrt{a_1^2 + \xi'})^2\right]\sqrt{a_1^2 + \xi'}} .$$

Falls $a_2 > a_1$ gilt, ist es vorteilhaft, eine neue Variable $\eta > 0$ einzuführen:

$$\eta \equiv \sqrt{(a_1^2 + \xi')/(a_2^2 - a_1^2)} \quad , \quad \xi' = (a_2^2 - a_1^2)\eta^2 - a_1^2 .$$

[2] Hierzu parametrisiert man die Ober- und die Unterseite des Ellipsoids am besten gemäß $\mathbf{x} = x_1\hat{\mathbf{e}}_1 + x_2\hat{\mathbf{e}}_2 + x_3(x_1, x_2)\hat{\mathbf{e}}_3$ mit $x_3(x_1, x_2) = \pm a_3\left[1 - (\frac{x_1}{a_1})^2 - (\frac{x_2}{a_2})^2\right]^{1/2}$. Das skalare Flächenelement ist dann durch $dS = \frac{dx_1 dx_2}{|\hat{\mathbf{n}}\cdot\hat{\mathbf{e}}_3|}$ gegeben mit $|\hat{\mathbf{n}} \cdot \hat{\mathbf{e}}_3|^{-1} = \frac{a_3^2}{x_3}\left(\frac{x_1^2}{a_1^4} + \frac{x_2^2}{a_2^4} + \frac{x_3^2}{a_3^4}\right)^{1/2}$.

Es folgt mit der Definition $H(\xi) \equiv \sqrt{(a_1^2+\xi)/(a_2^2-a_1^2)}$:

$$I(\xi) = \int_H^\infty d\eta \, \frac{2\eta(a_2^2-a_1^2)}{(a_2^2-a_1^2)^{3/2}\eta(1+\eta^2)} = \frac{2}{\sqrt{a_2^2-a_1^2}} \int_H^\infty d\eta \, \frac{1}{1+\eta^2}$$

$$= \frac{2}{\sqrt{a_2^2-a_1^2}} \left[\frac{\pi}{2} - \arctan(H)\right] = \frac{2}{\sqrt{a_2^2-a_1^2}} \arctan\left(\sqrt{\frac{a_2^2-a_1^2}{a_1^2+\xi}}\right) .$$

Für $a_2 < a_1$ folgt aus $\arctan(i\psi) = i\,\mathrm{artanh}(\psi)$:

$$I(\xi) = \frac{2}{\sqrt{a_1^2-a_2^2}} \mathrm{artanh}\left(\sqrt{\frac{a_1^2-a_2^2}{a_1^2+\xi}}\right) .$$

Diese Ausdrücke gelten für alle $\xi \geq 0$. Für $-\min\{a_1^2,\, a_2^2\} < \xi \leq 0$ ist $\Phi(\mathbf{x}) = \phi(0) = \frac{q}{8\pi\varepsilon_0} I(0) =$ konstant.

Um den Verlauf des skalaren Potentials $\Phi(\mathbf{x})$ entlang der x_1-Achse (also für $x_2 = x_3 = 0$) zu skizzieren, bestimmen wir zuerst $\xi(x_1\hat{\mathbf{e}}_1)$ aus Gleichung (8.12); das Ergebnis lautet $\xi = x_1^2 - a_1^2$. Folglich erhält das skalare Potential $\Phi(\mathbf{x}) = \phi(\xi) = \frac{q}{8\pi\varepsilon_0} I(\xi)$ für $\xi \geq 0$ bzw. $|x_1| \geq a_1$ die Form

$$\tilde{\Phi}(x_1) \equiv \frac{4\pi\varepsilon_0}{q} \sqrt{|a_2^2-a_1^2|}\, \Phi(x_1\hat{\mathbf{e}}_1) = \arctan\left(\frac{\sqrt{a_2^2-a_1^2}}{|x_1|}\right) \quad (a_2 > a_1)$$

$$= \mathrm{artanh}\left(\frac{\sqrt{a_1^2-a_2^2}}{|x_1|}\right) \quad (a_2 < a_1) .$$

Für $\xi \leq 0$ bzw. $|x_1| \leq a_1$ ist $\tilde{\Phi}(x_1) = \tilde{\Phi}(a_1)$ konstant.

Im Außenbereich, d. h. für $|x_1| \geq a_1$, ist es also zweckmäßig, eine neue Variable $y_1 \equiv x_1/\sqrt{|a_2^2-a_1^2|}$ zu definieren und dann das reskalierte skalare Potential $\tilde{\Phi}(x_1) = \arctan(1/|y_1|)$ für $a_2 > a_1$ bzw. $\tilde{\Phi}(x_1) = \mathrm{artanh}(1/|y_1|)$ für $a_2 < a_1$ als Funktion von y_1 zu skizzieren. Dieses Potential $\tilde{\Phi}(x_1)$ ist für den Spezialfall $a_2/a_1 = \sqrt{2} > 1$ als *grüne* Kurve und für $a_2/a_1 = \frac{1}{\sqrt{2}} < 1$ als *blaue* Kurve in Abbildung 8.1 dargestellt.

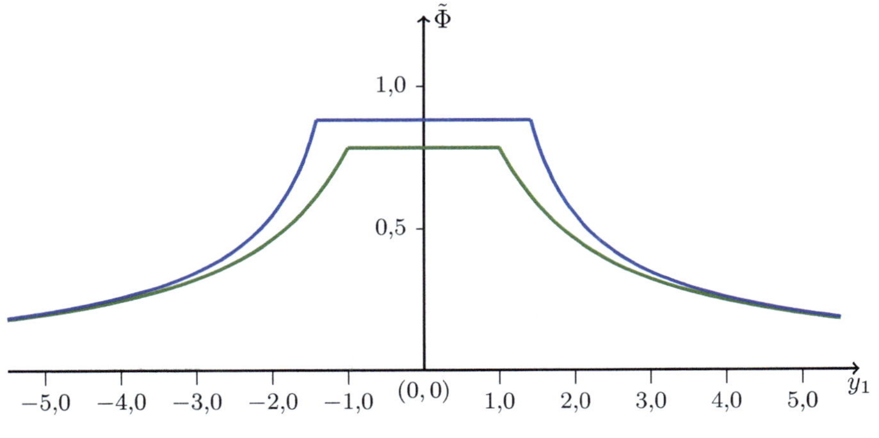

Abb. 8.1 Verlauf des skalaren Potentials $\tilde{\Phi}$ entlang der x_1-Achse

(d) Für eine geladene *Kugel*, d. h. für ein Ellipsoid mit drei *gleichen* Achsen $a_1 = a_2 = a_3 \equiv r$, gilt $\xi(\mathbf{x}) = \mathbf{x}^2 - r^2$. Außerdem gilt sowohl im Limes $a_2 \downarrow a_1$ als auch im Limes $a_2 \uparrow a_1$ die vereinfachte Formel $I(\xi) = 2/\sqrt{r^2 + \xi} = 2/|\mathbf{x}|$ für $\xi \geq 0$. Das skalare Potential erhält daher die Form $\Phi(\mathbf{x}) = \frac{q}{8\pi\varepsilon_0} I(\xi) = \frac{q}{4\pi\varepsilon_0|\mathbf{x}|}$ für $|\mathbf{x}| \geq r$ und $\Phi(\mathbf{x}) = \frac{q}{4\pi\varepsilon_0 r}$ = konstant für $|\mathbf{x}| \leq r$. Die Oberflächenladungsdichte ist für $|\mathbf{x}| = r$ gegeben durch

$$\Sigma(\mathbf{x}) = \frac{q}{4\pi a_1 a_2 a_3}\left(\frac{x_1^2}{a_1^4} + \frac{x_2^2}{a_2^4} + \frac{x_3^2}{a_3^4}\right)^{-\frac{1}{2}} = \frac{q}{4\pi r}(x_1^2 + x_2^2 + x_3^2)^{-1/2} = \frac{q}{4\pi r^2} \ ,$$

sodass die Ladung gleichmäßig über die Kugeloberfläche verteilt ist.

Lösung 2.8 Ein Draht, zwei Drähte, ein Feld, ein Kondensator

Wir beschreiben einen geladenen dünnen Draht (Länge $2a_1$, Ladung q) als Grenzfall $a_2 \downarrow 0$ eines geladenen Ellipsoids $\mathcal{D} = \left\{\mathbf{x} \mid \frac{x_1^2}{a_1^2} + \frac{x_2^2 + x_3^2}{a_2^2} \leq 1\right\}$. Das skalare Potential *außerhalb* des Ellipsoids ist für $a_2 < a_1$ gegeben durch $\Phi_1(\mathbf{x}) = \frac{q}{8\pi\varepsilon_0} I\big(\xi(\mathbf{x})\big)$ mit

$$I(\xi) = \frac{2}{\sqrt{a_1^2 - a_2^2}} \operatorname{artanh}\left(\sqrt{\frac{a_1^2 - a_2^2}{a_1^2 + \xi}}\right) \quad , \quad \frac{x_1^2}{a_1^2 + \xi(\mathbf{x})} + \frac{x_2^2 + x_3^2}{a_2^2 + \xi(\mathbf{x})} = 1 \ . \tag{8.14}$$

Innerhalb des Ellipsoids hat es den konstanten Wert $\Phi_1(\mathbf{x}) = \frac{q}{8\pi\varepsilon_0} I(0)$.

(a) Wegen $a_2 \ll a_1$ folgt aus Gleichung (8.14) und dem asymptotischen Verhalten $\operatorname{artanh}(y) \sim \frac{1}{2}\ln\left(\frac{2}{1-y}\right)$ des Tangens hyperbolicus für $y \uparrow 1$ zunächst einmal:

$$I(0) = \frac{2}{\sqrt{a_1^2 - a_2^2}} \operatorname{artanh}\left(\sqrt{1 - \frac{a_2^2}{a_1^2}}\right) \sim \frac{2}{a_1} \operatorname{artanh}\left(1 - \frac{a_2^2}{2a_1^2}\right) \sim \frac{1}{a_1} \ln\left(\frac{4a_1^2}{a_2^2}\right) \sim \frac{2}{a_1} \ln\left(\frac{2a_1}{a_2}\right) .$$

Analog folgt für Ortsvektoren $\mathbf{x}_\lambda = \lambda a_1 \hat{\mathbf{e}}_1 + d\hat{\mathbf{e}}_2$ mit $|\lambda| < 1$ und $a_2 \ll d \ll a_1$:

$$1 = \frac{\lambda^2 a_1^2}{a_1^2 + \xi} + \frac{d^2}{a_2^2 + \xi} \sim \lambda^2 + \frac{d^2}{a_2^2 + \xi} \quad , \quad a_2^2 + \xi = \frac{d^2}{1 - \lambda^2} \ .$$

Das Ergebnis der Berechnung zeigt, dass $\xi \ll a_1^2$ gilt. Im zweiten Schritt ist dies bereits vorweggenommen, indem im ersten Term $a_1^2 + \xi \simeq a_1^2$ genähert wurde. Durch Einsetzen ergibt sich $\Phi_1(\mathbf{x}_\lambda) = \frac{q}{8\pi\varepsilon_0} I\big(\xi(\mathbf{x}_\lambda)\big)$ mit:

$$I\big(\xi(\mathbf{x}_\lambda)\big) \sim \frac{2}{a_1} \operatorname{artanh}\left(1 - \frac{a_2^2 + \xi}{2a_1^2}\right) \sim \frac{2}{a_1} \operatorname{artanh}\left(1 - \frac{d^2}{2a_1^2(1-\lambda^2)}\right) \sim \frac{2}{a_1} \ln\left(\frac{2a_1}{d}\sqrt{1 - \lambda^2}\right) .$$

(b) Wir betrachten zwei entgegengesetzt geladene, parallel zur $\hat{\mathbf{e}}_1$-Achse ausgerichtete Drähte. Der Draht mit der Ladung $q > 0$ hat die x_2-Koordinate $\frac{1}{2}d$ und der Draht mit der Ladung $-q$ die x_2-Koordinate $-\frac{1}{2}d$. Das skalare Potential entlang des Drahts mit der Ladung q ist für $a_2 \ll d \ll a_1$ gegeben durch

$$\Phi_2(\lambda a_1 \hat{\mathbf{e}}_1 + \tfrac{d}{2}\hat{\mathbf{e}}_2) = \frac{q}{8\pi\varepsilon_0}\left[I(0) - I\big(\xi(\mathbf{x}_\lambda)\big)\right] \sim \frac{q}{4\pi\varepsilon_0 a_1}\left[\ln\left(\tfrac{2a_1}{a_2}\right) - \ln\left(\tfrac{2a_1}{d}\sqrt{1-\lambda^2}\right)\right]$$
$$\sim \frac{q}{4\pi\varepsilon_0 a_1} \ln\left(\frac{d}{a_2\sqrt{1-\lambda^2}}\right) .$$

Wegen der Antisymmetrie der Ladungsverteilung unter Spiegelungen an der $\hat{\mathbf{e}}_1$-Achse, ist das Potential entlang des Drahts mit der Ladung $-q$ durch $\Phi_2(\lambda a_1\hat{\mathbf{e}}_1 - \frac{d}{2}\hat{\mathbf{e}}_2) = -\Phi_2(\lambda a_1\hat{\mathbf{e}}_1 + \frac{d}{2}\hat{\mathbf{e}}_2)$ gegeben.

Der Faktor $\sqrt{1-\lambda^2}$ erhöht das Potential an den Rändern ($|\lambda| \uparrow 1$) des positiv geladenen Drahts, sodass sich die dort befindlichen Ladungen von diesen Rändern entfernen. Dieser Effekt ist wegen der Anziehung dieser Ladungen durch den negativ geladenen Draht bei $x_2 = -\frac{1}{2}d$ physikalisch auch naheliegend. Die Homogenität der Ladungsverteilungen wird durch die Nähe der beiden Drähte also gestört. Diese Störung ist jedoch für große $\frac{d}{a_2}$-Werte sehr schwach, da im Limes $\frac{d}{a_2} \to \infty$ bei festem λ gilt: $\ln\left(\frac{d}{a_2\sqrt{1-\lambda^2}}\right) \sim \ln\left(\frac{d}{a_2}\right)$. In diesem Grenzfall gilt also $\Phi_2(\lambda a_1\hat{\mathbf{e}}_1 + \frac{d}{2}\hat{\mathbf{e}}_2) \sim \frac{q}{4\pi\varepsilon_0 a_1}\ln\left(\frac{d}{a_2}\right)$ für $a_2 \ll d \ll a_1$. Wir werden diese Näherung nur in Teil **(d)** verwenden.

(c) Wir berechnen nun das elektrische Feld $\mathbf{E}(\mathbf{x}) = -(\boldsymbol{\nabla}\Phi_2)(\mathbf{x})$ für Ortsvektoren $\mathbf{x} = \lambda a_1\hat{\mathbf{e}}_1 + x_2\hat{\mathbf{e}}_2 + x_3\hat{\mathbf{e}}_3$ mit $|\lambda| < 1$ und $a_2 \ll |\mathbf{x}_\pm| \ll a_1$. Hierzu definieren wir Vektoren $\mathbf{x}_\pm \equiv (x_2 \pm \frac{1}{2}d)\hat{\mathbf{e}}_2 + x_3\hat{\mathbf{e}}_3$. Für $I(\lambda a_1\hat{\mathbf{e}}_1 + \mathbf{x}_\pm)$ folgt analog zu Teil **(a)**: $a_2^2 + \xi = |\mathbf{x}_\pm|^2/(1-\lambda^2)$ und daher

$$I\big(\xi(\lambda a_1\hat{\mathbf{e}}_1 + \mathbf{x}_\pm)\big) \sim \frac{2}{a_1}\ln\left(\frac{2a_1}{|\mathbf{x}_\pm|}\sqrt{1-\lambda^2}\right) .$$

Das Gesamtpotential, das von den Ladungen der beiden Drähte erzeugt wird, ist dann gegeben durch:

$$\begin{aligned}\Phi_2(\mathbf{x}) &= \frac{q}{8\pi\varepsilon_0}\left[I\big(\xi(\lambda a_1\hat{\mathbf{e}}_1 + \mathbf{x}_-)\big) - I\big(\xi(\lambda a_1\hat{\mathbf{e}}_1 + \mathbf{x}_+)\big)\right] \\ &= \frac{q}{4\pi\varepsilon_0 a_1}\left[\ln\left(\frac{2a_1}{|\mathbf{x}_-|}\sqrt{1-\lambda^2}\right) - \ln\left(\frac{2a_1}{|\mathbf{x}_+|}\sqrt{1-\lambda^2}\right)\right] \\ &= \frac{q}{8\pi\varepsilon_0 a_1}\ln\left(\frac{|\mathbf{x}_+|^2}{|\mathbf{x}_-|^2}\right) = \frac{\tau}{4\pi\varepsilon_0}\ln\left[\frac{(x_2+\frac{1}{2}d)^2 + x_3^2}{(x_2-\frac{1}{2}d)^2 + x_3^2}\right] .\end{aligned}$$

Bemerkenswerterweise ist dieses Ergebnis λ- bzw. x_1-unabhängig und daher unempfindlich gegenüber Randeffekten. Im letzten Schritt wurde die Ladung q durch die Linienladungsdichte $\tau \equiv q/2a_1$ ersetzt. Das Potential ist also unter der Voraussetzung $d \ll a_1$ auch unabhängig von der Länge der Drähte.

Das elektrische Feld der beiden Drähte zusammen folgt nun als:

$$\mathbf{E}(\mathbf{x}) = -(\boldsymbol{\nabla}\Phi_2)(\mathbf{x}) = \frac{\tau d}{2\pi\varepsilon_0|\mathbf{x}_+|^2|\mathbf{x}_-|^2}\begin{pmatrix}0\\ x_2^2 - \frac{1}{4}d^2 - x_3^2\\ 2x_2x_3\end{pmatrix} . \qquad (8.15)$$

Wir besprechen ein paar interessante Aspekte des Feldverlaufs:

- Das Feld zeigt in $\hat{\mathbf{e}}_2$-Richtung ($E_3 = 0$) für $x_2 = 0$ oder $x_3 = 0$. Für $x_2 = 0$ gilt dann immer $E_2 < 0$. Für $x_3 = 0$ gilt $E_2 < 0$ zwischen den Drähten ($|x_2| < \frac{1}{2}d$) und $E_2 > 0$ außerhalb der Drähte ($|x_2| > \frac{1}{2}d$).
- Das Feld zeigt in $\hat{\mathbf{e}}_3$-Richtung ($E_2 = 0$) entlang der beiden Hyperbeläste $x_2^2 - \frac{1}{4}d^2 - x_3^2 = 0$. Hierbei hat E_3 das gleiche Vorzeichen wie x_2x_3, zeigt also aufwärts im ersten und dritten und abwärts im zweiten und vierten Quadranten. Die Feldstärke ist null für $(x_2, x_3) = (\pm\frac{1}{2}d, 0)$.

- Die Feldkomponenten sind betragsmäßig gleich ($E_3 = \pm E_2$) entlang der vier Hyperbeläste $(x_2 \pm x_3)^2 - \frac{1}{4}d^2 - 2x_3^2 = 0$.

- Wenn man sich einmal im positiven Sinne um einen Draht herum bewegt, ändert sich die Phase der Pfeilrichtungen insgesamt um 2π. Wenn man sich einmal im positiven Sinne um beide Drähte herum bewegt, ändert sich die Phase der Pfeilrichtungen insgesamt um 4π.

- Gleichung (8.15) zeigt, dass die relevante Längenskala für die Variation des **E**-Felds durch den Abstand d zwischen den Drähten gegeben ist. In größerem Abstand von den beiden Drähten, d. h. für $d \ll |\mathbf{x}_\pm| \ll a_1$, gilt $\mathbf{E}(\mathbf{x}) \sim \frac{\tau d}{2\pi\varepsilon_0 x^4}\left[(x_2^2 - x_3^2)\hat{\mathbf{e}}_2 + 2x_2x_3\hat{\mathbf{e}}_3\right]$. Andererseits gilt für Ortsvektoren nahe einem der Drähte das intuitiv plausible, jedoch wichtige Ergebnis
$$\mathbf{E}\big(\pm\tfrac{1}{2}d\hat{\mathbf{e}}_2 + \mathbf{x}_\mp\big) \sim \frac{\pm\tau\mathbf{x}_\mp}{2\pi\varepsilon_0|\mathbf{x}_\mp|^2} \qquad (|\mathbf{x}_\mp| \ll d)\ . \tag{8.16}$$
Dies bedeutet physikalisch, dass das elektrische Feld nahe dem negativ geladenen Draht zu diesem hin gerichtet und nahe dem positiv geladenen Draht von diesem weg gerichtet ist.

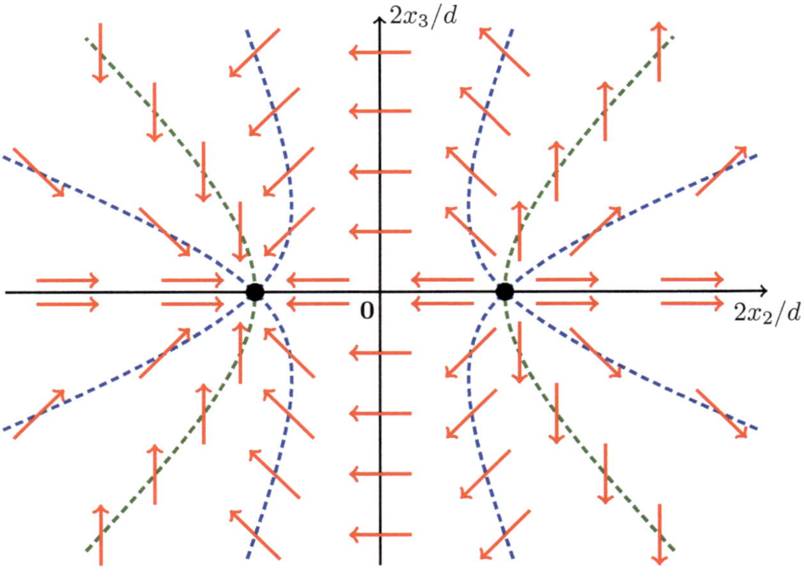

Abb. 8.2 Verlauf des elektrischen Felds **E** in der (x_2, x_3)-Ebene

Der Feldverlauf in der (x_2, x_3)-Ebene ist für ein fest gewähltes $|\lambda| < 1$ in Abbildung 8.2 skizziert. Die Ausrichtung des elektrischen Felds (jedoch nicht seine Stärke) wird durch die roten Pfeilen angegeben. Die beiden Hyperbeläste $x_2^2 - \frac{1}{4}d^2 - x_3^2 = 0$ sind *grün* gestrichelt und die vier Hyperbeläste $(x_2 \pm x_3)^2 - \frac{1}{4}d^2 - 2x_3^2 = 0$ *blau* gestrichelt dargestellt. Die Querschnitte durch die beiden Drähte bei $(\frac{2}{d}x_2, \frac{2}{d}x_3) = (\pm 1, 0)$ sind durch schwarze Kreisscheiben markiert.

(d) Da der Potentialunterschied zwischen den beiden Drähten für $a_2 \ll d \ll a_1$ approximativ gleich $V \sim \frac{q}{2\pi\varepsilon_0 a_1}\ln\big(\frac{d}{a_2}\big)$ ist, folgt für die Kapazität *pro Längeneinheit* in diesem Grenzfall: $\gamma = C/2a_1 = q/2a_1V = \tau/V \sim \pi\varepsilon_0/\ln\big(\frac{d}{a_2}\big)$.

Lösung 2.9 Quasi-eindimensionale Lösungen der Wellengleichung

Die Lösung der quasi-eindimensionalen homogenen Wellengleichung mit den allgemeinen Anfangsbedingungen $\mathbf{A}(x_1, 0) \equiv \mathbf{A}_0(x_1)$ und $\frac{\partial \mathbf{A}}{\partial t}(x_1, 0) = \dot{\mathbf{A}}_0(x_1)$ ist laut Gleichung (2.38) gegeben durch:

$$\mathbf{A}(x_1, t) = \tfrac{1}{2}[\mathbf{A}_0(x_1 - ct) + \mathbf{A}_0(x_1 + ct)] + \frac{1}{2c}\int_{x_1-ct}^{x_1+ct} dy\; \dot{\mathbf{A}}_0(y)\ .$$

(a) Für die Anfangsbedingungen $\dot{\mathbf{A}}_0(x_1) = \mathbf{0}$ sowie $\mathbf{A}_0(x_1) = A\,\Theta(1 - \frac{2|x_1|}{a})\hat{\mathbf{e}}_3$ mit $A > 0$ und $a > 0$ ist nur die A_3-Komponente der Lösung ungleich null. Durch Einsetzen der Anfangsbedingung $\mathbf{A}_0(x_1)$ erhält man mit den Definitionen $\xi \equiv \frac{x_1}{a}$, $\tau \equiv \frac{ct}{a}$ sofort:

$$\begin{aligned} A_3(x_1, t) &= \tfrac{1}{2}[A_{03}(x_1 - ct) + A_{03}(x_1 + ct)] \\ &= \tfrac{A}{2}\left[\Theta\big(1 - \tfrac{2|x_1-ct|}{a}\big) + \Theta\big(1 - \tfrac{2|x_1+ct|}{a}\big)\right] \\ &= \tfrac{A}{2}\left[\Theta\big(1 - 2|\xi - \tau|\big) + \Theta\big(1 - 2|\xi + \tau|\big)\right]\ . \end{aligned}$$

Diese analytische Lösung zeigt, dass A_3 für alle festgehaltenen Ortskoordinaten x_1 bzw. ξ und hinreichend große Werte der Zeitvariablen t bzw. τ rigoros null ist. In Abbildung 8.3 ist die (dimensionslose) Lösung $\frac{1}{A}A_3$ der Wellengleichung als Funktion der (dimensionslosen) Variablen ξ skizziert für einige diskrete Werte der (dimensionslosen) Zeitvariablen: $\tau = \frac{ct}{a} = 0, \frac{1}{2}, \frac{5}{2}$.

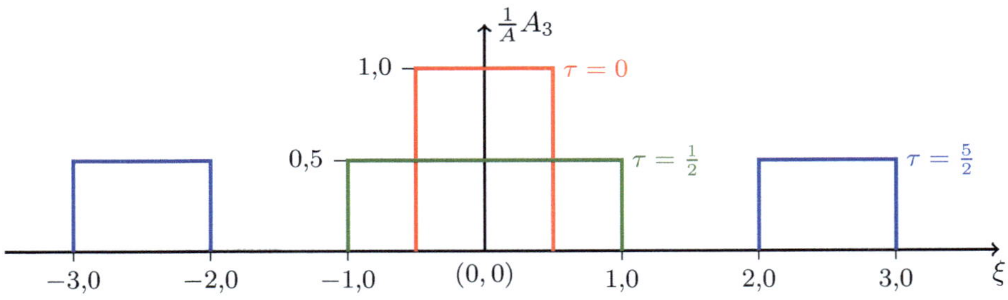

Abb. 8.3 Lösung $A_3(x_1, t)$ für $\dot{\mathbf{A}}_0(x_1) = \mathbf{0}$ und $\mathbf{A}_0(x_1) = A\,\Theta(1 - \frac{2|x_1|}{a})\hat{\mathbf{e}}_3$

(b) Für die Anfangsbedingungen $\mathbf{A}_0(x_1) = \mathbf{0}$ sowie $\dot{\mathbf{A}}_0(x_1) = \frac{1}{a}\dot{A}\,\Theta(1 - \frac{2|x_1|}{a})\hat{\mathbf{e}}_3$ mit $\dot{A} > 0$ und $a > 0$ ist wiederum lediglich die A_3-Komponente der Lösung ungleich null. Durch Einsetzen der Anfangsbedingung $\dot{\mathbf{A}}_0(x_1)$ erhält man mit den Definitionen $\xi \equiv \frac{x_1}{a}$, $\tau \equiv \frac{ct}{a}$ und $\eta \equiv \frac{y}{a}$:

$$\begin{aligned} A_3(x_1, t) &= \frac{1}{2c}\int_{x_1-ct}^{x_1+ct} dy\; \dot{A}_{03}(y) = \frac{\dot{A}}{2ca}\int_{x_1-ct}^{x_1+ct} dy\; \Theta\big(1 - \tfrac{2|y|}{a}\big) \\ &= \frac{\dot{A}}{2c}\int_{\xi-\tau}^{\xi+\tau} d\eta\; \Theta(1 - 2|\eta|) = \frac{\dot{A}}{2c}\int_{\max\{\xi-\tau,-\frac{1}{2}\}}^{\min\{\xi+\tau,\frac{1}{2}\}} d\eta\; \Theta(\xi + \tau + \tfrac{1}{2})\Theta(\tfrac{1}{2} - \xi + \tau) \\ &= \frac{\dot{A}}{2c}\Theta(\tfrac{1}{2} + \tau - |\xi|)\big(\min\{\xi + \tau, \tfrac{1}{2}\} - \max\{\xi - \tau, -\tfrac{1}{2}\}\big)\ . \end{aligned}$$

Die analytische Lösung zeigt, dass A_3 für alle festgehaltenen x_1 bzw. ξ und hinreichend große Werte der Zeitvariablen t bzw. τ *konstant* gleich $\dot{A}/2c \neq 0$

ist. In Abbildung 8.4 ist die (dimensionslose) Lösung $2cA_3/\dot{A}$ der Wellengleichung als Funktion der (dimensionslosen) Variablen ξ skizziert für einige diskrete Werte der (dimensionslosen) Zeitvariablen: $\tau = \frac{ct}{a} = \frac{1}{2}, \frac{3}{2}, \frac{5}{2}$. Für die Anfangszeit $t = 0$ bzw. $\tau = 0$ gilt $A_3 = 0$.

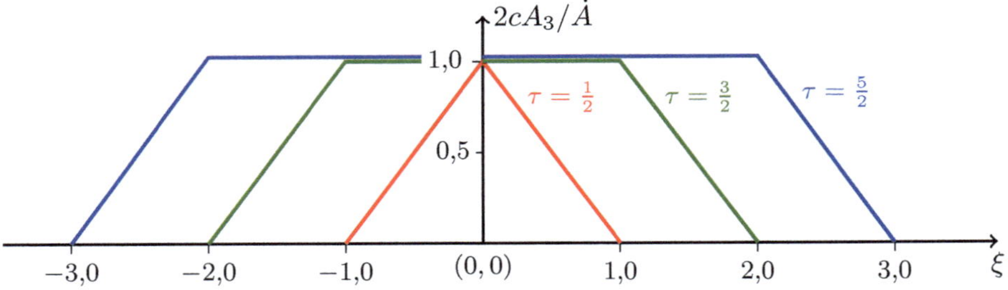

Abb. 8.4 Lösung $A_3(x_1, t)$ für $\mathbf{A}_0(x_1) = \mathbf{0}$ und $\dot{\mathbf{A}}_0(x_1) = \frac{1}{a}\dot{A}\,\Theta(1 - \frac{2|x_1|}{a})\hat{\mathbf{e}}_3$

Lösung 2.10 Die Grundlösung der Helmholtz-Gleichung ($d = 3$)

(a) Die Grundlösung der Helmholtz-Gleichung ist definiert als die Lösung u der Gleichung $(\Delta + \lambda)\,u(\mathbf{x}) = -\delta(\mathbf{x})$ mit $\lambda > 0$, die die Randbedingung $u \to 0$ für $|\mathbf{x}| \to \infty$ erfüllt. Aufgrund der sphärischen Symmetrie gilt $u(\mathbf{x}) = \bar{u}(r)$ mit $r \equiv |\mathbf{x}|$, sodass es zweckmäßig ist, den Laplace-Operator in sphärischen Koordinaten zu verwenden: $(\Delta u)(\mathbf{x}) = \left(\frac{1}{r}\partial_r^2\, r\bar{u}\right)(r)$. Für alle $r > 0$ gilt daher die Differentialgleichung $\left[\left(\frac{1}{r}\partial_r^2\, r + \lambda\right)\bar{u}\right](r) = 0$, die auch als $\left(\partial_r^2 + \lambda\right)r\bar{u} = 0$ geschrieben werden kann. Diese Gleichung kann als harmonische Schwingung der Funktion $r\bar{u}$ interpretiert werden und hat daher die allgemeine Lösung $r\bar{u}(r) = A[\cos(\sqrt{\lambda}r) + B\sin(\sqrt{\lambda}r)]$ bzw. $\bar{u}(r) = A\left[\frac{\cos(\sqrt{\lambda}r)}{r} + B\frac{\sin(\sqrt{\lambda}r)}{r}\right]$.

(b) Wir verwenden den Gauß'schen Satz, um den Parameter A in der allgemeinen Lösung $\bar{u}(r)$ festzulegen. Dazu integrieren wir die Helmholtz-Gleichung über eine Kugel mit dem Radius $\varepsilon > 0$ und dem Mittelpunkt $\mathbf{0}$ und nehmen nach der Integration den Limes $\varepsilon \downarrow 0$:

$$\begin{aligned}
-1 &= \lim_{\varepsilon\downarrow 0}\int d^3x\;[-\delta(\mathbf{x})]\,\Theta(\varepsilon - |\mathbf{x}|) = \lim_{\varepsilon\downarrow 0}\int d^3x\;[(\Delta + \lambda)\,u](\mathbf{x})\Theta(\varepsilon - |\mathbf{x}|) \\
&= \lim_{\varepsilon\downarrow 0}\int d^3x\;(\Delta u)(\mathbf{x})\Theta(\varepsilon - |\mathbf{x}|) = \lim_{\varepsilon\downarrow 0}\int d^3x\;(\boldsymbol{\nabla}\cdot\boldsymbol{\nabla}u)(\mathbf{x})\Theta(\varepsilon - |\mathbf{x}|) \\
&= \lim_{\varepsilon\downarrow 0}\int d\Omega\;\varepsilon^2\hat{\mathbf{x}}\cdot[\bar{u}'(\varepsilon)\hat{\mathbf{x}}] = \lim_{\varepsilon\downarrow 0}\int d\Omega\;\varepsilon^2\left(-\frac{A}{\varepsilon^2}\right) = -4\pi A\,.
\end{aligned}$$

Folglich gilt $A = \frac{1}{4\pi}$, während B beliebig ist. Die Unbestimmtheit von B ist eine Konsequenz der verbleibenden Freiheit in der Wahl der (sphärisch symmetrischen) *Anfangs*bedingung.

(c) Die Funktion $\Phi(\mathbf{x}) = \int d^3x'\;u(\mathbf{x} - \mathbf{x}')\,\mu(\mathbf{x}')$ ist eine Lösung der folgenden inhomogenen Helmholtz-Gleichung:

$$\begin{aligned}
(\Delta + \lambda)\Phi(\mathbf{x}) &= \int d^3x'\;\mu(\mathbf{x}')\,[(\Delta + \lambda)u](\mathbf{x} - \mathbf{x}') = -\int d^3x'\;\mu(\mathbf{x}')\,\delta^{(3)}(\mathbf{x} - \mathbf{x}') \\
&= -\mu(\mathbf{x})\,.
\end{aligned}$$

Falls der Träger von μ beschränkt ist, gilt wegen $|\bar{u}(r)| \leq \frac{1}{4\pi r}\sqrt{1+B^2}$:

$$\left|\Phi(\mathbf{x})\right| \leq \frac{\sqrt{1+B^2}}{4\pi}\int d^3x'\ \frac{|\mu(\mathbf{x}')|}{|\mathbf{x}-\mathbf{x}'|} \sim \frac{\sqrt{1+B^2}}{4\pi r}\int d^3x'\ |\mu(\mathbf{x}')| \to 0 \quad (r\to\infty)\,,$$

sodass die Randbedingung $\Phi(\mathbf{x}) \to 0$ für $r \to \infty$ erfüllt ist.

(d) Die Relevanz der Helmholtz-Gleichung $(\Delta+\lambda)\,u(\mathbf{x}) = -\delta(\mathbf{x})$ für die Bestimmung der Grundlösung $G(\mathbf{x},t)$ der Wellengleichung, die durch die Beziehung $\Box G(\mathbf{x},t) = \delta(\mathbf{x})\delta(t-0^+)$ definiert ist, wird in Gleichung (2.58) erklärt: Man erhält eine Gleichung der Helmholtz-Form aus der Wellengleichung durch eine Fourier-Transformation bzgl. der Zeitvariablen. Analoges gilt für die inhomogene Wellengleichung $\Box G(\mathbf{x},t) = \mu(\mathbf{x},t)$, wobei die Funktion $\mu(\mathbf{x})$ in dieser Aufgabe dann die Fourier-Transformierte von $\mu(\mathbf{x},t)$ darstellt.

Lösung 2.11 Der Quadrupoltensor in der Elektrostatik

(a) Aufgrund der Taylorentwicklung:

$$\begin{aligned}\frac{1}{|\mathbf{x}-\mathbf{x}'|} &= \frac{1}{\sqrt{x^2-2\mathbf{x}\cdot\mathbf{x}'+(x')^2}} = \frac{1}{x}\left\{1+\left[-2\frac{\mathbf{x}\cdot\mathbf{x}'}{x^2}+\frac{(x')^2}{x^2}\right]\right\}^{-1/2}\\ &= \frac{1}{x}\left\{1-\frac{1}{2}\left[-2\frac{\hat{\mathbf{x}}\cdot\mathbf{x}'}{x}\right]+\mathcal{O}\left(\frac{(x')^2}{x^2}\right)\right\} = \frac{1}{x}\left[1+\frac{\hat{\mathbf{x}}\cdot\mathbf{x}'}{x}+\mathcal{O}\left(\frac{(x')^2}{x^2}\right)\right]\end{aligned}$$

ist klar, dass für $|\mathbf{x}| \to \infty$ gilt: $\Phi(\mathbf{x}) = \frac{1}{4\pi\varepsilon_0 x}\left[\int d^3x'\ \rho(\mathbf{x}') + \frac{\hat{\mathbf{x}}}{x}\cdot\int d^3x'\ \rho(\mathbf{x}')\mathbf{x}' + \mathcal{O}(x^{-2})\right]$, sodass die angegebenen Integrale (Ladung q, Dipol $\mathbf{d}$) offenbar exakt null sind.

Im Folgenden soll die statische Ladungsverteilung $\rho(\mathbf{x})$ beliebig sein.

(b) Der Quadrupoltensor Q in kartesischen Koordinaten wurde in (2.7b) eingeführt. Er hat die Tensorelemente $Q_{i_1 i_2} = \int d^3x\ \rho(\mathbf{x})\left[\frac{3}{2}x_{i_1}x_{i_2} - \frac{1}{2}x^2\delta_{i_1 i_2}\right]$. Die Spur $\mathrm{Sp}(Q) = \sum_{i=1}^3 Q_{ii}$ dieses Quadrupoltensors ist daher gleich null:

$$\mathrm{Sp}(Q) = \int d^3x\ \rho(\mathbf{x})\sum_{i=1}^{3}\left[\tfrac{3}{2}(x_i)^2 - \tfrac{1}{2}x^2\right] = \int d^3x\ \rho(\mathbf{x})\left[\tfrac{3}{2}x^2 - \tfrac{3}{2}x^2\right] = 0\,.$$

Die reelle, symmetrische, spurfreie Matrix Q kann mit Hilfe von 5 unabhängigen Parametern beschrieben werden, z. B. mit $(Q_{11}, Q_{22}, Q_{12}, Q_{13}, Q_{23})$. Die restlichen Elemente folgen dann aus den Bedingungen $Q_{ji} = Q_{ij}$ und $0 = \mathrm{Sp}(Q) = Q_{11}+Q_{22}+Q_{33}$. Auch zur Beschreibung des $(\ell = 2)$-Terms der Multipolentwicklung in Kugelkoordinaten benötigt man 5 unabhängige Parameter, nämlich $\left\{q_{\ell m}\,\middle|\, m \in \{-2,-1,0,1,2\}\right\}$.

(c) Der Quadrupoltensor $Q = \int d^3x\ \rho(\mathbf{x})\left[\frac{3}{2}\mathbf{x}\mathbf{x}^{\mathrm{T}} - \frac{1}{2}x^2\mathbb{1}\right]$ wird unter Translationen der Form $\mathbf{x} \to \mathbf{x}' \equiv \mathbf{x}+\mathbf{x}_0$ abgebildet auf den Tensor $Q+\Delta Q$ mit

$$\begin{aligned}\Delta Q &= \int d^3x\ \rho(\mathbf{x})\left[\tfrac{3}{2}\left(\mathbf{x}_0\mathbf{x}^{\mathrm{T}}+\mathbf{x}\mathbf{x}_0^{\mathrm{T}}+\mathbf{x}_0\mathbf{x}_0^{\mathrm{T}}\right) - \tfrac{1}{2}\left(2\mathbf{x}_0\cdot\mathbf{x}+\mathbf{x}_0^2\right)\mathbb{1}\right]\\ &= q\left(\tfrac{3}{2}\mathbf{x}_0\mathbf{x}_0^{\mathrm{T}} - \tfrac{1}{2}\mathbf{x}_0^2\mathbb{1}\right) + \tfrac{3}{2}\left(\mathbf{x}_0\mathbf{d}^{\mathrm{T}}+\mathbf{d}\mathbf{x}_0^{\mathrm{T}}\right) - (\mathbf{x}_0\cdot\mathbf{d})\mathbb{1}\,,\end{aligned}$$

wobei $q = \int d^3x\ \rho(\mathbf{x})$ die Gesamtladung und $\mathbf{d} = \int d^3x\ \rho(\mathbf{x})\mathbf{x}$ das Dipolmoment ist. Unter Drehungen der Form $\mathbf{x} \to \mathbf{x}' = R(\boldsymbol{\alpha})\mathbf{x}$ wird $Q \to Q'$ transformiert mit

$$\begin{aligned} Q' &= \int d^3x\ \rho(\mathbf{x})\left[\tfrac{3}{2}(R\mathbf{x})(R\mathbf{x})^{\mathrm{T}} - \tfrac{1}{2}|R\mathbf{x}|^2\mathbb{1}\right] \\ &= R\int d^3x\ \rho(\mathbf{x})\left[\tfrac{3}{2}\mathbf{x}\mathbf{x}^{\mathrm{T}} - \tfrac{1}{2}x^2\mathbb{1}\right]R^{\mathrm{T}} \\ &= RQR^{\mathrm{T}}\ . \end{aligned}$$

Wir betrachten im Folgenden ein geladenes Ellipsoid

$$\mathcal{D} \equiv \left\{\mathbf{x} \,\middle|\, \tfrac{x_1^2}{a_1^2} + \tfrac{x_2^2}{a_2^2} + \tfrac{x_3^2}{a_3^2} \leq 1\right\}$$

mit drei unterschiedlichen Achsen a_1, a_2 und a_3 und der Gesamtladung q.

(d) Falls sich in den sechs Punkten $\mathbf{x} = \pm a_1\hat{\mathbf{e}}_1$, $\pm a_2\hat{\mathbf{e}}_2$ und $\pm a_3\hat{\mathbf{e}}_3$ jeweils eine Punktladung $\frac{1}{6}q$ befindet, ist die Ladungsdichte durch

$$\rho(\mathbf{x}) = \tfrac{1}{6}q\sum_{i=1}^{3}\left[\delta(\mathbf{x} - a_i\hat{\mathbf{e}}_i) + \delta(\mathbf{x} + a_i\hat{\mathbf{e}}_i)\right]$$

gegeben und der entsprechende Quadrupoltensor durch

$$Q = \tfrac{1}{6}q\begin{pmatrix} 2a_1^2 - a_2^2 - a_3^2 & 0 & 0 \\ 0 & 2a_2^2 - a_3^2 - a_1^2 & 0 \\ 0 & 0 & 2a_3^2 - a_1^2 - a_2^2 \end{pmatrix}\ .$$

(e) Falls die Ladung homogen über das Ellipsoid $\mathcal{D}$ verteilt ist (also mit *räumlich konstanter* Ladungsdichte ρ), folgt $q = \frac{4}{3}\pi a_1a_2a_3\rho$ bzw. $\rho = \frac{3q}{4\pi a_1a_2a_3}$. Da diese Ladungsverteilung symmetrisch ist unter Spiegelungen an den $\hat{\mathbf{e}}_1$-, $\hat{\mathbf{e}}_2$- und $\hat{\mathbf{e}}_3$-Achsen sowie an den $\hat{\mathbf{e}}_1$-$\hat{\mathbf{e}}_2$-, $\hat{\mathbf{e}}_2$-$\hat{\mathbf{e}}_3$- und $\hat{\mathbf{e}}_3$-$\hat{\mathbf{e}}_1$-Ebenen, sind sämtliche Nebendiagonalelemente von Q null: $Q_{ij} = Q_{ii}\delta_{ij}$. Beispielsweise gilt für $i = 1$:

$$Q_{11} = \rho\int_{\mathcal{D}} d^3x\ \left[\tfrac{3}{2}x_1^2 - \tfrac{1}{2}x^2\right] = \rho\int_{\mathcal{D}} d^3x\ \left[x_1^2 - \tfrac{1}{2}(x_2^2 + x_3^2)\right]\ .$$

Die Integration über das Ellipsoid $\mathcal{D}$ kann mit Hilfe der Substitution $x_i \equiv a_iy_i$ in eine Integration über eine dreidimensionale Kugel $\mathcal{K}_3(1)$ mit Radius 1 umgewandelt werden:

$$\begin{aligned} Q_{11} &= \rho a_1a_2a_3\int_{\mathcal{K}_3(1)} d^3y\ \left[a_1^2y_1^2 - \tfrac{1}{2}(a_2^2y_2^2 + a_3^2y_3^2)\right] \\ &= \frac{3q}{4\pi}\int_{\mathcal{K}_3(1)} d^3y\ \left[a_1^2y_1^2 - \tfrac{1}{2}(a_2^2y_2^2 + a_3^2y_3^2)\right] \\ &= \frac{q}{5}\left[a_1^2 - \tfrac{1}{2}(a_2^2 + a_3^2)\right]\ . \end{aligned}$$

Wir verwendeten im letzten Schritt, dass aufgrund der sphärischen Symmetrie von $\mathcal{K}_3(1)$ für alle $i = 1, 2, 3$ gilt:

$$\int_{\mathcal{K}_3(1)} d^3y\ y_i^2 = \frac{1}{3}\int_{\mathcal{K}_3(1)} d^3y\ y^2 = \frac{4\pi}{3}\int_0^1 dy\ y^4 = \frac{4\pi}{15}\ .$$

Die Tensorelemente Q_{22} und Q_{33} folgen nun aus Q_{11} durch zyklische Vertauschung $1 \to 2 \to 3 \to 1$. Der Quadrupoltensor Q dieser Ladungsverteilung ist daher insgesamt gegeben durch:

$$Q = \tfrac{1}{10} q \begin{pmatrix} 2a_1^2 - a_2^2 - a_3^2 & 0 & 0 \\ 0 & 2a_2^2 - a_3^2 - a_1^2 & 0 \\ 0 & 0 & 2a_3^2 - a_1^2 - a_2^2 \end{pmatrix} .$$

Dieses Ergebnis hat also genau die gleiche Form wie in Teil **(d)**, ist aber um einen Faktor $\frac{3}{5}$ kleiner.

(f) Falls das Ellipsoid ein *Leiter* ist, befindet sich die Ladung an der Oberfläche. Hierfür wurde bereits in Aufgabe 2.7 gezeigt, dass das skalare Potential durch

$$\Phi(\mathbf{x}) = \frac{q}{8\pi\varepsilon_0} \int_\xi^\infty d\xi' \, \frac{1}{R(\xi')} \quad , \quad R(\xi) \equiv \sqrt{(a_1^2 + \xi)(a_2^2 + \xi)(a_3^2 + \xi)}$$

gegeben ist, wobei $\xi(\mathbf{x})$ durch $\frac{x_1^2}{a_1^2+\xi} + \frac{x_2^2}{a_2^2+\xi} + \frac{x_3^2}{a_3^2+\xi} = 1$ definiert wurde. Aus dieser Definitionsgleichung von ξ folgt

$$\xi \sim \mathbf{x}^2 \quad \text{für} \quad \mathbf{x}^2 \gg \mathbf{a}^2 \equiv a_1^2 + a_2^2 + a_3^2 .$$

Der für die Multipolentwicklung (2.8) relevante Grenzfall großer $|\mathbf{x}|$-Werte,

$$\Phi(\mathbf{x}) = \frac{1}{4\pi\varepsilon_0 x} \left(q + \frac{\hat{\mathbf{x}} \cdot \mathbf{d}}{x} + \frac{\hat{\mathbf{x}}^{\mathrm{T}} Q \hat{\mathbf{x}}}{x^2} + \cdots \right) \qquad (|\mathbf{x}| \to \infty) ,$$

entspricht also dem Limes $\xi \to \infty$. Hierbei ist die Ladung wie üblich gegeben durch $q = \int d^3x' \; \rho(\mathbf{x}')$ und das Dipolmoment durch $\mathbf{d} = \int d^3x' \; \rho(\mathbf{x}')\mathbf{x}'$. Aufgrund der Symmetrie des Ellipsoids bzgl. der $\hat{\mathbf{e}}_1$-$\hat{\mathbf{e}}_2$-, $\hat{\mathbf{e}}_2$-$\hat{\mathbf{e}}_3$- und $\hat{\mathbf{e}}_3$-$\hat{\mathbf{e}}_1$-Ebenen ist das Dipolmoment $\mathbf{d}$ gleich null, sodass einerseits

$$\Phi(\mathbf{x}) = \frac{1}{4\pi\varepsilon_0 x} \left(q + \frac{\hat{\mathbf{x}}^{\mathrm{T}} Q \hat{\mathbf{x}}}{x^2} + \cdots \right) \qquad (|\mathbf{x}| \to \infty) \tag{8.17}$$

gilt. Andererseits kann Φ für große ξ-Werte und $\xi(\mathbf{x})$ für große Abstände vom Ursprung ($|\mathbf{x}| \gg |\mathbf{a}|$) entwickelt werden. Durch Vergleich der beiden Ausdrücke ergibt sich dann die Form des Quadrupoltensors Q. Die Entwicklung von $\xi(\mathbf{x})$ für große Abstände $|\mathbf{x}| \gg |\mathbf{a}|$ lautet:

$$\xi = \sum_{i=1}^{3} \frac{x_i^2}{1 + a_i^2/\xi} \sim \sum_{i=1}^{3} x_i^2 (1 - a_i^2/\xi) \sim |\mathbf{x}|^2 \left[1 - \sum_{i=1}^{3} \frac{(a_i x_i)^2}{|\mathbf{x}|^4} \right] \quad (|\mathbf{x}| \to \infty) .$$

Hieraus folgt die Entwicklung für große Abstände von $\xi^{-1/2}$:

$$\xi^{-1/2} \sim |\mathbf{x}|^{-1} \left[1 + \sum_{i=1}^{3} \frac{(a_i x_i)^2}{2|\mathbf{x}|^4} \right] \quad (|\mathbf{x}| \to \infty) .$$

Die Entwicklung von Φ für große ξ-Werte ist:

$$\Phi(\mathbf{x}) = \frac{q}{8\pi\varepsilon_0}\int_\xi^\infty d\xi' \, \frac{1}{R(\xi')} = \frac{q}{8\pi\varepsilon_0}\int_\xi^\infty \frac{d\xi'}{(\xi')^{3/2}} \, \frac{1}{\sqrt{(1+\frac{a_1^2}{\xi'})(1+\frac{a_2^2}{\xi'})(1+\frac{a_3^2}{\xi'})}}$$

$$\sim \frac{q}{8\pi\varepsilon_0}\int_\xi^\infty \frac{d\xi'}{(\xi')^{3/2}}\left(1-\frac{\mathbf{a}^2}{2\xi'}\right) = \frac{q}{4\pi\varepsilon_0}(\xi^{-1/2} - \tfrac{1}{6}\mathbf{a}^2\xi^{-3/2}) \quad (\xi\to\infty)\,.$$

Setzt man $\xi^{-3/2}\sim|\mathbf{x}|^{-3}$ und die Entwicklung von $\xi^{-1/2}$ ein, erhält man:

$$\Phi(\mathbf{x}) \sim \frac{q}{4\pi\varepsilon_0|\mathbf{x}|}\left[1+\sum_{i=1}^3 \frac{(a_i\hat{x}_i)^2}{2|\mathbf{x}|^2} - \frac{\mathbf{a}^2}{6|\mathbf{x}|^2}\right] \qquad (|\mathbf{x}|\to\infty)\,.$$

Durch den Vergleich dieses Ergebnisses mit Gleichung (8.17) ergibt sich genau die gleiche Form des Quadrupoltensors Q wie in Teil **(d)**, sogar mit dem gleichen Vorfaktor:

$$Q = \tfrac{1}{6}q\begin{pmatrix} 2a_1^2-a_2^2-a_3^2 & 0 & 0 \\ 0 & 2a_2^2-a_3^2-a_1^2 & 0 \\ 0 & 0 & 2a_3^2-a_1^2-a_2^2\end{pmatrix}.$$

(g) Der Quadrupoltensor der Ladungsverteilung aus **(d)** nach einer Drehung um einen Winkel α um die $\hat{\mathbf{e}}_2$-Achse folgt aus **(c)** als

$$\begin{aligned}
Q' &= RQR^{\mathrm{T}} \\
&= \begin{pmatrix}\cos(\alpha) & 0 & -\sin(\alpha)\\ 0 & 1 & 0\\ \sin(\alpha) & 0 & \cos(\alpha)\end{pmatrix}\begin{pmatrix}Q_{11} & 0 & 0\\ 0 & Q_{22} & 0\\ 0 & 0 & Q_{33}\end{pmatrix}\begin{pmatrix}\cos(\alpha) & 0 & \sin(\alpha)\\ 0 & 1 & 0\\ -\sin(\alpha) & 0 & \cos(\alpha)\end{pmatrix} \\
&= \begin{pmatrix}Q_{11}\cos^2(\alpha)+Q_{33}\sin^2(\alpha) & 0 & (Q_{11}-Q_{33})\cos(\alpha)\sin(\alpha)\\ 0 & Q_{22} & 0\\ (Q_{11}-Q_{33})\cos(\alpha)\sin(\alpha) & 0 & Q_{11}\sin^2(\alpha)+Q_{33}\cos^2(\alpha)\end{pmatrix} \\
&= \tfrac{1}{6}q\begin{pmatrix}3[a_1^2\cos^2(\alpha)+a_3^2\sin^2(\alpha)]-\mathbf{a}^2 & 0 & 3(a_1^2-a_3^2)\cos(\alpha)\sin(\alpha)\\ 0 & 3a_2^2-\mathbf{a}^2 & 0\\ 3(a_1^2-a_3^2)\cos(\alpha)\sin(\alpha) & 0 & 3[a_1^2\sin^2(\alpha)+a_3^2\cos^2(\alpha)]-\mathbf{a}^2\end{pmatrix}.
\end{aligned}$$

Hierbei wurde wieder die Notation $\mathbf{a}^2\equiv a_1^2+a_2^2+a_3^2$ verwendet. Das Ergebnis zeigt beispielsweise, dass Q invariant ist unter Drehungen um den Winkel π und dass bei einer Drehung um $\frac{\pi}{2}$ die Rollen von a_1 und a_3 im Quadrupoltensor vertauscht werden. Während diese beiden Ergebnisse physikalisch naheliegend sind, ist z. B. das Ergebnis

$$Q' = \tfrac{1}{6}q\begin{pmatrix}\frac{3}{2}(a_1^2+a_3^2)-\mathbf{a}^2 & 0 & \frac{3}{2}(a_1^2-a_3^2)\\ 0 & 3a_2^2-\mathbf{a}^2 & 0\\ \frac{3}{2}(a_1^2-a_3^2) & 0 & \frac{3}{2}(a_1^2+a_3^2)-\mathbf{a}^2\end{pmatrix}$$

für einer Drehung um $\frac{\pi}{4}$ schon weniger offensichtlich.

Lösung 2.12 Green'sche Funktion der Wellengleichung ($d = 1, 2$) (P)

Wir bestimmen zuerst die Fourier-Transformierte der retardierten Green'schen Funktion G_2 und dann diejenige von G_1.

(a) Für den zweidimensionalen Fall ergibt sich durch Einsetzen der Green'schen Funktion G_2 in die Definition der Fourier-Transformation:

$$\begin{aligned}\hat{G}_2(\mathbf{x},\omega) &= \frac{1}{\sqrt{2\pi}}\int dt\; G_2(\mathbf{x},t)e^{i\omega t} = \frac{c}{(2\pi)^{3/2}}\int dt\;\frac{\Theta(ct-|\mathbf{x}|-0^+)}{\sqrt{(ct)^2-|\mathbf{x}|^2}}e^{i\omega t}\\ &= \frac{1}{(2\pi)^{3/2}}\int_{|\mathbf{x}|}^{\infty}d\tau\;\frac{e^{i\omega\tau/c}}{\sqrt{\tau^2-|\mathbf{x}|^2}} = \frac{1}{(2\pi)^{3/2}}\int_1^{\infty}dy\;\frac{e^{i\omega|\mathbf{x}|y/c}}{\sqrt{y^2-1}}\;.\end{aligned}$$

In der zweiten Zeile wurde zuerst $ct \equiv \tau$ und dann $\tau \equiv |\mathbf{x}|y$ substituiert. Wir eliminieren nun die Wurzelfunktion im Nenner mit Hilfe der weiteren Substitution $y \equiv \cosh(z)$:

$$\begin{aligned}\hat{G}_2(\mathbf{x},\omega) &= \frac{1}{(2\pi)^{3/2}}\int_1^{\infty}dy\;\frac{e^{i\frac{\omega}{c}|\mathbf{x}|y}}{\sqrt{y^2-1}} = \frac{1}{(2\pi)^{3/2}}\int_0^{\infty}dz\;e^{i\frac{\omega}{c}|\mathbf{x}|\cosh(z)}\\ &= \frac{i}{(2\pi)^{3/2}}\int_0^{\infty}dz\;\left\{\sin\left[\tfrac{\omega}{c}|\mathbf{x}|\cosh(z)\right]-i\cos\left[\tfrac{\omega}{c}|\mathbf{x}|\cosh(z)\right]\right\}\\ &= \frac{i\pi/2}{(2\pi)^{3/2}}\left[J_0\left(\tfrac{\omega}{c}|\mathbf{x}|\right)+iY_0\left(\tfrac{\omega}{c}|\mathbf{x}|\right)\right] = \frac{i}{4\sqrt{2\pi}}H_0^{(1)}\left(\tfrac{\omega}{c}|\mathbf{x}|\right)\quad(\omega>0)\;.\end{aligned}$$

In der letzten Zeile wurden zuerst Formel (9.1.23) von Ref. [1] oder alternativ die Formeln (10.9.7) und (10.9.8) von Ref. [35] verwendet, die für $\omega > 0$ gültig sind. Das Ergebnis für negative Frequenzen ($\omega < 0$) folgt dann aus der Symmetrieeigenschaft $\hat{G}_2(\mathbf{x},-\omega) = [\hat{G}_2(\mathbf{x},\omega)]^*$, siehe (2.65). Hieraus kann man nun allerdings nicht schließen, dass $\hat{G}_2(\mathbf{x},0)\in\mathbb{R}$ gilt, da $\hat{G}_2$ in diesem zweidimensionalen Spezialfall für $\omega\to 0$ divergiert: $|\hat{G}_2(\mathbf{x},\omega)|\to\infty$.

Die Funktionen J_0 und Y_0 in der letzten Zeile sind *Bessel-Funktionen* nullter Ordnung (d. h. mit dem Index 0) der ersten bzw. zweiten Gattung. Die Eigenschaften von J_0 und Y_0 werden in den genannten Handbüchern und auch (kurz zusammengefasst) in Abschnitt [7.3.4] beschrieben. Bessel-Funktionen sind in der Physik äußerst wichtig, da sie häufig als Lösung von Problemen mit sphärischer Symmetrie auftreten. Die Linearkombination $J_0+iY_0\equiv H_0^{(1)}$ ist ebenfalls eine Bessel-Funktion nullter Ordnung, nun aber der dritten Gattung, und wird alternativ als Hankel-Funktion bezeichnet. Wichtig für uns ist vor allem das asymptotische Verhalten $H_0^{(1)}(z)\sim\sqrt{2/\pi z}\,e^{i(z-\pi/4)}$, gültig für $|z|\to\infty$ mit $|\arg(z)|<\pi$, siehe Formel (9.2.3) in Ref. [1] oder (10.17.5) in Ref. [35]. Dieses asymptotische Verhalten von $H_0^{(1)}(z)$ für $|z|\to\infty$ bedeutet, dass die Bedingung $\lim_{\omega_{\mathrm{I}}\to\infty}\hat{G}_2(\mathbf{x},\omega_{\mathrm{R}}+i\omega_{\mathrm{I}})=0$ erfüllt ist, die für jede *retardierte* Green'sche Funktion gelten muss, siehe Gleichung (2.60).

(b) Für den eindimensionalen Fall ergibt sich durch Einsetzen der Green'schen Funktion G_1 in die Definition der Fourier-Transformation:

$$\begin{aligned}\hat{G}_1(x,\omega) &= \frac{1}{\sqrt{2\pi}}\int dt\; G_1(x,t)e^{(i\omega-0^+)t}\\ &= \frac{c}{2\sqrt{2\pi}}\int dt\;\Theta(ct-|x|-0^+)e^{(i\omega-0^+)t}\end{aligned}$$

und Berechnung des entsprechenden Integrals:

$$\hat{G}_1(x,\omega) = \frac{1}{2\sqrt{2\pi}} \int_{|x|+0^+}^{\infty} d\tau \; e^{(i\omega - 0^+)\tau/c} = \frac{1}{2\sqrt{2\pi}} \frac{e^{(i\omega-0^+)\tau/c}}{(i\omega - 0^+)/c}\Bigg|_{|x|+0^+}^{\infty}$$
$$= \frac{ic}{2\sqrt{2\pi}} \lim_{\epsilon\downarrow 0} \frac{e^{(i\omega-\epsilon)(|x|+0^+)/c}}{\omega + i\epsilon} = \frac{ic}{2\sqrt{2\pi}}\left[\mathrm{P}\frac{e^{i\omega(|x|+0^+)/c}}{\omega} - \pi i \delta(\omega)\right] .$$

Im letzten Schritt wurde das *Sochocki-Plemelj-Theorem* angewandt:

$$\lim_{\epsilon\downarrow 0} \frac{1}{\omega + i\epsilon} = \mathrm{P}\frac{1}{\omega} - \pi i \delta(\omega) \quad , \quad \mathrm{P}\int d\omega \; \frac{f(\omega)}{\omega} \equiv \lim_{\epsilon\downarrow 0} \int d\omega \; \frac{\omega f(\omega)}{\omega^2 + \epsilon^2} , \qquad (8.18)$$

wobei die Notation „P“ bedeutet, dass Integrale, die den Term $\mathrm{P}\frac{1}{\omega}$ enthalten, als *Hauptwert*integrale zu interpretieren sind. Das Sochocki-Plemelj-Theorem folgt für eine beliebige Funktion $f(\omega)$ aus:

$$\lim_{\epsilon\downarrow 0} \int d\omega \; \frac{f(\omega)}{\omega + i\epsilon} = \lim_{\epsilon\downarrow 0} \int d\omega \; \frac{(\omega - i\epsilon)f(\omega)}{\omega^2 + \epsilon^2} = \mathrm{P}\int d\omega \; \frac{f(\omega)}{\omega} - \lim_{\epsilon\downarrow 0} \int d\omega \; \frac{i\epsilon\, f(\omega)}{\omega^2 + \epsilon^2}$$
$$= \mathrm{P}\int d\omega \; \frac{f(\omega)}{\omega} - \lim_{\epsilon\downarrow 0} \int dy \; \frac{i\, f(\epsilon y)}{y^2 + 1} = \mathrm{P}\int d\omega \; \frac{f(\omega)}{\omega} - \pi i f(0)$$
$$= \int d\omega \; f(\omega)\left[\mathrm{P}\frac{1}{\omega} - \pi i \delta(\omega)\right] .$$

Da dies für *beliebige* Funktionen $f(\omega)$ zutrifft, muss die Identität (8.18) gelten.

Das Ergebnis für die Fourier-Transformierte Green'sche Funktion $\hat{G}_1$ erfüllt die Symmetrieeigenschaft $\hat{G}_1(\mathbf{x}, -\omega) = [\hat{G}_1(\mathbf{x},\omega)]^*$ für alle $\omega \in \mathbb{R}\backslash\{0\}$, siehe (2.65), allerdings gilt auch in diesem eindimensionalen Fall, dass man hieraus nicht schließen kann, dass $\hat{G}_1(\mathbf{x}, 0) \in \mathbb{R}$ gilt, da $\hat{G}_1(\mathbf{x}, 0)$ nicht definiert ist. Die Bedingung $\lim_{\omega_\mathrm{I}\to\infty} \hat{G}_1(x, \omega_\mathrm{R} + i\omega_\mathrm{I}) = 0$ in (2.60), die für jede *retardierte* Green'sche Funktion gelten muss, ist auch in diesem Fall erfüllt. Außerdem ist die Fourier-Transformation $G_1 \to \hat{G}_1$ *invertierbar*; dies folgt aus:

$$\bar{G}_1(x,t) \equiv \frac{1}{\sqrt{2\pi}} \int d\omega \; \hat{G}_1(x,\omega) e^{-i\omega t} = \frac{ic}{4\pi} \int d\omega \left[\mathrm{P}\frac{e^{i\omega(|x|+0^+-ct)/c}}{\omega} - \pi i \delta(\omega)\right]$$
$$= \tfrac{1}{4}c + \frac{ic}{4\pi} \lim_{\epsilon\downarrow 0} \int_{\epsilon}^{\infty} d\omega \; \frac{e^{i\omega(|x|+0^+-ct)/c} - e^{-i\omega(|x|+0^+-ct)/c}}{\omega} .$$

Der Zähler des Integranden auf der rechten Seite kann als Sinusfunktion geschrieben werden. Wir erhalten daher mit einer Substitution $\omega = cy$:

$$\bar{G}_1(x,t) = \tfrac{1}{4}c + \frac{ic}{4\pi} \int_0^{\infty} d\omega \; \frac{2i \sin[\omega(|x| + 0^+ - ct)/c]}{\omega}$$
$$= \tfrac{1}{4}c\left\{1 + \frac{2}{\pi}\int_0^{\infty} dy \; \frac{\sin[y(ct - |x| - 0^+)]}{y}\right\}$$
$$= \tfrac{1}{4}c\big[1 + \mathrm{sgn}(ct - |x| - 0^+)\big] = \tfrac{1}{2}c\,\Theta(ct - |x| - 0^+) \stackrel{!}{=} G_1(x,t) .$$

In der letzten Zeile wurde Formel (3.721.1) von Ref. [16] angewandt. Die inverse Fourier-Transformierte $\bar{G}_1$ von $\hat{G}_1$ ist somit gleich der ursprünglichen Green'schen Funktion G_1. Bei der Fourier-Transformation ist also (trotz des zusätzlichen Abschneidefaktors e^{-0^+t}) keine Information verloren gegangen.

Lösung 2.13 Die Lösung der Wellengleichung in höheren Dimensionen und das immerwährende Leuchten (PP)

(a) Wir entnehmen der Aufgabestellung, dass sphärische Koordinaten $(r, \boldsymbol{\theta})$ in d Dimensionen für $k = 1, \ldots, d$ durch

$$x_k = r\cos(\theta_{k-1})\Pi_k(\boldsymbol{\theta}) \quad , \quad \Pi_k(\boldsymbol{\theta}) \equiv \prod_{\ell=k}^{d} [\sin(\theta_\ell)] \quad , \quad \theta_0 \equiv 0 \quad , \quad \theta_d \equiv \pi/2$$

definiert sind. Die explizite Form dieser kompakten Darstellung lautet:

$$\mathbf{x} = \begin{pmatrix} x_1 \\ x_2 \\ x_3 \\ \vdots \\ x_{d-1} \\ x_d \end{pmatrix} = \begin{pmatrix} r\sin(\theta_1)\sin(\theta_2)\cdots\cdots\cdots\sin(\theta_{d-1}) \\ r\cos(\theta_1)\sin(\theta_2)\cdots\cdots\cdots\sin(\theta_{d-1}) \\ r\cos(\theta_2)\cdots\cdots\cdots\sin(\theta_{d-1}) \\ \ddots \quad \vdots \\ r\cos(\theta_{d-2})\sin(\theta_{d-1}) \\ r\cos(\theta_{d-1}) \end{pmatrix} \equiv r\mathbf{e}_r^{(d)} \ .$$

Hierbei stellt $\mathbf{e}_r^{(d)}(\boldsymbol{\theta})$ den Basisvektor in der Radialrichtung dar.

Zweidimensionale Polarkoordinaten sind in der d-dimensionalen Darstellung enthalten, wenn man identifiziert: $\theta_1 = \frac{\pi}{2} - \varphi$, und dreidimensionale Kugelkoordinaten, wenn man identifiziert: $\theta_1 = \frac{\pi}{2} - \varphi$ und $\theta_2 = \theta$.

Dass der d-dimensionale Vektor $\mathbf{e}_r^{(d)}$ tatsächlich einen *Einheits*vektor darstellt, $|\mathbf{e}_r^{(d)}| = 1$, lässt sich leicht mit Induktion nach der Raumdimension d beweisen, wenn man von der rekursiven Beziehung

$$\mathbf{e}_r^{(d)} = \begin{pmatrix} \mathbf{e}_r^{(d-1)}\sin(\theta_{d-1}) \\ \cos(\theta_{d-1}) \end{pmatrix} \tag{8.19}$$

ausgeht und die Anfangsbedingung $|\mathbf{e}_r^{(3)}| = 1$ verwendet. Aus der Identität $|\mathbf{e}_r^{(d)}| = 1$ folgt dann, dass die Variable r tatsächlich dem Radius entspricht: $|\mathbf{x}|^2 = r^2|\mathbf{e}_r^{(d)}|^2 = r^2$. Außerdem folgt aus der rekursiven Beziehung (8.19) mit Hilfe von Induktion nach der Dimension, dass *jeder* Einheitsvektor $\mathbf{x}/|\mathbf{x}|$ durch einen entsprechenden Vektor $\mathbf{e}_r^{(d)}(\boldsymbol{\theta})$ darstellbar ist, falls die Winkelvariablen $(\theta_1, \theta_2, \ldots, \theta_{d-1})$ wie folgt gewählt werden:

$$0 \leq \theta_1 < 2\pi \qquad \text{sowie} \qquad 0 \leq \theta_k < \pi \qquad (2 \leq k \leq d-1) \ ,$$

denn diese Behauptung ist bekanntlich wahr in $d = 3$, und falls sie wahr ist im $(d-1)$-dimensionalen Raum, ist jeder d-dimensionale Einheitsvektor sicherlich in der Form (8.19) darstellbar, wenn $0 \leq \theta_{d-1} < \pi$ gewählt wird.

Die Tangentialvektoren $\partial\mathbf{x}/\partial\theta_k$ können kompakt mit Hilfe der *normierten* Tangentialvektoren $\mathbf{e}_{\theta_k}$ dargestellt werden:

$$\frac{\partial\mathbf{x}}{\partial\theta_k} = r\Pi_{k+1}(\boldsymbol{\theta}) \begin{pmatrix} \mathbf{e}_r^{(k)}\cos(\theta_k) \\ -\sin(\theta_k) \\ \mathbf{0}_{d-k-1} \end{pmatrix} \equiv r\Pi_{k+1}(\boldsymbol{\theta})\,\mathbf{e}_{\theta_k} \ .$$

Hierbei wurde der ℓ-dimensionale Nullvektor $\mathbf{0}_\ell \equiv (0, 0, \cdots, 0)^{\mathrm{T}} \in \mathbb{R}^\ell$ eingeführt. Die Normierung der Tangentialvektoren $\mathbf{e}_{\theta_k}$ folgt direkt aus der Normierung der Radialvektoren als: $|\mathbf{e}_{\theta_k}|^2 = |\mathbf{e}_r^{(k)}|^2 \cos^2(\theta_k) + \sin^2(\theta_{d-1}) = 1$. Da die Vektoren $\mathbf{e}_r^{(d)}$ und $\{\mathbf{e}_{\theta_k}\}$ außerdem orthogonal sind:

$$\mathbf{e}_r^{(d)} \cdot \mathbf{e}_{\theta_k} = \Pi_{k+1}(\boldsymbol{\theta}) \begin{pmatrix} \mathbf{e}_r^{(k)} \sin(\theta_k) \\ \cos(\theta_k) \end{pmatrix} \cdot \begin{pmatrix} \mathbf{e}_r^{(k)} \cos(\theta_k) \\ -\sin(\theta_k) \end{pmatrix} = 0$$

$$\mathbf{e}_{\theta_i} \cdot \mathbf{e}_{\theta_j} = \cos(\theta_j) \frac{\Pi_{i+1}(\boldsymbol{\theta})}{\Pi_j(\boldsymbol{\theta})} \begin{pmatrix} \mathbf{e}_r^{(i)} \cos(\theta_i) \\ -\sin(\theta_i) \end{pmatrix} \cdot \begin{pmatrix} \mathbf{e}_r^{(i)} \sin(\theta_i) \\ \cos(\theta_i) \end{pmatrix} = 0 \quad (i < j) \, ,$$

kann man schließen, daß der Satz von Basisvektoren $\{\mathbf{e}_r^{(d)}, \mathbf{e}_{\theta_1}, \cdots, \mathbf{e}_{\theta_{d-1}}\}$ *orthonormal* ist. Die Jacobi-Determinante folgt als

$$|J| = \left| \frac{\partial \mathbf{x}}{\partial r} \, \frac{\partial \mathbf{x}}{\partial \theta_1} \cdots \frac{\partial \mathbf{x}}{\partial \theta_{d-1}} \right| = \prod_{\ell=1}^{d-1} [r \Pi_{\ell+1}(\boldsymbol{\theta})] = r^{d-1} \prod_{\ell=2}^{d-1} \left[\sin^{\ell-1}(\theta_\ell)\right] \, , \tag{8.20}$$

sodass das infinitesimale Volumenelement durch

$$d^d x = |J| dr d\theta_1 \cdots d\theta_{d-1} = r^{d-1} dr d\Omega_d \tag{8.21}$$

gegeben ist, wobei

$$d\Omega_d = \prod_{\ell=1}^{d-1} \left[\sin^{\ell-1}(\theta_\ell) d\theta_\ell\right] \tag{8.22}$$

den entsprechenden infinitesimalen Raumwinkel darstellt.

Um den Laplace-Operator $\Delta_d = \sum_{i=1}^d \partial^2/\partial x_i^2$ in d-dimensionalen sphärischen Koordinaten auszurechnen, benötigen wir zuerst einen Ausdruck für die ersten Ableitungen $\partial/\partial x_i$:

$$\frac{\partial}{\partial x_i} = \frac{\partial r}{\partial x_i} \frac{\partial}{\partial r} + \sum_{j=1}^{d-1} \frac{\partial \theta_j}{\partial x_i} \frac{\partial}{\partial \theta_j} \, .$$

Mit Hilfe der Definitionen

$$r_j \equiv \left(\sum_{i=1}^{j} x_i^2 \right)^{1/2} \quad , \quad \sigma_j \equiv \operatorname{sgn}[\Pi_j(\boldsymbol{\theta})] \quad , \quad H_n \equiv \begin{cases} 1 & (n \geq 0) \\ 0 & (n < 0) \end{cases}$$

erhält man folgende Ausdrücke für die ersten Ableitungen:

$$\frac{\partial r}{\partial x_i} = \frac{x_i}{r} \quad ; \quad \frac{\partial \theta_j}{\partial x_i} = \sigma_j \cos^2(\theta_j) \left(-\delta_{i,j+1} \frac{r_j}{x_{j+1}^2} + \frac{x_i}{x_{j+1} r_j} H_{j-i} \right) .$$

Hierbei verwendeten wir neben $x_k = r \cos(\theta_{k-1}) \Pi_k(\boldsymbol{\theta})$ auch die Beziehung $r_k = r \sigma_k \Pi_k(\boldsymbol{\theta})$ sowie $x_k/r_k = \sigma_k \cos(\theta_{k-1})$ und $r_k/r_{k+1} = \sigma_k \sigma_{k+1} \sin(\theta_k)$.

Durch zweifache Anwendung der ersten Ableitungen $\partial/\partial x_i$ und Summation über i ergibt sich nun eine relativ einfache Form für den Laplace-Operator:

$$\Delta_d = D_r + \frac{1}{r^2}\sum_{j=1}^{d-1} D_{\theta_j} \quad , \quad D_r \equiv \frac{1}{r^{d-1}}\frac{\partial}{\partial r}\left(r^{d-1}\frac{\partial}{\partial r}\right) , \tag{8.23a}$$

wobei für die zweiten Ableitungen nach den Winkelvariablen definiert wurde:

$$D_{\theta_j} \equiv \frac{1}{[\Pi_{j+1}(\boldsymbol{\theta})]^2\,[\sin(\theta_j)]^{j-1}}\frac{\partial}{\partial\theta_j}\left\{[\sin(\theta_j)]^{j-1}\frac{\partial}{\partial\theta_j}\right\} . \tag{8.23b}$$

Für die Spezialfälle $d = 2$ bzw. $d = 3$ erhält man aus (8.23):

$$\begin{aligned}\Delta_2 &= \frac{1}{r}\frac{\partial}{\partial r}\left(r\frac{\partial}{\partial r}\right) + \frac{1}{r^2}\frac{\partial^2}{\partial\theta_1^2}\\ \Delta_3 &= \frac{1}{r^2}\frac{\partial}{\partial r}\left(r^2\frac{\partial}{\partial r}\right) + \frac{1}{r^2}\left[\frac{1}{\sin^2(\theta_2)}\frac{\partial^2}{\partial\theta_1^2} + \frac{1}{\sin(\theta_2)}\frac{\partial}{\partial\theta_2}\left(\sin(\theta_2)\frac{\partial}{\partial\theta_2}\right)\right] ,\end{aligned}$$

im Einklang mit den bekannten Ergebnissen für diese Dimensionen.

Wir leiten nun explizite Ausdrücke für das Volumen $V_d(r)$ einer d-dimensionalen Kugel mit Radius r und für die Fläche $S_d(r)$ der entsprechenden Kugelschale her. Das Volumen $V_d(r) = r^d V_d(1)$ und die Fläche $S_d(r) = r^{d-1}S_d(1)$ hängen in einfacher Weise mit dem Volumen und der Fläche der *Einheits*kugel zusammen. Hierbei kann man die Fläche $S_d(r)$ relativ einfach bestimmen, indem man das d-dimensionale gaußische Integral $\int d^dx\; e^{-\mathbf{x}^2}$ sowohl in kartesischen als auch in sphärischen Koordinaten berechnet:

$$\begin{aligned}\pi^{d/2} &= \left(\int_{-\infty}^{\infty} dy\; e^{-y^2}\right)^d = \int d^dx\; e^{-\mathbf{x}^2} = \int_0^{\infty} dr\; S_d(r)e^{-r^2}\\ &= S_d(1)\int_0^{\infty} dr\; r^{d-1}e^{-r^2} = \tfrac{1}{2}S_d(1)\Gamma\left(\tfrac{d}{2}\right) \quad , \quad S_d(1) = \frac{2\pi^{d/2}}{\Gamma\left(\frac{d}{2}\right)} .\end{aligned} \tag{8.24}$$

Aus diesem Ergebnis folgt dann:

$$V_d(1) = \int_0^1 dr\; S_d(r) = \int_0^1 dr\; r^{d-1}S_d(1) = \tfrac{1}{d}S_d(1) = \frac{\pi^{d/2}}{\Gamma\left(\frac{d}{2}+1\right)} \tag{8.25}$$

für das Volumen $V_d(1)$ der Einheitskugel.

(b) Die d-dimensionale Verallgemeinerung des Mittelwerts $M_{\mathbf{x},ct}[g]$ einer Funktion g, berechnet über eine Kugel mit Radius ct und Mittelpunkt $\mathbf{x}$, lautet:

$$M_{\mathbf{x},ct}[g] \equiv \frac{1}{S_d(1)}\int d\Omega_d\; g(\mathbf{x} + ct\mathbf{e}_r) \equiv M(\mathbf{x},t) .$$

Es gilt also: $M(\mathbf{x},0) = \lim_{t\downarrow 0} M(\mathbf{x},t) = g(\mathbf{x})$ und

$$\frac{\partial M}{\partial t}(\mathbf{x},0) = \frac{c}{S_d(1)}(\boldsymbol{\nabla}g)(\mathbf{x})\cdot\int d\Omega_d\;\mathbf{e}_r = \frac{c}{S_d(1)}(\boldsymbol{\nabla}g)(\mathbf{x})\cdot\mathbf{0} = 0 .$$

Allgemein gilt mit den Definitionen $d\mathbf{F}_d \equiv (ct)^{d-1}d\Omega_d\mathbf{e}_r$ des *vektoriellen* Flächenelements der Kugel mit Radius ct sowie $\mathbf{z} \equiv \mathbf{x} + ct\mathbf{e}_r$:

$$\begin{aligned}\frac{\partial M}{\partial t}(\mathbf{x},t) &= \frac{c}{S_d(1)}\int d\Omega_d\ (\boldsymbol{\nabla} g)(\mathbf{x}+ct\mathbf{e}_r)\cdot\mathbf{e}_r = \frac{c}{S_d(1)}\int d\Omega_d\ (\boldsymbol{\nabla} g)(\mathbf{z})\cdot\mathbf{e}_r \\ &= \frac{c}{S_d(ct)}\int\limits_{|\mathbf{z}-\mathbf{x}|=ct} d\mathbf{F}_d\cdot(\boldsymbol{\nabla} g)(\mathbf{z}) = \frac{c}{S_d(ct)}\int\limits_{|\mathbf{z}-\mathbf{x}|\le ct} d^dz\ (\Delta g)(\mathbf{z})\ .\end{aligned}$$

Im letzten Schritt wurde der Gauß'sche Satz angewandt. Wegen der Proportionalität $[S_d(ct)]^{-1} \propto t^{-(d-1)}$ folgt hieraus mit $dF_d \equiv (ct)^{d-1}d\Omega_d$:

$$\frac{\partial^2 M}{\partial t^2}(\mathbf{x},t) = -\frac{d-1}{t}\frac{\partial M}{\partial t}(\mathbf{x},t) + \frac{c^2}{S_d(ct)}\int\limits_{|\mathbf{z}-\mathbf{x}|=ct} dF_d\ (\Delta g)(\mathbf{z})\ .$$

Wir erhalten somit das verlangte Ergebnis für die Differentialgleichung:

$$\frac{1}{c^2}\left(\frac{\partial^2 M}{\partial t^2} + \frac{d-1}{t}\frac{\partial M}{\partial t}\right) = \frac{1}{S_d(1)}\int d\Omega_d\ (\Delta g)(\mathbf{x}+ct\mathbf{e}_r) = \Delta M\ .$$

Die Anfangswerte $M(\mathbf{x},0)$ und $\frac{\partial M}{\partial t}(\mathbf{x},0)$ wurden bereits berechnet.

(c) Für ungerade Dimensionen $d = 2n+1$ mit $n \geq 1$ definieren wir:

$$u_g(\mathbf{x},t) \equiv \frac{S_d(1)}{4\pi^n}\frac{\partial^{n-1}}{\partial\tau^{n-1}}\left\{\tau^{n-1/2}M_{\mathbf{x},ct}[g]\right\}\quad,\quad \tau \equiv t^2\ . \tag{8.26}$$

Aus den Anfangswerten von M und $\frac{\partial M}{\partial t}$ folgt: $M_{\mathbf{x},ct}[g] = g(\mathbf{x}) + \mathcal{O}(t^2)$ für $t \downarrow 0$. Diese Information kann dazu verwendet werden, das Kurzzeitverhalten von $u_g(\mathbf{x},t)$ zu bestimmen:

$$\begin{aligned}u_g(\mathbf{x},t) &= \frac{S_d(1)}{4\pi^n}\frac{\partial^{n-1}}{\partial\tau^{n-1}}\left[\tau^{n-1/2}g(\mathbf{x}) + \mathcal{O}\big(\tau^{n+1/2}\big)\right] \qquad (\tau = t^2 \downarrow 0) \\ &= \frac{S_d(1)}{4\pi^n}\left[(n-\tfrac{1}{2})(n-\tfrac{3}{2})\cdots\tfrac{3}{2}\tau^{1/2}g(\mathbf{x}) + \mathcal{O}\big(\tau^{3/2}\big)\right] \\ &= \frac{S_d(1)\Gamma(n+\frac{1}{2})}{4\pi^n\Gamma(\frac{3}{2})}tg(\mathbf{x}) + \mathcal{O}\big(t^3\big) = tg(\mathbf{x}) + \mathcal{O}\big(t^3\big)\ .\end{aligned}$$

Im letzten Schritt wurde $S_d(1) = 2\pi^{d/2}/\Gamma\big(\frac{d}{2}\big) = 2\pi^{n+1/2}/\Gamma\big(n+\frac{1}{2}\big)$ sowie $\Gamma(\frac{3}{2}) = \frac{1}{2}\Gamma(\frac{1}{2}) = \frac{1}{2}\sqrt{\pi}$ verwendet. Hieraus folgt:

$$u(\mathbf{x},t) = u_g(\mathbf{x},t) + \frac{\partial u_f}{\partial t}(\mathbf{x},t) = tg(\mathbf{x}) + f(\mathbf{x}) + \mathcal{O}\big(t^2\big) \quad (t\downarrow 0)\ ,$$

sodass die Funktion $u(\mathbf{x},t)$ bereits die richtigen Anfangsbedingungen erfüllt: $u(\mathbf{x},0) = f(\mathbf{x})$ und $\frac{\partial u}{\partial t}(\mathbf{x},0) = g(\mathbf{x})$. Wir müssen also „lediglich“ noch zeigen, dass $u_g(\mathbf{x},t)$ und damit auch $u(\mathbf{x},t)$ die Wellengleichung $\Delta u = \frac{1}{c^2}\frac{\partial^2 u}{\partial t^2}$ erfüllt. Dies tun wir in zwei Schritten: Wir wissen bereits, dass die Funktion $M(\mathbf{x},t) = M_{\mathbf{x},ct}[g]$ eine Variante der Wellengleichung erfüllt: $\frac{1}{c^2}\big(\frac{\partial^2 M}{\partial t^2} + \frac{d-1}{t}\frac{\partial M}{\partial t}\big) = \Delta M$.

Im ersten Schritt zeigen wir, dass für die verwandte Funktion $\psi \equiv \tau^{n-1/2}M$ Ähnliches gilt. Hieraus folgt dann im zweiten Schritt, dass die $(n-1)$-te Ableitung $\phi \equiv \frac{\partial^{n-1}}{\partial\tau^{n-1}}\psi = \frac{\partial^{n-1}}{\partial\tau^{n-1}}\big(\tau^{n-1/2}M\big)$ von ψ in der Tat die Wellengleichung erfüllt. Dasselbe gilt dann für $u_g = \frac{S_d(1)}{4\pi^n}\phi$ sowie $u = u_g + \frac{\partial u_f}{\partial t}$.
Wir leiten zuerst eine Variante der Wellengleichung für ψ her:

$$\frac{c^2\Delta\psi}{t^{2n-1}} = c^2\Delta M = \frac{\partial^2 M}{\partial t^2} + \frac{d-1}{t}\frac{\partial M}{\partial t} = \frac{\partial^2}{\partial t^2}\left(\frac{\psi}{t^{2n-1}}\right) + \frac{d-1}{t}\frac{\partial}{\partial t}\left(\frac{\psi}{t^{2n-1}}\right)$$

$$= \frac{1}{t^{2n-1}}\left[\frac{\partial^2\psi}{\partial t^2} - \frac{2(n-1)}{t}\frac{\partial\psi}{\partial t}\right] \quad , \quad \Delta\psi = \frac{1}{c^2}\left[\frac{\partial^2\psi}{\partial t^2} - \frac{2(n-1)}{t}\frac{\partial\psi}{\partial t}\right] .$$

Durch Substitution von $t = \sqrt{\tau}$ ergibt sich noch die Gleichung:

$$\Delta\psi = \frac{2}{c^2}\left[2\tau\frac{\partial^2\psi}{\partial\tau^2} - (2n-3)\frac{\partial\psi}{\partial\tau}\right] ,$$

die für das weitere Vorgehen bequemer ist. Aus dieser Gleichung für ψ folgt dann im zweiten Schritt die Wellengleichung für $\phi = \frac{\partial^{n-1}}{\partial\tau^{n-1}}\psi$:

$$\Delta\phi = \frac{2}{c^2}\frac{\partial^{n-1}}{\partial\tau^{n-1}}\left[2\tau\frac{\partial^2\psi}{\partial\tau^2} - (2n-3)\frac{\partial\psi}{\partial\tau}\right]$$

$$= \frac{2}{c^2}\left\{2\left[\tau\frac{\partial^2\phi}{\partial\tau^2} + (n-1)\frac{\partial\phi}{\partial\tau}\right] - (2n-3)\frac{\partial\phi}{\partial\tau}\right\} = \frac{2}{c^2}\left[2\tau\frac{\partial^2\phi}{\partial\tau^2} + \frac{\partial\phi}{\partial\tau}\right] .$$

Durch Substitution von $\tau = t^2$ erhält man schließlich eine Wellengleichung der Form $\Delta\phi = \frac{1}{c^2}\frac{\partial^2\phi}{\partial t^2}$ für $\phi(\mathbf{x},t)$ und daher auch für $u_g(\mathbf{x},t)$ und $u(\mathbf{x},t)$.

(d) Um die Lösung in *geraden* Dimensionen $\bar{d} = 2n$ mit $n \geq 1$ zu erhalten, betrachten wir die äquivalente Situation einer *Zylinderwelle* in $d = 2n+1$ Dimensionen, die translationsinvariant in der x_d-Richtung ist. Wir führen daher die Notation $\mathbf{x} = (\mathbf{y}, x_d)$ mit $\mathbf{y} \equiv (x_1, \cdots, x_{d-1})$ für den d-dimensionalen Ortsvektor ein. Die Translationsinvarianz in x_d-Richtung bedeutet, dass die Anfangsbedingungen im d-dimensionalen Raum durch x_d-unabhängige Funktionen $\bar{f}(\mathbf{y})$ und $\bar{g}(\mathbf{y})$ beschrieben werden:

$$f(\mathbf{x}) = \bar{f}(\mathbf{y}) \quad , \quad g(\mathbf{x}) = \bar{g}(\mathbf{y}) .$$

Wegen $d\Omega_d = d\Omega_{d-1}\sin^{d-2}(\theta_{d-1})d\theta_{d-1}$ gilt für die Lösung $\bar{u} = \bar{u}_{\bar{g}} + \frac{\partial}{\partial t}\bar{u}_{\bar{f}}$ des $\bar{d}$-dimensionalen Problems mit den Anfangsbedingungen $\bar{f}$ und $\bar{g}$:

$$\bar{u}_{\bar{g}}(\mathbf{y},t) = u_g(\mathbf{x},t) = \frac{1}{4\pi^n}\frac{\partial^{n-1}}{\partial\tau^{n-1}}\left\{\tau^{n-1/2}\int_0^\pi d\theta_{d-1}\sin^{2n-1}(\theta_{d-1})\times\right.$$

$$\left.\times\int d\Omega_{\bar{d}}\;\bar{g}\big[\mathbf{y} + ct\sin(\theta_{d-1})\mathbf{e}_r^{(d-1)}\big]\right\} .$$

Wir verwenden $\int_0^\pi d\theta_{d-1} = 2\int_0^{\pi/2} d\theta_{d-1}$ und definieren die neue Variable $\rho \equiv ct\sin(\theta_{d-1})$ mit dem Differential $d\rho = ct\cos(\theta_{d-1})d\theta_{d-1} = \sqrt{(ct)^2-\rho^2}d\theta_{d-1}$. Dadurch erhalten wir:

$$\bar{u}_{\bar{g}}(\mathbf{y},t) = \frac{S_{\bar{d}}(1)}{2\pi^n}\int_0^{\pi/2} d\theta_{d-1}\,\frac{\partial^{n-1}}{\partial\tau^{n-1}}\left\{\left(\frac{\rho}{c}\right)^{2n-1}\bar{M}_{\mathbf{y},\rho}[\bar{g}]\right\} . \tag{8.27}$$

Hierbei stellt $\bar{M}_{\mathbf{y},\rho}[\bar{g}]$ – im Einklang mit der üblichen Notation – den Mittelwert der Funktion $\bar{g}$ über eine $\bar{d}$-dimensionale Kugel mit dem Mittelpunkt $\mathbf{y}$ und dem Radius ρ dar. Wir verwenden nun $S_{\bar{d}}(1) = S_{2n}(1) = \frac{2\pi^n}{(n-1)!}$ und $\frac{\partial^{n-1}}{\partial\tau^{n-1}} = \frac{\partial^{n-1}}{\partial(t^2)^{n-1}} = [c\sin(\theta_{d-1})]^{2(n-1)}\frac{\partial^{n-1}}{\partial(\rho^2)^{n-1}} = t^{-2(n-1)}\rho^{2(n-1)}\frac{\partial^{n-1}}{\partial(\rho^2)^{n-1}}$. Es folgt mit Hilfe einer Substitution $\rho^2 \equiv R$:

$$\begin{aligned}\bar{u}_{\bar{g}}(\mathbf{y},t) &= \frac{(ct)^{-2(n-1)}}{c\,(n-1)!}\int_0^{ct} d\rho\,\frac{\rho^{2(n-1)}}{\sqrt{(ct)^2-\rho^2}}\frac{\partial^{n-1}}{\partial(\rho^2)^{n-1}}\{\rho^{2n-1}\bar{M}_{\mathbf{y},\rho}[\bar{g}]\} \\ &= \frac{(ct)^{-2(n-1)}}{2c\,(n-1)!}\int_0^{(ct)^2} dR\,\frac{R^{n-3/2}}{\sqrt{(ct)^2-R}}\frac{\partial^{n-1}}{\partial R^{n-1}}\{R^{n-1/2}\bar{M}_{\mathbf{y},\sqrt{R}}[\bar{g}]\}\,.\end{aligned}$$

Dieses Ergebnis für $\bar{u}_{\bar{g}}$ ist schließlich einzusetzen in die Lösung $\bar{u} = \bar{u}_{\bar{g}} + \frac{\partial}{\partial t}\bar{u}_{\bar{f}}$ des $2n$-dimensionalen Problems mit den Anfangsbedingungen $\bar{f}$ und $\bar{g}$.

Wir unterdrücken im Folgenden sämtliche Querstriche und schreiben $u(\mathbf{y},t)$.

(e) Wir besprechen das Langzeitverhalten der Lösung $u(\mathbf{x},t)$, abhängig von der räumlichen Dimension d. Hierbei reicht es, den Anteil u_g in der Gesamtlösung $u = u_g + \frac{\partial}{\partial t}u_f$ zu betrachten; der Anteil u_f bzw. $\frac{\partial}{\partial t}u_f$ verhält sich analog. Wir nehmen wie üblich an, dass die Funktion g, die die Anfangsbedingung festlegt, in einem *endlichen*, abgeschlossenen Raumbereich $\mathcal{D} \subset \mathbb{R}^3$ lokalisiert ist. Für alle $\mathbf{x} \notin \mathcal{D}$ und alle $\boldsymbol{\xi} \in \mathcal{D}$ gilt dann für gewisse Zeiten $t_{1,2}$:

$$0 < ct_1 \leq |\mathbf{x} - \boldsymbol{\xi}| \leq ct_2\,.$$

In *ungeraden* Dimensionen folgt aus **(c)**, dass am Ort $\mathbf{x}$ für alle $t \leq t_1$ kein Signal empfangen wird, da in diesem Fall $M_{\mathbf{x},ct}[g]$ rigoros gleich *null* ist. Für $t_1 \leq t \leq t_2$ *kann* das Signal $u_g(\mathbf{x},t)$ ungleich null sein (abhängig von der genauen Form von g). Für alle $t > t_2$ ist $M_{\mathbf{x},ct}[g]$ wiederum rigoros gleich *null*, sodass das Signal erlischt.

In *geraden* Dimensionen $d = 2n$ folgt aus **(d)**, dass am Ort $\mathbf{x}$ für alle $t \leq t_1$ kein Signal empfangen wird, da $M_{\mathbf{x},ct}[g]$ gleich null ist. Für $t_1 \leq t \leq t_2$ kann das Signal $u_g(\mathbf{x},t)$ wiederum ungleich null sein. Für $t \gg t_2$ gilt nun jedoch aufgrund von **(d)**:

$$u_g(\mathbf{x},t) \sim \frac{(ct)^{-(2n-1)}}{2c\,(n-1)!}\int_0^\infty dR\,R^{n-\frac{3}{2}}\frac{\partial^{n-1}}{\partial R^{n-1}}\{R^{n-\frac{1}{2}}M_{\mathbf{x},\sqrt{R}}[\bar{g}]\} \quad (t\to\infty)\,.$$

Da das R-Integral lediglich einen konstanten Faktor zur rechten Seite beiträgt, ist klar, dass das Signal $u_g(\mathbf{x},t)$ niemals erlischt, sondern ewig nachleuchtet. Es gibt also einen Nacheffekt in allen geraden Raumdimensionen. Das R-Integral auf der rechten Seite kann übrigens mit Hilfe einer $(n-1)$-fachen partiellen Integration stark vereinfacht werden:

$$\begin{aligned}\int_0^\infty dR\,R^{n-\frac{3}{2}}\frac{\partial^{n-1}}{\partial R^{n-1}}\{R^{n-\frac{1}{2}}M_{\mathbf{x},\sqrt{R}}[\bar{g}]\} &= \frac{\Gamma(n-\frac{1}{2})}{\Gamma(\frac{1}{2})}\int_0^\infty dR\,(-R)^{n-1}M_{\mathbf{x},\sqrt{R}}[\bar{g}] \\ &= \frac{2(-1)^{n-1}\Gamma(n-\frac{1}{2})}{\Gamma(\frac{1}{2})S_{2n}(1)}\int_0^\infty d\rho\,\rho^{2n-1}\int d\Omega_{2n}\,g[\mathbf{x}+\rho\mathbf{e}_r^{(2n)}]\,.\end{aligned}$$

Das ρ-Integral ist gleich $\int d^{2n}\xi\; g(\boldsymbol{\xi})$. Wir verwenden wieder $S_{2n}(1) = \frac{2\pi^n}{(n-1)!}$ und erhalten:

$$u_g(\mathbf{x},t) \sim \frac{(ct)^{-(2n-1)}}{2c\,(n-1)!}\frac{(-1)^{n-1}\Gamma(n-\frac{1}{2})(n-1)!}{\pi^n\Gamma(\frac{1}{2})}\int d^{2n}\xi\; g(\boldsymbol{\xi})$$
$$\sim (-1)^{n-1}\frac{(ct)^{-(2n-1)}\Gamma(n-\frac{1}{2})}{2\pi^{n+\frac{1}{2}}c}\int d^{2n}\xi\; g(\boldsymbol{\xi})\;.$$

Bereits in führender Ordnung tritt also immer dann ein Nacheffekt in geraden Raumdimensionen auf, wenn $\int d^{2n}\xi\; g(\boldsymbol{\xi}) \neq 0$ ist.

Man erhält die Lösung der *inhomogenen* Wellengleichung mit allgemeinen Anfangsbedingungen in höheren Dimensionen mit Hilfe der Methoden von Abschnitt [2.4.2]. Diese Lösungsmethode setzt lediglich die Lösung der *homogenen* Wellengleichung in der jeweiligen Dimension als bekannt voraus [siehe die Teile **(c)** und **(d)** in dieser Aufgabe] und ist ansonsten unabhängig von der Raumdimension des Problems.

Konkret zeigen die Gleichungen (2.49c) und (2.50), dass die Lösung der inhomogenen Wellengleichung $\Box v = \frac{1}{c^2}f$ mit den Anfangsbedingungen $v(\mathbf{x},0) = \mathbf{0}$ und $\frac{\partial v}{\partial t}(\mathbf{x},0) = \mathbf{0}$ in einer beliebigen Raumdimension gegeben ist durch

$$v(\mathbf{x},t) = \int_0^t d\tau\; u(\mathbf{x},t;\tau)\quad,\quad \Box u = 0 \quad (t \geq \tau) \;\text{ mit }\; \begin{cases} u(\mathbf{x},\tau;\tau) = \mathbf{0} \\ \frac{\partial u}{\partial t}(\mathbf{x},\tau;\tau) = f(\mathbf{x},\tau)\;. \end{cases}$$

Der Integrand entspricht also $u(\mathbf{x},t;\tau) = u_f(\mathbf{x},t-\tau)$, wobei die Funktion u_f als Teil der Lösung der homogenen Wellengleichung für ungerade bzw. gerade Raumdimensionen in den Teilen **(c)** und **(d)** berechnet wurde.

(f) Wir defnieren $T \equiv c^2(t-\tau)^2$ und $f(\mathbf{x},\tau) \equiv f_\tau(\mathbf{x})$. Für *ungerade* Dimensionen $d = 2n+1$ mit $n \geq 1$ wissen wir dann aufgrund von Gleichung (8.26):

$$u_f(\mathbf{x},t-\tau) = \frac{S_d(1)}{4\pi^n c}\frac{\partial^{n-1}}{\partial T^{n-1}}\left\{T^{n-1/2}M_{\mathbf{x},\sqrt{T}}[f_\tau]\right\}\;,$$

und für *gerade* Dimensionen $d = 2n$ mit $n \geq 1$ wissen wir aufgrund der letzten Gleichung in Teil **(d)**:

$$u_f(\mathbf{x},t-\tau) = \frac{T^{-(n-1)}}{2c\,(n-1)!}\int_0^T dR\;\frac{R^{n-3/2}}{\sqrt{T-R}}\frac{\partial^{n-1}}{\partial R^{n-1}}\{R^{n-1/2}M_{\mathbf{x},\sqrt{R}}[f_\tau]\}\;.$$

Hiermit ist die Lösung $v(\mathbf{x},t) = \int_0^t d\tau\; u_f(\mathbf{x},t-\tau)$ der inhomogenen Wellengleichung mit den Anfangsbedingungen $v(\mathbf{x},0) = \mathbf{0}$ und $\frac{\partial v}{\partial t}(\mathbf{x},0) = \mathbf{0}$ in einer beliebigen Raumdimension bekannt.

(g) Wir betrachten nun speziell eine *Punkt*quelle: $f(\mathbf{x},t) = f(t)\delta^{(d)}(\mathbf{x})$, die sich im Ursprung befindet, und definieren $r \equiv \sqrt{T} = c(t-\tau)$. Für *ungerade* Dimensionen $d = 2n+1$ mit $n \geq 1$ erhält man aufgrund von Teil **(f)**:

$$v(\mathbf{x},t) = \frac{S_d(1)}{4\pi^n c^2}\int_0^{ct} dr\;\frac{\partial^{n-1}}{\partial (r^2)^{n-1}}\left\{(r^2)^{n-1/2}M_{\mathbf{x},r}\left[f_{t-\frac{r}{c}}\right]\right\}$$
$$= \frac{1}{4\pi^n c^2}\int_0^{ct} dr\;\frac{\partial^{n-1}}{\partial (r^2)^{n-1}}\left[(r^2)^{n-1/2}f(t-\tfrac{r}{c})\int d\Omega_d\;\delta^{(d)}(\mathbf{x}+r\hat{\mathbf{e}}_r^{(d)})\right]\;.$$

Für die d-dimensionale Deltafunktion gilt allgemein:

$$f(|\mathbf{x}|) = \int d^d y\ \delta^{(d)}(\mathbf{x}+\mathbf{y}) f(|\mathbf{y}|) = \int_0^\infty dr\ r^{d-1} \int d\Omega_d\ \delta^{(d)}\big(\mathbf{x}+r\hat{\mathbf{e}}_r^{(d)}\big) f(r)$$

und daher: $\int d\Omega_d\ \delta^{(d)}\big(\mathbf{x}+r\hat{\mathbf{e}}_r^{(d)}\big) = r^{-(d-1)}\delta(r-|\mathbf{x}|) = r^{-2n}\delta(r-|\mathbf{x}|)$. Durch Einsetzen dieser Identität in $v(\mathbf{x},t)$ erhält man:

$$v(\mathbf{x},t) = \frac{1}{4\pi^n c^2}\int_0^{ct} dr\ \frac{\partial^{n-1}}{\partial(r^2)^{n-1}}\psi_{\mathbf{x},t}(r) \quad , \quad \psi_{\mathbf{x},t}(r) \equiv \frac{1}{r} f\big(t-\tfrac{r}{c}\big)\delta(r-|\mathbf{x}|)\ .$$

Mit Hilfe der Variablensubstitution $r^2 \equiv y$ kann man noch schreiben:

$$\int_0^{ct} dr\ \frac{\partial^{n-1}}{\partial(r^2)^{n-1}}\psi_{\mathbf{x},t}(r) = \frac{1}{2}\int_0^{(ct)^2} dy\ y^{-1/2}\frac{\partial^{n-1}}{\partial y^{n-1}}\psi_{\mathbf{x},t}\big(\sqrt{y}\big)\ .$$

Um die retardierte Green'sche Funktion der d-dimensionalen Wellengleichung zu erhalten, konzentrieren wir uns auf den Spezialfall $f(t) = c^2\delta(t-0^+)$. In diesem Fall sind die Funktion $\psi_{\mathbf{x},t}(r)$ und alle ihre Ableitungen nur für $r = |\mathbf{x}| = ct - 0^+$ ungleich null. In allen ungeraden Raumdimensionen gilt also das Huygens'sche Prinzip, das besagt, dass das Signal einer Punktquelle auf den Rand $\{(\mathbf{x},t)\,\big|\,|\mathbf{x}| = ct\}$ des Vorwärts-Lichtkegels konzentriert ist. Für den dreidimensionalen Spezialfall ($d = 3$ bzw. $n = 1$) erhält man das Ergebnis $G_3(\mathbf{x},t) = \frac{1}{4\pi x}\delta(t-\frac{x}{c}-0^+)$, im Einklang mit Gleichung (2.57a).

(h) Wir betrachten zunächst wieder eine *Punkt*quelle, die sich im Ursprung befindet: $f(\mathbf{x},t) = f(t)\delta^{(d)}(\mathbf{x})$. Für *gerade* Dimensionen $d = 2n$ mit $n \geq 1$ erhalten wir dann aufgrund von Teil **(f)**:

$$v(\mathbf{x},t) = \int_0^{(ct)^2} dT\ \frac{T^{-(n-1/2)}}{4c^2\,(n-1)!}\int_0^T dR\ \frac{R^{n-3/2}}{\sqrt{T-R}}\frac{\partial^{n-1}}{\partial R^{n-1}}\Big\{R^{n-\frac{1}{2}}M_{\mathbf{x},\sqrt{R}}\Big[f_{t-\frac{\sqrt{T}}{c}}\Big]\Big\}\ .$$

Wie in Teil **(g)** kann man die in $M_{\mathbf{x},\sqrt{R}}$ enthaltene Winkelintegration über die d-dimensionale Deltafunktion umschreiben als $\int d\Omega_d\ \delta^{(d)}\big(\mathbf{x}+\sqrt{R}\hat{\mathbf{e}}_r^{(d)}\big) = R^{-(n-1/2)}\delta\big(\sqrt{R}-|\mathbf{x}|\big)$. Für den ebenfalls in M enthaltenen Faktor $[S_d(1)]^{-1}$ gilt außerdem: $S_d(1) = 2\pi^{d/2}/\Gamma(\frac{d}{2}) = 2\pi^n/\Gamma(n) = 2\pi^n/(n-1)!$. Es folgt:

$$v(\mathbf{x},t) = \int_0^{(ct)^2} dT\ f\Big(t-\tfrac{\sqrt{T}}{c}\Big)\frac{T^{-(n-1/2)}}{8\pi^n c^2}\int_0^T dR\ \frac{R^{n-3/2}}{\sqrt{T-R}}\frac{\partial^{n-1}}{\partial R^{n-1}}\Big[\delta\big(\sqrt{R}-|\mathbf{x}|\big)\Big]\ .$$

Wir konzentrieren uns wieder auf den Spezialfall $f(t) = c^2\delta(t-0^+)$, vertauschen die Integrationsreihenfolge und schreiben:

$$v(\mathbf{x},t) = \frac{1}{8\pi^n}\int_0^{(ct)^2} dR\ I(R,t) R^{n-3/2}\frac{\partial^{n-1}}{\partial R^{n-1}}\Big[\delta\big(\sqrt{R}-|\mathbf{x}|\big)\Big]$$

mit

$$I(R,t) \equiv \int_R^{(ct)^2} dT\, \frac{T^{-(n-1/2)}}{\sqrt{T-R}}\, \delta\Big(t - \tfrac{\sqrt{T}}{c} - 0^+\Big) = \frac{2c\,(ct)^{-2(n-1)}}{\sqrt{(ct)^2 - R}}\;.$$

Im letzten Schritt verwendeten wir $\delta\big(t - \frac{\sqrt{T}}{c} - 0^+\big) = c\,\delta\big(ct - 0^+ - \sqrt{T}\big) = 2c\sqrt{T}\,\delta\big[(ct)^2 - 0^+ - T\big]$. In geraden Raumdimensionen ist das Signal der Punktquelle im Raumbereich $\{\mathbf{x}\,|\,0 < |\mathbf{x}| = \sqrt{R} < ct\}$ also generell ungleich null. Das Signal ist daher keineswegs auf den Rand des Vorwärts-Lichtkegels konzentriert. Für $d = 2n$ mit $n \in \mathbb{N}$ gilt das Huygens'sche Prinzip daher generell *nicht*. Für den zweidimensionalen Spezialfall ($d = 2$ bzw. $n = 1$) erhält man im Einklang mit Gleichung (2.57b):

$$v(\mathbf{x},t) = \frac{2c\,|\mathbf{x}|}{4\pi}\Theta(ct - |\mathbf{x}|)\frac{|\mathbf{x}|^{-1}}{\sqrt{(ct)^2 - |\mathbf{x}|^2}} = \frac{c\,\Theta(ct - |\mathbf{x}|)}{2\pi\sqrt{(ct)^2 - |\mathbf{x}|^2}} = G_2(\mathbf{x},t)\;.$$

(i) Die Fourier-transformierte retardierte Green'sche Funktion der Wellengleichung $\hat{G}_d(\mathbf{x},\omega) = \frac{1}{\sqrt{2\pi}}\int dt\; G_d(\mathbf{x},t)e^{i\omega t}$ erfüllt auch in allgemeinen Raumdimensionen $d \geq 2$ eine Helmholtz-Gleichung, analog zu Gleichung (2.58) für den dreidimensionalen Fall. Diese Helmholtz-Gleichung folgt direkt aus den Gleichungen (2.61b) und (2.60) als

$$\big[\big(\Delta_d + \tfrac{\omega^2}{c^2}\big)\hat{G}_d\big](\mathbf{x},\omega) = -\frac{1}{\sqrt{2\pi}}\delta^{(d)}(\mathbf{x})e^{i\omega 0^+} \quad , \quad \lim_{\omega_{\mathrm{I}}\to\infty} \hat{G}_d(\mathbf{x},\omega_{\mathrm{R}} + i\omega_{\mathrm{I}}) = 0\;,$$

wobei die zweite dieser beiden Gleichungen die Anfangsbedingung der retardierten Green'schen Funktion in der Frequenzsprache darstellt. Wegen der sphärischen Symmetrie des Problems ist klar, dass die Lösung $G_d(\mathbf{x},\omega)$ bei festem ω lediglich vom Radius $r = |\mathbf{x}|$ abhängen kann. Wir definieren daher $\hat{G}_d(\mathbf{x},\omega) \equiv \frac{1}{\sqrt{2\pi}}e^{i\omega 0^+}g_{kd}(r)$ mit $k \equiv \frac{\omega}{c}$, wobei g_{kd} die Gleichungen

$$\big[\big(r^{1-d}\partial_r\, r^{d-1}\partial_r + k^2\big)g_{kd}\big](r) = -\delta^{(d)}(\mathbf{x}) \quad , \quad \lim_{k_I\to\infty} g_{k_{\mathrm{R}}+ik_{\mathrm{I}},d}(r) = 0$$

erfüllt. Wir verwendeten das Ergebnis $\Delta_d = \frac{1}{r^{d-1}}\frac{\partial}{\partial r}\big(r^{d-1}\frac{\partial}{\partial r}\big)$ aus Gleichung (8.23a) für die Wirkung des Laplace-Operators im sphärisch symmetrischen Fall. Wir zeigen nun, dass die Gleichung für g_{kd} außerhalb des Ursprungs (also für $r > 0$) mit Hilfe der Definitionen $g_{kd}(r) \equiv r^{-\nu}\gamma_{kd}(r)$ und $\nu \equiv \frac{d}{2} - 1$ auf die *Bessel'sche Differentialgleichung* zurückgeführt werden kann:

$$\begin{aligned} -k^2\, r^{-\nu}\gamma_{kd} &= r^{1-d}\partial_r\, r^{d-1}\partial_r\big(r^{1-\frac{d}{2}}\gamma_{kd}\big) = r^{1-d}\partial_r\big[r^{\frac{d}{2}}\big(\partial_r\gamma_{kd}\big) + \big(1 - \tfrac{d}{2}\big)r^{\frac{d}{2}-1}\gamma_{kd}\big] \\ &= r^{-\nu}\big\{\partial_r^2 + \big[\tfrac{d}{2r} + \tfrac{1}{r}\big(1 - \tfrac{d}{2}\big)\big]\partial_r - \tfrac{\nu^2}{r^2}\big\}\gamma_{kd}\;. \end{aligned}$$

Folglich erfüllt γ_{kd} die Bessel'sche Differentialgleichung:

$$\big[\partial_r^2 + \tfrac{1}{r}\partial_r + \big(k^2 - \tfrac{\nu^2}{r^2}\big)\big]\gamma_{kd} = 0$$

und hat daher die allgemeine Form $\gamma_{kd}(r) = AJ_\nu(kr) + BY_\nu(kr)$. Wie in Teil **(a)** von Lösung 2.12 sind J_ν und Y_ν Bessel-Funktionen der ersten bzw. zweiten Gattung, nun aber der ν-ten Ordnung (d. h. mit dem Index ν).

Die Konstante B in der Kombination $AJ_\nu + BY_\nu$ kann man bestimmen, indem man die inhomogene Helmholtz-Gleichung $(\Delta_d + k^2)\, g_{kd} = -\delta^{(d)}(\mathbf{x})$ für g_{kd} über eine Kugel mit Radius $\varepsilon \ll k^{-1}$ integriert:

$$-1 = \int_{\{|\mathbf{x}|\leq\varepsilon\}} d^dx\, (\boldsymbol{\nabla}_d \cdot \boldsymbol{\nabla}_d + k^2)\, g_{kd} \sim \int_{\{|\mathbf{x}|=\varepsilon\}} d\mathbf{F} \cdot \boldsymbol{\nabla}_d g_{kd} = \int_{\{|\mathbf{x}|=\varepsilon\}} d\mathbf{F} \cdot \hat{\mathbf{x}}\, g'_{kd}(\varepsilon)$$

$$= S_d(\varepsilon)\, g'_{kd}(\varepsilon) = \varepsilon^{d-1} S_d(1)\, g'_{kd}(\varepsilon) = \varepsilon^{d-1} \frac{2\pi^{d/2}}{\Gamma\left(\frac{d}{2}\right)}\, g'_{kd}(\varepsilon)\ .$$

Das asymptotische Verhalten der Ableitung $g'_{kd}(r)$ für $r \downarrow 0$ folgt aus der Form $g_{kd}(r) = r^{-\nu}\left[AJ_\nu(kr) + BY_\nu(kr)\right]$ der Lösung und den Formeln (9.1.7-9) von Ref. [1] als $g'_{kd}(r) \sim \frac{2B}{\pi}\Gamma\left(\frac{d}{2}\right)(2/k)^\nu r^{1-d}$. Durch Einsetzen erhält man:

$$-1 = \varepsilon^{d-1} \frac{2\pi^{d/2}}{\Gamma\left(\frac{d}{2}\right)} \frac{2B}{\pi} \Gamma\left(\tfrac{d}{2}\right)(2/k)^\nu \varepsilon^{1-d} \quad \text{bzw.} \quad B = -\frac{1}{4}\left(\frac{k}{2\pi}\right)^\nu .$$

Mit diesem B-Wert gilt also $g_{kd}(r) = -iBr^{-\nu}\left[\frac{iA}{B} J_\nu(kr) + iY_\nu(kr)\right]$.

Die Konstante A kann wieder [analog zu Teil **(a)** von Lösung 2.12] aus der Bedingung $\lim_{k_I\to\infty} g_{k_\mathrm{R}+ik_\mathrm{I},d}(r) = 0$ bestimmt werden, die für jede *retardierte* Green'sche Funktion gelten muss, siehe Gleichung (2.60). Hierzu sollte man bedenken, dass die Linearkombination $\frac{iA}{B} J_\nu(kr) + iY_\nu(kr)$ äquivalent auch als Linearkombination der beiden Hankel-Funktionen (oder Bessel-Funktionen *dritter* Gattung)

$$H_\nu^{(1)} \equiv J_\nu + iY_\nu \quad \text{und} \quad H_\nu^{(2)} \equiv J_\nu - iY_\nu$$

geschrieben werden kann. Das asympotische Verhalten dieser beiden Hankel-Funktionen ist für $|z| \to \infty$ durch

$$H_\nu^{(1)}(z) \sim \sqrt{\tfrac{2}{\pi z}}\, e^{i(z-\frac{1}{2}\nu\pi-\pi/4)} \qquad (|z|\to\infty)$$

$$H_\nu^{(2)}(z) \sim \sqrt{\tfrac{2}{\pi z}}\, e^{-i(z-\frac{1}{2}\nu\pi-\pi/4)} \qquad (|z|\to\infty)$$

gegeben, siehe die Formeln (9.2.3) und (9.2.4) in Ref. [1] oder (10.17.5) und (10.17.6) in Ref. [35]. Die Bedingung $\lim_{k_I\to\infty} g_{k_\mathrm{R}+ik_\mathrm{I},d}(r) = 0$ wird also von der Hankel-Funktion $H_\nu^{(1)}$ für alle $k_\mathrm{R} \geq 0$ erfüllt und von $H_\nu^{(2)}$ verletzt. Hieraus folgt, dass $\frac{iA}{B} J_\nu + iY_\nu = H_\nu^{(1)}$ und somit $\frac{iA}{B} = 1$ bzw. $A = -iB$ gelten muss. Zusammenfassend gilt für alle $k = \frac{\omega}{c} > 0$:

$$\hat{G}_d(\mathbf{x}, \omega) = -\tfrac{iB}{\sqrt{2\pi}} r^{-\nu} H_\nu^{(1)}(kr) e^{i\omega 0^+} \quad , \quad r = |\mathbf{x}|\ .$$

Für negative Frequenzen ($k = \frac{\omega}{c} < 0$) verwenden wir die Symmetrieeigenschaft $\hat{G}_d(\mathbf{x}, -\omega) = [\hat{G}_d(\mathbf{x}, \omega)]^*$, siehe (2.65). Für Dimensionen $d > 2$ darf man aus dieser Symmetriebeziehung übrigens tatsächlich schließen, dass $\hat{G}_d(\mathbf{x}, 0) \in \mathbb{R}$ gilt für alle $\mathbf{x} \neq \mathbf{0}$. Dies folgt aus der Formel 9.1.9 in Ref. [1] bzw. 10.7.7 in Ref. [35], die lautet: $-iH_\nu^{(1)}(z) \sim -\frac{1}{\pi}\Gamma(\nu)(\frac{1}{2}z)^{-\nu}$ für $z \to 0$ und $\nu > 0$. Hieraus folgt dann $\hat{G}_d(\mathbf{x}, \omega) \propto k^0 r^{-2\nu} \propto r^{-2\nu}$ (mit einem reellen Vorfaktor) für $k = \frac{\omega}{c} \to 0$.

8.3 Relativistisches Kompendium

Lösung 3.1 Invarianten des elektromagnetischen Feldes

Wir zeigen, dass aus der Invarianz von $\mathbf{F}^2 = \mathbf{F} \cdot \mathbf{F} = I_1 + 2iI_2$ mit $I_1 = \mathbf{E}^2 - (c\mathbf{B})^2$ und $I_2 = \mathbf{E} \cdot (c\mathbf{B})$ folgt, dass entweder $E = cB$ und $I_2 = 0$ gilt oder dass es eine Lorentz-Transformation $\Lambda \in \mathcal{L}_+^\uparrow$ gibt mit der Eigenschaft, dass die Felder $\mathbf{E}'$ und $\mathbf{B}'$ nach der Transformation *parallel* ausgerichtet sind.

Dies folgt daraus, dass es nur zwei Möglichkeiten gibt: Es gilt nämlich entweder $\mathbf{F}^2 = 0$ oder $\mathbf{F}^2 \neq 0$.

Falls $\mathbf{F}^2 = 0$ gilt, sind die $\mathbf{E}$- und $c\mathbf{B}$-Felder betragsmäßig gleich, $E = cB$, und stehen orthogonal aufeinander, $\mathbf{E} \cdot (c\mathbf{B}) = 0$.

Alternativ folgt für $\mathbf{F}^2 \neq 0$, dass die Felder immer in der Form

$$\mathbf{F} = F\hat{\mathbf{f}} \qquad (\hat{\mathbf{f}} \cdot \hat{\mathbf{f}} = 1 \quad , \quad F \equiv \sqrt{\mathbf{F}^2} \in \mathbb{C})$$

darstellbar sind, wobei $\hat{\mathbf{f}}$ ein i. A. komplexwertiger Einheitsvektor ist. Der Einheitsvektor $\hat{\mathbf{f}}$ kann mit Hilfe einer komplexen Drehung $R(\boldsymbol{\alpha} - i\boldsymbol{\phi})$ auf einen beliebigen *reellen* Einheitsvektor $\hat{\mathbf{e}}$ abgebildet werden. Es folgt:

$$\mathbf{E}' + ic\mathbf{B}' = \mathbf{F}' = R\mathbf{F} = FR\hat{\mathbf{f}} = F\hat{\mathbf{e}} \qquad (\hat{\mathbf{e}} \in \mathbb{R}^3 \ , \ |\hat{\mathbf{e}}| = 1) \ ,$$

sodass die Felder $\mathbf{E}' = \mathrm{Re}(F)\hat{\mathbf{e}}$ und $c\mathbf{B}' = \mathrm{Im}(F)\hat{\mathbf{e}}$ im neuen Inertialsystem *parallel* sind. Die parallele Ausrichtung der Felder kann also (außer für $\mathbf{F}^2 = 0$) immer mit Hilfe einer geeigneten Lorentz-Transformation realisiert werden.

Wir zeigen nun konkret, wie die *komplexe* Drehung $R(\boldsymbol{\alpha} - i\boldsymbol{\phi})$ gewählt werden kann, damit diese den *komplexen* Einheitsvektor $\hat{\mathbf{f}}$ auf einen *reellen* Einheitsvektor $\hat{\mathbf{e}}$ abbildet. Diese explizite Konstruktion zeigt außerdem, dass die komplexe Drehung $R\hat{\mathbf{f}} = \hat{\mathbf{e}}$ leicht geometrisch interpretiert werden kann (siehe Abbildung 8.5).

Wir schreiben den komplexen Einheitsvektor $\hat{\mathbf{f}}$ zuerst als $\hat{\mathbf{f}} = \mathbf{f}_\mathrm{R} + i\mathbf{f}_\mathrm{I}$ mit den reellen Vektoren $\mathbf{f}_\mathrm{R,I} \in \mathbb{R}^3$. Aus der Normierungsbedingung für $\hat{\mathbf{f}}$,

$$\hat{\mathbf{f}} \cdot \hat{\mathbf{f}} = (\mathbf{f}_\mathrm{R}^2 - \mathbf{f}_\mathrm{I}^2) + 2i\mathbf{f}_\mathrm{R} \cdot \mathbf{f}_\mathrm{I} = 1 \quad \text{bzw.} \quad \mathbf{f}_\mathrm{R} \cdot \mathbf{f}_\mathrm{I} = 0 \ , \ \mathbf{f}_\mathrm{R}^2 - \mathbf{f}_\mathrm{I}^2 = 1 \ ,$$

folgt dann, dass die beiden reellen Vektoren $\mathbf{f}_\mathrm{R}$ und $\mathbf{f}_\mathrm{I}$ senkrecht aufeinander stehen, $\mathbf{f}_\mathrm{R} \perp \mathbf{f}_\mathrm{I}$, und dass der Realteil $\mathbf{f}_\mathrm{R}$ bei vorgegebenem Imaginärteil $\mathbf{f}_\mathrm{I} \neq \mathbf{0}$ auf einem Kreis mit Radius $|\mathbf{f}_\mathrm{R}| = \sqrt{1 + \mathbf{f}_\mathrm{I}^2}$ liegt. Es gibt wiederum *zwei* Möglichkeiten.

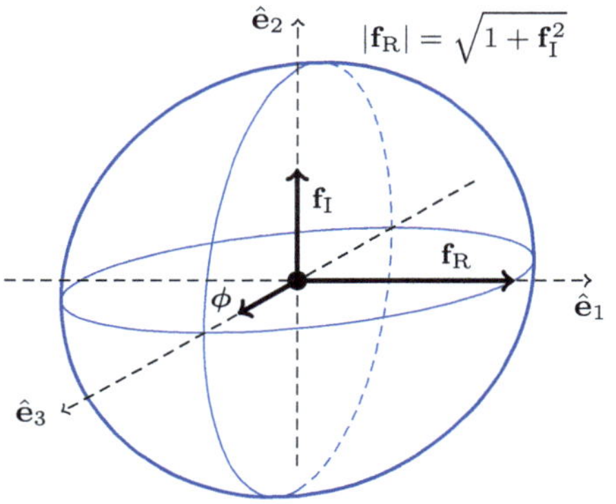

Abb. 8.5 Komplexe Drehung $R(-i\phi\hat{\mathbf{e}}_3)$ des komplexen Einheitsvektors $\hat{\mathbf{f}}$

Falls $\hat{\mathbf{f}}$ bereits reell ist, sodass $\mathbf{f}_\mathrm{I} = \mathbf{0}$ gilt, liegt $\mathbf{f}_\mathrm{R}$ auf der Einheitskugel. In diesem Fall können wir einfach $\mathbf{f}_\mathrm{R} = \hat{\mathbf{e}}$ und $R = \mathbb{1}_3$ wählen.

Für den Fall $\mathbf{f}_\mathrm{I} \neq \mathbf{0}$ merken wir zunächst an, dass die Ausrichtung der Koordinatenachsen noch nicht explizit festgelegt wurde. Wir wählen die Koordinatenachsen so, dass $\mathbf{f}_\mathrm{R} = x_1\hat{\mathbf{e}}_1$ und $\mathbf{f}_\mathrm{I} = x_2\hat{\mathbf{e}}_2$ mit $x_1 = \sqrt{1 + x_2^2}$ und $x_2 > 0$ gilt. Diese Situation ist in Abb. 8.5 grafisch dargestellt. Durch diese Wahl der $\hat{\mathbf{e}}_1$- und $\hat{\mathbf{e}}_2$-Achsen ist auch die dritte Richtung $\hat{\mathbf{e}}_3 = \hat{\mathbf{e}}_1 \times \hat{\mathbf{e}}_2$ festgelegt. Wir wählen die Parameter in der komplexen Drehung $R(\boldsymbol{\alpha} - i\boldsymbol{\phi})$ als $\boldsymbol{\alpha} = \mathbf{0}$ und $\boldsymbol{\phi} = \phi\hat{\mathbf{e}}_3$. Auch die Ausrichtung des $\boldsymbol{\phi}$-Vektors ist in Abb. 8.5 dargestellt. Wir zeigen nun, dass die komplexe Rotation $R(-i\boldsymbol{\phi})$ mit $\phi = \text{artanh}(x_2/x_1) > 0$ den komplexen Vektor $\hat{\mathbf{f}} = x_1\hat{\mathbf{e}}_1 + ix_2\hat{\mathbf{e}}_2$ auf den reellen Einheitsvektor $\hat{\mathbf{e}} = \hat{\mathbf{e}}_1$ abbildet. Wir berechnen zuerst:

$$\cosh(\phi) = \frac{1}{\sqrt{1-\tanh^2(\phi)}} = \frac{1}{\sqrt{1-(x_2/x_1)^2}} = \frac{x_1}{\sqrt{x_1^2 - x_2^2}} = x_1$$
$$\sinh(\phi) = \tanh(\phi)\cosh(\phi) = \frac{x_2}{x_1}x_1 = x_2$$

und setzen diese Hilfsgrößen in den Ausdruck für $R\hat{\mathbf{f}}$ ein:

$$R(-i\phi\hat{\mathbf{e}}_3)\hat{\mathbf{f}} = \begin{pmatrix} \cos(-i\phi) & -\sin(-i\phi) & 0 \\ \sin(-i\phi) & \cos(-i\phi) & 0 \\ 0 & 0 & 1 \end{pmatrix}\begin{pmatrix} x_1 \\ ix_2 \\ 0 \end{pmatrix} = \begin{pmatrix} \cosh(\phi) & i\sinh(\phi) & 0 \\ -i\sinh(\phi) & \cosh(\phi) & 0 \\ 0 & 0 & 1 \end{pmatrix}\begin{pmatrix} x_1 \\ ix_2 \\ 0 \end{pmatrix}$$
$$= \begin{pmatrix} x_1 & ix_2 & 0 \\ -ix_2 & x_1 & 0 \\ 0 & 0 & 1 \end{pmatrix}\begin{pmatrix} x_1 \\ ix_2 \\ 0 \end{pmatrix} = \begin{pmatrix} x_1^2 - x_2^2 \\ 0 \\ 0 \end{pmatrix} = \begin{pmatrix} 1 \\ 0 \\ 0 \end{pmatrix} = \hat{\mathbf{e}}_1 \ .$$

Nach der komplexen Rotation (oder äquivalent: nach der Lorentz-Transformation) zeigen die Felder $\mathbf{E}'$ und $\mathbf{B}'$ in diesem Beispiel also in die $\hat{\mathbf{e}}_1$-Richtung.

Lösung 3.2 Geladenes Teilchen im Coulomb-Feld

Wir erklären zuerst die angegebene Form des skalaren Potentials. Das elektrische Feld eines Stromdrahts mit der Ladungsdichte $\rho(\mathbf{x}) = q_0\,\delta(x_1)\delta(x_2)$ kann wie folgt berechnet werden:

$$\mathbf{E}(\mathbf{x}) = \frac{1}{4\pi\varepsilon_0}\int d^3x'\,\rho(\mathbf{x}')\frac{\mathbf{x}-\mathbf{x}'}{|\mathbf{x}-\mathbf{x}'|^3} = \frac{q_0}{4\pi\varepsilon_0}\int_{-\infty}^{\infty} dx_3'\,\frac{\mathbf{x} - x_3'\hat{\mathbf{e}}_3}{\left[r^2 + (x_3 - x_3')^2\right]^{3/2}}$$
$$= \frac{q_0}{4\pi\varepsilon_0}\int_{-\infty}^{\infty} dz\,\frac{\mathbf{x}_\perp + z\hat{\mathbf{e}}_3}{(r^2+z^2)^{3/2}} = \frac{q_0\mathbf{x}_\perp}{4\pi\varepsilon_0}\int_{-\infty}^{\infty} dz\,\frac{1}{(r^2+z^2)^{3/2}} \ .$$

Im zweiten Schritt wurde die Ladungsdichte eingesetzt und über die Deltafunktion integriert. In der zweiten Zeile definierten wir zuerst $z \equiv x_3 - x_3'$ als neue Integrationsvariable, und wir nutzen die Antisymmetrie des $\hat{\mathbf{e}}_3$-Beitrags zum z-Integral aus. Wir definieren nun $z \equiv r\sinh(y)$; das y-Integral wird dadurch elementar und kann berechnet werden:

$$\mathbf{E}(\mathbf{x}) = \frac{q_0\mathbf{x}_\perp}{4\pi\varepsilon_0 r^2}\int_{-\infty}^{\infty} dy\,\frac{\cosh(y)}{\cosh^3(y)} = \frac{q_0\hat{\mathbf{x}}_\perp}{4\pi\varepsilon_0 r}\int_{-\infty}^{\infty}\frac{dy}{\cosh^2(y)} = \frac{q_0\hat{\mathbf{x}}_\perp}{4\pi\varepsilon_0 r}\tanh(y)\Big|_{-\infty}^{\infty}$$
$$= \frac{q_0\hat{\mathbf{x}}_\perp}{4\pi\varepsilon_0 r}[1-(-1)] = \frac{q_0\hat{\mathbf{x}}_\perp}{2\pi\varepsilon_0 r} \quad , \quad \hat{\mathbf{x}}_\perp \equiv \frac{1}{r}\begin{pmatrix} x_1 \\ x_2 \\ 0 \end{pmatrix} \quad , \quad r(\mathbf{x}) \equiv \sqrt{x_1^2 + x_2^2} \ .$$

Mit der Definition $\Phi(\mathbf{x}) = -\frac{q_0}{2\pi\varepsilon_0}\ln(r/r_0)$ und $r_0 > 0$ gilt daher:

$$-(\boldsymbol{\nabla}\Phi)(\mathbf{x}) = \frac{q_0}{2\pi\varepsilon_0 r}(\boldsymbol{\nabla}r)(\mathbf{x}) = \frac{q_0\hat{\mathbf{x}}_\perp}{2\pi\varepsilon_0 r} = \mathbf{E}(\mathbf{x}) \ .$$

(a) Da das Vektorpotential $\mathbf{A}$ in diesem Problem gleich null ist, gilt für den kinetischen Impuls $\boldsymbol{\pi}$ bzw. für seine Zeitableitung:

$$\boldsymbol{\pi} = \mathbf{p} - q\mathbf{A} = \mathbf{p} = \frac{\partial L}{\partial \dot{\mathbf{x}}} = (-m_0c^2)\frac{-\dot{\mathbf{x}}/c^2}{\sqrt{1-(\dot{\mathbf{x}}/c)^2}} = \gamma_u m_0 \dot{\mathbf{x}} = \gamma_u m_0 \mathbf{u}$$
$$\frac{d\boldsymbol{\pi}}{dt} = \frac{d\mathbf{p}}{dt} = \frac{d}{dt}\frac{\partial L}{\partial \dot{\mathbf{x}}} = \frac{\partial L}{\partial \mathbf{x}} = -q\boldsymbol{\nabla}\Phi = q\mathbf{E} \quad , \quad q\mathbf{E} = -\frac{a\hat{\mathbf{x}}_\perp}{r} \quad , \quad a \equiv \frac{-qq_0}{2\pi\varepsilon_0} \; .$$

(b) Die Erhaltung der Gesamtenergie $\mathcal{E}_\mathrm{g} = \sqrt{\boldsymbol{\pi}^2c^2 + m_0^2c^4} + a\ln(r/r_0)$ folgt aus:

$$\frac{d\mathcal{E}_\mathrm{g}}{dt} = \frac{c^2\boldsymbol{\pi}\cdot\frac{d\boldsymbol{\pi}}{dt}}{\sqrt{\boldsymbol{\pi}^2c^2+m_0^2c^4}} + \frac{a}{r}\frac{dr}{dt} = \frac{c^2}{\gamma_u m_0 c^2}\boldsymbol{\pi}\cdot\left(-\frac{a\hat{\mathbf{x}}_\perp}{r}\right) + \frac{a}{r}\frac{dr}{dt}$$
$$= \frac{a}{r}\left(-\mathbf{u}\cdot\hat{\mathbf{x}}_\perp + \frac{dr}{dt}\right) = 0 \; .$$

Der letzte Schritt folgt daraus, dass $\mathbf{u}\cdot\hat{\mathbf{x}}_\perp$ die Geschwindigkeitskomponente in r-Richtung ist. Weitere Erhaltungsgrößen identifiziert man wie folgt: Aus Teil **(a)** folgt direkt, dass $d\pi_3/dt = 0$ gilt, sodass π_3 erhalten ist. Außerdem ergibt sich die Erhaltung der dritten Komponente L_3 des Drehimpulses aus:

$$\frac{d\mathbf{L}}{dt} = \frac{d}{dt}(\mathbf{x}\times\boldsymbol{\pi}) = \mathbf{x}\times\frac{d\boldsymbol{\pi}}{dt} = (\mathbf{x}_\perp + x_3\hat{\mathbf{e}}_3)\times(q\mathbf{E}) = -\frac{ax_3}{r}\hat{\mathbf{e}}_3\times\mathbf{x}_\perp \perp \hat{\mathbf{e}}_3 \; .$$

Wir beschreiben die Bahn des Teilchens mit Hilfe von Zylinderkoordinaten (r,φ,x_3), sodass insbesondere $x_1 = r\cos(\varphi)$ und $x_2 = r\sin(\varphi)$ gelten.

(c) Wir verwenden Zylinderkoordinaten (r,φ,x_3), sodass der Ortsvektor durch $\mathbf{x} = r\hat{\mathbf{e}}_r + x_3\hat{\mathbf{e}}_3$ mit $\hat{\mathbf{e}}_r = \hat{\mathbf{x}}_\perp = \cos(\varphi)\hat{\mathbf{e}}_1 + \sin(\varphi)\hat{\mathbf{e}}_2$ und der Geschwindigkeitsvektor durch $\mathbf{u} = \dot{\mathbf{x}} = \dot{r}\hat{\mathbf{e}}_r + r\dot{\varphi}\hat{\mathbf{e}}_\varphi + \dot{x}_3\hat{\mathbf{e}}_3$ mit $\hat{\mathbf{e}}_\varphi = -\sin(\varphi)\hat{\mathbf{e}}_1 + \cos(\varphi)\hat{\mathbf{e}}_2$ gegeben ist. Die Lagrange-Funktion lautet in Zylinderkoordinaten:

$$L = -m_0c^2\sqrt{1-(\dot{\mathbf{x}}/c)^2} + \frac{qq_0}{2\pi\varepsilon_0}\ln(r/r_0)$$
$$= -m_0c^2\sqrt{1-\tfrac{1}{c^2}\left(\dot{r}^2 + r^2\dot{\varphi}^2 + \dot{x}_3^2\right)} - a\ln(r/r_0) \; .$$

Die zu (r,φ,x_3) konjugierten Impulse sind daher gegeben durch:

$$\pi_r = \frac{\partial L}{\partial \dot{r}} = -m_0c^2\frac{(-\dot{r}/c^2)}{\sqrt{1-(\dot{\mathbf{x}}/c)^2}} = \gamma_u m_0 \dot{r}$$
$$\pi_\varphi = \frac{\partial L}{\partial \dot{\varphi}} = -m_0c^2\frac{(-r^2\dot{\varphi}/c^2)}{\sqrt{1-(\dot{\mathbf{x}}/c)^2}} = \gamma_u m_0 r^2\dot{\varphi}$$
$$\pi_3 = \frac{\partial L}{\partial \dot{x}_3} = -m_0c^2\frac{(-\dot{x}_3/c^2)}{\sqrt{1-(\dot{\mathbf{x}}/c)^2}} = \gamma_u m_0 \dot{x}_3 \; .$$

Der Vektor des kinetischen Impulses ist also insgesamt gegeben durch

$$\boldsymbol{\pi} = \gamma_u m_0 \mathbf{u} = \gamma_u m_0(\dot{r}\hat{\mathbf{e}}_r + r\dot{\varphi}\hat{\mathbf{e}}_\varphi + \dot{x}_3\hat{\mathbf{e}}_3) = \pi_r\hat{\mathbf{e}}_r + \frac{\pi_\varphi}{r}\hat{\mathbf{e}}_\varphi + \pi_3\hat{\mathbf{e}}_3 \; .$$

Die Lagrange-Gleichungen lauten dann $\frac{d\pi_\varphi}{dt} = \frac{\partial L}{\partial \varphi} = 0$, $\frac{d\pi_3}{dt} = \frac{\partial L}{\partial x_3} = 0$ sowie:

$$\frac{d\pi_r}{dt} = \frac{\partial L}{\partial r} = -m_0 c^2 \frac{(-r\dot{\varphi}^2/c^2)}{\sqrt{1-(\dot{\mathbf{x}}/c)^2}} - \frac{a}{r} = \gamma_u m_0 r \dot{\varphi}^2 - \frac{a}{r} \; .$$

Da die Variablen φ und x_3 zyklisch sind, sind die entsprechenden konjugierten Impulse $L_3 = \pi_\varphi$ und π_3 erhalten. Dass tatsächlich $L_3 = \pi_\varphi$ gilt, zeigt man wie folgt:

$$\begin{aligned} L_3 = \gamma_u m_0 (x_1 u_2 - x_2 u_1) &= \gamma_u m_0 \{ r\cos(\varphi)\left[\dot{r}\sin(\varphi) + r\cos(\varphi)\dot{\varphi}\right] \\ &\qquad - r\sin(\varphi)\left[\dot{r}\cos(\varphi) - r\sin(\varphi)\dot{\varphi}\right]\} \\ = \gamma_u m_0 r^2 \dot{\varphi}\left[\cos^2(\varphi) + \sin^2(\varphi)\right] &= \gamma_u m_0 r^2 \dot{\varphi} = \pi_\varphi \; . \end{aligned}$$

(d) Dass alle Bahnen in diesem Problem für vorgegebene endliche Werte von $(\mathcal{E}_\mathrm{g}, \pi_\varphi, \pi_3)$ mit $\pi_\varphi > 0$ sowie $a > 0$ in radialer Richtung *räumlich beschränkt* sind, $r \leq r_\mathrm{max} < \infty$, sieht man bereits aus der Energieerhaltung:

$$\begin{aligned} a\ln(r/r_0) &= \mathcal{E}_\mathrm{g} - \sqrt{\boldsymbol{\pi}^2 c^2 + m_0^2 c^4} = \mathcal{E}_\mathrm{g} - \sqrt{(\pi_r^2 + \pi_\varphi^2/r^2 + \pi_3^2)c^2 + m_0^2 c^4} \\ &\leq \mathcal{E}_\mathrm{g} - \sqrt{\pi_3^2 c^2 + m_0^2 c^4} \quad , \quad r \leq r_0\, e^{(\mathcal{E}_\mathrm{g} - \sqrt{\pi_3^2 c^2 + m_0^2 c^4})/a} < \infty \; . \end{aligned}$$

Dass das geladene Teilchen nicht in den Draht hineinstürzen kann, sodass auch $r \geq r_\mathrm{min} > 0$ gilt, folgt aus der Ungleichung:

$$\mathcal{E}_\mathrm{g} - a\ln(r/r_0) = \sqrt{\boldsymbol{\pi}^2 c^2 + m_0^2 c^4} \geq \sqrt{\pi_\varphi^2 c^2/r^2 + m_0^2 c^4} \geq \frac{\pi_\varphi c}{r} \; .$$

Diese Ungleichung ist bei fest vorgegebenen $(\mathcal{E}_\mathrm{g}, \pi_\varphi, \pi_3)$-Werten mit $\pi_\varphi > 0$ für $r \downarrow 0$ immer verletzt, sodass $r \geq r_\mathrm{min} > 0$ gelten muss.

Bisher haben wir lediglich gezeigt, dass es für alle $(\mathcal{E}_\mathrm{g}, \pi_\varphi, \pi_3)$-Werte mit $\pi_\varphi > 0$ und $a > 0$, wofür physikalische Bahnen existieren, Radien $0 < r_\mathrm{min} \leq r_\mathrm{max} < \infty$ geben muss. Man kann diese Radien r_min und r_max aber auch leicht *exakt* berechnen aus dem Kriterium, dass die radiale Geschwindigkeit (und daher π_r) für $r = r_\mathrm{min}$ und $r = r_\mathrm{max}$ gleich null sein muss. Aus dem Energieerhaltungsgesetz folgt nämlich für $\pi_r = 0$:

$$a\ln(r/r_0) = \mathcal{E}_\mathrm{g} - \sqrt{(\pi_\varphi^2/r^2 + \pi_3^2)c^2 + m_0^2 c^4} \; .$$

Diese transzendente Gleichung für r hat entweder *keine* Wurzel oder alternativ *zwei* reelle positive Wurzeln, die eventuell auch zusammenfallen können. Dies sieht man leicht grafisch ein, indem man die Gleichung schreibt als

$$f(r) \equiv \frac{a}{m_0 c^2}\ln\left(\frac{r}{r_0}\right) + \left[1 + \frac{1}{r^2}\left(\frac{\pi_\varphi}{m_0 c}\right)^2 + \left(\frac{\pi_3}{m_0 c}\right)^2\right]^{1/2} = \frac{\mathcal{E}_\mathrm{g}}{m_0 c^2} \; .$$

Die Funktion $f(r)$ ist stetig differenzierbar für $r > 0$ und divergiert für $r \downarrow 0$ und $r \to \infty$. Sie hat außerdem ein eindeutiges Minimum f_min im Intervall $r \in (0, \infty)$. Für $f_\mathrm{min} > \mathcal{E}_\mathrm{g}/m_0 c^2$ existieren keine Wurzeln, für $f_\mathrm{min} < \mathcal{E}_\mathrm{g}/m_0 c^2$ existieren zwei ungleiche Wurzeln, und für $f_\mathrm{min} = \mathcal{E}_\mathrm{g}/m_0 c^2$ fallen die beiden

Wurzeln zusammen. Die *Nicht*existenz von Wurzeln bedeutet physikalisch, dass die vorgegebenen $(\mathcal{E}_{\rm g}, \pi_\varphi, \pi_3)$-Werte offenbar keine physikalischen Bahnen erlauben. Falls *zwei* ungleiche reelle positive Wurzeln existieren, ist die kleinste Wurzel gleich $r_{\rm min}$ und die größte gleich $r_{\rm max}$. Falls die zwei Wurzeln zusammenfallen, $r_{\rm min} = r(t) = r_{\rm max}$ für alle t, liegt eine *Kreisbahn* vor; hierauf gehen wir in Teil **(e)** näher ein.

(e) Für Kreisbahnen muss auf jeden Fall gelten, dass $\pi_3 = \gamma_u m_0 \dot{x}_3$ konstant und gleich null ist, sonst ist die Bahn nicht geschlossen. Folglich ist x_3 zeitlich konstant. Da der *Radius* r der Kreisbahn per definitionem konstant ist, muss $\dot{r} = 0$ und daher $\pi_r = \gamma_u m_0 \dot{r} = 0$ gelten. Aus der Erhaltung der dritten Komponente L_3 des Drehimpulses folgt noch, dass auch $\pi_\varphi = L_3$ konstant ist. Aufgrund dieser Ergebnisse muss dann das Betragsquadrat des kinetischen Impulsvektors $\boldsymbol{\pi}^2 = \pi_r^2 + \pi_\varphi^2/r^2 + \pi_3^2 = \pi_\varphi^2/r^2$ konstant sein und daher wegen $\gamma_u m_0 c^2 = \sqrt{\boldsymbol{\pi}^2 c^2 + m_0^2 c^4}$ auch der γ_u-Faktor. Damit ist die Winkelgeschwindigkeit $\dot{\varphi} = \pi_\varphi / \gamma_u m_0 r^2$ konstant. Wegen $\pi_r = 0$ gilt sicherlich:

$$0 = \frac{d\pi_r}{dt} = \gamma_u m_0 r \dot{\varphi}^2 - \frac{a}{r} \quad \text{bzw.} \quad a = \gamma_u m_0 r^2 \dot{\varphi}^2 = \gamma_u m_0 \mathbf{u}^2 = \gamma_u m_0 c^2 \beta^2 \; .$$

Hieraus folgt direkt, dass *Kreisbahnen* als Lösung der Bewegungsgleichungen dann und nur dann möglich sind, wenn der Parameter $\bar{a} \equiv \frac{a}{\gamma_u m_0 c^2}$ gleich β^2 ist und somit im Intervall $0 < \bar{a} < 1$ liegt.

(f) Für *spiralförmige* Bahnen mit zeitunabhängigem r und $\dot{x}_3$ sind die Argumente weitgehend analog: Die Eigenschaften $\dot{r} = 0$ und $\ddot{x}_3 = 0$ sind vorgegeben. Aus $\frac{d\pi_3}{dt} = \dot{\gamma}_u m_0 \dot{x}_3 = 0$ folgt dann, dass γ_u und daher auch $\boldsymbol{\pi}^2$ konstant sind. Außerdem ergibt sich aus $\frac{d\pi_\varphi}{dt} = \gamma_u m_0 r^2 \ddot{\varphi} = 0$, dass $\dot{\varphi}$ konstant ist. Aus der Lagrange-Gleichung $0 = \frac{d\pi_r}{dt}$ folgt nun

$$a = \gamma_u m_0 r^2 \dot{\varphi}^2 = \gamma_u m_0 (\mathbf{u}^2 - u_3^2) = \gamma_u m_0 c^2 (\beta^2 - \beta_3^2) \; .$$

Daher lautet das verlangte Kriterium für die Existenz von spiralförmigen Bahnen: $0 < \bar{a} = \frac{a}{\gamma_u m_0 c^2} = \beta^2 - \beta_3^2 < 1 - \beta_3^2$.

8.4 Relativistische Dynamik

Lösung 4.1 Hamilton-Gleichungen der Teilchen

Wir überprüfen, dass die beiden sich aus der Hamilton-Funktion (4.12) ergebenden Hamilton-Gleichungen $\dot{\mathbf{X}} = \frac{\partial H}{\partial \mathbf{P}}$ und $\dot{\mathbf{P}} = -\frac{\partial H}{\partial \mathbf{X}}$ die Lorentz'sche Bewegungsgleichung (4.5a) reproduzieren. Die Hamilton-Funktion (4.12) lautet also

$$H(\mathbf{X}, \mathbf{P}; t) = \sum_{l=1}^{N} \left[\sqrt{\boldsymbol{\pi}_l^2 c^2 + m_{0l}^2 c^4} + q_l \Phi_l \right] \quad , \quad \boldsymbol{\pi}_l \equiv \mathbf{p}_l - q_l \mathbf{A}_l \; .$$

Im Folgenden wird die Beziehung

$$[\boldsymbol{\pi}_l^2 c^2 + m_{0l}^2 c^4]^{1/2} = \gamma_l m_{0l} c^2$$

mehrmals verwendet. Wir erhalten zunächst das bekannte (und korrekte) Resultat

$$\dot{\mathbf{x}}_l = \frac{\partial H}{\partial \mathbf{p}_l} = \frac{2(\mathbf{p}_l - q_l \mathbf{A}_l) c^2}{2 \gamma_l m_{0l} c^2} = \frac{\boldsymbol{\pi}_l}{\gamma_l m_{0l}} \quad \text{bzw.} \quad \boldsymbol{\pi}_l = \gamma_l m_{0l} \dot{\mathbf{x}}_l$$

und dann mit Hilfe der Hamilton-Gleichung $\dot{\mathbf{p}}_l = -\frac{\partial H}{\partial \mathbf{x}_l}$:

$$\begin{aligned}
\frac{d\boldsymbol{\pi}_l}{dt} &= \frac{d}{dt}(\mathbf{p}_l - q_l\mathbf{A}_l) = \dot{\mathbf{p}}_l - q_l(\dot{\mathbf{x}}_l \cdot \boldsymbol{\nabla})\mathbf{A}_l - q_l\frac{\partial \mathbf{A}_l}{\partial t} = -\frac{\partial H}{\partial \mathbf{x}_l} - q_l(\dot{\mathbf{x}}_l \cdot \boldsymbol{\nabla})\mathbf{A}_l - q_l\frac{\partial \mathbf{A}_l}{\partial t} \\
&= -\frac{2(-q_l\pi_{lj}\boldsymbol{\nabla}A_{lj})c^2}{2\gamma_l m_{0l}c^2} - q_l\boldsymbol{\nabla}\Phi_l - q_l(\dot{\mathbf{x}}_l \cdot \boldsymbol{\nabla})\mathbf{A}_l - q_l\frac{\partial \mathbf{A}_l}{\partial t} \\
&= q_l\mathbf{E}_l + \frac{q_l\pi_{lj}\boldsymbol{\nabla}A_{lj}}{\gamma_l m_{0l}} - q_l(\dot{\mathbf{x}}_l \cdot \boldsymbol{\nabla})\mathbf{A}_l = q_l\mathbf{E}_l + q_l\dot{x}_{lj}\boldsymbol{\nabla}A_{lj} - q_l(\dot{\mathbf{x}}_l \cdot \boldsymbol{\nabla})\mathbf{A}_l \\
&= q_l(\mathbf{E}_l + \dot{\mathbf{x}}_l \times \mathbf{B}_l) \quad , \quad \mathbf{E}_l \equiv \mathbf{E}(\mathbf{x}_l, t) \quad , \quad \mathbf{B}_l \equiv \mathbf{B}(\mathbf{x}_l, t) \ .
\end{aligned}$$

Beim Übergang von der ersten zur zweiten Zeile wurde im Zähler des ersten Terms zuerst die Summationskonvention angewandt, $(\mathbf{p}_l - q_l\mathbf{A}_l)^2 = \boldsymbol{\pi}_l^2 = \pi_{lj}\pi_{lj}$, und dann nach $\mathbf{x}_l$ differenziert: $\boldsymbol{\nabla}_l\pi_{lj}\pi_{lj} = 2\pi_{lj}\boldsymbol{\nabla}_l\pi_{lj} = 2\pi_{lj}(-q_l)\boldsymbol{\nabla}_l\mathbf{A}_l$. In den letzten beiden Zeilen wurde die Summationskonvention $a_jb_j \equiv \sum_{j=1}^3 a_jb_j$ wiederum mehrmals verwendet. Im letzten Schritt wurden die beiden geschwindigkeitsabhängigen Terme mit Hilfe der Identität $\mathbf{a}\times(\boldsymbol{\nabla}\times\mathbf{b}) = a_j\boldsymbol{\nabla}b_j - (\mathbf{a}\cdot\boldsymbol{\nabla})\mathbf{b}$ zu $q_l\dot{\mathbf{x}}_l \times (\boldsymbol{\nabla}\times\mathbf{A}_l) = q_l\dot{\mathbf{x}}_l \times \mathbf{B}_l$ zusammengefasst. Folglich reproduziert die Hamilton-Gleichung $\dot{\mathbf{P}} = -\frac{\partial H}{\partial \mathbf{X}}$ in der Tat die relativistische Lorentz'sche Bewegungsgleichung (4.5a).

Lösung 4.2 Wirkungsfunktional des elektromagnetischen Feldes

Wir betrachten die Lagrange-Dichte $\mathcal{L}_1 = -\frac{1}{4}\varepsilon_0F_{\mu\nu}F^{\mu\nu} - \frac{1}{c}j_\mu A^\mu$ für das elektromagnetische Feld in Wechselwirkung mit (vorgegebenen) Ladungen und Strömen.

(a) Die Lagrange-Dichte $\mathcal{L}_1$ ist Lorentz-invariant, falls A^μ die Lorenz-Eichung erfüllt und somit ein 4-Vektor ist, da sie dann die Form eines *Lorentz-Skalars* hat. Diese Lagrange-Dichte ist jedoch nicht eichinvariant. Um dies nachzuweisen, betrachten wir Eichtransformationen der Form $A^\mu \to (A')^\mu \equiv A^\mu + \partial^\mu\Lambda$, wobei Λ ein Lorentz-Skalar ist. Solche Eichtransformationen lassen die $(\mathbf{E}, \mathbf{B})$-Felder und daher auch den elektromagnetischen Feldtensor $F^{\mu\nu}$ invariant. Ihre Wirkung auf $\mathcal{L}_1$ ist:

$$\mathcal{L}_1 \ \to \mathcal{L}_1' = \mathcal{L}_1 - \tfrac{1}{c}j_\mu\partial^\mu\Lambda = \mathcal{L}_1 - \tfrac{1}{c}\partial^\mu(j_\mu\Lambda) \ ,$$

wobei im letzten Schritt die Kontinuitätsgleichung $\partial^\mu j_\mu = 0$ in 4-Notation verwendet wurde. Wegen des Zusatzterms $-\frac{1}{c}\partial^\mu(j_\mu\Lambda)$, der i. A. nicht null ist, ist $\mathcal{L}_1$ nicht eichinvariant. Die durch $\mathcal{L}_1$ erzeugte *Wirkung* ist jedoch unter der Bedingung $\partial^\mu j_\mu = 0$ eichinvariant, da der Zusatzterm dann die Form einer 4-Divergenz hat:

$$\begin{aligned}
S' - S &= \int_{t_1}^{t_2} dt\ (L'_{\mathrm{WW}} - L_{\mathrm{WW}}) = -\frac{1}{c}\int_{t_1}^{t_2} dt \int d^3x\ \partial^\mu(j_\mu\Lambda) \\
&= -\frac{1}{c^2}\int_{t_1}^{t_2} dt\ \frac{d}{dt}\int d^3x\ j_0\Lambda = -\frac{1}{c}\int d^3x\ \rho\Lambda\,\Bigg|_{t_1}^{t_2} = \text{Konstante}
\end{aligned}$$

und somit die Wirkung nur um eine „wirkungslose" Konstante ändert.

(b) Die Lagrange-Dichte $\mathcal{L}_1$ lautet explizit:

$$\mathcal{L}_1 = -\tfrac{1}{4}\varepsilon_0F_{\mu\nu}F^{\mu\nu} - \tfrac{1}{c}j_\mu A^\mu = -\tfrac{1}{4}\varepsilon_0(\partial_\mu A_\nu - \partial_\nu A_\mu)(\partial^\mu A^\nu - \partial^\nu A^\mu) - \tfrac{1}{c}j_\mu A^\mu \ .$$

Die zu $\mathcal{L}_1$ gehörigen Euler-Lagrange-Gleichungen sind:

$$0 = \frac{\partial \mathcal{L}_1}{\partial A^\rho} - \partial^\sigma \left(\frac{\partial \mathcal{L}_1}{\partial(\partial^\sigma A^\rho)} \right) = -\tfrac{1}{c} j_\rho - (-\tfrac{1}{4}\varepsilon_0)\partial^\sigma (2F_{\sigma\rho} - 2F_{\rho\sigma}) \\ = -\tfrac{1}{c} j_\rho + \varepsilon_0 \partial^\sigma F_{\sigma\rho} \, .$$

Folglich erfüllt A^ρ die inhomogenen Maxwell-Gleichungen $\partial_\sigma F^{\sigma\rho} = \frac{1}{c\,\varepsilon_0} j^\rho = c\mu_0 j^\rho$. Falls A^ρ die Lorenz-Eichung erfüllt, kann man alternativ schreiben: $\partial_\sigma F^{\sigma\rho} = \partial_\sigma(\partial^\sigma A^\rho - \partial^\rho A^\sigma) = \Box A^\rho - \partial^\rho(\partial_\sigma A^\sigma) = \Box A^\rho$, sodass die Maxwell-Gleichungen dann $\Box A^\rho = c\mu_0 j^\rho$ lauten.

(c) Wir betrachten nun die Lagrange-Dichte $\mathcal{L}_2 = -\frac{1}{2}\varepsilon_0(\partial_\mu A_\nu)(\partial^\mu A^\nu) - \frac{1}{c} j_\mu A^\mu$. Auch diese alternative Lagrange-Dichte ist ein Lorentz-Skalar und somit Lorentz-invariant, falls das 4-Potential A^μ die Lorenz-Eichung erfüllt und daher einen 4-Vektor darstellt. Die alternative Lagrange-Dichte $\mathcal{L}_2$ ist nicht eichinvariant, denn es gilt

$$\mathcal{L}_2 \;\to \mathcal{L}_2' = \mathcal{L}_2 - \tfrac{1}{2}\varepsilon_0 \big[(\partial_\mu A_\nu)(\partial^\mu \partial^\nu \Lambda) + (\partial_\mu \partial_\nu \Lambda)(\partial^\mu A^\nu) \\ + (\partial_\mu \partial_\nu \Lambda)(\partial^\mu \partial^\nu \Lambda) \big] - \tfrac{1}{c} \partial^\mu (j_\mu \Lambda) \, .$$

Die zu $\mathcal{L}_2$ gehörigen Euler-Lagrange-Gleichungen sind:

$$0 = \frac{\partial \mathcal{L}_2}{\partial A^\rho} - \partial^\sigma \left(\frac{\partial \mathcal{L}_2}{\partial(\partial^\sigma A^\rho)} \right) = -\tfrac{1}{c} j_\rho - (-\varepsilon_0)\partial^\sigma (\partial_\sigma A_\rho) = -\tfrac{1}{c} j_\rho + \varepsilon_0 \Box A_\rho \, .$$

Folglich erfüllt A^ρ die Maxwell-Gleichungen $\Box A^\rho = \frac{1}{c\varepsilon_0} j^\rho = c\mu_0 j^\rho$. Hierbei geht also nur ein, dass A^μ die Lorenz-Eichung erfüllt und ein 4-Vektor ist.

(d) Wir zeigen, dass $\mathcal{L}_1 - \mathcal{L}_2$ als 4-Divergenz geschrieben werden kann, da wir nach wie vor voraussetzen, dass A^μ die Lorenz-Eichung erfüllt und ein 4-Vektor ist:

$$\mathcal{L}_1 - \mathcal{L}_2 = -\tfrac{1}{4}\varepsilon_0(\partial_\mu A_\nu - \partial_\nu A_\mu)(\partial^\mu A^\nu - \partial^\nu A^\mu) + \tfrac{1}{2}\varepsilon_0(\partial_\mu A_\nu)(\partial^\mu A^\nu) \\ = \tfrac{1}{4}\varepsilon_0 \big[(\partial_\nu A_\mu)(\partial^\mu A^\nu) + (\partial_\mu A_\nu)(\partial^\nu A^\mu) \big] = \tfrac{1}{2}\varepsilon_0 (\partial_\nu A_\mu)(\partial^\mu A^\nu) \\ = \tfrac{1}{2}\varepsilon_0 \partial^\mu \big[A^\nu (\partial_\nu A_\mu) \big] \quad \text{wegen} \quad \partial^\mu A_\mu = 0 \, .$$

Ähnlich wie in Teil **(a)** ändert diese zusätzliche 4-Divergenz in der Lagrange-Dichte weder die Wirkung (möglicherweise abgesehen von einer „wirkungslosen" Konstanten) noch die Euler-Lagrange-Gleichungen.

Lösung 4.3 Hamilton-Funktion des Gesamtsystems

Die *Lagrange-Funktion* $L = L_{\mathrm{M}} + L_{\mathrm{WW}} + \int d^3x \; \mathcal{L}_{\mathrm{F}}$ des Gesamtsystems ist durch die Kombination der beiden Gleichungen (4.42b) und (4.44) gegeben mit

$$L_{\mathrm{WW}} + \int d^3x \; \mathcal{L}_{\mathrm{F}} = \sum_{l=1}^{N} q_l \big[\mathbf{u}_l \cdot \mathbf{A}(\mathbf{x}_l, t) - \tfrac{1}{2}\Phi(\mathbf{x}_l, t) \big] + \tfrac{1}{2}\varepsilon_0 \int d^3x \; \big(\mathbf{E}_\perp^2 - c^2 \mathbf{B}^2 \big) \, .$$

Die *Hamilton-Funktion* $H\big(\{\boldsymbol{\pi}_l\}, \mathbf{A}\big)$ des Gesamtsystems kann folglich als Summe zweier Terme geschrieben werden, $H = H_1(\{\boldsymbol{\pi}_l\}, \mathbf{A}) + H_2(\mathbf{A})$, mit

$$\begin{aligned} H_1 &= \sum_{l=1}^{N} \mathbf{u}_l \cdot \frac{\partial L_{\mathrm{M+WW}}}{\partial \mathbf{u}_l} - L_{\mathrm{M}} - \sum_{l=1}^{N} q_l \left[\mathbf{u}_l \cdot \mathbf{A}(\mathbf{x}_l, t) - \tfrac{1}{2}\Phi(\mathbf{x}_l, t)\right] \\ &= \sum_{l=1}^{N} \left[\sqrt{\boldsymbol{\pi}_l^2 c^2 + m_{0l}^2 c^4} + \tfrac{1}{2} q_l \Phi_l\right] = \sum_{l=1}^{N} \left[\mathcal{E}_l + \tfrac{1}{2} q_l \Phi_l\right] \quad , \quad \boldsymbol{\pi}_l \equiv \mathbf{p}_l - q_l \mathbf{A}_l \ . \end{aligned}$$

Hierbei haben wir die aus Lösung 4.1 bekannte Hamilton-Funktion übernommen, allerdings unter Berücksichtigung des unterschiedlichen Vorfaktors $\frac{1}{2}$ (statt 1) des skalaren Potentials. Der zweite Beitrag $H_2(\mathbf{A})$ ist:

$$\begin{aligned} H_2 &= \int d^3x \; (\partial_t \mathbf{A}) \cdot \frac{\partial \mathcal{L}_{\mathrm{F}}}{\partial(\partial_t \mathbf{A})} - \tfrac{1}{2}\varepsilon_0 \int d^3x \; (\mathbf{E}_\perp^2 - c^2 \mathbf{B}^2) \\ &= \int d^3x \; \mathbf{E}_\perp \cdot \frac{\partial \mathcal{L}_{\mathrm{F}}}{\partial \mathbf{E}_\perp} - \tfrac{1}{2}\varepsilon_0 \int d^3x \; (\mathbf{E}_\perp^2 - c^2 \mathbf{B}^2) = \tfrac{1}{2}\varepsilon_0 \int d^3x \; (\mathbf{E}_\perp^2 + c^2 \mathbf{B}^2) \ . \end{aligned}$$

Folglich gilt insgesamt für die Hamilton-Funktion $H = H_1 + H_2$ im Einklang mit Gleichung (4.43):

$$H = \sum_{l=1}^{N} \left[\mathcal{E}_l + \tfrac{1}{2} q_l \Phi_l\right] + \tfrac{1}{2}\varepsilon_0 \int d^3x \; (\mathbf{E}_\perp^2 + c^2 \mathbf{B}^2) = \sum_{l=1}^{N} \mathcal{E}_l + \tfrac{1}{2}\varepsilon_0 \int d^3x \; (\mathbf{E}^2 + c^2 \mathbf{B}^2) \ .$$

Im letzten Schritt wurde wiederum Gleichung (4.44) verwendet.

Lösung 4.4 Hamilton-Dichte für freie Felder

(a) Für den Spezialfall des *freien* elektromagnetischen Feldes ($j^\mu = 0$) hat die Lagrange-Dichte die Form $\mathcal{L}_{\mathrm{F}} = -\frac{1}{4}\varepsilon_0 F^{\mu\nu} F_{\mu\nu}$ mit

$$\begin{aligned} F^{\mu\nu} F_{\mu\nu} &= F^{0i} F_{0i} + F^{i0} F_{i0} + F^{ij} F_{ij} \\ &= (-E_i) E_i + E_i(-E_i) + (-\varepsilon_{ijk} c B_k)(-\varepsilon_{ijl} c B_l) \\ &= 2c^2 \delta_{kl} B_k B_l - 2\mathbf{E}^2 = -2[\mathbf{E}^2 - (c\mathbf{B})^2] \ . \end{aligned}$$

Folglich kann die Lagrange-Dichte auch als $\mathcal{L}_{\mathrm{F}} = \frac{1}{2}\varepsilon_0(\mathbf{E}^2 - c^2 \mathbf{B}^2)$ geschrieben werden.

(b) Der $\partial^0 A^\rho$-abhängige Anteil der Lagrange-Dichte $\mathcal{L}_{\mathrm{F}}$ folgt aus:

$$\begin{aligned} F^{\mu\nu} F_{\mu\nu} &= F^{0\rho} F_{0\rho} + F^{\rho 0} F_{\rho 0} + \cdots = 2F^{0\rho} F_{0\rho} + \cdots \\ &= 2(\partial^0 A^\rho - \partial^\rho A^0)(\partial_0 A_\rho - \partial_\rho A_0) + \cdots \\ &= 2(\partial^0 A^\rho \partial_0 A_\rho - 2\partial^0 A^\rho \partial_\rho A_0) + \cdots \end{aligned}$$

als $\mathcal{L}_{\mathrm{F}} = -\frac{1}{2}\varepsilon_0(\partial^0 A^\rho \partial_0 A_\rho - 2\partial^0 A^\rho \partial_\rho A_0) + \cdots$. Daher gilt für $\mathcal{H}_{\mathrm{F}}$:

$$\begin{aligned} \mathcal{H}_{\mathrm{F}} &= \frac{\partial \mathcal{L}_{\mathrm{F}}}{\partial(\partial^0 A^\rho)} \partial^0 A^\rho - \mathcal{L}_{\mathrm{F}} = -\varepsilon_0(\partial_0 A_\rho - \partial_\rho A_0)\partial^0 A^\rho - \mathcal{L}_{\mathrm{F}} \\ &= \varepsilon_0 \left(\frac{\partial \mathbf{A}}{\partial t} + \boldsymbol{\nabla}\Phi\right) \cdot \frac{\partial \mathbf{A}}{\partial t} - \mathcal{L}_{\mathrm{F}} = -\varepsilon_0 \mathbf{E} \cdot \frac{\partial \mathbf{A}}{\partial t} - \mathcal{L}_{\mathrm{F}} \\ &= \varepsilon_0 \mathbf{E} \cdot (\mathbf{E} + \boldsymbol{\nabla}\Phi) - \tfrac{1}{2}\varepsilon_0(\mathbf{E}^2 - c^2 \mathbf{B}^2) \\ &= \tfrac{1}{2}\varepsilon_0(\mathbf{E}^2 + c^2 \mathbf{B}^2) + \varepsilon_0 \mathbf{E} \cdot \boldsymbol{\nabla}\Phi = \rho_{\mathcal{E}} + \varepsilon_0 \boldsymbol{\nabla} \cdot (\Phi \mathbf{E}) \ . \end{aligned}$$

Im letzten Schritt wurde $\boldsymbol{\nabla}\cdot\mathbf{E}=0$ verwendet, da $\mathcal{H}_{\rm F}$ *freie* Felder beschreibt und daher stets $\rho=0$ gilt. Es folgt also $\mathcal{H}_{\rm F}-\rho\mathcal{E}=\varepsilon_0\boldsymbol{\nabla}\cdot(\Phi\mathbf{E})$. Hieraus kann man aber *nicht* schließen, dass die Hamilton-Funktion $H_{\rm F}\equiv\int d\mathbf{x}\ \mathcal{H}_{\rm F}$ ungleich der Gesamtenergie des freien elektromagnetischen Feldes ist, da $\int d\mathbf{x}\ (\mathcal{H}_{\rm F}-\rho\mathcal{E})=\varepsilon_0\int d\mathbf{x}\ \boldsymbol{\nabla}\cdot(\Phi\mathbf{E})=\varepsilon_0\int_{\partial\mathbb{R}^3}d\mathbf{F}\cdot(\Phi\mathbf{E})=0$ gilt. Im Unendlichen sind die Felder immer rigoros null.

(c) Aus Gleichung (4.56) mit $\mu=\rho=0$ folgt direkt, dass die Definition der Hamilton-Dichte gleich der zeitlich-zeitlichen Komponente von $T_{\rm kan}$ ist. Auch dies zeigt, dass $\mathcal{H}_{\rm F}$ (in diesem Fall) keine physikalische Bedeutung hat.

Lösung 4.5 Selbstenergie eines geladenen klassischen Teilchens

(a) Wir bezeichnen die elektrostatische Selbstenergie des einzelnen geladenen Teilchens als S_1. Ausgehend von Gleichung (4.66),

$$S_1=\frac{1}{8\pi\varepsilon_0}\int d^3x\int d^3x'\ \frac{\rho(\mathbf{x})\rho(\mathbf{x}')}{|\mathbf{x}-\mathbf{x}'|}\ ,$$

zeigen wir, dass die Selbstenergie der homogenen Oberflächenladungsdichte $\sigma=q/4\pi r^2$ gleich $q^2/8\pi\varepsilon_0 r$ ist. Die Oberflächenladungsdichte $\sigma=q/4\pi r^2$ entspricht einer *Ladungsdichte* $\rho(\mathbf{x})=\sigma\delta(x-r)$ mit $x=|\mathbf{x}|$, sodass (4.66) mit $\rho(\mathbf{x})d^3x=\sigma\delta(x-r)x^2dxd\Omega$ auch geschrieben werden kann als:

$$S_1=\iint\frac{\frac{q}{4\pi}d\Omega\cdot\frac{q}{4\pi}d\Omega'}{8\pi\varepsilon_0|r\hat{\mathbf{e}}_x-r\hat{\mathbf{e}}_{x'}|}=\frac{q^2}{128\pi^3\varepsilon_0 r}\int d\Omega\int\frac{d\Omega'}{|\hat{\mathbf{e}}_x-\hat{\mathbf{e}}_{x'}|}\ .$$

Wegen der Rotationsinvarianz der Integrationen kann man o. B. d. A. $\hat{\mathbf{e}}_x=\hat{\mathbf{e}}_3$ wählen. Es folgt:

$$\begin{aligned}\int\frac{d\Omega'}{|\hat{\mathbf{e}}_x-\hat{\mathbf{e}}_{x'}|}&=\int\frac{d\Omega'}{|\hat{\mathbf{e}}_3-\hat{\mathbf{e}}_{x'}|}=\int_0^\pi\frac{2\pi\sin(\vartheta')d\vartheta'}{\sqrt{2-2\hat{\mathbf{e}}_3\cdot\hat{\mathbf{e}}_{x'}}}=\int_0^\pi\frac{2\pi\sin(\vartheta')d\vartheta'}{\sqrt{2[1-\cos(\vartheta')]}}\\&=\int_0^\pi\frac{4\pi\sin(\frac{1}{2}\vartheta')\cos(\frac{1}{2}\vartheta')d\vartheta'}{\sqrt{4\sin^2(\frac{1}{2}\vartheta')}}=4\pi\int_0^{\frac{1}{2}\pi}d\tau\cos(\tau)=4\pi\ .\end{aligned}$$

In der letzten Zeile wurden die Verdopplungsformeln für trigonometrische Funktionen verwendet. Wir setzen dieses Ω-unabhängige Ergebnis in S_1 ein:

$$S_1=\frac{q^2}{32\pi^2\varepsilon_0 r}\int d\Omega=\frac{q^2}{8\pi\varepsilon_0 r}\ .$$

Dieses *endliche* Ergebnis für die elektrostatische Selbstwechselwirkungsenergie eines Teilchen mit dem Radius r ersetzt den formal divergenten „Selbstenergie"-Beitrag $S=\frac{q^2}{8\pi\varepsilon_0|\mathbf{x}-\mathbf{x}|}$ eines *Punkt*teilchens in Gleichung (4.46).

(b) Wir berechnen den alternativen Ausdruck (4.67) für die elektrostatische Selbstenergie des einzelnen geladenen Teilchens: $S_1=\int d^3x\ \mathbf{E}^2$. Durch Einsetzen des entsprechenden elektrischen Feldes, $\mathbf{E}=\frac{q\hat{\mathbf{x}}}{4\pi\varepsilon_0 x^2}\Theta(x-r)$, erhalten wir:

$$S_1=\tfrac{1}{2}\varepsilon_0\int d\mathbf{x}\ \mathbf{E}^2=\tfrac{1}{2}\varepsilon_0\int_r^\infty dx\ 4\pi x^2\left(\frac{q}{4\pi\varepsilon_0 x^2}\right)^2=\frac{q^2}{8\pi\varepsilon_0}\int_r^\infty dx\ \frac{1}{x^2}=\frac{q^2}{8\pi\varepsilon_0 r}\ .$$

Hierbei ist zu bedenken, dass im Inneren einer leitenden Kugel $\mathbf{E}=\mathbf{0}$ gilt.

(c) Das „Elementarteilchen" mit der Ladung q und dem Radius r soll nun eine statische, sphärisch symmetrische Ladungsdichte der Form $\rho(\mathbf{x}) = \rho_0 x^\alpha$ mit konstantem Vorfaktor $\rho_0 > 0$ und Exponenten $\alpha > -\frac{5}{2}$ haben. Bei vorgegebenen Werten von q und α folgt der Vorfaktor $\rho_0(q, \alpha)$ aus:

$$q = 4\pi\rho_0 \int_0^r dx\; x^{2+\alpha} = 4\pi\rho_0 \frac{x^{3+\alpha}}{3+\alpha}\bigg|_0^r = 4\pi\rho_0 \frac{r^{3+\alpha}}{3+\alpha} \quad , \quad \rho_0 = \frac{(3+\alpha)q}{4\pi\, r^{3+\alpha}} \; .$$

Die Ladungsdichte des Teilchens ist daher gleich $\rho(\mathbf{x}) = \rho_0 x^\alpha = \frac{(3+\alpha)q}{4\pi\, r^3}(\frac{x}{r})^\alpha$. Das elektrische Feld $\mathbf{E}(\mathbf{x}) \equiv E(x)\hat{\mathbf{x}}$ des „Elementarteilchens" folgt dann für alle $\mathbf{x} \in \mathbb{R}^3$ mit Hilfe des Gauß'schen Satzes aus der Maxwell-Gleichung I:

$$4\pi x^2 E(x) = \frac{4\pi}{\varepsilon_0} \int_0^x dx'\; (x')^2 \rho(\mathbf{x}') = \frac{(3+\alpha)q}{\varepsilon_0\, r^{3+\alpha}} \int_0^x dx'\; (x')^{2+\alpha} = \frac{q}{\varepsilon_0}\left(\frac{x}{r}\right)^{3+\alpha} .$$

Das Ergebnis lautet:

$$\mathbf{E}(\mathbf{x}) = \frac{q\hat{\mathbf{x}}}{4\pi\varepsilon_0 x^2}\left(\frac{x}{r}\right)^{3+\alpha} \quad (x \le r) \quad , \quad \mathbf{E}(\mathbf{x}) = \frac{q\hat{\mathbf{x}}}{4\pi\varepsilon_0 x^2} \quad (x \ge r) \; .$$

Die Selbstenergie des „Elementarteilchens" folgt nun aus Gleichung (4.67) und dem bereits in Teil **(b)** für $x \ge r$ berechneten Beitrag als:

$$S_{\mathrm{I}} = \tfrac{1}{2}\varepsilon_0 \int d\mathbf{x}\; \mathbf{E}^2 = \frac{q^2}{8\pi\varepsilon_0 r} + S_{\mathrm{II}} \quad , \quad S_{\mathrm{II}} \equiv \tfrac{1}{2}\varepsilon_0 \int d\mathbf{x}\; \mathbf{E}^2(\mathbf{x})\Theta(r-x) \; .$$

Der Beitrag S_{II} zur Selbstenergie aus dem *Innern* des Teilchens $(x \le r)$ sowie die gesamte Selbstenergie S_{I} betragen:

$$\begin{aligned} S_{\mathrm{II}} &= \tfrac{1}{2}\varepsilon_0 \int_0^r dx\; 4\pi x^2 \left(\frac{q}{4\pi\varepsilon_0 x^2}\right)^2 \left(\frac{x}{r}\right)^{6+2\alpha} = \frac{q^2}{8\pi\varepsilon_0 r^{6+2\alpha}} \int_0^r dx\; x^{4+2\alpha} \\ &= \frac{q^2}{8\pi\varepsilon_0 r^{6+2\alpha}} \frac{x^{5+2\alpha}}{5+2\alpha}\bigg|_0^r = \frac{1}{5+2\alpha}\frac{q^2}{8\pi\varepsilon_0 r} \quad , \quad S_{\mathrm{I}} = \frac{6+2\alpha}{5+2\alpha}\frac{q^2}{8\pi\varepsilon_0 r} \; . \end{aligned}$$

Für eine *homogene* Ladungsverteilung im „Elementarteilchen" $(\alpha = 0)$ erhält man das Ergebnis $S_{\mathrm{I}} = \frac{6}{5}\frac{q^2}{8\pi\varepsilon_0 r}$, das um 20 % höher ist als das Ergebnis für das leitende Elementarteilchen in Teil **(b)**. Für $\alpha = -2$ ist die Selbstenergie exakt gleich $q^2/4\pi\varepsilon_0 r$, also zweimal so hoch wie für das leitende Teilchen. Der Exponent $\alpha = -2$ entspricht einer Ladungsdichte $\rho(\mathbf{x}) = \frac{q}{4\pi\, r^3}(\frac{x}{r})^{-2} = \frac{q}{4\pi\, x^2 r}$. Hieraus folgt $4\pi\, x^2\rho(\mathbf{x}) = q/r$, sodass sämtliche Kugelschalen der Dicke dx die gleiche Ladung $(q/r)dx$ tragen. Anders formuliert ist also für $\alpha = -2$ die *radiale* Ladungsdichte $\bar{\rho}(\xi) \equiv \int d^3x\; \rho(\mathbf{x})\delta(x-\xi) = q/r$ für $\xi \le r$ *konstant*.

(d) Im Limes $\alpha \to \infty$ reproduziert das Ergebnis für S_{I} in Teil **(c)** die Selbstenergie $\frac{q^2}{8\pi\varepsilon_0 r}$ aus Teil **(b)** für eine leitende Kugel. Der Limes $\alpha \to \infty$ bedeutet, dass sich die Ladung des kugelförmigen „Elementarteilchens" gänzlich an seiner Oberfläche befindet. Dieses Ergebnis ist deshalb so interessant, da es anhand eines exakt lösbaren Beispiels mit einer Ladungsdichte der Form $\rho(\mathbf{x}) = \rho_0 x^\alpha$ zeigt, dass die elektrostatische Selbstenergie eines leitenden Körpers durch die Konzentration der Ladung an seiner Oberfläche *minimiert* wird.

Lösung 4.6 Energie und Impuls des Strahlungsfelds im Vakuum (P)

(a) Die allgemeine Form der Hamilton-Funktion in der Coulomb-Eichung, d. h. für $\boldsymbol{\nabla}\cdot\mathbf{A}=0$, die auch in *Anwesenheit* äußerer Quellen gültig ist (also eventuell mit $j^\mu \neq 0$), ist durch Gleichung (4.45) bzw. (4.47) gegeben. Hierbei ist das skalare Potential $\Phi(\mathbf{x},t)$ in Gleichung (4.45) explizit bekannt (s. Gleichung (1.31b)). In *Abwesenheit* von Quellen gilt in der Coulomb-Eichung daher $\Phi=0$. Die Hamilton-Funktion *ohne* äußere Quellen hat somit die Form:

$$H_\mathrm{F} = \tfrac{1}{2}\varepsilon_0 \int_\mathcal{D} d^3x \left[\left(\frac{\partial \mathbf{A}}{\partial t}\right)^2 + c^2\left(\boldsymbol{\nabla}\times\mathbf{A}\right)^2\right] . \tag{8.28}$$

Der Impuls des Strahlungsfeldes $\mathbf{P}_\mathrm{F}$ ist gegeben durch das Integral über die Impuls*dichte* $\frac{1}{c^2}\mathbf{S}$, wobei $\mathbf{S}=\varepsilon_0 c^2\mathbf{E}\times\mathbf{B}$ den Poynting-Vektor darstellt. Da wir hier das *freie* elektromagnetische Feld (in Abwesenheit von Ladungen und Strömen) betrachten, gilt $\mathbf{E}_\| = -\boldsymbol{\nabla}\Phi = \mathbf{0}$ und daher $\mathbf{E}=\mathbf{E}_\perp = -\frac{\partial \mathbf{A}}{\partial t}$. Es folgt also:

$$\mathbf{P}_\mathrm{F} = -\varepsilon_0 \int_\mathcal{D} d^3x\, \frac{\partial \mathbf{A}}{\partial t}\times\left(\boldsymbol{\nabla}\times\mathbf{A}\right) . \tag{8.29}$$

Da die Hamilton-Funktion H_F nicht *explizit* zeitabhängig ist (nur *implizit* über die Ableitungen des Vektorpotentials), ist die Hamilton-Funktion eine *Erhaltungsgröße* und außerdem gleich der (erhaltenen) *Energie* des Feldes.

(b) Es ist an sich relativ einfach, zu zeigen, dass die Fourier-Reihe

$$\mathbf{A}(\mathbf{x},t) = \sqrt{\frac{\mu_0}{V}}\sum_{\mathbf{k}\alpha}\left[c_{\mathbf{k}\alpha}e^{i(\mathbf{k}\cdot\mathbf{x}-\omega_\mathbf{k}t)} + c^*_{\mathbf{k}\alpha}e^{-i(\mathbf{k}\cdot\mathbf{x}-\omega_\mathbf{k}t)}\right]\boldsymbol{\varepsilon}^{(\mathbf{k}\alpha)} \tag{8.30}$$

eine Lösung der Wellengleichung $\Box\mathbf{A}=0$ ist und auch die Coulomb-Eichung $\boldsymbol{\nabla}\cdot\mathbf{A}=0$ erfüllt. Dies folgt direkt daraus, dass $\Box e^{i(\mathbf{k}\cdot\mathbf{x}-\omega_\mathbf{k}t)}=0$ und analog $\Box e^{-i(\mathbf{k}\cdot\mathbf{x}-\omega_\mathbf{k}t)}=0$ gilt und außerdem jeder Term in der Summe für $\boldsymbol{\nabla}\cdot\mathbf{A}$ das Skalarprodukt $\mathbf{k}\cdot\boldsymbol{\varepsilon}^{(\mathbf{k}\alpha)}=0$ enthält, sodass $\boldsymbol{\nabla}\cdot\mathbf{A}$ insgesamt null ist. Wir konzentrieren uns daher im Folgenden auf den Nachweis, dass die angegebene Fourier-Reihe auch die *allgemeine* Lösung der Wellengleichung darstellt.

Die *allgemeine* Lösung der Wellengleichung $\Box\mathbf{A}=0$ kann dargestellt werden als zeitabhängige Überlagerung von Eigenfunktionen X_ν des Laplace-Operators,

$$\mathbf{A}(\mathbf{x},t) = \sum_\nu T_\nu(t)X_\nu(\mathbf{x})\boldsymbol{\varepsilon}_\nu ,$$

da Δ ein *hermitescher* Operator ist (siehe Anhang C für Details), und jeder hermitesche Operator einen vollständigen Satz von Eigenfunktionen hat. Die Eigenfunktion X_ν erfüllt auf dem würfelförmigen Gebiet $\mathcal{D}$ die Eigenwertgleichung:

$$(\Delta X_\nu)(\mathbf{x}) = -\lambda_\nu X_\nu(\mathbf{x}) \quad , \quad \Delta = \sum_{i=1}^{3}\partial_i^2 ,$$

wobei $-\lambda_\nu \leq 0$ den Eigenwert der Eigenfunktion X_ν darstellt.[3] Man kann o. B. d. A. annehmen, dass sowohl die Vektoren $\boldsymbol{\varepsilon}_\nu$ als auch die Eigenfunktionen X_ν auf eins

[3]Die Nichtpositivität der Eigenwerte folgt auch für periodische Randbedingungen auf dem Rand $\partial\mathcal{D}$ des würfelförmigen Gebiet $\mathcal{D}$ aus dem zweiten Green'schen Satz (8.5).

normiert sind: $|\varepsilon_\nu| = 1$ sowie $\int_{\mathcal{D}} d^3x\, |X_\nu(\mathbf{x})|^2 = 1$. Diese Entwicklung nach Eigenfunktionen von $\mathbf{A}$ ist ein Beispiel für die Lösung einer partiellen Differentialgleichung durch *Variablentrennung*. Aufgrund der Würfelform von $\mathcal{D}$ und der periodischen Randbedingungen haben die Eigenfunktionen X_ν des Laplace-Operators die Produktstruktur $X_{\mathbf{k}}(\mathbf{x}) = X_1(x_1)X_2(x_2)X_3(x_3)$ mit

$$\frac{\partial_i^2 X_i}{X_i} = -k_i^2 \quad , \quad \frac{\Delta X}{X} = \frac{\partial_1^2 X_1}{X_1} + \frac{\partial_2^2 X_2}{X_2} + \frac{\partial_3^2 X_3}{X_3} = -(k_1^2 + k_2^2 + k_3^2) = -\mathbf{k}^2 \, .$$

Die allgemeine normierte Lösung der Gleichung $X_i^{-1}\partial_i^2 X_i = -k_i^2$ hat die Form $X_i(x_i) = L^{-1/2}e^{ik_i x_i}$, und zwar mit $k_i = \frac{2\pi}{L}n_i$ und $n_i \in \mathbb{Z}$, damit die periodische Randbedingung erfüllt ist. Folglich gilt für die normierten Eigenfunktionen des Laplace-Operators insgesamt: $X_{\mathbf{k}}(\mathbf{x}) = V^{-1/2}e^{i\mathbf{k}\cdot\mathbf{x}}$ mit $\mathbf{k} = \frac{2\pi}{L}\mathbf{n}$ und $\mathbf{n} \in \mathbb{Z}^3$. Da die Eigenfunktionen $X_{\mathbf{k}}$ des Laplace-Operators nun bekannt sind, kann auch die Zeitabhängigkeit $T_{\mathbf{k}}(t)$ aus der Wellengleichung $\Box\mathbf{A} = 0$ bestimmt werden:

$$\frac{\partial_t^2 T_{\mathbf{k}}}{c^2 T_{\mathbf{k}}} = \frac{\Delta X_{\mathbf{k}}}{X_{\mathbf{k}}} = -\mathbf{k}^2 \quad , \quad T_{\mathbf{k}}(t) = \beta_{\mathbf{k}}e^{-i\omega_{\mathbf{k}}t} + \gamma_{\mathbf{k}}e^{i\omega_{\mathbf{k}}t} \quad , \quad \omega_{\mathbf{k}} \equiv c|\mathbf{k}| \, .$$

Hiermit ist klar, dass das Vektorpotential $\mathbf{A}$ eine Überlagerung ist von Produktfunktionen der Form

$$T_{\mathbf{k}}(t)X_{\mathbf{k}}(\mathbf{x})\boldsymbol{\varepsilon}^{(\mathbf{k})} = \frac{1}{\sqrt{V}}\left[\beta_{\mathbf{k}}e^{i(\mathbf{k}\cdot\mathbf{x}-\omega_{\mathbf{k}}t)} + \gamma_{\mathbf{k}}e^{i(\mathbf{k}\cdot\mathbf{x}+\omega_{\mathbf{k}}t)}\right]\boldsymbol{\varepsilon}^{(\mathbf{k})}$$

mit orts- und zeit*un*abhängigen komplexen Entwicklungskoeffizienten $\beta_{\mathbf{k}}$ und $\gamma_{\mathbf{k}}$ sowie Einheitsvektoren $\boldsymbol{\varepsilon}^{(\mathbf{k})} \in \mathbb{R}^3$.

Das Vektorpotential und somit auch sämtliche Produktfunktionen sollen die Coulomb-Eichung $\boldsymbol{\nabla}\cdot\mathbf{A} = 0$ erfüllen; folglich muss $\mathbf{k}\cdot\boldsymbol{\varepsilon}^{(\mathbf{k})} = 0$ gelten. Der Vektor $\boldsymbol{\varepsilon}^{(\mathbf{k})}$ liegt also in einer Ebene senkrecht zu $\mathbf{k}$. Diese Ebene kann durch zwei unabhängige orthonormale Vektoren $\boldsymbol{\varepsilon}^{(\mathbf{k}\alpha)}$ mit $\alpha \in \{1,2\}$ aufgespannt werden. Diese Polarisationsvektoren können o. B. d. A. so gewählt werden, dass sie zusammen mit dem normierten Wellenvektor $\boldsymbol{\varepsilon}^{(\mathbf{k}3)} \equiv \mathbf{k}/k = \hat{\mathbf{k}}$ ein rechtshändiges Orthonormalsystem bilden: $\boldsymbol{\varepsilon}^{(\mathbf{k}\ell)} = \varepsilon_{\ell mn}\,\boldsymbol{\varepsilon}^{(\mathbf{k}m)} \times \boldsymbol{\varepsilon}^{(\mathbf{k}n)}$. Bisher wissen wir also:

$$\mathbf{A}(\mathbf{x},t) = \sum_{\mathbf{k}\alpha} T_{\mathbf{k}\alpha}(t)X_{\mathbf{k}}(\mathbf{x})\boldsymbol{\varepsilon}^{(\mathbf{k}\alpha)} = \frac{1}{\sqrt{V}}\sum_{\mathbf{k}\alpha}\left[\beta_{\mathbf{k}\alpha}e^{i(\mathbf{k}\cdot\mathbf{x}-\omega_{\mathbf{k}}t)} + \gamma_{\mathbf{k}\alpha}e^{i(\mathbf{k}\cdot\mathbf{x}+\omega_{\mathbf{k}}t)}\right]\boldsymbol{\varepsilon}^{(\mathbf{k}\alpha)} \, .$$

Wir führen noch für alle Wellenvektoren $\mathbf{k}$ die Konvention $\boldsymbol{\varepsilon}^{(-\mathbf{k},\alpha)} = \boldsymbol{\varepsilon}^{(\mathbf{k}\bar{\alpha})}$ mit $\bar{\alpha} \equiv 3 - \alpha$ ein, sodass ein Überstrich die Polarisationsindizes vertauscht: $\bar{1} = 2$ sowie $\bar{2} = 1$. Nach dieser Konvention gilt also $\boldsymbol{\varepsilon}^{(-\mathbf{k},1)} = \boldsymbol{\varepsilon}^{(\mathbf{k}2)}$ und $\boldsymbol{\varepsilon}^{(-\mathbf{k},2)} = \boldsymbol{\varepsilon}^{(\mathbf{k}1)}$.

Nun muss das Vektorpotential $\mathbf{A}$ natürlich noch *reellwertig* sein. Dies erfordert für alle $(\mathbf{k}\alpha)$ die Identität $\gamma_{\mathbf{k}\alpha} = \beta^*_{-\mathbf{k},\bar{\alpha}}$. Folglich kann die Entwicklung nach ebenen Wellen für das Vektorpotential $\mathbf{A}$ auch geschrieben werden als:

$$\mathbf{A}(\mathbf{x},t) = \sum_{\mathbf{k}\alpha} T_{\mathbf{k}\alpha}(t)X_{\mathbf{k}}(\mathbf{x})\boldsymbol{\varepsilon}^{(\mathbf{k}\alpha)} = \frac{1}{\sqrt{V}}\sum_{\mathbf{k}\alpha}\left[\beta_{\mathbf{k}\alpha}e^{i(\mathbf{k}\cdot\mathbf{x}-\omega_{\mathbf{k}}t)} + \beta^*_{\mathbf{k}\alpha}e^{-i(\mathbf{k}\cdot\mathbf{x}-\omega_{\mathbf{k}}t)}\right]\boldsymbol{\varepsilon}^{(\mathbf{k}\alpha)} \, .$$

Definiert man noch $\beta_{\mathbf{k}\alpha} \equiv \sqrt{\mu_0}\,c_{\mathbf{k}\alpha}$, so erhält man genau Gleichung (8.30). Zu beachten ist in Gleichung (8.30), dass der orts- und zeit*un*abhängige ($\mathbf{k} = \mathbf{0}$)-Term keinerlei Einfluss auf die Berechnung von *Messgrößen* wie die $(\mathbf{E},\mathbf{B})$-Felder hat. Diese sind nämlich durch *Ableitungen* des Vektorpotentials bestimmt, und die Ableitung einer Konstanten ergibt null.

(c) Aus Gleichung (8.30) ist bereits bekannt, dass die allgemeine Lösung der Wellengleichung $\Box\mathbf{A} = \mathbf{0}$ in der Coulomb-Eichung $\boldsymbol{\nabla} \cdot \mathbf{A} = 0$ mit der Notation $c_{\mathbf{k}\alpha}(t) \equiv c_{\mathbf{k}\alpha}(0)e^{-i\omega_{\mathbf{k}}t}$ die folgende Form hat:

$$\mathbf{A}(\mathbf{x},t) = \sqrt{\frac{\mu_0}{V}} \sum_{\mathbf{k}} \sum_{\alpha=1}^{2} \left[c_{\mathbf{k}\alpha}(t)e^{i\mathbf{k}\cdot\mathbf{x}} + c^*_{\mathbf{k}\alpha}(t)e^{-i\mathbf{k}\cdot\mathbf{x}}\right] \boldsymbol{\varepsilon}^{(\mathbf{k}\alpha)} .$$

Die Absorption der Zeitabhängigkeit $e^{\pm i\omega_{\mathbf{k}}t}$ in die Fourier-Koeffizienten $c_{\mathbf{k}\alpha}$ und $c^*_{\mathbf{k}\alpha}$ ist deshalb vorteilhaft, weil im Folgenden nicht die *Zeit*- sondern die *Orts*abhängigkeit $e^{\pm i\mathbf{k}\cdot\mathbf{x}}$ des Vektorpotentials wichtig sein wird.

Zur Berechnung der Energie H_{F} des Strahlungsfeldes benötigen wir explizite Ergebnisse für die beiden Beiträge zum Integral auf der rechten Seite von Gleichung (8.28). Wir betrachten zuerst den Beitrag des *elektrischen* Felds, d. h. das Integral über $\mathbf{E}^2 = \mathbf{E}^2_\perp = \left(-\frac{\partial\mathbf{A}}{\partial t}\right)^2$:

$$\tfrac{1}{2}\varepsilon_0 \int_{\mathcal{D}} d^3x \left(\frac{\partial\mathbf{A}}{\partial t}\right)^2 = \frac{\varepsilon_0\mu_0}{2V} \int_{\mathcal{D}} d^3x \left\{\sum_{\mathbf{k}\alpha} (-i\omega_{\mathbf{k}}) \left[c_{\mathbf{k}\alpha}(t)e^{i\mathbf{k}\cdot\mathbf{x}} - c^*_{\mathbf{k}\alpha}(t)\, e^{-i\mathbf{k}\cdot\mathbf{x}}\right] \boldsymbol{\varepsilon}^{(\mathbf{k}\alpha)}\right\}^2 .$$

Die rechte Seite kann als doppelte $\mathbf{k}$-Summe geschrieben werden. Wir multiplizieren das Produkt der ortsabhängigen Faktoren $[\cdots][\cdots]$ aus und erhalten so im Integranden *vier* Terme mit der Struktur einer ebenen Welle $e^{\pm i(\mathbf{k}_1 \pm \mathbf{k}_2)\cdot\mathbf{x}}$. Bei der Integration dieser ebenen Wellen über den Ortsraum entstehen Kronecker-Deltas, die es ermöglichen, eine der beiden $\mathbf{k}$-Summen zu eliminieren. Die Berechnung verläuft konkret wie folgt:

$$\begin{aligned}
&-\frac{1}{2Vc^2} \sum_{\mathbf{k}_1\mathbf{k}_2\alpha_1\alpha_2} \omega_{\mathbf{k}_1}\omega_{\mathbf{k}_2} \boldsymbol{\varepsilon}^{(\mathbf{k}_1\alpha_1)} \cdot \boldsymbol{\varepsilon}^{(\mathbf{k}_2\alpha_2)} \int_{\mathcal{D}} d^3x \left[c_{\mathbf{k}_1\alpha_1}c_{\mathbf{k}_2\alpha_2}e^{i(\mathbf{k}_1+\mathbf{k}_2)\cdot\mathbf{x}}\right. \\
&\qquad \left. + c^*_{k_1\alpha_1}c^*_{\mathbf{k}_2\alpha_2}e^{-i(\mathbf{k}_1+\mathbf{k}_2)\cdot\mathbf{x}} - c_{\mathbf{k}_1\alpha_1}c^*_{\mathbf{k}_2\alpha_2}e^{i(\mathbf{k}_1-\mathbf{k}_2)\cdot\mathbf{x}} - c^*_{\mathbf{k}_1\alpha_1}c_{\mathbf{k}_2\alpha_2}e^{-i(\mathbf{k}_1-\mathbf{k}_2)\cdot\mathbf{x}}\right] \\
&= -\frac{1}{2c^2} \sum_{\mathbf{k}_1\mathbf{k}_2\alpha_1\alpha_2} \omega_{\mathbf{k}_1}\omega_{\mathbf{k}_2} \boldsymbol{\varepsilon}^{(\mathbf{k}_1\alpha_1)} \cdot \boldsymbol{\varepsilon}^{(\mathbf{k}_2\alpha_2)} \left[\left(c_{\mathbf{k}_1\alpha_1}c_{\mathbf{k}_2\alpha_2} + c^*_{\mathbf{k}_1\alpha_1}c^*_{\mathbf{k}_2\alpha_2}\right)\delta_{\mathbf{k}_1,-\mathbf{k}_2}\right. \\
&\qquad\qquad \left. - \left(c_{\mathbf{k}_1\alpha_1}c^*_{\mathbf{k}_2\alpha_2} + c^*_{\mathbf{k}_1\alpha_1}c_{\mathbf{k}_2\alpha_2}\right)\delta_{\mathbf{k}_1\mathbf{k}_2}\right] \\
&= -\frac{1}{2c^2} \sum_{\mathbf{k}\alpha_1} \omega^2_{\mathbf{k}} \sum_{\alpha_2} \left[\left(c_{\mathbf{k}\alpha_1}c_{-\mathbf{k}\alpha_2} + c^*_{\mathbf{k}\alpha_1}c^*_{-\mathbf{k},\alpha_2}\right) \boldsymbol{\varepsilon}^{(\mathbf{k}\alpha_1)} \cdot \boldsymbol{\varepsilon}^{(-\mathbf{k}\alpha_2)}\right. \\
&\qquad\qquad \left. - \left(c_{\mathbf{k}\alpha_1}c^*_{\mathbf{k}\alpha_2} + c^*_{\mathbf{k}\alpha_1}c_{\mathbf{k}\alpha_2}\right)\delta_{\alpha_1\alpha_2}\right] .
\end{aligned}$$

Wegen unserer Konvention $\boldsymbol{\varepsilon}^{-\mathbf{k},1} = \boldsymbol{\varepsilon}^{\mathbf{k}2}$ folgt nun:

$$\tfrac{1}{2}\varepsilon_0 \int_{\mathcal{D}} d^3x \left(\frac{\partial\mathbf{A}}{\partial t}\right)^2 = -\frac{1}{2c^2} \sum_{\mathbf{k}\alpha} \omega^2_{\mathbf{k}} \left[\left(c_{\mathbf{k}\alpha}c_{-\mathbf{k}\bar{\alpha}} + c^*_{\mathbf{k}\alpha}c^*_{-\mathbf{k}\bar{\alpha}}\right) - 2|c_{\mathbf{k}\alpha}|^2\right] ,$$

wobei wiederum die Notation $\bar{\alpha} = 3 - \alpha$ (d. h. $\bar{1} = 2$ und $\bar{2} = 1$) verwendet wurde.

Wir betrachten nun zweitens den Beitrag des *Magnetfelds* zu H_{F}, d. h. das Integral über $(\boldsymbol{\nabla} \times \mathbf{A})^2$:

$$\tfrac{1}{2}\varepsilon_0 \int_{\mathcal{D}} d^3x\, c^2(\boldsymbol{\nabla} \times \mathbf{A})^2 = \frac{\varepsilon_0\mu_0c^2}{2V} \int_{\mathcal{D}} d^3x \left\{\sum_{\mathbf{k}\alpha} \left[ic_{\mathbf{k}\alpha}e^{i\mathbf{k}\cdot\mathbf{x}} - ic^*_{\mathbf{k}\alpha}e^{-i\mathbf{k}\cdot\mathbf{x}}\right] \mathbf{k} \times \boldsymbol{\varepsilon}^{(\mathbf{k}\alpha)}\right\}^2 .$$

Wir schreiben die rechte Seite wieder als Doppelsumme um, multiplizieren das Produkt der ortsabhängigen Faktoren $[\cdots][\cdots]$ aus und führen die Ortsintegrationen aus, wobei wiederum Kronecker-Deltas entstehen:

$$\begin{aligned}
&-\sum_{\mathbf{k}_1\mathbf{k}_2\alpha_1\alpha_2}\frac{k_1k_2}{2V}\left(\boldsymbol{\varepsilon}^{(\mathbf{k}_13)}\times\boldsymbol{\varepsilon}^{(\mathbf{k}_1\alpha_1)}\right)\cdot\left(\boldsymbol{\varepsilon}^{(\mathbf{k}_23)}\times\boldsymbol{\varepsilon}^{(\mathbf{k}_2\alpha_2)}\right)\int_{\mathcal{D}}d^3x\,\Big[c_{\mathbf{k}_1\alpha_1}c_{\mathbf{k}_2\alpha_2}e^{i(\mathbf{k}_1+\mathbf{k}_2)\cdot\mathbf{x}}\\
&\qquad+c^*_{\mathbf{k}_1\alpha_1}c^*_{\mathbf{k}_2\alpha_2}e^{-i(\mathbf{k}_1+\mathbf{k}_2)\cdot\mathbf{x}}-c_{\mathbf{k}_1\alpha_1}c^*_{\mathbf{k}_2\alpha_2}e^{i(\mathbf{k}_1-\mathbf{k}_2)\cdot\mathbf{x}}-c^*_{\mathbf{k}_1\alpha_1}c_{\mathbf{k}_2\alpha_2}e^{-i(\mathbf{k}_1-\mathbf{k}_2)\cdot\mathbf{x}}\Big]\\
&=-\tfrac{1}{2}\sum_{\mathbf{k}_1\mathbf{k}_2\alpha_1\alpha_2}k_1k_2\left(\boldsymbol{\varepsilon}^{(\mathbf{k}_13)}\times\boldsymbol{\varepsilon}^{(\mathbf{k}_1\alpha_1)}\right)\cdot\left(\boldsymbol{\varepsilon}^{(\mathbf{k}_23)}\times\boldsymbol{\varepsilon}^{(\mathbf{k}_2\alpha_2)}\right)\\
&\qquad\times\Big[\left(c_{\mathbf{k}_1\alpha_1}c_{\mathbf{k}_2\alpha_2}+c^*_{\mathbf{k}_1\alpha_1}c^*_{\mathbf{k}_2\alpha_2}\right)\delta_{\mathbf{k}_1,-\mathbf{k}_2}-\left(c_{\mathbf{k}_1\alpha_1}c^*_{\mathbf{k}_2\alpha_2}+c^*_{\mathbf{k}_1\alpha_1}c_{\mathbf{k}_2\alpha_2}\right)\delta_{\mathbf{k}_1\mathbf{k}_2}\Big]\\
&=\tfrac{1}{2}\sum_{\mathbf{k}\alpha_1}k^2\sum_{\alpha_2}\Big[\left(c_{\mathbf{k}\alpha_1}c_{-\mathbf{k}\alpha_2}+c^*_{\mathbf{k}\alpha_1}c^*_{-\mathbf{k}\alpha_2}\right)\left(\boldsymbol{\varepsilon}^{(\mathbf{k}3)}\times\boldsymbol{\varepsilon}^{(\mathbf{k}\alpha_1)}\right)\cdot\left(\boldsymbol{\varepsilon}^{(\mathbf{k}3)}\times\boldsymbol{\varepsilon}^{(-\mathbf{k},\alpha_2)}\right)\\
&\qquad+\left(c_{\mathbf{k}\alpha_1}c^*_{\mathbf{k}\alpha_2}+c^*_{\mathbf{k}\alpha_1}c_{\mathbf{k}\alpha_2}\right)\delta_{\alpha_1\alpha_2}\Big]\,.
\end{aligned}$$

Wegen unserer Konvention $\varepsilon^{(-\mathbf{k},1)}=\varepsilon^{(\mathbf{k}2)}$ gilt die Relation

$$\left(\boldsymbol{\varepsilon}^{(\mathbf{k}3)}\times\boldsymbol{\varepsilon}^{(\mathbf{k}\alpha_1)}\right)\cdot\left(\boldsymbol{\varepsilon}^{(\mathbf{k}3)}\times\boldsymbol{\varepsilon}^{(-\mathbf{k}\alpha_2)}\right)=\left(\boldsymbol{\varepsilon}^{(\mathbf{k}3)}\times\boldsymbol{\varepsilon}^{(\mathbf{k}\alpha_1)}\right)\cdot\left(\boldsymbol{\varepsilon}^{(\mathbf{k}3)}\times\boldsymbol{\varepsilon}^{(\mathbf{k}\overline{\alpha_2})}\right)=\delta_{\alpha_1\overline{\alpha_2}}\,,$$

sodass wir für den Beitrag des Magnetfelds zu H_{F} den folgenden Ausdruck erhalten:

$$\tfrac{1}{2}\varepsilon_0\int_{\mathcal{D}}d^3x\,c^2\,(\boldsymbol{\nabla}\times\mathbf{A})^2=\tfrac{1}{2}\sum_{\mathbf{k}\alpha}k^2\left[\left(c_{\mathbf{k}\alpha}c_{-\mathbf{k}\bar{\alpha}}+c^*_{\mathbf{k}\alpha}c^*_{-\mathbf{k}\bar{\alpha}}\right)+2|c_{\mathbf{k}\alpha}|^2\right]\,.$$

Durch Addition der beiden Beiträgen des elektrischen Felds und des Magnetfelds zu H_{F} erhält man daher insgesamt das folgende Ergebnis:

$$\begin{aligned}
H_{\mathrm{F}}&=\tfrac{1}{2}\sum_{\mathbf{k}\alpha}\left[\left(k^2-\frac{\omega_{\mathbf{k}}^2}{c^2}\right)\left(c_{\mathbf{k}\alpha}c_{-\mathbf{k}\bar{\alpha}}+c^*_{\mathbf{k}\alpha}c^*_{-\mathbf{k}\bar{\alpha}}\right)+\left(k^2+\frac{\omega_{\mathbf{k}}^2}{c^2}\right)2|c_{\mathbf{k}\alpha}|^2\right]\\
&=\frac{2}{c^2}\sum_{\mathbf{k}\alpha}\omega_{\mathbf{k}}^2\,|c_{\mathbf{k}\alpha}|^2=\frac{2}{c^2}\sum_{\mathbf{k}\alpha}\omega_{\mathbf{k}}^2\,|c_{\mathbf{k}\alpha}|^2\,.
\end{aligned}$$

Wie man bereits aufgrund der allgemeinen Struktur des Vektorpotentials in (8.30) erwarten konnte, ist der Term für $\mathbf{k}=\mathbf{0}$ in der Summe auf der rechten Seite gleich null und liefert daher keinen Beitrag zur Energie des elektromagnetischen Felds. Wir können daher im Folgenden o. B. d. A. $\sum_{\mathbf{k}\alpha}\to\sum'_{\mathbf{k}\alpha}\equiv\sum_{\mathbf{k}\alpha}(1-\delta_{\mathbf{k}\mathbf{0}})$ ersetzen, wobei in $\sum'_{\mathbf{k}\alpha}$ der $(\mathbf{k}=\mathbf{0})$-Term also nicht weiter berücksichtigt wird.

(d) Wir führen Koordinaten und Impulse $Q_{\mathbf{k}\alpha}(t)\equiv\frac{1}{c\sqrt{M_{\mathbf{k}}}}\left[c_{\mathbf{k}\alpha}(t)+c^*_{\mathbf{k}\alpha}(t)\right]$ bzw. $P_{\mathbf{k}\alpha}(t)\equiv-\frac{i\omega_{\mathbf{k}}\sqrt{M_{\mathbf{k}}}}{c}\left[c_{\mathbf{k}\alpha}(t)-c^*_{\mathbf{k}\alpha}(t)\right]$ ein, die im Wesentlichen dem Real- bzw. Imaginärteil von $c_{\mathbf{k}\alpha}$ entsprechen, sowie die relativistische Masse $M_{\mathbf{k}}\equiv\frac{\hbar\omega_{\mathbf{k}}}{c^2}$ eines Photons.

Aufgrund der Identität

$$\begin{aligned}
\frac{P^2_{\mathbf{k}\alpha}}{2M_{\mathbf{k}}}+\tfrac{1}{2}M_{\mathbf{k}}\omega_{\mathbf{k}}^2Q^2_{\mathbf{k}\alpha}&=\tfrac{1}{2}\left[-\frac{\omega_{\mathbf{k}}^2}{c^2}(c_{\mathbf{k}\alpha}-c^*_{\mathbf{k}\alpha})^2+\frac{\omega_{\mathbf{k}}^2}{c^2}(c_{\mathbf{k}\alpha}+c^*_{\mathbf{k}\alpha})^2\right]=\frac{\omega_{\mathbf{k}}^2}{2c^2}\,4\,c_{\mathbf{k}\alpha}c^*_{\mathbf{k}\alpha}\\
&=\frac{2}{c^2}\omega_{\mathbf{k}}^2|c_{\mathbf{k}\alpha}|^2
\end{aligned}$$

erhält man eine Darstellung für die Hamilton-Funktion H_{F} des Strahlungsfelds als Summe ungekoppelter *harmonischer Oszillatoren*:

$$\begin{aligned} H_{\mathrm{F}} &= \frac{2}{c^2} \sum_{\mathbf{k}\alpha}{}' \omega_{\mathbf{k}}^2 \left|c_{\mathbf{k}\alpha}\right|^2 \\ &= \sum_{\mathbf{k}\alpha}{}' \left(\frac{P_{\mathbf{k}\alpha}^2}{2M_{\mathbf{k}}} + \tfrac{1}{2} M_{\mathbf{k}} \omega_{\mathbf{k}}^2 Q_{\mathbf{k}\alpha}^2 \right) . \end{aligned} \tag{8.31}$$

Für die Interpretation der Feldmoden als harmonische Oszillatoren ist jedoch *essentiell*, dass die bereits bekannte Zeitabhängigkeit der Koordinaten und Impulse, die in den Fourier-Koeffizienten $c_{\mathbf{k}\alpha}$ und $c_{\mathbf{k}\alpha}^*$ enthalten ist, auch im Einklang ist mit der Zeitabhängigkeit, die aus den *Hamilton-Gleichungen* folgt. Dass diese zwei Vorschriften in der Tat identisch sind, zeigen wir durch Differentiation der Impulse und Koordinaten nach der Zeitvariablen t, die in den Koeffizienten $c_{\mathbf{k}\alpha}(t) = c_{\mathbf{k}\alpha}(0)e^{-i\omega_{\mathbf{k}}t}$ enthalten ist:

$$\begin{aligned} \dot{P}_{\mathbf{k}\alpha} &= \frac{\sqrt{M_{\mathbf{k}}}}{c} \left(-i\omega_{\mathbf{k}}\right)^2 \left(c_{\mathbf{k}\alpha} + c_{\mathbf{k}\alpha}^*\right) = -M_{\mathbf{k}} \omega_{\mathbf{k}}^2 Q_{\mathbf{k}\alpha} = -\frac{\partial H_{\mathrm{F}}}{\partial Q_{\mathbf{k}\alpha}} \\ \dot{Q}_{\mathbf{k}\alpha} &= \frac{(-i\omega_{\mathbf{k}})}{c\sqrt{M_{\mathbf{k}}}} \left(c_{\mathbf{k}\alpha} - c_{\mathbf{k}\alpha}^*\right) = \frac{P_{\mathbf{k}\alpha}}{M_{\mathbf{k}}} = \frac{\partial H_{\mathrm{F}}}{\partial P_{\mathbf{k}\alpha}} . \end{aligned}$$

Wir lernen hieraus, dass $Q_{\mathbf{k}\alpha}$ und $P_{\mathbf{k}\alpha}$ in der Tat kanonisch zueinander konjugierte Variablen im Sinne der Hamilton-Theorie sind.

Als Anmerkung sei hinzugefügt, dass das wichtige Ergebnis (8.31) für das elektromagnetische Feld als Summe ungekoppelter harmonischer Oszillatoren *nicht* von der speziellen Wahl $M_{\mathbf{k}} \equiv \hbar\omega_{\mathbf{k}}/c^2$ einer „Photonenmasse“ abhängig ist. Da die beiden Kombinationen $P_{\mathbf{k}\alpha}^2/M_{\mathbf{k}}$ und $M_{\mathbf{k}}Q_{\mathbf{k}\alpha}^2$ tatsächlich *unabhängig* von $M_{\mathbf{k}}$ sind, erhält man für jede andere Wahl das gleiche Ergebnis (8.31). Die physikalisch naheliegende Wahl $M_{\mathbf{k}} \equiv \hbar\omega_{\mathbf{k}}/c^2$ wurde hier hauptsächlich aus „kosmetischen“ Gründen getroffen, wobei die Planck'sche Konstante $\hbar$ in der *klassischen* Elektrodynamik allerdings ein Fremdkörper bleibt.

(e) Wir wissen bereits, dass der Impuls des Strahlungsfeldes $\mathbf{P}_{\mathrm{F}}$ durch Gleichung (8.29) gegeben ist:

$$\begin{aligned} \mathbf{P}_{\mathrm{F}} &= \varepsilon_0 \int_{\mathcal{D}} d^3x \; \mathbf{E}_{\perp} \times \mathbf{B} \\ &= \varepsilon_0 \int_{\mathcal{D}} d^3x \left(-\frac{\partial \mathbf{A}}{\partial t} \right) \times (\boldsymbol{\nabla} \times \mathbf{A}) . \end{aligned}$$

Durch Einsetzen der Fourier-Entwicklung des Vektorpotentials $\mathbf{A}(\mathbf{x}, t)$ erhält man:

$$\begin{aligned} \mathbf{P}_{\mathrm{F}} = \frac{\varepsilon_0 \mu_0}{V} \int_{\mathcal{D}} d^3x \; &\left[\sum_{\mathbf{k}\alpha} i\omega_{\mathbf{k}} \left[c_{\mathbf{k}\alpha}(t) e^{i\mathbf{k}\cdot\mathbf{x}} - c_{\mathbf{k}\alpha}^*(t) e^{-i\mathbf{k}\cdot\mathbf{x}} \right] \boldsymbol{\varepsilon}^{(\mathbf{k}\alpha)} \right] \times \\ &\left\{ \sum_{\mathbf{k}\alpha} \left[ic_{\mathbf{k}\alpha}(t) e^{i\mathbf{k}\cdot\mathbf{x}} - ic_{\mathbf{k}\alpha}^*(t) e^{-i\mathbf{k}\cdot\mathbf{x}} \right] \left[\mathbf{k} \times \boldsymbol{\varepsilon}^{(\mathbf{k}\alpha)} \right] \right\} . \end{aligned}$$

Wir schreiben das Produkt wieder als Doppelsumme, multiplizieren das Produkt der ortsabhängigen Faktoren $[\cdots][\cdots]$ aus, führen die Ortsintegrationen aus und verwenden die dabei entstehenden Kronecker-Deltas zur Elimination einer der $\mathbf{k}$-Summen:

$$\begin{aligned}
\mathbf{P}_\mathrm{F} &= -\frac{\varepsilon_0\mu_0}{V}\sum_{\mathbf{k}_1\mathbf{k}_2\alpha_1\alpha_2}\omega_{\mathbf{k}_1}\boldsymbol{\varepsilon}^{(\mathbf{k}_1\alpha_1)}\times\left[\mathbf{k}_2\times\boldsymbol{\varepsilon}^{(\mathbf{k}_2\alpha_2)}\right]\int_\mathcal{D} d^3x\,\left[c_{\mathbf{k}_1\alpha_1}c_{\mathbf{k}_2\alpha_2}e^{i(\mathbf{k}_1+\mathbf{k}_2)\cdot\mathbf{x}}+\right.\\
&\quad\left.+c^*_{\mathbf{k}_1\alpha_1}c^*_{\mathbf{k}_2\alpha_2}e^{-i(\mathbf{k}_1+\mathbf{k}_2)\cdot\mathbf{x}}-c_{\mathbf{k}_1\alpha_1}c^*_{\mathbf{k}_2\alpha_2}e^{i(\mathbf{k}_1-\mathbf{k}_2)\cdot\mathbf{x}}-c^*_{\mathbf{k}_1\alpha_1}c_{\mathbf{k}_2\alpha_2}e^{-i(\mathbf{k}_1-\mathbf{k}_2)\cdot\mathbf{x}}\right]\\
&= -\frac{1}{c^2}\sum_{\mathbf{k}_1\mathbf{k}_2\alpha_1\alpha_2}\omega_{\mathbf{k}_1}\boldsymbol{\varepsilon}^{(\mathbf{k}_1\alpha_1)}\times\left[\mathbf{k}_2\times\boldsymbol{\varepsilon}^{(\mathbf{k}_2\alpha_2)}\right]\left[\left(c_{\mathbf{k}_1\alpha_1}c_{\mathbf{k}_2\alpha_2}+c^*_{\mathbf{k}_1\alpha_1}c^*_{\mathbf{k}_2\alpha_2}\right)\delta_{\mathbf{k}_1,-\mathbf{k}_2}\right.\\
&\quad\left.-\left(c_{\mathbf{k}_1\alpha_1}c^*_{\mathbf{k}_2\alpha_2}+c^*_{\mathbf{k}_1\alpha_1}c_{\mathbf{k}_2\alpha_2}\right)\delta_{\mathbf{k}_1\mathbf{k}_2}\right]\\
&= -\frac{1}{c^2}\sum_{\mathbf{k}\alpha}\omega_\mathbf{k}\left\{\sum_{\alpha_2}\left(c_{\mathbf{k}\alpha}c_{-\mathbf{k}\alpha_2}+c^*_{\mathbf{k}\alpha}c^*_{-\mathbf{k}\alpha_2}\right)\boldsymbol{\varepsilon}^{(\mathbf{k}\alpha)}\times\left[(-\mathbf{k})\times\boldsymbol{\varepsilon}^{(-\mathbf{k}\alpha_2)}\right]\right.\\
&\quad\left.-\sum_{\alpha_2}\left(c_{\mathbf{k}\alpha}c^*_{\mathbf{k}\alpha_2}+c^*_{\mathbf{k}\alpha}c_{\mathbf{k}\alpha_2}\right)\boldsymbol{\varepsilon}^{(\mathbf{k}\alpha)}\times\left[\mathbf{k}\times\boldsymbol{\varepsilon}^{(\mathbf{k}\alpha_2)}\right]\right\}.
\end{aligned}$$

Wir verwenden wiederum die Konvention $\boldsymbol{\varepsilon}^{(-\mathbf{k},\alpha)}=\boldsymbol{\varepsilon}^{(\mathbf{k}\bar{\alpha})}$ mit $\bar{\alpha}\equiv 3-\alpha$ und die Multiplikationsregeln $\boldsymbol{\varepsilon}^{(\mathbf{k}\ell)}=\varepsilon_{\ell mn}\,\boldsymbol{\varepsilon}^{(\mathbf{k}m)}\times\boldsymbol{\varepsilon}^{(\mathbf{k}n)}$ der Polarisationsvektoren:

$$\begin{aligned}
\mathbf{P}_\mathrm{F} &= \frac{1}{c^2}\sum_{\mathbf{k}\alpha}\omega_\mathbf{k}\left[\left(c_{\mathbf{k}\alpha}c_{-\mathbf{k}\bar{\alpha}}+c^*_{\mathbf{k}\alpha}c^*_{-\mathbf{k}\bar{\alpha}}\right)+\left(c_{\mathbf{k}\alpha}c^*_{\mathbf{k}\alpha}+c^*_{\mathbf{k}\alpha}c_{\mathbf{k}\alpha}\right)\right]\boldsymbol{\varepsilon}^{(\mathbf{k}\alpha)}\times\left(\mathbf{k}\times\boldsymbol{\varepsilon}^{(\mathbf{k}\alpha)}\right)\\
&= \frac{1}{c^2}\sum_{\mathbf{k}\alpha}\omega_\mathbf{k}\left[\left(c_{\mathbf{k}\alpha}c_{-\mathbf{k}\bar{\alpha}}+c^*_{\mathbf{k}\alpha}c^*_{-\mathbf{k}\bar{\alpha}}\right)+\left(c_{\mathbf{k}\alpha}c^*_{\mathbf{k}\alpha}+c^*_{\mathbf{k}\alpha}c_{\mathbf{k}\alpha}\right)\right]\mathbf{k}\,.
\end{aligned}$$

Die ersten beiden Terme in der $\mathbf{k}$-Summe sind *antisymmetrisch* in $\mathbf{k}$ und daher gleich null, sodass wir insgesamt das folgende einfache Ergebnis für den Impuls des Strahlungsfeldes erhalten:

$$\begin{aligned}
\mathbf{P}_\mathrm{F} &= \frac{1}{c^2}\sum_{\mathbf{k}\alpha}\mathbf{k}\omega_\mathbf{k}\left(c_{\mathbf{k}\alpha}c^*_{\mathbf{k}\alpha}+c^*_{\mathbf{k}\alpha}c_{\mathbf{k}\alpha}\right)\\
&= \frac{2}{c^2}\sum_{\mathbf{k}\alpha}\mathbf{k}\omega_\mathbf{k}\left|c_{\mathbf{k}\alpha}\right|^2=\frac{2}{c^2}\sum_{\mathbf{k}\alpha}{}'\,\mathbf{k}\omega_\mathbf{k}\left|c_{\mathbf{k}\alpha}\right|^2.
\end{aligned}$$

Der Beitrag für $\mathbf{k}=\mathbf{0}$ ist wiederum null und liefert daher, wie zu erwarten war, keinen Beitrag zum Impuls des elektromagnetischen Felds. Auch an dieser Stelle kann man also o. B. d. A. $\sum_{\mathbf{k}\alpha}\to\sum'_{\mathbf{k}\alpha}\equiv\sum_{\mathbf{k}\alpha}(1-\delta_{\mathbf{k}\mathbf{0}})$ ersetzen.

Die Beziehung IMPULS $=\frac{1}{c}\times$ ENERGIE, die charakteristisch ist für ultrarelativistische Teilchen oder Teilchen ohne Ruhemasse, trifft in diesem Fall wegen $|\mathbf{k}\omega_\mathbf{k}|=\frac{1}{c}\omega^2_\mathbf{k}$ nur auf die *Beträge* der *einzelnen Terme* in der $\mathbf{k}$-Summe zu. Für den Impuls des Strahlungsfeldes *insgesamt* gilt stattdessen die Ungleichung:

$$\left|\mathbf{P}_\mathrm{F}\right|=\frac{2}{c^2}\left|\sum_{\mathbf{k}\alpha}{}'\,\mathbf{k}\omega_\mathbf{k}\left|c_{\mathbf{k}\alpha}\right|^2\right|\le\frac{2}{c^2}\sum_{\mathbf{k}\alpha}{}'\,|\mathbf{k}\omega_\mathbf{k}|\left|c_{\mathbf{k}\alpha}\right|^2=\frac{1}{c}H_\mathrm{F}\,.$$

Im Extremfall $\left|c_{\mathbf{k}\alpha}\right|=\left|c_{-\mathbf{k},\alpha}\right|$ für alle $\mathbf{k}$ gilt trotz $H_\mathrm{F}>0$ sogar $\left|\mathbf{P}_\mathrm{F}\right|=0$.

8.5 Ausstrahlung elektromagnetischer Wellen

Lösung 5.1 Gesamtleistung bei *geradliniger* Beschleunigung

Wir berechnen das ϕ-Integral in Gleichung (5.21), indem wir zuerst $\cos(\phi) \equiv x$ substituieren und dann $1 - \beta x \equiv y$ bzw. $x = \beta^{-1}(1-y)$:

$$\begin{aligned}
\int d\Omega \, \frac{\sin^2(\phi)}{[1-\beta\cos(\phi)]^5} &= \int_0^{2\pi} d\varphi \int_0^{\pi} d\phi \, \frac{\sin^3(\phi)}{[1-\beta\cos(\phi)]^5} = 2\pi \int_{-1}^{1} dx \, \frac{1-x^2}{(1-\beta x)^5} \\
&= \int_{1-\beta}^{1+\beta} dy \, \frac{2\pi}{\beta y^5}\left[1 - \left(\frac{1-y}{\beta}\right)^2\right] = \int_{1-\beta}^{1+\beta} dy \, \frac{2\pi}{\beta y^5}\left[\left(1-\frac{1}{\beta^2}\right) + \frac{2y}{\beta^2} - \frac{y^2}{\beta^2}\right] \\
&= \frac{2\pi}{\beta}\left(\frac{1-\beta^2}{4\beta^2 y^4}\bigg|_{1-\beta}^{1+\beta} - \frac{2}{3\beta^2 y^3}\bigg|_{1-\beta}^{1+\beta} + \frac{1}{2\beta^2 y^2}\bigg|_{1-\beta}^{1+\beta} \right) \\
&= \frac{2\pi}{\beta}\Bigg\{ -\frac{1-\beta^2}{4\beta^2}\left[\frac{1}{(1-\beta)^4} - \frac{1}{(1+\beta)^4}\right] + \frac{2}{3\beta^2}\left[\frac{1}{(1-\beta)^3} - \frac{1}{(1+\beta)^3}\right] \\
&\qquad - \frac{1}{2\beta^2}\left[\frac{1}{(1-\beta)^2} - \frac{1}{(1+\beta)^2}\right]\Bigg\} .
\end{aligned}$$

Wir bringen die Brüche in $[\cdots]$ nun unter einen Nenner und verwenden Identitäten wie $(1+\beta)^4 - (1-\beta)^4 = 8\beta(1+\beta^2)$ sowie $(1+\beta)^3 - (1-\beta)^3 = 2\beta(3+\beta^2)$ und $(1+\beta)^2 - (1-\beta)^2 = 4\beta$. Es folgt:

$$\begin{aligned}
\int d\Omega \, \frac{\sin^2(\phi)}{[1-\beta\cos(\phi)]^5} &= \frac{2\pi}{\beta}\left[-\frac{1}{4\beta^2}\frac{8\beta(1+\beta^2)}{(1-\beta^2)^3} + \frac{2}{3\beta^2}\frac{2\beta(3+\beta^2)}{(1-\beta^2)^3} - \frac{1}{2\beta^2}\frac{4\beta}{(1-\beta^2)^2}\right] \\
&= \frac{2\pi[-2(1+\beta^2) + 4(1+\frac{1}{3}\beta^2) - 2(1-\beta^2)]}{\beta^2(1-\beta^2)^3} = \frac{8\pi}{3(1-\beta^2)^3} = \frac{8\pi}{3}\gamma^6 .
\end{aligned}$$

Lösung 5.2 Ultrarelativistischer Limes bei *geradliniger* Beschleunigung

Wir berechnen zuerst das *zweite* Moment $\langle \phi^2 \rangle$ der ϕ-Verteilung, da diese Berechnung etwas einfacher ist, und danach das *erste* Moment $\langle \phi \rangle$, also den Mittelwert.

Das *zweite* Moment der Verteilung der möglichen ϕ-Werte ist in einem ultrarelativistischen Ausstrahlungsbündel bei *geradliniger* Beschleunigung gegeben durch:

$$\begin{aligned}
\langle \phi^2 \rangle &= \frac{\int_0^{2\pi} d\varphi \int_0^{\pi} d\phi \, \sin(\phi)\phi^2 \frac{(\gamma\phi)^2}{[1+(\gamma\phi)^2]^5}}{\int_0^{2\pi} d\varphi \int_0^{\pi} d\phi \, \sin(\phi)\frac{(\gamma\phi)^2}{[1+(\gamma\phi)^2]^5}} \sim \frac{\int_0^{\pi} d\phi \, \frac{\phi^3(\gamma\phi)^2}{[1+(\gamma\phi)^2]^5}}{\int_0^{\pi} d\phi \, \frac{\phi(\gamma\phi)^2}{[1+(\gamma\phi)^2]^5}} \sim \frac{\int_0^{\infty} dx \, \frac{x^5}{(1+x^2)^5}}{\gamma^2 \int_0^{\infty} dx \, \frac{x^3}{(1+x^2)^5}} \\
&= \frac{\int_0^{\infty} dy \, \frac{y^2}{(1+y)^5}}{\gamma^2 \int_0^{\infty} dy \, \frac{y}{(1+y)^5}} = \frac{\int_0^{\infty} dy \, \frac{(1+y)^2 - 2(1+y) + 1}{(1+y)^5}}{\gamma^2 \int_0^{\infty} dy \, \frac{(1+y)-1}{(1+y)^5}} = \frac{I_3 - 2I_4 + I_5}{\gamma^2(I_4 - I_5)} \qquad (\gamma \to \infty) .
\end{aligned}$$

Im zweiten Schritt in der ersten Zeile kann $\sin(\phi) \to \phi$ ersetzt werden, da der typische ϕ-Winkel auf jeden Fall klein ist: $\phi = \mathcal{O}(\gamma^{-1})$. Im dritten Schritt wird als neue Variable $\gamma\phi \equiv x$ definiert; im Limes $\gamma \to \infty$ gilt für die Integrationsobergrenze $\pi\gamma \to \infty$. In der zweiten Zeile wird zunächst $x^2 \equiv y$ definiert. Anschließend werden die Zähler der Integranden so umgeschrieben, dass nur noch Integrale der Form

$$I_n = \int_0^{\infty} dy \, \frac{1}{(1+y)^n} = -\frac{1}{(n-1)(1+y)^{n-1}}\bigg|_0^{\infty} = \frac{1}{n-1}$$

übrig bleiben. Durch Einsetzen dieser Ergebnisse für I_n (mit $n = 3, 4, 5$) ergibt sich dann für das *zweite* Moment der ϕ-Verteilung:

$$\langle \phi^2 \rangle \sim \frac{I_3 - 2I_4 + I_5}{\gamma^2 (I_4 - I_5)} = \frac{\frac{1}{2} - \frac{2}{3} + \frac{1}{4}}{\gamma^2(\frac{1}{3} - \frac{1}{4})} = \frac{1}{\gamma^2} \qquad (\gamma \to \infty) \; .$$

Die Berechnung des *ersten* Moments der ϕ-Verteilung erfolgt zunächst vollkommen analog, allerdings mit einem Faktor ϕ bzw. x weniger im Integranden des Zählers und daher einem Faktor γ weniger im Nenner:

$$\langle \phi \rangle \sim \frac{\int_0^\pi d\phi \, \frac{\phi^2 (\gamma\phi)^2}{[1+(\gamma\phi)^2]^5}}{\int_0^\pi d\phi \, \frac{\phi(\gamma\phi)^2}{[1+(\gamma\phi)^2]^5}} \sim \frac{\int_0^\infty dx \, \frac{x^4}{(1+x^2)^5}}{\gamma \int_0^\infty dx \, \frac{x^3}{(1+x^2)^5}} = \frac{\int_0^\infty dy \, \frac{y^{3/2}}{(1+y)^5}}{\gamma \int_0^\infty dy \, \frac{y}{(1+y)^5}} = \frac{\int_0^\infty dy \, \frac{y^{3/2}}{(1+y)^5}}{\gamma (I_4 - I_5)} \; .$$

Das Integral im Zähler auf der rechten Seite lässt sich nun allerdings nicht auf Integrale vom Typ I_n reduzieren. Dennoch ist es ein wohlbekanntes Standardintegral (nämlich ein Beispiel der *Beta*funktion, siehe die Formeln 6.2.1 und 6.2.2 in Ref. [1] oder 5.12.3 in Ref. [35]) mit dem Wert $\frac{3\pi}{128}$. Zusammen mit $I_4 - I_5 = \frac{1}{12}$ erhält man dann das Endergebnis $\langle \phi \rangle = \frac{9\pi}{32} \gamma^{-1}$.

Lösung 5.3 Energiestrom pro Raumwinkel bei *kreisförmiger* Bewegung

Wir überprüfen die Richtigkeit des Ergebnisses (5.23) für den Energiestrom pro Raumwinkel bei *kreisförmiger* Bewegung, indem wir zeigen:

$$|\hat{\mathbf{R}} \times [(\hat{\mathbf{R}} - \boldsymbol{\beta}) \times \dot{\boldsymbol{\beta}}]|^2 = |\dot{\boldsymbol{\beta}}|^2 \{[1 - \beta \cos(\vartheta)]^2 - (1 - \beta^2) \sin^2(\vartheta) \cos^2(\varphi)\} \; .$$

Der Ausgangspunkt hierbei ist:

$$\hat{\mathbf{R}}(\vartheta, \varphi) = \begin{pmatrix} \cos(\varphi)\sin(\vartheta) \\ \sin(\varphi)\sin(\vartheta) \\ \cos(\vartheta) \end{pmatrix} \; .$$

Es folgt für den Vektor auf der linken Seite:

$$\begin{aligned} \hat{\mathbf{R}} \times [(\hat{\mathbf{R}} - \boldsymbol{\beta}) \times \dot{\boldsymbol{\beta}}] &= \hat{\mathbf{R}} \times (\hat{\mathbf{R}} \times \dot{\boldsymbol{\beta}}) - \hat{\mathbf{R}} \times (\boldsymbol{\beta} \times \dot{\boldsymbol{\beta}}) = \hat{\mathbf{R}}(\hat{\mathbf{R}} \cdot \dot{\boldsymbol{\beta}}) - \dot{\boldsymbol{\beta}} - \beta |\dot{\boldsymbol{\beta}}| \, \hat{\mathbf{R}} \times \hat{\mathbf{e}}_2 \\ &= |\dot{\boldsymbol{\beta}}| \left\{ \cos(\varphi)\sin(\vartheta)\hat{\mathbf{R}} - \hat{\mathbf{e}}_1 - \beta[-\cos(\vartheta)\hat{\mathbf{e}}_1 + \cos(\varphi)\sin(\vartheta)\hat{\mathbf{e}}_3] \right\} \\ &= |\dot{\boldsymbol{\beta}}| \begin{pmatrix} \cos^2(\varphi)\sin^2(\vartheta) - 1 + \beta\cos(\vartheta) \\ \cos(\varphi)\sin(\varphi)\sin^2(\vartheta) \\ \cos(\varphi)\sin(\vartheta)[\cos(\vartheta) - \beta] \end{pmatrix} . \end{aligned}$$

Wir müssen also konkret zeigen:

$$\left| \begin{pmatrix} \cos^2(\varphi)\sin^2(\vartheta) - 1 + \beta\cos(\vartheta) \\ \cos(\varphi)\sin(\varphi)\sin^2(\vartheta) \\ \cos(\varphi)\sin(\vartheta)[\cos(\vartheta) - \beta] \end{pmatrix} \right|^2 = [1 - \beta\cos(\vartheta)]^2 - (1 - \beta^2)\sin^2(\vartheta)\cos^2(\varphi) \; .$$

Hierzu berechnen wir das Betragsquadrat auf der linken Seite dieser Gleichung, wobei wir die verschiedenen Terme nach Potenzen von β ordnen:

$$\begin{aligned} \left|(\cdots)\right|^2 &= [\cos^2(\varphi)\sin^2(\vartheta) - 1 + \beta\cos(\vartheta)]^2 + \cos^2(\varphi)\sin^2(\varphi)\sin^4(\vartheta) \\ &\qquad + \cos^2(\varphi)\sin^2(\vartheta)[\cos(\vartheta) - \beta]^2 \\ &= \beta^2[\cos^2(\vartheta) + \cos^2(\varphi)\sin^2(\vartheta)] - 2\beta\cos(\vartheta) + \{[\cos^2(\varphi)\sin^2(\vartheta) - 1]^2 \\ &\qquad + \cos^2(\varphi)\sin^2(\varphi)\sin^4(\vartheta) + \cos^2(\varphi)\sin^2(\vartheta)\cos^2(\vartheta)\} \; . \end{aligned}$$

Wir vereinfachen nun speziell den Term von $\mathcal{O}(\beta^0)$:

$$\begin{aligned}\{\cdots\} &= \cos^2(\varphi)[\cos^2(\varphi)+\sin^2(\varphi)]\sin^4(\vartheta) - 2\cos^2(\varphi)\sin^2(\vartheta)+1\\ &\qquad + \cos^2(\varphi)\sin^2(\vartheta)\cos^2(\vartheta)\\ &= \cos^2(\varphi)\sin^2(\vartheta)[\sin^2(\vartheta)+\cos^2(\vartheta)] - 2\cos^2(\varphi)\sin^2(\vartheta)+1\\ &= -\cos^2(\varphi)\sin^2(\vartheta)+1\ .\end{aligned}$$

Wir erhalten also insgesamt für das Betragsquadrat:

$$\begin{aligned}\big|(\cdots)\big|^2 &= \beta^2[\cos^2(\vartheta)+\cos^2(\varphi)\sin^2(\vartheta)] - 2\beta\cos(\vartheta) + [1-\cos^2(\varphi)\sin^2(\vartheta)]\\ &= [1-\beta\cos(\vartheta)]^2 - (1-\beta^2)\sin^2(\vartheta)\cos^2(\varphi)\ .\end{aligned}$$

Dies ist genau das verlangte Ergebnis. Hiermit ist die Richtigkeit von (5.23) gezeigt.

Lösung 5.4 Gesamtleistung bei *kreisförmiger* Bewegung

Die Berechnung des ϑ-Integrals in Gleichung (5.25) erfolgt weitgehend analog zur Berechnung des ϕ-Integrals in Lösung 5.1. Wir berechnen das ϑ-Integral, indem wir zuerst $\cos(\vartheta) \equiv x$ substituieren und dann $1-\beta x \equiv y$ bzw. $x = \beta^{-1}(1-y)$; außerdem verwenden wir $\int_0^{2\pi} d\varphi\ \cos^2(\varphi) = \pi$:

$$\begin{aligned}&\int d\Omega\ \frac{[1-\beta\cos(\vartheta)]^2 - (1-\beta^2)\sin^2(\vartheta)\cos^2(\varphi)}{[1-\beta\cos(\vartheta)]^5}\\ &= 2\pi\int_{-1}^{1} dx\ \frac{(1-\beta x)^2 - \frac{1}{2}(1-\beta^2)(1-x^2)}{(1-\beta x)^5} = \int_{1-\beta}^{1+\beta} dy\ \frac{2\pi}{\beta y^3} - (1-\beta^2)\frac{4\pi}{3}\gamma^6\\ &= \frac{\pi}{\beta}\left[\frac{1}{(1-\beta)^2} - \frac{1}{(1+\beta)^2}\right] - \frac{4\pi}{3}\gamma^4 = 4\pi\gamma^4\left(1-\frac{1}{3}\right) = \frac{8\pi}{3}\gamma^4\ .\end{aligned}$$

Im zweiten Schritt der zweiten Zeile verwenden wir zusätzlich das bereits aus Lösung 5.1 bekannte Ergebnis $\frac{8\pi}{3}\gamma^6$ für das Integral $2\pi\int_{-1}^{1} dx\ \frac{1-x^2}{(1-\beta x)^5}$.

Lösung 5.5 Ultrarelativistischer Limes bei *kreisförmiger* Bewegung

Wir berechnen wieder zuerst das *zweite* Moment $\langle\vartheta^2\rangle$ der ϑ-Verteilung, da diese Berechnung etwas einfacher ist, und danach das *erste* Moment $\langle\vartheta\rangle$, also den Mittelwert. Die Berechnungen sind weitgehend analog zu denjenigen in Lösung 5.2.

Das *zweite* Moment der Verteilung der möglichen ϑ-Werte ist in einem ultrarelativistischen Ausstrahlungsbündel bei *kreisförmiger* Bewegung mit dem infinitesimalen Raumwinkel $d\Omega = \sin(\vartheta)d\vartheta d\varphi$ sowie $\int_0^{2\pi} d\varphi\ \cos^2(\varphi) = \pi$ gegeben durch:

$$\begin{aligned}\langle\vartheta^2\rangle &= \frac{\int d\Omega\ \vartheta^2\frac{[1+(\gamma\vartheta)^2]^2-4(\gamma\vartheta)^2\cos^2(\varphi)}{[1+(\gamma\vartheta)^2]^5}}{\int d\Omega\ \frac{[1+(\gamma\vartheta)^2]^2-4(\gamma\vartheta)^2\cos^2(\varphi)}{[1+(\gamma\vartheta)^2]^5}} \sim \frac{\int_0^{\pi} d\vartheta\ \vartheta^3\frac{[1+(\gamma\vartheta)^2]^2-2(\gamma\vartheta)^2}{[1+(\gamma\vartheta)^2]^5}}{\int_0^{\pi} d\vartheta\ \vartheta\frac{[1+(\gamma\vartheta)^2]^2-2(\gamma\vartheta)^2}{[1+(\gamma\vartheta)^2]^5}}\\ &\sim \frac{\int_0^{\infty} dx\ x^3\frac{(1+x^2)^2-2x^2}{(1+x^2)^5}}{\gamma^2\int_0^{\infty} dx\ x\frac{(1+x^2)^2-2x^2}{(1+x^2)^5}} = \frac{\int_0^{\infty} dy\ [(1+y)-1]\frac{(1+y)^2-2(1+y)+2}{(1+y)^5}}{\gamma^2\int_0^{\infty} dy\ \frac{(1+y)^2-2(1+y)+2}{(1+y)^5}}\\ &= \frac{I_2-2I_3+2I_4}{\gamma^2(I_3-2I_4+2I_5)} - \frac{1}{\gamma^2} = \frac{1-2\cdot\frac{1}{2}+2\cdot\frac{1}{3}}{\gamma^2(\frac{1}{2}-2\cdot\frac{1}{3}+2\cdot\frac{1}{4})} - \frac{1}{\gamma^2} = \frac{1}{\gamma^2} \qquad (\gamma\to\infty)\ .\end{aligned}$$

Im zweiten Schritt wird $\sin(\vartheta) \to \vartheta$ ersetzt. Im dritten Schritt wird als neue Variable $\gamma\vartheta \equiv x$ definiert; im Limes $\gamma \to \infty$ gilt für die Integrationsobergrenze $\pi\gamma \to \infty$. Im vierten Schritt wird die neue Variable $x^2 \equiv y$ definiert. Anschließend werden die Zähler der Integranden so umgeschrieben, dass nur noch die bereits aus Lösung 5.2 bekannten Integrale $I_n = \int_0^\infty dy\, \frac{1}{(1+y)^n} = \frac{1}{n-1}$ übrig bleiben.

Die Berechnung des *ersten* Moments $\langle\vartheta\rangle$ der ϑ-Verteilung erfolgt zunächst vollkommen analog, allerdings mit einem Faktor ϑ bzw. x weniger im Integranden des Zählers und daher einem Faktor γ weniger im Nenner:

$$\langle\vartheta\rangle = \frac{\int d\Omega\, \vartheta \frac{[1+(\gamma\vartheta)^2]^2 - 4(\gamma\vartheta)^2\cos^2(\varphi)}{[1+(\gamma\vartheta)^2]^5}}{\int d\Omega\, \frac{[1+(\gamma\vartheta)^2]^2 - 4(\gamma\vartheta)^2\cos^2(\varphi)}{[1+(\gamma\vartheta)^2]^5}} \sim \frac{\int_0^\pi d\vartheta\, \vartheta^2 \frac{[1+(\gamma\vartheta)^2]^2 - 2(\gamma\vartheta)^2}{[1+(\gamma\vartheta)^2]^5}}{\int_0^\pi d\vartheta\, \vartheta \frac{[1+(\gamma\vartheta)^2]^2 - 2(\gamma\vartheta)^2}{[1+(\gamma\vartheta)^2]^5}}$$

$$\sim \frac{\int_0^\infty dx\, x^2 \frac{(1+x^2)^2 - 2x^2}{(1+x^2)^5}}{\gamma \int_0^\infty dx\, x \frac{(1+x^2)^2 - 2x^2}{(1+x^2)^5}} = \frac{\int_0^\infty dy\, \frac{\sqrt{y}(1+y^2)}{(1+y)^5}}{\gamma \int_0^\infty dy\, \frac{(1+y)^2 - 2(1+y) + 2}{(1+y)^5}} = \frac{\int_0^\infty dy\, \frac{y^{1/2} + y^{5/2}}{(1+y)^5}}{\gamma(I_3 - 2I_4 + 2I_5)}$$

$$= \frac{3}{\gamma}\left[\int_0^\infty dy\, \frac{y^{1/2}}{(1+y)^5} + \int_0^\infty dy\, \frac{y^{5/2}}{(1+y)^5}\right] = \frac{3}{\gamma} \cdot 2 \cdot \frac{5\pi}{128} = \frac{15\pi}{64}\gamma^{-1} \quad (\gamma \to \infty)\,.$$

Die zwei Terme des Integrals im Zähler in der zweiten Zeile lassen sich nun nicht auf Integrale vom Typ I_n reduzieren. Dennoch sind sie Standardintegrale (nämlich wiederum Beispiele der *Beta*funktion, siehe die Formeln 6.2.1 und 6.2.2 in Ref. [1] bzw. 5.12.3 in Ref. [35]), die beide den gleichen Wert $\frac{5\pi}{128}$ haben. Zusammen mit dem Vorfaktor $\frac{3}{\gamma}$ erhält man als Ergebnis für den mittleren Winkel: $\langle\vartheta\rangle \sim \frac{15\pi}{64}\gamma^{-1}$.

Lösung 5.6 Zeitmittelwerte von Produkten oszillierender Größen

(a) Wir betrachten zwei *reell*wertige physikalische Größen $F(\mathbf{x},t) = \mathrm{Re}[\mathcal{F}(\mathbf{x})e^{-i\omega t}]$ und $G(\mathbf{x},t) = \mathrm{Re}[\mathcal{G}(\mathbf{x})e^{-i\omega t}]$, die als Realteil *komplex*wertiger Funktionen $\mathcal{F} = \mathcal{F}_\mathrm{R} + i\mathcal{F}_\mathrm{I}$ und $\mathcal{G} = \mathcal{G}_\mathrm{R} + i\mathcal{G}_\mathrm{I}$ mit einer charakteristischen Frequenz ω darstellbar sind. Hierbei sollen $\mathcal{F}$ und $\mathcal{G}$ die Real- und Imaginärteile $\mathcal{F}_\mathrm{R}$ und $\mathcal{F}_\mathrm{I}$, bzw. $\mathcal{G}_\mathrm{R}$ und $\mathcal{G}_\mathrm{I}$ besitzen. Wir erhalten dann für den Zeitmittelwert des Produkts FG:

$$\begin{aligned}\overline{FG} &= \overline{[\mathcal{F}_\mathrm{R}\cos(\omega t) + \mathcal{F}_\mathrm{I}\sin(\omega t)]\,[\mathcal{G}_\mathrm{R}\cos(\omega t) + \mathcal{G}_\mathrm{I}\sin(\omega t)]}\\ &= \mathcal{F}_\mathrm{R}\mathcal{G}_\mathrm{R}\overline{\cos^2(\omega t)} + \mathcal{F}_\mathrm{I}\mathcal{G}_\mathrm{I}\overline{\sin^2(\omega t)} = \tfrac{1}{2}(\mathcal{F}_\mathrm{R}\mathcal{G}_\mathrm{R} + \mathcal{F}_\mathrm{I}\mathcal{G}_\mathrm{I})\\ &= \tfrac{1}{2}\mathrm{Re}(\mathcal{F}\mathcal{G}^*) = \tfrac{1}{2}\mathrm{Re}(\mathcal{F}^*\mathcal{G})\,.\end{aligned}$$

(b) Falls $\mathbf{F}$ und $\mathbf{G}$ 3-Vektoren sind und FG durch das Skalarprodukt $\mathbf{F}\cdot\mathbf{G}$ oder das Kreuzprodukt $\mathbf{F}\times\mathbf{G}$ ersetzt wird, verläuft die Berechnung analog:

$$\begin{aligned}\overline{\mathbf{F}\cdot\mathbf{G}} &= \sum_{l=1}^{3}\overline{F_l G_l} = \sum_{l=1}^{3}\tfrac{1}{2}\mathrm{Re}(\mathcal{F}_l\mathcal{G}_l^*) = \tfrac{1}{2}\mathrm{Re}(\boldsymbol{\mathcal{F}}\cdot\boldsymbol{\mathcal{G}}^*) = \tfrac{1}{2}\mathrm{Re}(\boldsymbol{\mathcal{F}}^*\cdot\boldsymbol{\mathcal{G}})\\ \overline{\mathbf{F}\times\mathbf{G}} &= \hat{\mathbf{e}}_i\varepsilon_{ijk}\overline{F_j G_k} = (\cdots) = \tfrac{1}{2}\mathrm{Re}(\boldsymbol{\mathcal{F}}\times\boldsymbol{\mathcal{G}}^*) = \tfrac{1}{2}\mathrm{Re}(\boldsymbol{\mathcal{F}}^*\times\boldsymbol{\mathcal{G}})\,.\end{aligned}$$

Lösung 5.7 Magnetische Dipol- und elektrische Quadrupolstrahlung

Bei der Lösung dieser Aufgabe ist zu beachten, dass sämtliche Größen M, D, Q und $\mathbf{m}$ *komplexwertig* sind. Wir verwenden die Summationskonvention.

(a) Wir zeigen zuerst: $|\hat{\mathbf{x}} \times (M\hat{\mathbf{x}})|^2 = |M\hat{\mathbf{x}}|^2 - |\hat{\mathbf{x}}^{\mathrm{T}} M\hat{\mathbf{x}}|^2$. Dies ist ein Spezialfall der allgemeinen Identität $|\hat{\mathbf{x}} \times \mathbf{a}|^2 = |\mathbf{a}|^2 - |\hat{\mathbf{x}}^{\mathrm{T}}\mathbf{a}|^2$ für $\mathbf{a} = M\hat{\mathbf{x}}$:

$$\begin{aligned}|\hat{\mathbf{x}} \times \mathbf{a}|^2 &= \varepsilon_{ijk}\hat{x}_j a_k \varepsilon_{ilm}\hat{x}_l a_m^* = \big(\delta_{jl}\delta_{km} - \delta_{jm}\delta_{kl}\big)\hat{x}_j a_k \hat{x}_l a_m^* \\ &= \hat{x}_j\hat{x}_j a_k a_k^* - (\hat{x}_j a_j)^*(\hat{x}_k a_k) = |\mathbf{a}|^2 - |\hat{\mathbf{x}}^{\mathrm{T}}\mathbf{a}|^2 \qquad (\text{mit } |\hat{\mathbf{x}}|^2 = 1)\ .\end{aligned}$$

Da außerdem $M = D - \frac{1}{3}i\omega Q$ gilt mit antisymmetrischem Tensor D und symmetrischem Tensor Q, folgt noch: $\hat{\mathbf{x}}^{\mathrm{T}} M\hat{\mathbf{x}} = -\frac{1}{3}i\omega\hat{\mathbf{x}}^{\mathrm{T}} Q\hat{\mathbf{x}}$, sodass wir insgesamt als Ergebnis erhalten: $|\hat{\mathbf{x}} \times (M\hat{\mathbf{x}})|^2 = |M\hat{\mathbf{x}}|^2 - \frac{1}{9}\omega^2|\hat{\mathbf{x}}^{\mathrm{T}} Q\hat{\mathbf{x}}|^2$.

(b) Wir berechnen $\langle |M\hat{\mathbf{x}}|^2\rangle_\Omega$ und verwenden zuerst $\langle \hat{x}_j\hat{x}_k\rangle_\Omega = \langle \hat{x}_3^2\rangle_\Omega \delta_{jk} = \frac{1}{3}\delta_{jk}$:

$$\langle |M\hat{\mathbf{x}}|^2\rangle_\Omega = M_{ij}M_{ik}^*\langle \hat{x}_j\hat{x}_k\rangle_\Omega = \tfrac{1}{3}M_{ij}(M^\dagger)_{ki}\delta_{jk} = \tfrac{1}{3}(MM^\dagger)_{ii} = \tfrac{1}{3}\mathrm{Sp}(MM^\dagger)\ .$$

Bei der Berechnung von $\frac{1}{3}\mathrm{Sp}(MM^\dagger)$ verwenden wir die beiden Eigenschaften $\mathrm{Sp}(DQ^\dagger) = \mathrm{Sp}(QD^\dagger) = 0$, die aus der Antisymmetrie von D bzw. $D^\dagger$ und der Symmetrie von Q bzw. $Q^\dagger$ folgen. Beispielsweise folgt $\mathrm{Sp}(DQ^\dagger) = 0$ aus:

$$\mathrm{Sp}(DQ^\dagger) = D_{ij}(Q^\dagger)_{ji} = D_{ji}(Q^\dagger)_{ij} = (-D_{ij})(Q^\dagger)_{ji} = -\mathrm{Sp}(DQ^\dagger)\ .$$

Im zweiten Schritt wurden die Indizes $i \leftrightarrow j$ umbenannt und im dritten wurde die Antisymmetrie von D und die Symmetrie von $Q^\dagger$ verwendet. Wir erhalten daher für $\langle |M\hat{\mathbf{x}}|^2\rangle_\Omega = \frac{1}{3}\mathrm{Sp}(MM^\dagger)$:

$$\begin{aligned}\langle |M\hat{\mathbf{x}}|^2\rangle_\Omega &= \tfrac{1}{3}\big\{\mathrm{Sp}(DD^\dagger) - \tfrac{1}{3}i\omega\big[\mathrm{Sp}(QD^\dagger) - \mathrm{Sp}(DQ^\dagger)\big] + \tfrac{1}{9}\omega^2\mathrm{Sp}(QQ^\dagger)\big\} \\ &= \tfrac{1}{3}\big[\mathrm{Sp}(DD^\dagger) + \tfrac{1}{9}\omega^2\mathrm{Sp}(QQ^\dagger)\big]\ .\end{aligned}$$

(c) Wir berechnen zuerst $\langle \hat{x}_i\hat{x}_j\hat{x}_k\hat{x}_l\rangle_\Omega$. Aufgrund der verschiedenen möglichen Spiegelungen $\hat{x}_i \to -\hat{x}_i$ an Koordinatenebenen ist klar, dass bei einer Mittelung über den Raumwinkel nur Mittelwerte von *geraden Potenzen* $\hat{x}_i^0$, $\hat{x}_i^2$ bzw. $\hat{x}_i^4$ der Koordinaten ungleich null sein können. Wir erhalten daher:

$$\begin{aligned}\langle \hat{x}_i\hat{x}_j\hat{x}_k\hat{x}_l\rangle_\Omega &= \langle \hat{x}_3^4\rangle_\Omega\delta_{ij}\delta_{kl}\delta_{ik} + \langle \hat{x}_3^2\hat{x}_1^2\rangle_\Omega\big[\delta_{ij}\delta_{kl}(1-\delta_{ik}) + \delta_{ik}\delta_{jl}(1-\delta_{ij}) \\ &\qquad + \delta_{il}\delta_{jk}(1-\delta_{ij})\big] \\ &= \big(\langle \hat{x}_3^4\rangle_\Omega - 3\langle \hat{x}_3^2\hat{x}_1^2\rangle_\Omega\big)\delta_{ij}\delta_{kl}\delta_{ik} + \langle \hat{x}_3^2\hat{x}_1^2\rangle_\Omega\big(\delta_{ij}\delta_{kl} + \delta_{ik}\delta_{jl} + \delta_{il}\delta_{jk}\big)\ .\end{aligned}$$

Die Erwartungswerte $\langle \hat{x}_3^4\rangle_\Omega$ und $\langle \hat{x}_3^2\hat{x}_1^2\rangle_\Omega$ können wie folgt berechnet werden: Da die beiden Erwartungswerte gemäß

$$\tfrac{1}{3} = \langle \hat{x}_3^2\rangle_\Omega = \langle \hat{x}_3^2\hat{\mathbf{x}}^2\rangle_\Omega = \langle \hat{x}_3^4\rangle_\Omega + 2\langle \hat{x}_3^2\hat{x}_1^2\rangle_\Omega \quad \text{bzw.} \quad \langle \hat{x}_3^2\hat{x}_1^2\rangle_\Omega = \tfrac{1}{6} - \tfrac{1}{2}\langle \hat{x}_3^4\rangle_\Omega$$

miteinander verknüpft sind, reicht es aus, die Größe $\langle \hat{x}_3^4\rangle_\Omega$ zu berechnen:

$$\langle \hat{x}_3^4\rangle_\Omega = \frac{1}{4\pi}\int_0^{2\pi} d\varphi \int_0^\pi d\vartheta\ \sin(\vartheta)\cos^4(\vartheta) = \frac{1}{2}\int_{-1}^1 dx\ x^4 = \int_0^1 dx\ x^4 = \frac{1}{5}\ .$$

Es folgt $\langle \hat{x}_3^2\hat{x}_1^2\rangle_\Omega = \frac{1}{6} - \frac{1}{2}\langle \hat{x}_3^4\rangle_\Omega = \frac{1}{6} - \frac{1}{10} = \frac{1}{15}$, sodass im bisherigen Ergebnis für den Erwartungswert $\langle \hat{x}_i\hat{x}_j\hat{x}_k\hat{x}_l\rangle_\Omega$ der Vorfaktor des $\delta_{ij}\delta_{kl}\delta_{ik}$-Terms insgesamt *null* ist: $\langle \hat{x}_3^4\rangle_\Omega - 3\langle \hat{x}_3^2\hat{x}_1^2\rangle_\Omega = \frac{1}{5} - \frac{3}{15} = 0$, d. h., es gilt:

$$\langle \hat{x}_i\hat{x}_j\hat{x}_k\hat{x}_l\rangle_\Omega = \langle \hat{x}_3^2\hat{x}_1^2\rangle_\Omega\big(\delta_{ij}\delta_{kl}+\delta_{ik}\delta_{jl}+\delta_{il}\delta_{jk}\big) = \tfrac{1}{15}\big(\delta_{ij}\delta_{kl}+\delta_{ik}\delta_{jl}+\delta_{il}\delta_{jk}\big)\ .$$

Hieraus ergibt sich:

$$\begin{aligned}\langle|\hat{\mathbf{x}}^{\mathrm{T}}Q\hat{\mathbf{x}}|^2\rangle_\Omega &= Q_{ij}Q^*_{kl}\langle\hat{x}_i\hat{x}_j\hat{x}_k\hat{x}_l\rangle_\Omega = \tfrac{1}{15}Q_{ij}Q^*_{kl}\big(\delta_{ij}\delta_{kl}+\delta_{ik}\delta_{jl}+\delta_{il}\delta_{jk}\big)\\ &= \tfrac{1}{15}\big(Q_{ii}Q^*_{kk}+Q_{ij}Q^*_{ij}+Q_{ij}Q^*_{ji}\big) = \tfrac{2}{15}Q_{ij}Q^*_{ij} = \tfrac{2}{15}\mathrm{Sp}(QQ^\dagger)\ .\end{aligned}$$

Im zweiten Schritt der zweiten Zeile wurde die Spurfreiheit des Tensors Q sowie seine Symmetrie verwendet: $Q_{ii}=0$ und $Q^*_{ji}=Q^*_{ij}$.

(d) Wir kombinieren nun die Ergebnisse aus **(a)**, **(b)** und **(c)** miteinander:

$$\begin{aligned}\langle|\hat{\mathbf{x}}\times(M\hat{\mathbf{x}})|^2\rangle_\Omega &= \langle|M\hat{\mathbf{x}}|^2\rangle_\Omega - \langle|\hat{\mathbf{x}}^{\mathrm{T}}M\hat{\mathbf{x}}|^2\rangle_\Omega = \tfrac{1}{3}\mathrm{Sp}(MM^\dagger) - \tfrac{1}{9}\omega^2\langle|\hat{\mathbf{x}}^{\mathrm{T}}Q\hat{\mathbf{x}}|^2\rangle_\Omega\\ &= \tfrac{1}{3}\big[\mathrm{Sp}(DD^\dagger)+\tfrac{1}{9}\omega^2\mathrm{Sp}(QQ^\dagger)\big] - \tfrac{1}{9}\omega^2\cdot\tfrac{2}{15}\mathrm{Sp}(QQ^\dagger)\\ &= \tfrac{1}{3}\mathrm{Sp}(DD^\dagger)+\tfrac{1}{45}\omega^2\mathrm{Sp}(QQ^\dagger)\ .\end{aligned}$$

Hiermit ist die Identität (5.43b) nachgewiesen.

Lösung 5.8 Die Fernzone einer *Loop*antenne (PP)

(a) Wir definieren $\mathbf{j}(\mathbf{x},t) = I_0\cos(\omega t)\delta(x_2)\Theta(t-t_0)\mathbf{J}(\mathbf{x},t)$ mit $\mathbf{J}=J_1\hat{\mathbf{e}}_1+J_3\hat{\mathbf{e}}_3$. Folglich gilt $\boldsymbol{\nabla}\cdot\mathbf{j}\propto\boldsymbol{\nabla}\cdot\mathbf{J}$ mit:

$$\begin{aligned}\boldsymbol{\nabla}\cdot\mathbf{J} = \partial_1J_1+\partial_3J_3 &= -\big[\delta(x_1-\tfrac{1}{2}L')-\delta(x_1+\tfrac{1}{2}L')\big]\big[\delta(x_3+\tfrac{1}{2}L)-\delta(x_3-\tfrac{1}{2}L)\big]\\ &\quad+\big[\delta(x_1-\tfrac{1}{2}L')-\delta(x_1+\tfrac{1}{2}L')\big]\big[\delta(x_3+\tfrac{1}{2}L)-\delta(x_3-\tfrac{1}{2}L)\big]=0\ .\end{aligned}$$

Es gibt also insgesamt acht Beiträge zu $\boldsymbol{\nabla}\cdot\mathbf{J}$, die alle von den vier Eckpunkten $\mathbf{x}=(\pm\frac{1}{2}L',0,\pm\frac{1}{2}L)^{\mathrm{T}}$ stammen und sich paarweise gegenseitig aufheben. Folglich gilt $\boldsymbol{\nabla}\cdot\mathbf{J}=0$ und daher auch $\nabla\cdot\mathbf{j}=0$ für alle $\mathbf{x}\in\mathbb{R}^3$.

(b) Wir entwickeln nach dem kleinen Parameter $|\boldsymbol{\xi}|/x$:

$$\begin{aligned}|\boldsymbol{\xi}-\mathbf{x}| &= \sqrt{\mathbf{x}^2-2\mathbf{x}\cdot\boldsymbol{\xi}+\boldsymbol{\xi}^2} = x\sqrt{1-\frac{2\hat{\mathbf{x}}\cdot\boldsymbol{\xi}}{x}+\frac{\boldsymbol{\xi}^2}{x^2}} = x\sqrt{1-\left(\frac{2\hat{\mathbf{x}}\cdot\boldsymbol{\xi}}{x}-\frac{\boldsymbol{\xi}^2}{x^2}\right)}\\ &= x\left[1-\frac{1}{2}\left(\frac{2\hat{\mathbf{x}}\cdot\boldsymbol{\xi}}{x}-\frac{\boldsymbol{\xi}^2}{x^2}\right)-\frac{1}{8}\left(\frac{2\hat{\mathbf{x}}\cdot\boldsymbol{\xi}}{x}\right)^2+\mathcal{O}\left(\frac{|\boldsymbol{\xi}|^3}{x^3}\right)\right]\\ &\sim x-\hat{\mathbf{x}}\cdot\boldsymbol{\xi}+\tfrac{1}{2x}\big[\boldsymbol{\xi}^2-(\hat{\mathbf{x}}\cdot\boldsymbol{\xi})^2\big]+\cdots\qquad(x\equiv|\mathbf{x}|\to\infty)\ .\end{aligned}$$

(c) Wegen $\rho=0$ und daher $\Phi=0$ folgt das retardierte Vektorpotential aus Gleichung (5.2a) als:

$$\mathbf{A}(\mathbf{x},t)=\frac{\mu_0}{4\pi}\int d^3\xi\,\frac{\mathbf{j}(\boldsymbol{\xi},t-\frac{|\boldsymbol{\xi}-\mathbf{x}|}{c})}{|\boldsymbol{\xi}-\mathbf{x}|}\Theta\Big(t-t_0-\tfrac{|\boldsymbol{\xi}-\mathbf{x}|}{c}\Big)\ .$$

Für die Berechnung von $\mathbf{A}^\uparrow$ benötigen wir nur den *rechten, aufsteigenden* Ast des Stromkreises:

$$\mathbf{j}^\uparrow(\mathbf{x},t)=I_0\cos(\omega t)\delta(x_2)\Theta(t-t_0)\hat{\mathbf{e}}_3\Theta\big(\tfrac{1}{2}L-|x_3|\big)\delta(x_1-\tfrac{1}{2}L')\ .$$

Durch Einsetzen von $\mathbf{j}^{\uparrow}$ in den allgemeinen Ausdruck $\mathbf{A}$ für das Vektorpotential erhalten wir:

$$\mathbf{A}^{\uparrow}(\mathbf{x},t) = \frac{\mu_0}{4\pi}\hat{\mathbf{e}}_3 I_0 \int_{-\frac{1}{2}L}^{\frac{1}{2}L} d\xi_3 \; \frac{\cos\left[\omega\left(t - \frac{|\mathbf{x}-\boldsymbol{\xi}|}{c}\right)\right]}{|\mathbf{x}-\boldsymbol{\xi}|} \Theta\Big(t - t_0 - \tfrac{|\mathbf{x}-\boldsymbol{\xi}|}{c}\Big) \; .$$

Wir definieren $x'_- \equiv x - \frac{1}{2}L'\hat{x}_1$ und verwenden das Ergebnis

$$|\boldsymbol{\xi} - \mathbf{x}| \sim x - \hat{\mathbf{x}} \cdot \boldsymbol{\xi} + \cdots = x - \tfrac{1}{2}L'\hat{x}_1 - \xi_3\hat{x}_3 + \cdots = x'_- - \xi_3\hat{x}_3 + \cdots$$

aus Teil **(b)**, das gültig ist in der Fernzone ($x \gg \max\{L, L'\}$):

$$\mathbf{A}^{\uparrow}(\mathbf{x},t) = \frac{\mu_0 I_0}{4\pi x'_-}\hat{\mathbf{e}}_3 \Theta\Big(t - t_0 - \tfrac{x'_-}{c}\Big) \int_{-\frac{1}{2}L}^{\frac{1}{2}L} d\xi_3 \; \cos\left[\omega\left(t - \tfrac{x'_- - \xi_3\hat{x}_3}{c}\right)\right] \; .$$

Das ξ_3-Integral kann mit Hilfe des Additionstheorems für den Kosinus geschrieben werden als:

$$\cos\left[\omega\left(t - \tfrac{x'_-}{c}\right)\right] \int_{-\frac{1}{2}L}^{\frac{1}{2}L} d\xi_3 \; \cos(k\xi_3\hat{x}_3) - \sin\left[\omega\left(t - \tfrac{x'_-}{c}\right)\right] \int_{-\frac{1}{2}L}^{\frac{1}{2}L} d\xi_3 \; \sin(k\xi_3\hat{x}_3)$$

$$= 2\cos\left[\omega\left(t - \tfrac{x'_-}{c}\right)\right] \int_0^{\frac{1}{2}L} d\xi_3 \; \cos(k\xi_3\hat{x}_3) = \frac{2}{k\hat{x}_3} \cos\left[\omega\left(t - \tfrac{x'_-}{c}\right)\right] \sin\left(\tfrac{1}{2}kL\hat{x}_3\right) \; ,$$

sodass für $\mathbf{A}^{\uparrow}$ in der Fernzone insgesamt gilt:

$$\mathbf{A}^{\uparrow}(\mathbf{x},t) \sim \frac{\mu_0 L I_0}{4\pi x'_-}\hat{\mathbf{e}}_3 \Theta\Big(t - t_0 - \tfrac{x'_-}{c}\Big) \cos\left[\omega\left(t - \tfrac{x'_-}{c}\right)\right] \frac{\sin(\frac{1}{2}kL\hat{x}_3)}{\frac{1}{2}kL\hat{x}_3} \quad (x \to \infty) \; .$$

Das elektrische Feld $\mathbf{E}^{\uparrow} = -\frac{\partial \mathbf{A}^{\uparrow}}{\partial t}$ ist daher:

$$\mathbf{E}^{\uparrow}(\mathbf{x},t) \sim \frac{\omega \mu_0 L I_0}{4\pi x'_-}\hat{\mathbf{e}}_3 \Theta\Big(t - t_0 - \tfrac{x'_-}{c}\Big) \sin\left[\omega\left(t - \tfrac{x'_-}{c}\right)\right] \frac{\sin(\frac{1}{2}kL\hat{x}_3)}{\frac{1}{2}kL\hat{x}_3} \quad (x \to \infty) \; .$$

Bei der Berechnung des Magnetfelds $\mathbf{B}^{\uparrow} = \boldsymbol{\nabla} \times \mathbf{A}^{\uparrow}$ ist es nützlich, das Vektorpotential als Funktion von *Zylinder*koordinaten (r, φ, x_3) zu betrachten. Der Ortsvektor lautet dann $\mathbf{x} = (r\cos\varphi, r\sin\varphi, x_3)$, und die Komponenten des auf eins *normierten* Ortsvektors sind $\hat{\mathbf{x}} = (\frac{r}{x}\cos\varphi, \frac{r}{x}\sin\varphi, \frac{1}{x}x_3)$. Es gelten die Beziehungen $x = \sqrt{r^2 + x_3^2}$ bzw. $r = \sqrt{x^2 - x_3^2} = x\sqrt{1 - \hat{x}_3^2}$. Wir betrachten im Folgenden nur den führenden Term in $\mathbf{B}^{\uparrow}$ und vernachlässigen Terme von $\mathcal{O}(L/x)$ in der Fernzone. Das Magnetfeld folgt dann als

$$\begin{aligned}
\mathbf{B}^{\uparrow}(\mathbf{x},t) &= (\boldsymbol{\nabla} \times \mathbf{A}^{\uparrow})(\mathbf{x},t) = (\hat{\mathbf{e}}_r\partial_r + \tfrac{1}{r}\hat{\mathbf{e}}_\varphi\partial_\varphi + \hat{\mathbf{e}}_3\partial_3) \times \left[\hat{\mathbf{e}}_3 A_3^{\uparrow}(r,\varphi,x_3)\right] \\
&= (\hat{\mathbf{e}}_r \times \hat{\mathbf{e}}_3)(\partial_r A_3^{\uparrow}) + \tfrac{1}{r}(\hat{\mathbf{e}}_\varphi \times \hat{\mathbf{e}}_3)(\partial_\varphi A_3^{\uparrow}) + (\hat{\mathbf{e}}_3 \times \hat{\mathbf{e}}_3)(\partial_3 A_3^{\uparrow}) \\
&= (-\hat{\mathbf{e}}_\varphi)(\partial_r A_3^{\uparrow}) = -\hat{\mathbf{e}}_\varphi(\partial_x A_3^{\uparrow})\tfrac{\partial x}{\partial r} = -\hat{\mathbf{e}}_\varphi \tfrac{r}{x}(\partial_x A_3^{\uparrow}) \\
&= -\hat{\mathbf{e}}_\varphi \frac{r\omega}{xc}\left\{\frac{\sin\left[\omega\left(t - \frac{x'_-}{c}\right)\right]}{\cos\left[\omega\left(t - \frac{x'_-}{c}\right)\right]} + \mathcal{O}\left(\frac{L}{x}\right)\right\} A_3^{\uparrow} \; .
\end{aligned}$$

Der $\frac{1}{r}(\partial_\varphi A_3^\uparrow)$-Term in der zweiten Zeile konnte vernachlässigt werden, da er um einen Faktor L'/x kleiner als der $(\partial_r A_3^\uparrow)$-Term ist. Das Ergebnis bedeutet, dass das Magnetfeld in der Fernzone in führender Ordnung gegeben ist durch:

$$c\mathbf{B}^\uparrow(\mathbf{x},t) = -\hat{\mathbf{e}}_\varphi \frac{r}{x} E_3^\uparrow(\mathbf{x},t) = -\hat{\mathbf{e}}_\varphi \sqrt{1-\hat{x}_3^2}\, E_3^\uparrow(\mathbf{x},t) = -\frac{1}{x}\begin{pmatrix} -x_2 \\ x_1 \\ 0 \end{pmatrix} E_3^\uparrow(\mathbf{x},t) \; .$$

Außerdem zeigen die Korrekturterme von $\mathcal{O}(L/x)$, dass der Übergang von der Fern- zur Zwischen- bzw. Nahzone erwartungsgemäß bei $x \simeq L$ auftritt. Wir stellen zusammenfassend fest, dass die $\mathbf{E}^\uparrow$- und $c\mathbf{B}^\uparrow$-Felder etwa gleich groß und orthogonal zueinander ausgerichtet sind sowie in der Fernzone beide proportional zu x^{-1} abfallen.

Aufgrund der räumlichen Orientierung der $(\mathbf{E}^\uparrow, c\mathbf{B}^\uparrow)$-Felder ist der Poynting-Vektor nach *außen* (d. h. in $\hat{\mathbf{e}}_r$-Richtung) gerichtet:

$$\begin{aligned}
\mathbf{S}^\uparrow(\mathbf{x},t) &= \mathbf{E}^\uparrow \times \mathbf{H}^\uparrow = \frac{1}{\mu_0}\mathbf{E}^\uparrow \times \mathbf{B}^\uparrow = \frac{1}{\mu_0 c}\mathbf{E}^\uparrow \times (c\mathbf{B}^\uparrow) \\
&= \frac{1}{\mu_0 c}\sqrt{1-\hat{x}_3^2}\,\left[E_3^\uparrow(\mathbf{x},t)\right]^2 \hat{\mathbf{e}}_3 \times (-\hat{\mathbf{e}}_\varphi) = \frac{1}{\mu_0 c}\sqrt{1-\hat{x}_3^2}\,\left[E_3^\uparrow(\mathbf{x},t)\right]^2 \hat{\mathbf{e}}_r \; ,
\end{aligned}$$

sodass die ausgestrahlte Energie erwartungsgemäß von der Antenne wegfließt. Die Energiedichte $\rho_\mathcal{E}(\mathbf{x},t)$ folgt aus den $(\mathbf{E}^\uparrow, c\mathbf{B}^\uparrow)$-Feldern als:

$$\rho_\mathcal{E}{}^\uparrow(\mathbf{x},t) = \tfrac{1}{2}\varepsilon_0\left[(\mathbf{E}^\uparrow)^2 + (c\mathbf{B}^\uparrow)^2\right] = \tfrac{1}{2}\varepsilon_0(2-\hat{x}_3^2)\,\left[E_3^\uparrow(\mathbf{x},t)\right]^2 \; .$$

Sowohl $\mathbf{S}^\uparrow$ als auch $\rho_\mathcal{E}$ sind quadratische Funktionen der Felder und fallen daher in der Fernzone beide proportional zu x^{-2} ab. Man erhält den *zeitgemittelten* Poynting-Vektor $\overline{\mathbf{S}}(\mathbf{x})$ und die *zeitgemittelte* Energiedichte $\overline{\rho_\mathcal{E}}(\mathbf{x})$, indem man im Faktor $[E_3^\uparrow(\mathbf{x},t)]^2$ ersetzt: $\overline{\sin^2[\omega(t-x'_-/c)]} \to \frac{1}{2}$.

Wir integrieren den *zeitgemittelten* Poynting-Vektor $\overline{\mathbf{S}}(\mathbf{x})$ und die *zeitgemittelte* Energiedichte $\overline{\rho_\mathcal{E}}(\mathbf{x})$ nun in *sphärischen* Koordinaten über die orientierte Kugeloberfläche $\mathcal{F} \equiv \{\mathbf{x} \,|\, |\mathbf{x}| = x\}$ mit auswärts gerichtetem Normalenvektor. Wir nehmen hierbei selbstverständlich an, dass das Signal von der Antenne den entfernten Ort, an dem die Zeitmittelung stattfindet, seit geraumer Zeit erreicht hat: $t - t_0 \gg \frac{x'_-}{c}$. Die skalare Größe $\overline{\rho_\mathcal{E}}$ ergibt mit

$$\int_\mathcal{F} dF = 2\pi x^2 \int_0^\pi d\vartheta\; \sin(\vartheta) = 2\pi x^2 \int_{-1}^1 d[\cos(\vartheta)] = 2\pi x^2 \int_{-1}^1 d\hat{x}_3$$

das *skalare* Flächenintegral

$$\begin{aligned}
\int_\mathcal{F} dF\; \overline{\rho_\mathcal{E}{}^\uparrow} &= \tfrac{1}{2}\varepsilon_0 \int_\mathcal{F} dF\; (2-\hat{x}_3^2)\,\overline{\left(E_3^\uparrow\right)^2} = \pi x^2 \varepsilon_0 \int_{-1}^1 d\hat{x}_3\; (2-\hat{x}_3^2)\,\overline{\left(E_3^\uparrow\right)^2} \\
&= \pi\varepsilon_0\left(\frac{\omega\mu_0 L I_0}{4\pi}\right)^2 \int_0^1 d\hat{x}_3\; (2-\hat{x}_3^2)\left[\frac{\sin(\frac{1}{2}kL\hat{x}_3)}{\frac{1}{2}kL\hat{x}_3}\right]^2 \\
&= \pi\varepsilon_0\left(\frac{\omega\mu_0 L I_0}{4\pi}\right)^2 \frac{2}{kL}\int_0^{y_0} dy\; \left[2-\left(\frac{2y}{kL}\right)^2\right]\left[\frac{\sin(y)}{y}\right]^2 \\
&\sim \frac{4\pi c}{\omega L}\varepsilon_0(\omega\mu_0)^2\left(\frac{L I_0}{4\pi}\right)^2 \int_0^\infty dy\; \left[\frac{\sin(y)}{y}\right]^2 = \tfrac{1}{8c}\mu_0\omega L I_0^2 \; .
\end{aligned}$$

In der ersten Zeile wurde lediglich das Flächenintegral $\int dF$ als $\hat{x}_3$-Integral umgeschrieben. In der zweiten wurde das zeitgemittelte quadrierte elektrische Feld eingesetzt; wir verwendeten außerdem die Symmetrie des Integranden als Funktion von $\hat{x}_3$. In der dritten Zeile wurde die neue Variable $y \equiv \frac{1}{2}kL\hat{x}_3$ mit der oberen Integrationsgrenze $y_0 \equiv \frac{1}{2}kL$ definiert. Im ersten Schritt der vierten Zeile wurde $kL \gg 1$ verwendet, sodass effektiv auch $y_0 \to \infty$ gilt. Der letzte Schritt folgt daraus, dass das y-Integral elementar ist und den Wert $\frac{\pi}{2}$ hat, siehe z. B. Formel (3.821.9) in Ref. [16] oder Aufgabe 1.4, Teil **(f)**.

Die vektorielle Größe $\overline{\mathbf{S}^\uparrow}$ ergibt analog das *vektorielle* Flächenintegral

$$\begin{aligned}\int_{\mathcal{F}} d\mathbf{F}\cdot\overline{\mathbf{S}^\uparrow} &= \frac{1}{\mu_0 c}\int_{\mathcal{F}} dF\,\left(1-\hat{x}_3^2\right)\overline{\left(E_3^\uparrow\right)^2}\\ &\sim \frac{1}{\mu_0\varepsilon_0 c}\int_{\mathcal{F}} dF\,\overline{\rho_{\mathcal{E}}} = c\int_{\mathcal{F}} dF\,\overline{\rho_{\mathcal{E}}}\\ &\sim c\cdot\frac{1}{8c}\mu_0\omega L I_0^2 = \tfrac{1}{8}\mu_0\omega L I_0^2\;.\end{aligned}$$

Im ersten Schritt wurde $\hat{\mathbf{e}}_x\cdot\hat{\mathbf{e}}_r = \sqrt{1-\hat{x}_3^2}$ und im zweiten $(1-\hat{x}_3^2)\to 1$ verwendet, da wir bereits aus der $\overline{\rho_{\mathcal{E}}}$-Integration wissen, dass $\hat{x}_3 \propto (kL)^{-1}$ eine *kleine* Größe darstellt. Dies bedeutet physikalisch, dass die Abstrahlung überwiegend *senkrecht* zum $\uparrow$-Ast der Antenne in der x_1-x_2-Ebene stattfindet. Dass die abgestrahlte Energie zur Frequenz ω, zur Länge L des $\uparrow$-Asts der Antenne und zu I_0^2 proportional ist, ist physikalisch auch plausibel.

(d) Zu $\mathbf{j}^\uparrow$ und $\mathbf{A}^\uparrow$ addieren wir nun $\mathbf{j}^\downarrow$ und $\mathbf{A}^\downarrow$ und erhalten somit $\mathbf{j}^\updownarrow$ und $\mathbf{A}^\updownarrow$. Der Beitrag $\mathbf{j}^\downarrow$ zur Stromdichte des linken senkrechten Asts der Antenne folgt aus $\mathbf{j}^\uparrow$, indem $\hat{\mathbf{e}}_3 \to (-\hat{\mathbf{e}}_3)$ und $L' \to (-L')$ ersetzt wird:

$$\mathbf{j}^\downarrow(\mathbf{x},t) = -I_0\cos(\omega t)\delta(x_2)\Theta(t-t_0)\hat{\mathbf{e}}_3\Theta\left(\tfrac{1}{2}L-|x_3|\right)\delta(x_1+\tfrac{1}{2}L')\;.$$

Daher erhält man auch $\mathbf{A}^\downarrow$ in der Fernzone ($x \gg \max\{L,L'\}$) aus $\mathbf{A}^\uparrow$, indem man $\hat{\mathbf{e}}_3 \to (-\hat{\mathbf{e}}_3)$ und $L' \to (-L')$ ersetzt und $x'_+ \equiv x + \frac{1}{2}L'\hat{x}_1$ definiert:

$$\mathbf{A}^\downarrow(\mathbf{x},t) = -\frac{\mu_0 I_0}{4\pi x'_+}\hat{\mathbf{e}}_3\Theta\left(t-t_0-\tfrac{x'_+}{c}\right)\int_{-\frac{1}{2}L}^{\frac{1}{2}L} d\xi_3\,\cos\left[\omega\left(t-\tfrac{x'_+-\xi_3\hat{x}_3}{c}\right)\right]\;.$$

Da wir bei der Zeitmittelung sowieso $t-t_0 \gg \frac{x'_-}{c}$ annehmen werden, können wir in $\mathbf{A}^\downarrow$ und $\mathbf{A}^\uparrow$ ohne Weiteres

$$\Theta\left(t-t_0-\tfrac{x'_\pm}{c}\right) \to \Theta\left(t-t_0-\tfrac{x}{c}\right)$$

ersetzen. Wegen

$$(x'_\pm)^{-1} = (x \pm \tfrac{1}{2}L'\hat{x}_1)^{-1} = \tfrac{1}{x}\left(1 \mp \tfrac{L'}{2x}\hat{x}_1\right) \sim \tfrac{1}{x}$$

kann außerdem im Vorfaktor in führender Ordnung ersetzt werden: $(x'_\pm)^{-1} \to x^{-1}$. Wir erhalten daher für $\mathbf{A}^\updownarrow$ in der Fernzone:

$$\mathbf{A}^\updownarrow(\mathbf{x},t) = \frac{\mu_0 I_0}{4\pi x}\hat{\mathbf{e}}_3\Theta\left(t-t_0-\tfrac{x}{c}\right)\int_{-\frac{1}{2}L}^{\frac{1}{2}L} d\xi_3\sum_{\sigma=\pm}\sigma\cos\left[\omega\left(t-\tfrac{x'_{-\sigma}-\xi_3\hat{x}_3}{c}\right)\right]\;.$$

Im ξ_3-Integral trägt nur der Anteil des Integranden bei, der *symmetrisch* ist als Funktion von ξ_3:

$$\int_{-\frac{1}{2}L}^{\frac{1}{2}L} d\xi_3 \sum_{\sigma=\pm}(\cdots) = \Big\{\cos\Big[\omega\Big(t - \tfrac{x'_-}{c}\Big)\Big] - \cos\Big[\omega\Big(t - \tfrac{x'_+}{c}\Big)\Big]\Big\} \int_{-\frac{1}{2}L}^{\frac{1}{2}L} d\xi_3 \ \cos(k\xi_3\hat{x}_3)$$

$$= -2L\sin\Big[\omega\Big(t - \tfrac{x}{c}\Big)\Big]\sin\big(\tfrac{1}{2}kL'\hat{x}_1\big)\frac{\sin(\frac{1}{2}kL\hat{x}_3)}{\frac{1}{2}kL\hat{x}_3} \ .$$

Durch Einsetzen dieses ξ_3-Integrals in $\mathbf{A}^{\updownarrow}$ erhält man:

$$\mathbf{A}^{\updownarrow}(\mathbf{x},t) = -\frac{\mu_0 L I_0}{2\pi x}\hat{\mathbf{e}}_3\Theta\big(t - t_0 - \tfrac{x}{c}\big)\sin\big[\omega\big(t - \tfrac{x}{c}\big)\big]\sin\big(\tfrac{1}{2}kL'\hat{x}_1\big)\frac{\sin(\frac{1}{2}kL\hat{x}_3)}{\frac{1}{2}kL\hat{x}_3} \ .$$

Das entsprechende elektrische Feld $\mathbf{E}^{\updownarrow} = -\frac{\partial \mathbf{A}^{\updownarrow}}{\partial t}$ ist:

$$\mathbf{E}^{\updownarrow}(\mathbf{x},t) = \frac{\omega\mu_0 L I_0}{2\pi x}\hat{\mathbf{e}}_3\Theta\big(t - t_0 - \tfrac{x}{c}\big)\cos\big[\omega\big(t - \tfrac{x}{c}\big)\big]\sin\big(\tfrac{1}{2}kL'\hat{x}_1\big)\frac{\sin(\frac{1}{2}kL\hat{x}_3)}{\frac{1}{2}kL\hat{x}_3} \ .$$

Das Magnetfeld folgt analog zu Teil **(c)** in führender Ordnung als:

$$c\mathbf{B}^{\updownarrow} = -\hat{\mathbf{e}}_\varphi \tfrac{cr}{x}(\partial_x A_3^{\updownarrow}) = -\hat{\mathbf{e}}_\varphi\sqrt{1-\hat{x}_3^2}\,E_3^{\updownarrow}(\mathbf{x},t)$$

$$= -\frac{1}{x}\begin{pmatrix} -x_2 \\ x_1 \\ 0 \end{pmatrix} E_3^{\updownarrow}(\mathbf{x},t) \ .$$

Poynting-Vektor und Energiedichte folgen [wiederum analog zu Teil **(c)**] als:

$$\mathbf{S}^{\updownarrow}(\mathbf{x},t) = \frac{1}{\mu_0 c}\sqrt{1-\hat{x}_3^2}\,\big[E_3^{\updownarrow}(\mathbf{x},t)\big]^2\hat{\mathbf{e}}_r \quad , \quad \rho_{\mathcal{E}}{}^{\updownarrow}(\mathbf{x},t) = \tfrac{1}{2}\varepsilon_0(2-\hat{x}_3^2)\,\big[E_3^{\updownarrow}(\mathbf{x},t)\big]^2 \ .$$

Man erhält den *zeitgemittelten* Poynting-Vektor $\overline{\mathbf{S}^{\updownarrow}}(\mathbf{x})$ und die *zeitgemittelte* Energiedichte $\overline{\rho_{\mathcal{E}}{}^{\updownarrow}}(\mathbf{x})$, indem man in $[E_3^{\updownarrow}(\mathbf{x},t)]^2$ nun ersetzt: $\overline{\cos^2} \to \frac{1}{2}$, d. h.

$$\big(E_3^{\updownarrow}\big)^2 \to \overline{\big(E_3^{\updownarrow}\big)^2} = \frac{1}{2}\left(\frac{\omega\mu_0 L I_0}{2\pi x}\right)^2 \sin^2\big(\tfrac{1}{2}kL'\hat{x}_1\big)\left[\frac{\sin(\frac{1}{2}kL\hat{x}_3)}{\frac{1}{2}kL\hat{x}_3}\right]^2 \ .$$

Wir nehmen bei der Zeitmittelung wieder an: $t - t_0 \gg \frac{x}{c}$.

Wir integrieren den *zeitgemittelten* Poynting-Vektor $\overline{\mathbf{S}^{\updownarrow}}(\mathbf{x})$ und die *zeitgemittelte* Energiedichte $\overline{\rho_{\mathcal{E}}{}^{\updownarrow}}(\mathbf{x})$ wieder in *sphärischen* Koordinaten über die orientierte Kugeloberfläche $\mathcal{F} \equiv \{\mathbf{x} \mid |\mathbf{x}| = x\}$ mit auswärts gerichtetem Normalenvektor. Bei der Integration gilt $\hat{x}_1 = \sin(\vartheta)\cos(\varphi) = \sqrt{1-\hat{x}_3^2}\cos(\varphi)$ und $\hat{x}_3 = \cos(\vartheta)$. Da wie in Teil **(c)** gilt, dass $\hat{x}_3 \propto (kL)^{-1}$ bei der Integration eine *kleine* Größe darstellt, können wir ersetzen: $\sqrt{1-\hat{x}_3^2} \to 1$ bzw. $\hat{x}_1 \to \cos(\varphi)$, sodass sich die Integrationen über die Fläche $\mathcal{F}$ wie folgt vereinfachen:

$$\int_{\mathcal{F}} d\mathbf{F}\cdot\overline{\mathbf{S}^{\updownarrow}}(\mathbf{x}) = \frac{x^2}{\mu_0 c}\int d\Omega\ \overline{\big(E_3^{\updownarrow}\big)^2} \quad , \quad \int_{\mathcal{F}} dF\ \overline{\rho_{\mathcal{E}}{}^{\updownarrow}}(\mathbf{x}) = \varepsilon_0 x^2\int d\Omega\ \overline{\big(E_3^{\updownarrow}\big)^2} \ .$$

Hierbei ist das Integral über den Raumwinkel Ω gegeben durch:

$$\begin{aligned}\int d\Omega\ \overline{(E_3^{\updownarrow})^2} &= \frac{1}{2}\left(\frac{\omega\mu_0 L I_0}{2\pi x}\right)^2 \int_0^{2\pi} d\varphi \int_{-1}^{1} d\hat{x}_3\ \sin^2\!\left(\tfrac{1}{2}kL'\hat{x}_1\right)\left[\frac{\sin(\frac{1}{2}kL\hat{x}_3)}{\frac{1}{2}kL\hat{x}_3}\right]^2 \\ &= \left(\frac{\omega\mu_0 L I_0}{2\pi x}\right)^2 \frac{2}{kL}\int_0^{\infty} dy\left[\frac{\sin(y)}{y}\right]^2 \int_0^{2\pi} d\varphi\ \sin^2\!\left(\tfrac{1}{2}kL'\cos(\varphi)\right) \\ &= \frac{\pi}{kL}\left(\frac{\omega\mu_0 L I_0}{2\pi x}\right)^2 \int_0^{2\pi} d\varphi\ \tfrac{1}{2}\left[1-\cos\!\left(kL'\cos(\varphi)\right)\right] = \frac{\pi^2}{kL}\left(\frac{\omega\mu_0 L I_0}{2\pi x}\right)^2 .\end{aligned}$$

Im vorletzten Schritt wurde verwendet, dass das y-Integral – wie wir aus Teil **(c)** wissen – den Wert $\frac{\pi}{2}$ hat, und im letzten, dass das φ-Integral effektiv gleich π ist. Das Letztere sieht man wie folgt ein: Da vorausgesetzt wird, dass bei dieser Antenne $kL' \gg 1$ gilt, ist intuitiv klar, dass der schnell oszillierende $\cos\!\left(kL'\cos(\varphi)\right)$-Term vernachlässigt werden kann. Dies kann mit Hilfe von Formel (3.715.19) von Ref. [16] aber auch exakt gezeigt werden:

$$\int_0^{2\pi} d\varphi\ \cos\!\left(kL'\cos(\varphi)\right) = 4\int_0^{\frac{1}{2}\pi} d\varphi\ \cos\!\left(kL'\cos(\varphi)\right) = 2\pi J_0(kL')\ ,$$

wobei J_0 wie üblich die Bessel-Funktion 0-ter Ordnung der „ersten Gattung" darstellt. Die Funktionswerte der J_0-Bessel-Funktion sind für große Argumente in der Tat vernachlässigbar klein, siehe z. B. Formel (7.27b). Durch Einsetzen des Ω-Integrals in die Formeln für den zeitgemittelten Poynting-Vektor und die zeitgemittelte Energiedichte erhält man schließlich:

$$\int_{\mathcal{F}} d\mathbf{F}\cdot\overline{\mathbf{S}^{\updownarrow}}(\mathbf{x}) = \tfrac{1}{4}\omega\mu_0 L I_0^2 \quad , \quad \int_{\mathcal{F}} dF\ \overline{\rho_{\mathcal{E}}{}^{\updownarrow}}(\mathbf{x}) = \tfrac{1}{4c}\omega\mu_0 L I_0^2 = \tfrac{1}{4}\mu_0 k L I_0^2\ .$$

Diese Ergebnisse sind doppelt so groß wie diejenigen für den $\uparrow$-Ast alleine und *unabhängig* von L', vorausgesetzt es gilt $kL' \gg 1$. Auch die Abstrahlung der kombinierten $\updownarrow$-Äste der Antenne findet wegen $\hat{x}_3 \propto (kL)^{-1} \ll 1$ überwiegend in der x_1-x_2-Ebene statt.

(e) Die Stromdichte $\mathbf{j}^{\leftrightarrow}$ ist gegeben durch

$$\mathbf{j}^{\leftrightarrow} = I_0\cos(\omega t)\delta(x_2)\Theta(t-t_0)(-\hat{\mathbf{e}}_1)\Theta\!\left(\tfrac{1}{2}L'-|x_1|\right)\left[\delta(x_3-\tfrac{1}{2}L)-\delta(x_3+\tfrac{1}{2}L)\right]$$

und kann also aus $\mathbf{j}^{\updownarrow}$ durch die Vertauschungen $\hat{\mathbf{e}}_3 \to (-\hat{\mathbf{e}}_1)$ bei der räumlichen Orientierung sowie $1 \leftrightarrow 3$ und $L \leftrightarrow L'$ bei den Koordinatenindizes bzw. Längen erhalten werden. Aus Teil **(d)** folgt daher direkt für $\mathbf{A}^{\leftrightarrow}$ in der Fernzone:

$$\mathbf{A}^{\leftrightarrow}(\mathbf{x},t) \sim +\frac{\mu_0 L' I_0}{2\pi x}\hat{\mathbf{e}}_1\Theta\!\left(t-t_0-\tfrac{x}{c}\right)\sin\!\left[\omega\!\left(t-\tfrac{x}{c}\right)\right]\sin\!\left(\tfrac{1}{2}kL\hat{x}_3\right)\frac{\sin(\frac{1}{2}kL'\hat{x}_1)}{\frac{1}{2}kL'\hat{x}_1}\ .$$

Das entsprechende elektrische Feld $\mathbf{E}^{\leftrightarrow} = -\frac{\partial\mathbf{A}^{\leftrightarrow}}{\partial t}$ ist:

$$\mathbf{E}^{\leftrightarrow}(\mathbf{x},t) = -\frac{\omega\mu_0 L' I_0}{2\pi x}\hat{\mathbf{e}}_1\Theta\!\left(t-t_0-\tfrac{x}{c}\right)\cos\!\left[\omega\!\left(t-\tfrac{x}{c}\right)\right]\sin\!\left(\tfrac{1}{2}kL\hat{x}_3\right)\frac{\sin(\frac{1}{2}kL'\hat{x}_1)}{\frac{1}{2}kL'\hat{x}_1}\ .$$

Das $\mathbf{B}$-Feld kann aus $\mathbf{B}^{\leftrightarrow} = \boldsymbol{\nabla} \times \mathbf{A}^{\leftrightarrow}$ berechnet werden oder auch mit Hilfe der Rotation $R(\frac{\pi}{2}\hat{\mathbf{e}}_2)$ und den Vertauschungen $1 \leftrightarrow 3$ und $L \leftrightarrow L'$. Das Ergebnis ist:

$$c\mathbf{B}^{\leftrightarrow} = \frac{1}{x}\begin{pmatrix} 0 \\ x_3 \\ -x_2 \end{pmatrix} E_1^{\leftrightarrow}(\mathbf{x},t) = \begin{pmatrix} 0 \\ \hat{x}_3 \\ -\hat{x}_2 \end{pmatrix} E_1^{\leftrightarrow}(\mathbf{x},t) \ .$$

Aufgrund der Symmetrie ist bereits klar, dass die über die Fläche $\mathcal{F}$ integrierten Zeitmittelwerte von $\overline{\mathbf{S}}$ und $\overline{\rho_{\mathcal{E}}}$ durch Vertauschung von $L \leftrightarrow L'$ aus Teil **(d)** folgen als:

$$\int_{\mathcal{F}} d\mathbf{F} \cdot \overline{\mathbf{S}^{\leftrightarrow}}(\mathbf{x}) = \tfrac{1}{4}\omega\mu_0 L' I_0^2 \quad , \quad \int_{\mathcal{F}} dF \ \overline{\rho_{\mathcal{E}}^{\leftrightarrow}}(\mathbf{x}) = \tfrac{1}{4c}\omega\mu_0 L' I_0^2 = \tfrac{1}{4}\mu_0 k L' I_0^2 \ .$$

Dieses Ergebnis ist *unabhängig* von L, vorausgesetzt, es gilt $kL \gg 1$. Die Abstrahlung der beiden kombinierten $\leftrightarrow$-Äste der Antenne findet nun wegen $\hat{x}_1 \propto (kL)^{-1} \ll 1$ überwiegend in der x_2-x_3-Ebene statt.

(f) Wir betrachten schließlich die komplette Loopantenne mit der Stromdichte $\mathbf{j} = \mathbf{j}^{\updownarrow} + \mathbf{j}^{\leftrightarrow}$. Aufgrund des Superpositionsprinzips ist das Vektorpotential durch $\mathbf{A} = \mathbf{A}^{\updownarrow} + \mathbf{A}^{\leftrightarrow}$, das elektrische Feld durch $\mathbf{E} = \mathbf{E}^{\updownarrow} + \mathbf{E}^{\leftrightarrow}$ und das Magnetfeld durch $\mathbf{B} = \mathbf{B}^{\updownarrow} + \mathbf{B}^{\leftrightarrow}$ gegeben. Dies bedeutet, dass bei der Berechnung des Poynting-Vektors $\mathbf{S} = \frac{1}{\mu_0}\mathbf{E} \times \mathbf{B}$ und der Energiedichte $\rho_{\mathcal{E}} = \frac{1}{2}\varepsilon_0\left[\mathbf{E}^2 + (c\mathbf{B})^2\right]$ auch Kreuzterme auftreten, in denen die $\leftrightarrow$- und $\updownarrow$-Felder gemischt werden. Hierbei ist der Beitrag der Kreuzterme der $\mathbf{E}$-Felder zu $\overline{\rho_{\mathcal{E}}}$ allerdings gleich null: $\mathbf{E}^{\updownarrow} \cdot \mathbf{E}^{\leftrightarrow} \propto \hat{\mathbf{e}}_3 \cdot \hat{\mathbf{e}}_1 = 0$. Der Beitrag der Kreuzterme der $\mathbf{B}$-Felder zu $\overline{\rho_{\mathcal{E}}}$ ist nicht null, jedoch klein. Dies sieht man aus:

$$\begin{aligned} 2 \cdot \tfrac{1}{2}\varepsilon_0\overline{(c\mathbf{B}^{\updownarrow}) \cdot (c\mathbf{B}^{\leftrightarrow})} &= -\varepsilon_0 \hat{x}_1 \hat{x}_3 \overline{E_3^{\updownarrow} E_1^{\leftrightarrow}} \\ &= \tfrac{1}{2}\varepsilon_0 L L' \left(\frac{\omega\mu_0 I_0}{2\pi x}\right)^2 \frac{[\sin(\frac{1}{2}kL\hat{x}_3)]^2}{\frac{1}{2}kL} \frac{[\sin(\frac{1}{2}kL'\hat{x}_1)]^2}{\frac{1}{2}kL'} \ . \end{aligned}$$

Der entsprechende Beitrag zu $\int_{\mathcal{F}} dF \ \overline{\rho_{\mathcal{E}}}$ ist daher:

$$\int_{\mathcal{F}} dF \ \varepsilon_0 c^2 \overline{\mathbf{B}^{\updownarrow} \cdot \mathbf{B}^{\leftrightarrow}} = \frac{2\varepsilon_0}{k^2}\left(\frac{\omega\mu_0 I_0}{2\pi}\right)^2 \int d\Omega \ [\sin(\tfrac{1}{2}kL\hat{x}_3)]^2 \, [\sin(\tfrac{1}{2}kL'\hat{x}_1)]^2$$

mit

$$\begin{aligned} \int d\Omega \ [\cdots]^2 \, [\cdots]^2 &= \int_{-1}^{1} d\hat{x}_3 \ \sin^2(\tfrac{1}{2}kL\hat{x}_3) \int_0^{2\pi} d\varphi \ \tfrac{1}{2}\{1 - \cos[kL'\sin(\vartheta)\cos(\varphi)]\} \\ &= \pi \int_{-1}^{1} d\hat{x}_3 \ \sin^2(\tfrac{1}{2}kL\hat{x}_3) \left[1 - J_0\Big(kL'\sqrt{1-\hat{x}_3^2}\Big)\right] \sim \pi \ . \end{aligned}$$

Im letzten Schritt wurde verwendet, dass die Bessel-Funktion für große Argumente gegen null strebt und der schnell oszillierende Faktor im $\hat{x}_3$-Integral durch eine Konstante ersetzt werden kann: $\sin^2(\cdots) \to \frac{1}{2}$. Das Ergebnis

$$\int_{\mathcal{F}} dF \ \varepsilon_0 c^2 \overline{\mathbf{B}^{\updownarrow} \cdot \mathbf{B}^{\leftrightarrow}} = \tfrac{1}{2\pi}\mu_0 I_0^2$$

ist um einen Faktor $(kL)^{-1} \ll 1$ kleiner als die Diagonalbeiträge der Form $\frac{1}{2}\varepsilon_0\overline{(c\mathbf{B}^{\updownarrow})^2}$ oder $\frac{1}{2}\varepsilon_0\overline{(c\mathbf{B}^{\leftrightarrow})^2}$. Aus genau dem gleichen Grund sind auch die Beiträge der Kreuzterme der **E**- und **B**-Felder zu $\overline{\mathbf{S}}$ vernachlässigbar klein. Folglich muss man zur Bestimmung von $\int_{\mathcal{F}} d\mathbf{F}\cdot\overline{\mathbf{S}}$ und $\int_{\mathcal{F}} dF\,\overline{\rho_{\mathcal{E}}}$ in der Fernzone lediglich die Diagonalbeiträge berücksichtigen, die wir bereits in den Teilen **(d)** und **(e)** berechnet haben. Es folgt insgesamt:

$$\int_{\mathcal{F}} d\mathbf{F}\cdot\overline{\mathbf{S}}(\mathbf{x}) = \tfrac{1}{4}\omega\mu_0(L+L')I_0^2 \quad , \quad \int_{\mathcal{F}} dF\,\overline{\rho_{\mathcal{E}}}(\mathbf{x}) = \tfrac{1}{4c}\omega\mu_0(L+L')I_0^2 \ ,$$

wobei die Abstrahlung der kompletten Antenne also überwiegend in den beiden x_1-x_2- und x_2-x_3-Ebenen stattfindet. Da die Strahlung sich mit der Lichtgeschwindigkeit ausbreitet, ist der Gesamtenergiestrom durch die Fläche $\mathcal{F}$ um einen Faktor c größer als die Energiedichte, integriert über diese Fläche.

(g) Da das von der Antenne erzeugte elektromagnetische Feld z. Z. t vom Ursprung aus gemessen einen Abstand $c(t-t_0)$ in den Raum hinausragt und die in den Flächen $\mathcal{F}$ enthaltene Energiedichte für $x \gg \max\{L, L'\}$ unabhängig vom Abstand zum Ursprung ist, wurde von der Loopantenne seit der Einschaltzeit t_0 etwa die Gesamtenergie $\frac{1}{4}\omega\mu_0(L'+L)I_0^2(t-t_0)$ ausgestrahlt. Das zeitlich lineare Wachstum dieser Energiemenge ist eine direkte Konsequenz davon, dass die *Leistung* der Antenne zeitlich konstant ist.

8.6 Elektrodynamik „im Medium“

Lösung 6.1 Energiebilanz in *linearen, isotropen* Medien

Die Energiebilanzgleichung $-\mathbf{E}\cdot\mathbf{j} = \frac{\partial\varrho_{\mathcal{E}}}{\partial t} + \boldsymbol{\nabla}\cdot\mathbf{S}$ im Medium kann, ausgehend von den Maxwell-Gleichungen, wie folgt gezeigt werden: Mit Hilfe der Maxwell-Gleichungen IV und III in (6.3) und der Beziehungen $\mathbf{D} = \varepsilon\mathbf{E}$ und $\mathbf{B} = \mu\mathbf{H}$ in linearen, isotropen Medien erhält man die Gleichungskette

$$\begin{aligned}
-\mathbf{E}\cdot\mathbf{j} &= -\mathbf{E}\cdot\left(\boldsymbol{\nabla}\times\mathbf{H} - \frac{\partial\mathbf{D}}{\partial t}\right) = -\mathbf{E}\cdot\left[\boldsymbol{\nabla}\times\left(\mu^{-1}\mathbf{B}\right) - \varepsilon\frac{\partial\mathbf{E}}{\partial t}\right] \\
&= \boldsymbol{\nabla}\cdot\left(\tfrac{1}{\mu}\mathbf{E}\times\mathbf{B}\right) - \tfrac{1}{\mu}\mathbf{B}\cdot(\boldsymbol{\nabla}\times\mathbf{E}) + \varepsilon\mathbf{E}\cdot\frac{\partial\mathbf{E}}{\partial t} \\
&= \boldsymbol{\nabla}\cdot\left(\mathbf{E}\times\mathbf{H}\right) + \tfrac{1}{\mu}\mathbf{B}\cdot\frac{\partial\mathbf{B}}{\partial t} + \varepsilon\mathbf{E}\cdot\frac{\partial\mathbf{E}}{\partial t} \\
&= \boldsymbol{\nabla}\cdot\mathbf{S} + \frac{\partial}{\partial t}\left(\tfrac{1}{2\mu}\mathbf{B}^2 + \tfrac{1}{2}\varepsilon\mathbf{E}^2\right) = \boldsymbol{\nabla}\cdot\mathbf{S} + \frac{\partial\varrho_{\mathcal{E}}}{\partial t} \ .
\end{aligned}$$

Hierbei wurden die Definitionen $\varrho_{\mathcal{E}} \equiv \frac{1}{2\mu}\mathbf{B}^2 + \frac{1}{2}\varepsilon\mathbf{E}^2 = \frac{1}{2}(\mathbf{E}\cdot\mathbf{D} + \mathbf{H}\cdot\mathbf{B})$ und $\mathbf{S} \equiv \mathbf{E}\times\mathbf{H}$ eingeführt.

Lösung 6.2 Energiebilanz in *anisotropen* Systemen

(a) Wir leiten die Energiebilanzgleichung $-\mathbf{E}\cdot\mathbf{j} = \frac{\partial\varrho_{\mathcal{E}}}{\partial t} + \boldsymbol{\nabla}\cdot\mathbf{S}$ mit $\mathbf{S} \equiv \mathbf{E}\times\mathbf{H}$ und $\varrho_{\mathcal{E}} \equiv \frac{1}{2}(\mathbf{E}\cdot\mathbf{D} + \mathbf{H}\cdot\mathbf{B})$ für lineare *anisotrope* Medien her, analog zu Lösung 6.1. Der Unterschied zu Lösung 6.1 ist, dass die Größen χ^{m} und χ^{e}

in den Materialabhängigkeiten $\mathbf{M} = \chi^{\mathrm{m}}\mathbf{H}$ und $\frac{1}{\varepsilon_0}\mathbf{P} = \chi^{\mathrm{e}}\mathbf{E}$ in Gleichung (6.5) nun *symmetrische* dreidimensionale *Tensoren* sind. Folglich sind auch μ und ε in den Beziehungen $\mathbf{B} = \mu\mathbf{H}$ und $\mathbf{D} = \varepsilon\mathbf{E}$ zwischen den Feldern nun symmetrische dreidimensionale Tensoren. Mit Hilfe der Maxwell-Gleichungen IV und III in (6.3) erhält man die Gleichungskette

$$\begin{aligned}
-\mathbf{E}\cdot\mathbf{j} &= -\mathbf{E}\cdot\left(\boldsymbol{\nabla}\times\mathbf{H} - \frac{\partial\mathbf{D}}{\partial t}\right) = \boldsymbol{\nabla}\cdot(\mathbf{E}\times\mathbf{H}) - \mathbf{H}\cdot(\boldsymbol{\nabla}\times\mathbf{E}) + \mathbf{E}^{\mathrm{T}}\varepsilon\frac{\partial\mathbf{E}}{\partial t} \\
&= \boldsymbol{\nabla}\cdot\mathbf{S} + \mathbf{H}\cdot\frac{\partial\mathbf{B}}{\partial t} + \mathbf{E}^{\mathrm{T}}\varepsilon\frac{\partial\mathbf{E}}{\partial t} = \boldsymbol{\nabla}\cdot\mathbf{S} + \mathbf{H}^{\mathrm{T}}\mu\frac{\partial\mathbf{H}}{\partial t} + \mathbf{E}^{\mathrm{T}}\varepsilon\frac{\partial\mathbf{E}}{\partial t} \\
&= \boldsymbol{\nabla}\cdot\mathbf{S} + \tfrac{1}{2}\tfrac{\partial}{\partial t}\big(\mathbf{H}^{\mathrm{T}}\mu\mathbf{H} + \mathbf{E}^{\mathrm{T}}\varepsilon\mathbf{E}\big) = \boldsymbol{\nabla}\cdot\mathbf{S} + \tfrac{1}{2}\tfrac{\partial}{\partial t}\big(\mathbf{H}^{\mathrm{T}}\mathbf{B} + \mathbf{E}^{\mathrm{T}}\mathbf{D}\big) \\
&= \boldsymbol{\nabla}\cdot\mathbf{S} + \tfrac{1}{2}\tfrac{\partial}{\partial t}\big(\mathbf{H}\cdot\mathbf{B} + \mathbf{E}\cdot\mathbf{D}\big) = \boldsymbol{\nabla}\cdot\mathbf{S} + \frac{\partial\varrho_{\mathcal{E}}}{\partial t}\,.
\end{aligned}$$

Im ersten Schritt in der dritten Zeile wurde die *Symmetrie* der Tensoren μ und ε verwendet, die für diese Herleitung essentiell ist.

(b) Wir leiten dieselbe Energiebilanzgleichung $-\mathbf{E}\cdot\mathbf{j} = \frac{\partial\varrho_{\mathcal{E}}}{\partial t} + \boldsymbol{\nabla}\cdot\mathbf{S}$ mit den gleichen Definitionen von $\mathbf{S}$ und $\varrho_{\mathcal{E}}$ nun her für lineare *anisotrope* Medien mit den allgemeineren Materialabhängigkeiten $\mathbf{M} = \chi^{\mathrm{m}}\mathbf{H} + R_0^{-1}\bar{\chi}^{\mathrm{e}}\mathbf{E}$ und $\frac{1}{\varepsilon_0}\mathbf{P} = \chi^{\mathrm{e}}\mathbf{E} + R_0\bar{\chi}^{\mathrm{m}}\mathbf{H}$, wobei $R_0 = \sqrt{\mu_0/\varepsilon_0}$ ist. Die Beziehungen zwischen den Feldern sind $\mathbf{D} = \varepsilon\mathbf{E} + \frac{1}{c}\bar{\chi}^{\mathrm{m}}\mathbf{H}$ und $\mathbf{B} = \mu\mathbf{H} + \frac{1}{c}\bar{\chi}^{\mathrm{e}}\mathbf{E}$. Wiederum sind χ^{m}, χ^{e}, μ und ε symmetrische dreidimensionale Tensoren; außerdem gilt $\bar{\chi}^{\mathrm{m}} = (\bar{\chi}^{\mathrm{e}})^{\mathrm{T}}$. Aufgrund der Maxwell-Gleichungen IV und III in (6.3) erhält man nun:

$$\begin{aligned}
-\mathbf{E}\cdot\mathbf{j} &= -\mathbf{E}\cdot\left(\boldsymbol{\nabla}\times\mathbf{H} - \frac{\partial\mathbf{D}}{\partial t}\right) = (\cdots) = \boldsymbol{\nabla}\cdot\mathbf{S} + \mathbf{H}\cdot\frac{\partial\mathbf{B}}{\partial t} + \mathbf{E}\cdot\frac{\partial\mathbf{D}}{\partial t} \\
&= \boldsymbol{\nabla}\cdot\mathbf{S} + \mathbf{H}^{\mathrm{T}}\left(\mu\frac{\partial\mathbf{H}}{\partial t} + \tfrac{1}{c}\bar{\chi}^{\mathrm{e}}\frac{\partial\mathbf{E}}{\partial t}\right) + \mathbf{E}^{\mathrm{T}}\left(\varepsilon\frac{\partial\mathbf{E}}{\partial t} + \tfrac{1}{c}\bar{\chi}^{\mathrm{m}}\frac{\partial\mathbf{H}}{\partial t}\right) \\
&= \boldsymbol{\nabla}\cdot\mathbf{S} + \tfrac{1}{2}\tfrac{\partial}{\partial t}\big(\mathbf{H}^{\mathrm{T}}\mu\mathbf{H} + \mathbf{E}^{\mathrm{T}}\varepsilon\mathbf{E}\big) + \frac{1}{c}\left(\mathbf{H}^{\mathrm{T}}\bar{\chi}^{\mathrm{e}}\frac{\partial\mathbf{E}}{\partial t} + \mathbf{E}^{\mathrm{T}}\bar{\chi}^{\mathrm{m}}\frac{\partial\mathbf{H}}{\partial t}\right)\,.
\end{aligned}$$

An dieser Stelle geht entscheidend ein, dass die Tensoren $\bar{\chi}^{\mathrm{m}}$ und $\bar{\chi}^{\mathrm{e}}$ durch eine *Transposition* miteinander verknüpft sind: $\bar{\chi}^{\mathrm{m}} = (\bar{\chi}^{\mathrm{e}})^{\mathrm{T}}$. Daher können die letzten beiden Terme auf der rechten Seite nämlich als partielle Zeitableitung zusammengefasst werden:

$$\begin{aligned}
\mathbf{H}^{\mathrm{T}}\bar{\chi}^{\mathrm{e}}\frac{\partial\mathbf{E}}{\partial t} + \mathbf{E}^{\mathrm{T}}\bar{\chi}^{\mathrm{m}}\frac{\partial\mathbf{H}}{\partial t} &= \frac{\partial\mathbf{E}^{\mathrm{T}}}{\partial t}(\bar{\chi}^{\mathrm{e}})^{\mathrm{T}}\mathbf{H} + \mathbf{E}^{\mathrm{T}}\bar{\chi}^{\mathrm{m}}\frac{\partial\mathbf{H}}{\partial t} \\
&= \frac{\partial\mathbf{E}^{\mathrm{T}}}{\partial t}\bar{\chi}^{\mathrm{m}}\mathbf{H} + \mathbf{E}^{\mathrm{T}}\bar{\chi}^{\mathrm{m}}\frac{\partial\mathbf{H}}{\partial t} = \frac{\partial}{\partial t}\big(\mathbf{E}^{\mathrm{T}}\bar{\chi}^{\mathrm{m}}\mathbf{H}\big) \\
&= \tfrac{1}{2}\tfrac{\partial}{\partial t}\big[\mathbf{H}^{\mathrm{T}}(\bar{\chi}^{\mathrm{m}})^{\mathrm{T}}\mathbf{E} + \mathbf{E}^{\mathrm{T}}\bar{\chi}^{\mathrm{m}}\mathbf{H}\big] \\
&= \tfrac{1}{2}\tfrac{\partial}{\partial t}\big(\mathbf{H}^{\mathrm{T}}\bar{\chi}^{\mathrm{e}}\mathbf{E} + \mathbf{E}^{\mathrm{T}}\bar{\chi}^{\mathrm{m}}\mathbf{H}\big)\,.
\end{aligned}$$

Durch Einsetzen der rechten Seite in das bisherige Ergebnis für die Energiebilanzgleichung erhält man schließlich das verlangte Ergebnis:

$$\begin{aligned}
-\mathbf{E}\cdot\mathbf{j} &= \boldsymbol{\nabla}\cdot\mathbf{S} + \tfrac{1}{2}\tfrac{\partial}{\partial t}\big[\mathbf{H}^{\mathrm{T}}\big(\mu\mathbf{H} + \tfrac{1}{c}\bar{\chi}^{\mathrm{e}}\mathbf{E}\big) + \mathbf{E}^{\mathrm{T}}\big(\varepsilon\mathbf{E} + \tfrac{1}{c}\bar{\chi}^{\mathrm{m}}\mathbf{H}\big)\big] \\
&= \boldsymbol{\nabla}\cdot\mathbf{S} + \tfrac{1}{2}\tfrac{\partial}{\partial t}\big(\mathbf{H}\cdot\mathbf{B} + \mathbf{E}\cdot\mathbf{D}\big) = \boldsymbol{\nabla}\cdot\mathbf{S} + \frac{\partial\varrho_{\mathcal{E}}}{\partial t}\,.
\end{aligned}$$

Lösung 6.3 Wellengleichung für räumlich begrenzte Systeme

(a) Bei der „schwingenden Saite“ muss man sowohl $f(0) = f(L) = 0$ als auch $g(0) = g(L) = 0$ fordern, da als *Rand*bedingung $u(0,t) = u(L,t) = 0$ vorgegeben wurde. Hieraus folgen die Konsistenzbedingungen:

$$f(0) = u(0,0) = 0 = u(L,0) = f(L)$$
$$g(0) = \frac{\partial u}{\partial t}(0,0) = 0 = \frac{\partial u}{\partial t}(L,0) = g(L) \; .$$

Da der Satz $\{X_n(x)\}$ der normierten Eigenfunktionen des eindimensionalen Laplace-Operators $\partial^2/\partial x^2$ auf dem Intervall $0 \leq x \leq L$ vollständig ist, kann die Lösung dieses kombinierten Anfangs- und Randwertproblems zu jedem festen Zeitpunkt t in der Form einer Reihe der Form $u(x,t) = \sum_n X_n(x)\,T_n(t)$ dargestellt werden. Die zeitabhängigen Koeffizienten $T_n(t)$ werden dann durch die Differentialgleichung und die Anfangsbedingung festgelegt. Die Eigenfunktionen $X_n(x)$ des Laplace-Operators $\partial^2/\partial x^2$ können aus der entsprechenden Eigenwertgleichung bestimmt werden:

$$\frac{\partial^2 X_n}{\partial x^2} = -k_n^2 X_n \quad , \quad X_n(0) = X_n(L) = 0 \; .$$

Die Lösung lautet $X_n(x) = \sqrt{\frac{2}{L}}\sin(k_n x)$ mit $k_n = \frac{n\pi}{L}$ und $n \in \mathbb{N}$; positive Eigenwerte $(-k_n^2 > 0)$ sind nicht mit der Randbedingung verträglich. Folglich kann das Produkt $X_n(x)\,T_n(t)$ nur dann eine Lösung der Wellengleichung sein, falls $T_n(t)$ eine Lösung der Oszillatorgleichung ist:

$$\frac{\partial^2 T_n}{\partial t^2} = -\omega_n^2 T_n \quad (\omega_n \equiv \bar{c} k_n) \quad , \quad T_n(t) = \tau_n \sin[\omega_n(t - t_n^0)] \; .$$

Die beiden Konstanten τ_n und t_n^0 werden dann durch die beiden Anfangsbedingungen $u(x,0) = f(x)$ und $\frac{\partial u}{\partial t}(x,0) = g(x)$ festgelegt. Konkret gilt

$$T_n(0) = -\tau_n \sin(\omega_n t_n^0) = \int_0^L dx\; X_n(x) f(x)$$
$$T_n'(0) = \omega_n \tau_n \cos(\omega_n t_n^0) = \int_0^L dx\; X_n(x) g(x) \; .$$

Die Lösung dieses kombinierten Anfangs- und Randwertproblems kann also durch *Trennung von Variablen* vollständig gelöst werden.

(b) Die normierten Eigenfunktionen $\{X_\mathbf{n} \,|\, \mathbf{n} = (n_1, \cdots, n_d)\}$ des Laplace-Operators $\Delta_d = \sum_{i=1}^d \partial^2/\partial x_i^2$ auf dem Gebiet $\mathcal{D} = \{\mathbf{x} \,|\, 0 \leq x_i \leq L_i\}$, die für $\mathbf{x} \in \partial\mathcal{D}$ die Randbedingung $X_\mathbf{n}(\mathbf{x}) = 0$ erfüllen, sind gegeben durch:

$$X_\mathbf{n}(\mathbf{x}) = \prod_{i=1}^d \sqrt{\frac{2}{L_k}} \sin(k_{n_i} x_i) \quad , \quad k_{n_i} = \frac{n_i \pi}{L_i} \quad (n_i \in \mathbb{N}) \; .$$

Die Eigenfunktion $X_\mathbf{n}$ erfüllt hierbei die Eigenwertgleichung $\Delta_d X_\mathbf{n} = -\mathbf{k}_\mathbf{n}^2 X_\mathbf{n}$ mit $\mathbf{k}_\mathbf{n} = (k_{n_1}, \cdots, k_{n_d})$. Die Wellengleichung in $\mathcal{D}$ lautet nun $\Delta_d u = \frac{1}{\bar{c}^2}\frac{\partial^2 u}{\partial t^2}$.

Die Anfangsbedingungen sind $u(\mathbf{x},0) = f(\mathbf{x})$ und $\frac{\partial u}{\partial t}(\mathbf{x},0) = g(\mathbf{x})$ mit den Randwerten $f(\mathbf{x}) = 0$ und $g(\mathbf{x}) = 0$ für $\mathbf{x} \in \partial\mathcal{D}$. Da der Satz $\{X_\mathbf{n}\}$ der normierten Eigenfunktionen des Laplace-Operators auch im mehrdimensionalen Fall vollständig ist, kann die Lösung als Reihe $u(\mathbf{x},t) = \sum_\mathbf{n} X_\mathbf{n}(\mathbf{x})\, T_\mathbf{n}(t)$ geschrieben werden. Aus der Wellengleichung folgt nun

$$\frac{\partial^2 T_\mathbf{n}}{\partial t^2} = -\omega_\mathbf{n}^2 T_\mathbf{n} \quad (\omega_\mathbf{n} \equiv \bar{c}|\mathbf{k}|) \quad , \quad T_\mathbf{n}(t) = \tau_\mathbf{n} \sin[\omega_\mathbf{n}(t - t_\mathbf{n}^0)] \; .$$

Die zwei Konstanten $\tau_\mathbf{n}$ und $t_\mathbf{n}^0$ werden durch die beiden Anfangsbedingungen $u(\mathbf{x},0) = f(\mathbf{x})$ und $\frac{\partial u}{\partial t}(\mathbf{x},0) = g(\mathbf{x})$ festgelegt:

$$T_\mathbf{n}(0) = \int_\mathcal{D} d^d x \; X_\mathbf{n}(\mathbf{x}) f(\mathbf{x}) \quad , \quad T_\mathbf{n}'(0) = \int_\mathcal{D} dx \; X_\mathbf{n}(\mathbf{x}) g(\mathbf{x}) \; .$$

Auch dieses Problem ist also durch Variablentrennung vollständig lösbar.

(c) Das analoge Problem einer schwingenden Kreisscheibe mit Radius R ist in einem Gebiet $\mathcal{D} = \{\mathbf{x} \mid x_1^2 + x_2^2 \leq R\}$ definiert. Die Randbedingung ist $u = 0$ auf dem Rand $\partial\mathcal{D}$. Wegen der Rotationssymmetrie führen wir nun Polarkoordinaten $(x_1, x_2) = (\rho\cos(\varphi), \rho\sin(\varphi))$ ein und trennen die Variablen $(\rho,\, \varphi,\, t)$ wie folgt:

$$u(\mathbf{x},t) = \sum_{mn} P_{mn}(\rho)\Phi_{mn}(\varphi)T_{mn}(t) \; .$$

Jeder Term $P_{mn}\Phi_{mn}T_{mn}$ einzeln soll Lösung der Wellengleichung sein, und jedes Produkt $P_{mn}\Phi_{mn}$ soll eine normierte Eigenfunktion des Laplace-Operators auf $\mathcal{D}$ sein mit der Dirichlet-Randbedingung, dass diese Eigenfunktion null ist auf $\partial\mathcal{D}$. Wir bezeichnen die Eigenwerte von $P_{mn}\Phi_{mn}$ als $-k_{mn}^2$. Die Bedingung, dass $P_{mn}\Phi_{mn}T_{mn}$ eine Lösung der Wellengleichung sein soll, lautet in Polarkoordinaten:

$$\begin{aligned} 0 &= \frac{1}{P_{mn}\Phi_{mn}T_{mn}} \left[\frac{1}{\rho}\frac{\partial}{\partial\rho}\rho\frac{\partial}{\partial\rho} + \frac{1}{\rho^2}\frac{\partial^2}{\partial\varphi^2} - \frac{1}{\bar{c}^2}\frac{\partial^2}{\partial t^2} \right] P_{mn}\Phi_{mn}T_{mn} \\ &= \frac{1}{\rho P_{mn}}\frac{d}{d\rho}\rho P_{mn}' + \frac{1}{\rho^2\Phi_{mn}}\Phi_{mn}'' - \frac{1}{\bar{c}^2 T_{mn}}T_{mn}'' \; . \end{aligned} \tag{8.32}$$

Die Bedingung, dass $P_{mn}\Phi_{mn}$ eine Eigenfunktion des Laplace-Operators mit dem Eigenwert $-k_{mn}^2$ ist, lautet in Polarkoordinaten:

$$\frac{\rho}{P_{mn}}\frac{d}{d\rho}\rho P_{mn}' + k_{mn}^2\rho^2 = -\frac{1}{\Phi_{mn}}\Phi_{mn}'' \; . \tag{8.33}$$

Diese Eigenwertgleichung hat zur Konsequenz, dass sich (8.32) auf

$$\frac{T_{mn}''}{T_{mn}} = -\omega_{mn}^2 \quad , \quad \omega_{mn} \equiv \bar{c}k_{mn} > 0 \quad , \quad T_{mn}(t) = \tau_{mn}\sin[\omega_{mn}(t - t_{mn}^0)]$$

vereinfacht. Da die rechte Seite von (8.33) außerdem nur von φ abhängt und die linke Seite nur von ρ, und die Variablen $(\rho,\, \varphi)$ *unabhängig* sind, müssen beide Seiten *konstant* sein:

$$-\frac{1}{\Phi_{mn}}\Phi_{mn}'' = m^2 \quad , \quad \rho\frac{d}{d\rho}\rho P_{mn}' + (k_{mn}^2\rho^2 - m^2)P_{mn} = 0 \; .$$

Der normierte φ-abhängige Anteil ist also durch $\Phi_{mn}(\varphi) = \frac{1}{\sqrt{2\pi}} e^{im\varphi}$ mit $m \in \mathbb{Z}$ gegeben. Um den ρ-abhängigen Anteil zu berechnen, definieren wir $\bar{\rho} \equiv k_{mn}\rho$ und $\bar{P}_{mn}(\bar{\rho}) \equiv P_{mn}(\rho)$. In diesen neuen Größen lautet die Gleichung für die radiale Abhängigkeit:

$$\bar{\rho}^2 \frac{d^2}{d\bar{\rho}^2} \bar{P}_{mn} + \bar{\rho} \frac{d}{d\bar{\rho}} \bar{P}_{mn} + (\bar{\rho}^2 - m^2)\bar{P}_{mn} = 0 \; .$$

Dies ist genau die Bessel'sche Differentialgleichung, sodass der ρ-abhängige Anteil mit der Normierungskonstanten $a_{mn} > 0$ durch

$$P_{mn}(\rho) = \bar{P}_{mn}(\bar{\rho}) = a_{mn} J_m(\bar{\rho}) = a_{mn} J_m(k_{mn}\rho)$$

gegeben ist. Die Normierungsbedingung lautet $a_{mn}^2 \int_0^R d\rho\; \rho\, [J_m(k_{mn}\rho)]^2 = 1$. Die bisher unbekannten Konstanten k_{mn} können schließlich aus der Randbedingung $P_{mn}(R) = 0$ bzw. $J_m(k_{mn}R) = 0$ bestimmt werden. Die n-te positive Nullstelle von J_m wird in der Literatur als j_{mn} bezeichnet. Wir stellen daher fest, dass $k_{mn} = j_{mn}/R$ gilt. Die abzählbar unendlich vielen Nullstellen von J_m sind zwar nicht explizit bekannt, aber über ihr Verhalten ist dennoch viel bekannt (siehe z. B. die Abschnitte 9.5 in Ref. [1] oder 10.21 in Ref. [35]).

(d) Die allgemeine Struktur der Lösung $u(\mathbf{x}, t)$ der Wellengleichung auf einem d-dimensionalen, räumlich beschränkten, einfach zusammenhängenden Gebiet $\mathcal{D}$ mit der Randbedingung $u = 0$ für $\mathbf{x} \in \partial\mathcal{D}$ ist also $u(\mathbf{x}, t) = \sum_\nu X_\nu(\mathbf{x})\, T_\nu(t)$, wobei $\{X_\nu\}$ den Satz der normierten Eigenfunktionen des Laplace-Operators im Gebiet $\mathcal{D}$ darstellt: $\Delta_d X_\nu = -k_\nu^2 X_\nu$ mit $k_\nu > 0$. Diese Eigenfunktionen sollen die Randbedingung $X_\nu(\mathbf{x}) = 0$ für $\mathbf{x} \in \partial\mathcal{D}$ erfüllen. Die Anfangsbedingungen lauten wiederum $u(\mathbf{x}, 0) = f(\mathbf{x})$ und $\frac{\partial u}{\partial t}(\mathbf{x}, 0) = g(\mathbf{x})$ mit $f(\mathbf{x}) = 0$ und $g(\mathbf{x}) = 0$ für $\mathbf{x} \in \partial\mathcal{D}$. Aus der Wellengleichung folgt dann

$$\frac{\partial^2 T_\nu}{\partial t^2} = -\omega_\nu^2 T_\nu \quad (\omega_\nu \equiv \bar{c} k_\nu) \quad , \quad T_\nu(t) = \tau_\nu \sin[\omega_\nu(t - t_\nu^0)] \; ,$$

wobei die beiden Konstanten τ_ν und t_ν^0 wie vorher aus den Anfangswerten $f(\mathbf{x})$ und $g(\mathbf{x})$ folgen. Dass die Eigenwerte $-k_\nu^2$ nur *negativ* sein können, sieht man analog zu Lösung 1.7 durch Anwendung der Greenschen Formel:

$$0 = \int_{\partial\mathcal{D}} dS\; X_\nu \frac{\partial X_\nu}{\partial n} = (\cdots) = \int_{\mathcal{D}} d^3x\; \left[(\boldsymbol{\nabla} X_\nu)^2 - k_\nu^2 X_\nu^2\right] \quad , \quad k_\nu^2 > 0 \; .$$

Wir zeigen noch, dass die Energie einer solchen Lösung *zeitlich konstant* ist:

$$\begin{aligned}
\frac{dE}{dt}(t) &= \frac{d}{dt}\, \tfrac{1}{2} \int_{\mathcal{D}} d^dx\; \left[(\boldsymbol{\nabla} u)^2 + \tfrac{1}{\bar{c}^2}(\partial_t u)^2\right] \\
&= \int_{\mathcal{D}} d^dx\; \left[(\boldsymbol{\nabla} u) \cdot (\boldsymbol{\nabla} \partial_t u) + \tfrac{1}{\bar{c}^2}(\partial_t u)(\partial_t^2 u)\right] \\
&= \int_{\mathcal{D}} d^dx\; \left\{\boldsymbol{\nabla} \cdot \left[(\partial_t u)(\boldsymbol{\nabla} u)\right] + (\partial_t u)\left[-\Delta u + \tfrac{1}{\bar{c}^2}(\partial_t^2 u)\right]\right\} \\
&= \int_{\partial\mathcal{D}} d\mathbf{S} \cdot \left[(\partial_t u)(\boldsymbol{\nabla} u)\right] = \int_{\partial\mathcal{D}} dS\; (\partial_t u) \tfrac{\partial u}{\partial n} = 0 \; .
\end{aligned}$$

In der letzten Zeile wurde im ersten Schritt der Satz von Gauß sowie die Wellengleichung $\frac{1}{\bar{c}^2}(\partial_t^2 u) - \Delta u = 0$ verwendet und dann im zweiten Schritt die Randbedingung: $u(\mathbf{x}, t) = 0$ und daher $(\partial_t u)(\mathbf{x}, t) = 0$.

Lösung 6.4 Inhomogene Wellengleichung und Resonanz

(a) Wir zeigen, dass man o. B. d. A. den vorgegebenen Randwert $v(\mathbf{x}, t)$ mit $\mathbf{x} \in \partial\mathcal{D}$ durch $v(\mathbf{x}, t) = 0$ ersetzen kann, indem man die Funktionen u, F, f und g geeignet modifiziert. Hierzu wählen wir eine Funktion $U(\mathbf{x}, t)$, die hinreichend glatt (mehrmals stetig differenzierbar) und für alle $\mathbf{x} \in \mathcal{D}$ definiert ist sowie die Randbedingung erfüllt: $U(\mathbf{x}, t) = v(\mathbf{x}, t)$ für alle $\mathbf{x} \in \partial\mathcal{D}$. Ansonsten ist die Funktion U beliebig. Führen wir nun die folgenden Definitionen ein:

$$u^* \equiv u - U \quad , \quad F^* \equiv F + \bar{c}^2\left[\Delta U - \tfrac{1}{\bar{c}^2}(\partial_t U)^2\right]$$
$$f^*(\mathbf{x}) \equiv f(\mathbf{x}) - U(\mathbf{x}, 0) \quad , \quad g^*(\mathbf{x}) \equiv g(\mathbf{x}) - (\partial_t U)(\mathbf{x}, 0) \ ,$$

so gilt für die neu definierten Größen, die mit $*$ gekennzeichnet sind:

$$\left.\begin{aligned} &\frac{\partial^2 u^*}{\partial t^2} = \bar{c}^2 \Delta u^* + F^*(\mathbf{x}, t) \\ &u^*(\mathbf{x}, 0) = f^*(\mathbf{x}) \ ; \quad \frac{\partial u^*}{\partial t}(\mathbf{x}, 0) = g^*(\mathbf{x}) \end{aligned}\right\} \qquad (\mathbf{x} \in \mathcal{D})$$
$$u^*(\mathbf{x}, t) = v^*(\mathbf{x}, t) \equiv 0 \qquad\qquad (\mathbf{x} \in \partial\mathcal{D}) \ .$$

Im Folgenden werden wir annehmen, dass $v^*(\mathbf{x}, t) = 0$ gewählt wurde, und den $*$ weglassen. Wir erklären noch, wie die Funktion $U(\mathbf{x}, t)$ konkret konstruiert werden könnte. Der Einfachheit halber nehmen wir an, dass das Gebiet $\mathcal{D}$ *sternförmig* ist, d. h., dass es einen Punkt $\mathbf{x}_0$ im Inneren $\mathcal{D}\backslash\partial\mathcal{D}$ von $\mathcal{D}$ gibt, von dem aus man jeden Punkt des Rands $\partial\mathcal{D}$ „sehen" kann:

$$\big(\exists \mathbf{x}_0 \in \mathcal{D}\backslash\partial\mathcal{D}\big)\big(\forall \bar{\mathbf{x}} \in \partial\mathcal{D}\big)\big(\forall \lambda \in (0, 1]\big)\big[\lambda \mathbf{x}_0 + (1-\lambda)\bar{\mathbf{x}} \in \mathcal{D}\backslash\partial\mathcal{D}\big] \ .$$

Außerdem ist jeder Punkt in $\mathcal{D}$ in der Form $\mathbf{y} = \lambda\mathbf{x}_0 + (1-\lambda)\bar{\mathbf{x}}$ darstellbar. Der U-Wert im Punkt $\mathbf{y}$ kann dann z. B. als $U(\mathbf{y}, t) = v(\bar{\mathbf{x}}, t)e^{1-(1-\lambda)^{-1}}$ gewählt werden. In diesem Fall ist die Funktion U sicherlich hinreichend glatt, denn der Funktionswert U und sämtliche ihrer $\mathbf{y}$-Ableitungen sind in $\mathbf{x}_0$ gleich null.

(b) Die Eigenfunktionen X_n des Laplace-Operators, wonach entwickelt wird, erfüllen die Eigenwertgleichung $\Delta X_n = -k_n^2 X_n$ für $\mathbf{x} \in \mathcal{D}$ mit $k_n > 0$ sowie die Randbedingung $X_n(\mathbf{x}) = 0$ für $\mathbf{x} \in \partial\mathcal{D}$; sie sind außerdem orthonormal: $\int_\mathcal{D} d^dx\ X_m(\mathbf{x})X_n(\mathbf{x}) = \delta_{mn}$. Durch Einsetzen dieser Entwicklung nach Eigenfunktionen in die Wellengleichung erhält man zunächst:

$$\begin{aligned} \frac{1}{\bar{c}^2}\sum_{m=1}^{\infty} F_m(t)X_m(\mathbf{x}) = \frac{1}{\bar{c}^2}F(\mathbf{x}, t) &= \left(\frac{1}{\bar{c}^2}\frac{\partial^2}{\partial t^2} - \Delta\right)u(\mathbf{x}, t) \\ &= \left(\frac{1}{\bar{c}^2}\frac{\partial^2}{\partial t^2} - \Delta\right)\sum_{m=1}^{\infty} U_m(t)X_m(\mathbf{x}) \\ &= \sum_{m=1}^{\infty}\left[\frac{1}{\bar{c}^2}\frac{d^2U_m}{dt^2}(t)X_m(\mathbf{x}) - U_m(t)\Delta X_m(\mathbf{x})\right] \end{aligned}$$

und daher aufgrund der Eigenwertgleichung $\Delta X_n = -k_n^2 X_n$:

$$\frac{1}{\bar{c}^2}\sum_{m=1}^{\infty} F_m(t)X_m(\mathbf{x}) = \sum_{m=1}^{\infty}\left[\frac{1}{\bar{c}^2}\frac{d^2U_m}{dt^2}(t) + k_m^2 U_m(t)\right]X_m(\mathbf{x}) \ .$$

Wegen der Orthonormalität der Eigenfunktionen ergibt sich durch Multiplikation der linken und rechten Seiten mit $X_n(\mathbf{x})$ und Integration über $\mathcal{D}$:

$$\frac{d^2U_n}{dt^2}(t) + \omega_n^2 U_n(t) = F_n(t) \qquad (\omega_n \equiv \bar{c}k_n) \ . \tag{8.34}$$

Aus den Anfangsbedingungen für $u(\mathbf{x},0)$ und $\frac{\partial u}{\partial t}(\mathbf{x},0)$ folgt noch:

$$U_n(0) = \int_{\mathcal{D}} d\mathbf{x}\; u(\mathbf{x},0)X_n(\mathbf{x}) = \int_{\mathcal{D}} d\mathbf{x}\; f(\mathbf{x})X_n(\mathbf{x}) \tag{8.35a}$$

$$\frac{dU_n}{dt}(0) = \int_{\mathcal{D}} d\mathbf{x}\; \frac{\partial u}{\partial t}(\mathbf{x},0)X_n(\mathbf{x}) = \int_{\mathcal{D}} d\mathbf{x}\; g(\mathbf{x})X_n(\mathbf{x}) \ . \tag{8.35b}$$

Die Gleichung (8.34), kombiniert mit den Anfangsbedingungen (8.35a) und (8.35b), bestimmt die Lösung dieses inhomogenen Problems vollständig.

(c) Wir nehmen nun an, dass für die Mode $n = m$ die Zeitabhängigkeit der Inhomogenität $F_m(t)$ genau der Eigenfrequenz ω_m entspricht: $F_m(t) = K\cos(\omega_m t)$ mit dem zeitunabhängigen Vorfaktor $K \neq 0$. Wir machen nun den *Ansatz*:

$$U_m(t) = A_m\cos(\omega_m t) + B_m\sin(\omega_m t) + C_m t\sin(\omega_m t) \quad , \quad C_m = \frac{K}{2\omega_m}$$

und zeigen, dass dieser die Differentialgleichung (8.34) und die Anfangsbedingungen (8.35a) und (8.35b) erfüllt. Wegen der eindeutigen Lösbarkeit solcher gewöhnlicher Differentialgleichungen ist das Problem damit gelöst. Dass der Ansatz die Differentialgleichung (8.34) erfüllt, sieht man aus:

$$\begin{aligned}
\frac{d^2U_m}{dt^2}(t) + \omega_m^2 U_m(t) &= \frac{K}{2\omega_m}\left(\frac{d^2}{dt^2} + \omega_m^2\right)t\sin(\omega_m t)\\
&= \frac{K}{2\omega_m}\left\{\frac{d}{dt}\left[\sin(\omega_m t) + \omega_m t\cos(\omega_m t)\right] + \omega_m^2 t\sin(\omega_m t)\right\}\\
&= \frac{K}{2\omega_m}\left[2\omega_m\cos(\omega_m t) - \omega_m^2 t\sin(\omega_m t) + \omega_m^2 t\sin(\omega_m t)\right]\\
&= K\cos(\omega_m t) = F_m(t) \ .
\end{aligned}$$

Außerdem erfüllt $U_m(t)$ die Anfangsbedingungen, wenn man $A_m = U_m(0)$ und $B_m = \frac{1}{\omega_m}\frac{dU_m}{dt}(0)$ wählt.

Lösung 6.5 Diffusion im unendlichen Raum

(a) Im *ein*dimensionalen Raum ($d = 1$) kann die Lösung der Diffusionsgleichung

$$\frac{\partial A}{\partial t} = D\frac{\partial^2 A}{\partial x^2} \quad , \quad A(x,t_0) = \delta(x-y)$$

bequem mit Hilfe der Fourier-Transformation $\mathcal{A}(k,t) = \frac{1}{\sqrt{2\pi}} \int dx\ e^{ikx} A(x,t)$ bestimmt werden. Die Fourier-Transformierte $\mathcal{A}(k,t)$ erfüllt die Gleichungen

$$\frac{\partial \mathcal{A}}{\partial t} = -Dk^2 \mathcal{A} \quad , \quad \mathcal{A}(k,t_0) = \frac{1}{\sqrt{2\pi}} e^{iky} \; .$$

Die Lösung lautet:

$$\mathcal{A}(k,t) = \frac{1}{\sqrt{2\pi}} e^{iky - Dk^2(t-t_0)} \; .$$

Die Rücktransformation $A(x,t) = \frac{1}{\sqrt{2\pi}} \int dk\ e^{-ikx} \mathcal{A}(k,t)$ ergibt:

$$\begin{aligned} A(x,t) &= \frac{1}{2\pi} \int dk\ e^{-ik(x-y) - Dk^2(t-t_0)} \\ &= \frac{1}{2\pi} \int dk\ e^{-D(t-t_0)\left[k + \frac{i(x-y)}{2D(t-t_0)}\right]^2 - \frac{(x-y)^2}{4D(t-t_0)}} \\ &= \frac{1}{2\pi} \int dk\ e^{-D(t-t_0)k^2 - \frac{(x-y)^2}{4D(t-t_0)}} = \frac{1}{\sqrt{4\pi D(t-t_0)}} e^{-\frac{(x-y)^2}{4D(t-t_0)}} \\ &= a_1(x-y, t-t_0) \; . \end{aligned}$$

Im dritten Schritt wird verwendet, dass der Integrand in der komplexen k-Ebene analytisch[4] ist, sodass der Integrationsweg von $\mathrm{Im}(k) = \frac{x-y}{2D(t-t_0)}$ nach $\mathrm{Im}(k) = 0$ verschoben werden kann. Im eindimensionalen Fall ist die Lösung der Diffusionsgleichung also durch $A(x,t) = a_1(x-y, t-t_0)$ gegeben.

(b) Aus Teil **(a)** folgt nun sofort, dass die Lösung von (6.70) im d-dimensionalen Raum gegeben ist durch $A(\mathbf{x},t) = a_d(\mathbf{x}-\mathbf{y}, t-t_0)$ mit

$$a_d(\mathbf{x},t) \equiv \prod_{i=1}^{d} a_1(x_i,t) = (4\pi Dt)^{-d/2} e^{-\mathbf{x}^2/4Dt}$$

und somit ebenfalls eine Gaußform hat. Die Funktion

$$\begin{aligned} a_d(\mathbf{x}-\mathbf{y}, t-t_0) &= \prod_{i=1}^{d} a_1(x_i - y_i, t-t_0) \\ &= [4\pi D(t-t_0)]^{-d/2} e^{-\frac{(\mathbf{x}-\mathbf{y})^2}{4D(t-t_0)}} \end{aligned}$$

erfüllt nämlich sowohl die richtige Gleichung für $t \geq t_0$:

$$\begin{aligned} \frac{\partial a_d}{\partial t} &= \sum_{i=1}^{d} \left[\frac{\partial a_1}{\partial t}(x_i - y_i, t-t_0) \right] \prod_{j \neq i} a_1(x_j - y_j, t-t_0) \\ &= D \sum_{i=1}^{d} \frac{\partial^2 a_1}{\partial x_i^2}(x_i - y_i, t-t_0) \prod_{j \neq i} a_1(x_j - y_j, t-t_0) = D\Delta a_d \end{aligned}$$

[4] *Analytisch* (oder äquivalent: *holomorph*) bedeutet, dass die entsprechende Funktion *komplex differenzierbar* und daher auch *unendlich oft komplex differenzierbar* ist.

als auch die korrekte Anfangsbedingung für $t \downarrow t_0$:

$$\lim_{t \downarrow t_0} a_d(\mathbf{x}-\mathbf{y}, t-t_0) = \prod_{i=1}^{d} \delta(x_i - y_i) = \delta^{(d)}(\mathbf{x}-\mathbf{y})$$

und ist deshalb die gesuchte Lösung des Problems in $\mathbb{R}^d$.

(c) Wir zeigen, dass zu jeder Zeit $t \geq t_0$ gilt: $\int d^dx\, A(\mathbf{x},t) = 1$. Diese Identität ist sicherlich zum Zeitpunkt $t = t_0$ erfüllt: $\int d^dx\, A(\mathbf{x},t_0) = \int d^dx\, \delta^{(d)}(\mathbf{x}-\mathbf{y}) = 1$. Außerdem gilt:

$$\begin{aligned}\frac{d}{dt}\int d^dx\, A(\mathbf{x},t) &= \int d^dx\, \frac{\partial A}{\partial t}(\mathbf{x},t) = D\int d^dx\, (\Delta A)(\mathbf{x},t) \\ &= D\int_{\mathbb{R}^d} d^dx\, (\boldsymbol{\nabla}\cdot\boldsymbol{\nabla}A)(\mathbf{x},t) = D\int_{\partial\mathbb{R}^d} d\mathbf{S}\cdot(\boldsymbol{\nabla}A)(\mathbf{x},t) = 0\ ,\end{aligned}$$

sodass $\int d^dx\, A(\mathbf{x},t)$ zeitlich konstant und daher für alle $t \geq t_0$ gleich eins ist. Im vorletzten Schritt wurde der Gauß'sche Satz angewandt. Der letzte Schritt folgt aus $(\boldsymbol{\nabla}A)(\mathbf{x},t) \to \mathbf{0}$ für $|\mathbf{x}| \to \infty$.

(d) Der Erwartungswert $\langle\mathbf{x}\rangle_t$ folgt aus der Kombination des Anfangswerts

$$\langle\mathbf{x}\rangle_{t_0} = \int d^dx\, \mathbf{x}\, A(\mathbf{x},t_0) = \int d^dx\, \mathbf{x}\, \delta^{(d)}(\mathbf{x}-\mathbf{y}) = \mathbf{y}$$

mit der Zeitentwicklung von $\langle\mathbf{x}\rangle_t$:

$$\frac{d\langle\mathbf{x}\rangle_t}{dt} = \frac{d}{dt}\int d^dx\, \mathbf{x}\, A(\mathbf{x},t) = \int d^dx\, \mathbf{x}\frac{\partial A}{\partial t}(\mathbf{x},t) = D\int d^dx\, \mathbf{x}\, (\Delta A)(\mathbf{x},t) = \mathbf{0}$$

als $\langle\mathbf{x}\rangle_t = \mathbf{y}$ für alle $t \geq t_0$. Bei der Berechnung der Zeitentwicklung von $\langle\mathbf{x}\rangle_t$ wurde im letzten Schritt zweimal partiell integriert.

Die Berechnung der Varianz $\sigma_t^2 \equiv \langle(\mathbf{x}-\langle\mathbf{x}\rangle_t)^2\rangle_t$ erfolgt analog: Der Anfangswert ist $\sigma_{t_0}^2 = \langle(\mathbf{x}-\mathbf{y})^2\rangle_{t_0} = 0$, und die Zeitentwicklung ist gegeben durch

$$\frac{d\sigma_t^2}{dt} = \frac{d}{dt}\int d^dx\, (\mathbf{x}-\mathbf{y})^2 A(\mathbf{x},t) = D\int d^dx\, (\mathbf{x}-\mathbf{y})^2(\Delta A)(\mathbf{x},t) = 2dD\ ,$$

sodass für alle $t \geq t_0$ gilt: $\sigma_t^2 = 2dDt$. Bei der Berechnung der Zeitentwicklung wurde im letzten Schritt wieder zweimal partiell integriert und außerdem die Normierung von A verwendet: $\int d^dx\, A(\mathbf{x},t) = 1$. Hieraus folgt die Breite der Verteilung A als $\sigma_t = \sqrt{2dDt}$.

Im Langzeitlimes gilt für alle festgehaltenen Ortskoordinaten $\mathbf{x}$ und $\mathbf{y}$:

$$\lim_{t\to\infty} A(\mathbf{x},t) = \lim_{t\to\infty} [4\pi D(t-t_0)]^{-d/2} e^{-\frac{(\mathbf{x}-\mathbf{y})^2}{4D(t-t_0)}} = \lim_{t\to\infty} (4\pi Dt)^{-d/2} = 0\ .$$

Dieser zeitlich abklingende Funktionswert der Verteilung A ist durchaus mit der zeitunabhängigen Normierung verträglich, da A wegen $\sigma_t = \sqrt{2dDt}$ auch immer breiter wird. Es treten also immer niedrigere Funktionswerte in einem immer größeren Raumbereich auf, wobei $\int d^dx\, A$ zeitlich konstant bleibt.

(e) Aus (6.70) ergibt sich, dass $G(\mathbf{x}t|\mathbf{y}t_0) \equiv A(\mathbf{x},t)\Theta(t-t_0)$ das folgende Anfangswertproblem erfüllt:

$$\frac{\partial G}{\partial t} - D\Delta G = \left(\frac{\partial A}{\partial t} - D\Delta A\right)\Theta(t-t_0) + A(\mathbf{x},t)\frac{\partial \Theta}{\partial t}(t-t_0)$$
$$= A(\mathbf{x},t)\delta(t-t_0) = A(\mathbf{x},t_0)\delta(t-t_0) = \delta^{(d)}(\mathbf{x}-\mathbf{y})\delta(t-t_0) \ .$$

Die Eigenschaft $G(\mathbf{x}t|\mathbf{y}t_0) = 0$ für $t < t_0$ folgt aus der Definition von G.

(f) Mit Hilfe der retardierten Greenschen Funktion kann man die Lösung des allgemeinen d-dimensionalen Anfangswertproblems der *inhomogenen* Diffusionsgleichung direkt angeben als

$$\bar{A}(\mathbf{x},t) = \int d^d y \int_{t_0}^{\infty} dt' \; G(\mathbf{x}t|\mathbf{y}t')Q(\mathbf{y},t') + \int d^d y \; G(\mathbf{x}t|\mathbf{y}t_0)\bar{A}_0(\mathbf{y}) \ ,$$

denn für $t > t_0$ gilt:

$$\left[\left(\tfrac{\partial}{\partial t} - \Delta\right)\bar{A}\right](\mathbf{x},t) = \int d^d y \int_{t_0}^{\infty} dt' \; \delta^{(d)}(\mathbf{x}-\mathbf{y})\delta(t-t')Q(\mathbf{y},t') = Q(\mathbf{x},t) \ ,$$

und außerdem ist die Anfangsbedingung erfüllt:

$$\lim_{t\downarrow t_0} \bar{A}(\mathbf{x},t) = \int d^d y \lim_{t\downarrow t_0} \int_{t_0}^{t} dt' \; \delta^{(d)}(\mathbf{x}-\mathbf{y})\, Q(\mathbf{y},t') + \int d^d y \; \delta^{(d)}(\mathbf{x}-\mathbf{y})\bar{A}_0(\mathbf{y})$$
$$= \int_{t_0}^{t_0} dt' \; Q(\mathbf{x},t') + \bar{A}_0(\mathbf{x}) = 0 + \bar{A}_0(\mathbf{x}) = \bar{A}_0(\mathbf{x}) \ .$$

Hiermit ist das Anfangswertproblem der inhomogenen Diffusionsgleichung im unendlich ausgedehnten Raum vollständig gelöst.

Lösung 6.6 Eindeutigkeit der Lösung der Diffusionsgleichung

(a) Es folgt sofort aus der Aufgabe durch Subtraktion der Gleichungen für A_1 und A_2, dass die Differenzlösung $w \equiv A_1 - A_2$ das folgende gemischte Anfangs- und Randwertproblem der *homogenen* Diffusionsgleichung erfüllt:

$$\frac{\partial w}{\partial t}(\mathbf{x},t) = (D\Delta w)(\mathbf{x},t) \quad \text{mit} \quad \begin{cases} w(\mathbf{x},t_0) = 0 & (\mathbf{x} \in \mathcal{D}) \\ w(\mathbf{x},t) = 0 & (\mathbf{x} \in \partial\mathcal{D}) \end{cases} .$$

(b) Wir betrachten das Energiefunktional $E(t) \equiv \frac{1}{2}\int d^d y \; (\boldsymbol{\nabla} w)^2$. Dieses Funktional ist für alle $t \geq t_0$ nicht-negativ: $E(t) \geq 0$. Seine Zeitableitung ist:

$$\frac{dE}{dt} = \int_{\mathcal{D}} d^d y \; \boldsymbol{\nabla} w \cdot \boldsymbol{\nabla}\frac{\partial w}{\partial t} = \int_{\mathcal{D}} d^d y \; \left[\boldsymbol{\nabla}\cdot\left(\frac{\partial w}{\partial t}\boldsymbol{\nabla} w\right) - \frac{\partial w}{\partial t}\Delta w\right]$$
$$= \int_{\partial\mathcal{D}} d\mathbf{S}\cdot\frac{\partial w}{\partial t}\boldsymbol{\nabla} w - D^{-1}\int_{\mathcal{D}} d^d y \left(\frac{\partial w}{\partial t}\right)^2 = -D^{-1}\int_{\mathcal{D}} d^d y \left(\frac{\partial w}{\partial t}\right)^2 \leq 0 \ .$$

Im dritten Schritt wurde der Gauß'sche Satz angewandt und die Diffusionsgleichung $\Delta w = D^{-1}\frac{\partial w}{\partial t}$ sowie die Randbedingung $\frac{\partial w}{\partial t} = 0$ eingesetzt.

(c) Aus der Anfangsbedingung $w(\mathbf{x}, t_0) = 0$ für die Differenzlösung w folgt für die Energie: $E(t_0) = 0$. Das Ergebnis $\frac{dE}{dt} \leq 0$ aus Teil **(b)** zeigt nun, dass $E = 0$ und daher auch $\partial w/\partial t = 0$ gelten muss für alle $t \geq t_0$ und alle $\mathbf{x} \in \mathcal{D}$. Hieraus folgt $w(\mathbf{x}, t) = \text{Konstante} = w(\mathbf{x}, t_0) = 0$ und daher $A_1 = A_2$ für alle $t \geq t_0$, im Widerspruch zur Annahme $A_1 \neq A_2$. Aus diesem Widerspruch folgt, dass die Annahme $A_1 \neq A_2$ offenbar inkorrekt und die Lösung der Diffusionsgleichung somit *eindeutig* ist.

Lösung 6.7 Dämpfung von Signalen im Telegraphenkabel (P)

(a) Wir untersuchen zuerst den Spannungsverlauf $V(x) \equiv v(x, \infty)$, der sich im Langzeitlimes ($t \to \infty$) einstellt. Es folgt für $t \to \infty$ aus der Telegraphengleichung (6.72a) und den Anfangs- bzw. Randbedingungen (6.72b):

$$V''(x) = \Lambda^{-2}V(x) \quad , \quad \Lambda \equiv \frac{\bar{c}}{\sqrt{r_1 r_2}} \quad , \quad V(0) = V_0 \quad , \quad V(\ell) = 0\,.$$

Die stationäre Lösung lautet daher:

$$V(x) = V_0 \frac{\sinh\big[(\ell - x)/\Lambda\big]}{\sinh(\ell/\Lambda)}\,.$$

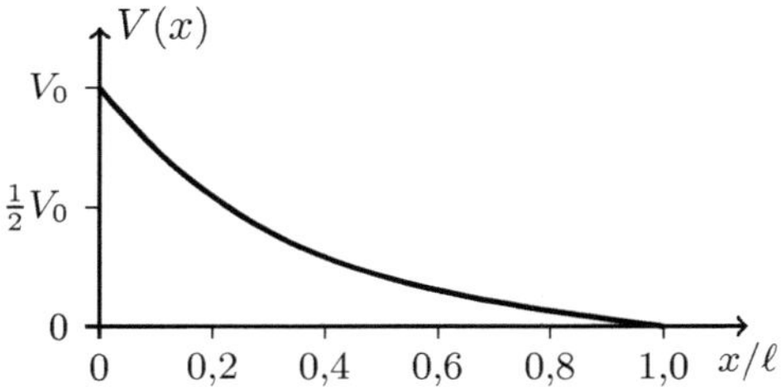

Abb. 8.6 Spannungsverlauf für $t \to \infty$

Die Asymmetrie im Langzeitlimes bezüglich einer Vertauschung $x \leftrightarrow \ell - x$ wird durch die Erdung des Kabels bei $x = \ell$ verursacht. Die stationäre Lösung wurde für den Spezialfall $\ell/\Lambda = 3$ in Abbildung 8.6 skizziert.

(b) Wir untersuchen nun die Abweichung $u(x, t) \equiv v(x, t) - V(x)$ von der stationären Spannung. Um eine Gleichung für u herzuleiten, ziehen wir die Bedingungsgleichung $V''(x) = \frac{r_1 r_2}{\bar{c}^2} V(x)$ für die stationäre Lösung von der Telegraphengleichung (6.72a) für v ab und erhalten wiederum eine Telegraphengleichung, nun aber für u:

$$\frac{\partial^2 u}{\partial x^2} = \frac{1}{\bar{c}^2}\left[\frac{\partial^2 u}{\partial t^2} + (r_1 + r_2)\frac{\partial u}{\partial t} + r_1 r_2 u\right]\,. \tag{8.36a}$$

Diese Telegraphengleichung für u ist jedoch zu lösen mit den Anfangs- und Randbedingungen:

$$\begin{aligned} u(x, 0) = -V(x) \quad &, \quad \frac{\partial u}{\partial t}(x, 0) = 0 \quad (0 \leq x \leq \ell) \\ u(0, t) = 0 \quad &, \quad u(\ell, t) = 0 \quad (t > 0)\,. \end{aligned} \tag{8.36b}$$

(c) Die relativ einfachen „festen“ Randbedingungen $u = 0$ in $x = 0$ und $x = \ell$ ermöglichen eine Lösung durch *Variablentrennung* mit einem Separationsansatz der Form $u(x, t) = X(x)T(t)$. Man erhält zunächst die Gleichungen

$$\begin{aligned} \frac{X''}{X} = \frac{1}{u}\frac{\partial^2 u}{\partial x^2} &= \frac{1}{\bar{c}^2 u}\left[\frac{\partial^2 u}{\partial t^2} + (r_1 + r_2)\frac{\partial u}{\partial t} + r_1 r_2 u\right] \\ &= \frac{1}{\bar{c}^2 T}\left[T'' + (r_1 + r_2)T' + r_1 r_2 T\right] = \text{konstant} \equiv -k^2\,. \end{aligned}$$

Da die linke Seite nur von x und die rechte nur von t abhängig ist, müssen beide Seiten räumlich und zeitlich *konstant* sein; die entsprechende Konstante wurde als $-k^2$ bezeichnet. Die *Anfangsbedingung* wird zunächst nicht auferlegt. Für die Funktionen X und T erhält man somit die Gleichungen:

$$X'' + k^2 X = 0 \quad , \quad X(0) = X(\ell) = 0$$
$$T'' + (r_1 + r_2)T' + (r_1 r_2 + k^2 \bar{c}^2)T = 0 \; .$$

Die *orthonormalen* Lösungen der X-Gleichung lauten:

$$X_n(x) = \sqrt{\frac{2}{\ell}} \sin(k_n x) \quad , \quad k_n = \frac{n\pi}{\ell} \quad (n \in \mathbb{N}) \; .$$

Die T-Gleichung hat Lösungen der Form $T_n(t) = e^{-\alpha_n t}$, wobei α_n aus einer quadratischen Gleichung bestimmt werden kann:

$$T_n(t) = T_n^+ e^{-\alpha_n^+ t} + T_n^- e^{-\alpha_n^- t} \quad , \quad \alpha_n^\pm = \tfrac{1}{2}\left[(r_1 + r_2) \pm \sqrt{(r_1 - r_2)^2 - 4k_n^2 \bar{c}^2}\right] \; .$$

Mit den Notationen $\mu \equiv \frac{1}{2}(r_1 + r_2)$ und $\kappa \equiv \frac{1}{2\bar{c}}|r_1 - r_2|$ vereinfacht sich der Ausdruck für α_n auf

$$\alpha_n^\pm = \mu \pm \bar{c}\sqrt{\kappa^2 - k_n^2} \; .$$

Hierbei ist zu beachten, dass entweder $\alpha_n^\pm \in \mathbb{R}$ gilt mit $0 < \alpha_n^- < \alpha_n^+ < \infty$ oder alternativ $\alpha_n^\pm \in \mathbb{C} \backslash \mathbb{R}$ mit $\alpha_n^- = (\alpha_n^+)^*$ und $\mathrm{Re}(\alpha_n^\pm) = \mu$. Im Spezialfall $k_n = \kappa$ gilt $T_n(t) = \left[T_n^{(0)} + T_n^{(1)} t\right] e^{-\mu t}$. Dieser Spezialfall wird im Folgenden aber keine Rolle spielen.

(d) Wir betrachten nun eine Überlagerung $u(x,t) = \sum_{n=1}^\infty X_n(x) T_n(t)$ der Funktionen $u_n(x,t) = X_n(x) T_n(t)$ mit der Eigenschaft, dass diese Überlagerung zur Zeit $t = 0$ auch die *Anfangsbedingungen* $u(x,0) = -V(x)$ und $\frac{\partial u}{\partial t}(x,0) = 0$ in (8.36b) erfüllt. Mit Hilfe der Definition:

$$V(x) = \sum_{n=1}^\infty V_n X_n(x) \; , \; V_n = \int_0^\ell dy\; X_n(y) V(y) = \sqrt{\frac{2}{\ell}} \int_0^\ell dy \; \sin(k_n y) V(y)$$

können die Konstanten $T_n^{(\pm)}$ aus der Anfangsbedingung bestimmt werden. Zur Zeit $t = 0$ gelten für die Amplitude der Wellenfunktion und ihre zeitliche Änderung die folgenden Gleichungen:

$$u(x,0) = \sum_{n=1}^\infty (T_n^+ + T_n^-) X_n(x) = -V(x) = -\sum_{n=1}^\infty V_n X_n(x)$$
$$\frac{\partial u}{\partial t}(x,0) = -\sum_{n=1}^\infty (\alpha_n^+ T_n^+ + \alpha_n^- T_n^-) X_n(x) = 0 \; .$$

Durch Vergleich der Vorfaktoren von X_m ($m \in \mathbb{N}$) erhält man zwei Gleichungen, aus denen die Konstanten $T_n^{(\pm)}$ bestimmt werden können:

$$\left.\begin{aligned} T_n^+ + T_n^- &= -V_n \\ \alpha_n^+ T_n^+ + \alpha_n^- T_n^- &= 0 \end{aligned}\right\} \quad \longrightarrow \quad T_n^{(\pm)} = \pm \frac{\alpha_n^\mp V_n}{\alpha_n^+ - \alpha_n^-} \; .$$

Folglich ist die Lösung des Anfangswertproblems gegeben durch:

$$u(x,t) = \sum_{n=1}^{\infty} V_n \frac{\alpha_n^- e^{-\alpha_n^+ t} - \alpha_n^+ e^{-\alpha_n^- t}}{\alpha_n^+ - \alpha_n^-} X_n(x) \ . \tag{8.37}$$

Hiermit ist die Lösung des kombinierten Anfangs- und Randwertproblems für $u(x,t)$ – und damit auch für $v(x,t)$ – im Prinzip bekannt. Um ein explizites Ergebnis zu erlangen, benötigen wir allerdings noch die Fourier-Koeffizienten V_n von $V(x)$. Der Startpunkt dieser Berechnung ist die Darstellung von V_n in Integralform:

$$V_n = \sqrt{\frac{2}{\ell}} \int_0^\ell dy \ \sin(k_n y) V(y) = \sqrt{\frac{2}{\ell}} \int_0^\ell dy \ \sin(k_n y) V_0 \frac{\sinh\left[(\ell - y)/\Lambda\right]}{\sinh(\ell/\Lambda)}$$

mit $k_n = \frac{n\pi}{\ell}$ und $n \in \mathbb{N}$. Wir schreiben die y-abhängigen trigonometrischen und hyperbolischen Funktionen in Exponentialform:

$$V_n = P \int_0^\ell dy \ \left(e^{ik_n y} - e^{-ik_n y}\right)\left(e^{(\ell-y)/\Lambda} - e^{-(\ell-y)/\Lambda}\right) \quad , \quad P \equiv \frac{\sqrt{2/\ell}\, V_0}{4i \sinh(\ell/\Lambda)}$$

und definieren eine komplexe Wellenzahl $a_n \equiv \Lambda^{-1} - ik_n$. Die Integrationen über die einzelnen Exponentialfunktionen sind nun elementar:

$$\begin{aligned} V_n/P &= e^{\ell/\Lambda} \int_0^\ell dy \ \left(e^{-a_n y} - e^{-a_n^* y}\right) - e^{-\ell/\Lambda} \int_0^\ell dy \ \left(e^{a_n^* y} - e^{a_n y}\right) \\ &= e^{\ell/\Lambda}\left(\frac{1 - e^{-a_n \ell}}{a_n} - \frac{1 - e^{-a_n^* \ell}}{a_n^*}\right) - e^{-\ell/\Lambda}\left(\frac{e^{a_n^* \ell} - 1}{a_n^*} - \frac{e^{a_n \ell} - 1}{a_n}\right) . \end{aligned}$$

An dieser Stelle tritt eine Vereinfachung auf wegen

$$e^{a_n \ell} = e^{(\Lambda^{-1} - ik_n)\ell} = e^{\ell/\Lambda - in\pi} = (-1)^n \, e^{\ell/\Lambda} = e^{a_n^* \ell} \ .$$

Analog gilt $e^{-a_n \ell} = (-1)^n \, e^{-\ell/\Lambda} = e^{-a_n^* \ell}$. Die Konsequenz ist:

$$\begin{aligned} V_n &= \left(\frac{1}{a_n} - \frac{1}{a_n^*}\right) P\left\{e^{\ell/\Lambda}\left[1 - (-1)^n \, e^{-\ell/\Lambda}\right] + e^{-\ell/\Lambda}\left[(-1)^n \, e^{\ell/\Lambda} - 1\right]\right\} \\ &= \left(\frac{1}{a_n} - \frac{1}{a_n^*}\right) P\left(e^{\ell/\Lambda} - e^{-\ell/\Lambda}\right) = \left(\frac{1}{a_n} - \frac{1}{a_n^*}\right) 2P \sinh(\ell/\Lambda) \\ &= \sqrt{\frac{2}{\ell}} \frac{V_0}{2i} \frac{a_n^* - a_n}{|a_n|^2} = \sqrt{\frac{2}{\ell}} \frac{V_0}{2i} \frac{2ik_n}{\Lambda^{-2} + k_n^2} = \sqrt{\frac{2}{\ell}} \, V_0 \frac{n\pi\ell}{(\ell/\Lambda)^2 + (n\pi)^2} \ . \end{aligned}$$

Hiermit sind auch die Fourier-Koeffizienten V_n explizit bekannt.

(e) Die *Randbedingung* definiert eine erste Längenskala ℓ, die mit einer Zeitskala $\ell/\bar{c}$ einhergeht. Der zweite Term in (8.36a) beschreibt die *Dämpfung* der elektromagnetischen Signale im Kabel mit einer *Frequenz*skala $\mu = \frac{1}{2}(r_1 + r_2)$ und geht daher mit einer *Zeit*skala μ^{-1} sowie einer entsprechenden *Längen*skala $\bar{c}/\mu$ einher. Der dritte Term in (8.36a) hat die vom harmonischen Oszillator bekannte Form und beschreibt Oszillationen mit einer Längenskala $\Lambda \equiv \frac{\bar{c}}{\sqrt{r_1 r_2}}$

und einer entsprechenden Zeitskala $\Lambda/\bar{c}$. Dämpfung und Oszillationen sind also nur dann relevant, wenn das Kabel hinreichend lang ist: $\bar{c}/\mu \ll \ell$ bzw. $\Lambda \ll \ell$. Viertens haben wir in Teil **(c)** die Wellenzahl $\kappa \equiv \frac{1}{2\bar{c}}|r_1 - r_2|$ kennengelernt, die mit einer Längenskala κ^{-1} und einer Zeitskala $(\bar{c}\kappa)^{-1}$ einhergeht. Diese vierte Längenskala κ^{-1} ist aber nicht unabhängig, da sie aus den beiden Skalen $\bar{c}/\mu$ bzw. Λ errechnet werden kann: $\mu^2 = \bar{c}^2(\kappa^2 + \Lambda^{-2})$. Damit Signale (abgesehen von der Dämpfung) nicht verzerrt werden, versucht man in Anwendungen den Parameter κ möglichst klein zu halten.

Erweiterung: Die Schockwelle in der Lösung der Telegraphengleichung (P)

(f) Die Anfangsbedingung $u(x,0) = -V(x)$ ist für den Spezialfall $\ell/\Lambda = 3$ in Abbildung 8.7 skizziert. Der Startpunkt für die Untersuchung des *Kurzzeitverhaltens* von $u(x,t)$ in der Nähe von $x = 0$ ist dann Gleichung (8.37):

$$u(x,t) = \sum_{n=1}^{\infty} V_n \frac{\alpha_n^- e^{-\alpha_n^+ t} - \alpha_n^+ e^{-\alpha_n^- t}}{\alpha_n^+ - \alpha_n^-} X_n(x) \quad , \quad X_n(x) = \sqrt{\frac{2}{\ell}} \sin(k_n x)$$

mit $k_n = \frac{n\pi}{\ell}$. Wir untersuchen die Struktur der Lösung im kombinierten Limes $x \to 0$ und $t \to 0$, wobei das Verhältnis $x/\bar{c}t \equiv \tau^{-1}$ festgehalten wird. Wegen der Anfangsbedingung $u(x,0) = -V(x)$ ist einerseits klar, dass die Signalamplitude u im Allgemeinen *endlich* ist. Aufgrund der Randbedingung $u(0,t) = 0$ ist andererseits klar, dass sich die Amplitude bei $x = 0$ zur Zeit $t = 0$ abrupt und drastisch ändert. Diese drastische Änderung wird sich mit der Geschwindigkeit $\bar{c}$ ausbreiten. Die Amplitude u wird daher bei $x = \bar{c}t$ einen endlichen *Sprung* aufweisen. Dieser Sprung kann *nicht* durch die Terme in Gleichung (8.37) für niedrige n-Werte erklärt werden, da diese Terme für $x \to 0$ alle einzeln gegen null streben. Folglich tragen Terme $X_n(x)T_n(t)$ mit $n \gg 1$ offenbar entscheidend zum erwarteten endlichen Sprung bei. Wir können daher den *diskreten* Summationsindex $n \in \mathbb{N}$ im Folgenden durch eine *kontinuierliche* Integrationsvariable $\xi \equiv \frac{n\pi}{\ell}x \in \mathbb{R}$ ersetzen.

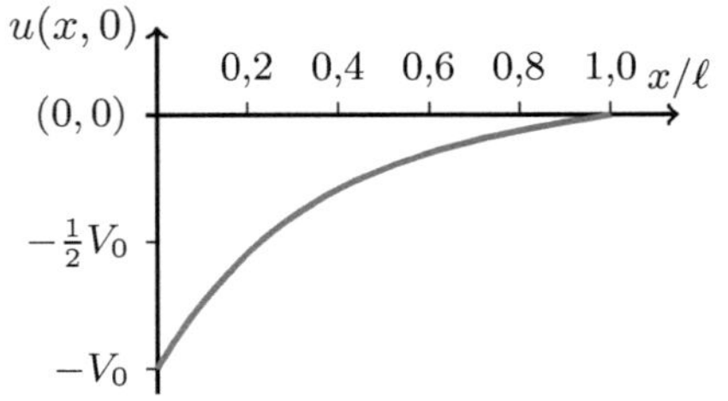

Abb. 8.7 Anfangsbedingung $u(x,0)$

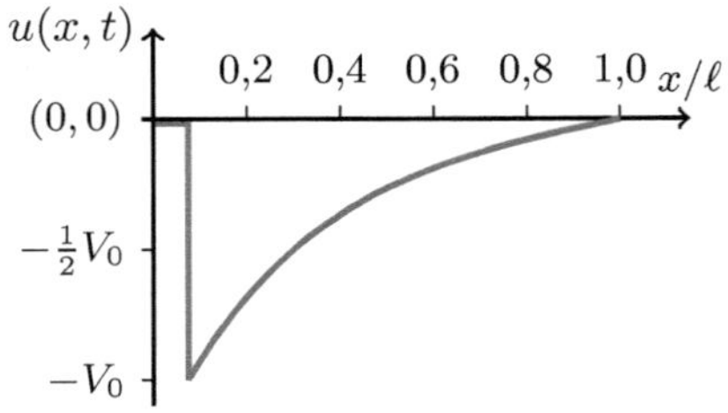

Abb. 8.8 Kurzzeitverhalten von $u(x,t)$

In den neuen Variablen gilt $X_n(x) = \sqrt{\frac{2}{\ell}}\sin(\xi)$ und $\alpha_n^\pm \sim \pm i\bar{c}\frac{n\pi}{\ell} \equiv \pm i\alpha_n$ und daher auch $\alpha_n^\pm t \sim \pm i\alpha_n t = \pm i\xi\tau$ für $n \gg 1$. Außerdem erhält man für die Fourier-Koeffizienten V_n:

$$V_n = \sqrt{\frac{2}{\ell}} V_0 \frac{n\pi\ell}{(\ell/\Lambda)^2 + (n\pi)^2} \sim \sqrt{\frac{2}{\ell}} V_0 \frac{\ell}{n\pi} = \sqrt{\frac{2}{\ell}} V_0 \frac{x}{\xi} \ .$$

Wir können diese Ergebnisse nun in die Riemann-Summe für $u(x,t)$ einsetzen und diese in ein (uneigentliches) Riemann-Integral über die ξ-Variable umwandeln. Das Ergebnis ist:

$$u(x,t) \sim -\frac{2}{\pi}V_0 \int_0^\infty d\xi\, \frac{\sin(\xi)\cos(\xi\tau)}{\xi} \overset{!}{=} \begin{cases} 0 & (\tau > 1\,,\, x < \bar{c}t) \\ -V_0/2 & (\tau = 1\,,\, x = \bar{c}t) \\ -V_0 & (\tau < 1\,,\, x > \bar{c}t) \end{cases} ,$$

wobei wir im letzten Schritt Formel (3.741.2) aus dem Handbuch Ref. [16] verwendet haben. Wir stellen fest, dass die Mitberücksichtigung von großen n-Werten in der Riemann-Summe im Limes $x \to 0$ tatsächlich eine *endliche* Amplitude $u(x,t)$ ergibt und dass sich vom Startpunkt $x = 0$ aus in der Tat eine *Schockwelle* mit der Geschwindigkeit $\bar{c}$ durch das Kabel ausbreitet. Das typische Kurzzeitverhalten von $u(x,t)$ mit dem Sprung der Größe $-V_0$ ist für den Spezialfall $\ell/\Lambda = 3$ in Abbildung 8.8 dargestellt.

(g) Wir bestimmen die Größe des Sprungs im Spannungsverlauf $u(x,t)$ nun für *beliebige* Zeiten $t \geq 0$. Wir bezeichnen den *Ort*, an dem der Sprung nach $m-1$ Reflexionen an den Endpunkten $x = \ell$ und $x = 0$ auftritt, als $x_m(t)$. Hierbei gilt also $m \in \mathbb{N}$. Die *Größe* des Sprungs im Spannungsverlauf zum Zeitpunkt t ist dann gegeben durch:

$$(\delta u_m)(t) \equiv \lim_{\epsilon\downarrow 0}\big[u\big(x_m(t)+\epsilon,t\big)-u\big(x_m(t)-\epsilon,t\big)\big] \quad \text{mit} \quad \begin{cases} x_{2m+1}(t) = \bar{c}t - 2m\ell \\ x_{2m}(t) = 2m\ell - \bar{c}t \end{cases} .$$

Die Größe des Sprungs δu_m kann aus Gleichung (8.37) berechnet werden:

$$(\delta u_m)(t) = \lim_{\epsilon\downarrow 0}\sum_{n=1}^{\infty} V_n \frac{\alpha_n^- e^{-\alpha_n^+ t} - \alpha_n^+ e^{-\alpha_n^- t}}{\alpha_n^+ - \alpha_n^-}\big[X_n\big(x_m(t)+\epsilon\big)-X_n\big(x_m(t)-\epsilon\big)\big] .$$

Hierbei ist $X_n(x) = \sqrt{\frac{2}{\ell}}\sin(k_n x)$; außerdem gilt:

$$\alpha_n^\pm = \mu \pm i\bar{\alpha}_n \quad , \quad \bar{\alpha}_n \equiv \bar{c}\sqrt{k_n^2 - \kappa^2} = \bar{c}\sqrt{\left(\tfrac{n\pi}{\ell}\right)^2 - \kappa^2} \quad (n \in \mathbb{N}) \quad (8.38)$$

mit der Konsequenz:

$$\begin{aligned} \frac{\alpha_n^- e^{-\alpha_n^+ t} - \alpha_n^+ e^{-\alpha_n^- t}}{\alpha_n^+ - \alpha_n^-} &= e^{-\mu t}\frac{(\mu - i\bar{\alpha}_n)e^{-i\bar{\alpha}_n t} - (\mu + i\bar{\alpha}_n)e^{i\bar{\alpha}_n t}}{i\bar{\alpha}_n - (-i\bar{\alpha}_n)} \\ &= -e^{-\mu t}\big[\cos\big(\bar{\alpha}_n t\big) + \tfrac{\mu}{\bar{\alpha}_n}\sin\big(\bar{\alpha}_n t\big)\big] . \end{aligned}$$

Die Differenz der beiden Ortseigenfunktionen wird wie folgt berechnet:

$$\begin{aligned} X_n(x_m+\epsilon) - X_n(x_m-\epsilon) &= \sqrt{\tfrac{2}{\ell}}\big\{\sin\big[k_n(x_m+\epsilon)\big] - \sin\big[k_n(x_m-\epsilon)\big]\big\} \\ &= \sqrt{\tfrac{2}{\ell}}\big\{\sin\big[\tfrac{n\pi}{\ell}(x_m+\epsilon)\big] - \sin\big[\tfrac{n\pi}{\ell}(x_m-\epsilon)\big]\big\} \\ &= \sqrt{\tfrac{2}{\ell}}\big\{\sin\big[\tfrac{n\pi}{\ell}(\bar{c}t+\epsilon)\big] - \sin\big[\tfrac{n\pi}{\ell}(\bar{c}t-\epsilon)\big]\big\} \\ &= 2\sqrt{\tfrac{2}{\ell}}\cos\left(\tfrac{n\pi\bar{c}t}{\ell}\right)\sin\left(\tfrac{n\pi\epsilon}{\ell}\right) . \end{aligned}$$

Im zweiten Schritt wurde lediglich $k_n = \frac{n\pi}{\ell}$ verwendet. Im dritten Schritt wurde der Ort des Sprungs x_m eingesetzt. An dieser Stelle sollte man *gerade* und *ungerade* m-Werte unterscheiden; das Ergebnis ist übrigens interessanterweise in beiden Fällen das gleiche. Im letzten Schritt wurde das Additionstheorem $\sin(\alpha + \beta) - \sin(\alpha - \beta) = 2\cos(\alpha)\sin(\beta)$ für trigonometrische Funktionen verwendet. Insgesamt gilt also *exakt*:

$$(\delta u_m)(t) = -2\sqrt{\tfrac{2}{\ell}}e^{-\mu t} \lim_{\epsilon \downarrow 0} \sum_{n=1}^{\infty} V_n \left[\cos(\bar{\alpha}_n t) + \tfrac{\mu}{\bar{\alpha}_n} \sin(\bar{\alpha}_n t)\right] \cos\left(\tfrac{n\pi\bar{c}t}{\ell}\right) \sin\left(\tfrac{n\pi\epsilon}{\ell}\right) .$$

Aus diesem exakten Ergebnis ist klar, dass der Sprung im Spannungsverlauf – ähnlich wie in Teil **(f)** – *nicht* durch die Terme in der Summe mit niedrigen n-Werten erklärt werden kann, da diese Terme für $\epsilon \to 0$ alle einzeln gegen null streben. Folglich tragen wiederum die Terme mit $n \gg 1$ entscheidend zum erwarteten endlichen Sprung bei. Wir können daher den *diskreten* Summationsindex $n \in \mathbb{N}$ wiederum durch eine *kontinuierliche* Integrationsvariable ersetzen, die wir nun als $\eta \equiv \frac{n\pi}{\ell}\epsilon \in \mathbb{R}$ definieren. Für $n \gg 1$ gilt außerdem $V_n \sim \sqrt{\frac{2}{\ell}}V_0\frac{\ell}{n\pi} = \sqrt{\frac{2}{\ell}}V_0\frac{\epsilon}{\eta}$ sowie $\bar{\alpha}_n \sim \frac{n\pi\bar{c}}{\ell} = \frac{\eta}{\epsilon}\bar{c}$, sodass gilt:

$$\begin{aligned}(\delta u_m)(t) &= -\tfrac{4}{\ell}V_0 e^{-\mu t} \lim_{\epsilon \downarrow 0} \sum_{n=1}^{\infty} \frac{\epsilon}{\eta}\left[\cos^2(\bar{\alpha}_n t) + \mu t \tfrac{\sin(2\bar{\alpha}_n t)}{2\bar{\alpha}_n t}\right] \sin(\eta) \\ &= -\tfrac{4}{\pi}V_0 e^{-\mu t} \lim_{\epsilon \downarrow 0} \int_0^{\infty} d\eta \left[\cos^2(\bar{\alpha}_n t) + \mu t \tfrac{\sin(2\bar{\alpha}_n t)}{2\bar{\alpha}_n t}\right] \frac{\sin(\eta)}{\eta} .\end{aligned}$$

Wichtig ist nun, dass beide Terme in $[\cdots]$ wegen $\bar{\alpha}_n \sim \frac{\eta}{\epsilon}\bar{c}$ sehr schnell als Funktion von η oszillieren, allerdings mit ganz unterschiedlichen Konsequenzen: Der erste Term $\cos^2(\bar{\alpha}_n t)$ oszilliert zwischen 0 und 1 und hat daher bei der η-Integration im Mittel den Wert $\frac{1}{2}$. Der zweite Term dagegen ist aus zwei Gründen vernachlässigbar klein: Erstens oszilliert $\sin(2\bar{\alpha}_n t)$ zwischen -1 und 1, hat also im Mittel den Wert 0, und zweitens ist der zweite Term auch wegen des Nenners $(2\bar{\alpha}_n t)^{-1}$ klein, denn es gilt $\left|\frac{\sin(2\bar{\alpha}_n t)}{2\bar{\alpha}_n t}\right| \leq \min\{1, \frac{\epsilon}{2\eta\bar{c}t}\}$. Es folgt:

$$(\delta u_m)(t) = -\tfrac{2}{\pi}V_0 e^{-\mu t} \int_0^{\infty} d\eta \, \frac{\sin(\eta)}{\eta} = -V_0 e^{-\mu t} ,$$

wobei im letzten Schritt Form (3.721.1) aus Ref. [16] verwendet wurde. Wir stellen fest, dass der Sprung im Spannungsverlauf also immer *negativ* ist (d. h. zu kleineren u-Werten erfolgt), unabhängig davon, ob die Anzahl der Reflexionen der Schockwelle an den Enden gerad- oder ungeradzahlig ist.

Dieser Sprung zu *kleineren* u-Werten wurde in den Abbildungen 8.9 und 8.10 grafisch dargestellt, in Abb. 8.9 für das Spannungsprofil nach einer *geraden* Zahl von Reflexionen an den Endpunkten und in Abb. 8.10 für das Profil nach einer *ungeraden* Zahl von Reflexionen. Der Einfachheit halber wurde das Spannungsprofil für den Spezialfall $\kappa = 0$ skizziert. In diesem Fall zeigt Gleichung (8.37), dass die Lösung der Telegraphengleichung die Symmetrieeigenschaft $u(\ell - x, t + \ell/\bar{c}) = -e^{-\mu\ell/\bar{c}}u(x,t)$ hat, sodass sich aufgrund einer

Reflexion zwar das *Vorzeichen*, aber nicht die *Form* des Profils ändert. Für $\kappa \neq 0$ gilt diese Symmetrieeigenschaft *nicht*. Dies zeigt, dass der Parameter κ unter anderem eine *Verzerrung* der Profilform bewirkt.

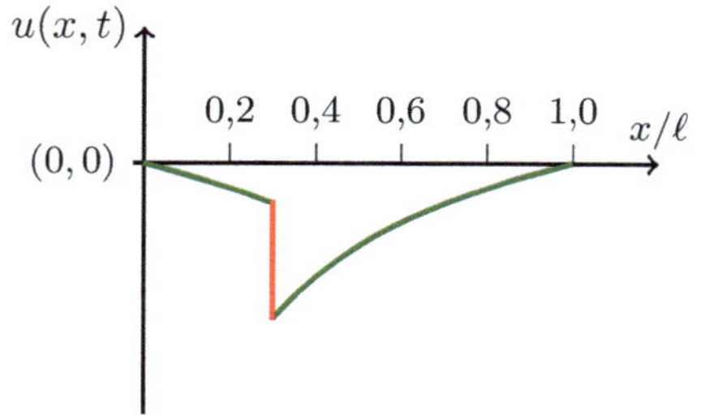

Abb. 8.9 Anfangsbedingung $u(x,0)$

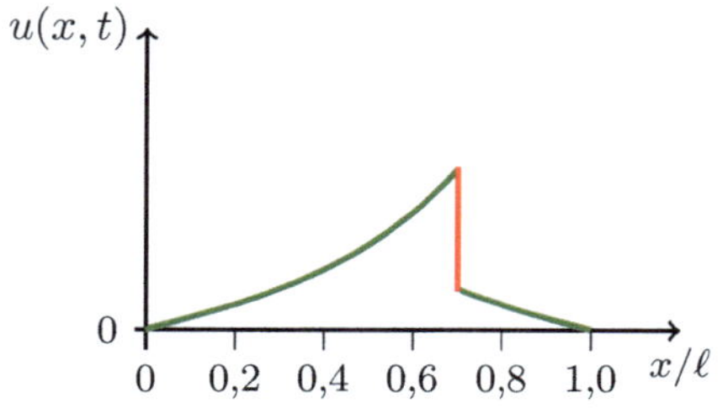

Abb. 8.10 Spannungsverlauf für $t \to \infty$

(h) Das *Langzeitverhalten* von $u(x,t)$ für $t \to \infty$ folgt direkt aus der Darstellung (8.37) von $u(x,t)$ als Summe zeitlich *exponentiell abfallender* Funktionen $e^{-\alpha_n^\pm t}$. Hierbei ist die inverse Zerfallszeit der einzelnen Terme gegeben durch den *Realteil* von $\alpha_n^\pm = \mu \pm \bar{c}\sqrt{\kappa^2 - k_n^2}$ mit $\mu = \frac{1}{2}(r_1 + r_2)$, $\kappa = \frac{1}{2\bar{c}}|r_1 - r_2|$ und $k_n = \frac{n\pi}{\ell}$. Die Bestimmung des Langzeitverhaltens *großer* Systeme ($\ell > \pi/\kappa$ bzw. $\kappa > \pi/\ell$) ist nun besonders einfach, da die *längste* Zerfallszeit bzw. die *kleinste* inverse Zerfallszeit dann nur für eine einzelne Mode (nämlich α_1^-) auftritt: $\alpha_1^- = \mu - \bar{c}\sqrt{\kappa^2 - (\pi/\ell)^2} \in \mathbb{R}$. Dies ist also ein weiterer möglicher Effekt eines Parameters $\kappa \neq 0$. Nach hinreichend langer Zeit überlebt also nur die α_1^--Mode:

$$u(x,t) \sim -V_1 \frac{\alpha_1^+ e^{-\alpha_1^- t}}{\alpha_1^+ - \alpha_1^-} X_1(x) = -\frac{V_1 \alpha_1^+ e^{-\alpha_1^- t}}{2\bar{c}\sqrt{\kappa^2 - (\pi/\ell)^2}} X_1(x) \qquad (t \to \infty)\ .$$

Da die in Teil **(g)** bestimmte Schockwelle schneller zerfällt, nämlich $\propto e^{-\mu t}$, wird diese im Langzeitverhalten großer Systeme nicht mehr sichtbar sein. Die im Langzeitlimes dominante Mode α_1^- wird sich übrigens für *sehr große* Systeme ($\kappa\ell \gg 1$) erst nach längerer Zeit, nämlich für $t \gtrsim t_\infty \equiv \left(\frac{\kappa\ell}{\pi}\right)^2/\kappa\bar{c}$, von den schneller zerfallenden Moden trennen; dies sieht man durch den Vergleich mit der subdominanten Mode: $\alpha_2^- - \alpha_1^- \sim \frac{3}{2}\bar{c}\kappa\left(\frac{\pi}{\kappa\ell}\right)^2 = \frac{3}{2}t_\infty^{-1}$.

Andererseits gilt für *kleine* Systeme ($\ell \leq \pi/\kappa$ bzw. $\kappa \leq \pi/\ell$), dass sämtliche Moden komplexwertig sind mit $\alpha_n^- = (\alpha_n^+)^*$ und $\mathrm{Re}(\alpha_n^\pm) = \mu$, wie man aus Gleichung (8.38) sieht. Die Lösung $u(x,t)$ der Telegraphengleichung ist daher gegeben durch

$$\begin{aligned} u(x,t) &= e^{-\mu t} \sum_{n=1}^{\infty} V_n \frac{(\mu - i\bar{\alpha}_n)e^{-i\bar{\alpha}_n t} - (\mu + i\bar{\alpha}_n)e^{i\bar{\alpha}_n t}}{i\bar{\alpha}_n - (-i\bar{\alpha}_n)} X_n(x) \\ &= -e^{-\mu t} \sum_{n=1}^{\infty} V_n \left[\cos(\bar{\alpha}_n t) + \tfrac{\mu}{\bar{\alpha}_n}\sin(\bar{\alpha}_n t)\right] X_n(x)\ . \end{aligned}$$

Da die Schockwelle ebenfalls $\propto e^{-\mu t}$ zerfällt, wird diese in kleinen Systemen (anders als in großen) auch im Langzeitverhalten sichtbar sein.

Das Verhalten für *sehr kleine* Systeme ($\ell \ll \pi/\kappa$ bzw. $\kappa \ll \pi/\ell$) ist illustrativ. In diesem Fall gilt $\bar{\alpha}_n \sim n\pi/t_1$ mit $t_1 \equiv \ell/\bar{c}$. Betrachten wir das Kabel nun

„stroboskopisch“ zu den diskreten Zeiten $t_m = mt_1$ mit $\bar{\alpha}_n t_m \simeq mn\pi$, so erhalten wir eine Lösung $u(x,t)$ der Telegraphengleichung mit der Form:

$$u(x,t) = -e^{-\mu t_m} \sum_{n=1}^{\infty} V_n(-1)^{mn} X_n(x) = -e^{-\mu t_m}\left[V_{\rm g}(x) + (-1)^m V_{\rm u}(x)\right] ,$$

wobei wir die *geraden* und *ungeraden* Anteile der Anfangsbedingung $V(x)$ eingeführt haben: $V_{\rm g}(x) \equiv \sum_{n=1}^{\infty} V_{2n}X_{2n}(x)$ und $V_{\rm u}(x) \equiv \sum_{n=1}^{\infty} V_{2n-1}X_{2n-1}(x)$. Bei einer *geradzahligen* Reflexion der Schockwelle hat das Spannungsprofil also die ursprüngliche Form $V_{\rm g} + V_{\rm u} = V(x)$ und bei einer *ungeradzahligen* Reflexion die Form $V_{\rm g} - V_{\rm u}$, wobei die Amplitude der Welle stets $\propto e^{-\mu t_m}$ mit der Dämpfungsrate μ exponentiell abklingt.

8.7 Elektromagnetische Wellen in materiellen Medien

Lösung 7.1 Energie(strom)dichten im Isolator und im Metall

(a) Wir betrachten die ebene, monochromatische Welle aus Abschnitt [7.1], die in $\hat{\mathbf{e}}_1$-Richtung auf die Grenzfläche $x_1 = 0$ zwischen einem Isolator ($x_1 < 0$) und einem gut leitenden Metall ($x_1 > 0$) einfällt und zum Teil reflektiert, zum Teil transmittiert und im metallischen Bereich absorbiert wird. Das Vektorpotential $\mathbf{A}_{\rm I,M}(\mathbf{x},t)$ im Isolator bzw. im Metall und die entsprechenden **E**- und **B**-Felder wurden explizit berechnet. Das Ergebnis lautet:

$$\mathbf{A}_{\rm I,M}(x_1,t) = \hat{\mathbf{e}}_2\,{\rm Re}\left[\mathcal{A}_{\rm I,M}(x_1)e^{-i\omega t}\right] \quad , \quad \begin{cases} \mathbf{E}_{\rm I,M}(x_1,t) = \hat{\mathbf{e}}_2\,{\rm Re}\left[\mathcal{E}_{\rm I,M}(x_1)e^{-i\omega t}\right] \\ \mathbf{B}_{\rm I,M}(x_1,t) = \hat{\mathbf{e}}_3\,{\rm Re}\left[\mathcal{B}_{\rm I,M}(x_1)e^{-i\omega t}\right] \end{cases}$$

mit $\mathcal{E}_{\rm I,M} = i\omega\mathcal{A}_{\rm I,M}$ und

$$\mathcal{A}(x_1) = \begin{cases} a_r e^{ik_{\rm I}x_1} + a_l e^{-ik_{\rm I}x_1} \\ a_{\rm M}e^{-(1-i)\frac{x_1}{\delta}} \end{cases} , \quad \mathcal{B}(x_1) = \begin{cases} ik_{\rm I}\left(a_r e^{ik_{\rm I}x_1} - a_l e^{-ik_{\rm I}x_1}\right) & (x_1 < 0) \\ \frac{i-1}{\delta}\mathcal{A}_{\rm M}(x_1) & (x_1 > 0) \, . \end{cases}$$

Die Skintiefe ist hierbei durch $\delta = \sqrt{\frac{2}{\omega\mu_{\rm M}\sigma}} = \frac{\sqrt{2\omega\tau}}{k_{\rm M}}$ mit $k_{\rm M} \equiv \frac{\bar{c}_{\rm I}}{\bar{c}_{\rm M}}k_{\rm I}$ gegeben; die Parameterwerte a_r und a_l sind:

$$a_r = \frac{1}{2}\left(1 + \sqrt{\frac{\varepsilon_{\rm M}\mu_{\rm I}}{\varepsilon_{\rm I}\mu_{\rm M}}}\frac{1+i}{\sqrt{2\omega\tau}}\right)a_{\rm M} \quad , \quad a_l = \frac{1}{2}\left(1 - \sqrt{\frac{\varepsilon_{\rm M}\mu_{\rm I}}{\varepsilon_{\rm I}\mu_{\rm M}}}\frac{1+i}{\sqrt{2\omega\tau}}\right)a_{\rm M} \, .$$

Der Zeitmittelwert der Energiedichte $\varrho_{\mathcal{E},{\rm I}}$ im Isolator ist:

$$\begin{aligned}
\overline{\varrho_{\mathcal{E},{\rm I}}} &= \tfrac{1}{2\mu_{\rm I}}\overline{\mathbf{B}_{\rm I}^2} + \tfrac{1}{2}\varepsilon_{\rm I}\overline{\mathbf{E}_{\rm I}^2} = \tfrac{1}{2}\left(\tfrac{1}{2\mu_{\rm I}}\mathcal{B}_{\rm I}\mathcal{B}_{\rm I}^* + \tfrac{1}{2}\varepsilon_{\rm I}\mathcal{E}_{\rm I}\mathcal{E}_{\rm I}^*\right) \\
&= \tfrac{k_{\rm I}^2}{4\mu_{\rm I}}\left|a_r e^{ik_{\rm I}x_1} - a_l e^{-ik_{\rm I}x_1}\right|^2 + \tfrac{1}{4}\varepsilon_{\rm I}\omega^2\left|a_r e^{ik_{\rm I}x_1} + a_l e^{-ik_{\rm I}x_1}\right|^2 \\
&= \tfrac{k_{\rm I}^2}{4\mu_{\rm I}}\left\{\left[|a_r|^2 + |a_l|^2 - a_r a_l^* e^{2ik_{\rm I}x_1} - a_r^* a_l e^{-2ik_{\rm I}x_1}\right]\right. \\
&\qquad\qquad \left. + \left[|a_r|^2 + |a_l|^2 + a_r a_l^* e^{2ik_{\rm I}x_1} + a_r^* a_l e^{-2ik_{\rm I}x_1}\right]\right\} \\
&= \tfrac{k_{\rm I}^2}{2\mu_{\rm I}}\left(|a_r|^2 + |a_l|^2\right) \, .
\end{aligned}$$

Im dritten Schritt verwendeten wir $\omega^2 = \bar{c}_{\mathrm{I}}^2 k_{\mathrm{I}}^2 = k_{\mathrm{I}}^2/\varepsilon_{\mathrm{I}}\mu_{\mathrm{I}}$. Wir setzen nun die expliziten Ausdrücke für a_r und a_l in die rechte Seite ein:

$$\overline{\varrho_{\mathcal{E},\mathrm{I}}} = \frac{k_{\mathrm{I}}^2}{8\mu_{\mathrm{I}}}|a_{\mathrm{M}}|^2 \left(\left|1 + \sqrt{\frac{\varepsilon_{\mathrm{M}}\mu_{\mathrm{I}}}{\varepsilon_{\mathrm{I}}\mu_{\mathrm{M}}}}\frac{1+i}{\sqrt{2\omega\tau}}\right|^2 + \left|1 - \sqrt{\frac{\varepsilon_{\mathrm{M}}\mu_{\mathrm{I}}}{\varepsilon_{\mathrm{I}}\mu_{\mathrm{M}}}}\frac{1+i}{\sqrt{2\omega\tau}}\right|^2 \right)$$

$$= \frac{k_{\mathrm{I}}^2}{4\mu_{\mathrm{I}}}|a_{\mathrm{M}}|^2 \left[1 + 2\left(\sqrt{\frac{\varepsilon_{\mathrm{M}}\mu_{\mathrm{I}}}{\varepsilon_{\mathrm{I}}\mu_{\mathrm{M}}}}\frac{1}{\sqrt{2\omega\tau}}\right)^2\right] = \frac{k_{\mathrm{I}}^2}{4\mu_{\mathrm{I}}}|a_{\mathrm{M}}|^2 \left(1 + \frac{1}{\omega\tau}\frac{\varepsilon_{\mathrm{M}}\mu_{\mathrm{I}}}{\varepsilon_{\mathrm{I}}\mu_{\mathrm{M}}}\right) .$$

In der metallischen Phase ist der Zeitmittelwert der Energiedichte $\varrho_{\mathcal{E},\mathrm{M}}$ gegeben durch:

$$\overline{\varrho_{\mathcal{E},\mathrm{M}}} = \tfrac{1}{2\mu_{\mathrm{M}}}\overline{\mathbf{B}_{\mathrm{M}}^2} + \tfrac{1}{2}\varepsilon_{\mathrm{M}}\overline{\mathbf{E}_{\mathrm{M}}^2} = \tfrac{1}{2}\left(\tfrac{1}{2\mu_{\mathrm{M}}}\mathcal{B}_{\mathrm{M}}\mathcal{B}_{\mathrm{M}}^* + \tfrac{1}{2}\varepsilon_{\mathrm{M}}\mathcal{E}_{\mathrm{M}}\mathcal{E}_{\mathrm{M}}^*\right)$$
$$= \left(\tfrac{1}{4\mu_{\mathrm{M}}}\left|\tfrac{i-1}{\delta}\right|^2 + \tfrac{1}{4}\varepsilon_{\mathrm{M}}|i\omega|^2\right)\left|\mathcal{A}_{\mathrm{M}}(x_1\right|^2$$
$$= \left(\tfrac{1}{2\mu_{\mathrm{M}}\delta^2} + \tfrac{1}{4}\varepsilon_{\mathrm{M}}\omega^2\right)|a_{\mathrm{M}}|^2 e^{-2x_1/\delta}$$
$$= \frac{k_{\mathrm{M}}^2}{4\mu_{\mathrm{M}}}\left(\frac{1}{\omega\tau} + 1\right)|a_{\mathrm{M}}|^2 e^{-2x_1/\delta} .$$

Im letzten Schritt verwendeten wir für die Skintiefe: $\delta = \frac{\sqrt{2\omega\tau}}{k_{\mathrm{M}}}$ bzw. $\delta^{-2} = \frac{k_{\mathrm{M}}^2}{2\omega\tau}$ und für die Frequenz: $\omega^2 = \bar{c}_{\mathrm{M}}^2 k_{\mathrm{M}}^2 = k_{\mathrm{M}}^2/\varepsilon_{\mathrm{M}}\mu_{\mathrm{M}}$. Da im Metall $\omega\tau \ll 1$ gilt, sind die $(\omega\tau)^{-1}$-Terme in Klammern in den Zeitmittelwerten $\overline{\varrho_{\mathcal{E},\mathrm{I}}}$ und $\overline{\varrho_{\mathcal{E},\mathrm{M}}}$ sehr groß. Daher ist im Besonderen im Metall das Verhältnis der *elektrischen* und *magnetischen* Anteile in $\overline{\varrho_{\mathcal{E},\mathrm{M}}}$ sehr *klein* (proportional zu $\omega\tau$).

(b) Wir bestimmen nun den Zeitmittelwert der Energiestromdichte $\mathbf{S}_{\mathrm{I}}$ im Isolator:

$$\overline{\mathbf{S}_{\mathrm{I}}} = \overline{\mathbf{E}_{\mathrm{I}} \times \mathbf{H}_{\mathrm{I}}} = \tfrac{1}{2}\mathrm{Re}\left[(\hat{\mathbf{e}}_2\mathcal{E}_{\mathrm{I}}) \times \left(\tfrac{1}{\mu_{\mathrm{I}}}\hat{\mathbf{e}}_3\mathcal{B}_{\mathrm{I}}^*\right)\right] = \tfrac{1}{2\mu_{\mathrm{I}}}\hat{\mathbf{e}}_1\mathrm{Re}\left(\mathcal{E}_{\mathrm{I}}\mathcal{B}_{\mathrm{I}}^*\right)$$
$$= \tfrac{1}{2\mu_{\mathrm{I}}}\hat{\mathbf{e}}_1\mathrm{Re}\left[i\omega\left(a_r e^{ik_{\mathrm{I}}x_1} + a_l e^{-ik_{\mathrm{I}}x_1}\right)(ik_{\mathrm{I}})^*\left(a_r^* e^{-ik_{\mathrm{I}}x_1} - a_l^* e^{ik_{\mathrm{I}}x_1}\right)\right]$$
$$= \tfrac{\omega k_{\mathrm{I}}}{2\mu_{\mathrm{I}}}\hat{\mathbf{e}}_1\mathrm{Re}\left(|a_r|^2 - |a_l|^2 - a_r a_l^* e^{2ik_{\mathrm{I}}x_1} + a_r^* a_l e^{-2ik_{\mathrm{I}}x_1}\right)$$
$$= \tfrac{\omega k_{\mathrm{I}}}{2\mu_{\mathrm{I}}}\hat{\mathbf{e}}_1\mathrm{Re}\left(|a_r|^2 - |a_l|^2\right)$$
$$= \frac{\bar{c}_{\mathrm{I}}k_{\mathrm{I}}^2}{8\mu_{\mathrm{I}}}|a_{\mathrm{M}}|^2\hat{\mathbf{e}}_1\left(\left|1 + \sqrt{\frac{\varepsilon_{\mathrm{M}}\mu_{\mathrm{I}}}{\varepsilon_{\mathrm{I}}\mu_{\mathrm{M}}}}\frac{1+i}{\sqrt{2\omega\tau}}\right|^2 - \left|1 - \sqrt{\frac{\varepsilon_{\mathrm{M}}\mu_{\mathrm{I}}}{\varepsilon_{\mathrm{I}}\mu_{\mathrm{M}}}}\frac{1+i}{\sqrt{2\omega\tau}}\right|^2\right)$$
$$= \frac{\bar{c}_{\mathrm{I}}k_{\mathrm{I}}^2}{8\mu_{\mathrm{I}}}|a_{\mathrm{M}}|^2\hat{\mathbf{e}}_1\sqrt{\frac{\varepsilon_{\mathrm{M}}\mu_{\mathrm{I}}}{\varepsilon_{\mathrm{I}}\mu_{\mathrm{M}}}}\frac{4}{\sqrt{2\omega\tau}} = \frac{\bar{c}_{\mathrm{I}}^2 k_{\mathrm{I}}^2|a_{\mathrm{M}}|^2}{2\sqrt{2\omega\tau}}\sqrt{\frac{\varepsilon_{\mathrm{M}}}{\mu_{\mathrm{M}}}}\hat{\mathbf{e}}_1 .$$

Der Zeitmittelwert der Energiestromdichte $\mathbf{S}_{\mathrm{M}}$ im Metall ist:

$$\overline{\mathbf{S}_{\mathrm{M}}} = \overline{\mathbf{E}_{\mathrm{M}} \times \mathbf{H}_{\mathrm{M}}} = \tfrac{1}{2}\mathrm{Re}\left[(\hat{\mathbf{e}}_2\mathcal{E}_{\mathrm{M}}) \times \left(\tfrac{1}{\mu_{\mathrm{M}}}\hat{\mathbf{e}}_3\mathcal{B}_{\mathrm{M}}^*\right)\right] = \tfrac{1}{2\mu_{\mathrm{M}}}\hat{\mathbf{e}}_1\mathrm{Re}\left(\mathcal{E}_{\mathrm{M}}\mathcal{B}_{\mathrm{M}}^*\right)$$
$$= \frac{1}{2\mu_{\mathrm{M}}}\hat{\mathbf{e}}_1\mathrm{Re}\left[i\omega\mathcal{A}_{\mathrm{M}}\left(\frac{i-1}{\delta}\right)^*\mathcal{A}_{\mathrm{M}}^*\right]$$
$$= \frac{1}{2\mu_{\mathrm{M}}}\hat{\mathbf{e}}_1\mathrm{Re}\left[(1-i)\bar{c}_{\mathrm{I}}k_{\mathrm{I}}\frac{k_{\mathrm{M}}}{\sqrt{2\omega\tau}}|a_{\mathrm{M}}|^2 e^{-2x_1/\delta}\right]$$
$$= \frac{\bar{c}_{\mathrm{I}}^2 k_{\mathrm{I}}^2|a_{\mathrm{M}}|^2}{2\sqrt{2\omega\tau}}\sqrt{\frac{\varepsilon_{\mathrm{M}}}{\mu_{\mathrm{M}}}}\hat{\mathbf{e}}_1 e^{-2x_1/\delta} = \overline{\mathbf{S}_{\mathrm{I}}}\, e^{-2x_1/\delta} .$$

Anmerkung: Die Ergebnisse der Teile **(a)** und **(b)** zeigen, dass der Zeitmittelwert der Energiedichte $\varrho_{\mathcal{E}} = \frac{1}{2}(\mathbf{E}\cdot\mathbf{D}+\mathbf{H}\cdot\mathbf{B})$ nicht stetig ist an der Grenzfläche zwischen Metall und Isolator bei $x = 0$, der Zeitmittelwert der Energiestromdichte $\mathbf{S} = \mathbf{E}\times\mathbf{H}$ jedoch wohl. Dies ist auch gut verständlich, da die Randbedingungen (siehe Abschnitt [7.1.3]) bedeuten, dass die Felder $\mathbf{E}$ und $\mathbf{H}$ in diesem Problem stetig sind an der Grenzfläche, die Felder $\mathbf{D}$ und $\mathbf{B}$ jedoch nicht.

Lösung 7.2 Randbedingungen für Felder an einer Grenzfläche

(a) Wir betrachten zuerst die Maxwell-Gleichung I, $\boldsymbol{\nabla}\cdot\mathbf{D} = \rho$, und definieren in jedem Punkt $\boldsymbol{\xi}\in\partial\bar{\mathcal{D}}$ ein „Gauß'sches Kästchen", und zwar das folgende orientierte Volumen mit auswärts gerichtetem Normalenvektor:

$$\mathcal{G}(\boldsymbol{\xi}) \equiv \{\boldsymbol{\eta}+\lambda\epsilon\hat{\mathbf{n}}(\boldsymbol{\eta})\,|\,\boldsymbol{\eta}\in\partial\bar{\mathcal{D}}\ ,\ |\boldsymbol{\xi}-\boldsymbol{\eta}|\le\sqrt{\epsilon}\ ,\ 0<\epsilon\ll 1\ ,\ -1\le\lambda\le 1\}\ .$$

Durch Anwenden des Gauß'schen Satzes auf $\mathcal{G}(\boldsymbol{\xi})$ ergibt sich im Limes $\epsilon\downarrow 0$:

$$\pi\epsilon\Sigma(\boldsymbol{\xi}) \sim \int_{\mathcal{G}} d^3x\ \rho = \int_{\mathcal{G}} d^3x\ \boldsymbol{\nabla}\cdot\mathbf{D} = \int_{\partial\mathcal{G}} d\mathbf{S}\cdot\mathbf{D} \sim \pi\epsilon\hat{\mathbf{n}}\cdot(\mathbf{D}_{\mathrm{I}}-\mathbf{D}_{\mathrm{M}})\ ,$$

d. h. $\hat{\mathbf{n}}\cdot(\mathbf{D}_{\mathrm{I}}-\mathbf{D}_{\mathrm{M}}) = \Sigma(\boldsymbol{\xi})$. Hierbei definieren wir $\mathbf{D}_{\mathrm{I}} \equiv \mathbf{D}\big(\boldsymbol{\xi}+0^+\hat{\mathbf{n}}(\boldsymbol{\xi})\big)$ und analog $\mathbf{D}_{\mathrm{M}} \equiv \mathbf{D}\big(\boldsymbol{\xi}-0^+\hat{\mathbf{n}}(\boldsymbol{\xi})\big)$. Bei der Berechnung der in $\mathcal{G}$ enthaltenen Gesamtladung ist der Beitrag der glatten Ladungsdichte ρ_0 vernachlässigbar klein: $\int_{\mathcal{G}} d^3x\ \rho_0 \sim \pi\epsilon^2\rho_0\big(\boldsymbol{\xi}-0^+\hat{\mathbf{n}}(\boldsymbol{\xi})\big)$. Der Beitrag der Seitenwände des Kästchens (mit $|\boldsymbol{\xi}-\boldsymbol{\eta}| = \sqrt{\epsilon}$) ist höchstens proportional zu ihrem Flächeninhalt und daher von Ordnung $\epsilon^{3/2}$ und somit ebenfalls vernachlässigbar klein.

Die Berechnung erfolgt analog für die Maxwell-Gleichung II, $\boldsymbol{\nabla}\cdot\mathbf{B} = 0$:

$$0 = \int_{\mathcal{G}} d^3x\ 0 = \int_{\mathcal{G}} d^3x\ \boldsymbol{\nabla}\cdot\mathbf{B} = \int_{\partial\mathcal{G}} d\mathbf{S}\cdot\mathbf{B} \sim \pi\epsilon\hat{\mathbf{n}}\cdot(\mathbf{B}_{\mathrm{I}}-\mathbf{B}_{\mathrm{M}})\ ,$$

d. h., es gilt $\hat{\mathbf{n}}\cdot(\mathbf{B}_{\mathrm{I}}-\mathbf{B}_{\mathrm{M}}) = 0$.

(b) Wir betrachten nun die Maxwell-Gleichung III, $\boldsymbol{\nabla}\times\mathbf{E}+\frac{\partial\mathbf{B}}{\partial t} = \mathbf{0}$, sowie eine beliebige Kurve endlicher Länge $\mathcal{K}\subset\partial\bar{\mathcal{D}}$, die den Anfangspunkt $\boldsymbol{\xi}_0$ und den Endpunkt $\boldsymbol{\xi}_1$ haben soll, und die benachbarten Kurven

$$\mathcal{K}_+ \equiv \{\boldsymbol{\xi}+\epsilon\hat{\mathbf{n}}(\boldsymbol{\xi})\,|\,\boldsymbol{\xi}\in\mathcal{K}\} \quad \text{und} \quad \mathcal{K}_- \equiv \{\boldsymbol{\xi}-\epsilon\hat{\mathbf{n}}(\boldsymbol{\xi})\,|\,\boldsymbol{\xi}\in\mathcal{K}\} \quad (0<\epsilon\ll 1)\ .$$

Hierbei verläuft $\mathcal{K}_+$ also *außerhalb* und $\mathcal{K}_-$ *innerhalb* des metallischen Mediums $\mathcal{D}$. Wir bezeichnen die im Limes $\epsilon\downarrow 0$ sehr schmale orientierte Fläche zwischen $\mathcal{K}_+$ und $\mathcal{K}_-$, die *senkrecht* auf dem Rand $\partial\bar{\mathcal{D}}$ steht, als $\mathcal{F}$:

$$\mathcal{F} \equiv \{\boldsymbol{\xi}+\lambda\epsilon\hat{\mathbf{n}}(\boldsymbol{\xi})\,|\,\boldsymbol{\xi}\in\mathcal{K}\ ,\ -1\le\lambda\le 1\}\ .$$

Die Orientierung von $\mathcal{F}$ wird durch die Umlaufrichtung am Rand festgelegt:

$$\boldsymbol{\xi}_0+\hat{\mathbf{n}}(\boldsymbol{\xi}_0) \to \boldsymbol{\xi}_1+\hat{\mathbf{n}}(\boldsymbol{\xi}_1) \to \boldsymbol{\xi}_1-\hat{\mathbf{n}}(\boldsymbol{\xi}_1) \to \boldsymbol{\xi}_0-\hat{\mathbf{n}}(\boldsymbol{\xi}_0) \to \boldsymbol{\xi}_0+\hat{\mathbf{n}}(\boldsymbol{\xi}_0)\ ,$$

sodass das orientierte Flächenintegral einer Vektorfunktion $\mathbf{v}(\mathbf{x})$ über die Fläche $\mathcal{F}$ gegeben ist durch:

$$\int_{\mathcal{F}} d\mathbf{S}\cdot\mathbf{v}(\mathbf{x}) = \int_{\mathcal{K}} [\hat{\mathbf{n}}(\boldsymbol{\xi})\times d\boldsymbol{\xi}]\cdot\int_{-\epsilon}^{\epsilon} d\eta\ \mathbf{v}(\boldsymbol{\xi}+\eta\hat{\mathbf{n}}(\boldsymbol{\xi}))\ .$$

Aufgrund der Maxwell-Gleichung III und des Stokes'schen Satzes, angewandt auf die Fläche $\mathcal{F}$, folgt:

$$\begin{aligned} 0 &= \int_{\mathcal{F}} d\mathbf{S} \cdot \left[\boldsymbol{\nabla} \times \mathbf{E}(\mathbf{x}) + \tfrac{\partial \mathbf{B}}{\partial t}\right] = \oint_{\partial\mathcal{F}} d\mathbf{x} \cdot \mathbf{E}(\mathbf{x}) + \mathcal{O}(\epsilon) \qquad (\epsilon \downarrow 0) \\ &= \int_{\mathcal{K}_+} d\mathbf{x} \cdot \mathbf{E}(\mathbf{x}) - \int_{\mathcal{K}_-} d\mathbf{x} \cdot \mathbf{E}(\mathbf{x}) + \mathcal{O}(\epsilon) \to \int_{\mathcal{K}} d\boldsymbol{\xi} \cdot \left[\mathbf{E}_{\mathrm{I}}(\boldsymbol{\xi}) - \mathbf{E}_{\mathrm{M}}(\boldsymbol{\xi})\right] . \end{aligned}$$

Wir definierten $\mathbf{E}_{\mathrm{I}}(\boldsymbol{\xi}) \equiv \mathbf{E}\big(\boldsymbol{\xi} + 0^+\hat{\mathbf{n}}(\boldsymbol{\xi})\big)$ und analog $\mathbf{E}_{\mathrm{M}}(\boldsymbol{\xi}) \equiv \mathbf{E}\big(\boldsymbol{\xi} - 0^+\hat{\mathbf{n}}(\boldsymbol{\xi})\big)$. Der $\mathcal{O}(\epsilon)$-Beitrag in der ersten Zeile rührt vom $\frac{\partial \mathbf{B}}{\partial t}$-Term her. Der $\mathcal{O}(\epsilon)$-Beitrag in der zweiten Zeile stammt von den zwei kurzen Verbindungsstrecken zwischen den beiden Anfangspunkten $\boldsymbol{\xi}_0 \pm \epsilon\hat{\mathbf{n}}(\boldsymbol{\xi}_0)$ von $\mathcal{K}_+$ und $\mathcal{K}_-$ bzw. den beiden Endpunkten $\boldsymbol{\xi}_1 \pm \epsilon\hat{\mathbf{n}}(\boldsymbol{\xi}_1)$. Im letzten Schritt wurde der Limes $\epsilon \downarrow 0$ durchgeführt. Da offenbar $\int_{\mathcal{K}} d\boldsymbol{\xi} \cdot \left[\mathbf{E}_{\mathrm{I}}(\boldsymbol{\xi}) - \mathbf{E}_{\mathrm{M}}(\boldsymbol{\xi})\right] = 0$ gilt für *jede* Kurve $\mathcal{K} \subset \partial\bar{\mathcal{D}}$, muss in jedem Punkt $\boldsymbol{\xi} \in \partial\bar{\mathcal{D}}$ der Oberfläche $\left[\mathbf{E}_{\mathrm{I}}(\boldsymbol{\xi}) - \mathbf{E}_{\mathrm{M}}(\boldsymbol{\xi})\right] \perp \partial\bar{\mathcal{D}}$ gelten und daher $(\mathbf{E}_{\mathrm{I}} - \mathbf{E}_{\mathrm{M}})_{\mathrm{t}} = \mathbf{0}$ oder alternativ $\hat{\mathbf{n}}(\boldsymbol{\xi}) \times (\mathbf{E}_{\mathrm{I}} - \mathbf{E}_{\mathrm{M}}) = \mathbf{0}$.

Das Argument für die Maxwell-Gleichung IV, $\boldsymbol{\nabla} \times \mathbf{H} - \frac{\partial \mathbf{D}}{\partial t} = \mathbf{j}$, verläuft analog. Aufgrund des Stokes'schen Satzes, angewandt auf $\mathcal{F}$, folgt nun:

$$\begin{aligned} 0 &= \int_{\mathcal{F}} d\mathbf{S} \cdot \left[\boldsymbol{\nabla} \times \mathbf{H} - \frac{\partial \mathbf{D}}{\partial t} - \mathbf{j}\right] = \oint_{\partial\mathcal{F}} d\mathbf{x} \cdot \mathbf{H} - \int_{\mathcal{K}} [\hat{\mathbf{n}}(\boldsymbol{\xi}) \times d\boldsymbol{\xi}] \cdot \mathbf{J}(\boldsymbol{\xi}) + \mathcal{O}(\epsilon) \\ &= \int_{\mathcal{K}_+} d\mathbf{x} \cdot \mathbf{H}(\mathbf{x}) - \int_{\mathcal{K}_-} d\mathbf{x} \cdot \mathbf{H}(\mathbf{x}) - \int_{\mathcal{K}} [\hat{\mathbf{n}}(\boldsymbol{\xi}) \times d\boldsymbol{\xi}] \cdot \mathbf{J}(\boldsymbol{\xi}) + \mathcal{O}(\epsilon) \quad (\epsilon \downarrow 0) \\ &\to \int_{\mathcal{K}} d\boldsymbol{\xi} \cdot \left[\mathbf{H}_{\mathrm{I}}(\boldsymbol{\xi}) - \mathbf{H}_{\mathrm{M}}(\boldsymbol{\xi}) - \mathbf{J}(\boldsymbol{\xi}) \times \hat{\mathbf{n}}(\boldsymbol{\xi})\right] \; , \quad (\mathbf{H}_{\mathrm{I}} - \mathbf{H}_{\mathrm{M}})_{\mathrm{t}} = \mathbf{J}(\boldsymbol{\xi}) \times \hat{\mathbf{n}}(\boldsymbol{\xi}) . \end{aligned}$$

Wir definierten $\mathbf{H}_{\mathrm{I}}(\boldsymbol{\xi}) \equiv \mathbf{H}\big(\boldsymbol{\xi} + 0^+\hat{\mathbf{n}}(\boldsymbol{\xi})\big)$ und analog $\mathbf{H}_{\mathrm{M}}(\boldsymbol{\xi}) \equiv \mathbf{H}\big(\boldsymbol{\xi} - 0^+\hat{\mathbf{n}}(\boldsymbol{\xi})\big)$. Im zweiten Schritt wurde der Stokes'sche Satz angewandt und für die Stromdichte $\mathbf{j}(\mathbf{x}) = \mathbf{j}(\boldsymbol{\xi} + \eta\hat{\mathbf{n}}(\boldsymbol{\xi})) = \mathbf{j}_0(\mathbf{x})\Theta(-\eta) + \mathbf{J}(\boldsymbol{\xi})\delta(\eta)$ eingesetzt. Der $\frac{\partial \mathbf{D}}{\partial t}$-Term, die zwei kurzen Verbindungsstrecken zwischen den beiden Anfangs- und Endpunkten von $\mathcal{K}_+$ und $\mathcal{K}_-$ sowie der Beitrag der glatten Stromdichte $\mathbf{j}_0$ führen zu $\mathcal{O}(\epsilon)$-Korrekturen und sind somit vernachlässigbar klein. Im letzten Schritt wurde der Limes $\epsilon \downarrow 0$ durchgeführt. Da offenbar $\int_{\mathcal{K}} d\boldsymbol{\xi} \cdot [\cdots] = 0$ gilt für *jede* Kurve $\mathcal{K} \subset \partial\bar{\mathcal{D}}$, muss in jedem Punkt $\boldsymbol{\xi} \in \partial\bar{\mathcal{D}}$ der Oberfläche $\left[\mathbf{H}_{\mathrm{I}}(\boldsymbol{\xi}) - \mathbf{H}_{\mathrm{M}}(\boldsymbol{\xi}) - \mathbf{J}(\boldsymbol{\xi}) \times \hat{\mathbf{n}}(\boldsymbol{\xi})\right] \perp \partial\bar{\mathcal{D}}$ gelten und daher $(\mathbf{H}_{\mathrm{I}} - \mathbf{H}_{\mathrm{M}})_{\mathrm{t}} = \mathbf{J} \times \hat{\mathbf{n}}(\boldsymbol{\xi})$ oder alternativ $\hat{\mathbf{n}}(\boldsymbol{\xi}) \times (\mathbf{H}_{\mathrm{I}} - \mathbf{H}_{\mathrm{M}}) = \mathbf{J}$.

Lösung 7.3 Exakter Wert des Energieflusses im leitenden Draht

(a) Wir zeigen zuerst die Identität (7.36b) in Abschnitt [7.3.7]:

$$\mathrm{Im}(b_1 b_2^*) = \frac{|a|^2 \pi \mu_{\mathrm{I}} R}{2\mu_{\mathrm{M}}} \mathrm{Im}\left[k_{\mathrm{M}} J_0^*(k_{\mathrm{M}}R) J_1(k_{\mathrm{M}}R)\right] .$$

Um die linke Seite ausrechnen zu können, benötigt man die exakten Werte der Parameter $b_{1,2}$. Diese sind durch Gleichung (7.32) gegeben:

$$\begin{pmatrix} b_1 \\ b_2 \end{pmatrix} = -\tfrac{1}{2} a\pi\mu_{\mathrm{I}} R \begin{pmatrix} \frac{k_{\mathrm{I}}}{\mu_{\mathrm{I}}} Y_1(k_{\mathrm{I}}R) & -Y_0(k_{\mathrm{I}}R) \\ -\frac{k_{\mathrm{I}}}{\mu_{\mathrm{I}}} J_1(k_{\mathrm{I}}R) & J_0(k_{\mathrm{I}}R) \end{pmatrix} \begin{pmatrix} J_0(k_{\mathrm{M}}R) \\ \frac{k_{\mathrm{M}}}{\mu_{\mathrm{M}}} J_1(k_{\mathrm{M}}R) \end{pmatrix} .$$

Wir führen die Matrixmultiplikation aus und verwenden die Kurznotationen $J_{\nu\mathrm{I}} \equiv J_\nu(k_\mathrm{I}R)$, $Y_{\nu\mathrm{I}} \equiv Y_\nu(k_\mathrm{I}R)$ sowie $J_{\nu\mathrm{M}} \equiv J_\nu(k_\mathrm{M}R)$ mit $\nu \in \{1,2\}$. Die Gleichung für $b_{1,2}$ erhält dann die folgende Form:

$$\begin{pmatrix} b_1 \\ b_2 \end{pmatrix} = -\tfrac{1}{2}a\pi\mu_\mathrm{I}R \begin{pmatrix} \frac{k_\mathrm{I}}{\mu_\mathrm{I}}Y_{1\mathrm{I}}J_{0\mathrm{M}} - \frac{k_\mathrm{M}}{\mu_\mathrm{M}}Y_{0\mathrm{I}}J_{1\mathrm{M}} \\ \frac{k_\mathrm{M}}{\mu_\mathrm{M}}J_{0\mathrm{I}}J_{1\mathrm{M}} - \frac{k_\mathrm{I}}{\mu_\mathrm{I}}J_{1\mathrm{I}}J_{0\mathrm{M}} \end{pmatrix} .$$

Wir setzen die Parameter $b_{1,2}$ nun in $\mathrm{Im}(b_1b_2^*)$ ein:

$$\begin{aligned}\mathrm{Im}(b_1b_2^*) &= (\tfrac{1}{2}|a|\pi\mu_\mathrm{I}R)^2\mathrm{Im}\big\{\big[\tfrac{k_\mathrm{I}}{\mu_\mathrm{I}}Y_{1\mathrm{I}}J_{0\mathrm{M}} - \tfrac{k_\mathrm{M}}{\mu_\mathrm{M}}Y_{0\mathrm{I}}J_{1\mathrm{M}}\big]\big[\tfrac{k_\mathrm{M}^*}{\mu_\mathrm{M}}J_{0\mathrm{I}}J_{1\mathrm{M}}^* - \tfrac{k_\mathrm{I}}{\mu_\mathrm{I}}J_{1\mathrm{I}}J_{0\mathrm{M}}^*\big]\big\} \\ &= (\tfrac{1}{2}|a|\pi\mu_\mathrm{I}R)^2\mathrm{Im}\big[\tfrac{k_\mathrm{I}k_\mathrm{M}^*}{\mu_\mathrm{I}\mu_\mathrm{M}}Y_{1\mathrm{I}}J_{0\mathrm{M}}J_{0\mathrm{I}}J_{1\mathrm{M}}^* + \tfrac{k_\mathrm{I}k_\mathrm{M}}{\mu_\mathrm{I}\mu_\mathrm{M}}Y_{0\mathrm{I}}J_{1\mathrm{M}}J_{1\mathrm{I}}J_{0\mathrm{M}}^*\big] .\end{aligned}$$

Terme in $\mathrm{Im}(\cdots)$, die *reell* sind, werden nicht weiter berücksichtigt:

$$\begin{aligned}\mathrm{Im}(b_1b_2^*) &= (\tfrac{1}{2}|a|\pi\mu_\mathrm{I}R)^2\tfrac{k_\mathrm{I}}{\mu_\mathrm{I}\mu_\mathrm{M}}\big[Y_{0\mathrm{I}}J_{1\mathrm{I}}\mathrm{Im}[k_\mathrm{M}J_{0\mathrm{M}}^*J_{1\mathrm{M}}] - J_{0\mathrm{I}}Y_{1\mathrm{I}}\mathrm{Im}[k_\mathrm{M}J_{0\mathrm{M}}^*J_{1\mathrm{M}}]\big] \\ &= (\tfrac{1}{2}|a|\pi\mu_\mathrm{I}R)^2\tfrac{k_\mathrm{I}}{\mu_\mathrm{I}\mu_\mathrm{M}}(Y_{0\mathrm{I}}J_{1\mathrm{I}} - J_{0\mathrm{I}}Y_{1\mathrm{I}})\mathrm{Im}[k_\mathrm{M}J_{0\mathrm{M}}^*J_{1\mathrm{M}}] \\ &= \frac{2(\frac{1}{2}|a|\pi\mu_\mathrm{I}R)^2}{\pi\mu_\mathrm{I}\mu_\mathrm{M}R}\mathrm{Im}[k_\mathrm{M}J_{0\mathrm{M}}^*J_{1\mathrm{M}}] = \frac{|a|^2\pi\mu_\mathrm{I}R}{2\mu_\mathrm{M}}\mathrm{Im}\big[k_\mathrm{M}J_0^*(k_\mathrm{M}R)J_1(k_\mathrm{M}R)\big] .\end{aligned}$$

In der letzten Zeile verwendeten wir die Identität $Y_{0\mathrm{I}}J_{1\mathrm{I}} - J_{0\mathrm{I}}Y_{1\mathrm{I}} = \frac{2}{\pi k_\mathrm{I}R}$, siehe Gleichung (7.33).

(b) Um die Identität für die zeitgemittelte Energiedissipation im leitenden Draht nachzuweisen:

$$-2\pi r_0\overline{\mathbf{S}_\mathrm{I}}(r_0)\cdot\hat{\mathbf{e}}_r = \frac{2\omega}{\mu_\mathrm{I}}\mathrm{Im}(b_1b_2^*) \overset{!}{=} \pi\sigma\omega^2|a|^2\int_0^R dr\ r\,|J_0(k_\mathrm{M}r)|^2 ,$$

definieren wir zunächst mit $J_1 = -J_0'$ und $k_\mathrm{M} = \frac{1+i}{\delta}$ und daher $k_\mathrm{M}^2 = \frac{2i}{\delta^2}$:

$$f(R) \equiv \mathrm{Im}\big[k_\mathrm{M}J_0^*(k_\mathrm{M}R)J_1(k_\mathrm{M}R)\big] = -\mathrm{Im}\big[k_\mathrm{M}J_0(k_\mathrm{M}^*R)J_0'(k_\mathrm{M}R)\big] .$$

Hierbei ist δ die Skintiefe. Wir leiten f nach R ab und verwenden die Bessel'sche Differentialgleichung $0 = J_0'' + \frac{1}{z}J_0' + J_0$ für J_0:

$$\begin{aligned}f'(R) &= -\mathrm{Im}\big[k_\mathrm{M}^2J_0(k_\mathrm{M}^*R)J_0''(k_\mathrm{M}R)\big] \\ &= \mathrm{Im}\big\{k_\mathrm{M}^2J_0(k_\mathrm{M}^*R)\big[\tfrac{1}{k_\mathrm{M}R}J_0'(k_\mathrm{M}R) + J_0(k_\mathrm{M}R)\big]\big\} \\ &= |J_0(k_\mathrm{M}R)|^2\mathrm{Im}\big(k_\mathrm{M}^2\big) + \tfrac{1}{R}\mathrm{Im}\big[k_\mathrm{M}J_0(k_\mathrm{M}^*R)J_0'(k_\mathrm{M}R)\big] \\ &= \tfrac{2}{\delta^2}|J_0(k_\mathrm{M}R)|^2 - \tfrac{1}{R}f(R) \quad , \quad f(0) = 0 .\end{aligned}$$

Wir erhalten daher eine lineare Differentialgleichung für f, die leicht mit Standardmethoden gelöst werden kann:[5]

$$\frac{2}{\delta^2}|J_0(k_\mathrm{M}R)|^2 = \frac{1}{R}\frac{d}{dR}\big[Rf(R)\big] \quad , \quad f(R) = \frac{2}{\delta^2R}\int_0^R dr\ r|J_0(k_\mathrm{M}r)|^2 .$$

[5] Siehe z. B. Abschnitt 7.3.1 in Ref. [9].

Hiermit haben wir also insgesamt gezeigt:

$$\frac{2\omega}{\mu_{\text{I}}}\text{Im}(b_1 b_2^*) = \frac{2\omega}{\mu_{\text{I}}}\frac{|a|^2\pi\mu_{\text{I}}R}{2\mu_{\text{M}}}f(R) = \pi\sigma\omega^2|a|^2\int_0^R dr\; r\,|J_0(k_{\text{M}}r)|^2 \;.$$

Im letzten Schritt wurde verwendet: $\delta = \sqrt{\frac{2}{\omega\mu_{\text{M}}\sigma}}$ bzw. $\delta^{-2} = \frac{1}{2}\omega\mu_{\text{M}}\sigma$.

(c) Wir definieren $\sqrt{2}R/\delta \equiv x$ und $\sqrt{2}r/\delta \equiv \xi$, sodass gilt:

$$k_{\text{M}}R = \frac{1+i}{\delta}R = \frac{1+i}{\sqrt{2}}\frac{\sqrt{2}R}{\delta} = e^{i\frac{\pi}{4}}x \quad , \quad k_{\text{M}}r = \frac{1+i}{\sqrt{2}}\frac{\sqrt{2}r}{\delta} = e^{i\frac{\pi}{4}}\xi \;.$$

Diese Definitionen ergeben die folgende mathematische Identität:

$$\begin{aligned}\int_0^x d\xi\;\xi\left|J_0\!\left(e^{i\frac{\pi}{4}}\xi\right)\right|^2 &= \frac{2}{\delta^2}\int_0^R dr\; r|J_0(k_{\text{M}}r)|^2 = Rf(R)\\ &= \text{Im}\big[k_{\text{M}}RJ_0^*(k_{\text{M}}R)J_1\left(k_{\text{M}}R\right)\big] = \text{Im}\big[e^{i\frac{\pi}{4}}xJ_0\big(e^{-i\frac{\pi}{4}}x\big)J_1\big(e^{i\frac{\pi}{4}}x\big)\big] \;.\end{aligned}$$

Ungewöhnlich an diesem unbestimmten Integral eines Produkts zweier Besselfunktionen ist vor allem, dass die Argumente der Besselfunktionen nicht-reell und komplex konjugiert zueinander sind.

Lösung 7.4 Warum brennt eine Glühbirne? (P)

(a) Im Zahlenbeispiel ist die Bedingung $a_2 \ll d \ll a_1$ aufgrund der Vorgaben $a_2 = 10^{-3}\,\text{m}$, $d = 10^{-1}\,\text{m}$ und $2a_1 = 10\,\text{m}$ offensichtlich erfüllt. Der Widerstand eines einzelnen Kupferdrahts ist allgemein durch $R_{\text{D}} = \frac{2a_1}{\pi a_2^2}\rho_{\text{D}}$ gegeben; aus den Angaben $\rho_{\text{D}} \simeq 1{,}7\cdot 10^{-2}\,\Omega\frac{\text{mm}^2}{\text{m}}$, $2a_1 = 10\,\text{m}$ und $a_2^2 = 1\,\text{mm}^2$ folgt dann für den Widerstand: $R_{\text{D}} \simeq \frac{10}{\pi}\cdot 1{,}7\cdot 10^{-2}\,\Omega \simeq 5{,}4\cdot 10^{-2}\,\Omega$. Der Strom durch den Stromkreis ist $I = V/(R_{\text{B}}+2R_{\text{D}})$. Für den Widerstand der Glühbirne gilt $R_{\text{B}} = P_{\text{B}}/I^2 = \frac{P_{\text{B}}}{V^2}(R_{\text{B}}+2R_{\text{D}})^2$ bzw. $(R_{\text{B}}+2R_{\text{D}})^2 = \frac{V^2}{P_{\text{B}}}\left[(R_{\text{B}}+2R_{\text{D}})-2R_{\text{D}}\right]$ oder auch $\left[(R_{\text{B}}+2R_{\text{D}})-\frac{V^2}{2P_{\text{B}}}\right]^2 = \frac{V^2}{2P_{\text{B}}}\left(\frac{V^2}{2P_{\text{B}}}-4R_{\text{D}}\right)$. Wegen $\frac{V^2}{2P_{\text{B}}} \simeq \frac{220^2}{120}\,\Omega \simeq 400\,\Omega$ gilt $R_{\text{D}} \ll \frac{V^2}{2P_{\text{B}}}$ und daher $R_{\text{B}}+2R_{\text{D}} \simeq V^2/P_{\text{B}} \simeq 800\,\Omega$ und somit auch $R_{\text{B}} \simeq 800\,\Omega$. Auch die Bedingung $R_{\text{D}} \ll R_{\text{B}}$ ist daher erfüllt.

(b) Wir nehmen zunächst an, dass die Glühbirne aus dem Stromkreis entfernt wird, sodass $R_{\text{B}} = \infty$ gilt. Wir verwenden die Ergebnisse von Aufgabe 2.8, Teil **(c)**. Das elektrische Feld $\mathbf{E}(\mathbf{x})$ ist für Ortsvektoren $\mathbf{x} = \lambda a_1\hat{\mathbf{e}}_1 + x_2\hat{\mathbf{e}}_2 + x_3\hat{\mathbf{e}}_3$ mit $|\lambda| < 1$ und $\sqrt{x_2^2+x_3^2} \ll a_1$ durch Gleichung (8.15) gegeben:

$$\mathbf{E}(\mathbf{x}) = \frac{\tau d}{2\pi\varepsilon_0|\mathbf{x}_+|^2|\mathbf{x}_-|^2}\begin{pmatrix}0\\ x_2^2-\frac{1}{4}d^2-x_3^2\\ 2x_2x_3\end{pmatrix} \quad , \quad \mathbf{x}_\pm \equiv (x_2 \pm \tfrac{1}{2}d)\hat{\mathbf{e}}_2 + x_3\hat{\mathbf{e}}_3$$

und speziell für $|\mathbf{x}_\mp| \ll d$ durch Gleichung (8.16):

$$\mathbf{E}\big(\pm\tfrac{1}{2}d\hat{\mathbf{e}}_2 + \mathbf{x}_\mp\big) \sim \frac{\pm\tau\mathbf{x}_\mp}{2\pi\varepsilon_0|\mathbf{x}_\mp|^2} \qquad (|\mathbf{x}_\mp| \ll d) \;.$$

Hierbei ist die Beziehung zwischen der elektrischen Linienladungsdichte τ auf dem positiv geladenen Draht und dem Spannungsunterschied V zwischen den Drähten durch $\gamma = \tau/V$ bzw. $\tau = \gamma V$ mit der Kapazität pro Längeneinheit $\gamma \sim \pi\varepsilon_0/\ln(\frac{d}{a_2})$ gegeben, siehe Aufgabe 2.8, Teil **(d)**. Die elektrische Linienladungsdichte auf dem negativ geladenen Draht ist dann gleich $-\tau$.

(c) Die Glühbirne wird wieder in ihrer Fassung montiert, sodass nun $R_B < \infty$ gilt. Wie in Teil **(a)** dieser Lösung gilt für den Strom durch den Stromkreis: $I = \frac{V}{R_B+2R_D}$. Der Spannungsunterschied zwischen beiden Enden eines Drahts ist daher $IR_D = \frac{VR_D}{R_B+2R_D}$. Die Spannung am Ort $\mathbf{x} = x_1\hat{\mathbf{e}}_1 + \frac{1}{2}d\hat{\mathbf{e}}_2$ mit $|x_1| \leq a_1$ im *oberen* Draht ist also gleich $V_+(x_1) = \frac{1}{2}V - v(x_1 + a_1)$, wobei wir definierten: $v = \frac{VR_D/2a_1}{R_B+2R_D}$. Die Spannung am Ort $\mathbf{x} = x_1\hat{\mathbf{e}}_1 - \frac{1}{2}d\hat{\mathbf{e}}_2$ im *unteren* Draht ist analog durch $V_-(x_1) = -[\frac{1}{2}V - v(x_1+a_1)]$ gegeben. Zusammengefasst gilt daher $V_\pm(x_1) = \pm[\frac{1}{2}V - v(x_1+a_1)]$. Das (orts*un*abhängige) elektrische Feld im oberen bzw. unteren Draht ist dann gleich $\mathbf{E}_\pm(x_1) = -(\boldsymbol{\nabla}V_\pm)(x_1) = \pm v\hat{\mathbf{e}}_1$. Der elektrische Strom fließt in Abbildung 8.11 also im negativen Sinne (d. h., die Elektronen bewegen sich im positiven Sinne) um den Ursprung herum.

(d) Da die Spannung $V_\pm(x_1) = \pm[\frac{1}{2}V - v(x_1 + a_1)]$ in den Drähten ortsabhängig ist, gilt das Gleiche für den Spannungs*unterschied* der Drähte: $V(x_1) \equiv V_+(x_1) - V_-(x_1) = 2[\frac{1}{2}V - v(x_1+a_1)]$. Dies bedeutet, dass der *relative* Spannungsunterschied zwischen den Drahtenden bei $x_1 = -a_1$ bzw. $x_1 = +a_1$ sehr gering ist: $\frac{4a_1 v}{V} = \frac{2R_D}{R_B+2R_D} \simeq \frac{2R_D}{R_B} \ll 1$. Die *relative* Spannungsänderung entlang der Drähte über Abstände $\Delta x_1 = \mathcal{O}(d)$ ist sogar das Produkt zweier kleiner Faktoren: $\frac{2vd}{V} = \frac{R_D d/a_1}{R_B+2R_D} \simeq \frac{R_D}{R_B}\cdot\frac{d}{a_1} \lll 1$. Folglich bilden die beiden Drähte einen Kondensator mit sehr langsam als Funktion von x_1 variierender Spannung. Die entsprechenden (ebenfalls nur geringfügig x_1-abhängigen) Linienladungsdichten auf den beiden Drähten sind daher durch $\tau_\pm(x_1) = \pm\tau(x_1)$ mit $\tau(x_1) \equiv 2\gamma[\frac{1}{2}V - v(x_1 + a_1)]$ gegeben, wobei $\gamma \simeq \pi\varepsilon_0/\ln(\frac{d}{a_2})$ – wie in Teil **(b)** – die Kapazität pro Längeneinheit der beiden Drähte darstellt. Das Gesamtpotential, das von den Ladungen der beiden Drähte erzeugt wird, folgt daher aus Aufgabe 2.8, Teil **(c)** als:

$$\Phi(\mathbf{x}) = \frac{\tau(x_1)}{2\pi\varepsilon_0}\ln\left(\frac{|\mathbf{x}_+|}{|\mathbf{x}_-|}\right) = \frac{\tau(x_1)}{4\pi\varepsilon_0}\ln\left[\frac{(x_2+\frac{1}{2}d)^2 + x_3^2}{(x_2-\frac{1}{2}d)^2 + x_3^2}\right] .$$

Das entsprechende elektrische Feld $\mathbf{E}(\mathbf{x}) = -(\boldsymbol{\nabla}\Phi)(\mathbf{x})$ hat somit die Form $\mathbf{E} = \mathbf{E}_\parallel + \mathbf{E}_\perp$ mit:

$$\mathbf{E}_\parallel(\mathbf{x}) = -\frac{\partial\Phi}{\partial x_1}(\mathbf{x})\hat{\mathbf{e}}_1 = -\frac{\tau'(x_1)}{2\pi\varepsilon_0}\ln\left(\frac{|\mathbf{x}_+|}{|\mathbf{x}_-|}\right)\hat{\mathbf{e}}_1 = \frac{\gamma v}{\pi\varepsilon_0}\ln\left(\frac{|\mathbf{x}_+|}{|\mathbf{x}_-|}\right)\hat{\mathbf{e}}_1$$

$$\mathbf{E}_\perp(\mathbf{x}) = -\frac{\partial\Phi}{\partial x_2}(\mathbf{x})\hat{\mathbf{e}}_2 - \frac{\partial\Phi}{\partial x_3}(\mathbf{x})\hat{\mathbf{e}}_3 = \frac{\tau(x_1)d}{2\pi\varepsilon_0|\mathbf{x}_+|^2|\mathbf{x}_-|^2}\begin{pmatrix} 0 \\ x_2^2 - \frac{1}{4}d^2 - x_3^2 \\ 2x_2x_3 \end{pmatrix} .$$

Durch Einsetzen von $\tau(x_1) \simeq \gamma V(x_1)$ und $\gamma \simeq \pi\varepsilon_0/\ln(\frac{d}{a_2})$ erhält man:

$$\mathbf{E}_\parallel = \frac{v}{\ln(\frac{d}{a_2})}\ln\left(\frac{|\mathbf{x}_+|}{|\mathbf{x}_-|}\right)\hat{\mathbf{e}}_1 \quad , \quad \mathbf{E}_\perp = \frac{Vd/\ln(\frac{d}{a_2})}{2|\mathbf{x}_+|^2|\mathbf{x}_-|^2}\begin{pmatrix} 0 \\ x_2^2 - \frac{1}{4}d^2 - x_3^2 \\ 2x_2x_3 \end{pmatrix} . \quad (8.39)$$

Speziell für $|\mathbf{x}_\mp| \ll d$ ist die Feldkomponente $\mathbf{E}_\perp$ gegeben durch:

$$\mathbf{E}_\perp(\pm\tfrac{1}{2}d\hat{\mathbf{e}}_2 + \mathbf{x}_\mp) \sim \frac{\pm\tau\mathbf{x}_\mp}{2\pi\varepsilon_0|\mathbf{x}_\mp|^2} \sim \frac{\pm V\mathbf{x}_\mp}{2|\mathbf{x}_\mp|^2\ln\left(\frac{d}{a_2}\right)} \quad (|\mathbf{x}_\mp| \ll d)\,. \quad (8.40)$$

(e) Wir zeigen nun $|\mathbf{E}_\parallel|/|\mathbf{E}_\perp| \ll 1$ im Raumbereich $|x_1| \lesssim a_1$ mit $\sqrt{x_2^2 + x_3^2} \ll a_1$. Wir verwenden hierzu die Gleichungen (8.39) und (8.40).

An den Drahtoberflächen, d. h. für $|\mathbf{x}_+| \simeq d$ und $|\mathbf{x}_-| = a_2$ oder $|\mathbf{x}_-| \simeq d$ und $|\mathbf{x}_+| = a_2$, gilt $|\mathbf{E}_\parallel| = v$ und $|\mathbf{E}_\perp| = V/2a_2\ln\left(\frac{d}{a_2}\right)$, sodass dort für das Verhältnis der Felder folgt: $|\mathbf{E}_\parallel|/|\mathbf{E}_\perp| = \frac{2va_2}{V}\ln\left(\frac{d}{a_2}\right) \simeq \frac{R_D}{R_B}\cdot\frac{a_2}{a_1}\ln\left(\frac{d}{a_2}\right) \ll 1$.

Für geringe Entfernungen zu den Drähten, $a_2 \leq |\mathbf{x}_\mp| \lesssim d$, gilt:

$$\frac{v}{\ln\left(\frac{d}{a_2}\right)} \lesssim |\mathbf{E}_\parallel| \lesssim v \quad , \quad |\mathbf{E}_\perp| \sim \frac{V}{2|\mathbf{x}_\mp|\ln\left(\frac{d}{a_2}\right)}\,,$$

und es folgt analog: $|\mathbf{E}_\parallel|/|\mathbf{E}_\perp| \lesssim \frac{2vd}{V}\ln\left(\frac{d}{a_2}\right) \simeq \frac{R_D}{R_B}\cdot\frac{d}{a_1}\ln\left(\frac{d}{a_2}\right) \ll 1$.

Wir betrachten nun größere Entfernungen zu den Drähten: $d \lesssim \sqrt{x_2^2 + x_3^2} \equiv x_\perp \ll a_1$. Für diesen Fall wurde $\mathbf{E}_\perp$ bereits in Aufgabe 2.8, Teil **(c)**, berechnet und kann $|\mathbf{E}_\parallel|$ mit Hilfe von

$$\ln\left(\frac{|\mathbf{x}_+|}{|\mathbf{x}_-|}\right) = \frac{1}{2}\ln\left[\frac{(x_2 + \frac{1}{2}d)^2 + x_3^2}{(x_2 - \frac{1}{2}d)^2 + x_3^2}\right] \sim \frac{1}{2}\ln\left(1 + \frac{2x_2 d}{x_\perp^2}\right) \sim \frac{x_2 d}{x_\perp^2}$$

bestimmt werden. Die Ergebnisse lauten:

$$|\mathbf{E}_\parallel| \sim \frac{v|x_2|d}{x_\perp^2\ln\left(\frac{d}{a_2}\right)} \quad , \quad |\mathbf{E}_\perp| \sim \frac{Vd}{2x_\perp^2\ln\left(\frac{d}{a_2}\right)}\,.$$

Bei der Berechnung von $|\mathbf{E}_\perp|$ wurde noch $[(x_2^2 - x_3^2)^2 + (2x_2x_3)^2]^{1/2} = x_\perp^2$ verwendet. Für das Verhältnis der Felder erhalten wir in diesem Fall also ebenfalls: $|\mathbf{E}_\parallel|/|\mathbf{E}_\perp| = \frac{2v|x_2|}{V} \simeq \frac{R_D}{R_B}\cdot\frac{|x_2|}{a_1} \ll \frac{R_D}{R_B} \ll 1$.

(f) Um nun auch die Energiestromdichte $\mathbf{S} = \mu_0^{-1}\mathbf{E}\times\mathbf{B}$ berechnen zu können, verwenden wir mehrmals die Vektoridentität $\mathbf{a}\times(\mathbf{b}\times\mathbf{a}) = |\mathbf{a}|^2\mathbf{b} - (\mathbf{a}\cdot\mathbf{b})\mathbf{a}$, die sich im (für uns relevanten) Spezialfall $\mathbf{a}\perp\mathbf{b}$ auf $\mathbf{a}\times(\mathbf{b}\times\mathbf{a}) = |\mathbf{a}|^2\mathbf{b}$ reduziert. Das Magnetfeld zeigt aufgrund des Biot-Savart-Gesetzes (1.2b) in Azimutalrichtung: $\mathbf{B}(\pm\frac{1}{2}d + \mathbf{x}_\mp) = \frac{\mu_0 I}{2\pi|\mathbf{x}_\mp|^2}\hat{\mathbf{I}}\times\mathbf{x}_\mp = \frac{\mu_0 I}{2\pi|\mathbf{x}_\mp|^2}(\pm\hat{\mathbf{e}}_1)\times\mathbf{x}_\mp$, zumindest in den Raumbereichen $|\mathbf{x}_\mp| \ll d$ nahe den Drähten. Wegen $\mathbf{E}_\parallel \parallel \hat{\mathbf{e}}_1$ und $\mathbf{E}_\perp \perp \hat{\mathbf{e}}_1$ können wir dort schreiben:

$$\mathbf{S} = \mathbf{S}_\parallel + \mathbf{S}_\perp \quad , \quad \mathbf{S}_\perp \equiv \frac{1}{\mu_0}\mathbf{E}_\parallel\times\mathbf{B}\perp\hat{\mathbf{e}}_1 \quad , \quad \mathbf{S}_\parallel \equiv \frac{1}{\mu_0}\mathbf{E}_\perp\times\mathbf{B}\parallel\hat{\mathbf{e}}_1\,.$$

Die Ungleichung $|\mathbf{S}_\perp|/|\mathbf{S}_\parallel| \ll 1$ folgt direkt aus der bereits nachgewiesenen Ungleichung $|\mathbf{E}_\parallel|/|\mathbf{E}_\perp| \ll 1$ im Raumbereich $|x_1| \lesssim a_1$ mit $\sqrt{x_2^2 + x_3^2} \ll a_1$. Sie folgt aber auch direkt aus den expliziten Ausdrücken für $\mathbf{S}_\parallel$ und $\mathbf{S}_\perp$ nahe den Drähten. Für $\mathbf{S}_\perp$ erhält man nämlich aus (8.39):

$$\begin{aligned}\mathbf{S}_\perp(\pm\tfrac{1}{2}d + \mathbf{x}_\mp) &= \frac{1}{\mu_0}\mathbf{E}_\parallel\times\mathbf{B} \simeq \frac{\pm vI}{2\pi|\mathbf{x}_\mp|^2}\hat{\mathbf{e}}_1\times\left[(\pm\hat{\mathbf{e}}_1)\times\mathbf{x}_\mp\right]\\ &= -\frac{vI}{2\pi|\mathbf{x}_\mp|^2}\hat{\mathbf{e}}_1\times(\mathbf{x}_\mp\times\hat{\mathbf{e}}_1) = -\frac{vI}{2\pi|\mathbf{x}_\mp|^2}\mathbf{x}_\mp\perp\hat{\mathbf{e}}_1\,,\end{aligned}$$

sodass diese (betragsmäßig kleinere) Energiestromkomponente sowohl für den oberen als auch für den unteren Draht in der Tat senkrecht zu diesem Draht ausgerichtet ist und in den Draht hineinfließt. Für die (betragsmäßig weitaus größere) Energiestromkomponente $\mathbf{S}_\parallel$ folgt analog aus (8.40):

$$\mathbf{S}_\parallel(\pm\tfrac{1}{2}d + \mathbf{x}_\mp) = \tfrac{1}{\mu_0}\mathbf{E}_\perp \times \mathbf{B} = \frac{\pm IV}{4\pi|\mathbf{x}_\mp|^4 \ln\left(\frac{d}{a_2}\right)}\mathbf{x}_\mp \times \left[(\pm\hat{\mathbf{e}}_1) \times \mathbf{x}_\mp\right]$$
$$= \frac{IV|\mathbf{x}_\mp|^2}{4\pi|\mathbf{x}_\mp|^4 \ln\left(\frac{d}{a_2}\right)}\hat{\mathbf{e}}_1 = \frac{IV}{4\pi|\mathbf{x}_\mp|^2 \ln\left(\frac{d}{a_2}\right)}\hat{\mathbf{e}}_1 \parallel \hat{\mathbf{e}}_1 \,.$$

Man überprüft leicht: $|\mathbf{S}_\perp|/|\mathbf{S}_\parallel| \simeq \frac{R_\mathrm{D}}{R_\mathrm{B}} \cdot \frac{|\mathbf{x}_\mp|}{a_1} \ln\left(\frac{d}{a_2}\right) \ll 1$. Die Komponente $\mathbf{S}_\parallel$ ist in der Tat parallel zu den Drähten ausgerichtet und fließt sowohl für den oberen als auch für den unteren Draht auf die Glühbirne zu. In dieser Weise speist $\mathbf{S}_\parallel$ die Glühbirne mit der zum Glühen benötigten Energie.

Eine Skizze des Verlaufs der Energiestromdichte findet sich in Abbildung 8.11. Dort ist die Fließrichtung der beiden Komponenten $\mathbf{S}_\parallel$ (in *blau*) und $\mathbf{S}_\perp$ (in *rot*) angegeben. Die betragsmäßige Dominanz der $\mathbf{S}_\parallel$- im Vergleich zur $\mathbf{S}_\perp$-Komponente wird durch die unterschiedlichen Pfeil- und Schriftgrößen vermittelt.

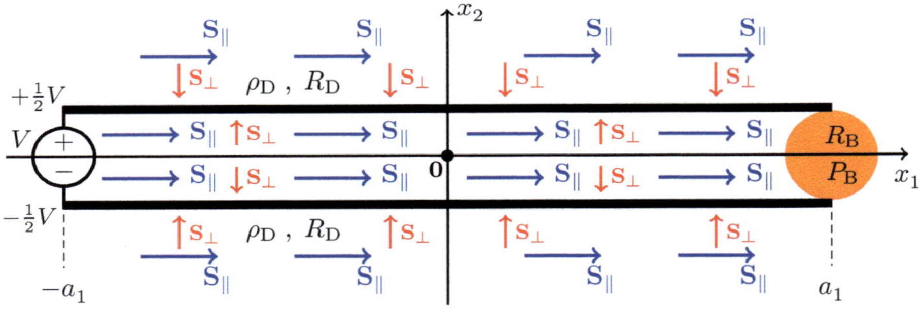

Abb. 8.11 Energiefluss in einem Stromkreis mit zwei Drähten und einer Glühbirne

(g) Sowohl das Fließen eines elektrischen Stroms durch den Stromkreis als auch das Auftreten der elektrischen Linienladungsdichten $\tau_\pm$ auf den Drähten ist wesentlich für das Funktionieren einer Glühbirne.

Das Fließen eines elektrischen Stroms ist in zweierlei Hinsicht essentiell: Es erzeugt nach dem Biot-Savart-Gesetz das Magnetfeld des Stromdrahts, das ein wesentlicher Faktor in der Energiestromdichte $\mathbf{S} = \mu_0^{-1}\mathbf{E} \times \mathbf{B}$ ist, und es erzeugt nach dem Ohm'schen Gesetz eine Komponente des elektrischen Felds in $\hat{\mathbf{e}}_1$-Richtung, die zusammen mit dem $\mathbf{B}$-Feld die Energiestromkomponente $\mathbf{S}_\perp$ erzeugt, die die Energiedissipation im Stromdraht kompensiert.

Das Auftreten elektrischer Linienladungsdichten auf den beiden Drähten ist ebenfalls essentiell, da es eine Komponente des elektrischen Felds senkrecht zum Stromdraht hervorruft, die zusammen mit dem Magnetfeld eine auf die Glühbirne ausgerichtete Energiestromkomponente $\mathbf{S}_\parallel$ erzeugt. Nur deshalb kann die Glühbirne überhaupt brennen.

Die Kernergebnisse dieser Aufgabe, die beiden Ungleichungen $|\mathbf{E}_{\|}|/|\mathbf{E}_{\perp}| \ll 1$ und $|\mathbf{S}_{\perp}|/|\mathbf{S}_{\|}| \ll 1$, illustrieren dabei schön, dass das Auffällige am Brennen einer Glühbirne, das Fließen eines Stroms und die Ausstrahlung von Licht, paradoxerweise lediglich eine sehr kleine Störung des Unauffälligen, nämlich der Kondensatorwirkung zweier paralleler Stromdrähte, darstellt.

Lösung 7.5 Zwei Identitäten für Vektorkugelflächenfunktionen

Zur Lösung verwenden wir – wie im Text bei Gleichung (7.50a) angegeben – die Identitäten $\mathbf{x} \cdot \hat{\boldsymbol{\mathcal{L}}} = 0$ und $\boldsymbol{\nabla} \cdot \hat{\boldsymbol{\mathcal{L}}} = 0$ in (7.44). Außerdem verwenden wir die weiteren Identitäten $[\hat{\mathcal{L}}_k, x_l] = i\varepsilon_{klm}x_m$ und $[\hat{\mathcal{L}}_k, \hat{\pi}_l] = i\varepsilon_{klm}\hat{\pi}_m$ mit $\hat{\boldsymbol{\pi}} \equiv \frac{1}{i}\boldsymbol{\nabla}$, die sich leicht überprüfen lassen und in einem quantenmechanischen Kontext bedeuten, dass der Ortsoperator $\mathbf{x}$ und der Impulsoperator $\hbar\hat{\boldsymbol{\pi}}$ Vektoroperatoren sind. Auch die Vertauschungsbeziehung $\hat{\boldsymbol{\mathcal{L}}} \times \hat{\boldsymbol{\mathcal{L}}} = i\hat{\boldsymbol{\mathcal{L}}}$ wird im Folgenden benötigt.

(a) Die Identität $(\mathbf{Y}_{\ell m}, \mathbf{x} \times \mathbf{Y}_{\ell' m'}) = 0$ in Gleichung (7.50a) folgt nun aus:

$$
\begin{aligned}
(\mathbf{Y}_{\ell m}, \mathbf{x} \times \mathbf{Y}_{\ell' m'}) &= \frac{\varepsilon_{ijk}\langle \hat{\mathcal{L}}_i Y_{\ell m}, x_j \hat{\mathcal{L}}_k Y_{\ell' m'}\rangle}{\sqrt{\ell(\ell+1)\ell'(\ell'+1)}} = \frac{\varepsilon_{ijk}\langle Y_{\ell m}, \hat{\mathcal{L}}_i x_j \hat{\mathcal{L}}_k Y_{\ell' m'}\rangle}{\sqrt{\ell(\ell+1)\ell'(\ell'+1)}} \\
&= \frac{\varepsilon_{ijk}\left[\langle Y_{\ell m}, x_j \hat{\mathcal{L}}_i \hat{\mathcal{L}}_k Y_{\ell' m'}\rangle + i\varepsilon_{ijl}\langle Y_{\ell m}, x_l \hat{\mathcal{L}}_k Y_{\ell' m'}\rangle\right]}{\sqrt{\ell(\ell+1)\ell'(\ell'+1)}} \\
&= \frac{\left[\varepsilon_{ijk}\langle Y_{\ell m}, x_j \hat{\mathcal{L}}_i \hat{\mathcal{L}}_k Y_{\ell' m'}\rangle + 2i\delta_{kl}\langle Y_{\ell m}, x_l \hat{\mathcal{L}}_k Y_{\ell' m'}\rangle\right]}{\sqrt{\ell(\ell+1)\ell'(\ell'+1)}} \\
&= \frac{\left[-\langle Y_{\ell m}, \mathbf{x} \cdot (\hat{\boldsymbol{\mathcal{L}}} \times \hat{\boldsymbol{\mathcal{L}}}) Y_{\ell' m'}\rangle + 2i\langle Y_{\ell m}, (\mathbf{x} \cdot \hat{\boldsymbol{\mathcal{L}}}) Y_{\ell' m'}\rangle\right]}{\sqrt{\ell(\ell+1)\ell'(\ell'+1)}} \\
&= \frac{-i\langle Y_{\ell m}, (\mathbf{x} \cdot \hat{\boldsymbol{\mathcal{L}}}) Y_{\ell' m'}\rangle}{\sqrt{\ell(\ell+1)\ell'(\ell'+1)}} = 0 \,.
\end{aligned}
$$

Im zweiten Schritt verwendeten wir die Hermitezität von $\hat{\mathcal{L}}_i$ und im dritten die Identität $[\hat{\mathcal{L}}_k, x_l] = i\varepsilon_{klm}x_m$. Im vierten Schritt folgt $\varepsilon_{ijk}\varepsilon_{ijl} = 2\delta_{kl}$, und im fünften wird die Summenkonvention durch ein Vektor- und ein Skalarprodukt ersetzt. In der letzten Zeile wird die Vertauschungsbeziehung $\hat{\boldsymbol{\mathcal{L}}} \times \hat{\boldsymbol{\mathcal{L}}} = i\hat{\boldsymbol{\mathcal{L}}}$ sowie in beiden Termen die Identität $\mathbf{x} \cdot \hat{\boldsymbol{\mathcal{L}}} = 0$ verwendet.

(b) Der Beweis der Identität $(\mathbf{Y}_{\ell m}, \hat{\boldsymbol{\pi}} \times \mathbf{Y}_{\ell' m'}) = 0$ in Gleichung (7.50b) verläuft vollkommen analog zu **(a)**. Man muss lediglich $\mathbf{x} \to \hat{\boldsymbol{\pi}}$ ersetzen und die Identitäten $[\hat{\mathcal{L}}_k, \hat{\pi}_l] = i\varepsilon_{klm}\hat{\pi}_m$ sowie $\hat{\boldsymbol{\pi}} \cdot \hat{\boldsymbol{\mathcal{L}}} = \frac{1}{i}\boldsymbol{\nabla} \cdot \hat{\boldsymbol{\mathcal{L}}} = 0$ verwenden.

Anhang A

Induktive Herleitung der Gleichungen der Elektrodynamik

Wir skizzieren (aus der Sicht des Theoretikers) das induktive Argument, das zur Konstruktion der Maxwell-Gleichungen und der Lorentz'schen Bewegungsgleichung führt. Neben den im Folgenden explizit genannten experimentellen Fakten gehen bei der Konstruktion der Theorie meist stillschweigend einige weitere Annahmen ein.

Eine dieser Annahmen ist das *Superpositionsprinzip*, das zur Folge hat, dass die Maxwell-Gleichungen lineare Beziehungen zwischen den Feldern und den Ladungen und Strömen darstellen müssen und die Lorentz-Kraft eine lineare Funktion der Felder sein muss; auch das Superpositionsprinzip lässt sich natürlich experimentell überprüfen.

Eine weitere Annahme, die sich experimentell überprüfen lässt, ist z. B. die *Rotationsinvarianz* der Theorie; dies ist allerdings eine Minimalanforderung an nahezu jede fundamentale physikalische Theorie. Und drittens enthält jedes Induktionsargument per definitionem auch *Induktionsannahmen*, die sich im Prinzip ebenfalls experimentell überprüfen lassen: Konkret werden wir im Folgenden annehmen, dass gewisse Gleichungen der Elektro- und Magnetostatik ihre Gültigkeit auch in einer dynamischen Theorie behalten.

A.1 Das Coulomb'sche Gesetz

Ein **erstes experimentelles Faktum**, das zu einem mathematischen Gesetz umformuliert werden kann, ist die invers-quadratische Abstandsabhängigkeit der Kräfte, die statische Ladungen aufeinander ausüben. Wir betrachten im Folgenden nur Punktteilchen (bzw. das experimentell realisierbare Pendant von Punktteilchen). Ein Testpunktteilchen der Ladung q_0 am Ort $\mathbf{x}_0$ würde daher im Feld einer Ladung q_1 am Ort $\mathbf{x}_1$ die Kraft $\mathbf{F}(\mathbf{x}_0) = q_0 q_1 \mathbf{x}_{01}/4\pi\varepsilon_0|\mathbf{x}_{01}|^3$ mit $\mathbf{x}_{01} \equiv \mathbf{x}_0 - \mathbf{x}_1$ spüren. Aufgrund des Superpositionsprinzips spürt die Ladung q_0 im Feld der Ladungen $q_1, q_2, \ldots, q_N$ an den Orten $\mathbf{x}_1, \mathbf{x}_2, \ldots, \mathbf{x}_N$ die Kraft:

$$\mathbf{F}(\mathbf{x}_0) = q_0 \sum_{k=1}^{N} \frac{q_k \mathbf{x}_{0k}}{4\pi\varepsilon_0|\mathbf{x}_{0k}|^3} \quad , \quad \mathbf{x}_{0k} \equiv \mathbf{x}_0 - \mathbf{x}_k \quad , \quad \mathbf{x}_0 \notin \{\mathbf{x}_k\} \; .$$

P. van Dongen, *Klassische Elektrodynamik*, https://doi.org/10.1007/978-3-662-69830-3

Das elektrische Feld $\mathbf{E}$ am Ort $\mathbf{x}_0$ kann mit Hilfe der Kraft $\mathbf{F}(\mathbf{x}_0)$ auf die Testladung q_0 als $\mathbf{E}(\mathbf{x}_0) \equiv \mathbf{F}(\mathbf{x}_0)/q_0$ definiert werden.

Betrachten wir nun ein abgeschlossenes Gebiet $\mathcal{D} \subset \mathbb{R}^3$, das in seinem Inneren eine Untermenge der N Ladungen $\{q_k \,|\, 1 \leq k \leq N\}$ enthält; keine der Ladungen $\{q_k\}$ soll sich jedoch auf dem Rand $\partial\mathcal{D}$ befinden. Bezeichnen wir die charakteristische Funktion des Gebiets $\mathcal{D}$ als $I_\mathcal{D}$:

$$I_\mathcal{D}(\mathbf{x}) \equiv \begin{cases} 1 & (\mathbf{x} \in \mathcal{D}) \\ 0 & (\mathbf{x} \notin \mathcal{D}) \end{cases} ,$$

so folgt aufgrund des Gauß'schen Satzes für das elektrische Feld:

$$\begin{aligned} \varepsilon_0 \int_\mathcal{D} d^3x\, (\boldsymbol{\nabla} \cdot \mathbf{E})(\mathbf{x}) &= \varepsilon_0 \oint_{\partial\mathcal{D}} d\mathbf{S} \cdot \mathbf{E}(\mathbf{x}) = \sum_{k=1}^{N} \frac{q_k}{4\pi} \oint_{\partial\mathcal{D}} d\mathbf{S} \cdot \frac{(\mathbf{x} - \mathbf{x}_k)}{|\mathbf{x} - \mathbf{x}_k|^3} \\ &= -\sum_{k=1}^{N} \frac{q_k}{4\pi} \oint_{\partial\mathcal{D}} d\mathbf{S} \cdot \boldsymbol{\nabla} \frac{1}{|\mathbf{x} - \mathbf{x}_k|} = -\sum_{k=1}^{N} \frac{q_k}{4\pi} \int_\mathcal{D} d^3x\, \Delta \frac{1}{|\mathbf{x} - \mathbf{x}_k|} \\ &= \sum_{k=1}^{N} q_k \int_\mathcal{D} d^3x\, \delta(\mathbf{x} - \mathbf{x}_k) = \sum_{k=1}^{N} q_k I_\mathcal{D}(\mathbf{x}_k) \equiv q_\mathcal{D} , \end{aligned}$$

wobei $q_\mathcal{D}$ die im Gebiet $\mathcal{D}$ enthaltene Ladung darstellt. Definieren wir die Ladungsdichte $\rho(\mathbf{x})$ der Punktteilchen noch als:

$$\rho(\mathbf{x}) = \sum_{k=1}^{N} q_k \delta(\mathbf{x} - \mathbf{x}_k) ,$$

so ist die hergeleitete Beziehung zwischen dem elektrischen Feld und der in $\mathcal{D}$ enthaltenen Ladung $q_\mathcal{D}$ auch als

$$\varepsilon_0 \int_\mathcal{D} d^3x\, (\boldsymbol{\nabla} \cdot \mathbf{E})(\mathbf{x}) = \int_\mathcal{D} d^3x\, \rho(\mathbf{x})$$

darstellbar. Diese Beziehung kann nur dann für beliebige Integrationsbereiche $\mathcal{D}$ gelten, falls die Integranden gleich sind:

$$\boxed{(\boldsymbol{\nabla} \cdot \mathbf{E})(\mathbf{x}) = \frac{1}{\varepsilon_0} \rho(\mathbf{x}) .} \tag{A.1}$$

Außerdem ist (in der Elektrostatik) das elektrische Feld als Gradient darstellbar:

$$\mathbf{E}(\mathbf{x}) = \int d^3\xi\, \rho(\boldsymbol{\xi}) \frac{\mathbf{x} - \boldsymbol{\xi}}{4\pi\varepsilon_0 |\mathbf{x} - \boldsymbol{\xi}|^3} = -\boldsymbol{\nabla} \int d^3\xi\, \rho(\boldsymbol{\xi}) \frac{1}{4\pi\varepsilon_0 |\mathbf{x} - \boldsymbol{\xi}|} ,$$

sodass im statischen Spezialfall $\boldsymbol{\nabla} \times \mathbf{E} = \mathbf{0}$ gilt.

A.2 Ladungserhaltung

Als **zweites experimentelles Faktum** betrachten wir die Existenz *ladungserhaltender* Ströme: Die zeitliche Änderung der im Raumbereich $\mathcal{D}$ enthaltenen Ladung

$q_\mathcal{D}(t) \equiv \int_\mathcal{D} d^3x\, \rho(\mathbf{x}, t)$ muss also einhergehen mit Ladungsströmen durch die Oberfläche $\partial\mathcal{D}$, die die Gesamtladung $\int_{\mathbb{R}^3} d^3x\, \rho(\mathbf{x})$ erhalten:

$$\frac{d\mathbf{q}_\mathcal{D}}{dt}(t) + \oint_{\partial\mathcal{D}} d\mathbf{S} \cdot \mathbf{j}(\mathbf{x}, t) = 0 \; .$$

Folglich gilt für beliebige Raumbereiche $\mathcal{D} \subset \mathbb{R}^3$:

$$\begin{aligned}\int_\mathcal{D} d^3x\, (\partial_t\rho)(\mathbf{x}, t) &= \frac{d}{dt}\int_\mathcal{D} d^3x\, \rho(\mathbf{x}, t) = \frac{dq_\mathcal{D}}{dt}(t) \\ &= -\oint_{\partial\mathcal{D}} d\mathbf{S} \cdot \mathbf{j}(\mathbf{x}, t) = -\int_\mathcal{D} d^3x\, (\boldsymbol{\nabla} \cdot \mathbf{j})(\mathbf{x}, t) \; ,\end{aligned}$$

sodass auch die Integranden der linken und rechten Seiten gleich sein müssen:

$$\boxed{\frac{\partial\rho}{\partial t}(\mathbf{x}, t) + (\boldsymbol{\nabla} \cdot \mathbf{j})(\mathbf{x}, t) = 0 \; .} \tag{A.2}$$

Für klassische geladene Punktteilchen gilt explizit

$$\rho(\mathbf{x}, t) = \sum_{k=1}^{N} q_k \delta\left(\mathbf{x} - \mathbf{x}_k(t)\right) \quad , \quad \mathbf{j}(\mathbf{x}, t) = \sum_{k=1}^{N} q_k \dot{\mathbf{x}}_k(t) \delta\left(\mathbf{x} - \mathbf{x}_k(t)\right) \; ,$$

und man überprüft leicht, dass die Kontinuitätsgleichung $\partial_t\rho + \boldsymbol{\nabla} \cdot \mathbf{j} = 0$ erfüllt ist, siehe Gleichung (1.10). Falls man nun im Rahmen des Induktionsarguments annimmt – und dies werden wir im Folgenden tun –, dass Gleichung (A.1) nicht nur in der Elektrostatik, sondern auch allgemein in der Elektrodynamik gilt, so ergibt die Kombination von (A.1) und (A.2):

$$0 = \boldsymbol{\nabla} \cdot \mathbf{j} + \partial_t\rho = \boldsymbol{\nabla} \cdot (\mathbf{j} + \varepsilon_0 \partial_t \mathbf{E}) \; .$$

Aufgrund des Helmholtz'schen Satzes können wir aus der Divergenzfreiheit von $\mathbf{j} + \varepsilon_0\partial_t\mathbf{E}$ schließen, dass dieses Vektorfeld als Rotation darstellbar sein muss:

$$\boxed{\mathbf{j}(\mathbf{x}, t) + \varepsilon_0(\partial_t\mathbf{E})(\mathbf{x}, t) = (\boldsymbol{\nabla} \times \mathbf{V})(\mathbf{x}, t) \; .} \tag{A.3}$$

Die Bestimmung des Vektorfeldes $\mathbf{V}(\mathbf{x}, t)$ wird ein wichtiger Teil des verbleibenden Induktionsarguments sein.

A.3 Das Biot-Savart-Gesetz

Wir bestimmen das Vektorfeld $\mathbf{V}(\mathbf{x}, t)$ in (A.3) zunächst in der Magnetostatik, d. h., wir suchen für stationäre (zeitunabhängige) Ströme $\mathbf{j}(\mathbf{x})$ eine Beziehung der Form $\mathbf{j}(\mathbf{x}) = (\boldsymbol{\nabla} \times \mathbf{V})(\mathbf{x})$. Hierzu benötigen wir ein **drittes experimentelles Faktum**, nämlich das Biot-Savart-Gesetz für die Kraft $d\mathbf{F}_{12}$ auf ein stromtragendes Volumenelement $\mathbf{j}(\mathbf{x}_1)d^3x_1$ aufgrund des Stromes $\mathbf{j}(\mathbf{x}_2)d^3x_2$ eines zweiten Volumenelements:

$$d\mathbf{F}_{12}(\mathbf{x}_1) = \frac{\mu_0}{4\pi|\mathbf{x}_{12}|^3} \left\{\mathbf{j}(\mathbf{x}_1)d^3x_1 \times \left[\mathbf{j}(\mathbf{x}_2)d^3x_2 \times \mathbf{x}_{12}\right]\right\} \; .$$

Betrachtet man nun zwei räumlich voneinander getrennte geschlossene Medien 1 und 2 (in den Raumbereichen $\mathcal{D}_1$ und $\mathcal{D}_2$), so ist die auf Medium 1 aufgrund des Stroms im Medium 2 ausgeübte Gesamtkraft:

$$\begin{aligned}\mathbf{F}_{12} &= \frac{\mu_0}{4\pi}\int_{\mathcal{D}_1} d^3x_1\,\mathbf{j}(\mathbf{x}_1)\times\int_{\mathcal{D}_2} d^3x_2\,\frac{\mathbf{j}(\mathbf{x}_2)\times\mathbf{x}_{12}}{|\mathbf{x}_{12}|^3}\\ &= \int_{\mathcal{D}_1} d^3x_1\,\mathbf{j}(\mathbf{x}_1)\times\mathbf{B}_2(\mathbf{x}_1)\quad,\quad \mathbf{B}_2(\mathbf{x}_1)\equiv\frac{\mu_0}{4\pi}\int_{\mathcal{D}_2} d^3x_2\,\frac{\mathbf{j}(\mathbf{x}_2)\times\mathbf{x}_{12}}{|\mathbf{x}_{12}|^3}\;.\end{aligned}$$

Im letzten Schritt wurde das Magnetfeld $\mathbf{B}_2(\mathbf{x})$ aufgrund der Stromverteilung im Medium 2 definiert. Man erkennt, dass $\mathbf{F}_{12}$ die vom Medium 2 auf Medium 1 ausgeübte Lorentz-Kraft darstellt. Der für das Magnetfeld $\mathbf{B}_2$ aufgrund der Stromverteilung in $\mathcal{D}_2$ erhaltene Ausdruck ist natürlich allgemein gültig: Eine stationäre Stromverteilung $\mathbf{j}(\mathbf{x})$ im Raumbereich $\mathcal{D}$ erzeugt ein Magnetfeld

$$\mathbf{B}(\mathbf{x}) = \frac{\mu_0}{4\pi}\int_{\mathcal{D}} d^3\xi\,\frac{\mathbf{j}(\boldsymbol{\xi})\times(\mathbf{x}-\boldsymbol{\xi})}{|\mathbf{x}-\boldsymbol{\xi}|^3}\;.$$

Insbesondere kann man für $\mathcal{D}$ den gesamten Raum wählen ($\mathcal{D}=\mathbb{R}^3$), wobei wie üblich $\mathbf{j}(\mathbf{x})\to\mathbf{0}$ für $|\mathbf{x}|\to\infty$ gilt. Das Magnetfeld $\mathbf{B}(\mathbf{x})$ ist als Rotation eines Vektorpotentials

$$\mathbf{A}(\mathbf{x}) \equiv \frac{\mu_0}{4\pi}\int_{\mathcal{D}} d^3\xi\,\frac{\mathbf{j}(\boldsymbol{\xi})}{|\mathbf{x}-\boldsymbol{\xi}|}$$

darstellbar, denn mit dieser Definition gilt:

$$\begin{aligned}(\boldsymbol{\nabla}\times\mathbf{A})(\mathbf{x}) &= \frac{\mu_0}{4\pi}\int_{\mathcal{D}} d^3\xi\,\boldsymbol{\nabla}\times\left[\frac{\mathbf{j}(\boldsymbol{\xi})}{|\mathbf{x}-\boldsymbol{\xi}|}\right] = \frac{\mu_0}{4\pi}\int_{\mathcal{D}} d^3\xi\left(\boldsymbol{\nabla}\frac{1}{|\mathbf{x}-\boldsymbol{\xi}|}\right)\times\mathbf{j}(\boldsymbol{\xi})\\ &= -\frac{\mu_0}{4\pi}\int_{\mathcal{D}} d^3\xi\,\frac{(\mathbf{x}-\boldsymbol{\xi})\times\mathbf{j}(\boldsymbol{\xi})}{|\mathbf{x}-\boldsymbol{\xi}|^3} = \mathbf{B}(\mathbf{x})\quad\text{bzw.}\quad \mathbf{B}=\boldsymbol{\nabla}\times\mathbf{A}\;.\end{aligned}$$

Es folgt also generell in der Magnetostatik:

$$\boxed{\boldsymbol{\nabla}\cdot\mathbf{B}=\boldsymbol{\nabla}\cdot(\boldsymbol{\nabla}\times\mathbf{A})=0\;,}\tag{A.4}$$

sodass das Magnetfeld zumindest im statischen Spezialfall *divergenzfrei* ist.

Da ein Vektorfeld nach dem Helmholtz'schen Satz vollständig durch seine Divergenz und Rotation festgelegt ist, untersuchen wir nun die *Rotation* des Magnetfelds. Mit Hilfe von

$$\boldsymbol{\nabla}\times(\mathbf{a}\times\mathbf{b}) = \mathbf{a}(\boldsymbol{\nabla}\cdot\mathbf{b}) + (\mathbf{b}\cdot\boldsymbol{\nabla})\mathbf{a} - \mathbf{b}(\boldsymbol{\nabla}\cdot\mathbf{a}) - (\mathbf{a}\cdot\boldsymbol{\nabla})\mathbf{b}$$

und $\frac{\partial}{\partial x_i}\mathbf{j}(\boldsymbol{\xi})=\mathbf{0}$ folgt:

$$\begin{aligned}(\boldsymbol{\nabla}\times\mathbf{B})(\mathbf{x}) &= -\frac{\mu_0}{4\pi}\int_{\mathcal{D}} d^3\xi\,\boldsymbol{\nabla}\times\left[\mathbf{j}(\boldsymbol{\xi})\times\boldsymbol{\nabla}\frac{1}{|\mathbf{x}-\boldsymbol{\xi}|}\right]\\ &= -\frac{\mu_0}{4\pi}\int_{\mathcal{D}} d^3\xi\left\{\mathbf{j}(\boldsymbol{\xi})\left(\Delta\frac{1}{|\mathbf{x}-\boldsymbol{\xi}|}\right) - [\mathbf{j}(\boldsymbol{\xi})\cdot\boldsymbol{\nabla}]\,\boldsymbol{\nabla}\frac{1}{|\mathbf{x}-\boldsymbol{\xi}|}\right\}\\ &= \mu_0\int_{\mathcal{D}} d^3\xi\,\mathbf{j}(\boldsymbol{\xi})\delta(\mathbf{x}-\boldsymbol{\xi}) + \frac{\mu_0}{4\pi}\boldsymbol{\nabla}\int_{\mathcal{D}} d^3\xi\left[\mathbf{j}(\boldsymbol{\xi})\cdot\left(-\frac{\partial}{\partial\boldsymbol{\xi}}\right)\right]\frac{1}{|\mathbf{x}-\boldsymbol{\xi}|}\\ &= \mu_0\,\mathbf{j}(\mathbf{x}) + \frac{\mu_0}{4\pi}\boldsymbol{\nabla}\left[\int_{\mathcal{D}} d^3\xi\,\frac{(\boldsymbol{\nabla}\cdot\mathbf{j})(\boldsymbol{\xi})}{|\mathbf{x}-\boldsymbol{\xi}|} - \oint_{\partial\mathcal{D}} d\mathbf{S}\cdot\frac{\mathbf{j}(\boldsymbol{\xi})}{|\mathbf{x}-\boldsymbol{\xi}|}\right]\;.\end{aligned}$$

Im der letzten Zeile wurde der Gauß'sche Satz angewandt. Das Flächenintegral in der letzten Zeile ist null, da wir annehmen, dass die Stromverteilung gänzlich in $\mathcal{D}$ enthalten ist, sodass kein Strom durch die Oberfläche $\partial\mathcal{D}$ hindurch fließt. Außerdem ist das Volumenintegral null aufgrund der Kontinuitätsgleichung (A.2) im stationären Fall: $(\boldsymbol{\nabla}\cdot\mathbf{j})(\boldsymbol{\xi}) = 0$. Es folgt daher das Ampère'sche Gesetz:

$$\boxed{(\boldsymbol{\nabla}\times\mathbf{B})(\mathbf{x}) = \mu_0\mathbf{j}(\mathbf{x})\ .}$$

Vergleichen wir dieses Ergebnis nun mit Gleichung (A.3), die im stationären Fall $(\boldsymbol{\nabla}\times\mathbf{V})(\mathbf{x}) = \mathbf{j}(\mathbf{x})$ lautet, so stellen wir fest, dass in der Magnetostatik (bis auf einen physikalisch wirkungslosen Gradienten)

$$\boxed{\mathbf{V}(\mathbf{x}) = \mathbf{B}(\mathbf{x})/\mu_0} \tag{A.5}$$

gelten muss.

A.4 Das Faraday'sche Gesetz

Als **viertes experimentelles Faktum** betrachten wir das Faraday'sche Gesetz, das die zeitliche Änderung des Flusses durch eine Schleife $\partial\mathcal{F}(t)$ mit der elektromotorischen Kraft $\mathcal{E}_{\partial\mathcal{F}}$ in dieser Schleife verknüpft:

$$-\frac{d}{dt}\int_{\mathcal{F}(t)} d\mathbf{S}\cdot\mathbf{B}(\mathbf{x},t) = \mathcal{E}_{\partial\mathcal{F}} = \oint_{\partial\mathcal{F}(t)} d^3x\cdot\mathbf{f}(\mathbf{x},\dot{\mathbf{x}},t)\ ,$$

wobei $q\mathbf{f}(\mathbf{x},\dot{\mathbf{x}},t)$ die Kraft auf eine Testladung q in der Schleife darstellt. Wir können uns hier kurz fassen: Die Konsequenzen des Faraday'schen Gesetzes wurden ausführlich in den Abschnitten [1.2] und [1.6] betrachtet. Wir stellten fest, dass dieses Gesetz gleichbedeutend mit der Maxwell-Gleichung

$$\boxed{\boldsymbol{\nabla}\times\mathbf{E} + \frac{\partial\mathbf{B}}{\partial t} = \mathbf{0}} \tag{A.6}$$

und dem üblichen Ausdruck für die Lorentz-Kraft:

$$\boxed{\mathbf{F}_{\text{Lor}} = q(\mathbf{E} + \dot{\mathbf{x}}\times\mathbf{B})} \tag{A.7}$$

ist.

Die restlichen Gleichungen der Elektro*dynamik* folgen schließlich aus einer Induktionsannahme. Hierzu nehmen wir an, dass die Gleichungen (A.1), (A.4) und (A.5) nicht nur in der Elektro- bzw. Magnetostatik, sondern allgemein in der Elektrodynamik gelten. Die Gleichungen (A.1) und (A.4) lauten somit allgemein:

$$(\boldsymbol{\nabla}\cdot\mathbf{E})(\mathbf{x},t) = \frac{1}{\varepsilon_0}\rho(\mathbf{x},t) \quad , \quad (\boldsymbol{\nabla}\cdot\mathbf{B})(\mathbf{x},t) = 0\ , \tag{A.8}$$

und die Kombination der Gleichungen (A.5) und (A.3) ergibt:

$$\boxed{(\boldsymbol{\nabla}\times\mathbf{B})(\mathbf{x},t) - \varepsilon_0\mu_0(\partial_t\mathbf{E})(\mathbf{x},t) = \mu_0\mathbf{j}(\mathbf{x},t)\ .} \tag{A.9}$$

Neben der Lorentz-Kraft (A.7) sind nun aufgrund von (A.6), (A.8) und (A.9) auch die vier Maxwell-Gleichungen vollständig bekannt.

Fazit: Wir haben in diesem Abschnitt sämtliche Maxwell-Gleichungen sowie die Lorentz'sche Bewegungsgleichung mit Hilfe von *Induktionsannahmen* aus experimentellen Fakten hergeleitet. Auch die Kontinuitätsgleichung (A.2) ist eine wichtige Gleichung der Elektrodynamik, die allerdings nicht unabhängig von den übrigen Gleichungen ist: Einerseits wurde sie ja bei der Konstruktion der Maxwell-Theorie vorausgesetzt, andererseits folgt sie als Konsistenzbedingung, falls man umgekehrt die Gültigkeit der inhomogenen Maxwell-Gleichungen voraussetzt.

Die Induktions*annahmen*, d. h. die Gültigkeit der dynamischen Theorie (A.6)-(A.9), können selbst natürlich auch wieder experimentell getestet werden, z. B. indem man die Vorhersagen der Existenz elektromagnetischer Wellen oder der Lorentz-Kovarianz der Dynamik bewegter geladener Körper untersucht.

Anhang B

Magnetische Monopole

Die Standardformulierung der Maxwell-Gleichungen weist als Quellen des elektromagnetischen Feldes lediglich *elektrische* Ladungen und Ströme auf. Eine Verallgemeinerung, die auch *magnetische* Ladungen und Ströme als Quellen zulässt, lautet

$$\boxed{\begin{array}{ll} \text{I. } \boldsymbol{\nabla}\cdot\mathbf{E} = \dfrac{1}{\varepsilon_0}\rho & \text{III. } \boldsymbol{\nabla}\times\mathbf{E} + \dfrac{\partial \mathbf{B}}{\partial t} = -\mathbf{j}_{\mathrm{m}} \\ \text{II. } \boldsymbol{\nabla}\cdot\mathbf{B} = \rho_{\mathrm{m}} & \text{IV. } \boldsymbol{\nabla}\times\mathbf{B} - \varepsilon_0\mu_0\dfrac{\partial \mathbf{E}}{\partial t} = \mu_0\,\mathbf{j}\,. \end{array}} \tag{B.1}$$

Die Maxwell-Gleichungen I und IV sind also unverändert, während die Gleichungen II und III in der verallgemeinerten Formulierung als Inhomogenitäten magnetische Ladungen (mit einer Dichte ρ_{m}) und Ströme (mit der Dichte $\mathbf{j}_{\mathrm{m}}$) aufweisen. Diese Inhomogenitäten wurden so gewählt, dass die Konsistenz der verallgemeinerten Maxwell-Gleichungen (B.1) auch die Erhaltung der *magnetischen* Ladung erfordert:

$$\boxed{\frac{\partial \rho_{\mathrm{m}}}{\partial t} + \boldsymbol{\nabla}\cdot\mathbf{j}_{\mathrm{m}} = \frac{\partial}{\partial t}\boldsymbol{\nabla}\cdot\mathbf{B} + \boldsymbol{\nabla}\cdot\left(-\boldsymbol{\nabla}\times\mathbf{E} - \frac{\partial \mathbf{B}}{\partial t}\right) = 0\,.}$$

Wir verwendeten $\boldsymbol{\nabla}\cdot\boldsymbol{\nabla}\times\mathbf{E} = \mathbf{0}$.

Magnetische Ladungen (oder „*Monopole*“) wurden ab 1931 insbesondere von Dirac untersucht. Er zeigte, dass bei der Streuung einer elektrischen Ladung q_{e} am Feld einer nicht-trivialen magnetischen Ladung ($q_{\mathrm{m}} \neq 0$) die Konsistenzbedingung

$$\frac{q_{\mathrm{e}} q_{\mathrm{m}}}{2\pi\hbar} = n \in \mathbb{Z}$$

erfüllt sein muss. Diese Bedingung hat zwei interessante Konsequenzen: Sie impliziert erstens, dass die elektrische Ladung *quantisiert* sein muss: $q_{\mathrm{e}} = n\frac{2\pi\hbar}{q_{\mathrm{m}}}$, und zweitens, dass die magnetische Feinstrukturkonstante α_{m} sehr groß ist ($\alpha_{\mathrm{m}} \gg 1$). Hierbei folgt die zweite Schlussfolgerung durch die Betrachtung der Streuung einer *Elementarladung* ($q_{\mathrm{e}} = |e|$) an einem magnetischen Monopol der Quantenzahl $n = n_1$. Es folgt $q_{\mathrm{m}} = n_1\frac{2\pi\hbar}{|e|}$ und somit für die magnetische Feinstrukturkonstante:

$$\alpha_{\mathrm{m}} \equiv \frac{(q_{\mathrm{m}})^2}{4\pi\mu_0\hbar c} = \frac{(n_1)^2}{4}\frac{4\pi\varepsilon_0\hbar c}{e^2} = \frac{(n_1)^2}{4\alpha_{\mathrm{e}}} \gg 1\,,$$

wobei $|n_1| \geq 1$ gilt wegen der Einschränkung $q_{\mathrm{m}} \neq 0$.

P. van Dongen, *Klassische Elektrodynamik*, https://doi.org/10.1007/978-3-662-69830-3

B.1 Kovariante Formulierung

Analog zur Vorgehensweise in Abschnitt [3.7] kann man die Dynamik des elektromagnetischen Feldes auch in Anwesenheit magnetischer Monopole in manifest kovarianter Form darstellen. Hierzu führen wir wiederum den elektromagnetischen Feldtensor $F^{\mu\nu}$ und den dualen Feldtensor $\tilde{F}^{\mu\nu}$ ein:

$$F^{\mu\nu} = \begin{pmatrix} 0 & -E_1 & -E_2 & -E_3 \\ E_1 & 0 & -cB_3 & cB_2 \\ E_2 & cB_3 & 0 & -cB_1 \\ E_3 & -cB_2 & cB_1 & 0 \end{pmatrix} \quad , \quad \tilde{F}^{\mu\nu} = \begin{pmatrix} 0 & & -c\mathbf{B}^{\mathrm{T}} & \\ & 0 & E_3 & -E_2 \\ c\mathbf{B} & -E_3 & 0 & E_1 \\ & E_2 & -E_1 & 0 \end{pmatrix} .$$

Wie in der Standardformulierung gilt auch nun

$$\boxed{\partial_\mu F^{\mu\nu} = \mu_0 c j_{\mathrm{e}}^\nu \ .}$$

Außerdem erhält man aufgrund der (im Vergleich zur Standardformulierung veränderten) Maxwell-Gleichungen II und III:

$$\partial_\mu \tilde{F}^{\mu 0} = c(\boldsymbol{\nabla} \cdot \mathbf{B}) = c\rho_{\mathrm{m}}$$

sowie

$$\partial_\mu \tilde{F}^{\mu j} = -\left(\frac{\partial \mathbf{B}}{\partial t} + \boldsymbol{\nabla} \times \mathbf{E}\right)_j = j_{\mathrm{m}j} \ .$$

Insgesamt gilt daher

$$\boxed{\partial_\mu \tilde{F}^{\mu\nu} = j_{\mathrm{m}}^\nu \quad , \quad j_{\mathrm{m}}^\nu \equiv (c\rho_{\mathrm{m}}, \mathbf{j}_{\mathrm{m}}) \ ,}$$

und wir können in der Tat schließen, dass die Verallgemeinerung (B.1) in kovarianter Form darstellbar ist.[1]

Hiermit verknüpft ist die Frage, ob die kovariante Formulierung mit dem Feldtensor $F^{\mu\nu}$ bzw. dem dualen Feldtensor $\tilde{F}^{\mu\nu}$ *eindeutig* ist. Dass die Antwort hierauf interessanterweise *negativ* lautet, wird mit Hilfe der folgenden kontinuierlichen Transformation ersichtlich:

$$\boxed{(F')^{\mu\nu} \equiv \cos(\xi) F^{\mu\nu} + \sin(\xi) \tilde{F}^{\mu\nu} \qquad (\xi \text{ Pseudoskalar}) \ .}$$

Der transformierte *duale* Feldtensor ist:

$$(\tilde{F}')^{\mu\nu} \equiv \cos(\xi) \tilde{F}^{\mu\nu} + \sin(\xi) \tilde{\tilde{F}}^{\mu\nu} = \cos(\xi) \tilde{F}^{\mu\nu} - \sin(\xi) F^{\mu\nu} \ ,$$

und folglich ist die Transformation des Paares $(F^{\mu\nu}, \tilde{F}^{\mu\nu})$ wie folgt in Matrixform darstellbar:

$$\begin{pmatrix} F' \\ \tilde{F}' \end{pmatrix} = \begin{pmatrix} \cos(\xi) & \sin(\xi) \\ -\sin(\xi) & \cos(\xi) \end{pmatrix} \begin{pmatrix} F \\ \tilde{F} \end{pmatrix} \ . \tag{B.2}$$

[1] Damit j_{m} als 4-Vektor transformiert wird, muss man an dieser Stelle allerdings implizit annehmen, dass nicht nur die *elektrische*, sondern auch die hypothetische *magnetische* Ladung eines Punktteilchens ein Lorentz-Skalar ist.

Betrachtet man nur die räumlich-zeitlichen Komponenten dieser Tensoren, so erhält man das Transformationsverhalten der **E**- und **B**-Felder:

$$\boxed{\begin{pmatrix} \mathbf{E}' \\ c\mathbf{B}' \end{pmatrix} = \begin{pmatrix} \cos(\xi) & \sin(\xi) \\ -\sin(\xi) & \cos(\xi) \end{pmatrix} \begin{pmatrix} \mathbf{E} \\ c\mathbf{B} \end{pmatrix} .} \tag{B.3}$$

Außerdem ergibt die 4-Divergenz der beiden Seiten von (B.2) das folgende Transformationsverhalten der elektrischen und magnetischen 4-Stromdichten:

$$\begin{pmatrix} \mu_0 c j'_{\mathrm{e}} \\ j'_{\mathrm{m}} \end{pmatrix} = \begin{pmatrix} \cos(\xi) & \sin(\xi) \\ -\sin(\xi) & \cos(\xi) \end{pmatrix} \begin{pmatrix} \mu_0 c j_{\mathrm{e}} \\ j_{\mathrm{m}} \end{pmatrix} .$$

Insbesondere folgt hieraus also

$$\boxed{j'_{\mathrm{m}} = -\sin(\xi)\mu_0 c j_{\mathrm{e}} + \cos(\xi) j_{\mathrm{m}}} \tag{B.4}$$

für die magnetische 4-Stromdichte nach der Transformation.

Die Gleichungen (B.3) und (B.4) haben einige interessante Konsequenzen: Erstens stellt man fest, dass das Verhältnis der magnetischen und elektrischen 4-Stromdichten die physikalische Dimension eines *Widerstandes* hat:

$$\boxed{[j_{\mathrm{m}}]/[j_{\mathrm{e}}] = [\mu_0 c] = \left[\sqrt{\mu_0/\varepsilon_0}\right] = \Omega \ ,}$$

wobei der numerische Wert der Größe $\sqrt{\mu_0/\varepsilon_0}$ durch $\sqrt{\mu_0/\varepsilon_0} \simeq 376,73\,\Omega$ gegeben ist; dieser „Wellenwiderstand" des Vakuums wird uns auch in anderem Kontext begegnen (siehe z. B. die Abschnitte [5.4.4] und [6.1.4]).

Zweitens wird klar, dass die **E**- und **B**-Felder (und analog: die elektrischen und magnetischen 4-Stromdichten) durch Drehung ineinander überführbar und somit nicht *wesentlich* voneinander verschieden sind.

Und drittens gilt, dass man die magnetischen Ladungen und Ströme vollständig wegtransformieren kann, *falls* j_{e} und j_{m} immer und überall proportional zueinander sind: $j_{\mathrm{m}} = \lambda\mu_0 c j_{\mathrm{e}}$; in diesem Fall folgt durch die Wahl $\tan(\xi) = \lambda$, dass nach der Transformation $j'_{\mathrm{m}} = 0$ gilt. Anders formuliert: Es kann nur dann physikalisch messbare Konsequenzen der Anwesenheit magnetischer Monopole nach der verallgemeinerten Theorie (B.1) geben, falls *nicht* immer und überall j_{e} und j_{m} proportional zueinander sind.

Anhang C

Eigenwertproblem für $(\hat{\mathcal{L}}^2, \hat{\mathcal{L}}_3)$

In diesem Anhang betrachten wir die Eigenschaften des Differentialoperators

$$\boxed{\hat{\boldsymbol{\mathcal{L}}} \equiv \frac{1}{i}\mathbf{x} \times \boldsymbol{\nabla}\ .} \tag{C.1}$$

Dieser Operator ist fundamental wichtig für sämtliche physikalischen Probleme, die durch lineare partielle Differentialgleichungen mit *räumlichen* Ableitungen in der Form eines *Laplace-Operators* Δ charakterisiert werden. Diese Klasse von Problemen schließt u. a. die *Elektrodynamik* und die *Quantenmechanik* mit ein.[1]

Die enge Beziehung zwischen $\hat{\boldsymbol{\mathcal{L}}}$ und Δ geht unmittelbar aus der Darstellung des Laplace-Operators in sphärischen Koordinaten in Gleichung (2.16) hervor:

$$\boxed{\Delta = -\left[\left(\frac{1}{ix}\frac{\partial}{\partial x}x\right)^2 + \frac{1}{x^2}\hat{\boldsymbol{\mathcal{L}}}^2\right]\ .} \tag{C.2}$$

Diese Darstellung ist deshalb so wichtig, weil sie die *radiale* Variable $x = |\mathbf{x}|$ von den *Winkel*variablen $\Omega = (\vartheta, \varphi)$ trennt und deshalb eine separate Betrachtung dieser Abhängigkeiten ermöglicht. Für Probleme mit *sphärischer Symmetrie* ermöglicht sie z. B. eine Lösung der entsprechenden Differentialgleichung durch Trennung der Variablen. Dies geht klar aus der expliziten Form des Differentialoperators $\hat{\boldsymbol{\mathcal{L}}}$ in sphärischen Koordinaten hervor, da dieser nur von den Winkelvariablen $\Omega = (\vartheta, \varphi)$ und den entsprechenden Ableitungen abhängt:

$$\hat{\boldsymbol{\mathcal{L}}} = \frac{1}{i}\begin{pmatrix} -\sin(\varphi)\frac{\partial}{\partial\vartheta} - \cos(\varphi)\cot(\vartheta)\frac{\partial}{\partial\varphi} \\ \cos(\varphi)\frac{\partial}{\partial\vartheta} - \sin(\varphi)\cot(\vartheta)\frac{\partial}{\partial\varphi} \\ \frac{\partial}{\partial\varphi} \end{pmatrix} \equiv \begin{pmatrix} \hat{\mathcal{L}}_1 \\ \hat{\mathcal{L}}_2 \\ \hat{\mathcal{L}}_3 \end{pmatrix}\ . \tag{C.3a}$$

Ähnliches gilt dann auch für den Operator $\hat{\boldsymbol{\mathcal{L}}}^2$ in (C.2), der die Winkelabhängigkeit des Laplace-Operators vollständig bestimmt:

$$\boxed{\hat{\boldsymbol{\mathcal{L}}}^2 = -\left[\frac{1}{\sin(\vartheta)}\frac{\partial}{\partial\vartheta}\sin(\vartheta)\frac{\partial}{\partial\vartheta} + \frac{1}{\sin^2(\vartheta)}\frac{\partial^2}{\partial\varphi^2}\right]\ .} \tag{C.3b}$$

Wir befassen uns im Folgenden sowohl mit dem skalaren Operator $\hat{\boldsymbol{\mathcal{L}}}^2$ als auch mit dem dreikomponentigen Vektoroperator $\hat{\boldsymbol{\mathcal{L}}} = (\hat{\mathcal{L}}_1, \hat{\mathcal{L}}_2, \hat{\mathcal{L}}_3)^{\mathrm{T}}$.

[1] In der Quantenmechanik würde man $\hat{\boldsymbol{\mathcal{L}}}$ als *Bahndrehimpulsoperator* interpretieren.

P. van Dongen, *Klassische Elektrodynamik*, https://doi.org/10.1007/978-3-662-69830-3

Die Wirkung der Operatoren $\hat{\mathcal{L}}^2$ und $\hat{\mathcal{L}}_{1,2,3}$ auf *Funktionen*

Die explizite Form (C.3a) des Differentialoperators $\hat{\mathcal{L}}$ zeigt zweierlei, nämlich dass alle drei Komponenten $\hat{\mathcal{L}}_i$ (mit $i = 1, 2, 3$) nur auf die *Winkel*abhängigkeit von Funktionen einwirken und dass das *Ergebnis* der Wirkung von $\hat{\mathcal{L}}_i$ im Allgemeinen *komplexwertig* ist. Es ist daher naheliegend, sich bei der Untersuchung der Wirkung von $\hat{\mathcal{L}}$ und $\hat{\mathcal{L}}^2$ auf mindestens zweimal stetig differenzierbare, *komplex*wertige und rein *winkel*abhängige Funktionen $u(\Omega)$ mit $\Omega = (\vartheta, \varphi)$ zu konzentrieren. Die konkrete Anwendung (siehe z. B. Abschnitt [2.2.3]) zeigt, dass es physikalisch außerdem sinnvoll ist, zu fordern, dass diese Funktionen $u(\Omega)$ bei einer Integration über den kompletten Raumwinkel *quadratisch integrierbar* sind. Die Funktionen $u(\Omega)$ sollten natürlich auch *periodisch* in φ sein: $u(\vartheta, \varphi + 2\pi) = u(\vartheta, \varphi)$.

Derartige *komplex*wertige, quadratisch integrierbare, 2π-periodische Funktionen $u : [0, \pi] \times [0, 2\pi) \mapsto \mathbb{C}$ bilden einen *Funktionenraum* $\mathcal{F}$, der mit einem komplexen *Skalarprodukt* $\langle u, v\rangle$ ausgestattet werden kann:

$$\langle u, v\rangle \equiv \int d\Omega\ u(\Omega)^* v(\Omega) = \int_0^\pi d\vartheta \int_0^{2\pi} d\varphi\ \sin(\vartheta)[u(\vartheta, \varphi)]^* v(\vartheta, \varphi)\ . \tag{C.4}$$

Die *Norm* $||u|| \equiv \sqrt{\langle u, u\rangle}$ einer Funktion wird mit Hilfe dieses Skalarprodukts definiert. Die Bedingung, dass die Funktionen u quadratisch integrierbar sein sollen, lautet dann: $||u|| < \infty$. Der Funktionenraum $\{u \mid ||u|| < \infty\}$ ist außerdem *vollständig* und daher – mathematisch gesprochen – ein Beispiel für einen *Hilbert-Raum.*

Die Wirkung der Operatoren $\hat{\mathcal{L}}_i$ (mit $i = 1, 2, 3$) und $\hat{\mathcal{L}}^2$ auf beliebige Funktionen $u, v \in \mathcal{F}$ in einem *Skalarprodukt* weist eine wichtige Symmetrie auf:

$$\langle u, \hat{\mathcal{L}}_i v\rangle = \langle \hat{\mathcal{L}}_i u, v\rangle \quad (i = 1, 2, 3) \quad , \quad \langle u, \hat{\mathcal{L}}^2 v\rangle = \langle \hat{\mathcal{L}}^2 u, v\rangle\ . \tag{C.5}$$

Operatoren mit dieser Symmetrieeigenschaft werden als *hermitesch* bzgl. des Skalarprodukts $\langle u, v\rangle$ bezeichnet. Man zeigt die Hermitezität der Komponenten $\hat{\mathcal{L}}_i$ mit Hilfe von partiellen Integrationen bzgl. der Variablen ϑ bzw. φ, wobei zu beachten ist, dass die Randterme wegfallen aufgrund der 2π-periodischen φ-Abhängigkeit und der Eigenschaft $\sin(\vartheta) = 0$ für $\vartheta \in \{0, \pi\}$. Die Hermitezität des Operators $\hat{\mathcal{L}}^2 = \sum_{i=1}^3 \hat{\mathcal{L}}_i^2$ folgt dann direkt aus der Hermitezität der Komponenten $\hat{\mathcal{L}}_i$.

Die Hermitezität eines allgemeinen Operators $\hat{\mathrm{A}}$ ist wichtig, da sie impliziert, dass sämtliche *Eigenwerte* von $\hat{\mathrm{A}}$ *reell* sind: Falls $\hat{\mathrm{A}}$ eine Eigenfunktion $u \neq 0$ mit dem Eigenwert λ hat: $\hat{\mathrm{A}}u = \lambda u$, muss $\lambda \in \mathbb{R}$ gelten. Dies sieht man direkt aus:

$$\lambda\langle u, u\rangle = \langle u, \hat{\mathrm{A}}u\rangle = \langle \hat{\mathrm{A}}u, u\rangle = \lambda^*\langle u, u\rangle \quad , \quad \mathrm{Im}(\lambda) = \tfrac{1}{2i}(\lambda - \lambda^*) = 0\ .$$

Außerdem stehen zwei Eigenfunktionen u_1 und u_2 eines hermiteschen Operators $\hat{\mathrm{A}}$ zu *unterschiedlichen* Eigenwerten λ_1 bzw. λ_2 *orthogonal* aufeinander:

$$\lambda_1\langle u_1, u_2\rangle = \langle \hat{\mathrm{A}}u_1, u_2\rangle = \langle u_1, \hat{\mathrm{A}}u_2\rangle = \lambda_2\langle u_1, u_2\rangle \quad , \quad (\lambda_1 - \lambda_2)\langle u_1, u_2\rangle = 0\ ,$$

woraus wegen $\lambda_2 \neq \lambda_1$ folgt: $\langle u_1, u_2\rangle = 0$. Äußerst wichtig ist auch die allgemeine Aussage, dass ein hermitescher Operator komplett *diagonalisiert* werden kann und eine vollständige, orthonormale Basis von Eigenfunktionen hat.

Wir lernen hieraus also insbesondere konkret, dass die Operatoren $\{\hat{\mathcal{L}}_i\}$ und $\hat{\mathcal{L}}^2$ diagonalisierbar sind, dass ihre sämtlichen Eigenwerte *reell* sind und dass ihre Eigenfunktionen zu unterschiedlichen Eigenwerten *orthogonal* aufeinander stehen.

C.1 Eigenschaften der Operatoren $\hat{\boldsymbol{\mathcal{L}}}^2$ und $\hat{\mathcal{L}}_{1,2,3}$

Die Differentialoperatoren $\hat{\mathcal{L}}_i$ (mit $i = 1, 2, 3$) und $\hat{\boldsymbol{\mathcal{L}}}^2$ in (C.3) enthalten sowohl *Ableitungen* bzgl. der Variablen ϑ bzw. φ als auch diese *Variablen* selbst. Folglich ist es *nicht* selbstverständlich, dass diese Operatoren miteinander *kommutieren*. Zwei allgemeine Operatoren $\hat{\text{A}}$ und $\hat{\text{B}}$ sind vertauschbar oder kommutieren miteinander, falls $\hat{\text{A}}\hat{\text{B}} = \hat{\text{B}}\hat{\text{A}}$ gilt. In unserem Spezialfall werden wir z. B. feststellen, dass für alle $i, j \in \{1, 2, 3\}$ mit $i \neq j$ gilt: $\hat{\mathcal{L}}_i\hat{\mathcal{L}}_j \neq \hat{\mathcal{L}}_j\hat{\mathcal{L}}_i$, sodass die Differentialoperatoren $\{\hat{\mathcal{L}}_i\}$ tatsächlich *nicht* miteinander kommutieren. Bei der Untersuchung von *Produkten* von Operatoren ist es also wichtig, den *Kommutator*

$$\boxed{[\hat{\text{A}}, \hat{\text{B}}] = \hat{\text{A}}\hat{\text{B}} - \hat{\text{B}}\hat{\text{A}}}$$

zweier Operatoren $\hat{\text{A}}$ und $\hat{\text{B}}$ zu kennen, da dieser das Ausmaß der Nichtvertauschbarkeit dieser Operatoren quantifiziert. Wir werden daher im Folgenden die Multiplikationseigenschaften der Differentialoperatoren $\hat{\mathcal{L}}_i$ und $\hat{\boldsymbol{\mathcal{L}}}^2$ sowie einiger verwandter Operatoren u. a. anhand ihrer Kommutatoren untersuchen.

Eine konkrete Berechnung zeigt, dass die Komponenten $\hat{\mathcal{L}}_i$ von $\hat{\boldsymbol{\mathcal{L}}}$ in der Tat *nicht* miteinander kommutieren. Der Differentialoperator $\hat{\boldsymbol{\mathcal{L}}}$ bzw. seine Komponenten $\hat{\mathcal{L}}_i$ (mit $i = 1, 2, 3$) und sein Quadrat $\hat{\boldsymbol{\mathcal{L}}}^2$ erfüllen konkret die folgenden Vertauschungsrelationen:

$$\boxed{[\hat{\mathcal{L}}_k, \hat{\mathcal{L}}_\ell] = i\varepsilon_{k\ell m}\hat{\mathcal{L}}_m \quad , \quad \hat{\boldsymbol{\mathcal{L}}} \times \hat{\boldsymbol{\mathcal{L}}} = i\hat{\boldsymbol{\mathcal{L}}} \quad , \quad [\hat{\boldsymbol{\mathcal{L}}}^2, \hat{\boldsymbol{\mathcal{L}}}] = \mathbf{0} \quad , \quad [\Delta, \hat{\boldsymbol{\mathcal{L}}}] = \mathbf{0}\ .} \tag{C.6}$$

Wir werden die Beziehungen (C.6) im Folgenden konkret herleiten.

Wir zeigen zuerst, dass die letzten drei Identitäten in (C.6) direkt aus der ersten Identität folgen. Beispielsweise folgt die zweite Identität aus der ersten durch Multiplikation mit $\frac{1}{2}\varepsilon_{k\ell n}$ und Summation über k und ℓ:

$$\begin{aligned} i\hat{\mathcal{L}}_n &= \tfrac{1}{2}i \cdot 2\delta_{mn}\hat{\mathcal{L}}_m = \tfrac{1}{2}i\varepsilon_{k\ell n}\varepsilon_{k\ell m}\hat{\mathcal{L}}_m \stackrel{!}{=} \tfrac{1}{2}\varepsilon_{k\ell n}[\hat{\mathcal{L}}_k, \hat{\mathcal{L}}_\ell] = \tfrac{1}{2}\varepsilon_{k\ell n}\big(\hat{\mathcal{L}}_k\hat{\mathcal{L}}_\ell - \hat{\mathcal{L}}_\ell\hat{\mathcal{L}}_k\big) \\ &= 2 \cdot \tfrac{1}{2}\varepsilon_{k\ell n}\hat{\mathcal{L}}_k\hat{\mathcal{L}}_\ell = (\hat{\boldsymbol{\mathcal{L}}} \times \hat{\boldsymbol{\mathcal{L}}})_n \quad \text{bzw.} \quad \hat{\boldsymbol{\mathcal{L}}} \times \hat{\boldsymbol{\mathcal{L}}} = i\hat{\boldsymbol{\mathcal{L}}}\ . \end{aligned}$$

Umgekehrt folgt die erste Identität analog aus der zweiten, sodass diese Identitäten *äquivalent* sind. Die dritte Identität folgt mit Hilfe der Rechenregel

$$[\hat{\text{A}}\hat{\text{B}}, \hat{\text{C}}] = \hat{\text{A}}\hat{\text{B}}\hat{\text{C}} - \hat{\text{C}}\hat{\text{A}}\hat{\text{B}} = \hat{\text{A}}(\hat{\text{B}}\hat{\text{C}} - \hat{\text{C}}\hat{\text{B}}) + (\hat{\text{A}}\hat{\text{C}} - \hat{\text{C}}\hat{\text{A}})\hat{\text{B}} = \hat{\text{A}}[\hat{\text{B}}, \hat{\text{C}}] + [\hat{\text{A}}, \hat{\text{C}}]\hat{\text{B}}$$

sowie der Summationskonvention als

$$[\hat{\boldsymbol{\mathcal{L}}}^2, \hat{\mathcal{L}}_\ell] = [\hat{\mathcal{L}}_k\hat{\mathcal{L}}_k, \hat{\mathcal{L}}_\ell] = \hat{\mathcal{L}}_k[\hat{\mathcal{L}}_k, \hat{\mathcal{L}}_\ell] + [\hat{\mathcal{L}}_k, \hat{\mathcal{L}}_\ell]\hat{\mathcal{L}}_k = i\varepsilon_{k\ell m}(\hat{\mathcal{L}}_k\hat{\mathcal{L}}_m + \hat{\mathcal{L}}_m\hat{\mathcal{L}}_k) = 0\ .$$

Der letzte Schritt folgt durch Umbenennung der Summationsindizes im zweiten Term $\varepsilon_{k\ell m}\hat{\mathcal{L}}_m\hat{\mathcal{L}}_k$ gemäß $(m, k) \to (k, m)$ und Verwendung von $\varepsilon_{m\ell k} = -\varepsilon_{k\ell m}$. Die vierte Identität folgt direkt aus der dritten und (C.2), da der Radius x und Ableitungen ∂_x bzgl. des Radius mit den Komponenten $\hat{\mathcal{L}}_i$ von $\hat{\boldsymbol{\mathcal{L}}}$ kommutieren.

Wir weisen nun die erste Identität für $\hat{\boldsymbol{\mathcal{L}}}$ in (C.6) nach. Am einfachsten zeigt man dies anhand der Darstellung $\hat{\boldsymbol{\mathcal{L}}} = \frac{1}{i}\mathbf{x} \times \boldsymbol{\nabla}$ in (C.1) in kartesischen Koordinaten. Oben wurde bereits gezeigt, dass die erste Identität durch Multiplikation mit $\frac{1}{2}\varepsilon_{k\ell n}$ und Summation über k und ℓ auch als $i\hat{\mathcal{L}}_n = \frac{1}{2}\varepsilon_{k\ell n}[\hat{\mathcal{L}}_k, \hat{\mathcal{L}}_\ell]$ geschrieben werden kann. Um die erste Identität nachzuweisen, nehmen wir ihre *rechte* Seite als Ausgangspunkt und zeigen, dass diese gleich der *linken* Seite ist. Hierzu setzen wir in $[\hat{\mathcal{L}}_k, \hat{\mathcal{L}}_\ell]$ die Definitionen $\hat{\mathcal{L}}_k = \frac{1}{i}\varepsilon_{kij}x_i\partial_j$ und $\hat{\mathcal{L}}_\ell = \frac{1}{i}\varepsilon_{\ell pq}x_p\partial_q$ ein:

$$\begin{aligned}\tfrac{1}{2}\varepsilon_{k\ell n}[\hat{\mathcal{L}}_k, \hat{\mathcal{L}}_\ell] &= -\tfrac{1}{2}\varepsilon_{k\ell n}\varepsilon_{kij}\varepsilon_{\ell pq}[x_i\partial_j, x_p\partial_q] \\ &= -\tfrac{1}{2}(\varepsilon_{ipq}\delta_{nj} - \varepsilon_{jpq}\delta_{ni})(\delta_{jp}x_i\partial_q - \delta_{qi}x_p\partial_j) \\ &= -\tfrac{1}{2}(\varepsilon_{inq}x_i\partial_q + \varepsilon_{jpn}x_p\partial_j) = 2\cdot\tfrac{1}{2}\varepsilon_{niq}x_i\partial_q = (\mathbf{x}\times\boldsymbol{\nabla})_n = i\hat{\mathcal{L}}_n \ .\end{aligned}$$

Im zweiten Schritt wurden Standardrechenregeln wie $\varepsilon_{k\ell n}\varepsilon_{kij} = \delta_{\ell i}\delta_{nj} - \delta_{\ell j}\delta_{ni}$ und $x_i\partial_j x_p\partial_q = x_i(\delta_{jp} + x_p\partial_j)\partial_q$ verwendet. Im dritten Schritt wurde das Produkt ausmultipliziert und über die Kronecker-Deltas summiert. Im vierten Schritt wurden die Summationsindizes im zweiten Term $\varepsilon_{jpn}x_p\partial_j$ gemäß $(p,j) \to (i,q)$ umbenannt. Das Ergebnis ist dann die n-Komponente eines Kreuzprodukts, die genau die Form $i\hat{\mathcal{L}}_n$ hat. Hiermit ist auch die erste Identität nachgewiesen.

Wir führen nun neben den Operatoren $\hat{\mathcal{L}}_i$ und $\hat{\boldsymbol{\mathcal{L}}}^2$ auch Operatoren $\hat{\mathcal{L}}_+$ und $\hat{\mathcal{L}}_-$ ein, die im Folgenden eine wichtige Rolle bei der Untersuchung von Eigenfunktionen spielen werden. Die Operatoren $\hat{\mathcal{L}}_+$ und $\hat{\mathcal{L}}_-$ sind definiert als *Linearkombinationen* der ersten beiden Komponenten $\hat{\mathcal{L}}_1$ und $\hat{\mathcal{L}}_2$ von $\hat{\boldsymbol{\mathcal{L}}}$:

$$\boxed{\hat{\mathcal{L}}_\pm \equiv \hat{\mathcal{L}}_1 \pm i\hat{\mathcal{L}}_2 = e^{\pm i\varphi}\left(\pm\frac{\partial}{\partial\vartheta} + i\cot(\vartheta)\frac{\partial}{\partial\varphi}\right) .} \tag{C.7}$$

Unter einer *komplexen* Konjugation verhalten sich die Operatoren $\hat{\mathcal{L}}_\pm$ wie:

$$(\hat{\mathcal{L}}_\pm)^* = e^{\mp i\varphi}\left(\pm\frac{\partial}{\partial\vartheta} - i\cot(\vartheta)\frac{\partial}{\partial\varphi}\right) = -e^{\mp i\varphi}\left(\mp\frac{\partial}{\partial\vartheta} + i\cot(\vartheta)\frac{\partial}{\partial\varphi}\right) = -\hat{\mathcal{L}}_\mp \ , \tag{C.8}$$

also explizit: $\hat{\mathcal{L}}_+^* = -\hat{\mathcal{L}}_-$ und $\hat{\mathcal{L}}_-^* = -\hat{\mathcal{L}}_+$.

In *Skalarprodukten* haben die Operatoren $\hat{\mathcal{L}}_+$ und $\hat{\mathcal{L}}_-$ auf beliebige Funktionen $u, v \in \mathcal{F}$ die folgende Wirkung:

$$\begin{aligned}\langle u, \hat{\mathcal{L}}_\pm v\rangle &= \langle u, (\hat{\mathcal{L}}_1 \pm i\hat{\mathcal{L}}_2)v\rangle = \langle u, \hat{\mathcal{L}}_1 v\rangle \pm i\langle u, \hat{\mathcal{L}}_2 v\rangle \\ &= \langle \hat{\mathcal{L}}_1 u, v\rangle \pm i\langle \hat{\mathcal{L}}_2 u, v\rangle = \langle(\hat{\mathcal{L}}_1 \mp i\hat{\mathcal{L}}_2)u, v\rangle = \langle \hat{\mathcal{L}}_\mp u, v\rangle \ ,\end{aligned}$$

d. h., es gilt $\langle u, \hat{\mathcal{L}}_+ v\rangle = \langle \hat{\mathcal{L}}_- u, v\rangle$ und $\langle u, \hat{\mathcal{L}}_- v\rangle = \langle \hat{\mathcal{L}}_+ u, v\rangle$.

Allgemein heißt ein Operator $\hat{\mathrm{A}}^\dagger$ mit der Eigenschaft, dass für alle $u, v \in \mathcal{F}$ gilt: $\langle \hat{\mathrm{A}}^\dagger u, v\rangle = \langle u, \hat{\mathrm{A}} v\rangle$, der *hermitesch zu* $\hat{\mathrm{A}}$ *konjugierte Operator*. Wir stellen also fest, dass die Operatoren $\hat{\mathcal{L}}_+$ und $\hat{\mathcal{L}}_-$ hermitesch *zueinander* konjugiert sind: $\hat{\mathcal{L}}_\pm^\dagger = \hat{\mathcal{L}}_\mp$.

Aufgrund der Vertauschungsbeziehungen für $\hat{\mathcal{L}}_i$ und $\hat{\boldsymbol{\mathcal{L}}}^2$ überprüft man leicht, dass

$$\boxed{[\hat{\mathcal{L}}_3, \hat{\mathcal{L}}_\pm] = \pm\hat{\mathcal{L}}_\pm \quad , \quad [\hat{\mathcal{L}}_+, \hat{\mathcal{L}}_-] = 2\hat{\mathcal{L}}_3 \quad , \quad [\hat{\boldsymbol{\mathcal{L}}}^2, \hat{\mathcal{L}}_\pm] = 0} \tag{C.9a}$$

gilt. Außerdem folgt aus

$$\begin{aligned}\hat{\mathcal{L}}_1{}^2 + \hat{\mathcal{L}}_2{}^2 &= \tfrac{1}{4}(\hat{\mathcal{L}}_+ + \hat{\mathcal{L}}_-)^2 - \tfrac{1}{4}(\hat{\mathcal{L}}_+ - \hat{\mathcal{L}}_-)^2 = \tfrac{1}{2}(\hat{\mathcal{L}}_+\hat{\mathcal{L}}_- + \hat{\mathcal{L}}_-\hat{\mathcal{L}}_+) \\ &= \tfrac{1}{2}(2\hat{\mathcal{L}}_\mp\hat{\mathcal{L}}_\pm \pm 2\hat{\mathcal{L}}_3) = \hat{\mathcal{L}}_\mp\hat{\mathcal{L}}_\pm \pm \hat{\mathcal{L}}_3\end{aligned}$$

direkt die folgende Identität für $\hat{\boldsymbol{\mathcal{L}}}^2$:

$$\boxed{\hat{\boldsymbol{\mathcal{L}}}^2 = \hat{\mathcal{L}}_{\mp}\hat{\mathcal{L}}_{\pm} \pm \hat{\mathcal{L}}_3 + \hat{\mathcal{L}}_3^2 \, .} \tag{C.9b}$$

Die Identitäten (C.9) werden im Folgenden sehr nützlich sein.

Eigenwerte und Eigenfunktionen von $(\hat{\boldsymbol{\mathcal{L}}}^2, \hat{\mathcal{L}}_3)$

Aufgrund der Hermitezität von $\hat{\mathcal{L}}_i$ (mit $i = 1, 2, 3$) und $\hat{\boldsymbol{\mathcal{L}}}^2$ wissen wir bereits, dass sämtliche Eigenwerte von $\hat{\mathcal{L}}_i$ und $\hat{\boldsymbol{\mathcal{L}}}^2$ *reell* sind und dass Eigenfunktionen von einer der Komponenten $\hat{\mathcal{L}}_i$ oder von $\hat{\boldsymbol{\mathcal{L}}}^2$ zu *unterschiedlichen* Eigenwerten orthogonal aufeinander stehen. Außerdem sind die Eigenwerte λ von $\hat{\boldsymbol{\mathcal{L}}}^2$ manifest *nicht-negativ*. Aus $\hat{\boldsymbol{\mathcal{L}}}^2 u = \lambda u$ mit $u \neq 0$ ergibt sich nämlich:

$$\lambda\langle u, u\rangle = \langle u, \hat{\boldsymbol{\mathcal{L}}}^2 u\rangle = \sum_{i=1}^{3}\langle u, \hat{\mathcal{L}}_i\hat{\mathcal{L}}_i u\rangle = \sum_{i=1}^{3}\langle \hat{\mathcal{L}}_i u, \hat{\mathcal{L}}_i u\rangle = \sum_{i=1}^{3} ||\hat{\mathcal{L}}_i u||^2 \geq 0 \, .$$

Hieraus folgt, dass wir die Eigenwerte von $\hat{\boldsymbol{\mathcal{L}}}^2$ auch in der Form $\lambda = \ell(\ell+1)$ mit $\ell \geq 0$ schreiben können, da dies sämtliche *nicht-negativen* λ-Werte einschließt.

Für die weitere Untersuchung der Eigenwerte und Eigenfunktionen von $\hat{\mathcal{L}}_i$ und $\hat{\boldsymbol{\mathcal{L}}}^2$ sind die Vertauschungsbeziehungen $[\hat{\mathcal{L}}_k, \hat{\mathcal{L}}_\ell] = i\varepsilon_{k\ell m}\hat{\mathcal{L}}_m$ und $[\hat{\boldsymbol{\mathcal{L}}}^2, \hat{\boldsymbol{\mathcal{L}}}] = \mathbf{0}$ in (C.6) sehr wichtig. Die Nichtvertauschbarkeit der ersten Beziehung zeigt, dass die Operatoren $\hat{\mathcal{L}}_k$ und $\hat{\mathcal{L}}_\ell$ mit $\ell \neq k$ i. A. keine gemeinsamen Eigenfunktionen haben. Die zweite Bedingung $[\hat{\boldsymbol{\mathcal{L}}}^2, \hat{\mathcal{L}}_i] = 0$ bedeutet jedoch, dass dieses Operatorenpaar durchaus gemeinsame Eigenfunktionen hat.

Dies sieht man wie folgt ein: Wir konzentrieren uns hierbei auf das Paar $(\hat{\mathcal{L}}_3, \hat{\boldsymbol{\mathcal{L}}}^2)$ (mit $i = 3$), da diese Kombination in der Literatur Usus ist, und betrachten den Unterraum $\mathcal{F}_\ell \subset \mathcal{F}$ der Eigenfunktionen von $\hat{\boldsymbol{\mathcal{L}}}^2$ zum Eigenwert $\lambda = \ell(\ell+1)$ mit $\ell \geq 0$. Sei nun $Y_\ell \in \mathcal{F}_\ell$ eine Eigenfunktion von $\hat{\boldsymbol{\mathcal{L}}}^2$ zum Eigenwert $\ell(\ell+1)$, sodass $\hat{\boldsymbol{\mathcal{L}}}^2 Y_\ell = \ell(\ell+1)Y_\ell$ gilt. Die Vertauschungsbeziehung $[\hat{\boldsymbol{\mathcal{L}}}^2, \hat{\mathcal{L}}_3] = 0$ impliziert dann:

$$\hat{\boldsymbol{\mathcal{L}}}^2\big(\hat{\mathcal{L}}_3 Y_\ell\big) = \hat{\mathcal{L}}_3\big(\hat{\boldsymbol{\mathcal{L}}}^2 Y_\ell\big) = \ell(\ell+1)\hat{\mathcal{L}}_3 Y_\ell \, ,$$

sodass die Funktion $\hat{\mathcal{L}}_3 Y_\ell \in \mathcal{F}_\ell$ offenbar *ebenfalls* eine Eigenfunktion von $\hat{\boldsymbol{\mathcal{L}}}^2$ zum Eigenwert $\ell(\ell+1)$ ist! Da der Operator $\hat{\mathcal{L}}_3$ *hermitesch* ist, kann er im Unterraum $\mathcal{F}_\ell$ als hermitesche Matrix dargestellt und somit *diagonalisiert* werden. Wir bezeichnen die (reellen) Eigenwerte von $\hat{\mathcal{L}}_3$ in $\mathcal{F}_\ell$ als $m \in \mathbb{R}$. Die Funktion Y_ℓ kann dann in $\mathcal{F}_\ell$ gemäß $Y_\ell = \sum_m a_m Y_{\ell m}$ nach den *gemeinsamen, normierten* Eigenfunktionen $Y_{\ell m}$ von $\hat{\mathcal{L}}_3$ und $\hat{\boldsymbol{\mathcal{L}}}^2$ entwickelt werden. Diese gemeinsamen Eigenfunktionen $Y_{\ell m}$ erfüllen die Eigenwertgleichungen:

$$\boxed{\hat{\boldsymbol{\mathcal{L}}}^2 Y_{\ell m} = \ell(\ell+1)Y_{\ell m} \quad , \quad \hat{\mathcal{L}}_3 Y_{\ell m} = mY_{\ell m} \quad , \quad \ell \geq 0 \quad , \quad m \in \mathbb{R} \, .} \tag{C.10}$$

Ihre Normierung wird durch $||Y_{\ell m}|| = \sqrt{(Y_{\ell m}, Y_{\ell m})} = 1$ ausgedrückt.

Wir werden diese gemeinsamen Eigenfunktionen $Y_{\ell m}$ und die möglichen Werte von ℓ und m im Folgenden genauer untersuchen. Wir werden dabei feststellen, dass *nur* Eigenfunktionen mit $\ell \in \mathbb{N}_0$ und $m \in \mathbb{Z}$ mit $|m| \leq \ell$ möglich sind.

Die gemeinsamen Eigenfunktionen $Y_{\ell m}$ von $(\hat{\mathcal{L}}_3, \hat{\boldsymbol{\mathcal{L}}}^2)$ werden traditionell als die *Kugelflächenfunktionen* bezeichnet.

Ein erstes Ergebnis in dieser Richtung folgt direkt aus Gleichung (C.10): Falls $Y_{\ell m}$ eine gemeinsame Eigenfunktion von $(\hat{\boldsymbol{\mathcal{L}}}^2, \hat{\mathcal{L}}_3)$ mit den Eigenwerten $\ell(\ell+1)$ und m ist, folgt durch eine komplexe Konjugation von (C.10), dass $Y_{\ell m}^*$ ebenfalls eine gemeinsame Eigenfunktion von $(\hat{\boldsymbol{\mathcal{L}}}^2, \hat{\mathcal{L}}_3)$ ist, nun allerdings mit den Eigenwerten $\ell(\ell+1)$ und $-m$:

$$\hat{\boldsymbol{\mathcal{L}}}^2 Y_{\ell m}^* = \ell(\ell+1) Y_{\ell m}^* \quad , \quad \hat{\mathcal{L}}_3 Y_{\ell m}^* = -m Y_{\ell m}^* \,. \tag{C.11}$$

Wir verwendeten $(\hat{\boldsymbol{\mathcal{L}}}^2)^* = \hat{\boldsymbol{\mathcal{L}}}^2$ und $(\hat{\mathcal{L}}_3)^* = -\hat{\mathcal{L}}_3$. Gleichung (C.11) bedeutet, dass das Spektrum von $\hat{\mathcal{L}}_3$ im Unterraum $\mathcal{F}_\ell$ *symmetrisch* um $m = 0$ angeordnet ist.

Die Wirkung der Operatoren $\hat{\mathcal{L}}_\pm$

Die Notation $\hat{\mathcal{L}}_\pm$ in (C.7) und (C.9a) wird (noch) verständlicher, wenn man bedenkt, dass die erste Identität in (C.9a), kombiniert mit der Definition von m in (C.10) als reellem Eigenwert von $\hat{\mathcal{L}}_3$, die Eigenwertgleichung

$$\hat{\mathcal{L}}_3 \hat{\mathcal{L}}_\pm Y_{\ell m} = (\hat{\mathcal{L}}_\pm \hat{\mathcal{L}}_3 \pm \hat{\mathcal{L}}_\pm) Y_{\ell m} = (m \pm 1) \hat{\mathcal{L}}_\pm Y_{\ell m}$$

impliziert. Diese Gleichung bedeutet, dass die Operatoren $\hat{\mathcal{L}}_+$ und $\hat{\mathcal{L}}_-$ aus einer bereits bekannten, normierten Eigenfunktion $Y_{\ell m}$ von $(\hat{\mathcal{L}}_3, \hat{\boldsymbol{\mathcal{L}}}^2)$ eine neue Eigenfunktion zum *selben* ℓ-Wert erzeugen, nun allerdings mit einem um eins *erhöhten* bzw. *erniedrigten* m-Wert.

Die neue Eigenfunktion $\hat{\mathcal{L}}_\pm Y_{\ell m}$ ist noch nicht normiert. Um die Normierung von $\hat{\mathcal{L}}_\pm Y_{\ell m}$ zu bestimmen, berechnen wir:

$$\begin{aligned} ||\hat{\mathcal{L}}_\pm Y_{\ell m}||^2 &= \langle \hat{\mathcal{L}}_\pm Y_{\ell m}, \hat{\mathcal{L}}_\pm Y_{\ell m} \rangle = \langle Y_{\ell m}, \hat{\mathcal{L}}_\mp \hat{\mathcal{L}}_\pm Y_{\ell m} \rangle \\ &= \langle Y_{\ell m}, (\hat{\boldsymbol{\mathcal{L}}}^2 - \hat{\mathcal{L}}_3^2 \mp \hat{\mathcal{L}}_3) Y_{\ell m} \rangle = [\ell(\ell+1) - m^2 \mp m] \,. \end{aligned}$$

Wir schließen hieraus, dass (evtl. abgesehen von einem Phasenfaktor)

$$\boxed{\hat{\mathcal{L}}_\pm^{(\ell m)} Y_{\ell m} = Y_{\ell, m\pm 1} \quad , \quad \hat{\mathcal{L}}_\pm^{(\ell m)} \equiv \frac{\hat{\mathcal{L}}_\pm}{\sqrt{\ell(\ell+1) - m(m\pm 1)}}} \tag{C.12}$$

gilt. Indem wir den Phasenfaktor in (C.12) gleich eins wählen, werden die (bisher unbestimmten) relativen Phasen der Eigenfunktionen $Y_{\ell m}$ für einen fest vorgegebenen ℓ-Wert fixiert.

Es geht direkt aus (C.8) hervor, dass sich die Operatoren $\hat{\mathcal{L}}_\pm^{(\ell m)}$ unter einer *komplexen* Konjugation wie folgt verhalten:

$$(\hat{\mathcal{L}}_\pm^{(\ell m)})^* = \frac{-\hat{\mathcal{L}}_\mp}{\sqrt{\ell(\ell+1) - (-m)(-m\mp 1)}} = -\hat{\mathcal{L}}_\mp^{(\ell, -m)} \,. \tag{C.13}$$

Die Operatoren $\hat{\mathcal{L}}_+^{(\ell m)}$ und $-\hat{\mathcal{L}}_-^{(\ell,-m)}$ sind also durch eine *Dualitätstransformation* miteinander verknüpft. Diese Eigenschaft wird sich noch als nützlich erweisen.

C.2 Bestimmung der möglichen (ℓ, m)-Werte

Da das Normquadrat $||\hat{\mathcal{L}}_\pm Y_{\ell m}||^2$ von $\hat{\mathcal{L}}_\pm Y_{\ell m}$ per definitionem nicht-negativ ist, muss bei fest vorgegebenem ℓ für alle erlaubten m-Werte offenbar

$$\ell(\ell+1) - m(m+1) \geq 0 \qquad \text{und} \qquad \ell(\ell+1) - m(m-1) \geq 0$$

gelten. Es folgt:

$$\ell(\ell+1) \geq \max\{m(m+1), m(m-1)\} = |m|(|m|+1)$$

und daher $|m| \leq \ell$ oder auch

$$\boxed{-\ell \leq m \leq \ell\,.}$$

Diese Ungleichung bedeutet natürlich noch nicht unbedingt, dass sämtliche m-Werte mit $-\ell \leq m \leq \ell$ tatsächlich auch als Eigenwert auftreten. Wir untersuchen daher nun, welche m-Werte tatsächlich als Eigenwert auftreten können.

Sei m_{min} der niedrigste und m_{max} der höchste tatsächlich auftretende m-Eigenwert. Damit $\hat{\mathcal{L}}_-$ und $\hat{\mathcal{L}}_+$, wirkend auf $Y_{\ell m_{\text{min}}}$ bzw. $Y_{\ell m_{\text{max}}}$, keine Eigenfunktionen mit noch niedrigerem bzw. höherem m-Wert erzeugen, muss gelten:

$$\begin{aligned} &\ell(\ell+1) - m_{\text{min}}(m_{\text{min}} - 1) = 0 \quad \text{und folglich:} \quad m_{\text{min}} = -\ell \\ &\ell(\ell+1) - m_{\text{max}}(m_{\text{max}} + 1) = 0 \quad \text{und folglich:} \quad m_{\text{max}} = \ell\,. \end{aligned}$$

Daher treten zumindest die m-Werte $\pm\ell$ tatsächlich als Eigenwert von $\hat{\mathcal{L}}_3$ auf.

Außerdem stellen wir fest, dass nur *ganzzahlige* m-Werte möglich sind. Dies folgt aus der φ-Abhängigkeit von $Y_{\ell m}$, die aufgrund der bekannten Form von $\hat{\mathcal{L}}_3$ leicht bestimmt werden kann:

$$\hat{\mathcal{L}}_3 Y_{\ell m} = \frac{1}{i}\frac{\partial}{\partial\varphi} Y_{\ell m} = m Y_{\ell m} \quad , \quad Y_{\ell m}(\vartheta,\varphi) = e^{im\varphi} Y_{\ell m}(\vartheta, 0)\,. \tag{C.14}$$

Die φ-Abhängigkeit der Wellenfunktion $Y_{\ell m}$ muss 2π-periodisch sein:

$$Y_{\ell m}(\vartheta,\varphi) \stackrel{!}{=} Y_{\ell m}(\vartheta, \varphi + 2\pi) = e^{2\pi i m} Y_{\ell m}(\vartheta,\varphi)\,.$$

Dies erfordert $e^{2\pi i m} = 1$ und daher $m \in \mathbb{Z}$ und $\ell = m_{\text{max}} \in \mathbb{N}_0$. Folglich kann m die Werte $m = -\ell, -\ell+1, \ldots, \ell-1, \ell$ haben. Wir lernen also, dass der Eigenwert m bei vorgegebenem ℓ genau $2\ell+1$ unterschiedliche Werte annehmen kann.

C.3 Erzeugung der Eigenfunktionen $Y_{\ell m}$ aus $Y_{\ell,-\ell}$

Falls die Eigenfunktion $Y_{\ell,-\ell}$ bekannt ist, folgen die übrigen Eigenfunktionen (für fest vorgegebenes ℓ) aus (C.12) als:

$$\boxed{Y_{\ell m} = \hat{\mathcal{L}}_+^{(l,m-1)} \cdots \hat{\mathcal{L}}_+^{(\ell,-\ell+1)} \hat{\mathcal{L}}_+^{(\ell,-\ell)} Y_{\ell,-\ell} = \left[\prod_{m'=-\ell}^{m-1} \hat{\mathcal{L}}_+^{(\ell m')}\right] Y_{\ell,-\ell}\,,} \tag{C.15}$$

wobei das Produkt $\prod_{m'}$ also so zu interpretieren ist, dass die Faktoren $\hat{\mathcal{L}}_+^{(\ell m')}$ nach *abklingendem* m'-Wert geordnet sind.

Wichtig ist noch, dass die Eigenwerte m von $\hat{\mathcal{L}}_3$ alle *nicht entartet* sind, d. h., dass es zum Eigenwert m neben den aus $Y_{\ell,-\ell}$ erzeugten Eigenfunktionen in (C.15) keine weiteren, *linear unabhängigen* Eigenfunktionen gibt.[2]

Dies zeigt man am besten mit vollständiger Induktion bezüglich m bei festem ℓ. Als Induktionsanfang benutzen wir, dass der Eigenwert $m = -\ell$ für alle $\ell \in \mathbb{N}_0$ nicht entartet ist. Die Nichtentartung für $m = -\ell$ folgt aus der expliziten Berechnung (siehe den nächsten Abschnitt). Wir nehmen nun an, dass sämtliche Eigenwerte $m \leq \bar{m} - 1 < \ell$ ebenfalls nicht entartet ist und zeigen mit Hilfe eines Widerspruchsbeweises, dass hieraus die Nichtentartung von $\bar{m}$ folgt. Um einen Widerspruch herzuleiten, nehmen wir an, es gäbe *zwei* linear unabhängige Eigenfunktionen $Y_{\ell\bar{m}}$ und $\bar{Y}_{\ell\bar{m}}$ zum Eigenwert $\bar{m}$. Neben $\hat{\mathcal{L}}_-^{(\ell\bar{m})} Y_{\ell\bar{m}} = Y_{\ell,\bar{m}-1}$ muss dann wegen der Nichtentartung von $\bar{m}-1$ für irgendein $\lambda \in \mathbb{C}$ mit $|\lambda| = 1$ auch $\hat{\mathcal{L}}_-^{(\ell\bar{m})} \bar{Y}_{\ell\bar{m}} = \lambda Y_{\ell,\bar{m}-1}$ gelten. Daher folgt die Gleichungskette $\bar{Y}_{\ell\bar{m}} = \hat{\mathcal{L}}_+^{(\ell,\bar{m}-1)} \hat{\mathcal{L}}_-^{(\ell\bar{m})} \bar{Y}_{\ell\bar{m}} = \hat{\mathcal{L}}_+^{(\ell,\bar{m}-1)} (\lambda Y_{\ell,\bar{m}-1}) = \lambda Y_{\ell\bar{m}}$, die zeigt, dass $Y_{\ell\bar{m}}$ und $\bar{Y}_{\ell\bar{m}}$ im Widerspruch zur Annahme *nicht* linear unabhängig sind. Folglich ist auch der Eigenwert $\bar{m}$ nicht entartet. Aufgrund des Induktionsprinzips sind daher *alle* Eigenwerte $m \in \mathbb{Z}$ von $\hat{\mathcal{L}}_3$ mit $|m| \leq \ell$ nicht entartet.

Explizite Berechnung der Eigenfunktion $Y_{\ell,-\ell}$

Die Eigenfunktion $Y_{\ell,-\ell}$ in (C.15) kann für alle $\ell \in \mathbb{N}_0$ aus der Bedingung berechnet werden, dass bei diesem ℓ-Wert der m-Wert nicht weiter abgesenkt werden kann: $\hat{\mathcal{L}}_- Y_{\ell,-\ell} = 0$. Des Weiteren gilt $Y_{\ell,-\ell}(\vartheta, \varphi) = e^{-i\ell\varphi} Y_{\ell,-\ell}(\vartheta, 0)$ aufgrund von Gleichung (C.14). Die Bestimmungsgleichung für $Y_{\ell,-\ell}$ lautet also:

$$0 = \hat{\mathcal{L}}_- Y_{\ell,-\ell} = e^{-i\varphi}\left(-\frac{\partial}{\partial\vartheta} + \frac{i}{\tan(\vartheta)}\frac{\partial}{\partial\varphi}\right) e^{-i\ell\varphi} Y_{\ell,-\ell}(\vartheta, 0)$$

und daher

$$\left(\frac{\partial}{\partial\vartheta} - \frac{\ell}{\tan(\vartheta)}\right) Y_{\ell,-\ell}(\vartheta, 0) = 0\ . \tag{C.16}$$

Wir definieren $Y_{\ell,-\ell}(\vartheta, 0) \equiv y_\ell(\vartheta)$. Damit ergibt sich:

$$\frac{1}{y_\ell}\frac{\partial y_\ell}{\partial\vartheta} = \frac{\partial}{\partial\vartheta}\ln(y_\ell) = \frac{\ell}{\sin(\vartheta)}\cos(\vartheta) = \ell\frac{\partial}{\partial\vartheta}\ln[\sin(\vartheta)]\ .$$

Es folgt für $y_\ell(\vartheta)$ mit der Notation $\xi \equiv \cos(\vartheta)$:

$$y_\ell(\vartheta) = C_\ell\,[\sin(\vartheta)]^\ell = C_\ell\,(1 - \xi^2)^{\ell/2}\ .$$

Hierbei ist der Vorfaktor C_ℓ durch die Normierung bestimmt:

$$1 = ||Y_{\ell,-\ell}||^2 = \int d\Omega\ |Y_{\ell,-\ell}(\Omega)|^2 = \int_0^\pi d\vartheta\ \sin(\vartheta) \int_0^{2\pi} d\varphi\ |y_\ell(\vartheta)|^2$$

$$= 2\pi|C_\ell|^2 \int_{-1}^1 d\xi\,(1 - \xi^2)^\ell \equiv 2\pi|C_\ell|^2 I_\ell\ ,$$

[2] Man kann $Y_{\ell m}$ in (C.15) natürlich immer mit einem beliebigen Phasenfaktor $\lambda \in \mathbb{C}$ mit $|\lambda| = 1$ multiplizieren, aber derartige Produkte $\lambda Y_{\ell m}$ sind linear abhängig.

wobei sich das Integral I_ℓ auch als *Betafunktion* schreiben lässt, siehe die Abschnitte 6.2 in Ref. [1] oder 5.12 in Ref. [35]:

$$I_\ell = \int_0^\pi d\vartheta\, [\sin(\vartheta)]^{2\ell+1} = 2\int_0^{\pi/2} d\vartheta\, [\sin(\vartheta)]^{2\ell+1} = B\big(\ell+1, \tfrac{1}{2}\big) = \frac{\Gamma(\frac{1}{2})\Gamma(\ell+1)}{\Gamma(\ell+\frac{3}{2})} .$$

Nun gilt generell $\Gamma(z+\frac{1}{2}) = \sqrt{\pi}\, 2^{1-2z}\Gamma(2z)/\Gamma(z)$, siehe die Formeln (6.1.18) in Ref. [1] oder (5.5.5) in Ref. [35], und daher speziell für I_ℓ:

$$I_\ell = 2^{2\ell+1}\frac{[\Gamma(\ell+1)]^2}{\Gamma(2\ell+2)} = \frac{2(2^\ell \ell!)^2}{(2\ell+1)!} ,$$

sodass der Vorfaktor C_ℓ in $y_\ell(\vartheta)$ bestimmt ist durch

$$|C_\ell|^2 = \frac{1}{(2^\ell \ell!)^2}\frac{(2\ell+1)!}{4\pi} .$$

Die normierte Lösung der Differentialgleichung (C.16) lautet daher:

$$\boxed{Y_{\ell,-\ell}(\vartheta,\varphi) = e^{-i\ell\varphi}\frac{1}{2^\ell \ell!}\sqrt{\frac{(2\ell+1)!}{4\pi}}\big[\sin(\vartheta)\big]^\ell .} \tag{C.17}$$

Hierbei wird der bisher unbestimmte Phasenfaktor in C_ℓ o. B. d. A. gleich eins gewählt. Dies hat zur Konsequenz, dass zunächst nur die Funktionswerte $Y_{\ell,-\ell}(\vartheta,0)$, aber dann auch allgemeiner die Funktionswerte $Y_{\ell m}(\vartheta,0)$ (siehe unten) für alle $\ell \in \mathbb{N}_0$ und alle $m \in \mathbb{Z}$ mit $|m| \leq \ell$ *reell* sind.

C.4 Explizite Form der Eigenfunktionen $Y_{\ell m}$

Durch die Kombination der Gleichungen (C.15) und (C.17) sind alle $Y_{\ell m}$ nun prinzipiell bekannt. Die explizite Form dieser *Kugelflächenfunktionen* ist:

$$\boxed{Y_{\ell m}(\vartheta,\varphi) \stackrel{!}{=} \bar{Y}_{\ell m}(\vartheta,\varphi) \equiv (-1)^{\frac{1}{2}(m+|m|)}e^{im\varphi}\sqrt{\frac{2\ell+1}{4\pi}\frac{(\ell-|m|)!}{(\ell+|m|)!}}P_{\ell|m|}(\xi) ,} \tag{C.18a}$$

wobei wiederum als Hilfsvariable $\xi \equiv \cos(\vartheta)$ definiert wurde und die *assoziierten Legendre-Funktionen* $P_{\ell m}$ für $m \geq 0$ durch

$$P_{\ell m}(\xi) \equiv \frac{(1-\xi^2)^{m/2}}{2^\ell \ell!}\frac{d^{m+\ell}}{d\xi^{m+\ell}}(\xi^2-1)^\ell \tag{C.18b}$$

$$= (1-\xi^2)^{m/2}\frac{d^m P_\ell}{d\xi^m}(\xi) \quad , \quad P_\ell(\xi) \equiv P_{\ell 0}(\xi) = \frac{1}{2^\ell \ell!}\frac{d^\ell}{d\xi^\ell}(\xi^2-1)^\ell \tag{C.18c}$$

gegeben sind. Die Alternativform (C.18c) zeigt, dass die assoziierten Legendre-Funktionen $P_{\ell m}$ (mit $\ell, m \in \mathbb{N}_0$) auch als m-te Ableitung der *Legendre-Polynome* P_ℓ darstellbar sind, multipliziert mit dem algebraischen Faktor $(1-\xi^2)^{m/2}$.

Wir überprüfen im Folgenden die Richtigkeit der Gleichungen (C.18), d. h., wir überprüfen, dass die Eigenfunktionen $Y_{\ell m}$ in (C.15) tatsächlich durch die in (C.18) definierten Funktionen $\bar{Y}_{\ell m}$ gegeben sind.

Hierzu merken wir zuerst an, dass die Funktionen $Y_{\ell m}$ und $\bar{Y}_{\ell m}$ für den speziellen Wert $m = -\ell$ in der Tat *identisch* sind. Dies folgt aus

$$\bar{Y}_{\ell,-\ell}(\vartheta,\varphi) = e^{-i\ell\varphi}\sqrt{\frac{2\ell+1}{4\pi(2\ell)!}}P_{\ell\ell}(\xi) = \frac{e^{-i\ell\varphi}}{2^\ell \ell!}\sqrt{\frac{(2\ell+1)!}{4\pi}}(1-\xi^2)^{\ell/2} = Y_{\ell,-\ell}(\vartheta,\varphi)\ ,$$

wobei $P_{\ell\ell}(\xi) = \frac{(1-\xi^2)^{\ell/2}}{2^\ell \ell!}\frac{d^{2\ell}}{d\xi^{2\ell}}(\xi^2-1)^\ell = \frac{(1-\xi^2)^{\ell/2}}{2^\ell \ell!}(2\ell)!$ verwendet wurde. Außerdem zeigen die Funktionen $\bar{Y}_{\ell m}$ das aufgrund von (C.11) zu erwartende Verhalten

$$\bar{Y}_{\ell m}(\vartheta,\varphi)^* = (-1)^m \bar{Y}_{\ell,-m}(\vartheta,\varphi)\ . \tag{C.19}$$

Dies bedeutet also, dass $\bar{Y}_{\ell,-m}$ eine gemeinsame Eigenfunktion von $(\hat{\boldsymbol{\mathcal{L}}}^2, \hat{\mathcal{L}}_3)$ ist, falls dies für $\bar{Y}_{\ell m}$ zutrifft. Des Weiteren folgt direkt aus (C.18a), dass $\bar{Y}_{\ell m}$ eine Eigenfunktion von $\hat{\mathcal{L}}_3$ zum Eigenwert m ist: $\hat{\mathcal{L}}_3\bar{Y}_{\ell m} = \frac{1}{i}\frac{\partial}{\partial\varphi}\bar{Y}_{\ell m} = m\bar{Y}_{\ell m}$.

Außerdem folgt aus (C.18), dass $\bar{Y}_{\ell m}$ eine Eigenfunktion von $\hat{\boldsymbol{\mathcal{L}}}^2$ zum Eigenwert $\ell(\ell+1)$ ist. Gleichung (C.3b) impliziert nämlich:

$$\begin{aligned}\hat{\boldsymbol{\mathcal{L}}}^2\bar{Y}_{\ell m} &= -\left[\frac{1}{\sin(\vartheta)}\frac{\partial}{\partial\vartheta}\sin(\vartheta)\frac{\partial}{\partial\vartheta} + \frac{1}{\sin^2(\vartheta)}\frac{\partial^2}{\partial\varphi^2}\right]\bar{Y}_{\ell m}\\ &= (-1)^{\frac{1}{2}(m+|m|)}e^{im\varphi}\sqrt{\frac{2\ell+1}{4\pi}\frac{(\ell-|m|)!}{(\ell+|m|)!}}\left[-\frac{\partial}{\partial\xi}(1-\xi^2)\frac{\partial}{\partial\xi}+\frac{m^2}{1-\xi^2}\right]P_{\ell|m|}\\ &\overset{!}{=} \ell(\ell+1)\bar{Y}_{\ell m}\ .\end{aligned} \tag{C.20}$$

Im zweiten Schritt wurde die Definition der Hilfsvariablen $\xi = \cos(\vartheta)$ verwendet sowie die Eigenwertgleichung $\frac{1}{i}\frac{\partial}{\partial\varphi}\bar{Y}_{\ell m} = m\bar{Y}_{\ell m}$. Der letzte Schritt folgt direkt aus der Differentialgleichung, der die Legendre-Funktionen gehorchen:

$$\left[-\frac{\partial}{\partial\xi}(1-\xi^2)\frac{\partial}{\partial\xi}+\frac{m^2}{1-\xi^2}\right]P_{\ell m} = \ell(\ell+1)P_{\ell m} \qquad (0\le m\le \ell)\ . \tag{C.21a}$$

Da diese Differentialgleichung für $P_{\ell m}$ auch aus Handbüchern bekannt ist (siehe z. B. die Formeln 8.1.1 in Ref. [1] oder 14.2.2 in Ref. [35]), möchten wir hier lediglich kurz skizzieren, wie die Gültigkeit von (C.21a) für $P_{\ell m}$ in (C.18b) nachgewiesen werden kann.

Hierzu ist es zweckmäßig, zuerst die Differentialgleichung für den Spezialfall der Legendre-*Polynome* $P_\ell = P_{\ell 0}$ zu betrachten:

$$-\frac{\partial}{\partial\xi}(1-\xi^2)\frac{\partial}{\partial\xi}P_\ell = \ell(\ell+1)P_\ell \qquad (m=0)\ . \tag{C.21b}$$

Man zeigt nun zuerst, dass das Legendre-Polynom $P_\ell(\xi) = \frac{1}{2^\ell \ell!}\frac{d^\ell}{d\xi^\ell}(\xi^2-1)^\ell$ in der Tat eine Lösung von (C.21b) ist. Hierzu entwickelt man $(\xi^2-1)^\ell$ mit Hilfe des Binomialsatzes nach Potenzen von ξ und überprüft dann, dass die Koeffizienten der verschiedenen ξ-Potenzen auf beiden Seiten von (C.21b) gleich sind. Anschließend zeigt man, dass die Legendre-Funktion $P_{\ell m} = (1-\xi^2)^{m/2}\frac{d^m P_\ell}{d\xi^m}$ tatsächlich Gleichung (C.21a) erfüllt, *falls* P_ℓ eine Lösung von (C.21b) ist. Um dies nachzuweisen, wendet man den Differentialoperator $(1-\xi^2)^{m/2}\frac{d^m}{d\xi^m}$ auf beide Seiten von

(C.21b) an; es folgt dann Gleichung (C.21a) für $P_{\ell m}$. Hiermit hat man nun auch die Gültigkeit der Eigenwertgleichung $\hat{\boldsymbol{\mathcal{L}}}^2\bar{Y}_{\ell m} = \ell(\ell+1)\bar{Y}_{\ell m}$ in (C.20) nachgewiesen.

Aus den beiden Eigenwertgleichungen $\hat{\boldsymbol{\mathcal{L}}}^2\bar{Y}_{\ell m} = \ell(\ell+1)\bar{Y}_{\ell m}$ und $\hat{\mathcal{L}}_3\bar{Y}_{\ell m} = m\bar{Y}_{\ell m}$ und der Beziehung $\hat{\boldsymbol{\mathcal{L}}}^2 = \hat{\mathcal{L}}_\mp\hat{\mathcal{L}}_\pm \pm \hat{\mathcal{L}}_3 + \hat{\mathcal{L}}_3^2$ in Gleichung (C.9b) folgt noch, dass der Operator $\hat{\mathcal{L}}_-^{(\ell,m+1)}\hat{\mathcal{L}}_+^{(\ell m)}$ auf die Funktionen $\bar{Y}_{\ell m}$ mit $m < \ell$ wie die *Identität* wirkt:

$$\hat{\mathcal{L}}_-^{(\ell,m+1)}\hat{\mathcal{L}}_+^{(\ell m)}\bar{Y}_{\ell m} = \frac{\hat{\mathcal{L}}_-\hat{\mathcal{L}}_+\bar{Y}_{\ell m}}{\ell(\ell+1)-m(m+1)} = \frac{(\hat{\boldsymbol{\mathcal{L}}}^2 - \hat{\mathcal{L}}_3 - \hat{\mathcal{L}}_3^2)\bar{Y}_{\ell m}}{\ell(\ell+1)-m(m+1)} = \bar{Y}_{\ell m} \; . \tag{C.22a}$$

Analog zeigt man, dass auch $\hat{\mathcal{L}}_+^{(\ell,m-1)}\hat{\mathcal{L}}_-^{(\ell m)}$ auf $\bar{Y}_{\ell m}$ wie die *Identität* wirkt:

$$\hat{\mathcal{L}}_+^{(\ell,m-1)}\hat{\mathcal{L}}_-^{(\ell m)}\bar{Y}_{\ell m} = \bar{Y}_{\ell m} \qquad (-\ell < m \leq \ell) \; . \tag{C.22b}$$

Die Beziehungen (C.22) werden sich im Folgenden als sehr nützlich erweisen.

Wir haben bisher also gezeigt, dass die Funktionen $\{\bar{Y}_{\ell m}\}$ in (C.18) gemeinsame Eigenfunktionen von $(\hat{\boldsymbol{\mathcal{L}}}^2, \hat{\mathcal{L}}_3)$ zu den Eigenwerten $\ell(\ell+1)$ bzw. m darstellen, sodass sie mindestens *proportional* zu den in (C.15) definierten, normierten Eigenfunktionen $\{Y_{\ell m}\}$ sind. Wir zeigen nun, dass die Proportionalitätskonstante genau gleich *eins* ist, d. h., dass $\bar{Y}_{\ell m} = Y_{\ell m}$ gilt.

Um dies nachzuweisen, betrachten wir zuerst die Wirkung des Operators $\hat{\mathcal{L}}_+$ auf Funktionen $\bar{Y}_{\ell m}$ mit $m \geq 0$. Aus der Definition (C.7) von $\hat{\mathcal{L}}_\pm$ folgt mit $\xi = \cos(\vartheta)$:

$$\hat{\mathcal{L}}_+\bar{Y}_{\ell m} = -e^{i\varphi}\left(\sqrt{1-\xi^2}\frac{\partial}{\partial\xi} + \frac{m\xi}{\sqrt{1-\xi^2}}\right)\bar{Y}_{\ell m} = \sqrt{\ell(\ell+1)-m(m+1)}\,\bar{Y}_{\ell,m+1}$$

oder auch kompakt:

$$\hat{\mathcal{L}}_+^{(\ell m)}\bar{Y}_{\ell m} = \bar{Y}_{\ell,m+1} \qquad (0 \leq m \leq \ell-1) \; . \tag{C.23a}$$

Hierbei wurde die explizite Form (C.18) von $\bar{Y}_{\ell m}$ eingesetzt und die Identität

$$\left(\sqrt{1-\xi^2}\frac{\partial}{\partial\xi} + \frac{m\xi}{\sqrt{1-\xi^2}}\right)(1-\xi^2)^{\frac{m}{2}}\frac{d^{m+\ell}}{d\xi^{m+\ell}}(\xi^2-1)^\ell = (1-\xi^2)^{\frac{m+1}{2}}\frac{d^{m+\ell+1}}{d\xi^{m+\ell+1}}(\xi^2-1)^\ell$$

verwendet. Aus (C.22a) folgt nun $\bar{Y}_{\ell m} = \hat{\mathcal{L}}_-^{(\ell,m+1)}\hat{\mathcal{L}}_+^{(\ell m)}\bar{Y}_{\ell m} = \hat{\mathcal{L}}_-^{(\ell,m+1)}\bar{Y}_{\ell,m+1}$ bzw.

$$\hat{\mathcal{L}}_-^{(\ell m)}\bar{Y}_{\ell m} = \bar{Y}_{\ell,m-1} \qquad (1 \leq m \leq \ell) \; . \tag{C.23b}$$

Aus den beiden Gleichungen (C.13) und (C.19) schließen wir: $\left(\hat{\mathcal{L}}_-^{(\ell m)}\right)^* = -\hat{\mathcal{L}}_+^{(\ell,-m)}$ bzw. $\bar{Y}_{\ell m}^* = (-1)^m\bar{Y}_{\ell,-m}$. Die komplexe Konjugation von (C.23b) ergibt daher:

$$\hat{\mathcal{L}}_+^{(\ell,-m)}\bar{Y}_{\ell,-m} = \bar{Y}_{\ell,-m+1} \qquad (1 \leq m \leq \ell) \; ,$$

sodass wir nun eine Identität für *nicht-positive* m-Werte erhalten:

$$\hat{\mathcal{L}}_+^{(\ell m)}\bar{Y}_{\ell m} = \bar{Y}_{\ell,m+1} \qquad (-\ell \leq m \leq -1) \; . \tag{C.23c}$$

Die beiden Gleichungen (C.23a) und (C.23c) zusammen bedeuten, dass für alle m-Werte mit $-\ell \leq m \leq \ell-1$ gilt: $\hat{\mathcal{L}}_+^{(\ell m)}\bar{Y}_{\ell m} = \bar{Y}_{\ell,m+1}$. Hieraus folgt schließlich, dass die Funktionen $\bar{Y}_{\ell m}$ und $Y_{\ell m}$ in der Tat *identisch* sind:

$$\bar{Y}_{\ell m} = \left[\prod_{m'=-\ell}^{m-1}\hat{\mathcal{L}}_+^{(\ell m')}\right]\bar{Y}_{\ell,-\ell} = \left[\prod_{m'=-\ell}^{m-1}\hat{\mathcal{L}}_+^{(\ell m')}\right]Y_{\ell,-\ell} \stackrel{!}{=} Y_{\ell m} \; .$$

Im zweiten Schritt wurde die oben gezeigte Identität $\bar{Y}_{\ell,-\ell} = Y_{\ell,-\ell}$ verwendet. Wir werden im Folgenden keinen Unterschied mehr zwischen $\bar{Y}_{\ell m}$ und $Y_{\ell m}$ machen und den Querstrich in $\bar{Y}_{\ell m}$ entsprechend unterdrücken.

C.5 Eigenschaften der Eigenfunktionen $Y_{\ell m}$

Wir behandeln im Folgenden noch einige wichtige Eigenschaften der Eigenfunktionen $Y_{\ell m}$ und zwar ihre *Parität*, ihre *Orthonormalität* und ihre *Vollständigkeit*.

Parität der Eigenfunktionen $Y_{\ell m}$

Die *Parität* von $Y_{\ell m}$ in (C.18), d. h. das Verhalten unter Raumspiegelungen am Ursprung, wird durch den Parameter ℓ bestimmt:

$$\boxed{(\mathcal{P}Y_{\ell m})(\vartheta,\varphi) = Y_{\ell m}(\pi-\vartheta,\varphi+\pi) = e^{im\pi}(-1)^{|m|+\ell}Y_{\ell m}(\vartheta,\varphi) = (-1)^{\ell}Y_{\ell m}(\vartheta,\varphi)\,,}$$

sodass $Y_{\ell m}$ eine Eigenfunktion des Paritätsoperators $\mathcal{P}$ zum Eigenwert $(-1)^{\ell}$ ist.

Orthonormalität der Eigenfunktionen $Y_{\ell m}$

Die *Orthogonalität* der Eigenfunktionen $Y_{\ell m}$ folgt direkt aus der *Hermitezität* der Operatoren $\hat{\mathcal{L}}_3$ und $\hat{\boldsymbol{\mathcal{L}}}^2$, siehe Gleichung (C.5), denn die Hermitezität eines Operators hat zur Konsequenz, dass seine Eigenwerte *reell* und die Eigenfunktionen zu unterschiedlichen Eigenwerten *orthogonal* sind. Konkret gilt für die Operatoren $\hat{\mathcal{L}}_3$ und $\hat{\boldsymbol{\mathcal{L}}}^2$, angewandt auf Funktionen $Y_{\ell m}$ und $Y_{\ell' m'}$ in Skalarprodukten:

$$\begin{aligned}
0 &= \langle Y_{\ell m}, \hat{\mathcal{L}}_3 Y_{\ell' m'}\rangle - \langle \hat{\mathcal{L}}_3 Y_{\ell m}, Y_{\ell' m'}\rangle = (m'-m)\langle Y_{\ell m}, Y_{\ell' m'}\rangle \\
0 &= \langle Y_{\ell m}, \hat{\boldsymbol{\mathcal{L}}}^2 Y_{\ell' m'}\rangle - \langle \hat{\boldsymbol{\mathcal{L}}}^2 Y_{\ell m}, Y_{\ell' m'}\rangle = \big[\ell'(\ell'+1) - \ell(\ell+1)\big]\langle Y_{\ell m}, Y_{\ell' m'}\rangle\ ,
\end{aligned}$$

sodass für $(\ell, m) \neq (\ell', m')$ entweder aus der ersten Zeile oder aus der zweiten oder auch aus beiden $\langle Y_{\ell m}, Y_{\ell' m'}\rangle = 0$ folgt. Da die *Normierung* der Eigenfunktionen durch (C.15) gewährleistet ist, gilt insgesamt die Ortho*normalität* der $\{Y_{\ell m}\}$:

$$\boxed{\langle Y_{\ell m}, Y_{\ell' m'}\rangle = \delta_{mm'}\delta_{\ell\ell'}\ .} \tag{C.24}$$

Die Ortho*gonalität* unterschiedlicher Eigenfunktionen, $\langle Y_{\ell m}, Y_{\ell' m'}\rangle = 0$ für $(\ell, m) \neq (\ell', m')$, folgt alternativ auch direkt aus der expliziten Form von $Y_{\ell m}$ in (C.18).

Vollständigkeit der Eigenfunktionen $Y_{\ell m}$

Die *Vollständigkeit* der Kugelflächenfunktionen $\{Y_{\ell m}\}$ mit $\ell \in \mathbb{N}_0$, $m \in \mathbb{Z}$ und $|m| \leq \ell$ bedeutet, dass die Deltafunktion, also die *Identität* im Funktionenraum, als Summe über Paare von Basisfunktionen geschieben werden kann:

$$\boxed{\sum_{\ell,m} Y_{\ell m}(\Omega)Y^*_{\ell m}(\Omega') = \delta(\Omega-\Omega') = \delta(\varphi-\varphi')\delta(\xi-\xi')\ .} \tag{C.25a}$$

Hierbei verwenden wir wie üblich die Notation $\xi = \cos(\vartheta)$ und $\xi' = \cos(\vartheta')$.

Die Vollständigkeitseigenschaft ist deshalb so wichtig, da sie es ermöglicht, beliebige quadratisch integrierbare, 2π-periodische Funktionen $f \in \mathcal{F}$ nach dem Satz der Kugelflächenfunktionen $\{Y_{\ell m}\}$ zu entwickeln:

$$\begin{aligned} f(\Omega) &= \int d\Omega' \, \delta(\Omega - \Omega') f(\Omega') = \sum_{\ell,m} Y_{\ell m}(\Omega) \int d\Omega' \, Y^*_{\ell m}(\Omega') f(\Omega') \\ &= \sum_{\ell,m} Y_{\ell m}(\Omega) \langle Y_{\ell m}, f \rangle \qquad (f \in \mathcal{F}) \, . \end{aligned}$$

Hierbei sind die Entwicklungskoeffizienten also durch die Skalarprodukte $\langle Y_{\ell m}, f \rangle$ gegeben.

Bei der Interpretation von (C.25a) ist allerdings zu bedenken, dass die Deltafunktion auf der rechten Seite eine *verallgemeinerte Funktion* oder ein *Funktional* darstellt, sodass auch die linke Seite als Funktional, d. h. als *Grenzwert einer Funktionenfolge* zu interpretieren ist. Wir werden daher die Gültigkeit von Gleichung (C.25a) in der präziseren Formulierung

$$\lim_{z \uparrow 1} \sum_{\ell=0}^{\infty} z^\ell \sum_{m=-\ell}^{\ell} Y_{\ell m}(\Omega) Y^*_{\ell m}(\Omega') = \delta(\varphi - \varphi') \delta(\xi - \xi') \tag{C.25b}$$

nachweisen. Hierbei wird sich das in *Handbüchern* angesammelte Wissen über die speziellen Funktionen der Mathematik wieder als sehr nützlich erweisen.

Die erste sehr hilfreiche Formel, die wir beim Nachweis der Vollständigkeitsbeziehung (C.25b) verwenden, ist bekannt als das sogenannte „Additionstheorem“ für Kugelflächenfunktionen.[3] Das Additionstheorem lautet in kompakter Notation:

$$\sum_{m=-\ell}^{\ell} Y_{\ell m}(\Omega) Y^*_{\ell m}(\Omega') = \frac{2\ell + 1}{4\pi} P_\ell\big(\cos(\gamma)\big) \, , \tag{C.26a}$$

wobei die Winkelvariable $\gamma \in [0, \pi]$ definiert ist durch:

$$\cos(\gamma) = \cos(\vartheta) \cos(\vartheta') + \sin(\vartheta) \sin(\vartheta') \cos(\varphi - \varphi') \, . \tag{C.26b}$$

Die Winkelvariable γ hat eine einfache Interpretation, und zwar als Winkel zwischen den beiden in Ω- bzw. Ω'-Richtung zeigenden Einheitsvektoren:

$$\hat{\mathbf{e}}(\Omega) = \begin{pmatrix} \cos(\varphi) \sin(\vartheta) \\ \sin(\varphi) \sin(\vartheta) \\ \cos(\vartheta) \end{pmatrix} \quad , \quad \hat{\mathbf{e}}(\Omega') = \begin{pmatrix} \cos(\varphi') \sin(\vartheta') \\ \sin(\varphi') \sin(\vartheta') \\ \cos(\vartheta') \end{pmatrix} \, .$$

Dies folgt sofort aus $\cos(\gamma) = \hat{\mathbf{e}}(\Omega) \cdot \hat{\mathbf{e}}(\Omega')$.

Um die Vollständigkeit der Kugelflächenfunktionen $\{Y_{\ell m}\}$ nachzuweisen, müssen wir aufgrund von (C.25b) und (C.26a) also nur noch zeigen, dass

$$\lim_{z \uparrow 1} S(\gamma, z) = \delta(\varphi - \varphi') \delta(\xi - \xi') \quad , \quad S(\gamma, z) \equiv \sum_{\ell=0}^{\infty} z^\ell \frac{2\ell + 1}{4\pi} P_\ell\big(\cos(\gamma)\big) \tag{C.27}$$

[3] Dieses Theorem findet sich z. B. am Ende von § 15.7 in Ref. [47]; diese Referenz präsentiert in § 15.7 und § 18.4 zwei Beweise und zitiert Legendre (Ref. [26]) als Urquelle. Das Theorem ist auch als Formel 8.814 in Ref. [16] und auf Seite 74 in Ref. [31] enthalten. Man beachte die von (C.18c) abweichende Konvention in den Refn. [16] und [31]: $P^m_\ell(\xi) \equiv (-1)^m P_{\ell m}(\xi)$; in Ref. [47] entspricht Gleichung (C.18c) *Ferrers' definition* der assoziierten Legendre-Funktionen. Gleichung (C.26a) ist als Formel 14.30.9 auch in Ref. [35] enthalten.

gilt. Hierbei wird eine zweite Formel sehr hilfreich sein, nämlich diejenige für die *erzeugende Funktion* der Legendre-Polynome, siehe z. B. die Formeln 22.9.12 in Ref. [1] oder 18.12.11 in Ref. [35]:

$$g(\xi, z) \equiv \sum_{\ell=0}^{\infty} z^\ell P_\ell(\xi) = (1 - 2\xi z + z^2)^{-\frac{1}{2}} .$$

Mit Hilfe dieser Definition lässt sich die Summe $S(\gamma, z)$ in (C.27) schreiben als

$$S(\gamma, z) = \frac{1}{4\pi}\left[g\big(\cos(\gamma), z\big) + 2z(\partial_z g)\big(\cos(\gamma), z\big)\right] = \frac{1 - z^2}{4\pi}\big(1 - 2\cos(\gamma)z + z^2\big)^{-\frac{3}{2}} .$$

Da wir das Verhalten von $S(\gamma, z)$ im Limes $z \uparrow 1$ untersuchen möchten, definieren wir $\epsilon \equiv 1 - z$ und betrachten $S(\gamma, 1 - \epsilon)$ im Limes $\epsilon \downarrow 0$.

Bei der Untersuchung des Limes $\epsilon \downarrow 0$ stellen wir zuerst fest, dass $S(\gamma, 1 - \epsilon)$ nur dann beträchtliche Werte annehmen kann, wenn der Winkel γ entsprechend *klein* ist: $\gamma = \mathcal{O}(\epsilon)$. Dies folgt aus:

$$S(\gamma, 1 - \epsilon) = \frac{(2 - \epsilon)}{4\pi\epsilon^2}\left\{1 + \frac{2}{\epsilon^2}\left[1 - \cos(\gamma)\right](1 - \epsilon)\right\}^{-\frac{3}{2}} \sim \frac{1}{2\pi\epsilon^2}\left[1 + (\gamma/\epsilon)^2\right]^{-\frac{3}{2}} ,$$

wobei im letzten Schritt der Spezialfall $0 < \epsilon \ll 1$ und $0 < \gamma \ll 1$ betrachtet wurde. Außerdem stellen wir fest, dass der Winkel γ zwischen den Einheitsvektoren $\hat{\mathbf{e}}(\Omega)$ und $\hat{\mathbf{e}}(\Omega')$ nur dann klein ist, wenn sowohl $|\varphi - \varphi'| \ll 1$ als auch $|\xi - \xi'| \ll 1$ bzw. $|\vartheta - \vartheta'| \ll 1$ gilt; geometrisch ist dies natürlich sofort einsichtlich:

$$\begin{aligned}
\gamma^2 &\sim 2\left[1 - \cos(\gamma)\right] = 2\left[1 - \cos(\vartheta)\cos(\vartheta') - \sin(\vartheta)\sin(\vartheta')\cos(\varphi - \varphi')\right] \\
&= 2\left\{1 - [\cos(\vartheta)\cos(\vartheta') + \sin(\vartheta)\sin(\vartheta')] + \sin(\vartheta)\sin(\vartheta')[1 - \cos(\varphi - \varphi')]\right\} \\
&= 2\left\{[1 - \cos(\vartheta - \vartheta')] + \sin(\vartheta)\sin(\vartheta')[1 - \cos(\varphi - \varphi')]\right\} \\
&\sim (\vartheta - \vartheta')^2 + \sin(\vartheta)\sin(\vartheta')(\varphi - \varphi')^2 \qquad (\varphi' \to \varphi\ ,\ \vartheta' \to \vartheta) .
\end{aligned}$$

Durch Einsetzen von γ^2 in den Ausdruck für $S(\gamma, 1 - \epsilon)$ erhält man:

$$S(\gamma, 1 - \epsilon) \sim \frac{1}{2\pi\epsilon^2}\left\{1 + \frac{1}{\epsilon^2}\left[(\vartheta - \vartheta')^2 + \sin^2(\vartheta)(\varphi - \varphi')^2\right]\right\}^{-\frac{3}{2}} . \tag{C.28}$$

Im Einklang mit dem aufgrund von Gleichung (C.27) zu erwartenden Verhalten zeigt $S(\gamma, 1 - \epsilon)$ nur für $|\varphi - \varphi'| = \mathcal{O}(\epsilon)$ und $|\vartheta - \vartheta'| = \mathcal{O}(\epsilon)$ große Funktionswerte.

Um nachzuweisen, dass tatsächlich eine *Deltafunktion* $\delta(\Omega - \Omega')$ vorliegt, müssen wir also nur noch zeigen, dass das Integral von $S(\gamma, 1 - \epsilon)$ über den kompletten Raumwinkel gleich *eins* ist:

$$\lim_{\epsilon \downarrow 0} \int d\Omega\ \frac{1}{2\pi\epsilon^2}\left\{1 + \frac{1}{\epsilon^2}\left[(\vartheta - \vartheta')^2 + \sin^2(\vartheta)(\varphi - \varphi')^2\right]\right\}^{-\frac{3}{2}} = 1 . \tag{C.29}$$

Hierzu führen wir zuerst die φ-Integration durch und definieren $a \equiv 1 + \frac{1}{\epsilon^2}(\vartheta - \vartheta')^2$.

Es folgt mit den Definitionen $\frac{1}{\epsilon}(\varphi - \varphi') \equiv x$, $x \equiv \sqrt{a}y/\sin(\vartheta)$ und $y \equiv \tan(\psi)$:

$$\begin{aligned}\frac{1}{\epsilon}\int_{\varphi'-\pi}^{\varphi'+\pi} d\varphi\ \left[a + \tfrac{1}{\epsilon^2}\sin^2(\vartheta)(\varphi-\varphi')^2\right]^{-\frac{3}{2}} &= \int_{-\pi/\epsilon}^{\pi/\epsilon} dx\ \left[a + \sin^2(\vartheta)x^2\right]^{-\frac{3}{2}} \\ \sim \int_{-\infty}^{\infty} dx\ \left[a + \sin^2(\vartheta)x^2\right]^{-\frac{3}{2}} &= \frac{1}{a\sin(\vartheta)}\int_{-\infty}^{\infty} dy\ (1+y^2)^{-\frac{3}{2}} \\ &= \frac{1}{a\sin(\vartheta)}\int_{-\pi/2}^{\pi/2} d\psi\ \cos(\psi) = \frac{2}{a\sin(\vartheta)} \qquad (\epsilon \downarrow 0)\ .\end{aligned}$$

Zu zeigen ist statt (C.29) also noch:

$$\lim_{\epsilon\downarrow 0}\int d\vartheta\ \frac{1}{\pi\epsilon}\left[1 + \frac{1}{\epsilon^2}(\vartheta-\vartheta')^2\right]^{-1} = 1\ . \tag{C.30}$$

Wir berechnen die linke Seite von (C.30) mit den Definitionen $\frac{1}{\epsilon}(\vartheta - \vartheta') \equiv x$ sowie $x \equiv \tan(\psi)$ und erhalten in der Tat:

$$\begin{aligned}\lim_{\epsilon\downarrow 0}\frac{1}{\pi\epsilon}\int_0^{\pi} d\vartheta\ \left[1 + \frac{1}{\epsilon^2}(\vartheta-\vartheta')^2\right]^{-1} &= \lim_{\epsilon\downarrow 0}\frac{1}{\pi}\int_{-\vartheta'/\epsilon}^{(\pi-\vartheta')/\epsilon} dx\ \frac{1}{1+x^2} \\ &= \frac{1}{\pi}\int_{-\infty}^{\infty} dx\ \frac{1}{1+x^2} = \frac{1}{\pi}\int_{-\pi/2}^{\pi/2} d\psi\ 1 = 1\ .\end{aligned}$$

Dies zeigt, dass das Integral von $S(\gamma, 1-\epsilon)$ über den kompletten Raumwinkel tatsächlich gleich *eins* ist, sodass die Funktionenfolge $S(\gamma, 1-\epsilon)$ in der Tat im Limes $\epsilon \downarrow 0$ gegen die Deltafunktion $\delta(\Omega - \Omega')$ strebt. Hiermit ist schließlich auch die Vollständigkeit (C.25) der Kugelflächenfunktionen $\{Y_{\ell m}\}$ gezeigt.

Anhang D

Retardierte elektromagnetische Felder

Wir fassen die wichtigsten Rechenschritte zusammen, die von den retardierten Potentialen in Gleichung (5.11),

$$\boxed{\Phi(\mathbf{R},\boldsymbol{\beta}) = \frac{q}{4\pi\varepsilon_0}\frac{1}{R-\boldsymbol{\beta}\cdot\mathbf{R}} \quad , \quad \mathbf{A}(\mathbf{R},\boldsymbol{\beta}) = \frac{q}{4\pi\varepsilon_0 c}\frac{\boldsymbol{\beta}}{R-\boldsymbol{\beta}\cdot\mathbf{R}} \,,}$$

zu den retardierten Feldern führen:

$$\boxed{\mathbf{E}(\mathbf{x},t) = -\boldsymbol{\nabla}_{\mathbf{x}}\Phi - \frac{\partial\mathbf{A}}{\partial t} \quad , \quad \mathbf{B}(\mathbf{x},t) = \boldsymbol{\nabla}_{\mathbf{x}} \times \mathbf{A} \,,}$$

deren explizite Form in Gleichung (5.12) angegeben ist. Details und Hintergründe findet man in Abschnitt [5.1]. Wir erinnern an die Definitionen (5.7) des Relativvektors $\mathbf{R}(\mathbf{x},\tau)$,

$$\boxed{\mathbf{R}(\mathbf{x},\tau) \equiv \mathbf{x} - \mathbf{x}_q(\tau) \quad , \quad R(\mathbf{x},\tau) \equiv |\mathbf{R}(\mathbf{x},\tau)| \,,}$$

und (5.6) der retardierten Zeit $\tau(\mathbf{x},t)$,

$$\boxed{\tau + \frac{R(\mathbf{x},\tau)}{c} \equiv t \,.}$$

Aufgrund der Gleichungen

$$-\left(\frac{\partial\Phi}{\partial x_i}\right)_t = -\left[\frac{\partial\Phi}{\partial R_j}\left(\frac{\partial R_j}{\partial x_i} + \frac{\partial R_j}{\partial\tau}\frac{\partial\tau}{\partial x_i}\right) + \frac{\partial\Phi}{\partial\beta_j}\frac{d\beta_j}{d\tau}\frac{\partial\tau}{\partial x_i}\right]$$

$$-\left(\frac{\partial A_i}{\partial t}\right)_{\mathbf{x}} = -\left(\frac{\partial A_i}{\partial R_j}\frac{\partial R_j}{\partial\tau} + \frac{\partial A_i}{\partial\beta_j}\frac{d\beta_j}{d\tau}\right)\frac{\partial\tau}{\partial t}$$

und

$$B_i = \varepsilon_{ijk}\left(\frac{\partial A_k}{\partial x_j}\right)_t = \varepsilon_{ijk}\left[\frac{\partial A_k}{\partial R_l}\left(\frac{\partial R_l}{\partial x_j} + \frac{\partial R_l}{\partial\tau}\frac{\partial\tau}{\partial x_j}\right) + \frac{\partial A_k}{\partial\beta_l}\frac{d\beta_l}{d\tau}\frac{\partial\tau}{\partial x_j}\right] \,,$$

P. van Dongen, *Klassische Elektrodynamik*, https://doi.org/10.1007/978-3-662-69830-3

die durch Anwendung der Kettenregel der Differentiation folgen, ist klar, dass die Berechnung der Felder die Bestimmung einiger partieller Ableitungen erfordert. Am einfachsten sind wohl die τ-Ableitungen

$$\boldsymbol{\beta}(\tau) = -\frac{1}{c}\frac{\partial \mathbf{R}}{\partial \tau}(\mathbf{x},\tau) = \frac{1}{c}\frac{d\mathbf{x}_q}{d\tau}(\tau) \quad , \quad \dot{\boldsymbol{\beta}}(\tau) \equiv \frac{d\boldsymbol{\beta}}{d\tau}(\tau) = \frac{1}{c}\frac{d^2\mathbf{x}_q}{d\tau^2}(\tau) \ ,$$

die nicht explizit von den Ortsvariablen $\mathbf{x}$ abhängig sind. Die Ortsableitung von $\mathbf{R}(\mathbf{x},\tau) = \mathbf{x} - \mathbf{x}_q(\tau)$ folgt als $\frac{\partial R_j}{\partial x_i} = \delta_{ij}$, und die Ableitungen von $R(\mathbf{x},\tau)$ folgen durch Ableiten der Identität $\frac{1}{2}R^2 = \frac{1}{2}\mathbf{R}^2$:

$$\left(\frac{\partial R}{\partial \tau}\right)_{\mathbf{x}} = -\frac{\mathbf{R}\cdot\mathbf{u}}{R} = -c\hat{\mathbf{R}}\cdot\boldsymbol{\beta} \quad , \quad \left(\frac{\partial R}{\partial x_i}\right)_{\tau} = \frac{R_i}{R} = \left(\frac{\partial R}{\partial R_i}\right)_{\tau} \ .$$

Zur Berechnung der Ableitungen von $\tau(\mathbf{x},t)$ bezüglich $\mathbf{x}$ und t verwenden wir die Identität $\tau = t - \frac{R}{c}$:

$$\begin{aligned}
\left(\frac{\partial \tau}{\partial t}\right)_{\mathbf{x}} &= 1 - \frac{1}{c}\frac{\partial R}{\partial \tau}\left(\frac{\partial \tau}{\partial t}\right)_{\mathbf{x}} = 1 + (\hat{\mathbf{R}}\cdot\boldsymbol{\beta})\left(\frac{\partial \tau}{\partial t}\right)_{\mathbf{x}} \\
\left(\frac{\partial \tau}{\partial x_i}\right)_{t} &= -\frac{1}{c}\left[\left(\frac{\partial R}{\partial x_i}\right)_{\tau} + \left(\frac{\partial R}{\partial \tau}\right)_{\mathbf{x}}\left(\frac{\partial \tau}{\partial x_i}\right)_{t}\right] \ .
\end{aligned}$$

Es folgt:

$$\left(\frac{\partial \tau}{\partial t}\right)_{\mathbf{x}} = \frac{1}{1-\boldsymbol{\beta}\cdot\hat{\mathbf{R}}} \quad , \quad \left(\frac{\partial \tau}{\partial \mathbf{x}}\right)_{t} = \frac{-\frac{1}{c}\hat{\mathbf{R}}}{1-\boldsymbol{\beta}\cdot\hat{\mathbf{R}}} \ .$$

Mit $\hat{R}_i \equiv \frac{R_i}{R}$ erhalten wir also:

$$\begin{aligned}
-\left(\frac{\partial \Phi}{\partial x_i}\right)_t &= -\frac{q}{4\pi\varepsilon_0}\Bigg\{ -\frac{\hat{R}_j - \beta_j}{(R-\boldsymbol{\beta}\cdot\mathbf{R})^2}\left[\delta_{ij} + (-c\beta_j)\frac{(-\frac{1}{c}\hat{R}_i)}{1-\boldsymbol{\beta}\cdot\hat{\mathbf{R}}}\right] \\
&\qquad - \frac{(-R_j)}{(R-\boldsymbol{\beta}\cdot\mathbf{R})^2}\dot{\beta}_j\frac{(-\frac{1}{c}\hat{R}_i)}{1-\boldsymbol{\beta}\cdot\hat{\mathbf{R}}}\Bigg\} \\
&= \frac{q}{4\pi\varepsilon_0 R^2}\frac{(1-\boldsymbol{\beta}\cdot\hat{\mathbf{R}})(\hat{R}_i - \beta_i) + (\hat{\mathbf{R}}\cdot\boldsymbol{\beta} - \beta^2)\hat{R}_i + \frac{1}{c}R(\hat{\mathbf{R}}\cdot\dot{\boldsymbol{\beta}})\hat{R}_i}{(1-\boldsymbol{\beta}\cdot\hat{\mathbf{R}})^3}
\end{aligned}$$

und

$$\begin{aligned}
-\left(\frac{\partial A_i}{\partial t}\right)_{\mathbf{x}} &= -\frac{q}{4\pi\varepsilon_0 c}\Bigg\{ -\frac{\beta_i(\hat{R}_j - \beta_j)}{(R-\boldsymbol{\beta}\cdot\mathbf{R})^2}(-c\beta_j) \\
&\qquad + \left[\frac{\delta_{ij}}{R-\boldsymbol{\beta}\cdot\mathbf{R}} - \frac{\beta_i(-R_j)}{(R-\boldsymbol{\beta}\cdot\mathbf{R})^2}\right]\dot{\beta}_j\Bigg\}\frac{1}{1-\boldsymbol{\beta}\cdot\hat{\mathbf{R}}} \\
&= \frac{q}{4\pi\varepsilon_0 R^2}\frac{-(\hat{\mathbf{R}}\cdot\boldsymbol{\beta})\beta_i + \beta^2\beta_i - \frac{1}{c}R[(1-\boldsymbol{\beta}\cdot\hat{\mathbf{R}})\dot{\beta}_i + (\hat{\mathbf{R}}\cdot\dot{\boldsymbol{\beta}})\beta_i]}{(1-\boldsymbol{\beta}\cdot\hat{\mathbf{R}})^3}
\end{aligned}$$

und daher insgesamt für das elektrische Feld:

$$\boxed{\mathbf{E}(\mathbf{x},t) = \frac{q\left\{(1-\beta^2)(\hat{\mathbf{R}}-\boldsymbol{\beta}) + \frac{1}{c}R[(\hat{\mathbf{R}}\cdot\dot{\boldsymbol{\beta}})(\hat{\mathbf{R}}-\boldsymbol{\beta}) - \hat{\mathbf{R}}\cdot(\hat{\mathbf{R}}-\boldsymbol{\beta})\dot{\boldsymbol{\beta}}]\right\}}{4\pi\varepsilon_0 R^2(1-\boldsymbol{\beta}\cdot\hat{\mathbf{R}})^3}\,.}$$

Aufgrund der Identität $\mathbf{a}\times(\mathbf{b}\times\mathbf{c}) = (\mathbf{a}\cdot\mathbf{c})\mathbf{b} - (\mathbf{a}\cdot\mathbf{b})\mathbf{c}$ ist dies äquivalent zum Ausdruck (5.12) für das elektrische Feld der ausgesandten Strahlung. Für das Magnetfeld erhält man:

$$\begin{aligned} B_i = \frac{q}{4\pi\varepsilon_0 c}\varepsilon_{ijk}\Bigg\{ &-\frac{\beta_k(\hat{R}_l-\beta_l)}{(R-\boldsymbol{\beta}\cdot\mathbf{R})^2}\left[\delta_{lj} + (-c\beta_l)\frac{\left(-\frac{1}{c}\hat{R}_j\right)}{1-\boldsymbol{\beta}\cdot\hat{\mathbf{R}}}\right] \\ &+\left[\frac{\delta_{kl}}{R-\boldsymbol{\beta}\cdot\mathbf{R}} - \frac{\beta_k(-R_l)}{(R-\boldsymbol{\beta}\cdot\mathbf{R})^2}\right]\dot{\beta}_l\frac{\left(-\frac{1}{c}\hat{R}_j\right)}{1-\boldsymbol{\beta}\cdot\hat{\mathbf{R}}}\Bigg\} \\ = \frac{q}{4\pi\varepsilon_0 cR^2}\varepsilon_{ijk}&\frac{-(1-\beta^2)\hat{R}_j\beta_k - \frac{1}{c}R[(1-\boldsymbol{\beta}\cdot\hat{\mathbf{R}})\dot{\beta}_k + (\hat{\mathbf{R}}\cdot\dot{\boldsymbol{\beta}})\beta_k]\hat{R}_j}{(1-\boldsymbol{\beta}\cdot\hat{\mathbf{R}})^3}\,, \end{aligned}$$

d. h. in Vektorschreibweise:

$$\boxed{c\mathbf{B} = \frac{q}{4\pi\varepsilon_0 R^2}\hat{\mathbf{R}}\times\frac{-(1-\beta^2)\boldsymbol{\beta} - \frac{1}{c}R[(1-\boldsymbol{\beta}\cdot\hat{\mathbf{R}})\dot{\boldsymbol{\beta}} + (\hat{\mathbf{R}}\cdot\dot{\boldsymbol{\beta}})\boldsymbol{\beta}]}{(1-\boldsymbol{\beta}\cdot\hat{\mathbf{R}})^3}}$$

oder auch kurz:

$$\boxed{c\mathbf{B} = \hat{\mathbf{R}}\times\mathbf{E}\,.}$$

Interessanterweise steht das Magnetfeld der ausgesandten Strahlung also stets senkrecht auf dem elektrischen Feld und auch auf dem Relativvektor $\mathbf{R}(\mathbf{x},\tau)$. Für das elektrische Feld $\mathbf{E}$ gilt Letzteres übrigens *nicht*, denn das Skalarprodukt

$$\mathbf{E}\cdot\hat{\mathbf{R}} = \frac{q}{4\pi\varepsilon_0 R^2}\frac{(1-\beta^2)(1-\boldsymbol{\beta}\cdot\hat{\mathbf{R}})}{(1-\boldsymbol{\beta}\cdot\hat{\mathbf{R}})^3} = \frac{q(1-\beta^2)}{4\pi\varepsilon_0 R^2(1-\boldsymbol{\beta}\cdot\hat{\mathbf{R}})^2}$$

zeigt, dass im Allgemeinen $\mathbf{E}\cdot\hat{\mathbf{R}} \neq 0$ gilt.

Anhang E

Die Telegraphengleichung

Die Telegraphengleichung hat allgemein im d-dimensionalen Raum die bereits aus Gleichung (6.19) bekannte Form mit einem Beschleunigungsterm $\frac{\partial^2 v}{\partial t^2}$, einem Dämpfungsterm $\propto \frac{\partial v}{\partial t}$ und einem Oszillatorterm $\propto v$:

$$\Delta v = \frac{1}{\bar{c}^2}\left[\frac{\partial^2 v}{\partial t^2} + (r_1 + r_2)\frac{\partial v}{\partial t} + r_1 r_2 v\right] \qquad (r_1, r_2 \geq 0)\ . \tag{E.1}$$

Diese Gleichung stellt eine Verallgemeinerung der Wellengleichung dar und gehört wie diese der Klasse der *hyperbolischen* partiellen Differentialgleichungen an.

E.1 Bedeutsamkeit der Telegraphengleichung

Die Telegraphengleichung (E.1) ist aus zwei recht unterschiedlichen Gründen sehr wichtig in der Elektrodynamik.

Der erste Grund ist uns bereits aus der Untersuchung von Wellengleichungen in materiellen Medien in Abschnitt [6.2] bekannt: Das elektrische Feld $\mathbf{E}$ und das Magnetfeld $\mathbf{B}$ erfüllen in der Elektrodynamik „im Medium" (ähnlich wie das Vektorpotential $\mathbf{A}$) Gleichungen der Form

$$\Delta \mathbf{E} = \frac{1}{\bar{c}^{\,2}}\left(\frac{\partial^2 \mathbf{E}}{\partial t^2} + \frac{1}{\tau}\frac{\partial \mathbf{E}}{\partial t}\right) \quad , \quad \Delta \mathbf{B} = \frac{1}{\bar{c}^{\,2}}\left(\frac{\partial^2 \mathbf{B}}{\partial t^2} + \frac{1}{\tau}\frac{\partial \mathbf{B}}{\partial t}\right) ,$$

die *Spezialfälle* der Telegraphengleichung (E.1) sind mit $r_1 + r_2 = \tau^{-1}$ und $r_1 r_2 = 0$. Wie üblich stellt $\bar{c}$ die Ausbreitungsgeschwindigkeit elektromagnetischer Signale im Medium dar. In diesen Gleichungen für die $(\mathbf{E}, \mathbf{B})$-Felder fehlt der Oszillatorterm aus der allgemeinen Formulierung (E.1). Die Telegraphengleichungen für $\mathbf{E}$ und $\mathbf{B}$ vereinfachen sich für ausgeprägte Metalle oder Isolatoren, aber im Zwischenbereich schlechter Leiter ($\omega\tau \simeq 1$) sind beide Terme auf der rechten Seite relevant.

Zweitens spielt die Telegraphengleichung eine prominente Rolle in der *Kabeltechnik*, also in der Anwendung der allgemeinen Gleichung (E.1) auf räumlich *eindimensionale* Systeme. Wie der Name bereits suggeriert, hat die Telegraphengleichung ihren Ursprung in der Theorie der Ausbreitung elektrischer Schwingungen in Telegraphenkabeln und beschreibt in diesem Kontext die *Dämpfung* solcher Schwingungen durch Anwesenheit von Ohmschen Widerständen, Selbstinduktion, Kapazitäten und Isolationsverlusten.

P. van Dongen, *Klassische Elektrodynamik*, https://doi.org/10.1007/978-3-662-69830-3

Da die Telegraphengleichung also sowohl in drei- als auch in eindimensionalen Systemen physikalisch relevant ist, gehen wir wie folgt vor: Zuerst skizzieren wir in Abschnitt [E.2] die Herleitung der Telegraphengleichung (E.1) für ein eindimensionales Kabel mit Dämpfung. Wir leiten dann in Abschnitt [E.3] einige allgemeine Eigenschaften der Lösung der d-dimensionalen Telegraphengleichung her. In Abschnitt [E.4] zeigen wir, wie die d-dimensionale Telegraphengleichung für ein unendlich ausgedehntes System mit allgemeinen Anfangsbedingungen gelöst werden kann. Sämtliche Überlegungen für die d-dimensionale Telegraphengleichung sind selbstverständlich auch für das eindimensionale Kabel relevant.

Wir konkretisieren die allgemeine Lösung daher in Abschnitt [E.5] für ein unendlich langes, eindimensionales Kabel und berechnen ihre Eigenschaften. Insbesondere werden wir feststellen, dass die Telegraphengleichung (im Gegensatz zur Wellengleichung) im eindimensionalen Raum einen *Nacheffekt* aufweist. Ein Beispiel für ein Telegraphenkabel *endlicher* Länge wird außerdem in Aufgabe 6.7 behandelt. Anschließend besprechen wir in Abschnitt [E.6] kurz die Lösung der Telegraphengleichung für eine leitende Platte und einen leitenden Körper, also für zwei- und dreidimensionale Systeme.

E.2 Herleitung für ein leitendes Kabel ($d = 1$)

Die Telegraphengleichung wurde 1876 von Oliver Heaviside in seinem Artikel *On the Extra Current* eingeführt, der auch in seinen gesammelten *Electric Papers* enthalten ist, siehe die Seiten 53-61 in Ref. [18]. Die Telegraphengleichung beschreibt die Ausbreitung elektrischer Schwingungen in einem Stromkreis der Länge ℓ, der charakterisiert wird durch die Parameter R (ohmscher Widerstand), L (Selbstinduktion), C (Kapazität) und A (Isolationsverluste), alle gerechnet pro Längeneinheit. Als Randbedingungen wählt man üblicherweise die Spannung oder den Strom an den Endpunkten $x = 0$ und $x = \ell$. Das Modell beschreibt allgemein die elektrischen Eigenschaften eines Transmissionskabels, kann aber auch konkret ein Telegraphen- oder Telefonkabel beschreiben.

Mit Hilfe der Parameter (L, R, C, A) kann man die Basisgleichungen für die Spannung $V(x,t)$ und den Strom $I(x,t)$ in diesem Stromkreis wie folgt formulieren:

$$\frac{\partial V}{\partial x} + L\frac{\partial I}{\partial t} + RI = 0 \tag{E.2a}$$

$$\frac{\partial I}{\partial x} + C\frac{\partial V}{\partial t} + AV = 0\ . \tag{E.2b}$$

Diese Basisgleichungen besagen, dass der Spannungsabfall $\frac{\partial V}{\partial x}$ aufgebaut ist aus einem induktiven und einem ohmschen Anteil und dass der Stromabfall $\frac{\partial I}{\partial x}$ aus einem Aufladungsstrom und einem Verluststrom besteht. Da die Basisgleichungen beide erster Ordnung in der Zeit t und erster Ordnung in der Ortskoordinate x sind, braucht man zur Lösung dieser Gleichungen zwei Anfangs- und zwei Randbedingungen. Als Randbedingungen wählt man üblicherweise die Spannung oder den Strom an den Endpunkten, also zum Beispiel:

$$\begin{cases} V(0,t) = V_0 \\ V(\ell,t) = V_\ell \end{cases} \quad \text{oder} \quad \begin{cases} V(0,t) = V_0 \\ I(\ell,t) = 0 \end{cases} ,$$

wobei die Bedingung $I(\ell, t) = 0$ physikalisch einem offenen Ende entspricht. In praktischen Anwendungen sind die Parameter L, R, A beim Anlegen von Wechselspannung im Megahertzbereich moderat bis stark frequenzabhängig.

Durch Kombination der beiden Basisgleichungen (E.2) zeigt sich, dass sowohl die Spannung $V(x,t)$ als auch der Strom $I(x,t)$ die *Telegraphengleichung* erfüllen. Leitet man z. B. Gleichung (E.2a) nach der Ortsvariablen x ab, so ergibt sich nämlich eine Telegraphengleichung für die Spannung V:

$$\begin{aligned} 0 &= \frac{\partial^2 V}{\partial x^2} + L\frac{\partial}{\partial t}\frac{\partial I}{\partial x} + R\frac{\partial I}{\partial x} = \frac{\partial^2 V}{\partial x^2} + L\frac{\partial}{\partial t}\left[-C\frac{\partial V}{\partial t} - AV\right] + R\left(-C\frac{\partial V}{\partial t} - AV\right) \\ &= \frac{\partial^2 V}{\partial x^2} - LC\frac{\partial^2 V}{\partial t^2} - (LA + RC)\frac{\partial V}{\partial t} - RAV \,. \end{aligned}$$

Leitet man alternativ Gleichung (E.2b) nach x ab, so folgt eine Telegraphengleichung für den Strom I:

$$\begin{aligned} 0 &= \frac{\partial^2 I}{\partial x^2} + C\frac{\partial}{\partial t}\frac{\partial V}{\partial x} + A\frac{\partial V}{\partial x} = \frac{\partial^2 I}{\partial x^2} + C\frac{\partial}{\partial t}\left[-L\frac{\partial I}{\partial t} - RI\right] + A\left(-L\frac{\partial I}{\partial t} - RI\right) \\ &= \frac{\partial^2 I}{\partial x^2} - LC\frac{\partial^2 I}{\partial t^2} - (LA + RC)\frac{\partial I}{\partial t} - RAI \,. \end{aligned}$$

Mit Hilfe der Definitionen $\bar{c} \equiv \frac{1}{\sqrt{LC}}$, $r_1 \equiv \frac{A}{C}$ und $r_2 = \frac{R}{L}$ kann man diese Gleichungen auf die Standardform der Telegraphengleichung bringen. Man erhält zwei Gleichungen der allgemeinen Form:

$$\frac{\partial^2 v}{\partial x^2} = \frac{1}{\bar{c}^2}\left[\frac{\partial^2 v}{\partial t^2} + (r_1 + r_2)\frac{\partial v}{\partial t} + r_1 r_2 v\right] , \qquad \text{(E.3)}$$

wobei für die Spannung $v \to V$ und für den Strom $v \to I$ einzusetzen ist. Die Herleitung der Telegraphengleichung (E.3) zeigt, dass die Parameter r_1 und r_2 in physikalischen Anwendungen immer *positiv* sind. Abgesehen von den beiden Termen, die auch in der Wellengleichung auftreten, enthält die Telegraphengleichung einen *Dämpfungsterm* $\propto \frac{\partial v}{\partial t}$ und einen *Oszillatorterm* $\propto v$, die dazu beitragen, die Spannungsdifferenz zwischen dem Kabel und der Erde ($V_{\text{Erde}} \equiv 0$) klein zu halten.

Längen- und Zeitskalen in der Telegraphengleichung

Es gibt in der Telegraphengleichung drei unabhängige Zeit- bzw. Längenskalen:

1. Eine wichtige Längenskala ist die Systemlänge ℓ, die mit einer charakteristischen Zeit $\ell/\bar{c}$ verknüpft ist.

2. Der Dämpfungsterm $(r_1 + r_2)\partial v/\partial t$ ermöglicht die Definition einer neuen Zeitskala $1/\mu$ mit $\mu \equiv \frac{1}{2}(r_1 + r_2)$. Die entsprechende Längenskala ist $\bar{c}/\mu$.

3. Der Oszillatorterm $r_1 r_2 v$ definiert eine neue Längenskala $\Lambda \equiv \bar{c}/\sqrt{r_1 r_2}$ sowie eine Zeitskala $\Lambda/\bar{c}$.

Außerdem wird es sich im folgenden als bequem herausstellen, eine Hilfsgröße

$$\kappa \equiv |r_1 - r_2|/2\bar{c}$$

einzuführen. Diese Hilfsgröße ist mit einer Zeitskala $1/\bar{c}\kappa$ und einer Längenskala $1/\kappa$ verknüpft. Im Wesentlichen stellt κ also eine Wellenzahl dar. Da

$$\mu^2 = \bar{c}^2\big(\kappa^2 + \Lambda^{-2}\big)$$

gilt, sind die mit der Hilfsgröße κ verknüpften Zeit- und Längenskalen jedoch nicht unabhängig von den bereits eingeführten Skalen.

Die Parameter μ, Λ und κ spielen, wie wir im folgenden anhand konkreter Beispiele sehen werden, physikalisch ganz unterschiedliche Rollen: Der Parameter μ bestimmt (zumindest für kleines κ) die Dämpfung des Signals. Der Parameter Λ stellt die für den stationären Zustand charakteristische Länge dar. Der Parameter κ beschreibt die Verzerrung des Signals (abgesehen also von der Dämpfung); dementsprechend versucht man in der Kabeltechnik, κ möglichst klein zu halten.

E.3 Dissipation, Langzeitlimes, Eindeutigkeit

Wir betrachten die allgemeine Form der Telegraphengleichung in einem Bereich $\mathcal{D}$ des d-dimensionalen Raums:

$$\begin{aligned}
&\Delta v = \frac{1}{\bar{c}^2}\left[\frac{\partial^2 v}{\partial t^2} + (r_1+r_2)\frac{\partial v}{\partial t} + r_1 r_2 v - F(\mathbf{x},t)\right] && (\mathbf{x}\in\mathcal{D})\\
&v(\mathbf{x},0) = f(\mathbf{x}) \quad , \quad \frac{\partial v}{\partial t}(\mathbf{x},0) = g(\mathbf{x}) && (\mathbf{x}\in\mathcal{D})\\
&v(\mathbf{x},t) = V(\mathbf{x},t) && (\mathbf{x}\in\partial\mathcal{D})\ ,
\end{aligned} \tag{E.4}$$

wobei der zusätzliche Term $F(\mathbf{x},t)$ z. B. den Einfluss möglicher störender elektrischer Felder beschreiben könnte.

Dissipation Als Energiefunktional betrachten wir:

$$E(t) = \tfrac{1}{2}\int_{\mathcal{D}} d^d x \left[\left(\frac{\partial v}{\partial t}\right)^2 + \bar{c}^2\sum_{i=1}^{d}\left(\frac{\partial v}{\partial x_i}\right)^2 + r_1 r_2 v^2\right] .$$

Die Energie z. Z. $t=0$ ist vollständig bestimmt durch die Anfangsbedingungen $f(\mathbf{x})$ und $g(\mathbf{x})$. Für $t>0$ gilt:

$$\begin{aligned}
\frac{dE(t)}{dt} &= \int_{\mathcal{D}} d^d x \left[\frac{\partial v}{\partial t}\frac{\partial^2 v}{\partial t^2} + \bar{c}^2\sum_{i=1}^{d}\frac{\partial v}{\partial x_i}\frac{\partial^2 v}{\partial x_i\partial t} + r_1 r_2 v\frac{\partial v}{\partial t}\right]\\
&= \int_{\mathcal{D}} d^d x \left\{\frac{\partial v}{\partial t}\frac{\partial^2 v}{\partial t^2} + \bar{c}^2\sum_{i=1}^{d}\left[\frac{\partial}{\partial x_i}\left(\frac{\partial v}{\partial x_i}\frac{\partial v}{\partial t}\right) - \frac{\partial v}{\partial t}\frac{\partial^2 v}{\partial x_i^2}\right] + r_1 r_2 v\frac{\partial v}{\partial t}\right\}\\
&= \bar{c}^2\int_{\mathcal{D}} d^d x\, \frac{\partial}{\partial \mathbf{x}}\cdot\left(\frac{\partial v}{\partial \mathbf{x}}\frac{\partial v}{\partial t}\right) + \int_{\mathcal{D}} d^d x\, \frac{\partial v}{\partial t}\left(\frac{\partial^2 v}{\partial t^2} - \bar{c}^2\Delta v + r_1 r_2 v\right)\\
&= \bar{c}^2\int_{\partial\mathcal{D}} d\mathbf{S}\cdot\left(\frac{\partial v}{\partial \mathbf{x}}\frac{\partial v}{\partial t}\right) - (r_1+r_2)\int_{\mathcal{D}} d^d x \left(\frac{\partial v}{\partial t}\right)^2 + \int_{\mathcal{D}} d^d x\, \frac{\partial v}{\partial t}F(\mathbf{x},t) .
\end{aligned}$$

Die Energie kann sich offenbar durch drei Effekte ändern: durch die zeitabhängige Randbedingung $\frac{\partial v}{\partial t} = \frac{\partial V}{\partial t}$, die im *ersten* Term auf der rechten Seite enthalten ist, durch die im *zweiten* Term enthaltene Dämpfung und durch die Quelle $F(\mathbf{x}, t)$. Im allgemeinen wird die Energie also sicherlich nicht erhalten sein. Sogar im Spezialfall zeit*un*abhängiger Randbedingungen und *ohne* störende Einflüsse, also für $V(\mathbf{x}, t) = V(\mathbf{x})$ und $F(\mathbf{x}, t) = 0$, ergibt sich aufgrund von Dämpfungseffekten:

$$\frac{dE(t)}{dt} = -(r_1 + r_2) \int_{\mathcal{D}} d^d x \left(\frac{\partial v}{\partial t}\right)^2 \leq 0 \, .$$

Da generell $(r_1 + r_2) > 0$ gilt, ist die Energie in der Telegraphengleichung im Allgemeinen also nicht erhalten.

Langzeitlimes Es folgt, dass die Energie einer Lösung (für $\frac{\partial V}{\partial t} = 0$ und $F = 0$) als Funktion der Zeit abklingen wird, bis sich für $t \to \infty$ ein stationärer Zustand mit $\partial v / \partial t \to 0$ einstellt. Der stationäre Zustand $v(\mathbf{x}, \infty) \equiv v_\infty(\mathbf{x})$ der Telegraphengleichung erfüllt dann die elliptische partielle Differentialgleichung:

$$\begin{aligned} \Delta v_\infty(\mathbf{x}) &= \frac{r_1 r_2}{\bar{c}^2} v_\infty(\mathbf{x}) = \Lambda^{-2} v_\infty(\mathbf{x}) \qquad && (\mathbf{x} \in \mathcal{D}) \\ v_\infty(\mathbf{x}) &= V(\mathbf{x}) && (\mathbf{x} \in \partial\mathcal{D}) \, . \end{aligned}$$

Wir wissen bereits aus Aufgabe 1.7, dass ein derartiges Randwertproblem der Helmholtz-Gleichung eindeutig lösbar ist.

Eindeutigkeit Wir können das gerade hergeleitete Resultat für die Energieänderung dE/dt auch dazu verwenden, die Eindeutigkeit der Lösung des allgemeinen Problems (E.4) nachzuweisen: Nehmen wir an, es gäbe zwei unterschiedliche Lösungen $v_1(\mathbf{x}, t)$ und $v_2(\mathbf{x}, t)$. Die Differenzlösung

$$w(\mathbf{x}, t) \equiv v_1(\mathbf{x}, t) - v_2(\mathbf{x}, t)$$

erfüllt dann den Gleichungssatz

$$\begin{aligned} \Delta w &= \frac{1}{\bar{c}^2} \left[\frac{\partial^2 w}{\partial t^2} + (r_1 + r_2) \frac{\partial w}{\partial t} + r_1 r_2 w\right] \qquad && (\mathbf{x} \in \mathcal{D}) \\ w(\mathbf{x}, 0) &= 0 \quad , \quad \frac{\partial w}{\partial t}(\mathbf{x}, 0) = 0 && (\mathbf{x} \in \mathcal{D}) \\ w(\mathbf{x}, t) &= 0 && (\mathbf{x} \in \partial\mathcal{D}) \, . \end{aligned}$$

Die z. Z. $t = 0$ in $w(\mathbf{x}, t)$ enthaltene Energie ist $E(0) = 0$. Da $E(t) \geq 0$ gelten muss für alle $t \geq 0$ und die Funktion $E(t)$ nicht ansteigen kann,

$$\frac{dE(t)}{dt} = -(r_1 + r_2) \int_{\mathcal{D}} d^d x \left(\frac{\partial w}{\partial t}\right)^2 \leq 0 \, ,$$

muss wohl $(\partial w / \partial t)(\mathbf{x}, t) = 0$ sein für alle $\mathbf{x} \in \mathcal{D}$ und alle $t > 0$. Es folgt:

$$w(\mathbf{x}, t) = \text{Konstante} = w(\mathbf{x}, 0) = 0 \, ,$$

sodass die Lösungen v_1 und v_2, im Widerspruch zur Annahme, identisch sind. Folglich kann die Annahme zweier unterschiedlicher Lösungen nicht zutreffen. Hiermit ist die Eindeutigkeit der Lösung nachgewiesen.

E.4 Lösung im d-dimensionalen Raum

Wir zeigen nun, wie die Telegraphengleichung für ein unendlich ausgedehntes d-dimensionales System mit allgemeinen Anfangsbedingungen, jedoch ohne störende elektrische Felder: $F(\mathbf{x},t) = 0$, gelöst werden kann. Das entsprechende Anfangswertproblem lautet mit $\mathbf{x} \in \mathbb{R}^d$ und $t \geq 0$:

$$\Delta v = \frac{1}{\bar{c}^2}\left[\frac{\partial^2 v}{\partial t^2} + (r_1 + r_2)\frac{\partial v}{\partial t} + r_1 r_2 v\right] \tag{E.5a}$$

$$v(\mathbf{x},0) = f(\mathbf{x}) \quad , \quad \frac{\partial v}{\partial t}(\mathbf{x},0) = g(\mathbf{x}) \; . \tag{E.5b}$$

Man erwartet physikalisch, dass der Term proportional zu $\partial v/\partial t$ auf der rechten Seite der Telegraphengleichung die Schwingung exponentiell dämpft mit einer Dämpfungsrate proportional zu $r_1 + r_2$. Dementsprechend machen wir den Ansatz:

$$v(\mathbf{x},t) = e^{-\bar{\mu}t}u(\mathbf{x},t) \qquad (\bar{\mu} > 0)$$

und versuchen, eine Gleichung für die neue Funktion u herzuleiten, in der der Reibungsterm $\partial u/\partial t$ nicht auftritt:

$$\begin{aligned}
\Delta u &= \frac{1}{\bar{c}^2}\left\{e^{\bar{\mu}t}\frac{\partial}{\partial t}\left[-\bar{\mu}e^{-\bar{\mu}t}u + e^{-\bar{\mu}t}\frac{\partial u}{\partial t}\right] + (r_1+r_2)\left[-\bar{\mu}u + \frac{\partial u}{\partial t}\right] + r_1 r_2 u\right\} \\
&= \frac{1}{\bar{c}^2}\left\{\left[\bar{\mu}^2 u - 2\bar{\mu}\frac{\partial u}{\partial t} + \frac{\partial^2 u}{\partial t^2}\right] + (r_1+r_2)\left[-\bar{\mu}u + \frac{\partial u}{\partial t}\right] + r_1 r_2 u\right\} \\
&= \frac{1}{\bar{c}^2}\left\{\frac{\partial^2 u}{\partial t^2} + \frac{\partial u}{\partial t}\left[(r_1+r_2) - 2\bar{\mu}\right] + \left[r_1 r_2 - \bar{\mu}(r_1+r_2) + \bar{\mu}^2\right]u\right\} \; .
\end{aligned}$$

Der Term $\partial u/\partial t$ fällt gerade dann weg, wenn wir wählen:

$$\bar{\mu} = \tfrac{1}{2}(r_1 + r_2) = \mu \; .$$

Außerdem gilt bei dieser Wahl für $\bar{\mu}$:

$$r_1 r_2 - \bar{\mu}(r_1+r_2) + \bar{\mu}^2 = r_1 r_2 - \tfrac{1}{4}(r_1+r_2)^2 = -\tfrac{1}{4}(r_1-r_2)^2 = -(\kappa\bar{c})^2 \; ,$$

sodass die transformierte Telegraphengleichung die folgende Form annimmt:

$$\frac{1}{\bar{c}^2}\frac{\partial^2 u}{\partial t^2} = \Delta u + \kappa^2 u \tag{E.6a}$$

$$u(\mathbf{x},0) = f(\mathbf{x}) \quad , \quad \frac{\partial u}{\partial t}(\mathbf{x},0) = g(\mathbf{x}) + \mu f(\mathbf{x}) \equiv \bar{g}(\mathbf{x}) \; . \tag{E.6b}$$

Ein wichtiger Spezialfall ist $\kappa = 0$ (d. h. $r_1 = A/C = r_2 = R/L$). In diesem Fall erfüllt $u(\mathbf{x},t)$ die *Wellengleichung*, und es tritt keine Verzerrung auf. Wie bereits erwähnt, versucht man in der Kabeltechnik, κ möglichst klein zu halten.

Die gesuchte Lösung $u(\mathbf{x},t)$ hängt nun in einfacher Weise zusammen mit der Lösung $w(\mathbf{x},y,t)$ der homogenen Wellengleichung im $(d+1)$-dimensionalen Raum:

$$\frac{1}{\bar{c}^2}\frac{\partial^2 w}{\partial t^2} = \left(\Delta + \frac{\partial^2}{\partial y^2}\right)w \quad , \quad \Delta = \frac{\partial^2}{\partial \mathbf{x}^2} \; , \tag{E.7a}$$

falls wir die Anfangsbedingungen wie folgt wählen:

$$w(\mathbf{x}, y, 0) = u(\mathbf{x}, 0)e^{\kappa y} = f(\mathbf{x})e^{\kappa y} \equiv \phi(\mathbf{x}, y) \tag{E.7b}$$

$$\frac{\partial w}{\partial t}(\mathbf{x}, y, 0) = \frac{\partial u}{\partial t}(\mathbf{x}, 0)e^{\kappa y} = \bar{g}(\mathbf{x})e^{\kappa y} \equiv \chi(\mathbf{x}, y) \ . \tag{E.7c}$$

In diesem Fall hat die Funktion $w(\mathbf{x}, y, t)$, wie wir aus Aufgabe 2.13 wissen, die Form

$$w(\mathbf{x}, y, t) = u_\chi(\mathbf{x}, y, t) + \frac{\partial u_\phi}{\partial t}(\mathbf{x}, y, t) \ ,$$

wobei u_χ durch den Mittelwert $M_{(\mathbf{x},y),\rho}[\chi]$ der Funktion χ, berechnet über die Fläche einer Kugel mit Mittelpunkt $(\mathbf{x}, y)$ und Radius ρ, bestimmt wird. Hierbei ist die genaue Form von u_χ dimensionsabhängig, siehe Aufgabe 2.13. Da $\chi \propto e^{\kappa y}$ ist, hängt dieser Mittelwert (und somit auch u_χ) exponentiell von y ab:

$$M_{(\mathbf{x},y),\rho}[\chi] = e^{\kappa y} M_{(\mathbf{x},0),\rho}[\chi] \quad \text{und daher} \quad u_\chi(\mathbf{x}, y, t) = e^{\kappa y} u_\chi(\mathbf{x}, 0, t) \ .$$

Folglich gilt auch

$$w(\mathbf{x}, y, t) = e^{\kappa y} w(\mathbf{x}, 0, t) \ .$$

Durch Einsetzen dieses Ergebnisses in die Wellengleichung für w zeigt sich, dass $w(\mathbf{x}, 0, t)$ die transformierte Telegraphengleichung erfüllt:

$$\frac{1}{\bar{c}^2} \frac{\partial^2 w(\mathbf{x}, 0, t)}{\partial t^2} = \left(\Delta + \kappa^2\right) w(\mathbf{x}, 0, t) \ .$$

Außerdem ist

$$w(\mathbf{x}, 0, 0) = u(\mathbf{x}, 0) = f(\mathbf{x}) \quad , \quad \frac{\partial w}{\partial t}(\mathbf{x}, 0, 0) = \frac{\partial u}{\partial t}(\mathbf{x}, 0) = \bar{g}(\mathbf{x}) \ .$$

Folglich ist $w(\mathbf{x}, 0, t)$ gleich der gesuchten Funktion $u(\mathbf{x}, t)$ und gilt für alle $(\mathbf{x}, t)$:

$$v(\mathbf{x}, t) = e^{-\mu t} u(\mathbf{x}, t) \quad , \quad u(\mathbf{x}, t) = w(\mathbf{x}, 0, t) = u_\chi(\mathbf{x}, 0, t) + \frac{\partial u_\phi}{\partial t}(\mathbf{x}, 0, t) \ . \tag{E.8}$$

Hiermit ist die Lösung $v(\mathbf{x}, t)$ der Telegraphengleichung für ein unendlich ausgedehntes d-dimensionales System mit allgemeinen Parametern (r_1, r_2) und allgemeinen Anfangsbedingungen vollständig bekannt.

E.5 Beispiel: das leitende Kabel ($d = 1$)

Als Beispiel diskutieren wir die Lösung der Telegraphengleichung in einem unendlich langen, effektiv eindimensionalen Kabel.

Die oben vorgestellte allgemeine Lösungsmethode zeigt, dass die Lösung der eindimensionalen Telegraphengleichung die Lösung einer zweidimensionalen Wellengleichung erfordert. Diese letzte Lösung ist bereits aus Gleichung (2.47) bekannt:

$$\begin{aligned} u_\chi(x, y, t) &= \frac{1}{\bar{c}} \int_0^{\bar{c}t} d\rho \, \frac{\rho}{\sqrt{(\bar{c}t)^2 - \rho^2}} M^{(2)}_{(x,y),\rho}[\chi] \\ &= \frac{1}{2\pi\bar{c}} \int_0^{\bar{c}t} d\rho \, \frac{\rho}{\sqrt{(\bar{c}t)^2 - \rho^2}} \int_0^{2\pi} d\varphi \, \bar{g}(x + \rho\cos\varphi) e^{\kappa(y + \rho\sin\varphi)} \ , \end{aligned}$$

sodass sich für $y = 0$ ergibt:

$$\begin{aligned} u_\chi(x,0,t) &= \frac{1}{2\pi\bar{c}} \int_0^{\bar{c}t} d\rho \, \frac{\rho}{\sqrt{(\bar{c}t)^2 - \rho^2}} \int_0^{2\pi} d\varphi \; \bar{g}(x + \rho\cos\varphi) e^{\kappa\rho\sin\varphi} \\ &= \frac{1}{2\pi\bar{c}} \int_{\{|\mathbf{z}| \le \bar{c}t\}} d\mathbf{z} \, \frac{\bar{g}(x + z_1) e^{\kappa z_2}}{\sqrt{(\bar{c}t)^2 - \mathbf{z}^2}} \quad , \quad R(z_1) \equiv \sqrt{(\bar{c}t)^2 - z_1^2} \\ &= \frac{1}{2\pi\bar{c}} \int_{-\bar{c}t}^{\bar{c}t} dz_1 \; \bar{g}(x + z_1) \int_{-R(z_1)}^{R(z_1)} dz_2 \, \frac{e^{\kappa z_2}}{\sqrt{R(z_1)^2 - z_2^2}} \; . \end{aligned}$$

Es ist nun hilfreich, eine neue Variable $z_2 \equiv R(z_1)\sin\psi$ einzuführen. Das innere Integral auf der rechten Seite lässt sich dann wie folgt umschreiben:

$$\int_{-R}^{R} dz_2 \, \frac{e^{\kappa z_2}}{\sqrt{R^2 - z_2^2}} = \int_{-\pi/2}^{\pi/2} d\psi \; \cos\psi \frac{e^{\kappa R \sin\psi}}{\sqrt{1 - \sin^2\psi}} = \int_{-\pi/2}^{\pi/2} d\psi \; e^{\kappa R \sin\psi} = \pi I_0(\kappa R) \; ,$$

wobei $I_0(z)$ in üblicher Notation die modifizierte Bessel-Funktion darstellt, siehe Formel (9.6.16) in Ref. [1] oder Formel (10.32.1) in Ref. [35]. Die Besselfunktion $I_0(z)$ ist positiv für alle $z \ge 0$, und es gilt asymptotisch, siehe die Formeln (9.6.12) und (9.7.1) in Ref. [1] oder die Formeln (10.25.2) und (10.30.4) in Ref. [35]:

$$I_0(z) \sim \begin{cases} 1 + \frac{1}{4}z^2 & (z \to 0) \\ (2\pi z)^{-1/2} e^z & (|z| \to \infty \text{ mit } |\arg(z)| < \frac{1}{2}\pi) \; . \end{cases} \tag{E.9}$$

Wir erhalten daher schließlich:

$$\begin{aligned} u_\chi(x,0,t) &= \frac{1}{2\bar{c}} \int_{-\bar{c}t}^{\bar{c}t} dz_1 \; \bar{g}(x + z_1) I_0\left(\kappa\sqrt{(\bar{c}t)^2 - z_1^2}\right) \\ &= \frac{1}{2\bar{c}} \int_{x-\bar{c}t}^{x+\bar{c}t} d\xi \; \bar{g}(\xi) I_0\left(\kappa\sqrt{(\bar{c}t)^2 - (\xi - x)^2}\right) \; . \end{aligned}$$

Für $\kappa = 0$ erkennt man die Lösung $u_{\bar{g}}$ der eindimensionalen Wellengleichung wieder, siehe Gleichung (2.38). Hierbei ist zu beachten, dass $I_0(0) = 1$ gilt. Analog ergibt sich für u_ϕ, indem wir $\bar{g} \to f$ ersetzen:

$$u_\phi(x,0,t) = \frac{1}{2\bar{c}} \int_{x-\bar{c}t}^{x+\bar{c}t} d\xi \; f(\xi) I_0\left(\kappa\sqrt{(\bar{c}t)^2 - (\xi - x)^2}\right) \; .$$

Für $\kappa > 0$ zeigen die Ergebnisse, dass das Signal der *Telegraphen*gleichung durch die I_0-Bessel-Funktion im Vergleich zur Lösung der *Wellen*gleichung (u. U. stark) verzerrt wird.

Verhalten der Lösung in $d = 1$

Man kann das qualitative Verhalten der Lösung der Telegraphengleichung in $d = 1$ bestimmen aus dem bekannten Verhalten (E.9) der Besselfunktion $I_0(z)$ für kleine und große Werte des Arguments. Der Einfachheit halber nehmen wir an, dass die Anfangsbedingungen $f(\xi)$ und $\bar{g}(\xi)$ nur in einem endlichen Raumbereich $|\xi| \le \alpha$ ungleich null sind, d. h., dass die Ausdehnung des Anfangssignals räumlich begrenzt ist. Außerdem nehmen wir an, dass $|x| > \alpha > 0$ gilt, sodass am Ort x z. Z. $t = 0$ kein Signal empfangen wird.

Unter diesen Bedingungen gibt es drei Phasen. Während der ersten Phase [für relativ kurze Zeiten: $t < (|x| - \alpha)/\bar{c}$] wird am Ort x kein Signal registriert: $u_\chi(x, 0, t) = 0$. In einer zweiten Phase [zwischen $t = (|x|-\alpha)/\bar{c}$ und $t = (|x|+\alpha)/\bar{c}$] kommt die Wellenfront vorbei, und man *kann* (abhängig von der genauen Form von f und $\bar{g}$) ein Signal empfangen. Schließlich, in der dritten Phase [für $t > (|x|+\alpha)/\bar{c}$], befindet sich der Ort x hinter der Wellenfront. Eine physikalisch interessante Frage ist nun, ob in der Telegraphengleichung hinter der Wellenfront ein *Nacheffekt* auftritt. Im Falle der eindimensionalen Wellengleichung gibt es einen solchen Nacheffekt bekanntlich *nicht*. Wir zeigen, dass die Antwort positiv lautet. Wir untersuchen im Folgenden zuerst die zweite und dann die dritte Phase.

Um das Passieren der Wellenfront in der zweite Phase besser zu verstehen, konzentrieren wir uns auf die *Mitte* der Wellenfront ($t = x/\bar{c}$) und nehmen (o. B. d. A.) an, dass der Ort x sich auf der positiven Halbachse befindet ($x > \alpha$). Unter diesen Voraussetzungen gilt:

$$\begin{aligned} u_\chi(\bar{c}t, 0, t) &= \frac{1}{2\bar{c}} \int_0^\infty d\xi \; \bar{g}(\xi) I_0\Big(\kappa\sqrt{(\bar{c}t)^2 - (\xi - \bar{c}t)^2}\Big) \\ &= \frac{1}{2\bar{c}} \int_0^\infty d\xi \; \bar{g}(\xi) I_0\Big(\kappa\sqrt{\xi(2\bar{c}t - \xi)}\Big) \; . \end{aligned}$$

Für lange Zeiten $t \gg \alpha/\bar{c}$ (dies beschreibt den Signalempfang an weit enfernten Orten $x \gg \alpha$) bedeutet das asymptotische Verhalten der I_0-Bessel-Funktion, dass

$$u_\chi(\bar{c}t, 0, t) \propto I_0(\kappa\sqrt{2\alpha\bar{c}t}) \propto e^{\kappa\sqrt{2\alpha\bar{c}t}} \qquad (t \to \infty)$$

gilt. Ähnliches gilt für den Term $(\partial u_\phi/\partial t)(\bar{c}t, 0, t)$, sodass sich schließlich

$$v(\bar{c}t, t) \propto e^{-\mu t + \kappa\sqrt{2\alpha\bar{c}t}} \to 0 \qquad (t \to \infty)$$

ergibt. Wir sehen also, dass die zusätzliche I_0-Bessel-Funktion für $\kappa > 0$ das durch die Funktionen f und $\bar{g}$ beschriebene ursprüngliche Signal nach hinreichend langer Zeit bis zur Unkenntlichkeit verzerrt. Außerdem führt der κ^2-Term in der transformierten Telegraphengleichung (der „höherdimensionale Charakter“ dieser Gleichung) dazu, dass die Amplitude der Wellenfront im Vergleich zur normalen Wellengleichung ($\kappa = 0$) sehr stark vergrößert wird ($\propto e^{\kappa\sqrt{2\alpha\bar{c}t}}$). Andererseits stellen wir auch fest, dass diese Vergrößerung der Amplitude durch den Reibungsterm völlig zunichte gemacht wird. Tatsächlich bestimmt dieser Term das führende Verhalten der Amplitude der Wellenfront im Langzeitlimes:

$$v(\bar{c}t, t) \sim e^{-\mu t + \mathcal{O}(\sqrt{t})} \to 0 \quad (t \to \infty) \; ,$$

sodass

$$-\lim_{t \to \infty} \left\{ \frac{\ln[v(\bar{c}t, t)]}{t} \right\} = \mu$$

gilt. Der Parameter μ wird als *logarithmisches Dämpfungsdekrement* bezeichnet.

In der dritten Phase gilt hinter der Wellenfront [d. h. für einen fest gewählten Empfangsort x und für Zeiten $t > (|x| + \alpha)/\bar{c}$]:

$$u_\chi(x,0,t) = \frac{1}{2\bar{c}} \int_{-\alpha}^{\alpha} d\xi\ \bar{g}(\xi) I_0\Big(\kappa\sqrt{(\bar{c}t)^2 - (\xi - x)^2}\Big) \ .$$

Für lange Zeiten [d. h. für $t \gg (|x| + \alpha)/\bar{c}$] folgt insbesondere, dass

$$I_0\left(\kappa\sqrt{(\bar{c}t)^2 - (\xi - x)^2}\right) \sim I_0(\kappa\bar{c}t) \propto e^{\kappa\bar{c}t}/\sqrt{2\pi\kappa\bar{c}t}$$

gilt, sodass sich im Limes $t \to \infty$ für u_χ ergibt:

$$u_\chi(x,0,t) \sim \frac{I_0(\kappa\bar{c}t)}{2c} \int_{-\infty}^{\infty} d\xi\ \bar{g}(\xi) \ ,$$

und analog für u_ϕ:

$$\frac{\partial u_\phi}{\partial t}(x,0,t) \sim \tfrac{1}{2}\kappa I_0(\kappa\bar{c}t) \int_{-\infty}^{\infty} d\xi\ f(\xi) \ .$$

Schließlich erhält man für die Lösung v der ursprünglichen Telegraphengleichung im Limes $t \to \infty$:

$$\begin{aligned} v(x,t) &= e^{-\mu t}\left[u_\chi(x,0,t) + \frac{\partial u_\phi}{\partial t}(x,0,t)\right] \\ &\sim \frac{I_0(\kappa\bar{c}t)e^{-\mu t}}{2c}\left[\int_{-\infty}^{\infty} d\xi\ \bar{g}(\xi) + \kappa\bar{c}\int_{-\infty}^{\infty} d\xi\ f(\xi)\right] \propto \frac{e^{-(\mu-\kappa\bar{c})t}}{\sqrt{\kappa\bar{c}t}} \ . \end{aligned}$$

Wir stellen also fest, dass die Schwingungsamplitude hinter der Wellenfront ebenfalls exponentiell abfällt, sogar mit einem *kleineren* Dämpfungsdekrement

$$-\lim_{t\to\infty}\left\{\frac{\ln[v(x,t)]}{t}\right\} = (\mu - \kappa\bar{c}) > 0 \ .$$

Dies bedeutet, dass das Signal hinter der Wellenfront im Laufe der Zeit immer schwächer und weniger ausgeprägt wird. Es ist außerdem bemerkenswert, dass die Lösung der eindimensionalen Telegraphengleichung, im Gegensatz zur Lösung der eindimensionalen Wellengleichung, offenbar sehr wohl einen Nacheffekt aufweist.

E.6 Lösung der Telegraphengleichung für $d = 2, 3$

Die Lösung $v(\mathbf{x}, t)$ der *Telegraphengleichung* (E.5) in einem unendlich ausgedehnten d-dimensionalen System ist, wie wir aus Gleichung (E.8) wissen, in einfacher Weise mit der Lösung der *Wellengleichung* im $(d + 1)$-dimensionalen Raum verknüpft. Wir diskutieren zuerst die Lösung der Telegraphengleichung im zweidimensionalen und danach diejenige im dreidimensionalen Raum.

Lösung der Telegraphengleichung für $d = 2$

Die Lösung $v(\mathbf{x}, t)$ der Telegraphengleichung mit $\mathbf{x} = (x_1, x_2)^{\mathrm{T}}$ im *zwei*dimensionalen Raum erfordert die Lösung einer *drei*dimensionalen Wellengleichung. Diese ist aus Gleichung (2.46) bekannt. Es gilt für den Anteil u_χ:

$$u_\chi(\mathbf{x}, y, t) = tM_{(\mathbf{x},y),\bar{c}t}[\chi] = \frac{t}{4\pi}\int d\Omega\ \chi\big(\left(\begin{smallmatrix}\mathbf{x}\\ y\end{smallmatrix}\right) + \bar{c}t\hat{\mathbf{r}}\big) \quad , \quad \hat{\mathbf{r}} = \begin{pmatrix}\cos(\varphi)\sin(\vartheta)\\ \sin(\varphi)\sin(\vartheta)\\ \cos(\vartheta)\end{pmatrix}$$

$$= \frac{t}{4\pi}\int d\Omega\ \bar{g}\big(x_1 + \bar{c}t\cos(\varphi)\sin(\vartheta), x_2 + \bar{c}t\sin(\varphi)\sin(\vartheta)\big)e^{\kappa[y+\bar{c}t\cos(\vartheta)]} .$$

Hieraus folgt mit $d\Omega = \sin(\vartheta)d\vartheta d\varphi$ und $z \equiv \bar{c}t\cos(\vartheta)$:

$$\begin{aligned}
u_\chi(\mathbf{x}, 0, t) &= \frac{1}{4\pi\bar{c}}\int_0^{2\pi} d\varphi \int_{-\bar{c}t}^{\bar{c}t} dz\ \bar{g}\Big(\left(\begin{smallmatrix}x_1\\ x_2\end{smallmatrix}\right) + \left(\begin{smallmatrix}\cos(\varphi)\\ \sin(\varphi)\end{smallmatrix}\right)\sqrt{(\bar{c}t)^2 - z^2}\Big)e^{\kappa z}\\
&= \frac{1}{2\pi\bar{c}}\int_0^{2\pi} d\varphi \int_0^{\bar{c}t} dz\ \bar{g}\Big(\left(\begin{smallmatrix}x_1\\ x_2\end{smallmatrix}\right) + \left(\begin{smallmatrix}\cos(\varphi)\\ \sin(\varphi)\end{smallmatrix}\right)\sqrt{(\bar{c}t)^2 - z^2}\Big)\cosh(\kappa z)\\
&= \frac{1}{\bar{c}}\int_0^{\bar{c}t} dz\ \cosh(\kappa z)M^{(2)}_{\mathbf{x},\sqrt{(\bar{c}t)^2-z^2}}[\bar{g}]\\
&= \frac{1}{\bar{c}}\int_0^{\bar{c}t} d\rho\ \rho\ \frac{\cosh(\kappa\sqrt{(\bar{c}t)^2 - \rho^2})}{\sqrt{(\bar{c}t)^2 - \rho^2}}\ M^{(2)}_{\mathbf{x},\rho}[\bar{g}] .
\end{aligned}$$

In der vorletzten Zeile wurde die bereits in Gleichung (2.47) eingeführte Notation $M^{(2)}_{\mathbf{x},\rho}$ verwendet, die den Mittelwert der Funktion $\bar{g}$ über einen Kreisrand mit Radius ρ und Mittelpunkt $\mathbf{x}$ bezeichnet. In der letzten Zeile wurde eine neue Variable $\rho \equiv \sqrt{(\bar{c}t)^2 - z^2}$ mit der Interpretation des Kreisradius eingeführt. Für den Spezialfall $\kappa = 0$ gilt $\cosh(\cdots) = 1$ und erkennt man die Lösung (2.47) der zweidimensionalen Wellengleichung wieder.

Die Lösung der zweidimensionalen Telegraphengleichung zeigt ein sehr ähnliches Langzeitverhalten wie für $d = 1$: Die Lösung der Telegraphengleichung wird erstens im Vergleich zur Lösung der Wellengleichung sehr stark (nämlich exponentiell) *gedämpft*. An der Wellenfront erhält man ein logarithmisches Dämpfungsdekrement gleich μ und weit hinter der Wellenfront das etwas kleinere Dämpfungsdekrement $\mu - \kappa\bar{c}$. Zweitens wird das Signal für $\kappa > 0$ auch stark verzerrt, wobei die Verzerrung im zweidimensionalen Fall durch den Kosinus hyperbolicus beschrieben wird; dieser verhält sich im Langzeitlimes sehr ähnlich wie die I_0-Bessel-Funktion für $d = 1$.

Lösung der Telegraphengleichung für $d = 3$

Die Lösung $v(\mathbf{x}, t)$ der Telegraphengleichung mit $\mathbf{x} = (x_1, x_2, x_3)^{\mathrm{T}}$ im *drei*dimensionalen Raum erfordert die Lösung einer *vier*dimensionalen Wellengleichung. Diese ist aus Teil **(d)** von Aufgabe 2.13 bekannt, siehe Gleichung (8.27) mit $n = 2$. Der Anteil u_χ kann mit $\rho \equiv \bar{c}t\sin(\theta_4)$ wie folgt geschrieben werden:

$$\begin{aligned}
u_\chi(\mathbf{x}, y, t) &= \frac{S_4(1)}{4\pi^2\bar{c}^3 t}\frac{\partial}{\partial t}\int_0^{\bar{c}t} d\rho\ \frac{\rho^3}{\sqrt{(\bar{c}t)^2 - \rho^2}}M^{(4)}_{(\mathbf{x},y),\rho}[\chi]\\
&= \frac{1}{4\pi^2\bar{c}^3 t}\frac{\partial}{\partial t}\int_0^{\bar{c}t} d\rho\ \rho^3 \int d\Omega_4\ \frac{\chi\big(\left(\begin{smallmatrix}\mathbf{x}\\ y\end{smallmatrix}\right) + \rho\hat{\mathbf{e}}_r^{(4)}\big)}{\sqrt{(\bar{c}t)^2 - \rho^2}} .
\end{aligned}$$

Der radiale Einheitsvektor $\mathbf{e}_r^{(4)}$ wird in Aufgabe 2.13 definiert. Wir führen nun, analog zur Vorgehensweise im eindimensionalen Fall in Abschnitt [E.5], einen vierdimensionalen Vektor $\mathbf{z} = \rho\hat{\mathbf{e}}_r^{(4)}$ ein und bezeichnen seine Komponenten als $\mathbf{z} = (\boldsymbol{\zeta}, z_4)$ mit $\boldsymbol{\zeta} \in \mathbb{R}^3$:

$$u_\chi(\mathbf{x}, y, t) = \frac{1}{4\pi^2\bar{c}^3 t}\frac{\partial}{\partial t}\int_{|\mathbf{z}|\leq \bar{c}t} d\mathbf{z}\, \frac{\bar{g}(\mathbf{x}+\boldsymbol{\zeta}))e^{\kappa(y+z_4)}}{\sqrt{(\bar{c}t)^2 - \boldsymbol{\zeta}^2 - z_4^2}} .$$

Mit der Definition $R(\boldsymbol{\zeta}) \equiv \sqrt{(\bar{c}t)^2 - \boldsymbol{\zeta}^2}$ erhält man speziell für $y = 0$:

$$\begin{aligned} u_\chi(\mathbf{x}, 0, t) &= \frac{1}{4\pi^2\bar{c}^3 t}\frac{\partial}{\partial t}\int_{|\boldsymbol{\zeta}|\leq \bar{c}t} d\boldsymbol{\zeta}\; \bar{g}(\mathbf{x}+\boldsymbol{\zeta}))\int_{-R(\boldsymbol{\zeta})}^{R(\boldsymbol{\zeta})} dz_4\, \frac{e^{\kappa z_4}}{\sqrt{R(\boldsymbol{\zeta})^2 - z_4^2}} \\ &= \frac{1}{4\pi\bar{c}^3 t}\frac{\partial}{\partial t}\int_{|\boldsymbol{\zeta}|\leq \bar{c}t} d\boldsymbol{\zeta}\; \bar{g}(\mathbf{x}+\boldsymbol{\zeta}))I_0\big(\kappa R(\boldsymbol{\zeta})\big) . \end{aligned}$$

Hierbei ist $I_0(z)$ wiederum die modifizierte Bessel-Funktion, die bereits in Abschnitt [E.5] verwendet wurde. Wir schreiben die Funktion $u_\chi(\mathbf{x}, 0, t)$ schließlich als Integral, dessen Integrand den Mittelwert $M_{\mathbf{x},\rho}^{(3)}[\bar{g}]$ der Funktion $\bar{g}$ über die Fläche einer dreidimensionalen Kugel mit Radius $\zeta \equiv |\boldsymbol{\zeta}|$ und Mittelpunkt $\mathbf{x}$ enthält:

$$u_\chi(\mathbf{x}, 0, t) = \frac{1}{\bar{c}^3 t}\frac{\partial}{\partial t}\int_0^{\bar{c}t} d\zeta\; \zeta^2 I_0\Big(\kappa\sqrt{(\bar{c}t)^2 - \zeta^2}\Big)\, M_{\mathbf{x},\zeta}^{(3)}[\bar{g}] .$$

Für den Spezialfall $\kappa = 0$, der den verzerrungsfreien Fall beschreibt, verwenden wir $I_0(0) = 1$ und erhalten als Ergebnis $u_\chi(\mathbf{x}, 0, t) = tM_{\mathbf{x},\bar{c}t}^{(3)}[\bar{g}]$. Dies entspricht genau der Lösung der dreidimensionalen Wellengleichung, siehe Gleichung (2.46). Analog gilt für den Anteil u_ϕ der Lösung der vierdimensionalen Wellengleichung, der durch die Anfangsbedingung $f(\mathbf{x})$ festgelegt wird:

$$u_\phi(\mathbf{x}, 0, t) = \frac{1}{\bar{c}^3 t}\frac{\partial}{\partial t}\int_0^{\bar{c}t} d\zeta\; \zeta^2 I_0\Big(\kappa\sqrt{(\bar{c}t)^2 - \zeta^2}\Big)\, M_{\mathbf{x},\zeta}^{(3)}[f] .$$

Die Lösung der Telegraphengleichung im dreidimensionalen Raum zu den vorgegebenen Anfangsbedingungen $f(\mathbf{x})$ und $\bar{g}(\mathbf{x}) = g(\mathbf{x}) + \mu f(\mathbf{x})$ folgt nun aus Gleichung (E.8) als $v(\mathbf{x}, t) = e^{-\mu t}u(\mathbf{x}, t)$ mit $u(\mathbf{x}, t) = u_\chi(\mathbf{x}, 0, t) + \frac{\partial u_\phi}{\partial t}(\mathbf{x}, 0, t)$.

Die Lösung der dreidimensionalen Telegraphengleichung zeigt ein sehr ähnliches Langzeitverhalten wie für $d = 1$ und $d = 2$: Die Lösung der Telegraphengleichung wird im Vergleich zur Lösung der Wellengleichung als Funktion der Zeit wiederum exponentiell *gedämpft*. An der Wellenfront erhält man wieder ein logarithmisches Dämpfungsdekrement gleich μ und weit hinter der Wellenfront das etwas kleinere Dämpfungsdekrement $\mu - \kappa\bar{c}$. Außerdem wird das Signal für $\kappa > 0$ stark verzerrt, wobei die Verzerrung im dreidimensionalen Fall wie für $d = 1$ durch eine I_0-Bessel-Funktion beschrieben wird.

Liste der Symbole

Griechisches Alphabet

α, A	alpha	η, H	eta	ν, N	ny	τ, T	tau
β, B	beta	θ, ϑ, Θ	theta	ξ, Ξ	xi	υ, Υ	ypsilon
γ, Γ	gamma	ι, I	iota	o, O	omikron	ϕ, φ, Φ	phi
δ, Δ	delta	κ, K	kappa	π, ϖ, Π	pi	χ, X	chi
ϵ, ε, E	epsilon	λ, Λ	lambda	ρ, ϱ, P	rho	ψ, Ψ	psi
ζ, Z	zeta	μ, M	my	σ, ς, Σ	sigma	ω, Ω	omega

Mathematische Notation

$\mathbb{N}$	natürliche Zahlen $\{1, 2, 3, \cdots\}$	$\ll$	ist viel kleiner als
$\mathbb{N}_0$	natürliche Zahlen $\{0, 1, 2, 3, \cdots\}$	$<$	ist kleiner als
$\mathbb{Z}$	ganze Zahlen $\{\cdots, -1, 0, 1, \cdots\}$	$\leq$	ist kleiner als oder gleich
$\mathbb{Z}\backslash\{0\}$	ganze Zahlen $n \neq 0$	$\geq$	ist größer als oder gleich
$\mathbb{Q}$	rationale Zahlen $\frac{m}{n}$	$>$	ist größer als
$\mathbb{R}$	reelle Zahlen	$\gg$	ist viel größer als
$\mathbb{R}\backslash\{0\}$	reelle Zahlen $x \neq 0$	$\neg$	nicht (Verneinung)
$\mathbb{R}^+$	positive reelle Zahlen $x > 0$	$=$	ist gleich
$\mathbb{R}^-$	negative reelle Zahlen $x < 0$	$\simeq$	ist ungefähr gleich
$\mathbb{C}$	komplexe Zahlen $u + iv$	$\neq$	ist ungleich
i	imaginäre Einheit ($i^2 = -1$)	$\equiv$	per definitionem gleich
E^d	Euklidischer Raum	A^d	affiner Raum
$\mathcal{O}$	asymptotisch von Ordnung	$\propto$	proportional zu
o	asymptotisch kleiner als	$\in$	ist Element von
$\sim$	(asymptotisch) äquivalent zu	$\notin$	ist kein Element von
$\times$	kartesisches Produkt	$A \Rightarrow B$	falls A, dann B
$\otimes$	direktes Produkt	$A \Leftrightarrow B$	A und B sind äquivalent
$\pm$	plus bzw. minus	$\binom{n}{k}$	Binomialkoeffizient
$\mp$	minus bzw. plus	$n!$	n-Fakultät
$\pm\infty$	plus bzw. minus unendlich	$n!!$	n-Doppelfakultät
A, B, I	Matrizen	A^{T}, $\tilde{A}$	gespiegelte Matrix
$\mathrm{Sp}(A)$	Spur der Matrix A	$\forall$	für alle ...
$\exists!$	es gibt genau ein ...	$\exists$ ($\nexists$)	es gibt (k)ein ...

P. van Dongen, *Klassische Elektrodynamik*, https://doi.org/10.1007/978-3-662-69830-3

Mathematische Notation

$\sum_{k=0}^{n}$	Summe	$\prod_{k=0}^{n}$	Produkt
$\pi = 3{,}1415\cdots$	Kreiszahl	$e = 2{,}7182\cdots$	Euler-Zahl
$\gamma = 0{,}5772\cdots$	Euler-Konstante	$\sqrt[n]{a}$	n-te Wurzel
$\exp(x) = e^x$	Exponentialfunktion	$\ln(x)$	Logarithmus
$f' = \frac{df}{dx}$	1. Ableitung von f	$f^{(n)} = \frac{d^n f}{dx^n}$	n-te Ableitung
$f'' = \frac{d^2 f}{dx^2}$	2. Ableitung von f	f''', f''''	3., 4. Ableitung
$\lim_{x\to a}$	Limes $x \to a$	$\lim_{x\to\pm\infty}$	Limes $x \to \pm\infty$
$\lim_{x\uparrow a}$	Limes von unten	$\lim_{x\downarrow a}$	Limes von oben
$\mathrm{Re}(z)$	Realteil ($z \in \mathbb{C}$)	$\mathrm{Im}(z)$	Imaginärteil ($z \in \mathbb{C}$)
$\lvert z\rvert$	Betrag ($z \in \mathbb{C}$)	$\arg(z)$	Argument ($z \in \mathbb{C}$)
$\mathrm{sgn}(u)$	Signum ($u \neq 0$)	$\bmod 2\pi$	modulo (hier 2π)
$\Gamma(x)$	Gammafunktion	z^*	komplexe Konjugation
$\mathbf{x}$, $\mathbf{a}$, $\mathbf{b}$	Vektoren	$\lvert\mathbf{a}\rvert$	Norm/Länge von $\mathbf{a}$
$\hat{\mathbf{x}}$, $\hat{\mathbf{a}}$	Einheitsvektoren	$\mathbb{R}^d$, $\mathbb{R}^1$	$\mathbb{R} \times \mathbb{R}^{d-1}$, $\mathbb{R}$
$g_\sigma(\mathbf{x})$	Gauß-Funktion	$\boldsymbol{\alpha}^{\mathrm{T}}\boldsymbol{\beta}$, $\mathbf{x}\cdot\mathbf{x}'$	Skalarprodukt
$\perp$	senkrecht	$\parallel$	parallel
$\mathbf{a}\times\mathbf{b}$	Vektorprodukt	$(\mathbf{a}\times\mathbf{b})\cdot\mathbf{c}$	Spatprodukt
δ_{ij}	Kronecker-Delta	ε_{ijk}, $\varepsilon^{\mu\nu\rho\sigma}$	ε-Tensor
$\det(A)$	Determinante von A	A^{T}	transponierte Matrix
$\mathbb{1}_d$	Einheitsmatrix	$\mathbf{a}^{\mathrm{T}}$	transponierter Vektor
A^{-1}	inverse Matrix	$P_{lm}(x)$	ass. Legendre-Funktion
(ρ, φ)	Polarkoordinaten	(r, ϑ, φ)	Kugelkoordinaten
$\boldsymbol{\alpha}\boldsymbol{\beta}^{\mathrm{T}}$	Dyade	$R(\boldsymbol{\alpha})$	Drehung
P	Permutation	$\mathrm{sgn}(P)$	Signum von P
$\mathbb{O}_d$	Nullmatrix	$f(x)$, $f(\mathbf{x})$	Funktion f von x, $\mathbf{x}$
$\hat{\mathbf{n}}$	Normalenvektor	$\Theta(x)$	Stufenfunktion
$\mathcal{I} = (a, b)$	offenes Intervall $\mathcal{I}$	$\mathcal{I} = [a, b]$	$\mathcal{I}$ abgeschlossen
$\mathcal{I} = (a, b]$	$\mathcal{I}$ linksoffen	$\mathcal{I} = [a, b)$	$\mathcal{I}$ rechtsoffen
$\boldsymbol{\nabla}$	Nabla-Operator	$\boldsymbol{\nabla} f$	Gradient von f
$\boldsymbol{\nabla}\cdot\mathbf{f}$	Divergenz von $\mathbf{f}$	$\boldsymbol{\nabla}\times\mathbf{f}$	Rotation von $\mathbf{f}$
$\boldsymbol{\nabla}\times(\boldsymbol{\nabla}\times\mathbf{f})$	doppelte Rotation	$\Delta = \boldsymbol{\nabla}\cdot\boldsymbol{\nabla}$	Laplace-Operator
$\int dx\ f(x)$	Stammfunktion	$\int_a^b dx\ f(x)$	bestimmtes Integral
$\mathrm{P}\int dx\ f(x)$	Hauptwertintegral	$\int_G dx_1 dx_2\ f$	Integral ($G \subset \mathbb{R}^2$)
$\int_G d^d x\ f(\mathbf{x})$	Integral ($G \subset \mathbb{R}^d$)	$\frac{\partial f}{\partial x_i}(\mathbf{x})$	partielle Ableitung
$\dot{\psi}$, $\dot{\mathbf{x}}$	Zeitableitung	$\ddot{\psi}$, $\ddot{\mathbf{x}}$	2. Zeitableitung
$\hat{\mathbf{e}}_i$	i-ter Basisvektor	$\mathbf{0}$	Nullvektor, Ursprung
dy, dx	Differentiale	$d^d x$	$dx_1 dx_2 \cdots dx_d$
$\boldsymbol{\nabla}_k$	$\partial/\partial\mathbf{x}_k$	$Y_{lm}(\vartheta, \varphi)$	Kugelflächenfunktion
J_ν, Y_ν	Bessel-Funktionen	I_ν, K_ν	Bessel-Funktionen
$\delta(x)$, $\delta(\mathbf{x})$	Deltafunktion	$\int_k d\mathbf{x}\cdot\mathbf{F}$	Kurvenintegral
$I_{[a,b]}(x)$	Indikatorfunktion	$I_G(\mathbf{x})$	Indikatorfunktion
$\oint d\mathbf{x}\cdot\mathbf{F}$	Kurvenintegral	$\int_{\mathcal{F}} dS\ f(\mathbf{x})$	Flächenintegral
$\int_{\mathcal{F}} d\mathbf{S}\cdot\mathbf{f}(\mathbf{x})$	Flächenintegral	$\int_V d^d x\ g(\mathbf{x})$	Volumenintegral

Physikalische Größen

$\mathbf{x}_i$	Ortsvektor (i-tes Teilchen)
$\mathbf{p}_i$	Impuls (i-tes Teilchen)
$\mathcal{V}(\mathbf{x})$	(Vielteilchen-)Potential
$\mathbf{v}$, $v = \|\mathbf{v}\|$, $\dot{\mathbf{x}}$	Geschwindigkeit
$\mathbf{u}$, $u = \|\mathbf{u}\|$	Geschwindigkeit
$\dot{\mathbf{x}}_i$	Geschwindigkeit (i-tes Teilchen)
$\ddot{\mathbf{x}}_i$	Beschleunigung (i-tes Teilchen)
$\mathbf{E}$	elektrisches Feld
m_i	Masse (i-tes Teilchen)
c	Lichtgeschwindigkeit
E	Energie (allgemein)
$\boldsymbol{\omega}$	Winkelgeschwindigkeit
$\mathbf{x}_{ji} = \mathbf{x}_j - \mathbf{x}_i$	Relativvektor
$\mathcal{G}$	Gravitationskonstante
q_i, $\hat{q}_i$	Ladung (i-tes Teilchen)
ε_0	Permittivität des Vakuums
$\mathbf{F}_i$	Kraft (auf i-tes Teilchen)
$\mathbf{M}$	Magnetisierung
$\frac{d^n}{dt^n}$	n-te Zeitableitung
$\mathbf{x}_\mathrm{M}$	Massenschwerpunkt
$\mathbf{v}_\mathrm{rel}(K', K)$	Relativgeschwindigkeit
$\mathbf{x}_\phi(t)$	physikalische Bahn
$\mathbf{p}_\phi(t)$	Impuls (physikalische Bahn)
$\chi^\mathrm{m,e}$	Suszeptibilitäten
$\boldsymbol{\Pi}$	kinetischer Gesamtimpuls
$\mathbf{D}$	Hilfsfeld $\varepsilon_0\mathbf{E} + \mathbf{P}$
$\mathbf{H}$	Hilfsfeld $\mu_0^{-1}\mathbf{B} - \mathbf{M}$
$\mathbf{X}$	Ortsvektor $(\mathbf{x}_1/\cdots/\mathbf{x}_N)$
$V(\mathbf{X})$	Gesamtpotential
$E_\mathrm{kin}(t)$	kinetische Energie
$\overline{g(t)}$	Zeitmittelwert (hier von g)
$E_\mathrm{pot}(t)$	potentielle Energie
$\mathcal{E}_{\partial\mathcal{F}}$	elektromotorische Kraft
$\mathbf{d}$	elektrisches Dipolmoment
$\mathbf{m}$	magnetisches Moment
D	magnetischer Dipoltensor
S	Wirkung $\oint d\mathbf{x}\cdot\mathbf{p}$
Φ	skalares Potential
Q_{ij}	elektrischer Quadrupoltensor
O_{ijk}	elektrischer Oktupoltensor
H_{ijkl}	elektrischer Hexadekapoltensor
$G_d(\mathbf{x})$	Green'sche Funktion in $\mathbb{R}^d$
$\bar{c}$	Lichtgeschwindigkeit (Medium)
$\mathbf{x}$	Ortsvektor
$\mathbf{p}$	Impuls
$p = \|\mathbf{p}\|$	Impulsbetrag
$\mathbf{L}$, L	Drehimpuls
m	Punktmasse
$\mathbf{N}$	Drehmoment
$\mathbf{a}$, $\ddot{\mathbf{x}}$	Beschleunigung
$\mathbf{B}$	Magnetfeld
N	Teilchenzahl
V	Volumen
$\mathbf{F}$	Kraft (allgemein)
t	Zeitvariable
d	Raumdimension
ω	Winkelfrequenz
I	Stromstärke
i, j	Teilchenindex
$\mathbf{P}$	Polarisation
$\rho(\mathbf{x}, t)$	Ladungsdichte
$\frac{d}{dt}$	Zeitableitung
M	Gesamtmasse
T	Umlaufzeit
R_E	Erdradius
$\mathbf{F}_\mathrm{Lor}$	Lorentz-Kraft
$\boldsymbol{\alpha}$	Drehvektor
$\hat{\boldsymbol{\alpha}}$	Drehachse
α	Drehwinkel
$T^{\nu_1\nu_2}$	Tensor
$T^{\nu_1\nu_2}(x)$	Tensorfeld
T_{ij}^Mw	Maxwell'scher Spannungstensor
$T, \Theta, \mathcal{T}$	Energie-Impuls-Tensoren
L, l, ℓ	Länge
λ	Wellenlänge
$\mathbf{S}$	Poynting-Vektor
$\rho_\mathcal{E}$	Energiedichte
$\mathbf{k}$	Wellenvektor
$\mathbf{A}$	Vektorpotential
$\mathcal{E}_\mathrm{M}$	Energie (Materie)
$\boldsymbol{\pi}_\mathrm{M}$	Impuls (Materie)
Z	Atomnummer
$\dot{\boldsymbol{\beta}}$	Beschleunigung
$\hbar$	Wirkungsquantum

Physikalische Größen

$\Sigma(\mathbf{x},t)$	Oberflächenladungsdichte	$\boldsymbol{\beta}$, $\hat{\boldsymbol{\beta}}$, β	$\mathbf{v}/c$, $\hat{\mathbf{v}}$, $\boldsymbol{\beta}\cdot\hat{\mathbf{v}}$
$\mathbf{J}(\mathbf{x},t)$	Oberflächenstromdichte	γ	$(1-\beta^2)^{-1/2}$
$(\mathcal{L}^{\mu\nu\rho})$	Drehimpulstensordichte	a_{B}	Bohr-Radius
r_e	klassischer Radius (Elektron)	e	Ladung (Elektron)
$\lambda\!\!\!^{-}{}_{\mathrm{Compton}}$	Compton-Wellenlänge	T_{F}	Fermi-Temperatur
λ_T	thermische Wellenlänge	α	Feinstrukturkonstante
$\tau(\mathbf{x},t)$	retardierte Zeit	μ_0	Permeabilität (Vakuum)
$\mathbf{j}(\mathbf{x},t)$	Ladungsstromdichte	Q	Ladung in $\mathbb{R}^3$
$\mathbf{f}_{\mathrm{Lor}}$	Lorentz-Kraftdichte	$Q_{\mathcal{D}}$	Ladung im Gebiet $\mathcal{D}$
$\Lambda(\mathbf{x},t)$	Eichfunktion	ds	infinitesimaler Abstand
Λ, $(\Lambda^{\mu\nu})$	Lorentz-Transformation	(f^μ)	4-Lorentz-Kraftdichte
$\tilde{\Lambda}$	Λ gespiegelt	Λ^{T}	Λ transponiert
G, $(g^{\mu\nu})$	metrischer Tensor	τ	Eigenzeit
$\mathcal{L}$	Lorentz-Gruppe	$\mathcal{L}_+^\uparrow$	Lorentz-Untergruppe
L_i, M_i	Erzeuger von $\mathcal{L}_+^\uparrow$	$\Lambda_{\mathrm{R,B}}$	Drehung bzw. Boost
(x^μ)	4-Ortsvektor (kontravariant)	(x_μ)	4-Ortsvektor (kovariant)
(dx^μ)	Differential von (x^μ)	(dx_μ)	Differential von (x_μ)
$a\cdot b$, $a^\mu b_\mu$	Skalarprodukte	(j^μ)	4-Stromdichte
$\Box=\partial\cdot\partial$	d'Alembert-Operator	(A^μ)	4-Potential
(u^μ), (u_μ)	4-Geschwindigkeit	(k^μ)	4-Wellenvektor
(∂^μ), (∂_μ)	4-Ableitung	(p^μ)	4-Impuls
$\boldsymbol{\pi}$	kinetischer Impuls	m_0	Ruhemasse
$(\tilde{F}^{\mu\nu})$	dualer Feldtensor	$(F^{\mu\nu})$	Feldtensor
(K^μ)	4-Lorentz-Kraft	$\mathcal{E}$	Teilchenenergie
$(L^{\mu\nu})$	Drehimpulstensor	π_φ	Drehimpuls
π_x	radialer Impuls	k	Wellenzahl
$\dot{\mathbf{X}}$	Geschwindigkeit $(\dot{\mathbf{x}}_1/\cdots/\dot{\mathbf{x}}_N)$	$\mathbf{X}_\phi(t)$	physikalische Bahn
$L(\mathbf{x},\dot{\mathbf{x}},t)$	Lagrange-Funktion	μ	Permeabilität (Medium)
$L(\mathbf{X},\dot{\mathbf{X}},t)$	Lagrange-Funktion	ε	Permittivität (Medium)
V_{Lor}	Lorentz-Potential	$\delta\mathbf{x}$, δG	Variation
$S_{(\mathbf{x}_1,t_1)}^{(\mathbf{x}_2,t_2)}[\mathbf{x}]$	Wirkungsfunktional	$\frac{\delta S}{\delta\mathbf{x}(t)}$	Funktionalableitung
$S_1^2[\{x_l\},A]$	Wirkungsfunktional	σ	Leitfähigkeit
$\mathcal{L}(A,\partial A,x)$	Lagrange-Dichte	δ	Skintiefe
$\frac{dW}{d\Omega}$	Energiestrom / Raumwinkel	W	Gesamtleistung
$\boldsymbol{\mathcal{A}},\boldsymbol{\mathcal{B}},\boldsymbol{\mathcal{E}}$	komplexe $(\mathbf{A},\mathbf{B},\mathbf{E})$-Felder	$\mathbf{P}_{\mathrm{x}}$	externe Polarisation
$\boldsymbol{\mathcal{D}},\boldsymbol{\mathcal{H}}$	komplexe $(\mathbf{D},\mathbf{H})$-Felder	$\mathbf{M}_{\mathrm{x}}$	externe Magnetisierung
$R_0=\mu_0 c$	Wellenwiderstand (Vakuum)	$\mathbf{V}_{\mathrm{e,m}}$	Hertz'sche Potentiale
$H(\{\boldsymbol{\pi}_l\},\mathbf{A})$	Hamilton-Funktion	$V^{\mu\nu}$	Tensorfeld (Medium)
$H(\mathbf{x},\mathbf{p},t)$	Hamilton-Funktion	$\mathbf{j}_{\mathrm{kv}}$	konvektive Stromdichte
$M^{\mu\nu},H^{\mu\nu}$	Tensorfelder (Medium)	$\mathbf{j}_{\mathrm{s}}$	Spinstromdichte
$\mathbf{Y}_{lm}(\vartheta,\varphi)$	Vektorkugelflächenfunktion	ρ_{M}	Ladungsdichte (Medium)
$W\{f_1,f_2\}$	Wronski-Determinante	$\mathbf{j}_{\mathrm{M}}$	Stromdichte (Medium)
$\mathbf{M}_{\mathrm{M}}$	Magnetisierung (Medium)	$\mathbf{P}_{\mathrm{M}}$	Polarisation (Medium)

Literaturverzeichnis

[1] Abramowitz, M., Stegun, I.A.: *Handbook of Mathematical Functions*. Dover Publications, New York (1965)

[2] Aldersey-Williams, H.: *Dutch Light, Christiaan Huygens and the Making of Science in Europe*. Picador, London (2021)

[3] de Andrade Martins, R.: *Resistance to the discovery of electromagnetism: Ørsted and the symmetry of the magnetic field*, in: Bevilacqua, F., Giannetto, E. (eds.): *Volta and the History of Electricity*, pp. 245-265. Università degli Studi di Pavia, Pavia (2003)

[4] Besser, B.P.: *Synopsis of the historical development of Schumann resonances*. Radio Science, Vol. 42, RS2S02 (2007)

[5] Bleaney, B.I., Bleaney, B.: *Electricity and Magnetism*. Oxford Univ. Press, London (1976)

[6] Born, M.: *Optik, 3. Auflage*. Springer-Verlag, Berlin (1985)

[7] Clerk Maxwell, J.: *A Dynamical Theory of the Electromagnetic Field*. In: Scientific Papers of James Clerk Maxwell, Vol. I, pp. 526-597, Cambridge Univ. Press, Cambridge (1890)

[8] Clerk Maxwell, J.: *On the electrical capacity of a long narrow cylinder, and of a disk of sensible thickness*. Proc. London Math. Soc. IX, 94 (1878)

[9] van Dongen, P.G.J.: *Einführungskurs Mathematik und Rechenmethoden*. Springer Spektrum, Wiesbaden (2015)

[10] van Dongen, P.G.J.: *Statistische Physik*. Springer Spektrum, Berlin (2017)

[11] van Dongen, P.G.J.: *Klassische Mechanik*. Springer Spektrum, Berlin (2021)

[12] Einstein, A.: *Zur Elektrodynamik bewegter Körper*. Annalen der Physik, **17**, 891 (1905)

[13] Einstein, A.: *Ist die Trägheit eines Körpers von seinem Energieinhalt abhängig?* Annalen der Physik, **18**, 639 (1905)

[14] Feynman, R.P., Leighton, R.B., Sands, M.: *Feynman Vorlesungen über Physik, Band II*. Oldenbourg Verlag, München (2001)

P. van Dongen, *Klassische Elektrodynamik*, https://doi.org/10.1007/978-3-662-69830-3

[15] Galili, I., Goihbarg, E.: *Energy transfer in electrical circuits: A qualitative account*. Am. J. Phys. **73**, 141 (2005)

[16] Gradshteyn, I.S., Ryzhik, I.M.: *Table of Integrals, Series and Products*. Academic Press, San Diego (1965)

[17] Partovi, M.H., Griffiths, D.J.: *Equilibrium Charge Density on a Thin Curved Wire*. Am. J. Phys. 77, 1173 (2009)

[18] Heaviside, O.: *Electrical Papers, Vol. I*. Macmillan and Co., London (1892)

[19] Heaviside, O.: *Electrical Papers, Vol. II*. Macmillan and Co., London (1894)

[20] Huygens, C.: *Traité de la Lumière*. Pierre vander Aa, Leiden (MDCXC)

[21] Huygens, C.: *Oeuvres complètes. Tome XIX. Mécanique théorique et physique 1666-1695* (ed. J.A. Vollgraff). Martinus Nijhoff, Den Haag (1937)

[22] Jackson, J.D.: *Classical Electrodynamics*. John Wiley & Sons, New York (1975)

[23] Jackson, J.D.: *Charge density on thin straight wire, revisited*. Am. J. Phys. 68, 789 (2000)

[24] Landau, L.D., Lifschitz, E.M.: *Lehrbuch der Theoretischen Physik, Band II*. Akademie-Verlag, Berlin (1987)

[25] Landau, L.D., Lifschitz, E.M.: *Lehrbuch der Theoretischen Physik, Band VIII*. Akademie-Verlag, Berlin (1990)

[26] Legendre, A.-M.: *Exercises de calcul intégral, tome II*. Huzard-Coursier, Paris (1817)

[27] Lorentz, H.A.: *The theory of electrons and its applications to the phenomena of light and radiant heat (2nd edition)*. B.G. Teubner, Leipzig (1916)

[28] Matar, M., Welti, R.: *The surface charges and the examples of J H Poynting on the transfer of energy in electrical circuits*. Eur. J. Phys. **38**, 065201 (2017)

[29] Neufeld, J.: *Constitutive Equations for a Plasma-Like Medium*. J. Appl. Phys. **34**, 2549 (1963)

[30] Nye, J.F.: *Physical Properties of Crystals*. Oxford Science Publications, Oxford (1985)

[31] Magnus, W., Oberhettinger, F.: *Formeln und Sätze für die speziellen Funktionen der mathematischen Physik, 2. Auflage*. Springer-Verlag, Berlin, 1948.

[32] Newton, Is., Eq. Aur.: *Philosophiae naturalis principia mathematica (editio tertia)*. Guil. & Joh. Innys, Londini (MDCCXXVI)

[33] Newton, I.: *Opticks: or, a Treatise of the Reflexions, Refractions, Inflexions and Colours of Light*. Sam. Smith and Benj. Walford, London (MDCCIV)

[34] O'Dell, T.H.: *Measurements of the magneto-electric susceptibility of polycrystalline chromium oxide*. Philosophical Magazine **13**, 921 (1966)

[35] Olver, F.W.J., Lozier, D.W., Boisvert, R.F., Clark, C.W. (eds.): *NIST Handbook of Mathematical Functions*. Cambridge Univ. Press, Cambridge (2010)

[36] Padmanabhan, T.: *Theoretical Astrophysics, Volume I*. Cambridge Univ. Press, Cambridge (2000)

[37] Pauli, W.: *Theory of Relativity*. Dover Publications, New York (1981)

[38] Poynting, J.H.: *On the Transfer of Energy in the Electromagnetic Field*. Phil. Trans. R. Soc. Lond. **175**. 343 (1884)

[39] Robinson, F.N.H.: *Macroscopic Electromagnetism*. Pergamon Press, Oxford (1973)

[40] Römer, H.: *Theoretical Optics*. Wiley-VCH, Weinheim (2005)

[41] Römer, H., Forger, M.: *Elementare Feldtheorie*. VCH, Weinheim (1993)

[42] Rohrlich, F.: *Classical Charged Particles*. World Scientific, New Jersey (2007)

[43] Schwartz, M.: *Principles of Electrodynamics*. Dover Publications, New York (1987)

[44] Segrè, E.: *Die großen Physiker und ihre Entdeckungen*. Piper, München (1997)

[45] Sommerfeld, A.: *Vorlesungen über Theoretische Physik, Bd. III, Elektrodynamik*. Harri Deutsch Verlag, Frankfurt am Main (2001)

[46] Westfall, R.S.: *The Life of Isaac Newton*. Cambridge Univ. Press, Cambridge (1993)

[47] Whittaker, E.T., Watson, G.N.: *A course of modern analysis (4th edition)*. Cambridge Univ. Press, Cambridge (1927)

Stichwortverzeichnis

P. van Dongen, *Klassische Elektrodynamik*, https://doi.org/10.1007/978-3-662-69830-3

MIX
Papier aus verantwortungsvollen Quellen
Paper from responsible sources
FSC® C105338

If you have any concerns about our products,
you can contact us on
ProductSafety@springernature.com

In case Publisher is established outside the EU,
the EU authorized representative is:
Springer Nature Customer Service Center GmbH
Europaplatz 3, 69115 Heidelberg, Germany

Printed by Libri Plureos GmbH
in Hamburg, Germany